C000023400

ISBN 978-0-364-84473-1
PIBN 11278085

Neues Jahrbuch

für

Mineralogie, Geologie und Palaeontologie.

Unter Mitwirkung einer Anzahl von Fachgenossen

herausgegeben von

M. Bauer, **W. Dames** und **Th. Liebisch**
in Marburg. in Berlin. in Königsberg.

Jahrgang 1885.

I. Band.

Mit III Tafeln und mehreren Holzschnitten.

STUTTGART.
E. Schweizerbart'sche Verlagshandlung (E. Koch).
1885.

K. Hofbuchdruckerei Zu Guttenberg (Carl Grüninger) in Stuttgart.

III. Referate.

Seite

Seite

IV. Zeitschriften.

Sach-Register.

C.

Q.

R.

S.

T.

Inhalt der Beilage-Bände I—III.

Band I.

Band II.

Band III.

Man bittet, die Mittheilungen mineralogischer Natur, welche für das „Jahrbuch f. Mineralogie etc." bestimmt sind, an Professor M. Bauer in Marburg, solche geologisch-petrographischen Inhalts an Professor Liebisch in Königsberg i. Pr., alle anderen, zumal auch geschäftliche Mittheilungen und Anfragen an Professor Dames in Berlin W., Keithstrasse zu adressiren.

Briefliche Mittheilungen an die Redacteure werden nach der Reihenfolge ihres Eintreffens veröffentlicht.

Um Einsendung von Separat-Abdrücken anderwärts erschienener Arbeiten wird im Interesse einer möglichst raschen Besprechung höflichst gebeten.

Die im Jahrbuche gebrauchte krystallographische Bezeichnungsweise.

1. Das Jahrbuch wird, wie früher, sich der Naumann'schen Zeichen vorzugsweise bedienen, indessen ist es den Autoren anheimgegeben auch an Stelle dieser die Weiss'schen oder die Miller'schen Zeichen zu gebrauchen. Die Letzteren würden im Hexagonalsystem nach dem Vorschlag von Bravais zu bilden sein.

   Erwünscht ist, dass die Autoren, welche Weiss'sche oder Miller'sche Zeichen brauchen, die Naumann'schen bei der Zusammenstellung der Flächen daneben schreiben, wie auch bei Anwendung der Naumann'schen Zeichen die Angabe eines der beiden anderen, z. B. des Miller'schen Zeichens, zweckmässig erscheint.

2. Die Axen werden nach dem Vorgange von Weiss gebraucht, so dass *a* (vorn hinten), *b* (rechts links), *c* (oben unten) sich folgen. Dieser Reihenfolge entsprechend sind auch die Indices in den Miller'schen Zeichen zu schreiben. Im hexagonalen und quadratischen Systeme wird eine Nebenaxe, in dem rhombischen, monoklinen und triklinen Systeme die Axe $b = 1$ gesetzt.

3. In den Winkelangaben werden die directen Winkel angeführt. Will ein Autor Normalenwinkel verwenden, so wird er gebeten, dies in seiner Arbeit besonders anzugeben.

Die unterzeichnete Redaction des **Neuen Jahrbuchs für Mineralogie, Geologie und Paläontologie** beehrt sich im Interesse einer beschleunigten Berichterstattung an die Herren Autoren die ergebenste Bitte zu richten, Separatabzüge von allen Abhandlungen aus den Gebieten der Mineralogie, Krystallographie, Petrographie, Geologie und Paläontologie, auch aus solchen Zeitschriften, von denen die Redaction unter der Rubrik „Neue Literatur“ regelmässig Inhaltsangaben veröffentlicht, einem der Unterzeichneten mit der Bezeichnung „Für die Redaction des Neuen Jahrbuchs für Mineralogie etc.“ übersenden zu wollen. Diese Einsendungen werden unverzüglich den Herren Mitarbeitern, denen jene Zeitschriften nicht in allen Fällen zugänglich sind, zur Berichterstattung überreicht werden.

December 1884.

Prof. **Bauer** in Marburg,
Prof. **Dames** in Berlin,
Prof. **Liebisch** in Königsberg i. Pr.

Inhalt des ersten Heftes.

I. Abhandlungen.

II. Briefliche Mittheilungen.

III. Referate.

A. Mineralogie.

Seite

B. Geologie.

C. Paläontologie.

IV. Neue Literatur.

Friedrich Klocke.

Am 17. Juni dieses Jahres um 3¾ Uhr entschlief in Marburg Friedrich Klocke im Alter besten, rüstigsten Schaffens nach längerem schweren Leiden.

Wenn ich jetzt an dieser Stelle, obgleich nicht ein Mitarbeiter dieses Jahrbuches, dem Abgeschiedenen einen Nachruf widme, so geschieht dieses auf den speziellen Wunsch des Entschlafenen selber und findet vielleicht seine Rechtfertigung durch die nahen Beziehungen, in denen ich lange Jahre zu ihm stand, welche befestigt und enger geknüpft wurden durch die Studien, die uns in weltabgeschiedener Stille des Morteratsch-Gletschers und -Firnes mehrere Jahre hindurch in gemeinsamer Arbeit vereinigten.

Fr. Klocke wurde im Jahre 1847 am 28. Mai in Breslau geboren, als einziger Sohn des Kaufmanns Fr. Klocke. Er trat dem Wunsche seiner Familie entsprechend nach Absolvirung seiner Studien an der Realschule und dem Gymnasium seiner Vaterstadt mit siebenzehn Jahren in Stettin in der L. Saunier'schen Buchhandlung in die Lehre. Die mechanische Beschäftigung eines Sortimentsbuchhändlers konnte jedoch auf die Dauer seinen regen Geist nicht befriedigen. Nach wiederholten Bitten erlangte er die väterliche Einwilligung zum Studiren; er bezog zunächst die Universität seiner Vaterstadt und widmete sich der Chemie, um sich zum technischen Chemiker auszubilden. Durch eine unerwartete Erbschaft wurde es ihm jedoch möglich, seinen schon während der Universitätsstudien lebhaft gehegten Wunsch nach ausschliesslich wissenschaftlicher Thätigkeit zu verwirklichen. Er verliess darauf Breslau und siedelte zur Fortsetzung seiner Studien nach Heidelberg über. Nach Beendigung seines Trienniums promovirte er Ostern 1868. Während er bisher hauptsächlich dem Studium der Chemie obgelegen hatte, wandte er sich nach bestandenem Doctorexamen ausschliesslich der Mineralogie zu und bevorzugte in dieser hauptsächlich die Krystallographie, weil ihm die sichere mathematische Grundlage ihres formellen Theiles und die exacte Methode ihrer experimentellen Forschung mehr zusagte, als die mehr beschreibende Art der eigentlichen Mineralogie und Petrographie. „Die Einleitung, schreibt er in einem von ihm selbst behufs seiner Habilitation verfassten Curriculum vitae, in das krystallographische Studium wurde mir durch Websky und Kopp zu Theil, die weitere Ausbildung darin, — besonders was Theorie und Krystallphysik betrifft, verdanke ich den Vorlesungen und dem persönlichen Umgange meines Freundes Dr. Karl Klein.“ In den Jahren 1868/70 bekleidete er die Stelle eines Assistenten am mineralogischen Cabinet der Universität Heidelberg. Nach seiner Verheirathung im Jahre 1870 legte er diese Stelle nieder und widmete sich ausschliesslich selbständigen Untersuchungen. Mehrere Arbeiten, die aus dieser Zeit stammen, legen Zeugniss davon ab. Im Jahre 1873 habilitirte er sich in Freiburg i. B. für Mineralogie; erhielt 1879 den Titel eines ausserordentlichen Professors und wurde 1881 als ordentlicher Professor für Mineralogie und Petrographie an die Universität Marburg beberufen. Hier wurde seine wissenschaftliche Thätigkeit im Anfange durch Amtsgeschäfte, den Bau und die Einrichtung eines neuen Institutes wesentlich beeinträchtigt, und später, als alles vollendet, stellte sich ein schweres Gehirnleiden ein, das allerdings seinen Geist nicht verdunkelte, ihn aber körperlich durch unaufhörliches Kopfweh und beinahe vollkommene Schlaflosigkeit schon im Sommer 1883 dem Grabe nahe brachte und seinen wissenschaftlichen Arbeiten ein unfreiwilliges, frühes Ziel setzte. Durch die sorgfältigste, zärtlichste Pflege seiner treuen Gattin einigermassen wiederhergestellt, nahm er in treuer Pflichterfüllung im darauffolgenden Winter seine Vorlesungen und Curse wieder auf, wurde aber durch zunehmende

Schwäche bald gezwungen, dieselben abzubrechen. Am 17. Juni dieses Jahres endlich erlöste ihn ein sanfter Tod von seinen Leiden.

Werfen wir nach dieser kurzen Biographie einen Blick auf seine wissenschaftliche Thätigkeit. Nach einer mehr in's mineralogische Gebiet fallenden Arbeit über das Vorkommen der Pseudomorphosen von Buntsandstein nach Kalkspath finden wir ihn mit wenigen Ausnahmen ausschliesslich krystallographisch beschäftigt. Es waren hauptsächlich zwei Gebiete, denen er seine Schaffenskraft zuwandte, und die durch seine Untersuchungen und Beobachtungen wesentlich gefördert wurden. In einer Reihe von Arbeiten lieferte er zur Kenntniss der Lehre von den Ätzfiguren werthvolle Beiträge und benutzte dieselben zur Lösung von mehreren wichtigen Fragen betreffend das Verhalten (Wachsen und Abschmelzen) speziell der Alaune in verschieden concentrirten Lösungen ihrer Mutterlauge sowohl wie in Lösungen isomorpher Substanzen. In einer zweiten Reihe von Arbeiten beschäftigte er sich mit der Erklärung der optischen Anomalien der Krystalle. Die Untersuchungen E. Mallard's hatten die schon von Brewster und Reusch an einzelnen Krystallen nachgewiesene Incongruenz der morphologischen und optischen Eigenschaften in einem über Erwarten grossen Umfange constatirt. Diese Forscher fanden nämlich, dass reguläre Krystalle anstatt optischer Isotropie Doppelbrechung und sogar die Erscheinungen einaxiger Krystalle zeigen und dass ferner einaxige Krystalle die optischen Eigenschaften zweiaxiger annehmen können. Zwei diametral entgegengesetzte Erklärungen dieser interessanten Erscheinung stehen sich hierbei gegenüber. Während Hr. E. Reusch und in weiterer Ausführung dieser Ansicht Fr. Klocke behaupten, diese anomalen Erscheinungen seien verursacht durch Spannungszustände in den Krystallen, behauptet Hr. Mallard und mit ihm eine Reihe von anderen Forschern, dass sowohl die Krystalle des regulären wie die des einaxigen Systemes zwillingsartige Complexe einer grösseren Anzahl optisch zweiaxiger submikroskopischer Krystalle seien, die je nach ihrer Anordnung Isotropie oder optische Einaxigkeit zu Stande brächten. In mehreren Publicationen lieferte nun Fr. Klocke viele interessante Beiträge von bleibendem Werthe zur Lösung dieser principiellen Frage. Im Anschlusse daran veröffentlichte er im Jahre 1879 eine Untersuchung über die optische Structur des Eises, auf welche im Jahre 1881 bei Gelegenheit der mit mir gemeinschaftlich gemachten Beobachtungen über die Art der Gletscherbewegung eine Arbeit über die optische Structur des Gletschereises folgte. Bei jenen Arbeiten endlich, die ich mit dem Entschlafenen zusammen auf dem Morteratsch-Gletscher ausführte, zeigte sich seine grosse Thatkraft und Energie in besonders schöner Weise. Obgleich damals schon leidend, nahm er doch an allen oftmals mit grossen Strapazen verbundenen Versuchen und Beobachtungen Theil. Ausser diesen grösseren Arbeiten finden sich zahlreiche Correspondenzen und Referate aus seiner Feder in diesem Jahrbuch, dem er als rastloser Mitarbeiter nur zu früh entrissen wurde.

Haben wir den Dahingeschiedenen so als Gelehrten und unermüdlichen Forscher kennen gelernt, so sehen wir ihn als akademischen Lehrer von seinen Schülern verehrt und geliebt. Mit seltenem Talent verstand er es, seine Wissenschaft, die gerade in ihren Grundzügen durch ihre reine Formalität den Anfänger abzuschrecken pflegt, seinen Zuhörern interessant und auch den schwächeren derselben trotz der grossen Anforderungen, welche die Krystallographie an das räumliche Anschauungsvermögen stellt, verständlich zu machen. Es hängt dies auf das engste mit seiner künstlerischen Begabung zusammen, wie er in der Musik die Töne und als Maler seine Gemälde harmonisch zu componiren wusste, so verstand er auch den spröden Stoff des formalen Theiles seiner Wissenschaft zu bemeistern und zu einem harmonischen gefälligen Ganzen zu gestalten.

Zu spät, wie wir jetzt sagen können, stellte ihn das Schicksal auf einen Posten, wo er seine Fähigkeiten gehörig entfalten und anwenden konnte; denn wenn auch äusserlich noch rüstig, so war doch bereits bei seiner Übersiedelung nach Marburg seine Gesundheit durch die Anfänge jenes schweren Leidens innerlich untergraben; bald nach dem Antritte seiner Professur und des Directorates des mineralogischen Institutes der Universität Marburg trat jenes schwere unheilbare Leiden zu Tage und raffte ihn hinweg in einem

Lebensalter. in welchem er auf der Höhe seiner Productivität stand.

Aber ein Denkmal hat er sich gesetzt bei den Seinen und bei seinen Freunden durch seine Herzensgüte, und in der Wissenschaft durch seine bahnbrechenden Arbeiten.

Freiburg i. B. im September 1884.

K. R. Koch.

Verzeichniss der Arbeiten von Friedrich Klocke.

1) Über das Vorkommen der Pseudomorphosen von Buntsandstein nach Kalkspath in der Umgegend von Heidelberg. Dies. Jahrb. 1869.

2) Beobachtungen und Bemerkungen über das Wachsthum der Krystalle. Dies. Jahrb. 1871.

3) Krystallographische Mittheilungen aus dem mineralogischen Museum der Universität Freiburg in Baden. Ber. d. Verb. d. naturf. Ges. zu Freiburg. 1876.

4) Über die Ätzfiguren der Alaune. Groth, Zeitschr. f. Krystallogr. II. 1878.

5) Über die Empfindlichkeit der Alaunkrystalle gegen geringe Schwankungen der Concentration ihrer Mutterlauge. Groth, Zeitschr. f. Krystallogr. II. 1878.

6) Mikroskopische Beobachtungen über das Wachsen und Abschmelzen der Alaune in Lösungen isomorpher Substanzen. Groth, Zeitschr. f. Krystallogr. 1878. II.

7) Über die optische Struktur des Eises. Dies. Jahrb. 1879 mit Nachtrag in demselben 1880.

8) Über das Verhalten der Krystalle in Lösungen, welche nur wenig von ihrem Sättigungspunkt entfernt sind. Groth, Zeitschr. f. Krystallogr. IV. 1879.

9) Über die Bewegung der Gletscher von K. R. Koch und F. Klocke. Wied. Annalen der Physik und Chemie. 1879. (Auszug dieser Arbeit „Die Art der Gletscherbewegung" in der Zeitschr. d. deutsch. u. österr. Alpenvereins. 1880.)

10) Über die Bewegung der Gletscher II. Von K. R. Koch und F. Klocke. Wied. Annalen d. Physik. 1880.

11) Über die optische Struktur des Gletschereises. Dies. Jahrb. 1881.

12) Über Doppelbrechung regulärer Krystalle. Dies. Jahrb. 1880. I.

13) Bemerkungen über optische Anomalien am Thallium- und Selen-Alaun etc. Dies. Jahrb. 1880. I.

14) Nachahmung der Erscheinungen optisch-anomaler Krystalle durch gespannte Colloide. Berichte über die Verhandlungen der naturf. Gesellschaft zu Freiburg in Baden. 1881.

15) Über die Wirkung eines einseitigen Druckes auf optisch-anomale Krystalle von Alaun, Idokras und Apophyllit. Ebenda 1881. Axenbilder im converg. Licht von Alaun, Bleinitrat etc. Ebenda 1881.

16) Über ein optisch-anomales Verhalten des unterschwefelsauren Blei. Dies. Jahrb. 1880. II. und GROTH, Zeitschr. f. Krystallogr. VI. 1881.

17) Über einige optische Eigenschaften optisch-anomaler Krystalle und deren Nachahmung durch gespannte und gepresste Colloide. Dies. Jahrb. 1881. II. (Ein Auszug von KL. in CARL's Repertorium für Experimentalphysik. 1881.)

Ausserdem mehrere briefl. Mittheilungen in diesem Jahrbuch und zahlreiche Referate.

Mikroskopische Untersuchung einiger Eruptivgesteine von der Banks-Halbinsel, Neu-Seeland.

Von

B. Kolenko in Strassburg i. Els.

Das Material zu der vorliegenden Untersuchung wurde mir von Herrn Professor Cohen freundlichst zur Verfügung gestellt, welcher dasselbe von Herrn Schneider in Basel für das petrographische Institut der Universität Strassburg erworben hatte. Da die Stücke von Herrn Dr. von Haast stammen, so sind die Fundorte jedenfalls absolut zuverlässig, und die Bearbeitung einer Suite nicht selber gesammelten Materials dürfte daher in diesem Fall als berechtigt angesehen werden.

Die Halbinsel „Banks", 31 englische Meilen lang und bis zu 20 Meilen breit, liegt an der östlichen Seite der Südinsel von Neu-Seeland; ihr Umfang erreicht mit Ausschluss der zahlreichen Buchten 88 Meilen.

Über den geologischen Bau der Halbinsel und über die makroskopischen Eigenschaften einiger Gesteine finden sich ausführliche Angaben in Dr. von Haast's: Geology of the provinces of Canterbury and Westland, New Zealand*. Eine kurze Übersicht enthält auch die geologische Beschreibung Neu-Seelands von Hochstetter**.

Aus den genannten Untersuchungen und aus der dem Haast'schen Werke beigegebenen geologischen Übersichtskarte

---

* Christchurch 1879. 324—360.

** Reise der österreichischen Fregatte Novara um die Erde. Geologischer Theil Bd. I. Abth. 2. 205. Wien 1864.

geht hervor, dass die Banks-Halbinsel ein kleines. isolirtes vulcanisches Gebiet darstellt, in welchem noch mehrere Kratere erloschener Vulcane in erkennbarer Form erhalten sind*.

Alte Kraterwälle umsäumen tief einschneidende Einsenkungen „Calderas", in welche Eingänge mit steilen Wänden — Barráncas — führen. Vier Kratere sind auf der geologischen Karte von Haast ihrer ungefähren Begrenzung nach eingetragen. Sie öffnen sich nach dem Meere zu und veranlassen die Bildung tiefer Buchten.

Die Halbinsel besteht, abgesehen von einer schmalen aus paläozoischen Schichten zusammengesetzten, unmittelbar am Hafen Lyttelton gelegenen Zone ganz aus vulcanischen Gesteinen. Systeme von Lavaströmen, welche mit Tuffen und Agglomeraten wechsellagern, bauen die Wände der Calderas auf, und das Fallen findet regelmässig vom Centrum der Einsenkung nach Aussen statt. Ähnliche vulcanische Gesteine setzen die höheren Berge zusammen, und die Laven sind in die vorher schon gebildeten Calderas geflossen. Die letzten und schwächsten Eruptionen stellen jetzt kleine Inseln oder Halbinseln nahe dem Centrum der tiefen Einsenkungen dar.

Feinschiefrige, prismatisch abgesonderte. an den Salbändern in grünliche oder bräunliche Obsidiane übergehende Rhyolithe sind nach Haast die ältesten tertiären Gesteine. Auf sie folgen Ströme basaltischer Laven mit schöner prismatischer Absonderung. Den Schluss bilden von Haast ebenfalls als Basalte bezeichnete Gesteine, bei welchen dichte und compacte Varietäten in Anamesite und Dolerite. sowie in Schlacken übergehen. Die Ströme bestehen mit einer Ausnahme aus basischem Material, die Gänge sind meist trachytisch. Letztere haben öfters die benachbarten Agglomerate und Tuffe in tachylytähnliche Substanzen umgewandelt, während die basaltischen Gesteine keine derartigen Veränderungen erzeugten. Die Gänge strahlen vom Centrum der Eruption aus.

Den besten Durchschnitt liefert der älteste, durch einen Eisenbahntunnel aufgeschlossene Krater „Lyttelton-Hafen-Caldera" mit einem mittleren Durchmesser von ungefähr zwei englischen Meilen. Das Korn der Laven schwankt zwischen

---

* Der höchste Punkt Mt. Herbert erreicht 3050 engl. Fuss.

demjenigen der Dolerite und dichten Basalte. Das Centrum mächtiger Ströme besteht oft aus compactem schwarzem Basalt mit wenigen grösseren Krystallen, während gegen die Oberfläche die Färbung lichter, die Structur porphyrischer und schlackig oder mandelsteinartig wird. In gleicher Weise ändern sich auch Structur und Färbung innerhalb eines Stromes mit Entfernung vom Eruptionspunkt; schwarze compacte Basalte gehen allmählich in graulich gefärbte Dolerite über, und es stellen sich zahlreiche Krystalle von Augit, basaltischer Hornblende, Rubellan und besonders von Labradorit ein. Die Seltenheit von Olivin hebt Haast scharf hervor. An secundären Producten werden Sphärosiderit, Calcit, Aragonit, Chalcedon, Jaspis, Opal, Hyalith, Natrolith, Eisenkies aufgeführt.

Abgesehen von den klastischen Gesteinen — besonders mannigfaltigen basaltischen Tuffen und Agglomeraten — sind in der von mir untersuchten Suite von Orthoklasgesteinen Liparite und Trachyte, von Plagioklasgesteinen Augitandesite und Basalte vertreten. In beiden Gruppen, besonders jedoch in derjenigen der Plagioklasgesteine, sind beide Abtheilungen so innig mit einander verbunden, dass man sie oft weder makro- noch mikroskopisch mit Sicherheit unterscheiden kann, sondern in der Regel erst durch Zuhülfenahme einer Kieselsäurebestimmung. Auf diese musste ich mich leider beschränken, da mir die Zeit zur Ausführung vollständiger Analysen fehlte. Ich fand:

für Liparite . . .	69.99	bis	78.37	Procent
„ Trachyte . . .	62.02	„	63.53	„
„ Andesite . . .	66.35	„	66.50	„
„ Basalte . . .	47.06	„	47.77	„

Mit Zuhülfenahme dieser Bestimmungen liessen sich die Liparite und Trachyte in befriedigender Weise gegen einander abgrenzen, die Andesite und Basalte aber nicht, so dass ich vorziehe, dieselben — nach dem geognostischen Auftreten in zwei Abtheilungen gesondert — gemeinschaftlich zu beschreiben.

1. Liparite.

Die von Gebbies Pass, Gebbies Knob, Lyttelton-Hafen-Caldera und Quail Island vorliegenden Liparite sind lichte, grau oder weiss gefärbte Gesteine. Von den kieselsäurereicheren Varietäten ist die eine (mit 78.37 Proc. Kieselsäure) dünnschiefrig und setzt sich aus höchstens Millimeter dicken weissen, lichtgrauen und lichtgelben Lagen zusammen, welche wellig gebogen sind, und deren Ablösungsflächen rauh und runzelig erscheinen. Das Handstück gleicht den von Cohen vom Wagenberg bei Weinheim im Odenwald beschriebenen schiefrigen Quarzporphyren in hohem Grade*. Wie dort, so erstrecken sich auch hier die spärlichen Einsprenglinge von Quarz und Feldspath durch mehrere Lagen, oder letztere biegen sich wellig um jene, so dass die Einsprenglinge vorhanden gewesen sein müssen, als die Schieferung zur Ausbildung gelangte.

Eine zweite Varietät ist durchaus massig und reich an Einsprenglingen von dunkel rauchgrauem Quarz und weissem Feldspath mit glänzenden Spaltungsflächen. Am Quarz, der meist gut ausgebildet ist, tritt zuweilen ganz untergeordnet das Prisma auf.

Die kieselsäureärmeren Varietäten (mit 70 bis 72.75 Proc. Kieselsäure) sind fast frei von makroskopischen Einsprenglingen und haben ein thonsteinartiges Ansehen, welches ebenso wie die geringe Festigkeit wohl einer beginnenden Veränderung zuzuschreiben ist. Das eine Stück von Gebbies Knob zeigt säulenförmige Absonderung. Eine gelegentlich auftretende braune Bänderung wird durch secundäres Eisenoxydhydrat bedingt.

Unter dem Mikroskop erscheint die Grundmasse in sehr verschiedener Ausbildung; bald ist die Structur mikrokrystallin, bald kryptokrystallin, bald granophyrisch, und zwar derart, dass in der Regel die eine stark vorherrscht, aber nie ganz für sich allein auftritt. Eine fast durchweg granophyrische Ausbildung zeigt die schiefrige Varietät. Abgesehen von einzelnen grösseren Quarzkörnern und kleinen Partien mikro- bis kryptokrystalliner Aggregate besteht die Grundmasse aus Fasern, die zu concentrischen Büscheln angeordnet sind. Da diese Büschel hie und da allmählich in mikropegmatitische Durchwachsungen übergehen, in welchen Quarz und Feldspath neben einander zu erkennen sind, so darf man

* E. W. Benecke u. E. Cohen: Geognostische Beschreibung der Umgegend von Heidelberg. Strassburg 1881. 270.

wohl annehmen, dass auch die feinen Fasern aus diesen beiden Mineralien bestehen. Jedenfalls sind unter den Fasern solche, welche einem monoklinen Mineral angehören; denn in den häufig auftretenden Interferenzkreuzen bilden die Arme des Kreuzes mit den Hauptschwingungsrichtungen der Nicols Winkel bis zu 14 Grad. Bei starker Vergrösserung erscheinen die Fasern der granophyrischen Büschel wurmförmig gekrümmt.

Wenn eine mikrokrystalline Structur vorherrscht, ist der Feldspath in schmalen und langen, relativ grossen Säulen ausgebildet, während der Quarz sehr zurücktritt und am Rand wie mit dem übrigen Theil der Grundmasse verflösst erscheint. Dies stimmt auch mit dem geringen Kieselsäuregehalt solcher Varietäten überein, welcher nur auf die Anwesenheit von ca. 15.20 Procent Quarz schliessen lässt. Die Feldspathleisten sind zwar meist stark getrübt; doch lässt sich oft noch vielfache Zwillingsstreifung erkennen. Glas und Mikrofelsit im Sinne von Rosenbusch konnten nicht mit Sicherheit wahrgenommen werden.

Ausser Quarz und Feldspath beobachtet man in der Grundmasse Biotit in Form regellos vertheilter Blättchen, welche bis zu den winzigsten Mikrolithen herabsinken; ihre Zahl ist wechselnd, aber stets sehr gering, und da der Biotit meist stark verändert ist, so lässt sich oft nicht leicht entscheiden, ob bräunliche Partikel zersetzter Glimmer oder Häutchen von Eisenoxydhydrat sind. In einem Liparit scheint der Biotit durch Muscovit ersetzt zu werden. Wenigstens glaube ich die reichlich vorhandenen farblosen Leistchen und Blättchen mit lebhaften Interferenzfarben als solchen deuten zu dürfen, wenn auch eine sichere Bestimmung nicht möglich war. Sie gleichen den in der Grundmasse der Quarzporphyre so häufig auftretenden Blättchen durchaus, welche man meist für Muscovit anzusehen pflegt. Opake Erze und Zirkon stellen sich nur ganz gelegentlich und in äusserst geringer Menge ein.

An Einsprenglingen kommen vorzugsweise die schon makroskopisch wahrnehmbaren Quarze und Feldspathe vor, und ihre Zahl vermehrt sich nur unbedeutend unter dem Mikroskop. Hinzu tritt gelegentlich etwas Biotit. Einmal wurde ein grösseres Korn eines regulären farblosen Minerals beobachtet, welches nach dem grellen Hervortreten und nach der etwas schuppigen Schlifffläche Flussspath sein könnte.

Der Quarz enthält farblose Mikrolithe, wasserhelles Glas mit einem oder mehreren Bläschen, Glas mit Entglasungsproducten, Grundmasse; aber stets ist die Zahl der Einschlüsse gering. Neben regelmässig begrenzten Quarzen kommen recht häufig ganz unregelmässig gestaltete, scharfeckige vor, die unzweifelhaft Fragmente grösserer zersprengter Körner sind. In den Lipariten vom Gebbies Pass ist der Feldspath frisch, glasig, weitaus vorherrschend Sanidin und oft reich an bizarr gestalteten Gasporen. In den übrigen Varietäten sind die Feldspathe stark verändert, und zwar, wie es scheint, in eine pinitoidartige Substanz. Ganz vereinzelt tritt Zirkon als Einschluss auf, welcher sich durch Krystallform, starke Lichtbrechung, lebhafte Interferenzfarben und parallele Auslöschung hinreichend sicher bestimmen liess. Der Biotit, welcher sich vorzugsweise in der an Einsprenglingen reichen Varietät vom Gebbies Pass findet, ist in der Regel sehr stark verändert in eine braune, wenig durchscheinende Substanz, so dass man auf einen eisenreichen Glimmer schliessen kann.

Die feinen Adern, welche die Grundmasse mehrerer Liparite durchziehen, werden von Quarz und Feldspath gebildet, begleitet von Eisenoxydhydrat, welches, wie es scheint, durch Zersetzung von Biotit entstanden ist.

Das spärliche Auftreten von Plagioklas und basischen Gemengtheilen ist eine Eigenschaft, die zwar vielen Lipariten zukommt, aber hier besonders scharf hervortritt.

2. Trachyte.

Die drei den Trachyten einzureihenden Gesteine tragen die Etiketten Quail Island, Lyttelton Caldera, Tunnel und entstammen Gängen. Ihr Habitus ist so verschieden, dass eine gesonderte Beschreibung zweckmässig erscheint.

Der Trachyt von Quail Island mit 63.53 Proc. Kieselsäure besteht aus einer gelblichen bis lichtbräunlichen, porösen Grundmasse mit etwas schimmerndem Glanze und reichlichen, bis zu Centimeter grossen Sanidintafeln, welche mit ihrer grössten Fläche nach allen Richtungen orientirt liegen.

Unter der Lupe erscheint die Grundmasse deutlich krystallinisch, und in Folge des rauhen Bruchs ist der Gesammthabitus ein durchaus trachytischer.

Unter dem Mikroskop erweist sich das Gestein bei weitem nicht so verändert, als man nach dem makroskopischen Aussehen erwarten sollte. Die Einsprenglinge sind vorherrschend Karlsbader Zwillinge von Sanidin; einfache Individuen, sowie Plagioklas sind sehr spärlich vorhanden. Sie beherbergen nur gelegentlich reihenweise dicht gescharte Gasporen und sind meist frisch.

Die Grundmasse zerlegt sich in ein wirres Geflecht schmaler Feldspathleisten, welche aber nicht vollständig den Raum erfüllen. Die reichlich vorhandenen, verhältnissmässig grossen Lücken sind jedenfalls ursprünglich von einer Basis erfüllt gewesen, die aber durchweg stark verändert ist und sich in Form einer trüben grauen, gelblichen oder bräunlichen Substanz darstellt. Zuweilen beobachtet man eine feinkörnige Aggregatpolarisation, meist aber gar keine Einwirkung auf polarisirtes Licht. Man darf wohl annehmen, dass hier eine glasige Basis vorgelegen hat. Erkennbare basische Gemengtheile fehlen vollständig. Die ziemlich reichlich auftretenden und recht gleichmässig vertheilten bräunlichen bis rothen Eisenoxyde und Eisenoxydhydrate in Körnern und flockigen Partien scheinen meist aus opaken Eisenerzen hervorgegangen zu sein, von denen sich vereinzelt noch Reste finden.

Der Trachyt aus dem Tunnel (mit 62.03 Proc. Kieselsäure) zeigt unvollkommen schiefrige Structur, hell grünlichgraue Färbung und stark schimmernden, etwas fettartigen Glanz. Er erinnert in hohem Grade an die compacten Varietäten des bekannten Trachyt vom Kühlsbrunnen im Siebengebirge. Die Grundmasse erscheint unter der Lupe schuppig. An Einsprenglingen herrschen tafelförmige, parallel angeordnete Sanidine vor, während Biotittafeln sowie Säulen von Bisilicaten und Erzkörner durch ihre geringe Zahl und Grösse zurücktreten. In spärlich vorkommenden kleinen Hohlräumen bekleidet ein farbloses Mineral die Wandungen, dessen sichere Bestimmung zwar nicht gelang, welches aber wahrscheinlich ein Zeolith ist. Nach den rhomboëderähnlichen Formen unter dem Mikroskop könnte Chabasit vorliegen.

Die Grundmasse setzt sich aus schmalen Feldspathleisten und lichtgrünen Augitsäulen zu fast gleichen Theilen zusammen; hinzu treten in reichlicher Menge und gleichmässiger

Vertheilung Magnetitkryställchen, welche oft mit einem Augitsäulchen verwachsen sind. Spärliche braune, kaum durchscheinende Fetzen sind vielleicht auf ursprünglich vorhanden gewesenen Biotit zurückzuführen. Die Feldspathleisten zeigen meist fluidale Anordnung; stellenweise gruppiren sie sich auch zu büscheligen Aggregaten.

Die Einsprenglinge bestehen aus vorherrschendem Feldspath (Sanidin und Mikrotin), grünem oder bräunlich violettem, schwach pleochroitischem Augit, dunkelbraunem sehr stark absorbirenden Biotit und vereinzelten Magnetitkrystallen, welche die Magnetite in der Grundmasse sehr bedeutend an Grösse überragen und durch keine vermittelnden Dimensionen mit ihnen verknüpft sind. Biotit und Magnetit sind die häufigsten Einschlüsse im Feldspath, und einzelne Krystalle erscheinen von beiden, besonders aber vom Biotit, ganz vollgepfropft; andere sind von idealer Reinheit. Farbloses Glas tritt nur spärlich als Gast auf.

Der Trachyt von der Lyttelton Caldera entstammt nach dem einen, augenscheinlich beide Salbänder zeigenden Stück einem etwa 12 Cm. mächtigen Gange. Er ist von licht aschgrauer, fleckenweise ins Röthliche übergehender Farbe und cavernös mit reichlicher Bekleidung der Wandungen durch Tridymit in einfachen Tafeln und Viellingen. Frische, stark rissige und kräftig glänzende Feldspathe treten als einzige Einsprenglinge auf, z. Th. schon unter der Lupe deutliche Zwillingsstreifung zeigend. An beiden Salbändern hebt sich eine je 1½ Cm. breite Zone durch compacte Structur und dunkelbraune Färbung scharf von der lichten Hauptgangmasse ab. In dem einen Handstück bekleiden die Klüfte und Hohlräume gelbbraune Krusten, denen die wasserhellen Tridymitkrystalle aufgewachsen sind, so dass letztere späterer Entstehung sein müssen.

An der Zusammensetzung der Grundmasse betheiligen sich Feldspath, opake Körner, vereinzelte ziemlich grosse Zirkone (opake Körner einschliessend) und bräunliche Fetzen, die vielleicht aus Glimmer entstanden sind. Die Feldspathe legen sich so dicht aneinander, dass eine Basis zwischen ihnen sich nicht nachweisen liess. Sie zeigen nur zum Theil deutliche Leistenform und dann unvollkommen fluidale Anordnung, in der Regel sind sie recht unregelmässig und wenig scharf begrenzt. Am Salband ist das Korn etwas feiner, und Basis scheint in geringer Menge vorhanden zu sein, lässt sich aber in Folge der dichten Vertheilung von Eisenoxydhydraten nicht ganz sicher erkennen.

Die Einsprenglinge bestehen etwa zu gleichen Theilen aus Sanidin und Plagioklas, welche sehr häufig mit einander in prächtiger Weise verwachsen sind, derart, dass Plagioklas mit feiner Zwillingsstreifung den Kern, Sanidin den äusseren, oft breiten Rand bildet. Bei paralleler Auslöschung des letzteren wurde am Plagioklas eine Auslöschungsschiefe bis zu 18 Grad gegen die Zwillingsgrenze gemessen. So häufig und deutlich dürfte die Erscheinung nicht oft angetroffen werden. Die aus opakem Erz, farblosen apatitähnlichen Nadeln, Zirkon, Glas und Gasporen bestehenden Einschlüsse sind im ganzen spärlich.

Der Tridymit tritt als eigentlicher Gemengtheil der Grundmasse nicht auf, füllt aber recht häufig rundliche Räume in Form der bekannten dachziegelartig sich deckenden Aggregate vollständig aus. Doppelbrechung ist stets deutlich wahrnehmbar; aus den Drusenräumen losgelöste Tafeln zeigen sogar sehr lebhafte Interferenzfarben. Dem Tridymit ist jedenfalls allein der hohe Kieselsäuregehalt des Gesteins zuzuschreiben, welcher zu 71.09 Procent bestimmt wurde. Darnach muss Tridymit so reichlich an der Zusammensetzung Theil nehmen, dass der Name „Tridymit-Trachyt“ gerechtfertigt erscheinen dürfte. Man ersieht daraus, dass man nach dem Kieselsäuregehalt allein ein trachytisches Gestein nicht den Lipariten zurechnen darf. Als ein Äquivalent des Quarz darf man den Tridymit jedenfalls wohl nicht auffassen, da er wenigstens in der Regel sich in wesentlich abweichender Art und Weise an der Zusammensetzung der Gesteine betheiligt und auch schwerlich ein normales Ausscheidungsproduct aus dem Magma sein dürfte.

3. Andesite und Basalte.

Es wurde schon oben bemerkt, dass unter den basaltischen Gesteinen solche vorkommen, bei denen sich nur nach dem Kieselsäuregehalt entscheiden lässt, ob man sie zweckmässiger den Andesiten oder den Basalten zurechnet, dass diese aber mineralogisch durch allmähliche Übergänge innig mit einander verknüpft sind. Obwohl vollständige Analysen aller basaltischen Gesteine, vielleicht auch Kieselsäurebestimmungen allein gestattet haben würden, das Material nach bestimmten chemischen Principien zu ordnen, so erscheint es mir doch fraglich, ob hiermit auch eine befriedigende mineralogisch-petrographische Classification gewonnen wäre. Nach den wenigen ausgeführten Kieselsäurebestimmungen tritt sowohl bei den basischen, als auch bei den sauren Gliedern der Reihe theils Olivin auf, theils fehlt er. Ich habe daher auf eine scharfe Trennung nach dem Auftreten oder Fehlen des Olivin verzichtet und ziehe vor, das Material in zwei Gruppen zu sondern, welche sich durch ihren Gesammthabitus und, wie es nach den Etiketten scheint, auch durch geognostisches Auftreten recht wesentlich unterscheiden.

Die erste Gruppe setzt sich aus licht gefärbten, grauen bis grünlichgrauen Gesteinen zusammen, die zuweilen eine Andeutung von schiefriger Structur zeigen, und von denen einige durch schimmernden Glanz an manche der zuletzt beschriebenen Trachyte erinnern. Der Gesammthabitus ist auch entschieden mehr ein trachytischer, als ein basaltischer, und mit einer Ausnahme sind auch alle Gesteine als Trachyte etikettirt gewesen. Hieraus und aus dem gangförmigen Auftreten Aller ist auf eine geognostische Zusammengehörigkeit zu schliessen, da in der zweiten Gruppe keine Gänge vorkommen.

Die Gesteine besitzen ein feines, etwa anamesitisches Korn, welches nie bis ins eigentlich dichte übergeht. Einzelne Varietäten sind compact, andere blasig; in einer besonders licht gefärbten von den „western slopes“ tritt eine steinmarkähnliche Substanz in zahlreichen kleinen Nestern auf, eine mandelsteinartige Structur erzeugend. Makroskopische Einsprenglinge sind zum Theil sehr spärlich, zum Theil reichlich vorhanden, fehlen auch gelegentlich ganz. Feldspath herrscht stark vor, hie und da mit scharf hervortretender paralleler Anordnung der leistenförmigen Krystalle. Derselbe wird von Augit, Hornblende oder Olivin, von letzterem am seltensten begleitet. Auch der Magnetit tritt bisweilen in einzelnen grösseren Individuen porphyrartig hervor.

Die Vertreter dieser Gruppe stammen von den „western

und northern slopes", von der Lyttelton-Hafen-Caldera und aus dem Tunnel.

An der Zusammensetzung der Grundmasse betheiligen sich stets Feldspath, Augit, Magnetit und Basis, letztere in sehr wechselnder Menge. Hinzu tritt in der Regel ein glimmerartiges Mineral, in einzelnen Fällen Olivin oder Hornblende.

Der Feldspath, welcher den weitaus vorwiegenden Bestandtheil ausmacht, stellt sich in den meisten Varietäten ganz, in den übrigen vorherrschend in Form scharf begrenzter Leisten mit vielfacher Zwillingsbildung als normaler Plagioklas dar. Derselbe ist vollständig frisch und beherbergt nicht allzu reichlich opake Körnchen, nadelförmige Mikrolithe (wahrscheinlich Augit), Blättchen, die vielleicht dem Glimmer angehören, und farbloses Glas mit Entglasungsproducten. Die Einschlüsse sind in der Regel reihenweise angeordnet, und die Reihen liegen der Längsrichtung der Leisten parallel. Fluidale Anordnung tritt mehr oder minder deutlich hervor. In einzelnen Varietäten (northern slopes und western slopes zum Theil) tritt noch ein zweiter Feldspath in breiten, höchst unregelmässig und wenig scharf begrenzten Individuen hinzu. Im polarisirten Licht zeigt derselbe keine irgendwie deutliche Zwillingsstreifung, aber er löscht auch nicht einheitlich aus, sondern es treten meist dunkle Banden auf, welche bei Drehung des Präparats über den Krystall weggleiten. In anderen Fällen verläuft die Auslöschung vom centralen Theil allmählich gegen die Peripherie, oder ganz unregelmässig vertheilte Stellen löschen gleichzeitig aus. Stets jedoch sind die auslöschenden Partien durchaus verwaschen und unregelmässig begrenzt. Dieser Feldspath ist viel reicher an Einschlüssen, als der in Leistenform auftretende und beherbergt besonders trichitenähnliche Gebilde in mannigfacher Verflechtung, welche winzige, mit dunkler Substanz erfüllte Röhren zu sein scheinen. Da das feine Korn der Gesteine eine Isolirung auf mechanischem Wege ausschloss, das Fehlen von Spaltungsdurchgängen und regelmässiger Begrenzung eine optische Untersuchung unmöglich machte, so ist mir eine sichere Bestimmung nicht gelungen. Doch möchte ich den Feldspath für Orthoklas halten und die ihn führenden Gesteine als Zwischenglieder zwischen den Basalten und Andesiten einerseits, den Trachyten andererseits ansehen. Das anomale optische Verhalten liesse sich dann als Spannungserscheinung etwa deuten.

Die Menge des Augit ist eine wechselnde. Wo er spärlicher auftritt, sind die Säulen licht gefärbt, farblos bis hellgrünlich und klein, aber ungewöhnlich lang und schmal; man könnte sie fast als Mikrolithe bezeichnen. Reichlicher vorhandene und dann grössere Krystalle sind graulichviolett, schwach pleochroitisch (es treten graulichviolette und gelbgrüne Töne auf) und schliessen sehr constant Magnetitkörner und farblose Mikrolithe ein.

Hornblende tritt am reichlichsten auf, wo der Olivin fehlt, obwohl sie letzteren in spärlicher Menge auch begleitet. Wenn dieselbe in Form deutlich pleochroitischer, oft randlich mit Magnetit erfüllter kleiner Krystalle auftritt, ist dieselbe leicht und sicher zu bestimmen; c ist röthlichbraun, a und b sind hell grünlichgelb. Augit und Hornblende treten zuweilen in paralleler Verwachsung auf. Ausserdem kommen aber — und zwar in erheblich grösserer Zahl und Verbreitung — rothbraun gefärbte, nicht merklich pleochroitische Säulchen und Blättchen vor, an denen weder die charakteristische Spaltung noch schiefe Auslöschung mit nur einiger Sicherheit beobachtet werden konnte. Den grösseren Theil derselben möchte ich auch für Hornblende halten, einen Theil für Glimmer, muss aber dahingestellt sein lassen, ob meine Deutung die richtige ist. Auch mag hervorgehoben werden, dass eine Verwechselung mit Szaboit nicht ausgeschlossen sein dürfte. Augenscheinlich ist das Mineral ziemlich stark verändert, und dadurch wird wohl vorzugsweise die Schwierigkeit der sicheren Bestimmung bedingt; auch liegt in der Regel ein anderes Mineral über oder unter den dünnen Blättchen.

Olivin nimmt nur in einigen Varietäten an der Zusammensetzung der Grundmasse Theil, in einem Handstück von den northern slopes aber in sehr reichlichem Grade. Er tritt dann in Form von Körnern auf und ist meist stellenweise oder gänzlich durch ein rothbraunes Umwandlungsproduct, hie und da auch durch Carbonate ersetzt. Frische Körner sind nicht immer leicht von Augit zu unterscheiden, wenn derselbe sehr lichte Färbung zeigt; doch ist die Begrenzung des letzteren gewöhnlich eine regelmässigere.

Basis dürfte nirgends ganz fehlen, stellt sich aber in höchst wechselnder Menge und Ausbildung ein. Wenn sie am reichlichsten vorhanden ist (in den andesitischen Varietäten), besteht sie aus einem braunen Glas mit winzigen globulitischen Entglasungsproducten, welches theils die kleinen Lücken zwischen den Plagioklasleisten ausfüllt, theils in grösseren rundlichen Partien wie ein individualisirter Gemengtheil der Grundmasse auftritt. In der oben erwähnten mandelsteinartigen Varietät von den western slopes sind es augenscheinlich derartige grössere Partien braunen Glases, aus deren Zersetzung die steinmarkähnliche weisse bis grünliche Substanz entstanden ist. Sie lässt allmähliche Übergänge zwischen amorphem Verhalten und feiner Aggregatpolarisation erkennen, und aus dem Gestein losgelöst findet man öfters noch bräunliche isotrope Reste in dem Zersetzungsproduct. Im Dünnschliff ist letzteres meist ausgebröckelt und daher die sichere Ermittelung der Beziehungen zur Basis sehr erschwert. Es scheint hier einer der nicht allzu häufigen Fälle wie beim Trachyt von Berkum vorzuliegen, in welchem Glaskörner an der Zusammensetzung des Gesteins sich betheiligen. In anderen Varietäten kommt nur in geringer Menge ein farbloses Glas vor, daneben aber recht reichlich eine lichtgrünliche isotrope Substanz genau in der gleichen Weise als Zwischenklemmungsmasse, wie jenes, so dass ich glaube, dieselbe als ein verändertes Glas deuten zu können. Schliesslich tritt die Basis zuweilen so zurück, dass man nicht einmal immer ihr Vorhandensein mit Sicherheit constatiren kann. Dies ist besonders der Fall, wenn Olivin sich reichlicher einstellt.

Ein spärlicher accessorischer Gemengtheil ist der Apatit. Vereinzelte Krystalle werden so gross, dass man sie zu den Einsprenglingen rechnen könnte und schliessen dann Glas ein.

Als secundäre Producte treten besonders Carbonate auf. Sie erwiesen sich zum Theil als Dolomit, und damit stimmt auch überein, dass an ihnen sehr reiche Gesteinsbruchstücke erst beim Erhitzen mit Salzsäure Kohlensäure entwickeln. In einem dem Tunnel entstammenden Handstück bilden sie grössere concentrisch-radiale Aggregate mit mehr oder minder scharfen Interferenzkreuzen. Dass sie auch in Pseudomorphosen nach Olivin auftreten, wurde schon erwähnt. Blasenräume in dem Basalt von der Lyttelton-Hafen-Caldera sind mit Krusten doppelbrechender, von Säuren nicht zersetzbarer Kryställchen bedeckt. Die Flächen zeigen so starke Krümmung, dass der Versuch einer krystallographischen Bestimmung nicht glückte. Kleine wasserhelle Krystalle von rhomboëdrischer Form, welche nach dem Glühen undurchsichtig werden, dürften Chabasit sein.

Die Zahl der Einsprenglinge vermehrt sich unter dem Mikroskop nicht erheblich, und eine Structur, welche man als mikroporphyrisch bezeichnen könnte, kommt nicht vor Wenn man mit der Lupe keine grössere Krystalle wahrnimmt, fehlen sie auch mikroskopisch. Sind Einsprenglinge vorhanden, so ist der Plagioklas stets vertreten, in der Regel auch Augit, öfters Hornblende, welche in einzelnen Fällen letzteren fast ganz ersetzt, am seltensten Olivin. Auch Magnetit tritt bisweilen porphyrartig hervor; und da der Unterschied in den Dimensionen im Vergleich mit den kleinen Kryställchen in der Grundmasse ein sehr grosser und unvermittelter ist, so kann man wohl annehmen, dass auch der Magnetit sich zu zwei verschiedenen Perioden der Gesteinsbildung ausgeschieden habe. Zonenstructur kommt beim Plagioklas und Augit vor, aber verhältnissmässig selten, und dann ist meist nur eine breite, unregelmässig begrenzte äussere Zone wahrzunehmen, welche sich wenig deutlich durch etwas abweichende optische Orientirung vom Kern abhebt.

Die Plagioklase sind theils von idealer Reinheit, theils sehr reich an Einschlüssen von Glas (öfters von der Form des Wirths), Schlacken, Mikrolithen, Augit, Magnetit, sehr spärlich auch an Einschlüssen von Hornblende und Olivin. Eine Anhäufung findet vorzugsweise in den peripherischen Theilen der Krystalle statt. Nach dem Fehlen von Spaltbarkeit, den häufigen Querrissen und der glasigen Beschaffenheit kann man den Plagioklas als Mikrotin bezeichnen. Ein sehr grosser Krystall umschliesst einen zweiten von ganz unregelmässiger Gestalt und stark abweichender optischer Orientirung; letzterer enthält zahlreiche Einschlüsse von braunem Glas, die jenem fehlen, und an der Grenze beider liegt eine Zone von Augit- und Magnetitkryställchen. Ob die wenigen einheitlichen Individuen oder einfachen Zwillinge, welche nur in einem Dünnschliff beobachtet wurden, als Sanidin zu deuten sind, erscheint mir um so zweifelhafter, als sie sich sonst genau wie die übrigen Feldspathe verhalten.

Der Augit unterscheidet sich abgesehen von der Grösse der Krystalle nicht vom Augit in der Grundmasse; der Pleochroismus tritt entsprechend der grösseren Dicke etwas kräftiger auf: c und a zeigen gelbliche Töne und sind nicht merklich verschieden, die parallel b schwingenden Strahlen spielen ins Violette. Einfache Individuen sind häufiger als Zwillinge; unter letzteren kommen sowohl solche mit dem Orthopinakoid, als auch solche mit einem klinodiagonalen Prisma als Zwillingsfläche vor, und gelegentlich trifft man mehrere eingeschaltete Lamellen. Die Augite sind durchaus frisch und schliessen besonders Magnetit, selten Glas ein.

Dunkelbraune Hornblende mit sehr starker Absorption von c und b tritt in recht grossen Krystallen auf und bildet in einer Varietät von den „western slopes" fast die einzigen Einsprenglinge. Sie ist bald vollkommen rein, bald ausnahmslos am Rand mit opakem Erz dicht erfüllt, welches oft so überhand nimmt, dass man nur noch in kleinen Lücken die Hornblendesubstanz wahrnehmen kann. In solchen Fällen ist der Rand unregelmässig ausgebuchtet, so dass eine nachträgliche Einwirkung des Magmas auf die ausgeschiedenen Krystalle in den vorliegenden Gesteinen nicht unwahrscheinlich erscheint. Auch an der Hornblende wurden neben den normalen Zwillingen solche nach einem klinodiagonalen Prisma beobachtet.

Der Olivin liefert durchweg bei der Umwandlung eine gelb- bis rothbraune Substanz, ähnlich dem Zersetzungsproduct der Hyalosiderite. Es scheinen also eisenreiche Varietäten vorzuliegen. Dasselbe gilt aus dem gleichen Grunde für einen Theil der Olivine in der Grundmasse. Die Menge des Olivin ist in der Regel eine so geringfügige, dass man ihn als accessorischen Gemengtheil betrachten und die meisten zu dieser Gruppe gehörigen Gesteine zu den Augitandesiten stellen kann, welche also zum Theil olivinfrei, zum Theil olivinführend sein würden. Die nach dem Olivingehalt als Basalte zu bezeichnenden Vertreter sind charakterisirt durch das Fehlen von Hornblende, durch das ausschliessliche Auftreten des Feldspath in Leistenform und durch die Seltenheit eines zonaren Aufbaus.

Zu der zweiten Gruppe der Augitandesite und Basalte vereinige ich eine Reihe von Gesteinen, die weitaus zum grössten Theil aus dem Tunnel, vereinzelt auch vom Mt. Pleasant, Little River und von der Akaroa Caldera stammen. Soweit die Etiketten nähere Angaben enthalten, sind es vorzugsweise Stücke von Strömen; nur einige wenige Proben scheinen Blöcken aus den Agglomeraten entnommen zu sein. Von den Vertretern der ersten Gruppe unterscheiden sich alle — abgesehen von dem Auftreten in Lavaströmen — durch dunkle Färbung, dichtes Korn, Reichthum an Magnetit.

Ein Theil ist compact und von normalem basaltischen Habitus; dabei ist die Structur entweder gleichmässig feinkörnig bis dicht oder porphyrartig durch zahlreiche Einsprenglinge, die zumeist aus einem mikrotinartigen Plagioklas bestehen. Daneben kommen auch Augit und Olivin vor, die sich aber bei der dunklen Färbung der Grundmasse wenig deutlich von letzterer abheben. Sind die Gesteine nicht mehr frisch, so zeigt der Plagioklas eine gelbe bis braune Farbe.

Viele Vertreter dieser zweiten Gruppe sind blasig mit ganz unregelmässig gestalteten, meist nicht sehr grossen Hohlräumen, welche mit Anflügen oder Krusten von chalcedonartiger Kieselsäure und Carbonaten bekleidet sind. Diese Varietäten gehen allmählich in Mandelsteine über mit zahlreichen, etwa erbsengrossen Chalcedonmandeln, an denen man schon mit der Lupe den radialfaserigen und concentrischen Aufbau wahrnehmen kann.

Die verschiedene Structur und der sehr wechselnde Erhaltungszustand bedingen einen mannigfachen Gesammthabitus; im ganzen herrschen aber die mehr oder minder stark veränderten Gesteine vor und erschweren die Untersuchung in hohem Grade. Dass aber die ganze Reihe eine geognostisch zusammengehörige ist, scheint mir aus den Etiketten hervorzugehen: die blasigen Varietäten sind als Laven bezeichnet, die compacten als Basalte, die vermittelnden Glieder als basaltische Laven.

Eine scharfe Trennung in Augitandesite und Basalte nach dem Auftreten oder Fehlen von Olivin ist auch bei dieser zweiten Gruppe nicht möglich; typische Vertreter der einen oder anderen Gesteinsart sind spärlich; die meisten sind Zwischenglieder, jedoch derart, dass sie sich etwas mehr an die Augitandesite anschliessen, und man sie als olivinführende Augitandesite charakterisiren kann.

Abgesehen von dem äusseren Habitus und dem geognostischen Auftreten unterscheidet sich die zweite Gruppe auch unter dem Mikroskop durch manche Eigenthümlichkeiten von der ersten Gruppe. Hornblende fehlt gänzlich, Magnetit und Apatit sind durchgängig, Basis ist oft erheblich reichlicher vertreten; Augit und besonders Olivin sind meist in hohem Grade verändert; der Augit in der Grundmasse ist licht gefärbt und meist in Körnerform ausgebildet; secundäre Producte stellen sich zum Theil in sehr reichlicher Menge ein.

Eine gut charakterisirte Gruppe bilden einige blasige, an secundären Producten reiche Gesteine aus dem Tunnel. Braunes Glas mit Mikrolithen und Körnchen bildet den Hauptbestandtheil der Grundmasse; in demselben liegen zahlreiche kleine Plagioklasleisten eingebettet, meist mit ruinenartiger Endausbildung durch verschiedene Länge der einzelnen Lamellen, während Augit nur spärlich vertreten ist. Plagioklas, Augit, in grünen Serpentin umgewandelter Olivin, sowie vereinzelte grössere Apatite und Magnetite bilden die Einsprenglinge. Die Plagioklase, welche stark vorherrschen, setzen sich zum Theil nur aus wenigen breiten Lamellen zusammen, zum Theil enthalten sie solche sowohl nach dem Albit-, als auch nach dem Periklingesetz. Zonarer Aufbau ist nicht selten. Wie in dieser ganzen Gesteinsreihe, so sind auch hier die Augite und Olivine stark zersetzt, während die Plagioklase noch vollständig frisch sind. Kugelsegmente von Chalcedon mit sehr zierlichem concentrisch-schaligen und -faserigen Aufbau fehlen nirgends und treten auch zuweilen in grösserer Zahl als Einschlüsse im Plagioklas auf, der ausserdem an Entglasungsproducten reiche Fetzen von farblosem Glas beherbergt. Im Chalcedon wechseln meist braune und gelbe Schalen, selten treten dazwischen farblose auf. Manche Augite sind vollständig in gelblichen Opal umgewandelt, der so homogen ist, dass die Krystalle im gewöhnlichen Licht frisch und unverändert zu sein scheinen. Der in kleinen Nestern recht verbreitete Calcit ist concentrisch-faserig und zeigt im polarisirten Licht bei Hebung der Mikrometerschraube zuweilen deutlich die von Bertrand beschriebenen farbigen Ringe*.

Trotz der nie fehlenden Einsprenglinge von Olivin ist der mikroskopische Habitus dieser Gesteine ein durchaus augitandesitähnlicher, und sie gleichen manchen Varietäten der glasreichen Santorinlaven. Hierher gehört wohl auch ein stark zersetztes Gestein vom Mt. Pleasant.

Das andere Extrem der Reihe bilden einige typische Basalte aus dem Tunnel und aus der Akaroa Caldera. Es sind meist sehr dunkel gefärbte, dichte, compacte Gesteine, reich an Einsprenglingen. Unter letzteren herrschen Plagioklase vor, die eine Grösse von 12 Mm. erreichen; gelegentlich werden sie von Augit begleitet. In einer etwas lichteren feinkörnigen Varietät bilden kleine Olivine die einzigen mit der Lupe erkennbaren Einsprenglinge. Nester von Chalcedon treten zwar gelegentlich auf, bedingen aber keine Mandelsteinstructur.

Unter dem Mikroskop erweist sich die Grundmasse reich an Magnetit. Die Augite sind sehr klein, entweder nahezu farblose Körner oder kleine, schwach violett gefärbte Säulchen. Der Olivin, welcher sich zuweilen fast ganz auf die Grundmasse beschränkt, tritt nur in Körnerform auf und ist gewöhnlich serpentinisirt. Die Plagioklasleisten lassen fluidale Anordnung erkennen. Basis ist in der Regel nur sehr spärlich vertreten und dann ein farbloses Glas; wenn sie sich reichlicher einstellt, ist sie dicht erfüllt mit winzigen opaken Körnchen. Apatit und blutrothe Blättchen von Eisenglimmer betheiligen sich hie und da an der Zusammensetzung der Grundmasse.

Unter den Einsprenglingen zeichnet sich der Olivin durch die mannigfachen Umwandlungsproducte aus. Neben Serpentin und rothbraunen Eisenoxyden treten Carbonate und besonders häufig eine bräunliche, isotrope, von Säuren nicht angreifbare Substanz auf, welche sich nur als Opal deuten lässt. Nach der Beschaffenheit des Materials war eine ganz sichere Bestimmung durch Isolirung nicht möglich. In Olivinen, welche noch nicht ganz verändert sind, nimmt man zahlreiche zierliche

---

* Vgl. E. Cohen: Sammlung von Mikrophotographien Tafel XXXVI. 2.

Oktaëder als Einschlüsse wahr; da sie nie durchscheinend werden und zuweilen von einem zarten braunen Hof umgeben sind, so gehören sie augenscheinlich nicht dem Picotit, sondern dem Magnetit an. Die Plagioklase sind durchweg frisch, die Augite meistens. Erstere zeigen nur selten Andeutung von zonarem Aufbau, letztere sind nicht pleochroitisch und bauen sich zuweilen aus zahlreichen, schmalen Zwillingslamellen auf, so dass eine an die der Plagioklase erinnernde buntfarbige Streifung im polarisirten Licht erscheint. Ausser Einschlüssen von Glas und opaken Körnern sind farblose spindelförmige Gebilde erwähnenswerth, welche sich allerdings nur in einigen wenigen Plagioklasen eines Dünnschliffes finden. Sie reihen sich zu annähernd rechtwinklig sich kreuzenden Strichsystemen aneinander, deren Richtung die Zwillingsgrenze etwa unter 45 Grad schneidet. Bei schwacher Vergrösserung ist die Erscheinung ähnlich, wie sie manche Cordierite zeigen.

Die Chalcedonnester gleichen durchaus den in der vorigen Gruppe erwähnten; die Kieselsäure scheint bei der Frische aller übrigen Gemengtheile dem Olivin zu entstammen. Von einem dieser olivinreichen Basalte wurde die Kieselsäure bestimmt und ergab 47.06 Procent.

Die übrigen Gesteine der zweiten Gruppe, welche die Mehrzahl bilden, nähern sich ihrem makroskopischen Habitus nach bald mehr den einen, bald mehr den anderen soeben beschriebenen Endgliedern der Reihe. Sie sind zum Theil blasig oder als Mandelsteine entwickelt, zum Theil compact, zum Theil reich, zum Theil arm an Einsprenglingen; das Korn ist meist ein feines bis dichtes. Ein Handstück stammt aus der Akaroa Caldera, alle übrigen aus dem Tunnel.

Dem wechselnden makroskopischen Habitus entsprechend, sind auch mikroskopische Structur und Zusammensetzung recht wechselnd, zeigen jedoch keine Verhältnisse, welche irgendwie wesentlich von den schon beschriebenen abweichen. Einige Male wurden pleochroitische Apatite beobachtet, welche, wie gewöhnlich, reich an Interpositionen sind. Zwillingslamellen nach Periklin- und Albitgesetz treten recht oft gleichzeitig auf, und ebenfalls häufig sind kurze, nur einem Theil des Krystalls eingeschaltete, scharf absetzende Lamellen. Der Olivin, welcher fast nur als Einsprengling vorhanden ist, zeigt nicht selten Umwandlung in Carbonate, und die zahlreichen Nester in einer besonders dichten Varietät sind vielleicht auf ursprünglich vorhanden gewesenen Olivin zurückzuführen. Eine Varietät, in welcher letzterer besonders reichlich als Einsprengling auftritt, während der Habitus der Grundmasse ein augitandesitähnlicher ist, ergab einen Kieselsäuregehalt von 66.35 Procent. In der Grundmasse mancher dieser Zwischenglieder treten zahlreiche kleine grünliche Fetzen auf, die von Salzsäure leicht zersetzt werden, ohne dass man beim Fehlen jeglicher regelmässiger Begrenzung entscheiden kann, ob sie aus Augit oder aus Olivin entstanden sind.

Zum Schluss mag noch hervorgehoben werden, dass die Banks-Halbinsel wohl ein besonders dankbares Feld für die Prüfung der Frage abgeben würde, in wie weit geognostische Körper mineralogisch und chemisch annähernd constant zusammengesetzt sind, eine Frage, welche erst in wenigen Fällen eingehend geprüft ist. Durch eine gleichzeitige geognostische und petrographische Untersuchung würde sich auch allein feststellen lassen, ob ein grosser Theil der vorliegenden Gesteine als Übergangs- oder als Zwischengesteine aufzufassen ist.

Petrographisches Institut der Universität Strassburg,
Januar 1884.

Ueber einige mikroskopisch-chemische Reaktionen.

Von

A. Streng in Giessen.

Der ausserordentliche Fortschritt, den die Petrographie in den letzten zwei Decennien gemacht hat, ist zum grossen Theil auf Rechnung der mikroskopischen Untersuchungsmethoden zu setzen, die innerhalb dieser Zeit in die Wissenschaft eingeführt worden sind. Namentlich die Anwendung des polarisirten Lichtes hat die Erkennung der einzelnen Mineralien in feinkörnigen Gesteinen ungemein gefördert, so dass wir jetzt in den meisten Fällen im Stande sind, die Gemengtheile der Gesteine in den Dünnschliffen mit Sicherheit zu erkennen. Indessen ist dies nicht überall der Fall; gar oft bleiben Zweifel, die gelöst werden könnten, wenn es gelingen würde, die betreffenden Mineralien chemisch zu untersuchen. Man hat sich deshalb von verschiedenen Seiten bemüht, chemische Reaktionen ausfindig zu machen, welche sich zur Erkennung bestimmter Substanzen unter dem Mikroskope besonders eignen und dadurch beitragen können zur Bestimmung der Mineralien; Knop*, Boricky**, Haushofer***, O. Lehmann†, Behrens†† und Andere

---

* Dies. Jahrb. 1875, p. 74.

** Elemente einer neuen chemisch-mikroskopischen Mineral- und Gesteins-Untersuchung. Prag 1877, und dies. Jahrb. 1879, p. 565.

*** Zeitschr. f. Kryst. IV. p. 42 und Sitzb. d. bayr. Akad., math.-phys. Cl. 1883, p. 436.

† Zeitschr. f. Kryst. I. p. 453, VI. p. 48 u. 580.

†† Verslagen en Mededeelingen der kon. Akademie van Wetenschappen II Reihe, 17. I. p. 27.

haben solche Reaktionen angegeben und sich dadurch ein grosses Verdienst um die wissenschaftliche Erkenntniss der Gesteine erworben. Auch der Schreiber dieser Zeilen hat sich bemüht, einige Verbesserungen in den mikroskopisch-chemischen Untersuchungsmethoden herbeizuführen*. Inzwischen bin ich durch häufige Anwendung chemischer Methoden bei der Gesteinsuntersuchung in den Stand gesetzt worden, die bisher vorgeschlagenen in einigen Punkten zu verbessern und zu erweitern und dadurch ihre Anwendbarkeit zu erleichtern. Im Nachstehenden sollen nun diejenigen Bestimmungsmethoden beschrieben werden, die mir für die mikroskopische Untersuchung der Gesteine die geeignetsten erschienen sind. Zugleich soll die von mir vorgeschlagene Methode der chemischen Mineralanalyse unter dem Mikroskop mit den inzwischen vorgenommenen Verbesserungen dargestellt werden. Es verdient aber im Voraus bemerkt zu werden, dass ein gewisses Geschick, eine gewisse Übung ein Haupterforderniss aller dieser Methoden ist. Möchten sich diejenigen Fachgenossen, welche nicht gewohnt sind, chemische Arbeiten auszuführen, dadurch nicht abschrecken lassen, dass ihnen am Anfange hie und da einzelne feinere Reaktionen nicht gelingen wollen; mit einiger Übung, die man sehr bald erlangt, kommt man doch zum Ziele.

Neuerdings sind nun gegen die Zulässigkeit der Krytallanalyse d. h. der Bestimmung der Körper durch Berücksichtigung ihrer Krystallform von Brügelmann** Bedenken erhoben worden, die ich meinerseits nur bis zu einem gewissen Punkte für gerechtfertigt halten kann. Die vortreffliche Widerlegung, welche die betreffenden Arbeiten Brügelmann's durch Kopp*** und Marignac† erfahren haben, lässt es mir überflüssig erscheinen, meinerseits näher auf diese Bedenken einzugehen. Auch kommen dieselben bei den von mir vorgeschlagenen oder adoptirten Methoden vergleichsweise wenig in Betracht, da dieselben auf krystallinische Ausscheidungen solcher Verbind-

---

* Mineralog. Mittheilungen 1876, p. 167. 22. Bericht d. oberh. Ges. f. Natur- u. Heilkunde p. 258 u. 260.

** Über die Krystallisation. Chem. Centralbl. 1883, No. 30, 31 u. 32. Berichte d. deutsch. chem. Ges. XV. Heft 13, p. 1833.

*** Berichte d. deutsch. chem. Ges. XVII. p. 1105.

† Archives des sciences physiques naturelles. Sér. 3. T. XI. p. 399.

ungen gegründet sind, die sich durch ihre Schwerlöslichkeit auszeichnen.

An eine unter dem Mikroskope auszuführende chemische Reaktion wird man einige Anforderungen stellen müssen, wenn sie geeignet sein soll, irgend eine Substanz mit Sicherheit zu erkennen. Die Reaktion muss vor Allem charakteristisch sein, d. h. sie muss für eine bestimmte Substanz allein gültig sein, sie darf nicht für mehrere Substanzen, die möglicher Weise gleichzeitig anwesend sein können, in gleicher Weise verlaufen. Sie muss ferner mit Sicherheit erkennbar sein, d. h. die Veränderung, die durch das Reagens hervorgebracht wird, muss durch das Mikroskop genau erkannt werden können. Da in den meisten Fällen durch die Einwirkung des Reagens Krystalle erzeugt werden, so müssen diese so beschaffen sein, dass sie unter dem Mikroskope leicht und sicher erkannt werden können. In erster Linie eignen sich hierzu die einfacheren Krystalle des regulären Systems, Oktaëder, Würfel und Rhombendodekaëder, ferner rhomboëdrische Formen, dann aber auch solche des monoklinen Systems, deren Auslöschungsrichtung mitunter ein vorzügliches Kennzeichen abgibt. Sind die Krystalle allzuklein, so dass sie nur noch bei starker Vergrösserung erkannt werden können, dann ist die Untersuchung sehr erschwert, denn die einzelnen Flächen der Krystalle lassen sich meist nur bei schwacher Vergrösserung erkennen und bestimmen. Gewöhnlich wird dabei auch das auffallende Licht mitwirken, welches ja um so mehr beschränkt wird, je stärker die Objective vergrössern. Ich benutze deshalb fast nur das schwächste Objectiv und wechsle, um stärkere Vergrösserung zu erhalten, nur die Okulare.

Die Reaktion muss endlich empfindlich sein, d. h. sie muss selbst dann zum Vorschein kommen, wenn nur sehr kleine Mengen der Substanz vorhanden sind, auf die man das Reagens anwendet. Diese Empfindlichkeit wird bei der gewöhnlichen chemischen Analyse meist dadurch hervorgebracht, dass die neu entstehende Verbindung möglichst unlöslich ist, so dass auch selbst in verdünnten Lösungen ein Niederschlag entsteht. Indessen eignen sich solche unlöslichen Niederschläge im Allgemeinen nicht zu mikroskopisch-chemischen Reaktionen, weil sie meist ein unkrystallinisches Pulver liefern oder weil die einzelnen Kryställchen zu klein sind, um sie mit Sicherheit zu erkennen. Es werden daher diejenigen Reaktionen die geeignetsten sein, bei denen sich nur schwerlösliche Verbindungen bilden, deren Abscheidung man durch Erwärmen verzögern kann, so dass sie Zeit haben, sich schön krystallinisch abzuscheiden. Je weniger nun von der Substanz, auf welche geprüft werden soll, in den neu entstehenden Krystallen enthalten ist, um so schärfer und empfindlicher wird die Reaktion sein. So ist beispielsweise das essigsaure Uranyl desshalb ein so überaus empfindliches Reagens auf Natrium-Salze, weil nur 4,9 % Natrium in dem entstehenden essigsauren Uranyl-Natrium vorhanden sind und diese kleine Natriummenge die Bildung von 100 Gewichtstheilen des Niederschlags bewirkt.

Leichtlösliche Verbindungen eignen sich nicht gut zur Nachweisung bestimmter Substanzen, weil sie nach andern schwererlöslichen Salzen auskrystallisiren und dadurch leicht verdeckt werden; insbesondere wird der zu bestimmende Körper oft durch Verbindung mit andern in der Lösung anwesenden Substanzen schwerlösliche Salze geben können, so dass die eigentliche Reaktion, das Auftreten bestimmter Krystalle, gar nicht entsteht.

Die Ausführung der Untersuchung wird nun etwas verschieden sein, je nachdem man einen kleinen Splitter eines Minerals oder ein in einem Dünnschliff eingeschlossenes Mineral zur Untersuchung vor sich hat.

Im ersteren Falle, wenn es also in irgend einer Weise z. B. durch Anwendung von Lösungen mit hohem spec. Gewicht gelungen ist, sich ein oder mehrere kleine Splitterchen eines Minerals zu verschaffen, welches einen Gemengtheil eines Gesteins bildet, dann ist die Untersuchung sehr vereinfacht. Man bringt die Probestückchen entweder auf einen Objektträger oder ein Uhrglas, versetzt sie mit 1 oder 2 Tropfen des geeigneten Lösungsmittels, z. B. Salzsäure oder Salpetersäure, und erwärmt damit unter mehrmaligem Nachfüllen der verdampfenden Säure bis zur Lösung. Ist das Mineral nur in Flusssäure löslich, dann wird man die Lösung auf einem Platinblech vornehmen müssen. Nach dem Abdampfen muss dann aber die entstandene Fluorverbindung durch mehrmaliges

Eindampfen mit Salzsäure in Chlorverbindungen übergeführt werden. Der Rückstand wird dann mit einem Tröpfchen Säure wieder aufgenommen, mit 1—2 Tropfen Wasser verdünnt und nun mittelst einer kleinen Kautschuk-Pipette auf einem oder zwei reinen Objektträgern so vertheilt, dass je nach Erforderniss 2—4 verschiedene einzelne Tröpfchen erhalten werden, die man zur Trockne verdampfen kann.

Die Pipetten fertigt man sich selbst an, indem man Glasröhren von etwa 4 mm lichter Weite zu einer langen feinen Spitze auszieht, sie dann in einer Länge von 10—12 cm abschneidet und einen etwa 6 cm langen einerseits mit einem Glasstäbchen verschlossenen Kautschukschlauch anfügt. Man hält sich am besten mehrere solcher Pipetten, die man in einem mit destillirtem Wasser erfüllten Becherglase auf dem Arbeitstisch stehen hat. Daneben braucht man noch einige zu einer Spitze ausgezogene Glasstäbe, mit deren Hülfe man Einen Tropfen eines Reagenses auf einen Objektträger bringen kann; sodann einige kurze, in Glasröhren eingeschmolzene Platindrähte, die theils nach den Angaben von Behrens* zu einem Häkchen gebogen sind, um damit kleine Tröpfchen irgend einer Flüssigkeit zu entnehmen, theils scharf zugespitzt sind.

Um die auf dem Objektträger befindlichen Flüssigkeiten zu erwärmen, benutze ich eine Porzellanschale von 13 cm Durchmesser und 4½ cm Höhe, die mit Wasser gefüllt und mit einer über den Rand der Schale nur wenig hervorragenden Glasplatte bedeckt wird. Erhitzt man das Wasser zum Kochen, dann wird die Glastafel auf 100° erhitzt und kann diese Wärme auf die Objektträger übertragen, die man auf sie legt. Man kann diese Vorrichtung entweder zum Erhitzen einer Lösung benutzen oder auch zum Abdampfen bei hoher Temperatur, was auf diese Weise sehr rasch von Statten geht. Sollen Verdampfungen bei gemässigteren Temperaturen vor sich gehen, z. B. bei solchen, bei denen gekochter Canadabalsam noch nicht flüssig wird, dann stellt man ein kleines etwa 2,5 cm hohes Pappkästchen umgekehrt auf die Glasplatte und legt den Objektträger auf die Unterfläche des Kästchens. Soll mit dieser Vorrichtung Flusssäure oder Salzsäure etc. verdampft

---

* l. c. p. 49.

werden, dann muss man dafür sorgen, dass die sich entwickelnden Dämpfe abziehen können, damit man nicht von ihnen belästigt werde.

Muss man die Untersuchung an einem Dünnschliff ausführen, dann wird dieselbe etwas schwieriger. Ich habe vor einiger Zeit zu diesem Zwecke einen Vorschlag gemacht*, der mit einigen Verbesserungen und Erweiterungen hier erläutert werden soll, nachdem ich vielfach Gelegenheit gehabt habe, seine Anwendbarkeit zu prüfen. Der Vorschlag bezieht sich auf die Isolirung des zu untersuchenden Minerals von den übrigen Gemengtheilen des Gesteins im Dünnschliff. Ich benutze hierzu, vorausgesetzt, dass das zu untersuchende Mineral nicht allzuklein ist, Deckgläschen, welche in ihrer Mitte mit einer sehr kleinen runden Öffnung versehen sind, deren Durchmesser nicht unter 0,25 mm und nicht über 0,65—0,7 mm hinausgehen darf. Zu ihrer Anfertigung taucht man gewöhnliche Deckgläschen von 18 mm Seite in geschmolzenes Wachs, nimmt sie wieder heraus und macht nach dem Erkalten mit einer Nadel in der Mitte des Deckgläschens eine etwa ½—1 mm grosse runde Öffnung in das Wachs der einen Seite und bedeckt sie mit 1 Tropfen Flusssäure, den man unter ruhigem Stehenlassen so lange erneuert, bis das Deckgläschen an dieser Stelle durchgefressen ist. Nach der Entfernung des Wachses findet man nun auf der oberen Seite des Deckgläschens eine runde trichterförmige Vertiefung, die in einem feinen Loche endet, dessen Dimensionen man mit Hülfe einer Stopfnadel mehr oder weniger erweitern kann. Auf der unteren Seite des Deckgläschens ist eine trichterförmige Vertiefung nicht vorhanden.

Soll das Mineral eines Dünnschliffs untersucht werden, dann entfernt man zunächst das Deckgläschen und den leicht schmelzbaren Canadabalsam und bedeckt den Schliff mit ausgekochtem, lässt ihn hart werden und stellt dann unter dem Mikroskop bei schwacher Vergrösserung das zu untersuchende Mineral in der Mitte des Gesichtsfeldes ein. Darauf schiebt man das durchbohrte, sorgfältig gereinigte Deckgläschen so unter das Mikroskop, dass die trichterförmige Öffnung sich

---

* l. c. p. 260.

oben befindet, die Unterseite des Deckgläschens aber den harten Canadabalsam des Schliffes berührt; dann schiebt man dasselbe so lange hin und her, bis die Öffnung sich genau über dem zu untersuchenden Minerale befindet und legt darauf den Dünnschliff vorsichtig auf die durch Wasserdampf erhitzte Glastafel so lange, bis geschmolzener Canadabalsam aus der Öffnung des Deckgläschens herausquillt. Darauf lässt man erkalten und wascht den die Öffnung füllenden Canadabalsam mit einem Haarpinsel, der in Spiritus getränkt ist, sorgfältig heraus, indem man von Zeit zu Zeit mit reinem Löschpapier den Alkohol von dem Deckgläschen wegnimmt und theils unter der Lupe theils unter dem Mikroskop beobachtet, ob das zu untersuchende Mineral frei liegt oder nicht. Ist ersteres der Fall, dann ist es nach den Seiten von Canadabalsam umschlossen und ein auf die Öffnung des Deckgläschens gebrachter Tropfen eines Lösungsmittels kann jetzt nur noch auf das zu untersuchende Mineral wirken. Man lässt nun mittelst eines spitzen Glasstabs einen Tropfen des Lösungsmittels, also beispielsweise Salzsäure oder Salpetersäure, dicht neben die trichterförmige Öffnung fliessen, führt ihn mit dem zugespitzten Platindraht so in die Trichteröffnung, dass sich in diese keine Luftblase einschiebt und lässt nun bei mässiger Wärme verdampfen, d. h. man legt den Dünnschliff auf das auf der heissen Glasplatte stehende Pappkästchen. Wird die Temperatur zu hoch, dann schmilzt der Canadabalsam und verstopft wieder die Öffnung des Deckgläschens, was unter allen Umständen vermieden werden muss. Ist der Tropfen verdunstet, so wiederholt man den Zusatz des Lösungsmittels und das Eindampfen und fügt aus der Pipette 1—2 Tropfen Wasser hinzu, in welchem sich alle löslichen Substanzen auflösen. Unter Umständen muss man auch vorher 1 Tropfen Säure zufügen (z. B. bei der Untersuchung auf Magnesium oder Aluminium), ehe man mit H_2O verdünnt. Die so erhaltene Lösung wird darauf mit der leeren Pipette aufgesogen und auf ein oder zwei reinen Objektträgern in einzelnen Tropfen vertheilt, die dann auf der heissen Platte eingedampft werden.

Löst sich das zu untersuchende Mineral in keiner der gewöhnlichen Säuren, dann muss man mit Flusssäure aufschliessen, darf dann aber das zu untersuchende Mineral nicht mit dem Deckgläschen isoliren, sondern muss sich eines durchbohrten Platinblechs bedienen. Man schneidet sich zu diesem Zwecke aus einem möglichst dünnen Platinblech ein quadratisches Täfelchen heraus, dessen Seiten etwa 18 mm lang sind und durchbohrt es in der Mitte mit einer feinen Stahlspitze. Auch hier wird man mehrere solcher Platinblättchen mit verschieden grossen Öffnungen vorräthig haben müssen. Bei der Untersuchung verfährt man hier ganz, wie mit dem Deckgläschen bezüglich des Einstellens und der Beseitigung des Canadabalsams, dann setzt man einen Tropfen Flusssäure zu, verdampft ihn bei mässiger Wärme und wiederholt dies noch einmal. Darauf dampft man noch zwei Mal mit je 1 Tropfen Salzsäure bei 100° ein, fügt 1—2 Tropfen Wasser zu, saugt die erhaltene Lösung auf und vertheilt sie wie oben angegeben. Auf diese Weise kann man die Feldspathe, Augite und Hornblenden etc. in Lösung überführen und sie der chemischen Untersuchung zugänglich machen.

Alle diese Operationen sind leicht und rasch ausführbar. Das Verdampfen von einem Tropfen Säure dauert bei mässiger Wärme etwa 15—20 Minuten, das Verdampfen der Lösungen bei 100° kaum 1 Minute.

Diese Methode ist im Allgemeinen nur dann anwendbar, wenn das zu untersuchende Mineral nicht allzuklein ist. Sehr kleine Mineralien werden der chemischen Untersuchung in den meisten Fällen unzugänglich sein.

Zur Erzeugung von charakteristischen Krystallen bedient man sich gewisser Reagentien. Man bewahrt dieselben in kleinen Gläschen mit eingeriebenem Glasstöpsel oder in solchen Gläschen auf, deren Glasstöpsel nach unten in einen zugespitzten Glasstab ausläuft, um sogleich einzelne Tropfen des Reagenses entnehmen zu können. Eine kleine übergestülpte Glocke schützt vor zu rascher Verdunstung. Solche Gläschen benutzte man früher zum Aufbewahren der Cobaltsolution für die Löthrohranalyse.

Um nun möglichst schöne und deutliche Krystalle bei der Ausführung der verschiedenen Reaktionen zu erhalten, kann man entweder in der Hitze das Reagens zusetzen und erkalten lassen oder man kann die Lösung nach dem Zusatz des Reagenses verdunsten lassen. Das erstere geschieht, indem man 1 Tropfen der zu prüfenden Lösung auf dem Objektträger auf die heisse Glasplatte setzt, Einen Tropfen des Fällungsmittels daneben ausbreitet und, sobald der Objektträger heiss geworden ist, mittelst des Platindrahtes beide Tropfen vereinigt. Darauf nimmt man den Objektträger von der heissen Platte weg, lässt erkalten und bringt nun unter das Mikroskop.

Soll die Lösung verdunsten, dann kann man dies zuerst bei 100° thun bis eine stärkere Concentration erreicht ist, wozu meist ½ Minute ausreicht, dann aber muss man den Objektträger erkalten lassen und unter das Mikroskop bringen. Es scheiden sich nun hier zunächst am Rande des Tropfens die Krystalle ab; man muss also diesen beständig beobachten, während die Verdunstung fortschreitet. Dabei kann man die anfangs sich bildenden oft undeutlichen Krystalle dadurch theilweise wieder in Lösung überführen, dass man mit dem spitzen Platindraht die Lösung aus dem inneren Theile des Tropfens über den Rand wegführt. Dadurch entstehen oft in der Nähe desselben die deutlichsten Krystalle.

Prüfung auf Phosphorsäure.

Vor längerer Zeit* hatte ich den Vorschlag gemacht, die Phosphorsäure des Apatits unter dem Mikroskope durch eine salpetersaure Lösung von molybdänsaurem Ammonium nachzuweisen. Gegen die Anwendung dieses Reagenses hat Stelzner** einige Bedenken geltend gemacht, die sich darauf gründen, dass auch lösliche Silikate unter Umständen eine ähnliche Reaktion geben wie die Phosphorsäure. Ich habe mich nun eingehend mit diesem Gegenstande beschäftigt und folgendes gefunden: Stellt man sich durch Zusammenschmelzen von chemisch reiner Kieselerde und chemisch reinem kohlensaurem Natrium chemisch reines kieselsaures Natrium dar und löst dies in Wasser auf, so erhält man mit der salpetersauren Lösung des molybdänsauren Ammoniums (Molybdänlösung) keine Reaktion, wenn man grössere Mengen des kieselsauren Natriums anwendet. Setzt man aber zu einem Überschusse der Molybdänlösung einen oder zwei Tropfen des kieselsauren

* Min. Mitth. 1876, p. 167.

** Dies. Jahrb. II. Beil.-Bd. p. 382.

Natriums, so bleibt zwar zunächst die Lösung unverändert, aber beim Erhitzen färbt sie sich gelb, ohne dass aber ein Niederschlag entstünde; selbst nach längerem Kochen entsteht kein Niederschlag. Erst nach 12—18 stündigem Stehen im geschlossenen Proberöhrchen hatten sich sehr kleine Mengen eines gelben Niederschlags am Glase festgesetzt. Lässt man aber die Lösung langsam verdunsten, dann tritt Abscheidung eines gelben Niederschlags ein, ebenso auf Zusatz von viel salpetersaurem Ammonium oder von Chlorammonium*. Alle diese Niederschläge haben unter dem Mikroskope dieselbe Form wie der Niederschlag mit Phosphorsäure und enthalten neben viel Molybdänsäure etwas Kieselerde, die sich auf Zusatz von Ammoniak zu dem Niederschlage in Flocken abscheidet. Durch Zusatz von überschüssigem Chlorammonium oder salpetersaurem Ammonium zu der durch Wasserglas gelb gefärbten Molybdänlösung gelingt es die ganze Kieselerde aus der Lösung niederzuschlagen. Es wäre nun vielleicht möglich, die mit salpetersaurem Ammonium versetzte Molybdänlösung als Reagens auf lösliche Kieselerde zu benutzen, bis jetzt ist es aber noch nicht geglückt, brauchbare Resultate zu erhalten.

Versetzt man ferner die gelbe Lösung, die durch Kochen von Molybdänlösung mit wenig kieselsaurem Natrium erhalten wurde, mit einer Spur von phosphorsaurem Natrium, dann entsteht sogleich ein reichlicher gelber Niederschlag, der sowohl Phosphorsäure als auch Kieselerde enthält. Offenbar reisst hier der Phosphorsäure-Niederschlag auch die Kieselerde mit nieder.

Versetzt man einzelne oder mehrere Körnchen von Eläolith, der vollständig frei ist von Apatit, mit der Molybdänlösung, so beobachtet man, dass sich der Eläolith langsam löst aber ohne Abscheidung gelber Körnchen. Bedeckt man die Flüssigkeit mit einem Deckgläschen und erwärmt auf 100°, dann färbt sie sich gelb, aber ohne dass sich gelbe Körnchen abscheiden. Ebenso verhält sich Nephelin, Humboldtilith, Melilith und Natrolith, wenn sie frei sind von Apatit. Sowie man aber ein Körnchen dieser Mineralien anwendet, in welchem

* Zu ähnlichen Resultaten war auch schon W. Knop gekommen. Chem.-pharm. Centralbl. 1857, p. 691.

nium liefert auch sehr gute Resultate, ist aber nach meinen Erfahrungen nicht von der Schärfe und Empfindlichkeit wie die Molybdänlösung. Gleichwohl wird man es in zweifelhaften Fällen zur Bestätigung des Phosphorsäure-Gehalts mit heranziehen können, wenn derselbe nicht unter ein bestimmtes Minimum herabgegangen ist.

Prüfung auf Kalium.

Zur Nachweisung des Kaliums hat Behrens* das Platinchlorid vorgeschlagen, welches in der That ein ganz vorzügliches ungemein scharfes und empfindliches Reagens auf Kalium ist. Die Art, wie sich die Krystalle des Chlorplatinkaliums bilden, ist von Behrens schon angegeben, insbesondere sind die Skelettbildungen beschrieben und abgebildet worden. In einer früheren Abhandlung** habe ich bemerkt, dass die Krystalle oft als Oktaëder erscheinen, deren Ecken durch Flächen eines Ikositetraëders zugespitzt sind, dass ferner auf den Flächen des Oktaëders sehr stumpfe Kanten sichtbar sind, die von dem Oktaëder vicinalen Achtundvierzigflächnern herrühren. Jetzt möchte ich noch hinzufügen, dass die Krystalle öfters auch in Würfeln mit oder ohne Rhombendodekaëder und Oktaëder erscheinen, möglicherweise bei Anwesenheit von Thonerde und Schwefelsäure. So erhielt ich bei Anwendung von Alaun zur Hervorbringung der Kaliumreaktion neben Oktaëdern häufig auch gelbe Würfel.

Zur Ausführung der Reaktion versetzt man einen eingedampften Tropfen der zu prüfenden Substanz mit einem sehr kleinen Wassertröpfchen (mittelst des gekrümmten Platindrahts), fügt unmittelbar daneben einen Tropfen Platinchloridlösung zu und lässt ihn, während der Objektträger auf 100° erhitzt wird, mittelst des Platindrahts an Einer Stelle in den zu prüfenden Tropfen fliessen, lässt einige Augenblicke verdunsten, darauf erkalten und untersucht nun den Rand des Tropfens da, wo sich vorher die zu untersuchende Lösung befand, auf die Krystalle oder Skelette des Chlorplatinkaliums. Dieselben haben sich dann langsam und schön ausgebildet.

Hauptbedingung zum Gelingen des Versuchs ist aber die

* l. c. p. 48.

** 22. Jahresb. d. oberh. Ges. p. 260.

Reinheit des Platinchlorids. Da fast alles Platinchlorid etwas Chlorkalium enthält, so muss man sich dasselbe reinigen. Man nimmt am besten festes Platinchlorid, schüttelt es längere Zeit mit absolutem Alkohol, lässt klären und giesst die klare Lösung durch ein Filter, dampft sie im Wasserbade zur Trockne und löst den Rückstand in Wasser.

Mit Hülfe dieser Lösung kann man zunächst den Kaliumgehalt des Leucits nachweisen, wenn man diesen mit dem durchbohrten Deckgläschen isolirt und mehrmals mit Salzsäure behandelt. Die erhaltene Lösung gibt nach dem Eindampfen auf einem Objektträger mit Platinchlorid in der eben beschriebenen Weise behandelt, sehr schön die Kalireaktion, zum Unterschiede vom Nephelin, welcher nur Natrium-Reaktion gibt. Auch der Kaligehalt des Orthoklases kann mit Platinchlorid sehr schön nachgewiesen werden, wenn man das Mineral mit dem durchbohrten Platinblech isolirt und mit Flusssäure aufschliesst.

Prüfung auf Natrium.

In der oben citirten Abhandlung* habe ich eine Reaktion auf Natrium vorgeschlagen, die an Empfindlichkeit nichts zu wünschen übrig lässt. Das Reagens ist das essigsaure Uranyl. Da dieses, so wie es im Handel vorkommt, Natrium-haltig ist, so muss man es reinigen. Zu diesem Zwecke löst man es unter Zusatz von Essigsäure in möglichst wenig kochendem Wasser auf, filtrirt und lässt erkalten. Die erhaltene Salzmasse wird von der Mutterlauge durch Filtration getrennt und zwischen Fliesspapier gepresst. Mit der erhaltenen Salzmasse wiederholt man dieselbe Operation. Das schliesslich erhaltene Product wird unter Zusatz von Essigsäure in kochendem Wasser gelöst, ein Tropfen der Lösung auf einen Objektträger gebracht und während des Verdunstens unter dem Mikroskope beobachtet, ob sich Tetraëder des essigsauren Uranyl-Natriums ausscheiden oder nicht. Ist ersteres der Fall, dann muss nochmals umkrystallisirt werden. Man kann nun die völlig Natron-freie Lösung in einem Glase mit eingeriebenem Glasstöpsel aufbewahren, muss dann aber von Zeit zu

* 22. Bericht d. oberh. Ges. p. 258.

Zeit untersuchen, ob sie nicht aus dem Glase Natrium aufgenommen hat. So habe ich die Erfahrung gemacht, dass diese Lösung aus dem Glase mit Glasstabstöpsel sehr bald viel Natrium aufgenommen hatte, während eine Lösung, welche in einem gewöhnlichen Glase aufbewahrt worden war, selbst nach zwei Jahren noch völlig frei war von Natrium.

Will man einen eingedampften Tropfen einer Lösung auf Natrium untersuchen, dann versetzt man ihn mit Einem Tropfen der Uranlösung, verdampft einen Theil des Wassers bei 100°, lässt erkalten und bringt den Objektträger unter das Mikroskop. Bei Anwesenheit von Natrium scheiden sich nun nahe am Rande zahlreiche sehr scharf ausgebildete Tetraëder von essigsaurem Uranyl-Natrium ab, die während des Wachsens meist noch das Gegentetraëder und das Rhombendodekaëder entwickeln. Sie sind schwach gelblich gefärbt und völlig isotrop, während das daneben auskrystallisirende essigsaure Uranyl in gewissen Stellungen etwas deutlicher gelb gefärbt ist, in andern aber oft fast farblos erscheint, da es stark dichroïtisch ist: ausserdem ist es anisotrop und wirkt stark auf das polarisirte Licht. Es krystallisirt nach Schabus mit 2 Mol. Wasser im rhombischen System, gleichwohl hat es eine schiefe Auslöschung. So hatten die rechteckigen Tafeln, die häufig beim Beginne der Krystallisation auftreten, eine Auslöschungsschiefe von 11°. Kann man bei der ersten Beobachtung des krystallinischen Saumes, der am Anfange entsteht, zwischen der übrigen Salzmasse kein Tetraëder erkennen, dann bringt man die entstandenen Krystalle dadurch wieder zum Auflösen, dass man mit dem spitzen Platindraht die Lösung aus der Mitte des Tropfens über dessen Rand leitet. Es lösen sich in Folge dessen vorzugsweise die leichter löslichen Krystalle des essigsauren Uranyls auf, während sich das Natrium-Doppelsalz nur theilweise löst und bei weiterem Verdunsten rasch wieder auswächst zu schönen isolirten Tetraëdern. Man kann die Anwesenheit des Natriums nur dann mit Sicherheit annehmen, wenn man deutliche Tetraëder mit oder ohne Rhombendodekaëder oder Gegentetraëder beobachtet. Oktaëder, die entstehen können, wenn Tetraëder und Gegentetraëder im Gleichgewicht sind, deuten nicht mit Sicherheit die Anwesenheit von Natrium an, weil auch ohne Natrium Oktaëder entstehen können, die intensiv gelb gefärbt sind und wahrscheinlich einem basischen Salze angehören. Bei den vielen Untersuchungen auf Natrium, die ich in letzter Zeit mit der Uranlösung gemacht habe, ist mir nur zwei Mal dieses oktaëdrische Salz vorgekommen und zwar bei Abwesenheit von Natrium. Dasselbe absichtlich darzustellen, ist mir bislang nicht gelungen. Auch das Auftreten isotroper sehr hell gefärbter hexagonaler Tafeln, die wahrscheinlich Oktaëder sind, welche nach einer Fläche breit gedrückt sind, kann nicht als Beweis der Anwesenheit von Natrium angesehen werden. Möglicherweise bestehen sie aus dem Natrium-Doppelsalz, indessen ist dies nicht mit Sicherheit nachzuweisen.

Störend bei dem Aufsuchen der Tetraëder ist das Auftreten basischer Salze in Form feiner Nadeln. Sowie man dies bemerkt, muss man Einen Tropfen Natrium-freie Essigsäure hinzufügen, etwas eindampfen (bei 100°) und wieder erkalten lassen.

Die vorstehend beschriebene Natrium-Reaktion ist von ausserordentlicher Empfindlichkeit, so dass man sie selbst dann in Anwendung bringen kann, wenn nur sehr kleine Mengen einer Natrium-haltigen Substanz zur Untersuchung vorliegen. Dabei gestattet sie, sich aus der Zahl und Grösse der entstehenden Krystalle eine Vorstellung von der Menge des Natriums in der untersuchten Substanz zu bilden, wobei man freilich berücksichtigen muss, dass die Tetraëder des Doppelsalzes, wie oben schon bemerkt, nur 4,9 % Natrium enthalten.

Mit dieser Reaktion ist man im Stande, den Natrium-Gehalt des Nephelins, Humboldtiliths etc. nachzuweisen, wenn man die betreffenden Mineralien mit dem durchbohrten Deckgläschen isolirt und in Salzsäure löst. Ebenso kann man den Natrium-Gehalt der Plagioklase ermitteln, wenn man mit Platinblech isolirt und in Flusssäure löst.

Die Natrium-Reaktion lässt sich nun auch umkehren. Haushofer* hat neuerdings in einer kurzen Notiz darauf aufmerksam gemacht, dass das Uran als essigsaures Uranylnatrium nachgewiesen werden könnte. Als Reagens würde essigsaures Natrium dienen können. Aber auch die Essigsäure würde in

* Sitzungsber. der bayr. Akad. 1. Dez. 1883, p. 436.

derselben Weise durch eine Lösung von Uranchlorid und Chlornatrium nachgewiesen werden können.

Prüfung auf Lithium.

Zur mikroskopischen Nachweisung des Lithiums sind verschiedene Methoden in Vorschlag gebracht worden, unter Anderem von Boricky die Kieselfluorwasserstoffsäure, von Behrens das kohlensaure Kalium. Das Kieselfluorlithium ist allzu leichtlöslich um ein bequemes und sicheres Erkennungsmittel für Lithium abgeben zu können. Besser eignet sich das kohlensaure Kalium als Reagens, denn das kohlensaure Lithium ist schwerlöslich und liefert gut erkennbare schneeflockenähnliche Gestalten oder deutlicher ausgebildete monokline Formen. Ich habe es ausserdem versucht, das schwerlösliche phosphorsaure Natrium-Lithium zur Erkennung zu benutzen, erhielt aber bei Zusatz von phosphorsaurem Natrium zu einer Lithium-Lösung keine gut charakterisirte Ausscheidung. Versetzt man aber die Lösung des phosphorsauren Natriums mit Essigsäure, setzt diese Lösung zu einer Lithium-Lösung und dampft zuerst etwas ein, dann bilden sich namentlich an den Rändern bei weiterem Eindunsten unter dem Mikroskope kreisrunde Ausscheidungen in grosser Zahl, welche zwischen gekreuzten Nikols prachtvoll das schwarze Kreuz der Sphärolithe zeigen. Will man nach dem völligen Eindunsten die Substanz wieder lösen, um die Entstehung der kreisrunden Sphärolithe nochmals zu verfolgen, dann muss man verdünnte Essigsäure als Lösungsmittel anwenden.

Es wird erst weiterer Erfahrungen bedürfen, um zu erkennen, ob diese Reaktion brauchbar ist oder nicht; insbesondere wird man darauf achten müssen, ob nicht das phosphorsaure Natrium selbst oder irgend ein anderes Phosphat unter Umständen ähnliche Sphärolithe liefern kann.

Prüfung auf Calcium und Strontium.

Als ein gutes mikroskopisches Reagens auf Calcium ist schon seit längerer Zeit verdünnte Schwefelsäure in Anwendung. Die Reaktion ist so bekannt, dass nicht näher darauf eingegangen werden soll, es sei nur bemerkt, dass die Gypsnadeln auch bei Anwesenheit von Barium und Strontium deutlich zu erkennen sind.

Es ist nun unter Umständen erwünscht, noch eine bestätigende Reaktion auf Calcium zu haben, die man neben der ebengenannten in Anwendung bringen kann. Zu diesem Zwecke kann eine concentrirte Lösung von Oxalsäure empfohlen werden. Versetzt man einen Tropfen einer verdünnten Lösung eines Kalksalzes in der Kälte mit Oxalsäure-Lösung auf einem Objektträger, dann beobachtet man, dass nach einiger Zeit zahlreiche sehr gut erkennbare Oktaëderchen entstehen, welche wahrscheinlich einem sauren Kalksalze angehören. Eine chemische Untersuchung dieser Krystalle war desshalb nicht möglich, weil sich stets neben den isotropen Oktaëdern auch rhombische anisotrope Täfelchen mit einer etwa 25° betragenden Auslöschungsschiefe in kleiner Zahl bilden, die wohl eine etwas andere Zusammensetzung haben werden. Beim Fällen in der Hitze entstehen scheinbar rhombische Täfelchen, die aber durch eine nicht sehr grosse Auslöschungsschiefe sich als zum monoklinen Systeme gehörend darstellen. — Die Oxalsäure selbst krystallisirt in monoklinen, stark auf das polarisirte Licht wirkenden Krystallen mit einer Auslöschungsschiefe von 10° gegen ihre Längenausdehnung.

Genau dieselbe Reaktion, wie das Calcium, zeigt mit Oxalsäure auch das Strontium: in der Hitze liefert es monokline Krystalle, in der Kälte scharf ausgebildete Oktaëder, daneben mehr vereinzelt rechteckige, aber trotzdem monokline Täfelchen mit schiefer Auslöschung. Man kann daher die Reaktion auf Calcium mit Oxalsäure nur da anwenden, wo die Anwesenheit von Strontium ausgeschlossen ist.

Wäre es nöthig, Strontium und Calcium neben einander zu erkennen, dann würde dies mit stark verdünnter Schwefelsäure geschehen können. Setzt man diese in der Hitze zu einer Strontium- oder Calcium-haltigen Lösung und lässt einige Zeit auf der erhitzten Glastafel stehen, dann erhält man nach dem Erkalten deutlich erkennbare rhombische Kryställchen von Cölestin, während sich daneben die monoklinen Nadeln des Gypses bei Anwesenheit von Calcium ausscheiden. Indessen kann ich vorläufig diese Reaktion auf Strontium nicht als eine scharfe bezeichnen.

Baryt-Salze verhalten sich, wie weiter unten angegeben werden soll, anders als Calcium- und Strontium-Verbindungen.

Durch die Reaktion mit Schwefelsäure sowohl, wie durch diejenige mit Oxalsäure lässt sich der Kalk der Plagioklase, der Augite und Hornblenden, des Apatits, des Humboldtiliths etc. feststellen.

Hat man einen Feldspath zu untersuchen, bei dem es zweifelhaft ist, ob er aus Orthoklas oder Plagioklas besteht, dann behandelt man ihn mit Flusssäure, dann mit Salzsäure, theilt die salzsaure Lösung in 3 oder 4 Tropfen, untersucht den ersten auf Kalium, den zweiten auf Na, den dritten auf Calcium. Erhält man nur Reaktion auf Kalium und kein oder nur wenig Na, dann ist der Feldspath ein Orthoklas, erhält man aber kein Kalium, dagegen Natrium und Calcium, dann ist er ein Plagioklas.

Auch Hornblende und Biotit lassen sich dadurch von einander unterscheiden, dass erstere eine Reaktion auf Calcium, letzterer auf Kalium gibt.

Prüfung auf Barium.

Ein unter dem Mikroskop recht brauchbares Reagens auf Barium ist das Ferrocyankalium. Versetzt man einen Tropfen einer verdünnten Chlorbarium-Lösung in der Wärme mit einem Tropfen Ferrocyankalium-Lösung und lässt abkühlen und verdunsten, dann scheiden sich hellgelbliche Rhomboëder von Ferrocyanbarium-Kalium aus, deren Auslöschung den Diagonalen der Rhomboëderflächen parallel ist.

Eine Strontium-Lösung gibt mit Ferrocyankalium nur sehr kleine nicht erkennbare Körnchen, und zwar erst bei stärkerem Eindampfen, da das betreffende Salz leichtlöslich ist.

Versetzt man eine Lösung von Chlorbarium in der Kälte mit concentrirter Oxalsäure-Lösung, so entsteht beim Verdunsten eine Krystallisation von nadelförmigen und spiessigen Krystallen, die stark auf das polarisirte Licht wirken und deutlich monoklinen Habitus an sich tragen; auch haben sie eine grosse Auslöschungsschiefe (25—28°). Mitunter gruppiren sie sich zu Schneestern-ähnlichen oder zu garbenförmigen Gebilden. Beim Weiterwachsen werden die Krystalle immer schöner ausgebildet, indem der monokline Charakter sich immer deutlicher ausprägt. Oktaëder sind aber nirgends zu beobachten; nur bei Anwesenheit von Salpetersäure entstehen Oktaëder von salpetersaurem Baryt. Man könnte daher das Chlorbarium als mikroskopisches Reagens auf Salpetersäure benutzen; bis jetzt habe ich aber nur bei Anwesenheit freier Salpetersäure diese Reaktion gut erhalten.

Witherit und Strontianit lassen sich leicht von einander unterscheiden, wenn man die verdünnte salzsaure Lösung in zwei Tropfen vertheilt, den Einen mit Ferrocyankalium, den andern mit Oxalsäure versetzt. Gelbe Rhomboëder im ersten zeigen den Witherit, farblose Oktaëder im zweiten den Strontianit an.

Prüfung auf Magnesium.

Das von Haushofer* und von Behrens** zur Nachweisung des Magnesiums empfohlene phosphorsaure Natrium eignet sich hierzu ganz vorzüglich. Das Verfahren ist von Behrens ausführlich beschrieben worden, ausserdem hat Haushofer in so vortrefflichen Abbildungen alle oft skelettartigen Formen des entstehenden phosphorsauren Magnesium-Ammoniums dargestellt, welche sich unter dem Mikroskope bei der Fällung beobachten lassen, dass ich wenig hinzuzufügen habe. Es betrifft die Art der Fällung. Ich habe gefunden, dass man die besten völlig ausgebildeten und dadurch am besten erkennbaren Krystalle erhält, wenn man dem phosphorsauren Natrium etwas Ammoniak hinzufügt, die zu untersuchende Lösung mit Salmiak versetzt und die Tropfen beider Lösungen neben einander auf 100° erwärmt, dann vereinigt und nun langsam erkalten lässt. Lässt man, wie Haushofer und Behrens vorgeschlagen haben, das Ammoniak bei der Fällung ganz fort, dann erhält man zwar auch schöne Krystalle, aber der Hauptvortheil der Reaktion, die grosse Empfindlichkeit, geht verloren, denn nur in einer ammoniakalischen Lösung ist das phosphorsaure Magnesium-Ammonium in der Kälte so gut wie unlöslich. Daher wird man ohne Anwendung von Ammoniak in den Fällen, wo man ein auf Magnesium zu untersuchendes Mineral mit dem durchbohrten Deckgläschen isoliren muss,

* Zeitschr. f. Kryst. 4, p. 43.
** l. c. p. 54.

keine Reaktion erhalten, die aber auf Zusatz von Ammoniak sofort zu beobachten ist.

Hat man irgend ein Mineral, welches auf Magnesium geprüft werden soll, mit einem Lösungsmittel behandelt, die Lösung in mehrere Tropfen vertheilt und eingedampft, dann hat sich Magnesium in Form eines basischen Salzes oder als Magnesia abgeschieden und ist dann in Wasser nicht löslich.

Man muss daher vor dem Eindampfen Chlorammonium zufügen oder nach dem Eindampfen mit einem Tropfen verdünnter Salzsäure wieder auflösen, ehe man die Fällung vornimmt.

Auf diese Weise lässt sich nun der Magnesium-Gehalt des Olivins in salzsaurer Lösung, derjenige des Enstatits in flusssaurer Lösung nachweisen, während beide Mineralien mit Schwefelsäure keine Reaktion auf Calcium geben.

Ferner lässt sich mit Hülfe dieser Reaktion der Magnesium-Gehalt der Dolomite nachweisen, denn wenn man ein sehr kleines Körnchen Dolomit in Salzsäure löst, die Lösung stark verdünnt und zu einem Tropfen derselben nach dem Erhitzen auf 100° Chlorammonium und eine heisse Lösung des ammoniakalischen phosphorsauren Natriums zufügt, dann kann man im Dolomit neben dem sehr feinkörnigen Kalkniederschlag nach dem Erkalten das Magnesium-Salz deutlich erkennen und seiner Menge nach schätzen.

Auch die Unterscheidung von Enstatit und Diallag gelingt auf chemischem Wege dadurch, dass der Enstatit nur die Magnesium-Reaktion, der Diallag aber Magnesium- und Calcium-Reaktion gibt.

Prüfung auf Aluminium.

Zur Nachweisung eines Thonerdegehalts kann man sich des sauren schwefelsauren Kaliums bedienen, von dem man ein kleines Körnchen an den Rand eines auf Aluminium zu untersuchenden Tropfens legt. Während sich dieses Körnchen löst, scheiden sich oft schon am Rande des Tropfens nahe bei dem Körnchen die oktaëdrischen Alaunkrystalle ab, die aber nicht isotrop sind, sondern in der Art auf das polarisirte Licht wirken, dass man zwischen gekreuzten Nikols auf den Oktaëderflächen die grau und weiss gefärbten Sektoren erkennt, welche bei Alaunkrystallen gewöhnlich beobachtet werden. Die Krystalle sind häufig verzerrt, d. h. nach einer Oktaëderfläche breit gedrückt. Kommen sie nicht alsbald zum Vorschein, dann kann man bei 100° etwas eindampfen und wieder erkalten lassen. Dann findet man bei Anwesenheit von Aluminium die Alaunkrystalle ausgeschieden.

Noch schärfer und empfindlicher als das saure schwefelsaure Kalium ist das von Behrens* vorgeschlagene Cäsiumchlorid, welches ich bei meinen Versuchen durch das saure schwefelsaure Cäsium ersetzt habe. Der Cäsiumalaun ist weit schwerer löslich, als der Kaliumalaun. Man nimmt die Fällung am besten bei 100° vor und findet dann bei Anwesenheit von Aluminium nach dem Abkühlen am Rande des Tropfens zahlreiche Oktaëderchen von Cäsiumalaun, die man meist bei etwas stärkerer Vergrösserung beobachten muss, da sie oft sehr klein sind. Auf diese Art war es leicht, den Aluminium-Gehalt der Feldspathe, des Leucits etc. in einem Dünnschliff nach der Auflösung in Flusssäure oder Salzsäure nachzuweisen.

Giessen, 6. September 1884.

---

* l. c. p. 56.

Ueber die Abhängigkeit der optischen Eigenschaften von der chemischen Zusammensetzung beim Pyroxen.

Von

C. Doelter in Graz.

Mit Tafel I.

Dass die Werthe der optischen Constanten des Pyroxens von dem Eisengehalt abhängig seien, hat zuerst TSCHERMAK[1] nachgewiesen, indem er zeigte, dass bei rhombischen Pyroxenen sowohl als auch bei Diopsiden, mit zunehmendem Eisengehalt die Auslöschungsschiefe in der Symmetrieebene zunimmt. Von Augiten lagen nur einige wenige Beobachtungen vor: WIIK[2] kam durch einige Messungen an Thonerde-Augiten zu dem Resultat, dass die vulcanischen Augite in dieser Hinsicht sich verschieden verhalten von denen der älteren Gesteine, indem durch Construction einer Curve, bei der die Abscissen den Eisenoxydulgehalt und die Ordinaten die Auslöschungsschiefe repräsentiren, diese Curve in anderem Sinne verlauft als bei Diopsiden.

Da WIIK nur den Eisenoxydulgehalt, nicht aber Eisenoxyd und Thonerde in Betracht gezogen, so schien es mir nothwendig, diese Untersuchung neuerdings vorzunehmen. Ich entschloss mich daher, einen Theil der Krystalle, welche zu meinen früheren chemischen Untersuchungen[3] gedient hatten, zu opfern, um eben Material zu gewinnen, bei dem die chemische Zusammensetzung bestimmt war, was mir von grossem Werth

[1] Mineral. Mitth. 1870. Bd. I.

[2] Zeitschr. f. Kryst. VIII. 208.

[3] TSCHERMAK, Mineral.-petrogr. Mitth. 1877, 1878, 1879, 1883.

erschien. Inzwischen wurde eine Arbeit von Herwig[1] über denselben Gegenstand veröffentlicht, worin eine Anzahl von Augiten in optischer Hinsicht untersucht wurden. Der Verf. geht dabei von der richtigen Ansicht aus, dass man nicht das Eisenoxydul, Eisenoxyd etc. zum Ausgangspunkte des Vergleichs nehmen dürfe, sondern die entsprechenden Silikate; trotz dieser verdienstvollen Arbeit schien mir jedoch die Sache nicht erschöpft, weil eben Herwig Material angewandt hat, dessen Identität mit dem analysirten, auf welches er sich bezieht, in den meisten Fällen sehr fraglich ist, daher er auch zu keinem befriedigenden Resultate gelangen konnte. Desswegen schien mir die Fortsetzung meiner bereits begonnenen Studien keineswegs überflüssig, um so mehr als ich eben über ein grosses Material von analytisch untersuchten Augiten verfüge, während alle Forscher, welche bisher diesen Gegenstand behandelten, nicht in dieser Lage waren, sondern sich nur auf, zum Theil sogar unvollständige, Analysen bezogen, welche an Individuen von ungefähr demselben Fundorte angestellt worden waren. Fundorte wie Westerwald, Vogesen, Vesuv, Böhmen, sind aber so vag, dass es eben in solchen Fällen kaum wahrscheinlich ist, dass die späteren optischen Untersuchungen auch an den analysirten Mineralien stattgefunden haben. Es können aber nur genaue Untersuchungen zu einem befriedigenden Resultate führen, da schon kleinere Abweichungen in der chemischen Zusammensetzung jeden Vergleich illusorisch machen; daher ergaben meine an analysirtem Material angestellte Untersuchungen Resultate, die von den früheren abweichen.

Herwig hat in seiner Arbeit mit Recht aufmerksam gemacht, dass es richtiger sei, nicht den Eisenoxydulgehalt zum Maassstabe des Vergleichs zu wählen, sondern das entsprechende Silikat, und es scheint dies wohl keiner besonderen Begründung bedürftig; es sind daher im Folgenden die verschiedenen Eisen- und Thonerde-Silikatmengen verglichen worden, diese allein geben eine regelmässige Steigerung der Auslöschungsschiefe, während man, wenn man nur die Mengen von Eisenoxydul, Thonerde vergleicht, keine Regelmässigkeit beobachtet.

---

[1] Gymnasialprogramm. Saarbrücken 1884. (Vgl. d. Referat weiter unten.)

Da wir es jedoch hier mit mindestens drei Silikaten zu thun haben, nämlich: $CaFeSi_2O_6$, $MgAl_2SiO_6$, $MgFe_2SiO_6$, wozu in manchen Fällen noch $Na_2Al_2SiO_6$ hinzutritt, so ist es begreiflich, dass, da die Magnesiasilikate immer zusammen vorkommen, es schwer wird, den Einfluss der einzelnen Silikate zu berechnen; nur so viel geht schon aus einer oberflächlichen Betrachtung hervor, dass beide in gleichem Sinne wirken. Massgebend für den Einfluss auf den Werth der Auslöschungsschiefe ist demnach die Summe der Eisen- und Thonerdehaltigen Silikate, und man kann auch beobachten, dass mit derselben der Werth der Auslöschungsschiefe stetig wächst.

Zuerst sollen nun hier die Mineralien der Diopsidreihe, dann die der Thonerde-Augitreihe untersucht werden, denn dass eine Trennung nothwendig sei, ergab sich mir im Laufe der Untersuchung.

Diopsidreihe.

1. Diopsid von Ala.

Farblose über 1 cm lange Krystalle, welche die beiden Pinakoide des Prisma, die Hemipyramide 2P, oP und zwei Klinodomen zeigen. FeO nach meiner Analyse 2.91. Die Auslöschungsschiefe wurde zu 36° 5′ gemessen. [Mittel aus 18 Messungen.] Bisher wurde die Messung Des-Cloizeaux' 39° als die Auslöschungsschiefe des Diopsids betrachtet, es kann diesem Forscher kein so eisenarmer Krystall vorgelegen sein, denn wie wir sehen werden, geben alle Diopside, deren FeO geringer als 4 Proc. ist, eine kleinere Auslöschungsschiefe.

2. Diopsid vom Zillerthal.

Es kommen ganz lichtgrüne, fast farblose Krystalle, neben dunklen vor, oft zeigt ein grösserer Krystall einen farblosen und einen dunkelgrün gefärbten Theil.

a. Lichte Krystalle; lange Säulen, welche die beiden Pinakoide und das Prisma zeigen; meistens sind es Zwillinge. FeO = 3.29[2], daraus berechnet sich 10 Proc. Eisenkalksilikat und 90 Proc. Kalkmagnesiasilikat. c : c = 36° 15′.

b. Dunkelgrüne Krystalle FeO = 3.09, Fe_2O_3 = 0.89.

---

[1] Zur Kenntniss der Zusammensetzung des Augits. Tscherm. Mineral.-petr. Mitth. 1877, p. 288.

[2] C. Doelter. Über Diopsid. Tschermak's Mineral.-petr. Mitth. 1878.

Zusammensetzung 10 Proc. Eisenkalksilikat, 87 Proc. Kalkmagnesiasilikat, 2 Thonerdesilikat und 1 Eisenoxydmagnesiasilikat. c : c = 36° 50'.

3. Diopsid vom Baikalsee[1] (Baikalit).

Grosse säulenförmige, pistaziengrüne Krystalle. c : c = 37° 10'. FeO = 3.49. Zusammensetzung in Procenten:

86 $CaMgSi_2O_6$ 11 $CaFeSi_2O_6$
2 $MgAl_2SiO_6$ $MgFe_2SiO_6$

4. Diopsid von Achmatowsk[2].

Säulenförmige lichtgrüne Krystalle

FeO = 3.81 Fe_2O_3 = 0.55 Al_2O_3 = 0.99

entsprechend: 85 Proc. $CaMgSi_2O_6$, 13 $FeCaSi_2O_6$, 2 $MgAl_2SiO_6$, 1 $MgFe_2SiO_6$. Auslöschungsschiefe aus 12 Messungen: 37° 10'.

5. Diopsid von Arendal[3].

Grüne, grosse dicksäulenförmige Krystalle: Prisma, Querfläche, Längsfläche und Basis. Nach letzterer Fläche wird schalenförmige Absonderung beobachtet.

c : c = 39° 10'

Fe_2O_3 = 1.08, FeO = 4.5. Zusammensetzung:

80 Proc. $CaMgSi_2O_6$ 15 Proc. $FeCaSi_2O_6$
3 Proc. $MgAl_2SiO_6$ 2 Proc. $MgFe_2SiO_6$

6. Diopsid von Nordmarken.

Die bekannten, öfter untersuchten dunkelgrünen Krystalle von dicksäulenförmigem Typus, bei denen die beiden Pinakoide vorherrschen. FeO-Gehalt nach meiner Analyse (l. c. p. 61) = 17.34. Die Zusammensetzung = 41 Proc. Diopsidsilikat, 57 Hedenbergitsilikat und 2 Thonerdesilikat. Auslöschungsschiefe auf der Symmetrieebene = 46° 45', auf ∞P = 36°. Schliffe parallel dem Orthopinakoid ergeben im Schneider'schen Apparat für den Winkel der optischen Axe mit der Normale den Werth von 16° 30'.

Tschermak hat früher schon einen Diopsid von Nordmarken untersucht, welcher dieselbe Auslöschungsschiefe zeigt. Wiik erhielt für obigen Diopsid den Werth von 46°.

[1] l. c. p. 50.
[2] l. c. p. 51 u. 561.
[3] l. c. p. 57.

7. Hedenbergit von Tunaberg.

Es ist dies der von mir analysirte, dessen FeO-Gehalt — 26.29 Proc., und welcher 9 Proc. Diopsidsilikat, 4 Thonerdesilikat und 87 Hedenbergitsilikat enthält: die Schliffe parallel der Symmetrieebene waren nicht leicht herzustellen, da die Krystalle nur die Basis und die Prismen gut ausgebildet zeigen, während die Pinakoide nur sehr unvollkommen vorhanden sind.

Die Auslöschungsschiefe auf [illegible] beträgt 47° 50′, welcher Werth vielleicht von dem wirklichen um ½° verschieden sein kann, da die Einstellung auf Spaltrisse nicht ganz genau ist.

Für die Prismenfläche erhält man 38° 40′. Tschermak fand an einem Hedenbergit von Tunaberg die Auslöschungsschiefe = 45° 45′. Wiik bestimmte den Winkel an einem andern zu 47°.

Stellt man meine Daten mit den von Wiik erhaltenen zusammen, so sieht man, dass bei zunehmendem FeO- resp. $CaFeSi_2O_6$-Gehalt die Auslöschungsschiefe an Werth zunimmt.

Diopsid von	FeO	$CaFe_2Si_2O_6$ · $CaMn_2Si_2O_6$	$MgAl_2SiO_6$ · $MgFe_2SiO_6$	A.-Schiefe	Beob.
Ala licht	2.91	10	--	36° 5′	D.
Zillerthal licht . .	3.29	10	-	36° 15′	D.
„ dunkel . .	3.09	10	3	36° 50′	D.
Baikalit	3.49	11	3	37° 10′	D.
Achmatowsk . . .	3.81	13	3	37° 10′	D.
Arendal	4.5	15	5	39° 10′	D.
Lojo grün (Malak.) .	4.97	17	—	39° 30′	W.
Tavastby grün (M) .	5.52	—		41°	W.
Stansvik	10.38	44	—	42° 30′	W.
Nordmarken . . .	17.34	57	2	46° 45′	D.
Stansvik roth (Malak.)	20.44	—	—	46°	W.
Lojo schwarz (Malak.)	27.50	94	—	48°	W.
Tunaberg	26.29	87	4	47° 50′	D.

Man erkennt mit zunehmendem Eisenkalksilikat die Zunahme der Auslöschungsschiefe, welche anfangs eine ziemlich bedeutende ist, später aber bei gleichen Mengen an Diopsid- und Hedenbergitsilikat weit geringer wird. Das Verhalten wird durch die auf Tafel I eingezeichnete Curve illustrirt.

Augitreihe.

Wenn in der Diopsidreihe die Abhängigkeit des Werthes des Auslöschungswinkels von dem Eisenoxydulgehalt klar hervortritt, so ist dies bei der Augitreihe keineswegs der Fall. Hier haben wir Mischungen, aus einer grossen Anzahl von isomorphen Verbindungen bestehend, deren Auslöschungswinkel uns unbekannt sind, und wir können daher nur schwer den Einfluss der einzelnen Grundverbindungen auf den Auslöschungswinkel des Mischlingskrystalls berechnen. Dass eisenreichere Augite einen grösseren Auslöschungswinkel besitzen, als eisenarme, hat schon Tschermak constatirt. Wiik, welcher der Ansicht zu sein scheint, dass nur der FeO-Gehalt auf den Winkelwerth Einfluss habe, kommt zu dem Resultat, dass es zweierlei Pyroxene gebe, bei den einen lässt sich eine Curve construiren, welche die der Malakolithe ist, bei den anderen, den jungvulcanischen Augiten, verläuft diese Curve in anderem Sinne.

Schon Herwig hat sich gegen die Wiik'sche Ansicht ausgesprochen, welche, wie die folgenden Zahlen ergeben, in dieser Form nicht begründet ist, namentlich ist auch nicht einzusehen, in welchem Zusammenhang das geologische Vorkommen und die Genesis mit dem optischen Verhalten stehen soll.

Unter den Stoffen, welche auf letztere einen Einfluss nehmen, ist neben dem Eisenoxydul, Manganoxydul, das Eisenoxyd, die Thonerde, das Natron zu nennen, nicht ausgeschlossen ist, dass auch das Verhältniss von Ca : Mg einwirkt. Daher ist es auch kaum möglich, den Einfluss der einzelnen Stoffe zu erkennen, da sich eben kein thonerdefreier, eisenoxydhaltiger Augit oder umgekehrt findet, und kann meistens nur die Gesammtsumme berücksichtigt werden. Um zu zeigen, dass man, wenn man nur einige der Oxyde berücksichtigt, keine Gesetzmässigkeit findet, habe ich unten die betreffenden Zusammenstellungen gemacht. Vor Allem aber die Beobachtungen.

1. Augit von Greenwood Furnace.

Krystallform die Pinakoide und das Prisma. Die von mir früher ausgeführte Analyse ergab:

		Zusammensetzung:
SiO_2	49.18	
Al_2O_3	20.62	
Fe_2O_3	16.83	19 CaO MgO 2 SiO_2
FeO	2.55	2 CaO FeO 2 SiO_2
CaO	5.05	2 MgO Fe_2O_3 SiO_2
MgO	5.09	3 MgO Al_2O_3 SiO_2
	99.32	

c : c = 42° 20′.

Auslöchungsschiefe auf ∞P = 31° 50′.

Der Winkel u zwischen der Normale zum Orthopinakoid und der auf dieser Fläche sichtbaren optischen Axe ist ein verhältnissmässig grosser, die Axe erscheint am Rande des Gesichtsfeldes. Ein dem äusseren Habitus nach sehr ähnlicher Augit von Monroe (Nord-Amerika) gibt ebenfalls für die Auslöschungsschiefe den Werth von 42° 10′.

Grüner Augit vom Vesuv.

Grosser Krystall aus einer Sommabombe. FeO = 3.16. Fe_2O_3 = 3.51, Al_2O_3 = 4.84. Zusammensetzung: 76 Proc. Diopsidsilikat, 10 Proc. Hedenbergitsilikat, 10 Proc. Thonerdesilikat und 4 Proc. Eisenoxydsilikat[1].

c : c = 41°. Mittel aus 21 Messungen. Auslöschungsschiefe auf ∞P = 31° 10′.

Im convergenten Licht zeigt sich die Axe weit entfernt vom Mittelpunkte des Gesichtsfeldes. Die Messung im Schneider'schen Apparat ergab für den Winkel u der Normale zum Orthopinakoid in Glas 25° 30′ (roth).

Augit von Aguas das Caldeiras.

Grosse Krystalle der gewöhnlichen Form, die prismatische Spaltbarkeit ist etwas weniger vollkommen als sonst bei Augiten.

Chemische Zusammensetzung: 70 Proc. Diopsidsilikat, 10 Proc. Hedenbergitsilikat, ferner 5 Proc. $CaFe_2SiO_6$, 5 Proc. $Na_2Al_2SiO_6$, 10 Proc. $MgAl_2SiO_6$.

Der Gehalt an FeO beträgt 4.81, der an Eisenoxyd 3.51, die Thonerdemenge = 7.89, Na_2O = 1.55.

Auslöschungsschiefe in der Symmetrieebene = 43° 35′ (Mittel aus 14 Beobachtungen). Auf ∞P beträgt die Auslöschungsschiefe 34°. Schliffe parallel zum Orthopinakoid zeigen das Axenbild seitwärts vom Mittelpunkte. Die Dispersion ist sehr

[1] Min. Mitth. 1877, p. 291.

gering. $v < \rho$. Der Winkel u zwischen Orthopinakoidnormale und optische Axe wurde in Glas zu 12° 30' gemessen.

Augit von der Pedra Molar (Capverden).

Es sind bis 1 cm grosse Krystalle in Limburgit von demselben Fundorte.

Zusammensetzung[1]:

64 Proc.	$CaMgSi_2O_6$	FeO	= 5.43 Proc.
15 „	$CaFeSi_2O_6$	Fe_2O_3	= 6.18 „
7 „	$MgAl_2SiO_6$	Al_2O_3	= 5.67 „
7 „	$MgFe_2SiO_6$	Na_2O	= 1.86 „
7 „	$Na_2Al_2SiO_6$		

c : c = 45° 45'. Auf den Prismenflächen beträgt die Auslöschungsschiefe 37°. Schliffe parallel zum Orthopinakoid zeigen das Bild der Axe ungefähr in der Entfernung des Gesichtsfeldes wie bei dem Augit von Aguas Caldeiras.

2. Schwarzer Vesuv-Augit[2].

Krystallform die gewöhnliche, ausser dem Prisma und den beiden Pinakoiden, die Hemipyramide.

Vorkommen mit Nephelin in einer Sanidinbombe vom Mte. Somma.

Zusammensetzung:

10 ($CaMgSi_2O_6$)
2 ($CaFeSi_2O_6$)
3 ($MgAl_2SiO_6$)
($MgFe_2SiO_6$)

FeO = 4.09 Proc. Fe_2O_3 = 4.47 Al_2O_3 = 9.75

c : c = 46° 45'. Mittel aus 12 Messungen.

3. Gelber Vesuv-Augit.

Gewöhnliche Krystallform, dazu tritt noch 2P. Vorkommen auf einer Sommabombe mit Nephelin, Sanidin, Biotit, Spinell.

Zusammensetzung:

59 Proc.	$CaMgSi_2O_6$
27 „	$CaFeSi_2O_6$
12 „	$MgAl_2SiO_6$
2 „	$MgFe_2SiO_6$

FeO = 6.78
Fe_2O_3 = 1.09
Al_2O_3 = 6.07

---

[1] Die Vulcane d. Capverden. p. 137.
[2] Min. Mitth. 1877, 283.

Die Auslöschungsschiefe auf der Symmetrieebene wurde an zwei Krystallen sehr genau durch 28 Messungen bestimmt, sie beträgt 46° 57'.

Herwig hat mehrere Augite von der Somma untersucht. Die Übereinstimmung mit unseren ist jedoch sehr fraglich.

Er erhielt für schwarzen Somma-Augit: 49° 23'
" gelben " " 48° 42'
" dunkelgrünen " " 45° 19'

2. Augit von Bufaure.

Ausser den gewöhnlichen Flächen findet sich noch die Basis. Zwillinge nach dem Orthopinakoid sind häufig. Vorkommen in Melaphyr.

Die Zusammensetzung wird ausgedrückt durch

60 Proc. $CaMgSi_2O_6$
25 " $CaFeSi_2O_6$
10 " $MgAl_2SiO_6$
5 " $MgFe_2SiO_6$

$FeO = 7.74$ $Fe_2O_3 = 3.77$ $Al_2O_3 = 5.09$.

Im convergenten Lichte zeigt sich auf Schliffen parallel zum Orthopinakoid das Bild der Axe in der Nähe des Mittelpunktes. Durch 20 Messungen an drei Krystallen wurde bestimmt: c : c = 47°. Auf den Prismenflächen beträgt die Auslöschungsschiefe 37° 30'.

Fassait von Pesmeda[1].

Derselbe wurde von mir 1877 analysirt, die reinsten Krystalle, welche in körnigem Fassait vorkommen, haben folgende Zusammensetzung:

60 Proc. $CaMgSi_2O_6$
7 " $CaFeSi_2O_6$
26 " $CaAl_2SiO_6$
7 " $MgFe_2SiO_6$

Der Thonerdegehalt beträgt 10.1. der FeO-Gehalt 2.09, der Eisenoxydgehalt 5.01.

Die Schliffe sind sehr schwer herzustellen, da sie sehr dünn werden müssen; als Mittel von 20 Messungen an zwei Krystallen wurde der Werth von 47° 10' erhalten; während Herwig früher an einem Schliffe, dessen Durchsichtigkeit jedoch keine vollkommene war, den abnorm hohen Werth von 51° bekam. Auf ∞P erhält man den Werth 38°.

[1] Min. Mitth. 1877, p. 288.

Der Winkel u ist hier abnorm hoch und beträgt in Glas 20° 30′ für roth.

Augit von Cuglieri[1].

Grosse Krystalle der gewöhnlichen Form aus Tuff.

	$12\,CaMgSi_2O_6$	oder 48	Proc.
$Al_2O_3 = 8.61$	$4\,CaFeSi_2O_6$	„ 16	„
$Fe_2O_3 = 6.32$	$3\,MgAl_2SiO_6$	„ 20	„
$FeO = 5.05$	$2\,MgFe_2SiO_6$	„ 8	„
	$2\,CaCaSi_2O_6$	„ 8	„

Im convergenten Lichte ist die Erscheinung fast übereinstimmend mit der bei Augit von Garza beobachteten. — Aus 25 Messungen an zwei Krystallen ergibt sich c : c = 48°. Auf ∞P beträgt die Auslöschungsschiefe 40°.

Augit aus dem Basalt von S. Vincent (Capverden)[2].

Im Dolerit unter dem Dorfe St. Vincent finden sich grössere Krystalle der gewöhnlichen Form, welche von Herrn F. Kertscher analysirt wurden[1]. Ihre Zusammensetzung ist:

$11\,CaMgSi_2O_6$	$FeO = 5.20$
$MgFeSi_2O_6$	$Fe_2O_3 = 5.25$
$2\,CaFeSi_2O_6$	$Al_2O_3 = 8.15$
$2\,MgAl_2SiO_6$	$Na_2O = 1.46$
$Mg\overset{III}{Fe_2}SiO_6$	
$Na_2Al_2SiO_6$	

Die procentuale Menge an $CaMgSi_2O_6$ beträgt 62. Die Auslöschungsschiefe auf dem Klinopinakoid beträgt 46° 45′. Mittel aus 15 Messungen an 2 Krystallen. Für die Prismenfläche erhält man den Werth von 37° 10′. Auf dem Orthopinakoid ergibt sich im convergenten Licht für den Werth des Winkels u in Glas 11° 30′ (roth).

Augit aus dem Garzathal (S. Antao).

Grosse Krystalle der gewöhnlichen Form. Chemische Zusammensetzung[3]:

SiO_2	44.11			
Al_2O_3	9.66	$8\,CaMgSi_2O_6$	oder 56	Proc.
Fe_2O_3	4.95	$2\,CaFe_2Si_2O_6$	„ 15	„
FeO	5.43	$MgAl_2SiO_6$	„ 7	„
MgO	21.92	$CaFe_2SiO_6$	„ 7	„
CaO	14.06	$2\,CaAl_2SiO_6$	„ 15	„
	100.13.			

[1] Min. Mitth. 1877, p. 293.

[2] Die Vulcane d. Capverden, p. 85.

[3] Die Vulcane d. Capverden, p. 148.

Es wurde ein Krystall nach der Symmetrieebene durchschnitten, der dunkelbraune Schliff ist ganz rein und durchsichtig. Der Winkel wird leicht mit Genauigkeit gemessen. Mittel aus 12 Bestimmungen = 47° 55′.

Auf den Prismenflächen beträgt der Winkel 39° 50′. Schliffe parallel zum Orthopinakoid zeigen das Bild der Axe sehr nahe dem Mittelpunkt des Gesichtsfeldes. Der Winkel u beträgt in Glas circa 9° 30′. Dispersion der Axe sehr gering $v < \rho$. Pleochroismus kaum merklich[1].

Augit aus dem Leucitit vom Siderao[2].

Bei einem grossen Krystall aus dem Leucitit vom Siderao (Säule und Pinakoide) wurde in einem annähernd der Symmetrieebene parallel geschnittenen Präparat durch Beobachtung des Auslöschungsmaximums mittelst 18 Messungen der Werth von 50° 05′ gefunden[3]. Der Krystall zeigt bräunliche Färbung.

Seine Zusammensetzung ist:

SiO_2	38.22	$3 CaMgSi_2O_6$	oder	44 Proc.
Al_2O_3	13.08	$CaFeSi_2O_6$	„	14 „
Fe_2O_3	9.29	$MgAlSiO_6$	„	14 „
FeO	9.14	$MgFeSiO_6$	„	14 „
CaO	14.80	$Na_2Al_2SiO_6$	„	14 „
MgO	11.73			
Na_2O	4.32			
	100.58.			

Im convergenten Licht zeigt sich auf dem Orthopinakoid das Axenbild sehr nahe dem Mittelpunkt des Gesichtsfeldes.

Augit aus dem Nephelinbasalt von Ribeira das Patas (S. Antao).

Krystallform, die gewöhnliche. Die Auslöschungsschiefe konnte früher in Dünnschliffen nur äusserst annähernd gemessen werden, da sich keine Schnitte nach der Symmetrieebene darbieten. Es wurden jedoch einzelne Centimeter grosse Krystalle herauspräparirt und ein Schliff parallel der Symmetrieebene ausgeführt, welcher nelkenbraune Färbung zeigt.

Als Mittel von 18 Bestimmungen ergab sich für die Auslöschungsschiefe der Werth von 51° auf der Symmetrieebene, für die Prismenfläche der Werth von 42° 50′.

---

[1] Die Vulc. d. Capverden, p. 128.

[2] Die Vulc. d. Capverden, p. 85.

[3] Da keine Endfläche vorhanden, so liess sich hier nicht bestimmen, ob dies der Auslöschungswinkel, oder sein Complementwinkel sei.

Die chemische Zusammensetzung wird durch folgendes Verhältniss gegeben

$Mg\overset{III}{Fe_2}SiO_6$	= 40 Proc.	Diopsidsilikat
$3MgAl_2SiO_6$	20 „	Hedenbergitsilikat
$4CaMgSi_2O_6$	30 „	Thonerdesilikat
$2CaFeSi_2O_6$	10 „	Eisensilikat

$FeO = 5.95$ $Fe_2O_3 = 7.89$ $Al_2O_3 = 14.24$.

Der Winkel u beträgt in Glas 8° 30'.

Augit vom Pico da Cruz.

Da dieser Augit dadurch ausgezeichnet ist, dass er weit mehr Oxydsilikate enthält als Silikate $RSiO_3$, so war es wichtig, seine Auslöschungsschiefe zu bestimmen. Leider war das Material derartig, dass es unmöglich war, von den kleinen Krystallen Schliffe nach der Symmetrieebene herzustellen, und konnte die Auslöschungsschiefe nur in Dünnschliffen gewónnen werden, der Werth beträgt als Mittel aus zahlreichen Messungen 52°; doch dürfte dieser Werth noch hinter dem wirklichen zurückstehen. Leichter sind die Schliffe nach dem Prisma und nach dem Orthopinakoid herzustellen, die Auslöschungsschiefe auf ersterer Fläche beträgt circa 42½°, auf letzterer Fläche zeigt sich im convergenten Licht das Axenbild, wobei der Winkel der Normale zur Orthodiagonale mit der betreffenden optischen Axe ein so kleiner ist, dass die Hyperbel fast in der Mitte des Gesichtsfeldes (bei 45° Stellung) sich befindet, es dürfte der Winkel u nahezu 0° sein.

Die Zusammensetzung ist folgende:

$2CaAl_2SiO_6$	$Al_2O_3 = 16.97$
$3MgAl_2SiO_6$	$Fe_2O_3 = 15.37$
$Ca\overset{III}{Fe_2}SiO_6$	$FeO = 2.23$
$5CaMgSi_2O_6$	
$CaFeSi_2O_6$	

Es ist dies derjenige Augit der Reihe, welcher die grösste Auslöschungsschiefe zeigt.

Schwarzer Augit von Arendal[1].

Krystallform: Querfläche, Längsfläche, Prisma, Basis.

Zusammensetzung:

16 Proc. Thonerdesilikat,
51 „ Kalkeisensilikat,
32 „ Kalkmagnesiasilikat.

$FeO = 15.59$ $Al_2O_3 = 7.17$ $Fe_2O_3 = 0.6$.

[1] Min. Mitth. 1878, I. p. 65.

Die Auslöschungsschiefe beträgt 50° 35′, doch dürfte dieser Werth zu nieder sein, die Bestimmung ist bei der Undurchsichtigkeit der Schliffe nicht sehr genau. Auf ∞P ergibt sich der Werth von 42° 50′.

Platten parallel zum Orthopinakoid zeigen im convergenten Lichte die Hyperbel in der Nähe des Mittelpunktes des Gesichtsfeldes, jedoch weiter entfernt als bei dem erwähnten Augit von Patas, also jedenfalls grösser als 10°.

Einfluss des Eisenoxyduls.

Ordnet man die eben beschriebenen Augite nach dem FeO-Gehalt, so ergibt sich folgende Vergleichstabelle:

	FeO	A.-Schiefe
Fassait von Toal d. Foja	2.09	47° 10′
Augit von Pico	2.23	52°
" " Greenwood	2.55	42° 20′
" " Vesuv, schwarz	4.09	46° 45′
" " Aguas caldeiras	4.81	43° 35′
" " Cuglieri	5.05	48°
" " S. Vincent	5.20	46° 45′
" " P. Molar	5.43	45° 45′
" " Garza	5.43	47° 55′
" " R. d. Patas	5.95	51°
" " Vesuv, gelb	6.78	46° 57′
" " Bufaure	7.74	47°
" " Siderao	9.14	50°
" " Arendal, schwarz	15.59	50° 35′

Es ist daher keine gesetzmässige Beziehung zwischen Auslöschungsschiefe und FeO-Gehalt ausfindig zu machen. Wollte man das Verhältniss durch eine Curve darstellen, so würde man eine Zickzacklinie erhalten.

Einfluss der Eisenverbindungen überhaupt.

Jedenfalls ist es viel rationeller, den Einfluss, welchen beide Oxydationsstufen des Eisens zusammen ausüben können, zu studiren. Ordnet man nach der Summe des Eisenoxydes und -oxydules, so erhält man ebenfalls keine gesetzmässige Beziehung und die herzustellende Curve würde eine auf- und absteigende sein:

	Menge der Oxyde	A.-Schiefe
Fassait von Pesmeda	7.9	47° 10′
Augit von Greenwood Furnace .	7.7	42° 20′
" " Vesuv, gelb	7.8	46° 57′

	Menge der Oxyde	A.-Schiefe
Augit von Garza	10.4	47° 55'
„ „ S. Vincent . . .	10.5	46° 45'
„ „ Cuglieri	11.2	48°
„ „ Bufaure	11.5	47°
„ „ P. Molar	11.6	45° 45'
„ „ R. Patas	13.8	51°
„ „ Arendal	16.2	50° 35'

Einfluss der Thonerde und der Oxyde des Eisens überhaupt.

Nehmen wir die Summen der Mengen $Al_2O_3 + Fe_2O_3 + FeO$, welche jedenfalls die Factoren sind, die am meisten den Auslöschungswinkel beeinflussen, so erhalten wir immerhin ein besseres Bild der Abhängigkeit dieses Winkels von der chemischen Zusammensetzung:

	Summe	Winkelwerth
Augit vom Vesuv, gelb	13.8 Proc.	46° 57'
„ von Aguas caldeiras . .	15 „	43° 35'
„ „ Bufaure	16 „	47°
„ „ P. Molar	17 „	46°
Fassait	17 „	47° 10'
Augit vom Vesuv, schwarz . .	18 „	46° 45'
„ von S. Vincent	18 „	46° 45'
Diopsid von Nordmarken . . .	18 „	46° 45'
Augit von Garza	19 „	47° 55'
„ „ Cuglieri	20 „	48°
„ „ Westerwald	21 „	51°
„ „ Arendal	33 „	50° 35'
„ „ R. Patas	28 „	51°

Man sieht, dass zwar hier weit weniger Abweichungen vorkommen, als bei Berücksichtigung der Eisenverbindungen allein, jedoch ist der genaue Zusammenhang noch nicht zu erkennen, die Curve, welche man, ähnlich wie in früheren Fällen zu construiren hätte, wäre keine ganz regelmässig aufsteigende, sondern zeigt noch Einbuchtungen.

Einzig richtig bleibt es, wenn man, wie dies Herwig schon gethan, die entsprechenden Silikate einführt; man erkennt aber auch hier gleich, dass die Berücksichtigung des Hedenbergitsilikats oder des Eisenmagnesiasilikats allein nicht ausschlaggebend sind, sondern auch hier haben wir die Summe derjenigen Silikate zu nehmen, welche entweder Eisenoxydul, Eisenoxyd oder Thonerde enthalten.

Vergleichen wir einige Glieder, die nahezu gleichen FeO-Gehalt zeigen, in Bezug auf ihre Auslöschungsschiefe:

	Al_2O_3	Fe_2O_3	A.-Schiefe
Fassait	10.1	5.05	47° 10′
Greenwood Furnace	5.09	5.05	42° 25′
Pico da Cruz	16.97	15.37	51° 50′
ferner			
schwarzer Augit vom Vesuv . .	9.75	4.47	46° 45′
Aguas Caldeiras	7.89	3.51	43° 35′
Cuglieri . . .	8.61	6.32	48°
S. Vincent . .	8.15	5.25	46° 45′
Garza	9.66	4.95	47° 55′
P. Molar . . .	5.67	6.18	45° 45′
endlich			
R. Patas . . .	14.24	7.89	51°
Bufaure . . .	5.09	3.77	47°
Mte. Rossi . .	5.5	5.52	48°
Siderao . . .	13.08	9.29	50°

In der ersten Gruppe sieht man deutlich, dass die Thonerde einen grösseren Einfluss ausübt; von den drei Augiten, welche nahezu gleich viel FeO enthalten, enthalten die ersten zwei überdies gleichen Eisenoxydgehalt, und hier bedingt das Thonerdesilikat allein die Steigerung des Winkels.

In der zweiten Gruppe haben wir die Augite von Garza und P. Molar, die gleichen Eisenoxydulgehalt zeigen, im Fe_2O_3-Gehalt wenig differiren, aber verschiedene Thonerdemengen aufweisen; dieser letztere Unterschied gibt sich in der Auslöschungsschiefe kund, welche bei dem einen 45° 45′, bei dem anderen 48° beträgt; ebenso zeigen die Augite von S. Vincent und Garza, welche im Eisengehalt nicht viel differiren, Unterschiede von über 1°.

Vergleicht man die Summe der beiden Eisenoxyde, so erhält man ein ähnliches Resultat. Sehr treffend ist der Vergleich des grünen Vesuv-Augites mit dem schwarzen. Beide enthalten nahezu gleiche Mengen von Eisenoxydul und Eisenoxyd (der schwarze ist jedoch etwas eisenreicher), dagegen hat der grüne Augit nur 4.84 Thonerde, der schwarze 9.75, die Auslöschungsschiefe des ersteren beträgt 41°, die des letzteren 46° 45′.

Um nun die Abhängigkeit der optischen Constanten von der chemischen Zusammensetzung am genauesten ins Licht zu setzen, müssen wir zu den Silikaten zurückkehren und die resp. Mengen der früher erwähnten Silikate mit der zugehörigen Auslöschungsschiefe des Krystalls vergleichen. Da namentlich die drei Silikate: $Mg\overset{III}{Fe}_2SiO_6$, $MgAl_2SiO_6$, $CaFeSi_2O_6$ immer zusammen vorkommen, so können wir nur den Einfluss der Summen derselben ermessen.

Construirt man eine Curve, bei der als Abscissen die Menge des Hedenbergitsilikates allein genommen wird, so erhält man eine Zickzacklinie; ebenso wenn man das Thonerdesilikat allein nimmt.

In folgender Tabelle sind die einzelnen Augite nach der Summe aller Eisen und Aluminium haltigen Silikate oder in absteigender Reihe nach der Menge des Diopsidsilikates geordnet.

	Ausl.-Schiefe auf		Beob.	$CaMgSi_2O_6$ Proc.	$CaFeSi_2O_6$	$MgFe_2SiO_6$	$MgAl_2SiO_6$	$Na_2Al_2SiO_6$	Analyse
	∞P∞	∞P							
Augit v. Vesuv, grün . . .	41°	31° 10	D.	76	10	4	10	—	D.
„ „ Greenwood Furnace .	42° 20	31° 50	„	73	8	8	11	—	„
„ „ Aguas Caldeiras . .	43° 35	34°	„	70	10	5	10	5	„
„ „ P. Molar	45° 45	37°	„	64	15	7	7	7	„
„ „ S. Vincent	46°,45	37° 10	„	62	17	5	11	5	„
„ „ Vesuv (schwarzgrün)	46° 45	—	„	62	13	6	19	—	„
„ „ Bufaure	47°	37° 30	„	60	25	5	10	—	„
„ „ Mti Rossi . . .	47° 11 48°	— —	Hg. W.	60—57	24	7	12	—	Ramm.
„ „ Toal della Foja . .	47° 10	38°	D.	60	7	7	26	—	D.
„ „ Vesuv (gelb) . . .	46° 57	—	„	59	27	2	12	—	„
„ „ Garzathal	47° 55	39° 50	„	57	14	7	22	—	„
„ „ Cuglieri	48°	40°	„	56	16	8	20	—	„
„ „ Westerwald . . .	50° 37	—	Hg.	47	28	9	16	—	Ramm.
„ „ Siderao	50° 05	—	D.	44	14	14	14	14	D.
„ „ R. Patas	51°	42° 50	„	40	20	10	30	—	„
„ „ Pico da Cruz . . .	52°	42° 40	„	35	8	21	36	—	„
„ „ Arendal	50° 35	42° 50	„	33	51	—	16	—	„

Man hat also eine continuirliche Zunahme der Auslöschungsschiefe bei Abnahme des Diopsidsilikates. Leider ist das vorliegende Material kein sehr grosses; von anderen hier nicht angeführten Beobachtungen wären nur wenige zu berücksichtigen, da eben fast nirgends die Identität zwischen gemessenem Material und analysirtem festzustellen ist. Der Augit von Schima, welcher 74 Proc. $CaMgSi_2O_6$ und 26 Eisen- und Thonerdesilikate enthält, gibt nach Wiik 46°, nach Herwig aber einen Auslöschungswinkel von 40° 11′ statt circa 42°, wie dies der Tabelle nach sein sollte. Aber hier ist von einer Messung an analysirtem Material keine Rede, ebenso wenig bei den Augiten vom Laacher See (Herwig), deren Winkel ebenfalls etwas zu gering ist [40° 11′ statt 41° 30′].

Der Augit vom Westerwald würde ungefähr 50° für die Auslöschungsschiefe ergeben müssen, Herwig beobachtete an einem solchen 50° 37′, doch ist auch hier die Identität zweifelhaft.

Es ist zu bemerken, dass bei Vorhandensein von mehreren Silikaten nicht immer festzustellen ist, ob $FeAl_2SiO_6$ oder $MgAl_2SiO_6$ vorhanden ist, daher die Zahlen in obiger Zusammenstellung nicht absolute sind, indem die Formel, welche die Zusammensetzung ausdrückt, immer so erhalten wurde, dass, um sowohl dem Einfluss der Thonerde als des Eisenoxyduls Rechnung zu tragen, das letztere immer nur als $CaFeSi_2O_6$ angeführt wurde.

Ferner ist zu berücksichtigen, dass schon bei kleinen Schwankungen der Analysenresultate die Reihenfolge geändert würde, und dass endlich in einigen Fällen wenigstens, die früher erwähnt wurden, der Schnitt nicht vollkommen mit der Symmetrieebene zusammenfällt, und daher vielleicht eine kleine Abweichung möglich wäre.

Berücksichtigt man diese Fehlerquellen, so kommt man zu dem Resultate, dass die Auslöschungsschiefe thatsächlich von der Summe der Eisen und Thonerde haltigen Silikate oder umgekehrt von der Menge Diopsidsilikate abhängig ist. Construirt man eine Curve, indem man zu Abscissen jene Summe annimmt, so erhält man eine parabelähnliche Curve, welche später noch genauer zu betrachten sein wird.

Es fragt sich nun, ob Eisenoxydulsilikat, Eisenoxydsilikat und Thonerdesilikat den gleichen Einfluss ausüben? Es ist dies a priori nicht wahrscheinlich und auch die Erfahrung zeigt das Gegentheil. Einige Beobachtungen lassen den Schluss zu, dass der Einfluss des Silikates $CaFeSi_2O_6$ geringer sei als der der übrigen. Zeichnet man in die Curve die Coordinaten für den Diopsid von Nordmarken, den Hedenbergit von Tunaberg, so erhält man Punkte, welche nicht auf der Curve liegen, sondern unter derselben; die Werthe von y sind geringer.

Der obige Satz, dass die Summe der Verbindungen massgebend sei, ist also nur dann richtig, wenn diese alle, und zwar in nicht zu grossem Missverhältnisse vertreten sind.

Um den Einfluss des Thonerde- und Eisenoxydsilikates zu ermessen, muss man solche Augite vergleichen, welche gleichen oder nahezu gleichen Gehalt an Eisenoxydulsilikat haben.

	Thonerdesil.	Eisenoxydsil.	A.-Schiefe
Fassait	26	7	47° 10'
Greenwood	11	8	42° 25'
Pico	36	21	52°
ferner			
Aguas Caldeiras . .	15	5	43° 35'
P. Molar	14	7	45° 45'
S. Vincent	11	5	46° 45'
Vesuv, schwarz . .	19	6	46° 45'
Garza	22	7	47° 55'
Cuglieri	20	8	48°
Siderao	28	14	50°
endlich			
Bufaure	10	5	47°
Mte. Rossi	12	7	48°
R. Patas	30	10	51°

Sehr deutlich wird der Einfluss des Thonerdesilikates in der zweiten Gruppe, deren Eisenoxydulgehalt 14—17 Proc. beträgt; die fünf ersten enthalten fast gleichviel Eisenoxydsilikat. Die Differenz ist also hier fast ausschliesslich dem Thonerdesilikat zuzuschreiben; trägt man die Quantitäten 14, 11, 19, 22, 20 als Ordinaten auf, so erhält man eine parabelähnliche Curve, wie die auf Taf. I für die Summen der Silikate construirte.

Vergleicht man dagegen diejenigen Augite, bei denen die Summe des Eisenoxydulsilikates und des Eisenoxydsilikates gleich ist, welche aber durch verschiedenen Thonerdegehalt sich unterscheiden, so sieht man auch hier ein Wachsen der Auslöschungsschiefe mit der Menge des Thonerdesilikates.

	Thonerdesil.	A.-Schiefe
Augit von R. das Patas	30 Proc.	51°
„ „ Bufaure	10 „	47°
„ „ Siderao	28 „	50°
„ „ Mte. Rossi	12 „	47—48°
„ „ Vesuv, gelb	12 „	46° 57′

Die Summe der Eisensilikate beträgt bei allen fünf 29 bis 31 Proc. Leider liegen zu wenig Beobachtungen vor, um daraus den Einfluss des Thonerdesilikates genauer studiren zu können. Berechnet man in ähnlicher Weise den Einfluss des Eisenoxydsilikates, indem man diejenigen Augite vergleicht, bei denen die Summe des Thonerdesilikates und des Eisenkalksilikates gleich ist, so sieht man, dass ein Aufsteigen des Werthes der Auslöschungsschiefe bei steigendem Fe_2O_3-Gehalt stattfindet.

So viel steht fest, die drei hier berücksichtigten Silikate: $CaFeSi_2O_6$, $MgAl_2SiO_6$, $Mg\overset{III}{Fe_2}SiO_6$ wirken in gleichem Sinne, aber quantitativ etwas verschieden auf die Höhe der Auslöschungsschiefe, es zeigt sich auch, dass das erste dieser Silikate den geringsten Einfluss hat, da aber die zwei letzteren Silikate gewöhnlich zusammen vorkommen und zwar überdies gleichzeitig mit ersterem, so ist es nicht möglich zu eruiren, welches der Silikate auf den Werth des Winkels am meisten Einfluss hat; nach den wenigen Beobachtungen die vorliegen, dürften die beiden Silikate keinen sehr verschiedenen Werth der Auslöschungsschiefe besitzen.

Es bleibt nun eine wichtige Frage zu besprechen: stimmt die Curve für den Diopsid mit der für den Thonerde-Augit überein? Nach Herwig wäre dieses der Fall, nach meinen Untersuchungen jedoch nicht. Die nach meinen Messungen und denen Wiik's zusammengestellte Curve für die Diopside stimmt mit der Augitcurve, wie sie aus meinen Messungen hervorgeht, nicht überein. Der Diopsid von Nordmarken müsste circa 50° Auslöschungsschiefe besitzen, während sowohl Wiik, Tschermak, Herwig als ich weniger als 47° fanden. Für den Hedenbergit wurde übereinstimmend weniger als 48° gefunden, während die Augitcurve über 53° verlangen würde. Das zeigt, dass, ob man nun zu Abscissen die Menge der Oxyde oder, wie ich glaube, besser die Silikate nimmt, doch niemals eine Übereinstimmung für Diopsid und Thonerde-Augit zu beobachten ist. Dies geht auch deutlich aus der auf Taf. I construirten Curve für die Diopside hervor, beide Curven schneiden sich in einem Punkte, für welchen $x = 20$, $y = 39$ ist. Leider sind für die Diopsidreihe zu wenig Punkte bestimmt, so dass die eingezeichnete Curve weniger genau ist als für den Augit.

Man kann auch den Versuch machen, die Curven durch Gleichungen auszudrücken. Bei der Diopsidcurve ist dies desshalb von grosser Wichtigkeit, als wir hier nur zwei Mischungen haben, die auf die Auslöschungsschiefe einwirken, $CaMgSi_2O_6$ und $CaFeSi_2O_6$. Nimmt man an, dass, was wohl der Form der Curve nach berechtigt erscheint, die Gleichung von der Form

$$y = a + bx + cx^2$$

sei, so können wir die drei Constanten wenigstens annähernd berechnen, wenn wir die stark differirenden Werthe für x und y einsetzen. Zu diesem Zwecke können folgende Daten dienen:

$x = 10$	$x = 20$	$x = 91$
$y = 36$	$y = 39$	$y = 48$

Aus den drei Gleichungen

$$36 = a + 10\,b + 10^2 c$$
$$39 = a + 20\,b + 20^2 c$$
$$48 = a + 91\,b + 91^2 c$$

erhalten wir für a, b, c folgende Werthe

$$a = 32.6 \qquad b = 0.36 \qquad c = -0.0021$$

daraus die Gleichung

$$y = 32.6 + 0.36\,x - 0.0021\,x^2.$$

Die Auslöschungsschiefe des reinen $CaMgSi_2O_6$ wäre demnach $32\frac{1}{2}^0$, dieser Werth ist selbstverständlich kein sehr genauer, denn der Werth von $y = 48$ ist eben kein genauer, und wäre es auch nothwendig, um den exacten Werth der Constanten zu erhalten, die Methode der kleinsten Quadrate anzuwenden, dazu fehlt aber beim Diopsid eine grössere Anzahl von genauen Messungen.

Für $x = 55$ (Diopsid von Nordmarken) erhalten wir $y = 46^0\,15'$ statt $46^0\,45'$, daher zeigt es sich, dass obige Gleichung nicht ganz genau ist. Für $x = 100$, also für das reine Hedenbergitsilikat ist $y = 47^0\ 6'$ und beweist dies, dass von $x = 80$ an die Curve nicht mehr steigt, aus diesem Grunde wird sie nur für solche Diopside praktisch verwerthbar sein, welche unter 50 Proc. $FeCaSi_2O_6$ enthalten, bei diesen wird man vermittelst der Gleichung aus der Auslöschungsschiefe einen Schluss auf den Eisengehalt ziehen können.

Auch in der Augitreihe kann man von der Annahme ausgehen, dass die Gleichung der Curve durch die Formel

$$y = a + bx + cx^2$$

repräsentirt werde. Da die Beobachtungen in der Nähe der Punkte $x = 0$ und $x = 100$ fehlen, so müssen wir, um halbwegs verlässliche Resultate zu erhalten, die Methode der kleinsten Quadrate anwenden. Auf diese Weise wurden aus 9 der besten Messungen die Constanten a, b, c bestimmt:

$$a = 30.60 \quad b = 0.518 \quad c = -0.0028.$$

Um die Übereinstimmung der aus diesen, in obige Gleichung eingesetzten Constantenwerthen erhaltenen berechneten Auslöschungsschiefen mit den gemessenen zu prüfen, kann folgende Zusammenstellung dienen:

	beobachteter Werth	berechneter Werth
$x = 24^0$	$y = 41^0$	$41^0\ 14'$
$x = 27^0$	$y = 42^0\ 20'$	$42^0\ 24'$
$x = 30^0$	$y = 43^0\ 35'$	$43^0\ 40'$
$x = 36^0$	$y = 45^0\ 45'$	$45^0\ 45'$
$x = 38^0$	$y = 46^0\ 45'$	$46^0\ 41'$
$x = 40^0$	$y = 47^0$	$46^0\ 55'$
$x = 43^0$	$y = 47^0\ 55'$	$47^0\ 48'$
$x = 44^0$	$y = 48^0$	48^0
$x = 60^0$	$y = 51^0$	$51^0\ 20'$

Die Gleichung für den Augit ist demnach

$$y = 30.6 + 0.518\,x - 0.0028\,x^2.$$

Für $x = 0$ erhält man die Auslöschungsschiefe des reinen Diopsidsilikates, es differirt von dem früheren aus der Diopsidgleichung erhaltenen Werthe um 2^0, was eben der Ungenauigkeit bei Berechnung der Gleichungen zuzuschreiben sein wird.

Für $x = 100$ ist $y = 54^0\ 25'$ und wäre dies die Auslöschungsschiefe des Eisen- und Thonerde-reichsten Augits, wobei jedoch die Annahme gemacht ist, dass die drei früher erwähnten Silikate $CaFeSi_2O_6$, $MgAl_2SiO_6$, $MgFe_2SiO_6$ zusammen vorkommen. Wenn eines derselben fehlt, kann die

Auslöschungsschiefe verschieden, namentlich etwas höher sein. was jedenfalls dann der Fall sein dürfte, wenn $CaFeSi_2O$ ganz fehlt. Obwohl die obige Gleichung genau genommen. nur für die Werthe zwischen x = 24 und x = 64 Gültigkeit hat, und namentlich für höhere Werthe weniger genau wird. so kann man doch aus den berechneten y für x = 80 und x = 90 schliessen, dass von ersterem Punkte an y fast nicht mehr steigt, wie dies übrigens auch bei der Diopsidcurve der Fall war.

Die obige Gleichung gestattet nun, wenn y bekannt ist. auf den Werth von x, d. h. auf die chemische Zusammensetzung einen Schluss zu machen und es wird daher unter Umständen, wenn eine genaue Bestimmung von y möglich ist. auf die Menge Eisen- resp. Thonerdesilikat zu schliessen, ermöglicht; da die meisten in Gesteinen vorkommenden Augite zwischen x = 30 und x = 45 liegen, so wird man wenigstens approximativ aus y einen Schluss ziehen können.

Die zwei oben berechneten Gleichungen bestätigen, dass die Curven für Augit und Diopsid zwar in gleichem Sinne auslaufen, aber sich nicht vollkommen decken. Der Werth der Auslöschungsschiefe des vollkommen reinen, in der Natur nicht vorkommenden $CaMgSi_2O_6$ dürfte über 32° betragen.

Bei den Augiten variirt der Werth der Auslöschungsschiefe auf dem primären Prisma ∞P (im stumpfen Axenwinkel gemessen), ebenso wie auf dem Klinopinakoid. Als Maximum ergab sich der Werth 42° 50′, als Minimum 31° 10′. Die Curve ist der eben besprochenen ähnlich. In den Praxis hat der Werth der Auslöschungsschiefe auf dem Prisma immerhin seine Wichtigkeit, denn Schliffe nach dieser Fläche sind gewöhnlich leichter herzustellen. Wegen der zahlreichen Spaltrisse ist es jedoch immer schwer, gute Schliffe herzustellen, so dass die Beobachtung niemals so genau ausfällt wie bei Schliffen parallel der Symmetrieebene.

Für die Diopside ist der Werth der Auslöschungsschiefe auf dem Prisma kleiner als für den entsprechenden Augit, d. h. bei gleichem x ist y für den Diopsid kleiner als für den Augit, also dasselbe Verhältniss bei der Auslöschungsschiefe auf dem Klinopinakoid.

Beobachtung im convergenten Lichte.

Die Änderung der Lage der Mittellinien und die dadurch bewirkte Änderung der Lage der optischen Axen muss nothwendiger Weise in Schliffen parallel dem Orthopinakoid eine Veränderung des Interferenzbildes hervorbringen, indem der Winkel, den die optische Axe mit der Normale zum Orthopinakoid bildet, grosse Differenzen aufweist.

Tschermak (l. c. p. 22) hat bereits durch genaue Messungen gefunden, dass jener Werth bei Diopsiden zwischen 38° und 22° variirt; bei einem Augit von Borislaw wurde der Werth mit 24° 30′ für den dunkleren Kern, mit 29° 35′ für die lichtere Hülle gefunden. Ein Augit von Frascati ergab einen Werth von 3° 40′ (roth) resp. 2° 3′ grün. Dies zeigt grosse Unterschiede zwischen Diopsiden und Augiten; leider jedoch fehlen Angaben über die chemische Zusammensetzung dieser beiden Augite, welche nicht analysirt worden sind; daher war es von grosser Wichtigkeit, die Serie der Thonerde-Augite, welche von mir in Bezug auf die Auslöschungsschiefe untersucht wurden, auch in dieser Hinsicht zu prüfen. Ich habe nun eine Anzahl von Schliffen parallel dem Orthopinakoid hergestellt und dieselben unter dem Mikroskop vermittelst der Condensorlinse geprüft.

Es ergibt sich dabei eine regelmässige Abnahme der Entfernung der optischen Axe von dem Mittelpunkte des Gesichtsfeldes mit der Abnahme an Diopsidsilikat.

Da die weit einfachere Untersuchung von Platten im convergenten Lichte u. d. M. sehr deutliche Resultate ergibt und wie ich glaube, eine praktische Verwendung finden kann, wie dies bei den Plagioklasen der Fall ist, denn Platten nach dem Orthopinakoid sind auch in Schliffen an Gesteinen am leichtesten ausfindig zu machen, so will ich etwas näher darauf eingehen. Wendet man bei allen Schliffen das gleiche Objectiv (am besten Nr. 7 Hartnack) an, so kann man sich von der Änderung des Winkels der Normale zur optischen Axe leicht überzeugen. Man wendet zum Vergleich diejenige Stellung an, bei der die Auslöschungsrichtung (Verticalaxe) einen Winkel von 45° mit den Nicols bildet. Bei eisenarmen Diopsiden (Baikalit, Zillerthal) fällt die optische Axe gänzlich ausserhalb des Gesichtsfeldes.

Bei dem Diopsid von Arendal ($CaMgSi_2O_6$-Gehalt = 80 Proc.) erscheint die Hyperbel am Rande des Gesichtsfeldes; beim Augit von Greenwood rückt sie bereits näher: der Augit von Aguas Caldeiras zeigt das Bild der Axe in einer Entfernung, welche ungefähr $\frac{3}{4}$ des Radius des Gesichtsfeldes beträgt. Die Augite von P. Molar und von Bufaure verhalten sich ungefähr gleich und ist die Axe etwas näher dem Mittelpunkte als bei dem eben erwähnten. Weit näher liegt die Axe dem Centrum bei dem Augit vom Garzathale (Entfernung circa $\frac{1}{2}$ des Radius). Der Augit von S. Vincent. welcher chemisch ungefähr dem von Bufaure entspricht, zeigt auch eine nahezu gleiche Entfernung des Bildes.

Der Augit von Siderao zeigt das Bild der Axe sehr nahe dem Mittelpunkte des Gesichtsfeldes, ebenso wie der Augit von Rib. Patas, während der von Picos mit ihm zusammenfällt: auch hier verhalten sich die Diopside von Nordmarken und Tunaberg etwas verschieden, denn die Winkel sind hier grösser. als man es ihrer chemischen Zusammensetzung nach erwarten könnte. Der von Nordmarken hat einen Winkel, welcher grösser ist, als der des Augites von S. Vincent. Es stimmt dies mit dem Werthe der Auslöschungsschiefe auf $\infty P \grave{\infty}$. Der Hedenbergit von Tunaberg stimmt in dieser Hinricht fast mit dem von Nordmarken überein.

Abnorm verhält sich auch der F a s s a i t, bei dem das Bild der Axe ebenfalls am Rande erscheint, wie bei den normalen Diopsiden, und der einen grossen Werth für u ergibt. Es muss hervorgehoben werden, dass man, wenn man die Endglieder der Reihe u. d. M. betrachtet hat, die Übrigen ohne Schwierigkeit anordnen kann, auch ohne die chemische Zusammensetzung zu kennen; so gelang es mir, ohne die Schliffetiquetten zu betrachten, die Schliffe richtig anzuordnen. Da wie gesagt, in Gesteinsschliffen das Orthopinakoid am allerleichtesten aufgefunden werden kann, so wird man eine Beobachtung im convergenten Lichte, namentlich wenn man einige Glieder zum Vergleich besitzt, zur Bestimmung, ob ein eisen- und thonerdereicher Augit oder nicht vorliegt, verwenden können. Der Abstand wächst im Allgemeinen mit der Menge des Diopsidsilikats. Es wurde auch der Versuch gemacht, den Winkel der optischen Axe mit der Normale zum

Orthopinakoid zu messen, und wurden Platten parallel zum Orthopinakoid im Schneider-Adam'schen Apparat untersucht. Leider sind die dabei sichtbaren Bilder, wahrscheinlich wegen zu geringer Durchsichtigkeit oder wegen zu geringer Dicke der Platte, oft etwas verschwommen, obgleich dieselben Platten bei Anwendung der condensirenden Linse u. d. M. sehr scharfe Bilder ergaben. Es haben daher diese Messungen nur einen approximativen Werth, können aber jedenfalls dazu dienen, um zu zeigen, dass auch hier eine regelmässige Abnahme des Winkels beobachtet wird (mit Ausnahme des, wie erwähnt, sich abnorm verhaltenden Fassaites). Da die Werthe im Schneider'schen Apparate gemessen sind, wobei bekanntlich das Präparat in einer Glaskugel eingeschlossen wird, so sind sie selbstverständlich von den von Tschermak für Diopsid erhaltenen verschieden. Ein anderer Apparat zur Bestimmung des Winkels für so dünne Platten, wie sie nothwendigerweise hergestellt werden müssen, um bei so dunklen Krystallen überhaupt ein Bild hervorzurufen, stand mir nicht zu Gebote.

	u	
Diopsid von Nordmarken	16° 30′	roth
Augit vom Vesuv, grün	25° 20′	„
„ von Aguas Caldeiras	12° 30′	„
„ „ S. Vincent	11° 30′	„
Fassait	20° 30′	„
Augit vom Garzathal	9° 30′	„
„ von R. das Patas	8° 30′	„

Resultate.

1. Die Beimengung von $FeCaSi_2O_6$ zu dem Silikat $CaMgSi_2O_6$ bedingt eine Erhöhung des Werthes der Auslöschungsschiefe in der Symmetrieebene und auch in den Prismenflächen.

2. Ebenso wird durch Beimengung von Silikaten der Form $\overset{II}{R}\overset{III}{R}_2SiO_6$ eine solche Erhöhung bedingt, und zwar bringt dieselbe procentuale Menge letzterer Silikate eine grössere Änderung der Auslöschungsschiefe hervor, als die durch $CaFeSi_2O_6$ hervorgerufene.

3. Trägt man die Summe der procentualen Mengen aller dieser Silikate ($CaFeSi_2O_6$ sowohl als $\overset{II}{R}\overset{III}{R}_2SiO_6$) als Abscissen auf und nimmt zu Ordinaten die Werthe der Auslöschungs-

schiefe, so erhält man eine allmählig aufsteigende Curve von der Form $y = a + bx + cx^2$. Nimmt man jedoch zu Abscissen die Werthe von FeO, Fe_2O_3, Al_2O_3 einzeln oder ihre Summe, so erhält man eine wenig regelmässig verlaufende Curve.

4. Die Curve für die Diopside (Verbindungen von $CaMgSi_2O_6$ mit $CaFeSi_2O_6$) fällt mit der für die Thonerde-Augite nicht überein, indem bei letzteren, bei gleichen Abscissen, y höher ist. Für das theoretische, vollkommen eisen- und thonerdefreie Kalk-Magnesiasilikat erhält man als Auslöschungsschiefe circa 32° 30'.

5. Der Werth des Winkels der Normale zum Orthopinakoid mit einer optischen Axe nimmt im Allgemeinen mit der Summe der Eisen- und Thonerdesilikate zu.

Nachschrift. — P. Mann hat im letzten Heft dieses Jahrbuchs Beobachtungen an zwei Augiten veröffentlicht, in welchen das Silikat $Na_2Fe_2SiO_6$ vorhanden ist, und die eine weit kleinere Auslöschungs-Schiefe besitzen, als zu erwarten war. Dies würde beweisen, dass jenes Silikat den Werth des Auslöschungswinkels bedeutend erniedrigt. Die hier beobachteten Augite, welche geringe Mengen von Thonerde-Natron-Silikat enthalten, zeigen jedoch höhere Werthe für diesen Winkel. Es müssen jedenfalls weitere Beobachtungen angestellt werden, um zu constatiren, ob jenes Natron-Eisen-Silikat ebenfalls einen kleinen Werth für die Auslöschungs-Schiefe ergiebt, wie dies bei dem Akmit-Silikat Na_2O, Fe_2O_3, $4SiO_2$ thatsächlich der Fall ist.

Briefwechsel.

Mittheilungen an die Redaction.

Heidelberg, August 1884.

Nephelingesteine in den Vereinigten Staaten.

Bei den geologischen Untersuchungen, welche ich im Auftrage der Northern Transcontinental Survey im Jahre 1883 im Territorium Montana der Vereinigten Staaten ausführte, wurde mir Gelegenheit in den Crazy Mountains, einer isolirten Kette nördlich vom Yellowstone-Fluss und am östlichen Rande des Gebiets der eigentlichen Hochgebirge, eigenthümliche Eruptivgesteine zu sammeln, welche in Gängen, Kuppen und Stöcken die ziemlich flach liegenden Sandsteine und Conglomerate der späteren Kreide (vielleicht auch des älteren Tertiär) jener Localität durchbrechen. Dieselben bestehen aus Nephelin, gelegentlich mit geringen Mengen eines triklinen Feldspathes, meist reichlichen Mengen eines Minerals der Sodalithgruppe, welches in einigen Gesteinen als Sodalith, in anderen als Hauyn bestimmt werden konnte, aus Augit, einem durch seine merkliche Auslöschungsschiefe auffallenden Magnesiaglimmer, Olivin, Magnetit, Apatit und den üblichen accessorischen Gemengtheilen.

Diese Eruptivmassen gehören demnach den in den Vereinigten Staaten vor den Untersuchungen der Northern Transcontinental Survey noch nicht nachgewiesenen Typen der Nephelingesteine und Nephelintephrite an. — Mir weitere ausführliche Mittheilungen für später vorbehaltend, glaubte ich doch die interessante Thatsache schon jetzt constatiren zu sollen.

J. Eliot Wolff.

Heidelberg, September 1884.

Beobachtungen an einigen Schiefern von dem Berge Poroschnaja bei Nischne-Tagilsk im Ural.

In der Arbeit von J. Macpherson[1] über die Gesteine aus der spanischen Provinz Galicien findet sich die Beschreibung eines mit dem Vulgär-

[1] J. Macpherson: Apuntes petrograficos de Galicia. Anal Soc. Esp. de hist. nat. X. 1881.

namen „Duelo" bezeichneten Gliedes der Formation der krystallinen Schiefer, das in den wesentlichsten Punkten mit einem Gestein übereinstimmt, welches GUSTAV ROSE[1] aus dem Ural unter dem Namen Listwänit besprochen hat. Um festzustellen, wie weit diese Analogie gehe, unternahm ich auf Veranlassung von Herrn Prof. H. ROSENBUSCH die Untersuchung einer kleinen Suite von Handstücken von dem Berge Poroschnaja bei Nischne-Tagilsk, welche sich in der Sammlung des Heidelberger mineralogisch-geologischen Instituts vorfindet. Dieselbe umfasst eine Anzahl schiefriger Gesteine, welche nach den Angaben von GUSTAV ROSE (l. c. II. 537) im engsten Verbande stehen und gleichförmig gelagert erscheinen.

Listwänit. — Die Untersuchung der mir vorliegenden Proben von Listwänit ergibt, dass das Gestein eine bald deutlich schiefrige, bald mehr regellos körnige Structur besitzt und wesentlich aus rothbraunem Magnesiacarbonat und grünlichweissem Talk besteht; daneben treten accessorisch Körner von Chromeisen auf. Als Zersetzungsprodukt auf den Spaltflächen des Carbonats ist Eisenoxydhydrat ausgeschieden. Über die einzelnen Gesteinselemente konnte folgendes festgestellt werden. Das Carbonat bildet von einander isolirte Körner, welche nur selten Krystallformen erkennen lassen. Im auffallenden Lichte zeigt dasselbe braune Farbe, im durchfallenden Lichte graue; im Dünnschliffe tritt ebenso wie für das blosse Auge seine vollkommene rhomboëdrische Spaltbarkeit deutlich hervor. Die Schnitte senkrecht zur Hauptaxe lassen im convergenten Lichte eine Axe mit vielen farbigen Ringen und negativem Charakter der Doppelbrechung erkennen. Auf den Spaltrissen des Carbonats und um dasselbe herum ist Eisenoxydhydrat abgelagert, welches die braune Färbung bedingt.

Die Analyse des Carbonats, zu welcher 0,3936 Gr. verwendet wurden, ergab folgende Zusammensetung:

$MgCO_3$	73,47 %
$FeCO_3$	19,94 „
$CaCO_3$	7,47 „
	100,88 %

Das Carbonat ist hiernach als ein kalkhaltiger Breunnerit zu bezeichnen. Hervorzuheben ist noch, dass der Breunnerit Einschlüsse von kleinen Chromitkörnchen führt.

Der Talk bildet einen Kitt, in welchen der Breunnerit eingebettet liegt. Makroskopisch ist seine Farbe weiss bis bläulich und hellgrünlich: er bildet eine kompakte Masse, welche weder äussere Krystallformen noch breite Spaltlamellen zeigt. Mikroskopisch besteht er aus lauter feinen verwirrt gelagerten Schuppen.

Unter dem Mikroskop konnte man mit Sicherheit an losgelösten, kleinen Schuppen erkennen, dass sie zweiaxig seien und einen kleinen Axenwinkel besitzen mit negativem Charakter der Doppelbrechung. Die mit 0,3194 Gr. ausgeführte Analyse zeigte folgende Zusammensetzung:

[1] Mineralogisch-geologische Reise nach dem Ural, dem Altai und dem kaspischen Meere von GUSTAV ROSE. I. Berlin 1837. II. Berlin 1842.

		Molekulargewichtsproportionen multiplicirt mit 100.	
SiO_2	62,61 %	104,0	
FeO	3,44 „	4,8	79
MgO	29,55 „	73,9	
H_2O	5,18 „	28,8	
	100,78 %		

Danach ist $(MgO + FeO) : SiO_2 : H_2O = 3 : 4 : 1,1$ und die Zusammensetzung die normale des Talkes.

Der kleine Überschuss an Wasser dürfte daher rühren, dass das Pulver vor der Bestimmung des Wassers nicht ausgetrocknet war.

Die Thatsache, dass der Talk keine blättrigen Massen mit deutlicher Spaltbarkeit bildet, sondern grössere Körner von verworren feinschuppiger Structur, deutet darauf hin, dass der Talk nicht ursprünglicher Gemengtheil, sondern eine Pseudomorphose nach einem solchen sei. Es wurde jedoch vergeblich versucht, aus der äusseren Begrenzung der Talkkörner, wie man sie durch Auflösung des Carbonats blosslegen kann, oder aus der Anordnung der diese bildenden Schuppen Anhaltspunkte für die Bestimmung des Mutterminerals zu finden.

Chromeisen tritt accessorisch auf, ist im ganzen Gestein zerstreut und bildet kleine und grössere Körner ohne Krystallformen; die Oberfläche unter dem Mikroskop ist rauh und zeigt ganz schwarze Farbe. Mit dem Magnet aus dem feinen Gesteinspulver von Listwänit ausgezogene schwarze metallglänzende Körner geben chromgefärbte Perlen.

Entgegen dem von mir untersuchten Listwänit von dem Berge Poroschnaja, welcher wie der von Macpherson besprochene „Duelo“ quarzfrei ist, sind die von G. Rose beschriebenen Listwänite von Beresowsk, Nischne-Tagilsk, Berkutskaja Gora, Goldgrube Perwo-Pawlowsk bei Miask, auf dem Wege zwischen Miask und Slatoust, bei Ufaleisk quarzhaltig, ja stellenweise quarzreich. Ausserdem wird der Chromit nicht daraus angegeben; wohl aber erwähnt G. Rose als local verbreitete accessorische Gemengtheile Eisenglanz (Beresowsk, Berkutskaja Gora) und Eisenkies (Beresowsk).

Die Vergleichung der quarzfreien Listwänite mit dem galicischen „Duelo“ ergibt, dass beide Vorkommnisse in allen wesentlichen Punkten identisch sind, dann also auch für das galicische Gestein die Bezeichnung quarzfreier Listwänit die richtige sein würde.

In naher Verwandtschaft zu dem Listwänit steht auch der von K. Pettersen entdeckte Sagwandit; dass der Talk des Listwänit aus einem ursprünglich vorhanden gewesenen Pyroxenmineral seinen Ursprung nahm, ist möglich, aber durchaus nicht nachgewiesen.

Magnesit. — Der mit dem Listwänit zusammen auftretende Magnesit bildet krystallinische Massen, welche hauptsächlich aus Magnesit, accessorisch aus Pyrit, Feldspathen und Quarz bestehen, von lichtgrauer bis graugrüner Farbe, mit weissen Adern. 91,5% des Gesteins lösten sich in warmer HCl; die Lösung enthielt neben Magnesia und Eisenoxydul auch geringe Mengen von Chromoxyd, welches als ein feinvertheiltes Pigment erscheint.

An dem vielfach in Trümern und Häufchen zusammengedrängten Mineral der Chloritgruppe liess sich durch Untersuchung losgelöster Schüppchen feststellen, dass sie optisch zweiaxig bei ziemlich grossem Axenwinkel seien, und dass dieselben einen schwachen Pleochroismuss besassen. Danach sowie nach den chemischen Reaktionen scheinen sie zum Klinochlor gestellt werden zu müssen.

Amphibolit. — Die Untersuchung des mir vorliegenden Handstückes von Amphibolit ergibt, dass es ein grünlich schwarzes mit weissen Adern durchzogenes, — letztere lösen sich in Essigsäure und bestehen aus Calcit — feinkrystallinisches Gemenge aus Plagioklas, Hornblende, Epidot und accessorischem Titanit ist.

Die Schieferstructur ist sehr schwach ausgesprochen und nur unter dem Mikroskop sieht man säulenförmig ausgebildeten Plagioklas und Hornblende, welche in paralleler Richtung orientirt sind. Das Gestein ist ganz frisch.

Mikrochemische Reaktionen wiesen in dem ungelösten Theile reichlichen Na-Gehalt nach.

Über die einzelnen Gesteinselemente konnte folgendes festgestellt werden.

Der Magnesit hat weisse Farbe, und bildet unregelmässig begrenzte Körner mit rhomboëdrischer Spaltbarkeit; die Körner, welche im Schliffe senkrecht zu der Axe geschnitten waren, zeigten eine optische Axe mit negativem Charakter der Doppelbrechung und zahlreichen farbigen Ringen.

Der Pyrit kommt in Körnern und in kleinen Krystallen vor, an denen die Formen des Pentagondodekaëders allein oder in Combination mit dem Würfel, und des Rhombendodekaëders mit dem Würfel wahrgenommen wurden. Mit dem Pyrit sind oft roth durchsichtige, unregelmässig begrenzte Blättchen verbunden, welche wohl Eisenglanz sein dürften, die auf bekannte Weise aus dem Pyrit entstanden.

Ausser dem, im reflectirten Lichte speisgelben Pyrit beobachtet man unter dem Mikroskop schwarze Körner, welche meistens grün umrandet sind und welche Chromeisen sein dürften.

Der in dem Magnesit accessorisch auftretende Feldspath ist triklin und bildet unregelmässige, wasserhelle und frische Körner, welche die charakteristische Zwillingsbildung zeigen. An den grösseren Individuen kann man nachweisen, dass die Axenebene fast senkrecht auf derjenigen Fläche steht, welche keine Zwillingsstreifung wahrnehmen lässt. Mikrochemisch liess sich Na in reichlicher Menge, Ca nicht sicher nachweisen und somit dürfte der Feldspath zu dem Albit zu stellen sein, welcher so gern in verwandte Carbonate (Dolomite) eingebettet ist. Zu erwähnen ist es, dass dieser Albit Rhomboëder eines stark doppelbrechenden Carbonates, wohl des Magnesites (oder Breunnerites) umschliesst. Wasserhelle, unregelmässig begrenzte, im convergenten Lichte als einaxig und positiv erkennbare Körner wurden als Quarz gedeutet.

Kalkphyllitgneiss. — Als Kalkphyllitgneiss muss seiner Zusammensetzung nach ein thonschieferähnliches Gestein derselben Localität benannt werden, welches bei schwarzbrauner Farbe in hohem Grade schiefrig ist, und in welchem man grünliche und weisse Flecken und Äderchen erkennt.

Die grüne Substanz besteht aus Blättchen eines Minerals der Chloritgruppe, die weissen Partien werden von einem Carbonat gebildet, welches, wie der Querbruch des Gesteins zeigt, keine regelmässig parallelen Lagen darstellt.

Bei Behandlung mit Säuren erwies sich das Carbonat als ein wenig Eisen- und Magnesia-haltiger Calcit. Der grössere, in Salzsäure unlösliche Theil des Schiefers war durch Eisenglanztäfelchen rothbraun gefärbt und ergab bei Behandlung mit Kieselflusssäure starke Na-Reaktion.

Als Hauptgemengtheil des Gesteins muss der Feldspath bezeichnet werden, welcher unter dem Mikroskop wasserhelle, kleine Krystallkörner mit der Zwillingsstreifung der Plagioklase bildet und gelegentlich schwarze Körnchen umschliesst, deren Natur nicht festgestellt werden konnte.

Quarz scheint nur in geringer Menge zugegen zu sein; die kleinen Körnchen desselben wurden nach ihrer Einaxigkeit mit positivem Charakter als Quarz bestimmt.

An den einzelnen Gemengtheilen wurde Folgendes beobachtet.

Die Hornblende bildet säulenförmige Krystalloide ohne deutliche Terminalbegrenzung, mit prismatischer Spaltbarkeit, welche im Querschnitte einen Winkel von nahezu 124° zeigt. Die Krystalloide sind nicht stark pleochroitisch und zeigen den Pleochroismus $\mathfrak{c}$ = grün, $\mathfrak{b}$ = grün, $\mathfrak{a}$ = gelb. Die Auslöschungsschiefe auf dem Klinopinakoide beträgt 15°—20°; die Axenebene liegt symmetrisch.

Der Plagioklas erscheint in Form von Leisten, und zeigt die für Plagioklase eigenthümliche Zwillingsstreifung an zahlreichen, aber nicht allen Individuen. Man beobachtet bei einigen Körnern die Umwandlung in Glimmer oder Kaolin. Die mikrochemischen Reaktionen haben hohen Na- und geringen Ca-Gehalt dargethan.

Epidot kommt in fast wasserhellen Körnern vor, die nur dann gelb erscheinen, wenn das Licht sie mit Schwingungen parallel $\mathfrak{a}$ durchläuft. Der Brechungsexponent ist sehr hoch und die Axenebene liegt senkrecht zu der an den Körnern beobachteten pinakoidalen Spaltbarkeit. Als Interpositionen im Epidot beobachtet man zahlreiche ziemlich grosse doppelbrechende, wasserhelle, abgerundete Körner, deren genaue Bestimmung nicht möglich war.

Der nur in kleinen Körnern und Körnerhäufchen auftretende Titanit zeigte die gewöhnlichen Erscheinungen, welche man bei den aus Ilmenit hervorgegangenen Vorkommnissen wahrnimmt.

Der vorliegende Amphibolit ist nach seiner ganzen Erscheinungsform solchen Amphiboliten nahe verwandt, wie sie in paläozoischen Schichten-Systemen, aus Diabasen hervorgegangen, vielfach gefunden werden. Er zeigt nicht die Eigenthümlichkeiten derjenigen Amphibolite, welche im Gebiet der krystallinen Schiefer des Grundgebirges in naher Beziehung zu Amphibolgneissen auftreten. Wenn es gestattet ist, aus den petrographischen Charakteren der Gesteine auf die Formation zurückzuschliessen, welcher sie angehören, so würde man annehmen dürfen, dass die Poroschnaja Gora bei Nischne-Tagilsk mehr oder weniger tief paläozoischen Horizonten zuzurechnen sei.

M. von Miklucho-Maclay.

Stockholm, October 1884.

Über die Beziehungen der isländischen Gletscherablagerungen zum norddeutschen Diluvialsand und Diluvialthon.

In seiner hochinteressanten Abhandlung „Vergleichende Beobachtungen an isländischen Gletscher- und norddeutschen Diluvialablagerungen" (Jahrb. d. k. preuss. geol. Landesanstalt 1883) bespricht Herr Dr. Keilhack die Übereinstimmung, welche zwischen den Sanden des unteren Diluviums und den Ablagerungen der isländischen Gletscherströme (Hvitâar) stattfindet. Er scheint hiebei vollkommen übersehen zu haben, dass Torell dieselbe Vergleichung schon vor 12 Jahren angestellt hat. Da es natürlicher Weise sehr interessant und wichtig ist, dass zwei Forscher von einander unabhängig zu denselben Resultaten gekommen sind, glaube ich den deutschen Geologen einen Dienst zu leisten, indem ich hier in deutscher Übersetzung einige Zeilen aus Torell's Arbeiten wiedergebe.

In „Undersökningar öfver istiden" (Öfversigt af Vetenskaps Akademiens Förhandlingar 1872, No. 10, pag. 63) schreibt er wie folgt: „Während einer Reise nach Deutschland 1865 kam ich durch einen Vergleich mit den schon mehrere Jahre vorher auf Island gemachten Beobachtungen, betreffend diese Ablagerungen („Diluvialsand und Diluvialthon"), zu einer Auffassung, welche nach meiner Meinung die Entstehungsweise derselben erklärt. Auf Island hat die Mehrzahl der grossen Gletscher (Jöklar) ein ganz anderes Aussehen als die Gletscher der Alpen. Die von ewigem Schnee und Gletschern bedeckten Gebirge zeigen grösstentheils gar keine malerischen Alpenformen, sondern sehen eher — besonders von Ferne — wie grosse schnee- und eisbedeckte Plateaus aus. Die Gletscher derselben breiten sich oftmals sehr weit über die Tiefebenen aus und haben dann ein Aussehen wie grosse Felder von Eis. Dies Aussehen ist so charakteristisch, dass schon Olavsen und Povelsen die Gletscher Islands in Gebirgsgletscher und in solche, welche sich als Eisdecken über die Tiefebenen ausbreiteten, trennten. Die überall, z. B. vom Rande des Oraefajökels, hervordringenden Gletscherströme breiten über die vor dem Gletscher befindliche Ebene mitgeschwemmte Gerölle, Grus, Kies und Sand aus, und das Meer wird auch hiedurch so aufgegrundet, dass auf solchen Stellen kein Hafen, wohl aber lange Sandriffe vorkommen. Die Ströme sind ebenso seicht wie zahlreich und man kann gewöhnlich über dieselben reiten. Ein und derselbe Strom kann von mehreren kleineren zusammengesetzt sein, welche jedoch schliesslich sich vereinigen. Hornefjot wird solchergestalt in der Nähe des Gletschers in ungefähr 30 breite und strömende, aber sehr seichte Arme getheilt, welche bald getrennt sind, bald aber zusammenfliessen. Diese Ströme haben folglich keine bestimmte Strombetten, sondern diese wechseln unaufhörlich. Die Ursache davon ist ohne Zweifel die stetige Umlagerung der losen Ablagerungen, welche von dem strömenden Wasser ununterbrochen umgearbeitet und mitgeführt werden. Nach einem heftigen Regen habe ich einmal eine ausgedehnte Ebene vor einem Gletscher so überschwemmt gefunden, dass dieselbe an ihr Aussehen vom vorigen Tage gar nicht erinnerte ... Wenn diese Beobachtungen für Skandinavien und das erratische Gebiet der Eiszeit angewandt werden, und wenn man dazu erkennt — was ich beweisen zu können glaube — dass das skandinavische Binneneis sich einmal bis an die Grenze der erratischen Geschiebe ausgedehnt hat, so nehme ich an, dass die Formationen der nordeuropäischen Ebene vor dem Binneneise von den zahllosen Gletscherströmen denudirt und umgearbeitet worden sind, so dass neue geschichtete Ablagerungen von derselben Beschaffenheit und Zusammensetzung wie der Diluvialsand und Diluvialthon entstanden sein können, die unter solchen Umständen ihr Material sowohl von den unterliegenden Formationen, wie von den vom Eise mitgebrachten fremden Gesteinen durch die Wirksamkeit der Gletscherströme bekommen haben. Dagegen würden grössere Geschiebe in diesen Ablagerungen selten vorkommen. Das im Fortschritt begriffene und über diese Lager sich bewegende Eis würde dieselben später zum Theil denudiren und wohl auch durch seinen Druck solche Schichtenstörungen wie bei Glumslöf und Sletten (contorted drift) verursachen, bis es sie endlich mit seinen Grundmoränen, Geschiebethon, „krosstensterа“ bedeckte. Während der oscillatorischen Bewegungen des Eises dürften nicht selten Einlagerungen von Grundmoränen zwischen den geschichteten Lagen der Ströme — wie bei Glindow und möglicher Weise auch bei Lomma und Bjerred — entstehen können.“ —

Zu dem oben Gesagten, das den ersten Vergleich der diluvialen Thon-, Sand- und Grus-Ablagerungen (unteres Diluvium) mit den Bildungen der isländischen Gletscherflüsse darstellt, will ich noch hinzufügen, dass die geologische Landesuntersuchung Schwedens schon 1877 die Benennung „Hvitåsand“ und „Hvitålera“ für „Diluvialsand“ und „Diluvialthon“ eingeführt hat. In der Beschreibung zur Section Båstad (Ser. Aa No. 60) von Hummel sagt Torell in einer Fussnote pag. 15: „Da dies Kartenblatt das erste von der geologischen Landesuntersuchung publicirte ist, auf welchem jene Ablagerungen, die ausserhalb Schweden Diluvialsand und Diluvialthon genannt worden sind, vorkommen, habe ich es für zweckmässig gehalten, neue und wenn möglich schwedische Benennungen für verschiedene hier vorkommende Ablagerungen der Eiszeit einzuführen. Mit der Benennung Hvitålera und Hvitåsand (als Synonym mit Diluvialthon und Diluvialsand) werden diejenigen Ablagerungen bezeichnet, welche die Gletscherströme in süssem Wasser abgesetzt haben. Diese Namen sind deswegen gewählt, weil ähnliche Schlamm-führende Ströme auf Island „Hvitåar“ genannt worden sind.“ —

Der Vergleich der Sandablagerungen des unteren Diluviums mit den Ablagerungen der isländischen Hvitåar, welchen Herr Keilhack in seiner Abhandlung gemacht hat, ist also schon längst von Torell ausgeführt worden. Dies verringert natürlich in keiner Hinsicht Herrn Keilhacks Verdienst; die Richtigkeit der Torell'schen Ansicht hat gerade durch Herrn Keilhack's ganz unabhängige Arbeit nur eine weitere Stütze bekommen.

A. G. Nathorst.

Königsberg i. Pr., d. 1. October 1884.

Über eine Goniometervorrichtung, welche zur Messung zersetzbarer Krystalle dient.

In der Abhandlung: „Das neue Goniometer der k. k. geologischen Reichsanstalt. Jahrb. k. k. geol. Reichsanst. 1884, Bd. 34, S. 321“ spricht Herr A. Brezina auf S. 322 die Ansicht aus, dass sich die von ihm a. a. O. S. 329[1] besprochenen „Vorrichtungen für Messung zersetzbarer Substanzen kaum anders als an Verticalinstrumenten anbringen lassen“. Es ist aber schon vor mehreren Jahren von Herrn R. Fuess in Berlin als ein Attribut seiner Reflexionsgoniometer mit horizontalen Theilkreisen eine Vorrichtung construirt worden, welche demselben Zwecke dient, wie die von Herrn Brezina beschriebene Stopfbüchse. Da jener Apparat nicht allgemein bekannt zu sein scheint, so möge derselbe hier in Kürze erläutert werden.

In die Centrir- und Justirvorrichtung *mmyy* des Goniometers (vgl. die untenstehende Figur) wird an Stelle des Tischchens ein kurzer Hohlcylinder, dessen Wand an drei Stellen durchbrochen ist, eingesetzt und mit Hilfe der Schraube *r* befestigt. In die Durchbohrung dieses Cylinders

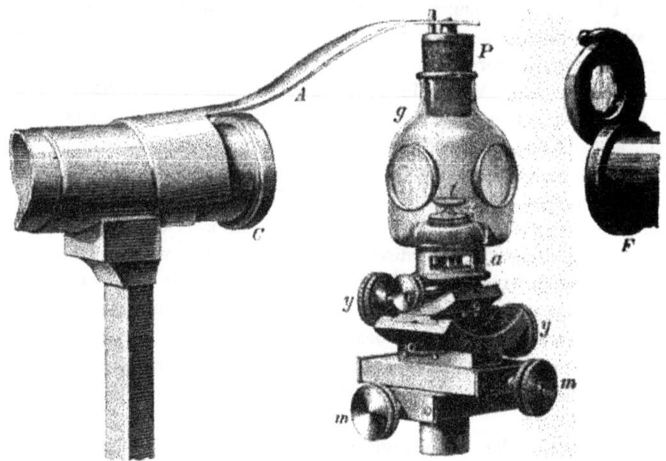

ist eine kleine, ebenfalls durchbohrte Kugel *z* allseitig drehbar eingelassen. Die Durchbohrung der Kugel dient zur Aufnahme eines kleinen Tischchens *t*, dessen Stiel *a* in den Hohlcylinder hineinragt und auf diese Weise einen durch die Cylinderausschnitte zugänglichen Hebel darbietet. Vermittelst eines Blechstückes kann man den Stiel *a*, also auch das Tischchen *t* nach allen Seiten neigen. So gelingt es eine annähernde Justirung des auf *t* befestigten Krystalles herbeizuführen. Die vollkommene Justirung wird alsdann wie gewöhnlich mit Hilfe der Cylinderschlitten *yy* bewirkt.

[1] Vgl. A. Brezina: Krystallogr. Untersuchungen. I. Theil. 1884. S. 100. — Dies. Jahrb. 1884. I. -170-.

Der Krystall wird mit einem Glasfläschchen *g* bedeckt, dessen eingedrückter Boden durchbohrt und auf die sphärisch gewölbte Endfläche des Hohlcylinders aufgeschliffen ist. Der innere rinnenförmige Bodenrand dient zur Aufnahme von Schwefelsäure, Chlorcalcium, Wasser u. dergl. Wird die Endfläche des Hohlcylinders mit Öl benetzt, so findet ein luftdichter Verschluss des Fläschchens statt, der auch erhalten bleibt, wenn bei der Justirung des Krystalles der Hohlcylinder eine zur Axe des Fläschchens geneigte Lage annimmt, oder wenn bei der Drehung des Krystallträgers der Hohlcylinder in der Durchbohrung des Fläschchens gleitet. Damit bei dieser Drehung die Stellung des Fläschchens zum Goniometer unverändert bleibe, ist auf das Collimatorrohr *C* eine Federklammer *A* gesetzt, welche mit ihrem bis zur Axe des Goniometers reichenden Arme auf den die obere Öffnung des Fläschchens verschliessenden Gummipfropfen *P*, der in der Mitte einen kegelförmig zugespitzten Stift trägt, drückt. Ein zweiter in einen Ausschnitt des Armes *A* greifender Stift jenes Pfropfens verhindert, dass dem Fläschchen *g* bei der Drehung des Krystallträgers eine Bewegung ertheilt werde.

In die Wand des Glasfläschchens *g* sind zwei auf einander senkrecht stehende planparallele Glasplatten eingesetzt, welche dem aus dem Collimator *C* austretenden Lichte den Zugang zum Krystall und dem am Krystall gespiegelten Lichte den Austritt nach dem Beobachtungsfernrohr *F* hin gestatten. Da die Durchmesser der Platten gross sind im Verhältniss zu dem Durchmesser des Fläschchens, so ist der Einfallswinkel des Lichtes nicht an zu enge Grenzen gebunden. **Th. Liebisch.**

Bonn, 21. October 1884.

Über Colemanit.

Bei meiner Anwesenheit in San Francisco zeigte mir Herr Henry G. Hanks, Staatsmineraloge, bewundernswerth schöne Krystalle, welche er vor kurzem als eine krystallisirte Varietät des „Colemanits" aus der Gegend der Dry Lake's im südöstlichen Californien erhalten hatte. Über den Namen, welchen ich zum ersten Male hörte, belehrte mich Herr Hanks mit Hinweis auf den von ihm verfassten Third Annual Report of the State Mineralogist, 1883. Als „Colemanit" wurde zu Ehren von Herrn William T. Coleman in S. Francisco, einem der Begründer der Borax-Industrie in den pacifischen Staaten, eine Varietät des Priceit aus dem Death Valley, Inyo Co., Californien, genannt. Gleich dem Pandermit (s. Sitzungsber. der niederrhein. Gesellsch. v. 2. Juli 1877, Bonn) ist der Priceit und Colemanit ein wasserhaltiges Kalkborat. In dem gen. Report findet sich eine Analyse des Colemanit vom Death Valley, ausgeführt durch Herrn Thom. Price (März 1883), deren Ergebniss: Borsäure 48,12, Kalkerde 28,43, Wasser 22,20, Thonerde und Eisenoxyd 0,60, Kieselsäure 0,65. Nach Abzug der als Verunreinigung zu betrachtenden Stoffe berechnet sich die Mischung:

Borsäure	48,72
Kalkerde	28,79
Wasser	22,49
	100,00

welche sehr nahe mit dem Priceit aus Curry Co., Oregon (s. Second Appendix to DANA's Mineralogy), übereinstimmt.

Die neuen Krystalle (1 bis 2 ctm gross), durchsichtig, fast wasserhell, von herrlicher Flächenbeschaffenheit, eine der schönsten monoklinen Combinationen darbietend, erweckten meine Bewunderung in dem Masse, wie nur je ein neuer und ausserordentlicher Mineralfund. Um den allgemeinen Eindruck der Krystalle anzudeuten, erwähne ich, dass ich sie zuerst — da eine Identificirung der von PRICE analysirten derben Substanz mit diesen Krystallen nicht sicher war — für Datolith, für das prachtvollste je gesehene Vorkommen des Datoliths, hielt. Eine etwas genauere Betrachtung lässt indess sogleich die vollkommene Spaltbarkeit parallel dem Klinopinakoid auffinden, welche die neuen Krystalle sogleich wesentlich vom Datolith unterscheidet. Sie zeigt die gewöhnliche Combination in einer geraden Projektion auf die Horizontalebene.

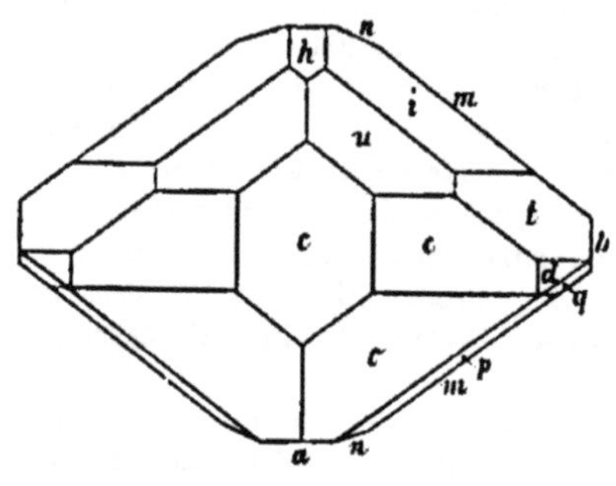

Axenelemente

$$\grave{a} : \bar{b} : \acute{c} = 0{,}7769 : 1 : 0{,}5416.$$

β (Winkel der Axen a und c vorne) = 110° 16⅓'

Beobachtete Formen:

o = −P (111); n = P ($\bar{1}$11); p = −3P (331); q = −3P3 (131); i = 2P (221); t = 2P2 ($\bar{1}$21); e = P∞ (011); d = 2P∞ (021); h = 2P∞ (201); m = ∞P (110); n = ∞P2 (210); a = ∞P∞ (100); b = ∞P∞ (010); c = oP (001).

Die Axenelemente wurden aus folgenden Fundamentalmessungen abgeleitet: m m' = 107° 50', c m = 106° 16', c c = 153° 4'. Die Übereinstimmung der gemessenen mit den berechneten Winkeln darf als sehr befriedigend bezeichnet werden. Specif. Gew. = 2,417, Härte etwas über Apatit. Die Krystalle sind in Drusenräumen einer derben weissen bis lichtgelblichen Varietät des Colemanits in Begleitung kleiner Quarzkrystalle aufgewachsen. Herr Dr. BODEWIG ist mit einer genauen Analyse des neuen Vorkommens beschäftigt, nach deren Vollendung eine ausführlichere Mittheilung erfolgen wird. In dem mehrerwähnten Report ist (S. 36) bereits des Vorkommens schöner Krystalle von „Colemanit" in den Borax-Lagerstätten des bis 110 e. F. unter dem Meeresspiegel eingesenkten Death Valley's erwähnt.

Einer brieflichen Mittheilung des Prof. WENDELL JACKSON, Universität von Californien (d. d. Berkeley, 26. Sept.), zufolge dürfen wir auch von ihm eine Untersuchung der „Colemanit"-Krystalle erwarten.

G. vom Rath.

Referate.

A. Mineralogie.

K. Mack: Über das pyroelektrische Verhalten des Boracits. Mit einer Tafel. (Inauguraldiss. d. Univ. Tübingen 1883 und Zeitschr. f. Krystall. Bd. VIII. 1883.)

Der Verf. hat mit Hülfe der Kundt'schen Methode (vergl. d. Jahrb. 1883. II. p. 142 der Referate) den Boracit auf sein pyroelektrisches Verhalten untersucht, um dessen Eigenthümlichkeiten darstellen und in Beziehung zu den geometrischen und optischen Eigenschaften dieses Minerals setzen zu können.

Zur Untersuchung kamen Krystalle von Lüneburg, die vorherrschend dodekaëdrisch, würfelförmig oder tetraëdrisch gebildet waren, dann Kugeln aus dodekaëdrisch-würfelförmigen Krystallen, schliesslich Krystalle von Stassfurt, sowohl würfelförmiger, als auch tetraëdrischer Bildung.

Die Krystalle wurden vor dem Versuche sorgfältig gereinigt, dann mit einer Pincette angefasst und in ein Luftbad gebracht, in demselben gleichzeitig mit der Pincette erwärmt. War die Temperatur, bei der die Krystalle der Abkühlung überlassen werden sollten, erreicht, so wurden sie mit der Pincette gefasst, aus dem Bade genommen, durch eine Alkoholflamme gezogen und dann auf eine Unterlage von Holz oder Fliesspapier gelegt. Danach wurde mit dem Gemisch von Schwefel und Mennige bestäubt: auf den positiven Stellen legte sich das beim Passiren des Bestäubungsapparats negativ werdende Schwefelpulver, auf den negativen Stellen dagegen das positiv werdende Mennigepulver an.

Die Abkühlungen und Bestäubungen erfolgten bei den einzelnen Krystallen von wechselnden Temperaturen an, und zwar von 100, 90, 80, 70, 60, 40, 35° C.

Fast ausnahmslos ergab sich durch die Beobachtungen das bemerkenswerthe Resultat, dass das pyroelektrische Verhalten mit dem bekannten optischen, das für die Rhombendodekaëder und Würfel abweichend von dem für die Tetraëder ist, übereinstimmt.

So wurden namentlich an den Dodekaëdern die Kanten, welche über den Oktanten mit den glänzenden Tetraëderflächen liegen, gelb, die, welche über den Oktanten mit den matten Tetraëderflächen und $-\frac{2O2}{2}\varkappa(211)$ sich befinden, roth. Traten Würfelflächen an $\infty O(110)$ auf, so waren in den Richtungen der Diagonalen auf den Würfelflächen die Enden der gelb gewordenen Kanten durch gelbe, die der roth gewordenen, durch rothe Linien verbunden. Die etwa vorhandenen glänzenden Tetraëderflächen erwiesen sich nach den Ecken gelb dreigetheilt.

Entsprechend zeigten die Krystalle mit selbstständigen Würfeln und die aus rhombendodekaëdrisch — würfelförmigen Gebilden geschnittenen Kugeln ein Verhalten, was mit dem eben geschilderten im Einklang stand.

An der Combination der beiden Tetraëder von Lüneburg erschienen die Würfelflächen gelb, dagegen machte sich von der Mitte der (in der Combination $\pm\frac{O}{2}\varkappa(111.1\bar{1}1)$ wie Oktaëderflächen erscheinenden Tetraëderflächen nach der Mitte ihrer Kanten (oder Combinationskanten mit $\infty O(110)$ und über dessen Flächen weg) eine rothe Streifung bemerkbar.

Tetraëder mit Würfel von Stassfurt zeigten die Flächen gelb, die Ecken roth gefärbt.

Aus diesen Erscheinungen folgt, dass die Elektricität in den Boracitkrystallen nicht über ganze Flächen gleichmässig, sondern angehäuft in jenen Ebenensystemen zu suchen ist, die auch in optischer Hinsicht als Trennungsebenen der einzelnen optischen Felder von Bedeutung werden und zum Theil in der Form von Krystallgerüsten bekannt sind.

Verfasser definirt diese Ebenensysteme in seiner Weise. Vom krystallographischen Standpunkte aus würde es am einfachsten sein zu sagen:

Diese Ebenen entsprechen Flächen aus den Kantenzonen des Oktaëders und sind solche von $\infty O(110)$.

Bei $\infty O(110)$ gehen sie durch die Kanten nach dem Centrum zu, bei $\infty O\infty(100)$ verlaufen sie im Sinne der Flächendiagonalen, bei der Combination $\pm\frac{O}{2}\varkappa(111.1\bar{1}1)$ im Gleichgewicht, also einem scheinbaren Oktaëder, sind sie durch die trigonalen Zwischenaxen je zweier anliegender Oktanten geführt zu denken.

Verfasser untersucht dann, ehe er sich zum Schlusse wendet, auch das von Hankel 1840 constatirte merkwürdige Verhalten des Elektricitätswechsels der Boracitkrystalle, und zwar bei der Abkühlung von etwa 110—105° C. an. — Die Versuche gelangen in der Hauptsache und bestätigten Hankel's Ansicht. In einem Falle war besonders schön zu bemerken, wie die glatten Tetraëderflächen zuerst roth, die anderen gelb wurden, auch die Diagonalen auf den Würfelflächen dieser Vertheilung entsprechend hervortraten. — Dann flog das Pulver wieder fort, und der Krystall, auf's Neue bestäubt, zeigte nun das normale Verhalten.

Schliesslich stellt der Verfasser Überlegungen über die Ursachen des eigenthümlichen Verhaltens der Boracite in pyroelektrischer Hinsicht an und kommt, gestützt auf die Untersuchungen von J. und P. Curie, zu dem Schluss, dass das Auftreten der elektrischen Erscheinungen durch Spannungsänderungen im Gefüge bedingt ist, welche die Temperaturänderungen begleiten.

Diess spricht wieder für die Ansicht, welche in dem gegenwärtigen Zustande des Boracits einen abnormen sieht, der sich im Widerspruch mit der Form befindet und innerhalb dessen solche Spannungen sich vollziehen können. — Wird der innere Zustand der äusseren Form entsprechend, das System bei 265° C. isotrop, so hört bekanntlich jede Elektricitätsäusserung auf. (Vergl. dies. Jahrb. 1884. I. p. 195 der Referate.) **C. Klein.**

Whitman Cross and **W. F. Hillebrand**: Communications from the U. S. Geological Survey, Rocky Mountains Division. II. Notes on some interesting Minerals occurring near Pike's Peak, Colorado. (Am. Journ. of Science 1882. XXIV. pag. 281.)

Zu den Mineralien, welche schon seit längerer Zeit von dieser Fundstelle bekannt sind, zu Mikroklin, Albit, Biotit, Quarz (Rauchquarz und Bergkrystall), Flussspath, Columbit, Goethit, Eisenglanz und Brauneisen pseudomorph nach Eisenspath, Arfvedsonit, Astrophyllit und Zirkon fügen die Verf. noch Topas, Phenakit, Kryolith, Thomsenolith und andere noch nicht völlig bestimmte Species als neu aufgefunden hinzu.

Vom Topas liegen drei Exemplare vor; dieselben sind farblos oder grünlich gefärbt und stellenweise völlig klar. In der Prismenzone des am besten gebildeten Exemplars waren ∞P (110) und $\infty \breve{P}2$ (120) bestimmt zu unterscheiden. Von den Flächen am Ende der c-Axe, woselbst der Krystall drusig ausgebildet ist, kann mit Sicherheit nur 2P (221) angegeben werden, wogegen $\frac{4}{5}P$ (445) und $2\breve{P}4$ (142) ebenso wie $2\breve{P}\infty$ (021) und $4\breve{P}\infty$ (041) nur annähernd bestimmt sind. Ein anderes Exemplar (ein Bruchstück) ist durch die Grösse bemerkenswerth, welche das unverletzte Individuum bei analoger Ausbildung der Flächen besessen haben müsste. Bei einer Begrenzung durch $\infty \breve{P}2$ (120), ∞P (110), $2\breve{P}\infty$ (021) und $4\breve{P}\infty$ (041) müsste die Dimension von nahezu 1 Fuss in der Richtung der Brachydiagonale erreicht sein. Bei normaler chemischer Zusammensetzung hatte dieses letzte Bruchstück ein spec. Gew. von 3,518 (22° C).

Vom Phenakit liegen zwei Krystallfragmente vor, die sich in ihrer Ausbildung völlig gleichen. Sie sind begrenzt von den Formen: R $(10\bar{1}1)$, $-\frac{1}{2}R$ $(01\bar{1}2)$, $-R$ $(01\bar{1}1)$ und $\frac{2}{3}P2$ $(11\bar{2}3)$, und die mit dem Anlegegoniometer vorgenommenen Messungen stimmen in ihren Resultaten ziemlich mit den von Dana[1] und Seligmann[2] ermittelten resp. mit solchen Werthen überein, welche auf Grund der von ihnen gegebenen Axendimensionen berechnet sind. Die Verf. fanden:

[1] Dana, System of Mineralogy. Fifth Ed., p. 263.
[2] G. Seligmann, dies. Jahrb. 1880. I. 129.

	Krystall 1	Krystall 2	Berechnet
R : R Polkante	—	116° 20′	116° 36′ (D)
R : R Randk.	—	63° —	63° 24′ (S)
R : $-\frac{1}{2}$R über $\frac{2}{3}$P2	148° 30′	148° 50′	148° 18′ (D)
R : $\frac{2}{3}$P2	159° 45′	149° 58′	159° 56′ (D & S)
R : —R	74° 30′	74° 40′	74° 42′ 45″ (S)
$-\frac{1}{2}$R : $-\frac{1}{2}$R	143°–144°	—	144° 1′ 26″
$-\frac{1}{2}$R : —R	—	163° 43′	163° 32′ 2″
$\frac{2}{3}$P2 : $-\frac{1}{2}$R	168° 11′	168° 50′	168° 22′ (S)
$\frac{2}{3}$P2 : $\frac{2}{3}$P2	156° 40′	156° —	156° 44′ (D & S)

Flächen aus der Prismenzone sind nicht vorhanden. Eine unvollkommene Spaltung nach ∞P2 (11$\bar{2}$0) wurde an den hellen und farblosen Krystallen aufgefunden. Härte ca. 8. Spec. Gew. = 2.967 bei 23° C., jedoch enthielt der angewandte Krystall einige Unreinigkeiten.

Nach Mittheilungen von G. A. König[1] kommt der Zirkon im Pike's-Peak-Distrikt mit Astrophyllit und mit Amazonenstein vor. Die Verf. fanden in fleischrothem Mikroklin bis zollgrosse Individuen, denen das Prisma fehlte, die aber auf jeder der kleinen die grossen Exemplare zusammensetzenden Pyramiden eine Basis erkennen liessen.

Sehr vollkommene Individuen dieses Minerals, welche durchsichtig und vorzüglich spiegelnd sind und eine tief rothbraune bis hell honiggelbe, selten auch tief smaragdgrüne Farbe besitzen, sind in einem Quarzgange im Granit nahe dem Pike's Peak toll road, westlich Cheyenne Mountain aufgefunden. Dieselben sind entweder direct in dem Quarz eingewachsen oder liegen in einer weichen, gelben Substanz und zeigen die Combination P (111), 3P (331), 3P3 (131), ∞P (110) mit ∞P∞ (010). Seltener tritt oP (001) auf, und mit dieser Fläche wird dann meist eine Pyramide $\frac{14}{25}$P (14 . 14 . 25) beobachtet, die mit P einen Winkel von 164° 16′ bildet. Ein eigenthümlicher Umstand ist es, dass oP (001) und $\frac{14}{25}$P (14 . 14 . 25) stets nur an einem Ende ausgebildet sind, während das andere Ende der Hauptaxe nur P (111) zeigt. Spec. Gew. = 4.709 bei 21° C. Chemische Zusammensetzung normal.

Mit dem Zirkon zusammen und in einer nahe gelegenen anderen Quarzader sind noch Flussspath, zwei blätterige Mineralien und Substanzen aus der Kryolith-Gruppe aufgefunden worden. **C. A. Tenne.**

Wm. F. Fontaine: Notes on the Occurrence of certain Minerals in Amelia County, Virginia. (Am. Journ. of Science. 1883. vol. XXV. p. 330.) (Vergl. die Referate weiter hinten, p. 14 u. 15.)

Die Gang-artigen Vorkommen von grobkörnigem Granit, welche in den Gneissen und Glimmerschiefern der unmittelbaren Nähe von Amelia Court House auftreten, und die durch heisse Gewässer auf Gebirgsspalten abgesetzt sind, wurden in einigen behufs Glimmer-Gewinnung angelegten Gruben aufgeschlossen und haben folgende Mineralien geliefert.

[1] Zeitschr. f. Krystallogr. I. p. 423. (Ref. dies. Jahrb. 1877. p. 944) und Proceed. of the Acad. of Philadelphia (Ref. dies. Jahrb. 1877. p. 203).

Der Quarz zeigt die gewöhnliche Beschaffenheit. Kaliglimmer hat neben den gewöhnlich farblosen auch Partien von rother und seltener urangrüner Farbe geliefert und lässt durch Faltung auf Bewegungen in der Gebirgsmasse schliessen, die nach seiner Bildung stattfanden. Orthoklas ist in einer Grube licht grünlich, in einer anderen wenig entfernten gelblich gefärbt und liefert theilweise sehr grosse Krystalle. Daneben kommt in letzterer Grube viel Albit vor, theilweise in an Stalagmiten erinnernden Formen, theilweise in Gestalt eines grossmaschigen Netzwerkes von blau-weisser Farbe und endlich in hellen Krystallen neben Rauchquarz auf den Wänden eines Hohlraumes in der Gangmasse. Schliesslich ist noch aus derselben Grube Amazonen-Stein erwähnt, dessen blau-grüne bis hell-grüne Farbe durch Infiltration veranlasst sein soll, da nahe einer Spalte die Färbung eine sehr intensive ist und mit der Entfernung von dieser schnell abnimmt.

Von anderen Mineralien werden erwähnt:

Beryll: zugleich mit Feldspath auskrystallisirt nach Glimmer und vor Quarz. Die Krystalle von bedeutender Grösse sind von blau-grüner oder schmutzig-gelber Farbe und undurchsichtig.

Flussspath: zeichnet sich durch lebhafte Phosphorescenz aus. Die blassrothen oder grünen krystallinen Massen füllen die von Glimmer, Feldspath und Quarz gelassenen Zwischenräume aus.

Columbit liegt oft in grossen, gebrochenen Krystallen im Feldspath. Eine seltenere Varietät dieses Minerals, welche zuweilen faserige Struktur annimmt, zeigt im Bruch dunkel nuss-braune bis roth-braune Farbe und ist in dünnen Splittern Hyazinth-roth durchscheinend. Während der normale Columbit sich in den oberen Regionen der Gruben fand, stellte sich die letztere Varietät erst mit zunehmender Tiefe ein. Die chemische Zusammensetzung ist von Prof. Dunnington im Am. Chem. Journ. vol. IV. p. 138 gegeben, nach derselben enthält das Mineral mehr Mn als Fe, und das Verhältniss von Tantal- zur Niob-Säure ist 1:1.

Granat, Varietät Spessartin, ist entweder in sehr rissigen Krystallen von Hyazinth- bis braun-rother Farbe im Feldspath der Gangmasse eingewachsen oder kommt in körnigen Massen innig mit Helvin gemischt zwischen den hellen Krystallen von Albit in einem grossen Hohlraum vor. Von letzterem Vorkommen wird angegeben, dass es heller gefärbt ist und die Schmelzbarkeit 3 besitzt[1]. Nach Bestimmung des Herrn C. M. Bradbury kommt ihm die Härte 6.5 und das spec. Gew. 4.20 zu. Die Analyse ergiebt:

SiO_2 = 36.34, Al_2O_3 = 12.63, FeO = 4.57, MnO = 44.20, CaO = 1.49, MgO = 0.47, H_2O = Spur; Summe 99.70.

Orthit kommt in dünnen, aber ziemlich grossen Krystall-Tafeln eingebettet, im Feldspath oder Feldspath und Quarz vor, hat — soweit unverändert — sammet-schwarze Farbe und Wachsglanz und ist gewöhnlich von einer aschgrauen, matten Zersetzungskruste umgeben. Analysen sind von Prof. König in Proc. Acad. Nat. Sci. Philadelphia 1882, p. 103, und

[1] Die Skala, auf welche sich diese Zahl bezieht, ist nicht angegeben.

von Prof. Dunnington im Am. Chem. Journ. vol. IV. p. 138 gegeben (siehe unten die Referate über die Arbeiten von König und Dunnington).

Mikrolith ist nach Glimmer und vor Feldspath auskrystallisirt, liegt meist in Feldspath, seltener in Quarz und kommt auch auf den Wandungen des grossen Hohlraums vor. Die Farbe dieses Minerals variirt zwischen blassgelb und dunkel Haar-braun. Einzelne Krystalle zeigen stets bei vorwaltendem Oktaëder schmale Flächen von ∞O∞ (100), ∞O (110) und mOm (m11). Da der grösste der aufgefundenen einzelnen Krystalle — 4½ cm Axenlänge — Columbit eingeschlossen enthält, so scheint es, dass der Mikrolith sich nach dem letzteren Mineral gebildet hat, doch kommt auch das umgekehrte Verhältniss vor. An mehr erwähnter Stelle findet sich eine Beschreibung des Minerals von Prof. Dunnington.

Monazit kommt in Farbe und Art des Vorkommens dem Mikrolith ziemlich nahe, jedoch ist er der Verwitterung mehr ausgesetzt, zeigt unebenen und rauhen Bruch und fast keine Spaltbarkeit. In einzelnen Krystallen ward er nicht gefunden. Die Analysen von Prof. König und Prof. Dunnington finden sich a. o. Orte (siehe unten).

Helvin findet sich im körnigen Spessartin. Nach B. E. Sloan hat er Wachs- bis Citron-gelbe Farbe, blass Citron-gelben Strich, Glasglanz; Härte = 6, spec. Gew. = 3.25. Vor dem Löthrohr unter Schäumen schmelzbar; durch HCl unter Abscheidung gelatinöser Kieselsäure und Bildung von Schwefelwasserstoff zersetzt. Die Analyse gab:

SiO_2 = 31.42, BeO = 10.97, MnO = 40.56, FeO = 2.99, Al_2O_3 = 0.36, Mn = 8.59, S = 4.90; Summe 99.89[1]. (Siehe auch weiter unten das Referat über die Arbeit von Lewis.)

In sehr kleinen Gängen wurde ferner noch ein Mineral mit der Härte 6.5, spec. Gew. = 6.82 und von Pech-brauner Farbe gefunden. Dasselbe ist ein Tantalat hauptsächlich von Mangan, enthielt daneben viel Kalk und wenig Eisen. Niobsäure fehlt nach Prof. Dunnington; vielleicht ist dies Mineral mit Nordenskiöld's Mangantantalit zu vereinigen.

Ausserdem wurden noch bemerkt: Bleiglanz, dessen von anderer Seite angegebener Silbergehalt nicht nachgewiesen werden konnte, ferner Stibnit mit vorigem Mineral gemengt, Apatit und schwarzer Turmalin, sowie endlich nach G. W. Fiss zu Philadelphia auch Pyrochlor.

Endlich gab noch ein Ziegel-rothes Mineral von der Härte des Flussspaths Reactionen auf Cer, und kann dieses vielleicht zum Fluocerit zu rechnen sein.

C. A. Tenne.

E. S. Dana: On the Stibnite from Japan. (Am. Journ. of science. 1883. XXVI. 214 u. Zeitschr. f. Kryst. Bd. IX. 29.)

Jos. Alex. Krenner: Über den Antimonit aus Japan. (Földtani Közlöny, Zeitschrift der Ungarischen Geologischen Gesellschaft. 1883. XIII. 1.)

[1] Die Summe giebt 99.79.

Dem ersteren Forscher haben die neuerdings mehr und mehr verbreiteten Stufen des Antimonglanz aus Japan in einer vorzüglichen Suite vorgelegen, welche durch verschiedene Herren in das Yale-Museum gelangt waren, und als deren Fundort der Berg Kosang, nahe Seijo auf der Insel Jaegimeken Kannaizu (Shikoku) in Südjapan angegeben ist. (Richtiger ist nach gütiger Mittheilung des z. Z. in Berlin befindlichen k. jap. Ministerial-Raths Wada zu setzen (vergl. das übernächste Referat): Bergwerk bei Ichinokawa in der Dorfschaft Ojoinmura bei Saijo, Provinz Jyo auf der Insel Shikoku. [Kosang bedeutet Bergwerk, Jaegimeken Kannaizu Karte von (dem Bezirk) Jaegime oder besser Jaechime; die Bezirke sind öfter der Veränderung unterzogen und ist die Provinz als Bezeichnung sicherer].) Die der zweitgenannten Arbeit zu Grunde gelegten Krystalle sind einer Stufe des ungarischen Nationalmuseums entnommen, für die kein genauerer Fundort genannt ist.

Ausser durch Grösse, welche einzelne Exemplare erreichen, zeichnen sich die Krystalle durch einen enormen Flächenreichthum aus, der Dana gestattete, zu den schon bekannten 45 Formen, von denen sich 30 vorfanden, 40 neue hinzuzufügen, wogegen Krenner 10 neue Symbole aufführt, von denen jedoch 7 ident mit von Dana ebenfalls aufgefundenen sind, so dass also jetzt folgende Formen als am Antimonglanz beobachtet aufgeführt werden müssen[1]: (S. die Tabelle S. 8 u. 9.)

Hierzu würde dann noch die von Haüy eingeführte Endfläche c = oP (001) zu stellen sein, von der jedoch beide Autoren sagen, dass sie zweifelhaft sei.

Das Axenverhältniss ist von beiden Verff. fast gleich angenommen. Dana geht dabei von der Pyramide ι aus, deren Polkantenwinkel mit 80° 21' und 124° 59' ergeben:

$$\breve{a} : \bar{b} : \dot{c} = 1 : 1{,}00749 : 1{,}02550 = 0{,}99256 : 1 : 1{,}01787,$$

wogegen Krenner bei dem im Jahre 1879[2] abgeleiteten Verhältniss stehen bleibt, das, von der Grundpyramide ausgehend, ergeben hat:

$$\breve{a} : \bar{b} : \dot{c} = \quad . \quad . \quad . \quad . \quad . \quad . \quad . \quad . \quad 0{,}99304 : 1 : 1{,}0188.$$

An den Krystallen sind ausser der Prismenzone und den beiden domatischen hauptsächlich noch die beiden durch die Kante b : z und durch b : Σ bestimmten ausgebildet; oft erscheinen die Individuen daher fast gerundet, doch wurden nur solche Flächen in vorstehender Liste angeführt, welche bestimmte Reflexe gaben, wobei namentlich der hohe Glanz ausgezeichnete Dienste leistete.

---

[1] In der zweiten Spalte der Tabelle sind die von Dana an Krystallen aus Japan aufgefundenen Flächen mit einem + bezeichnet, die von Krenner daselbst beobachteten mit einem —. Neue Formen sind mit einem Sterne versehen, hinter welchen in den betreffenden sieben Fällen der von Krenner gewählte Buchstabe eingeklammert ist.

[2] December-Sitzung der ung. Akademie der Wissenschaften.

Signatur.		Symbol Naumann.	Symbol Miller.	Signatur.		Symbol Naumann.	Symbol Miller.
a	+	$\infty P \bar{\infty}$	100	g		$\frac{9}{2} P \breve{\infty}$	092
b	±	$\infty P \breve{\infty}$	010				
h	±	$\infty P \bar{3}$	310	H_1*	—[1]	$\frac{3}{17} P$	3.3.17
n	+	$\infty P \bar{2}$	210	G_1*	—[1]	$\frac{3}{13} P$	3.3.13
ι*	+	$\infty P \bar{\frac{3}{2}}$	320	μ	+	$\frac{1}{4} P$	1.1.4
k		$\infty P \bar{\frac{4}{3}}$	430	F_1*	—[1]	$\frac{5}{19} P$	5.5.19
m	±	∞P	110	ν*	+	$\frac{2}{7} P$	2.2.7
κ*	+	$\infty P \breve{\frac{6}{5}}$	560	s	±	$\frac{1}{3} P$	1.1.3
r	±	$\infty P \breve{\frac{4}{3}}$	340	π		$\frac{1}{2} P$	1.1.2
d	±	$\infty P \breve{\frac{3}{2}}$	230	$ϖ_2$* (Θ)	±	$\frac{2}{3} P$	2.2.3
l	+	$\infty P \breve{\frac{5}{3}}$	350	p	±	P	1.1.1
o	±	$\infty P \breve{2}$	120	z	+	$3P$	3.3.1
χ* (f)	±	$\infty P \breve{\frac{5}{2}}$	250				
q	±	$\infty P \breve{3}$	130	ψ*	+	$\frac{8}{9} P 4$	829
i	±	$\infty P \breve{4}$	140	M	+	$\frac{4}{3} P 4$	413
t	+	$\infty P \breve{5}$	150	$σ_1$*	+	$\frac{2}{3} P 3$	629
ϑ*	+	$\infty P \breve{6}$	160	$λ_1$*	+	$P 3$	313
Θ*	+	$\infty P \breve{7}$	170	$ω_1$*	+	$\frac{5}{3} P \bar{\frac{5}{2}}$	523
				T* (K)	±	$5 P \bar{\frac{5}{2}}$	521
R		$\frac{1}{6} P \bar{\infty}$	106	f		$\frac{1}{2} P 2$	214
L	±	$\frac{1}{3} P \bar{\infty}$	103	σ	±	$\frac{2}{3} P 2$	213
y		$\frac{1}{2} P \bar{\infty}$	102	$λ_2$*	+	$P \bar{\frac{3}{2}}$	323
Σ*	+	$\frac{2}{3} P \bar{\infty}$	203	α		$P \bar{\frac{4}{3}}$	434
z	±	$P \bar{\infty}$	101	X*	+	$4 P \bar{\frac{4}{3}}$	431
φ*	+	$9 P \bar{\infty}$	901	$λ_3$*	+	$P \bar{\frac{6}{5}}$	656
				ε		$P \bar{\frac{8}{7}}$	878
γ	+	$\frac{1}{3} P \breve{\infty}$	013				
x	+	$\frac{1}{2} P \breve{\infty}$	012	Z*	+	$\frac{10}{3} P \breve{\frac{10}{9}}$	9.10.3
N	±	$\frac{2}{3} P \breve{\infty}$	023	β	+	$\frac{7}{6} P \breve{\frac{7}{6}}$	676
u	+	$P \breve{\infty}$	011	δ*	+	$\frac{5}{12} P \breve{\frac{5}{4}}$	4.5.12
Q		$\frac{4}{3} P \breve{\infty}$	043	Γ*	+	$\frac{2}{3} P \breve{\frac{4}{3}}$	346
J		$\frac{5}{3} P \breve{\infty}$	053	ι	±	$\frac{4}{3} P \breve{\frac{4}{3}}$	343
Π*	+	$2 P \breve{\infty}$	021	D*	+	$\frac{20}{3} P \breve{\frac{4}{3}}$	15.20.3

[1] Um die Wiederholung der Symbole H G und F zu vermeiden, ist denselben bei den Pyramiden der Stammreihe der Index [1] zugefügt, welchen Krenner nicht gesetzt hat.

Signatur.		Symbol Naumann.	Symbol Miller.	Signatur.		Symbol Naumann.	Symbol Miller.
j		$3\breve{P}\infty$	031	σ_3*	+	$\breve{P}\frac{3}{2}$	2.3.3
Y*	+	$4\breve{P}\infty$	041	W*	+	$\frac{10}{3}\breve{P}\frac{3}{2}$	20.30.9
E*	+	$5\breve{P}\frac{3}{2}$	10.15.3	σ_5* (S)	±	$\frac{5}{3}\breve{P}\frac{5}{2}$	253
ω_2*	+	$\frac{8}{3}\breve{P}\frac{8}{5}$	583	σ_6* (U)	±	$2\breve{P}3$	263
F*	+	$\frac{25}{6}\breve{P}\frac{5}{3}$	15.25.6	w		$3\breve{P}3$	131
ζ	±	$\frac{5}{3}\breve{P}\frac{5}{3}$	353	V*	+	$\frac{10}{3}\breve{P}3$	10.30.9
e	±	$\frac{2}{3}\breve{P}2$	123	σ_7*	+	$\frac{7}{3}\breve{P}\frac{7}{2}$	273
σ_4* (T)	±	$\frac{4}{3}\breve{P}2$	243	ϑ	±	$\frac{2}{3}\breve{P}4$	146
v	+	$2\breve{P}2$	121	G*	+	$\breve{P}4$	144
ω_3* (B)	±	$\frac{10}{3}\breve{P}2$	5.10.3	φ		$\frac{4}{3}\breve{P}4$	143
A	+	$6\breve{P}2$	361	σ_8*	+	$\frac{8}{3}\breve{P}4$	283
ω_4*	+	$\frac{11}{3}\breve{P}\frac{11}{5}$	5.11.3	ϱ		$\frac{5}{3}\breve{P}5$	153
H*	+	$\breve{P}\frac{5}{2}$	255	σ_9*	+	$4\breve{P}6$	2.12.3

Für die neuen Formen sind folgende Winkelmessungen angegeben, resp. lagen dieselben in den hierunter angeführten Zonen:

Zone	Kante	Gemessen	Berechnet	
a : m	b : ι	123° 10′	123° 29½′	Dana
„	: ϰ	139° 56′	139° 59′	„
	: χ (Δ)	157° 51′	158° 3′	„
		158° 9′	id.	Krenner
„	: ϑ	170° 18′	170° 28′	Dana
„	: Θ	171° 39′	171° 48½′	„
a : z	a : Σ	124° 20′	124° 21½′	„
„	: ψ	173° 40′	173° 49′	„
b : n	b : π	153° 40′	153° 50¼′	„
„	: Y	166°	166° 12′	„
m : p	m : H_1	104° 26′	104° 19′	Krenner
„	: G_1	108° 18′	108° 27′	„
	: μ	109° 43′	109° 52′	Dana
	: F_1	111° 10′	110° 50′	Krenner
	r auch in Zone x : Σ			Dana
„	σ_2 (Θ) „ „ „ Σ : b			„
„	p : σ_2 (Θ)	168° 36′	168° 37′	Krenner
σ_1 : b	Σ : σ_1	169° 30′	169° 25½′	Dana
„	: σ_3	140°	139° 57½′	„
	: σ_4 (T)	131° 59′	131° 45′	„
	b : σ_4 (T)	138° 10′	138° 16′	Krenner
	Σ : σ_5 (S)	125° 43′	125° 32′	Dana

Zone	Kante	Gemessen	Berechnet	
$\sigma_1 : b$	$b : \sigma_5$ (S)	144° 25′	144° 29′	Krenner
„	$\Sigma : \sigma_6$ (U)	120° 53′	120° 44′	Dana
	$b : \sigma_6$ (U)	149° 16′	149° 16′	Krenner
„	$\Sigma : \sigma_7$	117° 5′	117° 1½′	Dana
„	$: \sigma_8$	114° 50′	114° 3′	„
$\sigma_9 : Y : \sigma_9$	$Y : \sigma_9$	171°	170° 44′	„
$z : b$	$b : \lambda_1$	103°	103° 19½′	„
„	$: \lambda_2$	115° 30′	115° 21′	„
	$: \lambda_3$	120° 30′	120° 38′	„
	$\omega_3 : \omega_3$ (B : B) (Kante X)	60° 33′	60° 33′	„
	„ (Kante Y)	128° 26′	128° 25½′	„
—	„ „	128° 24′	128° 27′	Krenner
ω_3 (B) : b	$b : \omega_3$ (B)	149° 40′	149° 45′	„
„	ω_1 auch in Zone m : z			Dana
	$l : \omega_2$	144° 29′	144° 59½′	„
„	ω_4 auch in Zone q : ζ			
ω_3 (B) : a	ω_3 (B) : V	172°	172° 4′	„
„	: W	173°	173°	
m : ω_3 (B) : σ_7	m : D	170°	169° 28′	„
„	: E	165° 30′	165° 24½′	„
„	: F	161°	161° 58′	„
m : z	: X	166°	166° 18′	„
N : $\psi : \sigma_2$ (Θ)	N : T	156° 40′	157° 1½′	„
a : σ_1	$\sigma_1 : \psi$	167° 30′	167° 37′	„
—	T : T (K : K) (Kante X)	137° 45′	137° 26′	„
„	(Kante Y)	48° 2′	47° 44′	Krenner
	T (K) : h	169°	169° 12′	Dana
—	T (K) : b	111° 24′	111° 18′	Krenner
a : u	u : G	170°	169° 49′	Dana
„	: H	164° 30′	163° 58′	„

Im Übrigen muss auf die Arbeiten selbst verwiesen werden, welche auch über die Häufigkeit im Auftreten und die gegenseitige Entwickelung der Flächen noch manche schätzenswerthe Angabe bringen. (Vergl. auch das nächste Referat.)

C. A. Tenne.

Albert Brun: Note sur un cristal de Stibine de l'île de Shikoku (Japan). (Arch. des sciences. phys. et nat. de Genève. III. pér. Bd. 9. pag. 514.)

Der Verf. hat einen Krystall von dieser bekannten Fundstelle gemessen, welcher glatte ungestreifte Flächen hatte und der in der Richtung der Vertikalaxe verlängert war. Folgende einfache Formen wurden gefunden: das Brachypinakoid: $\infty \breve{P} \infty$ (010) und das Prisma: $\infty \breve{P} \frac{4}{3}$ (340), sowie die Oktaëder: P (111); $\frac{4}{3}\breve{P}\frac{4}{3}$ (343); $\frac{4}{5}$P (445); $\frac{9}{10}$P (9 . 9 . 10); $\frac{5}{4}\breve{P}\frac{4}{3}$ (15 . 20 . 16), welche die vier Zonen: [011, 340], [111, 343, 010], [111, 445, 9 . 9 . 10] und [15 . 20 . 16, 343, 340] bilden. Die beobachteten Winkel sind die folgenden: 111 : 343 = 172° 2′; 111 : 010 = 125° 29′; 111 : 1$\bar{1}$1 = 109° 6′; 343 : 3$\bar{4}$3 = 93° 10′; 010 : 343 = 133° 27; 111 : 445 = 173° 58′; 111 : 9 . 9 . 10 = 177° 10′; 340 : 343 = 149° 20′; 340 : 15 . 20 . 16 = 147° 40′. Aus den Winkeln: 133° 27′ und 149° 20′ wurde das Axensystem: a : b : c = 0,99839 : 1 : 1,01127 berechnet; die hieraus berechneten Winkel stimmen mit den beobachteten derart überein, dass Differenzen von ca. 6′, einmal auch eine solche von 18′ vorhanden sind. Jedenfalls ist die Übereinstimmung bei Benutzung des angegebenen Axensystems grösser, als wenn man das in den Groth'schen Tabellen angegebene zu Grunde legt. An dem Ende des Krystalls herrscht das Oktaëder (343), die andern Oktaëder haben nur kleine, aber glatte und glänzende Flächen. Die Prismenflächen sind z. Th. mit Antimonocker bedeckt, der sich aber leicht abnehmen lässt, worauf die Fläche ebenfalls glatt und glänzend wird. **Max Bauer.**

Wada: Über einige japanische Mineralien. (Sitzungsber. naturf. Freunde. 17. Juni 1884. pag. 79—86.)

Schwefelkies, eigenthümlich verzerrte Würfel, z. Th. rhomboëdrische Formen nachahmend, z. Th. regelmässig an den zwei Enden einer trigonalen Axe, an den andern Ecken sind die Flächen eigenthümlich gefältelt; bei Kiura, Provinz Bungo, Insel Kiu-Shin. Vorkommen nicht näher bekannt. Übrigens finden sich auch vollkommen normal gebaute Krystalle an vielen Orten, so die Combination O (111) . $\left[\frac{\infty O2}{2}\right]$ (210) im Flussthal Kiso, Prov. Shinano und O . (111) . ∞O∞ (100) bei Utesan, Prov. Idsumo, mit stark in der Richtung der Kanten gestreiften Würfelflächen. Kupferkies. Verworren verwachsene tetraëdrische Krystalle aus den Gängen im Diabas und Diabastuff von Ani, Prov. Ugo, begleitet von Bleiglanz [z. Theil ∞O∞ (100) . O (111) .], Zinkblende, Quarz und den gewöhnlichen Gangmineralien. Antimonglanz. Auf Gängen in krystallinischen Schiefern, 0,30 m mächtig und mit derbem Erz erfüllt, auf dessen Hohlräumen die Krystalle sitzen, welche Dana und Krenner beschrieben haben. Die Fundortsangabe Dana's beruht auf einem Irrthum, es muss heissen: Antimonglanzbergwerk bei Ichinokawa in der Ortschaft Ojoin-mura bei Saijo, Prov. Jyo auf der Insel Shikoku. (Vergleiche das Referat über Dana und Krenner, sowie das unmittelbar vorhergehende.) Das Mineral ist in Japan schon längst bekannt und sogar in einem Anfangs dieses Jahrhunderts erschienenen Lehrbuch der Mineralogie unter dem Namen Shokoshi beschrieben und abgebildet. Bergkrystall, ein grösserer Krystall, Zwilling nach ξ = P2 (1122), wie ihn G. v. Rath beschrieben hat, von der Hauptinsel der Gotogruppe bei Nangasaki; ob auch der von v. Rath beschriebene Krystall hierher stammt, ist unbekannt. Apatit, ein langes und dickes Säulenfragment aus dem Granit des Berges Kympusan in der Provinz Kai; es ist begrenzt von der 1. und 2. Säule und der Basis. G. = 3,19; oberflächlich verwittert. Topas in ausgezeichneten Exemplaren in pegmatitischen Gängen des Granits von Otani-yama an der Grenze der Provinz Omi, nahe der Stadt Kioto; wasserhell, gelblich und grünlich. Es sind Krystalle von erheblicher Grösse: einer von mittleren Dimensionen ist 77 mm in der Richtung der Axe c, 75 mm und 120 mm nach a und b; also so gross wie die uralischen, denen die japanischen Topase auch in der krystallographischen Entwicklung gleichen; doch sind auch Krystalle ähnlich den Schneckensteinern bekannt. Folgende Formen wurden beobachtet: ∞P (110); $\infty P\breve{2}$ (120); $\infty P\breve{\infty}$ (010); oP (001); P (111); $\frac{1}{2}P$ (112); $\frac{1}{3}P$ (113); $2P\breve{\infty}$ (021); $P\breve{\infty}$ (011); $\frac{2}{3}P\breve{\infty}$ (023); $P\bar{\infty}$ (101); $\frac{1}{3}P\bar{\infty}$ (103). Ähnliche Krystalle auch bei Nakatsu-gama, Prov. Mino, hier als Seltenheit meergrüne Exemplare, welche zu Schmucksteinen Verwendung finden. T u r m a l i n, von vier Fundorten, davon 3 im Granit oder Gneiss, der vierte mit schwach grünlichem B e r y l l von der zweiten der erwähnten Topaslagerstätten nach Tokio gebracht wurde. Erstere drei sind schwarz, letzterer himmelblau, 30 mm lange Säulen sind zu einem concentrisch strahligen Aggregat verwachsen. Der eine Fundort schwarzen T.'s ist der erwähnte Berg Kimpusan, in welchem seit Jahrhunderten Bergkrystalldrusen ausgebeutet werden. Der T. fand sich bei den Aufräumungsarbeiten. In den Drusen ist neben Bergkrystall auch Feldspath und Topas. Eine zweite Lokalität ist der Granit des Berges Kirishima-yama, Prov. Osumi, Insel Kin-Shiu: der Krystall ist langprismenförmig. Die Prismenflächen ∞R ($10\bar{1}0$) und $\infty P2$ ($11\bar{2}0$) sind stark gestreift, am einen Ende sind die gut spiegelnden Flächen: R ($10\bar{1}1$), $2R$ ($20\bar{2}1$), $-2R$ ($02\bar{2}1$). Der dritte schwarze Turmalin findet sich mit Kaliglimmer und Feldspath als Gemengtheil eines Pegmatit der Provinz Hidachi: der T. und der Feldspath sind stark zersetzt. G r a n a t, drei Fundorte: rothbraune Krystalle ∞O (110): $2O2$ (211) mit zersetztem Feldspath und Quarz, ähnlich dem Granat von Friedeberg in Österr.-Schlesien; von der Kuro-yuwa (= Schwarzfels), in der Provinz Etchiu. Bei Wada-mura, Prov. Shinano, finden sich braunrothe bis schwarze Krystalle ∞O (110) . $2O2$ (211), welche als Edelsteine verschliffen werden und im Glimmerschiefer von Yamao-mura, Prov. Hidachi, liegen braune Ikositetraëder $2O2$ (211) mit der charakteristischen Streifung. Zeolithe sind in den Höhlungen eines Diabas-Mandelsteins von Mase-mura, Prov. Echigo, gefunden. Milchweisser A p o p h y l l i t, ziemlich grosse Individuen, ähnlich dem von Punah im Aussehen, die Combination ist die der Andreasberger Krystalle. A n a l c i m, wasserhell, $2O2$ (211) auf einer radialfasrigen Kruste von N a t r o l i t h, dessen Nadeln z. Th. in den Analcim hineinragen. Von dem ersten der obengenannten Topas-Fundorte stammt eine Anzahl von K a l i f e l d s p a t h e n, welche sehr an die bekannten Striegauer erinnern. Es sind lauter Zwillinge nach den drei bekannteren Gesetzen. Die Manebacher Zw. nach P sind nur von P, M, x, y begrenzt und zeigen keine einspringenden Winkel; die Karlsbader Zw. zeigen M, T, P, x, y: die Bavenoer Zw. bilden grosse rechtwinklige Prismen, 80 mm lang, 40 mm Seitenlänge; sie sind begrenzt von P, M, T, z, x, y, o. Auf einem solchen Zwilling sind 8 Topaskrystalle aufgewachsen, auf anderen Glimmerblättchen, wahrscheinlich Zinnwaldit. Ein Krystall ist grünlich und nähert sich dadurch dem Amazonenstein, zeigt auch u. d. M. die Gitterstruktur des Mikroklin, was bei den andern Feldspathen nicht der Fall ist, die demnach ächte Orthoklase wären. **Max Bauer.**

Dudgeon: On the occurrence of Linarite in Slag. (Mineralogical magazine Bd. V. pag. 33. 1882.)

Gut ausgebildete kleine 2—3 mm lange, dünne Linaritkrystalle fanden sich in Hohlräumen von Schlacken einer alten Bleischmelzerei von wahrscheinlich römischem Ursprung auf der Farm von Martingarth, Kirchspiel Troqueer in Schottland. Andere Mineralien waren in den Hohlräumen der Schlacken nicht auskrystallisirt. **Max Bauer.**

Guyot: Description of a crsytal of Euclase. (Min. mag. Bd. V. pg. 107. 108. 2 Holzschn. 1882.)

Der Krystall stammt aus dem Distrikt Boa Vista, bei Villa Ricca in Brasilien, wo die Diamantsaifen mit Chloritschiefer vorkommen. Der Krystall wiegt 15,45 gr, G. = 3,087; er ist ca. 35 mm lang, meergrün wie Aquamarin, glasglänzend, auf der Spaltungsfläche perlmutterglänzend. Eine Endung ist vollständig ausgebildet, die andere zerbrochen. Das Prisma ∞P (110) ergab den Winkel: 144° 37′. Folgende Flächen waren vorhanden (nach der Bestimmung von Collins): ∞P∞ (100); ∞P∞ (010); oP (001); ∞P (110); ∞P2 (210); 3P3 (131); 3P3 (311); 2P2 (121). Die Flächen der Prismenzone sind z. Th. längsgestreift. Starke Doppelbrechung; geneigte Dispersion. Der Krystall, ein Bruchstück eines grösseren, ist eines der schönsten Exemplare von Euclas, welche man kennt. **Max Bauer.**

Dobbie: Analyses of a Variety of Saponite. (Min. mag. Bd. V. pag. 131—133. 1883.)

Der Saponit ist tief chokoladenbraun; er stammt aus dem olivinreichen, feldspathhaltigen Dolomit von Cathkin hills bei Glasgow, der auch grünen S. (Bowlingit) in Schnüren enthält. Der S. findet sich darin in unregelmässig linsenförmigen Parthien oder in horizontalen Adern von 6—8 Zoll Dicke. Die Masse ist vollkommen muschlig und fühlt sich fettig an. H. = 2. G. = 2,214. Zerspringt im Wasser in scharfeckige Stücke. Die Analysen ergaben:

SiO_2	40,07	39,90	40,81
Al_2O_3	6,61	6,94	6,77
Fe_2O_3	4,16	3,75	4,28
FeO	8,69	8,91	8,73
CaO	2,67	2,32	2,09
MgO	19,24	19,28	19,76
CO_2	0,38	0,40	0,36
H_2O	17,16	17,28	17,11
	98,98	98,78	99,91

Dazu kommen Spuren von Alkalien: bei 100° geht 13,02% H_2O fort. Von andern Saponiten unterscheidet sich der vorliegende durch einen etwas grösseren Gehalt an FeO und durch einen etwas kleineren an H_2O, sonst stimmt er vollkommen mit jenen, namentlich auch bezüglich der bei 100° entweichenden Wassermenge. **Max Bauer.**

George A. König: Notes on Monazite. (Proc. of the Academy of Natural Sciences of Philadelphia. 1882. pg. 15.)

—. Orthite from Amelia C. H., Va. (Ibid. pag. 103.)

In der Glimmergrube bei Amelia Court House, Virginia, wurden Monazitmassen von 15—20 Pf. Gewicht gefunden. Zwei bis zolllange Krystalle zeigten die Flächen: ∞P (110); $P\infty$ (011): $\infty P\infty$ (100). Das Mineral ist braun und blutroth durchscheinend mit strohgelbem Strich, G. = 5,345—5,402; oder grau mit grauem Strich und honiggelb durchscheinend; G. = 5,138. Von kochender Schwefelsäure in feinem Pulver zersetzt. Die Analyse ergab: 73,82 $(Ce, La, Di, Y)_2O_3$; 1,00 $(Y, Fe, Ca)_2O_3$; 26,05 P_2O_5; 0,45 flüchtige Bestandtheile, kein Fl. = 101,32. Dies stimmt nicht mit einem normalen Phosphat, der Verf. vermuthet daher die Gegenwart eines Metalls mit grösserem Atomgewicht als Ce. Mit dem Monazit zusammen kommen folgende, theilweise sehr seltene Mineralien und zwar einige in ebenso grossen Massen vor: Mikrolith, Columbit, Mangantantalit, Amazonenstein, Albit. Apatit, Rauchquarzsberyll (auch Orthit und Helvin); (siehe die Referate über die vorhergehende Arbeit von Fontaine und die folgende von Dunnington).

Von Orthit sind nur zwei Stücke vorgekommen. Verschiedene Blätterbrüche sind beobachtet; die Stücke sind immer pechschwarz und hart, aber mit einer dünnen röthlichbraunen Verwitterungskruste überzogen. G. = 3,368. Schmilzt unter Aufblähen zu einer schwarzen Schlacke; von concentr. HCl und verdünnter H_2SO_4 zersetzt. Die Analyse ergab: 32,90 SiO_2, 17,80 Al_2O_3: 1,20 Fe_2O_3; 8,00 CeO_2; 14,20 $La_2O_3 + Di_2O_3$; 10,04 FeO; 11,32 CaO; 1,00 MnO: 3,20 H_2O = 99,66; dazu eine Spur U, aber kein Y und Be.

Max Bauer.

Dunnigton: Columbite, Orthite and Monazite from Amelia Co., Va. (Am. Chem. Journ. 1882. IV. 138.)

Der Monazit hat bei der Analyse folgende Zahlen ergeben: 16,30 Ce_2O_3; 24,40 Di_2O_3; 10,30 La_2O_3; 1,10 Y_2O_3; 24,02 P_2O_5; 18,60 ThO_2; 2,70 SiO_2; 0,90 Fe_2O_3; 0,04 Al_2O_3 = 98,38.

Bei der Analyse des Columbit hat der Verf. gefunden: 84,81 $Ta_2O_5 + Nb_2O_5$; Spur SnO_2; 8,05 MnO; 5,07 FeO; 1,27 CaO; 0,20 MgO; 0,82 Y_2O_3 (?) = 100,22. Die Menge der beiden Säuren ergab sich aus dem spez. Gew. des Gemenges derselben (6,51): 53,4 Ta_2O_5 und 31,4 Nb_2O_5.

Der Orthit zeigte folgende Zusammensetzung: 32,35 SiO_2: 16,42 Al_2O_3; 4,49 Fe_2O_3: 11,14 Ce_2O_3; 3,47 La_2O_3: 6,91 Di_2O_3: 10,48 FeO: 1,12 MnO: 11,47 CaO; 0,46 $Ka_2O + Na_2O$: 2,31 H_2O = 100,62.

Max Bauer.

H. Carvill Lewis: An American Locality for Helvite. (Proc. of the Ac. of Nat. Sc. of Philadelphia 1882. pg. 100.)

Der Helvin kommt in der Glimmergrube bei Amelia Court House (Virginia) mit Topazolith in schwefelgelben krystallinischen Massen im bläulichweissen Orthoklos eingewachsen vor. Krystallform war nicht zu erkennen, die Substanz ist aber isotrop. H. = 6, G. = 4,306, etwas harzig glänzend und theilweise durchscheinend. Schmelzbar (Grad = 4), wallt auf und giebt dabei ein braunes Glas und Hepar. Wasser fehlt; die Analyse von Reuben Haines des rohen Materials giebt I, die Zahlen ohne Verunreinigung durch Muttergestein II.

	I.	II.
SiO_2	23,10	25,48
BeO	11,47	12,63
MnO	45,38	39,07
Fe_2O_3	2,05	2,26
Al_2O_3	2,68	2,95
CaO	0,64	0,71
K_2O	0,39	0,43
Na_2O	0,92	1,01
S	4,50	4,96
Mn	—	8,66
Muttergestein .	9,22	
	100,35	98,16

Die Substanz wird von HCl unter Entwicklung von H_2S zersetzt und gelatinirt dabei. Das vorliegende Mineral hat unzweifelhaft Manches mit dem Helvin gemein, aber die Zusammensetzung weicht stark ab, da der Helvin ca. 32½ SiO_2 enthält. Ebenso ist das spez. Gewicht verschieden, das beim H. nur 3,2—3,4 beträgt. Erneute Untersuchung namentlich auch auf die Reinheit des Materials ist somit dringend geboten. Eventuell wäre es der erste amerikanische Helvin (siehe auch das obige Referat über die Arbeit von Fontaine).

Max Bauer.

Foote: A new locality of Sphene. (Proc. of. the Acad. of. Nat. Sc. Philadelphia. 1882. pg. 49.)

—, On twin crystals of Zirkon. (Ibid. pg. 50.)

Bei Eganville, Renfrew Co., Canada, wurden Sphenkrystalle von ungeheurer Grösse gefunden. Sie wogen 20—80 Pfund und lagen in einer 20 Fuss mächtigen, mit Apatit erfüllten Spalte im laurentinischen Gneiss und Granit. Eine leicht spaltbare compakte Masse von Titanit hatte die Dimensionen: 5 × 2 × 2 Fuss = 20 Cubikfuss und mochte wohl einige hundert Pfund schwer sein. Daneben kamen Krystalle von Skapolith vor, über 50 Pfund schwer und an beiden Enden ausgebildet, sowie solche von Pyroxen, im Gewicht von 13—50 Pfund. Auch Phlogopit und Zirkon fand sich, letzterer z. Th. in Zwillingen. Auch der Apatit fand sich in grossen Krystallen; ein solcher, an beiden Enden ausgebildet und 500 Pfund schwer, soll in der erwähnten Spalte gefunden worden sein. Diese Lagerstätte ist somit durch die Grösse der Krystalle höchst bemerkenswerth, ebenso ist bemerkenswerth das Vorkommen von zwar kleinen aber deutlichen Zirkonzwillingen, die ganz ebenso gebaut sind wie die bekannten Rutil- und Zinnsteinzwillinge; die Zwillingsfläche ist auch hier: P∞ (011).

Max Bauer.

Pufahl: Silberamalgam von der Grube Friedrichsegen bei Oberlahnstein. (Berg- u. Hütteum. Zeitung Bd. 41. 1882.)

v. Dechen: Silberamalgam von der Grube Friedrichsegen bei Oberlahnstein. (Sitzungsber. niederrh. Ges. in Bonn. 1883. pg. 41.)

Das Amalgam findet sich in dem Bleiglanz und Blende führenden Gang auf Nestern im Quarz als eine moos- oder flechtenähnlich durcheinandergewachsene Masse sehr feiner eigenthümlich gezähnter, dunkelgrauer, matter Plättchen. Einzelne Weissbleierzkrystalle liegen in dem Amalgam und sind mit demselben verwachsen. Drei Proben ergaben: 42,47; 42,80; 44,49 Hg, ausser Ag fand sich noch 0,06 Cu; diess entspricht ungefähr der Formel: $Ag_{12}Hg_5$, welche 43,27 Hg erfordert. G. = 12,703 bei 27° C. Sehr dehnbar, nimmt unter dem Hammer Metallglanz an; beim Erhitzen hinterbleibt eine poröse Masse von Silber in der Form des ursprünglichen Minerals.

Max Bauer.

J. Thoulet: Mesure du coëfficient de dilatation cubique des minéraux. (Bulletin de la société minéralogique de France 1884. tome VII. pag. 151.)

Thoulet hatte schon in früheren Arbeiten das hohe specifische Gewicht einer concentrirten wässrigen Kaliumquecksilberjodidlösung (3,2) mit Vortheil benutzt. Es lassen sich mit Leichtigkeit daraus Lösungen vom specifischen Gewicht 3,2 bis 1,0 construiren. Inzwischen ist von V. Goldschmidt die cubische Ausdehnung von Quecksilberjodidlösungen bei verschiedenen Concentrationsgraden bestimmt und in einer Tabelle zusammengestellt worden.

Thoulet benutzt die von Goldschmidt gegebene Tabelle zu einer Methode, den cubischen Ausdehnungscoëfficienten von isotropen Mineralien in beliebig kleinen Stücken zu bestimmen.

Ein trichterförmiges Gefäss wird unten durch einen Kork geschlossen und in denselben ein dünnes Reagensglas von circa 110 mm Höhe und 35 mm Durchmesser gesteckt. Das Gefäss wird auf ein Sandbad gestellt und durch einen Gasbrenner erwärmt. Das Reagensglas dient zur Aufnahme der kleinen Mineralstücke und einer Quecksilberjodidlösung von etwas geringerer Dichte, als sie den Mineralstücken bei der anzuwendenden Maximaltemperatur zukommt. Der umliegende durch die Trichterwände begrenzte Raum dient als Wasserbad. Man kühle das Gefäss langsam ab unter beständigem Umrühren mit einem feinen Thermometer und beobachte die Temperatur t', bei der das am Boden liegende Mineralsstück beginnt aufzuschwimmen. Die Dichtigkeit des Minerals D^1 bei der Temperatur t^1 lässt sich dann aus der Dichte der Lösung D bei gewöhnlicher Temperatur t und der Tabelle von GOLDSCHMIDT bestimmen. In analoger Weise verfährt man bei der Minimaltemperatur, der man das Mineral aussetzen will, dieselbe sei der Einfachheit wegen wieder t, die Dichte des Minerals dabei d.

Die bei den Temperaturen t und t' angewandte Quecksilberjodidlösung wird sich nur sehr wenig unterscheiden, so dass beiden Lösungen derselbe Ausdehnungscoëfficient α beigelegt werden kann.

THOULET setzt nun

$$\frac{D^1}{D} = \frac{1}{1+\alpha\,(t^1-t)}$$

$$\frac{D^1}{d} = \frac{D}{d\,(1+\alpha\,(t^1-t))}.$$

Der gesuchte Ausdehnungscoëfficient des Minerals ist dann:

$$k = \frac{(1+\alpha\,(t^1-t))\,d-D}{(t^1-t)\,D}$$

Gewöhnlich bezieht man den Ausdehnungscoëfficienten auf 0° C, so dass z. B. die Formel für $\frac{D^1}{D}$ strenge lauten würde:

$$\frac{D^1}{D} = \frac{1+\alpha\,t}{1+\alpha\,t^1}.$$

Für die in Betracht kommenden Zwecke und entprechend der überhaupt bei der Methode erreichbaren Genauigkeit wird es in den meisten Fällen jedoch genügen, die obige angenäherte Formel zu setzen.

P. Volkmann.

August Franzenau: Krystallographische und optische Untersuchungen am Amphibol des Aranyer-Berges. (Zeitschrift für Krystallographie etc. Bd. VIII. p. 568—576.) Mit einer Tafel.

Der Habitus der Krystalle stimmt im Grossen und Ganzen am meisten mit den von SCHRAUF (Atlas der Krystallformen des Mineralreichs. Tafel VII u. VIII) gezeichneten von Kostenblatt und Normarken stammenden überein. Der Amphibol des Aranyer-Berges ist aber flächenreicher.

Bis jetzt wurden am Amphibol folgende Flächen[1] beobachtet (die mit einem Stern versehenen treten an den untersuchten Krystallen auf und die mit zwei Sternen versehenen sind neue Formen):

*a	=	(100)	∞P$\bar{\infty}$	d	=	(011)	P$\grave{\infty}$
*b	=	(010)	∞P$\grave{\infty}$	*z	=	(021)	2P$\grave{\infty}$
*c	=	(001)	oP	s	=	(041)	4P$\grave{\infty}$
*n	=	(310)	∞P3	*k	=	(111)	—P
**q	=	(210)	∞P2	*v	=	(131)	—3P3

[1] Zur Bezeichnung der Flächen wurden die Buchstaben MILLER's, mit Ausnahme von denen der Flächen d (SCHRAUF), s (KOKSCHAROW) und ϱ (DES-CLOIZEAUX), benutzt.

*m	=	(110)	∞P	**g	=	(151)	$-5P\grave{5}$
*e	=	(130)	$\infty P\grave{3}$	**n	=	(112)	$-\frac{1}{2}P$
**f	=	(201)	$-2P\bar{\infty}$	*r	=	$(\bar{1}11)$	P
l	=	(101)	$-P\bar{\infty}$	*i	=	$(\bar{1}31)$	$3P\grave{3}$
**h	=	(203)	$-\frac{2}{3}P\bar{\infty}$	*ϱ	=	$(\bar{1}51)$	$5P\grave{5}$
*t	=	$(\bar{2}01)$	$2P\bar{\infty}$	o	=	$(\bar{2}21)$	$2P$
*w	=	$(\bar{1}01)$	$P\bar{\infty}$				

Da die Messungsresultate etwas von den berechneten Winkelwerthen, welche aus dem von v. Nordenskjöld bestimmten und von Des-Cloizeaux und v. Kokscharow angenommenen Axenverhältniss sich ergeben, abweichen, so wurde aus folgenden Winkeln:

$$(110) : (\bar{1}10) = 55^\circ\ 43{,}8'$$
$$(\bar{1}10) : (\bar{1}11) = 111^\circ\ 21{,}7'$$
$$(\bar{1}11) : (\bar{1}\bar{1}1) = 148^\circ\ 22'$$

das Axenverhältniss berechnet:

$$a : b : c = 0{,}54812 : 1 : 0{,}29455$$
$$\beta = 74^\circ\ 39{,}7'.$$

Vom Verf. sind auf dieses Axenverhältniss die Winkelwerthe aller bis jetzt am Amphibol beobachteten Formen berechnet und in einer Tabelle zusammengestellt.

Die an den einzelnen $\frac{1}{2}$—1 mm grossen Krystallen ausgeführten Messungen ergaben folgende Resultate. (S. Tab. S. 19.)

Die Symmetrieebene ist die Ebene der optischen Axen. Die Bissectrix macht mit der Normalen auf oP einen Winkel von 52° 32',3, mit der auf $\infty P\bar{\infty}$ einen Winkel von 52° 48', mit der Verticalaxe von 37° 12'. $\mathfrak{c} : c$ ist demnach 15° 20',3.

Doppelbrechung positiv, Dispersion $\varrho > v$.

2 E (gelb, Luft) = 67° 37'

2 H (gelb, Öl) = 51°,3

Pleochroismus schwach, $\mathfrak{c}$ grünlichbraun, $\mathfrak{b}$ gelblichbraun, $\mathfrak{a}$ olivengrün, Absorption $\mathfrak{c} > \mathfrak{b} > \mathfrak{a}$.

Die ölgrünen Amphibolkrystalle, durch röthliche Einschlüsse lichter oder dunkler nelkenbraun erscheinend, finden sich mit kleinen glänzenden Pseudobrookitkrystallen in röthlichem Trachyt. Zwillinge wurden nicht beobachtet. **K. Oebbeke.**

Ed. Döll: Eine neue und einige seltene Pseudomorphosen von neuen Fundorten. (Verb. d. k. k. geol. Reichsanst. 1883. No. 9. p. 141.)

Markasit nach Blende. In dem specksteinähnlichen Nakrite von Schönfeld bei Schlaggenwald fanden sich schöne Krystalle von Zinnstein, Apatit und eisenreicher Blende in Würfeln, deren Ecken durch die beiden Tetraëder abgestumpft und deren Flächen parallel den Kanten mit dem negativen Tetraëder stark gestreift sind. Kleinere Individuen sind im

	Gemessen					Berechnet
	I	II	III	IV	V	
010 : 130	—	148° appr.	148° appr.	—	—	147° 45,9'
001 : 110	103° 30,7'	—	103° 32'	—	103° 27,6'	103° 31,5'
201	140° 58' appr.	—		—	—	141° 5,8'
203	162° 24' appr.	—	—	—	—	162° 29,1'
$\bar{1}01$	148° 52'	—	—	—	—	148° 52,4'
111	—	152° 39,5'	—	—	—	152° 38,5'
$\bar{1}11$	145° 28,3'	145° 26,2'	—	—	145° 31,7'	145° 26,8'
021	—	—	—	150° 26,2'	—	150° 24,2'
210 : 110	166° 49' appr.	167° 10' appr.	166° 47,8'	166° 48' appr.	—	166° 56,8'
110 : $\bar{1}10$*	55° 43,6'	55° 44'	55° 42,6'	55° 44,2'	—	55° 43,8'
021	115° 41,7'	115° 45,8'	—	—	115° 42,3'	115° 44'
130	—	—	—	—	150° 15' appr.	150° 6'
131	—	136° 58,8'	—	—	136° 51,3'	136° 54,1'
$\bar{1}31$	—	—	96° 51,5'	96° 53,8'	—	96° 51,3'
111	—	—	130° 55,8'	130° 52,7'	—	130° 53'
$\bar{1}11$	—	—	64° 1,8'	—	—	64° 1,7'
$\bar{1}10$: $\bar{1}11$*	111° 2,3'	111° 2,2'	111° 1,7'	111° 1,5'	111° 0,9'	111° 1,7'
$\bar{1}31$	119° 3,7'	—	119° 3,8'	119° 7,3'	—	119° 4,5'
$\bar{1}01$: $\bar{1}11$	164° 10,1'	—	—	—	164° 12' appr.	164° 11'
$\bar{1}31$	139° 41,7'	—	—	—	—	139° 38,3'
201 : 021	132° 27' appr.	—	—	—	—	132° 35'
021 : 131	—	—	158° 46,8'	—	159° 3' appr.	158° 49,9'
$\bar{1}31$	—	—	152° 33,5'	—	—	152° 30'
$\bar{1}11$	—	—	148° 14,8'	—	148° 14'	148° 17,7'
111 : $\bar{1}11$	—	—	—	—	118° 11' appr.	118° 5,2'
$\bar{1}11$: $\bar{1}\bar{1}1$*	—	148° 22,5'	—	148° 21,7'	148° 21,8'	148° 22'
$\bar{1}31$	—	155° 27,8'	155° 26,8'	—	—	155° 27,2'

Innern vollständig zu einem locker körnigen, feinen Aggregate von Markasit geworden, gegen die Oberfläche wird der Markasit compakter, so dass die Streifung der Würfelflächen erhalten ist. Grössere Individuen sind im Innern hohl.

Zinnober nach Fahlerz. Eingesprengt in Quarz und Braunspath kommen zu Slana in Ungarn tetraëdrische Fahlerzkrystalle vor, die theilweise mit compaktem Zinnober erfüllt sind. Obgleich in der Nachbarschaft frische quecksilberreiche Fahlerze vorkommen, so zeigt doch die compakte Beschaffenheit des die Fahlerzkrystalle erfüllenden Zinnobers, dass hier keine eigentliche Umwandlungspseudomorphose vorliegt, sondern, dass eine Verdrängung des Fahlerzes durch Zinnober stattgefunden hat.

Pyrit nach Markasit, wahrscheinlich von Kapnik. Die Krystalle des Markasit sind in einen feinkörnigen Pyrit umgewandelt, ebenso wie auch die Pyrrhotinkrystalle, auf welchen der Markasit aufsass. Neben diesen Pseudomorphosen finden sich noch Aggregate von Braunspath, welche Krystalle von Calcit (—½R (01$\bar{1}$2)) theilweise ausgefüllt haben. Verfasser ist der Ansicht, dass sich bei der erstgenannten Pseudomorphose der Pyrit aus dem Markasit gebildet habe.

Zinkblende nach Galenit und Baryt. Auf einer Kluft des Quarzandesits von Nagyag finden sich Krystalle von Zinkblende in Rhombendodekaëdern und in rhombischen Tafeln, welche hohl sind und innen einen sehr feinen Überzug von Pyrit haben. Erstere sieht Verfasser als Pseudomorphosen nach Galenit, letztere als solche nach Baryt an. An dem genannten Fundorte ist die Altersfolge der Mineralien folgende: zuerst Quarz, dann Baryt und Galenit, auf welche Zinkblende folgte, unter deren Hülle beide Mineralien verschwanden; später, aber noch während der Blendeablagerung, bildete sich Bournonit.

Quarz und Rotheisenerz nach Granat, wahrscheinlich aus Kärnten. Rhombendodekaëder eines veränderten Granats sitzen auf Granatgestein. Die Krystalle sind alle von Quarz überzogen. Unter dieser Quarzrinde sitzt eine sehr poröse Masse von erdigem Rotheisen, das mit Quarz gemengt ist. An andern Stellen ist das Innere mit Quarzkryställchen und Eisenglimmerblättchen in sehr porösem Gemenge erfüllt. Der Verfasser nimmt an, dass zuerst das Kalksilikat des Granats zersetzt worden sei unter Abscheidung der Kieselerde auf der Oberfläche der Krystalle. Bei der späteren Zersetzung des Eisensilikats schieden sich Eisenoxyd und Quarz theils an der Aussenseite, theils im Innern ab.

Speckstein nach Quarz und Dolomit von Oker am Harz; 1806 beim Abteufen eines Schachts gefunden. Der in Speckstein umgewandelte Dolomit hatte die Form des Grundrhomboëders, der Quarz diejenige von Prisma und Pyramide. Die Stücke, an denen diese Pseudomorphosen vorkommen, sind Ausfüllungen von Spalten, an deren Wänden sich Dolomit und Quarz abgesetzt hatten, die zu Speckstein wurden, wobei auch die vorhandenen Zwischenräume mit Speckstein ausgefüllt worden sind. Auch in grösseren Hohlräumen sind die Krystalle stets mit einer Steatitlage überdeckt, auf der mitunter Quarzkrystalle aufgewachsen sind, die dann einer zweiten Quarzbildung angehören. Viele dieser Quarze haben deutlich rhomboëdrische Eindrücke (von Kalkspath) und sind hier von einer erdigen bräunlichschwarzen Masse erfüllt. Der Vorgang, welcher hier stattgefunden hat, wird von dem Verfasser so geschildert, dass nach der Steatisirung des ersten Dolomits und Quarzes in den offen gebliebenen Spaltenräumen zunächst eine in grossen Skalenoëdern auftretende Calcitbildung stattfand. Dieser Calcit wurde später an der Oberfläche von Mangan- und Eisen-reichem Braunspath überdeckt, zugleich aber auch im Innern ausgehöhlt. Hierauf kam die zweite Quarzbildung, die sich auch in diesen Höhlungen und zugleich über dem Braunspath absetzte. Später erlitt der Braunspath eine Zersetzung zu erdigem Brauneisen und Braunstein. Der Verfasser vergleicht schliesslich dieses Vorkommen mit demjenigen von Göpfersgrün. **Streng.**

G. Dewalque: Sur la Hatchettite de Seraing. (Ann. de la Soc. géol. de Belg. t. X. 1883. p. 71.)

Der Verfasser bemerkt zunächst, dass ihm schon etwa im Jahre 1864 Hatchettit von der Grube l'Espérance bei Seraing übergeben worden sei und macht dann einige Mittheilungen über das Verhalten dieses Minerals beim Schmelzen. Der Schmelzpunkt ist kein bestimmter; bei etwa 54—58° C fängt die Substanz an zu schmelzen, wird aber erst bei Temperaturen von 62—64° C völlig flüssig. Ganz entsprechend ist das Verhalten beim Abkühlen. Bei etwa 59° beginnt die Krystallisation, aber erst bei 56,5—57° wird die ganze Masse fest. Bei anderen Exemplaren fand die vollständige Schmelzung erst bei 69—70° statt. Der Hatchettit ist daher wahrscheinlich keine einfache Substanz, sondern ein Gemenge. **Streng.**

H. v. Foullon: Über Verwitterungsproducte des Uranpecherzes und über die Trennung von Uran und Kalk. (Verh. k. k. geol. Reichsanst. 1883. 33. p. 1.)

In der vorliegenden Arbeit liefert der Verfasser eine eingehende Untersuchung der Vorkommnisse von krystallisirtem Uranpecherz von Mitchell County, N. Carolina, und verbindet damit eine vergleichende Untersuchung aller andern Vorkommnisse des Uranpecherzes und seiner Umwandlungsproducte. Die untersuchten Krystalle bestehen vorwaltend aus Würfeln mit untergeordnetem Octaëder, während die Krystalle von Branchville neben vorwaltendem Octaëder das Rhombendodecaëder zeigen. Die Krystalle von Mitchell County bestehen meist aus Pseudomorphosen, oft noch einen Kern von Uranpecherz enthaltend. Die äussere Rinde ist citronengelb und besteht aus Uranophan; darunter befindet sich eine orangerothe Lage von Gummit, welche sowohl von der citronengelben Rinde als auch von dem unveränderten Kern von Uranpecherz scharf geschieden ist. Der Gummit stellt das erste Stadium der Zersetzung des Pecherzes dar, der Uranophan das zweite. Beide Producte werden in der Abhandlung ausführlich beschrieben, und beide werden als selbstständige Minerale erkannt. Die chemische Zusammensetzung des frischen Uranpecherzes ist folgende: $U_3O_4 = 95,49$, $PbO = 3,83$, $Fe_2O_3 = 1,09$, Summe = 100,41. Analysen von Gummiten und verwandten Mineralien: 1, 2 und 3 Orangerothe Verwitterungsrinde von Krystallen von Mitchell County, 4 dessgleichen, Analyse von GENTH, 5 Gummierz von Johanngeorgenstadt nach KERSTEN, 6, 7, 8 und 9 Eliasit vom Fluthergange in Joachimsthal, 10 dessgleichen nach RAGSKY, 11 Pittinit von Joachimsthal nach HERMANN, 12 Coracit vom Oberen See nach WHITNEY.

	1	2	3	4	5	6	7	8	9	10	11	12
SiO_2	5,02	5,03	5,04	4,63	4,26	4,92	5,01	4,63	4,96	5,13	5,00	4,35
PbO	verunglückt	5,51	4,69	5,57	—	5,04	4,44	4,47	3,92	4,62	2,51	5,36
UO_3	74,67	74,92	74,50	75,20	72,00	63,38	63,76	66,91	66,57	61,33	68,45	59,30
Fe_2O_3	0,46	0,36	1,06	—	—	8,64	8,55	7,38	7,25	6,63	4,54	2,24
Mn_2O_3	—	—	—	—	0,05	1,92	1,84	0,97	0,74	1,09[1]	2,67[3]	
Al_2O_3	—	—	—	0,53	—	—	—	—	—	1,17	—	0,90
MgO	—	—	—	—	—	0,85	0,82	0,09	Sp.	2,20	0,55	
BaO	1,06	1,06	0,92	1,08 (BaO + SrO)						Sp.		
SrO	—	—	—		—	—	—	—	—	—	—	—
CaO	3,38	3,01	3,01	2,05	6,00	4,54	4,36	3,41	3,87	3,09	2,27	14,44
H_2O	9,80	9,91	9,91	10,54	14,75	10,24	9,41	10,24	11,86	10,68	10,06	4,64
P_2O_5	—		—	0,12	2,30	—	—	—	—	0,84	—	—
Spuren von	—	—	—	—	As Fl	—	—	—	Cu	2,52[2]	3,20[4]	7,47[2]
	orangerothe Rinde				Gummierz	Eliasit					Pittinit	Coracit

Bei der Discussion dieser Analysen kommt der Verfasser zu dem Resultate, dass in der KERSTEN'schen Analyse des Gummierzes der Gehalt an PbO übersehen worden ist, dass ferner alle diese Umwandlungsproducte des Uranpecherzes im Wesentlichen mit dem Gummit übereinstimmen, dass desshalb die Namen Eliasit, Pittinit und Coracit zu streichen sind. Der im Vergleich mit dem Uranpecherz hohe Gehalt an PbO im Gummit steht in Verbindung mit dem Umstand, dass grosse Mengen von Uranoxyd weggeführt worden sein müssen, damit sich Gummit aus Uranpecherz bilden konnte; in Folge dessen trat eine Concentration des Bleioxyds ein. Aus den Analysen 1 und 2 wird für den Gummit die Formel $RU_3SiO_{12} + 6H_2O$ berechnet. Dieses Mineral ist orangegelb, orangeroth bis hyacinthroth gefärbt, ist nicht amorph, sondern krystallinisch, hat eine Härte = 3 und ein spec. Gew. von 4,7—4,84.

Analysen von Uranophanen und verwandten Mineralien: 1, 2 und 3 citrongelbes Verwitterungsproduct des Uranpecherzes von Mitchell County, 4 dasselbe nach GENTH, 5 Uranophan von Kupferberg in Schlesien nach GRUNDMANN, 6 Uranotil von Welsendorf nach BORICKY, 7 und 8 Uranotil vom „weissen Hirsch“ zu Neustädtl bei Schneeberg nach WINKLER.

[1] FeO. [2] CO_2. [3] Bi_2O_3. [4] unlöslich.

	1	2	3	4	Uranophan 5	Uranotil 6	7	8
SiO_2	13,24	13,24	13,47	13,72	17,08	13,78	13,02	14,48
UO_3	65,78	55,96	64,36	66,67	53,33	66,75	63,93	62,84
Fe_2O_3	0,14	Sp.	0,47	Sp.	—	0,51	3,03	2,88
Al_2O_3	—	—	—	Sp.	6,10		Sp.	Sp.
MgO		—	—	—	1,46	—	—	—
BaO + SrO	—	—	—	0,41	—	—	—	—
CaO	7,10	7,00	7,49	6,67	5,07	5,27	5,13	5,49
H_2O	13,05	13,17	13,32	12,02	15,11	12,67	14,55	13,79
P_2O_5	—	—	—	—	—	0,54	—	—
Spuren von	—	—		—	1,85[1]	Pb	Co	Co

Merkwürdig ist es, dass diesem Minerale der Gehalt an Bleioxyd fehlt. Der Verfasser behält den Namen Uranophan bei und glaubt, den Namen Uranotil streichen zu müssen. Nach Boricky ist die Formel: $CaU_3Si_3O_{16} + 9H_2O$, nach Rammelsberg: $Ca_2U_6Si_5O_{30} + 15H_2O$, nach Genth: $CaU_2Si_2O_{11} + 6H_2O$. Schliesslich werden noch einige Bemerkungen über die Trennung des Uranoxyds von Kalk angefügt. **Streng.**

H. v. Foullon: Über krystallisirtes Kupfer von Schneeberg in Sachsen. (Verb. k. k. geol. Reichsanst. 33. pag. 30. 1883.)

Zahlreiche kleine Kryställchen von ged. Kupfer sitzen auf Quarz auf und sind sämmtlich nur in Octaëdern krystallisirt. Einfache Krystalle sind selten, häufiger Zwillinge, am häufigsten Viellinge. Es kommen mehrere Verwachsungsarten vor; am häufigsten vorkommend und am sichersten bestimmbar sind solche, welche nach dem Gesetz: „Zwillingsebene eine Octaëderfläche" gebildet sind. Gewöhnlich sind 5 Krystalle in der Weise nach diesem Gesetze verbunden, dass die Zwillingsaxen sämmtlich der Rhombendodecaëderfläche 110 parallel sind, gegen welche der Zwilling auch symmetrisch ausgebildet ist. Zahlreiche Winkelmessungen liefern den Beweis für die Richtigkeit des angenommenen Zwillingsgesetzes.

Streng.

A. Stroman: Die Kalkspathkrystalle der Umgegend von Giessen. (XXII. Bericht d. oberhess. Ges. für Natur- u. Heilkunde. pag. 284. Mit Fig. 1—13.)

I. Der in der näheren Umgebung Giessens in Steinbrüchen mehrfach aufgeschlossene Stringocephalenkalk des Mitteldevon, sowie der aus ihm durch Metamorphose entstandene Dolomit enthalten in grösseren Hohlräumen oder auf Klüften und Spalten schöne Kalkspathkrystalle. Eine eingehende Untersuchung derselben lieferte folgende Resultate.

Dolomitbruch in der Lindener Mark: Es findet sich hier vorzugsweise die Combination $-\frac{1}{2}R$ $(01\bar{1}2)$; $-11R$ $(0.11.\bar{1}\bar{1}.1)$. Die Flächen der letzteren Form sind zuweilen mit einem schwarzen, wadartigen Überzuge be-

[1] K_2O.

deckt. Auch ein Zwilling nach oR wurde beobachtet. Seltener sind Krystalle von der Form $-\frac{1}{2}R\ (01\bar{1}2)$: $-11R\ (0.11.\overline{11}.1)$; $+R5\ (32\bar{5}1)$. Eine dritte Combination: $-\frac{1}{2}R\ (01\bar{1}2)$; $+R3\ (21\bar{3}1)$; $\infty P2\ (11\bar{2}0)$ wurde nur einmal gefunden.

II. Kalksteinbruch in der Lindener Mark: $-\frac{1}{2}R\ (01\bar{1}2)$; $-\frac{4}{5}R\ (04\bar{4}5)$; $-\frac{11}{4}R\ (0.11.\overline{11}.4)$; $-11R\ (0.11.\overline{11}.1)$.

III. Kalksteinbruch bei Kleinlinden: 1. $+R3\ (21\bar{3}1)$; $+R\ (10\bar{1}1)$; $\infty P2\ (11\bar{2}0)$. 2. $+R\ (10\bar{1}1)$. 3. $+R\ (10\bar{1}1)$; $-2R\ (02\bar{2}1)$; $+R3\ (21\bar{3}1)$; $\infty R\ (10\bar{1}0)$. 4. $-\frac{1}{2}R\ (01\bar{1}2)$; $+Rn$; $-11R\ (0.11.\overline{11}.1)$; $+R$ od. $+mRn$. 5. $-\frac{1}{2}R\ (01\bar{1}2)$; $+R\ (10\bar{1}1)$; $-2R\ (02\bar{2}1)$; $-\frac{7}{5}R\ (07\bar{7}5)$; $+R3\ (21\bar{3}1)$; $-11R$ $(0.11.\overline{11}.1)$.

IV. Kalksteinbruch von Bieber bei Rodheim: 1. $-\frac{1}{2}R\ (01\bar{1}2)$; $R3\ (21\bar{3}1)$; 2. $-\frac{1}{2}R\ (01\bar{1}2)$. 3. $-2R\ (02\bar{2}1)$.

V. Grube „Eleonore“ am Dünsberge: 1. $-\frac{1}{2}R\ (01\bar{1}2)$; $+R\ (10\bar{1}1)$; $-2R\ (02\bar{2}1)$; $-11R\ (0.11.\overline{11}.1)$; $\infty P2\ (11\bar{2}0)$; $+R\frac{11}{3}\ (7.4.\overline{11}.3)$; $+3R$ $(30\bar{3}1)$ [?]. An einem Krystalle schien eine stumpfere Endkante von $R\frac{11}{3}$ gerade abgestumpft zu sein durch $+3R$. Es ist jedoch wahrscheinlich, dass hier eine zufällige Bildung vorliegt. 2. $-\frac{1}{2}R\ (01\bar{1}2)$; $+R\ (10\bar{1}1)$; $-mR$; $-2R\ (02\bar{2}1)$; $-11R\ (0.11.\overline{11}.1)$. 3. $+R\ (10\bar{1}1)$; $-\frac{1}{2}R\ (01\bar{1}2)$; $+R5\ (32\bar{5}1)$; $-8R\ (08\bar{8}1)$.

VI. Rotheisensteingrube bei Hof Haina: 1. $+4R\ (40\bar{4}1)$; $-8R\ (08\bar{8}1)$. 2. $+R\ (10\bar{1}1)$; $-2R\ (02\bar{2}1)$; $-8R\ (08\bar{8}1)$; mRn. Das nicht messbare negative Skalenoëder $-mRn$ schärft die Endkanten von $-8R$ zu. 3. $-m'Rn'$; $-8R\ (08\bar{8}1)$. Das Skalenoëder ist sehr wahrscheinlich eine neue Form, konnte aber, da gute Krystalle fehlen, nicht mit Sicherheit bestimmt werden; es steht dem Skalenoëder $-2R\frac{5}{3}$ am nächsten.

Alle im Vorstehenden angeführten Combinationen sind durch Abbildungen erläutert.

Zusammenstellung aller gefundenen Formen.

1. Rhomboëder. $+R\ (10\bar{1}1)$; $+4R\ (40\bar{4}1)$; $+3R\ (30\bar{3}1)$; $-\frac{1}{2}R\ (01\bar{1}2)$; $-\frac{4}{5}R\ (04\bar{4}5)$; $-\frac{11}{4}R\ (0.11.\overline{11}.4)$; $-\frac{7}{5}R\ (07\bar{7}5)$; $-2R\ (02\bar{2}1)$; $-8R\ (08\bar{8}1)$; $-11R\ (0.11.\overline{11}.1)$; $-mR$.
2. Skalenoëder. $+\frac{1}{4}R3\ (21\bar{3}4)$ unsicher; $+R3\ (21\bar{3}1)$; $+R\frac{11}{3}\ (7.4.\overline{11}.3)$; $+R5\ (32\bar{5}1)$; $-mRn$; $m'Rn'$ neue Form (?).
3. Prismen. $\infty R\ (10\bar{1}0)$; $\infty P2\ (11\bar{2}0)$.

Streng.

A. Nies: Über den Gypsspath von Mainz. (Bericht üb. d. XVI. Vers. d. oberrhein. geol. Ver. zu Lahr 1883. p. 7.)

Im Tunnel unter dem Kästrich bei Mainz wurden in tertiärem Letten zahlreiche einzelne oder zu Gruppen verbundene Gypskrystalle gefunden. Sie sind arm an Flächen. Nie fehlend ist $l = -P\ (111)$, dazu kommt eine gewölbte Fläche, die mitunter aus 3 Flächen, einer positiven Hemipyramide (ζ resp. σ oder σ') und dem Hemiorthodoma $,\vartheta = \frac{5}{9}P\infty\ (509)$ zu bestehen scheint. Diese 3 Flächen (resp. die gewölbte Fläche) werden mit dem Buchstaben B bezeichnet. Nicht selten ist $f = \infty P\ (110)$ und $b = \infty P\infty\ (010)$;

manchmal erscheint $u = +P$ (111). Durch Combination von l mit B entstehen einfache Linsen; zuweilen kommen daran auch die Flächen f, n und b untergeordnet vor. Häufig sind 2 Linsen in Zwillingen nach $-P\infty$ (101) ausgebildet, welche zum Theil eine Länge von 10—15 cm haben und mitunter fast wasserhell sind. Häufig besteht jede Hälfte aus einer grösseren Anzahl paralleler Individuen, die zwischen ihnen befindlichen Hohlräume sind mit Letten erfüllt. Diese Gebilde haben grosse Ähnlichkeit mit Ähren, die ähnlich den Gebilden sind, welche Des-Cloizeaux vom Mont Martre beschrieben hat. — Einen etwas andern Typus haben diejenigen Zwillinge nach $-P\infty$ (101), bei welchen neben dem langgezogenen $-P$ (111) noch ∞P (110) hervortritt, dessen Flächen am einen Ende des Zwillings wie eine rhombische Pyramide hervortreten. Auch Durchkreuzungszwillinge nach $-P\infty$ (101) sowie Zwillinge nach $\infty P\infty$ (100) kommen vor. Von Interesse ist es, dass der Verfasser an der Schlagfigur und an den natürlichen Spaltungslinien der Krystalle die Fläche $\beta = +\frac{5}{9}P\infty$ (509) unzweifelhaft nachgewiesen hat, was mit den Mittheilungen von Reusch übereinstimmt.

Streng.

F. Gonnard: De la Chalcotrichite dans les filons de cuivre gris du Beaujolais. (Bull. de la soc. min. de France. 1882. V. p. 194—195.)

Verf. bestätigt das bereits früher von Lamy bemerkte Vorkommen von Chalkotrichit unter den Mineralien des Ganges von Montchonay; deutliche Cuprit-Krystalle, welche im Keupersandstein von Chessy so häufig sind, auch bei la Pacandière bei Roanne sich noch finden, kommen hier aber anscheinend nicht vor.

O. Mügge.

G. Wyrouboff: Sur la dispersion du chromate de soude à $4H_2O$. (Bull. de la soc. min. de France. 1882. V. p. 161—162.) Mit einer Farbentafel.

Dieses bereits früher von W. beschriebene Salz (Bull. de la soc. min. de France. 1880. III. p. 76—79, Ref. dies. Jahrb. 1881. II. p. 513) ist durch starke geneigte Dispersion der Mittellinien und starke Dispersion der Axen ausgezeichnet. Die spitze positive Bisectrix ist gegen à 10° 21′ für rothes, 7° 49′ für grünes Licht im stumpfen Winkel β geneigt. Der Axenwinkel für roth ist 16° 10′, für grün 32° 22′ (in Luft). Gut in Canada-Balsam eingelegte Präparate halten sich ziemlich lange.

O. Mügge.

Cte. de Limur: La Fibrolite en gisement dans le Morbihan. (Bull. de la soc. min. de France. 1882. V. p. 71—72.)

Der Verf. hält eine graue faserige, vor dem Löthrohr unschmelzbare und von Säuren nicht angreifbare Substanz aus dem Glimmerschiefer zwischen Kervoyen und Penboch für Fibrolith. Der Glimmerschiefer ist von dieser Substanz ganz durchknetet und wird von grobkörnigen Granitgängen und kleinen Adern Granat-führenden Weisssteins durchsetzt, deren Salbänder aus Fibrolith bestehen.

O. Mügge.

F. Gonnard: Notes minéralogiques sur les environs de Pontgibaud. (Bull. de la soc. min. de France. 1882. V. p. 44—53 u. p. 89—90.)

Verf. giebt eine Zusammenstellung der ziemlich zahlreichen bei Pontgibaud vorkommenden Mineralien. Neben den gewöhnlichen Bleierzen (Bleiglanz, Cerussit, Anglesit, Pyromorphit, Mimetesit) sind bemerkenswerth: Flussspath in grossen Krystallen von P. und Martinèche (an letzterem Orte auch grosse Rhombendodekaëder); Kryställchen von Bournonit von der Mine von Roure mit den Formen oP (001) P$\bar{\infty}$ (101) ∞P$\bar{\infty}$ (100) $\frac{1}{2}$P (112) P$\breve{\infty}$ (011) ∞P$\breve{\infty}$ (010), daneben grössere Krystalle von Barbecot. Tetraëdrit von Pranal in grossen Krystallen, deren Seitenkanten bis 45 mm lang sind; es herrschen die gewöhnlichen Formen: $\frac{2O2}{2}$ $\varkappa$ (211) $\frac{O}{2}$ $\varkappa$ (111); ihre Zusammensetzung ist nach Eissen: 24,35 S, 22,30 Sb, 23,56 Cu, 6,53 Fe, 2,34 Zn, 19,03 Ag, Sa. 98,11, Sp. G. 5,04. Zinckenit (silberhaltig) von Peschadoire, dessen Antimon- und Blei-Gehalt (45 % bez. 28 %) aber schlecht mit den gewöhnlichen Angaben stimmen. — Eine etwas eingehendere Beschreibung giebt Verf. von dem in der Nähe der Stadt P. vorkommenden Chlorophyllit. **O. Mügge.**

Des-Cloizeaux: Sur l'indice de réfraction du chlorure d'argent naturel. (Bull. de la soc. min. de France. 1882. V. p. 143.)

Es gelang dem Verf. an einem guten Prisma dieser Substanz den Brechungsexponenten zu 2,071 für das Na-Licht zu ermitteln.

O. Mügge.

Des-Cloizeaux: Note complémentaire sur les béryls bleus de la Mer de glace. (Bull. de la soc. min. de France. 1882. V. p. 142—143.)

Wie dem Verf. nachträglich bekannt geworden, sind die von ihm früher (Bull. soc. min. de France 1881. IV. p. 89. Dies. Jahrb. 1882. II. -350-) beschriebenen Berylle bereits von Georgio Spezia als solche erkannt.

O. Mügge.

L. J. Igelström: Hyalophane bleu-verdâtre de Jakobsberg (Wermland, Suède). (Bull. soc. min. de France. t. VI. p. 139—142. 1883.)

Der Hyalophan bildet bei Jakobsberg schiefrige Bänke in Hausmannit- und Manganepidot-führendem Urkalk. Die Hauptmasse ist weisslich, in der Mitte derselben treten aber röthliche und am Rande blau-grünliche späthige Massen auf. Die letzteren ergaben die Zusammensetzung: 53,53 SiO_2, 23,83 Al_2O_3, 7,30 BaO, 3,23 MgO, MnO in Sp., Alkalien 11,71; Sa. 99,10. Die Abwesenheit von Rb und Cs wurde constatirt. Danach hat diese Varietät aber nicht, wie Verf. nach der Zusammenstellung mit früheren Analysen meint, dieselbe Zusammensetzung wie die rothe Varietät von Jakobsberg und das Vorkommen aus dem Binnenthal in Wallis.

O. Mügge.

Alfred Lacroix: Sur la Wulfénite du Beaujolais. (Bull. de la soc. min. de France. t. VI. 1883. p. 80—83.)

Der Wulfenit findet sich an zahlreichen Stellen in der Nähe der verlassenen Gruben des Beaujolais, besonders reichlich bei Monsols. Er ist meist von Pyromorphit begleitet und jünger als dieser, nur einmal wurde das umgekehrte Alters-Verhältniss beobachtet. Die Krystalle sämmtlicher Vorkommnisse sind tafelartig nach oP (001), oder höchstens kurz säulenförmig nach ∞P (110); neben diesen beiden Formen finden sich zuweilen noch ½P (112) und ein ∞Pn (hk0), auch wurden Durchkreuzungszwillinge mit einspringenden Winkeln (welchen Flächen? d. Ref.) beobachtet. Die Farbe schwankt zwischen orange-gelb und tiefroth, indessen konnte in letzteren trotz sorgfältigster Untersuchungen keine Spur Chrom entdeckt werden, dessen Gegenwart Fournet diese Färbung zugeschrieben hatte; Verf. glaubt vielmehr, dass sie durch längeres Liegen der Krystalle an der Luft bewirkt sei, da der Einwirkung der Luft entzogene Krystalle glänzender und gelb sind. [Dass der Chromgehalt nicht die färbende Ursache im Wulfenit sei, wurde bereits von Groth und Jost (Zeitschr. f. Kryst. VII. p. 592. 1883) nachgewiesen; Ochsenius (das. p. 593) beobachtete aber im Gegensatz zu dem oben angeführten, dass rothe Krystalle von W. an der Luft und im Licht verbleichten. Der Ref.] **O. Mügge.**

Alfred Lacroix: Note sur la formation accidentelle de cristaux de cérusite sur des monnaies romaines. (Bull. soc. min. de France. t. VI. pg. 175—178. 1883.)

Der Cerussit fand sich in warzigen Überzügen und kleinen Täfelchen auf Blei- (16,26 %) und Zinn- (3,97 %) haltigen römischen Kupfermünzen aus Trümmern in Algier. Die Münzen waren unter einander durch Kupfer-Carbonat verbunden und die zwischen ihnen gebildeten Geoden beherbergten neben Cerussit kleine Würfel von Cuprit, ausserdem Malachit und Kupferlasur. Der Verf. hält es für wahrscheinlich, dass der Cerussit sich durch die Einwirkung von Lösungen gebildet hat, welche aus dem Mauerwerk Alkali-Carbonate aufgenommen hatten. **O. Mügge.**

Alfred Lacroix: Note sur la production artificielle de cristaux de gypse. (Bull. soc. min. de France. t. VI. p. 173—175. 1883.)

Die nur 2 mm grossen Krystalle hatten sich in dem Rückstand einer zur Entwicklung von Fluorwasserstoff benutzten Blei-Retorte durch Verdunsten der Lösung gebildet. Sie zeigen dieselben Formen wie diejenigen aus den Mutterlaugensalzen von Bex, nämlich ∞P (110), ∞P∞ (010), — P (111), Habitus säulenförmig nach ∞P (110) oder tafelartig nach ∞P∞ (010); Zwillinge nach ∞P∞ (100). Bei 570facher Vergrösserung erschien die Zwillingsgrenze zuweilen wie von einer Reihe elliptischer Spalten gebildet, diese lösen sich bei 2000facher Vergrösserung in hinter einander gereihte gleichschenklige Dreiecke auf, deren Spitzen gegen den einspringenden Winkel des Zwillings gerichtet sind. **O. Mügge.**

A. Damour: Analyse d'un arsenio-phosphate de plomb calcifère trouvé à Villevieille (Puy-de-Dôme). (Bull. soc. min. de France. t. VI. p. 84—85. 1883.)

Das bereits von GONNARD (Bull. soc. min. de France. V. p. 44. 1882) erwähnte, in concretionsartigen Massen vorkommende Mineral zeigt die chemischen und physikalischen Eigenschaften des Mimetesit; die Analyse ergab: 19,65 % As_2O_5, 3,44 P_2O_5, 63,25 PbO, 3,46 CaO, 2,57 Cl, 7,45 Pb; G = 6,65; es gehört also zu den als Miesit bezeichneten Varietäten.

O. Mügge.

Lodin: Note sur un minéral nouveau (sulfure de plomb et de cuivre) provenant du Val Godemas (Hautes-Alpes). (Bull. soc. min. de France. t. VI. p. 178—180. 1883.)

An der im Titel genannten Localität treten in den den Gneissschichten concordant eingelagerten Massen von feinkörnigem Muscovit-Granit zwei Erzgänge auf; der eine führt neben Quarz und Pyrit Kupferkies, Blende und wenig silberhaltigen Bleiglanz; der andere neben Quarz und Blende silberreiche Antimonfahlerze. Die Bauschanalyse der Ausfüllungsmasse des zweiten Ganges ergab die Zusammensetzung unter I. Von demselben Gange erhielt der Verf. auch ein derbes, aber homogen aussehendes Mineral von dunkel blaugrauer Farbe und faserig-blättriger Textur, ziemlich bröcklich, aber zugleich etwas geschmeidig, vom spez. Gew. 6,17; es schmilzt in dunkler Rothgluth und giebt blättrige, dem ursprünglichen Mineral ähnliche Körner; es hat die Zusammensetzung unter II. Diese entspricht nahezu der Formel 2 CuS + PbS, welche die Werthe unter III verlangt. Da das Mineral auffallend wenig Antimon und Silber enthält, obwohl die Gangmasse daran verhältnissmässig reich ist, und da das Mineral zugleich an einer Stelle des zweiten Ganges gefunden sein soll, wo sich die oben beschriebenen Gangmassen überlagern, so glaubt der Verf., dass es vielleicht durch die Einwirkung der Fahlerze auf den Silber-armen Bleiglanz entstanden sei.

	I.	II.	III.
SiO_2 . . .	66,31	0,25	—
S . . .	9,93	17,54	17,30
Sb . . .	3,85	0,62	—
As . . .	0,15	Sp.	—
Cu . . .	5,98	44,52	45,40
Fe . . .	2,09	0,79	—
Zn . . .	8,67	—	...
Pb . . .	0,80	35,87	37,30
Ag . . .	0,15	0,11	—
Sa.:	97,93	99,70	100,00

O. Mügge.

Ch. L. Frossard: Liste des principales espèces minérales trouvées dans les environs de Bagnères-en-Bigorre. (Bull. soc. min. de France. T. VI. p. 85—88. 1883.)

Der Verf. führt in dieser Liste 59 Mineralien und ihre Fundstätten auf; zum grössten Theil sind es Silicate, deren Vorkommnisse fast stets an die Granite und Ophite jener Gegend gebunden sind. **O. Mügge.**

G. Tschermak: Die mikroskopische Beschaffenheit der Meteoriten erläutert durch photographische Abbildungen. Die Aufnahmen von J. Grimm in Offenburg. II. Lieferung. Mit 8 Tafeln. Stuttgart. E. Schweizerbart'sche Verlagshandlung. 1884.

Die jetzt vorliegende zweite Lieferung der Mikrophotographien von Meteorsteinen enthält die Fortsetzung der Chondrite, deren Darstellung auf den zwei letzten Tafeln der ersten Lieferung begonnen wurde. 3 Tafeln veranschaulichen vorzugsweise das Auftreten des Olivin, 2½ dasjenige des Bronzit[1]. Augit und Plagioklas nehmen je eine Tafel, das von Tschermak zuerst beschriebene Monticellit ähnliche Mineral nimmt eine halbe ein. Die Art des Vorkommens von Glas, Eisen und Magnetkies lässt sich an den meisten Beispielen studiren. Alle diese Gemengtheile mit Ausnahme des Monticellit ähnlichen Minerals treten auch als Bestandtheile der Chondren auf. Besonders schön gelangen das so häufige skelettartige oder netzartige Wachsthum der Olivinkrystalle, sowie die verschiedenartigen radial-stängligen und radial-faserigen Aggregate der Bronzite zur Darstellung: ein Beweis eben so wohl für die Sorgfalt bei der Auswahl des Materials, als auch für die musterhaften Aufnahmen von Grimm.

Vom erläuternden Text findet sich in dieser Lieferung keine Fortsetzung. **E. Cohen.**

Friedrich Herwig: Einiges über die optische Orientirung der Mineralien der Pyroxen-Amphibolgruppe. Schulprogramm des kgl. Gymn. Saarbrücken 1884. 175.

Tschermak hat zuerst darauf hingewiesen, dass bei den Mineralien der Pyroxengruppe der Axenwinkel und die Auslöschungsschiefe in der Symmetrieebene mit steigendem Eisengehalt zunehmen. Diese Beobachtungen bezogen sich zumeist auf Hypersthen und Diopsid. Wiik[2] dehnte sie auf einige Augite aus und kam zu dem Resultat, dass auch hier eine Steigerung stattfindet, dass aber, wenn man Curven construirt, bei welchen die Fe O-Mengen als Abscissen, die Werthe der Auslöschungsschiefe als Ordinaten aufgetragen werden, für Augit und Diopsid zwei verschiedene Curven erhalten werden, und dass man daher in optischer Hinsicht zweierlei Pyroxene, die mit den jüngeren vulcanischen einerseits und den in älteren Gesteinen vorkommenden andererseits übereinstimmen, zu unterscheiden habe.

Herwig hat nun eine Reihe von Augiten optisch untersucht, und hat durch zahlreiche Messungen die Wiik'sche Ansicht bekämpft. Leider ist die Identität des analysirten Materials mit dem optisch untersuchten in

[1] Mineral. Mitth. 1871. Dies. Jahrb. 1872. p. 90.
[2] Zeitschr. f. Krystall. 1883. VIII. p. 208. Dies. Jahrb. 1884. II. 21.

den meisten Fällen mehr als zweifelhaft, denn es wurde nirgends an Krystallen operirt, die analysirt wurden, sondern nur an solchen, die ungefähr von demselben Fundorte stammen, wobei aber letztere oft so vag sind, z. B. Westerwald, Vogesen, Böhmen, Vesuv, dass es keineswegs erlaubt ist, die in RAMMELSBERG's Mineralchemie veröffentlichten Analysen gerade auf die optisch untersuchten zu beziehen. Daher erhält HERWIG auch kein befriedigendes Resultat. Sein Verdienst ist es jedoch, darauf hingewiesen zu haben, dass man nicht, wie WIIK es thut, von dem Eisenoxydulgehalt allein ausgehen dürfe, sondern dass auch Eisenoxyd und Thonerde den Werth der Auslöschungsschiefe beeinflussen, und dass man überhaupt nicht die Mengen von FeO, Fe_2O_3, Al_2O_3 zum Ausgangspunkte des Vergleiches nehmen dürfe, sondern die der Silikate $CaFeSi_2O_6$, $MgAl_2SiO_6$, $MgFe_2SiO_6$. Indessen ergibt die fleissige Arbeit aus dem eben angeführten Grunde keine sicheren Resultate und ist auch die vom Verf. am Schluss ausgesprochene Hypothese, dass die Auslöschungsschiefen mit der Summe der Quadratwurzeln aus den die Menge von $CaFeSi_2O_6$, $MgAl_2SiO_6$, $MgFe_2SiO_6$ ausdrückenden Zahlen steigen, keineswegs begründet. Eine neue Bearbeitung dieses Gegenstandes mit chemisch genau bekanntem Material erscheint daher nothwendig. (Vergl. den Aufsatz des Ref. in diesem Hefte. Die Red.)

C. Doelter.

Alex. Gorgeu: Sur la production artificielle de la rhodonite et de la téphroïte. (C. R. 1883. XCVII. N. 5. p. 320.)

Wenn man einen Strom von Wasserstoff oder von Kohlensäure und Wasserdampf auf eine geschmolzene Mischung von Manganchlorür und amorpher Kieselsäure einwirken lässt, so zersetzt der Wasserdampf das Mangansalz und es bildet sich Salzsäure, während das Manganoxydul sich mit der Kieselsäure verbindet. Zuerst bildet sich Manganbisilicat, setzt man jedoch die Einwirkung fort, so erhält man graue Krystalle von der Zusammensetzung des Tephroïts: $2MnO, SiO_2$. Da specifische Gewicht des künstlichen Rhodonits ist 3.68, das des Tephroïts: 4.08, also gut übereinstimmend mit denen der natürlichen Krystalle. Nach der Untersuchung von E. BERTRAND krystallisirt das Salz SiO_2MnO, triklin, das zweite im rhombischen Krystallsystem.

Nach Ansicht des Verf. hat ein solcher Vorgang in der Natur stattgefunden, auch glaubt er, dass viele Manganverbindungen der Erzlagerstätten wie Dialogit, Schwefelmangan aus der Zersetzung von derartig gebildetem Tephroït hervorgegangen seien.

C. Doelter.

A. Gorgeu: Sur la hausmannite artificielle. (C. R. 1883. N. 16. p. 1144.)

Man erhält gute Hausmannitkrystalle, wenn man Manganchlorür während längerer Zeit in einer oxydirenden wasserhaltigen Atmosphäre erhitzt.

C. Doelter.

A. Ditte: Sur la production d'apatites et de wagnérites bromées à base de chaux. (C. R. 1883. N. 9. p. 575. N. 13. p. 846.)

Durch Zusammenschmelzen von Bromnatrium mit phosphorsaurem Kalk erhielt Verf. hexagonale Krystalle von der Zusammensetzung: 3 (3CaO, P_2O_5) + CaBr. Die analogen arsensauren und vanadinsauren Salze erhielt er auf dieselbe Weise, indem er statt phosphorsauren Kalkes arsensauren resp. vanadinsauren anwandte.

Verf. hat auf ähnliche Weise auch Apatite erhalten, welche statt Kalkerde Baryt, Strontian, Mangan, Blei enthalten.

Um Brom-Wagnerite zu erhalten, muss man phosphorsauren Kalk oder Brom-Apatit mit Bromcalcium im Überschuss erhitzen; wendet man etwas mehr phosphorsauren Kalk an, so erhält man nur Apatit. Durch Anwendung des arsensauren Kalkes mit grossem Überschuss von Bromcalcium wurde ein Arsen-Wagnerit erzeugt. **C. Doelter.**

A. Gorgeu: Sur la reproduction artificielle de la barytine, de la célestine et de l'anhydrite. (C. R. 1883. XCVI. N. 24. p. 1734.)

Dieulafait: Gisements, association et mode probable de formation de la barytine, de la célestine et de l'anhydrite. (Ibid. XCVII. N. 1. p. 51.)

Durch Auflösen der schwefelsauren Salze des Bariums, Calciums und Strontiums in Manganchlorür bei Rothgluthhitze erhielt Gorgeu Krystalle von Baryt, Anhydrit und Cölestin, welche nach Bertrand krystallographisch und optisch mit den natürlichen übereinstimmen. Der Verf. meint, dass auch in der Natur diese Mineralien durch Einwirkung geschmolzener Chlorverbindungen auf die respectiven Lösungen erzeugt wurden.

Nicht mit Unrecht wendet sich gegen diesen Schluss Dieulafait, indem er nach kurzer Betrachtung der Lagerstätten von Baryt, Cölestin und Anhydrit zu dem Resultate kommt, dass für die in Erzgängen und Salzlagerstätten vorkommenden obigen Mineralien eine solche Bildung unwahrscheinlich sei. **C. Doelter.**

C. Friedel et **E. Sarasin**: Sur la reproduction de l'albite par voie aqueuse. (C. R. 1883. XCVII. 5. p. 290.)

Nach vielen Versuchen ist es den Verf. gelungen, den Albit auf nassem Wege herzustellen, indem sie unter hohem Drucke bei einer Temperatur von circa 500°, gelöstes kieselsaures Natron auf eine entsprechende Mischung von Kieselsäure, Natron und Thonerde einwirken liessen. Die Krystalle setzten sich in feinen Nadeln oder in kurzen Krystallen ab, welche bis 0.20 Mill. Länge besitzen. Die Krystalle zeigen die Flächen des Prismas, der Basis und des Brachypinakoids, sowie des Hemidomas x etc. und sind nach der Brachydiagonale oder auch nach der Verticalaxe in die Länge gezogen. Auch wurden Zwillinge nach dem gewöhnlichen Albitgesetz beobachtet. Die gemessenen Winkel stimmen ziemlich mit denen der natürlichen Krystalle überein. Die Zusammensetzung derselben ist die des natürlichen Albits.

Weit schwieriger entsteht der Orthoklas. Es wurde dem bei den

Versuchen zur Erzeugung des Albits angewandten Gemenge Chlorkalium zugesetzt; bei einigen Versuchen erhielten die Verf. Quarzkrystalle und unbestimmbare würfelähnliche Krystalle, bei anderen jedoch erhielten sie Albit und mit demselben kleine Rhomben, welche krystallographisch nicht bestimmbar waren, die aber folgende Zusammensetzung zeigten: $Al_2O_3 = 18.89$, $Na_2O = 8.53$, $K_2O = 3.94$, was also einem Gemenge von Albit und Orthoklas entsprechen würde. Nachdem das analysirte Material jedoch Albitkrystalle enthielt, glauben die Verf., dass jene Rhomben dem Orthoklas angehören.

Endlich ist die Erzeugung von Analcim erwähnenswerth, welchen die Verf. bei ihren ersten Versuchen erhielten, indem sie kieselsaures Natron auf kieselsaure Thonerde unter den oben erwähnten Bedingungen einwirken liessen. Der Analcim, welcher bei einer Temperatur von circa 400° erhalten wurde, zeigt die Form des Icositetraëders und ist vollkommen isotrop. [Bekanntlich hat Schulten früher, bei 180°, Analcim dargestellt, welcher doppeltbrechend war und im convergenten Lichte das Interferenzbild eines einaxigen Krystalles zeigte, doch erhielt er bei anderen Versuchen wiederum isotrope Krystalle in Würfeln. Solche Differenzen in den optischen Eigenschaften sind bei künstlichen Krystallen auch in manchen anderen Fällen constatirbar. Der Ref.]

Ausser den Analcimkrystallen erhielten die Verf. bei obigem Versuche auch noch kleine radialfaserige, kugelförmige Gebilde und Kryställchen von anscheinend rhombischem Habitus. **C. Doelter.**

L. Häpke: Beiträge zur Kenntniss der Meteoriten. (Abhandlungen herausgegeben vom naturwissenschaftlichen Vereine zu Bremen. VIII. 513—523. Bremen 1884.)

Im Herbst 1882 wurde beim Pflügen zu Rancho de la Pila, 9 Leguas Ost Durango, Mexico ein neues Meteoreisen in einer Tiefe von 25 bis 30 Cm. gefunden, welches durch Herrn H. Wilmanns in Durango an Herrn J. Hildebrand in Bremen gelangte. Aus der geringen Tiefe wird geschlossen, dass es erst im Laufe des genannten Jahres an die Fundstelle gelangt sei, da es sonst bei der früheren Bearbeitung nicht hätte unbeachtet bleiben können. Für ein geringes Alter spricht auch die gut erhaltene dünne, fast glänzende Schmelzrinde von dunkelgrauer oder schwarzbrauner Farbe. Das Eisen ist von prismatisch-pyramidaler Gestalt und 46 Ko. schwer. Ausser vielen flachen Eindrücken und Vertiefungen, stellenweise mit einer feinen Streifung, zeigt die Oberfläche ein 1½ Cm. tiefes, 2—3 Cm. weites rundes Loch sowie zwei weniger regelmässige Löcher auf der entgegengesetzten Seite. Beim Ätzen treten schöne Widmanstättensche Figuren auf; nach einer Skizze scheint das Fülleisen körnig zu sein, das Balkeneisen aus dünnen Lamellen zu bestehen. Das spec. Gew. eines Stücks mit Rinde wurde zu 7,74, eines solchen ohne Rinde zu 7,89 bestimmt; Dr. Janke fand 91,78 Eisen, 8,35 Nickel, 0,01 Kobalt, Spuren von Phosphor und Kohlenstoff. Der Meteorit ist vom Britischen Museum für 110 £ angekauft worden.

An diese Mittheilungen schliessen sich einige Notizen über den Meteorstein, welcher auf dem Gute Avilez unweit Cuencamé, 30 Meilen NW.

Durango wahrscheinlich im Jahre 1855 gefallen ist, von WÖHLER mit dem Stein von Bremervörde verglichen wurde und von dem, wie es scheint, nur in der Göttinger Sammlung ein Bruchstück von 142 gr. vorhanden ist. Ferner über das schon von HUMBOLDT erwähnte Eisen von Concepcion, Chihuahua, welches 19000 Ko. schwer sein und unter 27° N. B. auf dem Wege von Cerro Gorde nach dem Parral liegen soll.

Schliesslich weist der Verf. noch auf die Angaben von MARIANO BARCENA (Proceedings of the Academy of natural sciences of Philadelphia 1876. 122) hin, welcher grosse Eisenmassen von Presidio del principe im Staate Chihuahua, aus Sinaloa und von Yanhuitlan erwähnt, von denen Stücke in den Museen Mexicos aufbewahrt werden, welche aber in Europa nicht vertreten zu sein scheinen.

In einem zweiten Abschnitt werden die 7 Meteoreisen und 2 Meteorsteine des städtischen Museums in Bremen beschrieben, woran sich eine Zusammenstellung der bisher im nordwestlichen Deutschland gefallenen oder gefundenen Meteorite anschliesst. **E. Cohen.**

C. F. Wiepken: Notizen über die Meteoriten des Grossherzoglichen Museums. (Abhandlungen herausgegeben vom naturwissenschaftlichen Vereine zu Bremen. VIII. 524—531. Bremen 1884.)

Beschreibung von 6 Meteoreisen und 3 Meteorsteinen in der Mineraliensammlung des Grossherzogl. naturhist. Museums in Oldenburg. Von Interesse sind einige nähere Angaben über das 41 Ko schwere Meteoreisen von Oberkirchen, Schaumburg, welches seiner Zeit für 800 Thaler vom Brittischen Museum angekauft worden ist. **E. Cohen.**

Daubrée: Météorite tombée à Grossliebenthal, près d'Odessa, le 7/19 novembre 1881. (Comptes rendus XCVIII. No. 6. 11. Februar 1884. 323—324.)

Nach den Mittheilungen von R. PRENDEL hat der Fall des Meteoriten von Grossliebenthal bei Odessa am 7./19. November Morgens zwischen 6 und 7 Uhr stattgefunden. Der über 8 Ko schwere polyëdrische Stein war 0,35 m tief in den Boden eingedrungen. Gleichzeitig fiel zu Sitschawska, 42 km N.O. Odessa ein zweiter Stein, der einen Postillon verwundete und von den Bauern zerstückelt und als Talisman vertheilt wurde. Durch eine weitere Beobachtung der Feuerkugel zu Elisabethgrad, 265 km N.N.O. Odessa ist die Richtung der Bahn annähernd festgestellt. Der Stein gehört nach DAUBRÉE zu den Sporadosidères oligosidères vom Typus des Meteoriten von Lucé (Lucéite MEUNIER), also wahrscheinlich zu den weissen Chondriten TSCHERMAKS. **E. Cohen.**

St. Meunier: Pseudo-météorite sibérienne. (Comptes rendus XCVIII. No. 14. 7. April 1884. 928—929.)

Ein von E. COTTEAU als Meteorit aus Transbaikalien erhaltenes Fragment erwies sich als ein diallagführender Serpentin mit fluidal angeordneten Mikrolithen, die grösstentheils aus Olivin bestehen. (?)

E. Cohen.

B. Geologie.

F. Sandberger: Über den Bimstein und Trachyttuff von Schöneberg im Westerwalde. (Zeitschr. d. deutsch. geolog. Ges. Bd. XXXVI. 1884. p. 122—124.)

Wie Verf. bereits früher (vergl. dies. Jahrb. 1884. I. -234-) vermuthet hatte, ist der ältere, unter dem Trachyttuff des Schöneberger Brunnenschachtes liegende Bimstein durch das Fehlen fremdartiger Einschlüsse, des triklinen Feldspathes, der Hornblende und namentlich des Hauyns von den jüngeren Bimsteinen des Westerwaldes unterschieden: nach der mineralogischen Zusammensetzung soll er dagegen durchaus identisch sein mit den im Trachyttuff des Langenberges im Siebengebirge vorkommenden, und Verf. nimmt daher an, dass beide ein Product desselben Ausbruches sind, welcher auch wegen der Kleinheit der bei Schöneberg vorkommenden Bröckchen und der Seltenheit reiner Sanidintrachyte im Westerwalde vermuthlich in grösserer Entfernung von der jetzigen Lagerstätte erfolgte. Der über dem Bimstein im Schöneberger Brunnenschacht liegende Trachyttuff enthält dagegen vielfach grössere Fragmente von Schiefer, Sanidin-Oligoklas-Trachyt, Phonolith, Andesit und Hornblendebasalt, ist also wahrscheinlich bedeutend jünger als der von solchen Einschlüssen ganz freie Bimstein.

O. Mügge.

v. Gümbel: Über Fulgurite. (Zeitschr. d. deutsch. geolog. Ges. Bd. XXXVI. 1884. p. 179—180.)

Verf. verwahrt sich gegen die von Wichmann (vgl. dies. Jahrb. 1884. II. -215-) aufgestellte Behauptung, als habe er das Zusammenschmelzen von Quarzsand zu Glas durch den Blitz für unmöglich erklärt und das entstehende Glas für reine Kieselsäure erklärt. **O. Mügge.**

E. Svedmark: Basalt (dolerit) från Patoot och Harön vid Wajgattet, Nordgrönland. (Geol. Fören. i Stockholm Förh. 1884. Bd. VII. No. 4 [No. 88]. 212—220.)

Zu Patoot, Wajgattet, Nordgrönland werden die durch einen Erdbrand veränderten Senon-Schiefer von einem Plagioklasbasalt durchsetzt, auf welchen ebenfalls der Brand eingewirkt hat. Die Oberfläche ist meist aschgrau angelaufen, das Gefüge ist lockerer geworden; der picotitreiche Olivin hat eine dunkel rothbraune Farbe angenommen; im Plagioklas und Augit sind Risse entstanden, welche eine Eisenocher ähnliche Substanz erfüllt. Der Verf. vermuthet, dass letztere aus dem fast ganz fehlenden Magnetit entstanden sei. Basis und Glaseinschlüsse in den Gemengtheilen sind nicht vorhanden; etwas Calcit und Chalcedon treten in kleinen Partien auf. — Der Basalt von der Insel Harö, Wajgattet bildet Lager in tertiären Schichten und wird von Tuffen begleitet. Es ist ein magnetitarmer, basisfreier Plagioklasbasalt mit reichlichem Calcit. Nach mehrtägigem Glühen zeigte dieser Basalt ähnliche, wenn auch nicht so intensive Veränderungen wie derjenige von Patoot. SVEDMARK meint, dass man vielleicht zweckmässig basisfreie Basalte als Dolerite zu einer Untergruppe vereinigen könne.

E. Cohen.

F. Svenonius: Nya olivinstensförekomster i Norrland. (Geol. Fören. i Stockholm Förh. 1884. Bd. VII. No. 4 [No. 88]. 201—210.)

SVENONIUS theilt zwei neue Funde ausgedehnter Olivinfelsmassen mit, welche unweit Kvikkjokk, Norrland in der mittleren und oberen Abtheilung der Glimmerschiefergruppe (Sevegruppe TÖRNEBOHM) auftreten. Der Olivinfels ist deutlich schiefrig und nach des Verf. Ansicht unzweifelhaft gleicher Entstehung mit den umgebenden krystallinischen Schiefern. Wo er dünne Lagen bildet, folgt er allen Biegungen der letzteren. Zuweilen ist er fein gefältelt oder zeigt deutliche transversale Schieferung. In dünnen sich einschiebenden Quarzitschichten stellt sich an den Spitzen kleiner Falten Olivin ein, als sei eine feine Lage von Olivinfels ausgewalzt worden. Zu Sähkok-Ruopsok ist der Olivinfels glimmerführend, reich an Chromit, sowie an ungewöhnlich grossen Bronzittafeln und enthält Adern mit Talk, chromithaltigem Glimmer und Magnesitspath. Letzterer wurde hier zum ersten Mal in Schweden beobachtet; LORENZEN bestimmte den Rhomboëderwinkel zu 107° 26½′, den Gehalt an Eisenoxydul = 5.36, an Magnesia = 44.67 Proc. Das Vorkommen von Vuoka-Ruopsok wird von theils dichten und homogenen, theils gebänderten kieselsinterartigen Partien begleitet (mit 94.6 Proc. Kieselsäure), welche aus Quarzkrystallen und Sphärolithen bestehen.

E. Cohen.

F. Eichstädt: Anomit från Alnö, Vesternorrlands län. (Geol. Fören. i Stockholm Förh. 1884. Bd. VII. No. 3 [No. 87]. 194—196.)

Der Magnesiaglimmer, welcher sich in sehr reichlicher Menge an der Zusammensetzung des von TÖRNEBOHM beschriebenen Melilithbasalt von Alnö[1] betheiligt, erwies sich bei eingehender Untersuchung als ein Anomit. Zahlreiche Messungen ergaben Winkel von 84—89° zwischen optischer Axenebene und einem Strahl der Schlagfigur sowie 8—10° für den Axenwinkel. Doppelbrechung negativ. Dünne Blättchen werden braun bis braungelb durchsichtig; der rechtwinklig zur ersten Mittellinie schwingende Strahl ist

---

[1] Vgl. dies. Jahrb. 1883. II. -66-.

rothgelb, die anderen sind fast farblos. Als Gemengtheil massiger Gesteine ist der Anomit bisher wohl nur von BECKE aus einem Quarzdiorit-Porphyrit beschrieben worden[1]. **E. Cohen.**

A. W. Cronquist: Några ord om orsaken till qvartstegels svällning. (Geol. Fören. i Stockholm Förh. 1884. Bd. VII. No. 5 [No. 89]. 255—260.)

CRONQUIST hat eine Reihe von Quarz- und Quarzitproben chemisch, TÖRNEBOHM mikroskopisch untersucht, um die Ursache des Anschwellens der Quarzziegel zu ermitteln. Ersterer gelangt zu dem Resultat, dass die Flüssigkeitseinschlüsse im Quarz wahrscheinlich von Einfluss sind auf die Anwendbarkeit desselben zu feuerfesten Ziegeln. **E. Cohen.**

N. O. Holst und **F. Eichstädt:** Klotdiorit från Slättmossa, Järeda socken, Kalmar län. Mit Tafel. (Geol. Fören. i Stockholm Förh. 1884. Bd. VII. No. 2 [No. 86]. 134—142.)

Das von HOLST Kugeldiorit benannte Gestein tritt zu Slättmossa, Kirchspiel Järeda, Kalmar Lehen an zwei nahe gelegenen Punkten untergeordnet in einem grobkörnigen, rothen, hornblendeführenden „Augengranit", sowie in einigen losen Blöcken auf. Die bis zu 3 Decim. grossen, zum Theil runden, zum Theil in die Länge gezogenen Kugeln berühren sich entweder, oder werden durch röthlichen Granit getrennt. Ein grauer Kern ist meist vorherrschend; ihn umgeben zwei dunkle Zonen, welche durch eine lichte, graue, einige Millimeter breite Zone getrennt werden. Beide dunklen Zonen sind nach Aussen scharf begrenzt, während sie nach Innen allmählich in die lichteren Partien übergehen. EICHSTÄDT bezeichnet das Gestein wohl mit Recht als einen Kugelgranit und sieht dasselbe als eine basische Ausscheidung aus dem Granit an. Das die Kugeln verbindende Gestein ist nach ihm ein Amphibolbiotitgranit mit Mikroklin, Apatit, Zirkon, Titanit, Orthit und Magnetit (z. Th. titansäurehaltig). In einem Apatitkrystall wurde eine sackförmige Einbuchtung des angrenzenden Feldspath beobachtet; der Zirkon erreicht ungewöhnliche Dimensionen. Die Kugeln sind reicher an basischen Bestandtheilen, welche sich besonders stark in den dunklen Zonen anhäufen; von den accessorischen Gemengtheilen fehlt hier auffallender Weise der Apatit, während Titanit sich reichlicher einstellt. Die Struktur ist im Kern und innerhalb der Schalen regellos körnig, nicht radial. Dieser Kugelgranit steht nach einem Ref. vorliegenden grossen Handstück an Schönheit dem bekannten Kugeldiorit von Corsika nicht nach. **E. Cohen.**

A. W. Cronquist: Cementskiffern från Styggforsen i Boda socken af Kopparbergs län. (Geol. Fören. i Stockholm Förh. 1884. Bd. VII. No. 5 [No. 89]. 260—263.)

---

[1] Vgl. dies. Jahrb. 1883. I. -60-.

Es wird eine Reihe von Analysen des Cementschiefers von Styggforsen, Kirchspiel Boda, Kopparberg Lehen mitgetheilt und letzterer mit anderen zur Cementbereitung verwandten Gesteinen verglichen.

E. Cohen.

E. Svedmark: Om några svenska skapolitförande bergarter. (Geol. Fören. i Stockholm Förh. 1884. Bd. VII. No. 5 [No. 89]. 293—296.)

Ein von GUMAELIUS als Diorit gesammeltes Gestein von Petersfors, Kirchspiel Jernboås, Örebro Lehen erwies sich als ein plagioklasfreier, skapolithreicher Amphibolit mit etwas Diallag und Glimmer. SVEDMARK schlägt den Namen Skapolitit vor. In anderen Amphiboliten wurde Skapolith neben Plagioklas beobachtet. Ferner ist der pyroxenführende Gneiss der Gegend von Varberg skapolithführend, und ein mit jenem wechsellagernder sog. grauer oder röthlicher granitischer Gneiss ein Skapolithgneiss, welcher neben Quarz und Biotit nur Skapolith oder diesen von sehr wenig Feldspath begleitet enthält. Durch Eintreten von Hornblende und Diallag wird der Übergang zu dem benachbarten augitführenden Gneiss vermittelt. Bei der Verwitterung nimmt der Skapolith eine röthliche Färbung an und ist dann leicht mit Feldspath zu verwechseln, unterscheidet sich jedoch durch das Auftreten in kleinen linsenförmigen Partien und durch das Fehlen deutlicher Spaltungsdurchgänge.

E. Cohen.

F. J. Wiik: Mineralogiska och petrografiska meddelanden. IX. (Finska Vet.-Soc. Förhandlingar. Bd. XXVI.)

42. Untersuchung eines Bimsstein von dem am 26.–27. Aug. 1883 stattgefundenen Ausbruch des Vulkans Krakatoa.

Bimssteine, welche 410 Meilen vom Krakatoa entfernt ausgedehnte, 6—8 Fuss mächtige Lagen auf dem Meere bildeten, bestehen aus einem farblosen, blasigen Glase mit Einsprenglingen von Plagioklas, Bronzit, Augit und Magnetit. Der Plagioklas scheint nach Winkelmessungen zur Labradorreihe zu gehören, der gelbbraune Bronzit ist stark pleochroitisch. Die Zusammensetzung des Bimsstein stimmt also mit derjenigen der Asche überein[1].

43. Untersuchung gabbroartiger Diabase und Diorite aus dem Grenzgebiet des Rapakiwi-Granit von Wiborg nebst Vergleich derselben mit verschiedenen anderen basischen Eruptivgesteinen des südlichen Finlands.

Die basischen Eruptivgesteine des südlichen Finlands lassen sich zu drei Hauptgruppen vereinigen: Eigentliche Diorite, gabbroartige Gesteine, eigentliche Diabase. — Die Diorite enthalten neben Oligoklas nur primäre, keine secundäre Hornblende; es sind die ältesten Gesteine unter den genannten und stehen durch Übergänge (Dioritschiefer) mit den laurentischen

[1] Vgl. dies. Jahrb. 1884. II. -54 u. 55-.

Gneissen in Verbindung. Zur dritten jüngsten Gruppe gehört nur der Olivindiabas von Satakunta, welcher cambrischen Sandstein durchsetzt. Die Vertreter der zweiten Gruppe sind die verbreitetsten und jünger als die granitischen Gesteine der Gegend, welche zu den huronischen Schiefern in Beziehung stehen. Die mineralogische Zusammensetzung zeigt starke Schwankungen; allen gemeinsam ist ein der Labradorreihe angehöriger Plagioklas und der Gehalt an theils frischem, theils uralitisirtem Diallag. Es werden drei Abtheilungen unterschieden, je nachdem nur Hornblende, Hornblende und Augit oder monokliner resp. rhombischer Pyroxen ohne Hornblende hinzutreten. Durch Anreicherung von rhombischem Augit nähern sich manche Vertreter den Noriten, durch Auftreten von Quarz und Orthoklas andere quarzhaltigen Diallagsyeniten; zuweilen ist Olivin vorhanden. Wiik hebt hervor, dass Hornblende besonders in älteren, Augit in jüngeren Gesteinen auftrete, dass erstere wahrscheinlich bei niedrigerer Temperatur, letzterer bei höherer entstehe. Auch unter den obengenannten basischen Eruptivgesteinen sei die Hornblende um so vorherrschender, je höher das Alter. Man könne aus derartigen Verhältnissen Schlüsse über die Genesis der Gesteine ziehen und die Betrachtungen auch auf manche Granite und Gneissgranite ausdehnen. So seien z. B. zwischen Mikroklin und Orthoklas die gleichen Beziehungen anzunehmen, wie zwischen Hornblende und Augit.

E. Cohen.

J. M. Zujovics: Les roches des Cordillères. 4°. 75 pg. II pl. Paris 1884.

Diese Schrift giebt die ausführlichen Gesteinsbeschreibungen, deren Resumé in dies. Jahrb. 1881. II. -58-* angezeigt wurde und vergleicht die einzelnen Gruppen mit den verwandten Vorkommnissen unter fleissiger Benutzung der einschlägigen Literatur, wobei wir jedoch den Aufsatz Gümbels über süd- und mittelamerikanische Andesite aus den Sitzungsberichten der bayr. Akademie vermissen und erwähnen möchten, dass der Vorname vom Rath's nicht Gustav, sondern Gerhard ist.

Der Verf. classificirt die eruptiven Gesteine nach dem Systeme von Fouqué und Michel-Lévy und bespricht nach deutscher Systematik granitische Gesteine, Quarzporphyre der verschiedenen Strukturformen, Syenite, Diorite und Porphyrite von älteren, Augit-Andesite, Amphibol-Andesite, Obsidian, Perlit und Augitite von jüngeren Massengesteinen. Als Dolerite im Sinne Fouqué's werden einige Vorkommnisse besprochen, deren Zugehörigkeit zu den Diabasen oder basaltoiden Augitandesiten wohl nicht streng entschieden werden kann.

Indem wir für die Einzelbeschreibungen auf das Werk selbst verweisen müssen, betonen wir das auffallende Fehlen der Hypersthen-Andesite, der eigentlichen Basalte und der Quarzandesite, die nur vom Tugueres und vielleicht vom Sotara erwähnt werden. -- Es ist sehr zu bedauern, dass

* Verf. schrieb damals seinen Namen: Jouyovitch, heute Zujović.

Verf. nicht eine Analyse der Augitite mittheilte, über deren chemische Natur wir noch so wenig unterrichtet sind.

Als roches métamorphiques fasst Verf. im letzten Capitel die Phyllite, feldspathfreien und feldspathhaltigen krystallinen Schiefer zusammen.

Die Sammlungen BOUSSINGAULT's, welche bearbeitet wurden, erstrecken sich auf sehr zahlreiche Localitäten des ganzen Cordillerengebiets mit seinen 3 Parallelketten zwischen Caracas und dem Pichincha.

H. Rosenbusch.

A. Wichmann: Gesteine von Timor. (Beiträge zur Geologie Ost-Asiens und Australiens von K. MARTIN und A. WICHMANN. Bd. II. Heft 2. pag. 73—124. T. III. Leiden 1884.)

Vorliegende Arbeit bildet die Fortsetzung der in dies. Jahrb. 1883. II. -61- besprochenen Untersuchungen. — Verf. beginnt mit der Beschreibung von Handstücken von Quarzphyllit, Hornstein und Quarz-Kalkstein-Conglomerat vom Strande bei Oikusi und eines glimmer- und plagioklashaltigen Sandsteins mit kalkigem Cement vom Strande bei Sutrana.

Aus der Umgegend von Pritti an der Bucht von Kupang wird ein plagioklasreicher, sodalith- und hauynfreier Foyait von geringer Frische besprochen, dessen Augite vereinzelte Glaseinschlüsse führen und welchen Verf. selbst nach der sub I mitgetheilten, von PUFAHL ermittelten Zusammensetzung mit dem Teschenit von Boguschowitz vergleicht. Das Gestein stammt aus dem Flusse Banatette, ebenso wie ein mandelsteinartiger Diabas, während ein Augit-Andesit aus dem Flusse Oïbemeh beschrieben wird. — An krystallinen Schiefern, aus dem Flusse Oïbemeh ausgelesen, kommen ein Epidot-Sericit-Chloritschiefer (Analyse II von PUFAHL), mit Quarz, Calcit, Apatit, Eisenglanz und Limonit, ein Sericit-Epidotschiefer mit Magnetit, Quarz, Calcit, Plagioklas und Eisenglanz (die Epidote sind gut auskrystallisirt) und ein Chloritschiefer zur Besprechung. Aus der gleichen Gegend stammen Kalkstein, Dolomit, Sandstein und Sande.

Aus der Regentschaft Amarassi (westlicher Theil der Südküste von Timor) beschreibt Verf. ein Geschiebe von Bronzit-Serpentin, der von Calcitadern durchzogen wird. Der Serpentin ist aus einem Olivin-Bronzit-Gestein hervorgegangen; die von PUFAHL angestellte chemische Untersuchung ergab nach Abzug des Calcit die Zahlen sub III. Von weiteren Vorkommnissen werden ein Serpentin-Conglomerat, ein Augit-Bronzitfels, Hornstein, Basalt-Conglomerat, Sandsteine, Sand, Thon und Kalkmergel und ein stark zersetztes, basaltähnliches Gestein mit reichlichen Glimmerblättchen und schöner Mandelsteinstruktur beschrieben.

Besonders hingewiesen sei noch auf die Beschreibung von Schmelzprodukten verschiedener Glimmerarten, welche Verf. an die Besprechung des Bronzit-Serpentin anknüpft und welche er darstellte, um eine experimentelle Bestätigung der TSCHERMAK'schen Auffassung von der chemischen Constitution der Glimmer zu erhalten.

	I.	II.	III.
SiO_2	44.63	57.96	38.81
Al_2O_3	13.77	17.91	1.14
Fe_2O_3	7.30	3.82	5.80
Cr_2O_3	—	—	0.62
FeO	5.60	4.59	2.10
MnO	0.08	0.12	Spur
CuO	0.05	0.05	0.04
CaO	7.96	3.36	0.32
MgO	4.47	2.82	35.91
K_2O	2.65	1.48	Spur
Na_2O	4.20	1.10	0.12
TiO_2	4.25	0.64	0.16
P_2O_5	0.09	0.17	0.03
CO_2	1.34	Spur	—
H_2O	4.04	5.85	14.87
	100.43	99.87	99.92

H. Rosenbusch.

Ch. Barrois: Mémoire sur les grès métamorphiques du massif granitique du Guémené, Morbihan. (Annales de la Soc. géol. du Nord. XI. 103—140. Lille. 1884.)

Das Granitmassiv von Guémené wird im Süden von grobkörnigem echtem Granit, im Norden von porphyrartigem Granitit gebildet, welcher nach Barrois älter ist, als der Granit. Im Gebiete dieses Granitmassivs treten in kleinen Fetzen von wenigen Hektaren bis in Schollen von mehreren Quadratkilometern Glieder der cambrischen Schichtenreihe und des unteren Silur (Conglomerat von Montfort und Scolithensandstein) auf, welche durch die eruptiven Granitmassen in mannichfacher Weise metamorphosirt wurden. Verf. bespricht in vorliegender Arbeit die Metamorphose der Scolithensandsteine und des in ihrem Liegenden auftretenden Conglomerats von Montfort durch die echten Granite im südlichen Theil des Massivs von Guémené und liefert damit einen wichtigen Beitrag zur Kenntniss der Granitcontactzonen. Seine Studien vervollständigen und erweitern die älteren Beobachtungen zumal von Durocher, welchem Verf. volle Gerechtigkeit widerfahren lässt.

Die untersilurische, mehrere hundert Meter mächtige Etage des Scolithensandsteins wird von sehr gleichförmigen, meistens weissen Quarzsandsteinen gebildet, welche ausserhalb der Contactzonen aus optisch einheitlichen, rundlichen oder eckigen, durchschnittlich 0.01 bis 0.012 mm grossen Quarzkörnern mit spärlichen, reihenartig geordneten Flüssigkeitseinschlüssen bestehen, welche durch Schüppchen eines weissen, sericitischen Glimmers verkittet werden. Accessorisch erscheint Zirkon, den Verf. aus älteren Gesteinen, ebenso wie den Quarz herleitet, während er in dem Sericitglimmer schon eine authigene Neubildung sieht. Der unveränderte Scolithensandstein wäre also schon kein reines klastisches Sediment. In dem Cäment des Sandsteins treten ausserdem thonige und limonitische Partikeln auf.

Die Schollen von Scolithensandstein treten in zwei O 25° N—W 25° S gerichteten 500—1000 m breiten Hauptzonen von 15—20 km Länge zwischen Saint und Mellionec und zwischen Crémênec en Priziac bis Langoëlan auf; die erstere ist in der Umgebung von Plouray, die zweite bei Saint-Tugdual und Ploerdut am besten entwickelt.

Bei der Annäherung an den Granit wird der Scolithensandstein härter und dunkler und geht in einen Biotit-führenden Quarzit über, dessen Quarzkörner ihre klastischen Charaktere verloren haben und bei sehr wechselnden Dimensionen (durchschnittlich 0.5 mm) doch bedeutend grösser erscheinen und oft neben rundlichen Formen auch krystallographische Begrenzung zeigen. In wechselnder Menge, oft spärlich, oft sehr reichlich, sind die rundlichen, für Granitcontactzonen so sehr charakteristischen, braunen Biotitblättchen zwischen, auch wohl in den Quarzindividuen entwickelt und Verf. betont es, dass die Grösse dieser Biotitblättchen mit der Annäherung an den Granit wächst, während eine solche Beziehung zwischen den Dimensionen der Quarzkörner und der Granitnähe nicht zu constatiren ist. Accessorisch erscheinen Zirkon, Rutil und gelegentlich Muscovit, diese Zone der Biotit-Quarzite erstreckt sich bis auf 400 m von der Granitgrenze.

Bei weiterer Annäherung an den Granit tritt in den Biotitquarziten alsdann Sillimanit, bald in vereinzelten Säulchen, öfters in parallelen Bündeln und Garben, die dann z. Th. auch makroskopisch als weissliche, seidenglänzende Häutchen erkennbar sind, sehr selten in radialen Aggregaten auf. Die Sillimanitsäulchen sind vertikal gestreift und quer gegliedert, zeigen aber keine Krystallflächen und sind häufig in sericitische Faseraggregate umgewandelt. — Im Centrum der kleinen, bis 4 mm grossen Sillimanitkügelchen erkennt man schon mit dem Auge unregelmässig begrenzte, graugrünliche Körner, die, im durchfallenden Lichte farblos, nach ihrer Umwandlung in Muscovitaggregate und nach ihren Interpositionen als Cordierit bestimmt werden. — Auch Magnetit kommt in den Gesteinen dieser inneren Partial-Contactzone vor, welche Verf. als die Zone der Sillimanit-Biotit-Quarzite bezeichnet.

Nur im unmittelbaren Contact mit dem Granit, also als innerster Contactring, erscheinen Feldspath-Biotit-Quarzite, die sich kurz als Sillimanit-Biotit-Quarzite mit Orthoklas, Mikroklin und Plagioklas bezeichnen lassen. In denselben tritt der Quarz nicht nur in der für die Biotit-Quarzite charakteristischen Form auf, sondern gelegentlich auch in grösseren, aus optisch verschieden orientirten Individuen zusammengesetzten Knauern. Der Biotit bildet isolirte Blättchen, welche ebenso, wie der Feldspath und Sillimanit, in parallelen Lagen geordnet sind und dem Gestein ein gneissartiges Ansehen geben. — Die Feldspathe erscheinen nur in kleinen Körnern wie der Quarz und unter ihnen herrscht der für Oligoklas angesehene Plagioklas. — Auch Muscovit tritt selbständig in Verwachsung mit Feldspath oder auch mit Biotit, häufiger allerdings als Pseudomorphose nach Cordierit, Sillimanit und Orthoklas auf. — An der Grenze durchdringt der Granit sich mit dem Quarzit auf das allerinnigste, genau so, wie es Michel-Lévy von dem Contact der Schiefer von St. Léon

(Jahrb. 1882. I. -133-) beschreibt und ebenso, wie der Ref. und der genannte Forscher es thaten, betrachtet auch Barrois den Feldspath als ein Produkt der stofflichen Beeinflussung des Schichtgesteins durch den Granit. Der Feldspath lässt sich gelegentlich bis auf 30 m Entfernung von der Granitgrenze hin nachweisen, bleibt aber in der Regel ebenso wie der Cordierit auf die Entfernung von nur 1 m beschränkt. Die Anreicherung des Quarzits mit Feldspath bezeichnet Verf. als Granulitisation. — Hervorgehoben sei noch die Beobachtung von Barrois, dass bald die Quarzbildung derjenigen der übrigen Mineralien voranging, bald ihr folgte — eine Thatsache, die man bei dem Studium von Contactgebilden regelmässig wiederkehrend findet. Die das Liegende der Scolithensandsteine bildende, von Dalimier aufgestellte Zone des Poudingue de Montfort besteht aus alternirenden Schichten von rothen und grünen Schiefern, Conglomerat, Grauwacke und violettem Sandstein. Das Conglomerat (poudingue) besteht aus 1—3 cm grossen, eiförmigen Geschieben von Quarz, denen nur in geringer Menge solche von Quarzit und Schiefer beigemengt sind und die von graulichweisser, durch Limonit oft gelb oder roth gefärbter Thonschiefersubstanz lose cämentirt werden. Das Cäment besteht mikroskopisch aus kleinen, rundlichen oder eckigen Quarzkörnern, die durch sericitischen Glimmer verkittet sind, und denen einzelne Zirkonkrystalle, Limonit und grössere Muscovitblättchen beigemengt sind. Im S. und W. der Gehöfte von Restambleiroux, W. von Langonnet, lässt sich in den Hohlwegen der Contact des Granits mit dem Conglomerat beobachten; dasselbe hat bräunliche Farbe, und die Geschiebe sind fester mit der Grundmasse verbunden. Die Geschiebe sind weder nach Form noch Substanz verändert, aber in dem Cäment ist der weisse Sericit durch den braunen Biotit verdrängt und die Quarzkörner sind ebenso umkrystallisirt wie in den Biotit-Quarziten der Scolithensandsteine. — Ein anderer Fundpunkt des metamorphen Conglomerats liegt in der Heide zwischen Menez-Glas und Crondal. Die Seltenheit höher metamorphosirter Conglomerate erklärt sich Verf. daraus, dass dieselben schwer oder kaum von den Feldspath-Biotit-Quarziten des Scolithensandsteins zu unterscheiden sein würden, unter denen ja oben solche mit Quarzknauern erwähnt wurden.

Verf. betont die Wiederkehr der Grundzüge der Schiefer-Granit-Contactzone auch in diesen durch Granit bedingten Umwandlungen der Sandsteine mit Recht. — Wenn er, sich den Anschauungen Michel-Lévy's über die Gneiss-Genese anschliessend, die Wichtigkeit seiner Beobachtungen bezüglich der Sillimanit- und Feldspathbildung in Sandsteinen durch granitische Einwirkungen für die Parallelisirung dieser Contactgebilde mit gewissen Gneissetagen betont, so können wir ihm nur zustimmen. Trotzdem möchten wir nicht unbedingt ihm beitreten, wenn er sagt: „Man hat also ebensowenig Grund, den Sillimanitgneiss als eine besondere Etage des Grundgebirges anzusehen, wie man den Chiastolithschiefer als eine solche des paläozoischen Gebirges betrachten darf.“ **H. Rosenbusch.**

Jos. Siemiraszki: Die geognostischen Verhältnisse der Insel Martinique. Inaug.-Diss. Dorpat 1884. 8°. 39 S. Mit 1 geol. Karte und 1 Tafel.

Das Skelett der Insel bildet ein elliptischer „Trachyt"-Circus, dessen längere, NW-SO gerichtete Axe etwa 50 km lang ist und in dessen Mitte sich ein fünfspitziger Liparitkegel (Piton du Carbet, 1207 m hoch) erhebt. Zwischen diesem und dem nördlichen Raude des Circus findet sich ein zweiter „Trachyt"-Vulkan (Montagne pelée, 1350 m hoch) mit gut erhaltenem Krater, in welchem sich ein kleiner See gebildet hat. Von N nach S erstreckt sich eine Spalte, aus welcher sich Basaltmassen deckenartig ergossen haben. Der „trachytische" Circus ist von der W-Seite her zerstört, das Meer ist eingedrungen und hat den grossen Landsee, der die centrale Depression einnahm, zum Hafen des Fort de France umgestaltet, in dessen Untiefen und Korallenbänken sich der frühere Verlauf des Circuswalls verfolgen lässt.

Von Sedimentbildungen werden verkieselte Schieferthone und Rhizophorenschlamm als alluviale Bildungen und ein tertiärer Kalkstein kurz erwähnt. — Den Hauptbestandtheil des Aufsatzes bilden die petrographischen Beschreibungen, bei welchen es oft schwer ist, den mikroskopischen mit dem chemischen Befunde und dem sp. G. in vollen Einklang zu bringen.

H. Rosenbusch.

Ed. Jannettaz: Sur la reproduction de la schistosité et du longrain. (Comptes rendus. XCVII. No. 25. 1441—1444. 17 déc. 1883.)

Derselbe: Mémoire sur les clivages des roches (schistosité, longrain) et sur leur reproduction. (Bull. Soc. géol. Fr. (3). XII. 211—236. 14 janv. 1884.)

Die erstgenannte Arbeit ist ein Auszug aus der an zweiter Stelle angeführten, in welcher Verf. nach einem geschichtlichen Überblick über die Erkenntniss der Schieferung und der analogen Druckphänomene, sowie ihrer experimentellen Nachahmung die von ihm mit so schönem Erfolge angestellten Untersuchungen über die Wärmeleitungsverhältnisse in Schiefern an einer Anzahl neuer Fundorte verfolgt, die in der näheren und weiteren Umgebung des Bourg d'Oisans und im Thale der Maurienne liegen. Die Resultate sind dieselben, welche wir bereits in unserm früheren Referate über die betreffenden Studien des Verf. 1882. I. -223- gegeben haben. — Es sei gestattet, auf einen sinnstörenden Druckfehler in dem Auszuge in den Comptes rendus hinzuweisen; pg. 1442. Z. 6 v. o. muss es de la schistosité heissen statt du longrain.

Aus den experimentellen Untersuchungen des Verfassers über die künstliche Hervorbringung der Schieferung und die Lage des thermischen Ellipsoides in gepressten Thonmassen heben wir hervor, dass die Differenz $a-c$ (a = Axe grösster, c = Axe kleinster Wärmeleitung) mit der Grösse des ausgeübten Druckes zunahm, wie zu erwarten war, und dass auch auf dem Querschnitt ungepresster Thonmassen, denen Glimmerblättchen beigemengt waren, die isothermische Curve eine Ellipse war, dass also auch die mineralogische Zusammensetzung schichtiger Massen von Einfluss auf die Wärmeleitungsfähigkeit ist. Die Axe leichtester Wärmeleitung war parallel der Schichtfläche und damit der Spaltfläche der Glimmerblättchen. Das Verhältniss der Axen kleinster und grösster Leitungsfähigkeit war in dem ungepressten glimmerhaltigen Thon = 1 : 1.25 und stieg durch einen Druck von 20 Atmosphären auf 1 : 1.47. — Der longrain konnte in gepressten Thonmassen nur dann hervorgebracht werden, wenn diese nach einer Richtung ausfliessen konnten; sobald dieselben nach allen zum Druck senkrechten Richtungen ausfliessen konnten, bildete sich nur Schieferung, kein longrain. — Marmorpulver nahm unter einem Druck von 8000 Atmosphären noch keine Schieferung an; die isotherme Curve auf dem Querschnitt war ein Kreis, derselbe wurde aber elliptisch, als Marmorpulver mit Thon gemengt gepresst wurde, und zwar um so mehr elliptisch, je thonreicher das gemengte Pulver war. Die Analogien dieses Versuches mit den Verhältnissen der verschiedenen Gesteinsmassen in schiefrigen Gebirgen in der Natur liegt auf der Hand.

Verf. wiederholte die Versuche Spring's (Jb. 1882. I. -42-) über die Bildung chemischer Verbindungen durch Druck, indem er Gemenge von gepulvertem Schwefel mit Eisen, Zink, Blei, Kupfer und Wismuth in fein gepulvertem Zustande einem hohen Druck aussetzte. Es bildeten sich dabei nur kleine Quantitäten der entsprechenden Sulfüre. Wohl entstanden kupferglanz-, bleiglanz-, zinkblende-ähnliche Massen, aber durch Schwefelkohlenstoff konnte der Schwefel zum weitaus grössten Theile ausgezogen werden. Die Bildung der kleinen Quantitäten von Sulfuren schreibt der Verf. nicht dem Druck, sondern der durch diesen bedingten Temperaturerhöhung zu.

H. Rosenbusch.

J. S. Diller: Volcanic sand which fall at Unalashka, Alaska, Oct. 20, 1883 and some considerations concerning its composition. (Science. III. No. 69. May 30. 1884.)

In Unalashka wurde es am 20. Oct. 1883 gegen 2h 30m. p. m. dunkel wie bei Nacht und gleich darauf fiel etwa 10 Minuten lang ein Gemisch von Sand und Wasser, welches den Boden mit einer dünnen Lage und die Fensterscheiben mit einer undurchsichtigen Haut überzog. Eine Probe dieses Sandes wurde von J. S. Diller mikroskopisch untersucht. Derselbe erkannte darin einen vulkanischen Sand, welcher zweifellos einem der seit einiger Zeit thätigen Alaska-Vulkane entstammt. Der Sand besteht zum grössten Theile aus Krystallfragmenten und seltener aus Krystallen; am massenhaftesten erscheint Plagioklas in unregelmässig begrenzten Fragmenten, oder auch nicht selten in annähernd hexagonalen Krystalltafeln nach $\infty P \breve{\infty}$ (010) mit zahlreichen Einschlüssen und deutlich zonarer Struktur und einem Durchmesser von 0.15 mm. Niemals fanden sich leistenförmige Individuen, sondern stets nach $\infty P \breve{\infty}$ tafelförmige, welche Ausbildung ja für die Einsprenglinge der vulkanischen Gesteine die normale ist. — Ausserdem besteht der Sand aus geringeren Mengen von Säulenfragmenten eines hellgrünen Augit und in noch geringerer Menge aus Spaltblättchen stark pleochroitischer brauner Hornblende nebst Körnern und Kryställchen von Magnetit. Mit diesen homogenen krystallinen Partikeln sind gemengt solche von complexer Natur, die Fragmenten einer überaus mikrolithenreichen Glasbasis entsprechen, und sehr spärlich solche einer ausscheidungsfreien Glasbasis, die dann zumeist durch ein Magnetitkörnchen beschwert sind. Der vulkanische Sand von Unalashka ist also derjenige eines Amphibolandesites. Der Gehalt an SiO_2 dieses Sandes wurde zu 52.48% bestimmt.

Verf. erklärt diesen auffallend niedrigen SiO_2-Gehalt mit Recht dadurch, dass dem vorwiegend krystallinen vulkanischen Sande die acideren Reste des Magmas, welche die Grundmasse bilden, nahezu fehlen. Dementsprechend müssen vulkanische Aschen kieselsäurereicher sein, als die Bauschzusammensetzung der entsprechenden Laven, und vulkanischer Sand unterscheidet sich von vulkanischer Asche nicht nur durch die Korngrösse, sondern auch durch die Zusammensetzung. In den vulkanischen Sanden (vorwiegend krystalliner Natur) haben wir herrschend die älteren basischeren Einsprenglinge und ihre Durchschnittszusammensetzung ist kieselsäureärmer, als die des Gesammtgesteins; Verf. bespricht als Beispiel einen vulkanischen Sand und eine Lava des Shastina-Kraters am Mount Shasta in Californien. Die vulkanischen Aschen vorwiegend glasiger Natur repräsentiren das nach Ausscheidung der älteren Gemengtheile restirende Magma und sind daher saurer, als das Gesammtgestein: als Beispiel dafür wird die Krakatoa-Asche besprochen.

H. Rosenbusch.

Giu. Piolti: Il porfido del vallone di Roburent (Valle della Stura di Cuneo). (Atti delle R. Accad. di Torino. **XIX.** Marzo 1884.)

Verf. gibt eine petrographische Beschreibung eines in Quarzit und Kalkbreccien der genannten Localität aufsetzenden, von Portis aufgefundenen Quarzitporphyrganges, welcher zur Familie der mikrofelsitischen Porphyre zu gehören scheint. Neben den normalen Gemengtheilen wird Pyrit, Hämatit und Pinit erwähnt. Letzterer wird z. Th. von Cordierit, z. Th. von Orthoklas abgeleitet. Aus der mineralogischen Zusammensetzung und Struktur wird auf dyadisches Alter des Quarzporphyrs geschlossen.

H. Rosenbusch.

C. A. Vanhise: On secondary enlargements of felspar fragments in certain Keweenawan sandstones. (Americ. Journ. XXIIV. No. 161. May 1884. 399—403.)

In den Feldspathsandsteinen, welche unmittelbar unter dem Diabas von Eagle Harbor, Michigan, ruhen und welche durch ihre zuckerkörnige Struktur besonders geeignet schienen, ein Weiterwachsen der klastischen Elemente durch die Stoffe zu erlauben, welche aus dem Diabase herabsteigende Lösungen zuführen, hat Verf. nicht nur ein orientirtes Weiterwachsen der Quarzkörner durch neuen Absatz von Kieselsäure, sondern auch eine orientirte Vergrösserung der orthotomen und klinotomen Feldspathfragmente wahrgenommen. Der ursprüngliche Umriss der Feldspathkörner ist durch Ränder von Ferrit markirt, die neugebildeten Anwachsmäntel sind frischer und weniger fleckig durch Eisenoxyde, aber optisch genau parallel dem ursprünglichen Korn orientirt. Auch die Zwillingslamellen der Körner setzen ununterbrochen in die Anwachsmäntel fort. Wenn die Ränder derart vergrösserter Feldspathkörner sich berühren, so thun sie dies in einer feinzackigen Naht. — Dass die Anwachssubstanz Feldspath sei, schliesst Verf. aus dem gleichen optischen Verhalten mit den ursprünglichen Feldspathkörnern, aus der Härte, die mit einer Nadel an blossgelegten Schliffen geprüft wurde, aus der Unangreifbarkeit mit Salzsäure und aus dem Umstande, dass auch in dem Sandstein vorkommende, aus Quarz und Feldspath bestehende, complexe Körner, Fragmente eines granitischen Gesteins, diese Anwachsstreifen in optischer Orientirung mit ihrem Feldspath, nicht mit ihrem Quarz zeigen. — In andern Fällen war die dem Sandstein neuzugeführte und als Feldspath betrachtete Substanz in feinkörnigen Aggregaten zwischen den klastischen Elementen als Kitt zur Krystallisation gelangt. **H. Rosenbusch.**

H. von Foullon: Über die petrographische Beschaffenheit der vom Arlbergtunnel durchfahrenen Gesteine. (Verhandl. k. k. geol. Reichsanstalt. 1884. No. 9. pg. 168—170.)

Die vom Arlbergtunnel durchfahrenen Gesteine sind fast ausschliesslich Gneisse, welche als Muscovitgneisse, Zweiglimmergneisse und Biotitgneisse unterschieden werden.

Die Muscovitgneisse sind trotz gelegentlich nicht unbedeutenden Gehalts an Biotit gut charakterisirt, zumal durch die constante mikroperthitische Verwachsung von Mikroklin und Albit. Meist grossblättrig-flaserig, von lichter Farbe gehen sie über in glimmerarme, grobkörnige Augengneisse einerseits, in dünnflaserige, schieferähnliche, glimmerreiche Formen andererseits. Neben den normalen Gemengtheilen (Albit, Mikroklin, Quarz, Muscovit) treten accessorisch Turmalin, Rutil, Staurolith, Andalusit, Epidot und Apatit auf. Der Albit ist reich an Einschlüssen von Epidot und Muscovit. Dieser Gneiss stand am Ostende des Tunnels 2.8 km weit vorherrschend an.

Die schwer von einander zu trennenden Zweiglimmergneisse und Biotitgneisse zeigen einen grossen Wechsel in Struktur und Zusammensetzung und erlauben nicht wohl eine allgemeine Charakteristik. Meist dünnblättrig ausgebildet, zeigen sie hanfkorngrosse „Knoten", deren Farbe durch Biotit bedingt ist. Die Gesteine sind braun oder scheckig, dadurch, dass Muscovit auf den Trennungsflächen in schuppigen Häufchen angesiedelt ist, während er in die Gesteinsblätter nur wenig eindringt. Alle Gesteinsvarietäten bestehen aus Quarz, Feldspath, Glimmer und Granat. Der Feldspath ist ausschliesslich Plagioklas, und zwar wurde nur Albit als solcher nachgewiesen. Die Granate besitzen oft nur eine schmale Hülle von Granatsubstanz, während ihr Inneres von Biotit ausgefüllt wird. Accessorisch sind Rutil, Erze, Turmalin, Apatit und kohlige Substanz recht verbreitet. Auch kommen epidotführende Glieder vor, deren makroskopisch nicht wahrnehmbare Epidote von tiefgelber Farbe oft ziemliche Dimensionen erreichen. — Diese Gneisse bilden die Hauptmasse der durchfahrenen Gesteine und enthalten seltene Einlagerungen von graphitreichen Muscovitschiefern.

Hornblendegesteine wurden im Tunnel nur an einer Stelle überfahren.

H. Rosenbusch.

A. Michel-Lévy: Sur quelques nouveaux types de roches provenant du Mont Dore. (Comptes rendus XCVIII. No. 22. pg. 1394 bis 1396. 1884.)

Das vulkanische Massiv des Mont Dore baut sich nach den Untersuchungen von Fouqué und Michel-Lévy, von denen der erstere früher den Bau des Cantal durchforschte, von unten nach oben aus folgenden Gesteinen auf:

1) Unterer Domit. Nur in der Umgegend von Lusclade entwickelt, enthält derselbe ausser den unbedeutenden Perlit- und Liparit-Vorkommnissen Gänge und Ergüsse von Trachyt (mit Sphen, Amphibol und Augit) und Phonolith (mit Nosean).

2) Der Horizont des porphyrischen Basalts des Cantal wird durch unbedeutende Ergüsse an der Basis und in dem Cinerit repräsentirt. Jedoch haben diese Ströme nicht das porphyrische Aussehen, sondern bestehen aus z. Th. hornblendeführenden Augitandesiten, aus hornblendereichen Basalten und glasreichen Basalten.

3) Der Cinerit unterscheidet sich vom unteren Domit durch den localen Reichthum an basischen Einschlüssen aus dem Horizont 2). Bimssteinartig im Osten, bei Saint-Nectaire, führt er oberhalb Pessy kleine Obsidiankügelchen. Der Cinerit gehört zum oberen Miocän oder unteren Pliocän.

4) Trachyt und Sanidin-haltiger Andesit, mit grossen Einsprenglingen, bildet einen wohl charakterisirten, aber sehr mannichfach variirenden Horizont. Neben quarzhaltigen, also sehr sauren Gliedern (Gipfel 1382 m bei Puy-Gros) treten recht basische Formen mit Augit, Hypersthen und sogar mit Olivin auf. Dahin gehört das durch seinen Mineralreichthum bekannt gewordene Gestein vom Mont Capucin.

5) Die Hornblende-Andesite sind im Mont Dore weit basischer, als in dem Cantal; auch sie enthalten bisweilen Olivin und in den höheren Strömen dieses Horizontes erscheint Hauyn häufiger sogar als in den jüngeren Phonolithen. Dieser Horizont hauynführender Augitandesite ist sehr verbreitet (Banne d'Ordenche, zwischen den Puy de l'Ouire und de l'Aiguiller de Guéry, in der Umgebung des Puy d'Agoust, bei Mareuge und in den oberen Regionen der Ströme von Font-Marcel).

6) Phonolithe. Sie sind nephelinarm und bilden NNW streichende Gänge und einige Ströme.

7) Die Basalte der Hochebenen. In den unteren Theilen dieser gewaltigen Formation von normalen Basalten findet sich eine eigenthümliche Ausbildungsform, wobei die Feldspathe und Augite der ersten

Generation nach Art der diabasischen Struktur verbunden sind und Reste dieser Aggregate dann in der mikrolithischen Grundmasse eingebettet liegen. Verf. fand diese Ausbildungsform über den hauynführenden Andesiten der Banne d'Ordenche, am Puy-Loup, östlich vom Vernet, am unteren Theil des Basaltplateaus de la Serre unfern des Tunnel de la Cassière.

H. Rosenbusch.

H. Gorceix: Nouveau Mémoire sur le gisement du Diamant à Grao Mogol, province de Minas Geraës (Brésil). (Comptes Rendus XCVIII. No. 16. pg. 1010—1011. 1884.)

Aus einer im Bulletin de la Société géologique zum Druck zu bringenden Abhandlung über die Diamantlagerstätte von Grao Mogol, 300 km N. von Diamantina wird mitgetheilt, dass die Diamanten sich niemals in den Geschieben derjenigen Bäche gefunden haben, welche aus dem Granit oder den granitoiden Gneissen kommen, auf denen alle Formationen von Minas Geraës lagern. Solche Bäche führen Cymophan, Triphan, Andalusit, Disthen, Fibrolith, Beryll und Turmalin, welche Mineralien auch in den obengenannten Gesteinen eingewachsen aufgefunden wurden.

Der Diamant wird dagegen von Pyrit, Gold, Turmalin, Amphibol, Rutil, Anatas, verschiedenen Phosphaten etc. begleitet, von denen Verf. annimmt, dass ihre Natur als Gangbildungen zweifellos sei. Daher glaubt Verf. auch den Diamant Brasiliens für ein Gangmineral halten zu sollen.

H. Rosenbusch.

H. Gorceix: Sur les minéraux qui accompagnent le Diamant dans le nouveau gisement de Salobro, province de Bahia (Brésil). (Comptes Rendus XCVIII. No. 23. pg. 1446—1448. 1884.)

—, Etude des minéraux qui accompagnent le diamant dans le gisement de Salobro, province de Bahia (Brésil). (Bull. Soc. minér. Fr. VII. No. 6. 1884.)

Der neue Diamantenfundort Salobro (das Wort bedeutet 'brackisch') liegt innerhalb des flachen Küstensaumes des südlichen Theils der Prov. Bahia, im Flussgebiet des Rio Pardo, unfern von dessen Vereinigung mit dem Jequitinhonha, am Fusse der Serra do Mar. — Die Diamanten liegen in einem weissen Thon mit faulenden Blattmassen und scheinen also ziemlich junge Ablagerungen zu sein. Der Thon enthält entgegen den sonstigen Diamantfeldern Brasiliens nur wenig Mineralien, unter denen Quarz entschieden herrscht; nächst dem Quarz kommt Monazit in gelben und röthlichen Krystallbruchstücken und Zirkon in bräunlichen bis weisslichen, selten violetten Krystallen, ferner Disthen, Staurolith, Almandin, Korund, Eisenglanz, Titaneisen und Pyrit vor. Der Korund tritt hier zum ersten Male in Brasilien in den Diamantlagern auf, und es fehlen die sonst charakteristischen Begleiter Rutil, Anatas, die Phosphate, die Turmaline. Trotzdem glaubt Verf. seine früher ausgesprochene Ansicht (cf. voriges Referat) über den Ursprung der Diamanten auf Gängen zunächst nicht aufgeben zu sollen.

Der Diamantkies von Salobro trägt ganz den Charakter der actuellen Flussablagerungen und zeigt nicht die starke Abrundung der Mineralien, welche sonst für die brasilianischen Diamantensande so charakteristisch ist.

H. Rosenbusch.

Bouquet de la Grye dépose sur le bureau, de la part de M. Grandidier, des échantillons de pierre ponce qui lui ont été envoyés de Bourbon par M. de Châteauvieux. (Comptes Rendus. XCVIII. No. 20. 1302—1303. 1884.)

Auf der Rhede von St. Paul der Insel de la Réunion trafen am 22. März 1884 stark abgerundete Bimssteinstücke der Eruption vom Krakatoa ein, die den 5000 km langen Weg also in 206 Tagen zurückgelegt hatten. An den grösseren Stücken markirt eine gelbgrünliche Vegetation die Linie, bis wohin die Steine eintauchten, und zahlreiche *Spirorbis*, *Serpula* und einige *Anatifa* hatten sich an die Steine angesetzt. Daubrée, der die Übereinstimmung dieser Bimssteine mit den Eruptionsprodukten des Krakatoa bestätigt, macht auf die Wichtigkeit dieses Vorganges der Mischung von Krakatoa-Bimsstein mit den vulkanischen Auswurfsmassen von la Réunion für die Deutung ähnlicher Verhältnisse in älteren analogen Ablagerungen aufmerksam.

H. Rosenbusch.

A. d'Achiardi: I Metalli, loro Minerali e Miniere. Vol. II. Milano. U. Hoepli. 1883. 635 S. (Dies. Jahrb. 1884. I. -1-)

Da die Art und Weise, in welcher der Verfasser den reichen vorliegenden Stoff zu beherrschen gewusst hat, bereits bei der Anzeige des ersten Bandes besprochen worden ist, so mag diesmal die Mittheilung genügen, dass der inzwischen erschienene zweite Band (Schlussband) noch 12 weitere Gruppen von Metallen und Metalloiden behandelt und sich hierbei besonders eingehend mit den Erzen und Lagerstätten von Nickel, Kobalt, Eisen, Mangan, Chrom, Zink, Zinn, Antimon und Wismuth beschäftigt. Die einschlägige Litteratur ist wiederum mit grosser Umsicht benutzt worden. Den Schluss bilden Verzeichnisse der in beiden Bänden besprochenen Mineralien und Grubendistrikte.

Freunde der Lagerstättenlehre, und zwar Theoretiker wie Praktiker seien hiermit nochmals auf das treffliche Buch aufmerksam gemacht.

A. Stelzner.

—

F. L. Kinne: Beschreibung des Bergrevieres Ründeroth. 102 S. 8°. Bonn. 1884. (Dies. Jahrb. 1884. II. -356-)

Das etwa 800 □km grosse Bergrevier Ründeroth liegt auf der rechten Rheinseite im Regierungsbezirke Köln und grenzt im W. an das Bergrevier Deutz (dies. Jahrb. 1883. II. -193-). Es gehört ausschliesslich dem Gebiete des rheinischen Schiefergebirges an, und zwar zum grössten Theile dem mitteldevonischen Lenneschiefer, zum kleineren Theile dem Unterdevon.

Von jüngeren Formationen sind nur noch tertiäre, diluviale und alluviale Bildungen bekannt.

Im Lenneschiefer treten 5 Gruppen gangartiger Lagerstätten auf, die denen des benachbarten Revieres Deutz sehr analog sind und als Erze namentlich Bleiglanz, nächstdem Zinkblende, Kupfer- und Eisenkies führen. Im Unterdevon sind 3 Hauptgangzüge bekannt, auf denen namentlich Eisenerze (Spath- und Brauneisensteine), untergeordnet Eisenkies, Kupferkies, Bleiglanz und Zinkblende einbrechen, so dass sie denen des Siegener Landes verwandt erscheinen. Endlich giebt es noch Eisenerzlagerstätten, die beckenförmige Einlagerungen in dem Gebiete des mittleren Devons bilden, besonders an die Kalksteine des letzteren geknüpft und wahrscheinlich erst in der Tertiärzeit gebildet worden sind.

Um eine ungefähre Vorstellung von der Vielzahl der überhaupt bekannten Lagerstätten, sowie von deren Erzführung und Bedeutung zu geben, möge hier nur noch erwähnt sein, dass am Schlusse des Jahres 1882 überhaupt 445 Bergwerke verliehen waren, und zwar 286 auf Eisenerze, 6 auf Zinkerze, 131 auf Bleierze und 22 auf Kupfererze. Von denselben befanden sich aber nur 20 im Betrieb. Diese beschäftigten im Jahre 1882 1015 Arbeiter und lieferten 20 726 To. Eisenerze, 141 To. Zinkerze, 4200 To. Bleierze und 47 To. Kupfererze.

Zur Erläuterung der in Rede stehenden Revierbeschreibung dient die 1882 und zugleich mit der Beschreibung des Revieres Deutz erschienene Karte.

A. Stelzner.

L. Pflücker y Ryco: Apuntes sobre el distrito mineral de Yauli. (Anal. de la Escuela de Construcciones Civiles y de Minas del Peru. T. III.) 78 S. 8°. 1 Karte. Lima. 1883.

Diese Arbeit über den erzreichen Hochgebirgsdistrict von Yauli gliedert sich in fünf Capitel, von denen sich die ersten vier mit Orographie, Geologie, Lagerstätten und Bergwesen sowie mit Hüttenwesen beschäftigen, während das fünfte die in dem Districte bis jetzt bekannt gewordenen Mineralien aufzählt. Da der Inhalt der beiden ersten Abschnitte sehr erwünschte Erläuterungen zu dem Vorkommen der früher von M. Gabb und später von G. Steinmann in dies. Jb. 1881. II. 130 und 1882. I. 166 beschriebenen cretacischen Versteinerungen liefert, so möge folgendes auszugsweise wiedergegeben sein.

Der District von Yauli gehört zur Provinz von Tarma, die ihrerseits einen Theil des Departements von Junin ausmacht. Sein Hauptort, Yauli, liegt an einem Nebenflusse des Mantaro unter 11° 40′ s. Br. und 78° 19′ w. L. von Paris, in einer Meereshöhe von 4112.6 m, zwischen den beiden NNW.—SSO. streichenden und 60—70 km von einander abstehenden Cordilleren. Von diesen letzteren erhebt sich die westliche, welche die oceanische Wasserscheide bildet, im Mittel bis zu 5000 m, die östliche nur bis zu durchschnittlich 4500 m, während die mittlere Höhe der zwischen beiden sich ausbreitenden, vielfach durchschluchteten Hochebene mit 4400 m beziffert wird. Diese Hochebene wird innerhalb des Districtes Yauli, soweit bis jetzt bekannt, nur von cretacischen Schichten gebildet. Gleiche Schichten betheiligen sich auch an dem Aufbaue der westlichen Cordillere, längs welcher überdiess noch an zahlreichen Punkten Propylite und Trachyte zum Durchbruche gelangt sind. Die östliche Cordillere besteht dagegen aus Graniten, krystallinen Schiefern und vielleicht auch aus carbonischen Sedimenten; auf ihrer atlantischen Seite ist möglicher Weise nochmals Kreide vorhanden.

Während die cretacischen Schichten in der westlichen Cordillere eine sehr gestörte Lagerung zeigen, nehmen sie gegen das Centrum der Hochfläche von Yauli hin ein flach nach NO. gerichtetes Fallen oder horizontale Lage an. In der Schlucht zwischen Pachachaca und Oroya werden sie schön profilirt. Die sichtbare Basis bilden hier rothe und graue Conglomerate mit Geröllen porphyrartiger Gesteine. Darauf folgen in einer Mächtigkeit von etwa 500 m versteinerungsreiche, blaugraue und gelbgraue Kalksteine; zuoberst liegen 80 bis 100 m mächtige weisse, gelbe und rothe Sandsteine. Den Kalksteinen sind hier und da Mergel und Sandsteine, an mehreren Orten auch 1 bis 2 m mächtige Flötze von bituminösen, seltener von anthracitischen Kohlen eingelagert. So u. a. bei dem 16 km NO. von Yauli gelegenen, durch STEINMANN's Arbeit bekannt gewordenen Pariatambo, namentlich aber bei Santa Domingo (70 km N. von Yauli) und bei Chuichu und Sorao (36 bezw. 50 km SO. von Yauli). In den hangenden Sandsteinen treten sporadisch Kalksteine, Mergel und Conglomerate auf. Endlich finden sich auch noch Gyps und Steinsalz, letzteres zu Ondores, Prov. San Blas, am Cachiyaco, Dep. Loreto und zu Iscuchaca, Prov. Huancavelica. Dasjenige von Iscuchaca wird nach RAIMONDI's Beobachtungen von Mergeln, Sandsteinen und Ammoniten führenden Kalksteinen überlagert.

Die auf beschwerlichen Reisen durch L. PFLÜCKER y RYCO gesammelten Versteinerungen, welche die Localfaunen von 11 zwischen 3773 und 4467 m hoch üb. d. M. gelegenen Punkten repräsentirten, sind leider bei einer Plünderung der Grubengebäude von Morococha während der Kriegswirren des Jahres 1881 verloren gegangen, so dass in der vorliegenden Arbeit nur kurze, aus der Erinnerung geschöpfte Notizen über dieselben gegeben werden können; aber auf Grund seiner eigenen Erfahrungen und unter Berücksichtigung der Arbeiten von GABB und STEINMANN geht dem Verfasser kein Zweifel darüber bei, dass die oben besprochenen Sedimente der Kreide, und zwar wahrscheinlich dem Albien und dem Cenoman zuzurechnen sind. Nur bei Janja könnte allenfalls auch Jura entwickelt sein, da GABB eine hier gefundene *Trigonia* für *Tr. Bronni* AG. gehalten hat. Endlich ist noch rücksichtlich der weiteren Verbreitung des cretacischen Systemes zu bemerken, dass sich dieses letztere von Yauli aus auf der peruanischen Hochebene bis Huancavelica (13° s. Br.) verfolgen lässt (auf MARCOU's Karte finden sich innerhalb dieser Zone Granite, paläozoische und carbonische Sedimente eingezeichnet).

Mit den schon genannten Eruptivgesteinen und namentlich mit den „Propyliten“ sind zahlreiche gangförmige Erzlagerstätten verknüpft, und zwar derart, dass sie sich nicht in den eruptiven Gesteinskörpern selbst, sondern in den ihnen nächst benachbarten, mehr oder weniger veränderten cretacischen Sedimenten oder auf den Contactflächen zwischen Massen und Schichtgesteinen finden. Eine bei Morococha (7 km NNW. von Yauli) bekannte, bis 3 m mächtige Masse von Granatfels gehört wohl einer solchen Contactregion an. Die Gänge streichen meistens NNO.—ONO., also rechtwinklig zur Hauptcordillere und der entlang derselben sich hinziehenden Eruptionslinie; nur selten haben sie NW.-Verlauf. Die Mächtigkeit beträgt gewöhnlich ½ bis 1 m, ausnahmsweise, bei Carahuacra, S. von Yauli, bis 30 m. Die Füllung der Gänge zeigt massige Structur und besteht gewöhnlich aus Silbererzen, seltener aus Kupfererzen. Die wichtigsten Silbererze sind Fahlerze, die oft 8—10 % Ag enthalten, Bleiglanz mit ungefähr 0.2 % Ag, edle Silbererze (Rothgiltigerz, Glaserz, ged. Silber) und sogenannte Pacos und Polvorillas, d. s. schwarze, mulmige und schwammige, an Edelmetall reiche oxydische Erze. Gewöhnliche Begleiter sind Eisenkies und Zinkblende, hier und da auch Manganblende. Als Seltenheiten werden Silberwismuthglanz, Freieslebenit, Stephanit, Polybasit sowie Boulangerit und Meneghinit erwähnt. Kupferkies u. a. Sulfuride des Kupfers fehlen! Die vorherrschende Gangart ist Quarz; daneben treten wohl auch noch Rhodonit und Manganspath, selten Kalkspath und noch untergeordneter Baryt auf. Die Kupfererzgänge, die gegenwärtig nicht mehr abgebaut werden, führen Enargit, Tennantit, Sandbergerit mit Eisenkies, Blende, etwas Bleiglanz und Quarz; auf ihnen ist auch Wolfram und Megabasit vorgekommen. Weiterhin kennt man in dem Gebiete der Kreideformation noch kleine Zinnober- und Antimonglanzlagerstätten und in demjenigen der krystallinen Schiefer der östlichen Cordillere goldhaltige Quarzgänge. Die Jahresproduction des Grubendistrictes wird für die letzten 10 Jahre (bis 1880) auf je 3 Millionen Ko. Erz mit einem mittleren Gehalte von 0.24 % Silber geschätzt.

Endlich sei noch erwähnt, dass an mehreren Orten des besprochenen Grubendistrictes Mineralquellen, darunter eine Therme von 54° C, zu Tage treten und dass mehrere derselben Absätze von Eisenocker, andere solche von z. Th. pisolithischem Kalksinter veranlasst haben. **A. Stelzner.**

R. D. M. Verbeek: Krakatau. Erster Theil. Batavia 1884[1].

Dem im Frühjahr erschienenen vorläufigen Bericht (Batav. Handelsbl. 8 Maart 1884, später abgedruckt in Nature, der Köln. Zeitung, der Kieler Zeitung vom 30. April und 1. Mai 1884 und in den Archiv. Neerlandaises Bd. XIX) ist nunmehr im Auftrage und auf Kosten der Regierung die erste Hälfte des Werkes gefolgt, das die Resultate von Herrn Verbeeks Nachforschungen über die vulkanischen Vorgänge auf Krakatau in ausführlicher Weise darlegen soll. Der Ausgabe in holländischer Sprache soll bald eine in französischer folgen, und die zweite Hälfte des Werkes, Untersuchungen über die muthmasslichen Ursachen der Eruption, die begleitenden Erscheinungen und die Eruptionsprodukte enthaltend, soll herausgegeben werden,

[1] Vgl. dies. Jahrb. 1884. II. -53—58-.

sobald es die verzögerte Drucklegung der zahlreichen Karten und Illustrationen gestattet. Der vorliegende erste Theil des Werks giebt eine historische Darstellung der vulkanischen Vorgänge, auf Grund eigener Beobachtungen des Verfassers im Juli 1880 und im October 1883 und von ca. 600 verschiedenen Mittheilungen, die derselbe im Laufe des verflossenen Jahres gesammelt hat. Vieles von dem, was Herr Verbeek hier bietet, war bereits durch die zahlreichen Artikel über Krakatau (vor allem in „Nature“ von Nov. 1883 bis Febr. 1884) bekannt, indessen findet sich in Herrn Verbeeks Darstellung manches bis dahin unbekannte Detail, und vor allem muss man dem Verfasser Dank wissen für die mühsame Arbeit der kritischen Sichtung des umfangreichen Materials (an 1300 Mittheilungen), das vielfach unzuverlässig und voll von Widersprüchen war.

Von der Vorgeschichte des Vulkans auf Krakatau ist weiter nichts bekannt, als eine kurze Notiz über eine Eruption im Jahre 1680, aus dem Reisejournal von Joh. Wilh. Vogel, Bergmeister im Dienst der Ostind. Compagnie, übergegangen in L. v. Buchs Physik. Beschreib. d. Canar. Inseln, und weiter in Berghaus' Länder- und Völkerkunde und in Junghuhns „Java“. Der Vulkan scheint damals, ebenso wie im vorigen Jahre als Hauptprodukt Bimsstein ausgeworfen zu haben.

Die Krakatau-Gruppe, bestehend aus der Insel Krakatau, Lang-Eiland im N.O., Verlaten-Eiland im N.W. und dem Inselchen „der Polnische Hut“, westlich von Lang-Eiland, ist mehrmals gezeichnet und in Karte gebracht; zuletzt skizzirt von Verbeek im Jahre 1880 und kartographisch aufgenommen von dem Lieutenant z. S. M. C. van Doorn im Herbst 1883. Die Abbildungen lassen auf der Insel Krakatau drei Bergmassen erkennen: im Süden den steilen Pik Rakáta, vor der Eruption 822 Met. hoch; in der Mitte der Insel das Danangebirge mit mehreren Gipfeln, vermuthlich einem Kraterring angehörig und am nördlichen Ende der Insel ein Hügelland, das den Namen Perbuwatan führt. Hier fand Verbeek mehrere beinahe kahle Lavaströme, die vermuthen lassen, dass die Eruption von 1680 von hier ausging. Am Perbuwatan, auf Lang-Eiland und auf dem Polnischen Hut fand er glasreiche Andesitgesteine von einem Habitus und einer Zusammensetzung, die sich von den übrigen vulkanischen Gesteinen von Sumatra und Java weit entfernen (Geol. Beschr. v. Süd-Sumatra im Jaarb. v. h. Mijnwezen in Ned. Indië, 1881). Nach Verbeek muss man sich Verlaten-Eiland und Lang-Eiland als Theile eines alten Kraterringes vorstellen, den Pik Rakáta als jüngeren Datums und das nördliche Ende der Insel Krakatau als jüngstes Gebilde im Centrum des alten versunkenen Kraters. Diese jüngste Partie des Vulkans ist in historischer Zeit zweimal thätig gewesen, und sie ist es, die im August 1883 mitsammt der nördlichen Hälfte des Piks eingestürzt ist. Nach dem Einsturz der centralen Partie hat die Krakataugruppe eine Gestalt bekommen, wie Santorin sie vor dem Auftauchen der Kaimeni-Inseln gehabt hat.

20. Mai bis 26. August 1883.

Die Eruption von 1883 begann am 20. Mai zwischen 10 und 11 Uhr Vormittags. In Batavia und Buitenzorg hörte man ein Dröhnen und dazwischen Knalle wie von Kanonenschüssen, die von Erschütterungen des Bodens und der Gebäude begleitet waren. Unterirdisches Geräusch war nicht wahrzunehmen. Auffallend ist es, dass an weiter nach Westen gelegenen Orten, in Serang, in Anjer und Merak (an der Sundastrasse) nichts von alle dem wahrgenommen wurde. Erst am 22. erfuhr man in Batavia, dass der Vulkan auf Krakatau in Thätigkeit sei. An anderen Punkten der Sundastrasse (z. B. zu Ketimbang und Tjaringin) hat man die Explosionen ebenso gehört wie in Batavia. Sie erreichten ihr Maximum am 22. Mai 5½ Uhr Morgens und hörten im Laufe der Nacht vom 22. auf den 23. Mai auf. Ostwärts scheint der Schall der Explosionen sich nicht viel über Purwokarta (225 Kilom.) hinaus fortgepflanzt zu haben. Erschütterungen hat man bis Samarang verspürt. Nach Westen scheint der Schall sich weiter verbreitet zu haben, auf Sumatra ist er in einer Entfernung von 350 Kilom. wahrgenommen und selbst in Singapore, 835 Kilom. von Krakatau entfernt (nach Zeitungsberichten).

Zwischen dem 20. und 23. Mai passirten 7 Fahrzeuge die Sundastrasse, von denen wir Berichte über die Eruption haben. Alle erzählen von einer dunklen von Feuerstrahlen durchkreuzten Wolke über der Insel und von Aschenregen, welche Erscheinungen auch an mehreren Küstenpunkten wahrgenommen wurden. Der Paketdampfer Conrad passirte Krakatau am 23., traf 30 englische Meilen von der Insel auf ein treibendes Bimssteinfeld und bekam viel Asche aufs Deck. Die Aschenwolke war an der Ostseite durch den Passat aufgestaut, scharf abgeschnitten, nach Westen breitete sie sich bis zum Horizont aus. In derselben stand das Thermometer auf 38° C., ausserhalb der Aschenwolke fiel es schnell auf 30°.

Den ausführlichsten und interessantesten unter den Schiffsberichten hat der Marineprediger Heims geliefert, der an Bord der deutschen Kriegskorvette Elisabeth Gelegenheit hatte, den Anfang der Eruption aus der Nähe zu beobachten (Tägl. Rundschau 1883, No. 255 u. 256). Es sind aus diesem Berichte und dem des Kommandanten der Elisabeth, Kap. z. S. Hollmann (Jahresb. d. d. geogr. Ges. 1884), vor allem vier Punkte hervorzuheben: Erstens die Angabe der minimalen Höhe der Dampfsäule nach vorgenommener Messung zu 11 Kilom.; sodann die Angabe, dass besagte Dampfsäule zu Anfang eine schneeweisse Farbe zeigte und erst später und allmählich durch in ihr aufsteigende schwärzliche Streifen eine dunklere Färbung bekam; ferner, dass nach übereinstimmender Aussage beider Berichterstatter die Sonne, durch die Aschenwolke gesehen, einer hellblauen Ampel glich; endlich ist noch bemerkenswerth, dass Herr Heims ausdrücklich erwähnt, dass während des Aufsteigens der Dampfsäule keine Detonationen gehört wurden und auch weiterhin weder bei ihm noch in Kapit. Hollmanns Bericht von Detonationen die Rede ist.

Am 26. und 27. Mai machte der Dampfer „Generalgouverneur London" eine Excursion nach Krakatau mit 86 Passagieren, worunter der Bergingenieur Schuurmann. Derselbe schreibt, dass er den Strand 1 Fuss hoch mit Bimsstein bedeckt fand und darüber 2 Fuss hellgrauer Asche. Die Asche war so fest gelagert, dass sie das Vordringen bis zum neuen

Krater des Perbuwatan gestattete, der sich als ein regelmässiger Kessel von 1000 Met. Durchmesser und 40 Met. Tiefe darstellte. Der Boden, zirkelrund, 150 bis 250 Met. im Durchmesser haltend, war einige Meter tief versunken und mit einer schwarzen, mattglänzenden Kruste überzogen. Aus einer ca. 50 Met. weiten kreisrunden Öffnung in der Nähe seines westlichen Randes stieg eine Rauchsäule auf, deren totale Höhe SCHNURMANN auf 4000 Met. schätzte. In Zwischenräumen von 5 bis 10 Minuten steigerte sich das begleitende Getöse, die Rauchsäule nahm merklich an Umfang zu, schoss mit grösserer Schnelligkeit empor und führte bis zur Höhe von 200 Met. grössere Steinbrocken mit sich. Hierbei zeigte sich über dem Kraterkessel bisweilen eine rothe Glut. Die Rauchwolken machten den Eindruck kolossaler, schnell auf einander folgender Dampfblasen, deren gegenseitige Reibung in der Rauchsäule bis zur Höhe von 1200 Met. eine drehende, wirbelnde Bewegung hervorbrachte. Ausser Wasserdampf und schwefliger Säure wurde auch Schwefeldampf ausgestossen. Die Asche bestand vorwiegend aus farblosem und braunem Glas, daneben aus kleinen Bruchstücken von Augit, Plagioklas und Magnetit. Neben der Asche wurde damals noch stets Bimsstein in grösseren Brocken (bis zu 0.1 Met³.) ausgeworfen. Hie und da fanden sich in der Asche auch kopfgrosse Scherben von grünlichschwarzem sehr sprödem Obsidian und vereinzelt ein Stück poröser Lava, die als olivinführender glasreicher Augitandesit bestimmt wurde.

Am 19. Juni bemerkte man in Anjer (nördlich von Krakatau, an der javan. Küste der Sundastrasse) Steigerung der Dampfexhalationen und des vulkanischen Getöses. Erst am 24. zerstreute sich die dichte Rauchwolke über der Insel und nun zeigte sich, dass ein zweiter Krater am Fuss des Danan entstanden sei, östlich von dem des Perbuwatan. Die drei Gipfel des Perbuwatan wurden im Juli nicht mehr gesehen: vermuthlich hat hier inzwischen ein Einsturz stattgefunden.

Um Mitte August waren auf der nördlichen Hälfte von Krakatau drei Krater in Thätigkeit, wie aus einem Schreiben des Hauptmanns FERZENAAR hervorgeht, der die Insel am 11. Aug. zum Zweck von Kartirungsarbeiten besuchte. Es bestätigt den eben erwähnten Einsturz am Perbuwatan und vermuthet nach der starken Rauchentwicklung am Südabhang des Danan, dass auch hier ein Einsturz sich vorbereite. Die Dicke der Aschenlage (zu unterst mit Schwefel gemengt) findet er ungefähr ½ Meter, darunter eine Lage Bimsstein. Der Südabhang des Piks war damals noch bewaldet.

Am Ende dieses Abschnitts hebt Herr VERBEEK noch besonders hervor, dass die Eruption im Juni und Juli viel schwächer war als im Mai, so dass in Batavia und Buitenzorg vom 23. Mai bis zum 26. August keine Detonationen gehört wurden, und dass während dieser Zeit nur einmal, am 27. Mai, Morgens, ein Erdbebenstoss in der Sundastrasse wahrgenommen worden ist.

26. bis 28. August 1883.

Am Sonntag, 26. Aug. liess sich in Buitenzorg um 1 Uhr Nachmittags ein rollendes Geräusch hören, das Herr VERBEEK anfangs für fernen Donner hielt. Um halb drei Uhr gesellten sich schwache kurze Detonationen hinzu.

In Batavia und in Anjer wurde dieses Geräusch um dieselbe Zeit, in Serang und in Bandong wurde es erst um drei Uhr gehört. Alsbald steigerte sich die Heftigkeit der Explosionen; um 5 Uhr haben sie sich bereits in ganz Java bemerklich gemacht. Das Rollen hielt die ganze Nacht hindurch an, ab und zu von einer heftigen Explosion unterbrochen, wobei ein Dröhnen und Zittern gefühlt wurde. Erdbeben von einiger Bedeutung sind während dieses Ausbruches eben so wenig wie im Mai vorgekommen. Die meisten Berichte sprechen allein von Lufterschütterungen und einige betonen ausdrücklich, dass kein Erdbeben gefühlt wurde. Nur an ein paar einzelnen Orten scheinen wirklich einige unbedeutende Erdbebenstösse wahrgenommen zu sein.

In West-Java konnte beinahe Niemand ruhig schlafen. Die knatternden Schläge waren in einer Entfernung von 150 Kilom. noch so laut, als ob man Kanonenschüsse in nächster Nähe hörte. Dabei geriethen alle nicht niet- und nagelfesten Gegenstände in kurze Schwingungen und verursachten ein sehr unbehagliches Klappern, Pfeifen und Knarren. Morgens um ¼ vor sieben knallte ein so gewaltiger Schlag, dass auch die letzten Schläfer aus den Betten fuhren. In mehreren Häusern von Buitenzorg sprangen die Lampen aus den Ketten, fiel Kalk von den Mauern und Fenster und Thüren sprangen auf. Dies war in Buitenzorg der stärkste Knall; nach 8½ Uhr hörte man fast nichts mehr, bis um 7 Uhr Abends das Rollen wieder deutlich hörbar wurde, auch Detonationen, die zwischen 10 und 11 Uhr Abends nur wenig schwächer waren als am Morgen; um 2½ Uhr am Dienstagmorgen erstarb das Getöse gänzlich. Nach dem starken Knall vor ¼ vor sieben Uhr war der Himmel nur im Westen ein wenig bedeckt; von 7 Uhr bis 10 Uhr wurde es allmählich dunkler, nach 10 Uhr nahm die Dunkelheit schnell zu, um 10¼ Uhr mussten die Lampen angezündet werden und fingen die Fuhrwerke an mit brennenden Laternen zu fahren. Der Himmel hatte jetzt eine gleichmässige gelbgraue Färbung. Um 10½ Uhr sah Herr Verbeek eine gelbgraue Wolke sich auf den Boden niedersenken, die sich, wie Rauch aus einem Schornstein, scharf gegen die umgebende Luft abzeichnete. Herbeigeeilt fand er zu seiner Verwunderung statt der erwarteten Asche Wasserdampf und zwar völlig geruchlos. Herr Verbeek führt eine zweite derartige Beobachtung an, vom Kontroleur v. Hasselt zu Sekambong (Ostküste von Sumatra), er würde daneben auch noch die Beobachtungen des Marinepredigers Heims über die Farbe der Dampfsäule im ersten Beginn der Eruption vom 20. Mai haben anziehen können.

Erst nach einer halben Stunde fielen in Buitenzorg die ersten Körnchen Asche; der eigentliche Aschenregen nahm erst um 11 Uhr 20 Min. seinen Anfang. Er dauerte bis 3 Uhr. Die Asche fiel in kleinen runden Körnern, aus hellgrauem Staub bestehend, sie war sehr feucht, der Wassergehalt betrug mehr als 10 Proc. Vollkommene Finsterniss trat in Buitenzorg nicht ein; kurz vor 12 Uhr war es so dunkel, dass man in 25 Met. Entfernung Bäume und Häuser nicht mehr unterscheiden konnte, um 1 Uhr wurde es merklich heller und die Hähne fingen an zu krähen. Nach 3 Uhr hing überall ein feucht-kalter Dunst mit schwachem Geruch nach schwefliger Säure: während der Dunkelheit war es merklich kälter als an anderen Tagen. In Batavia hörte man den stärksten Knall um 8 Uhr 20 Min., dann blieb es nahezu still bis 8 Uhr Abends. Der Aschenregen begann um 11 Uhr und dauerte bis 2 Uhr Nachmittags. Auch hier wurde Temperaturerniedrigung beobachtet, die um Mittag im Vergleich zum vorhergehenden und zum folgenden Tage 7° C. betrug.

Kurz nach 12 Uhr stieg das Seewasser im Hafenkanal und stand um 12 U. 10 Min. 2 Met. über dem mittleren Niveau, 1.4 Met. über dem höchsten Fluthstand des vorhergehenden Tages. Nach 20 Min. fiel das Wasser so tief, dass der Kanal nahezu trocken gelegt wurde. Im Laufe des Nachmittags wiederholte das Phänomen sich noch zweimal, mit abnehmender Stärke. An dem selbstregistrirenden Fluthmesser fanden sich zwischen dem 27. Aug. 12 U. Mittags und dem 28. Aug. 12 U. Nachts 18 Fluthwellen aufgezeichnet, die in Intervallen von 2 Stunden gleichmässig über diesen Zeitraum vertheilt waren. Östlich von Batavia ist durch die Fluthwellen nicht viel Schaden angerichtet. Zu Japara stieg das Wasser um 6 Uhr Abends einen halben Meter; in der Madurastrasse kam die erste Welle zwischen 1 und 2 Uhr Morgens an, ohne erhebliche Störungen zu veranlassen.

An der Bai von Batavia und in der westlichen Hälfte der Residentschaft gleichen Namens wurde das flache Land bis 1½ Kilom. vom Strande überschwemmt und mehr als 20 Ortschaften verwüstet.

In Serang, der Hauptstadt der Residentschaft Bantam hörte man um 10 U. 15 Min. eine Explosion, um 10 U. 30 Min. trat Dunkelheit ein, die um 11 Uhr so vollkommen war, dass man selbst in unmittelbarer Nähe nichts unterscheiden konnte. Um 11 U. 10 Min. ein Regen von Bimssteinbrocken, dem grauer Schlamm folgte, unter dessen Gewicht die Zweige der Bäume und leider auch die Telegraphendrähte brachen. Von 12 Uhr an wieder trockene Asche, um 2 Uhr schwache Dämmerung im Osten, um 11 Uhr Abends Ende des Aschenregens.

An der Sundastrasse begann die Verwüstung des Strandes bereits am Sonntagabend.

Zu Merak waren am Morgen des 27. Aug. nur die höher gelegenen Strassen verschont geblieben; hier kam die höchste Welle kurz nach 10 Uhr an, und kurze Zeit darnach folgte völlige Dunkelheit mit dichtem Aschen- und Schlammregen. Vor Anjer stieg das Wasser bereits um 5 Uhr am Nachmittag des 26. Aug. um reichlich 1 Met., von 9 Uhr Abends an fiel ein wenig Asche. Am Montagmorgen kam um 6½ Uhr eine grosse Welle, welche die Stadt fast gänzlich verwüstete; eine zweite, noch höhere soll um 7¼ Uhr gekommen sein. Um 10 Uhr folgte dann die grosse Welle, die auch Merak vernichtete. Zu Tjaringin trat die erste Überschwemmung ebenfalls am 26. Aug. 6 Uhr Abends ein, die völlige Verwüstung erfolgte am 27. 10 U. Morgens. Weiter südwärts, auf dem Leuchtthurm der ersten Spitze von Java trat am Sonntagabend um 6 Uhr Dunkelheit ein, 10 Min. darnach Aschenregen mit Bimssteinbrocken, nach 7 U. 30 Min. nur noch Asche. Um 7 U. 50 M. erfolgten starke Erdstösse, von 10 Uhr Abends bis 4 Uhr Morgens hatte man schweres Unwetter mit Donner und Blitz. um 4 Uhr 30 Min. nassen Aschenregen. Es tagte nicht vor 7 U. 30 M. und um 8 Uhr mussten die Lampen wieder angezündet werden. Von 9 Uhr an herrschte völlige Finsterniss. Um 11 Uhr (vielleicht etwas früher) heftige Detonationen, Thüren und Fenster sprangen auf, 10 Minuten später schlug der Blitz in den Thurm ein. Aschenregen bis zum 28. 1 U. 30 Min. Morgens. Von der Verwüstung der Küste und von der grossen Welle hatte man hier nichts bemerkt: vermuthlich ist letztere gegen 11 Uhr bei dem Thurm angekommen. Die Südküste von Bantam hat wenig gelitten, sie war durch die Landspitze, an welcher der Leuchtthurm steht und durch das Prinzen-Eiland geschützt. Dasselbe gilt von dem westlichen Theil der Nordküste und von der Küstenstrecke zwischen Merak und dem Nordende der Sundastrasse, die bis zum Strande hügelig ist.

Dagegen ist die Küste von Sumatra gegenüber Anjer und Merak total verwüstet. Zu Ketimbang begannen die Überschwemmungen um dieselbe Zeit wie zu Anjer. Der Aschenregen scheint hier stärker gewesen zu sein: mit der Asche fielen am Montag Bimssteinbrocken, die um Mittag so heiss waren, dass sie Brandwunden verursachten.

Zu Teluq Betung kam die erste zerstörende Welle am 26. um 6 Uhr Abends, am nächsten Morgen um 6 Uhr 30 M. eine zweite, die den Dampfer Barouw über den Hafendamm hinweg in das chinesische Quartier warf. Um 10 Uhr eine gewaltige Detonation, 30 Minuten später völlige Finsterniss und Schlammregen, der nach 1½ Stunden trockener Asche Platz machte. Hier scheint die Dunkelheit der letzten grossen Welle zuvorgekommen zu sein, welche den Dampfer Barouw ca. 3 Kilom. landeinwärts transportirte.

In der Semangkabai wurde das flache Land längs der Küste bereits am Sonntagabend überschwemmt, ohne beträchtlichen Schaden. Am Montagmorgen kam zwischen 7 und 8 Uhr eine viel grössere Welle, die alles verwüstete und später noch eine solche. An der Südwestecke der Sundastrasse, dem „Vlakken Hoek“ kam diese Welle um 10 U. 30 M. an. Schlammregen fiel dort nicht.

Von der Westküste von Sumatra liegen zuverlässige Berichte vor von dem Kontroleur Horst in Kroë und von dem Hafenmeister Roelofs in Padang. In Kroë hat man die grosse Welle nicht bemerkt. Die Dunkelheit trat um 10 Uhr ein und dauerte bis zum folgenden Morgen um 6 Uhr. In Padang fiel das Maximum der ersten Welle auf 1 Uhr 25 Min., der zweiten auf 2 Uhr 20 Min., der dritten, die hier die höchste war, auf 3 Uhr 12 Min. Bis zum nächsten Morgen 7 U. 30 M. sind hier 13 Wellen beobachtet.

An der Ostküste von Sumatra ist von der grossen Welle nichts bemerkt; in Palembang war der Aschenregen noch stark genug, um gegen 1 Uhr Nachmittags Dunkelheit hervorzubringen. Auf Banka fiel spurenweise Asche, die Welle wurde nur an zwei Orten bemerkt. Auf Borneo, Celebes u. s. w. hat die Eruption sich nur durch den Schall der Explosionen bemerklich gemacht. —

Während der August-Eruption befanden sich 10 Schiffe in der Nähe von Krakatau, von denen mehr oder minder ausführliche Berichte vorliegen.

Kapitän THOMSON hörte an Bord der „Medea" die erste Explosion um 2 Uhr Nachmitt. und mass die Höhe der aufsteigenden Rauchsäule zu 17 engl. Meilen (27 Kilom.). Eine zweite, drei Stunden später ausgeführte Messung gab 21 engl. Meil. = 33½ Kilom.

Das Dampfschiff „Anerley", Kap. STRACHAN, ankerte am 27. am Nordende der Sundastrasse. Drei Aneroïdbarometer stiegen und fielen in kurzen Intervallen einen engl. Zoll = 25.4 Millim.

Das Barkschiff „W. H. Besse", Kap. BAKER, befand sich am 27. um 9 U. 30 M. südöstl. von Sebessi, zwischen Anjer und Krakatau und wurde hier durch schweren Sturm und durch Stein- und Aschenregen in grosse Gefahr gebracht. Die Dunkelheit dauerte bis 3 Uhr Nachmittags.

Der Kapit. WATSON fuhr mit dem Schiffe „Charles Bal" am 26. und 27. Aug. von Süden nach Norden durch die Sundastrasse; am Abend des 26. befand er sich in nur 10 Minuten weiter Entfernung von Krakatau. Der interessante Bericht dieses Augenzeugen (ausführlich in „Nature" vom 6. Dec. 1883) verliert an Werth durch die widersprechenden Zeitangaben. Kap. WATSON giebt an, am 27. um 11 U. 15 Min. Vorm. einen furchtbaren Knall gehört zu haben, worauf alsbald eine Welle gegen die Küste von Java gelaufen sei, der noch zwei andere folgten. Hierauf sei es dunkel geworden und um 11 U. 30 Min. vollkommen finster. Dabei Aschen- und Schlammregen bis 1 U. 30 Min. Nun war es aber in dem viel weiter entfernten Serang bereits um 11 Uhr vollkommen dunkel und die grosse Welle, welche die letzten Reste von Anjer und Merak niederwarf, ist dort kurz nach 10 Uhr eingetroffen.

Auf dem Schiff „Berbice", Kap. LOGAN, wurden am Montagnachmittage unausgesetzte Barometerschwankungen von 2 engl. Zollen beobachtet. In der vorhergegangenen Nacht waren (südwestl. von Krakatau) Bimssteinbrocken gefallen, die so heiss waren, dass sie in die Kleider und Segel Löcher brannten. Von der grossen Welle scheint auf diesem, wie auf mehreren anderen Schiffen nichts bemerkt zu sein.

Der letzte Schiffsbericht ist der des Dampfers „Generalgouverneur London", Kap. LINDEMAN, am 26. Aug. Morgens von Batavia abgefahren, mit Bestimmung nach Padang. Das Schiff legte vor Anjer an, ging von da um 3 U. 30 M. weiter nach Teluq Betung und übernachtete hier, ohne landen zu können. Zwischen 6 und 7 Uhr Morgens sah man vier hohe Wellen gegen den Strand auflaufen, sah das Leuchtfeuer verschwinden und den Dampfer „Barouw" auf's Land werfen. Um 7 Uhr verliess Kap. LINDEMAN die Rhede von Telnq Betung um nach Anjer zurückzukehren, wurde unterwegs um 10 Uhr durch die Dunkelheit überfallen und genöthigt, bei der kleinen Insel Tegal vor Anker zu gehen. Erst am folgenden Morgen konnte die Reise fortgesetzt werden. Im weiteren Verlauf des Berichts ist von Aschen- und Schlammregen, von heftigem Sturm und Gewitter die Rede, aber nicht von einer besonders grossen Welle zwischen 10 und 11 Uhr.

Aus den zusammengestellten Mittheilungen ergiebt sich:

1. Dass der August-Eruption keine heftigen Erdstösse vorhergingen, noch sie begleiteten.

2. Die Ausbrüche steigerten sich am Sonntagmittag, 26. Aug., zumal um 5 Uhr Abends und erreichten ihr Maximum am 27. Aug. etwa um 10 Uhr Morgens, wurden dann viel schwächer und erreichten am Morgen des 28. Aug. ihr Ende.

3. Asche und Bimssteinbrocken wurden während dieser Zeit fast ununterbrochen, Schlamm erst am 27. Aug. nach 10 Uhr Morgens ausgeworfen.

4. Die See ist mehrmals in heftiger Bewegung gewesen, vor allem am Sonntagabend um 6 Uhr, am Montagmorgen um 6½ und etwa um 10½ Uhr. Die letzte Welle war bei weitem die grösste. Nur diese letzte hat sich längs der ganzen Nordküste von Java fortgepflanzt.

5. Das vulkanische Getöse ist in dem ganzen Archipel gehört worden.

6. Der Aschenregen verbreitete sich über ganz Süd-Sumatra, Benkulen, die Lampongs, Palembang, bis Benkalis; über die Sundastrasse, über Bantam, Batavia, den westlichen Theil der Preanger Regentschaften und von Krawang. Innerhalb dieser Grenzen war es während einiger Stunden des 27. Aug. dunkel: die Dauer der Dunkelheit nahm mit Annäherung an die Aschengrenze ab.

7. Während des Aschenregens war die Luft in der Nähe von Krakatau warm und beklemmend, an entfernten Orten hatte dagegen eine Temperaturerniedrigung statt. Das Barometer befand sich in unruhigen Schwankungen und in der Nähe von Krakatau wurden heftige Gewittererscheinungen beobachtet.

8. Die grossen Verluste an Menschenleben wurden beinahe ausschliesslich durch die gewaltigen Überschwemmungen an den Küsten der Sundastrasse und an der Nordküste von Java verursacht. Nach officiellen Mittheilungen sind 36417 Personen umgekommen.

Während der nächsten Wochen nach der beschriebenen grossen Eruption stiessen die Haufen von Bimsstein an vielen Punkten Wasserdampf aus, und hier und da erhob sich Rauch und Feuerstein von schwelenden Baumstämmen, was zu Gerüchten von einer fortgesetzten Thätigkeit des Vulkans Anlass gegeben hat. Schwache Nachwirkungen scheinen in der That bis um Mitte October stattgefunden zu haben. Näheres hierüber im zweiten Theil. Die letzten Nachrichten über vermeintliche Thätigkeit des Vulkans datiren vom 23. Febr. 1884. **H. Behrens.**

Herm. Credner: Die erzgebirgisch-vogtländischen Erdbeben während der Jahre 1878 bis Anfang 1884. Mit einer Übersichtskarte. (Zeitschr. f. Naturw. Halle a. S. Bd. 57. S. 1—29. 1884.)

Verf. berichtet über 12 Erderschütterungen, welche sich im Gebiete des Erzgebirges und Vogtlandes im Verlaufe der letzten 6 Jahre abgespielt haben.

I. Thumer Erderschütterung am 28. November 1878. Der

Anstoss scheint ausgegangen zu sein von der grossen Wiesenbader Verwerfungsspalte (vergl. Erläuterungen zu Sec. Marienberg in dies. Jahrb. 1880. II. - 61 -) und sich im Streichen der von der Verwerfung durchsetzten Schichten beiderseitig fortgepflanzt zu haben.

II. Peritzer Erdstoss am 4. December 1880.

III. Weischlitzer Erdstoss am 12. December 1880. Derselbe scheint in Zusammenhang zu stehen mit einer Verwerfung SO.—NW., durch welche Mittel- und Ober-Devon in ein Niveau geschoben sind.

IV. Meeraner Erdstösse am 15. December 1880. Die Beobachtungsorte liegen auf einer fest linearen Zone, welche sich ziemlich genau als Fortsetzung der granulitgebirgischen Anticlinallinie von NO. nach SW., also in erzgebirgischer Richtung erstreckt.

V. Zwickauer Erderschütterung am 22. Mai 1881. Brüche oder Zusammenstürze in den dortigen Steinkohlengruben, auf welche man etwa geneigt sein könnte diese Erderschütterungen zurückzuführen, haben sich nicht constatiren lassen. Dagegen ist auch bei diesen kleinen Erdbeben eine gewisse Abhängigkeit von der erzgebirgischen Richtung nicht zu verkennen. Die Mehrzahl der genaueren Berichte geben das Azimut der Bewegung, sowie des Schallphänomens zu SW.—NO. an.

VI. Leipziger Erdstösse vom 16. October 1882.

VII. Vogtländisches Erdbeben am 29. September 1883. Die Wasserergiebigkeit der Colonaden-Quelle in Bad Elster ist in der zweiten Hälfte des September ohne nachweisbare Ursache nach und nach auf das Doppelte gestiegen und hat sich seitdem so erhalten.

VIII. Sächsisch-reussisches Erdbeben am 20. October 1883. Das Erschütterungsgebiet umfasst 150—160 Quadratmeilen. Aus 80 Orten liegen über 120 Berichte vor, aus denen der Verf. die wichtigsten Beobachtungen in tabellarischer Form mittheilt. Das Gebiet ist eine Ellipse, deren längere Axe ziemlich genau N.—S-Lage besitzt, die Orte Lossa bei Wurzen und Bad Elster verbindet und 18 geogr. Meilen lang ist, während die kürzere Axe bei einer Länge von 12 geogr. Meilen in O.—W.-Richtung von Chemnitz nach Orlamünde zu ziehen ist. Irgend welcher Zusammenhang zwischen der Configuration dieses Schüttergebietes und dessen geologischer Zusammensetzung ist nicht ersichtlich. Am heftigsten äusserte sich das Erdbeben im Centrum des Gebietes zu Greiz, Gera und Altenburg, und zwar als ziemlich starker Stoss oder als eine kräftige Wellenbewegung. Ein engerer geologischer oder tektonischer Zusammenhang unter diesen drei Punkten lässt sich nicht erkennen. Die Dauer der gesammten Erschütterung wurde fast durchgängig auf eine oder auf einige Sekunden, in wenigen Fällen auf 6—8 Sekunden geschätzt. Ein das Beben begleitendes, verhältnissmässig recht lautes Schallphänomen wurde ganz allgemein wahrgenommen.

IX. Reussische Erdstösse am 22. October 1883.

X. Erderschütterung von Sayda am 25. October 1883. Zwei, durch einen Zeitraum von 4—5 Sekunden getrennte Stösse, welche sich in erzgebirgischer Richtung (SW.—NO.) fortpflanzten.

XI. Erdstösse von Brockau am 19. December 1883.

XII. Erderschütterung von Glauchau am 21. Januar 1884. Dieses Gebiet liegt wie IV direct am SW.-Ende der mittelgebirgischen Falte. —

Von 13 der 15 in den Jahren 1875 bis Anfang 1884 in Sachsen und angrenzenden Landstrichen beobachteten Erdbeben liegt der Ausgangspunkt im Erzgebirge oder dem angrenzenden Vogtlande, also im Bereiche sehr beträchtlicher Lagerungsstörungen durch Faltung, Zerreissung und Verwerfung. Allein 6 dieser Erschütterungen beschränken sich auf das Vogtland oder sind von dort ausgegangen. Vergleicht man diese Erdbeben mit denen anderer Gebiete, z. B. des Alpen-Systems, so scheint sich zu ergeben, dass die Zahl und Intensität der Erdbeben in umgekehrtem Verhältnisse steht zu dem Alter der Gebirge, von denen sie ausgehen.

Th. Liebisch.

G. R. Lepsius: Über ein neues Quecksilber-Seismometer und die Erdbeben i. J. 1883 in Darmstadt. (Zeitschr. d. deutsch. geolog. Gesellch. 1884. Bd. 36. S. 29—36.)

Verf. hat Cacciatore's Quecksilber-Seismometer in folgender Weise abgeändert (vgl. Fig. 1 u. 2). Der Apparat besteht aus einem runden Gefässe, aus gebranntem Thon gefertigt, von 191 mm Durchmesser und 60 mm Randhöhe. Die Oberfläche des Gefässes ist 15—20 mm unter die Ebene der Oberkante des Aussenrandes eingesenkt. In die Oberfläche eingetieft befindet sich central eine flache, nur 5 mm tiefe, 80 mm weite Schale, und rings um diese mittlere Schale, unmittelbar an dieselbe anstossend und dicht nebeneinander gereiht 16 becherförmige, bis 30 mm tiefe Vertiefungen. Die ganze Oberfläche des Thongefässes ist glasirt, die Oberkante des erhabenen Aussenrandes gleichmässig abgeschliffen. Zur Aufnahme des Quecksilbers dient ein Uhrglas *b*, flach gewölbt, von 5 mm Maximaltiefe und 88 mm Durchmesser, welches auf die mittlere Schale des Thongefässes aufgekittet wird. Der äussere Rand des Uhrglases ist in seiner oberen Kante eben abgeschliffen, so dass die Randebene des Uhrglases und damit die Oberfläche des aufzugiessenden Quecksilbers mittelst einer Wasserwage genau horizontal nivellirt eingestellt werden kann. Der Rand des Uhrglases steht mehrere mm weit über den Rand der mittleren Schale des Thongefässes hinaus und direct über den 16 Bechern des Umkreises, so dass das überlaufende Quecksilber über den

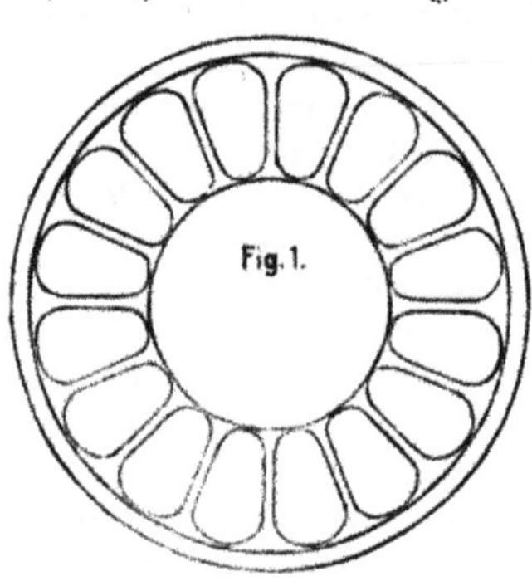
Fig. 1.

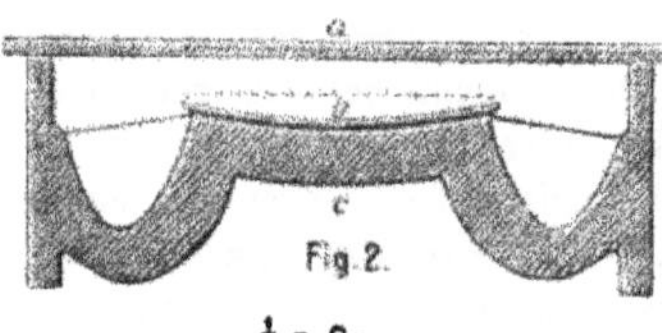

Fig. 2.

¼ n. Gr.

scharfen Glasrand unmittelbar in die Becher fallen muss. Die oberen Ränder der dünnen Thonwände zwischen je zwei Bechern sind abgerundet und mit der übrigen Oberfläche glasirt, so dass Quecksilber nicht auf derselben stehen bleiben kann. Der Apparat wird schliesslich nach Auffüllung des Quecksilbers zugedeckt mit einer Glasplatte *a*, welche auf dem abgeschliffenen Rande des Thongefässes aufliegt und mit Ölkitt an demselben befestigt wird, um das Innere des Apparates luftdicht abzuschliessen. — Versuche ergaben, dass je nach der grösseren oder geringeren Menge des aufgefüllten Quecksilbers jede beliebige Empfindlichkeit des Apparates erreicht werden kann. — Am Ende des Jahres 1882 wurden im Grossherzogthum Hessen an 50 verschiedenen Orten derartige Seismometer aufgestellt, in der Regel im Keller von Gebäuden unmittelbar auf dem Erdboden, wobei natürlich Gebäude in der Nähe der Eisenbahn gänzlich vermieden wurden. Die Apparate zeigten einige i. J. 1883 in Hessen stattgehabte Erdstösse genau nach Richtung und Stärke an. — Der Preis dieses Seismometers, welches durch Vermittelung der Grossherzoglich hessischen geolog. Landesanstalt zu Darmstadt zu beziehen ist, beträgt 2,50 Mark. Der Apparat erfordert ca. 0,5 kg Quecksilber. **Th. Liebisch.**

A. von Lasaulx: Wie das Siebengebirge entstand. (Sammlung von Vorträgen herausg. von W. Frommel u. Fr. Pfaff. Band XIII, Heft 4 u. 5. S. 125—177. Heidelberg, C. Winter. 1884. 8°.)

Zunächst wird dargelegt, dass das Siebengebirge die Physiognomie eines Kuppengebirges und den inneren Bau eines Aufschüttungsgebirges darbietet. Alsdann wird der Einfluss der Denudation auf die Gestaltung des Siebengebirges geschildert. Dabei wird auf die von Suess (das Antlitz der Erde, Theil I, Abschnitt IV, dies. Jahrb. 1884. I. -333-) entwickelten Anschauungen mehrfach Bezug genommen. Zusammenfassend spricht sich der Verf. über die Entstehung des Siebengebirges in folgender Weise aus: „Auf einer durch die Gebirgsfaltung im devonischen Schichtengebäude hervorgerufenen, im Streichen der Falten gelegenen grossen Bruchspalte drangen durch Abstauung und Entlastung flüssig gewordene Magmen bis in die obersten Theile jenes Schichtensystems, vielleicht auch bis zur Oberfläche empor. Das geschah im Beginn der tertiären Ablagerungen. Durch Denudation, welche in der mehrfach hin- und hergehenden Brandungszone des Meeres und dem breiten Strome ihre überaus wirksame Ursache fand, wurde eine mächtige Decke devonischer und eruptiver Gesteine über der heutigen Gebirgshöhe abgetragen und immer tiefere Theile der alten Intrusivmassen bloss gelegt. Masse und Anordnung der Konglomerate lassen erkennen, dass diese aus der Zerstörung hervorgingen; aber auch sie selbst sind nur noch zum kleinsten Theile in ihrer ursprünglichen Masse vorhanden. Die Bildung der Trachyt- und Basaltmassen erfolgte zwar zeitlich nach einander, aber unter sonst ganz gleichen Bedingungen der Intrusion. Ursprünglich oberflächliche eruptive Bildungen sind aus jener ältesten Zeit gar nicht mehr erhalten.“ **Th. Liebisch.**

M. de Tribolet: La Géologie, son objet, son développement, sa méthode, ses applications. Neuchâtel 1883.

Als Objekt der Geologie definirt der Verfasser das Studium derjenigen Ordnung oder Reihenfolge, gemäss welcher das Material der Erdrinde im Laufe der Zeit und im Raume abgesetzt wurde. Eine kurze historische Betrachtung über die Entwickelung der Wissenschaft vom Alterthum bis in die Neuzeit, namentlich der zu Anfang dieses Jahrhunderts herrschenden Schulen, leitet zu der heute gebräuchlichen Methode und ihren zahlreichen Hülfsmitteln über. Zum Schluss wird die Geologie als eine derjenigen Wissenschaften bezeichnet, deren Nützlichkeit für den Menschen am unbestreitbarsten erscheint, da sie das wichtigste Hülfsmittel und die sicherste Führerin bei der Ausbeutung der Mineralschätze eines Landes darbietet.

Noetling.

Th. S. Hunt: The Geological History of Serpentines including Studies of Pre-Cambrian Rocks. (Transactions of the Royal Society of Canada. Vol. I. Sec. IV. 1883. p. 165—215. 4°.)

In dieser Arbeit spricht Verf. seine bekannten eigenthümlichen Ansichten über die Entstehung der Serpentine in sehr bestimmter Weise aus. Nach ihm sollen diese Gesteine weder eruptiven Ursprungs noch Umwandlungsprodukte wasserfreier Magnesiamineralien (wie Olivin, Enstatit etc.) sein, sondern eine Art chemischen Niederschlags, wie die Sepiolite des Pariser Beckens. Durch die Verwitterung der Gesteine entstehen gewisse lösliche Kalk- und Alkalisilikate, welche in Berührung mit den sich in natürlichen Gewässern befindlichen Magnesiaverbindungen sofort wasserhaltige Magnesiasilikate bilden (cf. §. 13). Verf. erwähnt einige Eruptivgesteine, deren Olivin nicht in Serpentin umgewandelt ist, und meint, da Serpentine so oft in Kalken und Schiefern wechsellagernd eingeschaltet vorkommen (z. B. in Italien, Amerika u. s. w.), dass sie nie aus eruptiven Massen hervorgegangen seien. Bei der historischen Aufzählung der Literatur aller verschiedenen Ansichten, bleiben merkwürdiger Weise die so zahlreichen Fälle, wo die ausgezeichnetsten Forscher die Entstehung von Serpentin aus unzweifelhaft eruptiven Gesteinen nachgewiesen haben, fast unberücksichtigt.

Bekanntlich hält Verf. die petrographische Zusammensetzung eines Gesteins für ein sicheres Zeichen des geologischen Alters desselben. Desshalb können nach ihm unmöglich die krystallinen Kalke und Serpentine Italiens, der Schweiz u. s. w. der mesozoischen oder tertiären Zeit angehören. Sie müssen Reste einer präcambrischen Formation sein. Ferner hält er es für wahrscheinlich, dass die europäischen Porphyre, welche als der Dyas angehörig betrachtet werden, ebenfalls azoische Reste einer sog. Arvonischen Formation vorstellen. **Geo. H. Williams.**

Th. S. Hunt: The Taconic Question in Geology. Part I. (Transactions of the Royal Society of Canada. Vol. I. Section IV. 1883. 4°. p. 217—270.)

Der vorliegende erste Theil dieser Arbeit enthält nur die historische Einleitung. Seine Besprechung kann deshalb bis auf das Erscheinen des zweiten Theils, der über die Möglichkeit einer metamorphischen Entstehung der krystallinen Schiefer aus Sedimenten handeln soll, verschoben werden.

Geo. H. Williams.

M. E. Wadsworth: Notes on the Rocks and Ore-Deposits in the Vicinity of Notre Dame Bay, Newfoundland. (Am. Journ. of Science. Aug. 1884. p. 94.)

Verf. beschreibt eine Reihe von Gesteinstypen, die ihm gelegentlich einer Reise nach Newfoundland bekannt geworden sind. Es sind meistens Alteruptivgesteine, unter welchen Melaphyre, sowohl in Strömen als in Gängen auftretend, Diabase, Diorite, Porphyrite und Minetten sich befinden. Es kommen auch Diabastuffe („Porodite" des Verfs.) vor. Die Eruptivgesteine sind stark umgewandelt und bieten nichts besonders Bemerkenswerthes dar. Sie treten in Thonschiefer auf, der am Contact öfters metamorphosirt und durch abbauwürdige Massen von Kupferkies, nebst Pyrit und Quarz, imprägnirt ist. Diese Erze haben mit Serpentinen nichts zu thun, obgleich häufig angegeben wird, dass sie mit diesen Gesteinen vergesellschaftet seien. Verf. betont nochmals seine schon früher ausgesprochene Überzeugung, dass die Alteruptivgesteine von denen jüngeren Alters sich nur durch den höheren Grad ihre Umwandlungen unterscheiden.

Geo. H. Williams.

A. B. Meyer: Rohjadeit aus der Schweiz. (Antiqua, Unterhaltungsblatt für Freunde der Alterthumskunde in Zürich 1884.)

In diesem Aufsatz erzählt der Herr Verf. von zwei ihm zugegangenen, am Neuenburger See gesammelten Geschieben, welche zufolge Analyse (Frenzel) und mikroskopischer Prüfung (Arzruni) als Jadeit erkannt worden seien; deren Natrongehalt erwies sich als verhältnissmässig nieder. Auf die Fundgeschichte näher einzugehen, scheint unnöthig, da bekanntlich unzählige prähistorische Beile aus Nephrit, Jadeit, Chloromelanit, sowie aus Felsarten bei genauer Betrachtung, wie Damour und Ref. längst nachgewiesen, sich als aus Geröllen gearbeitet ergeben, so gut wie so und so viel amerikanische Jadeit- und neuseeländische Nephrit-Idole; bei der Zähigkeit dieser Mineralien liegt es nahe genug, sich soweit möglich der Gerölle zu bedienen, dagegen die mühselige Arbeit des Sägens auf die äusserste Noth zu versparen. — Das mikroskopische Detail möge im Original nachgesehen werden, ebenso wie die Analysen.

Dass Herr Damour, welchem als Chemiker ein Urtheil über die geognostischen Verhältnisse der Mineralien gerade so fern liegt, wie dem Herrn A. B. Meyer als Zoologen, an die europäische Abkunft des Rohmaterials von Jadeit u. s. w. glaubt, war dem Ref. schon bekannt, als sich Herr Meyer wahrscheinlich noch gar nicht um diese Mineralien bekümmerte; in wiefern und wo also Ref. sich in diesem Sinne auf Herrn Damour berufen haben soll, ist demselben vorerst unerfindlich und nicht erinnerlich.

Fortan viele Worte über diese ganze Angelegenheit zu verlieren, scheint in der That überflüssig; wenn einmal in den Alpen ein der Zahl von Nephritbeilchen (z. B. am Bodensee), sodann der Zahl und dem mächtigen Caliber der Jadeit- und Chloromelanitbeile entsprechendes anstehendes Vorkommen entdeckt wird, so ist Zeit genug zu weiteren Erörterungen.

Dass der Fund von einem (angeblich durch Analyse constatirten) Nephrit aus Schlesien, so interessant er ohne Zweifel erscheint, archäologisch ohne Bedeutung ist, da gerade in jener Gegend, überhaupt im östlichen Deutschland und weit nach Mitteldeutschland hinein gar keine Nephritbeile bekannt sind, wurde schon an anderer Stelle hervorgehoben.

Fischer.

A. Karpinsky: Bemerkungen über die Schichtenstörungen im südlichen Theil des europäischen Russland. Mit einer geolog. Kartenskizze. (Sonderabdr. aus dem russischen Bergjournal für 1883 -- in russ. Sprache.)

Während bekanntlich im grössten Theil des europäischen Russlands sämmtliche Sedimente, von den ältesten bis zu den jüngsten noch bis auf den heutigen Tag wesentlich horizontal liegen, so ist im Süden jenes gewaltigen Gebietes eine von SO. nach NW. bez. WNW. (also ungefähr dem Kaukasus parallel) verlaufende Zone vorhanden, innerhalb welcher die Schichten mehr oder weniger stark aufgerichtet bezw. gefaltet sind. Diese bis 300 Kilom. breite, übrigens nur hie und da Bodenerhebungen von einiger Bedeutung einschliessende Störungszone beginnt im Osten des Kaspischen Meeres mit den Mangischlakschen Bergen und endigt an der Westgrenze Russlands im sog. polnischen Mittelgebirge. Die Erhebungen am unteren Donetz, der bekannte Bogdoberg (im N. des Kasp. Meeres) und auch ein in Wolhynien gelegener Basaltpunkt fallen in die fragliche Dislokationsregion. Das Streichen der Schichten geht innerhalb derselben überall nach NW. Nur die altkrystallinischen Schiefergesteine am unteren Dnjepr besitzen eine abweichende, nach NO. gehende Streichrichtung; diese hängt aber mit einer uralten, noch aus vorsilurischer Zeit stammenden Faltung zusammen, während die Störungen in der in Rede stehenden Dislokationszone das Eocän mitbetroffen haben und daher weit jüngeren Alters sein müssen.

Verf. betrachtet den besprochenen Störungsgürtel als eine in ihren Anfängen stehen gebliebene Gebirgsbildung, welche mit dem sog. hercynischen Hebungs- oder Faltungssystem des westlichen Europa (Sudeten, Thüringerwald etc.) in einem gewissen Zusammenhang stehen mag.

Kayser.

Charles Barrois: Sur les ardoises à Nereites de Bourg d'Oueil. Mit einer Tafel. (Ann. Soc. géol. du Nord. t. XI. p. 219. 1884.)

Die fraglichen Nereitenreste (*N. Sedgwicki* und *Olivanti* Murch.) stammen aus den französischen Pyrenäen und werden vom Verf. dem Obersilur zugerechnet. Ohne diese Altersbestimmung in Frage ziehen zu wollen, müssen wir doch daran erinnern, dass keineswegs alle Nereitenschiefer silurischen Alters sind. So sind die vom Verf. angezogenen Nereitenschiefer Thüringens nicht, wie RICHTER annahm, obersilurisch, sondern unterdevonisch, und die gleichfalls Nereiten-führenden Schiefer von Wurzbach gehören sogar dem Culm an. **Kayser.**

Bleicher: Note sur la limite inférieure du Lias en Lorraine. (Bull. soc. géol. de France. 3e série. T. XII (1884). p. 442—446.)

Verf. gibt hier die ersten Resultate eingehender Untersuchungen über die untersten Juraschichten Lothringens. — Das Rhät wird von ihm zum Jura gezogen und die Ablagerungen mit *Avicula contorta* und ihrer scharf charakterisirten Fauna (diejenige des schwäbischen Rhät) näher beschrieben. Hervorzuheben ist ein Zahn von *Ceratodus*. — Die Zone mit *Am. planorbis* konnte nicht nachgewiesen werden; es folgen also direkt auf den Schichten des Rhät Mergel und Thonkalke, deren untere Abtheilung (60 cent.) die Fauna der Angulatuszone birgt und mit den Arietenkalken in enger Verbindung steht. **W. Kilian.**

P. Petitclerc: Note sur les couches Kelloway-oxfordiennes d'Authoison. (Extrait dü Bull. soc. d'Agr. sc. et arts de la Hte. Saône. Année 1883. 8°. 7 p.) (1884.)

Angaben über einen sehr reichen Fundort in den *Lamberti-cordatus*-Schichten (Thone mit *Am. Renggeri*) bei Authoison unfern Vesoul (Hte. Saône). Es lassen sich dort eine Menge verkiester Fossilien von ausnehmend schöner Erhaltung sammeln; darunter als interessante und an anderen Lokalitäten seltene Art *Am. coelatus* COQ. et PID., welche bei Authoison ziemlich zahlreich vorkommt. **W. Kilian.**

Hébert: Sur la position des calcaires de l'Echaillons dans la série secondaire. (Bulletin de la société géologique de France. Sér. III. Vol. 9. 1881. pag. 683.)

Der Verfasser wiederholt seine oft ausgesprochene Ansicht, dass die Kalke von Echaillon den übrigen Korallenkalken des oberen Jura gleichaltrig seien, dass die unter ihnen liegenden Tenuilobatenschichten dem Oxford, die Schichten mit *Ammonites transitorius* dem Neocom angehören. Zur Stützung dieser nur von wenigen getheilten Auffassung nimmt er an, dass bei Echaillon und an verwandten Localitäten die Korallenkalke ein Riff bilden, und dass die Neocomschichten sich theils auf die Oberfläche des Oxfordien, theils an die Böschung des Corallenriffes angelagert haben. Ein wesentlich neues Moment bringt der Aufsatz nicht.

M. Neumayr.

H. Trautschold: Wissenschaftliches Ergebniss der in und um Moskau zum Zwecke der Wasserversorgung und

Canalisation von Moskau ausgeführten Bohrungen. (Separatabdruck aus den Bulletins de la société des naturalistes de Moscou[1]. 1883.)

Für die im Titel der Schrift genannten praktischen Zwecke wurden in und um Moskau zahlreiche Bohrungen vorgenommen, welche für die Beurtheilung des Jura wichtige Anhaltspunkte ergeben. Die Basis bildet der Kohlenkalk; einzelne Bohrlöcher fanden darüber vorjurassische, möglicherweise der Permformation angehörige Bildungen, hauptsächlich aber bewegen sie sich, von dem „Eluvium" abgesehen, in jurassischen Ablagerungen. Unter diesen sind die ältesten Horizonte, die dunklen Thone der Kelloway- und Oxfordstufe, sehr constant und allgemein verbreitet; die höheren Glieder sind der Reihe nach von unten: Kimmeridgeschichten mit *Perisphinctes virgatus*, Aucellenbank mit *Perisph. subditus*, Grünsand mit *Amaltheus fulgens*; diese jüngeren Schichten sind jedoch durchaus nicht allgemein verbreitet, theils in Folge von Abschwemmung und Denudation, theils in Folge eines ursprünglichen Vorkommens in einzelnen Nestern (Aucellenschicht).

Als besonders wichtig hebt der Verfasser die allerdings nur in einem Bohrloche beobachtete Überlagerung der Aucellenschichten durch die Grünsande mit *Amaltheus fulgens* hervor, da die Richtigkeit dieser von ihm schon lange angenommenen Schichtfolge in neuerer Zeit bestritten worden war.

M. Neumayr.

Nikitin: Allgemeine geologische Karte von Russland. Blatt 56, Jaroslaw. (Mémoires du comité géologique. Bd. I. Heft 2. Petersburg 1884. 153 Seiten, 3 Tafeln und eine geologische Karte.)

Das vorliegende Heft enthält im Anschlusse an des Verfassers frühere Beschreibung der Gegend von Rybinsk eine ausführliche Darstellung der Umgebung von Jaroslaw, in russischer Sprache abgefasst, der jedoch ein deutscher Auszug beigegeben ist. Das Gebiet ist aus horizontal abgelagerten Schichten aufgebaut und ziemlich flach; die ältesten Ablagerungen sind isolirte Vorkommen von oberem Kohlenkalk, ferner von bunten salzführenden Mergeln, welche nach Analogie der Verhältnisse am Bogdoberge zur unteren Trias gerechnet werden. Darüber folgen in übergreifender Lagerung und über weite Strecken ausgebreitet jurassische Ablagerungen, deren geographische Verbreitung eingehend besprochen wird; die Macrocephalusschichten, in der Regel das tiefste Glied des russischen Jura, fehlen in diesen nördlichen Gegenden, die Schichtreihe beginnt mit Ablagerungen, welche den westeuropäischen Ornatenschichten dem Alter nach entsprechen und in die Zone des *Cadoceras Milaschewici* und diejenige des *Quenstedticeras Leachi* getheilt werden. Es folgen die Oxfordablagerungen mit *Cardioceras cordatum* und *alternans*. Die höheren Schichten des oberen

[1] Nach der Ausstattung zu urtheilen. Es wäre sehr wünschenswerth, dass die Moskauer Naturforschergesellschaft auf den Separatabdrücken aus ihren Bulletins den Namen und Band der Zeitschrift ersichtlich mache, eine geringe Aenderung des hergebrachten Usus, welcher zur Erleichterung der Citirung von grossem Nutzen wäre.

Jura fasst Nikitin seinem früheren Vorschlage entsprechend als Wolgaer Stufe zusammen, und unterscheidet innerhalb derselben als untere Abtheilung die Virgatusschichten, während als obere Gruppe die Schichten mit *Oxynoticeras fulgens* und jene mit *Olcostephanus subditus* und *Oxynoticeras catenulatum* zusammengefasst werden. Die Schichten mit *Oxynoticeras fulgens* betrachtet Nikitin auf Grund seiner eingehenden Untersuchungen, wie früher, im Gegensatze zu Trautschold[1], als das ältere unter den beiden Gliedern.

Der Schilderung der jurassischen Ablagerungen sind paläontologische Mittheilungen eingestreut; als neue Arten werden beschrieben: *Perisphinctes apertus*, *Oxynoticeras Toliense* und *interjectum*. Die Gattung *Neumayria* Nik. wird zu Gunsten von *Oxynoticeras* eingezogen. Für die Gruppe des *Ammonites sublaevis*, *Tscheffkini* u. s. w. wird die Fischer'sche Gattung *Cadoceras* in Anwendung gebracht, für die bisher zu *Cardioceras* gestellten Formen mit zugeschärfter Externseite ohne eigentlichen Kiel die Gattung *Quenstedtioceras* aufgestellt, mit den Arten *Qu. Lamberti*, *Leachi*, *Mologne*, *Rybinskianum*, *Sutherlandiae*, *Mariae* [wohl auch *Chamusseti* Ref.]. Von besonderer Bedeutung ist dabei die Bemerkung des Verfassers, dass *Cadoceras*, *Quenstedtioceras* und *Cardioceras* eine zusammenhängende Reihe bilden, die mit *Cadoceras* von den Stephanoceraten abzweigt. Diese Beobachtung, welche Referent bestätigen zu dürfen glaubt, ist von sehr grosser Tragweite, sie zeigt uns, dass die ganze *Cardioceras*-Gruppe, und mit ihr unzweifelhaft auch die Schloenbachien (Cristati) der Kreideformation vermuthlich mit den Amaltheen nichts zu thun haben, sondern die „Arietidformen" der Stephanoceraten darstellen.

Über die älteren Gebilde ist eine Diluvialdecke gebreitet, welche mit präglacialen Ablagerungen aus Süsswasserseen beginnt, in welchen Reste von *Elephas primigenius* und anderen Säugethieren vorkommen. Dann folgen glaciale Gebilde, welche in unteren Geschiebesand, Geschiebelehm und oberen Geschiebesand getheilt werden. **M. Neumayr.**

E. Fallot: Note sur un gisement crétacé fossilifère des environs de la gare d'Eze (Alpes maritimes). (Bull. soc. géol. de France. 3e série. XII. 289—300. t. IX.)

Diese Notiz enthält ein interessantes Profil, welches Verf. bei Eze unfern Nizza aufgenommen. Am Strande wurde folgende Reihenfolge beobachtet (von unten nach oben):

No. 1. Grauweisse kompakte Kalke — früher für cretaceisch gehalten; nach den Petrefacten aber als oberer Jura (Zone des *Diceras Lucii*) zu betrachten.

No. 2. Weisse kompakte Kalke — wahrscheinlich Neocom.

No. 3. Bröckelige weisse Kalke mit Glaukonit- und Kieselknollen,

[1] Vergl. das vor. Referat über Trautschold: Wissenschaftl. Ergebnisse der in und um Moskau etc. ausgeführten Bohrungen.

enthaltend: *A. Milletianus*, *A. Charrierianus*, *Bel. semicanaliculatus*, *Natica Gaultina*, *Plicatula radiola*, *Ter. Dutempleana*, *Discoïdea conica* und eine Anzahl neuer Formen.

No. 4. Glaukonitische Kalke (echter Gault) mit Phosphatknollen und *Holaster Perezii*.

No. 5. Graue Mergel, dem Cenoman angehörend.

Dann wird die Fauna der mit No. 3 bezeichneten Schichten besprochen, welche ein Gemisch von typischen Gaultfossilien (*Natica gaultina*, *Ter. Dutempleana*, *Discoïdea conica* etc.) mit Arten des Aptien (*Bel. semicanaliculatus* und *Plicatula radiola*) und Barrêmien (*A. Charrierianus*) aufweist. Bei Jabron (Var) hatte der Autor ebenfalls Gelegenheit, *Bel. semicanaliculatus* mit Leitfossilien des Gault zusammen zu finden.

Die Schichten von Eze (No. 3 des Profils) werden von Fallot als Übergangsgebilde zwischen Aptien und unterem Gault aufgefasst. [Es erlaubt sich Referent zu bemerken, dass die Beispiele von Eze und Jabron der nunmehr verbreiteten Ansicht, dass Aptien und unteres Albien isochrone Facies ein und derselben Etage sein dürften, günstig zu sein scheinen.] — Abgebildet werden aus den Ezeer Schichten: *Am. Charrierianus* d'Orb., 1 *Crioceras*, 1 *Trochus*, 1 *Pleurotomaria*, 1 *Turbo*, 1 *Crassatella* und 1 *Rhynchonella*.

W. Kilian.

E. Hébert: Sur l'étage Garumnien. (Bull. soc. géol. de France. 3e série. T. X. 557—558. Juni 1884.)

Verf. bringt hier (siehe Tabelle) die von Leymerie mit dem Namen „Étage Garumnien“ bezeichneten Schichten mit nördlicheren Vorkommnissen in Parallele und stellt sich, was die Vertretung der Kreide von Maëstricht (mittleres Danien) durch die brakischen Cyrenenschichten des mittleren und unteren Garumnien betrifft, sowohl mit Toucas als mit Arnaud in Widerspruch. Er stützt sich dabei auf das Vorkommen des *Ananchytes corculum* und einiger anderen für das obere Danien Dänemarks bezeichnenden Arten in der Kreide von Bédat mit *Micraster tercensis* und hält die Kalke mit *Hemipneustes pyrenaicus* für älter als die Maëstrichter Kreide mit *H. radiatus* (mittleres Danien), welche somit in den Pyrenäen durch lithographische Kalke und bunte Mergel vertreten wäre.

Schichtenfolge.	Leymerie.	Hébert.
Kalke mit *Micraster tercensis*	Oberes Garumnien	Oberes Danien
Lithogr. Kalke	Mittleres Garumnien	Mittleres Danien
Bunte Mergel u. Cyrenensandst. (*Cyrena garumnica*)	Unteres Garumnien	
Kalk mit *Hemipneustes pyrenaicus*	Oberes Senon	Unteres Danien (Cotentin)
Thonkalke m. *Ananchytes ovata*	Unteres Senon	Oberes Senon

W. Kilian.

E. Hébert: Sur la faune de l'Étage Danien dans les Pyrénées. (Bull. soc. géol. de France. 3e série. T. X. 664—666. Juni 1884.)

Verf. gibt eine Liste der bis jetzt aus dem obersten — Kalke mit *Micraster tercensis* von Fabas, Ste. Croix (Ariège), Tuco, Marsoulas, Plan-Volvestre (Hte. Garonne) — und mittleren Danien der Pyrenäen — Sandsteine von Ste. Croix, lithographische Kalke und Mergel — bekannten Arten. Aus dem obersten Danien werden 63, aus dem mittleren 25 Species citirt. Der Aufsatz endet mit dem Beweis, dass die von LEYMERIE (Ann. sc. géol. t. X. 1. 40 u. 61) aus dem Garumnien angeführten *Echinolampas Michelini* COTT. und *Echinanthus subrotundus* COTT. sp. aus dem Miliolitenkalke (Tertiär) stammen und aus Versehen als cretaceisch von LEYMERIE bezeichnet wurden. **W. Kilian.**

Michel Mourlon: Sur les amas de sable et les blocs de grès disséminés à la surface des collines famenniennes dans l'Entre-Sambre-et-Meuse. (Bull. de l'Acad. roy. de Belgique t. VII. 3 sér. p. 295—303.)

Verfasser meint, dass die Sande mit Thon-Linsen, welche auf dem Kohlenkalk lägen, dem Tertiärgebirge angehörten, dass dagegen die auf den Sandsteinen des Fammenien (Oberdevon) stets aus diesen durch Verwitterung entstanden seien.

Nach seinen Untersuchungen erstreckte sich dort das Meer des Bruxellien 20 Kilometer weiter, als man bisher angenommen. Es finden sich ausser Quarzit-Blöcken des Landénien auch solche des Bruxellien mit *Nummulites laevigata* etc. **von Koenen.**

De Raincourt: Note sur des gisements fossilifères des sables moyens. (Bull. Soc. géol. de France. 3 série. tome XII. No. 6. Mai 1884. S. 340. Taf. 12.)

Aus den Sables moyens werden folgende neue Arten aus der Gegend von Chars (Oix) beschrieben und abgebildet:

1) *Pythina cocaenica* (von Crênes); 2) *Hindsia parisiensis* (von le Ruel); 3) *Argiope Héberti* (le Rouel); 4) *Planaxis Fischeri* (Crênes); 5) *Rissoina Moreleti* (le Ruel); 6) *Lacuna Langlassei* (le Ruel); 7) *Pedipes Lapparenti* (le Ruel); 8) *Sellia pulchra* (le Ruel); 9) *Borsonia Cresnei* (Crênes); 10) *Cancellaria Bezançoni* (le Ruel); 11) *Purpura Cossmanni* (le Ruel) 12) *Mitra Gaudryi* (Crênes). Die neue Gattung *Sellia* ist als solche nicht weiter beschrieben. Die Abbildung erinnert etwa an eine *Hydrobia*, deren letzte Windungen gekielt sind. **von Koenen.**

C. Paläontologie.

Beiträge zur Geologie und Paläontologie der libyschen Wüste und der angrenzenden Gebiete von Ägypten. Unter Mitwirkung mehrerer Fachgenossen herausgegeben von K. A. Zittel. I. Theil. (Palaeontographica Bd. XXX. 1.) cf. Jahrb. 1884. II. -37-.

1. **A. Schenk**: Fossile Hölzer der libyschen Wüste. 19 S. 5 Taf.

Verf. untersuchte 39 Stammstücke; davon stammen 23 aus dem nubischen Sandsteine der libyschen Wüste. Sämmtliche Stämme waren verkieselt; Rinde, Bast und jüngeres Holz fehlt. Verf. stellt die untersuchten Arten nebst den Fundorten (vergl. dies. Jahrb. 1882. I. 1. -137-) in folgender Tabelle vergleichend zusammen.

	Cairo.	Gebel el Korosco.	Wadi Halfa Dongolah.	Um-Ombos.	Wadi Giafarah. Wadi Duglah.	Libysche Wüste.	Abyssinien.	Beharieh, Fayum.	Ipsambul.
Araucarioxylon Aegyptiacum	•	•	•	•	.	•	.	.	•
Palmoxylon Zitteli	.	.	.	.	.	•	.	.	.
„ *Aschersoni*	•	.	.	.	.	.	.	.	.
Nicolia Aegyptiaca	•	.	.	.	•	•	•	•	.
Acacioxylon antiquum	•	.	.	.	•	.	.	.	.
Rohlfsia celastroides	.	.	.	.	.	•	.	.	.
Jordania ebenoides	.	.	.	.	.	•	.	.	.
Laurinoxylon primigenium	•	.	.	.	.	.	.	.	.
Capparidoxylon Geinitzii	•	.	.	.	.	.	.	.	.
Dombeyoxylon Aegyptiacum	•	.	.	.	.	.	.	.	.
Ficoxylon cretaceum	•	.	.	.	.	.	.	.	.
	8	1	1	1	2	5	1	1	1

Die Pflanzen verweisen auf obere Kreide.

In Geolog. Magaz. beschreibt 1870 Carruthers noch eine zweite *Nicolia* aus dem versteinerten Walde von Cairo als *N. Oweni* Carr. Holzreste, welche von Riebeck an jener Stelle gesammelt wurden, stimmen mit *N. Oweni* recht gut überein und behält Schenk diesen Namen vorläufig bei, möchte aber das Holz eher zu den Cäsalpinieen rechnen.

Geyler.

2. **Th. Fuchs**: Beiträge zur Kenntniss der Miocänfauna Ägyptens und der libyschen Wüste. 48 S. 17 Taf.

Die in vorliegender Arbeit beschriebenen Fossilien wurden theils von Prof. ZITTEL, theils von Dr. SCHWEINFURTH und dem Verfasser gesammelt und rühren von folgenden Punkten her:

1. Oase Siuah. 81 Sp.
2. Gebel Geneffe bei Suez. 43 Sp.
3. Clypeastersande des Nilthales. 9 Sp.

Rechnet man hiezu noch jene Arten, welche von FISCHER nach LAURENT's Aufsammlungen am Gebel Geneffe und am Chalouff angeführt werden, so beträgt die Anzahl der gegenwärtig aus dem Neogen Unter-Ägyptens bekannten Formen 129, von denen allerdings ein Theil wegen mangelhafter Erhaltung nur generisch bestimmt werden konnte.

An allen angeführten Punkten zeigt die Fauna den Charakter einer Leythakalkfauna in weiterem Sinne des Wortes d. h. sie besteht hauptsächlich aus Austern, Pecten, Bryozoen, Echinodermen und zahlreichen Litoralconchylien.

Auffallend ist das Auftreten von zahlreichen Arten der Hornerschichten oder der ersten Mediterranstufe wie z. B. *Turritella cathedralis*, *Turr. gradata*, *Pecten Holgeri*, *acuticostatus*, *convexecostatus*, *Modiola Escheri*, auf welche gestützt der Verf. bei einer früheren Gelegenheit die Miocänbildungen vom Gebel Geneffe der ersten Mediterranstufe einreihen zu müssen glaubte, während er es gegenwärtig für wahrscheinlicher hält, dass diese sowohl wie auch die übrigen Miocänbildungen den Grunderschichten oder der Basis der zweiten Mediterranstufe angehören.

Als neu werden beschrieben:

Turritella distincta, *Pholas Ammonis*, *Pecten Zitteli*, *Fraasi*, *Geneffensis*, *Ostraea vestita*, *pseudo-cucullata*, *Placuna miocenica*, *Brissopsis Fraasi*, *Agassizia Zitteli*, *Echinolampas amplus*, *Clypeaster Rohlfsi*, *subplacunarius*, *isthmicus*, *Scutella Ammonis*, *rostrata*, *Amphiope truncata*, *arcuata*.

Besonders hervorgehoben zu werden verdient die schöne grosse *Placuna miocenica*, welche in der Oase Siuah wahrhaft bankbildend auftritt, da dieses Genus bisher aus dem mediterranen Miocän unbekannt war.

In einem Nachtrage bespricht der Verfasser die von BEYRICH neuerer Zeit vertretene Anschauung, dass die Clypeastersande des Nilthales jünger seien als bisher angenommen wurde und wahrscheinlich dem Pliocän angehören, indem er erklärt, dass allerdings mehrere Thatsachen für diese Anschauung sprächen. **Th. Fuchs.**

3. **K. Mayer-Eymar**: Die Versteinerungen der tertiären Schichten von der westlichen Insel im Birket-el-Qurûn. 11 S. 1 Taf.

Die hier beschriebenen Conchylien wurden von Dr. SCHWEINFURTH gesammelt und stammen aus zwei verschiedenen Schichten, welche indess demselben geologischen Horizonte anzugehören scheinen.

Aus der unteren Schicht werden angeführt:

Astrohelix similis nov. sp.
Goniastraea Cocchii d'Ach.
Heliastraea acervularia nov. sp.
„ *Ellisi* Defr.
„ *Flattersi* nov. sp.
Ostraea digitalina Dub.
„ *gigantea* Sol.
„ *longirostris* Lam.
Ostraea producta Delb. u. Rai.
Isocardia cyprinoides Braun.
Turritella carinifera Desh.
„ *transitoria* nov. sp.
„ *turris* Bast.
Turbo Parkinsoni Defr.
Pleurotoma sp.

In der oberen Schicht kommen vor:

Ostraea plicata Defr.
Arca Edwardsi Desh.
Lucina pomum Duj.
„ cf. *tabulata* Desh.
Cardium Schweinfurthi nov. sp.
Cytherea Newboldi nov. sp.
Tellina pellucida Desh.
Mactra compressa Desh.
Corbula pyxidicula Desh.
Calyptraca trochiformis.
Turritella angulata Sow.
Ficula tricarinata Lam.

Die meisten dieser Arten gehören dem Eocän an oder sind eocänen Arten zunächst verwandt, einige kommen jedoch auch im Miocän vor. Es muss jedoch darauf hingewiesen werden, dass der Verfasser den Artbegriff offenbar etwas anders auffasst, als dies gebräuchlich ist. So würden wohl z. B. die meisten Paläontologen Anstand nehmen, die Taf. I fig. 7 abgebildete Form mit der miocänen *Turritella turris* Bast. zu vereinigen und auch die Umschreibung der *Lucina pomum,* welche nach dem Verfasser vom Grobkalk bis ins Tongrien vorkommen würde, scheint mir etwas gewagt.

Th. Fuchs.

4. **C. Schwager:** Die Foraminiferen aus den Eocänablagerungen der libyschen Wüste und Ägyptens. 75 S. VI Taf.

Während de la Harpe die Bearbeitung der von Zittel in der libyschen Wüste gesammelten Nummuliten übernahm[1], unterzog Schwager die übrigen Foraminiferen einer Untersuchung und legte die Resultate seiner Beobachtung in der uns vorliegenden Abhandlung nieder.

Neben den Nummuliten, welche bereits im Alterthum die Aufmerksamkeit erregten, fanden die kleineren Formen nur eine geringe Beachtung und die Litteratur über dieselben beschränkt sich auf die Arbeiten von Ehrenberg, Parker und Jones, Fraas und d'Archiac. Es mag dies z. T. seinen Grund darin haben, dass, wie Schwager hervorhebt, nur wenige Punkte durch Reichthum an wohlerhaltenen Formen sich auszeichnen. Der Kalk hat meist eine krystallinische Umgestaltung erlitten und die feinen Schälchen sind bei derselben unkenntlich geworden. Eine Ausnahme machen einige thonige Ablagerungen wie jene von El-Guss-Abu-Said (tiefstes Eocän), welche die Foraminiferen beinahe so schön erhalten zeigen, wie die an Mannigfaltigkeit und Individuenzahl ihrer Mikrofaunen zurücktretenden oberen Mokattamschichten von Aradj und Turra.

[1] Vergl. das folgende Referat.

Wir wenden uns zunächst zu einer Aufzählung der vom Verfasser beschriebenen Formen und theilen dann noch die wenigen allgemeinen Resultate mit, welche aus den mühsamen und sorgfältigen Untersuchungen gezogen werden konnten.

A. Porcellanea Brady.

a. Cornuspiridae.

Nubecularia aegyptiaca n. sp. Verglichen mit *Nub. lucifuga* Defr. aus dem Grobkalk. Obere Abtheilung der lib. Stufe.

b. Miliolidae s. str.

Spiriloculina desertorum n. sp. Verwandt mit *Sp. dilata* Ehr. Obere Abth. der lib. Stufe.

Sp. proboscidea n. sp. Obere Abth. der lib. Stufe.

Sp. cf. *bicarinata* Orb. Mit voriger.

Miliolina Gussensis n. sp. Thonige Schichten mit *Operc. libyca* von El-Guss-Abu-Said.

Mil. trigonula Lamk. Aus kiesligem Alveolinenkalk der lib. Stufe zwischen Siut und Farâfrah, wahrscheinlich auch in der arabischen Wüste von Uâdi Natfe.

Mil. luceus n. sp. (Grundtypus *Triloculina triquetra* Terq.) Häufig in kiesligem Alveolinenkalk der lib. Stufe zwischen Siut und Farâfrah, seltener am Nekeb-el-Farudj, in den obersten Schichten von El-Guss-Abu-Said und im Alveolinenkalk der lib. Stufe des Uâdi Natfe in der arabischen Wüste.

Fabularia Zitteli n. sp. Diese Art, welche als Leitfossil für die obere Abtheilung der lib. Stufe bezeichnet wird, liess erkennen, dass *Fabularia* in ausgewachsenem Zustande an das Einrollungsverhältniss von *Hauerina* und *Planispira* erinnert, während die Anfangswindungen allerdings typisch miliolidenartig sind. Als Kieselpseudomorphosen im Alveolinenkalk zwischen Siut und Farâfrah, ferner in den unteren Schichten des Profils von Minieh.

Orbitulites cf. *complanata* Lamk. Etwas abweichend von der pariser Form. Alveolinenkalk zwischen Siut und Farâfrah, Kalkmergelschichten von El-Guss-Abu-Said und Alveolinenkalk von Mêr, Minieh und Siut (lib. Stufe).

Orb. Pharaonum n. sp. In röthlichem Alveolinenkalk (Itin. 23. Dec.[1]), und Alveolinenkalk von El-Guss-Abu-Said.

Spirolina (*Dendritina*) cf. *Haueri* Orb. Im Alveolinenkalk (Itin. 23. Dec.) und Kalkmergel derselben Gegend.

Sp. pusilla n. sp. Alveolinenkalk zwischen Siut und Farâfrah und bei Uâdi Natfe.

Alveolina.

Der Verfasser skizzirt zunächst den Aufbau der eigentlichen, einfachen

---

[1] Für diese Fundpunkte ist die geologische Beschreibung Zittel's nachzusehen.

Alveolinen, dann jenen der Gruppe der *Flosculina* Stache, welche eine Verdickung der Basalwand zeigt und der Gruppe der *Alv. Quoyi* (recent) mit mehreren Lagen von Nebenkammern über einander und weist dann auf den eigenthümlichen Umstand hin, dass bei keinen von ihm untersuchten Alveolinen sich die Anfangskammern erkennen liessen. Eine mehr chitinöse Beschaffenheit dieser ältesten Theile der Schale wird für nicht unwahrscheinlich angesehen.

Als ächte Alveolinen der Kreide, welche bei der Frage nach der Genesis der tertiären Alveolinen zu berücksichtigen sind, bezeichnet Schwager jene von Meschers, *Alv. cretacea* Arch. von Castellet (Var) und *Alveolina Fraasi* Gmbl. (*Nummulina cretacea* Fraas).

Aus der lib. Wüste werden besprochen:

Alv. cf. *ovulum* Stache in litt. Sehr ähnlich *Alv. mela* Ficht. und Moll aus dem Wiener Neogen. Stellenweise häufig im untereocänen Nulliporenkalk (lib. Stufe) vom 7. Jan. des Itinerars.

Alv. ellipsoidalis n. sp. Nimmt einen nicht unwesentlichen Antheil an der Zusammensetzung des von Schweinfurth aus dem Uâdi Natfe der arabischen Wüste mitgebrachten Alveolinenkalks.

Alv. lepidula[1] typus *Alv. ellipsoidalis*. Mit der vorigen Art.

Alv. cf. *oblonga* Orb. Häufig im Kalkstein von Monfalût, im marmorartigen Kalk von Mêr im Nilthal, im Kalkmergel von Meddena, im Kalk vom Uâdi Natfe (lib. Stufe).

Alv. frumentiformis n. sp. Leitform für die obere Abtheilung der lib. Stufe. Im kieselhaltigen Gestein vom 23. Dec. des Itinerars und wahrscheinlich von Minieh am rechten Nilufer.

Zu *Flosculina*, welche Untergattung von Stache nach dalmatinischem Material genauer characterisirt werden wird, stellt Schwager

Alv. decipiens n. sp. Massenhaft bei Nekeb-el-Farudj, in den oberen Schichten von El-Guss-Abu-Said, am Fundpunkt vom 26. Dec. (var. *dolioliformis*), lib. Stufe.

Alv. pasticillata n. sp. Dichte Kalksteine des Uâdi Natfe, gesteinsbildend in den weicheren Gesteinen des Nekeb-el-Farudj von El-Guss-Abu-Said und dem Fundort vom 26. Dec.

B. Porosa.

a. Lagenidae.

Lagena cf. *lineata* Williamson. Untere Thone von El-Guss-Abu-Said (lib. Stufe).

L. striata Orb. Mit voriger, ferner in den Alveolinenkalken derselben Localität, in den Mokattamschichten von Aradj, zwischen Siuah und Beharieh, in den weissen Mergeln von Turra bei Cairo und in den Mergeln von Mokattam.

L. globosa Walk. sp. Mit voriger.

---

[1] Wegen dieser Art der Bezeichnung siehe des Verf. Bemerkungen in v. Richthofen, China IV. 118.

L. reticulata MACGILL. In beiden Schichten von El-Guss-Abu-Said.

Glandulina caudigera n. sp. Thonige Schichten von El-Guss-Abu-Said.

G. elongata BORN. Thone und Alveolinenkalke von El-Guss-Abu-Said.

Dentalina aff. *inornata* ORB. Thonige Schichten der vorigen Localität.

Marginulina dentalinoidea n. sp. Thonige und kalkige Schichten von El-Guss-Abu-Said.

M. sp. Weisser Thon von Aradj.

M. Gussensis n. sp. Thonige Schichten von El-Guss-Abu-Said.

Cristellaria Gussensis n. sp. Thonige Schichten von El-Guss-Abu-Said.

Cristellaria Isidis n. sp. Thonige und kalkige Schichten von El-Guss-Abu-Said. Aradj? —

C. radiifera n. sp. Weisse und glaukonitische Thonmergel der oberen Mokattamschichten von Aradj, Sittrah-See, Mergel des Mokattam und Thonmergel von Turra bei Cairo.

b. Polymorphinidae und Textularidae.

Uvigerina cf. *pygmaea* ORB. Aradj, Turra, Mokattam, wahrscheinlich auch El-Guss-Abu-Said.

Virgulina aff. *Schreibersi* CZIZEK. Thone von El-Guss-Abu-Said.

Bolivina phyllodes EHRB. Aradj, Cölestin-führende Mergel des Mokattam, weisse Thone von Turra und schon im Thon von El-Guss-Abu-Said.

B. scalprata n. sp. Mokattamschichten von Aradj und Mergel des Mokattam.

Textularia globulosa EHRB.? Mergel des Mokattam, Turra und Aradj.

T. (*Gromostomum*) *increscens* EHRB. Mokattamschichten von Mokattam und Turra bei Cairo.

Plecanium niloticum n. sp. Beide Fundpuncte von El-Guss-Abu-Said, vielleicht Aradj.

P. ligulatum n. sp. Einzeln und lose in Gebel Sextan (arabische Wüste).

Gaudryina acutangula n. sp. Ebenda.

G.? lumbricalis n. sp. Ebenda.

Clavulina parisiensis ORB. Einzeln in den kiesligen Schichten, den Alveolinenkalken und Mergeln zwischen Siut und Farâfrah.

c. Lituolidae.

Haplophragmium Bradyi n. sp. Thonige Schichten von El-Guss-Abu-Said.

d. Rotalidae.

Globigerina bulloides ORB. Thonige und merglig-kalkige Schichten von El-Guss-Abu-Said, Nekeb-el-Farudj und Siut, Mokattam, Aradj.

G. sp. Weisse Thone von Aradj und Thone von Turra bei Cairo.

G. cf. *cretacea* ORB. Thonige Schichten von El-Guss-Abu-Said (lib. Stufe).

Discorbina deceptoria n. sp. Aradj, Mokattam und Turra.

D. sphaeruligera n. sp. Obere Alveolinenschichten von El-Guss-Abu-Said.

D. simulatilis n. sp. Thone von El-Guss-Abu-Said.

D. calcariformis n. sp. Ebenda.

D. multifaria n. sp. Weisse Thone der oberen Mokattamschichten von Aradj, von Mokattam.

D. floscellus n. sp. Untere Thone von El-Guss-Abu-Said.

D. mensilla n. sp. Weisse Thone und Mergel der Mokattamschichten der Gegend von Aradj, bei Turra und am Mokattam.

D. rigida n. sp. Thonige Schichten von El-Guss-Abu-Said.

D. praecursoria n. sp. Thonige Schichten von El-Guss-Abu-Said, thonig-mergelige Schichten desselben Fundorts.

D. umbonifera n. sp. (var.). Thonige Schichten und Kalkmergel von El-Guss-Abu-Said.

Truncatulina colligera n. sp. El-Guss-Abu-Said.

T.? lepidiformis n. sp. Kalkmergel mit Alveolinen von El-Guss-Abu-Said und Nekeb-el-Farudj.

Asterigerina? lancicula n. sp. Weisse Thone der oberen Mokattamschichten von Turra bei Cairo.

Anomalina insecta n. sp. Rein thonige Schichten und merglige Lagen von El-Guss-Abu-Said.

A. scrobiculata n. sp. Thonige Schichten von El-Guss-Abu-Said.

Pulvinulina Moelleri n. sp. Untere Thone von El-Guss-Abu-Said.

P. semiplecta n. sp. Thonige Schichten von El-Guss-Abu-Said.

P. subinflata n. sp. (var.). Mokattamschichten von Aradj, Turra und Mokattam.

P. cf. *campanella* Gmbl. Weisser Kalk von Siut und Nekeb-el-Farudj.

P. lotus n. sp. Thonige und mergelige Lagen von El-Guss-Abu-Said.

P. candidula n. sp. „Häufig, ja eigentlich den Character des kleineren Foraminiferen-Vorkommens bestimmend“ im weissen Thon der Mokattamschichten von Aradj, Turra und Cairo, einzeln in den Mergeln des Mokattam.

P. Mokattamensis n. sp. (var). Weisse Thone von Turra und Mergel des Mokattam.

P. Terquemi n. sp. Kalkmergel von Nekeb-el-Farudj und El-Guss-Abu-Said.

P. deludens n. sp. Thonmergel und Alveolinenschichten von El-Guss-Abu-Said und Mokattamschichten des Mokattam und von Aradj.

Rotalia trochiliformis n. sp. Mergelige Nummulitenkalke der libyschen Wüste westlich Siut (Mokattamstufe).

Calcarina Schweinfurthi n. sp. Nummulitensand des Gebel Sextan in der arabischen Wüste (Mokattamstufe).

C. cf. *calcitrapoides* Lmk. Kalksteine der Mokattamschichten der lib. Wüste zwischen Siut und Farâfrah.

Nonionina communis Orb. Mokattamschichten von Aradj und thonige Schichten des Mokattam.

N. latescens n. sp. Weisse Thone von Aradj (Mokattamstufe).

Nonionina cf. *Boueana* Orb. Lose Sande mit *Nummulites Beaumonti* von Gebel Sextan in der arabischen Wüste (Schweinfurth).

Polystomella? obscura n. sp. Thonmergel des Operculinenhorizontes von El-Guss-Abu-Said (lib. Stufe).

e. Cyclolypidae Bütschli.

Orbitoides papyracea Boubée. Bausteine von Cairo und Geneffe (Fraas).

Orbitoides ephippium Schl. Kalkmergel mit *Nummulites Fichteli, Charannesi, Guettardi* etc. zwischen Siut und Aradj (ob. Eocän).

O. nudimargo n. sp. Thonmergel von El-Guss-Abu-Said.

O. dilabida n. sp. Weisser Thon von Aradj, glaukonitführende Mergel vom Sittrahsee, Mokattam? (Mokattamstufe).

O. subradiata Cat. sp. *tenuicostata* Gmbl. Kalksteine des Mokattam und von Aradj.

f. Nummulitida Bütschli.

Operculina libyca n. sp. (typ. *Op. ammonea* Leym.). Leitfossil für die untere Abtheilung der lib. Stufe. Thonmergel und Kalkmergel von El-Guss-Abu-Said, Gebel Tiur in der Oase Chargeh, Ostrand dieser Oase, Abfall des Nilthals zwischen Esneh und Risgat, am Gebel Têr bei Esneh, bei Nekeb-el-Farudj und Charaschaf nördlich Dachel.

O. pyramidum Ehrb. Mokattamschichten des Mokattam und vom 26. Febr.

O. cf. *canalifera* Arch. Gebel Têr bei Minieh (Dr. Schneider).

O. discoidea n. sp. Weisser Thon von Aradj und am Mokattam.

Heterostegina ruida n. sp. Am Uâdi Natfe und obere Schichten von El-Guss-Abu-Said.

Eine eigenthümliche, häufig in den obereocänen oder unteroligocänen Thonen von Turra vorkommende Form, welche im Ganzen einer Lagena ähnlich ist aber im Untertheil abweicht und keine Spur von Poren erkennen liess, wird noch auf T. XXIX. Fig. 20 abgebildet.

Anhangsweise werden noch folgende Kalkalgen besprochen und abgebildet:

Ovulites pyriformis n. sp. Graue Kalke und untere Lagen von Minieh (lib. Stufe).

O. elongata Lmk. Graue Kalke von Minieh.

Dactylopora. Mehrere Arten, welche eine genauere Characterisirung nicht zuliessen. Mehrfach in Schichten der libyschen Stufe.

Lithothamnium Aschersoni n. sp. Massenhaft in einem weissen Kalke nördlich von Dachel.

Sämmtliche beschriebene Formen werden in einer Tabelle zusammengestellt und die Arbeit mit folgenden allgemeinen Bemerkungen geschlossen.

Wenn auch Zittel einen unmittelbaren Übergang der obersten Kreide in das unterste Tertiär in den Schichten der libyschen Wüste angiebt, so macht sich doch ein auffallender Wechsel der Foraminiferenfauna insofern bemerkbar, als die Globigerinen ganz auffallend zurücktreten. Bemerkenswerth ist ferner die sehr grosse Variabilität der in den tiefsten Schichten des libyschen Eocän gefundenen Foraminiferen. Mit Ausnahme von El-

Guss-Abu-Said lieferten die Fundpunkte mit Operc. libyca nur wenige kleine Foraminiferen. Am Fundpunkt vom 7. Jan., welcher den Übergang zu den in den höheren Schichten herrschenden Verhältnissen bildet, treten die Operculinen zurück und werden durch Alveolinen ersetzt, daneben kommen schon eine merkliche Menge Miliolideen vor, welche bei El-Guss-Abu-Said gegenüber Rotalideen und Lagenideen ganz zurücktreten. Bereits in den oberen mehr merglig-kalkigen Lagen von El-Guss-Abu-Said dominiren „flosculinisirte“ und „nicht flosculinisirte“, nahezu kuglige Alveolinen, welche von den tiefer liegenden sich unterscheiden. Porenlose Foraminiferen haben in diesem Horizont bereits das Übergewicht erlangt. Eine Stufe höher beginnt der Horizont der langen Alveolinen, welche Formen dem Pariser Grobkalk analog sind. Miliolideen herrschen hier. Das Verschwinden der Alveolinen bezeichnet einen kenntlichen Abschnitt und darum legte ZITTEL hieher die obere Grenze seiner libyschen Stufe.

Die Mokattamstufe bietet veränderte Verhältnisse dar. Die grossen Nummuliten beginnen und Lagenideen und Rotalideen, also poröse Formen walten vor.

In den neogenen Schichten von Sinah erscheinen wieder Alveolinen, die sich aber an die ächte *Alveolina melo* aus dem Wiener Becken eng anschliessen.

Benecke.

5. **P. de la Harpe**: Monographie der in Ägypten und der libyschen Wüste vorkommenden Nummuliten. 62 S. VI T.

Diese letzte Arbeit des verdienten Paläontologen schliesst sich in vieler Beziehung an die Monographie der Gattung *Nummulites* an, von welcher bisher einige Abschnitte in den Mém. de la société paléontologique erschienen sind. Es wird auf dieselbe noch zurückzukommen sein.

An dieser Stelle wird zunächst auf die abweichenden Listen ägyptischer Nummuliten hingewiesen, welche D'ARCHIAC einer-, FRAAS andrerseits veröffentlichten und auseinandergesetzt, wie eine genaue Untersuchung eines umfassenden Materials dazu führte, an Stelle der vielen aufgestellten „Arten“, Arten mit Racen und Varietäten zu unterscheiden. Auffallend ist nun, dass Ägypten trotz des massenhaften Vorkommens der Nummuliten nur etwa 20 wirkliche Species lieferte, unter denen gestreifte und gefaltete Formen vorherrschen. Unter diesen fehlen aber Formen aus den Gruppen der N. *distans, complanata, Tchihatscheffi, irregularis*, und wenn *N. distans* und *Dufrenoyi* aus Ägypten angeführt wurden, so konnten diese Angaben später nicht bestätigt werden. Auffallend gering ist die Zahl der granulirten Arten, obwohl deren Alter mit dem der *N. Gizehensis* übereinstimmt. Die in Europa, Algerien und Asien so verbreitete N. *perforata* ist in Ostafrika, ebenso wie N. *Brongniarti* sehr selten. Auch Assilinen (Horizont des N. *Biarritzensis*) treten ganz zurück.

Die einzigen Formen, welche die Grenzen Ägyptens nicht überschreiten, sind *N. Fraasi*, *deserti* und *solitaria*, sämmtlich aus der libyschen Stufe. *N. curvispira* und *Gizehensis* kann man nicht in demselben Sinne als eigenthümlich bezeichnen, da Varietäten derselben auf anderen Kontinenten gefunden sind.

Auf Grund der Beobachtung, dass fast überall zwei Nummuliten mit einander vorkommen, eine kleine mit grosser Centralkammer und eine grosse ohne solche, bei sonst übereinstimmenden Merkmalen, hat der Verf. nach einem kleinen Nummuliten gesucht, welcher neben *N. Gizehensis* herläuft. *N. Lucasana*, trotzdem sie granulirt ist, soll diese homologe Nebenform von *N. Gizehensis* darstellen.

Wir geben im Folgenden eine Übersicht der vom Verfasser beschriebenen Nummuliten mit ihren Racen und Varietäten und schliessen daran die Übersichtstabelle, welche das Vorkommen sowohl in Ägypten als in andren Gebieten zu überblicken gestattet.

Nummulites.

Div. A. Seitliche Verlängerungen der Scheidewände (Filets cloisonnaires) nicht netzförmig.

I. Formen ohne Granulation auf der Oberfläche.

a. Gruppe der *Nummulites planulata* LAMK.

Scheibenförmige oder niedrig linsenförmige Nummuliten mit rasch anwachsender Spira; Spiralblatt sehr dünn; Kammern viel höher als breit.

1. *N. Fraasi* n. sp.

Wegen der eingehenden Charakteristik dieser und der folgenden Arten verweisen wir auf das Original. Die Fundorte und das geologische Alter sind aus der Tabelle (S. 82) zu ersehen.

2. *N. Rütimeyeri* n. sp.

3. *N. Chavannesi* n. sp.

Die beiden letztgenannten bilden ein Associationspaar, *N. Fraasi* steht noch allein.

b. Gruppe der *Nummulites distans* DESH.

Scheibenförmige oder flach linsenförmige Nummuliten mit glatter Oberfläche und wellig gebogenen, radialen Seitenverlängerungen der Scheidewände. Schritt der Spira (d. h. Abstand zwischen zwei Umgängen) nur bis über die Mitte des Radius wachsend; Septa lang, meist schief und wellig gebogen, Kammern lang, in der Regel sichelförmig.

Diese Gruppe fehlt in Ägypten. Was aus derselben als in Ägypten vorkommend angegeben wurde, beruhte auf Verwechslung oder unrichtiger Bestimmung.

c. d. Gruppen der *Nummulites Biarritzensis* und *discorbina*.

Nummuliten von mittlerer oder geringer Grösse, linsenförmig, nicht granulirt, mit radialen Seitenverlängerungen der Scheidewände. Schritt der Spira ist oft bis zum Rande wachsend: Spiralblatt dick. Scheidewände mehr oder weniger schief und gebogen, Kammern kurz, mehr oder weniger gewölbt.

Die beiden Gruppen, welche sehr schwer zu unterscheidende Arten enthalten, wurden hier vereinigt. Über mehrere Arten kam der Verfasser noch zu keiner endgiltigen Entscheidung.

4. *N. Biarritzensis* D'ARCH.

1.	*Nummulites* ***Fraasi*** D. L. H.	El-Guss-Abu-Said.	L. St. I*	
2.	„ ***Rütimeyeri*** D. L. H.	Oestlich von Siuah.	B. St.	Wallis (Sch. mit *N. intermedia*). Waadtland (dass. Lager).
3.	„ ***Chavannesi*** D. L. H.	Oestlich von Siuah.	B. St.	
4.	„ ***Biarritzensis*** D'ARCH.	Nekeb, El-Guss-Abu-Said.	L. St. I.	
	var. ***praecursor*** D. L. H.			
	var. ***typica.***	Östlich von Siuah.	B. St.	Sebastopol, Mentone, Bos d'Arros, Einsiedeln.
5.	„ ***Guettardi*** D'ARCH. typus	Siuah.	B. St.	
	var. ***antiqua*** D. L. H.	Nekeb, El-Guss-Abu-Said.	L. St. I.	
6.	„ ***contorta*** DESH.	Östlich von Siuah.	B. St.	Faudon, Nizza, la Palarea, Antibes, Biarritz.
7.	„ ***Ramondi*** DEFR.	Gebel Têr bei Esneh, Chargeh.	L. St. I.	Bos d'Arros, Sebastopol, Mentone, Einsiedeln.
8.	„ ***sub-Ramondi*** D. L. H.			
9.	„ ***solitaria*** D. L. H.	El-Guss-Abu-Said.	L. St. I.	
10.	„ ***deserti*** D. L. H.	El-Guss-Abu-Said.	L. St. I.	
11.	„ ***Heberti*** D'ARCH.	Östlich von Siuah (Bartonien) u. in der lib. Stufe von Siut, Gebel Têr bei Esneh, Risgat.	L. St. I. II.	Mittlerer Meeressand v. Paris, Gent, Brüssel, Bakony. Faudon (Barton.).
12.	„ *variolaria* LAMK.		L. St. I. II. B.	
13.	„ *Beaumonti* D'ARCH.	Mokattam, Beni Hassan, Uâdi Emsid-el-Flûss, Mêr, Minieh, Helnân.	M. St.	
14.	„ *sub-Beaumonti* D. L. H.		M. St.	
15.	„ *discorbina* D'ARCH.	Mokattam, Gizeh, Khalifengräber, Beni Hassan, Minieh, libysche Wüste etc.	M. St.	
16.	„ *subdiscorbina* D. L. H.		M. St.	
17.	„ *Gizehensis* EHRB.	Mokattam, Gizeh, Minieh, Beni Hassan, lib. Wüste an vielen Orten.	M. St.	Azolo, Brendola b. Vicenza.
18.	„ *curvispira* MENEGH.		M. St.	
19.	„ *perforata* MONTF.	Menieh. Beni Hassan.	L. St. II.	Nousse, Peyrehorade, Orthez, Mentone, St. Giovanni Ilarione, Bakony, Bajna, Klausenb., Biarritz (unt. Sch.).
	var. *obesa.*			
20.	„ ***Lucasana*** DEFR.	Menieh, Beni Hassan.	L. St. (B).	
	var. ***obsoleta*** D. L. H.			
21.	„ ***Brongniarti*** D'ARCH.	? Ägypten.	?	Ronca.
22.	„ *intermedia* D'ARCH.	Östlich von Siuah.	B. St.	Biarritz (obere Sch.), Allons, Cassinella, Dego, Nagy Kovácsi.
23.	„ ***Fichteli*** MICH.		B. St.	
24.	*Assilina* ***Nili*** D. L. H.	Gebel Têr bei Esneh.	L. St. I.	
25.	„ ***minima*** D. L. H.		L. St. I.	

* L. St. I. = lib. Stufe, unt. Abth.; L. St. II. = lib. Stufe, ob. Abth.; M. St. = Mokattam-Stufe, unt. Abth.; B. St. = ob. Eocän (Barton-Stufe).

5. *N. Guettardi* D'ARCH.
6. *N. contorta* DESH.
7. *N. Ramondi* DEFR.
8. *N. sub-Ramondi* n. sp.
9. *N. solitaria* n. sp.
10. *N. deserti* n. sp.
11. *N. Heberti* D'ARCH.
12. *N. variolaria* LAM. sp.
13. *N. Beaumonti* D'ARCH.
14. *N. sub-Beaumonti* n. sp.
15. *N. discorbina* SCHL.
16. *N. subdiscorbina* n. sp.

Die mit sub bezeichneten Arten stellen Begleitformen der jedesmal darüber stehenden Arten dar.

e. Gruppe der *Nummulites Gizehensis* EHRB.

17. *N. Gizehensis* (FORSKAL) EHRB.

Diese in Ägypten von Cairo bis Beni Hassan, vom rothen Meer bis fast zur Ammonsoase im ägyptischen Obereocän verbreitete Art wird in folgende 8 Racen zerlegt: *N. Ehrenbergi, Lyelli, Champollioni, Pachoi, Zitteli, Viquesneli, Mariettei, Cailliaudi.* Eine jede der Racen findet dann unter trinomischer Bezeichnung, also z. B. *N. Gizehensis Ehrenbergi* u. s. w., eine eingehende Besprechung. In Beziehung auf die Variation der Spira wird dann innerhalb jeder Race noch eine Form *typicospirata, laxispirata, densispirata* und *mixta* unterschieden (die übrigens in einigen Fällen noch nicht bekannt sind).

18. *N. curvispira* MENEGH.

II. Granulirte Arten.

Nummulites[1] radiatae, radiis rectis vel undulatis, superficie punctata vel granulata.

f. Gruppe der *Nummulites perforata* D. DE MNTF.

19. *N. perforata* D. DE MNTF.
   a. *N. perforata* subvar. β D'ARCH.
   b. *N. perforata Renevieri* D. L. HARPE.
   c. *N. perforata obesa* LEYM.

20. *N. Lucasana* DEFR. Eine Race dieser Art bildet
   N. Lucasana absoleta D. L. HARPE.

Div. B. Septalverlängerung netzförmig.

I. Granulirte Arten.

Granulationes plerumque supra anastomosibus striarum.

g. Gruppe der *Nummulites Brongniarti* D'ARCH.

Granulationes tenuissimae, numerosissimae.

[1] Die theils deutschen, theils lateinischen Diagnosen, die nicht übereinstimmende Numerirung in der Beschreibung und im Text u. s. w. mag ihren Grund darin haben, dass der Verf. sein Manuscript nicht vollständig abschliessen konnte.

21. *N. Brongniarti* D'ARCH.

Von D'ARCHIAC aus Ägypten beschrieben, von DE LA HARPE nicht gesehen.

II. Nicht granulirte Arten.

h. Gruppe der *Nummulites intermedia* D'ARCH.

22. *N. intermedia* D'ARCH.

23. *N. Fichteli* MICHEL.

Genus *Assilina*.

24. *A. Nili* n. sp.

25. *A. minima* n. sp.

Assilinen kommen in Ägypten in geringer Zahl und von kleinen Dimensionen vor.

A. granulosa und *spira*, welche aus Ägypten angeführt sind, kommen dort nicht vor.

Der Verfasser weist schliesslich noch darauf hin, dass die ägyptischen Nummuliten sich schwer dem üblichen Klassificationsprincip fügen (gekörnelte, glatte Arten u. s. w.). Für sie allein würde man nach andern Merkmalen eine Gruppirung gesucht haben. Der Versuch, die Nummulitenführenden Ablagerungen Ägyptens in eine Reihe von Horizonten zu zerlegen, deren jeder durch ein Nummulitenpaar bezeichnet ist, scheint für Ägypten weniger zuzutreffen als für Europa. Also auch für die stratigraphische Vertheilung ergeben sich Schwierigkeiten. **Benecke.**

6. **E. Pratz**: Eocäne Korallen aus der libyschen Wüste und Ägypten. 17 S. I Taf.

Die von ZITTEL mitgebrachten eocänen Korallen sind meist mangelhaft erhalten und lassen nur theilweise eine sichere Bestimmung zu.

I. Anthozoa Alcyonaria E. H.

Graphularia desertorum ZITT. Diese von ZITTEL in seinem Handbuch zuerst bekannt gemachte Art (Jahrb. 1879. 439) wird genauer beschrieben und besonders auf ein Exemplar von 6½ mm Durchmesser aufmerksam gemacht, welches eine 3 mm starke, an einer Seite gelegene Axe mit rundem Centralkanal erkennen lässt.

Libysche Stufe von El-Guss-Abu-Said, Sismondia-Schicht vom Todtenberg bei Siut und Gebel Têr bei Esneh, Callianassabänke und obere Mokattamschichten von Minieh.

Andere Arten von *Graphularia* sind aus der oberen Kreide von New Jersey, dem Londoner Eocän, den Nummulitenschichten von Biarritz und dem australischen Miocän bekannt.

II. Anthozoa Zoantharia E. H.

Litharaea sp. Ältere Schichten der libyschen Stufe von El-Guss-Abu-Said.

? *Eupsammia trochiformis* PALL. sp. Mokattam.

Cycloseris E. H. emend. PRATZ.

Die Gattung *Cyclolitopsis* Reuss zieht der Verfasser ein, da er das von Reuss hervorgehobene Merkmal der Befestigung auf dem Grunde des Meeres nicht für ein hinreichendes Merkmal generischer Unterscheidung anerkennt. *Cyclolites* und *Cycloseris* unterscheiden sich in der Art des feineren Aufbaus, indem letztere ächte Synaptikeln besitzt, die sich am Grunde der Interseptalräume zuweilen zu vertical stehenden Scheidewänden erheben, ferner dadurch, dass bei *Cycloseris* die Septen eine Neigung besitzen, gesetzmässig mit einander zu verwachsen. Der Verfasser verwirft überhaupt die gewöhnlich zur Unterscheidung benutzten Kriterien und legt auf die feinere Structur ein besonderes Gewicht. Man vergl. dies. Jahrb. 1883. II. -284-.

C. aegyptiaca n. sp. Minieh, Mokattamstufe. *Mesophora* Pratz (Palaeont. XXIX. 115. Jahrb. 1883. II. -287-). *M. Schweinfurthi* n. sp. Uâdi Natfe in der arabischen Wüste.

Diplosia flexuosissima d'Arch. Libysche Stufe, El-Guss-Abu-Said.

Narcissastraea n. g.

„Stark massiv, aus langen, polygonalen, durch ihre Mauer der ganzen Länge nach direct verbundenen Zellen bestehend, ohne Septocostalradien oder Cönenchym. Kelche mehr oder weniger vertieft. Sternleisten gezahnt. Pfählchen vorhanden, einen Kranz bildend. Kelchgrube röhrenförmig. Columella fehlend (oder griffelförmig?).“ *Isastraea* und *Astrocoenia* (beide ohne Pfählchen, letztere mit Säulchen) nahe stehend.

N. typica n. sp. Aradj. Mokattam-Stufe.

Astrocoenia und *Stylocoenia* E. H.

Über des Verfassers Auffassung dieser Gattungen und deren Verhältniss zu den Stylinaceen soll weiteres in einer zu erwartenden Arbeit über die Korallen des Kehlheimer Diceraskalkes mitgetheilt werden.

Astr. Zitteli n. sp. Arabische Wüste im Galata-Gebirge und Uâdi Natfe.

Astr. duodecimseptata n. sp. Ebenda.

Styl. aff. *emarciata* Lmk. sp. Ebenda. Ausserdem im Londoner und Pariser Becken, ? La Palarea und Eocän von Jamaika.

Parasmilia sp. Mokattam bei Cairo.

Trochocyathus cf. *cyclolitoides* Bell. sp. Mokattam bei Cairo. Ausserdem Europäisch und Nasi-Gruppe Ostindiens.

Die beschriebenen Arten werden in einer Tabelle vereinigt und die Fundpunkte anderer Gebiete in übersichtlicher Form verglichen. Der Gesammtcharacter der ganzen besprochenen Korallenfauna weist eher auf höhere Eocänschichten.

Bemerkt wird noch, dass die Korallen der Kreidebildungen von Bâb-el-Jasmund einen fast tertiären Charakter besitzen, der sich besonders in dem massenhaften Vorkommen einfacher Formen, hauptsächlich aus der Familie der Eupsammiden (nicht *Stephanophyllia*) und Turbinoliden zu erkennen giebt. **Benecke.**

Franz Toula: Über einige Säugethierreste von Göriach bei Turnau (Bruck a. M. Nord), Steiermark. (Jahrb. d. k. k. geol. Reichsanstalt 1884. Bd. 34. S. 385—401. Taf. 8.)

Abermals hat die Kohle von Göriach bei Turnau neue Reste von Säugethieren geliefert (vergl. dies. Jahrb. 1883. I. -304 u. 305-; 1883. II. -101-):

Cynodictis (*Elocyon?*) *Göriachensis* n. sp., zu der Familie der Viverren gehörig, und zwar zu jener interessanten Gruppe derselben, welche die Zwischenformen zwischen Viverren und Caniden enthält. Aus dem sorgfältigen Vergleiche mit zahlreichen anderen Formen ergiebt sich, dass *C. Göriachensis* dem, aus dem Etage von le Puy stammenden *Elocyon martrides* Aym. sehr nahesteht: eine Thatsache, welche deswegen von Bedeutung ist, weil sie auf ein höheres Alter der Kohle von Göriach, als bisher angenommen wurde, hindeutet. Zu einem ähnlichen Schlusse führt auch der weiter vom Verf. beschriebene J[1] inf. von

Palaeotherium medium Cuv., dem ersten Fundstücke dieser obereocänen Gattung in Österreich. Doch giebt der Verf. auch einer solchen Deutung dieses Vorkommens Raum, nach welcher echte Paläotherien hier auch noch während geologisch jüngerer Zeit fortgelebt hätten.

Fernere Reste gehören einer Art von *Amphicyon* an, welche sich an *A. intermedius* v. M. anschliesst, sowie einer ganzen Anzahl von

Dicroceros-Formen: *D.* cf. *fallax* R. Hoernes, jedoch noch grösser als diese bereits grosse, von Hoernes beschriebene Art. Sodann eine kleine, dem *D. elegans* Lart. nahestehende Species; eine neue, *D. minimus* Toula benannte Form, welche kleiner ist, als alle anderen bisher bekannt gewordenen muntjac-artigen Hirsche; schliesslich ein *D.* sp. und ein *Cervus* sp., welcher vielleicht mit *C. furcatus* Fraas identisch ist.

Von *Hyaemoschus crassus* Lart. sp. liegt nur ein Backenzahn vor.

Rhinoceros ist durch Zahnreste vertreten, welche genau mit *Rh. minutus* Cuv. übereinstimmen.

Den Schluss der Arbeit bildet eine Übersicht über die 16 bisher von Göriach bekannt gewordenen Säugethierformen. **Branco.**

H. E. Sauvage: Recherches sur les reptiles trouvés dans l'étage rhétien des environs d'Autun. (Annales des sciences géol. Bd. IV. Article No. 6. pag. 1—44. t. 6—9.)

Aus dem ersten Kapitel der Abhandlung ergibt sich, dass das Lager der besprochenen Reptilien hauptsächlich ein bei Conches-les-Mines auftretender, den Sandstein mit *Avicula contorta* und z. Th. zahlreichen Fischresten überlagernder Kieselkalkstein ist. Diese Kalke bilden den mittleren Theil des Etage und führen auch zahlreiche Muscheln, wie *Cardita austriaca*, *Myophoria inflata* etc. — Aus diesen Schichten stammen nun folgende Reptilien: 1. *Rachitrema Pellati* nov. sp., ein Dinosaurier, der vor allem dadurch ausgezeichnet ist, dass seine Neuralbögen nicht mit den

Wirbelcentren verwachsen sind, wie ein solcher aus der Schwanzregion, welcher genau beschrieben wird, beweist. Zu demselben Thier werden ferner grosse Rippen, eine Scapula, welche gewisse Ähnlichkeit mit der der Crocodile hat (kurz und gedrungen, dabei verhältnissmässig breit) ein Humerusfragment, ebenso solche vom Radius, von der Pubis und dem Mastoideum beschrieben. Die Erhaltung ist sehr ungünstig, so dass man sich von der Beschaffenheit im Ganzen kein genügendes Bild machen kann. Auch ist die Zutheilung zu *Rachitrema* noch problematisch. — Als *Actiosaurus Gaudryi* nov. gen. nov. sp. werden zwei Femora und 1 Humerus bezeichnet, welche am meisten Ähnlichkeit mit denen von *Palaeosaurus* aus dem Zechstein von Bristol haben. Jedoch unterscheidet sich das Femur durch einen weniger abgesetzten Trochanter und crocodil-ähnlicheren Gelenkkopf. Es scheint ein Dinosaurier zu sein, in welchem zugleich Eidechsen- und Crocodil-Charaktere verbunden sind; die Dinosaurier-Natur wird aus einem fraglich (!) hierhergezogenen Wirbelcentrum mit 2 flach-couvexen, schief zur Wirbelaxe gestellten Gelenkflächen abgeleitet. — Die Gattung *Ichthyosaurus* hat zwei, und zwar neue, Arten geliefert: 1. *Ichth. rheticus* Sauvage, schon von Dumortier aus dem Infralias von Antully namhaft gemacht. Hier werden Rücken- und Schwanzwirbel, Femur, Scapula und Rippenfragmente beschrieben, von denen sich die Wirbel der zweiten Art: *Ichth. carinatus* durch starke Abflachung des Wirbelcentrums und einen Kiel auf der Unterseite desselben unterscheiden. Zu letzterer rechnet Verf. auch ein Unterkieferfragment, was ebensogut zu ersterer gezogen werden könnte. Auch werden deshalb einige Rippenfragmente auf diese Art bezogen, weil sie weder von Plesiosauriern noch von Dinosauriern herrühren (!). — Auch von *Plesiosaurus* werden zwei Arten beschrieben, wovon die eine, *Pl. costatus* Owen, schon aus dem Bonebed von Aust-Cliff bekannt ist, die andere. *Pl. bibractensis,* neu sein soll. — Der wichtigste Theil der Arbeit ist das Schlusskapitel, in welchem Verf. Vergleiche der rhätischen Reptilienfauna mit der der Trias und des Lias anstellt. Die mit grosser Litteraturkenntniss durchgeführte Discussion ergibt als Resultat, dass die herpetologische Fauna des Rhät sich mehr an die des Lias, als an die der Trias anschliesst, und dass sie als der erste Anfang der Juraformation angesehen werden kann.

Dames.

H. E. Sauvage: Recherches sur les Reptiles trouvés dans le Gault de l'Est du Bassin de Paris. (Mém. de la soc. géol. de France. 3 série. Tome II. No. IV. Paris 1882. pag. 1—41. t. I—IV.)

Das erste Capitel vorliegender Abhandlung behandelt das Lager der im Gault vorkommenden Reptilien des östlichen Frankreichs, woraus hervorgeht, dass die von M. Pierson bei Louppy (Dept. la Meuse) gesammelten Reptilien der Zone des *Ammonites mammillaris* entstammen, also der unteren Zone des Albien. — Im zweiten Capitel wendet sich Verf. zur Beschreibung der Reptilreste selbst. Die Ornithosaurier sind durch *Pterodactylus Sedgwicki,* und zwar in Gestalt eines Halswirbels und von Zähnen vertreten; die Dinosaurier durch die Gattung *Megalosaurus*, welche in wenigen Fragmenten schon aus englischem und französischem Gault bekannt war, hier aber in so viel Skeletresten vorliegt, dass Verf. eine neue Art: *Megalosaurus superbus* darauf begründen konnte. Es sind Fragmente des Unterkiefers, Zähne, Rücken- und Schwanzwirbel, Rippen und fast alle Theile der Vorder- und Hinterextremitäten gefunden, sogar auch einige Phalangen mit den Krallen. Die Artmerkmale liegen, abgesehen von den verschiedenen relativen Dimensionen der einzelnen Skelettheile, namentlich in der Form der Zähne, welche denen der Kimmeridge-Art — *Megalosaurus insignis* — zwar nahe stehen und namentlich darin übereinstimmen, dass die Zähnelung an den Rändern tief hinabreicht; während dies aber bei *M. insignis* am Vorderrande nur schwach ausgebildet ist, sind bei dem Gault-*Megalosaurus* beide Ränder gleich gezähnelt. Zu *Hylaeosaurus* wird ein kleiner Knochenschild gestellt. Von Crocodilen sind nur einige Wirbel- und Knochenfragmente, von Lacertiliern ein Zahn, der zur Gattung *Dacosaurus* gerechnet wird, gefunden. — *Ichthyosaurus* ist durch *I. campylodon* CARTER, die Plesiosaurier durch *Pl. pachyomus, latispinus, planus*; *Polycotylus* sp. und *Polyptychodon interruptus* vertreten, alles für den Gault resp. die untere Kreide bezeichnende und z. Th. weit verbreitete Formen. — Das Schlusscapitel ist der herpetologischen Fauna des Gault überhaupt gewidmet; es enthält Zusammenstellungen der Arbeiten SEELEY's, BUNZEL's etc., ohne noch Neues hinzuzufügen, sondern lediglich statistische Momente hervorhebend. **Dames.**

O. C. Marsh: Principal characters of American jurassic Dinosaurs. Part. VII. On the Diplodocidae, a new family of the Sauropoda. (Am. journ. of science. Vol. 27. 1884. pag. 161—167. t. III—IV.)

Der Schädel der hier zur Familie der Diplodocidae erhobenen Gattung *Diplodocus* ist seitlich comprimirt und hat auf der Seite 5 Öffnungen: ein Durchbruch in dem Oberkiefer, eine Anteorbitalgrube, das Augenloch, die oberen und unteren Schläfengruben. Dazu kommt noch ein grosses unpaares, ganz hoch am Schädel, fast über den Augenhöhlen gelegenes Nasenloch, das höchst eigenartig ist. Die Zähne sind diejenigen, welche Verf früher *Stegosaurus* zuschrieb. *Stegosaurus* aber hat nach neueren Funden *Scelidosaurus*-ähnliche Bezahnung. Die Zähne sind unregelmässig cylindrisch, mit langer Wurzel und ergänzten sich jedenfalls sehr schnell, da unter einem in Usur befindlichen Zahn noch 6 Ersatzzähne beobachtet wurden. Das Gehirn unterscheidet sich von dem aller anderen Reptilien dadurch, dass es gegen die lange Schädelaxe gebeugt ist, vorn ist es höher gelegen, wie bei ruminanten Säugethieren. Die Zirbeldrüse war sehr gross. Die Schwanzwirbel sind lang und unten tief ausgehöhlt. Besonders charakteristisch ist die Form der unteren Bögen, welche doppelt sind und einen vorderen und hinteren Arm besitzen (daher auch der Name *Diplodocus*). *Diplodocus* war etwa 40—50' lang: die Bezahnung beweist seinen herbivoren Charakter; die Lage der Nasenlöcher weist auf Wasserleben hin. Das Skelet fand sich im oberen Jura bei Cañon City, Colorado. Die

Art heisst *Diplodocus lacustris*. Den Schluss bildet eine Übersicht der 3 Sauropodenfamilien, der Atlantosauridae, der Diplodocidae und Morosauridae.

Dames.

O. C. Marsh: Principal characters of American jurassic Dinosaurs. Part VIII. The order Theropoda. (Am. journ. of science. Vol. 27. 1884. pag. 331—338. t. VIII—XIV.)

Zu den 3 americanischen Theropoden-Gattungen, *Allosaurus, Labrosaurus* und *Coelurus*, tritt nun noch *Ceratosaurus*. Der Schädel fällt zunächst durch den Besitz eines grossen Hornes auf den Nasenbeinen auf. Die Nasenlöcher liegen vorn, begrenzt von Ober- und Zwischenkiefer und Nasenbeinen. Zwischen dem Nasenloch und dem Augenloch ist ein grosser mittlerer Durchbruch, dahinter folgen grosse obere und seitliche Schläfengruben. Die Bezahnung war *Megalosaurus*-ähnlich. Das Gehirn war mittlerer Grösse, aber doch verhältnissmässig grösser, als bei den herbivoren Dinosauriern. Im Unterkiefer, der gross und kräftig ist, befindet sich ein Durchbruch, ähnlich wie bei Crocodilen. Das Dentale reicht etwa bis zur Mitte und soweit auch die Bezahnung. Die Halswirbel sind alle deutlich opisthocoel. Die hintere Höhlung ist tief, aber die vordere Wölbung entspricht derselben nicht, sondern ist fast eben. Rücken- und Lendenwirbel sind biconcav. Das Sacrum besteht aus 5 Wirbeln. Die Vorderextremitäten sind klein. Besonders wichtig ist der Beckengürtel, der die bisher bei Dinosauriern noch nicht beobachtete Erscheinung zeigt, dass alle 3 Elemente: Ilium, Ischium und Pubis mit einander verknöchert sind. Die Pubes sind nach vorn gerichtet und an ihren verbreiterten Enden mit einander verschmolzen. Hier sind diese Knochen so breit und kräftig, dass Verf. annimmt, sie hätten dem Thiere beim Sitzen als Stütze gedient. Auch die Ischia, die nach unten und ein wenig nach hinten gewendet sind, waren am distalen Ende verbreitert und verknöchert, aber schmächtiger als die Pubes. Die Hinterextremitäten von *Ceratosaurus* sind noch ungenügend bekannt. Zur Ergänzung werden die von *Allosaurus* nochmals dargestellt. Die hier beschriebenen Reste von *Allosaurus, Ceratosaurus* etc. kamen aus dem oberen Jura von Colorado, wo sie mit verschiedenen Sauropoden, Stegosauriern, Ornithopoden und Mammalien zusammenlagen. Verf. spricht die Ansicht aus, dass das fast idente Vorkommen verwandter Thiere in einer bestimmten Schicht der Insel Wight zur Vermuthung führt, dass auch diese Schicht zur Juraformation, nicht zur Wealdenformation, wie bisher angenommen, gehören könnte. — Den Schluss der Abhandlung bildet auch hier eine systematische Übersicht der Theropoda. Sie lautet:

Ordnung Theropoda.

Praemaxillen mit Zähnen. Vordere Nasenlöcher vorn am Schädel. Grosse Anteorbitalöffnungen. Wirbel mehr oder minder hohl. Vorderextremitäten sehr klein; die Knochen hohl. Füsse digitigrad; Finger mit Greifklauen. Pubes abwärts geneigt, distal verknöchert.

1. Familie. Megalosauridae. Vordere Wirbel convex-concav;

die übrigen biconcav. Pubes schmächtig. Astragalus mit aufsteigendem Fortsatz.

Megalosaurus (*Poikilopleuron*), *Allosaurus, Coelosaurus, Creosaurus, Dryptosaurus* (*Laelaps*).

2. Familie. Ceratosauridae. Horn auf dem Schädel. Halswirbel plan-concav, die übrigen biconcav. Pubes schmächtig[1]. Beckenelemente verknöchert. Verknöcherte Hautplatten. Astragalus mit aufsteigendem Fortsatz.

Ceratosaurus.

3. Familie. Labrosauridae. Unterkiefer vorn zahnlos. Hals- und Rückenwirbel convex-concav. Pubes schmächtig, ihre Vorderränder verbunden. Astragalus mit aufsteigendem Fortsatz.

Labrosaurus.

4. Familie. Zanclodontidae } ohne neue Diagnosen.
5. Familie. Amphisauridae }

Unterordnung: Coeluria.

6. Familie. Coeluridae. Wirbel- und Skeletknochen pneumatisch. Vordere Wirbel convex-concav; die übrigen biconcav. Halsrippen mit den Wirbeln verknöchert. Metatarsalia sehr lang und dünn.

Coelurus.

Unterordnung: Compsognatha.

7. Familie. Compsognathidae. Halswirbel convex-concav; übrige Wirbel biconcav. In Hand und Fuss 3 functionirende Finger resp. Zehen. Ischia mit langer Symphyse in der Medianebene.

Compsognathus. —

Die Hallopoda und Aëtosauria sind wohl verwandt mit Dinosauriern, weichen aber doch in einigen characteristischen Merkmalen ab. Bei beiden ist der Calcaneus stark rückwärts verlängert. *Aëtosaurus* hat crocodilähnliche Hinterfüsse, während *Hallopus* solche zum schnellen Laufen besitzt. Beide haben nur 2 Sacralwirbel, doch kann das auch bei echten Dinosauriern, namentlich triassischen, vorkommen. Weiteres muss neuen Funden vorbehalten bleiben. **Dames.**

O. C. Marsh: On the United Metatarsal Bones of *Ceratosaurus*. (Am. journ. science. 1884. Vol. XXVII. pag. 161—162 mit Holzschnitt.)

Als Nachtrag zu der im vorstehenden Referat gegebenen Darstellung von *Ceratosaurus* bringt Verf. die interessante Nachricht, dass *Ceratosaurus* verwachsene Metatarsal-Knochen besitzt. Am ähnlichsten sind die des Pinguin, wie der Holzschnitt zeigt. Bei der grossen Ähnlichkeit, welche Dinosaurier und Vögel in der Parthie des Beckens und der Hinterextremität

[1] Im Original steht „slender". Doch ist das wohl nur ein Lapsus calami, da vorher gerade die aussergewöhnliche Stärke und Dicke der Pubes betont wurde.

durch gleichen Gebrauch erlangt haben, kann dieser Fund nicht befremden; er wird aber besonders interessant, wenn man hinzunimmt, dass auch die Beckenelemente von *Ceratosaurus* coossificirt sind. **Dames.**

R. Owen: On the cranial and vertebral Characters of the Crocodilian genus *Plesiosuchus* Owen. (Quart. journ. geol. soc. Vol. 40. 1884. pag. 153—159. Mit 5 Holzschnitten.)

Einleitend berührt der Verf. kurz die Arbeiten von Cuvier und Geoffroy-St.-Hilaire und wendet sich dann zur Besprechung der von Hulke früher (1870) als *Steneosaurus Manselii* beschriebenen Reste (Kimmeridge), welche er zum Genus *Plesiosuchus* erhebt. *Steneosaurus* können sie nicht sein, weil die Nasenbeine weit vor den Zwischenkiefern aufhören und nicht an der Umgrenzung des äusseren Nasenloches theilnehmen. Bei der neuen Gattung ist dies der Fall, so dass der Schädel darin Crocodil-ähnlich wird. Er besitzt aber nur wenige, gedrungene Zähne. *Plesiosuchus* hat platycoele Wirbel, bildet also gewissermaassen einen Übergang von den mesozoischen zu den neozoischen Crocodilinen. **Dames.**

Lemoine: Note sur l'Encéphale du Gavial de Mont-Aimé, étudié sur trois moulages naturels. (Bull. soc. géol. de France. 3e série. T. XII. 1884. pag. 158—162. t. VI.)

Im grossen Ganzen stimmt die Bildung des Gehirns beim Gavial aus dem Calcaire pisolitique vortrefflich mit dem der lebenden Crocodilier überein, jedoch sind die Hemisphären verhältnissmässig schwächer entwickelt. **Dames.**

C. Ubaghs: La machoire de la *Chelonia Hoffmanni* Gray. (Ann. de la soc. géol. de la Belgique. t. X. 1883. pag. 25—35. t. I.)

Unterkiefer der Mastrichter *Chelonia Hoffmanni* sind durchaus selten. Ein Stück der Breda'schen Sammlung (jetzt im British Museum) und ein anderes mit dem Schädel erhaltenes im Athenaeum zu Maestricht waren die beiden einzigen, einigermassen gut erhaltenen. Verf. bildet hier photographisch zwei prachtvolle Exemplare der Unterkiefer ab, welche denen der lebenden Chelonien sehr ähnlich, aber vorn etwas stumpfer sind. Vor allem ist bemerkenswerth, dass die Gelenkflächen erhalten sind, die die gleiche Lage und Form, wie bei jetzigen Vertretern von *Chelonia* besitzen. **Dames.**

L. Dollo: Première note sur les Crocodiliens de Bernissart. (Bull. mus. roy. d'hist. nat. de Belgique. Tome II. 1883. pag. 309—338. t. XII.)

Die vier bei Bernissart gefundenen Crocodil-Individuen vertheilen sich zu je 2 auf 2 Arten, von denen die eine mit *Goniopholis simus* Owen aus englischem Wälderthon identificirt wird, die zweite aber den Typus einer neuen Gattung — *Bernissartia Fagesii* Dollo — repräsentirt. Folgendes ist die durch die Schönheit der Erhaltung ermöglichte, erweiterte Diagnose von *Goniopholis*: Zahnemail mit beträchtlich vielen gedrängt stehenden Falten; die Krone ausserdem mit 2 Längskielen, vis-à-vis gestellt, am besten auf den Pseudocaninen[1]. Zahnformel: $\frac{23-23}{23-23}$. Zähne sehr ungleich. Alveolarrand mehr als ½ der Unterkieferlänge einnehmend. Die Symphyse sich nicht über den 5. Zahn hinaus erstreckend. Die Unterkiefer-Pseudocanine ist der 4. Zahn von vorn. Die Praepseudocanine[2] ist der 3. Zahn von der Intermaxillarnaht, die Postpseudocanine der 7. Die Nasalia nähern sich dem äusseren Nasenloch sehr, nehmen aber nicht an der Begrenzung derselben Theil. Dasselbe ist ungetheilt. — Die Fossae praelacrymales sind vorhanden und wohl entwickelt. Die Temporalgruben sind nicht viel grösser, als die Augenhöhlen. Die Maxillo-Intermaxillar-Naht verläuft nach vorn convex über die Gaumenplatte. Vomer von unten nicht sichtbar. — Hypapophyses mässig entwickelt. Die Platten des Rückenpanzers gemeinhin rectangulär und mit einem Sporn am ectocranialen Winkel. — Die neue Gattung *Bernissartia* bekommt folgende Diagnose: Die vorderen Zähne schlank, lang, gekrümmt, mit kreisförmigem Durchschnitt; die hinteren kurz, gerundet, zitzenförmig. Zahnformel: $\frac{20-20}{20-20}$. Der Alveolarrand nimmt mehr als ½ des Unterkiefers ein. Unterkiefersymphyse bis zum 7. Zahn reichend. Die untere Praepseudocanine ist der erste Zahn hinter der Symphyse; die Postpseudocanine der 5. Also sind im Unterkiefer 5 Pseudomolaren. Die obere Praepseudocanine ist der 5. Zahn von der Intermaxillarnaht, die Postpseudocanine der 9. Im Oberkiefer stehen noch 4 Pseudomolaren. Die Nasenbeine sind den äusseren Nasenlöchern sehr genähert, aber nehmen keinen Theil an deren Begrenzung. Das äussere Nasenloch also ungetheilt. Lacrymalgruben fehlen. Obere Schläfengruben sehr merklich schwächer, als die Orbita. Hypapophysen mässig entwickelt. Die Platten des Rückenpanzers im allgemeinen rectangulär, aber ohne Sporn. — Verf. wendet sich nunmehr zu Besprechung einiger anatomischer Eigenschaften der Crocodile und weist zunächst nach, dass der sog. Trochanter medius dem von ihm früher „vierter Trochanter" genannten Vorsprung am Femur der Dinosaurier und Vögel entspricht, führt den Nachweis, dass die von Huxley angenommene Zahl von Plattenreihen (oben 2, unten 8) grösser sein kann (*Bernissartia* oben 4, *Goniopholis* unten 10), wendet sich gegen die Berechtigung einer besonderen Unterordnung der *Metamesosuchia*, die Hulke aufstellte, und schlägt vor, die *Mesosuchia* in Longirostres (Gavialtypus) und Brevirostres (Crocodiltypus) zu theilen und diese letzteren wiederum in die beiden Familien der Goniopholidae, welche dem Alligatortypus und der Bernissartidae, welche dem Crocodiltypus s. str. entsprechen würden. Sein System ist also:

---

[1] So schlägt Verf. die bisher gewöhnlich Caninen genannten Zähne der Crocodile zu nennen vor.

[2] So nennt Verf. jetzt den bisher als „vordere Canine" bezeichneten Zahn, wie er mit Postpseudocanine die „hintere Canine" bezeichnet.

1. Unterordnung: *Parasuchia* Huxley.
2. Unterordnung: *Mesosuchia* Huxley.
   1. Teleosauridae (Longirostres).
   2. Goniopholidae } (Brevirostres).
   3. Bernissartidae } (Brevirostres).
3. Unterordnung: *Eusuchia*.
   1. Gavialidae (Longirostres).
   2. Crocodilidae } (Brevirostres).
   3. Alligatoridae } (Brevirostres).

Die Bernissartidae sollen die Stammeltern der heutigen Crocodile sein, während die beiden anderen mesosuchen Familien keine Nachkommen hinterlassen hätten. **Dames.**

G. Gürich: Über einige Saurier des oberschlesischen Muschelkalkes. (Zeitschr. d. d. geol. Ges. Bd. 35. 1884. pag. 125—144. t. II.)

Im Breslauer mineralogischen Museum befinden sich zahlreiche Saurierreste des oberschlesischen Muschelkalks, welche eine wesentliche Erweiterung unserer bisherigen Kenntnisse ermöglichen. Der interessanteste Fund ist der eines kleinen Sauriers aus der Abtheilung der Nothosauria, welcher *Dactylosaurus gracilis* nov. gen. nov. sp. genannt ist, auf der Maxgrube bei Michalkowitz. Durch seine winzige Grösse, den langen Hals und den kurzen Rumpf erinnert derselbe an den von Fraas und von Seeley beschriebenen *Neusticosaurus pusillus* aus süddeutscher Lettenkohle (cfr. Jahrb. 1882. I. p. 287 und 1883. I. -314-), hat aber einen breiteren Schädel, kürzeren Hals und weniger Halsrippen. Beide zeigen die Eigenthümlichkeit, dass das ganze Ende des Coracoids zur Gelenkung mit Scapula und Humerus verwendet wird, doch ist bei *Neusticosaurus* die Krümmung des Humerus dem distalen Ende näher, Ulna und Radius sind gekrümmter und die Hand scheint nur 3 Zehen gehabt zu haben (?). In dieselbe Gruppe gehörte wahrscheinlich auch die durch Cornalia von Viggià und Besano beschriebene *Pachypleura*. — Zu *Lamprosaurus Göpperti* H. v. Meyer wird bemerkt, dass er nur fraglich zu den Nothosauriern gehören könne. — Ein zierlicher, wohlerhaltener Schädel wird als *Nothosaurus latifrons* nov. sp. eingeführt, welcher durch ein zweites Stück von Beuthen (das erstere stammt von Gogolin) glücklich ergänzt wird. Abgesehen von der geringen Grösse sind es die von allen andern Arten der Gattung abweichenden Abstände der Nasenlöcher von den Augenhöhlen und der beiden unter sich (hier grösser als gewöhnlich), ferner der kurze Oberkiefer, geringe Zahl Backenzähne und eigenartige Form des Schädels überhaupt, welche die Selbstständigkeit der Art verbürgen. — Ob die von H. v. Meyer zu *Pistosaurus* gezogenen Zähne wirklich dahin gehören, ist fraglich. — Abgesehen von dem Auftreten der Gattung *Placodus* selbst, welche aus Zähnen, die vielleicht zwei Arten angehören, längst bekannt ist, hat die Abtheilung der Placodontia und das Erscheinen der anderen Gattung *Cyamodus* (in der neuen Art *C. Tarnowitzensis*) hier nachgewiesen werden können. Dieselbe besitzt jederseits einen sehr grossen hinteren und einen bedeutend kleineren vorderen Gaumenzahn, im Oberkiefer stehen jederseits 3 Zähne, im Zwischenkiefer einer. — Die Lacertilia haben einen mit *Cladyodon* Owen gut übereinstimmenden Zahn von Chorzow geliefert. — Zu den Labyrinthodonten stellt Verf. ein Unterkieferfragment von Lagiewink (Wellenkalk). Dasselbe ist 27 cm lang und zeigt 49 leere Alveolen, die eng, zahlreich und dicht aufeinander folgen, so dass sie mehr eine flache, zusammenhängende Furche darstellen. — Schliesslich wird als *Eupleurodus sulcatus* nov. gen. nov. sp. ein eigenthümliches Gebiss von noch unsicherer systematischer Stellung beschrieben, das sich noch am ehesten mit Pyknodonten vergleichen lässt; jedoch sind dieselben nie seitlich an die Kieferknochen angewachsen, wie *Eupleurodus* und die diesem eigenartig eingestülpte Längsfurche an der Krone fehlt. **Dames.**

R. H. Traquair: On a new fossil shark. (Geol. mag. Dec. III. Vol. I. 1884. pag. 3—7. t. II.)

Da von paläozoischen Haien fast nur Zähne und Flossenstacheln bekannt sind, muss jeder Fund eines vollständigen Exemplars mit Freuden begrüsst werden. Das besprochene Stück stammt aus der unteren Steinkohlenformation von Glencartholm, Dumfriesshire und gehört dem British Museum. Folgende Merkmale waren festzustellen: Die allgemeine Gestalt war mässig verlängert, die Schnauze stumpf, der Schwanz heterocerk. Die Haut ist bedeckt mit fein sculpturirtem Chagrin. Zwei Rückenflossen mit Stacheln, die erstere die längere. Bauchflosse der 2. Rückenflosse gegenüber. Das Vorhandensein einer Afterflosse ist zweifelhaft. Die Bezahnung ist cladodont. Die Wirbel-Axe ist unsegmentirt, aber andere Theile des Scelets sind wohl ossificirt. Der schöne, lehrreiche Fund wird der Gattung *Ctenacanthus* eingereiht, wo er als neue Art — *Ct. costellatus* — auftritt, die wesentlich auf der Sculptur der Flossenstacheln beruht. **Dames.**

R. H. Traquair: Notes on the genus *Gyracanthus* Agassiz. (Ann. and mag. nat. hist. Januar 1884. pag. 37—48.)

Schon im Jahre 1863 hatten Kirkby und Atthey die Vermuthung ausgesprochen, dass die von Agassiz als Rückenstacheln angesehenen Körper grösstentheils Brustflossenstacheln seien, da ihnen die bilaterale Symmetrie fehle, doch hatten sie einen Theil der gesammelten Stücke auch als Rückenstacheln gedeutet. Verf. weist nun nach, dass alle Stacheln unsymmetrisch sind und sieht die sog. Rückenstacheln als Bruststacheln jüngerer Individuen an, die noch nicht durch Abreibung gelitten haben. Doch müssen erst genauere Untersuchungen an anderen Arten der Gattung lehren, ob sie alle der Rückenstacheln baar waren. — Ferner waren von Hancock und Atthey eigenthümliche kleine Knochenkörper von zweierlei Form als Carpalknochen von *Gyracanthus*, mit dessen Dornlithen sie häufig zusammen vorkommen, angesprochen worden. Traquair nimmt sie für Haut-Anhänge, die von einer Lage Haut bedeckt gewesen sei, da sie kein Email haben und in der Nähe der Brustflossen gesessen haben mögen. Zuletzt werden nochmals Beschreibungen von *Gyracanthus nobilis* und *G. Youngii* gegeben [cfr. Jahrb. 1884. II. pag. 108]. **Dames.**

R. H. Traquair: Description of a new Species of *Elonichthys* from the Lower Carboniferous Rocks of Eskdale, Dumfriesshire. (Geolog. mag. Dek. III. Vol. I. 1884. pag. 8—10.)

Eigenthümliche Schuppensculptur, namentlich auch die nicht-gezähnelten Hinterränder derselben sind die Merkmale der Art, welche *Elonichthys ortholepis* genannt ist. **Dames.**

H. Trautschold: Über *Edestus* und einige andere Fischreste des Moskauer Bergkalks. (Bull. soc. nat. Moscou 1883. No. 3. 11 Seiten. t. V.)

Die Auffindung eines Unterkieferfragments von *Edestus* bei Mjatschkowa ergab, dass nur der vorderste Zahn mit dem Kiefer verwachsen ist. Verf. kann folgende Diagnose aufstellen: Zahnkronen dreieckig, seitlich zusammengedrückt mit gezähnelten Rändern, überhaupt *Carcharodon*-ähnlich. Oberkiefer segmentirt, die Segmente dachziegelförmig sich deckend, nach vorn zugeschärft, nach hinten flach ausgehöhlt. Jedes Segment einen Zahn tragend, der mit der Knochensubstanz verwachsen ist. Unterkiefer linealisch, nicht segmentirt, nach unten scharf gekielt, die Äste mit einander verbunden, der Vorderzahn mit der Knochensubstanz des Unterkiefers verwachsen. Die übrigen Zähne in Alveolen. — Von des Verf.'s Gattung *Cymatodus* wird eine zweite Art als *C. reclinatus* beschrieben, wesentlich von der zuerst aufgestellten, *C. plicatulus*, durch spitzeres Zulaufen der einzelnen Zahntheile, niedrigere Zahnkrone und zurückgebogene Zahnzacken verschieden. — Ferner werden genannt: *Poecilodus nudatus* nov. sp., verwandt mit *P. aliformis* und *sublaevis* M'Coy, aber von beiden durch einen Wulst an der Vorderseite und andere Beschaffenheit oder Zahl der von diesem Wulst auslaufenden Furchen getrennt. *Eunacanthus* nov. gen. stellt Ichthyodorulithen dar „mit abgeflachtem Vorderkiel mit scharfen Kanten, welche mit den Seiten einen rechten Winkel bilden". Die etwas zugeschärfte Hinterseite ist mit abwechselnd stehenden, rückwärts geneigten, längsgefurchten Zähnen besetzt; der ganzen Länge nach hohl, rings geschlossen, leicht gekrümmt, *Eu. margaritatus* nov. sp. — Schliesslich wird das Auftreten von *Ctenacanthus major* im oberen Bergkalk von Mjatschkowa constatirt. **Dames.**

E. Sauvage: Notes sur les poissons fossiles. (Bull. d. l. soc. géol. de France. 3 sér. t. XI. 1883. pag. 475—492. t. X—XIII. cfr. Jahrb. 1882. I. -447-.)

XXIV. *Acanthodes Rouvillei* aus dem Perm von Lodève wird als neue Art neben *Acanthodes gracilis* gestellt. Sie unterscheidet sich wesentlich durch gedrungenere Gestalt und eine stark-convexe Bauchlinie. F. Roemer's Abhandlung über *Acanthodes* ist Verf. anscheinend unbekannt geblieben, wie aus seinen Bemerkungen über die Bauchflossen hervorgeht.

XXV. *Macrosemius pectoralis* nov. sp. ist schlanker, Anal- und Bauchflossen liegen weiter zurück, die Brustflossen sind grösser, die Zahl der

Rückenflossenstrahlen ist geringer, als bei den Arten von Solenhofen. Wahrscheinlich oberer Portland im Dept. de la Meuse.

XXVI. *Macrosemius Helenae* THIOLLIÈRE von Cerin wird hier zuerst beschrieben. Das Hauptmerkmal liegt in der gedrungenen Körperform.

XXVII. *Distichotepis Dumortieri* THIOLLIÈRE wird nach dem Originalexemplar aus der Sammlung von Lyon beschrieben.

XXVIII. *Meristodon* (mit *Oxyrhina* verwandt) war bisher aus unteren Juraschichten und dem Coral-rag von Hildesheim bekannt. Hier wird eine dritte Art (*Meristodon jurensis*) aus dem mittleren Bajocien von Montmorot (Jura) beschrieben. *Meristodon* ist hauptsächlich durch die eigenthümliche Form seiner Zahnwurzeln gekennzeichnet.

XXIX. Während bisher nur Kieferstücke von *Enchodus* bekannt waren, wird hier ein Zwischenkiefer beschrieben. Die beiden Äste hängen in der Mediane nicht fest zusammen. Ihre Form zeigt, dass die Schnauze stumpf war. Jeder Ast trägt 1 grossen und mehrere kleine Zähne, welche vor und hinter dem grossen stehen.

XXX. *Lates Héberti* GERV. wird von Neuem nach einem schönen Exemplar aus dem Calcaire pisolitique des Mont-Aimé bei Chalons sur Marne beschrieben. Die Art zeigt alle Merkmale der lebenden Gattung *Lates*, ist aber von allen Arten durch die dicke, gedrungene Gestalt unterschieden.

XXXI. Sur les poissons du Tongrien de Rouffach (Haute-Alsace). — In Schichten mit *Mytilus Faujasii* hat BLEICHER zahlreiche Fische gefunden, welche hier als *Paralates Bleicheri* nov. gen. nov. sp. eingeführt werden. Die neue Gattung ist *Lates* nahe verwandt, hat aber nur 2 Stacheln in der Afterflosse (anstatt 3 bei *Lates*) und zwei weit getrennte Rückenflossen, die sich bei *Lates* berühren.

XXXII. Von Aix in der Provence wird die neue Gattung *Sparosoma* (*Sp. ovalis* nov. sp.) folgendermassen beschrieben: Körper oval, mit schwach-ctenoiden Schuppen bedeckt. Schuppen auf Wangen und Deckelstücken; keine Schuppen auf den Flossen. Bürstenzähne ohne Caninen. Praeoperculum vollständig. Zwei sich berührende Dorsalen, die weiche mehr entwickelt; Afterflosse lang, mit 3 Stacheln. — Der Fisch gehört in die Familie der Sparidae, Gruppe der Cantharina.

XXXIII. *Solea provincialis* nov. sp. stammt ebenfalls von Aix, ausgezeichnet durch den hohen Schwanzstiel und durch die geringe Zahl der Wirbel, 28—29. — Aix hat bisher 10 Fischarten geliefert.

XXXIV. Aus den Faluns der Bretagne wird eine obere Schlundplatte mit Zähnen beschrieben, wie sie der lebenden Gattung *Julis* (Familie der Labroidei) zukommen.

XXXV. *Atherina Vardinis* nov. sp. wurde zahlreich im Untereocän von St. Just bei Alais (Gard) gefunden, unterschieden von den lebenden Arten durch die Länge des Kopfes, die vor der weichen Rückenflosse beginnende Afterflosse und die geringere Zahl der Strahlen der ersten Rückenflosse, nämlich 4.

Dames.

A. von Koenen: Beitrag zur Kenntniss der Placodermen des norddeutschen Oberdevons. Göttingen 1883. (Abhandl. der kgl. Ges. der Wiss. zu Göttingen. Bd. 30. p. 1—40 u. Nachtrag. t. I—IV.)

Die Einleitung bringt eine Übersicht über die Litteratur seit dem Erscheinen von Pander's grossem Werk und eine Mittheilung über die Fundorte der hier dargestellten Fischfauna. Es sind die unteroberdevonischen Schichten von Bicken, von Braunau, Wildungen, Martenberg, Bredelar und Oberkunzendorf. — Zuerst wird die Gattung *Coccosteus* beschrieben. Verf. schliesst sich der Auffassung Egerton's an, dass die Lage des Auges eine etwas andere gewesen sei, als die in Agassiz's und Pander's Reconstructionen angegebene, und es wird ferner constatirt, dass *Coccosteus* einen knöchernen, aus einem Stück bestehenden Scleroticalring besessen hat. Weiter ist ein Ruderorgan in Gestalt eines langen, nach hinten verjüngten Körpers, welcher auf der Oberfläche die Sculptur der übrigen Platten, auf der dem Körper zugewendeten Seite nur schwache Streifung zeigt und wohl sicher an den hinteren seitlichen Kopfplatten oder an der seitlichen Rückenplatte inserirt war. Vielleicht hat auch Trautschold ähnliches an russischen Vorkommnissen gesehen. An einem anderen Exemplar liess sich beobachten, dass dieses Anhängsel (?Ruderorgan, ?Flossenstachel) hohl war. — In der Occipitalgegend befindet sich entweder eine Lücke im Schädeldach (vielleicht wie bei *Auchenaspis biscutatus*) oder die Platte ist doch so dünn gewesen, dass sie fast stets eingedrückt erscheint. Ferner wird ein auf dem Infraorbitalbogen und namentlich vorn höher liegender Knochen als zum Hyomandibularapparat gehörig angesprochen. Das mit diesem in Verbindung auftretende Knochenstück bleibt ungedeutet. — Verf. weist darauf hin, dass die eigentlichen Placodermen stets in echt devonischen Ablagerungen erscheinen, dass also ihr Auftreten in den böhmischen Schichten F und G zu Gunsten des devonischen Alters derselben spricht. Zur Gattung *Coccosteus* im engeren Sinne wird nur eine schon 1876 vom Verf. bekannt gemachte Art, *Coccosteus Bickensis*, gerechnet, von welcher zwei Individuen untersucht werden konnten. Die übrigen 3 Arten gehören der neuen Untergattung *Brachydeirus* an, welche auch die länger bekannten Arten *Coccosteus Milleri* und vielleicht *Coccosteus pusillus* M'Coy umfasst. *Brachydeirus* besitzt im Gegensatz zu *Coccosteus* zunächst eine zur Längsaxe nahezu senkrechte Grenze zwischen Kopf und Rücken. In der Bildung der Rückenplatten ist er dadurch unterschieden, dass bei *Brachydeirus* die obere seitliche Rückenplatte den hinteren Panzerrand erreicht, so dass die hintere seitliche Rückenplatte von *Coccosteus* hier durch zwei annähernd dreieckige Platten vertreten wird. Ferner ist der Kopf kürzer und mit weniger Platten versehen. — Weiter hat Verf. wichtige Beobachtungen über die Gelenkung der Kopfgelenkplatte gemacht, in Bezug auf welche auf die Abhandlung selbst zu verweisen ist. Dazu treten gewölbte Bauchplatten und nach unten gerichtete Fortsätze des vorderen Theils der Infraorbitalia. — Das Material des deutschen Oberdevon wird in 3 Arten zerlegt: 1. *Brachydeirus inflatus* v. Koenen, von Bicken und Wildungen, 2. *Brachydeirus bidorsatus* v. Koenen, wesentlich dadurch bezeichnet, dass auf den

Seiten des Kopfes eine stumpfe Kante verläuft, in der die Platten der Oberseite und der Seitentheile um ca. 120° geknickt sind; auch von Bicken. 3. *Brachydeirus carinatus* v. KOENEN mit deutlich gekielter mittlerer Rückenplatte und verhältnissmässig regelmässiger Anordnung der Sculptur auf den Rückenplatten, ebenfalls von Bicken. — Mehrere Plattenfragmente von Grube Martenberg bei Adorf, Grube Charlottenzug bei Bredelar und Oberkunzendorf bei Freiburg i. Schl. stimmen mit den von NEWBERRY als *Aspidichthys* zuerst bekannt gemachten so gut überein, dass sie mit Vorbehalt zu dieser Gattung gestellt werden. Sie sind von den americanischen nur durch deutlichere mediane Kante, gedrängtere Schmelzhöcker etc. verschieden. Verf. bezeichnet sie *Aspidichthys ? ingens* v. KOENEN. — *Anomalichthys scaber* wird eine ihrer Lage am Thier, sowie ihrer systematischen Stellung nach noch nicht zu deutende Platte mit starker Höckersculptur von Martenberg genannt.

Dames.

P. Brocchi: Note sur les Crustacés fossiles des terrains tertiaires de la Hongrie. (Annales des sciences géol. Bd. XIV. Art. Nr. 2. 7 p. t. 4 u. 5.)

Es werden die von HÉBERT und MUNIER-CHALMAS 1876 in Ungarn gesammelten Crustaceen beschrieben. 1. *Portunus pygmaeus*, ein kleiner Cephalothorax; 2. *Calappa Héberti*, ein schöner, grosser Cephalothorax mit starker Granulirung, und eine sehr reich mit Dornen und Höckern versehene, dazu gehörige Scheere, am nächsten verwandt mit der lebenden *Calappa convexa*. 3. Zur Gattung *Matuta*, welcher nur in der einen Art *M. victor* lebt, wird ein Cephalothorax und ein Scheerenfragment als *M. inermis* gezogen. Die fossile Form hat einen weniger langen letzten Stachel an den Seiten und auch verhältnissmässig glattere Scheeren. 4. *Callianassa Munieri* hat Stacheln auf dem oberen Rand der Scheere, also ähnlich der lebenden *C. armata*; 5. eine zweite Art ist *Chalmasii*, völlig glatt. 6. *Pagurus priscus* wird auf ein Scheerenfragment begründet, über und über mit Granulen bedeckt und auf dem oberen Rande mit einer Reihe Dornen.

W. Dames.

C. Spence Bate: *Archaeastacus* (*Eryon*) *Willemoesii*, a new genus and species of Eryonidae. (Geol. mag. 1884. pag. 307—310. t. X.)

Die verschiedenen Arten von *Eryon* scheinen Repräsentanten verschiedener Gattungen zu sein, welche sich ebensogut von einander, wie von den lebenden Gattungen *Polycheles* und *Willemoesia* unterscheiden lassen. Aber die Grenzen der Formschwankungen sind innerhalb der fossilen nicht grösser, als zwischen diesen und den lebenden und zwischen den letzteren wieder unter einander. Die hier besprochene (übrigens schon 1866 von H. WOODWARD als *Eryon crassichelis* beschriebene) Art stammt aus dem unteren Lias von Lyme Regis. Sie hat grosse Ahnlichkeit mit der lebenden *Polycheles cruciata* in der Form des Cephalothorax und mit *P. Mülleri* und *baccata* in der Form des Abdomen (hier Pleon genannt), unterscheidet sich aber durch den Mangel einer dorsalen Leiste oder vorstehender Zähne, welche die Medianlinie des Abdomen durchqueren, und dadurch erinnert letzteres mehr an lebende Formen von *Astacus*. Von den lebenden Eryoniden unterscheidet sie sich ferner durch den Besitz eines grossen offenen Augenausschnitts; ausserdem sind anscheinend noch Unterschiede in der Beschaffenheit der Antennen, so dass Verf. zu dem Schluss kommt, dass die Gattung *Eryon* von einem noch unbekannten Vorläufer von *Astacus* sich abgezweigt hat, und dass die lebende *Polycheles* ein directer Nachkomme des liassischen *Archaeastacus* ist. **Dames.**

Fr. Schmidt: Miscellanea silurica III. — 1. Nachtrag zur Monographie der russischen silurischen Leperditien. — 2. Die Crustaceenfauna der Eurypterenschichten von Rootziküll auf Ösel. (Mém. de l'Acad. imp. des sciences de St. Pétersbourg. VII Série. Tome XXXI. Nr. 5. 1883. pag. 1—88. t. I—IX.)

1. Im ersten Abschnitt gibt der Verf. eine erneute Revision der russischen silurischen Leperditien, welche durch Arbeiten von Rupert Jones [Jahrb. 1882. II. -144-] und Kolmodin [Jahrb. 1882. II. -143-] hervorgerufen ist. Kolmodin gegenüber, der *Leperditia Hisingeri* in *Lep. Schmidti* umändern wollte, hält der Verf. an seiner alten Auffassung fest. Zweifelhaft bleibt es auch noch jetzt, ob *Lep. phaseolus* His. mit *Lep. Angelini* Schmidt ident ist, oder nicht, jedoch zieht Verf. selbst seinen Namen zu Gunsten des alten Hisinger'schen ein. Neue Arten werden aus dem Obersilur Esthlands nicht genannt, sondern zu den früher gegebenen Darstellungen Ergänzungen der Beschreibungen und der geologischen Verbreitung geboten, namentlich auch mit steter Kritik der erwähnten Arbeit von R. Jones. Die verticale Verbreitung ist folgende:

	G.	H.	J.	K[1]
Leperditia grandis . . .	.	.	.	•
„ *phaseolus* . .	.	.	.	•
„ *Eichwaldi* . .	.	.	•	.
„ *baltica* . . .	.	.	•	.
„ *Keyserlingi* .	•	.	.	.
„ *Hisingeri* . .	•	.	.	.
„ *Hisingeri* var.	.	.	.	.
„ *abbreviata* . .	.	•	.	.

Es folgen nun Nachträge zu den Leperditien aus anderen Silurgebieten Russlands. Zuerst wird *Leperditia marginata* (Keys.) Schmidt vom Waschkinabecken am Eismeer, nach neuem, von Prof. Stuckenberg

---

[1] Die Buchstaben entsprechen der neueren Eintheilung des esthländischen Silur, wie der Autor sie u. A. auch in seiner Trilobiten-Monographie anwendet.

gesammelten Material neu beschrieben, begründet und abgebildet. Sie steht *Hisingeri* sehr nahe, hauptsächlich durch einen stumpfen Vorsprung am Bauchrande der rechten Schale unterschieden, vielleicht aber doch nur eine locale Varietät der *Hisingeri*. Von den Olenekquellen in Ostsibirien wird *Lep. Wiluiensis* Schm. von Neuem beschrieben, vom Ural *Lep. Barbotana* erwähnt, und als neue Art *Lep. Moelleri* eingeführt, welche mit *Barbotana* verwandt, aber kleiner und von anderem Umriss ist. Von demselben Gebiet (Ufer der Belaja bei Kaginski Sawod) stammt noch *Lep. grandis* var. uralensis, von der typischen Form durch stärkeres Hervortreten der Mittelpartie des Bauchrandes unterschieden. Jedoch ist diese Form nahe verwandt mit *Lep. Nordenskjöldi* von der Insel Waigatsch, welche mit anderen Fossilresten zusammen vielleicht eine „Hercyn“-Fauna darstellt. Der Unterschied besteht wesentlich darin, dass bei *Lep. grandis* var. uralensis der Umschlag am Bauchrande nur in der Mitte ausgebildet ist und sich nach vorn und hinten verliert, während er bei *Lep. Nordenskjöldi* complet vorhanden ist. Den Schluss dieses Abschnittes macht die Beschreibung einer Begleiterin der vorigen, der *Lep. Waigatschensis*, nur auf eine rechte Klappe begründet, auch aus der Grandis-Gruppe, aber schon durch die auffallend kurze Form von allen andern unterschieden. Am Ende der Abhandlung wird dazu noch nachträglich eine dritte Art, *Lep. Lindströmi*, mit stark entwickeltem Buckel und endlich eine Varietät derselben als *Lep. Lindströmi* var. mutica dargestellt, und es werden einige nachträgliche Bemerkungen zu den uralischen Leperditien hinzugefügt, woraus hervorgeht, dass sie wesentlich hercynischen Alters sind. —

2. Die Crustaceenfauna der Eurypterenschichten von Rootziküll auf Ösel. Der geologische Horizont dieser berühmten Fauna wird vom Verf. mit den Eurypterenschichten Nordamerica's (Water-lime-Group) in Parallele und beide ins Ludlow versetzt, so dass die darüber folgenden Schichten — Unter-Helderberg etc., uralischer Obersilur und die englischen *Cephalaspis*-Schichten — dem Hercyn zufallen würden. — Die Fauna bringt Vertreter aus 3 Familien: den Hemiaspiden, den Eurypteriden und Ceratiocariden. — Die Hemiaspiden stehen den Trilobiten näher, als die Eurypteriden. Sie haben Gesichtsnähte, besitzen keine Augen, oder nur Andeutungen davon, und entbehren der kräftig entwickelten Ruderfüsse mit dem Metastoma. Der Mittelleib besteht aus 6 Gliedern, die wie bei Trilobiten in Rhachis und Pleuren zerfallen. Der Hinterleib besteht aus 3 freien Gliedern und einem Schwanzstachel, darin mehr den Eurypteriden sich hinneigend. — Die 3 bisher bekannten Gattungen sind *Pseudoniscus*, *Hemiaspis* und *Bunodes*, von denen auf Ösel nur die erste und dritte gefunden ist. *Bunodes* unterscheidet sich von *Hemiaspis* durch abgerundete Hinterecken des Kopfschildes, ungezähnelten Rand und Pleuren mit diagonaler Längsrippe, während die Schale, wie bei *Hemiaspis* fein tuberculirt ist. Mit *Bunodes* ist *Exapinurus Nieszkowskii* zu verbinden. Die 3 Arten: *rugosus*, *lunula* und *Schrencki* werden nach sehr reichem Material von Neuem beschrieben und durch schöne Abbildungen erläutert. — Die Eurypteriden sind durch die Gattungen *Eurypterus* und *Pterygotus*

vertreten. Bekanntlich hatte die häufigste Art von Rootziküll, *Eur. Fischeri* Eichw., schon früher eine eingehende Bearbeitung durch Nieszkowski erfahren und wird hier noch einmal auf sehr reiches Material hin besprochen. Folgendes sind die vom Verf. pag. 49 selbst angegebenen Verbesserungen und Vervollständigungen:

1. Das vorderste (Fühler-) Fusspaar wird zum ersten Mal bei *Eurypterus* nachgewiesen.

2. Die Details der übrigen (Kau-) Füsse werden vollständiger und richtiger dargelegt; sie stimmen z. Th. mit der Hall'schen Darstellung, z. Th. mit der Nieszkowski'schen überein.

3. Die Blattfüsse auf der Bauchseite des Mittelleibes werden genauer und richtiger beschrieben als bei Nieszkowski und ihre Zahl auf 5 festgestellt, während Nieszkowski 6 annahm und Hall nur einen (das Operculum) kannte.

4. Es wird nachgewiesen, dass die Glieder des Mittelleibes nur einen kurzen Umschlag nach der unteren Seite zeigen und hier, auf der Bauchseite, nicht geschlossen sind, also ähnlich, wie bei den Trilobiten sich verhalten.

5. Die Articulation der einzelnen Leibesringe untereinander wird genauer erörtert.

Nach genauer Beschreibung von *Eur. Fischeri* wird als neue Art *Eur. laticeps* genannt, auf 2 Kopfschilder hin aufgestellt, welche sich von *Eur. Fischeri* dadurch unterscheiden, dass die grösste Breite des Kopfschildes in die Mitte und nicht in den Hinterrand fällt. Ferner stehen die Augen weiter nach innen und die Seitenränder sind convex (nicht geradlinig wie bei *Eur. Fischeri*). — Der Vertreter der Gattung *Pterygotus*, welcher von Eichwald zu *Pt. anglicus* gezogen war, wird hier als neue Art: *Pt. osiliensis* beschrieben. Auch hier ist auf die Detailbeschreibungen des Verf. hinzuweisen, die sich in einem Referat auch nicht annähernd wiedergeben lassen. Das Resultat ist, dass *Pt. osiliensis* mit *Pt. gigas* und *bilobus* Salter in naher Verwandtschaft steht. Alle drei besitzen ein zweilappiges Schwanzschild. *Pt. gigas* hat ein Kopfschild, eben so hoch, wie breit und in der Mitte mit einer Crista. *Pt. bilobus* ist nur dadurch verschieden, dass das Grundglied des grossen Schwimmfusses hinten in eine stumpfe Spitze vorspringt, die *Pt. osiliensis* nicht hat. Vielleicht sind sie sämmtlich nur locale Variationen einer und derselben Art. — Wahrscheinlich ist noch eine zweite Art auf Ösel vorhanden, aber die Materialien sind noch zu ungenügend, um sie zu fixiren. — Zuletzt wird die gelegentlich einer gemeinschaftlichen Reise bei Rootziküll von Dr. Nötling gefundene erste *Ceratiocaris*-Art als *C. Nötlingi* neu eingeführt und ihr Unterschied von *C. papilio*, *C. Maccoyanus* und *acuminatus* angegeben. Bei allen tritt der hintere Vorsprung stärker hervor, als bei der Ösel'schen Art.

Dames.

H. Woodward: Note on the remains of Trilobites from South Australia. (Geol. mag. 1884. pag. 312—314. t. XI. f. 2 u. 3.)

Aus dem „Parara Limestone“ der York-Halbinsel, welche den Chlorit- und Glimmerschiefern aufruht, die die Hauptmetallschätze Südaustraliens bergen, hat Verf. zwei Trilobiten zugesendet bekommen, welche er als *Dolichometopus Tatei* und *Conocephalites australis* beschreibt und somit das Alter des Parara-Kalkes als untersilurisch (besser cambrisch) bestimmt. [Diese Bestimmung scheint jedoch noch sehr discussionsfähig; denn von den beiden Trilobiten ist der erstgenannte sicher kein *Dolichometopus*, der zweite sehr wahrscheinlich kein *Conocephalites;* und dass in demselben Kalk auch Korallen vorkommen, die sonst noch niemals als Begleiter der erwähnten Trilobitengattungen aufgetreten sind, spricht auch nicht zu Gunsten der Altersbestimmung. Ref.] **Dames.**

E. W. Claypole: On the occurrence of the genus *Dalmanites* in the lower carboniferous rocks of Ohio. (Geol. mag. 1884. pag. 303—307 und Holzschnitte.)

In dem Cuyahoga-Shale, welcher das jüngste Glied des untercarbonischen Systems in Nord-Ohio darstellt, hat sich ein Pygidium gefunden, dessen Rhachis durchaus wie bei *Phillipsia* beschaffen ist, dessen Pseudosegmente aber in Zacken über den Rand herausragen. Es fehlt also der glatte Rand der echten Phillipsien. Dieses Pygidium wird nun seltsamer Weise, allerdings mit Reserve, zur Gattung *Dalmanites* gezogen, mit der nicht die geringste Ähnlichkeit besteht; vielmehr scheint eine nahe mit *Phillipsia* verwandte neue Gattung aufgefunden zu sein. Die Notiz schliesst mit einem Verzeichniss der in den verschiedenen Lagen der Kohlenformation Ohio's vorkommenden Fossilreste. **Dames.**

H. Woodward: Note on the Synonymy of *Phillipsia gemmulifera* Phill. sp. 1836, a Carboniferous Trilobite. (Geol. mag. Dek. III. Vol. I. 1884. pag. 22—23.)

De Koninck hatte die bekannte Kohlenkalk-Art *Phillipsia gemmulifera* mit Schlotheim's *Trilobites pustulatus* identificirt, und letzteren Namen vorgezogen. Verf. wendete sich um Aufklärung an F. Roemer und dieser wieder an den Ref. — Letzterem gelang es, Schlotheim's Originalexemplar aufzufinden, und es stellte sich nun heraus, dass *Trilobites pustulatus* zu *Phacops latifrons* (grosse Form) der Eifel gehört. **Dames.**

Ch. D. Walcott: Appendages of the Trilobite. (Science Vol. III. No. 57. 1884. pag. 279—281.)

Ein prachtvoll erhaltenes Exemplar von *Asaphus megistos* zeigt auf der Unterseite des Thorax und des Pygidiums gegliederte Beine und bestätigt in überraschend deutlicher Weise die Richtigkeit der vom Verf. früher gegebenen Reconstruction von der Unterseite der Trilobiten, speciell *Calymene*. **Dames.**

O. Novák: Studien an Hypostomen böhmischer Trilobiten. Nr. 1 u. 2. Mit einer Tafel. (Sitzungsber. d. böhm. Ges. d. Wissensch. Prag 1880 u. 1884.)

Das Hypostom gehört zu den bis jetzt am wenigsten berücksichtigten Körpertheilen der Trilobiten; dennoch bietet dasselbe, wie die schönen, allmählich über eine sehr grosse Zahl von böhmischen Trilobiten ausgedehnten Untersuchungen des Verf. lehren, ausgezeichnete specifische und generische Merkmale dar. Jede Trilobitengattung hat auch ihr besonders gestaltetes Hypostom, und desshalb darf ein abweichend gebautes Hypostom in Fällen, wo die übrigen Körpertheile keine wesentlichen Unterschiede erkennen lassen, zu generischen Trennungen benutzt werden.

Als ein erstes Beispiel für einen solchen Fall bespricht der Verf. die *Harpes*-Gruppe. *Harpes* erscheint in Böhmen zuerst im tiefsten Untersilur (Dd_1), verschwindet aber dann gänzlich und erscheint erst in Ee_2 plötzlich in grosser Art und Individuenfülle wieder, um von da weit ins Devon hinein fortzusetzen. Die untersilurischen Arten zeigen nun im Allgemeinen keine erheblichen Abweichungen von den jüngeren; nur ihr Hypostom ist ganz verschieden beschaffen, und darum hat der Verf. gewiss sehr Recht, wenn er die geologisch jüngeren Formen zu einer besonderen Gattung *Harpina* vereinigt.

Ein anderes, sehr lehrreiches Beispiel bietet die *Asaphus*-Gruppe. Die Gattung *Asaphus*, *Ogygia* und *Niobe* stimmen im Bau des Kopfes, Thorax und Pygidiums so nahe überein, dass ihre Unterscheidung oft kaum möglich ist. Das Hypostom dagegen ist, wie der Verf. eingehend ausführt, bei jeder Gattung verschieden gebaut und erlaubt sofort eine sichere Bestimmung. — Der Autor hebt bei dieser Gelegenheit noch hervor, dass die von ihm unlängst (vergl. dies. Jahrb. 1883. II. -403-) errichtete Gattung *Ptychocheilus*, die sich von *Asaphus* durch ein abweichend gestaltetes Hypostom unterscheiden sollte, nach den Abbildungen, die Brögger kürzlich vom Hypostom von *Niobe* gegeben hat, mit dieser Gattung zusammenfällt.

In Betreff der detaillirten Nomenclatur, welche der Verf. für die einzelnen Theile des Hypostoms einführt, sei auf die Originalarbeit verwiesen.

Kayser.

C. Koch: Monographie der *Homalonotus*-Arten des rheinischen Unterdevon. Herausgegeben von der preuss. geolog. Landesanstalt. Berlin 1883. Bd. IV. Heft 2. 1 Heft Text mit dem Porträt des Verfassers in Gross-Octav und ein Atlas in Folio mit 8 lithographirten Tafeln.

Es ist dem Autor nicht mehr vergönnt gewesen, seine während vieler Jahre entstandene Monographie selbst herauszugeben. Nach seinem Tode hat sich Herr E. Kayser dieser Mühewaltung unterzogen. Derselbe hat nur einige kleinere Zusätze gemacht, im wesentlichen ist an Koch's Manuscript nichts geändert. Ausser dem Porträt des Verfassers ist auch das von Herrn von Dechen in den Verhandl. des naturhist. Vereins für Rheinland und Westphalen Bd. 39, 1882, veröffentlichte Lebensbild von KARL KOCH der Abhandlung beigegeben, welches seine vielseitige und rege Thätigkeit genugsam darthut. Es folgen dann in zwei Capiteln „Allgemeine Bemerkungen über das Genus *Homalonotus*“ und „Bau- und Unterscheidungsmerkmale der *Homalonotus*-Arten“, aus welchen hervorzuheben ist, dass KOCH den meisten Homalonoten eine sehr dünne Chitin-Schale zuschreibt, da sie so stark verzerrt und meist in Bruchstücken vorkommen. In der Gruppirung der Arten schliesst er sich BURMEISTER an. Man muss hierbei im Auge behalten, dass ihm SALTER's wichtige Monographie gänzlich unbekannt war, zu welcher wir in Bezug auf die Zutheilung zu den verschiedenen Untergattungen wichtige Bemerkungen E. KAYSER's auf pag. 10 finden. Es folgt nun die Beschreibung der 12 von KOCH unterschiedenen Arten, von denen nur 6 schon früher bekannt waren. Diese letzteren sind: *H. armatus* BURM., *Roemeri* DE KON., *crassicauda* SANDB., *obtusus* SANDB., *laevicauda* QUENST., *planus* SANDB. — Neu nach KOCH sind: *subarmatus*, *aculeatus*, *ornatus*, *rhenanus*, *scabrosus*, *multicostatus*. — *Homalonotus armatus* umfasst zugleich auch *H. Herscheli* WIRTGEN u. ZEILLER und unterscheidet sich von dem sehr ähnlichen *subarmatus* durch den Besitz von 4 Pygidialdornen (gegen 2) und den schmäleren Rand des Pygidiums. — *Homalonotus aculeatus* von unbekanntem Fundort hat auf jedem Segment des Pygidiums 2 Stacheln und auch zwei Enddornen, die sonst nicht vorkommen. *Homalonotus ornatus* wird die grosse Art von Singhofen genannt, die die Gebrüder SANDBERGER noch zu ihrem *crassicauda* zogen. *Homalonotus Roemeri* ist die Art, welche F. ROEMER zuerst als *H. crassicauda* vom Altvatergebirge bekannt gemacht hat. *Homalonotus rhenanus* (= *crassicauda* SANDB. p. p. = *Knighti* BURM. = *obtusus* ZEILLER u. WIRTGEN) gehört wesentlich den tieferen Schichten des rheinischen Unterdevon an, so Stadtfeld unweit Daun in der Eifel. Nach nochmaliger genauer Besprechung des *H. crassicauda* folgt diejenige des *H. scabrosus* (= *delphinocephalus* BURM.), eine sehr häufige Art, welche durch ihre Tuberkulirung leicht von allen anderen Arten getrennt werden kann. Um so auffallender ist es, dass sie so lange verkannt blieb. — Von der SANDBERGER'schen Art *H. obtusus* unterscheidet sich die neu aufgestellte: *multicostatus* aus dem Dachschiefer von Nieder-Erbach durch grössere Zahl von Pseudopleuren, den Mangel deutlicher Längsfurchen auf denselben und durch die glatte Oberfläche. *H. laevicauda* QUENST. ist schon früher bekannt; *H. planus* dagegen nur SANDBERGER'scher Manuscriptname. Er gehört, wie auch *laevicauda*, zum Subgenus *Dipleura* und ist bisher auf die Schichten des Hunsrückschiefers beschränkt geblieben. — In einem weiteren Capitel: „Vergleichende Übersicht der beschriebenen zwölf „*Homalonotus*-Arten“ gibt der Verf. zuerst eine historische Übersicht über das, was vor ihm von Homalonoten schon bekannt war, und lässt eine Bestimmungstabelle für die hier beschriebenen 12 Arten in der bekannten Clavis-Form folgen. Den Capitelschluss bildet die tabellarische Übersicht über die verticale Verbreitung. — Das letzte (fünfte) Capitel: „Vergleichung der aus fremden Gebieten beschriebenen devonischen Homalonoten mit den rheinischen

Species dieser Gattung“ rührt lediglich von E. Kayser her und behandelt:

Aus dem Harz: *H. Ahrendi, punctatus, gigas, obtusus, minor, Barrandei, latifrons, Schusteri* und *granulosus*. Es ergibt sich folgendes Arten- und Synonymen-Verzeichniss:

1. *Homalonotus ornatus* Koch? (= *H. Ahrendi* A. Roem.), Adenberg.
2. *H. gigas* A. Roem. (= *scabrosus* Koch), Rammelsberg, Schalke.
   = *latifrons* A. Roem.
   = *punctatus* Id. (?)
   = *minor* Id. (?)
   = *granulosus* Trenkner.
3. *H. obtusus* Sandb.? Andreasberg.
4. *H.* (*Dipleura*) *Schusteri* A. Roem., Andreasberg.

Aus dem Altvatergebirge und den französisch-belgischen Ardennen: *H. Roemeri* de Kon.

Aus England: *H. elongatus* Salter, *Champernownei* H. Woodw. und *goniopygaeus* H. Woodw.

Das westliche Frankreich lieferte: *H. Gervillei* Vern., *H. Hausmanni* Rouault sp., *H. Legraverendi* Rouault; Spanien *H. Pradoanus* Vern.; die Türkei *H. Gervillei* und *Salteri* Vern.; die Cap-Colonie *H. Herscheli* Murch. und *crassicauda* Sandb.; Nordamerica *H. Dekayi* Green, *Vanuxemi* Hall, und Südamerica *H. Oiara* Hartt. u. Rathbun. Es ergibt diese Übersicht, dass nur wenige rheinische Arten anderwärts vorkommen, und auch die fremden Devongebiete haben nur wenig Arten mit einander gemeinsam. — Ein besonderer Schmuck der Abhandlung sind die vortrefflich ausgeführten 8 Foliotafeln. **Dames.**

T. Rupert Jones: Notes on the palaeozoic bivalved Entomostraca. No. XV. A carboniferous *Primitia* from South Devon. (Ann. and mag. nat. hist. 5 series. Vol. 10. 1882. pag. 358—360.) Mit Holzschnitt.

In den unteren Culmschichten von South Devon kam zusammen mit *Orthoceras striolatum*, *Goniatites* etc. ein kleines Ostracod in Steinkernerhaltung vor, welches mit *Primitia Barrandiana* des Untersilurs nahe verwandt zu sein scheint. Trotz der weiten geologischen Trennung neigt Verf. dazu, an eine Identität beider zu glauben, macht jedoch ausdrücklich darauf aufmerksam, dass Bestimmungen solcher Steinkerne, namentlich wenn dieselben noch dazu, wie hier, durch Druck gelitten haben, keine grosse Bedeutung haben können. **Dames.**

Fr. Schmidt und Rupert Jones: On some silurian Leperditiae. (Ann. and mag. nat. hist. 5 series, Vol. 9. 1882. pag. 168—171.)

In einer früheren Arbeit hatte Rupert Jones an der Abhandlung Fr. Schmidt's über russische Leperditien Kritik geübt [cfr. Jahrb. 1883. II. -144-]. Gegen diese verwahrt sich Fr. Schmidt in einem von R. Jones hier zum Abdruck gebrachten Brief, dem er einige Zusätze anhängt. Hiernach ist er mit Fr. Schmidt jetzt einverstanden, dass *Leperditia baltica* His. aus der untersten Abtheilung des gothländischen Obersilurs (Wisby-Gruppe) als Art von *Leperditia Hisingeri* aus der mittleren Gruppe zu trennen ist. — Weiter stimmt Jones nunmehr auch Schmidt darin bei, dass *Leperditia grandis* Schrenck in der That eine *Leperditia* und nicht, wie Barrande und Jones früher annahmen, eine *Isochilina* ist, weil der Ventralrand umgelegt ist. Jones hatte von Rupert's-Land eine ähnliche grosse Form bekommen und mit der *Leperditia grandis* identificirt; da die Rupert's-Land-Art aber in der That eine echte *Isochilina* ist, wird sie nun *Isochilina grandis* Jones (non *Leperditia grandis* Schrenck) genannt. Schliesslich gibt Schmidt eine Revision der von Jones aus englischem Obersilur namhaft gemachten Arten, die etwa folgendes enthält:

Jones' Figur von	ist nach Schmidt
Leperditia Hisingeri?	*Keyserlingi*
Hisingeri var. *gracilenta*[1]	zwischen *phaseolus* u. *tyraica* stehend.
baltica var. *contracta*	*tyraica*.

Dames.

R. Jones and J. W. Kirkby: On some carboniferous Entomostraca from Nova Scotia. (Geol. mag. 1884. pag. 356—362. t. XII.)

Einige der beschriebenen Formen lagen in den „Lower coal-measures von Horton", die ungefähr dem unteren Steinkohlengebirge und dem Kohlenkalk der englischen Geologen entsprechen; andere sind aus den mittleren Coal-measures der Joggins und den oberen Coal-measures der South Joggins, die beide zusammen etwa dem productiven Steinkohlengebirge Europa's äquivalent sind. — Von Horton stammt zunächst die häufigste Art: *Leperditia Okeni* (Münster) Jones & Kirkby, schon 1865 von denselben Autoren nach bayrischen und russischen Stücken beschrieben. Sie wird hier in zwei Varietäten getheilt, von denen var. *Scotoburdigalensis* die weniger schiefen, vorn und hinten fast gleich hohen, und var. *acuta* die kleinen, relativ langen Formen begreift. Weiter wird *Beyrichia novascotica* nov. sp. und eine *Beyrichia* oder *Primitia?* sp. beschrieben. Die schon länger bekannte *Carbonia flabulina* Jones & Kirkby (= *Cytherella inflata* Dawson, Acad. Geol.) ist besonders massenhaft angehäuft in den weichen, schwarzen Schiefern, die die Basis der bekannten aufrechten Baumstämme umgeben. Fraglich ist die Bestimmung von *Carbonia* (?) *bairdioides* (?) aus denselben Schiefern, niemals in den Baumstümpfen, worin die kleinen Stegocephalen etc. sich zeigten, selbst. Mit ihnen erscheint eine Fauna, die völlig ident mit der englischen, welche auch die *Carbonia flabulina* führt, z. B. *Anthracomya*, *Spirorbis*, *Macrocheilus* etc. Dass diese Ablagerungen aus seichtem Wasser bei grosser Nähe des Landes entstanden sind, wird auch bewiesen durch das Auftreten von *Estheria* und *Leaia*, erstere als *Estheria Dawsoni* Jones, letztere als *Leaia Leidyi* var. *Sal-*

[1] Nunmehr als besondere Art *gracilenta* genannt.

teriana. Die Fauna vervollständigt sich noch durch *Candona? elongata* nov. sp. und *Cythere?* sp. indet. **Dames.**

Rupert Jones and H. Woodward: On some palaeozoic Phyllopoda. (Geol. mag. 1884. pag. 348—356.)

Es wird zunächst eine Übersicht über alle bisher beschriebenen Arten gegeben, von der wenigstens die der Gattungen hier folgen möge. Die Zahl der beschriebenen Arten ist in Klammern beigefügt.

I. Schild ohne Sutur längs des Rückens.

1. Der hintere Rand ganz und gerundet; die Nackennath winklig.
   Discinocaris. Kopfausschnitt breit (7).
   Spathiocaris. Kopfausschnitt schmal (3).
   Pholadocaris. Kopfausschnitt breit; der Schild mit ausstrahlenden Furchen und Leisten.
2. Hinterer Rand winklig; Schild mit Radialleisten; Nackennaht gerundet.
   Lisgocaris (1).
3. Hinterer Rand ganz; Schild ohne Leisten; Nackennaht gerundet.
   Ellipsocaris (?).
4. Hinterrand abgestumpft, ausgezackt, oder sanft ausgeschnitten.
   Cardiocaris. Hinterrand abgestumpft oder ausgezackt, Nackennaht winklig (4).
5. Hinterrand tief ausgeschnitten; Nackenfurche winklig.
   Dipterocaris. Concentrische Sculptur (5).
   Pterocaris. Radiale Sculptur (1).
   Crescentilla. Glatt (1).

II. Längs des Rückens eine Naht.

Aptychopsis. Nackennaht winklig (8).
Peltocaris. Nackenfurche gerundet (5).
Pinnocaris. Möglicherweise zweiklappig und ohne Mundschild (1).

Eine genauere Besprechung der Arten mit Angabe ihres Fundorts macht den Schluss der Arbeit aus, die aber ohne Abbildungen nur einen bedingten Werth hat. Die Verfasser wenden sich (pag. 350) auch der Discussion zu, welche über die Frage der zoologischen Stellung der genannten Formen von den Herren Clarke und von Koenen einerseits und mir andererseits in diesem Jahrbuch (cfr. 1883. I. -319-; 1884. I. -270-; 1884. I. pag. 178; 1884. I. 275) veröffentlicht wurde. Da ich die Gründe, welche ich gegen die Phyllopodennatur angeführt habe, nicht noch einmal wiederholen will, da ich aber ferner dieselben weder durch die von Herrn von Koenen noch durch die von den beiden englischen Autoren vorgebrachten Argumente entkräftet ansehe, so will ich hier nur auf dasjenige näher eingehen, was in dieser Discussion durch letztere neu hinzugebracht wird, das übrige aber nur kurz berühren. Die Autoren wiederholen zunächst, dass ein Theil dieser Formen des Cervicalschildes wegen nicht zu den Cephalopoden gehören könne und es scheint danach, als wenn sie meine briefliche Mittheilung nicht gelesen hätten (l. c. pag. 269), wo ich dasselbe gesagt habe, aber auch zugleich darauf aufmerksam machte, dass lebende Phyllopoden ein solches Cervicalschild auch nicht besitzen, das Vorhandensein eines solchen also ebenso sehr gegen die Aptychen, — wie gegen die Phyllopoden spricht. — Dass meine briefliche Mittheilung nicht, oder nur flüchtig gelesen ist, beweisen die Autoren ferner dadurch, dass sie mir wieder vorhalten, dass solche Körper auch in Schichten gefunden seien, welche bisher keine Goniatiten geliefert haben. Dass ich diesem Argument die Aptychen-Schiefer entgegengehalten habe, verschweigen sie. Nun behaupten sie, dass diejenigen Formen, welche mit Goniatiten in denselben Schichten gefunden seien, nicht zu diesen gehören könnten, weil ihr Umriss nicht „exactly" zur Öffnung besagter Cephalopoden passe. Es ist nun aber sattsam bekannt, dass auch die Aptychen nicht „exactly" auf die Ammonitenmündungen passen, da man sich dieselben in einer Haut liegend wird vorzustellen haben. Hierin also ist eher Übereinstimmung als Verschiedenheit. Die Autoren haben es aber nicht für angezeigt gehalten, auf die Beobachtungen Graf Keyserling's, der die verschiedenen Formen derartiger Körper sogar auf die verschiedenen, mit ihnen zusammen vorkommenden Goniatitenarten hat vertheilen können, und E. Kayser's einzugehen, der einen solchen Körper in der Wohnkammer eines Goniatiten selbst fand. Ich möchte hier Herrn von Koenen erwidern, dass dieses Stück doch mehr Beweiskraft hat, als er ihm beizulegen geneigt ist, denn es handelt sich hier nicht um eines der vielen Beispiele, wo fremde Körper in Cephalopodenschalen gerathen sind, wie z. B. das von ihm erwähnte Placodermenstück in die eines Goniatiten; sondern es handelt sich hier, wie E. Kayser ausdrücklich hervorgehoben hat, um einen Körper, der seiner Grösse und Form wegen nicht in die Wohnkammer hätte gelangen können, „wenn er sich nicht schon ursprünglich als Deckelorgan in derselben befunden hätte." Soviel über diese Punkte, welche mich vollkommen des Onus probandi entheben, das die Autoren demjenigen vindiciren, der nicht ihrer Ansicht ist. — Dass sie aber auch hier wieder das gleichzeitige Vorkommen dieser fraglichen Dinge mit echten Phyllopoden als Beweis für deren Crustaceennatur vorbringen, ist für mich heute ebenso unbegreiflich, wie damals, als Herr Clarke denselben Einwurf machte. Dadurch wird doch nur die Existenz echter Phyllopoden zur paläozoischen Zeit, die nie bestritten worden ist, bewiesen, nicht aber die Crustaceennatur ganz unabhängig davon erscheinender Problematica! Dass übrigens ein Theil der in Rede stehenden Dinge möglicherweise zu den Mollusken gehören können, geben auch die beiden Autoren zu. — Weiter bringen sie wiederum die Sculptur der Schale vor und zwar die feinen concentrischen Leisten und die feine Oberflächenverzierung zwischen denselben. Nun aber hat das einzige einschalige lebende Phyllopod, *Apus*, überhaupt keine concentrisch gerippte, sondern eine glatte Schale und auch keineswegs die Oberflächenverzierung wie die Phyllocariden, aber selbst wenn man die mit concentrischen Anwachsstreifen versehenen zweischaligen Phyllopoden, wie *Estheria*, *Limnadia*, mit diesen einschaligen Phyllocariden in Vergleich ziehen wollte, so ergibt sich, dass deren concentrische Streifung nicht ident ist mit der von *Estheria* etc. Letztere haben in der That dem Rande parallel verlaufende Anwachsstreifen, während bei Aptychen und Phyllocariden die concentrischen Leisten wirklich Sculptur sind, wie für die letzteren (für erstere bedarf es keines Beweises) schon daraus hervorgeht, dass die concentrischen Linien nicht auch dem Rande des sog. Kopfausschnitts (Cephalic notch) parallel, oder wenigstens nahezu parallel verlaufen, wie es für Anwachsstreifen durchaus nothwendig und im Wesen derselben begründet ist, sondern dass sie fast senkrecht auf die Ränder des genannten Ausschnitts zulaufen und an ihnen abschneiden, wie das die von H. Woodward (Geol. mag. 1882. pag. 444) mitgetheilten Abbildungen von *Peltocaris*, *Discinocaris*, *Aptychopsis* und *Ellipsocaris* ganz besonders deutlich zeigen. — Schliesslich werfen die Autoren ein, dass manche Phyllocariden ursprünglich nicht flache Scheiben oder Platten gewesen, sondern oft entweder subconisch oder mit einer Kante versehen und hierin ungleich den Aptychen, aber ähnelnd den Phyllopoden seien. Auch hier muss ich wieder fragen, welchen Phyllopoden? Die zweischaligen können nicht in Betracht kommen, und einschalig ist eben nur *Apus*, der allerdings ein flach gewölbtes Schild besitzt, aber ohne concentrische Sculptur, und die Wölbung allein kann doch die Phyllopodennatur nicht beweisen. Andererseits giebt es auch nicht einen *Aptychus*, der eine völlig flache Scheibe bildete; alle sind mehr oder minder gewölbt, so dass die Wölbung der Phyllocaridenschale bei der Abwägung der zoologischen Stellung am besten aus dem Spiel bleibt. Schliesslich möchte ich Herrn von Koenen gegenüber noch hervorheben, dass ich nach wie vor der Ansicht bin, dass das Vorhandensein fester Leibesringe gegen die Phyllopodennatur so lange spricht, bis man lebende echte Pyllopoden mit festen Leibesringen gefunden hat. Ich kann nicht damit übereinstimmen, dass man noch problematischen Wesen, wie es die Phyllocariden thatsächlich, sogar nach R. Jones und Woodward selbst noch sind, Eigenschaften beilegt, die die jetzigen Phyllopoden nicht haben, und dies durch die Vermuthung begründet, dass die paläozoischen Phyllopoden harte Segmente besessen haben könnten. Bevor man diese Vermuthung aufstellt, sollten doch gewichtigere Gründe für die Phyllopodennatur der Phyllocariden aus der Beschaffenheit der Schale beigebracht sein, als bisher geschehen ist. — Ich kann zu meiner lebhaften Freude und Genugthuung noch hinzufügen, dass mehrere der ausgezeichnetsten Cephalopodenkenner, welche die deutsche Wissenschaft besitzt, wie Zittel, Neumayr und von Mojsisovics, nachdem ihnen die erwähnte briefliche Mittheilung aus diesem Jahrbuch überschickt war, dem Inhalte derselben durchaus beigestimmt haben. — Wenn aber die Gegner der Ansicht, dass in den Phyllocariden, wenigstens in einem Theil derselben, Goniatitenaptychen vorliegen, noch eine Autorität ersten Ranges für sich sprechen lassen wollen, so will ich selbst dazu behülflich sein und auf dieses Jahrbuch 1846. pag. 57 ff. verweisen, wo L. von Buch eine briefliche Mittheilung an Bronn mit den Worten schliesst: „Eben so unglaublich Keyserling's Deckel auf Goniatiten. Ein Cephalopod mit Deckel!!!“

Dames.

Rupert Jones and H. Woodward: Notes on phyllopodiform Crustaceans, referable to the genus *Echinocaris*, from the palaeozoic rocks. (Geol. mag. 1884. pag. 393—396. t. XIII.)

WHITFIELD hatte für die Crustaceen mit Leperditien-ähnlichem Schild und mit langen Stacheln am letzten Abdominalsegment die Gattung *Echinocaris* aufgestellt und dieselbe von *Ceratiocaris* abgezweigt. Die Verf. sprechen nun die Vermuthung aus, dass auch die BARRANDE'schen Gattungen *Aristozoë*, *Orozoë* und *Callizoë* lediglich wegen der Ähnlichkeit des Schildes auch zu den Ceratiocariden zu stellen seien, obwohl noch keine Schwanzstücke von ihnen gefunden sind. — Von *Echinocaris* waren bisher 3 Arten bekannt (*E. armata* HALL, *sublaevis* WHITFIELD und *pustulosa* WHITFIELD), von welchen nach WHITFIELD'schen Zeichnungen Abbildungen gegeben werden. Zu dieser Gattung rechnen die Verfasser auch zwei Stücke, welche von DAWSON früher für Equisetenreste angesprochen und *Equisetides Wrightiana* (Quart. journ. Bd. XXXVII. 1881. p. 301. t. 12 u. 13) genannt worden sind. Aber einmal sind es die Längsrinnen an den Enden der Segmente, dann vor allem die mit kleinen Höckern versehene Oberfläche, welche gegen die Pflanzennatur sprechen und die fraglichen Körper als Segmente aus dem Abdomen einer riesigen *Echinocaris*-Art erkennen liessen, welcher die Bezeichnung *E. Wrigthiana* DAWSON sp. zukommt. **Dames.**

C. H. E. Beecher: Ceratiocaridae from the Chemung and Waverly groups, at Warren, Pennsylvania. (Report of Progress PPP, Second geol. survey of Pennsylvania. Harrisburg. 1884. pag. 1—22. t. 1 u. 2.)

Der Aufsatz beginnt mit einer summarischen Übersicht über die Litteratur der Phyllocariden, welcher eine vom Verf. aufgestellte Terminologie folgt, die sich an die bei anderen Crustaceen gebräuchlichen auf das Engste anschliesst. Ein kurzes Resumé über das Auftreten von *Echinocaris* und ihrer Verwandten in Bezug auf geologisches Alter ergiebt, dass *Echinocaris* von der Hamilton- bis zur Chemung-Group reicht, dass die neue Gattung *Elymocaris* nur in letzterer und *Tropidocaris* wieder in derselben und auch in der Waverly-Group gefunden ist. — Von *Echinocaris* wird die schon im vorhergehenden Referat genannte Art: *E. armata* (= *punctata* HALL) nach vortrefflich erhaltenen Stücken, welche Rumpfschild und Schwanzsegmente in natürlichem Zusammenhang zeigen, von neuem beschrieben. Hervorzuheben ist ein Stück, welches die Unterseite zeigt und erkennen lässt, dass *Echinocaris* kräftige Kiefer besass, wie das H. WOODWARD auch an *Ceratiocaris papilio* nachgewiesen hat. — Von dieser schon durch HALL bekannt gegebenen Art unterscheidet sich *Echinocaris socialis* nov. sp. durch eine reichere Höcker-Skulptur des Schildes, welcher einer halben Schale fast das Aussehen einer *Beyrichia* oder *Leperditia* verleiht. — *Elymocaris* nov. gen. unterscheidet sich von *Echinocaris* durch Form und Verzierung des Cephalothorax, welcher aus zwei nahezu glatten, nur vorn mit einigen undeutlichen Erhebungen besetzten Schalen besteht, und durch die Zahl und glatte Beschaffenheit der Abdominalsegmente — hier anscheinend nur 3 gegen 7 bei *Echinocaris*. Auch sind die Stacheln am letzten Segment viel kürzer. [Sollte die geringe Zahl der Segmente nicht vielmehr darauf zurückzuführen sein, dass ein Theil derselben vom Cephalothorax bedeckt ist? Ref.] Die einzige Art heisst *Elymocaris siliqua*. — *Tropidocaris* nov. gen. besitzt Schalen, die im Umriss ähnlich *Elymocaris* sind, aber je nach der Art zwei oder mehrere Längsleisten haben. Auch hier sind nur — allerdings an einem Fragment — zwei Abdominalsegmente beobachtet. Von dieser Gattung beschreibt Verf. 3 Arten: *Tr. bicarinata* mit 2 Längsleisten auf jeder Cephalothorax-Hälfte; *Tr. interrupta* mit 4—5 Längsleisten, zwischen denen vorn noch mehrere kurze liegen, und *Tr. alternata*, welche ausser den Längsleisten (hier 7) vorn noch zwei gerundete Höcker und einen deutlichen Augenpunkt zeigt. [Alle diese Ceratiocariden werden mit *Nebalia* verglichen, und so lange Packard, Beecher und andere Autoren noch an der systematischen Stellung von *Nebalia* bei den Phyllopoden, die von Claus und Gerstäcker längst aufgegeben ist, festhalten, müssen für diese Autoren auch die Ceratiocaridae bei diesen bleiben, obwohl sie viel natürlicher als Vorläufer der macruren Dekapoden angesehen würden, welchen nach neuerer Forschung sich auch *Nebalia* anschliesst. Was aber haben diese Ceratiocariden mit den Phyllocariden zu thun, denen sie sogar als Familie untergeordnet werden? Ref.]

Dames.

W. Waagen: Salt Range fossils I. Productus Limestone fossils 4 (fasc. 2), Brachiopoda. 155 p. 20 Pl. (Memoirs of the geological Survey of India. Palaeontologia Indica Ser. XIII.) Calcutta 1883. 4°. [Jb. 1884. I. 286.]

Wir haben im Anschluss an unser letztes Referat, auf welches wir in Beziehung auf die vom Verfasser angenommene Systematik verweisen, zunächst die Centronellinen zu besprechen. Hier wollen wir jedoch gleich einfügen, dass im Laufe dieser Arbeit Waagen sich veranlasst sieht, die schlosstragenden Brachiopoden überhaupt in drei grössere Abtheilungen zu zerlegen, nämlich

I. Kampelopegmata sive Terebratulacea (Fam. Terebratulidae, Thecideidae, Rhynchonellidae, Stringocephalidae).

II. Helicopegmata sive Spiriferacea (Fam. Atrypidae, Nucleospiridae, Athyridae, Spiriferidae).

III. Aphaneropegmata sive Productacea (Fam. Strophomenidae, Productidae).

In unserem Referat in dies. Jahrbuch 1884. I. 288 wäre als Überschrift des speciellen Theiles: Unterordnung Kampylopegmata sive Terebratulacea zu setzen. Man vergleiche auch die von Neumayr in dies. Jahrbuch 1883. II. Aufsätze p. 35 vorgeschlagene Klassifikation der Brachiopoden.

Fam. Terebratulidae.

Unterf. Centronellinae.

Notothyris Waag. n. g., Ventralklappe mit zwei starken, vom Deltidium entfernt stehenden Zähnen. Deltidium deutlich, doch ist nicht zu erkennen, ob es einfach oder getheilt war. Schnabel dick und stark übergebogen, mit grosser, ovaler Öffnung. Durch eine Einbiegung der Schale verlängert sich das Foramen etwas nach innen.

In der Dorsalklappe fehlen am Wirbel deutliche Schlossfortsätze. Von beiden Seiten des Wirbels laufen hohe, scharfe Leisten aus, welche vom Schlossrand durch Furchen getrennt werden, die nahe dem Ende der Leisten sich zu gerundeten Gruben für die Aufnahme der Zähne der Ventralklappe erweitern. Zwischen dem Wirbel und dem Ende der Leisten liegt eine obere dreieckige Platte, die nahe dem Wirbel durchbohrt ist. An dieser Platte ist die aus zwei getrennten Zweigen bestehende eigenthümliche Schleife befestigt, die sich bis etwas über die Hälfte der Schale erstreckt. Jeder Zweig hat zwei spornartige Fortsätze. Waagen vermuthet, dass es sich um ein nicht vollständig verkalktes Gerüst handelt. In der Dorsalklappe konnten nur Eindrücke eines einzigen Adductorpaares beobachtet werden.

Zu den Terebratuliden gehört die Gattung jedenfalls, wie ausser aus der allgemeinen Beschaffenheit des Gerüstes noch aus der Perforation der Schalensubstanz gefolgert werden darf. Eine speciellere Einordnung macht aber Schwierigkeit. Eine gewisse Ähnlichkeit im Gerüst deutet auf Verwandtschaft mit *Centronella*, bei welcher Gattung allerdings eine Querverbindung der Schleifenzweige existirt. Die Durchbohrung im Innern der dorsalen Klappe kommt bei einigen Arten von *Athyris* vor, mit denen aber sonst keine Beziehungen bestehen. Der äusseren Gestalt nach würden die Arten dieser Gattung im Sinne L. v. Buch's und Quenstedt's zu den Antiplicatae gehören.

Notothyris scheint eine exclusiv östliche Gattung zu sein. Sie ist nicht selten in den Schichten des Saltrange und hat ferner je einen Vertreter im Himalaya und bei Djaulfa.

Die unterschiedenen Arten sind:

N. subvesicularis Dav. sp. Zuerst durch Davidson als *Terebratula* von Musakheyl beschrieben. Nicht selten in der Oberregion des mittleren Productuskalk des Saltrange.

N. Djoulfensis Abich sp. Ausser von Djoulfa an der Araxesenge in 10 Exemplaren aus mittlerem Productuskalk des Saltrange.

N. Warthi n. sp. Mittlerer und oberer Productuskalk des Saltrange.

N. inflata n. sp. Oberregion der mittleren Abtheilung des Productuskalk.

N. lenticularis n. sp. Grenze der Mittel- und Oberregion des Productuskalk.

N. minuta n. sp. Mittelregion des Productuskalk.

N. multiplicata n. sp. Mittelregion des Productuskalk.

N. simplex n. sp. Mittelregion des Productuskalk.

Fam. Thecideidae.

Diese Familie erleidet eine nicht unwesentliche Umgestaltung gegen die übliche Umgrenzung, insofern Waagen derselben mehrere theils unvollkommen bekannte oder übersehene, theils neue Formen beifügt. Die Familiendiagnose soll nunmehr lauten:

„Schale punktirt, von sehr verschiedener Grösse, festgewachsen oder frei und dann mit einer Durchbohrung in der Ventralklappe. Schlosslinie gerade, aber sehr verschieden lang. Die Brachialschleife folgt dem Rande der kleineren Klappe und ist meist in ihrer ganzen Ausdehnung festgewachsen und in der Regel mit mehr oder weniger zahlreichen, nach innen gerichteten Fortsätzen versehen.“

Es sind drei Unterfamilien zu unterscheiden:

Unterf. Megathyrinae DALL.

„Schale klein, mit langem geradem Schlossrand und mehr oder weniger grosser Area an beiden Klappen, in denen eine sehr grosse runde Öffnung liegt. Brachialschleife auf den grössten Theil der Erstreckung frei, zuweilen gelappt, nur an einigen Punkten längs des Randes der Dorsalklappe befestigt.“ Hierher gehört *Argiope* DESL.; *Cystella* GRAY (Catal. Brit. Mus. Brachiop. 114) nach WAAGEN selbstständige Gattung neben *Argiope,* nicht nur Untergattung, wie ZITTEL annahm; *Zellania* MOORE, etwas zweifelhafte Gattung.

Unterf. Thecideinae DALL.

„Verschieden gross, meist klein, solide, mit der grösseren Klappe festgewachsen, Schlosslinie gerade, meist eine Area und Pseudodeltidium an der Ventralschale, Brachialschleife gelappt und mehr oder minder fest mit der Dorsalklappe verbunden, Schlossfortsatz in der Regel ziemlich entwickelt.“ Hierher *Thecidea* DEFR. und *Pterophloios* GÜMB., jene merkwürdige, von EMMERICH *Bactrynium* (wahrscheinlich Druckfehler für *Bactryllium*) benannte und von ZUGMAYR (dies. Jahrbuch 1881. I. -443-) untersuchte Form aus alpinen rhätischen Schichten. *Thecidea filicis* KEYS. aus oberen carbonischen Schichten des Ural gehört vielleicht hierher, vielleicht zu der gleich zu besprechenden neuen Gattung *Lyttonia.*

Unterf. Lyttoniinae WAAG.

„Schale gross, flach oder gewölbt, mit der grösseren Klappe festgewachsen, Schlosslinie kurz, keine Area oder Pseudodeltidium, Ventralklappe innen mit einem medianen und zahlreichen lateralen Septen, Dorsalklappe rudimentär, mit dem Brachialapparat eine tiefgelappte Platte bildend, welche zwischen die äusseren Septen der grossen Klappe passt.“ Es werden zwei Gattungen hierher gestellt:

Lyttonia n. g.

Die ganz fremdartige Erscheinung dieser Formen, wie sie uns die Tafeln XXIX und XXX vorführen, ist besonders durch den unregelmässigen Umriss, die rudimentäre Entwicklung der kleineren (dorsalen) Klappe und die eigenthümlichen Septen im Innern bedingt. Wir müssen wegen der Einzelheiten auf das Original verweisen. Die Gattung ist nur in drei Arten bekannt, zwei fanden sich im Himalaya, eine in China.

L. nobilis n. sp. Aus mittlerem Productuskalk.

L. tenuis n. sp. Mittlerer und Grenze des mittleren und oberen Productuskalk.

L. cf. *Richthofeni* KAYS. sp. Diese Art wurde nach WAAGEN von

KAYSER aus China unter der Voraussetzung beschrieben, dass es sich um Zähne von Fischen handele. Es lagen KAYSER nur einzelne Klappen vor.

Oldhamina n. sp.

Aus einer gewölbten, stark übergebogenen und einer concaven Klappe bestehend, innen ähnlich *Lyttonia*. Einzelne, schon lange bekannte Klappen gaben früher Veranlassung zu unrichtigen Deutungen, so meinte DE KONINCK einen *Bellerophon* vor sich zu haben (Qu. Journ. geolog. Soc. V. XIX. 8 und Foss. paléoz. de l'Inde 15). Es ist eine Art bekannt *O. decipiens* KON. sp., diese aber so gut erhalten, dass durch sie WAAGEN überhaupt zur Erkenntniss der Natur der Lythoniinae geführt wurde. Man vergleiche die Abbildungen der Taf. XXXI. Mittlere und besonders obere Abtheilung des Productuskalk.

Vielleicht gehört zu dieser Gattung die schon genannte *Thecidea filicis* KEYS.

Fam. Rhynchonellidae.

Indem WAAGEN auch *Camerophoria* als Repräsentanten einer Unterfamilie der Rhynchonelliden betrachtet, kommt er zu folgender Gruppirung der Familie:

1) Rhynchonellinae.
2) Camerophorinae.
3) Pentamerinae.

Es gehören zu 1) die Gattungen *Terebratuloidea* n. g., *Rhynchotrema* HALL, *Rhynchonella* FISCH. (mit den Untergattungen *Uncinulus* BAYLE und *Acanthothyris* ORB.), *Hemithyris* ORB., *Rhynchopora* KING, *Eutonia* HALL, *Dimerella* ZITT., *Rhynchonellina* GEM.;

zu 2) *Camerophoria* KING, *Stricklandia* BILL., *Camerella* BILL.;

zu 3) *Pentamerus* SOW., *Gypidia* DALM., *Gypidula* HALL, *Pentamerella* HALL, *Brachymerus* SHALER. Diese letzte Unterfamilie hat im Saltrange keine Vertreter, es sind also nur Rhynchonellinae und Cameropherinae zu besprechen.

Unterf. Rhynchonellinae.

Ganz untergeordnete Entwicklung innerer Septa.

Terebratuloidea n. g.

Bei einem äusseren, mit *Rhynchonella* ganz übereinstimmenden Habitus zeichnet sich diese Gattung durch Eigenthümlichkeiten der inneren Organisation aus. In der Ventralklappe stehen zwei kräftige Schlosszähne, welche aber keine Zahnstütze besitzen. In der Dorsalklappe fehlt ein Schlossfortsatz, es ist eine mässig grosse dreieckige Schlossplatte vorhanden, welche in der Mitte bis zum Wirbel hinauf ausgeschnitten ist. Auch der Wirbel ist noch etwas ausgeschnitten. An den Seiten dieses Ausschnittes beginnen die sehr kurzen, gebogenen, etwas nach dem Innern des Gehäuses divergirenden crura. Es ist kein Medianseptum vorhanden.

An allen untersuchten Exemplaren war der Wirbel der Ventralklappe offen. WAAGEN ist geneigt, diese Öffnung als eine ursprüngliche anzusehen, wenn er auch die Möglichkeit, dass es sich um eine Verletzung handele, nicht in Abrede stellt. Festzuhalten ist jedenfalls, dass eine runde Öffnung bei diesen Formen ursprünglich vorhanden gewesen sein kann, während eine solche bei *Rhynchonella* durch das Vorhandensein der Zahnplatten ausgeschlossen war.

Die Gattung *Rhynchotrema* Hall steht nahe, insofern auch ihr Zahnplatten fehlen, dafür ist aber ein hohes Medianseptum vorhanden. *Rhynchonelloidea* ist bisher nur in Indien nachgewiesen worden, doch mag die Gattung weiter verbreitet sein, es sind z. B. zu vergleichen *Trematospira gibbosa* Hall aus der americanischen Hamiltongruppe und die durch Toula aus dem Kohlenkalk von Cochabamba als *Rhynchonella pleurodon* Phill. aufgeführte Art. Der Saltrange hat geliefert:

T. Davidsoni n. sp., als *Rh. pleurodon* von Davidson und de Koninck beschrieben. Bezeichnend für die obere Parthie des mittleren Kohlenkalks.

T. depressa n. sp. Oberregion des mittleren Productuskalk.

T. minor n. sp. Untere Hälfte des Productuskalk.

T. ornata n. sp. Unterste Lagen des mittleren Productuskalk.

Uncinulus Bayle.

Unter diesem von Bayle ohne Beschreibung gegebenen Gattungsnamen fasst Waagen die an *Rhynchonella Wilsoni* sich anschliessenden Formen zusammen (*Wilsonia* Quenstedt's). Ob die Eigenthümlichkeiten dieser Gruppe eine generische Trennung von *Rhynchonella* durchführbar machen, scheint noch nicht ganz ausgemacht. Es werden aufgeführt:

U. Theobaldi n. sp. Oberer und wahrscheinlich mittlerer Productuskalk.

U. Jabiensis n. sp. Grenze des mittleren und oberen und oberer Productuskalk.

U. posterus n. sp. Oberer Productuskalk von Jabi. Zu dieser Gattung stellt Waagen auch *Rhynchonella timorensis* Beyr. Das Auftreten von *Uncinulus* in den Schichten des Saltrange ist insofern von Interesse, als andere Arten zu den häufigsten silurischen und devonischen Vorkommnissen gehören.

Rhynchonella F. v. Wldh.

Eine auffallende und mit europäischen Verhältnissen übereinstimmende Erscheinung ist es, dass im Saltrange nur einige wenige Rhynchonellen und diese selten vorkommen, während *Camerophoria*, wenigstens an Individuen, häufig ist.

R. Wynnei n. sp. Grenze von mittlerem und oberem Productuskalk.

R. Morahensis n. sp. Mittlerer Productuskalk.

R. sp. Unterer Productuskalk. Von diesen Arten sind nur einige Exemplare z. Th. in Bruchstücken gefunden.

Unterf. Camerophorinae.

Camerophoria King.

Im Saltrange fanden sich Vertreter zweier Gruppen. Zur Gruppe der *Camerophoria crumena* Mart. gehören:

C. Purdoni Dav. Diese schon von Davidson und Koninck unter demselben Namen aufgeführte Art ist häufig im mittleren Productuskalk.

C. Humbletonensis Howse.

Mit den europäischen Formen durchaus übereinstimmend. Mittlerer Productuskalk.

C. pinguis n. sp. Mittlerer Productuskalk.

In die Gruppe der *Camerophoria rhomboidea* MART. sind zu stellen:

C. globulina PHILL. Oberer Productuskalk.

C. superstes VERN. Oberer Productuskalk. WAAGEN hält diese zuerst aus Russland beschriebene Art für verschieden von *C. Schlotheimi*, betont aber, dass das, was GEINITZ als *O. superstes* ansah, mit der Art VERNEUILS nichts zu thun hat, vielmehr mit *C. Schlotheimi* zusammenfällt.

II. Unterordnung Helicopegmata sive Spiriferacca[1].

Fam. Atrypidae DALL.

Diese Familie, deren Gruppen der Verfasser an der Hand der neueren Eintheilung DAVIDSONS bespricht (Jahrb. 1881. II. -284-), hat keine Vertreter in den Schichten des Saltrange.

Fam. Athyridae DAV.

WAAGEN theilt die Familie in zwei Unterfamilien: Meristellinae, welche silurisch und devonisch sind und im Saltrange fehlen und Athyrinae, deren Vertreter sich vorzugsweise im Kohlenkalk finden und in jüngere Schichten hinauf gehen. Hierher gehört: *Athyris* M'COY; *Kayseria* DAV.; *Whitfieldia* DAV. und *Bifida* DAV. —

Unterf. Athyrinae.

Spirigerella n. g.

Den Namen *Athyris* beschränkt WAAGEN auf *Ath. concentrica* und Verwandte, während er unter der neuen Gattungsbezeichnung Arten umfasst, welche sich an *Ath. subtilita* (HALL) DAV. aus Indien anschliessen, welche Form aber nicht mit der ächten HALL'schen *Ath. subtilita* übereinstimmt. *Spirigerella* ist eine vorzugsweise indische Gattung und dürfte von anderswoher beschriebenen Arten nur *Athyris subtilita* (HALL) DERBY vom Flusse Tapajos in Brasilien gehören, welche mit der nachher anzuführenden indischen *Spirigerella Derbyi* identisch sein soll. Die unterscheidenden Merkmale von *Spirigerella* gegen *Athyris* liegen in der ausserordentlich starken Überbiegung des Wirbels der grösseren Klappe und der Beschaffenheit des Schlossfortsatzes und der Art der Befestigung des Spiralapparates an demselben. Nicht weniger als 10 Arten kommen im Saltrange vor, welche in drei Gruppen gebracht werden.

Gruppe der *Spirig. Derbyi* mit

Sp. Derbyi n. sp. mit einer var. acuteplicata im mittleren und oberen Productuskalk, nächst den Arten von Productus aus der Gruppe des costatus die häufigste Versteinerung. WAAGEN verfügt über mehr als 300 Exemplare von 11 Fundorten des mittleren und 13 Fundorten des oberen Productuskalk.

Sp. praelonga n. sp. Oberer Productuskalk.

---

[1] Wegen dieser Namen vergleiche man die Bemerkung zu Anfang dieses Referates.

Sp. hybrida n. sp. Obere Grenze des mittleren und oberer Productuskalk.

Sp. minuta n. sp. Mittlerer und oberer Productuskalk.

Gruppe der *Spirig. grandis* mit

Sp. grandis n. sp. Mittlerer und sehr selten oberer Productuskalk.

Sp. media n. sp. Mittlerer und seltener oberer Productuskalk.

Sp. ovoidalis n. sp. Grenze des mittleren und oberen Productuskalk.

Gruppe der *Spirig. numismalis* mit

Sp. numismalis n. sp. Unterer Productuskalk.

Sp. alata n. sp. Grenze des mittleren und oberer Productuskalk.

Athyris M'Coy.

Waagen theilt die indischen Arten in zwei Sectionen und mehrere Gruppen.

Section Simplices. Arten mit glatter Schale.

1. Gruppe der *A. ambigua* Phill.

A. ambiguaeformis n. sp. Oberer Productuskalk.

2. Gruppe, vor der Hand mit einer isolirt stehenden Art.

A. grossula n. sp. Oberer Productuskalk.

Section ornatae. Mit verzierter Oberfläche.

3. Gruppe der *A. Royssi* Lév.

A. Royssi Lév. Diese bekannte Art kommt nicht selten im mittleren und oberen Productuskalk vor.

A. cf. *Royssi* Lév. Basis des Productuskalk.

A. subexpansa n. sp. Vielleicht in der unteren Abtheilung, dann in der mittleren und oberen Abtheilung des Productuskalk.

A. capillata n. sp. Mittlerer und oberer Productuskalk.

A. semiconcava n. sp. Selten unterer Productuskalk.

A. acutomarginalis n. sp. Unterer Productuskalk.

A. globulina n. sp. Mittlerer Productuskalk.

A. cf. *pectinifera* Sow. Identität mit Sowerby's Art nicht ganz sicher. Mittlerer und oberer Productuskalk.

Fam. Nucleospiridae Daw.

In dieser Familie unterscheidet der Verfasser drei Unterfamilien: 1) Retziinae mit den Gattungen *Nucleospira* Hall, *Retzia* King, *Meristina* Hall, *Hindella* Dav., *Eumetria* Hall und wahrscheinlich *Trematospira* Hall. 2) Dayinae mit *Dayia* Hall, 3) Uncitinae mit *Uncites* Defr. Die erste und dritte dieser Unterfamilien hat Vertreter in der Saltrange.

Unterf. Retziinae.

Eumetria Hall.

Waagen hegt noch einige Zweifel, ob seine indischen, mit eigenthümlichem Gerüst versehenen Formen wirklich in die Hall'sche Gattung zu stellen seien. Das Gerüst eines Exemplars aus dem oberen Productuskalk von Jabi (Holzschnitt p. 488) zeigt eine auffallend flügelförmige Verbreiterung der Primärlamellen, eine Schleife, welche nahe am Anfang der Primärlamellen befestigt ist und sich horizontal nach vorn (also in entgegengesetzter Richtung als bei *Hindella*) erstreckt. Die Form der Gehäuse ist oval, der Schnabel ist durchbohrt, der Schlossrand gerade. Radiale Faltung kommt allen bekannten Arten zu.

1. Gruppe der *Eumetria radialis* PHILL.

Eum. grandicosta (DAV.) WAAG. (*Retzia* aut.).

Mit Ausnahme der obersten Lagen im ganzen Productuskalk.

2. Gruppe der *Eumetria ulotrix* KON.

Eum. indica n. sp.

Ausschliesslich in den untersten Lagen des mittleren Productuskalk.

Unterf. Uncitinae.

Uncinella n. g.

Die Stellung der Gattung ist unsicher. Die Art der Verbindung der Primärlamellen und der Schleife, ferner die sehr starke Krümmung des Wirbels der Dorsalklappe sprechen eher für Uncitinae als Retziinae.

Unc. indica n. sp.

In einer Schicht des untersten Theiles des mittleren Productuskalk.

Fam. Spiriferidae KING.

Diese in ihrer Gesammtheit sehr wohl characterisirte Familie zerlegt der Verfasser, indem er sich zum Theil an die Gruppeneintheilung von DAVIDSON hält, in folgende vier Unterfamilien:

Suessiinae mit *Spiriferina*, *Suessia*, *Cyrtina* und vielleicht *Mentzelia* QU. Die innere Einrichtung erinnert hier noch am meisten an die der Nucleospiridae.

Delthyrinae mit *Spirifer*, *Syringothyris* und *Cyrtia*. Keine geschlossene Schleife mehr, sondern nur zwei spornartige Fortsätze.

Martiniinae mit *Martinia* und *Martiniopsis* n. g. Glatte Formen mit kurzem Schlossrand.

Reticulariinae mit *Reticularia* und *Ambocoelia* HALL. Mit haarartigen Fortsätzen auf der Oberfläche, einem inneren Gerüst ohne jede Spur eines Schleifenansatzes und ohne Septen.

Unterf. Suessiinae WAAG.

Spiriferina ORB.

Diese Gattung hat eine starke Verbreitung im Saltrange. *Sp. cristata* geht durch die ganze Formation hindurch.

Gruppe der *Sp. lima* QU.

Sp. cristata SCHL. sp. Diese in Europa für den Zechstein bezeichnende und auch auf Timor gefundene Art kommt, wenn auch nirgends häufig, in allen Abtheilungen des Productuskalk vor.

Sp. multiplicata SOW. sp. Oberste Schichten des mittleren und oberen Productuskalk.

Sp. nasuta n. sp. Seltene Art des mittleren Productuskalk.

Gruppe der *Sp. insculpta* PHILL.

Sp. ornata n. sp. Oberer Productuskalk.

Gruppe der *Sp. transversa* M'CHESN.

Sp. Vercherei n. sp. Mit den amerikanischen Arten *Sp. transversa* M'CHESNEY und *Sp. Kentuckensis* SCHUM. verwandt. Oberer Productuskalk.

Unterf. Delthyrinae.

Spirifer SOW.

Die Gattung ist in der von WAAGEN angenommenen Begrenzung nicht verbreitet im Saltrange und nur in acht Arten bekannt, welche in folgende Gruppen vertheilt werden.

Gruppe des *Sp. striatus* MART.

Sp. striatus MART. Unterer Productuskalk.

Sp. Marcoui n. sp. Sehr nahestehend dem

Sp. cameratus MART. Obere Parthie des unteren und Basis des oberen Productuskalk.

Gruppe des *Sp. tegulatus* TRAUTSCH.

Sp. Musakheylensis DAV. Durch den ganzen Productuskalk.

Sp. ambiensis n. sp. Voriger Art sehr nahestehend. Oberster Productuskalk.

Gruppe des *Sp. duplicosta* PHILL.

Sp. Wynnei WAAG. Mittlerer Productuskalk. Isolirte Art.

Sp. Oldhamianus n. sp. Theils an *Sp. striatus*, theils an *Sp. duplicicosta* erinnernd. Mittlerer Productuskalk.

Gruppe des *Sp. triangularis* MART.

Sp. alatus SCHL. Diese bekannte deutsche Art kommt ausschliesslich im unteren Productuskalk vor.

Sp. niger n. sp. Sehr häufig im unteren Productuskalk.

Unterf. Martiniinae.

Martiniopsis n. g.

Äusserlich *Martinia* ähnlich, doch mit kräftigen Zahnplatten der ventralen Klappe und zwei starken divergirenden Septalplatten der dorsalen Klappe, während *Martinia* diese beiden Arten innerer Platten nicht besitzt. *Mentzelia* QU. ist ebenfalls äusserlich ähnlich, hat aber ein kräftiges Medianseptum in der Ventralklappe und schwach entwickelte Dentalplatten. Schale ausgezeichnet punktirt.

Diese neue Gattung mag bereits im Devon auftreten, da *Sp. laevigatus eifelianus* QUENSTEDT zu ihr zu gehören scheint. Von australischen Vorkommnissen sind vermuthlich *Sp. Darwini*, *Sp. oviformis* und die grosse von DE KONINCK als *Sp. glaber* abgebildete Form hierher zu stellen.

M. inflata n. sp. Oberer Productuskalk.

M. subpentagonalis n. sp. Unterer Productuskalk.

Martinia M'COY.

Die Eigenthümlichkeiten dieser von M'COY nicht hinreichend characterisirten Gattung findet WAAGEN nicht sowohl in der Kleinheit der Spiralkegel als in dem Fehlen der Dentalplatten und der feinen Punktation der Oberfläche der Schale.

Gruppe der *Mart. glabra* Mart. sp.

M. cf. *glabra* Mart. sp. Ein Exemplar aus unterem Productuskalk steht der europäischen Art zum mindesten sehr nahe.

Gruppe der *Mart. Warthi* n. sp.

M. elongata n. sp. Mittlerer Productuskalk.

M. Warthi n. sp. Sehr kurze Schlosslinien, mit kleinen flügelförmigen Verlängerungen, sonst *M. glabra* ähnlich.

M. chidruensis n. sp. Cephalopoda-bed des oberen Productuskalk.

Gruppe der *Mart. corculum* Kutorga.

M. semiplana n. sp. Mittlerer Productuskalk.

Unterf. Reticulariinae.

Reticularia M'Coy. Als Eigenthümlichkeiten der Gattung werden hervorgehoben: äussere Gestalt gerundet, kreisförmig, länglich oder quer oval. Axen vorhanden oder fehlend. Oberfläche mit feinen haarähnlichen Fortsätzen, welche in concentrischen Reihen stehen und einem doppelläufigen Gewehr vergleichbare Doppelröhren darstellen. Diese Röhren münden in Kanäle, welche nur etwas unter die oberste Schalenlage eindringen. Die Schalensubstanz selbst ist fasrig.

Innen ist weder ein Septum, noch sind Zahnplatten in der Ventralklappe vorhanden. Die Muskeleindrücke liegen in einer länglich ovalen Grube. Auch die Dorsalklappe entbehrt einer jeden inneren Theilung, es ist keine Schlossplatte vorhanden. Die mit breiter Basis befestigten crura laufen convergirend bis in die Stirngegend und biegen sich dann plötzlich zur ersten Windung der Spirale um. Die Spitze des Spiralkegels weist theils nach der Seite der Schalen, theils nach dem Schlossrand (Holzschnitt S. 543). Diese Characteristik wurde nach Exemplaren von Visé gegeben. Wenn Angaben von M'Coy mit derselben in Widerspruch stehen, so mag das daher rühren, dass dieser Autor unter *Reticularia* verschiedenes begriff.

R. lineata Mart. sp. Unterster Productuskalk.

R. indica n. sp. (*Spirifera lineata* David. u. de Kon.). Mittlerer und vielleicht oberer Productuskalk.

R. elegantula n. sp. Mittlerer Productuskalk. **Benecke.**

D. Oehlert: Études sur quelques brachiopodes dévoniens. (Bull. Soc. Géol. France 3 sér. XII. 1884. p. 411—441.) Mit 5 Tafeln.

Hauptzweck dieser Arbeit ist, eine Reihe d'Orbigny'scher, im Prodrome ganz ungenügend charakterisirter Species nach den in Paris befindlichen Originalien aufs Neue zu beschreiben und abzubilden, um sie dadurch der Vergessenheit, der sie zum Theil bereits anheimgefallen, zu entziehen. Ausserdem aber behandelt der Verf. hier noch einige andere neue oder wenig bekannte Arten.

Beschrieben werden: *Rhynchonella cypris* D'O.; *Rh. Pareti* DE VERN.; *Rh. subpareti* n. sp.; *Rh. boloniensis* D'O.; *Rh. Guillieri* n. sp.; *Rh. fallaciosa* BAYLE; *Rh. Barroisi* n. sp.; *Uncinulus subwilsoni* D'O.; *Unc. Oehlerti* BAYLE; *Spirifer Venus* D'O.; *Orthis fascicularis* D'O.; *Leptaena Thisbe* D'O.; *Strophalosia Lorierei* D'O.

Uncinulus ist ein von BAYLE für die formenreiche Gruppe der *Rhynch. Wilsoni* aufgestellter Gattungsnamen. Schon frühere Autoren, besonders SANDBERGER und QUENSTEDT, haben die Eigenthümlichkeiten dieser Gruppe beschrieben und der Verf. führt dieselbe noch weiter aus. Auch wir halten die Abtrennung der *Wilsoni*-Gruppe von *Rhynchonella* für geboten, glauben aber, dass für dieselbe der QUENSTEDT'sche Name *Wilsonia* festzuhalten ist. Nicht die Stelle in QUENSTEDT's Brachiopoden p. 192, sondern diejenige in der Petrefactenkunde, 2. Aufl. p. 538 ist hier massgebend, wo es, nachdem die Hauptcharaktere der Gruppe vortrefflich beschrieben worden, heisst: „das wären Merkmale genug für eine *Wilsonia*". **Kayser.**

W. Shrubsole and G. Vine: The silurian species of *Glauconome.* (Q. J. G. S. 1884. p. 329—332.)

Glauconome disticha GOLDF. aus dem Wenlockkalk soll auch weiterhin Typus der Gattung bleiben, eine Form aus den Balaschichten und einige jüngere Arten aber den Typus einer neuen Gattung *Pinnapora* bilden. Während die letztere in die Unterordnung der Cyclostomata gehört, so wird für *Glauconome* und *Ptilodictya* eine besondere Unterordnung der Cryptostomata errichtet. **Kayser.**

Wright: Monograph on the British fossil Echinodermata from Cretaceous Formations. (Palaeontographical Society 1864—82.)

Der Verf. giebt in der Einleitung zunächst eine kurze Übersicht der cretaceischen Schichtenreihe Englands, welcher eine ausführliche Erklärung der von ihm gebrauchten Terminologie, sowie eine systematische Übersicht der im递ptheile abgehandelten Familien folgt. Da ein System ausschliesslich für die cretaceischen Seeigel aufgestellt ist, so sind Lücken unvermeidlich und im Text ist auch der Verfasser mehrfach davon abgewichen. Es schien daher nöthig, nochmals einen Überblick des Systems zu geben und dieser ist in einer dem Schluss des Werkes beigefügten, von WILTSHIRE zusammengestellten systematischen Aufzählung der Genera mitgetheilt. Hiernach enthält die brittische Kreideformation 30 Genera mit im Ganzen 113 Species, unter welchen die beiden Hauptgruppen der Echiniden mit nahezu der gleichen Artenzahl vertreten sind, nämlich die Endocyclica (Regulares) mit 59 Arten, die Exocyclica (Irregulares) mit 54 Species.

Nach der dem Texte zu Grunde gelegten Eintheilung betrachtet nun Verf. bei seiner Abtheilung Endocyclica die folgenden Familien:

Fam. Cidaridae WR., welche nur durch ein einziges Genus, *Cidaris* KLEIN, vertreten ist. Beschrieben werden 17 Species, worunter sich nur zwei neue Arten finden, nämlich *C. Farringdonensis* aus den Farringdon-beds und *C. intermedia* aus dem White Chalk. Hervorzuheben ist die durch Holzschnitte erläuterte Darstellung der ungemein variirenden Stacheln von *C. clavigera*.

Fam. Diademadae Wr., welcher eine ausführliche systematische Betrachtung aller nach des Verfassers Ansicht hinzugerechneten Genera vorausgeht. In englischen Kreideablagerungen ist diese Familie durch sechs Genera vertreten, nämlich:

Gen. *Pseudodiadema* Desor mit 12 Arten, wovon zwei, *P. Wiltshirii* aus dem Gault und *P. Fittoni* aus dem Lower Greensand neu sind.

Gen. *Pedinopsis* Cott. mit einer neuen Art, *P. Wiesti*, aus dem Chloritic Marl.

Gen. *Echinocyphus* Cott. mit zwei, Gen. *Glyphocyphus* Haime, Gen. *Echinothuria*[1] mit je einer und *Cyphosoma* mit 7 Species.

Fam. Salenidae Wr. umfasst von cretaceischen Formen:

Gen. *Peltastes* Ag. mit sieben Arten, wovon eine neu ist. *P. Wiltshirii* aus dem Red Chalk.

Gen. *Goniophorus* Agass. und Gen. *Cottaldia* Des. mit je einer Species.

Gen. *Salenia* Gray mit 9 Arten, wovon drei, nämlich: *S. Loriolii* mit *S. Desori*, beide aus dem Upper Greensand, und *S. magnifica* aus dem Upper White Chalk, neu sind.

Von den acht Familien, welche nach Wiltshire die Exocyclica umfassen, sind sechs in den brittischen Kreideschichten vorhanden, und zwar:

Fam. Echinoconidae Wr., umfassend die Genera *Discoidea* Klein und *Echinoconus* Br. (vergl. das folg. Referat) mit je fünf Species.

Gen. *Holectypus* Des. mit einer neuen Art *H. bistriatus* aus dem Chloritic Marl.

Fam. Echinonidae Wr. nur durch das Gen. *Pyrina* Des-Moul. mit 3 Arten vertreten.

Fam. Echinobrissidae Wr., enthaltend die Genera *Catopygus* Ag. mit zwei Arten, wovon *C. Vectensis* aus Lower Greensand neu ist.

Gen. *Clypeopygus* d'Orb. mit einer neuen Art, *C. Fittoni*, aus dem gleichen Niveau, die Gen. *Echinobrissus* Breyn. mit zwei, *Trematopygus* d'Orb. und *Curatomus* Ag. mit je einer Species.

Fam. Echinolampidae Wr. Nur ein Genus, *Pygurus* d'Orb. Mit einer einzigen Art findet sich als Vertreter dieser Familie in den englischen Kreideschichten.

Fam. Spatangidae d'Orb., umfassend die Genera *Hemiaster* Des. mit 3 Species, *Epiaster* d'Orb. mit zwei, wovon eine, *E. Loriolii*, aus dem Upper Greensand, neu ist. *Micraster* Ag. mit 3 Species, *Echinospatagus* Breyn. mit vier, wovon zwei, *E. Renevieri* und *E. Quenstedtii* beide aus dem Upper Greensand neu sind. Gen. *Enallaster* d'Orb. mit zwei Species.

---

[1] Wright rechnet noch *Echinothuria* zu den Diademadiden, in Wiltshire's Übersicht ist dasselbe nach Thomson's Vorgang zu einer besonderen Familie erhoben, so dass also die Endocyclica vier Familien umfassen.

	Upper Chalk.	Medial Chalk.	Chalk Marl.	Chloritic Marl.	Upper Greensand.	Blackdown-beds.	Red Chalk.	Gault.	Lower Greensand.	Farringdon Sponge Gravels.
Fam. I. Cidaridae Wr.										
Gen. 1. *Cidaris*	•	·	•	·	•	·	•	•	·	•
Fam. II. Diademadae Wr.										
Gen. 2. *Pseudodiadema* Des.	•	·	•	•	•	·	•	•	•	•
„ 3. *Pedinopsis* Cott.	·	·	·	•	·	·	·	·	·	·
„ 4. *Echinocyphus* Cott.	·	·	•	·	•	·	·	·	·	·
„ 5. *Glyphocyphus* Haime	·	·	•	·	·	·	·	·	·	·
„ 6. *Cyphosoma* Ag.	•	·	•	·	·	·	·	·	·	·
Fam. III. Salenidae Wr.										
Gen. 7. *Peltastes* Ag.	·	·	•	·	•	·	•	·	•	•
„ 8. *Goniophorus* Ag.	·	·	·	·	•	·	·	·	·	·
„ 9. *Salenia* Gray	•	•	•	·	•	·	·	·	·	·
„ 10. *Cottaldia* Des.	·	·	·	·	•	·	·	·	·	·
Fam. IV. Echinothuridae W. Thom.										
Gen. 11. *Echinothuria* Wood.	•	·	·	·	·	·	·	·	·	·
Echinoidea exocyclica.										
Fam. V. Echinoconidae Wr.										
Gen. 12. *Discoidea* Klein	•	•	•	·	•	·	•	·	·	·
„ 13. *Echinoconus* Breyn.	•	•	•	•	•	·	·	·	·	·
„ 14. *Holectypus* Des.	·	·	·	•	·	·	·	·	·	·
Fam. VI. Echinonidae Wr.										
Gen. 15. *Pyrina* Desmoul.	·	·	•	•	•	·	·	·	·	·
Fam. VII. Echinobrissidae Wr.										
Gen. 16. *Catopygus* Ag.	·	·	•	•	•	·	·	·	•	·
„ 17. *Clypeopygus* d'Orb.	·	·	·	·	·	·	·	·	•	·
„ 18. *Echinobrissus* Breyn.	·	·	·	•	•	•	·	·	·	·
„ 19. *Trematopygus* d'Orb.	·	·	·	·	·	·	·	·	·	•
„ 20. *Caratomus* Agass.	·	·	·	·	•	·	·	·	·	·
Fam. VIII. Echinolampidae Wr.										
Gen. 21. *Pygurus* d'Orb.	·	·	·	·	•	·	·	·	·	·
Fam. IX. Spatangidae d'Orb.										
Gen. 22. *Hemiaster* d'Orb.	·	·	•	·	·	·	·	•	·	·
„ 23. *Epiaster* d'Orb.	•	·	·	·	•	·	·	·	·	·
„ 24. *Micraster* Agass.	•	•	·	·	·	·	·	·	·	·
„ 25. *Echinospatagus* Breyn	·	·	·	·	•	•	·	·	•	·
„ 26. *Enallaster* d'Orb.	·	·	·	·	·	•	·	·	•	·
Fam. X. Echinocoridae Wr.										
Gen. 27. *Cardiaster* Forb.	•	•	·	·	•	•	·	·	•	·
„ 28. *Infulaster* Hag.	•	•	·	·	·	·	·	·	·	·
„ 29. *Holaster* Agass.	•	·	•	•	•	·	•	·	·	·
„ 30. *Echinocorys* Breyn.	•	·	·	·	·	·	·	·	·	·

Fam. Echinocorida Wr. enthält die Genera *Cardiaster* Forb. mit sieben, *Infulaster* Hagenow mit zwei, *Echinocorys* Breyn. = *Ananchytes* aut. mit einer und *Holaster* Agass. mit sechs Species, wovon *H. obliquus* aus dem Upper Greensand neu ist.

Ein sehr übersichtliches Bild der vertikalen Verbreitung der einzelnen Genera gewährt eine kleine Tabelle (s. S. 123), die wir hier reproduziren.

Noetling.

P. M. Duncan and W. P. Sladen: A Monograph of the Tertiary Echinoidea of Kachh and Kattywar. (Palaeontologia Indica Ser. XIV.)

Kachh oder Cutch liegt östlich der Mündung des Indus, auf drei Seiten von weiten Alluvien, auf der vierten Seite vom Meere begrenzt. Die Tertiärschichten lagern sich in einem 4 bis 20 engl. Meilen breiten Bande zwischen der Küste und den älteren mesozoischen Schichten des Innern. Etwa 80 Meilen hiervon in westlicher Richtung, getrennt durch das weite Delta des Indus, lagern die Tertiärschichten des Sind, und nahezu in derselben Entfernung gegen Süden diejenigen von Kattywar.

Die Tertiärschichten von Kachh wurden vom ersten Durchforscher dieser Gegend, Capitän Grant, in zwei Abtheilungen: Nummulitic Group und Tertiary Group zerlegt, von welchen, entsprechend den Ansichten damaliger Zeit, die erstere als Vor-Tertiär angesehen wurde. d'Archiac und Haime hielten die ganze Schichtenfolge für Eocän, was sich jedoch nicht bestätigt. Wynne gliedert von oben nach unten in folgende Abtheilungen.

F. Upper Tertiary. Miocän und Pliocän.
E. Argillaceous Group. Miocän.
D. Arenaceous Group }
C. Nummulitic Group } Eocän.
B. Gypseous shales }
A. Subnummulitic }

Die Echiniden rühren nun aus den Abtheilungen C und D her, von welch' letzterer noch eine Abtheilung abgetrennt wird, die wahrscheinlich dem Oligocän angehört.

Die Echiniden von Kattywar sind alle miocänen Alters.

Im Ganzen hat das Tertiär von Kachh 44 Species geliefert, wovon 22 Formen in der Nummulitic Group gefunden wurden. Von diesen geht nur eine Art, *Euspatangus rostratus*, in die höher gelegenen Schichten hinauf, die andern sind alle für sie eigenthümlich. Da jedoch 15 Species als neu beschrieben werden, so müssen wir uns begnügen die Namen anzuführen, ohne die Charakteristik geben zu können. Es fanden sich:

1. *Arachniopleurus reticulatus* var. D. n. S.
2. *Sismondia polymorpha* var. sufflata D. n. S.
3. *Clypeaster apertus* D. n. S.
4. *Amblypygus altus* D. n. S.
5. „ *pentagonalis* D. n. S.
6. *Echinolampas alta* D. n. S.

7. *Echinolampas* var.	15. *Echinolampas* sp.
8. „ *Feddeni* D. u. S.	16. *Hemiaster decipiens* D. u. S.
9. „ *Kachensis* D. u. S.	17. „ *carinatus* D. u. S.
10. *Haimei* D. u. S.	18. „ sp.
11. „ *Damesi* D. u. S.	19. *Schizaster Beluchistanensis* var. D'ARCH. u. HAIME.
12. „ *insignis* D. u. S.	20. *Peripneustes insignis* D. u. S.
13. *Vicaryi* D'ARCH. u. HAIME.	21. *Euspatangus affinis* D. u. S.
14. „ sp.	22. „ *rostratus* D'ARCH.

Das Oligocän, d. h. die Schichten über der Nummulitic Group, lieferte fünf Species, von welchen drei neu sind.

1. *Clypeaster Sowerbyi* D. u. S.	4. *Echinolampas* sp.
2. „ *Carteri* D. u. S.	5. *Euspatangus rostratus* D'ARCH.
3. „ *Faloriensis* D. u. S.	

Im Miocän fanden sich 16 Arten, von welchen 8 noch nicht beschrieben sind; eine darunter repräsentirt ein neues Genus *Troschelia*, das die Verfasser folgendermassen charakterisiren:

Troschelia gen. nov. Schale oval, lang und hoch, vorn gebuchtet, hinten abgestutzt. Scheitelschild excentrisch nach vorn gelegen. Seitliche Ambulacra in sehr tiefen Furchen gelegen. Poren gross, nicht conjugirt; Peristom nach vorn gerückt, breiter als lang, mit wohl entwickelter Hinterlippe. After auf der Hinterseite hoch oben liegend. Grosse, in vertieften Höfchen gelegene Tuberkel auf allen Interambulacren mit Ausnahme des hinteren. Sowohl Peripetal- als Subanalfasciole vorhanden; erstere läuft zwischen den Tuberkeln hindurch. Typus *T. tuberculata*.

Ausserdem werden genannt:

1. *Cidaris Halaensis* D'ARCH. u. HAIME.	9. *Echinolampas Indica* D. u. S.
2. *Goniocidaris affinis* D. u. S.	10. „ *Wynnei* D. u. S.
3. *Coelopleurus Forbesi* D'ARCH. u. HAIME.	11. „ *sphaeroidalis* D'ARCH.
4. *Temnechinus Rousseaui* D'ARCH.	12. „ *Jacquemonti* D'ARCH.
5. *Clypeaster depressus* SOW.	13. *Moira antiqua* D. u. S.
6. „ *Waageni* D. u. S.	14. *Breynia carinata* D'ARCH. u. HAIME.
7. „ *Goirensis* D. u. S.	15. *Troschelia tuberculata* D. u. S.
8. *Echinodiscus Desori* D. u. S.	16. *Euspatangus patellaris* D'ARCH. u. HAIME.

Unbestimmten Alters ist:

Schizaster Granti D. u. S.

Das Miocän von Kattywar enthielt 13 Species, von welchen 6 beiden Gegenden gemeinsam sind[1]; 5 Species wurden als neu erkannt, worunter eine wiederum den Typus eines neuen Genus *Grammechinus* bildet; dasselbe wird folgendermassen charakterisirt:

---

[1] In der folgenden Liste mit * bezeichnet.

Grammechinus gen. nov. (Fam. Glyphostomata, Subfam. Triplechinidae). Schale dünn, ziemlich niedergedrückt, am Umfang etwas aufgetrieben. Unterseite flach oder etwas eingebogen, Oberseite niedrig konisch. Umriss undeutlich fünfseitig oder beinahe kreisförmig. Porenpaare dreizählig angeordnet; Ambulacraltäfelchen mit 1—3 Tuberkeln; Interambulacraltäfelchen niedrig, aber breit, je nach ihrer Entfernung vom Scheitel mit 1—8 glatten Tuberkeln besetzt; die Sekundärwarzen in rippenförmigen Reihen parallel und neben den Hauptwarzenreihen. Verticalreihen kleiner Tuberkel können die grössten Warzen verbinden. Mundlücke mässig gross, etwas fünfseitig; Einschnitte nicht sehr tief; Enden der Ambulacra ziemlich weit. Scheitelschild nicht beobachtet. Typus *G. regularis*.

Die übrigen Arten sind:

1. *Cidaris depressa* D. u. S.
2. „ *granulata* D. u. S.[1]
*3. *Coelopleurus Forbesi* D'Arch. u. Haime.
4. *Grammechinus regularis* D. u. S.
5. *Temnechinus costatus* D'Arch. sp.
*6. „ *Rousseaui* D'Arch. sp.
7. „ *tuberculosus* D'Arch. sp.
8. *Temnechinus affinis* D. u. S.
*9. *Clypeaster depressus* Sow.
10. *Brissopsis* sp.
11. *Schizaster Granti* D. u. S.
*12. *Breynia carinata* D'Arch. u. Haime.
*13. *Euspatangus patellaris* D'Arch.

Noetling.

P. M. Duncan and W. P. Sladen: A Monograph of the fossil Echinoidea of Sind. Part II und III. (Palaeontologia Indica Ser. XIV.) London 1882. (cfr. Jahrb. 1883. I. -502-)

Der zweite Band enthält die Beschreibung der Seeigel aus den Ranikot-Schichten, welche, obschon noch Anklänge an die cretaceische Fauna vorhanden, dennoch einen ausgesprochen eocänen Charakter besitzen. Das Schlussresultat der Untersuchung wird in den Worten zusammengefasst, dass es zur Zeit unmöglich sei, für die Ranikot-Schichten ein genaues Äquivalent in Europa oder Ägypten aufzufinden. Der gleichzeitig cretaceische Habitus sowie das Fehlen charakteristischer eocäner Formen würden den Ranikot-Schichten ihren Platz unterhalb der Mokattam-Gruppe oder der Schichten von Kach zuweisen. Sicher ist nur, dass die Ranikot-Schichten die tiefste Abtheilung der indischen Nummulitenformation darstellen, dass ihre Fauna eine ganz besondere, mit keiner andern vergleichbare, und dass sie älter als die Tertiärschichten Ober-Italiens, Ägyptens und diejenigen von Kach sei. Es werden genannt 26 Genera mit im Ganzen 42 Arten, von welchen beinahe die Hälfte als neu beschrieben wird, worunter einige, die Anklänge an oberitalienische oder ägyptische[2] Formen besitzen, so dass man vielleicht geneigt sein könnte, sie mit diesen zu iden-

---

[1] Diese Art dürfte neu zu benennen sein, da der Name bereits 1850 von Cotteau an eine Form des Corallien inférieur vergeben ist.

[2] Vergl. das folgende Referat: Loriol, Notes pour servir etc. Durch die Entdeckung des von den Verfassern für eine specifisch indische Form gehaltenen *Dictyopleurus Haimei* im Eocän vom Mokattam wird der Connex der indischen Echinidenfauna mit der ägyptischen um so inniger.

tificiren; so ist z. B. *Linthia invica* der *L. arizensis* D'ARCH. nahe verwandt und eine andere specifisch nicht näher bestimmte Art könnte auf *L. Delanouei* LOR. aus Ägypten bezogen werden.

Die neu benannten Genera und Arten sind folgende:

Phyllacanthus (= *Rhabdocidaris*) *Ranikoti* sp. n.
" " *Sindensis* sp. n.
Salenia Blanfordi sp. n.
Cyphosoma abnormale sp. n.
Acanthechinus gen. nov. verwandt mit *Stirechinus* DES.
Acanthechinus nodulosus sp. n.

Dictyopleurus gen. nov., ebenso wie das vorhergehende der Familie Diadematidae gehörig, nahe verwandt mit *Temnopleurus* und *Glyphocyphus*.

Dictyopleurus ziczac sp. n.
" *Haimei* sp. n.
" *d'Archiaci* sp. n.
Arachniopleurus gen. nov., dem vorigen nahestehend.
Arachniopleurus reticulatus sp. n.
Progonechinus gen. nov.
" *eocenicus* sp. n.
Eurypneustes gen. nov. nur auf Schalfragmente begründet.
Eurypneustes grandis sp. n.

Aelopneustes gen. nov., ebenfalls auf ein nicht vollkommen erhaltenes Exemplar begründet. Nach Ansicht des Referenten dürfte vielleicht *Eurypneustes* mit *Aelopneustes* zu vereinigen sein.

Aelopneustes de Lorioli sp. n.
Conoclypeus Sindensis sp. n.
" *declivis* sp. n.
Plesiolampas placenta.
" *praelonga*.
" *ovalis* sp. n.
" *rostrata* sp. n.
" *polygonalis* sp. n.

Eolampas gen. nov. So eng mit *Echinolampas* verwandt, dass dasselbe, wie die Verfasser selbst sagen, auf den ersten Blick für eine jugendliche oder etwas abnorme Form von *Echinolampas* gehalten werden könnte. Die Unterschiede, die sie für eine generische Trennung anführen: die kleinen Ambulacra, der stark nach vorn gerückte Scheitelschild, das undeutliche, verwischte unpaare Ambulacrum dürften eine solche rechtfertigen.

Eolampas antecursor sp. n.
Echinanthus enormis sp. n.
Cassidulus ellipticus sp. n.

Rhynchopygus pygmaeus (auch eine Form von ägyptischem Habitus). Verf. bemerkt, dass man diese Art leicht für einen jugendlichen *R. Calderi* halten könnte.

Paralampas gen. nov. nähert sich ungemein dem Genus *Rhynchopygus*.

Paralampas pileus sp. n.

„ *minor* sp. n.

Neocatopygus gen. nov. besitzt die grösste Verwandtschaft mit *Catopygus*.

Neocatopygus rotundus.

Hemiaster elongatus sp. n.

Linthia indica sp. n.

Schizaster alveolatus sp. n.

Prenaster oviformis sp. n.

Der dritte Theil der Monographie bringt die Beschreibung der Echiniden aus den Khirthar-Schichten. Diese erstrecken sich längs der westlichen Grenze der Provinz Sind bis etwa 25° 15′ südl. Breite. Der ungefähr 9000 engl. Fuss mächtige Schichtenkomplex lässt sich in zwei Abtheilungen zerlegen:

eine obere, etwa 3000 engl. Fuss mächtig, die ausschliesslich aus festem Nummulitenkalk besteht und zahlreiche Fossilien führt,

eine untere, ca. 6000 engl. Fuss mächtig, die aus Thonen und Sandsteinen besteht, aber fossilfrei ist. Diese letztere geht ohne scharfe Grenze in die darunter liegenden Ranikot-Schichten über.

Der Charakter der Khirthar-Fauna ist ein ausgesprochen eocäner. Ausserordentlich reich, sowohl an Zahl der Arten als der Individuen, sind die Echiniden vertreten. Es werden im Ganzen 70 Species nebst Varietäten beschrieben, von welchen nach Ansicht der Verfasser 63 Arten nebst Varietäten charakteristisch für die Khirthar-Schichten sein sollen, d. h. wie erläuternd beigefügt, in keinem andern geologischen Horizonte gefunden sind. Von den übrigen 7 Formen gehören vier, die angeblich aus den Ranikot-Schichten stammen sollen, zweifelsohne ebenfalls zu den charakteristischen Khirthar-Formen; die letzten drei dürften schwerlich den Khirthar-Schichten, sondern wahrscheinlich einem höheren Niveau angehören.

Wenn nun die Verfasser weiterhin sagen, dass der Erhaltungszustand der Individuen sehr viel zu wünschen übrig lässt, so dass oft unter einem Dutzend Exemplare keines vollständig erhalten, so schien an sich Vorsicht bei der Bestimmung, und namentlich bei der Creirung der neuen Arten geboten. Die 63 Arten und Varietäten aus den Khirthar-Schichten sind sämmtlich neu benannt; nach des Referenten Ansicht besitzen aber eine ganze Reihe der neuen Arten eine so auffallende Ähnlichkeit mit Formen aus dem vicentinischen oder ägyptischen Tertiär, dass er sie mit diesen identificiren möchte. Bei einzelnen Arten haben die Verfasser selbst diese Übereinstimmung betont, so z. B. bei *Micropsis venustula* sind die Differenzen, welche diese Art von dem vicentinischen *Cyphosoma superbum* Dam. scheiden, „of most trivial character“; ferner dürfte *Leiocidaris canaliculata* D. u. S. mit *L. itala* Laube (Dames) ident sein; ganz besonders aber ist das Vorkommen des bisher nur aus dem vicentinischen

Tertiär gekannten Genus *Ilarionia* Dam. in den Khirthar-Schichten ein neuer Beweis für die Verwandtschaft der indischen mit der oberitalischen Fauna. Ob nicht *Porocidaris anomala* D. u. S. ident mit dem ägyptischen *P. Schmidelii* (Münster) Desor ist, und ob nicht *Sismondia polymorpha* D. u. S. mit *S. Saemanni* Loriol und *Echinocyamus nummuliticus* D. u. S. mit *E. Luciani* aus Ägypten zu vereinigen sei, mag auch noch zu erwägen sein. Das von Loriol[1] neuerdings constatirte Vorkommen des indischen *Dictyopleurus Haimei* in Ägypten kann eine solche Annahme nur unterstützen. Jedenfalls ist von einer directen Vergleichung des indischen Materials mit sicher bestimmten Formen aus dem oberitalischen oder ägyptischen Tertiär manche Aufklärung hinsichtlich der verwandtschaftlichen Beziehungen dieser Faunen zu hoffen. Wir müssen uns begnügen, vorläufig die Namen der von den Verfassern benannten Arten aufzuführen; es sind folgende:

Leiocidaris canaliculata sp. n.
Porocidaris anomala sp. n.
Cyphosoma macrostoma sp. n.
„ *undatum* sp. n.
Micropsis venustula sp. n.
Temnechinus Rousseaui d'Arch.
Conoclypeus alveolatus sp. n.
„ *pinguis* sp. n.
„ *rostratus* sp. n.
„ *galerus* sp. n.
Echinocyamus nummuliticus sp. n.
„ „ var. *obesus*
„ var. *oviformis*
„ „ var. *planus*
„ *rotundatus.*
Sismondia polymorpha sp. n.
Amblypygus subrotundus sp. n.
„ „ var. *conicus*
„ *patellaeformis* sp. n.
„ *tumidus* sp. n.
„ *latus* sp. n.
Eolampas excentricus sp. n.
Echinolampas rotunda sp. n.
„ *subconica* sp. n.
„ *obesa* sp. n.
„ *Sindensis* d'Arch.
„ var. *hemisphaerica*
„ *angustifolia* sp. n.
„ *nummulitica* sp. n.
„ *juvenilis* sp. n.
Echinolampas lepadiformis sp. n.
„ *aequivoca* sp. n.
„ sp.
„ sp.
Echinanthus intermedius sp. n.
Ilarionia Sindensis sp. n.
Cassidulus subinvaginatus sp. n.
Rhynchopygus Calderi d'Arch.
„ *pygmaeus* sp. n.
Micraster tumidus sp. n.
Hemiaster apicalis sp. n.
„ *nobilis* sp. n.
„ *carinatus* sp. n.
„ *digonus* d'Arch.
sp.
„ sp.
„ sp.
Brissopsis sufflatus sp. n.
Metalia Sowerbyi d'Arch. sp.
„ *scutiformis* d'Arch. sp.
„ var. *rotunda* sp. n.
„ *depressa* sp. n.
„ *agariciformis* sp. n.
„ sp.
„ sp.
Linthia orientalis sp. n.
Schizaster symmetricus sp. n.
„ *simulans* sp. n.
„ *Beluchistanensis* d'Arch.
„ sp.
Moira primaeva sp. n.

---

[1] Vergl. das folgende Referat.

Brissopatagus Sindensis sp. n.	*Euspatangus avellana* D'ARCH.
Breynia carinata D'ARCH.	„ *cordiformis* sp. n.
Macropneustes speciosus sp. n.	„ *rostratus* D'ARCH.
„ *rotundus* sp. n.	Gen. nov. zu den Spatangiden gehörig.
Peripneustes sp.	

Noetling.

G. Cotteau: Échinides nouveaux ou peu connus (2. article). (Bull. d. l. soc. Zoologique de France 1883. pag. 21—35. t. III—IV. [cfr. dies. Jahrbuch 1884. I. -261-].)

Asteropsis nov. gen. ist verwandt mit *Echinopedina*, *Leiopedina*, *Micropsis* und *Pedinopsis*. Von erstgenannter Gattung unterscheidet sie sich durch bigeminirte Poren und gekerbte Stachelwarzen; dieselben Merkmale entfernen sie auch von *Leiopedina*. *Micropsis* hat einfache Porenpaare und *Pedinopsis* durchbohrte Stachelwarzen. *Asteropsis Lapparenti* nov. sp. wurde in der oberen Kreide von Larcan (Haute-Garonne) gefunden. — *Toxopneustes Bouryi* nov. sp. kommt mit *Toxopneustes Delaunayi* zusammen im Miocän von Ségré etc. (Maine-et-Loire) vor, von dem er durch konischere Form, weniger zahlreiche Nebenstachelwarzen, die auch grösser sind und in markirteren Reihen stehen, unterschieden ist. — *Psammechinus Bouryi* nov. sp. aus Schichten desselben Alters und desselben Departements wie der vorhergehende, ist von allen anderen Arten durch die Feinheit seiner Stachelwarzen getrennt. — *Stomechinus Bazini* nov. sp. ist die erste tertiäre Art der Gattung, von deren anderen Arten er durch Grösse, subkonische Form, fast ebene Unterseite, fast glatte Mittelzonen etc. unterschieden ist. Pliocän? Palermo. — *Coptechinus* nov. gen. besitzt einfache. weit getrennte Porenpaare und Stachelwarzen zweiter Ordnung, welche in 4 Strahlen von je einer Hauptstachelwarze auslaufen und sich mit denen der Nebenasseln zu Rhomben verbinden. Die Gattung ist mit *Dictyopleurus* und *Arachniopleurus* DUNCAN & SLADEN verwandt, hat aber gekerbte und undurchbohrte Stachelwarzen im Gegensatz zu jenen. *Coptechinus Bardini* ist die einzige bisher bekannte Art aus dem Miocän der Dept. Maine-et-Loire. — Der schon 1854 von MILLET aufgestellte, aber noch nicht genauer bekannte *Echinolampas elegantulus* aus denselben Schichten wird hier zuerst genau beschrieben und abgebildet. Er hat ein über dem Rande liegendes Periproct, das aber gross und oval ist, nicht schmal und klein, wie bei *Echinanthus*; das zeichnet ihn besonders aus. — *Cidaris Navillei* nov. sp. mit sehr breiten Porenzonen und sehr graden Ambulacren kommt aus dem Untertertiär von Hyderabad. — Als *Coelopleurus Arnaudi* DESOR wird hier diejenige Art kritisch behandelt, welche Verf. und TOURNOUËR früher aus dem Calcaire à Astéries des Gironde unter dem Namen *Coelopleurus Delbosi* beschrieben hatte. Die hier besprochene Art hat bedeutend zahlreichere Stachelwarzen, die bis zum Apex heraufsteigen und sich erst in dessen Nähe verkleinern. — *Micropsis Lorioli* nov. sp. verwandt mit *Micropsis Lusseri* DESOR, aber grösser, konischer etc. ist ein Begleiter von *Cidaris Navillei*. — *Echinobrissus Daleaui* nov. sp. aus dem Eocän der Gironde ist sehr deprimirt, vorn schmal, hinten verbreitert, unten ausgehöhlt, mit einem im Grunde einer flachen Furche auf der Oberseite gelegenen Periproct. Das Peristom ist längsgestellt, wodurch es sich von den Kreide-Echinobrissen leicht unterscheidet. **Dames.**

P. de Loriol: Notes pour servir à l'étude des Echinodermes. (Recueil Zoologique Suisse. Bd. I. No. 4. 1884.)

Unter dem obigen Titel beabsichtigt der Verfasser zwanglose Mittheilungen, der Erweiterung der Kenntniss der Echinodermen im Allgemeinen, als namentlich der Beschreibung neuer fossiler, sowie recenter Arten gewidmet, in genannter Zeitschrift zu publiziren. Der erste Artikel enthält die Beschreibung von 10 Echiniden aus Jura, Kreide und Tertiär und 2 Asteriden, von welchen einer recent, der andere jurassisch ist. Von den 11 fossilen Formen stammt die grössere Mehrzahl, nämlich 8, aus Portugal, 2 aus Frankreich und 1 aus Ägypten; 8 Arten und 2 Genera wurden als neu erkannt, nämlich:

Gymnodiadema gen. nov.

In der auffälligen Differenz zwischen den ungemein breiten Interambulacral- und den sehr schmalen Ambulacralfeldern ähnelt *Gymnodiadema* dem Genus *Orthocidaris*, von welchem es sich aber durch seine Tuberkel unterscheidet, die bei ersterem von ausserordentlicher Feinheit sind, so dass sie nur durch die Lupe sichtbar sind. Im Hinblick auf diesen Charakter und mit Berücksichtigung der äusseren Gestalt könnte man auf den ersten Blick auf *Amblypneustes* schliessen, allein dieser unterscheidet sich durch die in dreifachen Paaren angeordneten Poren, seine undurchbohrten Warzen und breiteren Ambulacra.

1. *G. Choffati* sp. n. Callovien inf. Alhadas (Portugal).

2. *Codiopsis Lusitanicus* sp. n. aus dem Lusitanien von Saint-Iria bei Obidos (Portugal) ist insofern interessant, als er eine weitere jurassische Art dieses früher für ausschliesslich cretaceisch gehaltenen Genus darstellt.

3. *Polycyphus Ribeiroi* sp. n. Lusitanien. Fortin du Guineho (Portugal).

4. *Orthiopsis Saemanni* Wright sp. Lusitanien. Cisareda (Portugal). Verfasser führt den Nachweis, dass diese von Wright zu *Hemipedina* gestellte Art, wie bereits Cotteau vermuthete, zu *Orthopsis* gehöre, mithin die erste jurassische Art dieses Genus sei.

5. *Botriopygus Torcapeli* sp. n. Barutélien (Urgonien) von Les Augustines (Gard).

6. *Botriopygus Lussanensis* sp. n. Donzélien (Urgonien) von Lussan (Gard).

7. *Enallaster Delgadoi* sp. n. aus dem Aptien von Bafoeira ao Forte do Sunqueiro (Portugal) giebt dem Verfasser Gelegenheit zu eingehenden Vergleichen der Genera *Enallaster* und *Heteraster*, welche nach seiner Ansicht mit Beibehaltung des ersteren Namens zu vereinigen sind.

8. *Heterodiadema Ourmense* sp. n. Cenoman von Alcantara (Portugal).

9. *Cassidulus lusitanicus* sp. n. Cenoman von Barçoico (Portugal).

10. *Dictyopleurus Haimei* Dunc. & Sladen aus dem Étage nummu-

litique von Mokattam erweckt als erster ausserindischer Vertreter dieses bisher ausschliesslich aus dem indischen Eocän gekannten Genus insofern ganz besonderes Interesse, als er auf's Neue den engen Zusammenhang der indischen und ägyptischen Echinidenfauna dokumentirt.

Aspidaster gen. nov.

Leider ist die Unterseite des einzigen gefundenen Exemplares nicht bekannt und desshalb ein genauer Vergleich schwierig, doch scheint es am nächsten mit *Oreaster* FORB. aus der englischen Kreide verwandt zu sein.

11. *A. Delgadoi* sp. n. Lusitanien. Cintra (Portugal).

12. *Goniodiscus articulatus* (LINNÉ) LÜTKEN. Recent aus dem indischen Ocean; ausführliche Beschreibung und Abbildung dieser wenig gekannten Art. **Noetling.**

Cotteau: Echinides réguliers, familles des Cidaridées et des Salénidées. (Paléontologie française: Terrain jurassique Bd. X. part. 1.)

In einer kurzen Einleitung definirt der Verfasser die bereits früher (Bd. VII der Paléontol. franç.) aufgestellten vier Familien der regulären Seeigel (Cidaridae, Salenidae, Diatematidae, Echinidae) noch einmal genauer und wendet sich dann sofort der systematischen Beschreibung zu. In vorliegendem Bande werden die Familien der Cidaridae und Salenidae abgehandelt und die bezeichnenden Charaktere der einzelnen Genera einer jeden Familie in Form einer Clavis zusammengestellt, in Bezug auf welche wir auf das Werk selbst verweisen müssen. Dagegen sei die verticale Verbreitung der einzelnen Formen, welcher COTTEAU eine sehr eingehende Betrachtung widmet, etwas ausführlicher dargelegt.

Von den neun Genera, welche die Familie Cidaridae umfasst, sind in den jurassischen Ablagerungen Frankreichs nur drei, nämlich *Cidaris*, *Rhabdocidaris* und *Diplocidaris*, aufgefunden worden.

Das Genus *Cidaris* ist am reichlichsten vertreten und enthält 85 Arten, wovon 35 als neu beschrieben werden. Dieser grosse Formenreichthum wirkt etwas erdrückend und Referent kann sich nicht der Vermuthung entrathen, als ob in der Creirung der Arten etwas zu weit gegangen sei. Dazu kommt, dass wir bei etwa 40 grösstentheils neuen Arten lesen müssen „Test inconnu", oder bei einer ganzen Reihe anderer Formen, dass sie nur in wenigen Fragmenten oder einem einzigen Exemplare bekannt seien. Auf die verschiedenen Etagen vertheilen sich die einzelnen Arten[1] folgendermassen:

Etage Rhétien, eine Art, *C. Toucasi* sp. n., welche dieser Abtheilung eigenthümlich ist.

Etage Sinémurien, sieben ihr eigenthümliche Arten, *C. Falsani*, *C. Crossei* sp. n., *C. Pellati* sp. n., *C. Jarbus**, *C. Martini**, *C. Itys**, *C. pilosa** sp. n.

---

[1] Die mit einem * bezeichneten Species sind nur nach ihren Stacheln bekannt.

Etage Liasien sieben, nur auf sie beschränkte Formen:

*C. armata**, *C. Moorei*, *C. striatula**, *C. sub-undulosa** sp. n., *C. Deslongchampsi** sp. n., *C. Morierei* sp. n., *C. Caraboeufi** sp. n.

Etage Bajocien mit vierzehn Arten, wovon nur eine *C. Saemanni* ins Bajocien hinaufgeht, während der Rest eigenthümlich ist.

C. cucumifera, *C. spinulosa*, *C. Zschokkei*, *C. Saemanni*, *C. Charmassei* sp. n., *C. Collenoti* sp. n., *C. Caumonti* sp. n., *C. Bajocensis* sp. n., *C. Roysi**, *C. Dumortieri** sp. n., *C. Larteti** sp. n., *C. Chantrei** sp. n., *C. Munieri** sp. n., *C. Locardi** sp. n.

Etage Bathonien enthaltend achtzehn Arten, dreizehn charakteristisch, während von den fünf andern eine (*C. Saemanni*) sich bereits früher gezeigt hat, eine andere (*C. sublaevis*) geht bis zum Callovien, während drei (*C. filograna*, *spinosa* und *Matheyi*) im Oxford wieder auftreten. Es werden genannt:

C. Saemanni, *C. Babeaui* sp. n., *C. Bathonica*, *C. sublaevis*, *C. Desori*, *C. Blainvillei*, *C. Langrunensis* sp. n., *C. microstoma*, *C. Guerangeri**, *C. meandrina**, *C. Julii** sp. n., *C. Davoustiana**, *C. episcopalis** sp. n., *C. Koechlini**, *C. Cellensis** sp. n., *C. spinosa*, *C. filograna**, *C. Matheyi*.

Etage Callovien mit vier Species, welche mit Ausnahme der *C. sublaevis*, welche bereits aus dem Bathonien genannt wurde, nur auf diese Abtheilung beschränkt sind; es sind: *C. Desnoyersi* sp. n., *C. variegata** sp. n., *C. sublaevis*, *C. Calloviensis** sp. n.

Etage Oxfordien führt dreizehn Species, von welchen die drei *C. filograna*, *spinosa* und *Matheyi* bereits im Bathonien auftreten, vier, *C. Blumenbachi*, *elegans*, *coronata* und *cervicalis*, im Corallien wieder erscheinen, erstere sogar bis ins Kimmeridge reicht. Es werden genannt: *C. Blumenbachi* (bei dieser Species werden 92 Synonyme aufgezählt!), *C. Schloenbachi**, *C. pilum**, *C. Marioni** sp. n., *C. Chalmasi** sp. n., *C. filograna*, *C. spinosa*, *C. Matheyi*, *C. elegans*, *C. laeviuscula*, *C. alpina*, *C. coronata*, *C. cervicalis*.

Etage Corallien. Hier erreicht das Genus das Maximum seiner Entwickelung mit vierundzwanzig Arten. Von diesen existirten vier, *C. Blumenbachi*, *elegans*, *coronata*, *cervicalis*, bereits im Bathonien und mit dem Kimmeridge hat sie nur die eine Art (*C. Blumenbachi*) gemein. Es bleiben also zwanzig Species, welche dem Corallien eigenthümlich sind, nämlich: *C. florigemma* (113 Synonyma!), *C. monilifera*, *C. Trouvillensis* sp. n., *C. propinqua*, *C. silicea* sp. n., *C. granulata**, *C. Icaunensis** sp. n., *C. Guirandi**, *C. Valfinensis** sp. n., *C. glandifera*, *C. Piletti**, *C. carinifera**, *C. lineata**, *C. Schlumbergeri** sp. n., *C. Beltremieuxi** sp. n., *C. acrolineata**, *C. millepunctata*, *C. platyspina**, *C. Ducreti**.

Etage Kimméridien führt sieben Arten, nämlich: *C. Blumenbachi*, *C. marginata*, *C. Poucheti*, *C. Bononiensis*, *C. Kimmeridiensis* sp. n., *C. Normanna** sp. n., *C. Beaugrandi** sp. n.

Etage Portlandien mit nur einer Art: *C. Legayi*.

Das Genus *Rhabdocidaris* hat dreiundzwanzig Species geliefert, welche sich folgendermassen vertheilen:

Etage Liasien drei Arten: *R. Moraldina*, *R. impar*, beide auf das Liasien beschränkt. *R. horrida* reicht bis zum Toarcien und Bajocien hinauf.

Etage Toarcien mit drei Arten, wovon zwei charakteristisch für sie sind: *R. pandarus**, *R. major* und *R. horrida*.

Etage Bajocien enthält sechs Species: *R. crassissima**, *R. Rhodani* sp. n., *R. Gauthieri* sp. n., *R. Varusensis* sp. n., *R. horrida*, *R. copeoides*; die vier ersten sind nur auf diese Abtheilung beschränkt, die fünfte tritt bereits früher auf und *R. copeoides* geht durch bis ins Oxford.

Etage Bathonien führt nur *R. copeoides*.

Etage Callovien führt zwei Arten: *R. guttata*, der ihr eigenthümlich ist und *R. copeoides*.

Etage Oxfordien enthält fünf Arten: *R. copeoides*, *R. Thurmanni**, *R. Sarthacensis**, *R. caprimontana*, *R. janitoris**; die vier letztgenannten sind dem Oxford eigenthümlich.

Etage Corallien enthält sieben Species, von welchen eine in's Kimmeridge hinaufreicht; es sind: *R. Censoriensis**, *R. Ritteri* (beide im Corall. inf.), *R. megalocantha**, *R. trigonacantha**, *R. virgata** (sowohl im Corallien inf. als sup.), *R. triptera** (Corall. sup.), *R. Orbignyana* (sowohl Cor. inf. als sup. und Kimmeridge).

Etage Kimméridgien zwei Arten, ausser *R. Orbignyana* noch *R. Bononiensis* sp. n.

Vom Genus *Diplocidaris*, das zuerst im Bathonien auftritt und im Corallien das Maximum seiner Entwickelung erreicht, werden acht Arten aufgeführt, und zwar:

Etage Bathonien: *D. Dumortieri*.

Etage Oxfordien enthält eine Art: *D. Gauthieri* sp. n.

Etage Corallien mit sechs Arten: *D. gigantea*, *D. Etalloni*, *D. cladifera*, *D. cinnamomea*, *D. verrucosa*, *D. miranda*, von welchen die vier erstgenannten auf das Corall. inf., die beiden letzten auf das Corall. sup. beschränkt sind.

Von den sechs Genera, welche Cotteau in der Familie der Saleniden unterscheidet, haben sich drei: *Arcosalenia*, *Pseudosalenia* und *Peltastes*, in den jurassischen Schichten Frankreichs gefunden. *Acrosalenia* ist am reichlichsten und zwar durch achtzehn Arten vertreten, welche sich folgendermassen vertheilen:

Etage Liasien: *A. Cotteaui*.

Etage Bajocien: *A. spinosa* und *A. Gauthieri* sp. n.; erstere geht bis zum Callovien, letztere ist auf das Bajocien beschränkt.

Etage Bathonien. Hier erreicht *Acrosalenia* das Maximum seiner Entwicklung mit 10 Arten, nämlich: *A. spinosa*, *A. Lycetti*, *A. Loweana*, *A. pentagona* sp. n., *A. hemicidaroides*, *A. Berthelini* sp. n., *A. Lamarcki*, *A. Lapparenti* sp. n., *A. pseudocorata*, *A. Marioni* sp. n.; letztgenannte geht bis in's Oxford, während die andern mit Ausnahme der ersten Art dem Bathonien eigenthümlich ist.

Etage Callovien führt drei Arten: *A. spinosa*, *A. radians* (dem

Callovien eigenthümlich), *A. angularis*, welche bis ins Kimmeridge hinaufreicht.

Etage Oxfordien mit zwei Arten: *A. Marioni* und *A. Girouxi*, letztere eigenthümlich.

Etage Corallien mit zwei Arten, von welchen eine (*A. Marcoui*) auf diese Etage beschränkt ist, während die andere (*A. angularis*) bereits früher auftrat.

Etage Kimméridgien zwei Arten: *A. angularis* und *A. Boloniensis*.

Etage Portlandien mit zwei Arten: *A. Boloniensis* und *A. Lamberti* sp. n., welch letztere hierauf beschränkt ist, während erstere bereits früher vorkommt.

Das Genus *Pseudosalenia*, welches auf den Jura beschränkt ist, hat nur eine Art: *P. aspera*, aus dem oberen weissen Jura (E. sequanien) geliefert.

Interessant ist das Auftreten des bisher ausschliesslich für cretaceisch gehaltenen Genus *Peltastes* in dem Etage Corallien sup., wo es durch eine allerdings sehr seltene, aber sicher identifizirte Art (*P. Valleti*) vertreten wird.

Noetling.

P. M. Duncan: On *Galerites albogalerus* Lam., syn. *Echinoconus conicus* Breynius. (Geol. mag. Dek. III. Vol. I. 1884. pag. 10—18.)

Die bekannte Art wird einer sorgfältigen Untersuchung unterzogen, wobei zahlreiche irrthümliche Angaben früherer Autoren berichtigt werden. Es wird festgestellt, dass *Galerites* keinen Kauapparat besitzt und im Apicialapparat eine 5. Genitalplatte nicht vorhanden ist. Letzterer zeigt jedoch in der Lage der einzelnen Platten nicht unbeträchtliche Abweichungen bei verschiedenen Individuen. Auch die Stellung der Poren ist eigenthümlich und bisher nicht richtig dargestellt. — Das Resultat ist, dass die Gattung *Galerites* von den Gnathostomen zu den Atelostomen übergeben muss, mit ihr wahrscheinlich auch die anderen zu den Echinoconiden gehörigen Gattungen. Diese Familie muss in die Nähe der Echinonidae gerückt werden, mit deren Vertretern (*Amblypygus* und *Echinoneus*) *Galerites* sehr nahe verwandt ist. Das steht in diametralem Gegensatz zur Ansicht Al. Agassiz's, welcher den Galeriten Verwandtschaft mit *Echinoneus* abspricht. Lovén dagegen zeigte, dass zwischen beiden Ähnlichkeit vorhanden sei.

Dames.

J. Fraipont: Recherches sur les Crinoides du Famennien de Belgique. Schluss. Mit einer Tafel. (Annales d. l. Soc. géol. de Belgique. t. XI. p. 105—117. 1884.)

Im vorliegenden dritten und letzten Theile dieser Arbeit [vergl. dies. Jahrbuch 1884, I, -366-] werden beschrieben: 1) 2 Arten der Gattung *Melocrinus*, 2) 2 Species von *Hexacrinus*, 3) eine von *Zeacrinus* und 4) eine von *Pentremites*. Sämmtliche Arten sind neu und von Dewalque, dessen Sammlung der Verf. sein Material entnommen, benannt. Alle gehören dem Oberdevon an; nur der *Pentremites* stammt aus den an der Basis der Calceola-Kalke liegenden sog. Schistes de Bure. **Kayser.**

Champernowne: On some Zaphrentoid corals from british devonian beds. Mit 3 Tafeln. (Q. J. G. S. 1884. p. 497—506.)

Enthält Beschreibungen und gute Abbildungen einer Reihe wohl erhaltener Formen von *Zaphrentis*, *Lophophyllum* (?), *Campophyllum* (?) und *Cyathophyllum* (?), von denen aber nur vier neu benannt werden.

Kayser.

K. Feistmantel: Über *Araucaryoxylon* in der Steinkohlenablagerung von Mittel-Böhmen. (Abhandl. d. k. böhm. Ges. d. Wissensch. 12. Bd. 1883. Mit 2 Tafeln.)

Ihre ursprüngliche Lagerstätte in Böhmen ist die der sogen. Kounovaer Schichten. Meist in Hornstein umgewandelt, sind die Hölzer braun und grau, seltener durch Kohle schwarz. Ihre anatomische Structur ist erhalten und diente dem Verfasser zu den vorliegenden Untersuchungen. Die ausführlich dargelegten Details ergeben ihm das Vorkommen in Mittelböhmen von folgenden 3 Arten: *Araucaryoxylon Schrollianum* Göpp. sp., *A. Brandlingi* Göpp. sp. und *A. carbonaceum* Göpp. sp., erstere zwei verkieselt, letzteres nur in der Faserkohle auf Kohlenflötzen der Radnitzer Schichten. — Zugleich wird über scharfkantige verkieselte Hölzer mit Bohrgängen von Insecten berichtet, welche in Schotterablagerungen bei Karlsdorf etc. vorkommen und von Kusta auf Araucariten des Rothliegenden bezogen wurden. Dieselben haben sich als Dicotyledonenhölzer, wahrscheinlich *Quercus*, herausgestellt. **Weiss.**

K. Feistmantel: Die Hornsteinbank bei Klobuk. (Sitzungsber. d. k. böhm. Ges. d. Wiss. 9. März 1883.)

Als schwache Zwischenschicht zwischen rothliegendem Sandstein kommt dort eine Hornsteinschicht vor, die weiter östlich wahrscheinlich durch eine kohlige und zum Theil quarzige Schicht vertreten wird. Pflanzenreste selten, darunter wohl eine verkieselte Sigillarie aus der Gruppe *Leiodermaria*. **Weiss.**

Zeiller: Note sur les fougères du terrain houiller du Nord de la France. (Bull. d. l. Soc. géol. de France, 3 sér. t. XII. p. 189. 1884.)

Derselbe: Sur quelques genres de fougères fossiles nouvellement créés. (Ann. des Sciences naturelles, Bot. t. XVII. p. 1. 1884.)

Die erstgenannte Abhandlung ist gewissermassen eine Ergänzung zu des Verfassers „Fructifications des fougères du terr. bouill.“ Ann. d. Sc.

nat. Bot. t. XVI, über welche in diesem Jahrb. 1884. II. -436- referirt wurde. Dort wurden nur fructificirende Farne behandelt, hier folgt eine Übersicht der Farne des nördlichen Frankreich, deren Z. fast 60 Arten bestimmt hat. Es sind dies folgende:

Sphenopteris obtusiloba Brongn. (*irregularis* Andrä), *neuropteroides* Boulay sp., *Schillingsi* Andr., *polyphylla* L. H., *trifoliolata* Art. sp., *nummularia* Gutb., *Hoeninghausi* Brg., *Laurenti* Andr., *mixta* Schimp., *chaerophylloides* Brongn., *stipulata* Gutb., *delicatula* Stb., *Bronni* Gutb., *herbacea* Boul., *trichomanoides* Brongn., *formosa* Gutb., *coralloides* Gutb., *Essinghi* Andr., *Crepini* Zeill., *lanceolata* Gutb., *macilenta* L. H., *spinosa* Göpp., *Diplotmema acutilobum* Stb. sp., *furcatum* Brg. sp., *Myriotheca Desaillyi* Zeill., *Calymmatotheca asteroides* Lesq. sp.

Neuropteris Scheuchzeri Hoffm., *acuminata* Schloth. sp., *gigantea* Stb., *flexuosa* Stb., *tenuifolia* Schloth. sp., *heterophylla* Brg., *rarinervis* Boul., *Dictyopteris sub-Brongniarti* Gr. Eur., *Münsteri* Eichw.

Odontopteris sphenopteroides Lesq., *obliqua* Brg. sp.

Moriopteris nervosa Brg. sp., *muricata* Schloth. sp., *latifolia* Brg. sp.

Alethopteris Grandini Bron. sp., *Serli* Brg. sp., *lonchitica* Schloth. sp., *Mantelli* Brg. sp., *gracillima* Boul., *Davreuxi* Brg. sp., *Lonchopteri. rugosa* Brg., *Brisei* Brong., *eschweileriana* Andr., *Pecopteris abbreviata* Brg., *crenulata* Brg., *integra* Andr. sp., *dentata* Bron., *pennaeformis* Brg., *aspera* Brg.

Aphlebia crispa Gutb. sp. — *Megaphytum Souichi* Zeill., *giganteum* Gold.

Vielen Arten sind Bemerkungen zugefügt.

In beiden Abhandlungen, ausführlich aber in der zweiten, geht der Verfasser auf die bereits im obigen Referate citirte subtile Prioritätsfrage ein, hinsichtlich einiger durch die Stur'sche Abhandlung über Culm- und Carbonfarne, Ak. d. Wiss. zu Wien 88. Bd. (dies. Jahrbuch 1884. II. -437-), entstandener Namen. Zeiller hatte in seiner Abhandlung (erschienen 1883, August—October) die neuen Gattungen *Crossotheca*, *Dactylotheca*, *Renaultia*, *Myriotheca*, *Grand'Eurya* gegründet. In der angegebenen Stur'schen Arbeit (erschienen 1883, December, als Sitzungsber. für Juli 1883) kehren die Namen *Renaultia* und *Grand'Eurya* für ganz andere Farnreste wieder, während Zeiller *Hapalopteris* Stur = *Renaultia* Z., *Discopteris* Stur = *Myriotheca* Z., *Saccopteris* Stur wahrscheinlich = *Grand'Eurya* Z. setzt. Die Priorität einiger Monate für die collidirenden Namen *Renaultia* und *Grand'Eurya* ist allerdings Zeiller zuzusprechen, denn dass Stur schon kurz vor Zeiller ein Namenverzeichniss ohne Diagnosen und Abbildungen mit seinen neuen Farngattungen publizirt hatte, und dass das Heft mit der ausführlichen Stur'schen Abhandlung für Juli bestimmt war, kann an dem späteren Erscheinen, womit sie erst zum Allgemeingut geworden ist, nichts ändern. [Zur Vermeidung unausbleiblicher Verwechselungen würde es freilich der einzige Ausweg sein, die Namen *Renaultia* und *Grand'Eurya* ganz fallen zu lassen und durch andere zu ersetzen.]

Diesen und anderen von ihm beobachteten Fructificationen, die auch STUR erörtert hat, widmet ZEILLER in der zweiten Abhandlung beachtenswerthe Bemerkungen.

Weiss.

H. Engelhardt: Über die Flora des „Jesuitengrabens" bei Kundratitz im Leitmeritzer Mittelgebirge. (Abhandlungen der Ges. Isis in Dresden. 1882. p. 13—18.)

Unter losem Basaltgerölle finden sich im „Jesuitengraben" bei Kundratitz versteinerungsführende Schichten von Polierschiefer und Brandschiefer und darunter wieder Basalttuff. Besonders reich an Pflanzen, — aber auch an Thierresten — sind die Brandschiefer. Verf. führt in seinem Verzeichnisse folgende Arten auf:

Phyllerium Kunzii AL. BR. sp., *Ph. Crocoxyli*, *Ph. Callicomae*, *Sphaeria milliaria* ETT., *S. glomerata*, *S. Salicis*, *S. Amygdali*, *Depazea picta* HEER, *Phacidium populi ovalis* AL. BR., *Rhytisma palaeoacerinum* — *Confervites debilis* HEER, *Cladophora tertiaria*. — *Chara* spec. — *Hypnum Heppii* HEER. — *Lycopodites puberolifolius*.

Poacites laevis AL. BR., *P. caespitosa* HEER, *P. rigidus* HEER, — *Smilax reticulata* HEER. — *Najadopsis dichotoma* HEER, — *Sparganium Valdense* HEER, *Typha latissima* AL. BR. —

Taxodium distichum miocenum HEER, *Libocedrus salicornioides* UNG. sp., *Callitris Brongniarti* ENDL. sp., *Podocarpus Eocenica* UNG., *Pinites lanceolatus* UNG., *Pinus Saturni* UNG.

Myrica hakeaefolia UNG. sp., *M. banksiaefolia* UNG., *M. acuminata* UNG., *M. Vindobonensis* ETT. sp., *M. carpinifolia* GOEPP.? — *Betula prisca* ETT., *B. Brongniarti* ETT., *B. dryadum* BGT., *Alnus Kefersteinii* GOEPP. — *Quercus myrtilloides* UNG., *Qu. Godeti* HEER, *Qu. Lonchitis* UNG., *Qu. Gmelini* UNG., *Qu. Reussii* ETT., *Qu. argute-serrata* HEER, *Qu. Charpentieri* HEER, *Qu. mediterranea* UNG., *Qu. Artocarpites* UNG., *Corylus grossedentata* HEER, *Carpinus grandis* UNG., *C. pyramidalis* GAUD., *Ostrya Atlantidis* UNG., *Fagus castaneaefolia* UNG., *Castanea atavia* UNG. — *Ulmus Braunii* HEER, *U. plurinervia* UNG., *U. Bronnii* UNG., *U. Fischeri* HEER, *U. minuta* GOEPP., *Planera Ungeri* KOV. sp. — *Ficus ararifolia* ETT., *F. Lereschii* HEER, *F. lanceolata* HEER, *F. Finx* UNG., *F. tiliaefolia* UNG. sp., *F. populina* HEER, *F. Aglajae* UNG. — *Salix varians* GOEPP., *S. longa* AL. BR., *S. Lavateri* HEER, *S. Haidingeri* ETT. sp., *Populus mutabilis* HEER, *P. latior* HEER. — Die Nyctaginee *Pisonia Eocenica* ETT. — *Laurus princeps* HEER, *L. Lalages* UNG., *L. primigenia* UNG., *L. styracifolia* WEB., *Benzoïn antiquum* HEER, *Cinnamomum Rossmaessleri* HEER, *C. Scheuchzeri* HEER, *C. lanceolatum* HEER, *C. polymorphum* HEER, *C. spectabile* HEER, *Daphnogene Ungeri* HEER, *Litsaea Deichmülleri*, *L. dermatophyllum* ETT., *Nectandra Raffelti*. — *Santalum acheronticum* ETT., *Leptomeria flexuosa* ETT., *L. Bilinica* ETT.? — *Elaeagnus acuminata* WEB. — Die Proteaceen *Embothrium microspermum* HEER, *E. leptospermum* ETT., *E. salicinum* HEER, *E. Sotzkianum* UNG., *Lomatia pseudoilex* UNG.

Viburnum Atlanticum Ett. — *Cinchona Pannonica* Ung., *C. Aesculapi* Ung., *Pacetta borealis* Ung. — *Fraxinus deleta* Heer, *Fr. lonchoptera* Ett., *Notelaea Philyrae* Ett. — *Strychnos Europaea* Ett. — *Apocynophyllum Helveticum* Heer, *A. sessile* Ung., *Neritinium majus* Ung. — *Menyanthes arctica* Heer. — *Borraginites myosotiflorus* Heer. — Die Convolvulacee *Porana Ungeri* Heer. — Die Bignoniacee *Tecoma Basellii*. — *Myrsine clethrifolia* Sap., *M. Radobojana* Ung., *M. antiqua* Ung., *M. Heerii, M. parvifolia, M. celastroides* Ung., *M. Plejadum* Ett., *Ardisia myricoides* Ett., *Icacorea lanceolata* Ett., *I. primaeva* Ett. — *Sapotacites minor* Ung. sp., *Bumelia Oreadum* Ung. — *Diospyros paradisiaca* Ett., *D. palaeogaea* Ett., *D. brachysepala* Al. Br. — *Styrax stylosa* Ung., *Symplocos Radobojana* Ung. — *Vaccinium acheronticum* Ung., *V. vitis Japeti* Ung. — *Andromeda protogaea* Ung., *A. vaccinifolia* Heer, *Ledum limnophilum* Ung.

Die Umbelliferen *Diachaenites microsperma, D. ovata.* — *Panax longissimum* Ung., *Aralia palaeogaea* Ett., *Sciadophyllum Haidingeri* Ett. — *Vitis Teutonica* Al. Br., *Cissus rhamnifolia* Ett. — *Cornus Studeri* Heer, *C. paucinervis.* — *Loranthus palaeo-Eucalypti* Ett. — *Weinmannia Sotzkiana* Ett., *Cunonia Bilinica* Ett., *Callicoma Bohemica* Ett., *C. microphylla* Ett., *C. media, Ceratopetalum Bilinicum, C. Haeringianum* Ett., *C. Cundraticiense.* — *Berberis miocenica.* -- *Magnolia Dianae* Ung. — *Samyda borealis* Ung., *S. tenera* Ung. — *Bombax grandifolium, B. chorisiaefolium* Ett. — *Sterculia deperdita* Ett., *St. grandifolia,* — *Grevia crenata* Ung. sp., *Elaeocarpus Europaea* Ett. — *Ternstroemia Bilinica* Ett. — *Acer Rüminianum* Heer, *A. integrilobum* Web., *A. trilobatum* Sternb. sp., *A. angustilobum* Heer, *A. subplatanoides, A. eupterigium* Ung., *A. crassinervium* Ett., *A. grosse-dentatum* Heer. — Die Malpighiacee *Tetrapteris vetusta* Ung. — *Sapindus falcifolius* Al. Br., *S. Pythii* Ung., *S. cassioides* Ett., *S. cupanoides* Ett., *Sapindophyllum falcatum* Ett., *Dodonaea antiqua* Ett. — *Evonymus Napaearum* Ett., *E. Heerii, E. Pythiae* Ung., *Celastrus Ungeri, C. oxyphyllus* Ung., *C. Bruckmanni* Heer, *C. cassinefolius* Ung. sp., *C. palaeo-acuminatus, C. protogaeus* Ett., *C. Andromedae* Ung., *C. scandentifolius* Web., *C. Lycinae* Ett., *C. Acherontis* Ett., *C. Maytenus* Ung., *C. elaenus* Ung., *Maytenus Europaea* Ett., *Pittosporum Fenzlii* Ett., *Elaeodendron Bohemicum, E. degener* Ung. sp., *E. Persei* Ung. sp., *E. dubium* Ung. — *Aesculus Palaeocastanum* Ett. — *Ilex stenophylla* Ung., *I. gigas, I. neogena* Ung., *Prinos Cundraticiensis, Pr. Radobojanus* Ung. — *Zizyphus Ungeri* Heer, *Z. tiliaefolius* Ung. sp., *Rhamnus Gaudini* Heer, *Rh. Decheni* Web., *Rh. paucinervis* Ett., *Rh. Reussii* Ett., *Rh. Castellii* Engelh., *Rh. Graeffi* Heer, *Rh. brevifolius* Ung., *Rh. Eridani* Ung., *Ceanothus ebuloides* Web. — *Colliguaja protogaea* Ett., *Euphorbiophyllum parvifolium.* — *Juglans Bilinica* Ung. sp., *J. vetusta* Heer, *J. rectinervis* Ett., *J. hydrophila* Ung., *J. acuminata* Ung., *J. palaeoporcina, Caria elaenoides* Ung. sp., *Pterocarya denticulata* Web. sp., *Engelhardtia Brongniarti* Sap. — *Rhus prisca* Ett., *Rh. triphylla* Ung., *Rh. elaeodendroides* Ung., *Rh. Herthae* Ung., *Rh. Pyrrhae* Ung.,

Rh. Meriani Heer, *Zanthoxylon serratum* Heer. — Die Burseracee *Elaphrium antiquum* Ung. — Die Combretacee *Terminalia Radobojana* Heer. — *Myrtus Aphrodites* Ung., *Eugenia Haeringiana* Ung., *Eucalyptus Oceanica* Ung., *E. grandifolia* Ett. — *Melastomites pilosus.* — *Amygdalus pereger* Ung., *A. Bilinica* Ett., *Prunus Olympica* Ett. — *Pirus Euphemes* Ung. sp., *P. pygmaeorum* Ung., *Crataegus pumilifolia, Cr. Teutonica* Ung. — *Spiraea Osiris* Ett., *Sp. tenuifolia, Rosa Bohemica, R. lignitum* Heer. — *Oxylobium miocenicum* Ett., *Kennedya Aquitanica, Palaeolobium Haeringianum* Ung., *P. Sotzkianum* Ung., *P. heterophyllum* Ung., *P. Sturii* Ett., *Sophora Europaea* Ung., *Cassia phaseolites* Ung., *C. Berenices* Ung., *C. hyperborea* Ung., *C. lignitum* Ung., *C. ambigua* Ung., *C. cordifolia* Heer, *C. Zephyri* Ett., *C. pseudoglandulosa* Ett., *Robinia Regelii* Heer, *Glycyrrhiza deperdita* Ung., *Gleditschia Celtica* Ung., *Gl. Alemanica* Heer, *Caesalpinia oblongo-ovata* Heer, *C. Basellii, Dalbergia Proserpinae* Ett., *D. nostrata* Heer, *D. primaeva* Ung., *D. cassioides, Machaerium palaeogaeum* Ett., *Phaseolithes orbicularis* Ung., *Copaifera rediviva* Ung., *Inga Icari* Ung., *Leguminosites sparsinervis.* — *Acacia microphylla* Ung., *A. Parschlugiana* Ung., *A. Sotzkiana* Ung., *Mimosites Haeringianus* Ett. —

Antholithes laciniatus var. major, *A. Haueri*, *Carpolithes aceratoides, C. angulatus* und *C. jugatus.*

Die 284 Arten dieser aquitanischen Flora vertheilen sich auf 147 Gattungen und 66 Familien; 40 Arten sind neu (im Verzeichniss ohne Autorenangabe). Die zahlreichsten Arten haben aufzuweisen die Papilionaceen (30), Celastrineen (21), Cupuliferen (20), Rhamneen (11), Myrsineen (10). — Eine ausführlichere Bearbeitung folgt in Nov. Acta Ac. Leop. **Geyler.**

Paul Friedrich: Über die Tertiärflora der Umgegend von Halle an der Saale. Halle 1883. 12 Seiten. 8°. (Auch in Mittheilungen des Vereins für Erdkunde in Halle a. S. 1883.)

Die Pflanzen aus der Braunkohle der Provinz Sachsen gehören zum Unteroligocän, d. h. zu Süsswasserbildungen, welche hier die Basis des Tertiär und das Liegende der zum Mitteloligocän gehörenden marinen Ablagerungen (Septarienthon) bilden. Halle lieferte die meisten Pflanzenreste; andere stammen von Nachterstedt bei Aschersleben und aus der Gegend von Weissenfels. Das Niveau der einzelnen Fundorte ist folgendes:

5. Stufe der Kiese, Sande und Thone im Hangenden des oberen Braunkohlenflötzes.	Stedten (Sand).
4. Oberes Braunkohlenflötz.	
3. Stufe der Kiese, Sande und Thone im Hangenden des Unterflötzes.	Schortau bei Weissenfels (Knollenstein), Thone aus dem Segengottesschachte und der früheren Grube „schwarze Minna“ bei Eisleben.
2. Unteres Braunkohlenflötz.	Riestedt (zwischenliegende Thone), Dörstewitz, Trotha.

. . . . } Bornstedt.

1. Stufe der Kiese, Sande und Thone im Liegenden des Unterflötzes. — Skopau, Lauchstedt und Umgegend (Knollenstein), Runthal bei Weissenfels (Thon).

Die Anzahl der Arten in den einzelnen Floren und die Vertheilung der weiter verbreiteten Arten auf die Tertiärstufen zeigt die folgende Tabelle:

Fundorte.	Anzahl der Arten.	D. Fundorte eigenthüml.	Mehreren Orten der Provinz gemeinsam.	Weiter verbreitet.	Es kommen vor im Eocän.	Oligocän Unter-	Oligocän Mittel-	Oligocän Ober-	Miocän Unter-	Miocän Mittel-	Miocän Ober-	Pliocän.	Es beginnen im: Nur Eocän.	Oligocän Unter-	Oligocän Mittel-	Oligocän Ober-	Miocän Unter-	Miocän Mittel- u. Ober-	Pliocän.	Nordamerika.	Arktisches Gebiet.
Knollenstein.	40	15	14	21	13	9	7	10	7	5	6	—	6	3	1	3	1	—	—	4	1
Stedten . .	16	3	9	11	2	5	5	11	8	3	3	—	—	4	1	4	—	—	—	1	1
Bornstedt .	49	20	12	23	13	10	9	12	10	7	6	2	8	7	2	2	1	—	—	8	2
Riestedt . .	4	1	—	3	1	2	—	1	2	1	1	1	1	2	—	—	—	—	—	—	—
Dörstewitz .	16	9	5	5	1	3	2	2	1	2	1	—	1	3	—	1	—	—	—	—	—
Trotha . .	7	5	1	2	1	1	—	2	1		1	—	—	—	—	1	—	—	—	—	—
Runthal . .	8	1	6	6	2	1	1	6	3	—	1	—	1	1	—	3	—	—	—	—	
Eisleben . .	38	27	6	8	4	4	2	4	3	2	1	—	2	4	—	—	—	—	—	—	—
Gesammtzahl der Arten .	ca. 150	81	21	58	25	23	14	29	20	12	13	4	16	16	4	10	2	—	—	11	2

Nach dem Habitus der Blätter lassen sich 2 Gruppen unterscheiden. Bei Eisleben, einem Tertiärbecken von geringem Umfange, sind die Blätter meist klein mit gezähntem oder gesägtem Rande und herrschen die Eleutheropetalen (ca. 43 %), bei den übrigen sind die Blätter gross, meist ganzrandig und herrschen die Apetalen (im Knollenstein 50 %, Bornstedt 43 %). Trotha und Riestedt sind hierbei nicht mitgerechnet worden, da hier noch zu wenig Arten bekannt geworden sind. Über diese Verhältnisse giebt die folgende Tabelle Aufschluss.

	Knollenstein	Stedten.	Bornstedt.	Riestedt.	Dörstewitz.	Trotha.	Runthal.	Eisleben.	Summa.
Farnkräuter	1	4	7	1	2	—	1	6	17
Gymnospermen	1	2	2	—	1	—	—	1	5
Monocotyledonen . . .	6	2	4	—	—	—	1	—	11
Apetalen	19	5	21	2	8	2	2	9	55
Gamopetalen.	5	2	2	—	1	—	1	7	16
Eleutheropetalen . . .	7	1	13	1	4	5	3	17	45
Summa	39	16	49	4	16	7	8	40	149

I. Flora des grösseren Florengebietes.

Unter den Farnen fanden sich die weitverbreiteten Arten *Osmunda lignitum* Gieb. sp., *Lygodium Kaulfussi* Heer und *Asplenium subcretaceum* Sap., die beiden letzten Arten zeigen sich auch im Tertiär von Nordamerika. In Stedten fand sich die erste tertiäre *Oleandra* mit Fruchtbildung. — *Sequoia Couttsiae* Heer findet sich häufig in den Knollensteinen und bei Stedten, bei Bornstedt sogar in Menge; dagegen ist *S. Langsdorffii* Bgt. sp. nur in einem winzigen Zweigrest bei Bornstedt nachgewiesen worden. Doppelnadeln von *Pinus* fanden sich nur bei Dörstewitz, hier aber ziemlich häufig.

Von Monocotyledonen finden sich Palmen und 2 *Smilax*-Arten, und zwar von letzterer Gattung *Sm. Saxonica* nov. sp. bei Bornstedt nicht selten. Von Palmen sind *Sabal Haeringiana* Ung. sp. und *S. major* Ung. sp., *Chamaerops Helvetica* Heer und *Phoenicites borealis* nov. sp. bei Nachterstedt gefunden worden.

Die Apetalen sind hinsichtlich der Artenzahl hervorragend. Die Eichen entsprechen bis auf 2 Arten den Sectionen *Pasania*, *Cyclobalanus* und *Chlamydobalanus* des Monsungebietes. Sehr häufig sind *Quercus furcinervis* Rossm. sp. bei Stedten und Runthal, *Qu. Sprengelii* Heer bei Bornstedt. *Dryophyllum Curticellense* Wat. sp. und *Dr. Dewalquei* Sap. und Mar. von Skopau ist sonst ein auf Kreide und Eocän beschränkter Typus. *Quercus neriifolia* Al. Br. und *Qu. subfalcata* nov. sp. erinnern an Nordamerika. Für Dörstewitz ist *Comptonia* characteristisch. Proteaceen treten zurück; sicher scheint bloss *Dryandra Saxonica* nov. sp. zu sein. Bei Riestädt zeigten sich früher zahlreiche Früchte von *Carya ventricosa* Bgt. sp., einer Gattung, welche jetzt in Amerika einheimisch ist, dem amerikanischen Tertiär fehlt, aber im europäischen Tertiär weit verbreitet ist. Von *Ficus tiliaefolia* Al. Br. wurde nur ein Blatt bei Bornstedt gefunden; dagegen ist *F. crenulata* Sap. (sonst aus dem Untereocän von Sézanne bekannt) bei Bornstedt häufig. Laurineen sind fast an allen Fundorten zahlreich; bei Trotha und Dörstewitz besonders *Laurus*, bei Stedten *Cinnamomum*, bei Bornstedt *Cinnamomum*, *Litsaea* und *Actinodaphne*; die Blätter der letztgenannten Gattung sind nicht zu unterscheiden von *A. obovata* Bl. in Ostindien.

Von Gamopetalen finden sich z. B. *Apocynophyllum neriifolium* Heer häufig bei Skopau, ferner *A. Helveticum* Heer bei Bornstedt und schöne Fruchtreste von *Diospyros vetusta* Heer.

Von Eleutheropetalen hebt Verf. hervor: *Aralia Weissii* nov. sp. (häufig bei Bornstedt), *Cunonia formosa* nov. sp. (häufiger Baum bei Dörstewitz), *Nymphaeites Saxonica* nov. sp. und *Papaverites* spec. (gut erhaltene Früchte; letztere für Tertiär neu), *Kiggelaria* spec. von Bornstedt, *Sterculia labrusca* Ung. (mit ostindischen Formen, z. B. mit *St. colorata*, nahe verwandt) ist nächst *Apocynophyllum neriifolium* bei Skopau die häufigste Pflanze, und auch bei Trotha liegen auf den Gesteinen oft viele Blätter über einander. Bei Trotha ist auch die erste tertiäre Passionsblume *Passiflora Hauchecornei* nov. sp., sowie *Machaerium* spec. gefunden worden. Die grössten Blätter liefern bei Bornstedt *Bombax Decheni* Web. sp. (ist keine Dombeyacee) und *B. chorisioides* nov. sp., welche an amerikanische Formen erinnern.

II. Flora von Eisleben.

Unter den Farnen finden sich 2 Gleichenien, von welchen *Gl. Saxonica* an die bisher einzig bekannte tertiäre Art *Gl. Hantonensis* Wakl. sp. aus dem englischen Eocän, die andere an *Pteridoleimma Koninckiana* Deb. u. Ett. aus der Kreide von Aachen sich anlehnt. Neu für Tertiär sind *Nephrodium*, *Hypolepis* und *Polypodium* sect. *Prosaptia*; alle mit kleinen Fiederchen, aber vorzüglich erhaltener Fructification. Grössere Blätter scheinen mit Ausnahme von *Osmunda lignitum* zu fehlen. — Von Gymnospermen zeigen sich nur kümmerliche Nadelreste aus der Gattung *Pinus*; Monocotyle wurden nicht gefunden.

Von den Apetalen fehlen *Quercus*, *Laurus* und *Ficus*; *Cinnamomum Scheuchzeri* Heer fand sich nur in einem Blatte. Proteaceen sind zahlreich. Zum erstenmale fossil treten auf *Cannabis* und *Boehmeria*; *B. excelsaefolia* nov. sp. erinnert an die baumartige *B. excelsa* Wall. von Juan Fernandez und ist von dieser kaum zu unterscheiden. Von Proteaceen ist *Dryandra Saxonica* nov. sp. äusserst häufig; *Proteophyllum bipinnatum* nov. sp. scheint ein ausgestorbener Typus zu sein und erinnert an *Comptonites antiquus* Nils. aus der Kreide.

Von Gamopetalen fand sich *Fraxinus*, eine schöne Blüthe mit gut erhaltenen Staubgefässen von *Styrax*, zahlreiche kleinere Blüthen von *Symplocos* sect. *Hopea* (jetzt im Monsungebiet vertreten). *Diospyros* und *Apocynophyllum* scheinen ganz zu fehlen.

Herrschend sind die Eleutheropetalen, alle mit kleinen winzigen Blättchen. Nymphaeaceen, Sterculiaceen und Bombaceen fehlen gänzlich. Dagegen sind artenreich Celastrineen und Saxifragaceen; sehr reich an Individuen *Zizyphus*. Dazu gesellen sich *Passiflora tenuiloba* nov. sp., *Xanthoceras antiqua* nov. sp. (eine häufige Sapindacee), 2 *Panax*-Arten, von welchen *P. longifolium* nov. sp. sich kaum von dem neuseeländischen *P. arboreum* Forst., einem ansehnlichen Baum mit gefingerten Blättern, unterscheiden lässt.

Mit den Nachbarfloren hat Eisleben nur die 6 Arten: *Osmunda lignitum* Gieb. sp., *Myrica angustata* Schimp., *Cinnamomum Scheuchzeri* Heer, *Dryandra Saxonica* nov. sp., *Ceratopetalum myricinum* Lah. und *Zizyphus Leuschneri* nov. sp. gemeinsam und steht auch den übrigen Floren fremdartig gegenüber. Doch gehört sie demselben Tertiärabschnitt an, wie Skopau, Bornstedt u. s. w. Es walten tropische Formen vor und Gattungen gemässigterer Klimate, welche im jüngeren Oligocän neben tropischen Formen auftauchen, fehlen.

In der Gesammtflora verweisen 14 Typen auf alte und neue Welt, 27 auf alte Welt, pacifische Inseln und Australien, 15 aber auf Amerika. — Die zahlreichen Arten des Hallischen Tertiär, ihr vortrefflicher Erhaltungszustand bei verhältnissmässig hohem Alter machen diese Flora zu einer der interessantesten und wichtigsten. **Geyler.**

O. Schröter: Die Flora der Eiszeit. Zürich 1883. 41 Seiten mit 1 Taf. 4°.

Nach kurzer Einleitung werden in sachlicher, allgemein verständlicher Darstellung die Beweise für die Vergletscherung weit sich erstreckender Länder während der Glacialzeit, die ungeheure Ausdehnung der mächtigen Gletscherbildungen und die Ursachen der Vergletscherung besprochen. Ausser in einem grossen Theile Europa's finden sich Spuren der Glacialperiode auch am Kaukasus, Libanon, Himalaya (die höheren Gebirge des temperirten Nordasiens, z. B. Altai, zeigen ihrer continentalen trockenen Lage wegen keine Spuren früherer grösserer Vergletscherungen) und auf den Gebirgen der südlichen Hemisphäre in Brasilien, Chili, Patagonien, Südafrika und Neuseeland. Zwischen Anfang und Ausgang der Glacialzeit finden sich aber auch Spuren einer geringeren Vergletscherung und eines milderen, dem jetzt herrschenden etwa entsprechenden Klima's, der „interglacialen Periode". Beinahe sämmtliche Tuff- und Lignitlager der Pleistocänzeit gehören dieser interglacialen Periode an. So in der Schweiz: die Schieferkohlen von Wetzikon und Dürten (Ct. Zürich), die Schieferkohlen von Utznach und Mörschwyl (Ct. St. Gallen), ein Lehmlager bei St. Jacob an der Birs und die allerdings pflanzenleeren Schieferkohlen am Thunersee; in Deutschland: die Schieferkohlen bei Sonthofen im Allgäu, die pflanzenleeren Kohlenlager am Kochelsee bei Gross-Weil, die Schieferkohlen von Steinbach bei Baden und die von Lauenburg in Norddeutschland, die Tuffe bei Cannstatt und Stuttgart, die Höttingerbreccie bei Innsbruck; in Frankreich: die Lignite von Chambery und Sonnaz in Savoyen, die Kalktuffe der Provence bei Aygalades, Marseille, Meyrargues, Belgencier und les Arcs, die Kalktuffe von Montpellier und die von Celle bei Paris; in Italien: die Lignite von Leffe bei Gandino; in England: das „forest bed" an der Küste von Norfolk, bei Cromer; in Schottland: das Lignitlager von Cowdon Glen südwestlich von Glasgow; in Spitzbergen: das „Mytilusbett", eine Pflanzen und Conchylien führende, alte Strandbildung; in Nordamerika: ein „Waldbett" in Ohio und Torfbildungen in Jowa, Wisconsin und Minnesota.

In den Schieferkohlen der Schweiz fand Heer: *Pinus silvestris*, *P. montana*, *Taxus baccata*, *Picea excelsa*, *Larix decidua*, *Phragmites communis* Trin., *Scirpus lacustris*, *Betula*, *Quercus Robur*, *Corylus Avellana* nebst var. ovata, *Polygonum Hydropiper?*, *Menyanthes trifoliata*, *Vaccinium vitis Idaea?*, *Galium palustre*, *Trapa natans?*, *Acer pseudoplatanus*, *Rubus Idaeus*. Auch einige Moosarten fanden sich und vor Allem der Samen eines ausgestorbenen Pflanzentypus, der *Holopleura Victoria* Casp., eine an die tropische *Victoria regia* erinnernde Wasserrose.

In den Imberger Kohlen bei Sonthofen wurde beobachtet *Pinus silvestris*; in den Steinbacher Kohlen *Menyanthes trifoliata*; in Savoyen *Picea*, *Betula*, *Salix cinerea* und *S. repens*; in Leffe *Picea*, *Larix*, *Corylus*, *Trapa*, *Aesculus* (also diese Gattung in Europa einheimisch) und *Juglans tephrodes* Ung.; bei Lauenburg: *Quercus*, *Corylus*, *Carpinus*, *Acer* und *Trapa*. Bei St. Jacob fand sich *Pinus silvestris* var. reflexa Heer, *Carpi-*

nus Betulus L., *Salix aurita* L., *Rhamnus frangula* L., *Ligustrum vulgare* L., *Viburnum Lantana* L., *Cornus sanguinea* L. und *Vaccinum uliginosum* L. Auch in England und Nordamerika finden sich lauter noch dort lebende Pflanzen, ausgenommen im „forest bed", wo *Pinus montana* Mill. vorkommt, die jetzt dort ausgestorben ist. Auch die Flora des „Mytilusbettes" hat, wie noch heute, arktischen Character, doch mit Anzeigen eines wärmeren Klima's.

Auch die Flora der interglacialen Tuffe verweist auf ein dem heutigen ähnliches Klima, so diejenige von Cannstatt. Von dieser 29 Arten zählenden Flora ist *Quercus Mammuthi* Heer, *Populus Fraasii* Heer und ein Nussbaum ganz ausgestorben, während der Buchsbaum jetzt in einem etwas milderen Klima gedeiht. — Dagegen fanden sich in Frankreich zur Zeit der Tuffbildung bei Paris: *Ficus Carica* und *Laurus nobilis;* in der Provence aber: *Laurus nobilis* L., *L. Cariensis* Webb, *Ficus Carica* L., *Celtis australis* L., *Fraxinus Ornus* L., *Vitis vinifera* L., *Cercis Siliquastrum* L., *Viburnum Tinus* L. und daneben die mehr nördlichen Formen: *Pinus Laricio* Poir., *P. montana* var. Pumilio Hänke, *Ulmus campestris* Sm., *U. montana* Sm., *Corylus Avellana* L. und *Populus alba* L., welche Flora z. Th. auf ein milderes, z. Th. feuchteres, im ganzen gleichmässigeres Klima deutet.

Fremdartiger erscheint die Thierwelt. Neben Pferd, Hirsch, Reh, Elenn, Renthier, Fuchs, Wolf, Eber, Biber, Dachs, Murmelthier, Eichhorn, Spitzmaus, Maulwurf, Luchs treten auch gegen 20 erloschene Formen auf, wie *Elephas antiquus* Fabr., *E. meridionalis,* das Mammuth, das gleichfalls langhaarige *Rhinoceros tichorrhinus* Cuv., ferner *Rh. Merkii* Jacq., *Ursus spelaeus* Blum., der kleinere *U. Arvernensis* Croiz., *Felis spelaea* Goldf., *Hyaena spelaea* Goldf., *Bos primigenius* Boj., *B. priscus* Ow. und im „forest bed" *Hippopotamus major* Desm. Also auch hier die Typen wärmerer und nördlicherer Klimate gemischt. Ähnlich verhalten sich auch die Conchylien. — Spuren der Anwesenheit von Menschen fanden sich bei Wetzikon, Mosbach und Cannstatt.

Die Fundorte glacialer Pflanzen waren bis 1870 nur wenig bekannt. Die pflanzenführende Schicht liegt bei den 22 Fundorten, welche Nathorst in Schonen fand, meist an der unteren Grenze des sandhaltigen Lehms, welcher, wahrscheinlich direct aus dem Gletscherbache abgesetzt, jetzt von Torfmooren überlagert wird. In diesen Mooren fand z. B. Steenstrup in Dänemark in den verschiedenen auf einander folgenden Schichten Zitterpappel, Föhre, Eiche, welche Folge auf ein allmähliches Milderwerden des Klima's deutet. — Die Lagerungsverhältnisse sind bei fast allen Fundorten dieselben (eine besondere Ausnahme biete Jarville bei Nancy), doch sind die schweizer Orte sämmtlich postglacial und ohne Spuren nochmaliger Vergletscherung, während anderwärts wohl der Thon von Moränen unter- und überlagert wird, also älterer Entstehung ist.

Das Klima mag damals 3—4° C. mittlere Jahrestemperatur gehabt haben. Damit stimmen mit den Pflanzenresten, deren Vorkommen in dem glacialen Thon (meist unterhalb der Moore) immerhin ein recht seltenes ist,

	1.	2.	3.	4.	5.	6.	7.	8.	9.	10.	11.	12.	13.	14.	15.	16.	17.	18.	19.	20.
Moose.																				
Metzgeria furcata NEES v. ES.	.	.	•	.	.	.	.	.	.	.	.	.	.	.	.	.	.	.	.	.
Leptotrichum flexicaule SCHIMP.	.	.	•	.	.	.	.	.	.	.	.	.	.	.	.	.	.	.	.	.
Bryum pseudotriquetrum SCHW.	.	.	•	.	.	.	.	.	.	.	.	.	.	.	.	.	.	.	.	.
„ *pallens* SW.	.	.	•	.	.	.	.	.	.	.	.	.	.	.	.	.	.	.	.	.
Tortula ruralis SCHWÄGR.	.	.	•	.	.	.	.	.	.	.	.	.	.	.	.	.	.	.	.	.
Aulacomnion palustre SCHWÄGR.	.	.	•	.	.	.	.	.	.	.	.	.	.	.	.	.	.	.	.	.
Philonotis fontana BRID.	.	.	•	.	.	.	.	.	.	.	.	.	.	.	.	.	.	.	.	.
Timmia Megapolitana var.	.	.	•	.	.	.	.	.	.	.	.	.	.	.	.	.	.	.	.	.
Thuidium abietinum BR. u. SCH.	.	.	•	.	.	.	.	.	.	.	.	.	.	.	.	.	.	.	.	.
Climacium dendroides W. u. M.	.	.	•	.	.	.	.	.	.	.	.	.	.	.	.	.	.	.	.	.
Camptothecium nitens SCHIMP.	.	.	•	.	.	.	.	.	.	.	.	.	.	.	.	.	.	.	.	.
Amblystegium serpens BR. u. SCH.	.	.	•	.	.	.	.	.	.	.	.	.	.	.	.	.	.	.	.	.
Hypnum stellatum SCHREB.	.	.	•	.	.	.	.	.	.	.	.	.	.	.	.	.	.	.	.	.
„ *Wilsoni* SCHIMP.	.	.	•	.	.	.	.	.	.	.	.	.	.	.	.	.	.	.	.	.
„ *turgescens* SCHIMP.	.	•	.	.	.	.	.	.	.	.	.	.	.	.	.	.	.	.	.	.
„ *exannulatum* GÜMB.	.	.	•	.	.	.	.	.	.	.	.	.	.	.	.	.	.	.	.	.
„ *fluitans* DILL.	.	.	•	.	.	•	.	.	.	.	.	.	.	.	.	.	.	.	•	.
„ *filicinum* L.	.	.	•	.	.	.	.	.	.	.	.	.	.	.	.	.	.	.	.	.
„ *callichroum* BRUCH	.	.	•	.	.	.	.	.	.	.	.	.	.	.	.	.	.	.	.	.
„ *ochraceum* WILS.	.	.	•	.	.	.	.	.	.	.	.	.	.	.	.	.	.	.	.	.
„ *giganteum* SCHIMP.	.	.	•	.	.	.	.	.	.	.	.	.	.	.	.	.	.	.	.	.
„ *scorpioides* L.	.	.	•	.	.	•	.	.	.	.	.	.	.	.	.	.	.	.	.	.
„ *aduncum* HEDW. var.	.	.	.	.	.	.	.	.	.	.	.	.	.	.	.	.	.	.	•	.
„ *sarmentosum* WAHLENB.	.	.	.	.	.	.	.	.	.	.	.	.	.	.	.	.	.	.	•	.
„ *Heufleri* JUR.	.	.	•	.	.	.	.	.	.	.	.	.	.	.	.	.	.	.	.	.
„ *diluvii* SCHIMP. (ausgestorbene Art)	.	.	.	.	.	.	.	.	.	.	.	.	.	•	.	.	.	.	.	.
„ *cupressiforme* L.	.	.	•	.	.	.	.	.	.	.	.	.	.	.	.	.	.	.	.	.
„ *cuspidatum* L.	.	.	•	.	.	.	.	.	.	.	.	.	.	.	.	.	.	.	.	.

Coniferen.																				
Picea excelsa Dur.	.	.	.	.	.	.	.	.	.	.	.	.	.	*	.	.	.	.	.	*
„ *oborata* Ledeb.	.	.	.	.	.	.	.	.	.	.	.	.	.	.	.	.	.	.	.	*
Larix decidua Mill.	.	.	.	.	.	.	.	.	.	.	.	.	.	.	.	.	.	.	.	*
Pinus montana Mill.	.	.	.	.	.	.	.	.	.	.	.	.	.	.	.	.	.	.	.	*
„ „ f. *obliqua* Saut.	.	.	.	.	.	.	.	.	.	.	.	.	.	.	.	.	*	.	.	.
„ „ f. *Mughus* Scop.	.	.	.	.	.	.	.	.	.	.	.	.	.	.	.	*	.	.	.	.
„ *Cembra* L.	.	.	.	.	.	.	.	.	.	.	.	.	.	.	*	.	.	*	.	.
Monocotyledonen.																				
Elyna spicata Schrad.	.	.	.	.	.	.	.	.	.	.	.	.	.	.	.	.	.	.	.	*
Potamogeton spec.	.	.	*	.	.	.	.	*	.	.	*	.	.	.	.	.	.	.	.	.
Dicotyledonen.																				
Salix cinerea L.	.	.	.	*	.	.	.	.	.	.	.	.	.	.	.	.	.	.	.	.
„ *myrtilloides* L.	.	.	.	*	.	.	.	*	.	.	.	.	.	.	.	.	.	.	.	.
„ *arbuscula* seu *myrsinites*	.	.	.	.	.	*	.	.	.	.	.	.	.	.	.	.	.	.	.	.
„ *hastata alpestris*	.	.	.	.	.	.	.	*	.	.	.	.	.	.	.	.	.	.	.	.
„ *Pyrenaica* Gau.	.	.	.	.	.	*	.	.	.	.	.	.	.	.	.	.	.	.	.	.
„ *retusa* L.	.	.	.	.	.	*?	.	*	.	.	.	.	.	.	.	.	.	.	.	.
„ *herbacea* L.	.	.	*	.	*	.	.	.	*	.	.	.	.	.	.	.	.	.	.	.
„ *polaris* Wahlenb.	*	*	*	.	*	*?	.	*	.	.	.	.	.	.	.	.	.	.	.	.
„ *reticulata* L.	.	.	*	.	*	*	.	*	.	*	.	.	.	.	.	.	.	.	.	.
„ *glauca* L.	.	.	.	.	.	*?	.	.	.	.	.	.	.	.	.	.	.	.	.	.
Betula alba L.	.	.	.	.	.	*	.	.	.	.	.	.	.	.	.	.	.	.	.	.
„ *nana* L.	.	.	*	*	*	*	*	*	*	*	*	*	*	.	.	.	.	.	.	.
Alnus viridis DC.	.	.	.	.	.	.	.	.	.	.	.	.	.	.	.	.	.	.	.	*
Polygonum viviparum L.	.	.	.	.	.	.	.	*	.	.	.	.	.	.	.	.	.	.	.	.
Arctostaphylos uva ursi L.	.	.	.	*	.	.	.	*	.	.	.	.	.	.	.	.	.	.	.	.
Vaccinium uliginosum L.	.	.	.	.	.	.	*	.	.	.	.	.	.	.	.	.	.	.	.	.
Azalea procumbens L.	.	.	.	.	.	.	.	*	.	.	.	.	.	.	.	.	.	.	.	.
Saxifraga oppositifolia L.	.	.	.	.	*	.	.	.	.	.	.	.	.	.	.	.	.	.	.	.
Myriophyllum spec.	.	.	.	.	.	*	.	*	.	*	.	.	.	.	.	.	.	.	.	.
Dryas octopetala L.	*	.	*	.	*	*	.	*	*	*	.	.	.	.	.	.	.	.	.	.

auch die Thiere. Von diesen finden sich verschiedene Käferreste (von meist alpinen Formen), Renthier, Vielfrass, Wolf, Polarfuchs, amerikanischer Rothfuchs, Bär, Pferd und Singschwan. Auch Spuren menschlicher Thätigkeit sind nachzuweisen.

Verf. stellt in Tabelle Seite 146 u. 147 die Fundorte glacialer Pflanzen übersichtlich zusammen. Diese sind: 1. Interglacialer Thon von Thorsjö in Schweden; 2. Interglacialer Thon der Weybourne beds über dem forest bei Norfolk; 3. die Fundorte in Schonen; 4. Bovey-Tracey in Devonshire; 5. Fundorte in Dänemark; 6. in Mecklenburg; 7. Kolbermoor in Bayern; 8. Schwarzenbach; 9. Hedingen; 10. Niederwyl; 11. Schönenberg; 12. Bonstetten und 13. das Wauwyler Moos (8—13 sind schweizer Fundorte; 3—13 Fundorte im postglacialen Thone meist unter dem Torfe); 14. Schieferkohlen vom Signal bei Bougy; die Torfmoore von 15. Ivrea in Piemont, 16. in Irland und 17. im sächsischen Erzgebirge; 18. die Gerölle der Mur in Steiermark; 19. der Kalktuff von Schussenried; 20. der Lignit von Jarville bei Nancy.

Dass eine arctisch-alpine Flora während der Eiszeit auch im Tieflande existirt habe, dafür legen auf indirectem Wege Zeugniss ab die Colonieen arctisch alpiner Pflanzen, welche noch hie und da auch im Tieflande sich erhalten haben, ohne von den einwandernden Typen gänzlich verdrängt zu werden. **Geyler.**

Joh. Felix: Die Holzopale Ungarns in paläophytologischer Hinsicht. (Habilitationsschrift; Leipzig 1884. 43 Seiten mit 4 Taf. — Auch in Mittheilungen aus dem Jahrb. der königl. Ungarischen geologischen Anstalt.)

Schon von Unger wurden Holzopale aus Ungarn beschrieben. Unter diesen befanden sich *Peuce Pannonica* Ung., *P. regularis* Ung., *Taxoxylon Goepperti* Ung., *Rhoïdium juglandinum* Ung., *Mohlites cribrosus* Ung., *Cottaites robustior* Ung. und *Lillia viticulosa* Ung.; doch sind ihre Diagnosen meist etwas zu kurz gehalten. Schmidt und Schleiden beschrieben 1855 gleichfalls eine Anzahl opalisirter Hölzer, über welche dann Verf. 1883 weitere Mittheilungen gab. Ebenso wies Felix 1882 nach, dass *Cupressinoxylon sequoianum* Merckl. und ebenso *Peuce pauperrima* und *P. Zipseriana* Schleiden zu *Peuce Pannonica* Ung. gehören, aber von *Cupressinoxylon Ptrotolarix* Goepp. als Art zu trennen seien. Endlich hat auch Stur 1867 die an verschiedenen Localitäten Ungarns gefundenen Holzopale aufgezählt, ohne jedoch ihre Structur zu berücksichtigen.

Die Härte der Holzopale schwankt zwischen 6,5—5,5, ihr spezifisches Gewicht ist etwa 2,1. In der folgenden Tabelle wird (nach Schmid) die chemische Zusammensetzung gegeben von

1. *Quercinium vasculosum* Schleid. sp. von Tapolcsán;
2. *Cupressinoxylon Pannonicum* Ung. sp. von Zamuto;
3. „ „ von Sajba;
4. Kieseltuff der Badhstofaquelle bei Reykir auf Island;
5. „ der Quellen von Taupo am Rande des Roto mahana, auf der Nordinsel von Neuseeland.

	1.	2.	3.	4.	5.
Kieselsäure	94,277	93,110	91,144	91,56	94,20
Eisenoxyd und Thonerde .	0,310	2,874	3,836	1,22	1,75
Kalkerde	0,131	0,112	0,601	0,33	—
Magnesia	0,074	0,016	0,139	0,47	—
Kali	—	—	—	0,16	—
Natron	0,324	0,241	0,559	0,19	—
Chlornatrium	—	—	—	—	0,85
Schwefelsäure	—	—	—	0,31	—
Glühverlust	3,815	4,790	4,654	5,76	3,06
Summa	98,931	101,143	100,933	100,00	99,86

Bisweilen ist die Rinde, welche sonst bei den verkieselten Hölzern fast ausnahmslos fehlt, bei den Opalhölzern mehr oder minder vollständig erhalten; so fand unter diesen Felix die Rinde erhalten bei *Betulinium priscum* Fel., ***Quercinium helictoxyloides*** Fel., *Lillia viticulosa* Ung. (hier **wurde sie schon von Unger beobachtet) und bei *Rhizotaxodioxylon palustre*** Fel.

Die einzelnen Arten dieser Pliocänhölzer werden nun näher beschrieben und am Schlusse nebst den Fundorten in folgender Tabelle übersichtlich zusammengestellt:

	Nur mit „Ungarn" bezeichnet	Czatter Berg u. Graben bei Gyepüfüzes	Tapolcsán	Medgyaszó	Sajba	Libetbánya	Zamuto	Ranka	Selmeczbánya
I. Dicotyledonen.									
1. *Betulinium priscum*	.	.	.	*	.	.	.	.	.
2. *Alnoxylon vasculosum* . . .	.	*	.	.	.	.	.	.	.
3. *Quercinium primaevum* . .	*	.	*	.	.	.	.	.	.
4. „ *Staubi*	.	*	.	.	.	.	.	.	.
5. „ *helictoxyloides* .	.	*	.	.	.	.	.	.	.
6. „ *compactum* . . .	.	.	.	.	.	*	.	.	.
7. „ *vasculosum* . . .	.	.	*	.	.	.	.	.	.
8. „ *Böckhianum* . .	.	.	.	*	.	.	.	.	.
9. „ *leptotichum* . .	.	.	.	.	.	*	.	.	.
10. *Liquidambaroxylon speciosum*	.	.	.	*	.	.	.	.	.
11. *Laurinoxylon aromaticum* .	*	.	.	.	.	.	.	.	.
12. *Staubia eriodendroides* . . .	*	.	.	.	.	.	.	.	.
13. *Juglandinium Schenkii* . . .	*	.	.	.	.	.	.	.	.
14. *Cassioxylon Zirkelii*	*	.	.	.	.	.	.	.	.
15. *Lillia viticulosa*	.	*	.	.	.	.	.	*	.
16. *Helictoxylon anomalum* . .	.	.	*	.	.	.	.	.	.
II. Coniferen.									
1. *Cupressoxylon Pannonicum* .	*	*	.	.	*	*	*	.	*
2. *Pityoxylon Mosquense* . . .	*	.	.	.	.	.	.	.	.
3. „ *Sandbergeri* . .	*?	.	.	.	.	.	.	.	.
4. *Taxodioxylon palustre* . . .	*	.	.	.	.	.	.	.	.

Es finden sich also unter 20 Arten sehr zahlreiche Laubholzformen, aber nur 4 Coniferen vor. Die neue Gattung *Staubia* steht etwa in der Mitte zwischen *Eriodendron* und *Pterospermum; Lillia* Ung. wird nicht mehr zu den Zygophylleen, sondern zu den Menispermaceen gezogen. Zu *Betulinium priscum* mag vielleicht *Betula prisca* Ett., zu *Alnoxylon vasculosum* n. sp. *Alnus Hörnesi* Stur (= *A. Kefersteini* Ett.), zu *Liquidambaroxylon speciosum* n. sp. *Liquidambar Europaeum* Al. Br. als Blattform gehört haben.

Geyler.

Neue Literatur.

Die Redaction meldet den Empfang an sie eingesandter Schriften durch ein deren Titel beigesetztes *. — Sie sieht der Raumersparniss wegen jedoch ab von einer besonderen Anzeige des Empfanges von Separatabdrücken aus solchen Zeitschriften, welche in regelmässiger Weise in kürzeren Zeiträumen erscheinen. Hier wird der Empfang eines Separatabdrucks durch ein * bei der Inhaltsangabe der betreffenden Zeitschrift bescheinigt werden.

A. Bücher und Separatabdrücke.

1882.

J. W. Powell: Second Annual Report of the U. S. Geol. Survey to the Secretary of the Interior 1880—81. Washington.

1883.

P. J. van Beneden: Sur les ossements de Sphargis trouvés dans la terre à brique du pays de Waes. Av. 1 pl. (Bull. Ac. R. d. Sc. Belg. (3.) T. 6. No. 12. p. 665—684.)

J. E. V. Boas: Bidrag till Opfattelsen af Polydactyli hos Pattedyrene. 1 Taf. (Videnskabelige Meddelelser fra Naturh. Förening. i Kjöbenhavn. 1.)

J. M. Dawson: Fossil Plants of the Erian (Devonian) and Upper Silurian Formation of Canada. Part II. Roy. 8°. 50 pag. w. 4 plates. Montreal.

* Persifor Frazer: The peach bottom slates of the lower Susquehanna. (Read before the American Institute of Mining Engineers. Oct.) Philadelphia.

E. Haanel: On the application of Hydriodic Acid as a Blowpipe Reagens. (Trans. Roy. Soc. Canada. Section III. S. 65—74, with 4 pl.)

* J. H. Kloos: Über eine Umwandlung eines Labrador in einen Albit und in ein zeolithisches Mineral. (Ber. über die Naturforscherversammlung in Karlsruhe.)

M. A. F. Marcou: Sur les progrés récents des sciences naturelles. Marseille.

Nachrichten des geologischen Comité's von Russland. II. Bd. 7, 8, 9.

C. F. Parona: Contributo allo studio della Fauna Liassica dell' Apennino centrale. 4°. 32 pag. c. 2 tavole. Roma.

Albrecht Penck: Die Eiszeit in den Pyrenäen. (Mitth. des Vereins für Erdkunde zu Leipzig. 69 S.) Mit einer Karte.

* H. Trautschold: Wissenschaftliche Ergebnisse der in und um Moskau zum Zweck der Wasserversorgung und Canalisation von Moskau ausgeführten Bohrungen. (Bull. Soc. Natur. de Moscou.)

* M. de Tribolet: La Géologie, son objet, son développement — sa méthode, ses applications. (Conférence académique.) Neuchâtel.

Ch. A. White: A Review of the Non-Marine Fossil Mollusca of North America. (Rep. Geol. Surv. U. S. 1881—1882. 8°. 144 p. 32. pl.) Washington.

1884.

* L. von Ammon: Über das in der Sammlung des Regensburger naturw. Vereins aufbewahrte Skelet einer langschwänzigen Flugeidechse, Rhamphorhynchus longicaudatus. 8°. 2 Tafeln. (Correspondenzblatt des naturw. Ver. in Regensburg. 38. Jahrg.)

* A. Andreae: Der Diluvialsand von Hangenbieten in Unter-Elsass, seine geologischen und paläontologischen Verhältnisse und Vergleich seiner Fauna mit der recenten Fauna des Elsass. Mit 2 photogr. Tafeln, einem Profil und 5 Zinkographien. (Abhandlungen zur geologischen Specialkarte von Elsass-Lothringen. Bd. IV. Heft 2.)

E. H. von Baumhauer: Sur la météorite de Ngawi, tombée le 3 oct. 1883, dans la partie centrale de l'île de Java. (Arch. Néerlandaises d. Sc. exact. et nat. T. XIX. 2ième livr. p. 177.)

Ch. E. Beecher: Ceratiocaridae from the Chemung and Waverley Groups at Warren, Pennsylvania. 8°. 2 Tafeln. (Report of Progress PPP, Soc. geol. Surv. of Pennsylvania.)

F. Beust: Untersuchungen über fossile Hölzer aus Grönland. 4°. 43 pg. Mit Tafeln u. Beilagen. Basel.

O. Boettger: Neuer fossiler Archaeozonites aus dem Tertiär der Rhön. (Jahrbücher d. Deutsch. Malakozool. Ges. 11. Jahrg. Heft III. p. 289. Sept.) Frankfurt. a. M.

L. Bombicci: Considerazioni sopra la Classificazione adottata per una Collezione di Litologia generale con quadri sinottici e Catalogo sistematico. 4°. 34 pag. Bologna.

Ernst Bornhöft: Die geologischen Verhältnisse des Greifswalder Boddens. Inaug.-Diss. Greifswald. (Sep.-Abdruck aus II. Jahresber. d. Geogr. Gesellsch. zu Greifswald 1883—84.)

G. Bovio: La Geologia dell' Italia meridionale rispetto all' Indole degli Abitatori. 16°. 31 pg. Napoli.

Rafael Breñosa: Las porfiritas y microdioritas de San Ildefonso y sus contornos. (Anal. de la Soc. Esp. de Hist. Nat. tomo XIII. 48 pg.)

* G. Brügelmann: Über die Krystallisation, Beobachtungen und Folgerungen. Dritte Mittheilung. Leipzig.

* Bücking: Über die Lagerungsverhältnisse von älteren Schichten in Attika. (Sitzungsber. der kgl. preuss. Ak. d. W. zu Berlin. XXXIX.)

A. Bunge: Observations d'histoire naturelle dans la Delta du Léna. (Bull. de l'Académie Imp. des Sc. de St. Pétersbourg. XXIX. No. 3.)

* G. Capellini: Il Chelonio Veronese (Protosphargis veronensis Cap.). 4°. 36 pg. c. 7 tavole. Roma.

* — — Il Cretaceo superiore e il Gruppo di Priabona nell' Apennino settentrionale e in particolare nel Bolognese e loro rapporti col Grès de Celles in parte e con gli Strati a Clavulina Szaboi. 4°. 26 pag. c. tav. Bologna.

C. Ciancimino: Studio cientifico-pratico sulle Acque minerali e sulla Stufa naturale del Monte San Calogero presso Sciacca. 16°. 117 pg. Sciacca.

* E. W. Claypole: Note on the Genus Reusselaeria in the Hamilton Group in Percy Co. (Proc. Amer. Philos. Soc. Vol. 21. No. 114. p. 235—236.)

* H. Commenda: Materialien zur Orographie und Geognosie des Mühlviertels. Ein Beitrag zur physischen Länderkunde von Oberösterreich 8°. Mit 1 Profiltafel. Linz.

E. D. Cope: The skull of a still living shark of the Coal Measures (Didymodus = Chlamydoselachus Garm.). (Amer. Naturalist. Vol. 18. Apr. p. 412—413.)

— — The Batrachia of the Permian Period of North America. With 4 pl. and 7 cuts. (Amer. Naturalist. Vol. 18. Jan. p. 26—39.)

F. Coppi: Il Miocene medio nei Colli Modenesi. Appendice alla Palaeontologia Modenese. gr. 8°. 32 pg. Roma.

* Cotteau: La géologie au congrès scientifique du Rouen en 1883 et compte rendu du congrès. Serres.

Croisiers de Lacvivier: Études géologiques sur le département de l'Ariège et en particulier sur le terrain crétacé. (Ann. d. Sc. Géolog. T. XV.) Paris.

* K. Dalmer: Die geognostischen Verhältnisse der Insel Elba. (Zeitschr. f. Naturw. 3. Bd. 3. Heft.) Halle.

E. S. Dana and J. G. Dana: Text-Book of Mineralogy, with an extended treatise on Crystallography and physical Mineralogy. 10. edit. 12°. 521 pg. New York.

* Deichmüller: Nachträge zur Dyas III. Branchiosaurus petrolei Gaudry sp. aus der unteren Dyas von Autun, Oberhof und Niederhässlich. (Mitth. aus d. kgl. mineralog., geolog. und prähistor. Museum. Heft 6.) 4°. Dresden.

Doering: Informe sobre un sedimento lacustre fossilifero. (Anales d. l. Sociedad Cientifica Argentina. Julio. Entr. I. Tomo XVIII.)

* L. Dollo: Note sur le Batracien de Bernissart. 8°. 9 pg. av. 1 plche. Bruxelles.

* — — Première note sur les Chéloniens de Bernissart. 8°. 17 pg. av. 2 plchs. Bruxelles.

* Duncan and Sladen: A Monograph of the fossil Echinoidea of Sind. Part. III. (Palaeontologia indica. Series 14.) London.

V. v. Ebner: Die Lösungsflächen des Kalkspathes und des Aragonites. I. Lösungsflächen und Lösungsgestalten des Kalkspathes. gr. 8°. 91 pg. m. 4 Taf. Wien.

H. Engelhardt: Über tertiäre Pflanzenreste von Waltsch. (Leopoldina, Heft XX. No. 13—16. Juli—August.)

Erläuterungen zur geologischen Specialkarte des Königreichs Sachsen, bearbeitet unter der Leitung von Hermann Credner, Section Schwarzenberg, Blatt 137 von F. Schalch. — Section Wiesenthal, Blatt 147 von A. Sauer. — Leipzig.

Róbert Farkass: Katalog der Bibliothek d. Kgl. Ungar. geolog. Anstalt. Budapest.

A. H. Foord: Contributions to the Micro-Palaeontology of the Cambro-Silurian Rocks of Canada. Ottawa. Roy. 8°. 26 pag. w. 7 plates.

J. Fraipont: Notice sur une Caverne à Ossements d'Ursus spelaeus. 8°. 9 pg. av. grav. Liège.

— — Recherches sur les Crinoïdes du Famennien (Dévonien supérieur) de Belgique. 2 pties. Liège. 8°. 68 et 16 pg. av. 6 plchs.

F. A. Genth: On Herderite. (Read before de Amer. Philos. Society, 17. Okt. 1884.)

C. de Giorgi: Cenni di geografia fisica della provincia di Lecce. 8°. 122 pg. c. 1 carta. Lecce.

C. Grewingk: Über geolog. Beobachtungen an 2 Geschiebehügeln der Westküste Estlands. (Sitzungsb. Dorp. Nat. G. V. Bd. p. 435.)

— — Über Strudel- und Sickergruben bei Dünhof. (ibid. V. p. 359.)

— — Über die vermeintliche, vor 700 Jahren die Landenge Sworbe durchsetzende schiffbare Wasserstrasse. (Sitzungsber. der gelehrten esthnischen Gesellschaft. Mai.) Dorpat.

— — Über Verbreitung baltischer altquartärer Geschiebe und klastischer Gebilde. (Sitzungsber. Dorp. Nat. Ges. VI. p. 515.)

— — Neue Funde subfossiler Wirbelthierreste unserer Provinzen. (Sitzungsber. der Dorpat. Naturforscher-Gesellschaft.) Mai.

— — Nachtrag zum Verzeichniss quartärer ganz oder local ausgestorbener Säugethiere. (Sitzungsb. Dorpat. Nat. Ges. VI. 1. Heft. p. 4.)

— — Über die neue geognostische Karte der Ostseeprovinzen. (Sitzungsber. Dorpat. Nat. Ges. V. 1. Heft p. 78.)

— — Unterseeische Auswaschungen ostbaltischer Dolomite. (Sitzungsb. Dorp. Nat. Ges. VI. 1. Heft p. 83.)

— — Übersicht der altquartären und ausgestorbenen neuquartären Säugethiere Liev-, Est- und Kurlands. (ibidem V. p. 332.)

— — Über das Bohrloch von Purmallen. (ibidem IV. p. 559.)

A. v. Groddeck: Traité des Gites métallifères. Trad. p. H. Kuss. 8°. av. 109 figures. Paris.

Gruner et Rosvag: Métallurgie du Cuivre. gr. 8°. 380 et 38 pg. av. 2 plchs. dont 1 color. et beauc. de figures. Paris.

Aug. Heilprin: On a carboniferous Ammonite from Texas (Amm. Parkeri). With fig. (Proc. Acad. Nat. Sc. Philad. p. 53—55.)

* C. Hintze: Ist ein wesentlicher Unterschied anzunehmen zwischen anorganischen und organischen Verbindungen rücksichtlich der Beziehungen zwischen Krystallform und chemischer Constitution? (Verh. nat. Ver. Jg. XXXXI, 5. Folge. I. Bd. S. 261—277.)

P. W. Jeremejew: Russische Caledonit- und Linarit-Krystalle. (Mém. de l'Acad. d. Sc. d. Pétersb. T. XXXI. No. 16.)

J. Karsch: Neue Milben im Bernstein. Mit 3 Abb. (Berl. Entom. Zeitschr. 28. Bd. 1. Heft. p. 175.) Berlin.

Karter, Geologiske, af Norge. 26 A. Hamar; 25 B. Gjoevik; 50 C. Stenkjaer. 1 : 100,000. Fol. color. Christiania.

W. Keil: Orohydrographische Wandkarte von Europa. Fol. Kassel.

Klinge: Erratischer Block bei Sotaga. (Sitzungsb. Dorp. Nat. Ges. V. 2. Heft. p. 224.)

W. Kobelt: Die säculären Hebungen und Senkungen, besonders in Europa. (Humboldt, 3. Jahrg. 10. Heft. p. 361.)

— — Neue Pulmonaten aus der Kohlenformation. Mit Holzschn. (Nachrichtsblatt d. d. Malakozool. Ges. 16. Jahrg. No. 3—4. p. 61—62.)

H. J. Kolbe: Die Vorläufer (Prototypen) der höheren Insectenordnungen im paläozoischen Zeitalter. (Berl. Entom. Zeitschrift. 28. Bd. 1. Heft. p. 167—170.) Berlin.

O. Krimmel: Das chemische Verhalten einiger der wichtigsten Mineralien. 8°. Reutlingen.

* W. Langsdorff: Geologische Karte der Gegend zwischen Laubhütte, Clausthal, Altenau, dem Bruchberge und Osterode. Clausthal.

* — — Über den Zusammenhang der Gangsysteme von Clausthal und St. Andreasberg. Nebst einer geol. Übersichtskarte des Westharzes und einer Detailkarte in Farbendruck. Clausthal.

* A. v. Lasaulx: Wie das Siebengebirge entstand. (Sammlung von Vorträgen, herausgegeben von W. Frommel und Fr. Pfaff. XII. 4—5. Heidelberg.

F. Lefort: Observations géologiques sur les Failles de la Nièvre. gr. 8°. 44 pg. avec plchs. Paris.

F. W. Paul Lehmann: Das Küstengebiet Hinterpommerns. (Zeitschr. der Gesellsch. für Erdkunde. Bd. XIX.) Berlin.

* G. Leonardelli: Il saldame, il rego e la terra di Punta Merlera in Istria come formazione termica. Rom.

* Liebe: Schwefelwasserstofferuptionen in den Geraer Schlottentümpeln. (Gesellsch. Freund. Naturw. Gera.)

* P. de Loriol: Notes pour servir à l'étude des Echinodermes. (Recueil zoologique Suisse. Tom I. No. 8°. 5 Tafeln.)

Ludwigs: Über baltische Quartärbildungen. (Sitzungsber. Dorp. Nat. Ges. IV. 1. Heft. p. 134.) Dorpat. 1876.

— — Über baltische Alluvialbildungen. (Sitzungsber. Dorp. Nat. Ges. IV. p. 428.)

* R. Lydekker: Siwalik and Narbada Bunodont Suina. (Palaeont. Ind. Series X, Vol. III. part 2.) Roy. 4°. 104 pg. with 7 plates. Calcutta.

Mario Malagoti: Bibliografia Geologica e Palaeontologica della Provincia di Modena. (Atti d. Soc. dei Naturalisti di Modena. Memorie. Serie III. Vol. II. Anno XVII. p. 147.)

* K. Martin: Überreste vorweltlicher Proboscidier von Java und Banka. (Sammlungen des geologischen Reichsmuseums in Leiden. No. 10.) Leiden.

C. Marvin: The Region of the eternal Fire; an Account of a Journey to the Petroleum Region of the Caspian in 1882. 8°. 420 pg. London.

St. Meunier: Les Météorites (Encyclopédie chimique). gr. 8°. 532 pg. av. plche. et 130 figures. Paris.

* A. B. Meyer: Rohjadeit aus der Schweiz. (Sep.-Abdr. aus „Antiqua", Unterhaltungsblatt für Freunde der Alterthumskunde. 7 pag.) Zürich.

* B. Minnigerode: Untersuchungen über die Symmetrieverhältnisse und die Elasticität der Krystalle. Zweite Abhandlung. (Nachr. Kgl. Gesellsch. d. Wiss. zu Göttingen. No. 9. S. 374—384.)

G. Dal Monte: Monografia litologica Vicentina; Illustrazione per la Raccolta delle Pietre naturali della Prov. di Vicenze. 4°. 16 pg. Vicenza.

John Murray et A. F. Renard: Notice sur la classification, le mode de formation et la distribution géographique des sédiments de mer profonde. (Bull. du Musée royale d'Hist. natur. de Belgique. Tome III.)

— — Les caractères microscopiques des cendres volcaniques et des poussières cosmiques et leur role dans les sédiments de mer profonde. Ibid.

* Nachrichten des geologischen Comité's von Russland. III. Bd., 1—5.

* Nathorst: Grönlands forntida Växtverld. 8°. (Nordisk Tidskrift.)

* — — Radogörelse för den tills ammas ned G. de Geer år 1882 företagna geologiska Expeditionen till Spetsbergen. 8°. 1 Karte. (Bihang till K. Svenska Akad. Handlingar Band 9. No. 2.)

* — — Beiträge Nr. 2 zur Tertiärflora Japans. (Botan. Centralbl. Bd. 19, Nr. 29.)

* A. Nehring: Über diluviale Reste von Schneeeule und Schnepfe, sowie über einen Schädel von Canis jubatus. (Sitzungsber. naturforsch. Freunde. 1884. Nr. 7.)

* — — Die diluviale Fauna der Provinz Sachsen und der unmittelbar benachbarten Gebiete. 4°. (Correspondenzblatt der allgemeinen Versammlung der Naturforscher und Ärzte in Magdeburg. pag. 157—161.)

* Enr. Nicolis: Oligocene e miocene del systemo di Monte Baldo. Verona.

* Aug. Nies: Gypsspath von Mainz. (Ber. über die XVI. Vers. des oberrhein. geol. Vereins.)

* Nivoit et Margottet: Métaux alcalino-ferreux. gr. 8°. 368 pg. avec illustr. Paris.

* Novák: Studien an Hypostomen böhmischer Trilobiten. II. 8°. 1. Taf. (K. böhm. Gesellsch. d. Wissensch.)

* G. Omboni: Delle Ammoniti del Veneto, che furono descritte e figurate da T. A. Catullo. 8°. (Atti del R. Istituto Veneto di scienze, lett. ed arti. T. II. Ser. VI.)

Paléontologie française. Térrain jurassique. Tome XI (Crinoides), (livraison 70, feuilles 25 à 27 avec plchs. 96—107. 8°.) Paris.

Albrecht Penck: Mensch u. Eiszeit. (Arch. für Anthrop. Bd. XV. Heft 3.)

— — Pseudoglaciale Erscheinungen. („Das Ausland." 57. Jahrg. No. 33.)

Karl Pettersen: Det nordlige Norge under den glaciale og postglaciale tid. Andet Bidrag. (Tromsö Museums Aarshefte. VII. 46 pg.) Tromsö.

J. A. Phillips: A Treatise on Ore Deposits. 8°. With num. illustr. London.

G. Ponzi: Del Bacino di Roma e della sua Natura; per servire d'Illustrazione alla Carta geologica dell' Agro Romano. gr. 8°. 35 pg. Roma.

Proceedings of the Newport Natural History Society. 1883—1884. Document II. July. Newport.

* C. Rammelsberg: Über die essigsauren Doppelsalze des Urans. Mit einer Tafel. (Sitzungsber. d. kgl. Akad. d. Wiss. XXXVIII.) Berlin.

* F. Rolle: Die hypothetischen Organismenreste in Meteoriten. Wiesbaden.

* J. Roth: Beiträge zur Petrographie der plutonischen Gesteine, gestützt auf die von 1879 bis 1883 veröffentlichen Analysen. (Abhandl. kgl. preuss. Akad. d. Wissensch.) Berlin.

Rüst: Über fossile Radiolarien aus Schichten des Jura. (Jenaische Zeitschrift für Naturwissensch. Neue Folge, 11. Bd. 1. Heft. p. 40.) Jena.

Russow: Verkieseltes Coniferenholz. (Sitzungsber. Dorpat. Nat. Ges. V. 2. Heft. p. 218.)

A. Sauer: Der Oberwiesenthaler Eruptionsstock. (Sep.-Abdr. aus: Erl. zur. geol. Specialkarte des Kgr. Sachsen, Section Wiesenthal.)

A. Scacchi: Nuove ricerche sulle forme cristalline dei paratartrati acidi di Ammonio e di Potassio. gr. 4°. 14 pg. c. 1 tav. Napoli.

* M. Schlosser: Die Nager des europäischen Tertiärs. 4°. M. 7 Taf. Kassel.

* O. Schmidt: Die Säugethiere in ihrem Verhältnisse zur Vorwelt. 8°. Mit 52 Holzschn. Leipzig.

A. Schwarz: Isomorphismus und Polymorphismus der Mineralien. 8°. 35 pg. Mähr. Ostrau.

A. Serpieri: Sismologia. Sul Terremoto dell' Isola d'Ischia del 28 Luglio 1883. 16°. 14 pg. Milano.

N. S. Shaler: First Book in Geology. 12°. 255 pg. Boston.

E. M. Shepard: Systematic Mineral Record, with a synopsis of Terms and chem. Reactions used in describing Minerals. 4°. 26 pg. N. York.

* Th. Siegert: Section Mutzschen der geologischen Karte des Kgr. Sachsens mit 1 Heft Erläuterungen.

Siemiradzki: Die krystallinischen Geschiebe des Ostbalticums. (Sitzungsber. Dorp. Nat. Ges. VI. 1. Heft. p. 177.)

— — Basaltgeschiebe in Curland. (ibidem p. 96.)

— — Dünnschliff aus einem uralischen Bergkrystall. (ibid. p. 26.)

A. Sigmund: Die amorphen Einschlüsse der Granitquarze. 8°. 16 pg. Landskron.

O. Silvestri: Sulla esplosione eccentrica dell' Etna avvenuta il 22 Marzo 1883. 4°. 195 pg. c. 7 tavole. Catania.

* T. Sterzel: Über die geologische Flora und das geologische Alter der Kulmformation von Chemnitz-Hainichen. (IX. Bericht der naturw. Ges. zu Chemnitz, Festschrift. 8°.)

E. W. Streeber: Precious Stones and Gems, their History and distinguishing Characteristics. 4. ed. 8°. w. illustr. London.

* L. Szajnocha: Zur Kenntniss der mittelcretaceischen Cephalopoden-Fauna der Inseln Elobi an der Westküste Afrika's. (Denkschr. der math.-naturw. Classe der K. K. Akademie der Wissenschaften. Bd. 49. 4°. 4 Tafeln.) Wien.

* H. Thürell: Über das Vorkommen mikroskopischer Zirkone und Titanmineralien in den Gesteinen. (Verhandl. der physik.-med. Gesellschaft zu Würzburg, Bd. XVIII. Mit 1 Tafel.)

Fr. Toula: Übersicht über die Reiserouten und die wichtigsten Resultate einer im Jahre 1884 ausgeführten Reise im centralen Balkan und in den angrenzenden Gebieten. (Sitzungsber. Wien. Akad. 1884. XXII.)

* Trautschold: Die Reste permischer Reptilien des paläont. Kabinets der Universität Kasan. 4°. 8 Taf. Moskau.

* M. de Tribolet: Analyses des Calcaires hydrauliques du Jura neuchâtelois et vaudois. (Bull. Soc. vaud. sc. nat. XVIII. 88. 8°.)

* C. Ubaghs: La mâchoire de la Chelonia Hofmanni de la craie supér. de Mastricht. 1884.

Ch. Vélain: Cours élémentaire de Géologie stratigraphique. 2 édit. très augmentée. 12°. 400 pg. avec 374 grav. et 1 carte géol. en couleur. Paris.

R. D. M. Verbeek: Officieller Bericht über den vulkanischen Ausbruch von Krakatau am 26., 27. und 28. August 1883, übersetzt von E. Metzger. 8°. 16 pg. Halle.

Rud. Virchow: Über schlesischen Nephrit. (Verhandl. Berlin. Gesellschaft für Anthropol., Ethnol. u. Urgeschichte. Sitzung vom 17. Mai.) Berlin.

A. Vogel: Bilder aus dem Mineralreiche. gr. 8°. München.

* W. Voigt: Neue Bestimmungen der Elasticitätsconstanten von Steinsalz und Flussspath. (Sitzungsber. Berl. Akad. vom 10. Okt. 1884.)

W. Waagen: Salt-Range Fossils of India. Vol. I. Productus-Limestone-Group. Part. V. Brachiopoda (fascic. 3). (Palaeont. Ind. Ser. XIII, vol. I, part. 5. Roy. 4°. 64 pg. with 8 plates.) Calcutta.

* — — Section along the Indus from the Persáwas valley to the Salt-range. (Records, Geol. surv. of India. Vol. 17. Pt. 3. 8°. 1 Taf.)

* M. Websky: Über Idunium, ein neues Element. (Sitzungsber. d. kgl. Ak. d. Wissensch. XXX. XXXI.) Berlin.

* F. E. Wiik: Mineralogiska och petrografiska meddelanden. IX. (Finska Vet. Soc. s. Förhandlingar. Bd. XXVI.)

* Worthen: Bulletin 2 of the Illinois State-Museum of Natural History. Springfield.

* Max Zaengerle: Lehrbuch der Mineralogie unter Zugrundelegung der neueren Ansichten in der Chemie etc. 4. verbesserte Auflage. Mit 238 Holzschnitten und 1 Tafel. Braunschweig.

V. v. Zepharovich: Mineralogische Notizen. (Lotos, 5. B. Neue Folge.) Prag.

* Zeitschrift für Naturwissenschaften. 4. Folge, 3. Bd., 3. Heft. Halle a. S.

* E. Zimmermann: Stratigraphische und paläontologische Studien über den deutschen und alpinen Rhät. Diss. Gera.

C. F. Zincken: Die bekannten Kohlenvorkommen in China. 8°. Leipzig.

1885.

John Philipps: Manual of Geology, theoretical and practical edited by B. Etheridge and H. G. Seeley. — In two parts. Part. I. Physical Geology and Palaeontology by H. G. Seeley. With Tables and Illustrations. London.

B. Zeitschriften.

1) Zeitschrift der deutschen geologischen Gesellschaft. 8°. Berlin. [Jb. 1884. II. -449-]

Bd. XXXVI. No. 2. April—Juni 1884. S. 203—414. — Aufsätze: *Beyrich: Erläuterungen zu den Goniatiten L. v. Buch's. 203. — *G. Rammelsberg: Über die Gruppen des Scapoliths, Chabasits und Phillipsits. 220. — *F. Schmidt: Einige Mittheilungen über die gegenwärtige Kenntniss der glacialen und postglacialen Bildungen im silurischen Gebiet von Esthland, Ösel und Ingermanland. 248. — *V. Uhlig: Über die Diluvialbildungen bei Bukowna am Dnjestr. 274. — *G. Stache: Über die Silurbildungen der Ostalpen mit Bemerkungen über die Devon-, Carbon- und Perm-Schichten dieses Gebietes. 277. — *K. Dalmer: Über das Vorkommen von Culm und Kohlenkalk bei Wildenfels unweit Zwickau in Sachsen. 379. — Briefliche Mittheilungen: v. Gümbel: Über die Beschaffenheit der Mollusken-Schalen. 386. — Verhandlungen: J. G. Bornemann: Über cambrische Fossilien der Insel Sardinien. 399. — Keilhack: Über ein diluviales Diatomeenlager bei Klieken. 401. — F. M. Stapf: Der Steinsalzberg Cardona. 401. — Beyrich: Bemerkungen über ein jurassisches Geschiebe, über Posidonomya Becheri und über Placuna (?) miocenica. 404. — E. Dathe: Die Stellung der zweiglimmerigen Gneisse im Eulen-, Erlitz- und Mense-Gebirge in Schlesien. 405. — Websky: Opale von Queretaro. 409. — Weiss: Eigenthümliche Bleiglanzkrystalle. 410. — Wahnschaffe: Dreikanter aus dem Geschiebemergel. 411. — G. Bruder: Die Juraablagerungen von Hohenstein. 412.

2) Verhandlungen des naturhistorischen Vereins der preussischen Rheinlande und Westfalens. Herausgegeben von C. Andrä. 8°. Bonn. [Jb. 1884. II. -141-]

41. Jahrg. (5. Folge. 1. Jahrg.) 1. Hälfte. Verhandlungen: Ad. Schenck: Die Diabase des oberen Ruhrthales und ihre Contacterscheinungen mit dem Lenneschiefer. (Mit 4 Holzschn.) 53. — F. F. v. Dücker: Über die Ursache grosser Verschiebungen und der grossen Bewegungen in der Erdrinde überhaupt. 137. — F. Seelheim: Verslag omtrent een geologisch onderzoek van de gronden in de Betuwe in verband met waarne-

mingen betreffende de doorkwelling der dijken ap last van den Minister van Waterstaat, Handel en Nijverheid (T. III u. IV). 143. — *W. Wedekind: Fossile Hölzer im Gebiete des Westfälischen Steinkohlengebirges. 181. — Correspondenzblatt No. 1: Verzeichniss der Mitglieder. 1. — No. 2: Generalversammlung am 2., 3. und 4. Juni 1884 zu Mühlheim a. d. Ruhr. 33. — Deicke: Über die jüngere Kreide und das Diluvium von Mühlheim. 36. — W. Kaiser: Über das Zurückgehen der Gletscher. 48. — H. Landois: Über den Fund von Zeuglodonresten bei Münster. 49. — Monke: Über die Lagerungsverhältnisse und Gliederung der Herforder Liasschichten. 51. — J. Böhm: Über Aachener Grünsandfossilien. 55. — Schrader: Über die Selbecker Erzbergwerke. 59. — von der Marck: Über westfälische Kreidefische. 63. — Schlüter: Über Petrefacten aus dem Eifeler Devon. 79. — Sitzungsberichte: Seligmann: Mineralien aus dem Binnenthal. 5. — v. Rath: Brief aus Cañon City. 8; Brief aus Carson City. 22. — Pohlig: Über das Milchgebiss der Elephanten. 32; — Über das Pleistocän oder Quartär. 47. — Schaaffhausen: Über einen neuen Fund eines fossilen Schädels von Ovibos moschatus. 79. — Rauff: Über die gegenseitigen Altersverhältnisse der mittleren Eocänschichten vom Monte Postale, von Ronca und von San Giovanne Ilarione. 80.

3) Jahrbuch der königl. preussischen Landesanstalt und Bergakademie zu Berlin für das Jahr 1883. Berlin.

*Em. Kayser: Die Orthocerasschiefer zwischen Balduinstein und Laurenburg an der Lahn (T. I—VI). 1. — F. Moesta: Das Liasvorkommen bei Eichenberg in Hessen in Beziehung auf allgemeine Verhältnisse des Gebirgsbaues im Nordwesten des Thüringer Waldes (T. VII—X). 57. — E. Weiss: Beitrag zur Culm-Flora von Thüringen (T. XI—XV). 81. — *Fr. Noetling: Beiträge zur Kenntniss der Cephalopoden aus Silur-Geschieben der Provinz Ost-Preussen (T. XVI—XVIII). 101. — H. Loretz: Über Echinosphaerites und einige andere organische Reste aus dem Untersilur Thüringens. 136. — *K. Keilhack: Vergleichende Beobachtungen an isländischen Gletscher- und norddeutschen Diluvial-Ablagerungen (T. XIX). 159. — *H. Proescholdt: Basaltische Gesteine aus dem Grabfeld und aus der südöstlichen Rhön. 177. — *A. v. Koenen: Über geologische Verhältnisse, welche mit der Emporhebung des Harzes in Verbindung stehen. 187. — *H. Proescholdt: Beitrag zur Kenntniss des Keupers im Grabfeld. 199. — *E. Weiss: Petrographische Beiträge aus dem nördlichen Thüringer Walde (T. XX). I. 213. — *F. Klockmann: Die südliche Verbreitungsgrenze des Oberen Geschiebemergels und deren Beziehung zu dem Vorkommen der Seen und des Lösses in Norddeutschland. 238. — *E. E. Schmid: Die Wachsenburg bei Arnstadt in Thüringen und ihre Umgebung (T. XXI). 267. — E. Laufer: Das Diluvium und seine Süsswasserbecken im nordöstlichen Theile der Provinz Hannover. 310. — *F. Klockmann: Über gemengtes Diluvium und diluviale Flussschotter im norddeutschen Flachlande. 330. — W. Frantzen: Über Chirotherium-Sandstein und die carneolführenden Schichten des Buntsandsteins. 347. — *J. G. Bornemann:

Von Eisenach nach Thal und Wutha (T. XXII—XXVII). 383. — *E. Dathe: Beitrag zur Kenntniss der Diabas-Mandelsteine (4 Zinkographien). 410. — *M. Scholz: Über Aufschlüsse älterer, nicht quartärer Schichten in der Gegend von Demmin und Treptow in Vorpommern. 449. — H. Grebe: Über die Trias-Mulde zwischen dem Hunsrück und Eifel-Devon (mit einer Übersichtskarte, T. XXVIII). 462. — K. A. Lossen: Über die Anforderungen der Geologie an die petrographische Systematik. 486. — F. M. Stapff: Aus dem Gneissgebiet des Eulengebirges. 514; — Alluvial- und Diluvialbildungen im Schlesischen Eulengebirge. 535. — *A. Jentzsch: Das Profil der Eisenbahn Konitz-Tuchel-Laskowitz. 550. — E. Laufer: Über die Lagerung, petrographische Beschaffenheit und Gewinnung des Unteren Diluvialmergels in Hannover. 594. — R. Klebs: Der Deckthon und die thonigen Bildungen des unteren Diluviums um Heilsberg (4 Zinkographien). 598. — K. A. Lossen: Studien an metamorphischen Eruptiv- und Sedimentgesteinen, erläutert an mikroskopischen Bildern (T. XXIX). 619. — *G. Berendt: Die märkisch-pommersche Braunkohlenformation und ihr Alter im Lichte der neueren Tiefbohrungen (Auszug). 643; — *Zechstein-Versteinerungen aus dem Bohrloche in Purmallen bei Memel. Nachtrag zu „Neuere Tiefbohrungen in Ost- und Westpreussen". 652.

4) Berg- und Hüttenmännische Zeitung. 4°. Leipzig. [Jb. 1884. I. -150-]

1884. XLIII. No. 1—35. — C. Höpfner: Die Kupfererzlagerstätten von Südwest-Africa. No. 8 ff. — Nettekoven: Über das Vorkommen von Kalisalzen in Mecklenburg. No. 11. — H. Beck: Beiträge zur Kenntniss des bolivianischen Bergbaues. No. 12. — Kosmann: Die Nebenmineralien der Steinkohlenflötze als Grundstoffe der Grubenwasser. No. 13 ff.; — Die Kupfergrube von Alosno in Spanien. No. 13. — Przyborski: Eocene Braunkohlenlager bei Albona in Istrien. No. 15. — O. Kosmann: Notizen über das Vorkommen oberschlesischer Mineralien. No. 19 ff.; — Asbestgewinnung in Italien. No. 21. — W. Keller: Die Industriegesteine des deutschen Südtyrols. No. 26. — G. Avé-Lallemant: Beiträge zur Lehre von den Erzlagerstätten. No. 30; — Antimonvorkommen in den Vereinigten Staaten. No. 30. — W. Keller: Der Bergbau in Tyrol. No. 31. — Pflücker y Rico: Über den Minendistrict Yauli in Peru. No. 33 ff.

5) Zeitschrift für das Berg-, Hütten- und Salinenwesen im Preussischen Staate. 4°. Berlin. [Jb. 1884. I. -384-]

1884. XXXII. 1—3. — R. Nasse: Geologische Skizze des Saarbrücker Steinkohlengebirges. 1. — Du Chatenet — C. Rammelsberg: Der gegenwärtige Zustand des Berg- und Hüttenwesens auf dem Cerro de Pasco. 111. — B. Rösing: Das Silberwerk Innai in Japan. 126. — W. Danneil: Über Gesteinsvorkommen in der Braunkohle der Grube Ver. Friederike bei Hamersleben. 146. — Cramer: Das Bohrloch zu Cammin in Pommern. 151.

6) Österreichische Zeitschrift für das Berg- und Hüttenwesen. 4°. Wien. [Jb. 1884. I. -386-]

1884. XXXII. No. 1—34. — F. Babanek: Über die Erzführung der Joachimsthaler Gänge. No. 1 ff. No. 5; — Mikroskopische Untersuchung der Mansfelder Kupferschiefer. No. 6. — H. Höfer: Die Erzlagerstätten von Flintshire und Derbyshire in Wales. No. 8 ff. — C. Zinken: Bernstein in Österreich-Ungarn und in Rumänien. No. 13 ff. — A. R. Schmidt: Beitrag zur Geschichte der Saline Hall. No. 15. — J. Schmid: Beobachtung der Gesteinstemperatur bis zur Tiefe von 1000 m im Adalbert-Grubenfelde zu Přibram. No. 16. — A. Schmalz: Das Donetzer Kohlenbecken in Südrussland. No. 21; — Über ein merkwürdiges Vorkommen manganhaltiger Mineralien in den älteren Tertiärschichten Mährens. No. 22. — E. Heyrowsky: Das Kohlenvorkommen und der Kohlenbergbau in Oberbayern. No. 31 ff.

7) Berg- und Hüttenmännisches Jahrbuch der K. K. Bergakademien zu Leoben und Přibram und der K. ungarischen Bergakademie zu Schemnitz. 8°. Wien. [Jb. 1883. I. -539-]

1883. XXXI. — B. Baffrey: Über die Entstehung der Kohle. Auszugsweise nach C. Grand'-Eury. 341.

8) Zeitschrift für Krystallographie und Mineralogie unter Mitwirkung zahlreicher Fachgenossen des In- und Auslandes herausgegeben von P. Groth. 8°. Leipzig. [Jb. 1884. II. -449-]

Bd. IX. Heft 4. S. 321—432. Taf. X—XII. — *C. Dölter: Zur Synthese des Nephelins (T. X). 321. — H. Förstner: Über künstliche physikalische Veränderungen der Feldspathe von Pantellaria (mit 7 Holzschn.). 333. — *A. Cathrein: Neue Krystallformen tirolischer Mineralien (T. XI u. XII, F. 1—18). 353; — Über den Orthoklas von Valfloriana (T. XII, F. 19 u. 20). 368; — Über Umwandlungspseudomorphosen von Skapolith nach Granat (mit 3 Holzschn.). 378. — E. Palla: Über die vicinalen Pyramidenflächen am Natrolith (mit 1 Holzschn.). 386.

Heft 5 u. 6. — A. Schrauff: Über die Trimorphie und die Ausdehnungscoëfficienten von Titandioxid (mit 7 Holzschn.). 433. — *E. Kalkowsky: Über die Polarisationsverhältnisse von senkrecht gegen eine optische Axe geschnittenen zweiaxigen Krystallplatten (T. XIII). 486. — Th. Leweh: Anglesit, Cerussit und Linarit von der Grube „Hausbaden" bei Badenweiler (T. XIV u. XV). 498. — K. Haushofer: Krystallographische Untersuchungen (mit 15 Holzschn.). 524. — *C. Hintze: Beiträge zur krystallographischen Kenntniss organischer Verbindungen (mit 14 Holzschn.). 536. — A. Arzruni: Utahit — ein neues Mineral. 558. — H. Reinsch: Über den Einfluss der Salpetersäure auf Krystallisation und optische Verhältnisse der schwefelsauren Salze. 561. — M. Ossent: Die Erzvorkommen im Trutmann- und Anniviersthale. 563.

9) Mineralogische und petrographische Mittheilungen, herausgegeben von G. Tschermak. 8°. Wien. [Jb. 1884. II. -276-]

Bd. VI. Heft 3. S. 185—280. Taf. II u. III. — *W. C. Fuchs: Die vulkanischen Ereignisse des Jahres 1883. 185. — K. von Chrustschoff: Über eigenthümliche Flüssigkeitsinterpositionen im Cordierit des Cordieritgneisses von Bodenmais (T. H). 232. — *Fr. Becke: Ätzversuche am Bleiglanz (T. III u. 1 F.). 237.

10) Beiträge zur Paläontologie Österreich-Ungarns und des Orients, herausgegeben von E. v. Mojsisovics und M. Neumayr. 4°. Wien. [Jb. 1884. II. -450-]

1884. Bd. IV. Heft 1 u. 2. — Velenovsky: Die Flora der böhmischen Kreideformation III (T. I—VIII). — Penecke: Beiträge zur Kenntniss der Fauna der slavonischen Paludinenschichten II (T. IX—X.) — Teller: Neue Anthracotherienreste aus Südsteiermark und Dalmatien (T. XI—XIV).

11) Jahreshefte des Vereins für vaterländische Naturkunde in Württemberg. 8°. Stuttgart. [Jb. 1883. II. -130-]

1884. 40. Jahrgang. — Fraas: Beobachtungen an den vulkanischen Auswürflingen im Ries. 41. — Nies: Über das sog. Tigerauge und den Saussurit. 52. — *Leuze: Über das Vorkommen von Cölestin, wasserklarem Schwerspath und Kalkspathzwilling nach OR in Württemberg. 53. — J. Probst: Beschreibung der fossilen Pflanzenreste aus der Molasse von Heggbach und einigen anderen oberschwäbischen Localitäten. II. Monocotyledonen, Gymnospermen, Cryptogamen (T. I). 65.

12) Abhandlungen der naturforschenden Gesellschaft zu Görlitz. 8°. Görlitz. [Jb. 1882. II. -323-]

1884. XVIII. — V. Steger: Die schwefelführenden Schichten von Kokosschütz in Oberschlesien und die in ihnen auftretende Tertiärflora. 26; — Der quarzfreie Porphyr von Ober-Horka in der preussischen Oberlausitz. 183. — M. Franke: Ein Ausflug auf den Ätna. 195.

13) *Schriften der naturforschenden Gesellschaft in Danzig. 8°. Danzig. [Jb. 1881. II. -307-]

1884. Neue Folge. VI. Bd. 1. Heft. — O. Helm: Mittheilungen über Bernstein. VIII. Über einige Einschlüsse im Bernstein. 125. — *J. Kiesow: Über silurische und devonische Geschiebe Westpreussens (T. II—IV). 205.

14) *Zeitschrift für Naturwissenschaften, herausgegeben im Auftrage des naturwissenschaftlichen Vereins für Sachsen und Thüringen. 8°. Halle a. S. [Jb. 1884. II. -275-]

1884. 4. Folge. 3. Bd. 3. Heft. — *K. Dalmer: Die geologischen Verhältnisse der Insel Elba. — Berichte: Compter: Pflanzen aus der Lettenkohle von Apolda. — v. Fritsch: Geologische Phänomene am Galgenberge bei Wittekind; — Geognostische Verhältnisse des Thüringer Waldes; — In Bleiglanz verwandeltes fossiles Holz; — Der Untergrund der Stadt Halle. — Köbner: Seebergschacht für die Erfurter Wasserleitung.

15) *Mittheilungen der Aargauischen naturforschenden Gesellschaft. 8°. Aarau.

1882. 3. Heft. — R. Ausfeld: Geologische Skizze der Umgegend von Rheinfelden. 83. — F. Mühlberg: Eine für die Bestimmung des Alters und der Entstehung der Flussterrassen entscheidende Thatsache. 177; — Zinkblende im Rogenstein des Aargauer Jura. 181; — Ein erratischer Block im Gönhard bei Aarau. 183; — Übersicht der Steinkohlenbohrversuche im Aarau, mit einem geologischen Profil durch die Bohrstellen im Bezirk Rheinfelden. 184.

16) Nyt Magazin for Naturvidenskaberne. Grundlagt af den physiografiske Forening i Christiania. Udgivet ved Th. Kjerulf, D. C. Danielssen, H. Mohn, Th. Hjortdahl. Kristiania 1883—1884. [Jb. 1883. II. -133-]

28de Binds, 3die Räkkes 2det Binds 1ste—4de Hefte. — O. N. Hagen: Reise i Meraker Sommeren 1881 og 1882. (Reise in Meraker in dem Sommer von 1881 und 1882.) 46. — Frithjof Nansen: Skitse af et Isfjeld under Kysten af Öst-Grönland. (Skizze von einem Eisfeld an der Küste von Ost-Grönland.) 54. — O. Herrmann: Beschreibung von grönländischen Gesteinen. 57; — Über Dislocationen im Sandvikthal bei Kristiania. 74. — Th. Kjerulf: Dislokationerne i Kristianiadalen. (Die Verwerfungen im Christianiathale.) 79. — H. H. Reusch: Fjeldbygningen ved Viksnes Kobbergrube paa Karmöen. (Der Gebirgsbau bei der Kupfergrube Viksnes auf Karmö.) 89; — Geologiske notiser fra Kristianiaegnen. (Geologische Notizen aus der Gegend von Christiania.) 105; — Geologiske optegnelser fra Valders. (Geologische Aufzeichnungen von Valders.) 153; — Bidrag til Kunskaben om Istiden i det vestenfjeldske Norge. (Beitrag zur Kenntniss der Eiszeit im westnorwegischen Gebirge.) 161. — Th. Kjerulf: Dislokationerne i Kristianiadalen II. (Die Verwerfungen im Christianiathale II.) 171. — Ths. Münster: Dagbog fra Reise i Jotunfjeldene juli 1882. (Tagebuch von einer Reise im Jotungebirge im Juli 1882.) 199. — Johan H. L. Vogt: Undersögelser ved den sydlige del af Mjösen i 81 og 82. (Untersuchungen am südlichen Theil des Mjösen in den Jahren 1881 und 1882.) 249. — Joh. Lorenzen: Undersögelse af krystalliseret Uranbegmalm fra Moss. (Untersuchung des krystallisirten Uranpecherzes von Moss.) 249. — *W. C. Brögger: Spaltenverwerfungen in der Gegend Langesund-Skien. 253.

17) The Quarterly Journal of the geological Society. London. 8°. [Jb. 1884. II. -277-]

No. 159. August 1884. — R. Owen: On a Labyrinthodont Amphibian (Rhytidosteus capensis) from the Trias of the Orange Free State (pl. XVI u. XVII). 333. — F. Rutley: On Strain in Connexion with Crystallisation and the Development of Perlitic Structure (pl. XVIII). 340. — L. C. Miall: On a new specimen of Megalichthys from the Yorkshire Coalfield. 347. — R. F. Tomes: On the Madreporaria of the White Lias of the Middle and Western Counties of England, and on the Conglomerate at the base of the South-Wales Lias (pl. XIX). 353. — Dawson: On the Geology of the Line of the Canadian Pacific Railway. 376. — A. Irving:

On the Dyas and Trias of Central Europe. 389. — E. Hill: On the Rocks of Guernsey; with an Appendix by Prof. Bonney (pl. XX). 404. — Bundjiro Kotô: On some Japanese Rocks. 431. — J. H. Collins: On the Serpentine and associated Rocks of Porthalla Cove. 458. — H. G. Spearing: On the recent Encroachment of the Sea at Westward Ho! 474. — G. V. Smith: On Footprints of Vertebrate Animals in the Lower New Red Sandstone of Penrith. 479. — H. J. Eunson: On the Range of the Palaeozoic Rocks beneath Northampton. 482. — A. Champernowne: On some Zaphrentoid Corals from British Devonian Beds (pl. XXI—XXIII). 497. — H. Hicks: On the Precambrian Rocks of Pembrokeshire; with an Appendix by Mr. T. Davies (pl. XXIV). 507. — P. Martin Duncan: On the Internal Structure and Classificatory Position of Micrabacia coronula Goldf. sp. 561. — C. Callaway: On the Archaean and Lower Palaeozoic Rocks of Anglesey; with an Appendix by Prof. Bonney. 567. — R. Kidston On the Fructification of Zeilleria delicatula; with Remarks on Urnatopteris tenella and Hymenophyllites quadridactylites (pl. XXV). 590. — H. H. Godwin-Austen: On the new Railway-Cutting ad Guildford; with Introductory Notes on the Eocene Beds by W. Whitaker. 599.

18) The Annals and Magazine of natural history. 8°. London. 5th series. [Jb. 1884. II. -145-]

Vol. XIV. 1884. — H. J. Carter: On the Spongia coriacea of Montagu = Leucosolenia coriacea Bk., together with a new Variety of Leucosolenia lacunosa Bk., elucidating the Spicular Structure of some of the fossil Calcispongiae; followed by Illustrations of the Pin-like Spicules on Verticillites helvetica de Loriol (t. 1). 17. — G. R. Vine: Notes on some Species of Asodictyon and Rhopalonaria from the Wenlock Shales. 77. — R. Kidstone: On a new species of Lycopodytes Goldenberg (L. Stockii) from the Calciferous Sandstone Series of Scotland (t. 5). 111. — A. de Quatrefages: Moas and Moa-hunters. 124.

19) The Geological Magazine, edited by H. Woodward, J. Morris and R. Etheridge. 8°. London. [Jb. 1884. II. -451-]

Dec. III. Vol. I. No. IX. No. 243. Sept. 1884. — J. W. Dawson: Notes on the Geology of Egypt. (4 Woodcuts). 385. — T. R. Jones and H. Woodward: Notes on Phyllopodiform Crustaceans (pl. XIII). 393. — O. Fisher: On Cleavage and Distortion (4 Woodcuts). 396. — T. G. Bonney: Remarks on Serpentine. 406. — B. D. Oldham: Note on a Graphic Table of Dips (2 Woodcuts). 412. — E. Wilson and H. E. Quilter: The Rhaetic Section at Wigston. 415.

No. 244. October 1884. — W. Davies: New British Eocene Carnivora (pl. XV). 433. — W. Dawson: Notes on the Geology of Egypt. 439. — R. Lydekker: Notes on Fossil Carnivora and Rodentia. 442. — T. Mellard Reade: Keuper Marls at Great Crosby. 445. — W. Topley: Report on European Surveys. 447.

20) The American Journal of Science and Arts. 3rd Series. [Jb. 1884. II. -452-]

Vol. XXVIII. No. 165. — H. S. Scudder: Triassic Insects from the Rocky Mountains. 199. — O. A. Derby: Flexibility of Itacolumite. 203. — E. W. Forch: Age of the Glazed and Contorted Slaty Rocks in the vicinity of Schodack Landing, Rensselaer County, N. Y. 206. — G. F. Becker: Relations of the Mineral Belts of the Pacific Slope to the Great Upheavals. 209. — J. L. Campbell: Geology of the Blue Ridge near Balcony Falls, Virginia; a modified view. 221.

No. 166. October 1884. — J. S. Diller: Fulgurite from Mount Thielson, Oregon. 252. — *G. H. Williams: Paramorphosis of Pyroxene to Hornblende in Rocks. 259. — J. D. Dana: Southward ending of a great Synclinal in the Taconic Range (pl. III). 268. — H. C. Lewis: Supposed Glaciation in Pennsylvania South of the Terminal Moraine (pl. IV). 276. — J. W. Mallet: Mass of Meteoric Iron from Wichita County, Texas. 285. — J. B. Eastmann: New Meteorite. 299.

21) The Engineering and Mining Journal. 4°. New York. [Jb. 1884. I. -389-]

Vol. XXXVII. 1884. No. 1—26. — A. A. Julien: The Genesis of the crystalline iron ores. No. 5. — F. Sandberger: Theories on the formation on mineral veins. No. 11 ff. — J. C. Smock: Geologico-geographical distribution on the iron ores of the Eastern United States. No. 12 ff. — M. E. Wadsworth: The lateral secretion theory of ore deposits. No. 20. — Petroleum. Its probable origin. No. 23. — A. Williams Jr.: Popular fallacies regarding precious metal ore deposits. No. 25 ff.

22) Transactions of the American Institute of Mining Engineers. Easton. Pa. 8°. [Jb. 1884. I. -152-]

Index, Volumes I to X. 1884. 181 S.

Vol. XI. 1883. — A. N. Rogers: The mines and mills of Gilpin Co., Colorado. 29. — E. H. Richards: Notes on some reactions of Titanium. 90. — L. R. Grabill: On the peculiar features of the Bassick Mine. 110. — Ch. A. Ashburner: The anthracite coal beds of Pennsylvania. 136. — Th. B. Comstock: Notes on the geology and mineralogy of San Juan Co., Colorado. 165. — P. Frazer: The iron ores of the Middle James River. 201. — T. Sterry Hunt: Coal and iron in Alabama. 236. — J. C. Bayles: Microscopical analysis of the structures of iron and steel. 261. — J. T. Blandy: The mining region around Prescott, Arizona. 286. — Ch. A. Schaeffer: On the occurrence of Gold in Williamson Co., Texas. 318. — P. Frazer: Notes from the literature on the geology of Egypt and examination of the syenitic granite of the obelisk, wich Lieut. Commander Gorringe brought to New York. 353. — R. W. Raymond: The natural coke of Chesterfield Co., Virginia. 446. — P. Frazer: A comparision of the Eozoic and Lower Palaeozoic in South Wales with their Appalachian analogues. 479.

23) *Proceedings of the Newport Natural History Society 1883—84. 8°. Newport.

T. NELSON DALE: The geology of the tract known as „Paradise", near Newport; — Remarks on some evidences of geological disturbances in the vicinity of Newport. — EDGAR F. CLARK: Studies in the Rhode Island Coal measures.

24) Comptes rendus hebdomadaires des séances de l'Académie des sciences. 4°. Paris. [Jb. 1884. II. -279-]

T. XCIX. No. 4. 28 Juillet 1884. — B. RENAULT: Quatrième note pour servir à l'histoire de la formation de la houille; galets de huille. 200. — MARÈS: Sur la géologie des environs de Keff (Tunisie) 207. — HÉBERT: Remarques relatives à la communication précédente. 208. — MALLARD: Sur les rapports qui existent entre les réseaux cristallins des différents corps. 209. — DANDÉVILLE: Blocs soi-disant erratiques de Silly et aérolithe de Laigle. 212.

No. 5. 4 Août 1884. — L. LARTET: Sur le terrain carbonifère des Pyrénées centrales. 250. — CARNOT: Sur la composition et les qualités de la houille, en égard à la nature des plantes qui l'ont formée. 253. — GORGEU: Sur l'oxychlorure de Calcium et les silicates de chaux simples et chlorurés. Production artificielle de la Wollastonite. 256. — DIEULAFAIT: Origine des phosphorites et des argiles ferrugineuses, dans les terrains calcaires. 259.

No. 6. 11 Août 1884. — DE JONQUIÈRES: Sur des débris volcaniques recueillis sur la côte est de l'île Mayotte, au Nord-ouest de Madagascar. 272. — CRIÉ: Contributions à la flore pliocène de Java. 288.

No. 8. 25 Août 1884. — BRÉON et KORTHALS: Sur l'état actuel du Krakatau. 395.

No. 10. 8 Septembre 1884. — DIEULAFAIT: Nouvelle contribution à la question d'origine des phosphates de chaux du S. O. de la France. 440.

No 12. 22 Septembre 1884. — CRIÉ: Contributions à la flore crétacée de l'Ouest de la France. 511.

No. 14. 6 Octobre 1884. — MANO: Observations géologiques sur le passage des Cordillères par l'isthme de Panama. 573.

No. 15. 13 Octobre 1884. — A. FAVRE: Carte du phénomène erratique et des anciens glaciers du versant N. des Alpes Suisses et de la chaîne du Mt. Blanc. 599. — MILNE EDWARDS: Sur un bloc de ponce recueilli au large près de Madagascar. 602.

No. 17. 27. Octobre 1884. — GONNARD: Sur une pegmatite à grands cristaux de chlorophyllite, du bords du Vizézy, prés de Montbrison (Loire). 711.

No. 18. 3 Novembre 1884. — GAUDRY: Nouvelle note sur les Reptiles permiens. 737.

25) Bulletin de la Société géologique de France. 8°. 1884. [Jb. 1884. II. -280-]

3ième série. T. XII. 1884. No. 8. pg. 513—772. Pl. XXVII—XXX. DRU: Note sur la géologie et l'hydrologie de la région de Bechtaou (Russie-Caucase) (fin). 513. — DOLLFUS: Présentation d'une brochure de M. VAN DEN BROECK. 516. — MARCOU: Notes à l'occasion du prochain Congrès géologique international, avec des remarques sur les noms des terrains fossilifères les plus anciens. 517. — Bergeron: Note sur les strobiles du Walchia piniformis. 533. — Gorceix: Gisement de diamants du Grao Mogor (province de Minas Geraës), Brésil. 538. — Gourdon: Note sur le gisement du pré de Roger (près St. Béat). 545. — Collot: Observation sur la communication de M. Fontannes du 7 avril 1884. 545. — Cotteau: Présentations d'ouvrages. 547. — de Raincourt: Note sur la faune de Septeuil. 549. — Gaudry: Présentation d'un mémoire de M. Capellini. 552. — de Sarran d'Allard: Recherches sur les dépôts fluvio-lacustres antérieurs et postérieurs aux assises marines de la Craie supérieure du Gard. 553. — Schlumberger: Note sur les Miliolidées trématophorées. 629. — Bourgeat: Note sur la découverte de trois lambeaux nouveaux de Cénomanien dans le Jura. 630. — de Lapparent: Présentation d'un travail de MM. Corbière et Bigot. 635. — Carez: Présentation d'une nouvelle carte géologique générale de la France. 635. — Zeiller: Présentation d'une note sur les Fazolia. 636. — Hébert: Présentation d'un mémoire de M. Capellini. 630. Rolland: Résumé des observations de M. Th. Kjerulf sur les Dislocations de la vallée de Christiania. 637. — Lodin: Note sur la constitution des gîtes stannifères de la Villeder (Morbihan). 745. — de Boury: Observations sur quelques espèces nouvelles du bassin de Paris, décrites par M. le Marquis de Raincourt. 667; — Liste de quelques espèces rares recueillies à Cuise-Lamotte. 670; — Présentations d'ouvrages. 673. — Zeiller: Sur des traces d'insectes simulant des empreintes végétales. 676; — Note sur la compression de quelques combustibles fossiles. 680. — Douvillé: Ammonites de la zone à A. Sowerbyi. 685. — Parlow: Notions sur le système jurassique de l'Est de la Russie. 686. — Tardy: Nouvelles observations sur la Bresse ou de la jonction du Pliocène et du Quaternaire. 696. — Lory: Remarques au sujet des Alpes de Glaris et des allures du terrain éocène dans les Alpes. 726. — Kilian: Note sur les terrains tertiaires du territoire de Belfort et des environs de Montbéliard (Doubs). 729. — Locard: Note sur un Céphalopode nouveau de la famille des Loliginidae, Pleuroteuthis costulatus. 759. — Pouech: Note sur la constitution géologique du Pech de Foix. 765.

26) **Mémoires de la Société géologique de France.** 4°. Paris. [Jb. 1883. I. -347-]

3ième série. T. III, 1. 1884. — Cossmann et Lambert: Etudes stratigraphiques et paléontologiques sur le terrain oligocène marin aux environs d'Etampes (6 pl.). 187.

T. III, 2. — Thomas: Recherches stratigraphiques et paléontologiques sur quelques formations d'eau douce de l'Algérie (5 pl.). 51.

27) **Bulletin de la Société linnéenne de Normandie.** 8°. Caën. [Jb. 1884. I. -155-]

3ième série. T. VII. 1882—83. — Bigot: Note sur la base du Silurien moyen dans la Hague (1 pl.) 31—35. — Ch. Renault: Etude stratigraphique du Cambrien et du Silurien dans les vallées de l'Orne et de la Laize (1 pl.) 16—29, 38—62. — Morrière: Note sur une Eryonidée nouvelle trouvée à la Caine (Calvados) dans le Lias supérieur (1 pl.) 116—123. — Renault: Note sur le Lias de la prairie de Caën. 130—132. — L. Lecornu: Sur la composition de certaines alluvions. 134—144. — Sauvage: Note sur le genre Pachycormus (1 pl.). 144—149. — Morière: Note sur une empreinte d'un corps organisé offerte par le grès armoricain de May (Calvados) (1 pl.). 150—155. — Renault: Le Cambrien et le Silurien de la vallée de l'Orne (1 pl.). 261—269. Lecornu: Notice sur M. Hérault. 286—297. — Bigot: Compte rendu de l'excursion géologique à May-sur-Orne. 303—311.

28) Bulletin de la Société minéralogique de France. 8°. Paris. [Jb. 1884. II. -279-]

T. VII. No. 7. Juillet 1884. — A. de Grammont: Absence de pyroélectricité dans les cristaux de Sulfate de Magnésie et de Sulfate de Cobalt. 235. — L. J. Igelström: Xanthoarsénite, nouveau minéral de Sjoegrufvan, paroisse de Grythyttan, gouvernement d'Oerebro (Suède). 237. — A. Damour: Essais chimiques et analyses sur la Ménilite. 239. — F. Gonnard: Sur une combinaison de formes de la galène de Pontgibaud. 242. K. de Kroustchoff: Sur l'analyse spectrale appliquée aux études microminéralogiques. 243. — Des-Cloiseaux: Oligoclases et Andésine. 249.

29) Club alpin français. 10e année 1883. 8°. [Jb. 1884. I. -155-]

Annuaire 1884. — Julien: La théorie des volcans et le plateau central; historique, théorie actuelles, vues nouvelles. 358—391. — Baysselance: Quelques traces glaciaires en Espagne. 410—417. — de Margérie: Les plateaux du Colorado; paysage et structure géologique d'après les travaux des géologues américains (1 pl.). 417—450.

30) Bulletin de la Société zoologique de France. 8°. Paris. [Jb. 1884. II. -160-]

10 année 1884. 1. 2. — Jousseaume: Etude sur la famille des Cypraeidées. 81—100.

31) Annales des mines. Paris 8°. [Jb. 1884. I. -156-]

8 sér. T. III. 1883. — Statistique de l'industrie minérale de France. 69. — de Bovet: L'industrie minérale dans la province de Minas Geraës. 85. — Lodin: Note sur certains combustibles tertiaires de l'Istrie et de la Dalmatie. 209. — Haton de la Goupillère: Formules analytiques relatives aux lois de la richesse des filons. 405.

8 sér. T. IV. 1883. — Villot: Étude sur le bassin de Fuveau et sur un grand travail à y exécuter. 5. — E. Lapierre: Note sur le bassin houiller de Tete (région du Zambèze). 585. — R. Zeiller: Note sur la flore du bassin houiller de Tete. 594.

8 sér. T. V. 1884. — M. Luuyt: Mémoire sur le bassin houiller du Lancashire. 5. — Statistique de l'industrie minérale de France. 103.

32) Bulletin de la Société de l'industrie minérale. 8°. St. Etienne. [Jb. 1884. I. -157-]

2 sér. T. XII. 1883. 2—4. — E. Vialla: Note sur les mines de la Compagnie des Fouderies et Forges de Terre noire, la Voulte et Bessèges à Bessèges (Gard). 439. — B. Simont: Le Laurium. Étude sur les dépôts métalliques. 641.

2 sér. T. XIII. 1884. 1. — Peyre: Note sur le gisement de fer carbonaté de Palmesalade (Gard). 5. — Autissier: Mines d'or de la Nava de Jadraque, Province de Guadalajara (Espagne). 125.

33) Revue Universelle des mines, de la métallurgie, des travaux publics, des sciences et des arts. 8°. Paris et Liége. [Jb. 1884. I. -157-]

T. XIV. 1883. 2 sém. — J. Beco et L. Thouard: L'industrie minérale en Italie. 80, 387, 652. — F. Englebert: Qualité et débit des sources naturelles et artificielles. 560.

T. XV. 1884. 1 sém. — A. Rutot: Les découverts paléontologiques de Bernissart. 201; — La carte géologique détaillé de la Belgique. 295; Sur l'utilité de la carte géologique de la Belgique. 328.

34) Annales de Malacologie (Société malacologique de France), publiées sous la direction de M. G. Servain. 8°. Paris.

T. I. 1884. — Munier-Chalmas: Miscellanées paléontologiques (Leymeria, Velainia, Tournoueria, Perrieria etc.) (2 pl.). 323—330.

35) Journal de Conchyliologie publié sous la direction de H. Crosse et P. Fischer. 8°. Paris. [Jb. 1884. II. -150-]

3e série. T. XXIII. 1883. No. 1. — R. Tournouër: Description d'un nouveau sousgenre de Melaniidae fossiles des terrains tertiaires supérieurs de l'Algérie (1 pl.). 58—60. — Fischer: Observations sur la note précédente. 60—62. — E. de Boury: Diagnoses Scalidarum novarum et Arcirsae novae in stratis eocenicis regionis „Bassin de Paris" vulgo dictae repertis. 62—67.

No. 2. — E. de Boury: Description d'espèces nouvelles de Mathilda du Bassin de Paris et révision du genre (1 pl.). 110—153. — M. Cossmann: Description d'espèces du terrain tertiaire des environs deParis (suite) (2 pl.). 153—174. — No. 3, 4.

36) La Nature. Revue des sciences. Journal hebdomadaire illustré red. G. Tissandier. 4°. Paris. [Jb. 1884. II. -150-]

No. 570. — Le tremblement de terre en Angleterre du 22 Avril 1884 354—355. — No. 571. Jaccard: Le Grand lac purbeckien de Jura. 374—376. — St. Meunier: Origine de l'activité volcanique. 379—380. — No. 572. H. Vila: Nouvelle île volcanique de l'Alaska. 387—388. — No. 573—579.

12e année 1884. No. 580—582. — Renault et Zeiller: Graines du Terrain houiller. 114—115. — No. 583—585. de Bovet: L'Exploitation du Diamant au Brésil. 166—170. — No. 586. La mission française au Krakataua. 186—187. — No. 587—594. GARRIGOU: La grotte de l'Ombrives près Tarascon (Ariège). 312—314; — Les mines du Tonkin. 311. No. 595—597. L. DE MALAFOSSE: Les gorges du Tarn. 359—362.

37) Revue scientifique. Paris 4°.

3e série. 4e année 1884. 1er sémestre (t. 33). — ALADAR GYÖRGY: Le lac Balaton et la mer miocène hongroise. 621—624. — DE LAPPARENT: L'Ecorce terrestre et son relief. 290. — THOULET: Les inclusions des minéraux. 521—527. — CH. VÉLAIN: L'Ile de Bornéo. 71—74. — E. RIVIÈRE: Les enchaînements du monde animal dans les temps géologiques. 48—53. — Revue de zoologie et de paléontologie. 276—283, 659—665.

38) Journal d'histoire naturelle de Bordeaux et du Sud-Ouest. 4°. Bordeaux. [Jb. 1884. I. -392-]

3e année 1884. No. 2, 3, 4. — Le terrain tertiaire de St. Palais près Royan. 54—56. — A. GUILLAUD: Gisement de mammifères quaternaires à Eymel (Dordogne). 56—57. — No. 5—7. DEPÉRET: Nouvelles études sur les Ruminants fossiles de l'Auvergne. 92. — No. 8—10. BOULE: Réunion extraordinaire de la Société géologique de France à Aurillac 146.

39) Actes de la Société linnéenne de Bordeaux. 8°. Bordeaux. [Jb. 1882. II. -440-]

T. XXXVI (4e série. T. VI). 1882 (Procès verbaux). — MOTELAY: Ammonite gigantesque de Coze (Charente inf.). IX. — E. BENOIST: Note sur un fragment de bois fossile de Sort (Landes) perforé par le Teredo Daleani BEN. IX; — Deux Pleurodesma fossiles nouveaux trouvés à Saucats. IX; — Note sur les puits artésiens des Docks à Bordeaux. IX—XII; — Fémur humain trouvé dans les argiles de Soulac. XIII; — Deux coquilles fossiles inédites provenant du falun de Mérignac. XV. — BROCHON: Melanopsis faussement attribuée à Gaas. XV. — BOREAU-LAJANADIE: Grés fossilifère de Larnèche. XXI. — E. BENOIST: Note sur les sables coquilliers de Terre-Nègre. XXV—XXVI. — DEGRANGE-TOUZIN: Note géologique au sujet de l'excursion trimestrielle à Ste. Croix-du-Mont. XXX—XXXIII. — E. BENOIST: Couches coquillieres et ossifères observées à St. Christoly-de-Blaye par M. MERLET. XLIII; — Note complémentaire sur les couches de terrain rencontrées dans le forage d'un puits à St. Christoly-de-Blaye. XLVIII; — Présentation d'un travail accompagné d'une carte, sur la géologie du Médoc. LVII. — ARNAUD: Présentation d'un travail intitulé: Profils géologiques de Périgueux à Ribérac et de Siorac à Sarlat. LVIII. — DEGRANGE-TOUZIN: Le retrait glaciaire dans les Pyrénées. LIX—LX.

40) Revue Savoisienne, Journal publié par la Société florimontane d'Annecy. [Jb. 1884. I. -309-]

24e année (1883) No. 10—12, 25e année (1884) No. 1—4. — HOLLANDE: Observations au sujet de l'Horizon de l'Ammonites tenuilobatus. 33.

41) **Bulletin de la Société des sciences historiques et naturelles de l'Yonne.** 8°. [Jb. 1883. I. -350-]

37e vol.; 38e vol. (1883). — G. Cotteau: La géologie au Congrès de Rouen. 13—31. — Sauvage: Notice sur le genre Caturus et plus particulièrement sur les espèces du Lias supérieur de l'Yonne (2 pl.). 32—49.

42) **Bulletin de la Société d'histoire naturelle de Loir et Cher.** 8°. Blois. [Jb. 1884. I. -309-]

No. 2. 1884. — L. Guignard: Introduction à l'histoire de la géologie. 66—74; — Faluns de Pont Levoy. 86—89; — Géologie du département de Loir et Cher. 75—85.

43) **Bulletin de la Société d'Etudes scientifiques du Lot.** 8°. [Jb. 1884. I. -392-)

t. IX (1884). 1e fasc. — Judycki: Origine inorganique des combustibles minéraux (Suite et fin. 5—17).

44) **Bulletin de la Société d'Etudes des Sciences naturelles de Nîmes.** 8°. Nimes. [Jb. 1884. I. -392-]

12e année 1884. — S. Pellet: Eléments de minéralogie appliquée aux arts et à l'industrie. 34—38, 42—55, 60—71. — Lafon: Compte-rendu de l'excursion faîte à Sauve le Dimanche 23 Juillet 1883. 25—33.

45) **Feuille des Jeunes Naturalistes.** Réd. A. Dollfus. 8°. Paris. [Jb. 1884. I. -308-]

13e année 1882—83. — C. Méline: Quelques mots sur le terrain de transition et sa flore dans le Sudest des Vosges. 85.

14e année 1883—84. — W. Kilian: Une excursion géologique aux environs de La Rochelle. 126. — E. Durand: Note sur le bassin houiller d'Alais. 137, 149. — Wattebled: Un dépôt lacustre. 119.

46) **Annales de la Société d'Emulation du dépt. des Vosges.** 8°. [Jb. 1883. I. -350-]

Vol. 1884. — J. F. Le Brun: Mémoire sur l'âge des roches des Vosges. 237—345.

47) **Bulletin de la Société Impériale des Naturalistes de Moscou.** 8°. Année 1883. No. 4. (Avec 6 pl.)

H. Trautschold: Bemerkungen zur geologischen Karte des Westluga-Gebiets. 295; — Über die neuesten Arbeiten der nordamerikanischen Staatsgeologen. 337. — Sokolow: Über die Krim. 309.

48) **Atti della Società Toscana di Scienze Naturali in Pisa. Processi Verbali.** 8°. [Jb. 1884. II. -283-]

Vol. IV. Adunanza del di 4 maggio 1884. — Meneghini: Nuove specie di ammoniti dell' Appennino centrale. — Canavari: A proposito di una recente pubblicazione del dott. WÄHNER sulle ammoniti delle Alpi orientali. — COCCHI: Fossili di Vingone in Val di Chiana.

Adunanza del dì 6 luglio 1884. — MENEGHINI: Ellipsactinia del Gargàno e di Gebel Ersass in Tunisia. — CANAVARI: Brachiopodi retici della Calabria Citeriore. — GUCCI: Sopra un prodotto di decomposizione del gabbro rosso.

49) Atti della Soc. Toscana di Sc. Naturali in Pisa. Memorie. 8°. [Jb. 1884. II. -282-]

Vol. VI. fasc. 1. 1884. — G. PAPASOGLI e A. BARTOLI: Nuova contribuzione alla istoria del Carbonio. 30. — M. CANAVARI: Contribuzione alla conoscenza dei Brachiopodi degli strati a Ter. Aspasia MGH. 40. — SIMONELLI: Faunula del calcare ceroide di Campiglia Marittima. 111.

50) Atti della Società Italiana di Sc. Naturali. Milano 1883. 8°. [Jb. 1884. I. -160-]

Vol. XXV. fasc. 3, 4. — REGAZZONI: Di un cranio umano rinvenuto in Brianza. 241. — SALMOJRAGHI: Alcune osservazioni geologiche sui dintorni del lago di Comabbio. 268.

vol. XXVI. fasc. 1—4. 1884. — F. MOLINARI: Dal Lago Maggiore al Lago d'Orte. 21. — N. PINI: Nuova contribuzione alla Fauna fossile postpliocenica della Lombardia. 48. — F. SALMOJRAGHI: Notazione cronogeologiche. 71. — G. MERCALLI: Sull' eruzione etnea del 22 marzo 1883. 111. — E. BONARDI e C. F. PARONA: Ricerche micropaleontologiche sulle argille del bacino lignitico di Leffe. 182. — G. B. VILLA: Escursioni geologiche fatte nella Brianza. 373.

51) Atti della R. Accademia delle Scienze di Torino. 8°. [Jb. 1884. I. -159-]

Vol. XIX. Disp. 1—7. 1884. — SACCO: Nuove specie fossili di Molluschi lacustri e terrestri in Piemonte. 327. — BRUGNATELLI: Sulla composizione di una roccia pirossenica dei dintorni di Rieti. 387. — PIOLTI: Il porfido del vallone di Roburent. 571. — SACCO: L'alta valle Padana durante l'epoca delle terrazze in relazione col contemporanea sollevamento della circostante catena Alpino Appenninica. 795. — MATTIROLO e MONACO: Sulla composizione di un diallagio proveniente dal distretto di Syssert (monti Urali). 826.

52) Bolletino della Società Malacologica Italiana in Pisa. [Jb. 1883. I. -165-]

Vol. VIII. IX. X. — D. PANTANELLI: Note di malacologia pliocenica I. Aggiunte e correzioni al catalogo dei molluschi pliocenici dei dintorni di Siena pubblicato da DE STEFANI e PANTANELLI. 5. — A. DE GREGORIO: Studi su talune conchiglie mediterranee viventi e fossili con una rivista del gen. Vulsella. 36.

53) Bollettino della Soc. Adriatica di Sc. Nat. Trieste. [Jb. 1883. II. -139-]

Vol. VIII. 1883. — Aug. Vierthaler: Cenni statistici sulle cave del territorio di Trieste. 299.

Berichtigungen:

1884. Bd. II: Seite 166 Zeile 4 muss stehen statt 101̄1 : 10̄11
„ „ „ „ 169 „ 10 „ „ Dreiecksspitze: Dreiecksbasis.

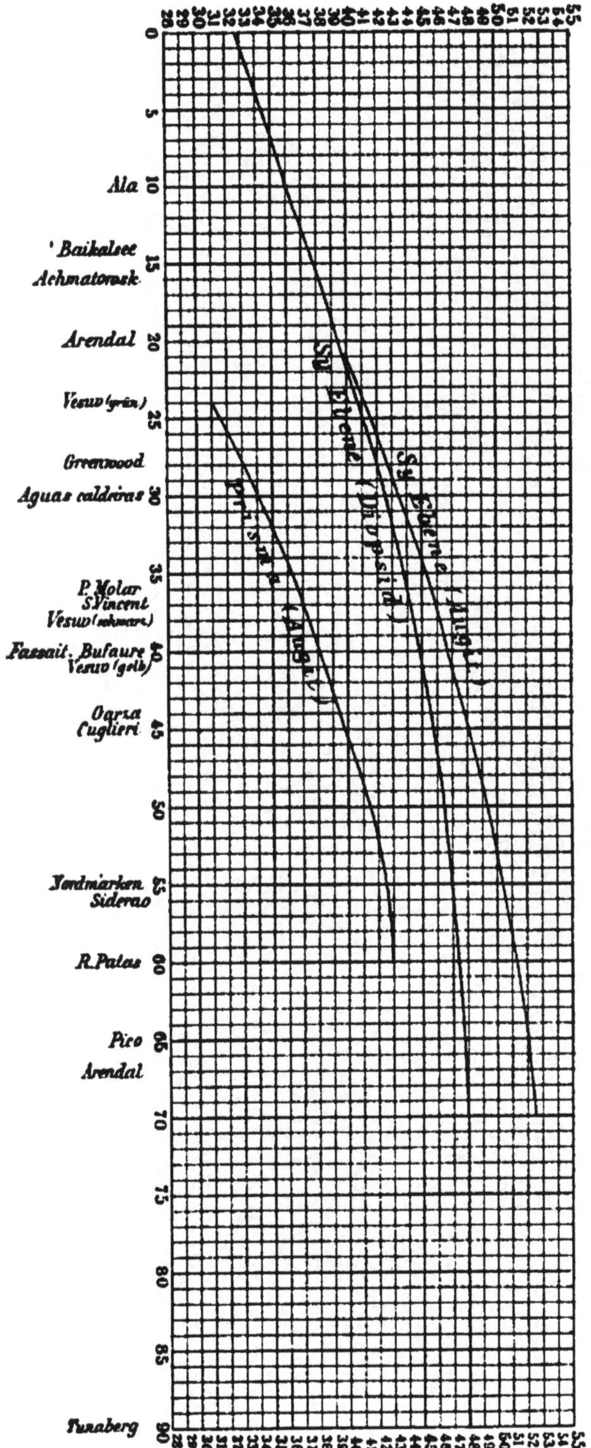
Ala
Baikalsee
Achmatowsk
Arendal
Vesuv (grün)
Greenwood
Aguas caldeiras
P. Molar
S. Vincent
Vesuv (schwarz)
Fassait. Bufaure
Vesuv (gelb)
Cuglieri
Nordmarken
Siderao
R. Palas
Pico
Arendal
Tunaberg
Sy. Ebene (Diopsid)
Sy. Ebene (Augit)
Prisma (Augit)

K. Hofbuchdruckerei Zu Guttenberg (Carl Grüninger) in Stuttgart.

Neues Jahrbuch

für

[Mi]neralogie, Geologie und Palaeontologie.

Unter Mitwirkung einer Anzahl von Fachgenossen

herausgegeben von

[M]. Bauer, W. Dames und Th. Liebisch

in Marburg. in Berlin. in Königsberg.

Jahrgang 1885.

I. Band. Zweites Heft.

Mit Tafel II und mehreren Holzschnitten.

STUTTGART.

E. Schweizerbart'sche Verlagshandlung (E. Koch).

1885.

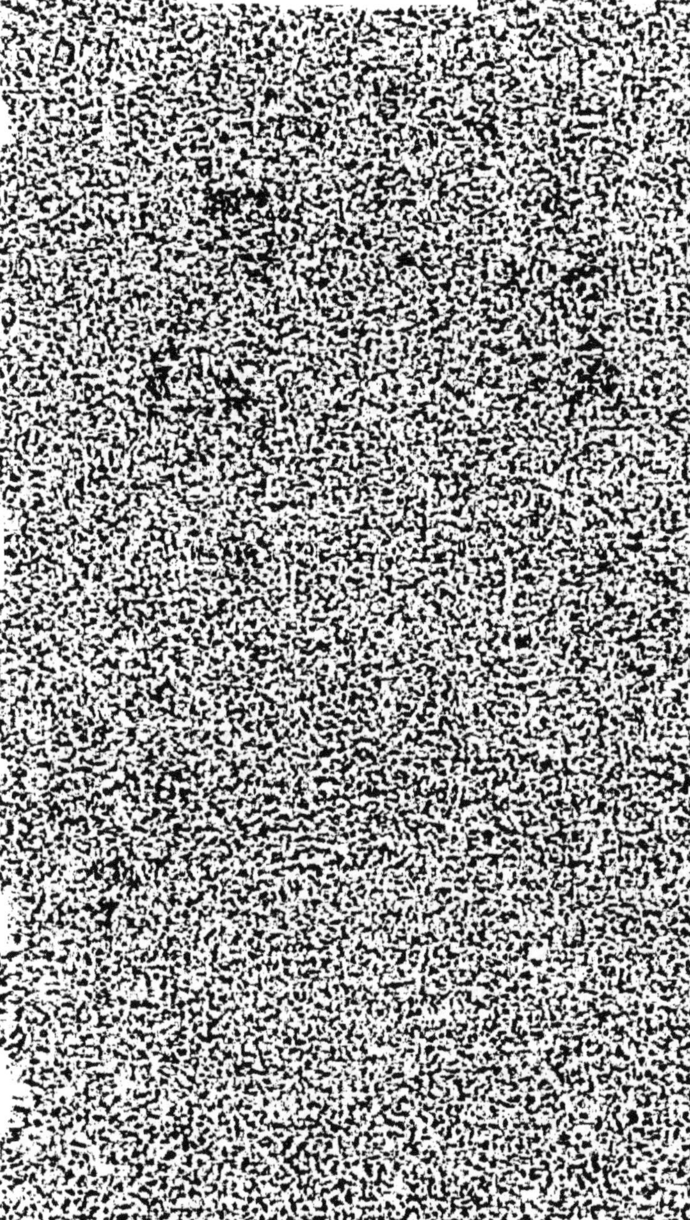

Inhalt des zweiten Heftes.

I. Abhandlungen.

II. Briefliche Mittheilungen.

III. Referate.

A. Mineralogie.

B. Geologie.

C. Paläontologie.

IV. Neue Literatur.

Heinrich Robert Göppert

hat am 18. Mai 1884, einem Sonntagsmorgen, seine Augen geschlossen, nachdem er das 83. Lebensjahr überschritten, noch immer rüstig, fast bis zum Ende, arbeitend. Der Name des Breslauer Botanikers hat längst die Reise um das Erdenrund gemacht und hat in vielen Zweigen seiner Wissenschaft geleuchtet zum Zeichen der vielseitigen Thätigkeit seines Trägers. Noch 1881 hat er selbst einen Nachweis aller seiner litterarischen Arbeiten geliefert, womit er die Wissenschaft bereicherte, und welche damals die Zahl von 213 erreichten, neben ungezählten, wohl 3—400 kleineren Mittheilungen in Zeitschriften. Ein Blick hierauf giebt uns ein Bild von der Richtung seiner umfassenden Geistesarbeit, wovon ein beträchtlicher Theil einem auch in den Kreis dieses Jahrbuches gehörigen Zweige gewidmet war.

Die in gleicher Arbeit begriffenen Fachgenossen, seine zahlreichen Schüler, seine vielen Freunde, Alle, die mit ihm in persönlichem Verkehr standen und Andere, denen er nur durch den Glanz seines Namens bekannt war, ja viele Hunderte aus dem Volk und namentlich Solche aus Schlesien nehmen Theil an dem Verluste, welcher zuerst die Universität und Stadt Breslau, dann die ganze Provinz Schlesien, das deutsche Vaterland, Europa und die ganze wissenschaftliche Welt in allen Erdtheilen durch seinen Tod betroffen hat; und dieser grosse Kreis von Trauernden führt die Tragweite seiner Forschungen und seiner Thätigkeit, den Umfang seiner Beziehungen in aller Welt, die Grösse seiner Popularität in der Heimath anschaulich vor Augen.

Einen solchen Mann nach allen Richtungen hin zu würdigen, ist nicht hier der Ort, noch sei es die Aufgabe des Verfassers dieser Zeilen. Wir können ihn an dieser Stelle nur ehren durch die Erinnerung an seine hohen Verdienste um unsere Wissenschaft und an das lebendige Streben, sie zur Geltung zu bringen, und wir freuen uns in der Wahrnehmung, dass dieses Streben zum Ziele gelangt ist. Denn was er als Einer der Ersten angebahnt und lange Jahre hindurch ausbauen half, das ist heute ein selbständiger, mehr und mehr sich vervollkommnender Theil unserer Wissenschaft. Die Kenntniss und das Studium der lebenden Pflanze übertrug er mit besonderer Vorliebe auf die Untersuchung der untergegangenen Floren der geologischen Perioden, welche nur in Fragmenten noch zu uns sprechen, und deren Reste lange Zeit der richtigen Deutung harrten und vielfach noch jetzt harren. Es ist keine Periode oder Formation, für deren Pflanzenreste und zu deren Erkenntniss er nicht mehr oder weniger wichtige lichtbringende Beiträge geliefert hätte; weitaus die wichtigsten und umfassendsten freilich galten den ältesten, sowie den jüngsten der geologischen Formationen, den paläozoischen, vorzüglich aus der Steinkohlenzeit, und den tertiären.

Göppert's Vorgänger in diesem Theile der Forschung, welche zum Theil auch bald gleichzeitige Mitarbeiter wurden, unter ihnen v. Schlotheim, Brongniart, Graf Sternberg, Lindley, hatten schon manche gute Erkenntniss geschaffen; aber erst der zweite von ihnen, der grosse französische Botaniker, trug System in die Thatsachen, welche bisher gleichsam nur zusammengewürfelt von den Früheren mitgetheilt waren, und machte systematisches Studium zur Richtschnur der eigenen Arbeiten. Dem gleichen geordneten Forschen schloss sich Göppert an und wurde in Deutschland der Vertreter und Förderer dieser Richtung. Seine ältesten grösseren Werke: Die fossilen Farnkräuter (1836), Gattungen der fossilen Pflanzen (1841—46), die fossilen Coniferen (1850), geben dies zu erkennen, und diese eingeschlagene Methode hat er nie verlassen. Die sorgfältige Vergleichung der mehr oder weniger vollständig erhaltenen Reste mit den lebenden Pflanzen in den verschiedensten Beziehungen, in allen ihren Theilen, welche Prüfung sich nicht mit einzelnen zufälligen Ähnlichkeiten begnügt, bildete die Grundlage der Göppert'schen Forschung, wie seit Brongniart und ihm die aller spätern Zeitgenossen. Dabei verstand er Manches schon damals zu Rathe zu ziehen und zu benutzen, was früher nicht beachtet wurde, während es zum Theil gegenwärtig von Manchen mit besonderem Fleiss und unter grosser Bevorzugung als Gegenstand der Specialforschung gepflegt wird: die mikroskopisch-anatomische Untersuchung solcher Reste, welche ihre Structur uns noch überliefert haben. Göppert's Arbeiten über fossile Coniferen, seine Untersuchungen über Stigmaria sind Beispiele hierzu.

Seine Forschungsresultate verwerthete Göppert auch sofort in geologischem Sinne. Wie die untergegangenen Geschlechter der Pflanzen ihm und durch ihn uns gleichsam wieder lebendig wurden, indem er ihr volles Bild zu entwerfen bemüht war, so konnte es nicht fehlen, dass auch damit die Physiognomie der Floren in jenen alten und ältesten Zeiten vor unsern Augen sich gestaltete, das Dunkel sich erhellte, in welches diese Zeiten, die Reihenfolge und Rolle ihrer organischen Bürger noch lange gehüllt geblieben war. Die Gesetze der Wandelung und Entwickelung der irdischen Pflanzendecke gewannen auch durch ihn mehr und mehr Sicherheit und Bestimmtheit, so abgeneigt er auch einer Descendenzlehre nach Darwin war und blieb. Eine so grosse Reihe von Beobachtungen, wie sie Göppert zu liefern das Glück hatte, muss auch für die Festsetzung dieser Entwickelungsgesetze wichtige Beiträge ergeben.

Auch nach andern Seiten hin tragen fast selbstverständlich die Göppert'schen Untersuchungen Früchte. Seine Autorschaft wird immer mit der Lehre von der Bildung der mineralischen Kohlen, welche wiederholt mehr als nöthig die Geister streitbar entflammte, in der Geschichte der Litteratur eng verbunden bleiben. Für ihre Entstehung aus Pflanzenanhäufungen höherer Abstammung trat Göppert siegend ein; Überbleibsel organischer Structur fand er auch in der sonst structurlosen Steinkohle und mit Vorliebe verfolgte er die Vorkommen erkennbarer Pflanzenarten und Gattungen in der echten

Steinkohle selbst. Und wie jenen „schwarzen Diamanten“, so unterwarf er auch den echten Diamant einer mikroskopischen Forschung als Prüfstein für die Erkenntniss seiner Entstehung. Aber seine Resultate ergaben nur zellenähnliche Einschlüsse, nicht Pflanzenzellen oder Pflanzentheile selbst: hier ruht noch die Entscheidung in der Zukunft.

Als Botaniker von Fach richtete er fast selbstverständlich vielfach auch sein Augenmerk auf die der jetzigen Pflanzenwelt so viel näher verwandten Floren der Tertiärzeit, obschon vielleicht jene Untersuchungen über ältere Floren den grössern Antheil an dem Ruhm seines Namens haben. Auch hier wie dort war sein Hauptausgangspunkt Schlesien, dessen lebende und fossile Pflanzenschätze zu erforschen ihm vor Allem am Herzen lag, wenn auch andere Gebiete, wie die Bernsteinküste von Preussen, ja entfernte Gegenden wie Java ihm weitere Gelegenheit zu umfangreichen Studien gaben.

Stetig bestrebt, Neues für seine Wissenschaft zusammenzutragen, ist er in beständiger Arbeit geblieben trotz der Hindernisse, die ihm sein Gehör in den letzten Jahren bereitete und der Schicksalsschläge, die er im Verluste seines einzigen Sohnes, welcher an so wichtiger Stelle als Leiter der preussischen Universitätsangelegenheiten stand und wirkte, und in dem Heimgange seiner Gattin zu empfinden hatte, bis kurz vor seinem Tode. Noch haben wir als letzte Frucht seiner unermüdlichen Arbeitskraft die Herausgabe einer vollendet vorliegenden Monographie der fossilen Araucarieen durch die Berliner Akademie der Wissenschaften zu erwarten.

Was Göppert sich selbst durch Studium zu eigen machte, das suchte er nicht blos in Lehre und Vortrag, in Wort und Schrift auf Andere zu übertragen, sondern auch auf manche andere Weise nutzbar und populär zu machen. Berühmt ist sein künstliches Profil der Steinkohlenformation im Botanischen Garten zu Breslau mit den Gruppen grosser Originalstücke von Baumstämmen jener Zeit und jener mehr als 10 Meter im Umfang messende Braunkohlenstamm von Königszelt, welche alle eindringlich zur Phantasie der Beschauer sprechen.

Vielen Erfolg hat Göppert für sein Streben gesehen und reiche Anerkennung von Einzelnen und Körperschaften ist ihm zu Theil geworden. Manche seiner Untersuchungen hat er geradezu im Auftrage des Staates unternommen, Reisen in den preussischen Steinkohlendistricten ausgeführt und dabei Material gesammelt, das zu einem gewissen Theil in den königlichen Museen zu Berlin niedergelegt ist. Seine grossartigen Sammlungen dieser Art sind glücklicher Weise in die Universitätssammlung von Breslau übergegangen und für nachfolgende Studien gesichert. Wenn die Fülle seiner Darstellungen und Angaben allmählig mehr und mehr bestätigt oder rectificirt sein wird, dann wird der Grund, auf dem wir stehen und den er zu legen beigetragen hat, immer fester und zweifelloser, die Erkenntniss des noch Fraglichen immer sicherer und befriedigender werden, das Ziel immer näher rücken, dem er zugestrebt. Denn wohl bringt es die Natur solcher Forschungen wie der Göppert'schen mit sich, dass Wandelungen in den Resultaten und den Schlüssen aus ihnen eintreten, bis die vollständig erkannte Wahrheit vor uns liegt. Wem aber so langjährige Wirksamkeit beschieden war, der mag sich freuen, wenn er, wie Göppert, auf so viele Erfolge zurückblicken konnte und in dem selbständigen Fortschreiten der wissenschaftlichen Erkenntniss den Anstoss als lebendige Kraft fortwirken sah, den er mit gegeben.

E. Weiss.

Ueber die Ein- und Mehrdeutigkeit der Fundamental-Bogen-Complexe für die Elemente monoklinischer Krystall-Gattungen.

Von

Mart. Websky in Berlin.

(Mit 1 Holzschnitt.)

(Abgedruckt aus dem Sitzungsberichte der Kgl. Akademie der Wissenschaften zu Berlin vom 17. April 1884.*)

Die Berechnung der krystallographischen Elemente aus drei gewählten Fundamental-Bögen für ein monoklinisches Axensystem hat die besondere Schwierigkeit, dass der Gang derselben nicht, wie bei den übrigen Krystallisations-Systemen — das triklinische eingeschlossen — in einen einheitlichen Rahmen gefasst werden kann, sondern eine grosse Anzahl von Sonderverhältnissen darbietet.

In meinem Vortrage am 1. März 1880[1] habe ich die erforderlichen Eigenschaften der zu wählenden Fundamental-Bögen und die Limiten der die Aufstellung begründenden Willkür in der Wahl der Fundamental-Flächen-Symbole besprochen, doch ist in den daraus gezogenen Consequenzen der Umfang der aufkommenden Casuistik keineswegs erschöpft, auch die Frage der Ein- und Mehrdeutigkeit der Resultate nicht ganz richtig zum Ausdruck gebracht worden.

---

* Am Schlusse ist die Arbeit mit Zustimmung des Herrn Verfassers etwas gekürzt. Die Red.

[1] Sitzungsberichte 1880, S. 240—257.

5**

Wenn man den letzteren Gesichtspunkt in den Vordergrund stellen will, wird es nothwendig, einen anderen Eintheilungs-Modus der verschieden möglichen Fälle ins Auge zu fassen.

Eindeutig sind allemal diejenigen Fälle, in denen zu Fundamental-Bögen zwei aneinander schliessende Bögen zwischen drei, der concreten Reihenfolge nach, sonst willkürlich symbolisirten Flächen e_1, e_2, e_3 der auf der Symmetrie-Axe *OB* senkrechten Zone $[aec]$ gewählt sind, der dritte, von e_1 oder e_2, e_3 ausgehend, nach einer vierten Fläche g führt, welche, in einer der Zonen $[e_1 b]$ oder $[e_2 b]$, $[e_3 b]$ belegen, nicht mit $b = (\infty a : b : \infty c)$ zusammenfällt, bezüglich des Axenschnittes $\frac{a}{\mu}$ demgemäss, im Axenschnitt $\frac{b}{\nu}$ — mit Ausschluss der Werthe $\frac{b}{\infty}$ und $\frac{b}{0}$ — willkürlich symbolisirt ist. Es sind dies die Fälle, welche ich damals unter *A*, 1. *a*, *b* (ibid. p. 248) aufführte und welche direct die Grundlagen der zu den Elementen selbst führenden Schlussrechnung enthalten.

Eindeutig sind ferner die Fälle, in denen als erster Fundamental-Bogen der zwischen zwei willkürlich symbolisirten Flächen e_1, e_2 der Zone $[aec]$ belegene genommen wird und die weiteren zwei Bögen von e_1 und e_2 aus nach einer Fläche g führen, welche nicht in den Zonen $[acc]$, $[e_1 b]$, $[e_2 b]$ belegen ist; das Symbol dieser Fläche ist im Axenschnitt $\frac{b}{\nu}$ — mit Ausschluss der Werthe $\frac{b}{\infty}$, $\frac{b}{0}$ — willkürlich wählbar, im Axenschnitt $\frac{a}{\mu}$ aber nach Maassgabe der Bögen $e_1 e_2$, $e_1 g$, $e_2 g$ limitirt (ibid. p. 247, 252). Es sind dies die damals sub *B*, 1. aufgeführten Fälle.

Eindeutig wird auch das Resultat, wenn gleichfalls als erster Fundamental-Werth ein Bogen $e_1 e_2$ zwischen willkürlich symbolisirten Flächen der Zone $[acc]$ gewählt wird, der zweite Bogen in Zone $[e_1 b]$ (resp. $[e_2 b]$) von e_1 (resp. e_2) nach einer nur im Schnitt $\frac{b}{\nu}$ willkürlich symbolisirten Fläche g geht, der dritte Fundamental-Bogen aber von g aus in Zone $[g e_2]$, (resp. in Zone $[g e_1]$) gewonnen wird nach einer vierten Fläche h, deren Symbol im Sinne der Zonenlage und concreten Reihenfolge sonst willkürlich gewählt werden darf.

Wird an Stelle dieses dritten Winkels gh der Normalenbogen von h nach $b = \infty a : b : \infty c$ benutzt, so ist das Resultat zweideutig, weil alsdann der abgeleitete Werth $= \sin gh$ sich auf einen Bogen $gh <$ oder $> 90^0$ beziehen kann; wenn das Augenmaass nicht ausreicht, entscheidet eine Auxiliar-Messung des Bogens gh.

Es bleiben nun noch die Gruppirungen übrig, bei denen die Aufstellung des Krystalls durch die willkürliche Wahl der Symbole zweier Octaïdflächen $g = \frac{a}{\mu_1} : \frac{b}{\nu_1} : c$ und $h = \frac{a}{\mu_2} : \frac{b}{\nu_2} : c$ bedingt wird, welche nicht der Zone $[aec]$ angehören, auch nicht mit $b = (\infty a : b : \infty c)$ zusammenfallen. Es möge für die Folge vorausgesetzt sein, dass g und h stets auf der rechten Seite der Symmetrie-Ebene belegen seien, auch die Fundamental-Bögen durchweg in Werthen $< 180^0$ ausgedrückt werden. Um die Zahl der erforderlichen Fundamental-Bögen zu erreichen, müssen, wenn der Bogen gh benützt wird, noch zwei, sonst drei Bogen-Abstände herbeigezogen werden, welche auf Flächen führen, deren Symbole auf dem Wege der Deduction mit Berücksichtigung der Symmetrie-Verhältnisse aus der für g und h getroffenen Wahl hergeleitet werden können.

Es sind dies zunächst die symmetrisch liegenden Flächen $\bar{g} = \frac{a}{\mu_1} : \frac{b}{-\nu_1} : c$ und $\bar{h} = \frac{a}{\mu_2} : \frac{b}{-\nu_2} : c$, ferner die Dodecaïdflächen:

$$e_1 = \frac{a}{\mu_1} : \infty b : c \text{ in Zone } [bg\bar{g}\bar{b}],$$

$$e_2 = \frac{a}{\mu_2} : \infty b : c \text{ in Zone } [bh\bar{h}\bar{b}],$$

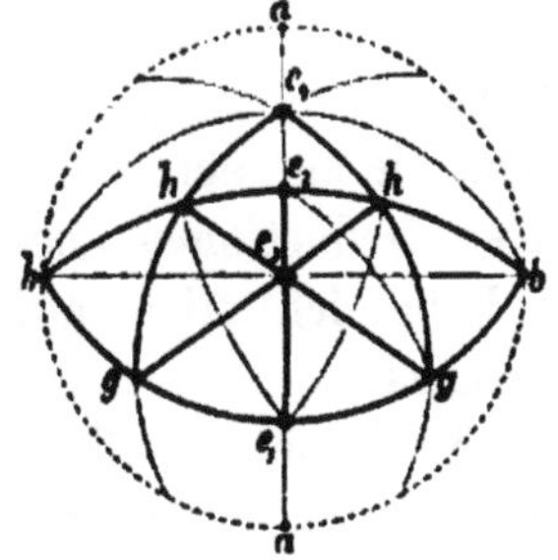

welche die Kanten $g \mid \bar{g}$ und $h \mid \bar{h}$ gerade abstumpfen, dann aber noch die Dodecaïdflächen:

$$e_3 = \frac{a}{\mu_3} : \infty b : c = \frac{\nu_2 + \nu_1}{\nu_2\mu_1 + \nu_1\mu_2} a : \infty b : c,$$

$$e_4 = \frac{a}{\mu_4} : \infty b : c = \frac{\nu_2 - \nu_1}{\nu_2\mu_1 - \nu_1\mu_2} a : \infty b : c$$

in den Zonen $[ge_3\bar{h}]$ $[\bar{g}e_3h]$ und $[ghe_4]$ $[\bar{g}\bar{h}e_4]$.

Wenn der Bogen $gh < 180^0$ gedacht wird, fällt e_3 in den Bogen $e_1e_2 < 180^0$, e_4 ausserhalb desselben.

Es kommen im Ganzen also 8 Flächenpositionen in Betracht, zwischen denen 10 selbständige Bögen gemessen werden können, welche ich der Kürze halber, wie folgt, bezeichnen will:

$$\begin{aligned}
\delta &= gh = \bar{g}\bar{h} \\
\varepsilon &= he_4 = \bar{h}e_4 \\
(\delta+\varepsilon) &= ge_4 = \bar{g}e_4 \\
\zeta &= ge_3 = \bar{g}e_3 \\
\eta &= he_3 = \bar{h}e_3 \\
(\zeta+\eta) &= g\bar{h} = \bar{g}h \\
\varkappa &= e_1h = e_1\bar{h} \\
\lambda &= e_2g = e_2\bar{g} \\
\sigma &= ge_1 = \bar{g}e_1 = 90^0 - gb = \tfrac{1}{2}g\bar{g}, < 90^0 \\
\tau &= he_2 = \bar{h}e_2 = 90^0 - hb = \tfrac{1}{2}h\bar{h}, < 90^0
\end{aligned}$$

Da mit den Flächen $\bar{g}$, $\bar{h}$, e_1, e_2, e_3, e_4 keineswegs der Cyclus der deducirbaren Positionen abgeschlossen ist, könnte man das disponible Bogenmaterial und zwar ohne ersichtliche Grenze noch vermehren; es bilden aber die hier in Betracht gezogenen Flächen e_1, e_2, e_3, e_4 den unmittelbar aus den Kantenlagen von g, $\bar{g}$, h, $\bar{h}$ symbolisirbaren Complex; da nun schon sie auf eine zahlreiche Casuistik führen und die secundären Deductionen noch complicirtere Verhältnisse darbieten, so habe ich mich auf die hier verzeichneten Bögen beschränkt.

Es lassen nämlich diese 10 Bögen, von denen zwei die Summe von je zwei anderen bilden, 90 verschiedene Combinationen von je drei derselben zu. Dabei führen alle diese 90 Combinationen auf Elemente, indessen nur 26 auf ein eindeutiges Resultat, 24 weitere auf ein im Allgemeinen zweideutiges und 40 auf ein mehrdeutiges. Diese letzteren, mehr als zweideutigen, haben keinen praktischen Werth, dagegen sind die zweideutigen zum Theil in besonderen Fällen eindeutig und, wenn dies nicht stattfindet, durch die, selbst approximative Messung eines vierten Auxiliarbogens eindeutig auszulegen.

In der folgenden Tabelle sind die auf unzweideutige Elemente führenden Drei-Bogen-Complexe unterstrichen gedruckt, die mehr als zweideutigen eingeklammert.

1. $\delta\,\varepsilon\,\zeta$
2. $\delta\,\varepsilon\,\eta$
$\underline{3.\ \delta\,\varepsilon\,(\zeta+\eta)}$
4. $\delta\,\varepsilon\,\varkappa$
5. $\delta\,\varepsilon\,\lambda$
$\underline{6.\ \delta\,\varepsilon\,\sigma}$
$\underline{7.\ \delta\,\varepsilon\,\tau}$

$\underline{8.\ \delta\,\zeta\,\eta}$
[9. $\delta\,\zeta\,\varkappa$
10. $\delta\,\zeta\,\lambda$]
11. $\delta\,\zeta\,\sigma$
[12. $\delta\,\zeta\,\tau$]

[13. $\delta\,\eta\,\varkappa$
14. $\delta\,\eta\,\lambda$
15. $\delta\,\eta\,\sigma$]
16. $\delta\,\eta\,\tau$

$\underline{17.\ \delta\,(\zeta+\eta)\,\varkappa}$
$\underline{18.\ \delta\,(\zeta+\eta)\,\lambda}$
$\underline{19.\ \delta\,(\zeta+\eta)\,\sigma}$
$\underline{20.\ \delta\,(\zeta+\eta)\,\tau}$

[21. $\delta\,\varkappa\,\lambda$]
$\underline{22.\ \delta\,\varkappa\,\sigma}$
23. $\delta\,\varkappa\,\tau$

24. $\delta\,\lambda\,\sigma$
$\underline{25.\ \delta\,\lambda\,\tau}$

$\underline{26.\ \delta\,\sigma\,\tau}$

27. $\varepsilon\,\zeta\,\eta$
[28. $\varepsilon\,\zeta\,\varkappa$
29. $\varepsilon\,\zeta\,\lambda$
30. $\varepsilon\,\zeta\,\sigma$
31. $\varepsilon\,\zeta\,\tau$]

[32. $\varepsilon\,\eta\,\varkappa$
33. $\varepsilon\,\eta\,\lambda$
34. $\varepsilon\,\eta\,\sigma$]
$\underline{35.\ \varepsilon\,\eta\,\tau}$

[36. $\varepsilon\,(\zeta+\eta)\,\varkappa$
37. $\varepsilon\,(\zeta+\eta)\,\lambda$
38. $\varepsilon\,(\zeta+\eta)\,\sigma$]
39. $\varepsilon\,(\zeta+\eta)\,\tau$

[40. $\varepsilon\,\varkappa\,\lambda$
41. $\varepsilon\,\varkappa\,\sigma$]
$\underline{42.\ \varepsilon\,\varkappa\,\tau}$

[43. $\varepsilon\,\lambda\,\sigma$]
44. $\varepsilon\,\lambda\,\tau$

45. $\varepsilon\,\sigma\,\tau$

46. $(\delta+\varepsilon)\,\zeta\,\eta$
[47. $(\delta+\varepsilon)\,\zeta\,\varkappa$
48. $(\delta+\varepsilon)\,\zeta\,\lambda$]
$\underline{49.\ (\delta+\varepsilon)\,\zeta\,\sigma}$
[50. $(\delta+\varepsilon)\,\zeta\,\tau$]

[51. $(\delta+\varepsilon)\,\eta\,\varkappa$
52. $(\delta+\varepsilon)\,\eta\,\lambda$
53. $(\delta+\varepsilon)\,\eta\,\sigma$
54. $(\delta+\varepsilon)\,\eta\,\tau$]

[55. $(\delta+\varepsilon)\,(\zeta+\eta)\,\varkappa$
56. $(\delta+\varepsilon)\,(\zeta+\eta)\,\lambda$]
57. $(\delta+\varepsilon)\,(\zeta+\eta)\,\sigma$
[58. $(\delta+\varepsilon)\,(\zeta+\eta)\,\tau$]

[59. $(\delta+\varepsilon)\,\varkappa\,\lambda$]
60. $(\delta+\varepsilon)\,\varkappa\,\sigma$
[61. $(\delta+\varepsilon)\,\varkappa\,\tau$]

$\underline{62.\ (\delta+\varepsilon)\,\lambda\,\sigma}$
[63. $(\delta+\varepsilon)\,\lambda\,\tau$]

64. $(\delta+\varepsilon)\,\sigma\,\tau$

65. $\zeta\,\eta\,\varkappa$
66. $\zeta\,\eta\,\lambda$
$\underline{67.\ \zeta\,\eta\,\sigma}$
$\underline{68.\ \zeta\,\eta\,\tau}$

[69. $\zeta\,\varkappa\,\lambda$]
70. $\zeta\,\varkappa\,\sigma$
[71. $\zeta\,\varkappa\,\tau$]

$\underline{72.\ \zeta\,\lambda\,\sigma}$
[73. $\zeta\,\lambda\,\tau$]

74. $\zeta\,\sigma\,\tau$

[75. $\eta \varkappa \lambda$] [78. $\eta \lambda \sigma$] 80. $\eta \sigma \tau$
[76. $\eta \varkappa \sigma$] 79. $\eta \lambda \tau$
77. $\eta \varkappa \tau$

[81. $(\zeta + \eta) \varkappa \lambda$] 84. $(\zeta + \eta) \lambda \sigma$ 86. $(\zeta + \eta) \sigma \tau$
82. $(\zeta + \eta) \varkappa \sigma$ 85. $(\zeta + \eta) \lambda \tau$
83. $(\zeta + \eta) \varkappa \tau$

87. $\varkappa \lambda \sigma$ 89. $\varkappa \sigma \tau$ 90. $\lambda \sigma \tau$
88. $\varkappa \lambda \tau$

Die Berechnung der Elemente erfolgt aus diesen Complexen stets in der Weise, dass zunächst aus den Fundamental-Bögen zwei an einander schliessende Bögen zwischen e_1, e_3, e_2, e_4 ermittelt, und damit die Verhältnisse der ersten Abtheilung herbeigeführt werden.

In 40 Fällen liegen die Fundamental-Bögen so, dass dies durch Auflösung von sphärischen Dreiecken bewirkt werden kann; von diesen sind 24 eindeutig, 16 zweideutig, in so fern in der Rechnung als Resultat der Sinus-Werth eines Bogens oder Winkels auftritt, der nur unter Umständen auf den einen der möglichen Bögen unzweideutig auszulegen ist.

Es existiren aber neben den Dreiecks-Beziehungen noch einige, auf den obwaltenden Deductions-Verhältnissen beruhende Winkel-Relationen, welche in 2 Fällen die unzweideutige Ableitung eines von den gewählten Fundamental-Bögen abhängigen vierten Bogens geben, welcher den betreffenden Complex zur Auflösung von sphärischen Dreiecken vervollständigt. In 4 anderen Fällen gelangt man linear zu dem Sinus-Werth eines vierten Bogens, in 4 weiteren Fällen mittelst einer quadratischen Gleichung zu dem Cosinus-Werth eines vierten, die Verwerthung von sphärischen Dreiecken ermöglichenden Bogens.

Es sind also im Ganzen 50 praktisch verwerthbare Combinationen vorhanden; die verbleibenden übrigen 40 Combinationen erfordern, dass man mehrere der singulären Deductions-Relationen combinirt, um einen vierten zur Dreiecks-Auflösung führenden Bogen zu finden, für den aber eine biquadratische und auch noch höhere Gleichung aufkommt, welche also besagt, dass der betreffende Fundamental-Bogen-

Complex in vier oder noch mehr verschiedenen Elementen bestehen könne.

Diese singulären, auf den besonderen Deductions-Verhältnissen beruhenden Relationen lassen sich wie folgt ausdrücken.

$$\cos ghb = \frac{\cos(90^0 - \sigma) - \cos\delta\cos(90^0 - \tau)}{\sin\delta\sin(90^0 - \tau)} = \frac{\sin\sigma - \cos\delta\sin\tau}{\sin\delta\cos\tau}$$

$$= \cos e_2he_4 = \frac{\cos\varepsilon\sin\tau}{\sin\varepsilon\cos\tau}; \text{ daraus: } \frac{\sin\sigma}{\sin\tau} = \frac{\sin(\delta+\varepsilon)}{\sin\varepsilon} \quad . \ \text{(a)}$$

$$\cos g\bar{h}b = \frac{\cos(90^0 - \sigma) - \cos(\zeta + \eta)\cos(90^0 + \tau)}{\sin(\zeta + \eta)\sin(90^0 + \tau)}$$

$$= \frac{\sin\sigma + \cos(\zeta + \eta)\sin\tau}{\sin(\zeta + \eta)\cos\tau} = \cos e_2\bar{h}e_3 = \frac{\cos\eta\sin\tau}{\sin\eta\cos\tau};$$

$$\text{daraus: } \frac{\sin\sigma}{\sin\tau} = \frac{\sin\zeta}{\sin\eta} \quad . \ . \ . \ . \ . \ . \ . \ . \ . \ \text{(b)}$$

$$\cos e_2e_1 = \frac{\cos\lambda}{\cos\sigma} = \frac{\cos\varkappa}{\cos\tau} \text{ oder } \frac{\cos\lambda}{\cos\varkappa} = \frac{\cos\sigma}{\cos\tau} \quad . \ . \ . \ . \ . \ \text{(c)}$$

$$\cos e_2e_1 = \cos gbh = \frac{\cos\delta - \cos(90^0 - \tau)\cos(90^0 - \sigma)}{\sin(90^0 - \tau)(\sin 90^0 - \sigma)}$$

$$= \frac{\cos\delta - \sin\sigma\sin\tau}{\cos\sigma\cos\tau};$$

$$\text{daraus: } \cos\delta = \cos\lambda\cos\tau + \sin\sigma\sin\tau, \ . \ . \ . \ \text{(d)}$$

$$\cos\delta = \cos\varkappa\cos\sigma + \sin\sigma\sin\tau \ . \ . \ . \ \text{(e)}$$

$$\cos e_2e_1 = \cos gb\bar{h} = \frac{\cos(\zeta + \eta) - \cos(90^0 + \tau)\cos(90^0 - \sigma)}{\sin(90^0 + \tau)(\sin 90^0 - \sigma)}$$

$$= \frac{\cos(\zeta + \eta) + \sin\sigma\sin\tau}{\cos\sigma\cos\tau};$$

$$\text{daraus: } \cos(\zeta + \eta) = \cos\lambda\cos\tau - \sin\sigma\sin\tau, \ . \ \text{(f)}$$

$$\cos(\zeta + \eta) = \cos\varkappa\cos\sigma - \sin\sigma\sin\tau \ . \ \text{(g)}$$

Man findet nun ferner:

$$\text{aus (a)}\cdot\text{(b): } \frac{\sin(\delta + \varepsilon)}{\sin\varepsilon} = \frac{\sin\zeta}{\sin\eta}, \ . \ . \ . \ . \ . \ . \ \text{(h)}$$

$$\text{aus (d) (f): } \cos\delta + \cos(\zeta + \eta) = 2\cos\lambda\cos\tau, \ . \ \text{(i)}$$

$$\text{aus (e) (g): } \cos\delta + \cos(\zeta + \eta) = 2\cos\varkappa\cos\sigma, \ . \ \text{(k)}$$

$$\text{aus (d) (f): } \cos\delta - \cos(\zeta + \eta) = 2\sin\sigma\sin\tau, \ . \ \text{(l)}$$

$$\text{aus (a) (d): } \cos\delta = \cos\lambda\cos\tau + \frac{\sin^2\tau\sin(\delta + \varepsilon)}{\sin\varepsilon} \ \text{(m)}$$

$$\text{aus (a) (e): } \cos\delta = \cos\varkappa\cos\sigma + \frac{\sin^2\sigma\sin\varepsilon}{\sin(\delta + \varepsilon)} \ . \ . \ \text{(n)}$$

$$\text{aus (b) (f): } \cos(\zeta+\eta) = \cos\lambda\cos\tau - \frac{\sin^2\tau\sin\zeta}{\sin\eta} \quad \text{(o)}$$

$$\text{aus (b) (g): } \cos(\zeta+\eta) = \cos\varkappa\cos\sigma - \frac{\sin^2\sigma\sin\eta}{\sin\zeta} \quad \text{(p)}$$

$$\text{aus (a) (l): } \cos\delta - \cos(\zeta+\eta) = \frac{2\sin^2\tau\sin(\delta+\varepsilon)}{\sin\varepsilon} \quad \text{(q)}$$

$$\cos\delta - \cos(\zeta+\eta) = \frac{2\sin^2\sigma\sin\varepsilon}{\sin(\delta+\varepsilon)} \quad . \text{(r)}$$

$$\text{aus (b) (l): } \cos\delta - \cos(\zeta+\eta) = \frac{2\sin^2\tau\sin\zeta}{\sin\eta} \quad . \text{(s)}$$

$$\cos\delta - \cos(\zeta+\eta) = \frac{2\sin^2\sigma\sin\eta}{\sin\zeta} \quad . \text{(t)}$$

In der hier folgenden Discussion der einzelnen Combinationen kommen nur reale Fälle — unter Ausschluss der unmöglichen und imaginären — in Betracht, da vorausgesetzt wird, dass die zur Verwerthung gelangenden Fundamental-Bögen Abmessungsresultate an concreten Krystallen sind.

I. Ein unzweideutiges Resultat geben folgende Combinationen und zwar:

a) unter Verwerthung von zwei sphärischen Dreiecken, deren 12:

6. $\delta\varepsilon\sigma$; im Dreieck ge_4e_1 ergiebt sich — oder, wie hier der Kürze halber geschrieben werden soll:
$\triangle ge_4e_1 : \cos e_4e_1$; $\triangle he_4e_2 : \operatorname{tg} e_4e_2$.
7. $\delta\varepsilon\tau$; $\triangle he_4e_2 : \cos e_4e_2$; $\triangle ge_4e_1 : \operatorname{tg} e_4e_1$.
26. $\delta\sigma\tau$; $\triangle ghb$ giebt aus $gb = 90^0 - \sigma$, $hb = 90^0 - \tau$, $\delta : \cos hbg = \cos e_2e_1, \cos bhg = \cos e_4he_2$; $\triangle he_4e_2 : \operatorname{tg} e_4e_1$.
35. $\varepsilon\eta\tau$; $\triangle he_4e_2 : \cos e_4e_2$; $\triangle he_2e_3 : \cos e_2e_3$.
42. $\varepsilon\varkappa\tau$; $\triangle he_4e_2 : \cos e_4e_2$; $\triangle he_2e_1 : \cos e_2e_1$.
49. $(\delta+\varepsilon)\zeta\sigma$; $\triangle ge_4e_1 : \cos e_4e_1$; $\triangle ge_3e_1 : \cos e_3e_1$.
62. $(\delta+\varepsilon)\lambda\sigma$; $\triangle ge_4e_1 : \cos e_4e_1$; $\triangle ge_2e_1 : \cos e_2e_1$.
67. $\zeta\eta\sigma$; $\triangle ge_3e_1 : \cos e_3e_1$, $\sin ge_3e_1$; $\triangle he_2e_3 : \operatorname{tg} e_2e_3$.
68. $\zeta\eta\tau$; $\triangle he_3e_2 : \cos e_2e_3$, $\sin he_3e_2$; $\triangle ge_3e_1 : \operatorname{tg} e_3e_1$.
72. $\zeta\lambda\sigma$; $\triangle ge_2e_1 : \cos e_2e_1$; $\triangle ge_3e_1 : \cos e_3e_1$.
77. $\eta\varkappa\tau$; $\triangle he_2e_3 : \cos e_2e_3$; $\triangle he_2e_1 : \cos e_2e_1$.
86. $(\zeta+\eta)\sigma\tau$; $\triangle bh\bar{g}$ giebt aus $hb = 90^0 - \tau$, $b\bar{g} = 90^0 + \sigma$, $\bar{g}h = (\zeta+\eta) : \cos hb\bar{g} = \cos e_2e_1$, $\cos h\bar{g}g = \cos e_3ge_1$; $\triangle ge_3e_1 : \operatorname{tg} e_3e_1$.

b) unter Verwerthung von drei sphärischen Dreiecken, deren 10:

3. $\delta\varepsilon(\zeta+\eta)$; $\triangle g\bar{h}e_4$ giebt aus $ge_4=(\delta+\varepsilon)$, $g\bar{h}=(\zeta+\eta)$, $\bar{h}e_4=\varepsilon$: cos $ge_4\bar{h}$ = cos 2 . he_4e_2 = cos 2 . ge_4e_1; $\triangle he_4e_2$: tg e_4e_2, $\triangle ge_4e_1$: tg e_4e_1.

8. $\delta\zeta\eta$; $\triangle ghe_3$ giebt aus δ, ζ, η : cos ge_3h = cos (180° — 2 . he_3e_2) = cos (180° — 2 . ge_3e_1); $\triangle he_2e_3$: tg e_2e_3; $\triangle ge_3e_1$: tg e_3e_1.

19. $\delta(\zeta+\eta)\sigma$; $\triangle g\bar{g}\bar{h}$ giebt aus $g\bar{g}=2\sigma$, $g\bar{h}=(\zeta+\eta)$, $\bar{g}\bar{h}=\delta$: cos $g\bar{g}\bar{h}$ = cos e_4ge_1 und cos $\bar{h}g\bar{g}$ = cos e_3ge_1; $\triangle ge_4e_1$: tg e_4e_1, $\triangle ge_3e_1$: tg e_3e_1.

20. $\delta(\zeta+\eta)\tau$; $\triangle gh\bar{h}$ giebt aus $h\bar{h}=2\tau$, $g\bar{h}=(\zeta+\eta)$, $gh=\delta$: cos $gh\bar{h}$ = cos (180° — e_4he_2) und cos $h\bar{h}g$ = cos e_2he_3; $\triangle he_4e_2$: tg e_4e_2; $\triangle he_2e_3$: tg e_2e_3.

22. $\delta\varkappa\sigma$; $\triangle ghe_1$: cos hge_1 = cos e_4ge_1 und cos he_1g = cos (90° — he_1e_2); $\triangle ge_4e_1$: tg e_4e_1; $\triangle he_2e_1$: tg e_2e_1.

25. $\delta\lambda\tau$; $\triangle ghe_2$: cos ghe_2 = cos (180° — e_4he_2) und cos he_2g = cos (90° — ge_2e_1); $\triangle he_4e_2$: tg e_4e_2; $\triangle ge_2e_1$: tg e_2e_1.

82. $(\zeta+\eta)\varkappa\sigma$; $\triangle g\bar{h}e_1$: cos $ge_1\bar{h}$ = cos (90° + $\bar{h}e_1e_2$) und cos $\bar{h}ge_1$ = cos e_3ge_1; $\triangle \bar{h}e_2e_1$: tg e_2e_1; $\triangle ge_3e_1$: tg e_3e_1.

85. $(\zeta+\eta)\lambda\tau$; $\triangle g\bar{h}e_2$: cos $ge_2\bar{h}$ = cos (90° + ge_2e_1) und cos $e_2\bar{h}g$ = cos $e_2\bar{h}e_3$; $\triangle ge_2e_1$: tg e_2e_1; $\triangle \bar{h}e_2e_3$: tg e_3e_1.

89. $\varkappa\sigma\tau$; $\triangle he_2e_1$: cos e_2e_1, sin he_1e_2 und zwar $he_1e_2 < 90°$ und $= 90° - ge_1h$; $\triangle ghe_1$: tg $\frac{1}{2}$ ($hge_1 \pm ghe_1$) und $hge_1 = e_4ge_1$; $\triangle ge_4e_1$: tg e_4e_1.

90. $\lambda\sigma\tau$; $\triangle ge_2e_1$: cos e_2e_1, sin ge_2e_1 und zwar $ge_2e_1 < 90°$ und $= 90° - ge_2h$; $\triangle ghe_2$: tg $\frac{1}{2}$ ($ghe_2 \pm hge_2$) und $ghe_2 = 180° - e_4he_2$; $\triangle e_4he_2$: tg e_4e_2.

c) unter Verwerthung von vier sphärischen Dreiecken, deren 2:

87. $\varkappa\lambda\sigma$; $\triangle ge_2e_1$: cos e_2e_1; $\triangle he_2e_1$: cos he_1e_2 = cos ($ge_1\bar{h}$ — 90°); $\triangle g\bar{h}e_1$ giebt aus $ge_1=\sigma$, $\bar{h}e_1=\varkappa$, $ge_1\bar{h}$: tg $\frac{1}{2}$ ($\bar{h}ge_1 \pm g\bar{h}e_1$) und $\bar{h}ge_1 = e_3ge_1$; $\triangle ge_3e_1$: tg e_3e_1.

88. $\varkappa\lambda\tau$; $\triangle he_2e_1$: cos e_2e_1; $\triangle ge_2e_1$: cos ge_2e_1 = cos ($ge_2\bar{h}$ — 90°); $\triangle g\bar{h}e_2$ giebt aus λ, τ, $ge_2\bar{h}$: tg $\frac{1}{2}$ ($g\bar{h}e_2 \pm \bar{h}ge_2$) und $g\bar{h}e_2 = e_2he_3$; $\triangle he_2e_3$: tg e_2e_3.

d) unter Verwerthung anderer Relationen, deren 2:

17. $\delta(\zeta+\eta)\varkappa$; nach (k): $\frac{\cos\delta+\cos(\zeta+\eta)}{2\cos\varkappa}=\cos\sigma$; daraus, wie I. b. 22, aus $\delta\varkappa\sigma$: tg e_4e_1, tg. e_2e_1.

18. $\delta(\zeta+\eta)\lambda$; nach (i): $\frac{\cos\delta+\cos(\zeta+\eta)}{2\cos\lambda}=\cos\tau$; daraus, wie I. b. 25, aus $\delta\lambda\tau$: tg e_4e_2, tg e_2e_1.

II. Ein im Allgemeinen zweideutiges (unter Umständen eindeutig werdendes) Resultat geben folgende Combinationen und zwar:

a) unter Verwerthung von zwei sphärischen Dreiecken, deren 4:

45. $\varepsilon\sigma\tau$; $\triangle he_4e_2$: cos e_4e_2 und sin he_4e_2; $he_4e_2<90^0$ und $=ge_4e_1$; $\triangle ge_4e_1$: sin e_4e_1. Ob $e_4e_1<$ oder $>90^0$ zu nehmen, bleibt zweideutig, wenn nicht $e_4e_1>e_4e_2$ den Ausschlag giebt.

64. $(\delta+\varepsilon)\sigma\tau$; $\triangle ge_4e_1$: cos e_4e_1 und sin ge_4e_1; $ge_4e_1<90^0$ und $=he_4e_2$; $\triangle he_4e_2$: sin e_4e_2. Ob $e_4e_2<$ oder $>90^0$ zu nehmen, bleibt zweideutig, wenn nicht $e_4e_1>e_4e_2$ den Ausschlag giebt.

74. $\zeta\sigma\tau$; $\triangle ge_3e_1$: cos e_3e_1 und sin ge_3e_1; $ge_3e_1<90^0$ und $=he_3e_2$; $\triangle he_2e_3$: sin e_2e_3. Ob $e_2e_3<$ oder $>90^0$ zu nehmen, bleibt zweideutig, wenn nicht $e_2e_3+e_3e_1<180^0$ den Ausschlag giebt.

80. $\eta\sigma\tau$; $\triangle he_2e_3$: cos e_2e_3 und sin he_3e_2; $he_3e_2<90^0$ und $=ge_3e_1$; $\triangle ge_3e_1$: sin e_3e_1. Ob $e_3e_1<$ oder $>90^0$ zu nehmen, bleibt zweideutig, wenn nicht $e_2e_3+e_3e_1<180^0$ den Ausschlag giebt.

b) unter Verwerthung von drei sphärischen Dreiecken, deren 12:

11. $\delta\zeta\sigma$; $\triangle ge_3e_1$: cos e_3e_1, sin ge_3e_1; $ge_3e_1<90^0=90^0-\frac{1}{2}ge_3h$; $\triangle ghe_3$ giebt aus δ, ζ, ge_3h: sin ghe_3 und tg $\frac{1}{2}$ he_3 eindeutig, wenn δ näher an 90^0 ist, als ζ; $\triangle he_2e_3$: tg e_2e_3.

16. $\delta\eta\tau$; $\triangle he_2e_3$: cos e_2e_3, sin he_3e_2; $he_3e_2<90^0=90^0-\frac{1}{2}ge_3h$; $\triangle ghe_3$ giebt aus δ, η, ge_3h: sin hge_3 und tg $\frac{1}{2}$ ge_3 eindeutig, wenn δ näher an 90^0 ist als η; $\triangle ge_3e_1$: tg e_3e_1.

23. $\delta\varkappa\tau$; $\triangle h e_2 e_1$: cos $e_2 e_1$, sin $h e_1 e_2$; $h e_1 e_2 < 90^0 = 90^0 - h e_1 g$; $\triangle g h e_1$ giebt aus $\varkappa$, δ, $h e_1 g$: sin $h g e_1$ = sin $e_4 g e_1$, tg $\frac{1}{2}$ $g e_1$ eindeutig, wenn δ näher an 90^0 liegt als $\varkappa$; $\triangle g e_4 e_1$: tg $e_4 e_1$.

24. $\delta\lambda\sigma$; $\triangle g e_2 e_1$: cos $e_2 e_1$, sin $g e_2 e_1$; $g e_2 e_1 < 90^0 = 90^0 - g e_2 h$; $\triangle g h e_2$ giebt aus δ, λ, $g e_2 h$: sin $g h e_2$ = sin $180^0 - e_4 h e_2$, tg $\frac{1}{2}$ $h e_2$ eindeutig, wenn δ näher an 90^0 liegt als λ; $\triangle h e_4 e_2$: tg $e_4 e_2$.

39. $\varepsilon(\zeta + \eta)\tau$; $\triangle h e_4 e_2$: cos $e_4 e_2$, cos $e_4 h e_2$ = cos $(180^0 - \bar{h} h g)$, sin $h e_4 e_2$; $h e_4 e_2 < 90^0$; $\triangle g h \bar{h}$ giebt aus $\zeta + \eta$, $h\bar{h} = 2\tau$, $\bar{h} h g$: sin $h g \bar{h}$, tg $\frac{1}{2}$ $h g$ eindeutig, wenn $(\zeta + \eta)$ näher an 90^0 ist als 2τ; $\triangle g e_4 e_1$: tg $e_4 e_1$.

44. $\varepsilon\lambda\tau$; $\triangle h e_4 e_1$: cos $e_4 e_2$, cos $e_4 h e_2$ = cos $(180^0 - g h e_2)$, sin $h e_4 e_2$; $h e_4 e_2 < 90^0$; $\triangle g h e_2$ giebt aus τ, λ, $g h e_1$: sin $h g e_2$ und tg $\frac{1}{2}$ $h g$ eindeutig, wenn λ näher an 90^0 als τ ist; $\triangle g e_4 e_1$: tg $e_4 e_1$.

57. $(\delta + \varepsilon)(\zeta + \eta)\sigma$; $\triangle g e_4 e_1$: cos $e_1 e_4$, sin $g e_4 e_1$; $g e_4 e_1 < 90^0 = \frac{1}{2}$ $g e_4 \bar{h}$; $\triangle g \bar{h} e_4$ giebt aus $(\delta + \varepsilon)$, $(\zeta + \eta)$, $g e_4 \bar{h}$: sin $g \bar{h} e_4$ und tg $\frac{1}{2}$ $\bar{h} e_4$ eindeutig, wenn $(\zeta + \eta)$ näher an 90^0 ist als $(\delta + \varepsilon)$; auch ist $\bar{h} e_4 = \varepsilon$ und $< (\delta + \varepsilon)$; $\triangle \bar{h} e_4 e_2$: tg $e_4 e_2$.

60. $(\delta + \varepsilon)\varkappa\sigma$; $\triangle g e_4 e_1$: cos $e_1 e_4$, cos $e_4 g e_1$, sin $g e_4 e_1$; $g e_4 e_1 < 90^0$; $\triangle g h e_1$ giebt aus $\varkappa$, σ, $h g e_1 = e_4 g e_1$: sin $e_1 h g$ und tg $\frac{1}{2}$ $g h$ eindeutig, wenn $\varkappa$ näher an 90^0 als σ; auch ist $g h = \delta$ und $< (\delta + \varepsilon)$; $\triangle h e_4 e_1$ giebt aus $h e_4 e_1 = g e_4 e_1$ und $h e_4 = (\delta + \varepsilon) - g h$: tg $e_4 e_2$.

70. $\zeta\varkappa\sigma$; $\triangle g e_3 e_1$: cos $e_3 e_1$, cos $e_1 g e_3$, sin $g e_3 e_1$; $g e_3 e_1 < 90^0 = h e_3 e_2$; $\triangle g \bar{h} e_1$ giebt aus σ, $e_1 \bar{h} = \varkappa$, $e_1 g h = e_1 g e_3$: sin $e_1 \bar{h} g$ und tg $\frac{1}{2}$ $g\bar{h}$ eindeutig, wenn ζ näher an 90^0 als σ; auch ist $g\bar{h} = (\zeta + \eta)$ und $> \zeta$; $\triangle h e_3 e_2$ giebt aus $h e_3 = g\bar{h} - \zeta$; $h e_3 e_2$: tg $e_3 e_2$.

79. $\eta\lambda\tau$; $\triangle h e_2 e_3$: cos $e_3 e_2$, cos $e_2 h e_3$ = cos $e_2 \bar{h} e_3$, sin $h e_3 e_2$; $h e_3 e_2 < 90^0 = g e_3 e_1$, $\triangle g e_2 \bar{h}$ giebt aus τ, λ, $e_2 \bar{h} g = e_2 \bar{h} e_3$: sin $e_2 g \bar{h}$ und tg $\frac{1}{2}$ $g\bar{h}$ eindeutig, wenn λ näher an 90^0 als τ ist; auch ist $g\bar{h} = (\zeta + \eta)$ und $> \eta$; $\triangle g e_3 e_1$ giebt aus $g e_3 e_1$, $g e_3 = g\bar{h} - \eta$: tg $e_3 e_1$.

83. $(\zeta+\eta)\,\varkappa\tau$; $\triangle h e_2 e_1$: $\cos e_2 e_1$, $\sin h e_1 e_2$; $h e_1 e_2 < 90^0 = h e_1 \bar{g} - 90^0$; $\triangle h \bar{g} e_1$ giebt aus $(\zeta+\eta)$, $\varkappa$, $h e_1 \bar{g}$: $\sin h \bar{g} e_1 = \sin e_3 \bar{g} e_1$ und $\operatorname{tg} \frac{1}{2} e_1 \bar{g}$ eindeutig, wenn $(\zeta+\eta)$ näher an 90^0 als $\varkappa$; auch ist $e_1 \bar{g} < 90^0$; $\triangle \bar{g} e_3 e_1$: $\operatorname{tg} e_3 e_1$.

84. $(\zeta+\eta)\,\lambda\sigma$; $\triangle g e_2 e_1$: $\cos e_2 e_1$, $\sin g e_2 e_1$; $g e_2 e_1 < 90^0 = h e_2 \bar{g} - 90^0$; $\triangle h e_2 \bar{g}$ giebt aus $(\zeta+\eta)$, λ, $h e_2 \bar{g}$: $\sin e_2 h \bar{g}$ und $\operatorname{tg} \frac{1}{2} h e_2$ eindeutig, wenn $(\zeta+\eta)$ näher an 90^0 als λ; auch wird $h e_2 = \tau$, $< 90^0$; $\triangle h e_3 e_2$: $\operatorname{tg} e_2 e_3$.

c) unter Einführung des Sinus eines vierten Bogens, deren 4:

Die Deutung des letzteren ist limitirt, wenn der Umstand $\varepsilon < (\delta+\varepsilon)$ und $\cos\delta - \cos(\zeta+\eta) > 0$, letzteres nach ($q$) bis ($t$) unter Bezugnahme auf die Voraussetzung, dass $(\varepsilon+\delta)$ und $(\zeta+\eta) < 180^0$ den Ausschlag giebt.

1. $\delta\varepsilon\zeta$; nach (h): $\sin\eta = \dfrac{\sin\zeta \sin\varepsilon}{\sin(\delta+\varepsilon)}$; sodann, wie I. b. 8. aus $\delta\zeta\eta$: $\operatorname{tg} e_2 e_3$, $\operatorname{tg} e_3 e_1$.

2. $\delta\varepsilon\eta$; nach (h): $\sin\zeta = \dfrac{\sin(\delta+\varepsilon)\sin\eta}{\sin\varepsilon}$; sodann, wie I. b. 8. aus $\delta\zeta\eta$: $\operatorname{tg} e_2 e_3$, $\operatorname{tg} e_3 e_1$.

27. $\varepsilon\zeta\eta$; nach (h): $\sin(\delta+\varepsilon) = \dfrac{\sin\zeta \sin\varepsilon}{\sin\eta}$; sodann, wie I. b. 8. aus $\delta\zeta\eta$: $\operatorname{tg} e_2 e_3$, $\operatorname{tg} e_3 e_1$.

46. $(\delta+\varepsilon)\,\zeta\eta$; nach ($h$): $\sin\varepsilon = \dfrac{\sin(\delta+\varepsilon)\sin\eta}{\sin\zeta}$; sodann, wie I. b. 8. aus $\delta\zeta\eta$: $\operatorname{tg} e_2 e_3$, $\operatorname{tg} e_3 e_1$.

d) unter Einführung des Cosinus von σ oder τ mittelst einer quadratischen Gleichung, deren 4:

4. $\delta\varepsilon\varkappa$; nach ($n$): $\cos\delta = \cos\varkappa\cos\sigma + \dfrac{\sin^2\sigma\sin\varepsilon}{\sin(\delta+\varepsilon)}$; daraus

$$\cos\sigma = \frac{\sin(\delta+\varepsilon)\cos\varkappa}{2\sin\varepsilon}$$
$$\pm\sqrt{\frac{\sin^2(\delta+\varepsilon)\cos^2\varkappa}{4\sin^2\varepsilon} + 1 - \frac{\cos\delta\sin(\delta+\varepsilon)}{\sin\varepsilon}},$$

sodann, wie I. a. 6. aus $\delta\varepsilon\sigma$: $\cos e_4 e_1$, $\operatorname{tg} e_4 e_2$; eindeutig, wenn $\varkappa > 90^0$ ist, insofern $\sigma < 90^0$ werden soll.

5. $\delta\varepsilon\lambda$; nach (m): $\cos\delta = \cos\lambda\cos\tau + \frac{\sin^2\tau\sin(\delta+\varepsilon)}{\sin\varepsilon}$; daraus

$$\cos\tau = \frac{\sin\varepsilon\cos\lambda}{2\sin(\delta+\varepsilon)} \pm \sqrt{\frac{\sin^2\varepsilon\cos^2\lambda}{4\sin^2(\delta+\varepsilon)} + 1 - \frac{\cos\delta\sin\varepsilon}{\sin(\delta+\varepsilon)}};$$

sodann wie I. a. 7. aus $\delta\varepsilon\tau$: $\cos e_4e_2$, $\operatorname{tg} e_4e_1$; eindeutig, wenn $\lambda > 90^0$, insofern $\tau < 90^0$ werden muss.

65. $\zeta\eta_{,}\varkappa$; nach (p): $\cos(\zeta+\eta_{,}) = \cos\varkappa\cos\sigma - \frac{\sin^2\sigma\sin\eta_{,}}{\sin\zeta}$; daraus

$$\cos\sigma = -\frac{\sin\zeta\cos\varkappa}{2\sin\eta_{,}}$$

$$\pm\sqrt{\frac{\sin^2\zeta\cos^2\varkappa}{4\sin^2\eta_{,}} + 1 + \frac{\cos(\zeta+\eta_{,})\sin\zeta}{\sin\eta_{,}}};$$

sodann wie I. a. 67. aus $\zeta\eta_{,}\sigma$: $\cos e_3e_1$, $\operatorname{tg} e_2e_3$; eindeutig, wenn $\varkappa < 90^0$, insofern $\sigma < 90^0$ werden muss.

66. $\zeta\eta_{,}\lambda$; nach (o): $\cos(\zeta+\eta_{,}) = \cos\lambda\cos\tau - \frac{\sin^2\tau\sin\zeta}{\sin\eta_{,}}$;

daraus $\cos\tau = -\frac{\sin\eta_{,}\cos\lambda}{2\sin\zeta}$

$$\pm\sqrt{\frac{\sin^2\eta_{,}\cos^2\lambda}{4\sin^2\zeta} + 1 + \frac{\cos(\zeta+\eta_{,})\sin\eta_{,}}{\sin\zeta}};$$

sodann wie I. a. 68. aus $\zeta\eta_{,}\tau$: $\cos e_2e_3$, $\operatorname{tg} e_3e_1$; eindeutig, wenn $\lambda < 90^0$, insofern $\tau < 90^0$ werden muss.

Hiermit schliesst die Reihe der practisch verwerthbaren Combinationen; es kann aber der Nachweis geliefert werden, dass die noch verbleibenden 40 Combinationen überhaupt Elemente bestimmen, und zwar dadurch, dass der Weg angedeutet wird, aus den gewählten Fundamentalbögen einen vierten, wenn auch mehrdeutig, abzuleiten, der den Complex zur trigonometrischen Behandlung geeignet macht. Diese Aufgabe soll aber hier nicht weiter verfolgt werden.

Ueber den Wassergehalt des Klinochlors von der Mussa Alpe.

Von

Paul Jannasch in Göttingen.

Im Anschluss an meine Arbeiten über den Wassergehalt des isländischen Heulandits und Epistilbits[1] erschienen mir weiter einige Versuche in ähnlicher Richtung bei einem der Chloritgruppe zugehörigen Mineral, welches sein Wasser erst bei Glühtemperatur verlieren soll[2], von Interesse. Ich wählte hierzu den mir reichlich zur Verfügung stehenden Klinochlor von der Mussa Alpe.

In Betreff des allgemeinen Ganges der Analyse will ich erwähnen, dass die Aufschliessung des Minerals am Besten vermittelst eines Gemisches von Salzsäure und Schwefelsäure (auf 1.0 g Substanz c. 40 Tropfen concentrirte Schwefelsäure) erfolgt und der schliesslichen Abrauchung der überschüssigen Schwefelsäure im Luftbade. Thonerde und Eisenoxyd fällt man sodann aus sehr saurer, verdünnter Lösung mit Ammonhydroxyd, wäscht den Niederschlag einige Male aus, löst ihn wieder in viel Salzsäure und fällt noch einmal, um ihn völlig magnesiafrei zu bekommen. Durch einmaliges Fällen mit Ammonhydroxyd erreicht man den letzteren Zweck nicht immer. Das Gemisch von Eisenoxyd und Thonerde wurde vermittelst der Natronschmelze getrennt.

---

[1] Dies. Jahrb. 1882. II. 269 u. 1884. II. 206.

[2] Lehrbuch der Mineralogie von Tschermak 498 u. Handbuch der Mineralchemie von Rammelsberg, II. Aufl. 483.

Das Eisen ist in dem Klinochlor wesentlich als Oxydul zugegen; ich habe dieses nach der PEBAL-DÖLTER'schen Methode[1] bestimmt.

Das Mineral war vollkommen mangan- und kalkfrei; ebenso fehlten ganz Titansäure, Fluor und Chlor; es enthielt aber stets geringe Mengen von Natron mit Spuren von Lithion. Vor dem Löthrohr auf der Kohle oder am Platindraht ist der Klinochlor unschmelzbar, er blättert sich aber dabei unter beträchtlicher Volumvergrösserung auf, indem er seinen Glanz verliert und grauweiss wird.

Es mögen nun die Versuche folgen, welche ich unternahm, um die Natur des Wassergehaltes in dem Mineral zu ermitteln.

I. Glühverlust-Bestimmungen.

1. 0.5632 g verloren beim Glühen (mit Gasbrenner und zum Schluss mit Gebläseflamme) = 0.0830 g = 14.73 %.
2. 0.7556 g lieferten geglüht einen Gewichtsverlust von 0.1102 g = 14.58 %.
3. 0.5590 g gaben 0.0818 g Glühverlust = 14.63 %.
4. 0.3436 g gaben einen Glühverlust von 0.0498 g = 14.49 %.

II. Wasserverlust-Bestimmungen bei verschiedenen Temperaturen.

Wasserverlust über concentrirter Schwefelsäure.

1. 0.5944 g hatten beim Stehen über Schwefelsäure nach 15 Stunden 0.0070 g an Gewicht verloren, entsprechend 1.17 %; dieser Gewichtsverlust wurde nach 24 und nach 36 Stunden controllirt und keine weitere Abnahme mehr constatirt.
2. Beim Erhitzen auf 125° stieg der Wasserverlust derselben Substanzmenge auf 0.0088 g = 1.48 %; bei 150° auf 0.0100 g = 1.68 % und bei 180—240° auf 0.0110 g = 1.85 %.
3. 0.8726 g Substanz verloren

bei	120—140°	= 0.0109	g	H_2O	= 1.24	%;
„	190—200°	= 0.0138	„	„	= 1.58	„
„	285—300°	= 0.0166	„	„	= 1.90	„
„	350—360°	= 0.0178	„	„	= 2.04	„

Nach dem Glühen betrug der Verlust = 0.1237 g = 14.17 %.

[1] TSCHERMAK's Mineralog. u. petrogr. Mittheil. 1880. III. 100.

III. Directe Wägungen des Wassers.

1. Directe Wasserbestimmungen, ausgeführt durch Glühen des gepulverten Minerals in einem Kugelrohr aus schwerschmelzbarem Glase und Auffangen des in Freiheit gesetzten Wassers in einem Chlorcalciumrohr. Die Erhitzung erfolgte vermittelst einer 4—5 Zoll hohen Gasflamme und die Überführung des Wasserdampfes in einem sehr sorgfältig getrockneten, aus einem Gasometer tretenden Luftstrome.

1.	0.5303 g angewandte Substanz gaben	= 0.0668 g H_2O	= 12.59 %;
2.	0.5518 „ „ „ „	= 0.0660 „ „	= 11.96 „
3.	0.5287 „ „ „ „	= 0.0650 „ „	= 12.29 „
4.	0.5213 „ „ „ „	= 0.0644 „ „	= 11.98 „
5.	0.5727 „ „ „ „	= 0.0694 „ „	= 12.11 „ .

2. Directe Wasserbestimmungen, bei denen das Glühen zum Schluss vor der Gebläseflamme erfolgte.

1. 0.4985 Klinochlorpulver gaben im böhmischen Kugelrohr mit einer kräftigen Gasflamme geglüht = 0.0603 g H_2O = 12.07 %. Beim weiteren Glühen des Rückstandes über der Gebläseflamme wurden noch 0.0104 g H_2O = 2.08 % erhalten; mithin als Gesammtwasser = 14.15 %.

   Der eigentliche Glühverlust des Glasrohres vermittelst des einfachen Gasbrenners betrug hierbei = 0.0588 g = 11.77 %, bei dem Gebläsefeuer noch 0.0136 g = 2.72 %, in Summa also 14.49 %.

2. 0.5097 g Substanz gaben nach ausreichendem Glühen vermittelst Gas- und Gebläseflamme = 0.0732 g H_2O = 14.36 %; die Wägung des Trockenrückstandes im Glasrohr ergab einen Glühverlust von 0.0747 g = 14.65 %.

Analysen des Klinochlors.

I.			II. Control-Bestimmungen.	
SiO_2	= 29.31 %;		SiO_2	= 29.59 %;
Al_2O_3	= 21.31 „	24.62 % (Al₂O₃ + Fe₂O₃ + FeO)	Al_2O_3 + Fe_2O_3	= 24.82 „
Fe_2O_3	= 0.07 „			
FeO	= 3.24 „			
MgO	= 31.28 „		MgO	= 31.46 „
H_2O	= 14.58 „		H_2O	= 14.73 „
Na_2O	= 0.43 „		Na_2O	= 0.30 „
Li_2O	= Spuren		Li_2O	= Spuren
	100.22 %.			100.90 %.

Spec. Gew.-Bestimmung. 2.3990 g gaben im Pyknometer bei 19.5° C = 0.9388 g Verlust an Wasser = **2.555** spec. Gew.

Aus den obigen Versuchen geht hervor, dass dem Klinochlor in Summa 5 Moleküle H_2O* und nicht 4, wie man früher annahm, zukommen, dass ferner ein Theil des vorhandenen Wassers, theoretisch etwa einem Molekül entsprechend, loser gebunden ist und theilweise bereits über concentrirter Schwefelsäure entweicht, und endlich, dass 4 Moleküle H_2O erst bei Glühtemperatur fortgehen. Von diesem letzteren Wasser wird wiederum ein Theil, gleichfalls beinahe ein Molekül, besonders kräftig festgehalten, indem es erst durch Hochglühhitze austreibbar ist. Somit haben wir also ein Äquivalent H_2O als sogenanntes Krystallwasser aufzufassen, während 4 Moleküle sogenanntes Constitutionswasser sind. Daraus ergiebt sich für den Klinochlor die folgende Zusammensetzung:

$$H_8 [Mg]_5 [Al]_2 Si_3 O_{18} + H_2O;$$

oder

$$\left.\begin{matrix} H_4 . Mg_3 . Si_2 O_9 \\ H_4 . Mg_2 . Al_2 . Si O_9 \end{matrix}\right\} + H_2O;$$

oder

$$\begin{matrix} H_2O \\ H_2O \end{matrix} \left\{ \begin{matrix} MgO \\ MgO \\ MgO \end{matrix} \right\} \begin{matrix} SiO_2 \\ SiO_2 \end{matrix} + \begin{matrix} H_2O \\ H_2O \end{matrix} \left\{ \begin{matrix} MgO \\ MgO \end{matrix} \right\} Al_2O_3 . SiO_2 + H_2O,$$

wo ein Theil Al_2O_3 durch Fe_2O_3, sowie ein Theil MgO durch FeO vertreten ist.

Zum Schluss hebe ich noch besonders hervor, dass das im Chlorcalciumrohr aufgefangene Wasser regelmässig eine stark saure Reaction zeigte. Da ich im Klinochlor kein Fluor oder Chlor nachzuweisen vermochte, so bedarf die Ursache dieser Thatsache noch der Aufklärung und behalte ich mir Näheres darüber vor.

---

* Die theoretische Formel $Si_3 O_{18} Al_2 Mg_5 H_{10}$ verlangt für 5 Äq. H_2O = 15.71 %, für 4 H_2O = 12.98 %.

Einige Beobachtungen und Bemerkungen zur Beurtheilung optisch anomaler Krystalle.

Von

R. Brauns.

Mit Tafel II.

Die zahlreichen Untersuchungen der letzten Jahre auf dem Gebiete der Krystalloptik haben eine ungeahnte Verbreitung der als optisch anomal bezeichneten Erscheinungen dargethan.

In den optisch anomalen Krystallen ist die Beschaffenheit des lichtbrechenden Mediums eine der geometrischen Symmetrie der Krystalle nicht entsprechende, das Medium zeigt anomale Dichtigkeitsverhältnisse.

Die Ursache dieser kann verschieden sein. An normalen Krystallen können sie durch solche mechanische Kräfte hervorgerufen werden, welche bewirken, dass die Lage der Moleküle und die gegenseitige Entfernung derselben eine ihren Eigenschaften nicht entsprechende, eine gezwungene ist. Derartige Kräfte sind einseitiger Druck und einseitige Erwärmung. In dem letzteren Falle haben die unter dem Einfluss der Erwärmung stehenden Moleküle das Bestreben, sich weiter von einander zu entfernen, beziehungsweise grössere Schwingungen auszuführen, werden aber hieran durch die von der Wärme nicht getroffenen und daher in ihrer Lage verbleibenden Moleküle gehindert und auf einen kleineren Raum zusammengepresst, als ihren, durch die Wärme veränderten Eigenschaften entspricht. Der mechanische Druck wird hier durch die von der Wärme nicht beeinflussten Moleküle ersetzt, die Wirkung bei beiden ist die gleiche. Die durch diese mechanischen Kräfte bewirkten Veränderungen der physikalischen Eigenschaften sind indessen, mit wenigen Ausnahmen, keine bleibenden; nach Aufhebung derselben tritt in den Krystallen wieder der ursprüngliche Zustand ein. Es ist daher nicht anzunehmen, dass alle die in der Natur so ungeheuer zahlreich sich findenden anomalen Krystalle unter dem Einfluss dieser Kräfte sich gebildet haben; es muss vielmehr noch andere Ursachen geben, durch welche solche Erscheinungen bewirkt werden können.

Eine derartige Ursache ist ganz unzweifelhaft das Vorhandensein einer isomorphen Beimischung.

In einer kleineren Abhandlung[1] von vorigem Jahre habe ich bereits mitgetheilt, dass das Auftreten von optischen Anomalien bei den Alaunen und den Nitraten des Bleis und Baryums von dem Vorhandensein einer isomorphen Beimischung abhängig ist. Seit jener Zeit habe ich diese Verhältnisse genauer studirt und bei allen weiteren Untersuchungen die früher gemachten Beobachtungen bestätigt gefunden; auch die damals ausgesprochene Vermuthung, dass für den Granat wenigstens ein ähnlicher Aufbau aus chemisch, und demgemäss optisch differenten Schichten, wie für den Alaun anzunehmen sei, hat sich als durchaus berechtigt erwiesen.

Denn alle für den Granat als charakteristisch geltenden Erscheinungen — der Zusammenhang der optischen Struktur mit der polyëdrischen Streifung, der schalenförmige Aufbau, die Verschiedenheit der Hülle von dem Kerne in der Form, das Schwanken in dem Charakter der Doppelbrechung von einer Schicht in die andere, der Wechsel von isotropen mit doppeltbrechenden Stellen — Alles dies habe ich auch am Alaun aufgefunden. Am Alaun werden diese optischen Verschiedenheiten, wie wir sehen werden, nur durch die chemisch verschiedene Zusammensetzung der Krystalle verursacht.

Da der Granat eine ähnliche Reihe isomorpher Substanzen bildet, wie der Alaun, und das optische Verhalten innerhalb derselben Form bei beiden ein gleiches ist, so hat die Annahme die grösste Wahrscheinlichkeit für sich, dass auch am

---

[1] Dies. Jahrb. 1883. Bd. II. p. 102—111.

Granat die Verschiedenheit in dem optischen Verhalten durch die verschiedene chemische Zusammensetzung desselben verursacht wird.

Im weiteren habe ich meine Untersuchungen auf optisch einaxige Krystalle ausgedehnt, und gefunden, dass, während die Krystalle der reinen Substanzen optisch normal waren, die Mischkrystalle immer anomal, zweiaxig waren. Die hexagonal krystallisirenden unterschwefelsauren Salze dienten zu diesen Versuchen.

Das letzte der untersuchten Salze war das gelbe Blutlaugensalz; klare, homogene Krystalle desselben waren immer zweiaxig und zeigten gekreuzte Dispersion.

I. Chlornatrium.

Während sich meine oben erwähnte Abhandlung im Druck befand, erschien in diesem Jahrbuche eine briefliche Mittheilung[1] von Herrn Ben-Saude über doppeltbrechende Steinsalzkrystalle. Es wird hier mitgetheilt, dass Kryställchen von Steinsalz, durch Verdunstung der Lösung entstanden, sich in „prächtiger Weise" doppeltbrechend gezeigt hätten, während das ursprüngliche Stück, durch dessen partielle Auflösung diese Kryställchen entstanden waren, keine Spur einer Doppelbrechung zeigte. Im weiteren wird angegeben, dass der Charakter der Doppelbrechung wie beim Alaun, also negativ war. Die optischen Erscheinungen werden durch Annahme einer auf gestörter Molekularstruktur beruhenden anomalen Doppelbrechung erklärt. Am Schluss seiner Mittheilung spricht Herr Ben-Saude die Hoffnung aus, über die Ursache dieser Erscheinung bald näheres mittheilen zu können.

Diese Versuche habe ich sogleich nach Erscheinen der erwähnten Mittheilung mit reinem Steinsalz wiederholt und die Beobachtungen Ben-Saude's **nicht** bestätigt gefunden. Einige der erhaltenen Krystalle wirkten wohl in der beschriebenen Weise auf das polarisirte Licht, aber man konnte sich leicht überzeugen, dass diese Wirkung nicht durch doppelte Brechung verursacht wurde, sondern lediglich durch Reflexion des Lichtes an den Wänden der Hohlräume zu Stande kam.

[1] Dies. Jahrb. 1883. I. p. 165.

Denn nur an den durch zahlreiche Hohlräume trüben Stellen war eine Einwirkung zu erkennen, **niemals** an den durchsichtigen Theilen der Krystalle. Die Hohlräume waren den Würfelkanten parallel eingelagert, sie fehlten in der Richtung der Diagonalen, und in dieser Richtung waren die Krystalle isotrop. Besser noch wie an diesen kleinen Steinsalzkrystallen habe ich an Alaunen wiederholt auf das deutlichste beobachtet, dass durch Reflexion des Lichtes an den Wänden von Hohlräumen das durch die gekreuzten Nicols dunkele Gesichtsfeld aufgehellt werden kann, und dass nach Einschaltung des Gypsblättchens vom Roth I. Ordnung die Hohlräume je nach ihrer Richtung sich bald in einer blauen, bald in einer gelben Farbe von dem Roth des Krystalls abheben.

Nach diesen einander widersprechenden Beobachtungen war ich nun gespannt auf die von Herrn Ben-Saude versprochene Mittheilung über die Ursache dieser Erscheinung; denn nach dem Wortlaut und Inhalt seiner oben erwähnten Angaben musste man annehmen, dass bei den von ihm untersuchten Krystallen die Ursache der Erscheinungen eine andere sei, als die von mir eben erwähnte.

Diese Mittheilung ist unterdessen erschienen[1]. Herr Ben-Saude wird durch seine Versuche zu der Annahme geführt, dass die Doppelbrechung eine Folge des schnellen Krystallisirens sei, da sich bei höherer Temperatur mehr doppeltbrechende Krystalle gebildet hätten, wie bei niederer; auch nach Zusatz von Gelatine zur Lösung bildeten sich doppeltbrechende Krystalle. Er glaubt demnach das Verhalten dieser Salze als den Ausdruck einer unvollkommenen Krystallisation betrachten zu müssen. Diese Ansicht aber widerlegt er selbst unmittelbar darauf. Denn hier giebt er an, dass die doppeltbrechenden Krystalle trüber waren, wie die isotropen, und dass die doppeltbrechenden Stellen, wie sich bei der Untersuchung mit dem Mikroskope herausgestellt habe, mit Flüssigkeitseinschlüssen angefüllt waren; die Theile zwischen den Einschlüssen zeigten keine Doppelbrechung.

Hierauf fährt er, im Gegensatz zu dem einige Zeilen vorher gesagten fort: „On doit donc attribuer le phénomène

[1] Bull. de la Soc. Min. de France T. VI. 1883. p. 260—264.

de polarisation chromatique à la décomposition de la lumière polarisée se brisant et se réfléchissant sur les inclusions.“

Es ist hiernach offenbar, dass die von Herrn BEN-SAUDE als doppeltbrechend beschriebenen Steinsalzkrystalle in der That einfach brechend waren, und das reine Steinsalz überhaupt ist bis jetzt nur in einfach brechenden Krystallen bekannt.

Anders dagegen verhielten sich Krystalle, die aus einer Lösung von Chlornatrium und Bromkalium sich gebildet hatten, und zwar war ihr Verhalten verschieden, je nachdem sie schneller oder langsamer, bei höherer oder niederer Temperatur entstanden waren. Bei dem ersten Versuche liess ich Tropfen der Lösung auf einem Objektträger bei mässiger Wärme (in der Sonne) verdunsten. Es bildeten sich so klare Krystalle von der Form $\infty O \infty$; die Mitte derselben war isotrop oder nur schwach doppeltbrechend, der Rand deutlich doppeltbrechend. Auslöschung trat ein, wenn die Würfelkanten den Schwingungsrichtungen der Nicols parallel giengen. Nach Einschaltung des Gypsblättchens zeigten die Krystalle in der Diagonalstellung deutlich Feldertheilung; in jedem Sektor gieng die kleinste Elasticitätsaxe der Randkante parallel.

Liess man dagegen die Krystalle sich schneller bilden, also durch Verdunsten der Lösung bei höherer Temperatur (etwa auf dem warmen Ofen), und beobachtete diese, solange der Objektträger noch warm war, so beobachtete man zahlreiche kleine, isotrope oder schwach doppeltbrechende Krystalle; während des Erkaltens wurden sie, wenn die Flüssigkeit nicht vollständig verdunstet war, sämmtlich doppeltbrechend und waren auf den ersten flüchtigen Blick von andern doppeltbrechenden Krystallen dieser Form nicht zu unterscheiden. War die Flüssigkeit vollständig verdunstet, so dauerte es einige Zeit, bis die Krystalle doppeltbrechend wurden.

Durch Erwärmen wurden sie wieder isotrop, wenn das Thermometer des heizbaren Objekttisches 40° anzeigte. Man konnte diesen Versuch mehrere Mal mit demselben Präparat wiederholen, ehe es durch Trübung unbrauchbar wurde. Als ich diese eigenthümliche Erscheinung bei wiederholten Versuchen immer wieder auftreten sah, glaubte ich anfänglich, an diesen Mischkrystallen ein dem Boracit, Leucit und andern Mineralien ähnliches Verhalten aufgefunden zu haben.

Die eingehendere Untersuchung jedoch lehrte, dass dem nicht so war, sondern dass eine Wechselzersetzung der beiden Bestandtheile eingetreten war, und sich Bromnatrium[1] neben Chlorkalium gebildet hatte. Untersuchte man nämlich die Krystalle während des Abkühlens mit stärkerer (250facher) Vergrösserung, so sah man anfänglich nur Würfel; nach einiger Zeit begannen auf diesen Würfeln kleine sechsseitige doppeltbrechende Kryställchen sich zu bilden, die bald die ganze Oberfläche der Würfel bedeckten. Zu einer genaueren Untersuchung jedoch waren die Kryställchen wegen ihrer äussersten Kleinheit nicht geeignet. Nachdem ich dies erkannt hatte, versuchte ich, durch Verdunsten einiger Tropfen der gemischten Lösung bei gewöhnlicher Temperatur solche Krystalle zu bekommen; in der Regel bildeten sich hierbei nur Würfel (Chlorkalium), während der Rest der Lösung nicht verdunstete. Mit Hülfe einer gelinden Zugluft, die ich über den Tropfen streichen liess, schieden sich schliesslich aus dem Rest, meist dicht um die Würfel herum, flache, sechsseitige doppeltbrechende Tafeln aus; aus jedem einzelnen kleinen Tropfen entstand meist nur ein Krystall.

Die Auslöschung dieser Krystalle war parallel und senkrecht zur Kante d (Fig. 2); die Axe der kleineren Elasticität gieng dieser Kante parallel[2]. Die unter dem Mikroskop gemessenen Winkel waren: a : b = 113°—116°. a : d = 121°—124°. Krystalle von reinem Bromnatrium auf dieselbe Weise erhalten zeigten dieselbe Form und dasselbe Verhalten; die unter dem Mikroskop gemessenen Winkel waren a : b = 114°. a : d = 123°.

Mitscherlich[3] giebt für den ebenen Winkel, den die

---

[1] Bromnatrium krystallisirt unter 30° monoklin mit 2 Molekülen Wasser, bei höherer Temperatur regulär. (Mitscherlich, Poggend. Ann. 17, p. 385.)

[2] Zur Bestimmung des Charakters der Elasticitätsaxen wurde immer ein Gypsblättchen vom Roth der ersten Ordnung angewandt, und zwar immer in der Lage wie es Fig. 1 angibt, in der MM_1 die Richtung der kleinsten Elasticitätsaxe gegen die gekreuzten Schwingungsrichtungen der Nicols NN_1 bezeichnet.

[3] Pogg. Ann. 17, p. 385.

Combinationskanten der Basis mit dem Prisma auf der Basis bilden, 114° 12′ an, was mit dem obigen Werth genügend übereinstimmt. Es ergiebt sich hiermit, dass aus einer Lösung von Chlornatrium und Bromkalium unter gewissen Umständen sich monokline Krystalle von Bromnatrium ausscheiden können.

II. Alaun.

Zu den nachstehenden Untersuchungen wurden benutzt: Kali-Thonerde-Alaun (Kali-Alaun), (Ammoniak-Thonerde-Alaun (Ammoniak-Alaun), Kali-Eisen-Alaun (Eisen-Alaun), Kali-Chrom-Alaun (Chrom-Alaun)[1].

Die optische Untersuchung der verschiedenen Mischkrystalle ergab zunächst, dass dieselben in Bezug auf die Lage der Elasticitätsaxen in zwei Gruppen zerfallen: Bei den einen geht die kleinere Elasticitätsaxe in jedem Sektor (in Platten ‖O) der Randkante parallel (Fig. 3), bei den andern steht sie senkrecht auf derselben (Fig. 4).

Zur ersten Gruppe gehören die Mischkrystalle von

Ammoniak- + Kali-Alaun

zur andern:

Ammoniak- + Eisen-Alaun,
Kali- + Eisen-Alaun,
Ammoniak- + Chrom-Alaun,
Kali- + Chrom-Alaun,
Eisen- + Chrom-Alaun.

Da diese Verschiedenheit in dem optischen Charakter der einfachen Mischkrystalle immer constant war, so war nicht anzunehmen, dass sie ihre Entstehung irgend einem unbekannten Zufalle verdankt, sondern dass sie vielmehr durch die Verschiedenheiten der Componenten bedingt würde. Wenn dies aber der Fall war, so musste die aus einer bestimmten Mischung sich abscheidende Substanz auch dann den ihr eigenthümlichen optischen Charakter beibehalten, wenn sie nicht zur Bildung neuer, sondern zur Vergrösserung bereits vorhandener Krystalle, selbst mit anderm optischen Charakter diente. Von dieser Voraussetzung ausgehend wurden die im

[1] Im Folgenden werde ich mich der Kürze halber der eingeklammerten Bezeichnungen bedienen und die Componenten der Mischkrystalle durch ein +Zeichen verbinden.

folgenden beschriebenen Versuche angestellt, die im weiteren Verlauf zu recht interessanten Resultaten geführt haben.

Darstellung und optisches Verhalten episomorpher Alaunkrystalle.

Isotrope Krystalle von Ammoniakalaun von der Form $O . \infty O \infty$ liess ich in einer etwa 30° warmen und für diese Temperatur gesättigten Lösung von Ammoniak- + Eisen-Alaun wachsen, bis sie sich durch Abkühlung und Verdunstung der Lösung mit einer etwa 2 mm. dicken Schicht überzogen hatten.

Die Würfelflächen verschwanden in dieser Lösung oft gänzlich, oder traten wenigstens sehr zurück. Hierauf liess ich diese Krystalle in einer Lösung von Ammoniak- + Kali-Alaun auf dieselbe Weise mit einer etwa ebenso dicken Schicht überwachsen. Es bildeten sich in dieser Lösung breite Flächen von $\infty O \infty$ und ∞O. Einen dieser Krystalle liess ich schliesslich noch in einer Lösung von Kali-Alaun weiter wachsen.

Aus den so erhaltenen Krystallen wurden nun zur optischen Untersuchung geeignete Platten hergestellt. War die Auflagerungsfläche eine Oktaëderfläche, so war es nur nöthig, von ihr und der gegenüberliegenden Fläche soviel Substanz abzuschleifen, bis der ursprüngliche Kern zu Tage trat, um gute Platten parallel der Oktaëderfläche zu bekommen. Zur Herstellung der Würfelschnitte wurden die Krystalle zersägt, bez. auf der Schneidemaschine zerschnitten. Das Zerschneiden der Krystalle war mit einigen Schwierigkeiten verknüpft, da sie nicht wie andere Krystalle auf dem Tischchen der Schneidemaschine befestigt werden konnten. Ich habe sie mit zähflüssigem arabischen Gummi auf Kork aufgeklebt und diesen dann in der gewohnten Weise auf dem Krystallträger der Schneidemaschine befestigt. Das Schneiden selbst musste auch mit grosser Vorsicht geschehen, da, abgesehen von der Sprödigkeit der Krystalle, die Cohäsion der einzelnen Hüllen gering war; bisweilen konnte man jede einzelne Hülle vollständig glattflächig von dem Kerne ablösen. Ist dieses Verhalten auch besonders in Beziehung auf den Granat interessant, so ist es doch bei Herstellung der Schnitte störend. Die geringe

Cohäsion ist nach v. HAUER[1] eine Folge des schnellen Wachsthums.

Schliffe nach O (111).

Eine Platte ||O unter dem Mikroskop untersucht, liess in der Mitte den scharf begrenzten, isotrop gebliebenen Kern erkennen, der von zwei doppeltbrechenden, im Hellblaugrau der ersten Ordnung erscheinenden Zonen umgeben war; beide Zonen waren durch ein schmales isotropes Band getrennt. Schwarze, bei Drehen des Objekttisches wandernde Banden waren an einzelnen Stellen zu bemerken. Die Auslöschung der Sektoren war eine vollständige; je zwei derselben löschten gleichzeitig aus, wenn ihre Randkanten einer der Schwingungsrichtungen der Nicols parallel giengen. Mit dem Gypsblättchen untersucht, verhielt sich der Krystall, wie in Fig. 5 dargestellt. Der Kernkrystall erschien in dem Roth des Gesichtsfeldes, ebenso die beiden in der Auslöschungslage befindlichen Sektoren; in der innern Zone (Ammoniak- + Eisen-Alaun) stand die kleinste Elasticitätsaxe senkrecht zur Randkante eines jeden Sektors, in der äussern (Ammoniak- + Kali-Alaun) gieng sie ihr parallel.

Der beide Zonen verbindende isotrope Streifen und die Banden an der Grenze der Sektoren erschienen ebenfalls in dem Roth des Gesichtsfeldes. Beide Arten von Mischungen haben demnach ihren optischen Charakter beibehalten. Das isotrope Band zwischen den beiden doppeltbrechenden Schichten findet sich nur an der Grenze von Schichten mit verschiedenem optischen Charakter; solche mit gleichem optischen Charakter, aber doch verschiedener chemischer Zusammensetzung gehen unmittelbar in einander über (vergl. Fig. 13). Diese Erscheinung wird man so zu erklären haben, dass an dieser Stelle Compensation eingetreten ist.

Schliffe nach ∞O∞ (100).

Aus einem grösseren Krystall wurden drei Platten || ∞O∞ angefertigt; die der Mitte entnommene war am instructivsten. Man erkannte hier um den isotropen Kern zwei doppeltbre-

---

[1] K. v. HAUER, Krystallogenetische Beobachtungen. I. Reihe. Sitzungsb. d. k. Akad. d. W. math.-naturw. Cl. Bd. 39. p. 613.

chende Zonen, getrennt durch ein isotropes Band, wie an dem Schliff ||O. Die äusserste Schicht war isotrop, da dieser Krystall noch in einer Lösung von reinem Kalialaun sich vergrössert hatte. Die Auslöschung trat in den Sektoren gleichzeitig ein, wenn die Randkanten, hier also die Combinationskanten von ∞O∞ mit O mit den Schwingungsrichtungen zusammenfielen. In der Auslöschungslage sah man am Kern, genau da, wo die beiden Würfelflächen sich befunden hatten, einen doppeltbrechenden Streifen, und ferner in der zweiten Zone an der Ecke, an der die Würfelfläche wieder auftrat. einen hellen Strahl. Diese Verhältnisse werden deutlicher nach Einschaltung des Gypsblättchens; Fig. 6 stellt die Platte in der Intensitätsstellung, Fig. 7 in der Auslöschungslage der Hauptsektoren dar. Die Erscheinungen der ersteren Figur sind analog denen der Fig. 5. In der Fig. 7 erkennt man deutlich die erwähnten doppeltbrechenden Streifen an den durch die Würfelflächen abgestumpften Ecken des Kernkrystalls; die kleinere Elasticitätsaxe steht senkrecht zur Würfelkante, entsprechend der Zusammensetzung der ersten Zone (Ammoniak- + Eisen-Alaun). Das kleine dreiseitige, in der Figur punktirte Feld war trüb durch zahlreiche Flüssigkeitseinschlüsse, wohl eine Folge des an dieser Stelle schneller vor sich gehenden Wachsthums. Die beiden andern, von den beiden Enden entnommenen Schliffe zeigten keine besondern Eigenthümlichkeiten; der doppeltbrechende Streifen war an dem einen Schliff kleiner, am andern ganz verschwunden, da dieser mehr der Oberfläche entnommen war.

Es zeigt sich auch in diesem Falle deutlich, dass das optische Verhalten, d. h. das Zerfallen in Sektoren von der Form der Krystalle durchaus abhängig ist; die Form aber wechselt mit der Zusammensetzung der Lösung, und somit ist das optische Verhalten in letzter Linie von der Zusammensetzung der Lösung abhängig.

Andere Alaunumwachsungen verhielten sich ähnlich; Fig. 8 stellt einen Krystall dar, dessen Kern Ammoniak- + Eisen-Alaun, dessen erste Hülle Ammoniak- + Kali-Alaun, und dessen äussere Hülle wieder Ammoniak- + Eisen-Alaun war. Die letzte Zone erschien unter dem Polarisationsapparat im Weiss der ersten Ordnung und gab daher mit dem Gypsblättchen vom Roth I. Ordnung das Grün II. Ordnung. Es ist dies der höchste Grad der Doppelbrechung, den ich an Alaunkrystallen beobachtet habe.

Wie oben erwähnt, sind Mischkrystalle von Ammoniak- + Kali-Alaun von entgegengesetztem optischen Charakter, wie die von Ammoniak- + Eisen-Alaun. Es lag nun nahe, zu untersuchen, wie sich Krystalle verhalten würden, die diese drei Substanzen enthielten. Es hat sich hierbei herausgestellt, dass diese sich in ihrer Wirkung gegenseitig aufheben und isotrope Krystalle bilden können.

Die Krystalle der drei ersten Anschüsse einer Lösung, welche diese drei Substanzen enthielt, waren fast isotrop; mit dem Gypsblättchen untersucht, zeigten sich die Sektoren, durch welche die kleinste Elasticitätsaxe des Gypsblättchens gieng, bläulich nüancirt. Krystalle des letzten Anschusses waren etwas stärker doppeltbrechend, sie zeigten am Rand dieses Sektors einen deutlich blauen Streifen; ihrem optischen Charakter nach entsprachen sie also dem in Fig. 4 dargestellten Typus. Nachdem hierauf zur Lösung wenig Kali-Alaun gesetzt war, entstanden isotrope und äussert schwach doppeltbrechende Krystalle; bei ihnen war jedoch der Sektor, durch welchen die kleinste Elasticitätsaxe des Gypsblättchens gieng, nicht mehr, wie vorher, bläulich, sondern gelblich nüancirt. Es hatte hier also eine kleine Menge von Kali-Alaun den Übergang von einem Typus in den andern bewirkt, die Zwischenglieder waren isotrop. An einem grösseren Krystall des letzten Anschusses dieser Lösung konnte man diesen Übergang verfolgen. In ihm gieng im Kerne die kleinere Elasticitätsaxe der Randkante parallel, hierauf folgte eine isotrope Zone und dann wieder eine doppeltbrechende, in der die kleinere Elasticitätsaxe zu der Randkante senkrecht stand.

Obwohl die Doppelbrechung dieser Krystalle sehr schwach war, so befanden sie sich doch in einem merklichen Spannungszustand; viele derselben zersprangen bei dem Herausnehmen aus der Lösung. Die beschriebenen Verhältnisse sind nur dadurch zu erklären, dass in den isotropen Theilen Compensation eingetreten ist durch eine in Richtung und Stärke entgegengesetzte Einwirkung der Moleküle auf den Äther.

Zusammenhang der optischen Struktur mit der polyëdrischen Streifung.

Am Alaun ist ein Zusammenhang der Streifung mit der optischen Struktur nicht bekannt. Klocke[1] hatte bei seiner Bemerkung, dass die Oberflächenzeichnung in keinem erkennbaren Zusammenhang mit der Anordnung der doppeltbrechenden Sektoren stehe, offenbar nur die in seiner Arbeit speciell untersuchten Alaunarten im Auge, und diese zeigen in der That niemals einen derartigen Zusammenhang. Man muss hier, wie auch bei andern Krystallen unterscheiden zwischen polyëdrischer Streifung und einer andern, die ich wegen der Häufigkeit ihres Vorkommens die gemeine (Wachsthums-)Streifung nennen möchte; beide unterscheiden sich darin, dass die letztere durch Subindividuen von derselben Form, wie das Hauptindividuum, — durch Subindividuen höherer Stufe — erstere durch Subindividuen niederer Stufe, durch Flächen vicinaler Formen hervorgebracht wird. Nur bei Krystallen mit polyëdrischer Streifung ist bis jetzt ein Zusammenhang dieser mit der optischen Struktur nachgewiesen, ohne dass indess immer ein derartiger Zusammenhang stattfände.

Am Alaun habe ich die polyëdrische Streifung nur an Mischkrystallen von Kali- + Chrom-Alaun gefunden, und nur an den kleinen Krystallen war sie deutlich ausgebildet. Das Auftreten dieser Flächen, die ihrer Lage nach einem sehr flachen Pyramidenoktaëder angehören, ist von Klocke[2], gleichfalls an Krystallen von Kali- + Chrom-Alaun, genau beschrieben worden. Im einfachsten Falle erhebt sich auf einer Oktaëderfläche nur eine Pyramide, deren Spitze genau über der Mitte der Fläche liegt, und deren Kanten im Sinne der hexaëdrischen Ecken verlaufen (Fig. 9).

Öfters jedoch liegt die Spitze der Pyramide über einem beliebigen andern Ort der Oktaëderflächen, oder es erheben sich zwei oder mehrere Pyramiden über derselben Fläche, oder die Kanten der Pyramiden verlaufen treppenförmig etc.

---

[1] „Über Doppelbrechung regulärer Krystalle.“ Dieses Jahrbuch 1880. I. p. 71.

[2] „Beobachtungen und Bemerkungen über das Wachsthum der Krystalle.“ Dies. Jahrbuch 1871. p. 571—578 und Zeitschrift f. Krystallographie. 1878. II. p. 572.

Die Winkel dieser Pyramiden hat SCACCHI[1] gemessen; er fand ihre Werthe zwischen 23′ und 48′. Ich habe an zwei Krystallen mehrere Winkel gemessen und gefunden, dass die Winkel einer Pyramide immer einander gleich sind, dass aber die Pyramiden über verschiedenen Flächen in ihren Winkelwerthen von einander abweichen, und dass die Pyramiden über der der Auflagerungsfläche $(\bar{1}\bar{1}\bar{1})$ gegenüberliegenden Fläche (111) stumpfer sind, wie die über den Seitenflächen.

Krystall No. 1.

1) Pyramidenwinkel auf 111.

Erster:	23′;	22′;	23′		23′
Zweiter:	23′ 20″;	23′ 30″;	23′ 10″		
Dritter:	24′;	23′;	23′		

2) Pyramidenwinkel auf $\bar{1}11$.

Erster:	39′ 10″;	38′ 10″;	39′ 20″		39′
Zweiter:	39′ 10″;	39′ 40″;	39′ 40″;	39′ 10″	
Dritter:	38′ 50″;	38′ 20″;	39′;	39′ 30″	

Krystall No. 2.

1) Pyramidenwinkel auf 111.

Erster:	19′ 50″;	20′ 10″;	20′;	20′;	20′ 20″	19′ 30″
Zweiter:	19′ 10″;	18′ 50″;	19′ 40″;	20′;	19′	
Dritter:	19′ 50″;	19′ 50″;	19′ 20″;	19′ 20″;	20′	

2) Pyramidenwinkel auf $\bar{1}11$.

Erster:	30′ 30″;	31′;	31′;	30′ 30″;	30′ 20″	30′ 30″

(Die dritte Fläche war nicht ausgebildet.)

Jede einzelne Fläche war eben und lieferte im Reflexionsgoniometer ein scharfes Bild.

Unter dem Mikroskop zerfiel eine Platte ‖O im einfachsten Falle in 6 Sektoren; je zwei derselben löschten gleichzeitig aus, und zwar trat Auslöschung ein, wenn die Randkanten des Sektors 30° bez. 60° mit den Schwingungsrichtungen der Nicols bildeten. In diesem Falle giengen die beiden Randkanten, an welchen keiner der beiden Sektoren anlag, einem Arme des Fadenkreuzes parallel. Figur 10 stellt diese Verhältnisse an einer ausgesucht schönen Platte

[1] „Über die Polyëdrie der Krystallflächen", übersetzt von RAMMELSBERG. Zeitschr. d. deutschen geolog. Gesellsch. 1862. p. 56.

(dem ersten der gemessenen Krystalle) nach Einschaltung des Gypsblättchens dar. Sektor 1 und 4 befinden sich in der Auslöschungslage; das übrige ist aus der Figur zu ersehen.

Abweichungen von diesem Verhalten traten ein, wenn mehrere Pyramiden sich über einer Fläche erhoben und die einzelnen Flächen derselben in Folge dessen in einander übergiengen. Ein derartiger Fall ist in Fig. 11 und 12 dargestellt. In Fig. 11 ist der Verlauf der Kanten angegeben, und in Fig. 12 das optische Verhalten desselben Krystalls. Ein Zusammenhang der optischen Struktur mit der Streifung ist hier noch leicht zu erkennen.

Im convergenten Licht bemerkte man undeutlich auf der Oktaëderfläche den Austritt einer excentrischen Barre.

Eine Platte ∥ $\infty O \infty$ zeigte in der Diagonalstellung Viertheilung nach den Diagonalen. Auslöschung trat ein, wenn die Randkanten, also die Combinationskanten $\infty O \infty : O$ mit den Schwingungsrichtungen der Nicols zusammenfielen. Jedoch war die Auslöschung nicht ganz vollständig; es waren immer noch einige hellere Streifen zu erkennen. Das Verhalten dieser Alaune entspricht dem des gelblichbraunen Granat von Sala in Schweden.

Die Ätzfiguren zeigten die bekannte Form und waren über die ganze Fläche gleichmässig verbreitet.

Die polyëdrisch gestreiften Krystalle, die nach Mallard'scher Auffassung dem triklinen System zugerechnet werden müssten, kann man nun ohne Mühe in Lösungen anderer Alaune weiterwachsen lassen. In reinem Kali-Alaun überziehen sie sich mit einer isotropen Schicht, in gemischtem Alaun mit einer doppeltbrechenden. Letzterer Fall ist in Fig. 13 dargestellt; die äussere Zone ist Ammoniak- + Eisen-Alaun. Zu bemerken ist, dass das isotrope Band zwischen Hülle und Kern hier fehlt; die Schichten sind nicht von entgegengesetztem optischen Charakter.

Es ist nun leicht begreiflich, dass auch in der Natur, wo durch viele Umstände während des Bildungsprocesses der Krystalle leicht ein Wechsel der Lösung bedingt werden kann, häufig die Gelegenheit zur Bildung optisch anomaler Krystalle gegeben ist, und es darf nicht Wunder nehmen, wenn Mineralien mit so wechselnder Zusammensetzung und so wechselnder Form, wie z. B. die Granaten, ein so verschiedenes optisches Verhalten zeigen.

III. Unterschwefelsaures Blei. (Strontium und Calcium.)

Das unterschwefelsaure Blei krystallisirt hexagonal-trapezoëdrisch. Durch zahlreiche krystallographische und optische Untersuchungen wurde die Zugehörigkeit desselben zu dem hexagonalen System unzweifelhaft dargethan[1]. Ein optisch anomales Verhalten desselben wurde von Klocke[2] beschrieben. Die Erscheinung wurde von Klocke durch die Annahme erklärt, dass die Krystalle sich in einem Spannungszustand befänden.

In jüngster Zeit hat sich Wyrouboff[3] mit der Untersuchung des unterschwefelsauren Bleis beschäftigt. An die Mallard'sche Auffassungsweise sich anlehnend, theilt Wyrouboff die circularpolarisirenden Krystalle in zwei Gruppen: die einen sind aus mehr oder weniger dicken, gekreuzten zweiaxigen Lamellen, die andern aus zweiaxigen Molekülen aufgebaut. Die Circularpolarisation der ersteren ist zufällig, die der letzteren gesetzmässig; nur diese sind homogen und „vraiment doués du pouvoir rotatoire". Um nun festzustellen, zu welcher von beiden Gruppen die bekannten circularpolarisirenden Substanzen gehören, hat er eine diesbezügliche Prüfung derselben unternommen, und zunächst das unterschwefelsaure Blei untersucht.

Zu seinem Erstaunen zerfiel eine Platte unter dem Polarisationsapparat in sechs Sektoren, von denen keiner vollständig auslöschte; im convergenten Licht zeigte sich auf jedem Sektor der Austritt zweier Axen, deren Lage von einem Sektor zum andern wechselte; zwischen den Sektoren fanden sich einaxige Stellen. (In Fig. 15 ist die Wyrouboff'sche Figur wiedergegeben.) Diese Entdeckung genügt W., den Satz aufzustellen, dass „l'hyposulfate de plomp doit être rangé

---

[1] Eine ausführliche Litteraturangabe findet sich in: Bodländer, „Über das opt. Drehungsvermögen isom. Mischungen der Dithionate des Bleis u. d. Strontiums." Diss. Breslau 1882. p. 6.

[2] Dies. Jahrb. 1880. II. p. 97.

[3] Wyrouboff, „Sur les phénomènes optiques de l'hyposulfate de plomb." Bull. d. l. soc. min. T. VII. 1884. p. 49—56.

sans hésitation dans la catégorie des substances, dans lesquelles le pouvoir rotatoire est purement accidentel et nullement spécifique.“ Gleichwohl bemerkt er, dass Krystalle, die sich am Ende der Krystallisation oder durch Verdunsten eines Tropfens unter dem Mikroskop gebildet hatten, im parallelen und convergenten Licht vollkommen einaxig gewesen seien. Anstatt nun diese Krystalle, deren optisches Verhalten mit der Form in Einklang steht, als die normalen zu betrachten, sind sie ihm die räthselhaftesten Gebilde, für die er eine Erklärung nicht geben kann.

Auf die ihm erst später bekannt gewordene Mittheilung von Klocke Bezug nehmend, weist W. die von jenem Forscher gegebene Erklärung, als mit seinen Beobachtungen nicht im Einklang stehend, zurück.

Diese Behauptungen Wyrouboff's stehen in einem offenbaren Widerspruch mit den Thatsachen. Die am unterschwefelsauren Blei auftretende Circularpolarisation ist nicht zufällig, sondern, wie Pape zuerst und viele Forscher nach ihm nachgewiesen haben, der Substanz eigenthümlich; das unterschwefelsaure Blei wird mit Recht in der Reihe der circularpolarisirenden Substanzen angeführt, und niemand wird dem Beispiele W.'s folgen, und dasselbe auf einige Anomalien hin aus der Liste der circularpolarisirenden Substanzen streichen. Die Anomalien werden hier, ebenso wie in den regulären Krystallen, durch isomorphe Beimischung bewirkt, und ebenso wenig wie ein doppeltbrechender Alaunkrystall einem andern System angehört, wie dem regulären, ebenso wenig gehören die optisch zweiaxigen Dithionate mit hexagonaler Form einem andern System an, wie diesem; ihre „forme primitive“ ist und bleibt von hexagonaler Symmetrie, und W. wird vergeblich nach der von ihm als pseudosymmetrisch, optisch zweiaxig vorausgesetzten forme primitive suchen.

Da es mir darauf ankam, mit reinem Material zu arbeiten und das von Trommsdorff bezogene Bleisalz optisch zweiaxig war und neben Blei noch Calcium[1], Strontium und auch

---

[1] Dem unterschwefelsauren Blei wird von den Fabrikanten wohl absichtlich eine solche Beimischung zugesetzt, da es alsdann weniger leicht verwittert. (Nach v. Hauer, Krystallogenet. Beob.; Verhandl. d. k. k.

Baryum enthielt, so habe ich mir das Blei- und Kalksalz im hiesigen chemischen Laboratorium nach der Angabe von HEEREN dargestellt.

Die Krystalle des Bleisalzes waren vollständig durchsichtig, ohne Flüssigkeitseinschlüsse; sie zeigten die beiden schon von HEEREN beschriebenen verschiedenen Ausbildungsweisen. Die auf der Basis entstandenen Krystalle waren ohne weiteres zur optischen Untersuchung geeignet. Platten ∥ oR zeigten sich im parallelen polarisirten Licht über die ganze Fläche hin gleichmässig gefärbt; wegen der Circularpolarisation trat in keiner Lage Dunkelheit ein: ein Zerfallen in Sektoren war nicht zu bemerken. Im convergenten Licht erschienen bei den dickeren Platten die Ringe in gewissen Stellungen etwas deformirt, und das schwarze Kreuz wich bei dem Drehen der Platte ein wenig aus einander. Dieselben Krystalle zeigten aber, dünner geschliffen, das normale Axenbild einaxiger Krystalle. Die Ursache der erwähnten Deformationen ist vielleicht in der Wirkung der Schwere [1] zu suchen: denn nur am Bleisalz wurden sie beobachtet, niemals am reinen Kalk- oder Strontiumsalz.

Optische Anomalien traten auf, wenn die Krystalle isomorphe Beimischung enthielten.

Mischkrystalle von unterschwefelsaurem Blei und Calcium verhielten sich verschieden, je nachdem der Kalkgehalt zurücktrat oder vorherrschte; im ersteren Falle war der optische Charakter wie der des Bleisalzes also positiv, im letzteren Falle wie der des Kalksalzes also negativ. Mischkrystalle des Blei- und Strontiumsalzes sind nach SÉNARMONT [2] bei einer bestimmten Zusammensetzung für gewisse Farben des Spek-

geol. Reichsanst. No. 10. 1877. p. 163.) Auch der rasch verwitternde Eisen-Alaun wird, wie v. HAUER hier angiebt, durch eine Beimischung von Thonerde-Alaun zu seiner Lösung soweit beständig gemacht, dass die Krystalle unter Luftabschluss sich unversehrt erhalten. Hierdurch wäre also der Gehalt des auch von mir untersuchten (dies. Jahrb. 1883. II. p. 104) Eisen-Alaun an Ammoniak-Thonerde-Alaun erklärt.

[1] Auch in den Winkelschwankungen ist nach BŘEZINA die Wirkung der Schwere zu erkennen (A. BŘEZINA, Die Krystallform des unterschwefels. Blei etc. p. 9).

[2] H. DE SÉNARMONT, „Untersuchungen über die optischen Eigenschaften der isomorphen Körper." POGG. A. 86. 1852. p. 35.

trums isotrop. Es entspricht demnach das optische Verhalten dieser Mischkrystalle dem des Apophyllits.

Die Mischkrystalle mit vorwiegendem Bleigehalt zerfielen, in Platten ||oR im parallelen polarisirten Licht betrachtet, in ebenso viel Sektoren, als Umgrenzungselemente vorhanden waren. Die Intensität der Helligkeit wechselte bei dem Drehen des Präparates; die geringste Intensität zeigte jeder Sektor dann, wenn seine Randkante einen Winkel von 35° bez. 55° mit den Schwingungsrichtungen der Nicols bildete. Mit dem Gypsblättchen untersucht, zeigten die Platten ein auffallendes Verhalten (Fig. 16), indem die gegenüberliegenden Sektoren nicht, wie in der Regel, gleich, sondern verschieden gefärbt waren; aus der Farbenvertheilung konnte man schliessen, dass die Richtung der gleichen Elasticitätsaxen in ihnen nicht parallel sein konnte. Durch die Untersuchung im convergenten Licht wurde dies Verhalten erklärt: Die Krystalle waren zweiaxig; die Ebene der optischen Axen wechselte von einem Sektor zu dem andern (Fig. 17); sie war gleich in den Sektoren 1, 3 und 5 und wieder gleich in den Sektoren 2, 4 und 6; die Richtung der optischen Axenebene war so, dass sie in zwei gegenüberliegenden Sektoren zu einander senkrecht stand. Die erste Mittellinie war die Normale zur Plattenebene, die Axe der kleinsten Elasticität lag, wie aus dem Verhalten im parallelen Licht zu erkennen, senkrecht zur Ebene der optischen Axen, folglich waren die Krystalle optisch positiv.

Mischkrystalle aus einer Lösung, die neben dem Calciumsalz nur geringe Mengen des Bleisalzes enthielt, zerfielen im parallelen polarisirten Licht ebenfalls in 6 Sektoren, die Auslöschung fand jedoch parallel und senkrecht zur Randkante eines jeden Sektors statt. Die kleinste Elasticitätsaxe stand in jedem Sektor senkrecht zur Randkante. Im convergenten Licht zeigten die Krystalle das Axenbild zweiaxiger Krystalle, die Ebene der optischen Axen stand in jedem Sektor senkrecht zur Randkante, die Krystalle waren demnach optisch negativ. Ebenso wie diese verhielten sich die Mischkrystalle von unterschwefelsaurem Calcium und Strontium.

IV. Ferrocyankalium.

Das Ferrocyankalium hat wegen seines eigenthümlichen optischen Verhaltens wiederholt die Aufmerksamkeit der Forscher auf sich gezogen. Seiner Form nach nur wenig von der Symmetrie des quadratischen Systems abweichend, zeigt es in optischer Beziehung ein Verhalten, wie keine andere Substanz mit quadratischer Form; zugleich aber hat es, wie keine andere Substanz, das Bestreben, Krystalle zu bilden, die aus kleinen, in nicht vollkommen paralleler Stellung befindlichen Individuen aufgebaut sind. Die meisten Forscher, die sich mit der Untersuchung dieses Salzes beschäftigt haben, haben derartige Krystallaggregate unter Händen gehabt. Grailich erwähnt in seinen „krystallographisch-optischen Untersuchungen" nur Krystalle, die in Platten ||oP im parallelen polarisirten Licht ein dunkles Kreuz gezeigt haben. Des-Cloizeaux[1] hat vergeblich versucht, aus verunreinigten Lösungen klare, homogene Krystalle zu bekommen; alle waren immer in der bekannten Weise aufgebaut. Die Krystalle zeigten im convergenten Licht das Axenbild zweiaxiger Krystalle, aber an den schwarzen Armen des Kreuzes war keine Dispersion zu constatiren. Da der Winkel der optischen Axen sich beim Erwärmen auf 75° nicht änderte, so hielt D. es für wahrscheinlich, dass die Substanz dem quadratischen System angehört.

Wyrouboff[2] hat aus einer Lösung von chromsaurem Kali klare, homogene Krystalle bekommen; dieselben waren zweiaxig mit einem grossen, bei verschiedenen Krystallen wenig von einander abweichenden Axenwinkel; die Dispersion war sehr schwach: $\varrho > v$. Wyrouboff schliesst hieraus, dass das Ferrocyankalium monoklin sei; die Basis nimmt er als $\infty P\infty$, die Pyramide P als ∞P und $mP\infty$ an. Die Erscheinungen der nicht homogenen Krystalle erklären sich nach W. durch Übereinanderlagerung gekreuzter Lamellen.

Mallard[3] fand später die Angaben Wyrouboff's bestätigt und schloss sich der von W. gegebenen Erklärung an.

---

[1] Nouv. Rech. p. 17.

[2] „Recherches chimiques et cristallographiques sur les cyanoferrures." Ann. d. chim. et de ph. IV. Série. 16. Band. 1869. p. 293.

[3] „Expl. des phénomènes optiques anomaux." Sep. p. 120.

Nach den Erfahrungen, die ich an Krystallen, die aus unreiner Lösung entstanden sind, gemacht habe, war ich gegen solche Krystalle etwas misstrauisch geworden und war dies auch gegen die unter solchen Umständen entstandenen Krystalle des gelben Blutlaugensalzes; denn dieselben enthalten bisweilen nach Graham Otto sowohl chromsaures als auch schwefelsaures Kali, und Wyrouboff giebt nicht an, ob die von ihm erhaltenen Krystalle frei von Chromsäure waren. Wenn nun auch nicht anzunehmen ist, dass diese nicht isomorphen Beimischungen die optischen Eigenschaften des gelben Blutlaugensalzes modificiren, so schien es mir doch geboten, jede Möglichkeit einer durch Verunreinigung etwa entstehenden Complikation auszuschliessen und alle Sorgfalt darauf zu verwenden, aus reiner Lösung homogene Krystalle zu erhalten. Um das Salz in möglichst reinem Zustande zu haben, stellte ich mir aus dem im hiesigen Laboratorium als Reagens gebrauchten gelben Blutlaugensalz Berlinerblau und aus dem gut ausgewaschenen Niederschlag das reine Salz dar. Aus der Lösung desselben erhielt ich schliesslich nach manchen vergeblichen Versuchen, nach der von Scacchi angegebenen und von Wyrouboff empfohlenen Methode klare und homogene Krystalle. Der Habitus derselben war meist nicht quadratisch, indem sie die in Fig. 18 dargestellte Form zeigten.

Im parallelen polarisirten Licht waren sie (in Platten ‖ OP (001) (bez. ∞P∞ (010) über die ganze Oberfläche hin gleichmässig gefärbt, ohne das schwarze Kreuz der nicht homogenen Krystalle zu zeigen. Sie löschten aus, wenn die Combinationskanten oP : P einen Winkel von 30°—31° mit den Schwingungsrichtungen der Nicols bildeten. Die Auslöschung trat gleichmässig über die ganze Platte hin ein.

Im convergenten Licht zeigten die Krystalle sehr schön das Axenbild zweiaxiger Krystalle mit grossem Axenwinkel. Bei den verschiedenen Krystallen war in der Grösse des Axenwinkels ohne Messung eine Verschiedenheit nicht zu erkennen. Das interessanteste aber ist, dass sie deutlich Dispersion erkennen liessen und zwar gekreuzte Dispersion. Der Balken des schwarzen Kreuzes war rechts oben und links unten sehr deutlich blau, und links oben und rechts unten rothgelb gefärbt. Zur Kontrolle wurde die Auslöschungsschiefe einer Platte ∥ oP (bez. ∞P∞) an einer Combinationskante von oP : P im einfarbigen Lichte bestimmt. Dieselbe war im Mittel:

für Thallium: 30° 53′
für Natrium: 30° 12′.

Wenn auch diese Werthe keinen Anspruch auf absolute Genauigkeit haben, so ergab sich doch aus den einzelnen Ablesungen, dass die Auslöschungsschiefe für grünes Licht grösser ist, als für gelbes, und hierdurch ist im Verein mit dem Verhalten der Krystalle im convergenten Licht die Art der Dispersion als gekreuzte festgestellt. Da man nun diese homogenen, klaren Krystalle als die normalen ansehen muss, und diese immer optisch zweiaxig sind, und man überhaupt niemals einen normal optisch einaxigen Krystall dieser Substanz gefunden hat, so kann diese Substanz nur einem optisch zweiaxigen System und zwar dem monoklinen zugerechnet werden.

Die Erklärung, die Wyrouboff für die anomalen Erscheinungen der inhomogenen Krystalle gegeben hat, entspricht in diesem Falle den Thatsachen.

In geometrischer Beziehung zeigt das gelbe Blutlaugensalz Winkelschwankungen, indem Winkel, die nach der Symmetrie des monoklinen Systems gleich sein müssten, um einen Betrag bis zu 12′ von einander abweichen. Ich habe an einem Krystall die vier Winkel gemessen, welche im quadratischen Sinne von den Pyramidenflächen an den Polkanten gebildet werden, und folgende Werthe gefunden:

Fig. 18. a : b = 97° 43′ . a, : b, = 97° 55′
b : a, = 97° 47′ . a : b, = 97° 50′.

Drei von diesen Flächen spiegelten sehr gut, ihre Reflexe waren scharf und einfach; die vierte Fläche (b,) gab ein mattes, aber einfaches Bild. Bei allen Messungen differirten die einzelnen Ablesungen nur um Sekunden.

Schlussbemerkung.

Im Folgenden beschränke ich mich auf die regulären Krystalle, speciell auf den Alaun und den Granat, und beziehe mich in Betreff des Granates auf die Arbeit von Klein.

Zunächst ist das als unzweifelhaft feststehend zu betrachten, dass die Alaune dem regulären System angehören; ihrer

Form nach entsprechen auch die doppeltbrechenden Krystalle, wie ich in einer noch nicht veröffentlichten Arbeit nachgewiesen habe, allen Anforderungen des regulären Systems. Die Doppelbrechung tritt nur in den Mischkrystallen auf, sie ist keine der Substanz eigenthümliche Eigenschaft, sondern ihr Auftreten ist von besondern Umständen abhängig; sie ist, wenn wir mit Klein zwischen molekularer und secundärer Doppelbrechung unterscheiden, secundär.

Klein nimmt nun für den Granat an, dass die Doppelbrechung überhaupt beim Act der Krystallisation in einem kurzen Zeitmoment beim Festwerden, durch Contraction der Masse zu Stande kommt, und dass „das zu beobachtende Schwanken der Doppelbrechung nach Stärke und Charakter, die untermischten Schichten isophaner Beschaffenheit und wirksamer Theile wechselnder Bedeutung im optischen Sinne erkennen lassen, dass der Process der Krystallbildung zwar energischer, als früher, aber doch nicht einheitlich verlief, und anzunehmen ist, dass bei demselben vorkommende Temperaturänderungen, vielleicht auch solche im Concentrationsgrad des Lösungsmittels, nicht nur die mehr oder weniger grosse doppeltbrechende Kraft der Zonen, als vielmehr auch ihren wechselnden Charakter der Doppelbrechung und endlich sogar die isophanen Partien zu Stande gebracht haben“. Aus den oben beschriebenen Versuchen ergiebt sich für die Erscheinungen, welche der Alaun und der Granat zeigen, eine Erklärung, welche die beim Act der Krystallisation wirksamen Momente als durch die beim Zustandekommen der isomorphen Mischung auftretenden Verhältnisse bedingt erscheinen lässt.

Es ist hiernach anzunehmen, dass die Änderung in dem optischen Charakter der einzelnen Zonen, der Wechsel von isotropen mit doppeltbrechenden Schichten etc. durch die chemisch und physikalisch verschiedenen Moleküle, welche auf eine besondere Weise die Verschiedenheiten in der optischen Struktur bewirken, erzeugt werden.

Die isotropen Zonen können, wie wir gesehen haben, sowohl aus reiner Substanz, als auch aus gemischter bestehen; im letzteren Falle ist Compensation eingetreten. Der optische Charakter der doppeltbrechenden Zonen ist abhängig von der Zusammensetzung derselben und wechselt mit dieser.

Zugleich mit ihr kann eine Änderung in der Form eintreten, und diese bewirkt wieder eine Änderung in der optischen Structur. In letzter Linie ist Alles unabhängig von der Zusammensetzung der Lösung, aus der die Krystalle sich bilden. Ist diese während des ganzen Verlaufes der Krystallbildung wesentlich dieselbe, so bilden sich Krystalle, die einen einheitlichen und regelmässigen Bau zeigen, — Feldertheilung ohne zonare Struktur.

Tritt während des Wachsthums eine Änderung in der Lösung ein, so zeigen die Krystalle einen zonenweise wechselnden Aufbau, und je nachdem die Änderung schneller oder langsamer vor sich gegangen ist, ist der Übergang von einer Zone in die andere ein plötzlicher oder ein allmählicher; im ersteren Falle ist auch die Cohäsion der einzelnen Schichten eine geringere, diese Krystalle zeigen am deutlichsten den schalenförmigen Aufbau.

Die Doppelbrechung ist, wie oben gesagt, secundär, sie „resultirt nicht aus ursprünglicher Anlage“, insofern sie der Substanz an sich nicht zukommt; sie ist aber trotzdem ursprünglich, indem sie in dem Moment entstanden ist, in dem die Moleküle sich angelagert haben. Je nachdem sie dies in dieser oder jener Weise thun, entsteht diese oder jene Form und mit ihr nothwendig diese oder jene optische Struktur.

Die letzte Ursache der Entstehung der Doppelbrechung in diesen Mischkrystallen isotroper Componenten ist uns noch nicht bekannt; es ist wohl möglich, dass die verschiedene Grösse des Volumens der Moleküle und die verschiedene Stärke des Brechungsvermögens eine gewisse Rolle spielen, allein zur Entscheidung dieser Frage genügen die bis jetzt vorliegenden Untersuchungen nicht.

Erklärung der Farbenerscheinungen pleochroitischer Krystalle.

Von

W. Voigt in Göttingen.

Auf die eigenthümlichen Erscheinungen, die man in Platten aus pleochroitischen Krystallen wahrnimmt, wenn man mit oder ohne Polarisationsapparaten in Richtungen hindurchblickt, welche wenig von denen der optischen Axen abweichen, hat neuerdings Bertin wieder aufmerksam gemacht[1], nachdem die Entdeckung derselben mehrere Jahrzehnte fast vergessen schien. Eine befriedigende Erklärung dieser Erscheinungen ist aber, soviel ich weiss, bisher nicht gegeben worden.

Bei der Ausarbeitung einer allgemeinen Lichttheorie für durchsichtige und absorbirende Medien, deren Resultate ich in einer Reihe von Abhandlungen dargelegt habe[2], kam ich auch auf das Problem der pleochroitischen Krystalle und die Discussion der erhaltenen Formeln zeigte, dass dieselben die Gesetze der fraglichen Erscheinungen in einer solchen Vollständigkeit enthalten, dass sie von allen Details vollkommen Rechenschaft geben. Ich erlaube mir im Folgenden die Grundgedanken der Theorie und die wichtigsten Folgerungen für die Erscheinungen in pleochroitischen Krystallen auseinanderzusetzen.

---

[1] A. Bertin, Ann. de chimie (5) Bd. 15, p. 396, 1878.

[2] W. Voigt, Wied. Ann. Bd. 19, p. 873, 1883. Nachrichten v. d. K. G. d. W. zu Göttingen, 1884, No. 6, p. 137, No. 7, p. 259, No. 9, p. 337.

Alle neueren Theorien nehmen an, dass die Fortpflanzung des Lichtes durch die Schwingungen des hypothetischen Lichtäthers, der von Einigen in den verschiedenen Körpern gleichartig, von Andern ungleichartig angenommen wird, stattfindet. Die Kräfte, welche bei diesen Schwingungen erregt werden, werden theils als innere Kräfte des Äthers gedacht, theils als von den ponderabeln Molekülen auf den Äther ausgeübt. Für erstere kann man die Gesetze als durch die gewöhnliche Elasticitätstheorie gegeben ansehen, indem man sich den Äther von ähnlichem (nur quantitativ verschiedenem) Verhalten denkt. als die ponderabeln Körper, und demgemäss die bei jenen erprobten Formeln auf ihn anwendet. Für letztere ist ein solches Hülfsmittel nicht vorhanden und man hat bisher ausschliesslich Annahme auf Annahme probirt und diejenige beibehalten, welche am besten mit der Erfahrung stimmende Resultate liefert. Dieses Verfahren, welches aus dem Grunde unbefriedigend genannt werden muss, dass bei dem complicirten Zusammenhang, in welchem die Elementarkräfte mit den Gesetzen der beobachtbaren Erscheinungen stehen, sehr verschiedene Annahmen mit nahe gleich günstigem Erfolg verwendet werden können, ist in der neuen Theorie verlassen, und ein Gesichtspunkt aufgesucht, welcher von vorn herein über diese Gesetze eine gewisse Sicherheit giebt.

Wir kennen eine grosse Anzahl von Körpern (z. B. Bergkrystall, Kalkspath u. s. f.), welche die Beobachtung als fast vollständig durchsichtig erweist und können daher annehmen, dass streng durchsichtige Körper existiren. Die Beobachtungen über optische Phänomene beziehen sich indess ausschliesslich auf periodische Ätherschwingungen und sagen nichts über das Verhalten nicht periodischer Ätherbewegungen aus. Es ist aber offenbar sehr wenig wahrscheinlich, dass die letzteren sich anders verhalten sollten, als die ersteren, — etwa absorbirt werden, während jene ungeschwächt durchgehen — und darum wird die folgende erste Hypothese, welche die eine Grundlage der neuen Theorie bildet, kaum Widerspruch finden:

I. Medien, welche die Energie periodischer Ätherschwingungen nicht merklich vermindern, verhalten sich ebenso nicht periodischen gegenüber.

Diese Hypothese sagt aus, dass in streng durchsichtigen Medien und solchen, die wir dem sehr nahekommend finden, nur solche Kräfte seitens der ponderabeln auf die Äthertheilchen wirkend angenommen werden können, welche unter allen Umständen die Energie einer hindurchgehenden Welle, enthalte sie nun periodische Schwingungen oder nur einen einzelnen Impuls, ungeändert lassen, weder vermehren noch vermindern.

Verfolgt man diesen Gedanken mit der Rechnung und benutzt das Beobachtungsresultat, dass die Fortpflanzungsgeschwindigkeit des Lichtes von seiner Intensität unabhängig ist, so gelangt man zu dem Resultat[1], dass mit unserer Hypothese (I) im Ganzen nur acht (paarweise verknüpfte) Gattungen von Kräften zwischen ponderabler Materie und Äther vereinbar sind, von welchen man durch eine gewisse Betrachtung mit grosser Wahrscheinlichkeit noch die Hälfte ausscheiden kann[2].

Diese vier (resp. acht) Arten von Kräften, welche durch das obige Princip nur ihrer Form nach bestimmt werden, aber eine grosse Anzahl unbekannter Constanten behalten, zu deren Bestimmung neue Kriterien oder die Beobachtungen zu Hülfe zu nehmen sind, in die Bewegungsgesetze für ein Äthertheilchen eingeführt, ergeben die Gesetze der einfachen und der Doppelbrechung, der circularen und elliptischen Polarisation in isotropen und krystallinischen, als durchsichtig anzusehenden Medien in Übereinstimmung mit der Beobachtung[3].

Ausser durchsichtigen Körpern kennen wir absorbirende, d. h. solche, welche die Intensität einer Lichtwelle beim Hindurchgehen schwächen. Auch hier beziehen sich die Beobachtungen nur auf periodische Ätherbewegungen, aber wiederum ist es sehr unwahrscheinlich, dass die nicht-periodischen sich anders verhalten, d. h. im absorbirenden Körper entweder unverändert bleiben oder gar verstärkt werden sollten, und darum wird auch unsere zweite Fundamental-Hypothese wohl unbeanstandet bleiben, welche lautet:

II. Medien, welche die Energie periodischer Ätherschwingungen durch Absorption verringern, verhalten sich ebenso nicht-periodischen gegenüber.

---

[1] W. Voigt, Wied. Ann. Bd. 19, p. 873, 1883.

[2] W. Voigt, Gött. Nachr. 1884, No. 9, p. 338.

[3] W. Voigt, Wied. Ann. Bd. 19, p. 873, 1883.

Verfolgt man diesen Gedanken ebenso wie den früheren mit der Rechnung, so ergeben sich nur zwei Gattungen von Kräften möglich, welche unter allen Umständen eine Absorption verursachen; von diesen lässt sich wiederum die eine mit grosser Wahrscheinlichkeit durch die oben erwähnte Betrachtung ausscheiden. Die so erhaltene Energie-vermindernde Kraft, welche wie die früheren Energie-erhaltenden zunächst nur der Form nach bestimmt ist, ist mit jenen Kräften in die Bewegungsgleichungen einzuführen, um zu den allgemeinsten Gesetzen des Lichtes für absorbirende isotrope oder krystallinische Körper zu gelangen.

Mit diesen beiden Grundhypothesen sind in meiner Theorie einige Hülfsannahmen verbunden, welche die Natur des Lichtäthers betreffen.

Da wir auf keine Weise merkliche Longitudinal-Wellen erhalten können, welche von abwechselnden Verdünnungen und Verdichtungen begleitet sein würden, nehmen wir noch Carl Neumann's Vorgang[1] erstens den Lichtäther als nahezu incompressibel an.

Da der Lichtäther den bewegten Himmelskörpern, wie auch schwingenden irdischen ponderabeln Massen keinen merklichen Widerstand leistet, nehmen wir zweitens seine Dichtigkeit als verschwindend an gegenüber derjenigen aller ponderabeln Massen. Dies hat zur Folge, dass letztere durch eine Lichtwelle nur in unmerkliche Schwingungen versetzt werden, wie ich auch durch eine besondere Betrachtung erwiesen habe[2].

Um endlich plausibel zu machen, wie der Lichtäther frei zwischen den Intervallen der ponderabeln Massen fluctuirt, nehmen wir drittens (was übrigens nebensächlich ist) seine Natur in allen Körpern als identisch an.

Nachdem ich somit die Grundlagen der neuen Theorie erörtert habe, gehe ich zu der Besprechung der Folgerungen über, die sie für das specielle Problem der pleochroitischen Krystalle ergiebt.

Es folgt aus ihr, dass eine normal auf eine Krystallfläche auffallende Welle sich in dem Krystalle so fortpflanzt, dass die Elongationen gegeben sind durch:

---

[1] C. Neumann, Die magnet. Drehung d. Polarisationsebene. Halle 1863.

[2] W. Voigt, Gött. Nachr. 1884, No. 7, p. 261.

$$u = A e^{-\frac{\varkappa \varrho}{\tau \omega}} \sin \frac{1}{\tau}\left(t - \frac{\varrho}{\omega}\right),$$

worin ϱ der von der Grenze zurückgelegte Weg ist, A die beim Eintritt durch die Grenze stattfindende Amplitude, ω die Fortpflanzungsgeschwindigkeit, $\varkappa$ der Absorptionsindex, von welchem die Geschwindigkeit der Intensitätsabnahme abhängt, und $2\pi\tau$ für T, d. i. die Schwingungsdauer, geschrieben ist. Die Fortpflanzungsgeschwindigkeit ω und der Absorptionsindex $\varkappa$ variiren mit der Richtung, in welcher die Fortpflanzung stattfindet, nach durch die Theorie gegebenen Gesetzen. Das Gesetz für ω findet sich auch bei verschwindender Absorption bei allgemeinster Fassung der Theorie zunächst wesentlich complicirter als von FRESNEL angegeben, enthält aber letzteres als speciellen Fall in sich. Um zu demselben zu gelangen, hat man also die Kräfte, welche auf den Äther wirken, noch weiter zu specialisiren. Es zeigt sich, dass man durch zwei ganz verschiedene Verfügungen, über die durch die bisherigen Kriterien unbestimmt gebliebenen Constanten zu dem FRESNEL'schen Gesetz geführt wird; aber die eine von ihnen erscheint sehr unwahrscheinlich, weil sie Kräften, welche parallel krystallographisch verschiedenen Richtungen wirken, gleiche Grössen ertheilt, so dass die andere sich ungleich mehr empfiehlt; diese führt auf die NEUMANN'sche Anschauung, nach welcher Polarisations- und Schwingungsebene zusammenfallen, die erstere auf die FRESNEL'sche, nach welcher sie normal zu einander sind. Vom Standpunkt der neuen Theorie aus wird man sich hiernach zweifellos für die NEUMANN'sche Annahme erklären müssen, zumal andere Folgerungen dasselbe Resultat ergeben. Ich benutze die Gelegenheit zu betonen, dass die Versuche, durch Beobachtungen zwischen diesen beiden Anschauungen zu entscheiden, sämmtlich zu schwerwiegenden Einwänden Veranlassung gaben, so dass von dieser Seite gewiss kein Grund vorliegt, wie es jetzt fast allgemein geschieht, die FRESNEL'sche Anschauung der NEUMANN'schen vorzuziehen. Der berühmt gewordene HAIDINGER'sche Beweis aus dem Verhalten der pleochroitischen Krystalle[1] ist gar nur ein Aperçu, und unsere Theorie giebt,

[1] HAIDINGER, POGG. Ann. Bd. 86, p. 131, 1872.

wie sich zeigen wird, gerade die entgegengesetzte Folgerung aus der Beobachtung. Es gebietet sich daher von selbst, in experimentellen Arbeiten statt des zweideutigen Ausdrucks der „Schwingungsebene“ den bestimmten der „Polarisationsebene“ zu benutzen. Ich werde im Folgenden, den theoretischen Resultaten entsprechend, den Ausdruck „Schwingungsebene“ benutzen müssen und sie, wie gesagt, mit der „Polarisationsebene“ zusammenfallen lassen. —

Verfügt man über die absorbirenden Kräfte nach demselben Princip, wie über die nicht absorbirenden, so gelangt man zu den Resultaten, die ich nunmehr im Zusammenhang erst für optisch einaxige, dann für zweiaxige Krystalle mittheilen will.

1. Optisch-einaxige Krystalle.

Für mässige Absorption, wie sie bei Krystallen, die man im durchgehenden Licht beobachtet, stets stattfindet, ist das Gesetz der Fortpflanzungsgeschwindigkeit ω für die ordinäre und extraordinäre Welle:

$$m\omega_o^2 = B_1, \quad m\omega_e^2 = B_1 \cos^2 c + B_3 \sin^2 c \qquad | \; 1.$$

worin c der Winkel der Fortpflanzungsrichtung gegen die Hauptaxe ist und B_1, B_3 eine Art Elasticitäts-Constanten des Krystalles sind, die von der Farbe, d. h. τ, abhängen, m hingegen die Ätherdichtigkeit bedeutet. Der Absorptionsindex für diese beiden Wellen ist gegeben durch:

$$2\tau\varkappa_o = \frac{C_1}{B_1}, \quad 2\tau\varkappa_e = \frac{C_1 \cos^2 c + C_3 \sin^2 c}{B_1 \cos^2 c + B_3 \sin^2 c} \qquad | \; 2.$$

worin C_1 und C_3 die Constanten der absorbirenden Kräfte sind, welche gleichfalls mit der Farbe variiren, und wie oben $2\pi\tau = T$, d. h. der Schwingungsdauer ist. Variirt die Fortpflanzungsgeschwindigkeit der extraordinären Welle nur wenig mit der Richtung, wie dies fast bei allen Krystallen stattfindet, so kann man in diesen letzten Formeln für B_1 und B_3 einen mittleren Werth B einführen und schreiben:

$$2\tau\varkappa_o = \frac{C_1}{B}, \quad 2\tau\varkappa_e = \frac{C_1 \cos^2 c + C_3 \sin^2 c}{B}. \qquad | \; 2^a.$$

Diese Formeln enthalten das der Beobachtung entsprechende Resultat, dass die ordinäre Welle in jeder Richtung ebenso stark absorbirt wird, wie das gewöhnliche Licht parallel der optischen Axe, oder, da die $\varkappa$ von der Farbe abhängen, dass bei einfallendem weissen Lichte die ordinäre Welle in jeder Richtung dieselbe Farbe zeigt, welche man in der Richtung der optischen Axe wahrnimmt, und zwar findet sich dieses Resultat vereinbar mit der NEUMANN'schen Definition der Polarisationsebene.

Wir wollen nun das Verhalten einer Platte von der Dicke L aus einem einaxigen absorbirenden Krystall im divergenten polarisirten Lichte untersuchen und dabei in vielbenutzter Weise annehmen, die Platte sei so klein, dass man sie als ein Stück einer von zwei concentrischen Kugelflächen begrenzten Kugelschale ansehen kann, aus deren Mittelpunkt die Lichtstrahlen ausgehen.

Setze ich dann die gegenseitige Verzögerung des ordinären und extraordinären Strahles in einer Richtung, welche den Winkel c mit der optischen Axe macht, gleich δ, — den Winkel, den in dieser Richtung die Schwingungsebene des Polarisators mit dem Hauptschnitt macht α, — den analogen für die Schwingungsrichtung des Analysators β, — die einfallende Amplitude A, so wird, da die austretenden Amplituden resp. $Ae^{-\varkappa_o l_o}$ und $Ae^{-\varkappa_e l_e}$ sind, nach dem bekannten FRESNEL'schen Satz parallel der Schwingungsebene des Analysators nach dem Austritt aus dem Krystall eine Intensität erhalten werden, welche ist:

$$J = A^2 \Big[\cos^2\alpha \cos^2\beta\, e^{-2\varkappa_o l_o} + \sin^2\alpha \sin^2\beta\, e^{-2\varkappa_e l_e} + 2 \sin\alpha \sin\beta \cos\alpha \cos\beta \cos\delta\, e^{-(\varkappa_o l_o + \varkappa_e l_e)} \Big] \qquad 3.$$

Hierin ist kurz gesetzt:

$$\frac{L}{w_o} = l_o, \quad \frac{L}{w_e} = l_e,$$

und von dem Verlust durch die innere und äussere Reflexion abgesehen.

Da δ mit wachsendem c selbst wächst, so folgt, dass sich im Allgemeinen abwechselnd helle und dunkle Ringe um die Axe zeigen müssen. Ist dies, trotzdem parallel der optischen Axe die Absorption gering ist, nicht der Fall — wie es Herr LOMMEL im blauen Licht am Magnesiumplatincyanür beobachtet hat[1], — so folgt daraus, dass in einiger Entfernung von der Axe das δ enthaltende Glied unmerklich werden, d. h. der Absorptionsindex $\varkappa_e$ mit c wachsen muss. Wegen der Natur der Exponentialgrösse ist dabei noch kein besonders schnelles Wachsen nöthig, um in kleiner Entfernung schon das Glied vernachlässigen zu können.

Führt man diese Eigenschaft von $\varkappa_e$ ein, welche nach dessen Werth (2^a) nur verlangt, dass $C_1 > C_3$ ist, so enthält obige Formel (3) die vollständige Erklärung der LOMMEL'schen Beobachtungen am Magnesiumplatincyanür.

Nehmen wir zunächst die der Axe unmittelbar benachbarten Richtungen, so ergibt sich, da dort $\varkappa_e = \varkappa_o$, $l_e = l_o$ ist, die gewöhnliche Formel für durchsichtige Medien und demgemäss bei gekreuzten Schwingungsebenen Dunkelheit, bei parallelen Helligkeit.

Schon in kleiner Entfernung von der Axe ist aber die Formel gültig:

$$J = A^2 \cos^2 \alpha \cos^2 \beta\, e^{-2\varkappa_o l_o} \qquad 4.$$

Diese sagt den Inhalt von Herrn LOMMEL's Beobachtung[2] aus:

„Bei gekreuzten Schwingungsebenen sieht man ein rechtwinkliges Kreuz ohne Interferenzringe."

„Dreht man nun das Polariscop, so bleibt der zu der Schwingungsrichtung des Polarisators senkrechte Balken des Kreuzes unverändert stehen, während der andere Balken sich mit dem Polariscop dreht, indem er zu der Schwingungsebene desselben normal bleibt."

„Man erhält also ein schiefwinkliges Kreuz, dessen Arme wie vorher vollkommen dunkel sind," d. h. J ist gleich Null für $\alpha = \pi/2$ und $\beta = \pi/2$. „Zugleich erscheinen die spitzwinkligen Quadranten dunkler als die stumpfwinkligen."

---

[1] E. LOMMEL, WIED. Ann. Bd. 9, p. 108, 1880.

[2] LOMMEL, l. c. p. 109. In den citirten Sätzen ist nur gemäss unserer Auffassung, dass Schwingungs- und Polarisationsrichtung zusammenfallen, das Wort „parallel" überall durch „normal" ersetzt.

„Stellt man endlich die Schwingungsebene des Polariscops parallel zu derjenigen des Polarisators, so bleiben nur noch die auf dieser gemeinsamen Richtung normalen Kreuzarme übrig als zwei dunkle Sectoren, welche durch einen schmalen gegen die Sectoren scharf begrenzten, hellen Zwischenraum von einander getrennt sind."

Wie aus der Erscheinung im blauen polarisirten Lichte die im weissen sich ableitet, hat Herr LOMMEL selbst erörtert.

Für den Fall, dass natürliches blaues Licht einfällt und nach dem Durchgang durch einen Analysator betrachtet wird[1] ergiebt sich die Formel aus (3) indem man den Mittelwerth für alle möglichen Werthe α bildet. Man erhält dann:

$$J = \frac{A^2}{2} \cos^2 \beta \, e^{-2\varkappa_o l_o} \qquad 5.$$

d. h. „man gewahrt im blauen Lichte bei jeder Stellung des Polariscops und stets normal zu dessen Schwingungsebene zwei dunkle Büschel . . . ohne Interferenzringe"[2], aber mit hellem Axenbild.

Fällt unpolarisirtes blaues Licht ein und wird mit blossem Auge beobachtet, so ist auch für alle Werthe β das Mittel in Formel (5) zu nehmen. Die Büschel verschwinden dann und es bleibt nur ein hellerer Fleck in der Richtung der Axe übrig (BERTRAND l. c.). Dass mit der starken Absorption des extraordinären Strahles für blaues Licht die theilweise Polarisation des durchgegangenen in dem Hauptschnitt, sowie die blaue Farbe des von einfallendem weissen Lichte herrührenden reflectirten direct zusammenhängt, ist aus unserer Theorie leicht nachzuweisen.

Die bisher erörterten Phänomen entsprechen dem Falle, dass in dem Werthe von $\varkappa_e$ die Grösse $C_3 > C_1$ war. Im umgekehrten Falle $$C_1 > C_3$$ folgen etwas andere Erscheinungen. $\varkappa_o$ ist dann gross und $\varkappa_e$ nimmt mit wachsendem c ab, so dass in der Richtung der Axe aus (3) stets Dunkelheit folgt und erst in einiger, möglicherweise ziemlich bedeutender Entfernung das Glied

---

[1] Analoges gilt für den Fall polarisirtes Licht einfällt und ohne Analysator mit blossem Auge beobachtet wird.

[2] LOMMEL l. c. p. 111, schon früher beobachtet von BERTRAND, Zeitschr. f. Kryst. Bd. 3, p. 645, 1879.

$$J = A^2 \sin^2 \beta \sin^2 \alpha \, e^{-2\varkappa_e l_e}$$

merkliche Werthe bekömmt. Hier würden also zwei dunkle Büschelpaare **parallel** zur Schwingungsebene des Polarisators und Analysators liegen, desgleichen wenn natürliches Licht einfällt **ein** Büschelpaar **parallel** der Schwingungsebene des Analysators auftreten. Auch diese Erscheinung ist stets von Dunkelheit in der Richtung der Axe begleitet. Die Voraussetzung $C_1 > C_3$ ist beim Turmalin erfüllt und demgemäss der dunkle Fleck in der Richtung der Axe auch beobachtet worden (Bertrand l. c.); eine Notiz über die Büschel bei Anwendung polarisirten Lichtes habe ich nicht finden können. —

2. Optisch-zweiaxige Krystalle.

Für diese erhält man unter der oben gemachten Annahme mässiger Absorption ebenfalls zwei lineär polarisirte Wellen; ihre Fortpflanzungsgeschwindigkeiten ω sind gegeben durch die beiden Wurzeln der bekannten Fresnel'schen Gleichung:

$$\frac{\cos^2 a}{B_1 - m\omega^2} + \frac{\cos^2 b}{B_2 - m\omega^2} + \frac{\cos^2 c}{B_3 - m\omega^2} = 0, \qquad 6.$$

in welcher a, b, c die Winkel der Fortpflanzungsrichtung mit den optischen Symmetrieaxen XYZ und B_1, B_2, B_3 drei dem Krystalle individuelle, übrigens von der Farbe abhängige Grössen sind. Der Absorptionsindex $\varkappa$ bestimmt sich sehr umständlich, wenn die Richtungen der grössten und kleinsten Absorption nicht mit den obigen optischen Symmetrieaxen zusammenfallen[1]; ich habe mich daher für die Discussion auf den einfachsten Fall beschränkt, den man als den Fall des rhombischen Systems bezeichnen kann. Für diesen wird, wenn man ausser den schon definirten Grössen die drei (von der Farbe abhängigen) Absorptionsconstanten C_1, C_2, C_3 einführt, der Absorptionsindex für die ordinäre und extraordinäre Welle durch die Formel:

$$2\iota\varkappa = \frac{\cos^2 a\,[C_3(B_2 - m\omega^2) + C_2(B_3 - m\omega^2)] + \cos^2 b\,[C_1(B_3 - m\omega^2) + C_3(B_1 - m\omega^2)] + \cos^2 c\,[C_2(B_1 - m\omega^2) + C_1(B_2 - m\omega^2)]}{\cos^2 a\,[B_3(B_2 - m\omega^2) + B_2(B_3 - m\omega^2)] + \cos^2 b\,[B_1(B_3 - m\omega^2) + B_3(B_1 - m\omega^2)] + \cos^2 c\,[B_2(B_1 - m\omega^2) + B_1(B_2 - m\omega^2)]} \qquad 7.$$

[1] Vergl. H. Laspeyres, Z.-S. f. Kryst. 4, p. 435, 1880, Beiblätter 4, p. 791, 1880.

gegeben, in welcher rechts für ω^2 die eine oder andere Wurzel der Gleichung (6) einzusetzen ist.

Von diesen Formeln (6) und (7) machen wir zunächst eine Anwendung auf die Richtungen der Hauptaxen XYZ; die für jede von ihnen sich ergebenden beiden Fortpflanzungsgeschwindigkeiten und Absorptionsindices seien durch die Indices $_1$ und $_2$ an ω und $\varkappa$ unterschieden.

$$X\text{-Axe, d. h. } a=0,\ b=\frac{\pi}{2},\ c=\frac{\pi}{2},$$

$$m\omega_1^2=B_2,\quad 2\tau\varkappa_1=\frac{C_2}{B_2}$$

$$m\omega_2^2=B_3,\quad 2\tau\varkappa_2=\frac{C_3}{B_3}$$

$$Y\text{-Axe, d. h. } a=\frac{\pi}{2},\ b=0,\ c=\frac{\pi}{2},$$

$$m\omega_1^2=B_3,\quad 2\tau\varkappa_1=\frac{C_3}{B_3}$$

$$m\omega_2^2=B_1,\quad 2\tau\varkappa_2=\frac{C_1}{B_1}$$

$$Z\text{-Axe, d. h. } a=\frac{\pi}{2},\ b=\frac{\pi}{2},\ c=0,$$

$$m\omega_1^2=B_1,\quad 2\tau\varkappa_1=\frac{C_1}{B_1}$$

$$m\omega_2^2=B_2,\quad 2\tau\varkappa_2=\frac{C_2}{B_2}.$$

Diese Zusammenstellung zeigt, dass in den 3 Hauptrichtungen der gleichen Geschwindigkeit (gegeben durch ein bestimmtes B) auch die gleiche Absorption entspricht. Oder mit andern Worten: diejenigen Wellen, welche bei zu einander senkrechter Fortpflanzungsrichtung auch zu einander senkrechte Schwingungen haben, werden gleich stark absorbirt, zeigen also die gleiche Farbe.

Damit ist das experimentelle Resultat, welches zuerst von Haidinger[1] und nach ihm von Anderen fälschlich gegen die Neumann'sche Definition der Polarisationsebene geltend gemacht ist, als mit dieser Definition durchaus verträglich streng

[1] Haidinger, Pogg. Ann., Bd. 86, p. 131, 1852, reproducirt von Mousson, Physik, Bd. II, p. 630, 1872. Müller-Pouillet, Physik, Bd. I, p. 804, 1864.

aus der Theorie abgeleitet, und anscheinend sogar wahrscheinlicher gemacht, als das entgegengesetzte[1].

Ferner sei eine der Hauptebenen betrachtet.

Für die XZ-Ebene ist $b = \pi/2$, $a + c = \pi/2$, also folgendes System gültig:

$$m\omega_1^2 = B_2, \qquad 2\tau\varkappa_1 = \frac{C_2}{B_2},$$

$$m\omega_2^2 = B_1 \cos^2 c + B_3 \sin^2 c, \quad 2\tau\varkappa_2 = \frac{C_1 \cos^2 c + C_3 \sin^2 c}{B_1 \cos^2 c + B_3 \sin^2 c}; \qquad 8.$$

das für die übrigen Hauptebenen gültige folgt hieraus durch cyclische Vertauschung der Indices.

Ist $B_3 > B_2 > B_1$ so enthält die XZ-Ebene die optischen Axen; ihre Winkel χ mit der Z-Axe sind gegeben durch:

$$\cos^2 \chi = \frac{B_3 - B_2}{B_3 - B_1}, \quad \sin^2 \chi = \frac{B_2 - B_1}{B_3 - B_1}. \qquad 9.$$

Man bemerkt, dass sich bei absorbirenden optisch zweiaxigen Krystallen in der Richtung der optischen Axen in der benutzten Annährung zwar für die Geschwindigkeiten nur ein Werth ergiebt, nicht aber für die Absorptionsindices. Bezeichnet man die parallel der XZ-Ebene schwingende Welle in der Richtung der optischen Axe mit o, die normal dazu mit e, so wird

$$2\tau\varkappa_o = \frac{C_2}{B_2}, \quad 2\tau\varkappa_e = \frac{C_1 (B_3 - B_2) + C_3 (B_2 - B_1)}{B_2 (B_3 - B_1)}. \qquad 10.$$

Bei stark verschiedenen Werthen C_1, C_2, C_3 wird also auch das parallel einer optischen Axe fortgepflanzte Licht mehr oder weniger polarisirt sein. Dass dies der Wirklichkeit entspricht, kann man leicht z. B. am Epidot wahrnehmen.

---

[1] Ich kann den Beweis, welchen Herr LOMMEL (WIED. Ann. Bd. 8, p. 634, 1879) für die FRESNEL'sche Ansicht anführt, nicht für sicherer halten, als den HAIDINGER's. Bei den angezogenen Fluorescenz-Erscheinungen dringt das Licht doch in endliche Tiefen des fluorescirenden Mediums ein und tritt aus endlichen Tiefen aus; es erscheint demnach durchaus nicht selbstverständlich, dass die Fluorescenz derselben Krystallfläche nur von der Schwingungsrichtung des einfallenden Lichtes abhängt. Wie aber die theoretische Behandlung einer zu erklärenden Erscheinung die entgegengesetzte Entscheidung wahrscheinlich machen kann, als die direkte Anschauung der Erscheinung selbst, wird durch das oben behandelte Problem bedeutungsvoll illustrirt.

Wir wollen nun die Formeln (6) und (7) für die weitere Anwendung umformen.

Da die Wurzeln der ersteren sich bekanntlich in rationaler Form gesondert darstellen lassen, wenn man statt der Winkel der Wellennormale gegen die Symmetrieaxen des Krystalls diejenigen gegen die optischen Axen einführt, so kann man in der benutzten Annäherung dasselbe mit den zugehörigen Absorptionsindices $\varkappa$ thun.

Nennt man die Winkel der Wellennormale mit den beiden optischen Axen u und v, so ist bekanntlich für die sogenannte ordinäre und extraordinäre Welle:

$$\left.\begin{aligned} m\omega_o^2 &= B_1 + (B_3 - B_1)\sin^2\frac{u-v}{2}, \\ m\omega_e^2 &= B_1 + (B_3 - B_1)\sin^2\frac{u+v}{2}. \end{aligned}\right| \quad 11.$$

Ausserdem ist:

$$\cos a \,.\, \sqrt{\frac{B_2 - B_1}{B_3 - B_1}} = \sin\frac{u-v}{2} \cdot \sin\frac{u+v}{2},$$

$$\cos c \,.\, \sqrt{\frac{B_3 - B_2}{B_3 - B_1}} = \cos\frac{u-v}{2} \cdot \cos\frac{u+v}{2}.$$

Durch Einsetzen dieser Werthe folgt:

$$\left.\begin{aligned} 2\tau\varkappa_o &= \frac{\left\{\begin{aligned} &(B_3-B_1)\sin^2\frac{u-v}{2}\cdot\cos^2\frac{u-v}{2}\left(\frac{C_1-C_2}{B_1-B_2}\sin^2\frac{u+v}{2}+\frac{C_2-C_3}{B_2-B_3}\cos^2\frac{u+v}{2}\right) \\ &+ C_1\cos^2\frac{u-v}{2}\cdot\sin^2\frac{u+v}{2} - C_3\sin^2\frac{u-v}{2}\cdot\cos^2\frac{u+v}{2} \end{aligned}\right\}}{\left(B_3\sin^2\frac{u-v}{2}+B_1\cos^2\frac{u-v}{2}\right)\left(\cos^2\frac{u-v}{2}-\cos^2\frac{u+v}{2}\right)} \\ 2\tau\varkappa_e &= \frac{\left\{\begin{aligned} &(B_3-B_1)\sin^2\frac{u+v}{2}\cdot\cos^2\frac{u+v}{2}\left(\frac{C_1-C_2}{B_1-B_2}\sin^2\frac{u-v}{2}+\frac{C_2-C_3}{B_2-B_3}\cos^2\frac{u-v}{2}\right) \\ &+ C_1\cos^2\frac{u+v}{2}\sin^2\frac{u-v}{2} - C_3\cos^2\frac{u-v}{2}\sin^2\frac{u+v}{2} \end{aligned}\right\}}{\left(B_3\sin^2\frac{u+v}{2}+B_1\cos^2\frac{u+v}{2}\right)\left(\cos^2\frac{u+v}{2}-\cos^2\frac{u-v}{2}\right)} \end{aligned}\right| \quad 12.$$

Diese Formeln geben die Absorption beider Wellen in beliebigen Richtungen. Setzt man hinein $B_1 = B_2$, $C_1 = C_2$, $u = v$, so gelangt man zu:

$$2\tau\varkappa_o = \frac{C_1}{B_1}, \quad 2\tau\varkappa_e = \frac{C_1 \cos^2 u + C_3 \sin^2 u}{B_1 \cos^2 u + B_3 \sin^2 u},$$

d. h. zu den obigen Formeln (2) für einaxige Krystalle.

Besondere Wirkungen der Absorption werden in optisch zweiaxigen Krystallen in der unmittelbaren Umgebung der optischen Axen beobachtet. Um die Formeln dafür abzuleiten, will ich eine Richtung betrachten, die den gegen 2χ kleinen Winkel u mit der einen optischen Axe macht und in einer Ebene liegt, die um den Winkel ψ gegen die Ebene XZ. d. h. die der optischen Axen, geneigt ist. Dabei mag $\psi = 0$ sein, wenn die betrachtete Richtung nach der Z-Axe hin liegt. Da 2χ der Winkel der optischen Axen ist, so folgt:

$$v = 2\chi - u \cos\psi$$

und, wenn man die Quadrate von u vernachlässigt, erhält man aus den Formeln (12) die für Richtungen in der Nähe der einen optischen Axe gültigen:

$$\left.\begin{aligned} 2\tau\varkappa_o &= \frac{[C_1(B_3-B_2)+C_3(B_2-B_1)]\cos^2\frac{\psi}{2}+C_2(B_3-B_1)\sin^2\frac{\psi}{2}}{B_2(B_3-B_1)} \\ 2\tau\varkappa_e &= \frac{[C_1(B_3-B_2)+C_3(B_2-B_1)]\sin^2\frac{\psi}{2}+C_2(B_3-B_1)\cos^2\frac{\psi}{2}}{B_2(B_3-B_1)} \end{aligned}\right| 13.$$

oder in anderer Form:

$$\left.\begin{aligned} 2B_2\,\tau\varkappa_o &= (C_1\cos^2\chi + C_3\sin^2\chi)\cos^2\frac{\psi}{2} + C_2\sin^2\frac{\psi}{2} \\ 2B_2\,\tau\varkappa_e &= (C_1\cos^2\chi + C_3\sin^2\chi)\sin^2\frac{\psi}{2} + C_2\cos^2\frac{\psi}{2}. \end{aligned}\right| 13^a.$$

Sie ergeben $\varkappa_o$ und $\varkappa_e$ von ψ, nicht aber von u abhängig, und zeigen, dass wenn man aus der XZ-Ebene heraus in einem engen Kreiskegel um die optische Axe herumgeht bis wieder in die XZ-Ebene, $\varkappa_o$ sich ebenso ändert, als $\varkappa_e$ beim Gehen in der entgegengesetzten Richtung.

Für die optische Axe selbst, welche Richtung durch den Index ' angedeutet werden mag, werden diese Formeln unbestimmt, weil dort ψ seine Bedeutung verliert; man muss daher für diese Richtung die Formeln (8) benutzen, welche ergeben, dass der in der XZ-Ebene schwingenden Welle entspricht:

$$2\tau\varkappa'_o = \frac{C_2}{B_2}$$

der senkrecht dazu: 8.

$$2\tau\varkappa'_e = \frac{C_1(B_3-B_2)+C_3(B_2-B_1)}{B_2(B_3-B_1)}$$

oder auch:

$$\begin{aligned} 2B_2\tau\varkappa'_o &= C_2 \\ 2B_2\tau\varkappa'_e &= C_1\cos^2\chi + C_3\sin^2\chi \end{aligned} \qquad 8^a.$$

Man kann hiernach die Werthe $\varkappa$ für die optischen Axen aus den allgemeinen Ausdrücken (13) erhalten, indem man $\psi = \pi$ setzt.

Für die Discussion bieten sich ausser dem singulären Fall constanter Absorption, für welchen $C_1 = C_2 = C_3 = C$ und daher $2\tau\varkappa_o = 2\tau\varkappa_e = C/B_2$ ist, besonders die zwei speciellen Fälle, dass in den Gleichungen (13) entweder der erste oder der zweite Factor des Zählers den anderen an Grösse bedeutend übertrifft, so dass man jenen verschwindend setzen kann. Wir unterscheiden sie in folgender Weise:

I. Specialfall: $C_2 = 0$, d. h. die in der Ebene der optischen Axen fortgepflanzte und ihr parallel schwingende Welle wird nur unmerklich absorbirt, wie dies angenähert beim Andalusit stattfindet. Dann ist:

$$\varkappa_o = k\cos^2\frac{\psi}{2}, \quad \varkappa_e = k\sin^2\frac{\psi}{2} \text{ und} \qquad 14.$$

$$k = \frac{C_1(B_3-B_2)+C_3(B_2-B_1)}{2\tau B_2(B_3-B_1)}.$$

In der Richtung der optischen Axe ist nach der obigen Regel:

$$\varkappa'_o = 0, \quad \varkappa'_e = k.$$

II. Specialfall: $C_1 = C_3 = 0$, d. h. die in der Ebene der optischen Axen fortgepflanzte und dazu normal schwingende Welle wird nur unmerklich absorbirt, wie dies für gewisse Farben angenähert beim Epidot der Fall ist[1]. Dann ist:

---

[1] Der Epidot ist zwar nicht rhombisch sondern monoklinisch, die obigen Entwickelungen sind also nicht streng auf ihn anwendbar. Indessen dürfte es, so lange die Winkel zwischen den Elasticitäts- und Absorptionsaxen nur klein sind, unbedenklich sein auf ihn zu exemplificiren, zumal wenn es sich nicht um die Aufstellung und Prüfung quantitativer Gesetze handelt.

$$\varkappa_o = k \sin^2\frac{\psi}{2}, \quad \varkappa_e = k\cos^2\frac{\psi}{2} \text{ und} \qquad 15.$$
$$k = \frac{C_2}{2\tau B_2},$$

also in der Richtung der optischen Axe:

$$\varkappa_o' = k, \; \varkappa_e' = 0.$$

Betrachtet man eine Platte von der Dicke L senkrecht zu einer optischen Axe geschnitten in einer so kleinen Ausdehnung, dass man sie wiederum als Stück einer Kugelschale um die Lichtquelle als Mittelpunkt ansehen kann, im Polarisationsapparat, bezeichnet mit α den Winkel der Schwingungsebene des Polarisators mit der Ebene der optischen Axen, mit β den analogen Winkel für den Analysator, so ist die beobachtete Intensität gegeben durch:

$$J = A^2\Big[\sin^2\left(\alpha-\frac{\psi}{2}\right)\sin^2\left(\beta-\frac{\psi}{2}\right)e^{-2\varkappa_o l_o} + \cos^2\left(\alpha-\frac{\psi}{2}\right)\cos^2\left(\beta-\frac{\psi}{2}\right)e^{-2\varkappa_e l_e}$$
$$+ 2\sin\left(\alpha-\frac{\psi}{2}\right)\sin\left(\beta-\frac{\psi}{2}\right)\cos\left(\alpha-\frac{\psi}{2}\right)\cos\left(\beta-\frac{\psi}{2}\right)\cos\delta\, e^{-(\varkappa_o l_o+\varkappa_e l_e)}\Big] \qquad 16.$$

Hierin ist δ der Gangunterschied der beiden in der durch u und ψ gegebenen Richtung fortgepflanzten Wellen, deren Schwingungsebenen resp. die Winkel $-(\pi-\psi)/2$ und $\psi/2$ mit der Ebene der optischen Axen machen. Ferner ist kurz gesetzt:

$$L/\tau\omega_o = l_o, \quad L/\tau\omega_e = l_e.$$

In der Richtung der optischen Axe selbst aber gilt, da auch da zwei Componenten in verschiedener Intensität fortgepflanzt werden:

$$J' = A^2\left(\cos\alpha\cos\beta\, e^{-\varkappa_o' l_o'} + \sin\alpha\sin\beta\, e^{-\varkappa_e' l_e'}\right)^2 \qquad 16_a.$$

Man kann also auch auf die Intensität J die obige Regel anwenden, dass man den für die Richtung der optischen Axen gültigen Werth durch Einführung von $\psi = \pi$, ausserdem von $\delta = 0$ erhält.

Da $\cos\delta$ mit wachsender Entfernung u von der optischen Axe periodisch Maxima und Minima erreicht, so erhält man im Allgemeinen helle und dunkle Ringe um die Axe. Der

Einfluss der Absorption auf die Erscheinung stellt sich am klarsten heraus, wenn man die Platte so dick nimmt, dass das Ringsystem verschwindet, indem die in cos δ multiplicirte Exponentialgrösse in Formel (16) sehr klein wird.

Dann sind trotzdem die beiden ersten Glieder in (16) beizubehalten, weil ihre Exponenten in gewissen Richtungen sehr klein werden können, der des dritten nach seiner Bedeutung (13) — (15) aber nicht.

Zunächst sei Polarisator und Analysator gekreuzt, also

$$\alpha - \beta = \frac{\pi}{2},$$

dann folgt:

$$J = \frac{A^2}{4} \sin^2 (2\alpha - \psi) \left(e^{-2\varkappa_o l_o} + e^{-2\varkappa_e l_e} \right)$$

oder in derselben Annäherung

$$J = \frac{A^2}{4} \sin^2 (2\alpha - \psi) \left(e^{-\varkappa_o l_o} + e^{-\varkappa_e l_e} \right)^2 \quad \Big| \quad 17.$$

daraus durch Einführung von $\psi = \pi$:

$$J' = \frac{A^2}{4} \sin^2 2\alpha \left(e^{-\varkappa_o' l_o'} + e^{-\varkappa_e' l_e'} \right)^2 \quad \Big| \quad 17^a.$$

Da α der Winkel der einfallenden Schwingungsebene, ψ das Azimuth der betrachteten Richtung gegen die Ebene der optischen Axen ist, so giebt der erste Factor von J die Intensität Null in Ebenen, die durch $\psi = 2\alpha$ definirt sind, d. h. für $\alpha = 0$ oder $\pi/2$ (Normallage) in die Ebene der optischen Axen fallen und bei einer Drehung des Krystalles gegen die Schwingungsebene des Polarisators sich doppelt so schnell gegen diesen drehen, bei $\alpha = \pi/4$ (Diagonallage) also normal gegen die Ebene der optischen Axen stehen u. s. f.

Dies sind die gewöhnlichen dunkeln Curven, welche auch durchsichtige Krystalle im Polarisationsapparat zeigen. Doch erscheinen sie in der Richtung der optischen Axe durch die Absorption modificirt, denn Formel (17^a) zeigt, dass sie in der Diagonallage des Krystalls ($\alpha = \pi/4$) dort unterbrochen sind durch eine helle Stelle und nur in der Normallage ($\alpha = 0$ oder $\pi/2$) sich durch die optische Axe fortsetzen. Diese Erscheinung ist bei vielen Krystallen zu beobachten, die zu schwach absorbiren, um das Folgende auch zu zeigen.

J hängt nämlich auch noch von dem zweiten Factor in (35) ab, welcher, wie man leicht nachweisen kann, ganz allgemein für alle Werthe der Absorptionsconstanten C

ein Maximum für $\psi = 0$ und π,

ein Minimum für $\psi = \frac{\pi}{2}$ und $\frac{3\pi}{2}$

besitzt. Es ergeben sich demnach allgemein für alle Lagen der Krystallplatte im Polarisationsapparat dunkle Büschel in der Richtung normal zur Ebene der optischen Axen. Man erkennt dieselben am deutlichsten, wenn sie in den Raum zwischen die intensiveren Minima fallen, welche durch den ersten Factor gegeben sind, d. h. in der Normallage der Krystallplatte, aber sie sind auch in den andern Lagen zu bemerken. Sie drehen sich zusammen mit der Krystallplatte.

Die Beobachtung bestätigt diese Schlüsse in allen Einzelheiten. —

Stehen Polarisator und Analysator parallel, so ist $\alpha = \beta$, also unter der Annahme beträchtlicher Dicke der Platte:

$$J = A^2 \left[\sin^4\left(\alpha - \frac{\psi}{2}\right) e^{-2\varkappa_o l_o} + \cos^4\left(\alpha - \frac{\psi}{2}\right) e^{-2\varkappa_e l_e}\right], \qquad 18.$$

in der Richtung der optischen Axe

$$J' = A^2 \left[\cos^4 \alpha\, e^{-2\varkappa_o' l_o'} + \sin^4 \alpha\, e^{-2\varkappa_e' l_e'}\right]. \qquad 18^a.$$

Dieser Fall wird am bequemsten mit dem folgenden zusammengefasst, dass entweder der Polarisator oder der Analysator beseitigt ist, man z. B. nur eine Turmalinplatte vor oder hinter die Krystallplatte hält. Die Formel hierfür folgt aus (34), indem man den Mittelwerth für alle möglichen Werthe α oder β nimmt, und lautet:

$$J = \frac{A^2}{2} \left[\sin^2\left(\alpha - \frac{\psi}{2}\right) e^{-2\varkappa_o l_o} + \cos^2\left(\alpha - \frac{\psi}{2}\right) e^{-2\varkappa_e l_e}\right] \qquad 19.$$

$$J' = \frac{A^2}{2} \left[\cos^2 \alpha\, e^{-2\varkappa_o' l_o'} + \sin^2 \alpha\, e^{-2\varkappa_e' l_e'}\right]. \qquad 19^a.$$

Die Vergleichung der Gleichungen (18) und (19) zeigt zunächst das Resultat:

Die Erscheinung bei parallelen Polarisationsebenen ist

im Wesentlichen identisch mit derjenigen, welche man nach Entfernung des Polarisators oder Analysators erhält.

Auch dies merkwürdige Resultat bestätigt die Beobachtung.

Ferner zeigt sich bei näherem Eingehen, dass in diesen Fällen (18) und (19) verschiedenartig absorbirende Krystalle verschiedene Erscheinungen geben.

Wir betrachten demgemäss die beiden Typen Andalusit und Epidot gesondert.

I. Für den Typus Andalusit ist nach (14):

$$\varkappa_o = k \cos^2 \frac{\psi}{2}, \quad \varkappa_e = k \sin^2 \frac{\psi}{2},$$

also wird, für die zwei Hauptfälle, dass die Ebene des Polarisators parallel oder normal zur optischen Axen-Ebene ist ($\alpha = 0$ oder $= \pi/2$):

$$J_0 = \frac{A^2}{2}\left(\sin^2 \frac{\psi}{2} e^{-2l_o k \cos^2 \frac{\psi}{2}} + \cos^2 \frac{\psi}{2} e^{-2l_e k \sin^2 \frac{\psi}{2}}\right), \qquad 20.$$

in der Richtung der optischen Axe aber, falls man k und L hinreichend gross nimmt um

$e^{-2\varkappa l}$ neben 1 zu vernachlässigen:

$$J_0' = \frac{A^2}{2}. \qquad 20^a.$$

Ferner analog:

$$J_{\frac{\pi}{2}} = \frac{A^2}{2}\left(\cos^2 \frac{\psi}{2} e^{-2l_o k \cos^2 \frac{\psi}{2}} + \sin^2 \frac{\psi}{2} e^{-2l_e k \sin^2 \frac{\psi}{2}}\right), \qquad 21.$$

$$J'_{\frac{\pi}{2}} = 0. \qquad 21^a.$$

II. Für den Typus Epidot ist nach (15):

$$\varkappa_o = k \sin^2 \frac{\psi}{2}, \quad \varkappa_e = k \cos^2 \frac{\psi}{2},$$

also für dieselben Hauptfälle und unter denselben Voraussetzungen über k und L:

$$J_0 = \frac{A^2}{2}\left[\sin^2 \frac{\psi}{2} e^{-2l_o k \sin^2 \frac{\psi}{2}} + \cos^2 \frac{\psi}{2} e^{-2l_e k \cos^2 \frac{\psi}{2}}\right], \qquad 22.$$

$$J_0' = 0, \qquad 22^a.$$

$$J_{\frac{\pi}{2}} = \frac{A^2}{2}\left[\cos^2\frac{\psi}{2}e^{-2l_o k \sin^2\frac{\psi}{2}} + \sin^2\frac{\psi}{2}e^{-2l_e k \cos^2\frac{\psi}{2}}\right], \qquad 23.$$

$$J'_{\frac{\pi}{2}} = \frac{A^2}{2}. \qquad 23^a.$$

Die Vergleichung dieser Formelsysteme (20)—(23) zeigt das weitere durch die Beobachtung bestätigte Resultat:

Die Krystalle, deren Absorption dem Typus Epidot entspricht, verhalten sich, wenn ihre optische Axenebene parallel der Schwingungsebene des Polarisators ist, ebenso, wie die des Typus Andalusit bei gekreuzten Ebenen und umgekehrt[1].

Die beiden Grunderscheinungen selbst wollen wir aus (20) und (21) erschliessen.

Da e^{-2lk} neben 1 vernachlässigt wird, so wird für Werthe von ψ nahe gleich 0 die erste Exponentialgrösse zu vernachlässigen sein, für Werthe nahe π die zweite. Für mittlere Werthe werden beide sehr kleine nahe gleiche Werthe besitzen.

Im Falle der Gleichung (20), wo also $\alpha = 0$ ist, nehmen die Factoren der Exponentialgrössen zugleich mit diesen selbst den grössten und kleinsten Werth an, man erhält also einen dunkeln Büschel normal zur Ebene der optischen Axen ($\psi = \pi/2$) und ein helles Feld ihr parallel, welches sich auch durch das Bild der optischen Axe hin fortsetzt.

Im Falle der Gleichung (21), entsprechend $\alpha = \pi/2$, nehmen die Factoren der Exponentialgrössen aber ihr Maximum in denjenigen Richtungen an, wo diese ihr Minimum haben, und umgekehrt; beide wirken sich also entgegen. In Folge dessen wird man mässig dunkele Büschel sowohl normal als parallel zur Ebene der optischen Axen wahrnehmen; das Bild der optischen Axe selbst ist dunkel.

Die erste Erscheinung entspricht ungefähr der im Polarisationsapparat bei gekreuzten Schwingungsebenen erhaltenen, wenn der Krystall in der Diagonallage liegt, die letztere, wenn er in der Normallage liegt. Aber während bei gekreuzten

---

[1] A. Bertin, Ann. de chimie (5) Bd. 15, p. 396, 1878.

Schwingungsebenen jedes der beiden Bilder bei einer Drehung des Krystalls um 360° viermal auftritt, zeigt es sich bei parallelen Schwingungsebenen oder nach Entfernung des einen polarisirenden Theiles, nur zweimal. Auch dies bestätigt das Experiment vollkommen. —

Beobachtet man endlich die Krystallplatten ganz ohne Polarisationsapparat, so gilt die Formel, welche aus (19) durch Bildung des Mittelwerthes für alle α hervorgeht:

$$J = \frac{A^2}{4}\left(e^{-2\varkappa_o l_o} + e^{-2\varkappa_e l_e}\right) \qquad 24.$$

und falls die eine der beiden in der Richtung der optischen Axen fortgepflanzten Wellen stark, die andere nur unmerklich absorbirt wird, für jene Richtung:

$$J' = \frac{A^2}{4}. \qquad 24^a.$$

Diese Formeln geben für alle Gattungen ungleich absorbirender Krystalle dunkle Büschel normal zur Ebene der optischen Axen mit hellen Axenbildern, wie sie bereits von Brewster[1] beobachtet sind und beim Andalusit, Epidot u. A. leicht wahrgenommen werden können, wenn man durch eine geeignet geschnittene Platte nach dem hellen Himmel blickt.

Was die schwachen Ringe anbetrifft, welche man nach Beobachtungen von Bertin[2] und Anderen um die Richtung der optischen Axen mitunter wahrnehmen kann, auch wenn man durchaus mit natürlichem Lichte arbeitet, so ist ohne Weiteres klar, dass sie kein reines Absorptionsphänomen sein können, sondern auf Interferenz beruhen. Dazu ist nöthig, dass auf irgend eine Weise die beiden den Krystall in derselben Richtung durchlaufenden, senkrecht zu einander polarisirten Wellen aus ursprünglich polarisirtem Lichte entstanden sind und zuletzt auf eine gemeinsame Polarisationsebene zurückgeführt werden, denn bekanntlich kommt unter anderen Umständen keine Interferenz zu Stande. Herr Mallard[3] legt um dies zu erklären der Oberflächenschicht der Krystallplatte

---

[1] Brewster, Phil. Trans. Bd. I, p. 11, 1819.

[2] Bertin, l. c. p. 412.

[3] S. Mallard, Z.-Schr. f. Kryst. Bd. 3, p. 646, 1879.

eine polarisirende Wirkung bei, aber eine solche ist direkt nicht nachgewiesen und daher würde ihre Annahme die Schwierigkeit nicht lösen, sondern nur verlegen: es wäre dann eben diese polarisirende Wirkung zu erklären.

In vielen Fällen dürfte sich die Erscheinung durch die in Folge mehrfacher innerer Reflexion die Platten öfter als ein Mal durchsetzenden Wellen in folgender Weise erklären.

Da bei jedem Durchgang durch Absorption, und bei jeder Reflexion durch Theilung der Welle eine neue Schwächung eintritt, so genügt es, die Wellen zu betrachten, die nur drei Mal die Platte passirt haben, also nächst der direct durchgegangenen die grösste Intensität haben.

Von der direkt durchgegangenen ordinären Welle (*o*), welche ich zunächst betrachte, rühren in dem im Innern im Allgemeinen schief reflectirten Licht zwei nahe senkrecht zu einander polarisirte Wellen her, die ich (*oo*) und (*oe*) nenne. Sie gewinnen auf den Rückweg zur ersten Grenze einen Gangunterschied, entsprechend ihrer verschiedenen Geschwindigkeit. Dort werden sie abermals reflectirt und geben vier Componenten nach zwei nahe zu einander senkrechten Polarisationsrichtungen: (*ooo*), (*ooe*), (*oeo*), (*oee*). Die erste und dritte, die zweite und vierte, als parallel schwingend, vermögen zu interferiren und geben also zwei senkrechte Componenten:

$$[(ooo) + (oeo)] \text{ und } [(ooe) + (oee)].$$

Von der direct durchgehenden extraordinären Welle (*e*) rühren ähnlich zwei Componenten her:

$$[(eoo) + (eeo)] \text{ und } [(eoe + (eee)];$$

es treten also im Ganzen vier Wellen aus.

Im convergenten Licht würde, weil jede dieser Wellen aus zwei Theilen mit einem von der Neigung abhängigen Gangunterschied besteht, jede ein Ringsystem um die optische Axe geben, und zwar die erste und vierte Welle eines, wie es im Polarisationsapparat bei parallelen Nicols, die zweite und dritte eines, wie es bei gekreuzten erhalten werden würde. Absorbirt der Krystall nicht oder doch gleichmässig, so werden sich beide Arten gegenseitig zerstören, auch wenn man einen Polarisator anwendet; absorbirt aber der Krystall ungleich, so werden die verschiedenen Wellen verschiedene Stärke haben und sich demnach nicht völlig neutralisiren, sondern es wird ein schwaches Ringsystem nach Art des bei parallelen Nicols im Polarisationsapparat auftretenden übrig bleiben, und zwar auch mit jenem gleiche Distanz der Ringe zeigen. Ich habe die Erscheinung nie gesehen, aber nach der Beschreibung Herrn Bertin's[1] möchte ich glauben, dass die vorstehende Erklärung in den von ihm beobachteten Fällen der Wirklichkeit entspricht. Die Epidotkrystalle, an welchen ich durch die Freundlichkeit Herrn Prof. C. Klein's die oben entwickelte Theorie der Büschel prüfen konnte, zeigen im natürlichen Licht keine Spur von Ringen, sondern nur wenn ein Polarisator benutzt wird, z. B. wenn man vom Polarisationsapparat den oberen Nicol entfernt. Aber diese Ringe haben bedeutend grössere Abstände als die, welche man nach Anbringung des oberen Nicols wahrnimmt, sie können also nicht durch Interferenz zweier Wellen, die während des Passirens der ganzen Plattendicke verschiedene Geschwindigkeiten hatten, hervorgebracht werden. Es erscheint daher wahrscheinlich, dass eine Zwillingslamelle, wie sie Herr Klein früher schon zur Erklärung angenommen hat, in diesem Falle die Erscheinung verursacht. Diese Annahme wird durch die Beobachtung bestätigt, dass die Präparate die Ringe nur an einzelnen Stellen zeigen.

Ausser diesen Erscheinungen in der Nähe der optischen Axen können noch besondere Folgen der Absorption in der Richtung der Absorptionsaxen, welche beim rhombischen System den Elasticitätsaxen parallel sind, merklich werden, da der Absorptionsindex $\varkappa$ in denselben seinen grössten und kleinsten Werth annimmt. In der That sind in diesen Richtungen helle und dunkle Flecken bemerkt worden[2].

---

[1] A. Bertin, l. c. p. 415.

[2] Vergl. A. Bertin, l. c. p. 400.

Ueber den Diluvialsand von Darmstadt.*

Von

G. Greim in Darmstadt.**

Im Mai dieses Jahres konnte ich in diesem Jahrbuche über ein Vorkommen von älterem Diluvialsand bei Darmstadt berichten[1]; jedoch musste ich mich damals wegen der noch unvollständigen Ausbeutung des Fundorts auf eine kurze Notiz beschränken. Heute bin ich nun im Stande, Ausführlicheres darüber mitzutheilen.

Der Sand war in einer Grube aufgeschlossen, die zur Gewinnung von Granitgrus S. von Darmstadt an der Eberstädter Chaussée angelegt wurde. In der Grube waren sichtbar: Unten der Granitgrus, der sehr steil nach dem Rheinthal zu abfiel, darüber eine Geschiebeschicht und grauer Sand, die beide in dem aufgeschlossenen Profil auskeilten und eine nicht sehr starke Humusdecke trugen. Der Granitgrus unterschied sich durch nichts von dem sonst auf dem Granitplateau von Darmstadt vorkommenden. Die Schotter bestanden aus krystallinen Gesteinen des vorderen Odenwalds, welche zum Theil

---

* Die Bestimmungen der unten erwähnten Species wurden in zuvorkommendster Weise von Herrn Dr. O. Böttger durchgesehen, dem ich ausserdem schätzenswerthe Mittheilungen verdanke. Auf das Vorkommen von Worms wurde ich von Herrn Prof. Dr. Lepsius aufmerksam gemacht. Wie schon in der ersten Notiz erwähnt, erhielt ich die erste Anregung zur Bearbeitung des vorliegenden Materials von Herrn Dr. C. Chelius, mit dem ich auch die Vorkommen von Worms und Mosbach besuchte. Doubletten von 29 Species habe ich auf der hiesigen geol. Landesanstalt deponirt.

** Bemerkung b. d. Corr. Die vortreffliche Arbeit von Herrn Dr. Andreae über den Sand von Hangenbieten konnte ich leider nicht mehr benutzen, da diese schon abgeschlossen war.

[1] Dies. Jahrbuch. 1884. II. pag. 49.

durch ein eisenhaltiges Bindemittel zu Conglomeraten verkittet waren. Über dieser Schotterschicht und von ihr ziemlich scharf geschieden lag der Sand, der schon beim ersten Anblick einen anderen Eindruck machte, als der in der Umgegend von Darmstadt gewöhnlich sich vorfindende Flugsand. Denn während dieser aus ziemlich gleich grossen gerundeten Quarzkörnchen besteht, war jener stärker mit Glimmerschüppchen durchmengt und führte hie und da grössere eckige Quarzstückchen. Ausserdem kamen gröbere Partien vor, die eine mehr röthliche Farbe besassen, und aus bis 5 mm grossen Quarzkörnern, Feldspathbröckchen und grösseren Stückchen Kali- und Magnesiaglimmer bestanden. In diesen Schichten fanden sich hauptsächlich die Versteinerungen, während sie in dem feineren grauen Sande nur vereinzelt vorkamen. In dem Sande war ziemlich gut eine Schichtung zu bemerken, und zwar fast parallel der Oberfläche des Granitgruses; dagegen zeigten die gröberen versteinerungsführenden Partieen eine muldenförmige Ablagerung.

Von Versteinerungen fanden sich in den oben beschriebenen Schichten nur Conchylien von sehr schlechter Erhaltung, so dass es bei manchen Species schwer war, ein gut erhaltenes Exemplar zu bekommen. Bis jetzt kamen folgende 44 Species vor:

1. *Pisidium Henslowianum* Shepp. Z. Th. fehlten die Wirbelhöcker.
2. *P. obtusale* Pfeiff.
3. *P. casertanum* Poli. Nur in wenigen schlecht erhaltenen Exemplaren.
4. *P. amnicum* Müll. Häufig.
5. *Cyclas solida* Norm. 3 Exemplare.
6. *Bythinia tentaculata* L. Ein sehr gut erhaltenes Exemplar. Die Deckel von *Bythinia* ebenso wie die von Valvaten waren im Sand sehr häufig.
7. *Valvata naticina* Menke. Häufig.
8. *V. contorta* Menke. Sehr häufig.
9. *V. macrostoma* Steenb.
10. *V. cristata* Müll. Selten.
11. *Planorbis spirorbis* Müll.
12. *P. glaber* Jeffr.
13. *P. contortus* L. Nur wenige schlechte Exemplare.

14. *P. rotundatus* Poiret.
15. *P. umbilicatus* Müll. typ. Sehr häufig; und var. *subangulata.*
16. *P. albus* Müll. Ein Exemplar. Hat genau die Form des *albus*, weicht von *glaber* sicher specifisch ab; jedoch fehlen die characteristischen Streifen. (Ob abgerollt?)
17. *P. vortex* Müll. Ein sehr gutes Exemplar.
18. *P. corneus* L. Dieselbe kleine Form wie in Mosbach.
19. *Limnaeus truncatulus* Müll.
20. *L. palustris* Drap. var. *fuscus* Pfeiff. Nicht häufig.
21. *L. ovatus* Drap. Selten.
22. *Ancylus fluviatilis* Müll. Selten.
23. *Succinea oblonga* Drap. typ. u. var. *elongata.* Beide sehr häufig.
24. *S. putris* L.
25. *Pupa pusilla* Müll. Ein Exemplar.
26. *P. ventrosa* Heynem. Ein Exemplar.
27. *P. substriata* Jeffr. Ein Exemplar. Die Sculptur fehlt, wahrscheinlich ist sie abgerollt.
28. *P. columella* v. Mts. Nicht selten, jedoch gewöhnlich zerbrochen.
29. *P. muscorum* L. Häufig.
30. *Clausilia pumila* Z. Wie auch die übrigen Clausilien immer zerbrochen. Nicht häufig.
31. *Cl. dubia* Drap. Häufig.
32. *Cl. corynodes* Held. Nicht selten.
33. *Cl. parvula* Stud. Häufig.
34. *Cionella lubrica* Müll. Meist nur der Mundrand erhalten.
35. *Helix arbustorum* L. 4 ganze Exemplare. Bruchstücke häufig.
36. *H. hispida* L. Sehr häufig.
37. *H. pulchella* Müll.
38. *H. tenuilabris* A. Br. Nicht selten.
39. *H. suberecta* Cless. Lässt sich weder unter *rufescens* Penn, noch unter *hispida* L. bringen, stimmt am besten mit *suberecta* Cless. aus dem Regensburger Löss.
40. *Patula ruderata* Stud. Ein sehr gutes Exemplar.
41. *P. Massoti* Bgt. Es fehlt nämlich alle Sculptur, sie stimmt auch mit den Diagnosen; Vergleichsmaterial war

nirgends zu bekommen. 2 Exemplare. (Aus Versehen in der untenstehenden Tabelle als *pygmaea* Drap. angeführt.)

42. *Hyalinia crystallina* Müll. Nicht selten.
43. *H.* cf. *nitens* Mich. Bruchstück.
44. *H. (Conulus) fulva* Drap.

Wir haben also im Darmstädter Sand eine Fauna von 5 Muscheln, 18 Wasser- und 21 Land-Schnecken. Von diesen sind 35 Species in den Verzeichnissen von Koch[1] und Sandberger[3] aufgezählt, und den *Planorbis vortex* Müll. habe ich selbst schon im Mosbacher Sand gefunden. Von den übrigen 8 noch nicht aus Mosbach bekannten ist eine, der *Planorbis spirorbis* Müll. aus dem Pliocän, 6 aus dem Diluvium von Cannstatt und Weimar bekannt, während eine, die *Pupa substriata* Jeffr. nach der mir zugänglichen Litteratur noch nicht fossil aufgefunden wurde.

Vergleichen wir nun das in Darmstadt gefundene mit den Verhältnissen an anderen Orten. In Mosbach fand ich in diesem Sommer in den Sandgruben an der Wiesbadener Chaussée folgendes Profil anstehend:

1) Löss mit *Succinea oblonga* Drap., *Helix hispida* L. und *Pupa muscorum* L. Bemerkenswerth ist eine Zwischenschicht, die aus Lössmaterial mit zahlreichen eckigen Geschieben bestand.

2) Obere Geröllschicht mit dem characteristischen schwarzen Kieselschiefer und abgerollten Buntsandsteinstücken. Theilweise ist diese Schicht mit Sand untermischt oder eisenhaltigem Bindemittel verkittet.

3) Grauer feinkörniger Sand mit Glimmerschüppchen, Conchylien und Säugethierreste enthaltend.

4) Untere Geschiebeschicht, aus Taunusgesteinen bestehend mit einzelnen grösseren eckigen Buntsandsteinblöcken.

Dies Profil lässt sich leicht so mit Koch's Bezeichnung[2] in

---

[1] Erläuterungen zur geolog. Karte von Preussen und den Thüringischen Staaten. Blatt Wiesbaden von C. Koch. pag. 39 sqq.

[3] Die Land- und Süsswasserconchylien der Vorwelt von Prof. Dr. Fr. Sandberger. pag. 734 sqq.

[4] cf. Der Diluvialsand von Hangenbieten im Elsass von Dr. A. Andreae. pag. 41.

Einklang bringen, dass Schicht 2 und 3 KOCH's d1. Schicht 4 KOCH's d2. vorstellt. Dass die Schichten 2 und 3 nicht von KOCH gesondert bezeichnet wurden, kommt wohl daher, weil ein allmählicher Übergang von 2 zu 3 stattfindet, und man desswegen nicht mit Genauigkeit die Grenze zwischen beiden bestimmen kann. Jedoch lässt sich ein gewisser Unterschied zwischen beiden nicht verkennen. In dem Sand selbst kommen wie in Darmstadt röthlicher gefärbte, grobkörnigere Partieen vor, die hauptsächlich die Versteinerungen führen. Ausserdem können sowohl Sand wie die beiden Schotterschichten local thonig ausgebildet sein, wie wir das in den Mosbacher Sandgruben und in der Umgegend von Schierstein an allen drei Schichten constatiren konnten.

In Worms fand ich ähnliche Profile, die übrigens schon von SEIBERT[1] erwähnt werden. Südlich vom Bahnhof, im Eck zwischen der Worms-Alzeier und Ludwigshafener Bahn sahen wir von oben nach unten anstehend:

1) Löss mit den 3 characteristischen Versteinerungen.

2) Gerölle mit Kieselschiefer.

3) Feiner grauer Sand mit Glimmerschüppchen und Versteinerungen (*Planorbis glaber* JEFFR., *P. umbilicatus* MÜLL., *Succinea oblonga* DRAP., *S. putris* L., *Pupa muscorum* L., *Helix hispida* L., *H. tenuilabris* A. BR., *H. suberecta* CLESS.). Liegendes nicht erreicht.

Noch weiter südlich an der Ludwigshafener Bahn kann man in den dortigen Sandgruben dasselbe Profil sehen, nur scheinen hier die Sande sehr versteinerungsarm zu sein. An einer Stelle keilt die Geröllschicht deutlich aus, so dass hier der Löss direct dem Sand auflagert, der an dieser Stelle deutlich geschichtet ist. Nördlich der Stadt, an der Mainzerstrasse ist nur der Löss und die obere Geröllschicht aufgeschlossen, die zum Theil feinkörniger wird, und dann abgerollte Cerithien und abgerollte Stücke von tertiären Bivalven einschliesst. Ebenso wie in Mosbach sind bei Worms die Sand- und Schotterschichten local thonig ausgebildet, so dass sogar manchmal reiner Thon an die Stelle der Sande tritt.

[1] Notizblatt des Vereins für Erdkunde und verwandte Wissenschaften zu Darmstadt. 1862. pag. 41.

In Mauer bei Heidelberg tritt dagegen nur Sand von Löss überlagert zu Tage, und zwar in grosser Mächtigkeit. Das Liegende ist auch dort nicht erreicht, jedoch ist nach BENECKE und COHEN[5] Buntsandstein als solches zu vermuthen. Der Sand ist daselbst mehr röthlich und grobkörniger als der des Mosbacher, Darmstädter und Wormser Vorkommens, auch schliesst er grössere Muschelkalkrollstücke ein.

Vergleichen wir nun diese Vorkommen mit dem Darmstädter, so wird man leicht einsehen, dass sich alle Profile dem Mosbacher als dem vollständigsten unterordnen lassen. Allen ist der Sand gemein, der ausser in Darmstadt überall von Löss überlagert und in Darmstadt schon durch seine Fauna dem Mosbacher gleichgestellt wird. Ob dagegen die Darmstädter Schotter als Odenwaldschotter den Mosbacher Taunusschottern (KOCH's d 2) gleichgestellt werden oder gleich den Schottern vom Bade Weilbach[6] zum Pliocän gerechnet werden müssen, kann man noch nicht entscheiden, weil an dem Puncte, wo dies möglich wäre, am Eschollbrücker Wasserwerk bei Darmstadt, das Liegende derselben bei der Bohrung meines Wissens nicht erreicht wurde. Jedoch hindert nichts, dieselben vorläufig den Taunusschottern gleichzusetzen, da mehrere Gründe hierfür sprechen. Nach diesen Erwägungen lässt sich nun folgende Tabelle aufstellen, in der die gleichaltrigen Schichten in eine Reihe gesetzt sind.

Löss	—	Worms Mainzerstr.	Worms Ludwigshafener Bahn	Mosbach	Mauer	Worms s. v. Bahnhof
Obere Geröllschicht	—	Worms Mainzerstr.	—	Mosbach	—	Worms s. v. Bahnhof
Sand	Darmstadt	—	Worms Ludwigshafener Bahn	Mosbach	Mauer	Worms s. v. Bahnhof
Untere Geschiebeschicht	Darmstadt		—	Mosbach	—	

Es wäre nun noch das Verhältniss dieses Sandes zu dem in der Umgegend von Darmstadt weitverbreiteten Flugsand zu berühren, da Herr Prof. LEPSIUS dieselben identi-

[5] BENECKE und COHEN, geognostische Beschreibung der Umgegend von Heidelberg. pag. 532 sqq.

[6] Vierzehnter Bericht des Offenbacher Vereins für Naturkunde 1872—1873. pag. 114 sqq.

ficirt[7]. Jedoch sprechen hiergegen gewichtige Gründe. Der Flugsand ist nämlich unserem versteinerungsführenden Sande, wenige Schritte von dem Fundort des letzteren entfernt, petrographisch so unähnlich, dass man beide schon desswegen unmöglich für dasselbe halten könnte, und steht an dem Eschollbrücker Wasserwerk zu Tage an, während der graue Sand von jenem durch mächtige Schotterlagen getrennt, erst in 70—74 m Tiefe erbohrt wurde. Ausserdem theilte mir Herr Dr. Chelius mit, dass er in der Nähe von Arheilgen, nördlich von Darmstadt, den Flugsand eine sehr junge Culturschicht überlagernd angetroffen habe, so dass dieser Flugsand sogar in das jüngste Alluvium zu stellen sein würde. Auch Dr. C. Koch muss gewichtige Bedenken gegen die Gleichstellung des Flugsandes mit dem Mosbacher Sand gehabt haben, obgleich in ersterem in der Gegend von Mainz manchmal die Fauna des letzteren zu treffen ist. Denn gerade desswegen, weil in dem Flugsand *Cyclostoma elegans* Drap. mit der Fauna des Mosbacher Sandes vorkommt, sonst aber im Mosbacher Sand nicht sicher nachgewiesen ist, bezweifelt Koch überhaupt das Vorkommen der *Cyclostoma elegans* Drap. in ächtem Mosbacher Sand.

Was die Verbreitung der Sande anbelangt, so sind dieselben nicht so selten aufgeschlossen, als man nach dem Fehlen einer grösseren Litteratur annehmen könnte. In Darmstadt selbst wurden sie ausser an der Eberstädter Strasse beim Canalbau in der Friedrichstrasse, Fabrikstrasse und Bleichstrasse aufgeschlossen und ausserdem am Eschollbrücker Wasserwerk in einer Tiefe von ca. 70 m erbohrt. An dem Nordrand des Mainzer Tertiärbeckens sind sie nach Koch weit verbreitet und bei Bad Weilbach und Mosbach gut aufgeschlossen. Ebenso kommen sie bei Worms und Laubenheim[7], in Rheinhessen und in Mauer bei Heidelberg zum Vorschein, an welchen Orten in Sandgruben und Steinbrüchen gute Aufschlüsse zu finden sind.

Zum Schlusse möge hier noch eine Tabelle folgen, um die einzelnen Faunen der genannten Fundorte unter sich und mit einigen anderen bedeutenderen Diluvialfaunen der hiesigen Umgegend zu vergleichen.

---

[7] Das Mainzer Becken, geologisch beschrieben von Prof. Dr. R. Lepsius. pag. 159 sqq.

	Pliocän n. Sandberger	Mosbach n. Koch	Darmstadt, Eberstädter Chaussée	Darmstadt, Eschollbrück. Wasserwerk	Mauer n. Benecke u. Cohen	Sandlöss, Schierstein n. Koch[8]	Löss b. Heidelb. n. Benecke u. Cohen	Löss b. Wiesbaden n. Koch	Leb. b. Darmst. n. Köhler u. Ukkim[9]
Pisidium amnicum Müll.	*	*	*	.	*	.	.	.	*
P. supinum A. Schmidt	.	*	.	.	*	.	.	.	.
P. Henslowianum Shepp.	.	*	*	.	.	.	.	.	.
P. obtusale Pfeiff.	.	*	*	.	.	.	.	.	.
P. casertanum Poli	.	.	*	.	.	.	.	.	.
Cyclas solida Norm.	.	*	*	.	.	.	.	.	.
C. rivicola Leach.	.	*	.	.	.	.	.	.	.
Unio pictorum L.	.	*	.	.	.	.	.	.	.
U. batavus Nilss.	.	*	.	*	*	.	.	.	.
U. litoralis Lam.	.	*	.	.	.	.	.	.	.
Anodonta cellensis Pfeiff.	.	*	.	.	.	.	.	.	*
A. piscinalis Nilss.	.	*	.	.	.	.	.	.	.
Bithynia inflata Hans.	.	*	.	.	.	.	.	.	.
B. tentaculata L.	*	*	*	*	*	.	.	.	.
Paludina vivipara Müll.	.	*	.	.	.	.	.	.	*
P. fasciata Müll.	.	*	.	.	.	.	.	.	.
Valvata contorta Mke.	.	*	*	*	.	.	.	.	.
V. naticina Menke	.	*	*	*	.	.	.	.	.
V. piscinalis Müll.	*	*	.	.	.	.	.	.	.
V. cristata Müll.	*	*	*	.	.	.	.	.	.
V. macrostoma Steenb.	.	*	*	.	.	.	.	.	.
Planorbis micromphalus Sandb.	.	*	.	.	.	.	.	.	.
P. contortus L.	.	*	*	.	.	.	.	.	.
P. spirorbis Müll.	*	.	*	*	.	.	.	.	.
P. rotundatus Poiret	.	*	*	.	.	*	.	.	*
P. calculiformis Sandb.	.	*	.	.	.	.	.	.	.
P. vortex Müll.	.	*	*	.	.	.	.	.	.
P. umbilicatus Müll.	*	*	*	.	.	*	.	.	.
P. Rossmaessleri Auersw.	.	*	.	.	.	*	.	.	.
P. glaber Jeffr.	.	.	*	.	.	.	.	.	.
P. albus Müll.	.	*	*	.	.	.	.	.	*
P. cristatus Drap.	.	*	.	.	.	.	.	.	.
P. corneus L.	.	*	*	.	.	.	.	.	*
Physa fontinalis L.	.	*	.	.	.	.	.	.	.
P. hypnorum L.	.	.	.	.	.	.	.	.	.
Limnaeus truncatulus Müll.	.	*	*	.	.	*	*	.	*
L. palustris Drap.	*	*	.	.	.	.	.	.	*
var. *fuscus* Pfeiff.	.	*	*	.	.	*	.	.	.
L. ovatus Drap.	.	*	*	.	.	.	.	.	*
L. auricularius Drap.	.	*	.	.	.	.	.	.	*
L. glaber Müll.	.	*	.	.	.	.	.	.	.
L. stagnalis L.	*	*	.	.	.	.	.	.	*
Ancylus fluviatilis Müll.	.	*	*	*	.	.	.	.	*
Carychium minimum Müll.	.	*	.	.	.	*	.	.	*
Succinea oblonga Drap.	?	*	*	.	*	*	*	*	*
S. Pfeifferi Rossm.	.	*	.	.	.	.	.	.	*
S. putris L.	?	*	*	.	.	*	.	.	*
Pupa angustior Jeffr.	.	.	.	.	.	*	*	.	.
P. pusilla Müll.	.	.	*	.	.	.	.	.	*
P. ventrosa Heynem.	.	.	*	.	.	.	.	.	.

[8] Erläuterungen zur geolog. Karte von Preussen und den Thüringischen Staaten. Blatt Eltville von C. Koch.

[9] Notizblatt des Vereins für Erdkunde etc. zu Darmstadt. 1882.

	Pliocän n. Sandberger	Mosbach n. Koch	Darmstadt, Eberstädter Chaussée	Darmstadt, Eschollbrück. Wasserwerk	Mauer n. Benecke u. Cohen	Sandlöss, Schierstein n. Koch	Löss b. Heidelb. n. Benecke u. Cohen	Löss b. Wiesbaden n. Koch	Lebend b. Darmst. n. Köhler u. Greim
P. alpestris Alder.	.	•	.	.	.	•	.	.	.
P. antivertigo Drap.	.	•	.	.	.	.	.	.	•
P. substriata Jeffr.	.	.	•	.	.	.	.	.	.
P. Shuttleworthiana Gredl.	.	•	.	.	.	.	.	.	.
P. columella v. Mts.	.	•	•	.	.	•	•	•	.
P. parcedentata A. Br.	.	.	.	.	.	•	.	.	.
P. muscorum L.	•	•	•	.	.	•	•	•	•
P. edentula Drap.	.	.	.	.	.	•	.	.	•
P. dolium Drap.	.	.	.	.	.	•	•	.	.
P. secale Drap.	.	.	.	.	.	•	•	.	.
P. bigranata Rossm.	.	•	.	.	.	.	.	.	.
Clausilia pumila Z.	.	•	•	.	.	•	.	.	.
C. dubia Drap.	.	•	•	.	.	.	•	.	.
C. cruciata Stud.	.	•	.	.	.	•	.	.	.
C. filograna Z.	.	•	.	.	.	.	.	.	.
C. corynodes Held.	.	•	•	.	.	•	•	.	.
C. parvula Stud.	.	•	•	.	.	•	•	•	•
C. ventricosa Drap.	.	•	.	.	.	.	.	.	.
C. nigricans Pult.	.	.	.	.	.	.	•	.	.
Cionella lubrica Müll.	.	•	•	.	.	•	.	.	•
Buliminus tridens Müll.	.	•	.	.	.	•	.	.	•
B. montanus Drap.	.	•	.	.	.	.	.	.	.
Helix sylvatica Drap.	.	•	.	.	.	.	.	.	.
H. arbustorum L.	•	•	•	•	•	.	•	•	•
H. costulata Z.	.	•	.	.	.	.	•	•	.
H. alveolus Sandberger	.	•	.	.	.	.	.	.	.
H. hispida L.	•	•	•	•	•	•	•	•	•
H. sericea Müll.	.	•	.	.	.	.	•	.	.
H. rufescens Penn.	.	•	.	.	•	•	•	.	.
H. villosa Drap.	.	•	.	.	.	.	.	.	.
H. fruticum Müll.	.	•	.	.	•	.	•	.	•
H. bidens Chemn.	.	•	.	.	•	.	.	.	.
H. obvoluta Müll.	•	•	.	.	.	.	.	.	•
H. pulchella Müll.	•	•	•	.	.	•	•	•	•
H. costata Müll.	.	•	.	.	.	•	.	.	•
H. tenuilabris A. Braun	.	•	•	.	.	•	.	•	.
H. nemoralis Müll.	.	•	.	.	.	.	.	.	•
H. suberecta Cless.	.	.	•	.	.	.	•	.	.
Patula solaria Menke	.	•	.	.	•	.	.	.	.
P. rotundata Müll.	.	•	.	.	.	.	.	.	•
P. ruderata Stud.			•	.	.	.	.	.	.
P. rupestris Drap.		.	.	.	.	.	.	.	.
P. pygmaea Drap.		•	•	.	.	•	.	.	•
Hyalinia nitidula Drap.		•	.	.	.	.	.	.	•
H. (Conulus) fulva Drap.		•	•	.	.	•	.	.	•
H. crystallina Müll.	.	•	•	.	•	•	.	.	•
H. lucida Drap.		•	.	.	.	.	.	.	•
H. subterranea Bgt.		•	.	.	.	•	•	.	.
H. radiatula Gray		.	.	.	.	•	.	.	.
H. hammonis Stroem.		•	.	.	•	.	.	.	•
Vitrina pellucida Müll.		•	.	.	.	.	.	.	•
V. diaphana Drap.		•	.	.	.				.
V. brevis Fér.		•							.

Briefwechsel.

Mittheilungen an die Redaktion.

Wien, den 6. November 1884.

Das Schiefergebirge bei Athen.

Professor Bücking hat in den Sitzungsberichten der Berliner Akademie eine Mittheilung über seine Untersuchungen in Attika veröffentlicht[1], deren Zweck wesentlich eine Kontrole der von einigen hiesigen Geologen über diese Gegend geäusserten Ansichten war. Da er seine Ergebnisse als von den unseren wesentlich abweichend betrachtet, so wird es gestattet sein, auf die Frage einzugehen, wie weit ein Unterschied der Auffassung überhaupt existirt, und ob Bücking für die von ihm eingeführten Neuerungen Beweise beigebracht hat. Ich muss dabei bemerken, dass ich nicht auf alle einzelnen Punkte der Tektonik und Schichtfolge in Attika eingehen kann, da ich dieses Land nicht selbst untersucht habe, sondern meine eigenen Erfahrungen daselbst sich, abgesehen von der nächsten Umgebung der Stadt Athen, auf drei Excursionen beschränken.

Was zunächst die Schichtfolge Athen-Hymettus anlangt, so ist vollständige Einigung erzielt; Bücking hat seine frühere Ansicht, dass der Kalk der Akropolis, des Lykabettos u. s. w. discordant auf den darunter liegenden Schiefern liegen, aufgegeben und sieht nun die ganze Reihe vom Kalke des Lykabettos bis zum tiefsten Marmor des Hymettus als eine gleichmässige an. Dass er die zwischen dem Kalke des Lykabettos und dem Marmor von Kaesariani gelegenen Schiefercomplexe in zwei aufs engste mit einander zusammenhängende Abtheilungen, die Schiefer von Athen und die Mergel von Kara, theilt, stellt eine schärfere Gliederung und einen Fortschritt dar, wenn sich die Scheidung mit einiger Beständigkeit weiter verfolgen lässt, es ist aber keine wesentliche Verschiedenheit der Auffassung.

Eine sehr bedeutende Abweichung sieht Bücking allerdings in der Deutung des Verhältnisses zwischen dem Kalke von Kaesariani und demjenigen des Lykabettos und der Akropolis. Er nimmt an, dass ich beide für gleichaltrig halte, während ich den ersteren ausdrücklich als eine Einlagerung im Schiefer, den letzteren als eine aufgelagerte Decke auf diesem

[1] Referat in diesem Heft.

erklärt habe. Auf der im 40. Bande der Denkschriften der Wiener Akademie veröffentlichten Karte ist allerdings der Kalk von Kaesariani als „oberer Marmor" verzeichnet.

Unter diesen Verhältnissen bleibt nach wie vor das Verhältniss in der Gegend westlich und östlich von Athen das folgende:

Östlich von Athen:	Westlich von Athen:
Oberer Kreidekalk mit Rudisten.	
Schiefer von Athen und Schichten von Kara.	Macigno.
Kalk von Kaesariani mit Korallen.	Mittlerer Kreidekalk.
Krystallinische Schiefer.	Macigno.
Unterer Kalk des Hymettos.	Unterer Kreidekalk.

Wer also annehmen will, wie Bücking dazu geneigt scheint, die Schichten von Kaesariani als altpaläozoisch zu betrachten, der müsste erklären, wie es kommt, dass man unter ein und demselben Horizonte in kaum 2 Meilen von einander entfernten Gegenden das einemal Kalke der oberen Kreide, das anderemal paläozoische Kalke in gleichmässiger Lagerung findet, und dass überdiess der Wechsel zwischen Silicat- und Kalkgesteinen beiderseits in gleicher Weise auftritt.

Die „Schiefer von Athen", die Bücking früher als krystallinische Schiefer betrachtet hatte, sieht er jetzt nicht mehr als solche an und kommt dadurch zu dem Resultate, dass metamorphische Gesteine in Attika einen viel geringeren Raum einnehmen, als man bisher angenommen hatte. Immerhin „bilden sich auch festere, von vielen Quarzadern durchzogene Gesteine heraus, welche durch den eigenthümlich seidenartigen Glanz auf den Schicht- und Ablösungsflächen an Thonglimmerschiefer und Phyllite erinnern". Bücking hebt zwar hervor, dass man desswegen noch nicht den ganzen Schichtcomplex zu den krystallinischen Schiefern stellen dürfe; immerhin wird man sie aber gerade ebensowenig zu den normalen Kreideablagerungen rechnen dürfen, und man wird es zum mindesten als eine offene Frage betrachten dürfen, ob wir nicht recht gethan haben, innerhalb eines von Ost nach West allmählich krystallinisch werdenden Schichtcomplexes die Grenze an der Stelle zu ziehen, wo wir sie gezogen haben.

Ein Punkt in der Darstellung von Bücking scheint mir nicht ganz der Natur zu entsprechen; es ist die Angabe über das Vorhandensein eines scharfen petrographischen Contrastes zwischen dem Complexe der Schiefer von Athen und den Schichten von Kara einerseits und den tiefer liegenden Schichten andererseits; ein näheres Eingehen auf diesen Gegenstand behalte ich mir jedoch bis zu einem neuen Besuche der Localität vor.

Von grossem Interesse ist die Angabe von Bücking, dass die Glimmerschiefer, welche zwischen dem korallenführenden Kalke von Kaesariani und dem tiefsten Marmor des Hymettus liegen, stellenweise auskeilen und dann die beiden Marmorhorizonte zu einem zusammengehörigen Complexe verschmelzen; mit anderen Worten ist auch er der Ansicht, dass Marmor und Glimmerschiefer des Hymettus in den Bereich der versteinerungsführenden

Formationen fallen. Unter den jetzigen Verhältnissen bedarf es eines glücklichen Fundes bestimmbarer Versteinerungen im Kalke von Kaesariani, um für den grössten Theil von Attika die Frage zu lösen, welchem Alter innerhalb der fossilführenden Serie die krystallinischen Schiefer angehören. Man wird mir nicht übel nehmen, wenn ich heute meiner Sache hier sicherer zu sein glaube als je.

Eine andere Frage, welche den Pentelikon betrifft, wird von Bücking aufgeworfen; nach seiner Ansicht ist der Kalk des Pentelikon älter als derjenige des Hymettus und beide von einander durch mächtige Glimmerschiefer getrennt. Ich weiss nicht, ob Bücking eingehendere noch nicht publicirte Beobachtungen gemacht hat, aus denen diess hervorgeht; wie aber aus den mitgetheilten Daten etwas Derartiges gefolgert werden konnte, ist mir durchaus unverständlich. Vergleicht man die von Bücking a. a. O. veröffentlichten Profile, so erhält man folgende Schichtfolge:

Hymettus.	Penteli.
1) Schichten von Kara.	1) Schichten von Kara.
2) Marmor.	2) Marmor.
3) Glimmerschiefer mit Einlagerungen von Kalk und Serpentin.	3) Glimmerschiefer mit Einlagerungen von Kalk.
4) Hauptmarmor.	4) Hauptmarmor.

Es wäre nun wohl naturgemäss, diese Ablagerungen Glied für Glied mit einander zu parallelisiren; Bücking dagegen vereinigt Nro. 2—4 der Hymettusfolge, parallelisirt sie zusammen mit Nro. 2 am Penteli und kommt damit natürlich zu dem Ergebnisse, dass die tieferen Horizonte am Pentelikon älter seien als der Hauptmarmor des Hymettus, allein man fragt vergeblich nach einer Rechtfertigung dieses Vorgehens. Unter diesen Umständen wird es gestattet sein, sich der Auffassung von Bücking gegenüber ablehnend zu verhalten. **M. Neumayr.**

Den im Voranstehenden gemachten Bemerkungen Herrn Prof. Neumayr's habe ich, die Lagerungsverhältnisse Attikas betreffend, noch folgendes beizufügen:

Pag. 6 in der Anmerkung wird hervorgehoben, dass im Hymettos im Gegensatze zu Bittner's Angabe das geologische mit dem orographischen Streichen übereinstimme. Hiezu ist zu bemerken, dass die Nichtübereinstimmung vorzugsweise oder ganz ausschliesslich auf den Umstand hin betont wurde, dass der Glimmerschieferzug von Kaesariani (auf Distanz gesehen) den Kamm in der Nähe von Asteri zu übersetzen schien, was auch auf der Karte zum Ausdrucke gelangte und was jetzt ja auch Bücking (pag. 10) durch directe Beobachtung bestätigt. Weiter wäre hier die Frage aufzuwerfen, ob der Ostabhang des Hymettos zwischen Liopesi und Koropi etwa nur aus dem unteren Marmor (Gipfelmarmor) besteht? Wäre das der Fall, so würde ein weiterer Beleg für das Verqueren der orographischen durch die geologische Streichungsrichtung gegeben sein. Hieran anschliessend sei des problematischen südlichen Schieferzugs gedacht, der auf unserer

Karte nach GAUDRY copirt ist. Es wurde von mir die Möglichkeit offen gelassen, dass es südlicher, als der Weg von Koropi nach Chasani liegt, einen solchen Zug geben könne und dass derselbe in der GAUDRY'schen Karte etwa nur unrichtig eingezeichnet sei. Von einem einfachen Weglassen dieses Zuges konnte aber um so weniger die Rede sein. Auch Herr BÜCKING wird sich im weiteren Verlaufe seiner Aufnahmen voraussichtlich — nach Massgabe des anticlinalen Baues des Hymettos — in die Lage versetzt sehen, hier im Süden des Hymettos entweder den Glimmerschieferzug von Kaesariani, resp. dessen Gegenflügel oder doch dessen Äquivalente, nachweisen zu müssen, um eine Gränze gegen den oberen Hymettosmarmor zu erhalten, wenn derselbe überhaupt als ausscheidbares Niveau gelten soll.

Dieser obere Hymettosmarmor ist meines Wissens von uns nirgends direct mit dem Lykabettoskalk (BÜCKING pag. 11) identifizirt worden; dass derselbe aber noch als „oberer Marmor" colorirt wurde, dürfte uns keineswegs als grober Fehler angerechnet werden können, da ja auch bei BÜCKING die Grenzen keineswegs durch Petrefactenfunde bestimmt werden konnten, das Auftreten von Thonschiefern noch unter diesem Marmor im Profile von Kaesariani und das Vorkommen von deutlichen Korallen in diesem Marmor (nicht von undeutlichen und noch zweifelhaften Gebilden, die als Korallen angesehen würden) als ebenso viele Gründe zu Gunsten der Ansicht, diesen Marmor noch mit dem höheren Lykabettoskalk zu einem grösseren Complexe zu vereinigen, gelten können. Auch geht aus dem von BÜCKING vollinhaltlich bestätigten Profile von Kaesariani genau hervor, dass wir über die Lagerung des betr. Marmors zwischen den beiden Schiefercomplexen nicht im Zweifel waren.

Die Bruchlinie zwischen Hymettos und Penteli (pag. 13 bei BÜCKING) wurde meines Wissens von mir (B.) nirgends angegeben. Die Angaben, die BÜCKING über die Lagerungsverhältnisse bei Kloster Mendeli macht, dürften den von mir gemachten kaum widersprechen. Im Übrigen möchte ich hervorheben, dass eine Übersichtskarte, wie die unsere ausgesprochenerweise war, an und für sich kein sehr treues Bild von den thatsächlichen Verhältnissen geben kann, der Vorwurf BÜCKING's auf pag. 15, falls derselbe beabsichtigt war, demnach nicht acceptirt zu werden braucht. Ob aber schliesslich die von BÜCKING pag. 15 zusammengestellten Hauptresultate seiner Aufnahmen durchaus als bereits unwiderlegliche Fakta zu betrachten sind, das kann der Beurtheilung der Fachgenossen anheimgestellt werden.

A. Bittner.

Über Herderit.

Freiberg, den 8. November 1884.

Zu meiner Notiz „Über Herderit" möchte ich nachtragen, dass Herr Oberbergrath TH. RICHTER hier bereits im Mai d. J. an der nordamerikanischen Varietät beim Erhitzen mit Phosphorsalz im zweiseitig offenen Glasrohr eine sehr deutliche Fluorreaction beobachtet hat. Nach demselben schmolz ferner die Varietät anscheinend etwas leichter zu einer weissen Perle als die sächsische Abänderung, welcher Schmelzgrad 4 der Kobell'-

schen Scala zukommt. Mit Kobaltsolution nehmen beide Varietäten eine veilchenblaue Färbung an. Den von HIDDEN angegebenen Gehalt an Fluor bestätigt ferner, gütiger Mittheilung zufolge, Prof. GENTH[1] in Philadelphia und nach Erlangung neuen Materials in diesen Tagen auch College WINKLER[2].

A. Weisbach.

Moskau, 16. November 1884.

Über „Trematina foveolata".

Ich bin Ihnen sehr dankbar für die Bestimmung des Fossils, das ich, als aus dem Permischen stammend, unter dem Namen *Trematina foveolata* beschrieben habe (Die Reste permischer Reptilien p. 37). Was ich für den Unterkiefer eines unbekannten Thiers gehalten, stellt sich als das Gaumenbein eines *Esox* heraus. Man muss eben so etwas gesehen haben, um es wieder zu erkennen. Ich habe das Corpus delicti erfahreneren Paläontologen, als ich es bin, vorgelegt, ohne dass man mir das Räthsel gelöst hätte. Das war Ihnen vorbehalten. Trotz der Identität der äusseren Form mit dem betreffenden *Esox*-Knochen würde ich in dem Fossil jenen nicht wieder erkannt haben, da gerade die zahlreichen Grubenreihen ihm das fremdartige Aussehen geben, welches dem ganz unähnlich ist, welches das dicht mit Zähnen besetzte Gaumenbein von *Esox* bietet. — Dass der fragliche Knochen dem jetzt lebenden *Esox lucius* angehören sollte, scheint mir zweifelhaft; für sein höheres Alter spricht sein Erhaltungszustand, höheres specifisches Gewicht und dunkelbraune Färbung. Da das Geschlecht *Esox* bis in das mittlere Tertiär hineinreicht, so ist ja Raum für Vorfahren. Fundort sollen die oberen Mergel des Permischen bei Kasan sein; da nun diese bei uns Süsswasser- und Landbildungen sind, so ist eine Verwechselung mit neueren Schichten, welche darüber lagern, leicht möglich. Dass mir erst nach dem Druck meiner Abhandlung Belehrung über das fragliche Fossil geworden ist, bedauere ich, doch würde ich andererseits ohne Veröffentlichung und namentlich ohne Abbildung immer im Dunkeln über seine Zugehörigkeit geblieben sein. **H. Trautschold.**

Warschau, 23. November 1884.

Hypersthenandesit aus W.-Ecuador.

Wie schon GÜMBEL richtig bemerkt hat, zerfallen die vulkanischen Gesteine der Anden in zwei Typen — einen trachytischen (Andesite), welcher ausschliesslich in den südamerikanischen Cordilleren herrscht, und einen basaltischen, zu welchem letzteren die Trachydolerite des Isthmus von Panama und der kleinen Antillen, woselbst sie mit olivinfreien Feldspathbasalten zusammen vorkommen, nicht aber die schwarzen andesitischen Laven des Tungurhaghua und Antisana gehören. — Eine weitere Gliederung der trachytischen Gesteine Südamerikas nach der gewöhnlich üblichen Me-

---

[1] Vergl. das Referat über GENTH's Arbeit in diesem Band.

[2] Vergl. den Brief in diesem Heft pag. 172.

thode in Augit- und Hornblendeandesite, quarzfreie und quarzhaltige Andesite, ist durchaus in der Natur undurchführbar, da öfters angeblich ganz verschiedene Gesteine an einem und demselben Lavastrom vorkommen. Ich neige mich daher zur Meinung von GÜMBEL[1], dass die Andesite eine nicht weiter theilbare genetisch zusammenhängende vulkanische Gesteinsgruppe bilden, deren Charaktere: der hohe SiO_2-Gehalt, ihr tertiäres oder recentes Alter, sowie die Natur des porphyrischen Plagioklases, welcher stets ein Andesin mit etwa 55%[2] SiO_2 ist, neben einer saueren Grundmasse mit Oligoklas, Sanidin, zuweilen auch Quarzausscheidungen in genügender Weise characterisiren. Die Pyrogenide spielen hier eine ganz untergeordnete Rolle. als specielle Erkaltungsfälle von chemisch identischen Magmen. Es ist dies auch in diesem Sinne gemeint, wenn ich über Hypersthenandesit sprechen will, welcher an einer Stelle des vulkanischen Massives vom Azuay auftritt. Am Azuay und dessen Verzweigungen herrschen Hornblendeandesite und sanidinreiche, glasige Andesite vor.

Das zu besprechende Gestein ist an zwei Stellen auf dem Wege von Alausi nach der Hacienda Bugnag in West-Ecuador entblösst; einmal in einer Schlucht links vom Wege 2 Stunden von Alausi, zweitens am Zusammenflusse des Rio de Alausi und Rio Chanchan, woher das analysirte Handstück stammt.

Das Gestein ist dunkelgrau, von dioritischem Aussehen, durch plattenförmige Absonderung schieferig erscheinend. Unter der Loupe erkennt man glänzende Plagioklasleistchen von 1—3 mm Länge und grünlichschwarze, schillernde Hypersthenkrystalle von etwa denselben Dimensionen, nebst einer schwarzgrauen Grundmasse. Das spec. Gewicht des Gesteins ist = 2,678. Die Bauschanalyse ergab folgende Resultate:

SiO_2	=	55,64
Al_2O_3	=	21,45
Fe_2O_3	=	5,41
FeO	=	6,58
MnO	=	Spur
CaO	=	5,59
MgO	=	3,10
K_2O	=	1,60
Na_2O	=	3,08

Der makroporphyrische Plagioklas wurde mit einem starken Electromagneten von allen übrigen Bestandtheilen des Gesteinspulvers befreit und hat sich als ein Andesin mit 55,02 SiO_2 erwiesen.

Der Pyroxen des Gesteins, an den optischen Eigenschaften als rhombisch bestimmt, wurde mit Hülfe der Thoulet'schen Quecksilberjodidlösung isolirt und einer chemischen Analyse unterworfen. Die Resultate stimmen

---

[1] Sitzb. d. k. b. Akad. d. Wiss. München 1881. S. 367.
[2] GÜMBEL: op. cit. S. 344. LAGORIO: Die Andesite des Kaukasus. Dorpat 1878. S. 14.

vollkommen mit der Analyse eines sehr eisenreichen Hypersthens vom Laacher See (No. 19 v. Rammelsberg, Handb. Mineralchemie 1875, S. 385) überein.

$SiO_2 = 48,88$
$FeO = 26,42$
$MgO = 17,44$
$CaO = 0,25$

Die Grundmasse wurde ebenfalls analysirt und besitzt folgende Zusammensetzung:

$SiO_2 = 56,83$
$\left.\begin{matrix} Al_2O_3 \\ Fe_2O_3 \end{matrix}\right\} = 24,60$
(FeO)
$CaO = 5,00$
$MgO = 2,01$
$K_2O = 2,82$
$Na_2O = 8,45$

Wenn wir jetzt obige Zahlen zusammenstellen, so ergiebt sich, dass der zuerst ausgeschiedene porphyrische Feldspath nicht der sauerste Bestandtheil des Gesteins ist, da sein SiO_2-Gehalt sogar um 1,6 % niedriger als derjenige des ganzen Gesteins ist. Es kommt die Hauptmenge der SiO_2 auf die Grundmasse, welche 2 Feldspatharten enthalten muss: einerseits Sanidin, wie dies der 2,82 % Kaligehalt beweist, andererseits einen Kalknatronfeldspath mit dem Verhältnisse von $CaO : NaO = 5 : 8$ — also einen Oligoklas.

Die mikroskopische Prüfung bestätigt unsere Annahme vollständig. Die reichlich vorhandene graue, von Magnetitglobuliten erfüllte Grundmasse erweist sich im pol. L. als nur halbglasig, indem dieselbe in zahlreiche Plagioklasleistchen und Sanidinkrystalle zerfällt, welche im grauen Glase dicht nebeneinander eingebettet liegen.

Die porphyrischen Plagioklase sind rissig und trüb, enthalten aber keinerlei fremde Einschlüsse.

Der Hypersthen bildet kurzsäulenförmige Krystalle der Combination P . ∞P . oP, Zwillinge nach oP und Krystalldrusen. Seine Farbe in sehr dünnen Schichten ist grasgrün bis gelblichgrün, in dickeren wird er wenig durchscheinend und besitzt einen bläulichen Schiller. Von fremden Einschlüssen enthält er viel Magneteisen. Bei starker Vergrösserung (3 × 7 v. Hartnack) tritt die feinfaserige Zusammensetzung des Minerals deutlich hervor. Pleochroismus war kaum merkbar. Öfters sind die Krystalle zerbrochen, Spaltbarkeit nach ∞P deutlich.

Einige Schritte weiter ist das Gestein durch eine Solfatare zersetzt und hat das Ansehen eines weisslichen Kalksteines. Das so zersetzte Gestein enthält 56,49 % SiO_2, wovon 26,97 % amorph durch Natronlauge ausziehbar, und 6,92 % Wasser; in conc. HCl löst sich 11,24 % des Gesteins, der lösliche Theil besteht aus eisenschüssiger Thonerde und etwas Kalk. Magnesia ist neben den Alkalien ausgelaugt. Unter dem Mikroskope sieht man frische Körnchen von Plagioklas und Hypersthen in einer amorphen hellgrünen Masse, welche hauptsächlich aus amorpher SiO_2 besteht.

Als Endprodukt der Zersetzung erscheint ein weisslicher Thon mit Gyps und Alaun-Efflorescenzen. **Joseph v. Siemiradzki.**

Bonn, 24. November 1884.

Über das Gangrevier von Butte, Montana.

Unter den wichtigeren Grubenrevieren der Ver. Staaten gehört wohl dasjenige von Butte (spr. Bjutt) in Montana zu den weniger bekannten, daher dürften einige, wenngleich sehr lückenhafte Mittheilungen über dasselbe (ein Ergebniss meines Aufenthaltes in der gen. Bergstadt 23.—27. October 1883) auf Nachsicht hoffen. — Butte (46° n. Br., 112° 31′ W. L. von Greenw.) liegt 5800 e. F. h., 46 e. Ml.[1] SW von der Hauptstadt Helena, am W.-Fuss der Hauptwasserscheide. Wie in vielen andern Grubenrevieren der Ver. St. (z. B. bei Virginia City, Nevada), so wurde auch in der Gegend, wo später Butte entstand, zuerst Gold gewaschen; ein Jahrzehnt später entdeckte man die reichen Silber- und Kupferlagerstätten. — Da das Gold so schnell verrinnt und verschwindet, oft ohne Spur und Erinnerung zurückzulassen, so dürfte es gestattet sein, zunächst an die Goldschätze zu erinnern, welche Montana geliefert hat. Nachdem bereits in den 50er Jahren Gold im „Gold Creek" in Deerlodge Co. (ca. 42 e. Ml. W v. Helena) und a. a. O. entdeckt, wurden 1862 die Schätze des Grasshopper (Heuschrecken-) Creek, einem der südwestlichen Quellflüsse des Madison (Missouri), enthüllt, dort, wo jetzt die schwindende Stadt Bannack in Beaverhead Co., 5896 F. h., 112 Ml. SSW von Hel. liegt. Tausende von Menschen strömten, namentlich aus Californien, herbei. Es begann das grosse „Gold Excitement" (G.-Fieber) von Montana. Schon im nächsten Jahre folgten die Goldfunde in Horse Prairie, südlich Bannack, in unmittelbarer Nähe der Idaho-Grenze. Fast gleichzeitig fand die Entdeckung des berühmten Alder (Erlen-) Gulch durch William Fairweather statt, welche in der Geschichte des Goldes für alle Zeiten eine hervorragende Stelle einnehmen wird. Noch im Winter 1862—63 (1. Febr.) verliess Fairweather mit einigen kühnen Gefährten Bannack, um das Bighorn-Gebirge (ca. 280 Ml. gegen O) in Wyoming nach Schätzen zu durchsuchen. Die Abenteurer kamen indess nur bis an den oberen Gallatin, wo sie, nachdem kaum ein Drittel der Entfernung zurückgelegt war, von den Krähen-Indianern zurückgetrieben wurden. Auf eiligem Rückzuge entdeckte Fairweather Gold im Alder Gulch (ca. 90 Ml. S v. Hel.), wo alsbald Virginia City, die erste Hauptstadt Montanas, emporblühte, welche 1865 achtzehn Tausend Einw. zählte, von denen heute kaum 1000 zurückgeblieben[2]. Alder Gulch, 12 Ml.

---

[1] 1 engl. F. = 0,3048 m; 1 engl. Ml. = 1609,3 m. Die Entfernung bezeichnet die Luftlinie.

[2] Einen noch schnelleren und vollständigen Niedergang erfuhr Red Mountain City (14 Ml. SSO von Butte), welche bald nach ihrer Gründung

lang, ⅛ bis 1 Ml. breit, lieferte den Wäschern 60 Millionen Dollars Gold, davon die Hälfte in den ersten drei Jahren. Das Grundgebirge dieser goldreichsten Schlucht, welche jemals entdeckt wurde, besteht nach F. V. HAYDEN aus Gneissgranit und krystallinischen Schiefern. Zwölf Jahre nach der Entdeckung des Alder Gulch, welcher den im Besitz der Menschen befindlichen Goldmengen so ungeheure Summen hinzufügte, starb W. FAIRWEATHER zu Virginia City, Montana, arm, elend und verzweifelnd, gleich COMSTOCK, welcher ebenfalls in Montana sein verzweiflungsvolles Leben schloss. Wie an den letztern Namen die Entdeckung des reichsten Silber- und Gold-Ganges geknüpft ist, so ist FAIRWEATHER's Name mit der reichsten Goldwäsche verbunden. — Im Herbst 1864 erfolgte die Entdeckung des goldreichen Last Chance Gulch, welcher die Stätte der neuen Kapitale Montana's werden sollte; ferner Silverbow Gulch in Summit Valley (die obere südöstliche Quellmulde des Deerlodge-Flusses, welcher folgeweise die Namen Missoula und Clark Fork of the Columbia annimmt), wo jetzt Butte liegt, December 1864; — German Gulch, 14 e. Ml. lang, unmittelbar westlich vom Silberbow-Thal, Januar 1865; — French Gulch, 12 Ml. lang, 15 bis 20 Ml. SW von German G., März 1865; — Diamond Bar Gulch, Frühjahr 1865 (hier lag das Gold seltsamerweise nicht in der Tiefenlinie des Gulch, sondern am Fuss der Hügel. Auf einem Claim, 100 F. im Quadrat, soll ein Deutscher, CARL FRIEDRICH, innerhalb eines einzigen Jahres Gold im Werth von 482 000 Doll. gewaschen haben)[1]. Bald folgten neue Entdeckungen im Westen Montana's, namentlich am östlichen Gehänge der Bitterroot Mts. und im Cedar Creek, 52 Ml. NW von Missoula, wo auf einer Strecke von etwa 20 Ml. eine waschwürdige Goldablagerung sich fand. Wenige Jahre nach der Entdeckung von Grasshopper Gulch wurden bereits hunderte von Goldsand-Alluvionen mit grossem Gewinn bearbeitet; das goldführende Gebiet dehnte sich über eine Fläche von etwa 15 000 e. Q. Ml. aus.

Das Gold Montana's ist von sehr verschiedenem Feingehalt. Während die Unze von German Gulch 24 Doll. werthet, sinkt der Werth des Goldes von Silverbow Gulch wegen des hohen Silbergehalts auf 12 bis 14 Doll. — Die Goldproduktion Montana's im Jahr endend 31. Mai 1880, betrug nach der officiellen Statistik (Mineral Resources of the Un. St. by ALB. WILLIAMS jr.):

Aus Goldbergwerken (Deep Mines):	Goldwäschen (Placer Mines):
31 098 Unzen od. 642 861 Doll.	56 256 Unzen od. 1 162 906 Doll.

Während im allgemeinen die Goldproduktion der Ver. St. etwas sinkt, hebt sich diejenige Montana's wieder. Den oben gen. Summen mit einem Total von 1 805 767 Doll. stehen in den Kalenderjahren 1881 und 82 die Zahlen 2 330 000 und 2 550 000 gegenüber, so dass Montana in Bezug auf Goldproduktion die 4. Stelle unter den Staaten und Territorien einnimmt, nur zurückstehend hinter Californien, Colorado und Dakota.

in der Mitte der 60er Jahre 2000 Einw. zählte. Jetzt hausen dort nur noch 4 bis 5 Individuen.

[1] Diese Notizen verdanke ich Herrn Dr. MUESSIOBROD zu Warmspring, Montana.

Bekannt ist die Auffindung des Comstock-Ganges: vom Carsonthal ging man mit den Wäschen aufwärts im Six Mile- und Gold Creek, der Goldspur folgend, bis sie vertikal zur Tiefe setzte. So drang man im Thal des Silberbogen-Baches (so gen. von dem schön gekrümmten Wasserlauf) goldwaschend aufwärts gegen O und fand nahe seinem Ursprung das reiche Gangrevier von Butte, das wichtigste Montana's, welches, seit kaum mehr als einem Lustrum in energischer Weise bearbeitet, berufen ist, eine grosse und voraussichtlich langdauernde Rolle in der Metall-Erzeugung der Ver. St. zu spielen. Mit solcher Schnelligkeit entwickelte sich der Bergbau Butte's, dass er bereits über 1 500 000 Doll. Silber im Jahr producirte, als der Name Butte City wohl nur Wenigen in Europa bekannt geworden.

Man erreicht die Stadt auf einer bei Silverbow City gegen O abzweigenden 7 Ml. langen Seitenlinie der Utah- und Northern-Bahn. (Diese letztere ist eine „Division“ von Union Pacific.) Das Silberbogen-Thal ist zunächst schluchtähnlich eng, weitet sich dann zu einer gegen O und S vom Hochgebirge überragten Mulde. Auf dieser Fahrt erblickt man an zahllosen Stellen jetzt verlassene Goldwäschen. Bevor man Butte erreicht, zieht ein die Stadt gegen W überragender spitzer Kegel (rel. Höhe ca. 300 F.) den Blick auf sich; es ist der Butte, welchem die Stadt ihren Namen verdankt. Der Berg besteht aus einer durch Quarzdihexaëder porphyrartigen Varietät des die ganze Umgebung zusammensetzenden Granits. Ähnliche kleinere spitze Gipfel ragen mehrfach über dem felsig rauhen Relief von Silverbow empor. Vom Bahnhofe Butte erblickt man gegen N die Stadt (8000 Einw.) auf einer schildförmigen Höhe mehrere hundert F. sich emporziehend, überragt von den grossartigen Förderanlagen und Schmelzwerken. Steigt man zu den obersten Theilen der Stadt bis zum schildförmigen Scheitel der grossen Wölbung (ca. 600 F.) empor, so stellt sich eine Gebirgsansicht von so hohem Interesse dar, wie wohl nur wenige Distrikte des gewaltigen Felsengebirges darbieten. Gegen O zieht kaum 5 Ml. fern der centrale Kamm, die Hauptwasserscheide, hier wenig gegliedert, wallähnlich, bis 3000 F. Butte überragend. Kaum 12 Ml. SO der Stadt wendet die bisher N—S streichende „Divide“ (Wasserscheide) gegen W, so dass die Zuflüsse des Columbia von denen des Mississippi hier durch eine ca. 70 Ml. lange O—W Linie geschieden werden. In jenem Winkel erhebt sich mit schönen Formen das Pipestone-Gebirge, in welchem die verlassene Red Mtn.-City liegt. So stehen wir angesichts der fernsten Quellmulde des Clarks Forks, eines der beiden Hauptarme des Columbia, ausser dem Colorado der einzige continentale Strom der pacif. Küste der Ver. St. Höhere Gebirge als die eben erwähnten werden gegen SW sichtbar, ca. 60 Ml. fern die Bald Mts., auch Highland Mts. genannt. Der westliche Horizont ist durchaus von sehr hohen, den Scheider überragenden Gebirgen eingenommen. Eine besonders ausgezeichnete Hochgebirgsgruppe ist Mt. Powell, 10 500 F. h., 36 Ml. NW fern. Dem grossartigen Gepräge der ferneren Umgebung entspricht auch das rauhe Berggewölbe, auf welchem wir stehen, und belehrt uns, dass der Name „Felsengebirge“ den bezeichnendsten Zug des grossen Berglandes ausdrückt. Die schildförmige, 6300—6500 F. h. Wölbung nördlich von Butte besteht aus syenitähnlichem Granit (gelblichweisser Orthoklas, graulichweisser Plagioklas, Quarz, Biotit, Hornblende, Titanit,) und trägt den Charakter granitischer Plateaus, namentlich Gruppen und Züge kolossaler Felsblöcke, welche bald zu einem Riesengemäuer zusammengefügt, bald zu regellosen Haufen aufgethürmt sind. Auch hier fehlen jene Schwank-Steine nicht, welche nur des geringsten Anstosses zu bedürfen scheinen, um ihre Lage zu verändern, wie die Logan Rocks in Cornwall. Diese felsige Hochebene, welche dem westlichen Gehänge der Wasserscheide vorgelagert ist, erschien bei unserem Besuche überaus rauh und wild. Im Frühling aber schmückt sie sich mit einer Fülle herrlicher Blumen, welche in den tieferen Ebenen unbekannt sind. Die bereits erwähnte Thalweitung, Summit Valley, zu welcher das Plateau von Butte gegen S absinkt, ist ein ausgezeichnetes Beispiel jener ehemaligen Seebecken, welche in unendlicher Zahl ihre Spuren in den Rocky Mts. zurückgelassen. Auf der schildförmigen Wölbung stehend, konnten wir den früheren Zustand des Landes zurückgekehrt wähnen, da eine horizontale Nebelschicht das Becken erfüllte, aus dessen seeähnlicher Fläche eine fast isolirte stumpfkegelförmige Höhe aufragte.

Während in Europa der Granit nicht in hervorragender Weise reiche Erzgänge birgt, ist dies allerdings im Felsengebirge der Fall, so im centralen Colorado und im Gebiet von Butte. Das Gangrevier von Butte, von O—W etwa 6½ bis 7, von N—S etwa 4 Ml. messend, umfasst zahlreiche Gänge oder Gangzüge, unter denen namentlich drei von hervorragender Wichtigkeit sind, da auf ihnen die reichsten Gruben bauen. Das Streichen der Gänge ist im allgemeinen O—W, doch weicht es in der westlichen Hälfte etwas nach SW, in der östlichen etwas nach SO ab, so dass ein bogenförmiges, gegen N etwas konvexes Streichen entsteht. Das Fallen ist bei den südlichen Gängen gegen S gerichtet, wird weiter gegen N steiler, senkrecht und geht bei den nördlichen Gangzügen in ein nördliches über. Die Gänge verrathen sich theils als mauerförmig aufragende Quarzmassen, theils — in zahlreichen Einschnitten — als dunkle Zersetzungszonen des vielfach zu Grus aufgelösten Granits. Ein besonders charakteristisches Gangmineral ist Manganspath. Wenn dies pfirsichblütrothe Mineral Bleiglanz und Blende umhüllt, so entstehen sehr schöne Gangmassen, welche an solche von Kapnik in Siebenbürgen erinnern. Nahe der Oberfläche hat sich das Manganoxydul höher oxydirt. Die so entstehenden schwarzen Gangspuren zeigen sich in grosser Häufigkeit in zahllosen Schürfen und Einschnitten.

Die oben angedeuteten drei Gangzüge werden durch folgende Gruben bezeichnet. Es bauen auf dem südlichen: Clear Grit, Mountain, Gagnon, Original, Original of Butte, Anaconda, St. Lawrence, Parrot, Shaksper-Parrot, Shonbart (Colusa, Liquidator?); auf dem mittleren: Allie Brown, Lexington, Josefine, Bell, Bell of Butte; auf dem nördlichen: Moulton, Alice, Magna Charta, Valdemere. Gangmineralien sind: Quarz, Manganspath, Bleiglanz, Pyromorphit, Cerussit, Blende, Kupferglanz, Malachit, Eisenkies, Mispickel, Silberglanz, Jod- und Chlorsilber (angeblich), gediegen Silber, gediegen Gold. — Die Oxydation, welche vom Ausgehenden der Gänge bis 150, 200 F. (ja in einzelnen Gangtheilen noch tiefer reicht), bedingt eine Verschiedenheit der Erze und ihrer Zugutemachung. In oberen Teufen führen die Gänge oxydirte Erze und freie, ohne Röstung amalgamirbare Edelmetalle (free milling ore), in grösseren Teufen Schwefelmetalle, welche vor der Amalgamation der Röstung und Chloritisirung unterworfen werden müssen. Während dieser Unterschied ein allgemeiner, ist auch die Erzführung der verschiedenen Gänge, ja der verschiedenen Theile desselben Ganges sehr verschiedenartig. Besonders bemerkenswerth ist wohl die Thatsache, dass der östliche Theil des Gangreviers reicher an Kupfer (Kupferglanz) ist, mit nur untergeordneten Silbermengen, während die westlichen und nördlichen Gruben theils Kupfer und Silber (nebst Gold), theils nur Silber (nebst Gold) liefern. Für die Vertheilung von Silber und Kupfer scheint die Anaconda von hervorragendem Interesse. In oberer Teufe war der Anaconda-Gang wichtig durch seine Silberführung, in grösserer Teufe wurden Erze reich an Kupfer (40 bis 50 Proc.) und Silber (150 Unzen in der Tonne) gefördert. Tiefer verschwindet das Silber vollständig und die Grube gestaltet sich zu einer kolossalen Kupferlagerstätte. Der angedeutete Wechsel in der Erzführung tritt indess, wohl in Folge einer grossen Gangstörung, für den östlichen und westlichen Gangtheil nicht in gleichem Horizont ein. Auf dem 300 F.-Lauf erblickte ich eine scharfe Grenze zwischen dem mit Kupferglanz erfüllten mächtigen Gangtheil im O und dem gediegen Silber und Silberglanz führenden Gangabschnitt im W.

Unter den Gruben des nördlichen Gangzuges ist die Alice[1], jetzt konsolidirt mit den gegen Ost angrenzenden Feldern Magna Charta und Waldemere und so einen Gangabschnitt von 2983 F. umfassend, die wichtigste und die hier erschlossenen Gangverhältnisse am besten bekannt. „Ein Report on the property of the Alice Gold and Silver Mining Company by Will. Blake“, 1882, gestattet einige zuverlässige Daten über den betreffenden Gangzug, „Rainbow Lode“ gen., mitzutheilen. Das Gangstreichen ist im Felde der konsolidirten Gruben WSW—ONO (genauer Nord 68° Ost), Einfallen 71 bis 73° gegen NNW. Das Ausgehende des Ganges wird durch ockerfarbige, bis 20 F. den Boden überragende Quarzfelsen bezeichnet. Die zerfressene, löcherige Beschaffenheit dieses Gangquarzes beweist, dass die Kiese oxydirt und fortgeführt wurden. Mit den härteren Quarzmassen wechseln leichter zerstörbare Breccien. Die verschiedenen Gangquarzzonen sind zuweilen durch Thonmassen getrennt. Auch liegen in der Gangspalte grosse plattenförmige Granitkörper, sogen. „Horses“, welche dem Nebengesteine angehören. Der Rainbow-Gang besitzt meist eine deutlich ausgesprochene symmetrische Struktur und ist im allgemeinen gegen das Nebengestein wohlbegrenzt. Im Hangenden (NW) pflegt der Gang fest mit demselben verwachsen zu sein, während im Liegenden (SO) Thon und zermalmter Quarz die eigentliche Gangmasse vom Nebengestein scheiden. Hier ist der Granit auch mehr zersetzt als im Hangenden. Im Alice-Felde

[1] Die Alice ist Eigenthum von Kapitalisten in New-York und Salt Lake City; Präsident der Gesellschaft ist Hr. Joseph R. Walker in der Salzseestadt.

treten häufig jene platten- oder linsenförmigen „Horses" auf, sie sind indes nicht von erheblicher Ausdehnung. Die sie umhüllenden Thonlagen zeigen gewöhnlich Rutschflächen, zum Beweise, dass die Gangtheile verschiedene Bewegungen erlitten haben. Auch gestreifte Harnische, selbst solche mit zweifacher Streifenrichtung finden sich namentlich am liegenden Saalband. Die Erzkörper sind linsenförmig und reihen sich in der Weise an einander, dass wo der eine sich verschmälert und auskeilt, ein anderer beginnt und an Mächtigkeit wächst. Einzelne Theile der Gangmassen sind durchaus zerbrochen und zermalmt. Eine solche auf dem 300 F. Lauf vorkommende zermalmte Masse war 20 F. dick. An Verwerfungen des Ganges fehlt es nicht. Auf eine solche machte Hr. Hall, Superintendent der Alice, mich bei einer Befahrung aufmerksam. Der Gang schien im Streichen plötzlich verloren. Hr. Hall folgte mit den Ausrichtungsarbeiten einer wenig deutlichen Spur gegen S. und fand den Gang in 35 F. Abstand wieder auf. Auf dem 1. Lauf in 100 F. Teufe zeigte der 60 F. mächtige Gang vom Liegenden zum Hangenden folgende Zusammensetzung: ein schmales (ca. 1½ F.) thoniges Saalband; Gangquarz zerbrochen und zermalmt 27 F.; Quarz mit der ersten Sorte von Amalgamir-Erz 12 F.; Quarz, erzarm, schwarz durch Mangansuperoxyd 12 F.; endlich der sog. „Hard Ledge" Gangquarz 9 F. — Auf dieser Sohle sind die Kiese oxydirt, die Gangmasse braun gefärbt, der grössere Theil der Edelmetalle in einer Form zurückgeblieben, welche eine leichte Amalgamirung ohne Röstung gestattet.

Auf dem 2. Lauf (109 F. unter dem 1.) ist der Gang zusammengesetzt wie folgt: Saalband, Thon mit Quarz 2 F.; dunkles geschwefeltes Erz (mit 100 Doll. Edelmetall in der Tonne) 1; ein Granit-„Horse" 2 F.; zermalmter Quarz von geringem Erzgehalt mit Schnüren und Nestern von Manganspath, eine Thonlage 30 F.; körniger zerbrochener Quarz mit Erz 2. und 3. Sorte 12 F.; dann — durch eine Thonlage getrennt — fester Quarz mit Adern von Manganspath und Erz von 1. und 2. Sorte. Granit des Nebengesteins. Hangendes.

Die Oxydation ist auf dem 2. Lauf nur wenig vorgeschritten, die Erze zum grössten Theil noch in ihrem ursprünglichen Zustand.

Der 3. Lauf zeigt den Gang 80 F. mächtig und aus mehreren Erzkörpern, wie folgt, zusammengesetzt: Im Liegenden ist der Gang durch ein mächtiges quarzigthoniges Saalband vom granitischen Nebengestein getrennt. Kompakter Quarz 11 F.; zertrümmerter Gangquarz mit gerundeten und unregelmässigen Geröllen 29 F.; ein Thonstreifen; Erz 2. Sorte mit einem Granit-„Horse" 8 F.; dunkles, wohlbegrenztes Thonlager; amalgamirbares Erz 9½ F.; harter Quarz 8 F.; harter Quarz mit Adern von Manganspath 12 F.; hangendes granitisches Nebengestein mit Trümern von Quarz und Manganspath.

Auf dem 4. Lauf misst der Gang 44 F. Das thonigquarzige Saalband im Liegenden ist 4 F. mächtig. Es folgt: harter erzführender Gangquarz 4 F.; ein Thonstreifen; dunkler brüchiger Quarz mit Streifen von Erz und Thon 4 F.; dunkle Thonlage; reicher Gangquarz mit derbem Manganspath 1½ F.; ein Granit-„Horse" mit Erzschnüren 6½ F.; derber Eisenkies mit gediegen Silber 2½ F.; reiches Erz, Bleiglanz, Blende, Eisenkies mit haarförmigem gediegen Silber 2 F.; derber Quarz mit wenig Eisenkies und kleinen, gediegen Silber führenden quarzigen Trümern 3 F.; sehr kompakter Quarz mit kleinen Erznestern 3 F.; weisser, theilweise zertrümmerter Quarz mit 60 Doll. amalgamirbaren Erzes in der T. 3 F.; dunkler Gangquarz mit geringem Erzgehalte 5 F.; ein Thonstreifen; zertrümmerter Gangquarz 3 F.; fester Quarz mit reichem Erz, gediegen Silber. Granit des Hangenden mit kleinen Quarztrümern, doch ohne Erz.

Auf dem 5. Lauf ist der Gang, welchem einige Granit-„Horses" eingeschaltet sind, 72 F. mächtig. Es wurde ein Gangkörper von 29 F. Dicke mit Erz erster Sorte angefahren, Manganspath, haar- und moosförmiges gediegen Silber.

Der 6. Lauf erschloss den Gang in einer Mächtigkeit von 64 F. Die plattenförmige Granitmasse hat sich ausgekeilt und ist nur noch durch eine dünne Thonlage vertreten, welche den Gang in zwei Theile scheidet.

Ausser diesem Hauptgange sind in den Feldern der Alice Mining Comp. mehrere schmälere Gänge im Liegenden bekannt, welche namentlich im Felde Magna Charta aufgeschlossen wurden. Sie sind 6—10 F. mächtig, ihr Fallen ist noch etwas steiler als dasjenige des Hauptganges. Einer dieser Liegendgänge geht nicht zu Tage aus, und stellt sich oberhalb der 200 F. Sohle nur als eine thonige Kluftausfüllung dar. In dem gen. Felde ist der Granit zunächst den Gängen von einem Netzwerk von Quarztrümern durchzogen. Die so umschlossenen Granitblöcke sind in ihrem Innern noch sehr frisch, während die den Quarztrümern anliegenden Gesteinspartien zersetzt und anscheinend kaolinisirt sind. Diese Trümer, welche gleichzeitiger Entstehung scheinen, verhalten sich dennoch verschieden in Hinsicht der Erzführung; die vertikalen oder steil geneigten sind mit Schwefelmetallen gefüllt, während die wenig geneigten oder horizontalen fast ganz taub sind. In der Teufe von 800 F. (bis zu welcher im Oct. 1883 die Baue reichten) hat der Hauptgang inclusive der Granit-„Horse" eine Mächtigkeit von fast 100 Fuss; der Magna Charta-Schacht ist bis 600 F. niedergebracht. Im Felde der Magna Charta sah ich in einem Tagebau das Ausgehende des Hauptganges entblösst. Die durch Mangansuperoxyd schwarze Gangmasse enthielt in der Tonne 40 Doll. Silber, 6—10 Doll. Gold.

Was die Erze des Rainbow-Lode betrifft, so finden sich Bleiglanz, Blende, Silberglanz innig gemengt, während der Eisenkies auch für sich allein Nester und Schnüre im Gangquarz bildet. Das Schwefelsilber ist theils dem Bleiglanz innig beigemengt, theils bildet es dünne Blättchen und Partien, welche auf Klüften der Kiese liegen. In letzterem Vorkommen scheint das Schwefelsilber das Primitiv-Mineral des gediegen Silbers zu sein, welches, in Form dünner Blättchen eingelagert den verschiedenen Kiesen, namentlich auch dem Kupferglanz, sehr verbreitet auf den Gängen von Butte ist. Silber tritt zuweilen auch in moosähnlichen Aggregaten und feinen Drähten mehrere Zoll lang auf. Gold, welches einen wichtigen Bestandtheil der Rainbow-Lode-Erze bildet, ist wohl niemals mit freiem

Auge wahrnehmbar [1]. Es scheint immer mit einem Theil des Silbers verbunden zu sein. Mit dem Gehalt an Silber steigt auch der Goldgehalt. Silberfreie oder sehr silberarme Erze enthalten kein Gold. Doch ist das draht-, moos- und blattförmige gediegen Silber nicht goldhaltig. Der relative Gehalt des Goldes zum Silber war grösser in der oberen oxydirten Gangzone als in der Region der unzersetzten Schwefelmetalle. Der natürliche Oxydationsprocess bedingt demnach eine relative Vermehrung des Goldes. — Durch das Rösten der Erze verliert ein Theil des Goldes die Fähigkeit, vom Quecksilber aufgenommen zu werden. Während der relative Gehalt von Gold und Silber in den nicht gerösteten Schwefelverbindungen der tieferen Gangtheile zu 12,74 p. C. Gold, 87,26 Silber (dem Werthe nach) bestimmt wurde, ergab das geröstete Erz 7,07 Gold, 92,93 Silber. Die Produktion der Alice seit dem Winter 1876, in welchem die Arbeiten auf dem Ausgehenden des Ganges ihren Anfang nahmen, bis zum 31. October 1881, erhellt aus folgenden Zahlen. Es gelangten zur Amalgamation 42 949 Tonnen Erz, davon 35 298 T. Rösterz. 7651 T. oxydirte Erze aus höheren Teufen (free milling ore). Die Amalgamation ergab im Mittel 86,35 p. C. bei den Rösterzen, 72,18 p. C. bei den oxydirten Erzen. Es wurden in dem angegebenen Zeitraum erzeugt 1166 Barren Bullion, deren Gesammtgewicht 2 157 709 Unzen. Davon entfallen: Fein Silber 1 475 255 U., Fein Gold 9 578 U. Marktpreis der Bullionbarren 1 880 275 Doll.

Mündlichen Mittheilungen des Superintendenten der Alice, Hrn. W. E. Hall, zufolge hatte die Grube (Oct. 1883) eine Teufe von 800 F. erreicht. 200 Gallonen Wasser per Minute sind zu heben. Die Tonne des besten Erzes werthet ca. 1000 Doll. Die Gesammtlänge der Stollen betrug 20 200 F. Die im Jahr 1883 im monatlichen Durchschnitt gewonnene Erzmenge werthete angeblich 110 000 Doll.; nach Abzug von 40 000 Doll. für die Kosten der Gewinnung stellt sich der Gewinn p. Monat auf 70 000 Doll. Die Zahl der erzeugten Bullionbarren (der erste wurde am 7. Nov. 1877 versandt) betrug am 24. Februar 1883 2202 mit einem Gesammtwerth 4 404 000 Doll.

Über die Grube Lexington und das zugehörige Amalgamationswerk (Eigenthum einer Pariser Gesellschaft) machten die HH. F. Medhurst, damals Resident-Director, und A. Wartenweiler dankenswerthe Mittheilungen. Die Grube baut, wie bereits angegeben, auf dem mittleren Gangzuge. Streichen WSW—ONO, Fallen 65° gegen SSO. Die Mächtigkeit des Ganges schwankt zwischen 10 und 30 F. Das reiche Erz bildet flache, scheibenförmige Körper, vergleichbar den Bonanzas des Comstock's. Jene elliptischen Erzscheiben sollen in der Gangfläche steil nach W. einfallen. Die Ausdehnung einer solchen Erzmasse (der östlichen) in der Richtung des Gangstreichens (im 200 F. Lauf) wurde zu 250 F., ihre Dicke zu 2 F. angegeben. — Der Lexington-Gang führt namentlich folgende Erze: Manganspath, Eisenkies, Mispickel, Bleiglanz, Blende, Silberglanz. Das Erz

[1] In den oberen, durch die allgemeine Denudation zerstörten Theilen der Gänge von Butte muss indes viel Freigold, auch in wahrnehmbaren Körnern und Blättchen vorgekommen sein, wie das Gold der Wäschen im Summit Valley beweist.

der eben erwähnten Bonanza enthielt in der Tonne bis zu 250 Unzen Silber und 1¾ U. Gold[1]. Andere Erzkörper sind weniger reich. Einer brieflichen Mittheilung des Hrn. Medhurst vom 18. Januar 1884 entnehme ich folgende Daten, welche die Bedeutung der Grube Lexington in's Licht stellen. „Im Laufe des Jahres 1883 haben wir 20281 Tonnen Erz durchgesetzt, dessen Durchschnittsgehalt 44,3 Unzen Silber und $\frac{79}{100}$ U. Gold war. — Ausserdem hat unsere alte Mühle (10 Stempel) circa 5500 T. alter Schlämme (Tailings) behandelt. Demnach ist unsere ganze Produktion für das Jahr 1883 von einem Werthe von 1085556 Doll., und der Reingewinn von Grube und Werk stellt sich auf ca. 620000 D. Ausserdem haben wir in der Grube ca. 40000 T. gutes Erz in Sicht, bei welcher Schätzung die neuen Funde am 500 F. Lauf nicht berücksichtigt wurden[1]."

Das Bullion von Lexington hatte 1883 nach Hrn. Wartenweiler folgende Zusammensetzung: Silber 670 p. C., Kupfer 325 p. C., Gold 5 p. C. — 93 p. C. des Silbergehalts der Erze werden gewonnen, während ein ähnlich-hohes Ausbringen des Goldes bekanntlich nicht möglich ist. Nur 56 p. C. des Goldes werden amalgamirt. Infolge des Röstens scheint ein Theil des Goldes vom Schwefeleisen umschlossen zu werden und dadurch der Amalgamation zu entgehen. Es könnte die Menge des gewonnenen Goldes wohl etwas erhöht werden, doch nur auf Kosten eines relativ grösseren Silberverlustes[2].

Es war mir vergönnt, die Grube Anaconda (Eigenthum einer Gesellschaft in San Francisco), deren bereits oben wegen der verschiedenen Erzführung in höheren und unteren Teufen, in östlicher und westlicher Erstreckung gedacht wurde, bis zum 800 F. Lauf zu befahren. Die Anaconda, welche nach sehr umfassenden Aufschluss-Arbeiten erst vor Kurzem einen Abbau in grossartigem Maassstabe begonnen hat, wird voraussichtlich die wichtigste Kupfergrube der Ver. St. werden. Sie besitzt eine Fördermaschine von 400 Pferdekraft (J. P. Morris, Philadelphia). Das Bohren geschieht mittelst Maschinen, welche durch komprimirte Luft getrieben werden. Die

---

[1] 1 Unze Silber = 1 Doll. 6¼ Cents; 1 U. Gold = 20 Doll. 69 Cents.

[2] Den Angaben der gen. Herren entnehme ich noch die folgenden Thatsachen, welche ein helles Licht auf das Frachtwesen der amerikanischen Bahnen werfen. Das zum Rösten der Erze nöthige Salz muss vom grossen Salzsee (Utah) bezogen werden, eine Bahnstrecke von 376 e. Ml. Der Preis des Salzes am Ladeplatz beträgt 3½ Doll. die Tonne. In Butte stellt sich infolge der exorbitanten Fracht der Preis auf 23¼ Doll., welcher durch den Transport zum Werk auf 25 Doll. erhöht wird. Die Willkür der Salzfracht tritt namentlich hervor durch einen Vergleich mit der Kohlenfracht. Die Werke von Butte sind auf die tertiäre Kohle von Evanston, 85 Ml. östlich Ogden, angewiesen. Obgleich die Kohle auf derselben Bahn (Union Pacific) einen um 100 e. Ml. längeren Weg zu machen hat, stellt sich der Preis einer Tonne Kohlen in Butte nur auf 10 Doll. Die Kohlenflötze von Evanston sind Eigenthum der Union Pacific! Der monatliche Salzverbrauch des Lexington-Werks wurde zu 300 T. angegeben. Solche Thatsachen erklären es, dass in industriellen Kreisen America's ein allgemeines Verlangen nach einer stärkeren Staatskontrole über die Bahnen besteht.

Anaconda, Superintendent Hr. MARCUS DAILY, baut auf einem 69° gegen S fallenden, ca. 30 F. mächtigen Gang, welcher kolossale reine Mittel von Kupferglanz führt. An einer Stelle sah ich den Gang dort sogar 40 F. sich weitend, mit kompaktem Kupferglanz erfüllt, ein merkwürdiger Anblick. Die reicheren Erze (1 Tonne Erz 1. Klasse von Anaconda mit 55 p. C. Cu werthet 158½ Doll.) werden nach Swansea gesandt (Fracht 48½ Doll. p. Tonne); während die ärmeren der Verschmelzung in einem grossen Werk harren, welches unfern Warmspring, 26 Ml. NW von Butte entfernt, errichtet werden soll. Es waren bereits 110000 T. Erz mit einem mittleren Kupfergehalt von 18 p. C. aufgehäuft. Ein Vertrag mit der Utah-Northern R. R. soll geschlossen werden, welcher die Grube verpflichtet, täglich 400 T. Erz zu verfrachten.

Auf der Grube Gagnon (Eigenthum des Colonel THONTON; Direktor Hr. SOLBERGER), welche gleichfalls auf dem südlichen Gangzuge baut und westlich von Anaconda liegt, fällt der Gang 80° gegen S, schwankt in seiner Mächtigkeit zwischen 18 Zoll und 7 F. Das Erz besteht aus Kupferglanz, Blende, Bleiglanz, Eisenkies. Von grosser Schönheit sind die Häute und flechtenähnlichen Partien von ged. Silber auf den Kluftflächen des Kupferglanzes.

Im östlichen Theil des Reviers, in einer gegen Nord ziehenden Schlucht, welche die schildförmige Wölbung von Butte vom Hauptkamme scheidet, liegt die Grube und das grosse Kupferschmelzwerk Colusa (geleitet von Hrn. Dir. MÜLLER). Der Colusa-Gang, wie Anaconda vorzugsweise Kupferglanz schüttend, streicht WSW—ONO, in seinem östlichen Theile fast rein östlich, Fallen 80° gegen SSO. Der Hauptabbau bewegt sich auf dem 160 F. Lauf. Halbzollmächtige Erzadern laufen vom Gange aus, 30 bis 40 F. weit in den Granit hinein. Der Gang soll gegen O silberreicher sein (3 Unzen), als gegen W (1 bis 1½ U.). Das mehr als 26 p. C. Kupfer enthaltende Erz wird nach Swansea verschifft, das ärmere an Ort und Stelle verschmolzen. Die Grube Liquidator liegt auf einer westlichen Fortsetzung des Colusa-Ganges, welcher hier bis zu 58 F. Mächtigkeit besitzt. Erreichte Tiefe 240 F. Aus 60 F. Tiefe werden schöne erdige schwarze Kupfererze gewonnen, welche 10 bis 12 F. mächtig, rein anstehen.

Die Grube Shonbar (Eigenthum des Hrn. LE CAVE) liegt in der Thalebene unterhalb und südlich der Stadt. Der Gang, 3 bis 5 F. mächtig, O—W streichend, 40—45° gegen S fallend, bis 300 F. tief aufgeschlossen, liefert prachtvolle Stufen von pfirsichblüthrothem gebändertem Manganspath, in welchem die Erze eingebettet sind. —

Eine interessante Sammlung von Mineralien und Erzen besitzt Herr NEWKIRK in Butte; viele ausgezeichnete Goldstufen von Cable Mine; Eisenkies und Blende von Late Acquisition; gediegen Silber von Poor Man Lodge, Idaho; Weissblei von der Alice; versteinertes Holz vom French Gulch. — Hr. Banquier CLARK hatte die Güte, mir in seiner Sammlung zu zeigen: Quarzkrystalle, theilweise inkrustirt durch Gold. Die prismatischen Quarzkrystalle erweckten auch dadurch Interesse, dass sie — wenngleich nicht sehr vollkommen — so doch ein deutlich erkennbares rhomboëdrisches Aggregat, eine Pseudomorphose nach Kalkspath, bilden; von Cable Mine. Chlorsilber von „Clarks Fraction between Alice and Magna Charta" aus 80 F. Teufe. Malachit und Chlorsilber von Pollock Mine; Rothgültig von ebendort.

Obgleich ich das Revier von Philipsburg (42 Ml. NW von Butte, am W.-Fusse des Mt. Powell gelegen) nicht selbst besucht habe, so dürften doch einige Bemerkungen über die dortigen Gänge nach gefälliger Mittheilung eines ehemaligen Leiters jener Gruben hier eine Stelle finden.

Durch das Revier von Philipsburg setzt die (wenn ich recht unterrichtet bin) NW—SO streichende Grenze zwischen Granit und körnigem Kalkstein. Der Granit ruht auf dem Kalkstein, so dass die Gesteinsgrenze bis in eine Teufe von 3 bis 400 F. unter 45° einfällt, tiefer hinab wird das Fallen steiler. Silberführende Gänge finden sich sowohl im Kalkstein (Speckled Trout Mine) als auch im Granit (Granite Mine). Die seigeren Gänge streichen normal zur Gesteinsgrenze. Im Kalkstein sind sie 6, 8 bis 10 F. mächtig und führen in oberen Teufen Mangan- und Eisenerze; in grösserer Teufe ändert sich die Gangführung, es treten silberhaltiger Bleiglanz und Blende auf. Von Gold ist kaum eine Spur in den Erzen vorhanden. — Die Gänge der Granite Mine (seit 1873 bearbeitet), streichen zwar in derselben Richtung wie diejenigen der Speckled Trout Mine; sie bilden aber nicht deren Fortsetzung, erscheinen auch nicht so dicht geschart. Die Gangmasse der im Granit aufsetzenden Gänge ist wesentlich quarzig; sie führen Rothgültig, silberhaltigen Antimonit etc.

In den Schichtungsklüften des Kalksteins wurde gediegen Silber 1866 entdeckt.

G. vom Rath.

Über die Brachiopodenfauna von Südtyrol und Venetien.

Kiel, den 30. November 1884.

In den Verhandlungen der k. k. geol. Reichsanstalt in Wien. 1884. Nro. 10, pag. 187, findet sich ein Referat über meine Abhandlung: „Beiträge zur Kenntniss der liassischen Brachiopodenfauna von Südtyrol und Venetien." Der Referent ist darin so freundlich, mich darauf aufmerksam zu machen, dass ich bei deren Abfassung eine 1883 erschienene Schrift der HH. Canavari und Parona, „Brachiopodi oolitici di alcune località dell' Italia settentrionale", veröffentlicht in den Atti del. Soc. Tosc. Pisa, V. 1883, unberücksichtigt gelassen habe, was um so bedauerlicher wäre, als diese genannten Herren dasselbe Thema ihrer Abhandlung zu Grunde gelegt hätten.

Die Richtigkeit dieses Vorwurfs muss ich anerkennen, wenn ich auch zu meiner Entschuldigung anzuführen mir erlaube, dass meine Arbeit schon im November 1882 fertig war, ich aber die letzte Hand daran nicht legen konnte, um sie druckreif zu machen, weil mich meine durch anderweitige Umstände gesteigerte Lehrthätigkeit daran gehindert hat.

Damals glaubte ich alle sich auf das von mir behandelte Thema bezügliche Litteratur durchgelesen zu haben, und als ich fast erst ein Jahr später zur endgiltigen Durchsicht meines Manuskriptes kam, ist mir die inzwischen erschienene Arbeit CANAVARI's und PARONA's entgangen.

Die Doppelbearbeitung desselben Gegenstandes mag jedoch insofern auch ihr Gutes haben, als meine italienischen Fachgenossen zu anderen Resultaten gelangt sind als ich. Während nämlich das Endergebniss meiner minutiösen Forschungen und genauesten Vergleiche des untersuchten Materials mit anderen Formen das ist, dass die betreffenden Brachiopoden durchaus liassischen Typus aufweisen, so kommen CANAVARI und PARONA zum Schlusse, dass dieselben oolithisches Alter hätten.

In dem Referate über ihre Arbeit, die wohl aus der Feder desselben Referenten stammt, wenn ich nicht sehr irre (Verhandl. der k. k. geol. R.-Anstalt, 1883, pag. 162), wird die Vermuthung ausgesprochen dass die hier beschriebenen Formen möglicherweise keine „oolithischen“ Brachiopoden seien, wie die betreffenden Autoren sie nennen, sondern eventuell liassisches Alter besässen, etwa gleich denjenigen von Sospirolo, indem auch die hier gewählte Benennung nicht gleichbedeutend sei mit „Brachiopoden des Dogger“.

Nachdem ich nun die Abhandlung der beiden italienischen Herren genau durchgelesen und die darin beschriebenen Formen mit den meinigen verglichen habe, erfüllt es mich mit Freude, zu constatiren, dass die Vermuthungen des erwähnten Referenten und das Endergebniss meiner Arbeit richtig sind, denn ich zweifle nicht mehr an der Identität mehrerer der typischsten Stücke der von CANAVARI und PARONA beschriebenen Brachiopoden von der Croce di Segan im Val Tesino mit ebensolchen der von mir untersuchten Suiten, muss aber an meiner Behauptung, dass es meistens typische Liasformen sind, festhalten.

In Folge dessen habe ich mich mit Herrn Dr. PARONA, der mir auf das Liebenswürdigste entgegengekommen ist, in Verbindung gesetzt und hoffe in Bälde genauere Mittheilungen darüber machen und etwaige Doppelbenennungen rectifiziren zu können. Überhaupt gedenke ich demnächst auch noch einen kleinen Nachtrag zu meiner Abhandlung zu publiciren, da mir durch die Liebenswürdigkeit mehrerer Freunde und Fachgenossen die Möglichkeit gegeben worden ist, noch mehr Material untersuchen zu können.

Soviel scheint mir indess jetzt schon gewiss, dass nämlich in Folge der Nichtheranziehung verschiedener deutscher Abhandlungen bei Abfassung der ihrigen diverse neue Arten CANAVARI's und PARONA's werden verurtheilt werden müssen. So haben diese Herren weder UHLIG's wichtige Arbeit über die Brachiopodenfauna von Sospirolo, noch die Abhandlungen BÖCKH's über die geologischen Verhältnisse des Bakony und SCHMIDT's über den Vinicaberg bei Carlstadt berücksichtigt.

Sodann scheint mir eine schärfere Auffassung des Artenbegriffes, als sie die italienischen Autoren haben, hier um so dringender geboten, als man, wie das hier der Fall ist, die in den einzelnen Horizonten der Juraformation sich oftmals so sehr ähnelnden Brachiopoden zu geologischen Altersbestimmungen benützen will und vollends dabei auf sie fast allein angewiesen ist. (Vergl. hier das in der Einleitung meiner Abhandlung Gesagte.)

Zudem sind wohl auch Vergleiche der betreffenden Arten mit Formen aus anderen, dem geologischen Alter nach oftmals weit auseinanderstehenden Horizonten, wie dies italienische und französische Fachgenossen hie und da gerne thun, und wie es auch hier wieder der Fall ist, meiner Meinung nach aus denselben Gründen zu vermeiden. Auch scheinen sie mir zwecklos zu sein.

Der Referent spricht die Meinung aus, dass im Sinne scharfer Artenfassung, wie ich sie vertrete, bei der Bestimmung der für die Ablagerungen von Castel-Tesino characteristischsten Form, nämlich der von Parona und Canavari als *Terebratula Lossii* Lepsius und von mir als *Terebratula brachyrhyncha* Schmid aufgefassten Art, weder die eine noch die andere Identifizirung als völlig befriedigend gelten könne.

Bei Bestimmung der betreffenden Stücke habe ich lange geschwankt, ob ich dieselben mit der Schmid'schen Art vereinigen, oder ob ich sie als *Terebratula* cf. *brachyrhyncha* Schmid aufführen solle. Allein der Umstand, dass an meinen Schalenexemplaren die feine radiale Streifung, die Schmid bei seiner Art beschreibt, wahrgenommen werden konnte, ferner die genaue analoge Wirbelbildung beider Formen — dieselbe ist bei meiner Abbildung leider nicht ganz richtig gezeichnet — und schliesslich, dass bei meinen Stücken die Falten durchaus nicht immer so ausgeprägt sind, als auf dem abgebildeten Exemplar, bei der Schmid'schen Art überdiess eine leichte Fältelung vorhanden ist und dasselbe — Schmid konnte nur ein einziges Stück untersuchen — sehr gut eben eine nur wenig gefaltete Form dieses Typus sein konnte, das Alles bewog mich, diese Art mit der besagten zu identifiziren und dieselbe nicht als *Terebratula* cfr. *brachyrhyncha* aufzufassen. Dass dieselbe mit der Lepsius'schen Species nicht identisch ist, scheint mir ausser Zweifel zu sein; auch geht aus der Beschreibung Parona's und Canavari's hervor, dass auch ihre Formen nicht identisch sind mit *Terebratula Lossii*. Ein von mir angebahnter, eingehender Vergleich der betreffenden Stücke wird die Sache ohne Zweifel klar stellen.

Schliesslich möchte ich auf den Vorwurf des Referenten, dass der von mir zwischen *Terebratula Engeli* und *Terebratula Adnethica* angestellte Vergleich etwas weit hergeholt sei, noch einige Worte erwidern.

Ich sage nur, „dass die einzige Art im alpinen Lias, mit der *Terebratula Engeli* einige Ähnlichkeit hätte, *Terebratula Adnethica* sei“; ich lege aber dann gleich im Nachsatze die Gründe auseinander, warum dies doch nicht angängig ist, und habe, gerade um den Unterschied zwischen beiden Formen recht vor Augen zu führen, neben ersterer auch noch letztere Art abgebildet. Auch muss ich den Referenten noch auf das einige Zeilen weiter unten Gesagte verweisen, das ihm mit noch Anderem bei Durchsicht meiner Arbeit wohl entgangen ist. **H. Haas.**

Würzburg, 3. December 1884.

Borsäuregehalt des Glimmers. Mangangehalt eines Apatits.

Bei Gelegenheit genauer Untersuchung von Glimmern, zu welchen ich im Interesse meiner Studien über Erzgänge veranlasst bin, hat sich in neuester Zeit ein sehr überraschendes Resultat ergeben. Es fand sich nämlich in nachfolgenden Glimmern aus den verschiedensten Abtheilungen sehr constant ein bald geringer, bald gar nicht unbeträchtlicher Borsäure-Gehalt, wobei ich bemerke, dass dieselben sich nicht nur unter dem Mikroskop gänzlich frei von Turmalin-Mikrolithen erwiesen hatten, sondern auch die angewandten Reagentien sorgfältig auf etwaigen Borsäure-Gehalt untersucht und davon ebenfalls frei gefunden worden waren. Deutliche Reactionen gaben:

Dunkler Kali-Eisenglimmer aus dem Gneisse von Schapbach und Wolfach im Schwarzwald und von Grossrückerswalde im Erzgebirge,

Dunkler Kali-Eisenglimmer aus dem Granit von Wittichen im Schwarzwald und Niederpfannenstiel im Erzgebirge,

Dunkler Lithion-Eisenglimmer aus dem Lithionit-Granit von Röslau im Fichtelgebirge,

Lichter, fast eisenfreier Lithionit aus dem Pegmatit von Tröstau im Fichtelgebirge[1], Zinnwaldit von Zinnwald.

Phlogopit aus körnigem Kalk von Scheelingen im Kaiserstuhl und Ontario in Canada (die s. Z. von mir beschriebenen Rutile enthaltend),

Lichter grossblättriger Kaliglimmer aus schriftgranitähnlichen Ausscheidungen im Gneisse von Aschaffenburg,

Rubellan[2] aus Basalttuff von Aschaffenburg und Pöllma bei Kupferberg (böhm. Erzgebirge), dann aus Basalt von Oberbergen im Kaiserstuhl.

Die intensivsten Reactionen gaben die Rubellane und der Lithionit von Tröstau. Der stark verwitterte Rubellan von Aschaffenburg gab keine Reactionen, eine sehr intensive dagegen ein weisses, in Warzen aus demselben herausragendes Zersetzungsproduct, welches ebenfalls weiter untersucht werden soll. Angesichts der Thatsache, dass Glimmer aus allen Gruppen, welche darauf geprüft wurden, Borsäure enthielten, glaube ich mit der Vermuthung, dass sie in jedem Glimmer vorgefunden werden würde, nicht zu weit zu gehen. Andere auf diese merkwürdige Mineral-Gruppe bezügliche Daten werden sich in dem II. Hefte meiner Untersuchungen über Erzgänge finden.

Demnächst soll auch eine Anzahl von Augiten und Hornblenden auf Borsäure geprüft werden, da ich Gründe habe, sie auch in diesen zu vermuthen.

Schon länger hatte ich eine andere Beobachtung gemacht, welche nicht ohne Interesse ist, aber vor der Publication das Resultat der quantitativen Analyse abwarten wollen. Es war diess ein in kurzen schmutzig

[1] Identisch mit jenem von Chursdorf und Arnsdorf bei Penig und Chesterfield in Massachussets.

[2] Ich verwende diesen Namen nur für den frischen Eisenkalimagnesiaglimmer vulkanischer Gesteine, nicht für den verwitterten.

blaugrauen Säulen (∞P . oP) in einem aus Oligoklas und Kaliglimmer bestehenden Pegmatit-Gang bei Zwiesel vorkommender Apatit von 3,169 spec. Gewicht, in welchen ich nach Analogie der nordamerikanischen einen nicht unbeträchtlichen Mangangehalt entdeckt hatte. Hr. Prof. HILGER fand darin:

Kalk	49,60
Calcium	2,27
Manganoxydul . . .	3,04
Phosphorsäure . . .	43,95
Fluor	2,15
	101,01

Nach v. GÜMBEL's freundlicher Mittheilung ist der Pegmatit-Bruch, dicht bei der Stadt gelegen, jetzt überbaut. Er kennt aber ähnliche Apatite auch von Rabenstein und Tirschenreuth. Es wäre der Mühe werth, auch in anderen Pegmatiten auf manganhaltige Apatite zu achten.

F. Sandberger.

Freiberg i. S., den 7. Dezember 1884.

Über Herderit.

Eine Publication des Herrn Prof. Dr. A. WEISBACH über den Herderit (dies. Jahrb. 1884. II. 134) hat Herrn Prof. F. A. GENTH Veranlassung zu Ausstellungen gegeben (American Philosophical Society, Octob. 17, 1884 [1]), welche ich als im Wesentlichen gegen mich gerichtet zu betrachten habe und bezüglich deren mir folgende Rechtfertigung gestattet sein möge:

Die auf Wunsch des Herrn Prof. WEISBACH von mir vorgenommene Untersuchung des Herderits sollte nur eine qualitative sein und in erster Linie dazu dienen, das Vorhandensein von Beryllerde in gedachtem Mineral darzuthun. Die ganze mir zur Verfügung stehende Materialmenge betrug 39,5 mg, von der regelrechten Durchführung einer quantitativen Analyse, wie sie GENTH, der mit 2,5 g des Stoneham-Minerals arbeitete, möglich war, hätte im vorliegenden Falle überhaupt nicht die Rede sein können.

Bei der grossen Seltenheit des Herderits schien es mir jedoch angemessen, mich nicht nur auf den qualitativen Nachweis seiner Hauptbestandtheile zu beschränken, sondern auch deren Gewichtsverhältniss wenigstens annähernd festzustellen. Das war aber nur möglich, wenn die gesammte, ohnehin nur zu geringfügige Substanzmenge auf einmal zur Verwendung gelangte, ohne dass man dieselbe durch Einzelprüfungen zersplitterte. Aus diesem Grunde musste ich es unterlassen, eine directe Prüfung des Minerals auf Fluor, durch Erhitzen desselben mit Schwefelsäure, vorzunehmen und ich glaubte das um so eher thun zu können, als der Fluorgehalt des Minerals früher schon durch PLATTNER, später auch durch TH. RICHTER, dargethan worden war. Dagegen schien es mir von Interesse,

---

[1] Vergl. das Referat im nächsten Heft dieses Bandes.

ein Anhalten darüber zu gewinnen, ob das Mineral vielleicht einen Wassergehalt besitze und deshalb erhitzte ich es unter höchst allmähliger Temperatursteigerung und zeitweiliger Bestimmung der eintretenden Gewichtsabnahme. Die Möglichkeit eines hierbei eintretenden Fluorverlustes hatte ich wohl vorgesehen; um dessen Betrag annähernd zu bemessen, erhitzte ich eine gleichgrosse Quantität Ehrenfriedersdorfer Apatit unter genau denselben Verhältnissen. Aber während bei letzteren die höchste zu erreichende Gewichtsabnahme 2,87 Proc. betrug, belief sie sich beim Herderit von Ehrenfriedersdorf auf 7,59, bei demjenigen von Stoneham auf 6,59 Proc. und diese auffallende Differenz schien die Annahme zu rechtfertigen, dass im Herderit neben Fluor auch noch Wasser enthalten sei. Indessen habe ich mich darauf beschränkt, dies vermuthungsweise auszusprechen, im Übrigen aber diese Frage vollkommen offen gelassen.

Die Anwendung von Salpetersäure zum Auflösen des geglühten Minerals entsprach dem Gange der qualitativen Analyse und wurde überdies nöthig zur Abscheidung der in Gestalt von Quarz beigemengten Kieselsäure. Der angewendete Salpetersäure-Überschuss war ein möglichst geringer und wenn durch denselben beim hinterherigen Abdampfen der vom Quarz befreiten Lösung wirklich ein Fluorverlust veranlasst worden ist, so dürfte derselbe doch nicht so beträchtlich gewesen sein, dass dadurch der Nachweis des Fluors überhaupt unmöglich gemacht worden wäre. Das geht daraus hervor, dass wiederum die nämliche Menge Apatit der gleichen Behandlung unterworfen wurde; aber während dieser beim Erhitzen des Abdampfrückstandes mit concentrirter Schwefelsäure eine deutliche Anätzung des aufgelegten Uhrglases bewirkte, war solche bei Anwendung von Herderit nur undeutlich zu bemerken. Später ist, was hier gleich eingeschaltet werden möge, eine weitere kleine Parthie Stoneham-Herderit direct mit Schwefelsäure erhitzt und dabei eine sicher erkennbare Glasätzung erhalten worden, so dass der Fluorgehalt des Minerals ausser Zweifel steht.

Ein weiterer Angriff des Herrn Prof. Genth betrifft die von mir angeordnete Methode der Trennung von Beryllium und Aluminium. Gewiss kann und soll diese Methode keinen Anspruch auf unbedingte Genauigkeit machen; sie wurde von mir auf Grund von Vorversuchen, die ich mit reiner Beryll- und Thonerde angestellt hatte, deshalb gewählt, weil die in dem mir zur Verfügung stehenden Material voraussichtlich enthaltene Beryllerdemenge nur wenige Milligramme betrug, ich also behufs zweifellosen Nachweises des Berylliums einen Weg einschlagen musste, der die Entfernung der Thonerde mit unbedingter Schärfe gestattete. Es ist wohl möglich, dass die von mir zur Wägung gebrachte Thonerde noch etwas Beryllerde enthalten hat, doch gab sie beim Glühen mit Kobaltsolution die characteristische Blaufärbung und zeigte auch im Übrigen alle Thonerdereactionen. Es darf mithin als feststehend betrachtet werden, dass der Herderit neben Beryllerde auch Thonerde enthält; auf eine genaue Bestimmung beider musste ich aber unter den obwaltenden Umständen verzichten.

Auf Grund des Vorstehenden muss ich den von Herrn Prof. Genth mir gemachten Vorwurf, ein kostbares Material durch Anwendung incorrecter Untersuchungsmethoden vergeudet zu haben, als ganz ungerechtfertigt, entschieden zurückweisen. Mit wenigen Milligrammen Material lassen sich eben keine durchaus erschöpfenden Untersuchungen durchführen und wenn ich mit Hilfe dieser geringfügigen Substanzmenge die Identität des Ehrenfriedersdorfer Herderits mit dem Mineral von Stoneham in genügender Weise qualitativ wie auch quantitativ feststellte, so glaube ich damit gethan zu haben, was zu thun überhaupt möglich war. **Clemens Winkler.**

Giessen, 18. Dec. 1884.

Erwiderung.

Unter dem Titel: „Über eine Methode zur Isolirung von Mineralien behufs ihrer mikrochemischen Untersuchung" hat A. WICHMANN in der Zeitschr. f. wissensch. Mikrosk. I. p. 417 eine Notiz veröffentlicht, in welcher derselbe im Anschluss an meinen Vorschlag, zur Isolirung der Mineralien eines Dünnschliffs sich durchbohrter Deckgläschen zu bedienen, vorschlägt, den Dünnschliff mittelst einer ätherischen Lösung von Canadabalsam mit einer dünnen nach einigen Stunden erhärtenden Schicht von Canadabalsam zu überziehen und dann mit einer feinen Spitze das zu untersuchende Mineral blosszulegen. Nun fügt man die Säure zu, lässt sie eintrocknen, löst den Rückstand nochmals mit einem Tropfen Säure und bringt dann die Lösung mittelst einer Pipette auf eine Stelle des Objektträgers ausserhalb des Dünnschliffs. Hat man Kieselflusssäure angewandt, dann wird der zugesetzte Tropfen mittelst eines Platinspatels weggenommen, nachdem man vorher ein Tröpfchen Flusssäure zugesetzt hatte. WICHMANN macht der von mir vorgeschlagenen Methode den Vorwurf, ziemlich complicirt zu sein und die Anwendung von Flusssäure und Kieselflusssäure auszuschliessen. Beide Vorwürfe sind durch die Verbesserungen beseitigt, die inzwischen von mir vorgenommen worden sind[1], und die ich einer Anzahl von Fachgenossen auf der Geologenversammlung vorgezeigt habe. Die von WICHMANN vorgeschlagene Methode ist gewiss in vielen Fällen ganz vortrefflich, sie hat aber auch einige Schwierigkeiten. Vor Allem wird es nicht immer ganz leicht sein, gerade das Mineral, welches man unter dem Mikroskop eingestellt hat, mit der feinen Spitze blosszulegen, während dies nach meiner Methode einfach und rasch gelingt. Eine zweite Unannehmlichkeit ist unter Umständen die, dass der Überzug des Canadabalsams einiger Stunden bedarf, um fest zu werden. Diese Schwierigkeit lässt sich nun beseitigen, wenn man den frisch mit der ätherischen Lösung des Balsams überstrichenen Schliff 5—10 Minuten lang auf das von mir angegebene Wasserbad legt. Endlich kann man nicht gut ein blossgelegtes Mineral in Salpetersäure lösen, da diese die dünne Lage des Canadabalsams angreift, namentlich in der Wärme, wobei derselbe schmilzt und das blossgelegte Mineral wieder bedeckt, wäh-

[1] Dies. Jahrb. 1885. Bd. I. pag. 21.

rend zugleich andere Stellen freigelegt und von der Säure angegriffen werden können. Nach meiner Methode findet aber die Salpetersäure nur sehr wenig Angriffspunkte an dem Canadabalsam, so dass man sie sehr gut in gelinder Wärme auf das blossgelegte Mineral wirken lassen kann.

Wenn auch hierbei der Canadabalsam rings um die Öffnung des Deckgläschens zum Schmelzen kommt, so wird doch die Säure verhindert, andere Stellen des Dünnschliffs zu bedecken und aufzulösen. Wenn man nach dem Abkühlen die von der Salpetersäure gelösten Substanzen in Wasser löst und mit der Pipette abhebt, dann kann man nöthigenfalls durch Behandeln mit Alkohol den in die Öffnung des Deckgläschens gedrungenen Canadabalsam auflösen und die Behandlung mit Salpetersäure wiederholen. Ich möchte diese Gelegenheit benutzen, um eine weitere Verbesserung der von mir vorgeschlagenen Methode mitzutheilen. Es ist nämlich nicht nöthig, den zum Bedecken des Dünnschliffs dienenden Canadabalsam auszukochen. Man kann vielmehr frischen Canadabalsam in einem kleinen Blechtöpfchen auf dem Wasserbade schmelzen, ihn in dünner Schicht mittelst Glasstab auf dem auf 100° erwärmten Dünnschliff ausbreiten und dann ½ Stunde lang auf dem Wasserbade bei 100° stehen lassen. Er wird dann nach dem Erkalten hart und lässt sich in mässiger Wärme (40—50° C.) behandeln ohne zu schmelzen. Der so erhaltene Überzug ist desshalb besser als der durch Auskochen erhaltene, weil er farblos ist und dadurch die Untersuchung des Dünnschliffs erleichtert; auch ist das Anschmelzen des durchbohrten Deckgläschens rascher zu erzielen.

Übrigens wird man in zahlreichen Fällen sich auch der WICHMANN'schen Methode bedienen können, namentlich wenn es sich darum handelt, eine etwas grössere Mineralausscheidung zu untersuchen, die unter der Lupe deutlich zu sehen ist.

WICHMANN empfiehlt ferner, das Gesteinspulver auf einen Objectträger zu streuen, der mit der oben erwähnten Balsamlösung bestrichen ist, an der, so lange sie noch klebrig ist, die Körnchen haften bleiben. Nach dem Trocknen sucht man unter dem Mikroskop die Körnchen des chemisch zu prüfenden Minerals auf und bestreicht alle übrigen mit der Balsamlösung. Die isolirten Körnchen werden dann direct mit dem Lösungsmittel behandelt.

A. Streng.

Königsberg i. Pr., 1. November 1884.

Neuere Apparate zum Messen des Winkels der optischen Axen.

Vor zwei Jahren construirte Herr R. FUESS in Berlin auf meinen Wunsch zwei Axenwinkelapparate, welche im Folgenden beschrieben werden sollen, nachdem sie weitere Verbreitung erlangt haben.

Dem einen der beiden Instrumente (Fig. 1—3) liegt das von W. G. ADAMS angegebene Princip[1] zu Grunde, welches schon von E. SCHNEIDER

[1] W. G. ADAMS: A new polariscope. Phil. Mag. 1875, (4) **50**, 13. POGG. Ann. 1876, **157**, 297.

ausgeführt worden ist[1]. Die neue Construction zeichnet sich durch wesentliche Vereinfachungen des mechanischen Theiles und durch eine zweckmässigere Anordnung der Linsen aus. — Die Absicht von ADAMS ging dahin, einen Polarisationsapparat für convergentes Licht herzustellen, welcher ein grosses Gesichtsfeld darbietet und gleichzeitig die Winkel der optischen Axen und der Curven gleichen Gangunterschiedes zu messen gestattet. Um den ersten Zweck zu erreichen muss stark convergentes Licht erzeugt und ein entsprechend stark verkleinerndes Beobachtungsfernrohr angewendet werden. Dabei müssen die beiden Linsensysteme, von denen das eine convergentes Licht liefert, während das andere die Winkelverkleinerung des divergent aus dem Krystall austretenden Lichtes bewirkt, einander soweit genähert werden, dass nur dünne Präparate und auch diese nur um eine Axe gedreht werden können. Diese Schwierigkeit kann nach dem Vorschlage von ADAMS dadurch beseitigt werden, dass die beiden centralen, den Krystall einschliessenden Linsen in einer Fassung vereinigt und durch mechanische Vorrichtungen für sich drehbar eingerichtet werden. Alsdann gelingt es, ohne eine Einschränkung des Gesichtsfeldes herbeizuführen, eine Krystallplatte auch in solchen Richtungen zu betrachten, in denen bei den älteren Apparaten totale Reflexion eintritt; die Grenze für den Durchgang des Lichtes durch den Krystall ist durch die Ränder der Fassung des centralen Linsenpaares gegeben. Auf Veranlassung von A. BREZINA hat SCHNEIDER seinem Apparat die Einrichtung ertheilt, dass die Krystallplatte um drei Axen gedreht werden kann. Naturgemäss können nur zwei der Drehungen volle Umdrehungen sein. Eine der Drehungen erfolgt um eine zur optischen Axe Z des Instrumentes senkrechte Axe Y und dient in Verbindung mit einem Theilkreise zur Messung des Winkels der optischen Axen. Ausserdem kann der Krystallplatte eine volle Umdrehung in ihrer Ebene, also um ihre Normale N, und eine gewisse Neigung um ihre Schnittgerade X mit der Verbindungsebene von N und Z ertheilt werden. Die Ebene $X\,N\,Z$ steht senkrecht auf Y. Befindet sich die Krystallplatte in der Stellung, dass ihre Normale mit Z zusammenfällt, so stehen die drei Drehungsaxen Z, Y, X senkrecht auf einander. Der Wunsch, die von SCHNEIDER zur Ausführung dieser Drehungen benutzten mechanischen Hülfsmittel durch einfachere und stabilere Vorrichtungen zu ersetzen, gab den Anlass zu folgender Construction. — Auf einem Hufeisenfuss erhebt sich (vgl. Fig. 1) eine dreiseitige vertikale Stahlschiene A, an welcher zwei Hülsen B, C, von denen horizontale Arme ausgehen, auf und nieder bewegt und mit Hülfe von Schrauben festgeklemmt werden

[1] E. SCHNEIDER: Polarisationsmikroskop zur Messung von Axenwinkeln. CARL's Repert. f. Physik. 1879, **15**, 119. Über einen neuen Polarisations- und Axenwinkelapparat. CARL's Repert. f. Phys. 1879, **15**, 774. — W. G. ADAMS: Measuring polariscopes. Phil. Mag. 1879, (5), **8**, 275. — F. BECKE: Ein neuer Polarisationsapparat von E. SCHNEIDER in Wien. Mineral. und petrogr. Mitth. herausg. v. G. TSCHERMAK. 1879, **2**, 430. — A. BREZINA: Über SCHNEIDER's neues Polarisationsmikroskop. Verh. geol. Reichsanst. 1880, **14**, 47. Krystallogr. Untersuch. I. Wien, 1884, 318.

können. Der **untere** Arm trägt eine mit ihm fest verbundene vertikal stehende Hülse *g*, welche an ihrem unteren Rande vorn die Strichmarke 0, links (in der Figur hinten) die Marke 90 und dazwischen die Marke 45,

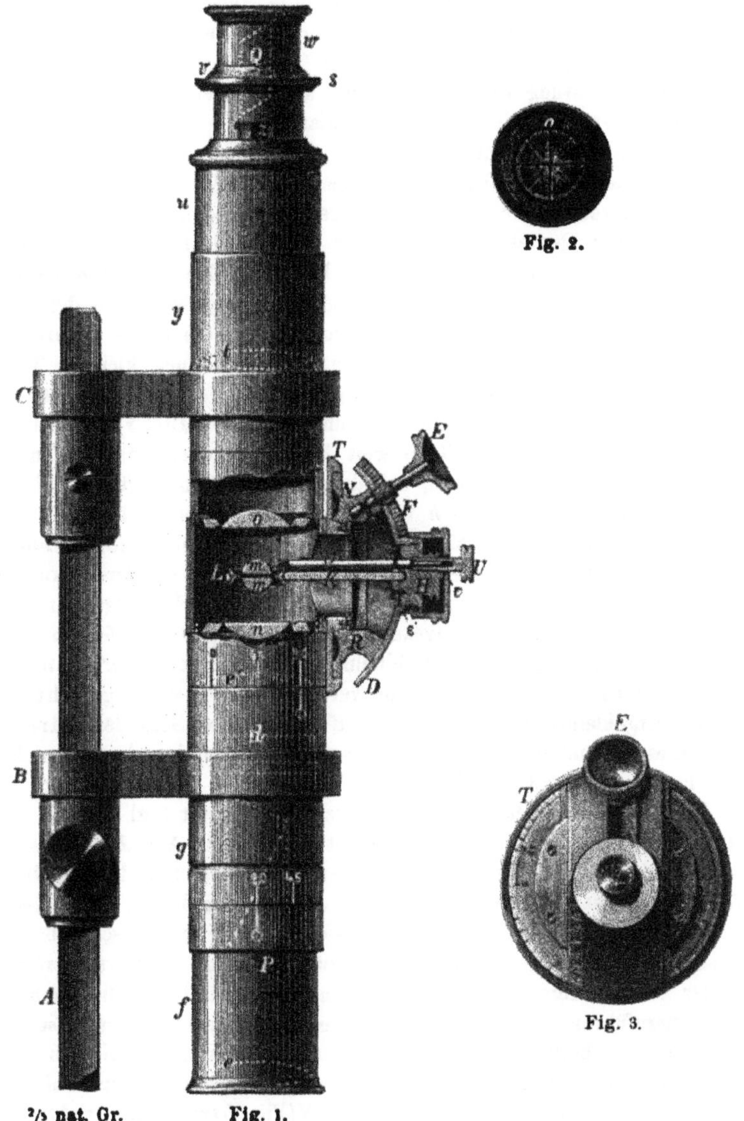

Fig. 2.

Fig. 3.

$^2/_3$ nat. Gr. Fig. 1.

an ihrem oberen Rande links die Marke δ besitzt. In diese Hülse kann die Hülse *f* eingeschoben werden, welche unten eine eingeschraubte biconvexe Linse *e*, oben das Deckglas *d* und dazwischen ein grosses Nicol'sches

Prisma P enthält. Ein mit der Hülse f fest verschraubter Ring f' fixirt die Höhe, bis zu welcher f in g eingeführt werden kann. Auf dem Ringe befindet sich eine Marke δ. — Der obere Arm trägt die mit ihm fest verbundene Hülse y, welche hinten einen von ihrem oberen Rande ausgehenden vertikalen Ausschnitt hat. In diese Hülse kann von oben her die Ocularhülse u derart eingeführt werden, dass eine mit ihr verschraubte Schiene in den Ausschnitt von y eingreift. Auf diese Weise kann u nur in vertikaler Richtung verschoben, nicht aber zugleich gedreht werden. Die Hülse u enthält die biconvexe Ocularlinse t, welche in einer besonderen Fassung sitzt und mit Hülfe derselben auf und nieder geschoben werden kann. In dem eingeengten Halse der Hülse u befinden sich zwei einander diametral gegenüberliegende Schlitze z zur Aufnahme eines Quarzkeiles oder einer circularpolarisirenden Glimmerplatte. Auf dem oberen vorspringenden Rande des Halses von u ist eine Marke s angebracht, welche bei der Verschiebung von u in y in derselben vertikalen Ebene bleibt. In den Hals von u kann die Hülse w mit dem Nicol'schen Prisma Q eingesetzt werden; w trägt einen kleinen Theilkreis v. — Der Träger des mittleren Theiles des Apparates ist eine Hülse h, welche zwischen die Hülsen g und y eingeschaltet wird. Zu diesem Zwecke wird der Arm B so weit heruntergezogen, dass h in die Hülse g eingesetzt werden kann, und darauf aufwärts bewegt, bis h in die Hülse y eingreift. Die Hülse h enthält unterhalb ihrer seitlichen Durchbohrung die eingeschraubte biconvexe Linse e' und darüber die in besonderer Fassung vertikal verschiebbare planconvexe Linse n, deren convexe Fläche dem einfallenden Lichte zugewendet ist. Oberhalb der seitlichen Durchbohrung sitzt die planconvexe Linse o, welche mit Hülfe von zwei durch die Wandung der Hülse h hindurchgreifenden, einander diametral gegenüberliegenden Schrauben um die vertikale Axe ein wenig gedreht und alsdann festgeklemmt werden kann. Auf der nach der Seite des eintretenden Lichtes gewendeten Planfläche von o sind zwei auf einander senkrechte, sich schneidende Geraden und zwei, die Winkel jener halbirende, nicht bis zum Mittelpunkt reichende punktirte Geraden eingeritzt (vgl. Fig. 2). Der Mittelpunkt dieses Strichsystems bestimmt die optische Axe Z des Instrumentes. Die Fassung der Linse o, deren Centrirung auf der Drehbank erfolgt, begrenzt das Gesichtsfeld. Mit dem unteren Rande der Hülse h ist ein Ring (mit den Strichmarken 0, 45, 90, 45, 0) fest verschraubt. — Die seitliche Durchbohrung von h dient zur Aufnahme des Krystallträgers und der Vorrichtungen, welche Drehungen des Krystalls um die Axen X, Y, N auszuführen und z. Th. auch zu messen gestatten. Mit h ist fest verbunden der Theilkreis T, an welchem mit Hülfe von zwei Nonien zwei Minuten abgelesen werden können. T besitzt einen centralen konischen Ansatz, der den um Y drehbaren Nonienkreis N (Fig. 1) trägt. Eine trichterförmige Erweiterung R der Platte dieses Kreises hat an ihrem äusseren Rande die Gestalt eines ringförmigen Kugelausschnittes von der Beschaffenheit, dass der Kugelmittelpunkt mit dem Schnittpunkt der Axen X, Y, Z zusammenfällt. Auf den Rand von R sind zwei Schienen M geschraubt, welche dem Cylinderschlitten D zur Führung dienen (vgl. Fig. 3, in welche die Buchstaben M, D, M nicht eingetragen sind). D wird durch Zahn und Trieb (F, E) bewegt; der Betrag der Drehung kann an der auf D angebrachten Theilung (Fig. 3) abgelesen werden. Auf D befindet sich eine kurze, aussen mit einem Gewinde versehene Hülse G, welche den Krystallträger H aufnimmt. In der durch den kleinen Dorn ε bestimmten Lage wird G dadurch festgehalten, dass eine Überfangmutter J auf einen centralen Vorsprung v von H drückt. Auf diese Weise ist die Lage des Krystallträgers, der bei jedem Wechsel des Objectes herausgezogen werden muss, gegen die mechanisch festen Theile des Instrumentes vollkommen gesichert. — Von H geht ein Arm K aus, der an seinem Ende in einen Ring L ausläuft. In L liegt concentrisch und drehbar die auf ihrer oberen Seite mit einem Kronrade versehene Fassung einer halbkugelförmigen Linse m. Im Innern besitzt diese Fassung das Muttergewinde für eine zweite halbkugelförmige Linse m'. Vermittels der durch eine Durchbohrung von H gelegten, auf dem Arm durch zwei Lager getragenen und in das Kronrad von m eingreifenden Triebstange O kann nun dem Halbkugelpaar m, m' eine volle Umdrehung um den, auf den Planflächen von m und m' senkrechten Durchmesser N ertheilt werden. Zu diesem Zweck wird auf das vierkantige, in den Kern H hineinragende Ende von O der durch einen Ausschnitt von J hindurchgreifende Schlüssel U gesetzt. — Es ist gelungen, dem vorliegenden Apparate eine vereinfachte Linsencombination zu geben. Während E. Schneider in dem oberen, als verkleinerndes Fernrohr wirkenden Theile vier Linsen angebracht hat, genügen hier drei Linsen (m, o, t), von denen die mittlere auf ihrer Planfläche das Strichsystem trägt, welches ein besonderes Fadenkreuz entbehrlich macht. Auch der untere Theil des Apparates besitzt kein Fadenkreuz. — Der für den Öffnungswinkel des Kegels der einfallenden Strahlen günstigste Abstand der Linsen e', n von einander und vom Mittelpunkt des Halbkugelpaares ist durch Probiren festgestellt; bei der Reinigung des Apparates, die nur sehr selten erforderlich sein wird, da das Mittelstück vollständig geschlossen ist, wird eine Änderung des Abstandes der Linse n von der festen Linse e' zu vermeiden sein. — Um zu prüfen, ob die Combination m, o, t als verkleinerndes, auf parallele Strahlen eingestelltes Fernrohr wirkt, und gleichzeitig ein punktirter Strich des Systemes auf o senkrecht zur Drehungsaxe Y des Nonienkreises steht, verfährt man in folgender Weise. Der Beobachter bringt zunächst die Ocularlinse t durch Verschieben des Ocularauszuges u in der festen Hülse y in die Stellung, dass er das Strichsystem auf o deutlich sieht. Darauf wird der Krystallträger herausgenommen, indem der Schlüssel U abgezogen, die Mutter J abgeschraubt und der Kern H aus seinem Lager gezogen wird. Nach Entfernung der Linse m' wird der Krystallträger wieder eingeführt. Man beleuchtet, nachdem der Analysator abgehoben worden ist, das Strichsystem auf o durch eine seitlich stehende Flamme, welche auf eine in den Hals von u gesteckte Hülse, in der sich ein unter ca. 45° gegen die Vertikale geneigtes Glas befindet, Licht fallen lässt. Die nach unten gewendete Planfläche der Linse m erzeugt ein

Spiegelbild des Strichsystems, welches vom Beobachter deutlich gesehen wird, wenn *m*, *o*, *t* die vorgeschriebenen Stellungen einnehmen. Dreht man jetzt den Trieb *E*, bis die Mittelpunkte des direct gesehenen und des gespiegelten Fadenkreuzes sich decken, so steht die Planfläche von *m* genau senkrecht zur Axe *Z*; in dieser Lage muss die Marke auf *D* mit dem Nullstrich der Theilung auf *M* zusammen fallen. Wird darauf der Nonienkreis, für dessen Bewegung *M* eine Handhabe gewährt, gedreht, so muss das Spiegelbild eines der beiden punktirten Striche auf *o* während der Drehung mit dem Striche selbst in Deckung bleiben. Eine Correctur der Stellung von *o* würde mittels der oben erwähnten Schrauben, welche in der Hülse *h* Spielraum haben, auszuführen sein. — Die Marken, welche sich auf die Stellung der Nicol'schen Prismen und des Mittelstückes gegen die festen Hülsen *g* und *y* beziehen, sind so gewählt, dass die Ebene der optischen Axen 𝔈 einer zur ersten Mittellinie senkrechten Platte, welche zwischen die Linsen *m*, *m'* so eingeschaltet ist, dass 𝔈 auf der Drehungsaxe *Y* des Nonienkreises senkrecht steht, auch auf dem Hauptschnitt eines der gekreuzten Nicols senkrecht steht, wenn unten die Strichmarke auf *f* mit der festen Marke 90 auf *g*, oben die Marke 0 auf *v* mit der festen Strichmarke *s* und die Marke 0 oder 90 des Mittelstückes mit der festen Strichmarke am oberen Rande von *g* zusammenfällt. Wird das Mittelstück um 45° gedreht, so halbirt die Ebene der optischen Axen einen der beiden Winkel der Nicolhauptschnitte. Diese Hauptschnitte gehen in der ersten Lage den punktirten, in der zweiten den ausgezogenen Linien auf *o* parallel, eine Einrichtung, welche die Genauigkeit der Einstellung bei der Messung des Winkels der optischen Axen erhöht.

Dem zweiten Axenwinkelapparate (Fig. 4), welcher zu genauen Messungen des scheinbaren Winkels der optischen Axen und der isochromatischen Curven in Luft oder in einer Flüssigkeit, für Licht von bestimmter Wellenlänge und bei verschiedenen Temperaturen dienen soll, liegt ein Stativ *J*, *S*, *S'* zu Grunde, das jenem der weit verbreiteten einfacheren Axenwinkelapparate von R. Fuess nachgebildet ist. Der mit einem Schutzdeckel versehene, vermittelst der Scheibe *g* zu bewegende Theilkreis *f* ist in Viertelgrade getheilt; zwei einander diametral gegenüber liegende Nonien gestatten direct halbe Minuten abzulesen. An Stelle des Petzval'schen Trägers der älteren Apparate ist ein Krystallträger von der Construction, die den entsprechenden Vorrichtungen der Fuess'schen Reflexionsgoniometer eigenthümlich ist, angebracht; die einzelnen Theile desselben sind in Fig. 4 übersichtlich dargestellt. — Bemerkenswerth ist eine neue, in Fig. 5a und 5b abgebildete Pincette, welche eine Drehung der Krystallplatte in ihrer Ebene ermöglicht. An dem prismatischen Stücke *a* sitzt ein schleifenförmiger Ansatz, der einen unten durchbohrten Arm trägt. In der Durchbohrung kann sich um die Axe *nn* ein zweiter Arm *b* drehen, dessen Bewegung durch die in der Schleife von *a* gleitende Schraube *c* bewirkt wird. Mit *b* ist oben durch ein Gelenk die gabelförmige Federklammer *d* verbunden, welche die Krystallplatte an *b* andrückt, wenn die Schraube *c* hinreichend angezogen wird. — Dem Apparat sind zwei Beleuchtungsvorrichtungen beigegeben. Die eine derselben entspricht dem Beleuchtungsapparat der gewöhnlichen Polarisationsapparate für convergentes Licht und dient zur Beobachtung im weissen Licht und im Licht einfarbiger Flammen. Sie kann ersetzt werden durch das in Fig. 4 abgebildete Spektro-

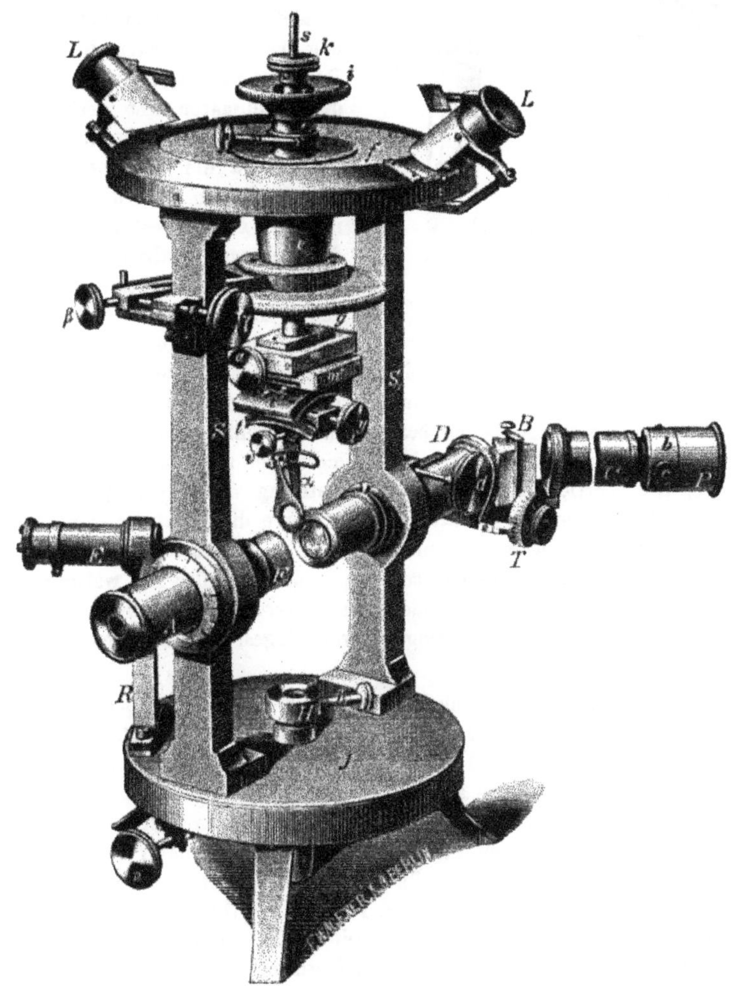

Fig. 4.

skop, dessen Combination mit dem Axenwinkelapparate die Beobachtung des scheinbaren Winkels der optischen Axen für Licht von bestimmter Wellenlänge nach der Methode von G. Kirchhoff[1] gestattet. *C* ist das

[1] G. Kirchhoff: Über den Winkel der optischen Axen des Aragonits für die verschiedenen Fraunhofer'schen Linien. Pogg. Ann. 1859, 108,

mit einem geradlinigen Spalt *b* versehene Collimatorrohr, *c* die Schraube, durch welche die Spaltweite regulirt wird, *B* das Prisma, *D* das Fernrohr, *P* der Polarisator. Die ganze Vorrichtung kann durch den Trieb *d* bewegt werden. Um eine bestimmte Stelle des Spektrums mit dem verticalen Faden in *F* zur Deckung zu bringen, wird das mit dem Collimator fest verbundene Prisma durch die Schraube *T* gedreht. Da die Trommel von *T* getheilt ist, so kann der Apparat, nachdem er für bestimmte Linien des Spektrums justirt ist, mit beliebigen Lichtquellen beleuchtet werden. — Das Fernrohr *D* besitzt zwei Oculare, um mehr oder minder stark convergentes Licht zu erzeugen; dementsprechend sind zwei Beobachtungsfernrohre *F* beigegeben. Der Analysator *A* ist mit den erforderlichen Marken versehen. — Auf einer besonderen, um eine horizontale Axe ein wenig drehbaren Säule *R* ruht ein Collimatorrohr mit einem Fadenkreuzsignal, eine Vorrichtung, welche zur Justirung der Krystallplatte, zur Messung der Neigung der Plattennormale gegen die Richtung einer optischen Axe u. s. w. in den Fällen dient, wo die Beleuchtung des Fadenkreuzes in *F* vermieden werden soll. — In den Cylinder *H*, welcher mit Hülfe der Schraube *n* gehoben oder gesenkt werden kann, wird der Träger des Ölgefässes oder der Erhitzungsapparat eingesetzt und durch *h* festgeklemmt.

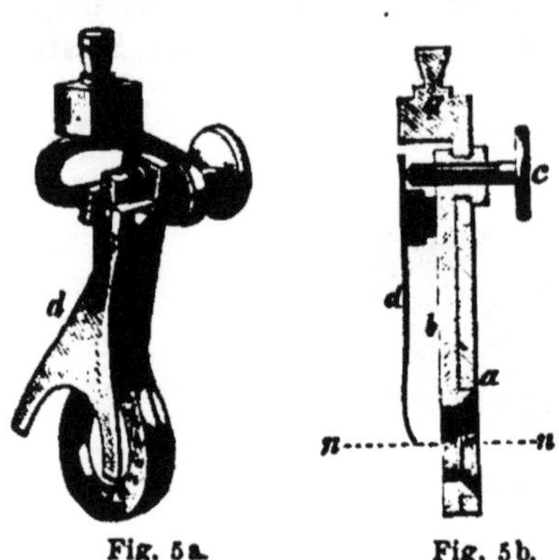

Fig. 5a. Fig. 5b.

Ein derartiger Axenwinkelapparat lässt sich bekanntlich leicht in ein Totalreflectometer nach F. Kohlrausch umwandeln[1]. Die hierzu erforderlichen Attribute sind ein schwach (ca. zweimal) vergrösserndes Beobachtungsfernrohr, welches an Stelle von *F* (Fig. 4) eingeführt wird, ein Glasgefäss zur Aufnahme der Flüssigkeit mit planparallelen Glasplatten an den Stellen, welche dem Fernrohr *F* und dem Collimator *E* zugekehrt sind, und Vorrichtungen (Fig. 6, 7), welche dem Object eine volle Umdrehung um die Normale der spiegelnden Fläche zu ertheilen und den Betrag der Drehung zu messen gestatten. — Die in Fig. 6 abgebildete Vorrichtung, welche mit dem Zapfen *a* in den Justirkopf des Krystallträgers eingesetzt wird, besteht aus einem Winkelarm *b*, der unten die Axe *b'* eines mit Kreistheilung versehenen Zahnrades aufnimmt und oben die Trieb-

567. Gesammelte Abhandl. Leipzig 1882, 577. — V. von Lang: Grösse und Lage der optischen Elasticitätsaxen beim Gyps. Sitzungsber. Wien. Akad. 1877, **76** (2), 805. Verbindung des Spektralapparates mit dem Axenwinkelapparate. Zeitschr. f. Kryst. 1878, **2**, 492.

[1] Vgl. M. Bauer, dies. Jahrb. 1882. I. p. 132.

stange *c* und einen Nonius trägt. Letzterer giebt fünf Minuten an. Auf einer centralen Erhöhung der vorderen Zahnradfläche ruht die Justirscheibe *e*,

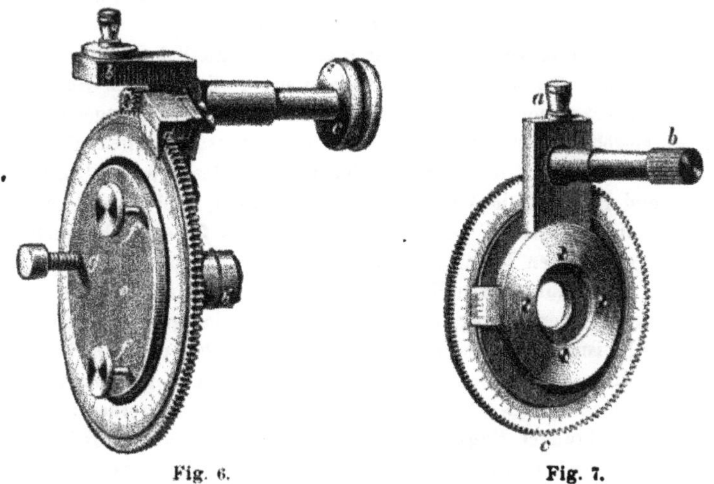

Fig. 6. Fig. 7.

welche vermittels der Justirschrauben *f*, *f* und der Gegenfeder *g* allseitig geneigt werden kann. — Die zweite Vorrichtung (Fig. 7) kann im auffallenden und im durchfallenden Lichte benutzt werden, sie eignet sich also auch für Messungen des scheinbaren Winkels der optischen Axen und der isochromatischen Curven. Ein verticaler Balken, der oben in den Zapfen *a* ausläuft, trägt unten einen mit ihm fest verbundenen Ring, an welchem sich ein Nonius befindet. Dieser Ring dient zur Führung eines mit Kreistheilung versehenen Zahnrades *c*, dessen Drehung durch die Triebstange *b* bewirkt wird. **Th. Liebisch.**

Strassburg i. Els., d. 22. December 1884.

Das labradoritführende Gestein der Küste von Labrador.

Die vor kurzem erschienene Arbeit Wichmann's über Gesteine von Labrador[1] veranlasst mich, einige ältere Beobachtungen zur Ergänzung derselben mitzutheilen. Vor mehreren Jahren fand ich bei Besichtigung der Schleifereien des Herrn Traenkle in Waldkirch bei Freiburg i. Br. als unbrauchbar bei Seite geworfene Gesteinsstücke, welche nach Angabe des Besitzers einer grösseren Sendung von Labradorit entstammten und ihren Ursprung durch Verwachsung mit grösseren Partien reinen Labradorits auch unzweifelhaft bekundeten.

Makroskopisch stellt sich das eine Stück als ein mittelkörniges Aggregat von Plagioklas und Diallag dar mit Biotit, Eisenkies, Magnetit und Titaneisen. Die beiden letzteren treten in hinreichend grossen Körnern auf, um sich mechanisch isoliren und bestimmen zu lassen; ein Theil ist

[1] Zeitschr. d. deutschen geol. Ges. 1884. 485—499.

magnetisch und frei von Titansäure, ein anderer enthält letztere und ist nicht magnetisch. In den übrigen Stücken herrscht Plagioklas in grossen späthigen Individuen mit lebhaftem Farbenschiller stark vor, während Diallag und Biotit sich nur local etwas anreichern.

Im Dünnschliff verhält sich der Plagioklas bezüglich Zwillingsbildung und Einschlüsse genau wie in den bekannten, isolirt in den Handel gelangenden Stücken von Labradorit. Diallag ist der zweite Hauptgemengtheil, welcher gewöhnlich etwas gegen jenen zurücktritt, zuweilen aber auch vorherrscht. Er zeigt in basischen Schnitten sehr deutliche Spaltung nach Prisma und Pinakoid, in Verticalschnitten Streifung und enthält reichlich Interpositionen. Letztere bestehen zum Theil aus feinen, schwarzen, oft schwach gekrümmten Nadeln, welche der Verticalaxe parallel angeordnet sind, zum Theil aus opaken Körnern und keulenförmigen Gebilden, deren Anordnung eine weniger regelmässige, meist sogar eine ganz unregelmässige ist. Pleochroismus und Absorption sind schwach, aber deutlich, besonders in etwas dickeren Schliffen; $\mathfrak{c}$ bläulichgrün, β und $\mathfrak{a}$ gelblichgrün und wenig verschieden, $\mathfrak{c} > \beta > \mathfrak{a}$. Der Glimmer ist ein ausserordentlich stark absorbirender brauner Magnesiaglimmer mit sehr kleinem Axenwinkel und oft mit den opaken Erzen verwachsen. Letztere Erscheinung begegnet man bekanntlich in Augit- und Diallag-Gesteinen besonders häufig.

Zu den schon makroskopisch erkennbaren Gemengtheilen kommen unter dem Mikroskop noch Hypersthen, Quarz und Hornblende hinzu. Ersterer fehlt wenigen Schliffen ganz; meist tritt er in vereinzelten Körnern und nur in einem Präparat reichlicher als Diallag auf, so dass seine Vertheilung eine sehr unregelmässige zu sein scheint. Er zeigt kräftigen Pleochroismus mit sehr lebhaften Farben ($\mathfrak{c}$ grün, β röthlichgelb, $\mathfrak{a}$ intensiv roth) und enthält die für den Hypersthen von der Paulsinsel charakteristischen Interpositionen. Diallag umsäumt ihn meist in paralleler Verwachsung. Quarz ist recht reichlich vertreten und enthält wenige, aber in der Regel grosse Flüssigkeitseinschlüsse mit Bläschen, welche sich bei einer Temperaturerhöhung bis auf 100° nicht verändern. Hornblende kommt nur sehr spärlich vor, theils Diallag umgebend, theils in ganz unregelmässig begrenzten Fetzen demselben eingewachsen. Sie scheint trotzdem primär zu sein und besitzt jedenfalls nicht die Eigenschaften, welche aus Diallag entstandene Hornblende zu zeigen pflegt. Apatit und Zirkon wurden nirgends beobachtet.

Wenn man das vorliegende Gestein mit dem von Wichmann beschriebenen vergleicht, so ergeben sich sehr wesentliche Unterschiede, da letzterer das Fehlen von Quarz und Hypersthen und das sehr starke Vorherrschen von Plagioklas bestimmt hervorhebt. Unter der Voraussetzung, dass das labradoritführende Gestein von Labrador eruptiv sei, würde man es als einen Gabbro mit accessorischem Gehalt an Biotit, Hypersthen und Quarz bezeichnen müssen.

Nun geht aber aus obiger Beschreibung, sowie aus den Mittheilungen von Wichmann und Roth [1] hervor, dass die mineralogische Zusammensetzung

---

[1] Sitz.-Ber. d. K. Akademie d. Wiss. Berlin 1883. XXVIII. 697—698. Dies. Jahrb. 1884. I. 81.

eine sehr wechselnde ist, während die grossen in den Handel gelangenden Stücke reinen Labradorits zusammen mit den bisher untersuchten eigentlichen Gesteinsmassen ein höchst ungleichförmiges Korn beweisen. Da diese Eigenschaften für Glieder der krystallinischen Schiefer weit mehr charakteristisch sind, als für echte massige Gesteine, so scheint mir nach den bisher vorliegenden Beobachtungen die Zugehörigkeit zu letzteren nicht so unzweifelhaft festzustehen, wie Wichmann anzunehmen geneigt ist.

Was den Hypersthen anbetrifft, so kann derselbe nach meinen Beobachtungen dem gleichen Gestein, wie der Labradorit entstammen. Dagegen würde nur Wichmann's Angabe sprechen, dass sein Vorkommen auf die Paulsinsel beschränkt sei, während der Labradorit vorzugsweise aus der Gegend von Naim an der Küste von Labrador komme.

E. Cohen.

Fairfieldit von Rabenstein. Pseudomorphosen von Quarz und Albit nach Kalkspath.

Würzburg, den 6. Januar 1885.

Bei Gelegenheit der Untersuchung verschiedener Zersetzungs-Producte des Triphylins von Rabenstein im bayerischen Walde war mir s. Z. ein weisses, in dünnen Spaltungsstückchen farbloses Mineral aufgefallen, welches sehr starke Mangan-Reactionen gab und neu zu sein schien. Ich bezeichnete das Phosphat deshalb (Jahrb. 1879, S. 370) mit dem Namen Leucomanganit. Nachdem ich inzwischen mehr Material erhalten, konnte ich den Spaltungswinkel einer stark perlmutterglänzenden Fläche gegen eine zweite schwieriger spaltende glasglänzende zu 102° bestimmen, was dem Spaltungswinkel des Fairfieldits (Brush u. E. Dana) $\infty\breve{P}\infty : \infty\bar{P}\infty$ entspricht. Es gelang auch, Härte und specifisches Gewicht als übereinstimmend zu constatiren, sowie einen hohen Kalkgehalt neben Mangan, Eisen, Alkalien und Wasser. Endlich liess die unmittelbare Vergleichung mit einem amerikanischen Originale, welches Hr. Professor Brush übersendet hatte, keinen Zweifel über die Identität des bayerischen Phosphates. Ich ziehe daher den Namen Leucomanganit definitiv zurück, da die amerikanischen Gelehrten das Mineral gleichzeitig mit meiner unvollständigen Diagnose vollständig beschrieben haben und dem von ihnen gewählten Namen demgemäss die Priorität zukommt.

Als ich im Sommer 1884 das Fichtelgebirge bereiste, habe ich viele neue und wie ich glaube, recht interessante Beobachtungen über Mineral-Vorkommen machen können. Dass ich dem Vorkommen des Specksteins und der mit ihm auftretenden Mineralien und Gesteine besondere Aufmerksamkeit gewidmet habe, verstand sich wohl von selbst. Die auf diese bezüglichen Untersuchungen sind indess noch im Gange und kann ich daher heute noch Nichts über sie mittheilen. Natürlich wurden mir aber auch Mineralien vorgelegt, welche äusserlich Speckstein und besonders Pseudomorphosen von ihm nach anderen Körpern glichen, sich aber sogleich durch ihre Schmelzbarkeit vor dem Löthrohre als etwas ganz anderes herausstellten. Das schönste Stück, dieser Art gehört der Sammlung des Hrn. ALB. SCHMIDT in Wunsiedel an und wurde vor Jahren am Strehlaberge[1] bei Redwitz unweit Wunsiedel gefunden. Es ist eine faustgrosse Quarz-Druse, nach aussen überall mit Eindrücken von Rhomboëdern des Dolomits bedeckt, in welchen sie sich ursprünglich gebildet hatte. An diesen Eindrücken haftet erdiger Brauneisenstein, hier und da auch Gruppen von in Würfeln mit Pentagon-Dodecaëder krystallisirten Pseudomorphosen von dichtem Brauneisenstein nach Eisenkies, der sich hier wohl erst eingenistet hatte, als die Rhomboëder längst aufgelöst waren. In der Druse selbst sind bis 4 cm lange, im Inneren trübe und grau gefärbte Quarze (∞R. $\pm$R) in verschiedenen Stellungen aufgewachsen und sämmtlich mit einem opaken gelblich weissen Überzuge bedeckt. Auf ihnen sitzen dann höchstens 2 cm breite, z. Th. ringsum ausgebildete Rhomboëder, deren rauhe, gleich näher zu schildernde Flächen unter 135° geneigt sind, also wohl nur der Kalkspath-Form $-\frac{1}{2}$R angehört haben können. Zerbricht man ein solches Rhomboëder, so erscheint es im Inneren hohl oder höchstens mit ein wenig Eisenocker erfüllt, dann folgt nach aussen, genau parallel mit dem Umrisse des Krystalls häufig zunächst eine etwas dickere durchscheinende Lage, welche sich nach Härte und sonstigem Verhalten als Quarz herausstellt, dann zwei bis drei weisse scheinbar matte, mit solchen von durchscheinendem Quarze wechselnd und endlich an der Oberfläche wieder eine sehr deutlich in kleine Kryställchen auslaufende und ausschliesslich aus Quarz bestehende. Die scheinbar matten Lagen wurden wiederholt isolirt, zunächst mit kalter Salzsäure, die sie nicht angriff, von Brauneisenocker befreit und dann bei 120° getrocknet. Sie gaben bei dem Glühen keine Spur von Wasser und zeigten sich nur aus Kieselsäure, Thonerde und Natron zusammengesetzt. Um nun zu constatiren, ob sie in der That aus Albit bestünden, wurde ein Schliff angefertigt, welcher so gut gelang, dass das Mikroskop bei 330facher Vergrösserung die weissen Lagen als aus dicht zusammengehäuften Albit-Viellingen zusammengefügt nachwies. Ausser den wichtigsten Neigungswinkeln waren auch die farbigen Streifen im polarisirten Lichte vortrefflich erkennbar. Es liegen also Pseudomorphosen von Quarz und dem ja auch sonst so häufig als secundäre Substanz auftretenden Albit nach Kalkspath vor, welche bisher unbekannt waren, aber wohl auch in Klüften von Diabasen und Dioriten vorkommen könnten. Da der Dolomit, wie auch sonst im Fichtelgebirge im Phyllit liegt, dürften die Bestandtheile des Albits wohl aus diesem ausgelaugt und in die Drusen geführt worden sein.

F. Sandberger.

---

[1] Strehlin ist der fichtelgebirgische Volks-Name für Bergkrystall.

Referate.

A. Mineralogie.

W. Klein: Beiträge zur Kenntniss der optischen Änderungen in Krystallen unter dem Einflusse der Erwärmung. Mit 7 Holzschn. (Zeitschr. f. Krystall. IX. 1884. p. 38—72.)

Durch die Forschungen der Neuzeit angeregt hat es Verf. zunächst unternommen zu untersuchen, welchen Einfluss eine ungleichmässige Erwärmung auf die optischen Eigenschaften ein- und zweiaxiger Krystalle ausübt.

Zu diesem Zwecke brachte er auf dem Objecttische eines mit den nöthigen Nebenapparaten versehenen Bertrand-Nachet'schen Mikroskops eine Vorrichtung an, die vermittelst eines Blättchens oder einer Pincette von Kupfer es gestattete, die betreffende Krystallplatte einseitig durch zugeleitete Wärme zu erhitzen.

Zur Untersuchung kamen die folgenden Mineralien:

1) Apatit von Ehrenfriedersdorf. Wurde eine Platte dieses optisch einaxigen, negativen Minerals senkrecht zur Hauptaxe geschnitten, einseitig erhitzt und zwar so, dass die Wärme senkrecht zur c-Axe zugeführt ward, so öffnete sich normal zu dieser Richtung in der Ebene der Basis das schwarze Kreuz in zwei Hyperbeläste unter gleichzeitiger Verschiebung der durch diese Äste abgegrenzten Ringpartien in demselben Sinne.

2) Quarz vom St. Gotthard. Hier gaben die analog dem Apatit angestellten Versuche zunächst kein genügend deutliches Resultat. Wurde aber ein dickeres Metallstück stark erhitzt und auf die Platte gelegt, so gingen das schwarze Kreuz und die Ringe in der Richtung der Wärmezufuhr (dieselbe normal zur c-Axe angesehen) auseinander. Der positive Quarz verhält sich also umgekehrt wie der negative Apatit.

3) Apophyllit von der Seisser Alp (Tirol). Spaltstücke dieses Minerals nach der Basis erwiesen sich als zweiaxig (durch Spannung) und von positivem Charakter der Doppelbrechung.

Wird das erwärmte Metallstück in „einem der Räume aufgelegt, welche von den Hyperbelbögen begrenzt sind", so vergrössert sich der Axenwinkel. „Wird dagegen die Wärme in einem äusseren Hyperbelraum zugeleitet", so nimmt der Axenwinkel ab und wird gleich Null.

4) Zirkon von Ceylon. Verhält sich wie der Quarz.

5) Kalkspath von Island. Verhält sich wie der Apatit.

Hiernach stimmen die positiven Krystalle unter sich bezüglich der bei einseitiger Wärmezufuhr eintretenden Erscheinungen überein und bieten das Umgekehrte dar, was die negativen, unter sich ebenfalls übereinstimmend, zeigen. Man könnte danach, wie es Verf. vorschlägt, mit dieser Methode auch den Charakter der Doppelbrechung bestimmen.

6) Cordierit von Haddam. Der Verf. constatirt hier, dass der Axenwinkel um die erste Mittellinie, Charakter der Doppelbrechung negativ, bis ca. 200° C., ungefähr proportional mit der Temperatur wächst.

Temperatur	Axenwinkel	Vergrösserung
16° C.	68° 9′	—
70° „	70° 4′	1° 55′
100° „	72° 22′	2° 18′
150° „	75° 2′	2° 40′
200° „	77° 43′	2° 41′

Dann studirt Verf. das Verhalten von Krystallen, deren Axenwinkel sich mit Steigerung der Temperatur bei gleichmässiger Erwärmung vergrössert, z. B. Cordierit, Topas, Axinit, Adular z. Th. und macht die Bemerkung, dass mit der Vergrösserung des Axenwinkels ein eigenthümliches Einschnüren der die Axenpole umgebenden Lemniscaten zu bisquitartiger Form stattfindet, was seinerseits geeignet erscheint, eine stattfindende Vergrösserung des Axenwinkels, wenn die Axenpole selbst nicht sichtbar sind, anzuzeigen.

Hiernach wendet sich der Verf. zu der Darlegung des Einflusses einer ungleichmässigen Erwärmung beim Cordierit.

Wird das Präparat, normal zur ersten Mittellinie, in die Diagonalstellung genommen und die Wärme durch ein erhitztes Metallstück senkrecht zur Ebene der Axen zugeführt, so verengen sich die Curven innerhalb der Axenpunkte, während ihre entsprechenden von den Axenpunkten nach aussen gelegenen Theile sich erweitern. Bei Zufuhr der Wärme in der Axenebene erweitern sich die Curven zwischen den Axenpunkten und die ihnen zugehörigen äussern Theile verengen sich. — Die Position der Pole bleibt dabei, solange keine gleichmässige stärkere Erwärmung eintritt, unverändert, die Hyperbeläste können dagegen an den einseitig erwärmten Stellen vorübergehend verschwinden.

Eine in ähnlicher Weise behandelte Topasplatte zeigte die entgegengesetzten Erscheinungen. Da der Topas aber, im Gegensatz zum Cordierit, positiv ist, so fällt dies nicht auf, bietet vielmehr ebenfalls ein Mittel dar, den Charakter der Doppelbrechung zweiaxiger Krystalle durch einseitige Erwärmung zu erforschen.

Der Verf. vergleicht nun die beschriebenen Erscheinungen mit solchen, die sich in den erwähnten Präparaten darbieten, wenn zur Untersuchung des Charakters der Doppelbrechung eine Viertelundulationsglimmerplatte in üblicher Weise eingeführt wird.

Er hebt dabei mit Recht hervor, dass die durch jene Methode erzeugten Erscheinungen mit denen, die ungleichmässige Erwärmung im Gefolge hat, der Art nach verglichen werden können, wenn auch der Sinn der Veränderung in beiden Fällen ein entgegengesetzter ist. So zeigt also der negative Apatit durch einseitige Erwärmung die Erscheinung, welche ein positives Mineral, mit der Viertelundulationsglimmerplatte geprüft, darbieten würde u. s. w.

Wesentlich zum Verständniss der Erscheinungen[1] ist aber die Ansicht des Verfassers, dass die Wärme einseitig, z. B. auf der Oberfläche, zugeführt, Schichten erzeugt, in denen bei einaxigen Krystallen nunmehr drei Elasticitätsaxen existiren, bei zweiaxigen aber solche Grössenverhältnisse der bereits bestehenden Elasticitätsaxen hervorgerufen werden, dass überall das Wachsthum der Elasticität in der Richtung der Wärmezuströmung am grössten, in der darauf senkrechten ein mittleres, in der Richtung normal zur Platte am geringsten ist.

Den soeben mitgetheilten interessanten Untersuchungen schliessen sich danach andere an, die zum Theil gleichzeitig und unabhängig von ähnlichen Erforschungen Mallard's, zum Theil an anderen, bis jetzt von dem französischen Forscher noch nicht eingehender geprüften Körpern vorgenommen wurden.

Erstere Untersuchungen handeln vom Heulandit; hierüber wolle man zunächst Mallard's Arbeit (Ref. dieses Jahrb. 1884. I. pag. 312) nachsehen.

Nach Des-Cloizeaux's Untersuchungen wird der Axenwinkel des Heulandit beim Erwärmen bekanntlich kleiner; bei ungefähr 100° C. tritt, für die verschiedenen Farben nach einander, Einaxigkeit ein, alsdann öffnen sich die Axen wieder in einer zur ursprünglichen normalen Ebene.

Verfasser erhitzte ein dickeres Spaltstück auf 150° C., so dass also die Umstellung der Axenebene erreicht war, theilte dann die Platte und überliess die eine Hälfte der Einwirkung der Luft, während er die andere luftdicht verschloss.

Die erstere Hälfte war nach 24 Stunden wieder bezüglich der Lage der Axenebene normal geworden. Die letztere Hälfte behielt in dem luftdichten Verschluss die Lage der Axenebene, die ihr durch das Erhitzen gegeben worden war, bei. Durch genaue Versuche überzeugte sich Verf., dass die Heulanditplatte bei jener Erhitzung etwa zwei Moleküle (genau 1,7) Wasser verloren hatte. Als der Platte Gelegenheit gegeben ward, dieses Wasser an der Luft wieder aufzunehmen, wurden 0,5 Moleküle wieder aufgenommen, dabei aber auch die Umstellung der Axenebene, in die Ausgangslage zurück, erreicht.

[1] Diese Erscheinungen kommen an Mineralien und Produkten der Laboratorien vielfach vor und weisen demnach auf solche natürlich zu Stande gekommene Deformationen hin.

Die optischen Veränderungen beim Heulandit sind also nicht allein von der Temperatur abhängig, sondern stehen auch zu dem Wassergehalt der Substanz in einer wesentlichen Beziehung.

Im Gegensatz dazu zeigt Verfasser, dass beim Brewsterit durch Erwärmung auf 200° C. Änderungen in den Auslöschungsschiefen der einzelnen Theile einer Lamelle, parallel ∞P∞̀ (010) vor sich gehen. Während diese früher 14½—15° und 31—35° betrugen, so erscheint bei 200° C. die nahezu zur Verticalaxe orientirte Auslöschung[1] aller Theile, im Gegensatz zu den früher sehr erheblichen und verschiedenen Abweichungen der einzelnen Partien. Diese Verhältnisse sind nach Verf. nur auf Temperaturveränderungen zurück zu führen, denn man beobachtet bei sinkender Temperatur den Rücklauf der Erscheinungen, resp. constatirt bei Abkühlung die Ausgangslagen der Axenebenen selbst dann, wenn es dem Krystall nicht möglich gewesen ist, Wasser aufzunehmen.

Bemerkenswerth und besonders hervorzuheben ist, wie gesagt, bei diesen Vorgängen, dass Stellen mit verschiedenen Auslöschungswinkeln bei Erwärmung auf 200° C. zu derselben Orientirung geführt werden. —

Eine Veränderung des Axenwinkels tritt erst über 200° C. ein. Bei der dann stattfindenden Vergrösserung scheint auch der Wassergehalt keine Rolle zu spielen, denn die ursprüngliche Grösse des Axenwinkels wird langsam wieder erreicht, auch ohne Wasseraufnahme des Krystalls.

Aus seinen Beobachtungen, namentlich aus der des Übergangs der Auslöschungsschiefe zur Orientirung bei Erwärmung auf 200° C., glaubt Verf. annehmen zu dürfen, dass sich der Brewsterit alsdann, ähnlich wie Boracit und Kaliumsulphat, in einer anderen Gleichgewichtslage und zwar der rhombischen, befindet. —

Die auf den Beaumontit ausgedehnten Untersuchungen ergaben, dass selbst bei 300° C. der Axenwinkel noch nicht gleich Null wurde, dabei aber sich die Axenebene in eine zur ursprünglichen Lage (senkrecht zu ∞P∞̀ (010) und parallel der Basis) normale zu drehen suchte. (Sie bildet bei 90° einen Winkel von 27°, bei 120° dagegen 31°, bei 150° sogar 55° mit der Basis.) Unter Luftabschluss laufen die Erscheinungen wieder zurück. Unter Luftzutritt tritt nicht an allen Stellen das ursprüngliche Verhalten, namentlich bezüglich des Axenwinkels, wieder ein. Bei 300° C. ist der Beaumontit noch klar, Heulandit ist bei 200° C. völlig undurchsichtig.

Vergleicht man diese und andere im Original nachzusehende Daten mit denen, die am Heulandit gewonnen wurden, so tritt die Verschiedenheit dieser Mineralien, die schon G. Rose vertrat, deutlich zu Tage.

Den Schluss der interessanten Abhandlung bilden Vergleiche der gewonnenen Resultate mit solchen, die andere Forscher an Kalkspath, Boracit, Kaliumsulphat, Anhydrit erhielten. **C. Klein.**

---

[1] Die Axenebene ist normal ∞P∞̀ (010), die erste Mittellinie liegt in Axe b; der Spur ersterer entsprechen die wechselnden Auslöschungsrichtungen.

Michel-Lévy: Mesure du pouvoir biréfringent des minéraux en plaque mince. (Bulletin de la Société minéralogique de France 1883. pag. 143—160.)

In dieser Abhandlung werden Methoden zur Bestimmung der Doppelbrechung für Minerale entwickelt, welche in Dünnschliffen von der Dicke 0,01 mm — 0,03 mm vorliegen. In einem solchen Dünnschliff eines Gesteins sind Krystalle in allen möglichen Lagen eingestreut und es ist leicht im Polarisationsmikroskop unter gekreuzten Nicols diejenigen Krystallschnitte ausfindig zu machen, welche vermöge ihrer Lage die stärkste Doppelbrechung liefern oder wenigstens derselben sehr nahe kommen, — sie zeigen die Farben der höchsten Ordnung.

Diese Farben werden abhängig sein von der Dicke der Platte e und dem Unterschied der Brechungsexponenten des ordentlichen und ausserordentlichen Strahls X. Bezeichnet man mit ω den Winkel, den der Hauptschnitt des Minerals mit dem des Polarisators macht, mit λ die Wellenlänge, so ist die Intensität eines einfarbigen Strahls (roth) gegeben durch

$$I_{\kappa} = R \sin^2 \omega \sin^2 \pi e \frac{X_{\kappa}}{\lambda_{\kappa}}$$

Für weisses Licht ist die Intensität also gegeben durch die Form:

$$I = \Sigma R^1 \sin^2 \pi e \frac{X}{\lambda}$$

Die Untersuchung der Farbe resp. Lichtintensität liefert das Product eX; wird weiter die Dicke des Schliffs e bestimmt, so ergiebt sich X, die doppelbrechende Kraft des Minerals.

Zur Bestimmung von eX sind die gewöhnlichen Methoden, z. B. mit Hülfe des Babinet-Jamin'schen Compensators bei mikroskopisch kleinen Krystallschnitten, wie sie in Dünnschliffen von Gesteinen vorliegen, schwierig anzuwenden. Michel-Lévy giebt zu diesem Zweck ein Ocular für das Polarisationsmikroskop an, welches im Wesentlichen in einem zweiten seitlich angebrachten Polarisationsapparat besteht. Ein Metallspiegel unter 45° geneigt, mit einem Loch in der Mitte (oder ein total reflectirendes Prisma mit einem cylindrischen Ansatz in der Mitte) im Innern des Oculars gestattet gleichzeitig so zu sagen durch 2 Polarisationsmikroskope zu sehen. Durch das Loch des Metallspiegels erblicken wir die Farben des ausgewählten Krystallschnitts, dieselbe erscheint vermöge des reflectirenden Metallspiegels umgeben von der Farbe herrührend von einer Stelle eines Quarzkeils (// zur Axe). Durch Verschieben und Drehen des Quarzkeils ist es aber leicht, die beiden Farben und Intensitäten identisch zu machen, die Grösse eX für unseren Krystallschnitt also auszudrücken durch die Verschiebung des Quarzkeils.

Bezeichnen wir mit l_{κ} die direct am Apparat ein für alle Mal auszumittelnde Verschiebung des Quarzkeils, welche dem Gangunterschied einer Wellenlänge entspricht, mit t die Verschiebung vom Nullpunkt des Keils, welche zur Übereinstimmung mit der Farbe des Krystalls führt, so ist:

$$eX = \frac{\lambda_{\varkappa}}{I_{\varkappa}} \cdot t$$

Das beschriebene Verfahren wird immer anwendbar sein bei schwacher Dispersion. Bei starker Dispersion werden wir mit einfarbigem Licht operiren. In das Polarisationsmikroskop bringen wir zwischen die gekreuzten Nicols unter $\omega = 45^0$ den Krystallschnitt, für den dann

$$I_{\varkappa} = R \sin^2 \pi e \frac{X_{\varkappa}}{\lambda_{\varkappa}}$$

In dem seitlichen Polarisationsapparat verschieben wir den Quarzkeil bis $\sin^2 \pi e \frac{X_{\varkappa}}{\lambda_{\varkappa}} = 1$ ist, wir drehen dann denselben, bis wir gleiche Intensität mit $I_{\varkappa}$ erhalten:

$$I_{\varkappa} = R \sin^2 \omega$$

Es ist dann $eX_{\varkappa} = \lambda_{\varkappa} (n\pi \pm 2\omega)$

In dieser Formel das n und das Zeichen zu bestimmen hat keine Schwierigkeit.

Die Bestimmung der Dicke des Krystallschnitts kann einmal direct erfolgen, sodann durch ein Mikroskop, welches einmal auf die obere, das andere Mal auf die untere Fläche eingestellt wird; es ist dann entweder das gesammte Mikroskop zu verschieben oder nur das Ocular, die Verschiebung aber in beiden Fällen zu messen.

Übrigens kann die Dickenmessung ganz umgangen werden, wenn man gleichzeitig bei Herstellung des Dünnschliffs einen //Quarz mitschleift, so dass das Mineral und der Quarz gleiche Dicke haben. Hat man dann

für das Mineral $eX = A$

für den Quarz $eX' = A'$

so folgt: $X = \frac{A}{A'} X'$

P. Volkmann.

Haushofer: Beiträge zur mikroskopischen Analyse. (Sitzb. d. math.-phys. Cl. d. k. bayr. Ak. d. W. 1883. Heft III. p. 436.)

Nachweis des Cers. Wenn man Cer-haltige Mineralien mit concentrirter Schwefelsäure zur Trockniss abraucht, den Rückstand mit einer unzulänglichen Menge Wasser auslaugt und die Lösung, der noch ein wenig Schwefelsäure zugesetzt wird, verdunsten lässt, so bilden sich zuerst monokline Krystalle des schwefelsauren Cers; löst man diese in einer grösseren Menge Wasser wieder auf, so erhält man beim Verdunsten hexagonale Krystalle von schwefelsaurem Cer.

Fällt man verdünnte Cer-Lösungen in der Kälte durch Oxalsäure oder oxalsaures Ammon, so bildet sich ein flockiger, bald krystallinisch werdender Niederschlag, der aus feinen, beiderseitig zugespitzten, oft auch an den Enden gegabelten und gezähnten Prismen besteht, deren Auslöschungsrichtung eine schiefe ist. Die Polarisations-Erscheinungen sind lebhaft.

Aus heissen sehr verdünnten Lösungen fällt ein Salz in ziemlich grossen, aber sehr dünnen rhomboidalen Blättchen, deren spitzer ebener Winkel zu 86° gemessen wurde. Durch Abstumpfung der stumpferen Ecke tritt ein Winkel von 118° hervor. Gewöhnlich zeigen sie zwei Wachsthumsrippen, welche diagonal liegen und eine Art Briefcouvertform bedingen. Auslöschungsrichtung 27° gegen die Langseite des Parallelogramms. Sehr häufig stehen zwei Tafeln senkrecht auf einander.

Nachweis des Yttriums und des Thoriums. Zunächst können zur Erkennung die Sulfate: $Y_2S_3O_{12} + 8H_2O$ (monoklin) und $ThS_2O_8 + 9H_2O$ (ebenfalls monoklin) dienen. Besonders geeignet zur Nachweisung sind aber die Oxalate. Das Yttriumoxalat, durch Fällung mit Oxalsäure aus neutraler oder schwach saurer Lösung erhalten, kann in 5 verschiedenen Typen resp. Formen erscheinen, die sämmtlich genauer beschrieben und abgebildet werden. Verdunstet man einen Tropfen Yttriumsulfat und lässt einen Tropfen concentrirter Oxalsäure seitlich zufliessen, so entsteht schliesslich stets das deutlich tetragonale Oxalat. Die Formen des Erbium-Sulfats und Oxalats sind übereinstimmend mit denjenigen des Yttriums. Versetzt man eine neutrale oder schwach saure Thoriumsulfat-Lösung mit verdünnter Oxalsäure, so wird der entstehende Niederschlag bald krystallinisch und stellt dann sechsseitige Täfelchen (wahrscheinlich rhombisch) oder kreuzweise Durchwachsung derselben dar, wobei die beiden Längsaxen sich unter 90° schneiden.

Auch die Doppelsalze von Ce, Y und Th mit K_2SO_4 können zur Erkennung benutzt werden, nicht aber zur Unterscheidung dieser 3 Körper.

Nachweis des Niobiums und des Tantals. Wenn man das Pulver einer natürlichen Nb- oder Ta-Verbindung mit $NaHO$ schmilzt und die Schmelze mit wenig Wasser behandelt, so hinterbleibt Tantal- und Niob-saures Natron, welche in starker Natronlauge unlöslich sind, in Form von feinen farblosen gerade auslöschenden Prismen, welche durch einen Tropfen Salzsäure sofort zersetzt werden unter Erhaltung der Form, indem sich die isotropen Hydrate der Säuren daraus abscheiden. Löst man die Natronsalze in natronhaltigem Wasser auf und lässt wieder verdunsten, so scheidet sich aus: 1) $Na_8Ta_6O_{19} + 25H_2O$ in hexagonalen Tafeln, 2) ein Salz in denselben prismatischen gerade auslöschenden Nadeln wie bei der Behandlung der Schmelze mit Wasser; es ist wahrscheinlich das Natrium-Niobat.

Tantalsäure und Niobsäure lösen sich in einer Perle von geschmolzener Phosphorsäure v. d. L. langsam auf. Löst man das gepulverte Glas in etwa 3 ccm heissen Wassers und übersättigt einige Tropfen dieser Lösung auf einem Uhrglase mit Natronlauge, so bilden sich die prismatischen Krystalle der Natrium-Salze von Tantal- und Niobsäure. Setzt man ferner zu der Lösung der Phosphorsäureschmelze etwas Zink-Staub und ein paar Tropfen Schwefelsäure, so wird die Lösung nach kurzer Zeit schön sapphirblau. Titan- und Wolframsäure stören diese Reaktion nicht. **Streng.**

G. Tschermak: Die Skapolithreihe. (88. Bd. der Sitzb. d. k. Akad. d. Wissensch. in Wien. I. Abth. Nov.-Heft. 1883. p. 1142.)

Zu der Skapolithreihe gehören diejenigen Mineralien, welche bisher als Meionit, Skapolith, Wernerit, Mizzonit, Marialith etc. von einander getrennt wurden. Ihre Form zeigt keine grösseren Unterschiede als jene, welche in isomorphen Reihen gewöhnlich vorkommen. So schwanken die Winkel für die Polkanten der verschiedenen Abänderungen zwischen 136° 30′ und 135° 56′. Die vorherrschenden Formen sind P (111). ∞P (110). ∞P∞ (100) und häufig auch P∞ (011). Gewöhnlich nur untergeordnet sind z = 3P3 (311) und ∞P2 (210). z tritt oft mit pyramidaler Hemiëdrie auf, die auch bewiesen wird theils durch das Auftreten von pyramidalen Erhabenheiten auf den Prismenflächen, theils durch die Ätzfiguren; beide werden an der Hand von Abbildungen genauer beschrieben. Mit Rücksicht auf die chemischen Analysen wurden die verschiedenen Glieder der Reihe auf die in ihnen enthaltenen Einschlüsse untersucht und bemerkt, dass es möglich sei, durch Aussuchen möglichst reiner Splitter unter dem Mikroskope ein zur Analyse geeignetes Material zu gewinnen. —

Bei einem Überblick der Analysen beobachtet man zunächst, dass sich Ca und Na gleichsam vicariirend verhalten, indem der Gehalt an Ca sinkt mit steigendem Gehalt an Na. Daraus kann man schliessen, dass es ein calciumreiches und natriumfreies und ebenso ein natriumreiches und calciumfreies Endglied gebe. Diese sind nun freilich in reinem Zustande nicht aufgefunden, doch nähern sich Meionit und Marialith denselben schon ungemein. Der Gehalt an K ist als ein mit Na vicariirender Bestandtheil anzusehen. Mg und Fe gehören nicht zu den wesentlichen Bestandtheilen. Den H_2O-Gehalt sieht der Verfasser als mechanisch beigemengt, oder als Verwitterungsproduct an. Ob der Gehalt an Kohlensäure in frischen Skapolithen als wesentlicher Bestandtheil zu gelten habe oder nicht, wird zweifelhaft gelassen; indessen scheint es dem Verfasser doch, dass in der That Skapolithe vorkommen, in denen eine Molekelverbindung von Silikat und Carbonat enthalten ist. Auch Chlor und Schwefelsäure gehören zu den normalen Bestandtheilen der Skapolithe. Obgleich nun die Zahl der Analysen, in denen der Chlorgehalt berücksichtigt wurde, sehr gering ist, so glaubt doch der Verfasser aus dreien von ihnen den Schluss ziehen zu können, dass der Chlorgehalt zugleich mit dem Natrongehalt steige, und dass also das Chlor dem Natrium-Silikat angehöre. Der Gehalt an Schwefelsäure ist im Allgemeinen gering.

Ordnet man die Analysen der Glieder der Skapolithreihe nach dem Kieselerdegehalt, so bemerkt man, dass mit steigender Kieselerde auch der Gehalt an Natron steigt, derjenige an Thonerde und Kalk aber abnimmt. So steigt die SiO_2 von 40,53 bis 62,28 %, ebenso das $Na_2O + K_2O$ von 1,81 bis 10,45 %. Daraus entnimmt der Verfasser, dass die Skapolithe gleich den Plagioklasen isomorphe Mischungen sind, indem sie aus einem calciumhaltigen und aus einem natriumhaltigen Aluminium-Silikat in wechselnden Verhältnissen bestehen. Bei den Skapolithen ist das Verhältniss zwischen Kieselsäure und Thonerde dasselbe, wie bei den Feldspathen.

Ferner ist das Verhältniss von Al_2O_3 zur Summe von $CaO + Na_2O$ ein constantes, nämlich = 3 : 4, was an solchen Analysen, die mit besonderer Sorgfalt ausgeführt worden sind, erläutert wird. Aus diesen Thatsachen zieht der Verfasser den Schluss, dass die beiden Verbindungen, aus deren Zusammenkrystallisiren die Skapolithreihe entsteht, folgende Verbindungsverhältnisse zeigen:

im ersten Silikat: $6SiO_2 : 3Al_2O_3 : 4CaO$

im zweiten Silikat: $18SiO_2 : 3Al_2O_3 : 4Na_2O$.

Dem letzteren gehört auch der Chlorgehalt an. Aus den Bestimmungen des Chlorgehalts im Skapolith von Ripon, Gouverneur und Malsjö zieht nun der Verfasser den Schluss, dass das Verhältniss von Na : Cl wie 4 : 1 sei; demnach wäre in dem natriumhaltigen Silikat das Verhältniss $18SiO_2 : 3Al_2O_3 : 3Na_2O : Na_2Cl_2$. Der Verfasser gibt nun den beiden Endgliedern der Skapolithreihe folgende Formeln:

Meionit = $Si_{12}Al_{12}Ca_8O_{50}$ (Molec.-Gew. 1786) = Me

Marialith = $Si_{18}Al_6Na_8O_{48}Cl_2$ („ 1692) = Ma.

Beide Silikate sind daher atomistisch gleichartig. Hierin sieht der Verfasser einen, wenngleich nicht den einzigen Grund der Isomorphie beider Verbindungen. Vergleicht man die Endglieder der Feldspathgruppe mit denjenigen der Skapolithgruppe, so kann man den Meionit auch so schreiben: $3(Si_4Al_4Ca_2O_{16}) + 2CaO$, d. h. 3 Anorthit + $2CaO$; den Marialith auch so: $3(Si_6Al_2Na_2O_{16}) + 2NaCl$ d. h. 3 Albit + $2NaCl$. Nun ist Anorthit isomorph mit Albit und auch CaO hat mit $NaCl$ die gleiche reguläre Form und gleiche Spaltbarkeit gemein. — Der Verfasser gibt nun die Berechnung an Mischungen dieser beiden Endglieder und vergleicht sie mit solchen Analysen der Skapolithreihe, welche keine so grossen Mengen von Wasser, Kohlensäure, Kali, Eisen und Magnesia angeben, dass auf eine schon vorgeschrittene chemische Veränderung oder auf eine Beimischung oder erhebliche Verunreinigung zu schliessen wäre. Die meisten Analysen sind zwar unvollständig, da sie keine Chlorbestimmungen enthalten, welche für den vorliegenden Zweck eine wesentliche Bedeutung hätten. Bevor jedoch eine grössere Anzahl vollständiger neuer Untersuchungen ausgeführt ist, wird man sich mit den früheren begnügen müssen, sagt der Verfasser auf p. 1165, indem man annimmt, dass in den Mineralien, auf welche sich dieselben beziehen, Chlor in entsprechender Menge vorhanden sei.

Alle Skapolithe müssen nun nach der Ansicht des Verfassers sich durch die Zusammensetzung x $(Si_{12}Al_{12}Ca_8O_{50})$ + y $(Si_{18}Al_6Na_8O_{48}Cl_2)$ oder auch $Me_x\,Ma_y$ ausdrücken lassen. Der Verfasser führt nun die Rechnung für die Mischungen $Me_{12}Ma_1$; $Me_{10}Ma_2$, Me_8Ma_3 etc. aus und stellt die entsprechenden Analysen daneben. Er kommt dann zu dem Schlusse, dass die Zahlen der Analysen genügend gut mit der Rechnung übereinstimmen, und dass die Reihenfolge der Analysen eine vollständige Continuität der Mischungen darstellt. Nirgends ist eine Lücke bemerkbar, nirgends ist irgend ein Molekularverhältniss bevorzugt; zwischen den beiden Endgliedern ist also nirgends ein Mittelglied bemerkbar, welches für sich als

Species aufgefasst werden könnte, ähnlich wie dies auch bei den Feldspathen der Fall ist. Freilich sind bei den Skapolithen die Endglieder selbst bis jetzt noch nicht gefunden worden.

Dasselbe Resultat wird erhalten, wenn man berechnet, welche procentische Zusammensetzung man durch Mischung von x-Procent Me mit y-Procent Ma erhält und diese berechneten Zahlen mit den Analysen vergleicht.

Das specif. Gewicht der Glieder der Skapolithreihe nimmt mit der Abnahme des Meionitsilikats ab. Für das Meionitsilikat wird s = 2,764, für das Marialithsilikat s annähernd = 2,540 gefunden.

Der Verfasser stellt nun über die Beziehungen der Skapolithe zu einigen andern Silikaten interessante Betrachtungen an, in Bezug auf welche wir aber auf das Original verweisen müssen.

Zum Schlusse stellt der Verfasser noch die Systematik der Skapolithe zusammen, indem er hervorhebt, dass die Unterabtheilungen nur willkürliche sein können, indem ja die ganze Reihe eine isomorphe Mischung der beiden Endglieder darstellt. Zunächst unterscheidet er die glasigen Vorkommnisse (a) jeder Abtheilung von den gewöhnlichen trüben (b).

I. Mischungen von Me bis Me_2Ma_1. Durch Säuren vollkommen oder fast vollkommen zersetzbar. SiO_2 = 40 bis 48%. Me-Gehalt 100 bis 67%.

a) Meionit.

b) Wernerit (Paranthin, Wernerit, Skapolith, Nuttalit, Glaukolith, Strogonowit, Paralogit).

II. Mischungen von Me_2Ma_1 bis Me_1Ma_2; durch Säuren unvollkommen zersetzbar. SiO_2 = 48 bis 56%, Me-Gehalt = 67 bis 34%.

a) Mizzonit.

b) Skapolith (Wernerit, Skapolith, Ekebergit, Scolexerose, Porzellanit, Passauit).

III. Mischungen von Me_1Ma_2 bis Ma; durch Säuren nicht zersetzbar. SiO_2 = 56 bis 64%; Me-Gehalt = 34 bis 0%.

a) Marialith.

b) Riponit (Dipyr, Prehnitoïd).

Als Veränderungen der Skapolithreihe wurden erkannt: Atheriastit, Algerit, Wilsonit, Couseranit, talkartiger Skapolith, Micarell.

Referent hat im Vorstehenden sich nur referirend verhalten und jede Kritik der in hohem Grade wichtigen und interessanten Arbeit des Verfassers unterlassen. Er kann aber den Bericht nicht zum Abschluss bringen, ohne Einen Punkt etwas ausführlicher zu besprechen, der für das Resultat der Untersuchung von entscheidender Bedeutung ist. Das ist der Chlor-Gehalt des Natrium-Aluminium-Silikats. Der Verfasser hat diesen Chlorgehalt und sein Verhältniss zum Natrium-Gehalt berechnet aus dem Mittel aus den Analysen des Skapoliths von Ripon, Gouverneur und Malsjö. Er hat dieses Verhältniss gefunden = 4 : 1. Wenn man aber, um die Formel der Skapolithreihe zu erhalten, auch den Gehalt an Kali, als einen das Natron vikariirenden Bestandtheil, mit in Rechnung zieht, dann muss man, wenn das Verhältniss von Na zu Cl ermittelt werden soll, ebenfalls den K-Gehalt mit berücksichtigen. Berechnet man nun das Verhältniss von Na + K zu Cl nicht bloss für die 3 genannten Analysen, sondern für alle Analysen, in welchen überhaupt der Chlorgehalt bestimmt ist, so ergibt sich dasselbe im Skapolith von Gouverneur = 4 : 0,97, von Ripon = 4 : 0,926, von Malsjö = 4 : 0,842, von Arendal = 4 : 0,76, von Rossie = 4 : 0,529, im Meionit vom Vesuv = 4 : 0,27. Man ersieht daraus, dass dieses Verhältniss, soweit die bisherigen Analysen ein Urtheil gestatten, kein feststehendes, sondern ein durchaus schwankendes ist. Von ganz besonderer Wichtigkeit ist das Resultat der mit aller Sorgfalt ausgeführten Analyse des so überaus klaren und frischen Meionits vom Vesuv nach Neminar; hier ist jenes Verhältniss nur wie 4 : 0,27, der Chlorgehalt = 0,14 %. Nun wird aber von Tschermak auch mitgetheilt, dass Sipöcz in einem andern Exemplar des Meionits vom Vesuv einen Chlorgehalt von 0,74 % gefunden habe. Also selbst an demselben Fundort, von dem wir eine ganze Reihe im Übrigen gut mit einander stimmender Analysen besitzen, ist der Chlorgehalt so bedeutenden Schwankungen unterworfen! Referent glaubt hieraus den Schluss ziehen zu können, dass es noch zahlreicher vollständiger Analysen bedarf, ehe es möglich sein wird, die Beziehungen des Chlorgehalts zu den übrigen Bestandtheilen festzusetzen. Er ist aber auch ausserdem noch der Ansicht, dass sich ein Bild von der Zusammensetzung der Skapolith-Reihe erst dann wird gewinnen lassen, wenn auch der Gehalt an Wasser, Schwefel- und Kohlensäure und deren Beziehungen zu den übrigen Gemengtheilen namentlich zu dem Chlor durch zahlreiche genaue und vollständige Analysen wird festgestellt sein. In dem Augenblicke freilich, wo es sich herausstellen sollte, dass in dem Na-Silikat das Atomverhältniss von Na : Cl nicht = 4 : 1 ist, hört die von dem Verfasser angenommene Analogie der Formel von Me und von Ma auf, denn dann würden den 50 Sauerstoffatomen im Me nicht 50 Atome O + Cl im Ma entsprechen. Für die Anschauungen des Verfassers ist es desshalb von entscheidender Bedeutung, dass das Atomverhältniss von Na : Cl im Ma = 4 : 1 ist. Wenn nun Referent mit dem Verfasser auch darin einverstanden ist, dass die Skapolithreihe aus dem Zusammenkrystallisiren zweier Endglieder hervorgeht, deren Zusammensetzung den vom Verfasser aufgestellten Formeln im Allgemeinen annähernd entspricht, so kann er doch die genauere Zusammensetzung dieser Mineralien, namentlich in Bezug auf den Chlor-Gehalt, nicht als festgestellt ansehen; er kann die Aufklärung nur erwarten von genaueren und vollständigen Analysen der Skapolithe im Allgemeinen, des Marialiths im Besonderen. **Streng.**

Rammelsberg: Über die Gruppen des Skapoliths, Chabasits und Phillipsits. (Zeitschr. deutsch. geol. Ges. 1884. p. 220.)

Nachdem der Verfasser seine Ansichten über Isomorphie, die auch in diesem Jahrbuche eine Stelle gefunden haben (1884 I. pag. 67), kurz dargelegt hat, geht er in eine ausführliche Besprechung der oben genannten Gruppen ein.

I. Gruppe des Skapoliths. Sie enthält den Sarkolith, Humboldtilith, Meionit, Wernerit, Mizzonit, Marialith, Dipyr. Die zahlreichen chemischen Analysen ergeben, dass die Gruppe Halbsilikate, normale Silikate und Verbindungen von normalen mit zweifach sauren Silikaten umfasst. A. Halbsilikate. Hierher gehört der Sarkolith vom Vesuv $= 3Na_4SiO_4 + 27Ca_2SiO_4 + 10\mathbf{Al}_2Si_3O_{12}$. — B. Verbindungen von Halb- und normalen Silikaten: Humboldtilith (Melilith) $= \overset{II}{R}_{15}\mathbf{R}_2Si_{14}O_{49}$; Meionit vom Vesuv $= \begin{cases} Na_8\mathbf{Al}_3Si_7O_{27} \\ 12Ca_4\mathbf{Al}_3Si_7O_{27} \end{cases}$; Meionit vom Laacher See $= \overset{II}{R}_{11}\mathbf{Al}_8Si_{20}O_{75}$ (Na : Ca = 1 : $3\frac{1}{6}$); Wernerit von Pargas $= \overset{II}{R}_8\mathbf{Al}_6Si_{15}O_{56}$; Wernerit vom Gouverneur, neue Analyse vom Verfasser: Cl = 2,33, SiO_2 = 52,80, $\mathbf{Al}O_3$ = 25,07, CaO = 10,52, Na_2O = 8,10, K_2O = 1,53, Summe = 100,53. Formel $\overset{II}{R}_8\mathbf{Al}_6Si_{21}O_{68}$ oder wahrscheinlicher: $\overset{II}{R}_7\mathbf{Al}_5Si_{18}O_{58}$. Ähnliche Formel hat der Wernerit von Malsjö; Mizzonit vom Vesuv $= \overset{II}{R}_3\mathbf{Al}_2Si_8O_{25}$; Wernerit von Ripon $= \overset{II}{R}_7\mathbf{Al}_5Si_{30}O_{82}$. — C. Verbindungen normaler und zweifach saurer Silikate. Dahin gehört lediglich der Marialith, von dem v. Rath mit wenig Material eine Analyse ausgeführt hat, welche auf die Formel $\overset{II}{R}_6\mathbf{Al}_5Si_{34}O_{89}$ führt; indessen betrachtet Rammelsberg, und wohl mit Recht, dieses Resultat nur als ein vorläufiges.

Die Glieder der Skapolithgruppe sind verschieden 1) in dem Verhältniss $\mathbf{Al}$: Si, welches von 1 : 2,33 bis 1 : 7 geht und 2) in dem Verhältniss Na : Ca, welches sich innerhalb der Grenzen 1 : 8 und 3,5 : 1 bewegt. „Die Skapolithgruppe liefert den Beweis, dass die Isomorphie stöchiometrisch verschiedener Verbindungen nicht nothwendig von der Mischung zweier Endglieder begleitet ist, denn es zeigt sich 1) dass das Verhältniss $\overset{II}{R}$: $\mathbf{Al}$ nicht bei allen das gleiche ist, und 2) dass keine Beziehung zwischen $\mathbf{Al}$: Si und Na : Ca besteht."

Der Verfasser wendet sich nun gegen die Auffassung, die Tschermak in seiner Abhandlung (Sitzb. Wien. Ak. 88 [1883]) niedergelegt hat. Bezüglich der von Tschermak angenommenen Endglieder bemerkt der Verfasser, dass sie lediglich hypothetische Verbindungen seien, da der wirkliche Meionit und der Marialith sowohl Ca wie Na enthalten. Ferner setzt Tschermak das constante Verhältniss $\overset{II}{R}$: $\mathbf{Al}$ = 4 : 3 voraus, während es in der That im Mizzonit = 4,44 : 3, im Marialith = 3,54 : 3 ist. Der Verfasser sucht an einigen Beispielen nachzuweisen, dass Tschermak's Annahmen mit den Thatsachen nicht in Einklang stehen. Endlich hebt der Verfasser hervor, dass der Marialith 4 % Chlor enthalten müsste, wofür bis jetzt kein Beweis geliefert sei, und dass überhaupt der Nachweis der von Tschermak angenommenen Endglieder noch fehle.

II. Gruppe des Chabasits. Zu dieser gehören Chabasit, Phakolith, Gmelinit und Levyn. Durch eine ausführliche Discussion sämmtlicher Analysen kommt Rammelsberg zu demselben Resultate, zu dem auch der Referent gekommen war, dass man nemlich 3 Hauptglieder unterscheiden kann: $A = \overset{II}{R} Al Si_3 O_{10} + 5aq$; $B = \overset{II}{R} Al Si_4 O_{12} + 6aq$ und $C = \overset{II}{R} Al Si_5 O_{14} + 7aq$, dass daneben eine grosse Zahl von Zwischengliedern vorhanden ist, dass ferner das Verhältniss $\overset{I}{R} : Ca$ den grössten Schwankungen unterworfen ist, und dass endlich die Frage, ob ein Theil des Wassers nicht als Krystallwasser aufzufassen sei, unentschieden bleiben müsse.

Die von Fresenius vorgetragene Ansicht, die Glieder der Chabasitgruppe seien Gemische der beiden Endglieder: $\overset{II}{R} Al Si_2 O_8 + 4aq$ und $\overset{II}{R} Al Si_6 O_{16} + 6aq$ hält Rammelsberg für eine durch nichts zu beweisende Hypothese.

III. Gruppe des Phillipsits. Unter diesem Namen werden Phillipsit, Harmotom und Desmin zusammengefasst. Der Verfasser stellt nur die Atomverhältnisse sämmtlicher Analysen der 3 monoklin krystallisirenden Mineralien zusammen und kommt zu dem Ergebniss, dass überall $\overset{II}{R} : Al = 1 : 1$, $Al : Si$ aber im Phillipsit $= 1 : 3$ bis $1 : 4,5$, im Harmotom $= 1 : 5$, im Desmin $= 1 : 5,5$ bis $1 : 6$ ist, dass ferner der Wassergehalt mit dem Si-Gehalt steigt. Es werden nun folgende Verbindungen als selbstständige betrachtet: $A = 2\overset{II}{R} Al Si_3 O_{10} + 7aq$, $B = 2\overset{II}{R} Al Si_4 O_{12} + 9aq$, $C = \overset{II}{R} Al Si_6 O_{16} + 6aq$. Alle anderen hierher gehörenden Analysen sind Zwischenstufen resp. Mischungen von A mit B und B mit C. Im Phillipsit ist $\overset{I}{R} : Ca = 4 : 1$ bis $1 : 1$ und $\overset{I}{R}$ ist meist überwiegend Na; in Harmotom ist $\overset{I}{R} : Ba = 1 : 6$ bis $1 : 2$, wobei $\overset{I}{R}$ vorherrschend K ist. Im Desmin fehlt entweder das Alkali oder $\overset{I}{R} : Ca$ ist $= 1 : 2$ oder $1 : 3$ oder $1 : 10$ oder $1 : 35$.

Auch hier tritt Rammelsberg der von Fresenius aufgestellten Hypothese entgegen, dass die Phillipsite Mischungen zweier Endglieder seien; das eine Endglied ist zwar im Desmin vertreten, das andere Endglied aber existirt nicht. **Streng.**

Rammelsberg: Über den Cuprodescloizit, ein neues Vanadinerz aus Mexico. (Sitzb. d. Berlin. Akad. 29. Nov. 1883. p. 1215.)

In S. Luis-Potosi in Mexico ist ein neues Vanadinerz gefunden worden, welchem der Verf. den Namen Cuprodescloizit ertheilt. Es bildet schwärzliche, an der Oberfläche undeutlich krystallinische, nierenförmige, im Innern stänglige Massen, welche ein braunes Pulver geben. G. = 5,856. Schmilzt leicht, löst sich in Salpetersäure mit grüner Farbe auf. Die Analyse ergab: $P_2O_5 = 0,17$; $As_2O_5 = 0,28$; $V_2O_5 = 22,47$; $PbO = 54,57$; $ZnO = 12,75$; $CuO = 8,26$; $H_2O = 2,52$; Summe $= 101,02$. Atomverhältniss $V(P, As) : R : H_2O = 2 : 4 : 1$. Es ist also ein wasserhaltiges Viertelvanadat $= R_4 V_2 O_9 + aq = \left\{\begin{matrix} R_3 V_2 O_8 \\ R\ H_2 O_2 \end{matrix}\right.$ und unterscheidet sich von dem Descloizit nur dadurch, dass $\frac{1}{3}$ des Zn durch Cu ersetzt sind. (Vergl. das folgende Referat.) **Streng.**

Samuel L. Penfield: On a variety of Descloizite from Mexico. (Am. Journ. of science. 1883. XXVI. 361.)

Aus der Nähe von Zacatecas, Mexico, untersuchte Verf. ein Mineral, das Prof. Dr. Gibbs in Cambridge von Herbert G. Forrey, Esq. in New York, erhalten und an Prof. G. J. Brush gesandt hatte. Dasselbe scheint eine Kruste von $\frac{1}{8}$ bis $\frac{3}{8}$ Zoll Dicke gebildet zu haben, war auf dem Querbruch faserig, zuweilen radial struirt, von dunkelbrauner Farbe, mit Wachsglanz und zeigte an einem Exemplare als Endigung der Fasern kleine Krystallflächen, die jedoch gekrümmt und unregelmässig angeordnet erschienen, wogegen die Innenfläche der Kruste gewöhnlich nur rauh und nebenbei auch etwas verwittert war. Eine deutliche Spaltbarkeit geht nach einer Fläche der Säulenzone (Fasern als Säulen genommen). Härte = 3.5; Spec. Gew. = 6.200—6.205. Unter dem Mikroskop liessen zwei Dünnschliffe keine Unreinheit der Substanz erkennen. Über das Verhalten dieser Präparate zwischen gekreuzten Nicols fehlt eine Angabe.

Die nach einem genau angegebenen Wege angestellte Analyse ergab als mittlere Zusammensetzung:

		Atomverhältniss	
V_2O_5	18.95	104	121
As_2O_5	3.82	16	
P_2O_5	0.18	1	
PbO	54.93	247	484
CuO	6.74	85	
ZnO	12.24	151	
FeO	0.06	1	
H_2O	2.70	150	
SiO_2	0.12	—	
	99.74		

Demnach ist:

$$R_2O_5 : RO : H_2O = 121 : 484 : 150 = 4 : 16 : 5.$$

Würde das Verhältniss 1 : 4 : 1 sein, so entspräche es der jetzt für den Descloizit angenommenen Zusammensetzung, und auf diese Species wird daher das Mineral vorläufig bezogen, wobei jedoch zu betonen ist, dass das überschiessende Atom H_2O keineswegs als hygroskopisch angesehen werden darf.

Vor dem Löthrohr sind Vanadium, Arsen, Blei, Kupfer und Zinn nachgewiesen. Im Glasrohr ist das Mineral unter starkem Aufkochen leicht schmelzbar und giebt neutrales Wasser ab.

Dem Tritochorit Frenzel's gleicht das Mineral in allen physikalischen Eigenschaften, weicht jedoch in der Zusammensetzung durch einen Mindergehalt an V_2O_5 und durch den Wassergehalt ab. (Vergl. das vorhergehende Referat.) **C. A. Tenne.**

G. J. Brush and **S. L. Penfield:** On Scovillite, a new phosphate of Didymium, Yttrium and other rare earths, from Salisbury, Conn. (Am. Journ. of Science. 1883. XXV. pag. 459.)

G. J. Brush and **S. J. Penfield**: Über Scovillit, ein neues Phosphat von Didym, Yttrium etc. von Salisbury, Conn. (Zeitschr. f. Krystall. u. Min. 1883. VIII. pag. 226.)

— —, On the identity of Scovillite with Rhabdophane. (Am. Journ. of Science. 1884. XXVII. pag. 200.)

W. N. Hartley: On Scovillite. (Journ. of the chem. soc. 1884. pag. 167.)

Das Mineral kommt in dünnen Krusten auf den Eisen- und Manganerzen des Erzlagers von Scoville in Salisbury vor und hat traubige oder stalaktitische Form; Bruch radialfaserig mit Seiden-artigem oder glasigem Glanz; Farbe in verschiedenen Nüancen von bräunlich bis gelblich weiss; Härte = 3,5; spec. Gew. = 3,94—4,01; löslich in Salz- und Salpeter-Säure. Die Substanz ist unschmelzbar und „gab bei der Behandlung mit Kobaltsolution keine Färbung, lieferte dagegen beim Schmelzen mit Phosphorsalz und Borax sowohl in der Oxydations-, als in der Reductionsflamme eine auffallend rosenrothe Perle".

Nach genauer Angabe des bei der Untersuchung eingehaltenen Weges geben die Verff. folgende im Mittel gefundene Zusammensetzung:

P_2O_5	24,94
(Y_2O_3, Er_2O_3).	8,51
(La_2O_3, Di_2O_3)	55,17
Fe_2O_3	0,25
Gebundenes H_2O. . . .	5,88
H_2O (Verlust bei 100°) . .	1,49
CO_2	3,59
	99,83

Da die Menge der Kohlensäure in keinem einfachen Verhältniss zu der des Phosphats steht, wurden für dieselben einmal die für Lanthanit ($[La, Di]_2[CO_3]_3 + 9H_2O$) erforderlichen Bestandtheile berechnet und in Abzug gebracht, wonach neben 17% dieses Minerals noch 83% eines normalen Phosphates mit einem Molekül Wasser von der Form $R_2(PO_4)_2 + H_2O$ restirten. Für diese Formel ward dann der Name Scovillit gegeben, ein Mineral, welches sich dem Churchit (beschrieben in Chemical News 1865. XXII. 121 u. 183), einem Phosphat von Cer, Didym und Kalk mit 4 Mol. Wasser, in der Zusammensetzung nähert.

In der an dritter Stelle aufgeführten Arbeit aber treten die Verff. einer auch schon in den vorhergehenden Mittheilungen berührten Auffassung bei, nach welcher nur das bei 100° entweichende Wasser als dem Carbonat angehörig betrachtet wird. Veranlasst wurden sie hierzu durch eine im Journal of Chemical Society, 1882, p. 210 von Prof. Hartley veröffentlichte Analyse, weelche für den Rhabdophan, der sich frei von CO_2 erwies, die Formel $R_2(PO_4)_2 + 2H_2O$ ergab. Ebenso aber würde die Formel des Phosphats unter obiger Annahme für den Scovillit lauten müssen, von dem dann ca. 86% mit 14% eines nach der Formel $R_2(CO_3)_3 + 3H_2O$ zusammengesetzten Carbonats gemischt sein müssten.

Wird für diese Rhabdophan-Scovillit-Formel die procentische Zusammensetzung unter der Annahme ermittelt, dass sich die Yttrium- zu den Cerium-Erden verhalten wie 1 : 4, und werden ferner die von Hartley und den Verff. gefundenen Analysenwerthe nach Abzug von 5,69%[1] Beimengungen resp. 14% Carbonat auf 100 berechnet, so ergiebt sich folgende Zusammenstellung:

	Rhabdophan	Scovillit	Berechnet
P_2O_5	26,26	29,10	28,40
$(Y, Er)_2O_3$	65,75	9,93	11,12
$(La, Di)_2O_3$		53,82	53,28
Fe_2O_3	—	0,29	—
H_2O	7,99	6,86	7,20
	100,00	100,00	100,00

In der zuletzt genannten Arbeit schliesst sich Hartley der von den vorgenannten Verff. ausgesprochenen Ansicht an, dass Scovillit mit Rhabdophan identisch ist. **C. A. Tenne.**

S. L. Penfield: Analyses of two varieties of Lithiophilite (Manganese Triphilite). (Am. Journ. of Science. 1883. XXVI. pag. 176.)

Den in den Jahren 1877 und 1879 gegebenen Analysen von Triphylin resp. Lithiophilit[2] fügt Verf. zwei neue hinzu. Die erstere bezieht sich auf neu aufgefundenen Lithiophilit von Tubbs Farms, Norway, Me., welcher, aussen durch Oxydation schwarz gefärbt im Innern lachsroth erscheint. Spec. Gew. = 3,398. Mit vorkommende Mineralien: Quarz, Albit und Turmalin. Die zweite Analyse giebt die Zusammensetzung einer bei starkem Glanze blass-bläulich gefärbten Varietät von Branchville, die hell und durchsichtig ist, spec. Gew. = 3,504 hat und von einem Lager herrührt, welches mit der Fundstelle der früher analysirten zwei Varietäten nicht zusammenhängt.

	Norway, Me.	Branchville, Conn.
P_2O_5 . . .	44,40	44,93
FeO . . .	8,60	16,36
MnO . . .	35,98	28,58
CaO . . .	0,78	0,05
Li_2O . . .	8,50	8,59
Na_2O . . .	0,14	0,21
H_2O . . .	1,19	0,54
Gangmasse .	0,12	0,13
	99,71	99,39

Die Resultate dieser Analysen stimmen zu der bereits früher abgeleiteten Formel für die in Frage stehende Mineral-Species und vervollstän-

---

[1] Diese 5,69% Beimengungen bestehen in 1,93% Al_2O_3, Fe_2O_3, CaO, MgO mit etwas P_2O_5 und 3,76% SiO_2.

[2] Vergl. Referat in dies. Jahrb. 1879. pag. 901.

digen die Reihe von einem Lithion-Eisen-Phosphat mit wenig Mangan zu der analogen Lithion-Mangan-Verbindung mit wenig Eisen.

C. A. Tenne.

G. F. Kunz: Sapphir from Mexico. (Am. Journ. of Science. 1883. XXVI. pag. 75.)

Einer kurzen Mittheilung zufolge fand Verf. zwischen Geröllen aus der Nähe von San Geronimo, Estada de Oaxaca, Mexico (nahe dem Isthmus von Tehuantepec), ein abgerolltes Stück von scheckig blau und gelblichweiss gefärbtem Korund, dessen spec. Gewicht zu 3,9002 bestimmt ward. Spaltbarkeit deutlich, auf den Spaltflächen Perlmutter-Glanz.

C. A. Tenne.

Fouqué: Feldspath triclinique de Quatre Ribeiras (Ile de Terceira). (Bull. soc. min. de France. t. VI. 1883. p. 197—219.)

Obwohl die Krystalle dieses Fundortes im Mittel nur 2 mm lang und breit und 1—2 mm dick sind, hat sie der Verf. doch zum Gegenstand eingehender krystallographischer und optischer Untersuchungen gemacht, deren Ergebnisse namentlich in Hinsicht auf die Förstner'sche Untersuchung (Über die Feldspathe von Pantelleria, Zeitschr. f. Kryst. VIII[1]) von hohem Interesse sind. — Die Krystalle finden sich in dem Grus eines dunklen vulkanischen Gesteins der Caldeira von Santa Barbara, meist von einer durch Säuren leicht entfernbaren thonigen Substanz überzogen, auch haften an der Oberfläche meist kleine Glastheilchen, im übrigen sind sie wasserklar, fast Einschluss-frei. Das spez. Gew. wurde mittelst Pyknometer zu 2,5937 bei 14,2° bestimmt; in der Thoulet'schen Lösung vom spec. Gew. 2,5927 sinkt bei 18° die ganze Masse, bei 14,2° etwa die Hälfte unter; die letztere hatte die Zusammensetzung unter I, die nicht zu Boden gefallene die Zusammensetzung unter II:

	I	II	Sauerstoffverhältniss I	Sauerstoffverhältniss II
SiO_2	68,73	67,86	12,05	11,89
Al_2O_3	19,76	19,79	3,00	3,00
CaO	1,12	1,60		
Na_2O	9,45	8,67	0,96	0,99
K_2O	1,37	2,26		
	100,43	100,18		

Die Zusammensetzung beider (von fremden Substanzen gleich freier Theile) ist also bis auf das Verhältniss der Alkalien fast identisch. Da die Deville'sche Methode des Aufschliessens angewandt war, wurde der Kalkgehalt nochmals unter Anwendung von Flusssäure bestimmt und zu 1,48% gefunden. Es liegt also offenbar ein in chemischer Hinsicht dem Orthoklas und Albit analoger Alkali-Kalk-Feldspath vor (dessen Sauer-

---

[1] Vergl. d. Jahrb. 1884. II. -171-.

stoffverhältniss auch bei wechselnden Mengen der Alkalien und des Kalks constant gleich 3 ist).

Dieser merkwürdige Feldspath ist triklin und steht krystallographisch dem Mikroklin am nächsten. Der Habitus wird durch die auch sonst gewöhnlichen Formen bedingt, sämmtliche Krystalle sind aber Zwillinge nach $\infty P \breve{\infty}$ (010) und haben demnach auf der Basis eine (meist äusserst feine) Zwillingsstreifung. Krystalle dieser Art („einfache") sind verlängert nach der Klinoaxe, ein wenig tafelartig nach $\infty P \breve{\infty}$ (010), zuweilen hohl; daneben kommen aber auch Zwillinge nach oP (001) häufig vor, meist stärker tafelartig nach $\infty P \breve{\infty}$ (010) und eben solche nach $\infty P \bar{\infty}$ (100), die noch mehr nach dem Brachypinakoid abgeplattet sind. Bei den letzteren ist $,P,\bar{\infty}$ $(10\bar{1})$ annähernd parallel $\underline{oP}$ $(\underline{001})$, ebenso fallen die Zonenaxen $\infty P \breve{\infty} : P,$ $[010 : 11\bar{1}]$ und $\underline{\infty P \breve{\infty} : 2'P,\bar{\infty}}$ $[\underline{010 : 02\bar{1}}]$ zusammen. Das eine Individuum verkürzt sich zuweilen zur Lamelle, auch kommen Verwachsungen nach oP (001) und $\infty P \bar{\infty}$ (100) neben einander vor.

Die Flächen erlauben keine genauen Messungen, da sie bald in polyëdrische Flächen-Complexe gebrochen, bald gerundet oder verdreht sind, namentlich aber die anhaftenden Glas-Häutchen den Reflex beeinträchtigen. Hiezu kommt, dass nur solche Krystalle zur Messung tauglich waren, an welchen die Reflexe des einen Systems von Zwillingslamellen nach $\infty P \breve{\infty}$ (010) deutlich von denen des andern unterschieden werden konnten. Für die wichtigsten Winkel wurde als Mittel einer Reihe von Messungen gefunden:

			Mittel	Äusserste	Werthe
oP	: $\infty P \breve{\infty}$	001 : 010	90° 29'	91° 7'	90° 4'
∞,P	: $\infty P \breve{\infty}$	$1\bar{1}0 : 010$	119° 55'	120° 38'	119° 10'
∞,P	: $\infty P,$	$1\bar{1}0 : 110$	120° 47⅔'	121° 43'	119° 56'
$\infty P \breve{\infty}$	: $2,P,\bar{\infty}$	$010 : 20\bar{1}$	90° 17'	90° 25'	90° 4'[1]
oP	: $2,P,\bar{\infty}$	$001 : 20\bar{1}$	81° 34'	82° 7'	81° 2'
oP	: $\infty P,$	001 : 110	112° 53'	—	—
$2,P,\bar{\infty}$	: $\underline{2,P,\bar{\infty}}$	$20\bar{1} : \underline{20\bar{1}}$	162° 25¼'	162° 35'	162° 7'
(Zwilling nach oP (001).)					
oP	: $\underline{oP}$	$001 : \underline{001}$	127° 5'	127° 18'	127°
(Zwilling nach $\infty P \bar{\infty}$ (100).)					
$2,P,\bar{\infty}$	: $\underline{2,P,\bar{\infty}}$	$20\bar{1} : \underline{20\bar{1}}$	110° 20⅓'	110° 29'	110° 3'
(Zwilling nach $\infty P \bar{\infty}$ (100).)					

Die Winkel schwanken übrigens selbst bei ganz reinen Reflexen sehr stark, in der Säulenzone z. B. um fast 2°; chemische Differenzen waren an derartig verschiedenen Krystallen indess nicht nachzuweisen.

Die optische Untersuchung ergab auf oP (001) eine Schiefe der Auslöschung von ca. 1½° [+ oder — ? der Ref.]; diese wird aber, wie auch

[1] Hier stimmt die in der Originaltabelle noch angegebene äusserste Abweichung vom Mittelwerth nicht mit den Differenzen zwischen Mittelwerth und äussersten Werthen.

der Zwillingsaufbau nach $\infty P \breve{\infty}$ (010) erst merklich, wenn der Schliff ungefähr ebenso dünn ist, wie die den Krystall durchsetzenden Lamellen. Die von Werlein angefertigten Schliffe sind daher z. Th. so ausserordentlich dünn, dass die Zwillingslamellen wie die Blätter eines Buches getrennt und gebogen erscheinen. Auf $\infty P \breve{\infty}$ (010) schwankt die Auslöschungsschiefe, wie üblich, zur Kante P : M gemessen, zwischen + 9 und 9½°; diese Richtung ist zugleich die erste Mittellinie der optischen Axen, deren Ebene annähernd senkrecht zu $\infty P \breve{\infty}$ (010) liegt. Der Axenwinkel wurde in Luft und in Öl an 6 Platten um die spitze, an vier Platten um die stumpfe Bisectrix gemessen und es ergiebt sich daraus im Mittel 2V = 43° 14′ für weisses Licht; er ist für Li-Licht etwa 50′ grösser als für Tl-Licht; gekreuzte Dispersion ist kaum, horizontale recht gut sichtbar. Der Axenwinkel schwankt übrigens an verschiedenen Stellen derselben Platte bis 4°. Erwärmung auf 200° brachte keine merklichen Änderungen hervor.

Die bewunderswürdige Geschicklichkeit des Herrn Werlein machte es möglich, auch die Brechungsexponenten an einer grossen Reihe verschieden orientirter Prismen zu bestimmen. Bei 18 Prismen mit brechenden Winkeln von ca. 33°, 60° und 70° enthielt die den brechenden Winkel halbirende Ebene zwei Elasticitätsaxen, bei zwei Prismen war dieselbe Ebene senkrecht zu einer optischen Axe. Die letzteren ergaben natürlich (bei Einstellung auf Minimal-Ablenkung) nur β; unter den ersteren war die Mehrzahl (weil am wenigsten schwierig herzustellen) so orientirt, dass die brechende Kante parallel der Axe grösster Elasticität war und der zweite Strahl β ergab; andere so, dass sich α und γ oder β und γ oder α und β bei ausserdem wechselnder Lage der brechenden Kanten bestimmen liessen. Nach den so erhaltenen 62 Werthen ist im Mittel:

	α	β	γ
für gelbes Licht:	1,5305	1,5294	1,5234
„ rothes „ :	1,5286	1,5274	1,5213

Aus diesen Werthen ergiebt sich:

$$2V = 46^\circ 2';$$

berechnet man dagegen den Axenwinkel aus dem beobachteten Winkel in Luft und dem mittleren Brechungsexponenten, so erhält man 2V = 43° 37½′; die Differenz von ca. 2½° entspricht einem Fehler von nur einer Einheit der vierten Decimale von α, wenn man die beiden andern Brechungsexponenten als richtig annimmt.

Dieser Feldspath ist demnach nicht allein vom Orthoklas wie von allen bekannten Plagioklasen in wesentlichen Eigenschaften verschieden, sondern steht ausserdem nach dem Verhältniss seiner Eigenschaften ganz ausserhalb der durch die Tschermak'sche Theorie vorgesehenen Feldspathreihe. Krystallographisch und optisch nähert er sich allerdings manchen Feldspathen von Pantelleria, unterscheidet sich aber chemisch (z. B. gegenüber dem Feldspath von Cuddia mida, Förstner l. c. p. 181) durch das Fehlen der Anorthit-Verbindung und dem entsprechend höheren Kieselsäure-Gehalt.

O. Mügge.

Damour: Note sur un feldspath triclinique des terrains volcaniques du département de l'Ardèche. (Bull. soc. min. de France. VI. 1883. 387—389.)

Auf dem Berge Coirons bei Rochesauve im Chomeracthal (Ardèche) findet man in einem vulkanischen Tuffe undeutlich krystallisirte durchsichtige farblose Stückchen eines dem Sanidin vom Laacher See ähnlichen Feldspaths, der auf P aber deutlich gestreift ist und sich auch optisch als triklin erweist. Er ist z. Th. mit Apatitsäulchen verwachsen. G = 2,68. V. d. L. zu blasigem Glase schmelzbar, von Säuren nicht angegriffen. Die Analyse ergab: 58,71 SiO_2; 25,49 Al_2O_3; Fe_2O_3 Spur; 9,05 CaO; 5,45 Na_2O; 0,78 K_2O = 99,48, entsprechend einem Andesin.

Begleitet ist der Feldspath von Magneteisen, honiggelbem Titanit und Augitkrystallen, welche ebenfalls von kleinen Apatitprismen durchwachsen sind. **Max Bauer.**

Gonnard: Des gisements de la fibrolithe sur le plateau centrale (Puy-de-Dôme et Haute-Loire). (Bull. soc. min. France. VI. 1883. 294—301.)

Der Verf. giebt kritische Bemerkungen über das Vorkommen des Fibroliths in Centralfrankreich, z. Th. im Hinblick auf die Benützung desselben zu prähistorischen Steingeräthen. **Max Bauer.**

Bertrand: Nouveau minéral des environs de Nantes. (Bull. soc. min. de France. VI. 1883. pag. 249—252.)

Damour: Note et analyse sur le nouveau minéral des environs de Nantes. (l. c. pag. 252—255.)

Das Mineral von Petit-Port und Barbin ist schon 1880 vom Verf. (Bull. soc. min. III. 1880. pg. 96 und DES CLOIZEAUX l. c. V. 1882. 176[1]) erwähnt worden. Dasselbe ist rhombisch, opt. A.-E. // den Axen a und c, — Mittell. // Axe a. $\rho < \nu$. $2H_a = 82°$. $2H_o = 118°$. (Index des Öls = 1,45), also: $2V_a = 74° 51' 34''$ und $\beta = 1{,}569$. Die beobachteten Flächen sind: $p = oP$ (001); $m = \infty P$ (110); $h^1 = \infty\bar{P}\infty$ (100); $h^2 = \infty\bar{P}3$ (310); $g^1 = \infty\breve{P}\infty$ (010); $g^2 = \infty\breve{P}3$ (130); $e^1 = \breve{P}\infty$ (011); $e^{\frac{1}{3}} = 3\breve{P}\infty$ (031); gemessen wurde $m/m = 121° 20'$ und $g^1/e^1 = 120° 25'$; daraus folgt a : b : c = 0,5619 : 1 : 0,5871; und man berechnet: $m/h^2 = 161° 17'$; $m/g^2 = 150° 1'$; h^2/h^2 über $h^1 = 158° 47'$; g^3/g^2 über $h^1 = 61° 21'$; $p/e^1 = 149° 35'$; $p/e^{\frac{1}{3}} = 119° 35'$; $e^{\frac{1}{3}}/e^{\frac{1}{3}} = 59° 10'$. Die Kryställchen sind nach g^1, seltener nach p tafelförmig; beobachtete Combinationen: mpg^1; mh^1pg^1; mpg^1e^1; $g^3h^1g^1e^1$; $mh^1h^2g^1g^2pe^1e^{\frac{1}{3}}$. Zwillinge nach g^2 und $e^{\frac{1}{3}}$. Die Krystalle sind glänzend, z. Th. gelblich; H < 6. In HNO_3 nicht löslich. V. d. L. nicht schmelzbar. Sitzt auf Quarz oder Feldspath in Pegmatitgängen im Gneiss, isolirt oder in Drusen mit Apatit, Arsenkies und Schwefelkies in sehr geringer Menge.

---

[1] Vergl. dies. Jahrb. 1884. I. -8-.

G = 2,593 (Bertrand); = 2,586 (Damour). Verliert in der Glühhitze unter Trübewerden 6—7% schwachsaures H_2O. Die Analyse ergab mit sehr wenig Material die Formel: $4\,BeO\,.\,2\,SiO_2\,.\,H_2O = H_2Be_4Si_2O_9$; die Zahlen der Analyse mit den aus der Formel berechneten verglichen, ergeben: $SiO_2 = 49{,}26$ (gef.), (50,19 ber.); $BeO = 42{,}00$ (42,29); $H_2O = 6{,}90$ (7,52); $Fe_2O_3 = 1{,}40$; Sa = 99,56. Damour schlägt für das Mineral den Namen Bertrandit vor.

Max Bauer.

Des Cloizeaux: Forme et caractères optiques de l'eudnophite. (Bull. soc. min. France. Bd. VII. pg. 78. 1884.)

Untersucht wurde ein oblongprismatisches Stück von Kangerdluarsuk in Grönland, durchsichtiger als der E. von Brevig in Norwegen. Spaltbar nach den Flächen des Prismas und nach der Basis, beinahe gleich leicht, die Blätterbrüche wenig eben. Die Winkel des Spaltungsstücks nicht genau messbar, doch sind sie nahe 90°/o, so dass der Verf. das Stück mit einem Spaltungsstück von Kryolith vergleicht. Ein Spaltungsplättchen parallel der leichtesten Spaltbarkeit zeigt sich im polarisirten Licht wenig homogen; zahlreiche Stellen mit feinen Streifen, welche sich rechtwinklig kreuzen, sind eingestreut. Eine Auslöschungsrichtung ausserhalb dieser Stellen ist mit der Kante zur Basis parallel. Im convergenten Licht sieht man die Axen, die — Mittellinie ist theils senkrecht, theils schief zur einen Spaltungsfläche; 2E = 70°. Auf Platten sieht man zuweilen an verschiedenen Stellen die Axenebenen in zwei zu einander senkrechten Ebenen orientirt, was wohl mit Zwillingsbildung zusammenhängt. Für die eine Richtung ist $\varrho > v$, für die andere $\varrho < v$, aber stets schwach. Bei einer geringen Erwärmung nähern sich beide Axen, für welche $\varrho > v$, bei 75° fallen sie zusammen und darüber hinaus gehen sie in einer darauf senkrechten Ebene aus einander, dann ist $\varrho < v$. An einzelnen Stellen der Platte scheint die stumpfe + Mittellinie auf der Plattenebene senkrecht zu sein, was auf eine Umdrehung eines Theils der Substanz um 90° hindeuten könnte. Da nirgends horizontale oder gekreuzte Dispersion wahrzunehmen ist, so ist der E. wahrscheinlich rhombisch, nicht monoklin.

Max Bauer.

Flight: Two new aluminous mineral species: Evigtokite and Liskeardite. (Journ. of the chem. soc. Bd. 43. pg. 140. 1883.)

Evigtokit. Von der grönländischen Kryolithlagerstätte; bildet ein Agglomerat durchsichtiger dünner Krystalle, die Masse ist aber trübe, ähnlich dem Kaolin und sehr weich. Im Kolben giebt der E. Wasser, dann Fluorwasserstoff; er ist unschmelzbar. Die Analyse hat ergeben: 16,23 Al, entspr. 49,87 Al_2Fl_6; 22,39 Ca, entspr. 43,66 $CaFl_2$; 0,43 Na, entspr. 0,76 NaFl; 5,71 H_2O = 100, was mit der Formel: $Al_2Fl_6\,.\,2CaFl_2\,.\,2H_2O$ stimmt.

Liskeardit. Weiss, ins grüne oder blaue; krystallinisch, faserig, ein dünnes (¼ Zoll mächtiges) Lager bildend, mit Quarz und andern

Mineralien (Chlorit, Schwefelkies, Kupferkies, Arsenkies, Skorodit); Lostwithiel und Chyandour in Cornwall. Die Analyse ergab: 7,60 Fe_2O_3; 28,23 Al_2O_3; 26,96 As_2O_5; 1,11 SO_3; 1,03 CuO; 0,72 CaO; H_2O : 4,35 bei gew. Temp.; 10,96 bei 100°; 5,55 bei 120°; 8,22 bei 140—190°; 4,97 beim Glühen; im Ganzen: 34,05 H_2O (8 Mol.) = 99,74. Diess giebt die Formel: $R_{III}AsO_4 . 8H_2O$. Die Farbe kommt von etwas CuO, auch etwas SO_3 ist vorhanden. Steht dem Evansit nahe, hat aber As statt P; vielleicht ein As-Evansit. **Max Bauer.**

Paul Gisevius: Beiträge zur Methode der Bestimmung des spezifischen Gewichts von Mineralien und der mechanischen Trennung von Mineralgemengen. Inaugural-Dissertation. Bonn 1883. Mit 1 Tafel.

James J. Dobbie: Note on an easy and rapid method of determining the specific gravity of solids. (Philos. magazine V. ser. Bd. 17. pag. 459—462. 1884.)

Gisevius hat bei der Prüfung der Methode der Trennung der einzelnen Mineralgemengtheile behufs womöglich quantitativer Untersuchung der Gesteine und Bodenarten auch die Methoden zur Bestimmung des spezifischen Gewichts von Mineralien, besonders für den Fall untersucht, dass nur sehr kleine Stückchen zur Untersuchung vorliegen. Es stellte sich dabei heraus, dass die allerdings sehr handliche Jolly'sche Federwage für den genannten Fall die erste Decimale nicht mehr richtig angiebt, dass sie also nur mit grösseren Stücken benützt werden kann, aber auch dann ist das Resultat nur annähernd. Ebenso gab auch ein der Grösse der Mineralstücke angepasstes kleines cylindrisches Pyknometer unbefriedigende Resultate und das gleiche war mit der hydrostatischen Wage der Fall. Der Verfasser construirte daher ein Volumenometer, bestehend aus einer engen und einer weiten mit einer Flüssigkeit (Wasser) gefüllten vertikalen Glasröhre, welche unten communicirten. Die enge Röhre ist in Millimeter getheilt, die weite trägt eine Marke, welche an einem engen Glasröhrchen angebracht ist, welches unten von dem weiten Schenkel abgeht und weiter oben wieder in ihn einmündet, so dass die Flüssigkeit in diesem Röhrchen mit der in der weiten Röhre befindlichen im gleichen Niveau steht, aber einen stärker gebogenen und dem Ablesen günstigeren Meniskus hat. Auf die Marke ist ein Mikroskop gerichtet, das als eine Art von Kathetometer dient. Wenn das Mineralstückchen nun in den weiten Schenkel hineingebracht wird, so steigt die Flüssigkeit, wird aber dann im weiten Schenkel mittelst eines durch eine Schraube auf- und abzuschiebenden in demselben festanliegenden Gummistopfen bis zu der genannten Marke heruntergepresst. Die Flüssigkeit ist dann im kleinen Schenkel um das Volumen des Mineralstückchens gestiegen, welches man an der Theilung, deren Beziehung zum Volumen der Röhre bestimmt werden muss, unmittelbar ablesen kann.

Ein fast genau ebenso construirtes Instrument hat später, offenbar ganz unabhängig von Gisevius, der zweite genannte Verfasser construirt. Statt des verschiebbaren Gummistopfens setzt derselbe aber mittelst eines Gummischlauchs eine durch einen Hahn geschlossene durchbohrte Glasspitze auf die weite Röhre auf, nachdem das Mineral hineingebracht ist. Die Flüssigkeit des weiten Schenkels wird bei geöffnetem Hahn durch Einblasen in die Öffnung bis unter die Marke herabgedrückt, welche hier an diesem Schenkel selbst angebracht ist; dann wird der Hahn in dem Moment geschlossen, wenn nach dem Aufhören des Einblasens und dem dadurch bedingten Wiedersteigen der Flüssigkeit im weiten Schenkel diese wieder genau im Niveau der Marke steht. Dieser Verf. hat seine Methode geprüft, indem er an Mineralien das spezifische Gewicht mittelst der gewöhnlichen Methode und dann nach der eben beschriebenen bestimmte; er fand dabei u. A. für Kupferkies: G. = 4,762 (gw. M.), 4,756 (neue M.) (Diff. = 0,006); Dolomit: G. = 2,704 resp. = 2,723 (Diff. = 0,019); Quarz: G. = 2,649 resp. 2,620 (Diff. = 0,029); Malachit: G. = 3,953 resp. 3,940 (Diff. = 0,013): Auch Gisevius giebt eine solche Vergleichung der mittelst der verschiedenen Methoden an demselben Mineral erhaltenen Zahlen; er fand z. B. für ein Stück Augit: abs. G. = 178,3 mg; Volumen: 60,0 cmm, hieraus G. = 2,97; G. nach Jolly: 3,24 und 3,17; mit der hydrostat. Wage: 3,00; mit dem Pyknometer: 3,23. Man sieht daraus den grossen Einfluss der Methode auf das gefundene spezifische Gewicht, ohne aber die Genauigkeit der einzelnen Methoden beurtheilen zu können; der Werth der hier beschriebenen Volumetermethode folgt besser aus der Dobbie'schen Zusammenstellung von mit grösseren Stücken bestimmten Werthen. Offenbar ist ja diese Methode auch für grössere Stücke anwendbar, wenn dieselben nur noch in den weiten Schenkel eingeschoben werden können. Das absolute Gewicht, welches neben den Volumen noch nöthig ist, giebt die Wage.

Mittelst der Klein'schen Flüssigkeit kann man nach Gisevius auf zweierlei Art operiren: Man kann aus zwei Lösungen von bekannter Concentration eine solche von intermediärer Concentration und specifischem Gewicht mischen und dieses letztere ist bekannt, wenn man die Zahl der Tropfen kennt, welche von jeder der beiden Lösungen in der Mischung vorhanden sind; man lässt diese Lösungen aus Büretten mit Quetschhahn ausfliessen und kann dann die Zahl der Tropfen zählen. Die Mischung wird so lange fortgesetzt, bis das Mineralstückchen eben schwimmt. Diese Methode ist handlich, lässt aber nur annähernde Werthe erwarten. Oder man mischt die Flüssigkeit bis das Stückchen schwimmt und wiegt ein bestimmtes Volumen der letzteren auf der gewöhnlichen Wage. Da die Klein'sche Lösung nicht rasch verdunstet, so ist diese Methode nicht mit wesentlichen Fehlerquellen verbunden. Die Möglichkeit der Gewichtsbestimmung geht bis 3,295.

Bei der Trennung von Bestandtheilen von verschiedenem Gewicht in Mineralgemengen erwies sich, dass die Klein'sche Lösung (borwolframsaures Cadmium) dem Kaliumquecksilberjodid aus mehreren Gründen entschieden vorzuziehen ist. Die Indicatoren Goldschmidt's wurden von Gisevius adoptirt und ein besonderer Apparat construirt, der die bequeme Handhabung der Methode gestattet. Derselbe ist im Text beschrieben und abgebildet; er übernimmt nicht nur die Sonderung der Bestandtheile mit verschiedenem spez. Gewicht innerhalb der Lösung, sondern eine völlige örtliche Scheidung der Fraktionen. Die Art und Weise der Handhabung des Apparats ist an verschiedenen Beispielen erläutert, das Nähere ist im Text nachzusehen. Die Methoden gestatten die Sonderung feiner Partikel, reichen aber nicht zu einer quantitativen mineralogischen Analyse aus, sie bereiten aber eine solche vor, und lassen sich durch andere Hülfsmittel ergänzen.

Max Bauer.

V. v. Zepharovich: Mineralogische Notizen. No. VIII. (Lotos. 1883.)

1) Kalkhaltige Wulfenitkrystalle von Kreuth (Kärnthen). Auf den Kluftflächen des bleiglanzführenden Kalks, entweder auf Kalk, oder auf Bleiglanz, namentlich an der Grenze beider, oder auf dünnen Kieselzinkerzrinden sitzen einzelne Gelbbleierzkrystalle. Es sind graue, spitze Pyramiden, wenn ein Kalkgehalt vorhanden ist, im Gegensatz zu einer jüngeren Gelbbleierzgeneration, die in gelben Täfelchen erscheint. Man kann dort folgende Mineralbildungen annehmen: a. Kalk und Bleiglanz; b. Weissbleierz; c. grauer, d. gelber Wulfenit und mit diesen z. Th. gleichzeitig Kieselzinkerz. Die grauen Krystalle zeigen gewöhnlich: P (111) und untergeordnet oP (001) und P∞ (101); hemiëdrisch durch ein Tritoprisma oder durch eine feine Streifung auf P in der Richtung der Endkante oder der Combinationskante mit einer Fläche des Tritoprismas. Diese letzteren Flächen sind meist krumm, gestreift und nicht messbar; annähernd entsprechen sie dem Ausdruck: $\infty P \frac{7}{4}$ = (740). Auch die Spiegelung auf den Flächen P war nicht ausgezeichnet; die Messung ergab im Mittel: A. P/P = 111 : 11$\bar{1}$ = 131° 37′ 24″ und B. P/P = 111 : $\bar{1}$11 = 99° 39′ 42″ und daraus nach der Methode der kleinsten Quadrate: a : c = 1 : 1,574265, woraus folgt: P/P = 131° 37′ 28″ und: 99° 39′ 52″. Für den kalkfreien Wulfenit erhielt Dauber: a : c = 1 : 1,5771, was ergiebt: P/P = 131° 42′ 4″ und 99° 38′ 7,4″. Die Axe c nimmt also durch den Kalkgehalt etwas ab. G. = 6,7 bei 17,5° C. Farbe bei lebhaftem Glanze gelblich-, bräunlich-, grünlichgrau, graulich- oder grünlichgelb, gelblich- oder graulichweiss, oder selten ölgrün bis nelkenbraun. Die Analyse von Reinitzer ergab für hellgefärbte (I) und dunklere Krystalle (II):

	I	II
MoO_3	39,40	39,60
PbO	57,54	58,15
CaO	1,07	1,24
CuO	0,09	0,40
Al_2O_3 / Fe_2O_3 }	1,96	0,50
	100,06	99,89

Diese Zahlen entsprechen einer isomorphen Mischung: $40\,PbMoO_4 + 3\,CaMoO_4$ resp. $36\,PbMoO_4 + 3\,CaMoO_4$.

2) Galenit vom Hüttenberger Erzberg (Kärnthen). Schon

1874 wurde das Vorkommen beschrieben und analysirt; derbe grosskörnige Massen, auf Hohlräumen Bleiglanzkrystalle mit bis zu 12 mm langer Kante, welche zonal aufgebaut sind und in der Mitte einen rostbraunen Kern von Weissbleierz (?) haben. In dem Inneren der grösseren individuellen Bleiglanzparthien waren deutliche Kanäle z. Th. mit Anglesit erfüllt. Der Verf. nimmt an, dass in grösseren Hohlräumen stalaktitische Bleiglanzmassen ähnlich dem Raibler Röhrenerz gebildet, hernach zertrümmert und wieder cämentirt worden sind, und dass dann in der Masse grössere Umsetzungen und Neubildungen vor sich gegangen seien, durch welche die Anglesit- und Cerussitkrystalle entstanden sind.

3) Anglesit nach Galenit von Miss (Kärnthen) gefunden auf dem Herz-Jesustollen. Bis 7 mm hohe Bleiglanzoktaëder sind oberflächlich oder bis in's Innere in dichten Anglesit verwandelt. Bedeckt sind sie mit einer dünnen Schicht glänzend schwarzen kleintraubigen Limonits, auf welchen einzelne Anglesitkryställchen und kleine samtartige pilz- oder warzenförmige im Innern faserige Erhabenheiten wahrscheinlich von Goethit aufsitzen. Der Bleiglanz ist von Brauneisenstein begleitet, welcher aus Markasit entstand. In demselben sind derbe Bleiglanzkörner eingeschlossen, die ebenfalls z. Th. in dichten Anglesit umgewandelt sind.

4) Zoisit und Pyrrhotin von Lamprechtsberg bei Lavamünd (Kärnthen). Der Pyrrhotin bildet mit Kupferkies Lager im Gneiss am Hühnerkogel bei Lamprechtsberg, begleitet von (z. Th. grünem) Quarz, Biotit, schwarzer Blende und seltenen Säulchen von weingelbem und grünem Zoisit, braunem und schwarzem Amphibol und gelbbraunem Granat; stellenweise finden sich Nester im Magnetkies von Biotit und Zoisit in Stengeln bis 30 mm Länge und 5 mm Dicke, aber ohne bestimmbare Endflächen, und stark längs gestreift; bestimmbar waren die Flächen: a = $\infty \bar{P} \infty$ (100); q = $\infty \bar{P} 2$ (210); $\infty \breve{P} 3$ (130) (?); b = $\infty \breve{P} \infty$ (010); m = ∞P (110); die Winkel waren: m/b = 121° 43′; m/m′ = 116° 25′; q/m = 165° 39′; q/a = 162° 47′, in Übereinstimmung mit den Winkeln des Zoisit. Eine nach a geschliffene Platte zeigte viele Einschlüsse von Magnetkies und im Öl eine undeutliche Interferenzfigur; Axenebene // $\infty \breve{P} \infty$ und Mittellinie //Axe a. Leicht schmelzbar. Die Bestandtheile des Z. wurden qualitativ nachgewiesen. Das Vorkommen dieses Z. hat einige Ähnlichkeit mit dem von Docktown in Tennessee, der auch mit Kiesen vergesellschaftet ist.

5) Amphibol-Anthophyllit vom Schneeberg in Passeyr (Tyrol). Aggregate brauner radial oder büschelförmig gruppirter Stengel und grauer biegsamer Fasern, in deren Zwischenräumen Quarz, Biotit, Dolomit, Blende, Bleiglanz und Kupferkies. Zwei Spaltungsflächen machen 125° 3′—37′; schwer schmelzbar, theils parallel, theils schief zu den Längsspalten auslöschend.

6) Quarz nach Baryt von Koschow bei Lomnitz (nordöstl. Böhmen). Rektangulär tafelförmige Gestalten 10 cm hoch, 3½ breit, ½—1 dick, in Drusen; im Innern hohl, eine dünne Wand weissen Quarzes ist innen und aussen mit Quarzkryställchen besetzt, und innen später mit grauem Quarz ausgefüllt. Aus Hohlräumen eines Melaphyrs lose auf den Feldern.

7) **Nontronitähnliche Metamorphose von Krivan bei Moravicza im Banat.** Lichtölgrüne, fettig anzufühlende, sehr weiche Masse von büschelig-strahliger Struktur mit undeutlich faserigen oft krummen keilförmigen Zusammensetzungsstücken, übergehend in matte körnig-faserige bis dichte Partien. G. = 2,302. Wird im Kolben dunkelbraun, hart und viel H_2O geht weg; v. d. L. ziemlich schwer schmelzbar. Von Säuren beim Kochen zersetzt; sehr hygroskopisch, giebt bei 100° C. 15 % H_2O, der Rest geht erst beim Glühen. Die Analyse von LEIPEN gab: 42,9 SiO_2; 23,0 Fe_2O_3; 10,3 Al_2O_3; 1,8 CaO; 0,9 MgO; 21,5 H_2O = 100,4. Kein FeO; CaO und MgO wurde als Beimischung betrachtet, dann erhielt man die Formel: $3Fe_2O_3 . 2Al_2O_3 . 15SiO_2 . 25H_2O$ entsprechend dem Nontronit: $Fe_2O_3 . 3SiO_2 . 5H_2O$, wo Fe theilweise durch Al ersetzt ist.

Max Bauer.

Alex. Krenner: Über den Meneghinit von Bottino. (Zeitschrift der ungarischen geologischen Gesellschaft (Földtani Közlöni). XIII. Jahrg. 1883. 7 pp. mit 1 Holzschnitt.)

Alex. Schmidt: Zur Isomorphie des Jordanit und Meneghinit. (Zeitschr. für Kryst. Bd. VIII. 613—621. 1883.)

H. A. Miers: On the crystalline forme of Meneghinite. (Mineral. magazine. Bd. V. p. 325—331. 1884 mit 5 Holzschnitten.)

C. Hintze: Bemerkungen zur Isomorphie des Jordanit und Meneghinit. (Zeitschr. für Kryst. etc. Bd. IX. pg. 294. 1884.)

Der M. wurde von KRENNER in guten Krystallen untersucht und für dieselben das rhombische System festgestellt, im Gegensatz zu G. VOM RATH, der die Krystalle als monoklin angegeben hatte. Zwillingsverwachsungen wurden nicht wahrgenommen. Folgende Formen wurden beobachtet, von welchen die mit einer zweiten Signatur versehenen schon von G. VOM RATH angegeben und mit dem betr. Zeichen versehen worden sind[1]:

$a = 100 (\infty \bar{P} \bar{\infty}) = b$; $m = \infty P\ (110) = \frac{1}{3}m$; $y = \breve{P}\breve{\infty}\ (011) \begin{cases} 2p \\ 2x \end{cases}$; $p = P\ (111)$

$b = 010 (\infty \breve{P} \breve{\infty}) = a$; $n = \infty \breve{P} 3\ (130) = m$; $x = \frac{1}{2}\breve{P}\breve{\infty}\ (012) \begin{cases} p \\ x \end{cases}$; $s = \bar{P}2\ (212) = s$

$l = \infty \breve{P} 2\ (120) = \frac{2}{3}m$; $u = \bar{P}\bar{\infty}\ (101)$; $z = \bar{P}4\ (414)$

$k = \infty \bar{P} 2\ (210)$; $w = \frac{2}{3}\bar{P}\bar{\infty}\ (203)$; $q = \breve{P}2\ (122)$

$g = \infty \breve{P} \frac{3}{2}\ (230) = \frac{1}{2}m$; $v = \frac{1}{2}\bar{P}\bar{\infty}\ (102)$; $d = \frac{3}{4}\breve{P}\frac{3}{2}\ (234) = d$

$o = \frac{1}{2}P\ (112) = o$

$e = \frac{1}{2}\bar{P}2\ (214) = e$

Die Fläche b (resp. a) ist die Zwillingsfläche nach G. VOM RATH.

Von den Blätterbrüchen wurde der nach c constatirt und gut gefunden; die Domenflächen sind nach a feingestreift, auf x sieht man einige sehr

---

[1] Eine Brachydomenfläche $t = \frac{3}{4}\breve{P}\breve{\infty}\ (034)$ ist nur in der Winkeltabelle, nicht im Flächen-Verzeichniss aufgeführt: sie ist vom Verf. nicht, wohl aber von VOM RATH beobachtet.

stumpfe Knickungen // a, so dass vicinale Flächen entstehen (2p und 2x vom Rath sind Vicinalflächen zu y, p und x solche zu x). Die Oktaëder liegen hauptsächlich in 2 Zonen: q, d, o, e in der Zone [b v] oder [010, 102]; p, s, z in der Zone [b, u] = [010, 101]. Das Axenverhältniss fand sich aus: b/y = 010 : 011 = 124° 26′ und q/y = 122 : 011 = 163° 25′:

a : b : c = 0,9495 : 1 : 0,6855.

In der folgenden Winkeltabelle sind die vicinalen Flächen von x nicht berücksichtigt. Die Winkel aus der Prismenzone, deren Flächen stark gestreift sind, schwanken beträchtlich.

	beob.	ber.		beob.	ber.
y/b = 011 : 010 =	124° 26′		t/b = 034 : 010 =		117° 13′
x/b = 012 : 010 =	108° 55′	108° 55′	p/y = 111 : 011 =	118° 59′	119° 4′
q/y = 122 : 011 =	163° 25′		s/x = 212 : 012 =	145° 49′	145° 40′
d/x = 234 : 012 =	160° 30′	160° 26′	z/a = 414 : 100 =		125° 26′
o/x = 112 : 012 =	161° 7′	161° 9′	k/b = 210 : 010 =	115° 35′	115° 24′
e/a = 214 : 100 =		109° 35′	m/b = 110 : 010 =	133° 43′	133° 31′
v/a = 102 : 100 =	109° 52′	109° 51′	m/m = 110 : 1$\bar{1}$0 =		92° 58′
w/v = 203 : 102 =		164° 9′	g/b = 230 : 010 =	144° 38′	144° 56′
u/u = 101 : $\bar{1}$01 =		108° 21′	l/b = 120 : 010 =		152° 14′
b/d = 010 : 234 =		115° 51′	n/b = 130 : 010 =	160° 30′	160° 39′

Die Krystalle sind Säulen bis zu 3—4 mm lang, die Prismenflächen sind stark gestreift; die Endflächen sind häufig unvollzählig und die Combinationen scheinbar monoklin oder triklin. Eine Vergleichung der aus dem angeführten rhombischen Axensystem und den von vom Rath angegebenen monoklinen Axen berechneten Winkeln mit den gemessenen zeigt, dass die rhombischen Axen dem thatsächlichen Verhältnisse besser entsprechen.

Betreffs des Isomorphismus mit Jordanit weist der Verf. die Ansicht Groth's zurück, wornach b und y als Flächen eines rhombischen Prismas mit der Längsfläche t aufgefasst werden; b und y sind auch in der That physikalisch verschieden: b ist // Axe c, y // Axe a gestreift. Am besten liess sich nach des Verf. Ansicht der Isomorphismus erkennen, wenn man Fläche b des J. (nach v. Rath's Aufstellung) mit b (M.) und c (J.) mit a (M.) parallel stellt; dann sind die Spaltungsflächen b parallel; das Prisma m (J.) entspricht t (M.), und ½f (J.) entspricht m (M.) und es ist:

b/t = 117° 13′ und b/m = 133° 31′ (M.) und
b/m = 118° 15½′ und b/½f = 135° 26′ (J.)

Eine Analyse von Loczka, im Laboratorium von Ludwig ausgeführt, ergab (verglichen mit den in Klammern beigesetzten Zahlen) aus der Formel $4PbS . Sb_2S_3$: S = 17,49 (17,28); Sb = 16,80 (18,83); As = 0,23; Pb = 61,05 (63,89); Cu = 2,83; Ag = 0,11; Fe = 0,30 = 98,23. G. = 6,4316.

Mit dem Isomorphismus beider genannten Mineralien beschäftigt sich A. Schmidt eingehender, und zwar auf Grund der vorstehenden Arbeit. Derselbe geht vom J. aus, für den er die Stellung beibehält, die ihm G. v. Rath gegeben hat, wo: a : b : c = 0,5375 : 1 : 2,0305; dagegen wird der M. so gestellt, dass b (Krenner) als Querfläche und a (Kr.) als Basis genommen wird: dann ist unter Beibehaltung der obigen Signatur: b = $\infty P\bar{\infty}$ (100) jetzt = a; a = oP (001) jetzt = c; y = $\infty P\breve{3}$ (130); t = $\infty P\breve{4}$ (140); x = $\infty P\breve{6}$ (160); η = $\frac{3}{4}P\bar{\infty}$ (304); l = $\frac{1}{2}P\bar{\infty}$ (102); g = $\frac{3}{8}P\bar{\infty}$ (308); m = $\frac{1}{4}P\bar{\infty}$ (104); k = $\frac{1}{8}P\bar{\infty}$ (108); v = $\frac{3}{2}P\breve{\infty}$ (032); w = $\frac{9}{8}P\breve{\infty}$ (0.9.8)[1]; n = $\frac{3}{4}P\breve{\infty}$ (034); q = $\frac{3}{2}P\breve{3}$ (132); p = $\frac{3}{4}P\breve{3}$ (134); o = $\frac{3}{2}P\breve{6}$ (164); s = $\frac{3}{4}P\breve{6}$ (168); e = $\frac{3}{2}P\breve{12}$ (1.12.8); z = $\frac{3}{4}P\breve{12}$ (1.12.16); dabei ist das Axensystem a : b : c = 0,5375 : 1 : 1,8465. Der Vergleich einiger Winkel des J. und M. zeigt folgende Übereinstimmung: 011 : 102 = 117° 46′ 25″ (M.); 117° 53′ 47″ (J.) (Diff. = 7′ 22″); 100 : 130 = 124° 26′, 121° 48′ 24″ (2° 37′ 36″); 011 : 132 = 106° 35′; 105° 35′ 24″ (59′ 36″); 001 : 134 = 120° 46′ 39″, 119° 8′ (1° 8′ 39″); 100 : 101 = 165° 14′ 51″, 165° 10′ 26″ (4′ 25″); 010 : 011 = 151° 33′ 40″, 153° 47′ (2° 13′ 20″); 100 : 110 = 154° 4′ 13″; 151° 44′ 36″ (2° 19′ 37″).

Nach den bisherigen Beobachtungen kennt man derzeit am Jordanit folgende 37 einfache Formen, welche von v. Rath, Tschermak (Krystall von Nagyag mit 1,87 Sb) und Lewis beobachtet worden sind, bezogen auf die oben angegebenen Axen und mit der Signatur von G. vom Rath: 4P (441) T.; $\frac{3}{2}$P (332) T.; o = P (111); $\frac{1}{2}$o = $\frac{1}{2}$P (112); $\frac{2}{5}$P (225) L.; $\frac{1}{3}$o = $\frac{1}{3}$P (113); $\frac{2}{7}$o = $\frac{2}{7}$P (227); $\frac{1}{4}$o = $\frac{1}{4}$P (114); $\frac{1}{5}$o = $\frac{1}{5}$P (115); $\frac{1}{6}$o = $\frac{1}{6}$P (116); $\frac{1}{7}$o = $\frac{1}{7}$P (117); $\frac{1}{8}$o = $\frac{1}{8}$P (118); $\frac{1}{9}$o = $\frac{1}{9}$P (119); u = $3P\breve{3}$ (131); $\frac{3}{2}P\breve{3}$ (132) L.; $\frac{1}{3}$u = $P\breve{3}$ (133); $\frac{1}{4}$u = $\frac{3}{4}P\breve{3}$ (134); $\frac{1}{6}$u = $\frac{1}{2}P\breve{3}$ (136); $\frac{1}{7}$u = $\frac{3}{7}P\breve{3}$ (137); 2f = $2P\breve{\infty}$ (021); f = $P\breve{\infty}$ (011); $\frac{2}{3}$f = $\frac{2}{3}P\breve{\infty}$ (023); $\frac{4}{7}$f = $\frac{4}{7}P\breve{\infty}$ (047); $\frac{1}{2}$f = $\frac{1}{2}P\breve{\infty}$ (012); $\frac{2}{5}$f = $\frac{2}{5}P\breve{\infty}$ (025); $\frac{1}{3}$f = $\frac{1}{3}P\breve{\infty}$ (013); $\frac{2}{7}$f = $\frac{2}{7}P\breve{\infty}$ (027); $\frac{1}{4}$f = $\frac{1}{4}P\breve{\infty}$ (014); $\frac{2}{9}$f = $\frac{2}{9}P\breve{\infty}$ (029); d = $P\bar{\infty}$ (101); $\frac{1}{2}$d = $\frac{1}{2}P\bar{\infty}$ (102); $\frac{1}{3}$d = $\frac{1}{3}P\bar{\infty}$ (103); $\frac{2}{3}P\bar{\infty}$ (203) L.; $\frac{2}{5}P\bar{\infty}$ (205) L.; m = ∞P (110); $\infty P\breve{3}$ (130) L.; c = oP (001). Die Buchstaben T. und L. bedeuten, dass die betreffenden Flächen zuerst von Tschermak und Lewis beobachtet sind, die andern hat G. vom Rath entdeckt.

Gleichzeitig und unabhängig von obigen Arbeiten ist diejenige von Miers entstanden, ausgeführt an Krystallen des British Museum von Bottino bei Serravezza (G. = 6,399). Der Verf. fand den M. ebenfalls rhombisch und bezieht ihn auf ein Axensystem: a : b : c = 1,89046 : 1 : 0,68664, berechnet aus b/s = 115° 49′ 45″ und b/y = 124° 28′ 30″ (Buchstaben von Krenner, vgl. die Winkeltabelle oben); wo a = 2a Krenner, alles übrige wie dort. Eine vom Verf. berechnete Winkeltabelle siehe im Text. Die darin angeführten Winkel weichen z. Th. nicht unerheblich von den bei Krenner angegebenen ab, was aber Angesichts der Beschaffenheit der Krystallflächen nicht zu verwundern ist. Auch eine Anzahl von Krenner nicht angegebener Flächen führt der Verf. auf, meist mit hohen Indices, darunter allerdings auch die Basis: c = oP (001).

Was den Isomorphismus mit Jordanit anbelangt, so denkt sich der Verf. Axe a des Meneghinits in die Richtung von Axe c (resp. a) des Jor-

---

[1] Im Text steht fälschlich: w = $\frac{11}{10}P\breve{\infty}$ (0.11.10).

danits (in v. RATH'scher Stellung) und Axe c des M. in die Richtung a (resp. c) des J. fallen, während die Richtung der Axe b in beiden Mineralien dieselbe bleibt; dann findet folgende Übereinstimmung statt:

Jordanit: $\bar{c} : b : \frac{2}{3}a = 2{,}0308 : 1 : 0{,}6719$,

Meneghinit: $a : b : c = 1{,}8904 : 1 : 0{,}6866$ oder im zweiten Fall:

Jordanit: $\frac{1}{3}a : b : \frac{1}{2}c = 1{,}8812 : 1 : 0{,}6769$,

in welch' letzterem Fall dann die Axen a, b, c wie sie der Verf. für den Meneghinit und G. v. RATH für den Jordanit annehmen, in beiden Mineralien der Richtung nach zusammenfallen (nach A. SCHMIDT würde Axe b des Meneghinits mit a des Jordanits, Axe a des M. mit c des J. zusammenfallen, siehe oben).

Auch zwischen Stephanit und Meneghinit wird eine Beziehung aufgestellt:

Meneghinit: $a : b : c = 1{,}8904 : 1 : 0{,}6866$

Stephanit: $3b : a : c = 1{,}8873 : 1 : 0{,}6853$.

Da der Stephanit nach einer andern Formel zusammengesetzt ist, so sieht man, wie wenig sicher durch derartige Zahlen der Isomorphismus zweier Substanzen dargethan wird. Auch die Beziehungen zwischen den Krystallformen des Jordanits und Meneghinits sind nicht ungezwungen und die Frage, ob Meneghinit und Jordanit in der That isomorph sind oder nicht, bleibt vorläufig noch offen. Diess ist auch die Ansicht von C. HINTZE, der sogar die Überzeugung ausspricht, dass beide Mineralien nicht isomorph sind, sondern isodimorph. Seiner Ansicht nach stimmt, wenn man am Isomorphismus festhalten will, die Stellung beider am besten, wenn: $c : b : \frac{2}{3}a$ (J.) den Axen $a : b : c$ (M.) entsprechen, die auch KRENNER wählte, wenn auch mit anderen Flächenausdrücken, weil hier die Blätterbrüche in beiden Mineralien übereinstimmen. Weil diess bei der von SCHMIDT (oben) bevorzugten Stellung nicht der Fall ist, wird diese verworfen. Man kann bezüglich der Bedeutung der Spaltbarkeit bei isomorphen Substanzen vielleicht verschiedener Ansicht sein, im vorliegenden Fall müsste jedenfalls erst genau festgestellt sein, wie dieselben im M. liegen. Nach KRENNER ist die Spaltbarkeit nach seiner Fläche c gut, die nach b wird nur gelegentlich erwähnt; nach HINTZE ist diejenige nach b die beste, die nach c unvollkommen. **Max Bauer.**

Ed. Jannettaz et **L. Michel**: Sur les pierres taillées en statuettes etc. du Haut-Mexique. (Bull. de la Soc. Min. de France. T. VI. p. 34—36.) 1883.

Fragmente zweier Götzenbilder, welche von Oaxaca, Provinz Mixteca, stammen, wurden als Serpentin erkannt. Ihre chemische Zusammensetzung ist unter a und b aufgeführt.

	a.	b.	c.
SiO^2	40.12	39.96	67.06
FeO	6.10	6.60	—
Al^2O^3	3.60	2.56	20.47
MgO	37.77	38.00	0.50
Glühverl. . . .	12.40	12.84	0.40
	—	—	11.36 Na^2O
	—	—	0.40 K^2O
	99.99	99.96	100.19

Ein cylindrischer, der Länge nach durchlöcherter Gegenstand von Teotihuacan aus der Umgegend von Mexico zeigte die Zusammensetzung unter c. Spec. Gew. = 2.72. H. 6.5. Äusserlich ungemein dem Jadëit ähnlich. Er wird als ein mikrokrystalliner Albit angesehen.

K. Oebbeke.

L. Brackebusch, C. Rammelsberg, A. Döring y M. Websky: Sobre los vanadatos naturales de las Provincias de Córdoba y de San Luis (República Argentina). (Bol. de la Acad. Nac. de Ciencias en Córdoba. T. V. 441—524.) Buenos Aires 1883.

An historische Bemerkungen und an einen von Brackebusch erstatteten Bericht über das Vorkommen der vier Vanadate Descloizit, Vanadinit, Brackebuschit und Psittacinit schliessen sich die Übersetzungen der chemischen und krystallographischen Arbeiten von Rammelsberg und Websky (dies. Jahrb. 1881. II. -24—26- und das. -330-), sowie Mittheilungen von A. Döring über anderweite chemische Untersuchungen an.

Aus dem Fundberichte Brackebusch's ist hervorzuheben, dass die von ihm 1878 aufgefundenen Vanadate namentlich im westlichen Theile der Sierra von Córdoba, ausserdem auch in San Luis vorkommen. Die Sierra von Córdoba besteht im Westen vorherrschend aus Gneiss, mit welchem Amphibolite und krystallinisch-körnige Kalksteine wechsellagern. Im Gebiete dieser krystallinen Schiefer erhebt sich eine Kuppe von „trachytischen" Kegelbergen und in der Nachbarschaft dieser letzteren finden sich zahlreiche Erzgänge, bezw. Gangzüge. Die meisten dieser Gänge haben bei steilem östl. Fallen nord-südliches Streichen und führen Bleiglanz mit Zinkblende und Eisenkies; einige andere, in der Gegend westl. von Santa Barbara, die jünger als die ebengenannten sind, haben dagegen ost-westliches oder nordost-südwestliches Streichen und diese letzteren sind es, auf welchen sich neben manganhaltigem Brauneisenerz und Quarz auch Bleiglanz und die Carbonate, Sulfate und Vanadate des Bleies finden. Der vanadinreichste Gang ist derjenige, auf welchem in ost-westlicher Folge die jetzt z. Th. auflässigen Gruben Agua del Rubio, Bienvenida (oder Triunfante), Pilar, Venus und Algorrobitos gebaut haben. Ein zweiter, ähnlicher Gang findet sich etwas nördlicher bei Aguadita. In der Provinz San Luis, nahe bei las Cortaderas, östl. von Villa San Martin, brechen auf dem in Pegmatit aufsetzenden, Blei- und Kupfererze führenden Gange der Grube Concepcion Vanadinit und ein Mineral ein, das nach A. Döring's Untersuchungen mit Genth's Psittacinit von Montana identisch ist.

Der Psittacinit von San Luis bildet nach Döring theils 5—10 mm starke, nierenförmige, grüne Krusten, deren Einzelschichten gewöhnlich durch dünne Zwischenlagen eines nicht näher bestimmbaren gelben Vanadates getrennt werden, theils findet er sich eingewachsen in eisenschüssiger Gangart. Strich und Pulver des Minerals sind gelb. Beim Erhitzen nimmt der Psittacinit in Folge von Wasserverlust dunkelbraune Farbe an und schmilzt weiterhin zu klarem, grünen Glase, das sich beim Erkalten zu einem Aggregate kleiner, glänzender Schüppchen umwandelt. Döring constatirte, dass das in dem Minerale enthaltene Wasser beim Erhitzen in zwei durch ein Intervall getrennten Perioden, nämlich theils vor, theils nach dem Eintritt der Rothgluth entweicht und er ist desshalb der Meinung, dass ein Molekül als Krystallwasser, ein zweites als Constitutionswasser vorhanden sei, dass dieses letztere an die electronegativen Radicale (V^2O^5, P^2O^5) gebunden und dass somit der Psittacinit ein Fünftelvanadat von Blei und Kupfer sei, in welchem ein Theil der Vanadinsäure durch Phosphor- und Arsensäure, ein Theil des Kupfers durch Zink und Mangan vertreten werden. Die zwei Analysen des Psittacinites von San Luis, bei welchem das Krystall- und Constitutionswasser, sowie die Kohlensäure gesondert bestimmt wurden, ergaben

PbO	49.25	49.71
CuO	16.29	17.19
ZnO	1.08	0.96
MnO	—	0.11
As^2O^5 . . .	0.29	0.07
P^2O^5	1.14	0.75
V^2O^5 . . .	17.23	17.76
H^2O	3.41	3.70
CO^2	1.93	1.97
Fe^2O^3 . . .	0.39	0.42
Wasser (310° C)	0.73	0.74
Unlöslich . .	7.91	6.30
	99.75	99.77[1]

Daraus wird die Formel

$$Pb^2Cu(Zn)^2H^2V(P)^2O^{10} + aq \text{ oder } \begin{cases} Pb^4H^2V^2O^{10} + aq \\ Cu^4H^2V^2O^{10} + aq \end{cases}$$

abgeleitet. Derselben entsprechen

	At.	Berechnet	Gefunden im Mittel
2PbO . .	446.0	54.15 %	53.88 %
2CuO . .	158.8	19.28 „	19.37 „
$2H^2O$ . .	36.0	4.37 „	4.33 „
V^2O^5 . .	182.8	22.20 „	22.42 „
	823.6	100.00 %	100.00 %

Analoge Fünftelvanadate sind möglicher Weise das Blei-Kupfer-Vanadat Domeyko's und der Mottramit Roscoe's; in denselben würde der Wasserstoff des Psittacinites durch R(Zn, Fe, Cu) vertreten sein nach der Formel

$$\begin{cases} Pb^4RV^2O^{10} + aq \\ Cu^4RV^2O^{10} + aq \end{cases}$$

[1] Obige Summen stehen im Originale; die Addition der gefundenen Werthe ergiebt jedoch für die erste Analyse 99.65 und für die zweite 99.68 %.

Die anderweiten in dem Aufsatze enthaltenen und auf die Vanadinerze der Sierra von Córdoba bezüglichen Arbeiten von Rammelsberg, Websky und Döring sind den Lesern dieses Jahrbuchs bereits aus den oben citirten Referaten bekannt. **A. Stelzner.**

Lorenzen: Chemische Untersuchung des metallischen Eisens aus Grönland. (Zeitschr. d. deutsch. geolog. Ges. 1883. XXXV. 697—701.)

Lorenzen hat die von Steenstrup beschriebenen[1] Massen von metallischem Eisen aus Grönland chemisch untersucht. Die Resultate sind auf nebenstehender Tabelle übersichtlich zusammengestellt.

I—III. Anstehendes Eisen von Blaafjeld. I weiss, sehr hart und zähe, körniger Bruch, luftbeständig; II blättriger Bruch, Einschlüsse einer grünen Substanz, in der Sammlung rostend; III die sich oxydirenden Partien von II, a innere, b äussere Masse mit Vernachlässigung des Sauerstoffs.

IV und V. Anstehendes Eisen vom Mellemfjord. IV aus dem Innern. V von der Mündung des Fjords; ersteres ziemlich geschmeidig, letzteres weniger deutlich.

VI. Anstehendes Eisen von Asuk; weiss, ziemlich hämmerbar, oft Basalt einschliessend.

VII. 410 gr schweres, von Giesecke auf Arveprindsens Eiland gefundenes Stück. Zur Hauptanalyse wurde die geschmeidige äussere Schicht verwandt, zur Kohlenstoffbestimmung das spröde Innere.

VIII. Von Rink in einer Eskimohütte zwischen Jakobshavn und Ritenbaenk gefundenes Eisen („Meteoreisen von Niakornak"). a neue Analyse von Lorenzen, b und c ältere von Forchhammer und L. Smith.

IX. 11844 gr schweres, von Rudolph 1852 zu Fortunebay gefundenes Stück; sehr spröde.

X. Zwei 153 gr schwere Stücke von mit Eisen durchwachsenem Dolerit, welche 1853 durch Rink von Fiskernaes mitgebracht wurden.

XI. Von Steenstrup zu Ekaluit in einem Grabe gefunden.

XII und XIII. Grönländische Messer, ersteres vom Hundeeiland zwischen Disko und Egedesminde, letzteres von Sermermiut bei Jakobshavn.

XIV. Basalt vom Mellemfjord, das unter III analysirte Eisen enthaltend.

XV. Dolerit von Fiskernaes, mit Eisen verwachsen. Steenstrup fand Feldspath, Augit, Olivin und Magnetit oder Titaneisen als Gemengtheile. **E. Cohen.**

H. Gorceix: Note sur un oxyde de titane hydraté, avec acide phosphorique et diverses terres, provenant des graviers diamantifères de Diamantina (Minas Geraës, Brésil). (Bull. Soc. Min. de France T. VII. 1884. 179—182.)

---

[1] Vergl. dieses Jahrbuch 1884. II. -364- bis -365-.

	I.	II.	III. a	III. b	IV.	V.	VI.	VII.	VIII. a	VIII. b	VIII. c	IX.	X.	XI.	XII.	XIII.	XIV.	XV.
Eisen	91.71	91.17	82.02	59.77	93.89	92.41	95.15	95.67	92.46	93.39	92.45	92.68	92.23	94.11	—	—	—	—
Nickel	1.74	1.82	1.39	1.60	2.55	0.45	0.34	—	0.92	1.56	2.88	2.54	2.73	2.85	0.23 (Nickel und Kobalt)	7.76	—	—
Kobalt	0.53	0.51	0.76	0.39	0.54	0.18	0.06	Spur	1.93	0.25	0.43	0.58	0.81	1.07		0.56	—	—
Kupfer	0.16	0.10	0.19	0.23	0.33	0.48	0.14	0.06	0.16	0.45	0.18	0.20	0.36	0.23	0.18	Spur	—	—
Kohlenstoff	1.37	1.70	1.27	1.20	0.28	0.87	0.96	1.94	3.11	1.69	1.74	2.40	0.20	—	nicht bestimmt (Kohlenstoff, Phosphor, Schwefel)	—	—	—
Phosphor	—	—	—	—	—	—	—	—	0.07	0.18	0.21	—	—	—		—	—	—
Schwefel	0.10	0.78	0.08	?	0.20	Spur	—	0.09	0.59	0.67	1.25	0.01	—	—		—	—	—
in Salzsäure unlöslich	2.39	0.77	8.03	22.23	1.48	4.57	1.90	1.09	1.09	—	—	0.08	1.99	0.61	—	—	—	—
Kieselsäure	0.31	0.46	0.59	0.39	0.46	0.90	0.68	1.40	0.24	0.38	1.31	0.31	0.64	—	—	—	53.01	50.64
Thonerde	1.21	2.12	1.08	3.79	—	0.60	0.51	—	—	—	—	—	0.64	—	—	—	15.85	15.98
Eisenoxydul	—	—	—	—	—	—	—	—	—	—	—	—	—	—	—	—	11.53	14.92
Kalk	—	—	—	—	—	—	—	—	—	—	—	—	—	—	—	—	8.72	9.39
Magnesia	—	—	—	—	—	—	—	—	—	—	—	—	—	—	—	—	7.51	5.14
Natron	—	—	—	—	—	—	—	—	—	—	—	—	—	—	—	—	4.49	—
Summe	99.52	99.43	95.41	89.60	99.73	100.46	99.74	100.25	100.57	98.57	100.48	98.80	99.63	98.87	—	—	101.11	—
Spec. Gew.	6.87	—	—	—	7.92	7.57	7.26	—	7.29	7.073	7.60	—	7.06	—	—	—	—	—
	b. 20°	—	—	—	—	—	—	—	—	—	Pulver	—	—	—	—	—	—	—

Es werden diejenigen „favas" — bohnenförmige, charakteristische Begleiter des Diamanten in Brasilien — von Diamantina näher beschrieben, welche im wesentlichen aus Titansäurehydrat bestehen. Ein Theil ist compact, röthlichgelb, glänzend, oft voller kleiner Höhlungen an der Oberfläche und findet sich in Ablagerungen strömenden Wassers; ein anderer Theil ist grau, zeigt erdigen Bruch und geringere Abrollung und tritt in Uferbildungen (Goupiaras) auf. Strich gelb, spec. Gew. 3.96, Glas wird geritzt. Die chemische Untersuchung, deren Gang genau angegeben wird, ergab Phosphorsäure, Vanadinsäure, Thonerde, Oxyde von Cerium, Didym und Yttrium, ferner einen geringen Gehalt an Eisen und Kalk. Auf Lanthan wurde nicht geprüft. Die Zahl der Phosphorsäure, Titansäure und Ceroxyde enthaltenden, die Diamanten in Brasilien begleitenden Mineralien mehrt sich beständig. **E. Cohen.**

A. Damour: Note sur un nouveau phosphate d'alumine et de chaux, des terrains diamantifères. (Bull. Soc. Min. de France T. VII. 1884. 204—205.)

Das neue Mineral, welches in der Provinz Minas Geraës die Diamanten begleitet, bildet gelblichweisse, mehr oder minder durchsichtige Körner von 1—5 Mm. Durchmesser. Es spaltet leicht und zeigt durch Spaltungsflächen das Interferenzbild eines optisch einaxigen Körpers mit positivem Charakter der Doppelbrechung. H = 5; spec. Gew. = 3.26. Im Kölbchen erhitzt, gibt es Wasser, bleicht und wird undurchsichtig; v. d. L. schmelzen feinste Splitter schwierig an den Kanten; von Säuren unangreifbar; färbt sich blau beim Glühen mit Cobaltsolution. Die quantitative Analyse ergab (I):

	I.	II.
Phosphorsäure . .	14.87	14.38
Thonerde	50.66	52.19
Kalk	17.33	17.02
Wasser	16.67	16.41
	99.53	100.00

Die Formel: P_2O_5, $5Al_2O_3$, $3CaO + 9H_2O$ würde die unter II beigefügten Zahlen erfordern.

Das Mineral wurde von Bovet in Ouro-Preto, Brasilien, eingesandt und von Richard zuerst als ein neues erkannt. Damour schlägt nach der Provinz Goyaz in Brasilien den Namen Goyazit vor.

E. Cohen.

Chaper: De la présence du diamant dans une pegmatite de l'Indoustan. (Comptes rendus. XCVIII. No. 2. 14. Januar 1884. 113—115.)

—, Sur une pegmatite à diamant et à corindon de l'Hindoustan. (Bull. Soc. Min. de France. VII. 1884. 47—49.)

St. Meunier: Présence de la pegmatite dans les sables diamantifères du Cap; observation à propos d'une récente Communication de M. Chaper. (Comptes rendus. XCVIII. No. 6. 11. Februar 1884. 380—381.)

In den oberflächlichen zersetzten Partien epidotreicher Pegmatite, welche Granite und Gneisse der Gegend von Bellary, Madras durchsetzen, fand der Verf. scharfkantige Diamanten von weissem bis blauem Korund begleitet und nimmt an, dass Pegmatite die ursprüngliche Lagerstätte der ostindischen Diamanten überhaupt sind. Die wechselnde Zahl und Masse solcher Gänge erkläre den höchst wechselnden und im allgemeinen geringen Reichthum der secundären Lagerstätten. Da der Diamant in einem Gestein von so hohem Alter entstanden sei, so könne man ihn in allen sedimentären Ablagerungen späterer Entstehung erwarten. Sein Vorkommen im Itacolumit und in anderen Sedimenten lasse daher nicht auf seine Bildung in diesen Gesteinen selbst oder auf Adern in denselben schliessen. In Afrika seien die Verhältnisse durchaus abweichende, da man hier keine granitischen Gesteine finde.

Bezüglich des letzteren Satzes macht Meunier darauf aufmerksam, dass er unter den Einschlüssen im diamantführenden Boden von Du Toits Pan Pegmatit beschrieben habe, und dass demgemäss der allerdings bedeutende Unterschied zwischen den Diamantfundstätten von Ostindien und Brasilien einerseits, von Afrika andererseits nicht auf der Abwesenheit granitischer Gesteine im letzteren Lande beruhe. Meunier vergisst übrigens anzuführen, dass das Vorkommen granitischer Gesteine als Einschlüsse in den südafrikanischen diamantführenden Lagerstätten schon 5 Jahre früher vom Referenten ausdrücklich hervorgehoben und mit zur Begründung seiner Ansicht über die Entstehung der Diamanten benutzt worden ist.

E. Cohen.

W. H. Hudleston: On a recent Hypothesis with respect to the Diamond Rock of South Africa. (The Mineralogical Magazine and Journal of the Min. Soc. of Great Britain and Ireland. 1883. V. No. 25. 199—210.)

Der Verf. beginnt damit, die Natur des Diamantbodens und der Einschlüsse auf Grund einiger der bisher publicirten Arbeiten und Notizen kurz zu charakterisiren, ohne wesentlich Neues hinzuzufügen, und hebt mit Recht hervor, dass die Hauptmasse des Diamantbodens und der am meisten charakteristische Theil desselben aus einem wasserhaltigen Magnesiumsilicat bestehe. Bezüglich der Entstehung schliesst sich Hudleston insofern der vom Ref. zuerst aufgestellten Theorie an, als auch er die eruptive Natur für zweifellos hält und überhitztem Dampf eine wichtige Rolle zuschreibt. Ob aber die emporgedrungenen Massen lavaähnlich beschaffen gewesen seien oder den Auswurfsproducten von Schlammvulcanen vergleichbar, lasse sich einstweilen nicht entscheiden. Ref. hat sich mehrfach für die letztere Ansicht ausgesprochen. Dadurch lässt sich am einfachsten erklären, dass die

Temperatur augenscheinlich keine sehr hohe gewesen ist, und dass der Diamantboden eine im wesentlichen gleichartige Beschaffenheit zeigt; letztere ist eher bei der Umwandlung einer ursprünglich lockeren, als bei derjenigen einer lavaartigen Masse zu erwarten. Wenn der Verf. den bei etwa 15 Meter Tiefe sich einstellenden sogen. „blue rock“ als einen „genuine diamond rock uninfluenced by superficial agencies“ bezeichnet, so dürfte dies nach des Ref. Ansicht insoweit richtig sein, als die Einwirkung der Atmosphärilien in Betracht kommt; im übrigen scheint auch hier die ursprüngliche Masse erheblich verändert worden zu sein. Eine vom Ref. schon vor längerer Zeit begonnene genaue Untersuchung des Diamantbodens wird hoffentlich manche der fraglichen Punkte aufklären. Ein zweiter Abschnitt der Arbeit beschäftigt sich mit dem muthmasslichen Ursprung der Diamanten unter der Annahme, dass dieselben in dem Material entstanden seien, in dem sie jetzt liegen. HUDLESTON meint, kohlehaltige Schiefer seien vielleicht wie in der Nähe der Oberfläche, so auch in grösserer Tiefe vorhanden; ihnen entstammende Kohlenwasserstoffe könnten durch die Einwirkung der wasserhaltigen Magnesiumsilicate unter besonderen Temperatur- und Druckverhältnissen zersetzt worden sein, indem sich durch reducirende Gase Magnesium gebildet und dieses den Kohlenstoff frei gemacht habe. Ref. hält weder eine Entstehung der Diamanten in loco noch eine Beziehung zu kohlehaltigen Schiefern der Karooformation für wahrscheinlich.

E. Cohen.

B. Geologie.

Fr. Pfaff: Zur Frage der Veränderungen des Meeresspiegels durch den Einfluss des Landes. (Zeitschr. d. deutsch. geolog. Gesellsch. Jahrg. 1884. S. 1—16.)

Namhafte Abweichungen des Meeresspiegels von der Oberfläche eines Rotationsellipsoides sind auf empirischem Wege durch Gradmessungen und Pendelbeobachtungen gefunden. Erstere ergaben für Meridiane keine rein elliptische, für die Parallelen keine kreisförmigen Biegungen, und entsprechender Weise lassen sich die verschiedenen Pendelbeobachtungen nicht auf ein einziges Rotationsellipsoid zurückführen. Ph. Fischer suchte diese Thatsachen durch Annahme bedeutender, durch die Nähe des Landes bedingter allgemeiner Lothablenkungen zu erklären, durch welche verursacht sei, dass der Meeresspiegel am Lande eine Anschwellung, auf offner See eine Senkung unter die mittlere Rotationsellipsoidfläche zeige. Ist nun aber die Lage des Meeresspiegels bedingt und bestimmt durch die Attraktion des festen Landes, so müssen Änderungen in dessen Vertheilung etc., auch Änderungen in der Lage des Meeresspiegels, also Schwankungen desselben hervorbringen; von Zöppritz und vom Referenten liegen Versuche vor, gewisse Verschiebungen der Küstenlinie durch die erwähnten Thatsachen zu erklären.

Dass durch die hier entwickelten Anschauungen manche bisher ausschliesslich als Wirkungen von Hebungen und Senkungen gedeutete Erscheinungen eine andere Erklärung finden, und dass durch dieselben viele andere geologische Theorien beeinflusst werden können, liegt auf der Hand, und es ist, wie Verf. in der vorliegenden Schrift mit Recht bemerkt, angezeigt, diesen Fragen auch von geologischer Seite näher zu treten. Obige Arbeit von ihm soll die Diskussion hierüber beginnen. In ihr tritt Verf. zunächst dem Erklärungsversuche Fischer's für die vorausgeschickten Thatsachen entgegen und behauptet, dass eine Anschwellung des Meeresspiegels in der Nähe des Landes nur dann eintreten könne, wenn neben einer allgemein wirkenden Lothablenkung auch zugleich eine Verminderung der Schwere eintrete, und thut darauf an einem Beispiele dar, dass nicht immer in der Nähe des Landes — namentlich nicht auf Inseln, die sich gerade bis über das Meerniveau erheben — die Schwere gemindert erscheine. Der letztere Satz dürfte allgemeine Billigung erfahren, während ein Gleiches schwerlich mit dem ersteren sich ereignen dürfte. Derselbe widerspricht dem Grundgesetze der Geodäsie, dass der Meeresspiegel allenthalben eine Niveaufläche ist. Verf. übersieht, dass von einem Punkte eines Büschels konvergirender Strahlen sich nur eine Linie ziehen lässt, welche alle Strahlen senkrecht schneidet. Ist nun Satz I unbewiesen, so ist Satz II für die Frage bedeutungslos.

Weiterhin diskutirt Verf. die Erscheinungen selbst, auf welche Fischer seine Ansicht stützte. Er findet zwar den Fundamentalsatz Fischer's bestätigt, dass die Intensität der Schwerkraft im allgemeinen an den Küsten geringer sei als auf offner See, sucht aber darauf darzuthun, dass die Pendelbeobachtungen keineswegs allgemein Beträge geliefert hätten, welche nach Fischer's Ansichten erwartet werden sollten. Bei Valparaiso habe die Intensität der Schwerkraft nicht den zu muthmassenden sehr geringen, und auf den Sandwichsinseln nicht den zu folgernden sehr hohen Werth, wobei allerdings eine Gruppirung des Materiales vorgenommen ist, die nicht ganz einwurfsfrei ist und welche namentlich verkennt, dass Fischer allgemeine Lothablenkungen von grossem Betrage nur in der Nähe kompakter Landmassen annimmt und die Gegenwirkung sehr tiefer Meere, wie z. B. an der Ostküste Asiens betont. Dass überdies Pendelbeobachtungen im Kaukasus und Himalaja neuerdings eine überraschende Stütze für Ph. Fischer's Ansichten ergeben haben, ist dem Verf. entgangen, obwohl diese Ergebnisse im geographischen Jahrbuche allgemein zugänglich gemacht worden sind.

Die für die angeregte Frage aus den Gradmessungen hergeleiteten wichtigen Thatsachen finden keine Erwähnung. Dafür aber wird ausgesprochen, dass barometrische Beobachtungen noch keineswegs die Einsenkungen des Meeresspiegels unter die Normalsphäroidfläche auf offner See gezeigt hätten. Indem Verf. äussert, dass es den Anhängern der Geoidtheorie noch obliege, nachzuweisen, ob und wie sich diese Thatsache mit der Theorie vereinige, verfällt er in denselben Irrthum, welchem bereits Jamieson Ausdruck verliehen hat, nämlich den, dass er Niveaudifferenzen und Unregelmässigkeiten der Niveaufläche identificirt.

Zum Schluss endlich äussert Verf., dass selbst dann, wenn die durch eine mächtige Attraktion des Landes bewirkte Anschwellung des Meeresspiegels an den Küsten zugestanden werde, damit noch keineswegs die Lehre von den säcularen Hebungen und Senkungen erschüttert werde, denn hebe sich unter Beibehaltung dieser Ansicht ein Land, so werde damit auch zugleich die Attraktion desselben gemehrt, die Anschwellung des Meeresspiegels vergrössere sich und bedinge nur, dass die Hebung geringer erscheine, als sie wirklich sei. „Nach der neuen Theorie kann keine Bewegung des Meeresspiegels ohne eine ähnliche des Landes eintreten.“ Diesen Satz haben auch Zöppritz und der Referent zur Grundlage ihrer Arbeiten über die Schwankungen des Meeresspiegels gemacht, nur ist von beiden nicht wie vom Verf. unter Bewegung des Landes ausschliesslich die säculare verstanden worden, sondern z. B. auch ein Massentransport mit einseitiger Denudation und Accumulation, oder auch durch Gebirgsbildung. Diesen Fall berücksichtigt Verf. in seiner Diskussion nicht; dieser Fall zeigt aber gerade, dass Hebungs- und Senkungserscheinungen an Küsten vorkommen können, ohne dass wirkliche Hebungen und Senkungen des Landes eintreten, weswegen sie nicht mehr als unbedingte Beweise für Oscillationen des Festen gelten dürfen.

Diese einseitigen Folgerungen sowie manche andere Eigenthümlichkeiten der vorliegenden Arbeit lassen sich nur durch Nichtbeachtung der einschlägigen Literatur erklären. Alles was seit 1875 über den Gegenstand geschrieben wurde, findet sich weder erwähnt noch verarbeitet. Es wird der für die Geodäsie grundlegend gewordenen Untersuchungen von Bruns, der Arbeiten von Helmert, Zech, Zöppritz und S. Günther nicht gedacht, auch nicht berücksichtigt, dass die preussische Landesvermessung die Ansichten von Ph. Fischer zu den ihrigen gemacht hat. Literarische Irrthümer sind hin und wieder untergelaufen, die Stellung von E. Suess und namentlich vom Ref. zu der angeregten Frage wird falsch dargestellt.

Dass Pulo, Gaunsah, Lout und Rawak einen zu hohen Betrag der Schwere zeigen, findet sich in den vom Verf. verschickten Separatabdrücken bereits in das Gegentheil berichtigt; in den Tabellen S. 12 muss es wohl heissen Shetland statt Ghetland. Nach alledem schliesst der Verf.: „Es scheint mir daher, dass vorläufig kein Grund vorliegt, der die Geologen bestimmen müsste, irgend welche Änderungen an der Theorie der säcularen Hebungen und Senkungen vorzunehmen.“ **A. Penck.**

W. Langsdorff: Über den Zusammenhang der Gangsysteme von Clausthal und St. Andreasberg. 8°. 60 Seiten. Mit einer geol. Übersichtskarte des Westharzes und einem Blatt Detailkarten. Clausthal 1884.

—, Geologische Karte der Gegend zwischen Laubhütte, Clausthal, Altenau, dem Bruchberg und Osterode im Maassstab 1/25000. Ebenda 1884.

Der Verfasser, kgl. Baurath in Clausthal, versucht nachzuweisen, dass die Ausstriche der verschiedenen Schichtglieder im westlichen Oberharz keine zusammenhängenden Bänder, sondern lauter kleine Bruchstücke darstellen, die längs einer Menge von Querspalten mehr oder weniger gegen einander verschoben, dem geologischen Bilde des Harzes in diesem Theile ein „mosaikartiges“ Aussehen geben.

Wir haben die in Rede stehenden Arbeiten nur mit sehr gemischten Gefühlen aus der Hand gelegt. Hat es uns einerseits Freude gemacht, dass der Verf. neben seinen Berufsgeschäften Zeit genug zu so eingehenden Detailstudien gefunden hat, so braucht es andererseits für den Fachmann kaum hervorgehoben zu werden, dass die Verhältnisse so, wie der Verf. sie darstellt, nicht sein können. Es ist undenkbar, dass alle die zahlreichen, vom Verf. gezeichneten Querspalten auf meilenlange Erstreckung einen derartigen Parallelismus zeigen und sich ohne jede gegenseitige

Beeinflussung durchsetzen sollten. Es ist undenkbar, dass in einem so zerrissenen Gebiete neben Querbrüchen Längsbrüche vollständig fehlen sollten. Jede steil aufragende Quarzitklippe bedeutet für den Verf. ein stehengebliebenes, die angrenzende tieferliegende Partie aber ein gesunkenes Stück. Derselbe betrachtet somit die heutigen, doch nur von Erosion und Denudation abhängigen Oberflächenverhältnisse als bedingt durch die unendlich viel älteren tektonischen Vorgänge! Was soll man weiter dazu sagen, wenn auf den Karten nicht nur die Diluvialbildungen, sondern auch die recenten Torfablagerungen auf der Höhe des Ackerberges an den Bruchlinien abschneiden, also offenbar mit verworfen sein sollen? Was ferner dazu, dass (pag. 20) von einem „Übergang des [unterdevonischen] Hauptquarzits in dem Kulm" die Rede ist? Doch wie gesagt, für den Fachmann bedarf es kaum des Hinweises auf derartige Mängel. Zu bewundern ist jedenfalls der ausserordentliche Fleiss, den Verf. in seine Arbeiten gesteckt hat. Auch zweifeln wir nicht, dass dieselben viele thatsächlichen Beobachtungen enthalten, die, von kundiger Hand verwerthet, schöne Resultate ergeben könnten. Die vom Verf. verfochtene Meinung, dass zwischen den Gangsystemen der Clausthaler und der Andreasberger Gegend ein viel innigerer Zusammenhang bestehe, als bisher angenommen wurde, erscheint auch dem Referenten sehr wahrscheinlich. **Kayser.**

M. Neumayr: Über klimatische Zonen während der Jura- und Kreideperiode. (Denkschrift. d. kais. Acad. Wien. 47. Bd. 1883. p. 276—310. 4°. Mit einer Karte.)

Im ersten Abschnitte, Theorien über das Klima der Vorzeit, bespricht der Verfasser die bisher hierüber geäusserten Anschauungen und erweist zunächst die Unrichtigkeit jener Ansicht, welche annimmt, dass vor Beginn der Tertiärperiode auf der ganzen Erde unter dem Einfluss der inneren Erdwärme eine gleichmässig warme Temperatur geherrscht habe und die Wirkung der Insulation und damit die Ausbildung klimatischer Zonen erst in der Tertiärzeit begonnen habe. Für die bedeutende und gleichmässige Wärme während der älteren Geschichte der Erde werden als Gründe angeführt die grosse Üppigkeit der Vegetation der Steinkohlenperiode, die Verwandtschaft der geologisch alten Organismen mit gegenwärtigen Tropenbewohnern und die Übereinstimmung der fossilen Floren und Faunen in den verschiedensten Breiten. Dass das erste Argument ganz hinfällig ist, haben bereits Lyell und Croll hervorgehoben. Was den zweiten Punkt anbelangt, so lässt sich allerdings eine Reihe geologisch alter Thierformen anführen, deren nächste Verwandte gegenwärtig thatsächlich unter den Tropen wohnen, so kommen bekanntlich im Kohlenkalk des hohen Nordens rasenbildende Korallen vor, von denen wir wissen, dass sie in der jetzigen Schöpfung nur da gedeihen, wo die Temperatur das ganze Jahr nicht unter 20° C. sinkt, allein nach Neumayr steht dieser Fall unter den wichtigeren Typen einzig da und kann um so weniger ausschlaggebend sein, da unter den geologisch alten Typen auch solche vorkommen, deren jetzt lebende Verwandte specifisch boreale Formen sind, wie *Trigonia*, und da wir unter den Bryozoën gerade den entgegengesetzten Fall vor uns haben. Unter den Bryozoën der älteren Perioden wiegen nämlich die Cyclostomen weitaus vor, welche in der Jetztwelt entschieden arktische Formen sind. Was die Ammonitiden und Nautiloiden anbelangt, so können diese nicht zu Schlüssen verwerthet werden, da es eine ganz unhaltbare Annahme ist, dass alle Vertreter dieser so überaus reich entfalteten Stämme unter denselben Verhältnissen gelebt haben sollten, wie der letzte kärgliche Überrest derselben in der heutigen Schöpfung.

Unter den Binnenlandmollusken der älteren Perioden finden sich keine solchen, deren Vorkommen zur Annahme eines gleichmässig warmen Klimas zwingen würde, was aber die Landpflanzen anbelangt, so lässt das Vorkommen von Cycadeen und Baumfarnen in hohen Breiten zur Zeit der Steinkohlenformation allerdings keine andere Erklärung zu, als dass bis nahe an den Pol warmes oder frostloses Klima geherrscht habe. Speciell zur Erklärung der Verhältnisse der Steinkohlenformation wurde ein höherer Kohlensäuregehalt und eine grössere Feuchtigkeit der Luft angenommen, doch erweist sich diese Annahme bei näherer Betrachtung als gänzlich unhaltbar.

Es kann sonach die Verbreitung der Organismen in der Vorzeit und der jeweiligen klimatischen Verhältnisse durch die Wirkung der inneren Erdwärme für sich allein und unterstützt durch einen geänderten Zustand der Atmosphäre nicht erklärt werden; „allein wir müssen offen gestehen, dass auch die zahlreichen anderen Versuche, welche in dieser Richtung gemacht worden sind, sich als vollständig unzureichend erweisen, ja dass unsere Kenntniss der Thatsachen in dieser Richtung eine so verschwindend geringe ist, dass wohl auf geraume Zeit hinaus eine richtige Deutung ausser dem Bereiche der Möglichkeit liegt, und dass wir uns vorläufig noch ganz auf das Sammeln von Thatsachen beschränken müssen.

Allerdings sind sehr zahlreiche Versuche gemacht worden, die räthselhaften Erscheinungen, von denen die Rede war, ohne Hilfe der inneren Erdwärme zu erklären; Anhäufung der Landmassen am Äquator, oder um die Pole, Annahme sonstiger mannigfacher Verschiedenheiten in der Vertheilung von Wasser und Land, speciell einer stark insularen Entwicklung am Nordpol, Veränderungen in der Lage der Erdaxe, in der Excentricität der Erdbahn, in der Schiefe der Ekliptik, Hindurchgehen des ganzen Sonnensystems durch wärmere Regionen des Weltraumes, all' das sind Hypothesen, die aufgestellt und theilweise mit grossem Geschick vertheidigt wurden; manche dieser Factoren sind wohl sicher keine fictiven Grössen und müssen irgend welchen Einfluss auf das Klima der Erde gehabt haben; ob derselbe aber ein namhafter war, ist heute durchaus unsicher, gewiss dagegen ist, dass keine der Hypothesen auf unserer heutigen Stufe des Wissens eine auch nur entfernt ausreichende Erklärung gibt. Mir scheint es überhaupt vergebliche Mühe, Thatsachen, die man nicht oder nur ganz unzulänglich kennt, erklären zu wollen.“

Nachdem der Verfasser noch der Croll'schen Hypothese in ablehnender Weise gedacht hat, schliesst er dieses Capitel mit der Bemerkung. dass es auf diesem Gebiete nothwendig sei, wieder zur sorgfältigsten Beobachtung zurückzukehren. Vor allem scheint das Studium der geographischen Verbreitung der Lebewesen in der vortertiären Zeit geboten, um den angeregten Fragen auf dem inductiven Wege näher zu treten.

Im zweiten Capitel „Bisherige Untersuchungen über Klimazonen in der Jurazeit“ würdigt Neumayr zunächst die Anregungen und Arbeiten älterer Autoren, wie L. v. Buch, Boué, F. Roemer, Marcou. Trautschold, und wiederholt kurz das wesentliche seiner eigenen Darlegungen, die bekanntlich darin gipfeln, dass in Europa zur Jurazeit drei grosse Faunengebiete von Norden nach Süden auf einander folgten, deren Unterschiede nur auf Temperaturdifferenzen beruhen können. Das wichtigste Beweismaterial bildet für den Verfasser das Vorwiegen oder das nahezu ausschliessliche Vorkommen gewisser Ammonitidengattungen in gewissen räumlich begrenzten Gebieten. Es wurde der Versuch gemacht, dieses Auftreten durch Faciesverschiedenheit der betreffenden Schichten zu erklären. So sollten die Phylloceren und Lytoceren des alpinen Jura vorwiegend an die Kalkfacies gebunden sein. Dagegen zeigt Neumayr, dass diese Ammoniten auch in thonig-schiefrigen Ablagerungen vorkommen: so erscheinen sie in Menge in den Thonen und Schiefern des unteren Jura in den Karpathen. in den thonreichen Sedimenten des Lias von Spezia, im Medolo der Lombardei u. s. w. In den thonreichen Psilonotenschichten der Alpen bilden sie $\frac{1}{4}$ sämmtlicher Ammoniten, während sie in den gleichaltrigen Kalken vom Pfonsjoch verhältnissmässig selten sind. Andererseits sind die Ablagerungen der mitteleuropäischen Juraprovinz, in denen vereinzelte Phylloceren und Lytoceren auftreten, keineswegs immer kalkiger Natur, sondern es scheinen im Gegentheil gerade die thonigen Bildungen diesbezüglich bevorzugt zu sein, wie der obere und mittlere Lias und die Ornatenthone Schwabens, in welchen die genannten Ammonitiden zuweilen vorkommen, während sie in den Kalken derselben Gegend verschwindend selten sind.

Im nächsten Abschnitte, Unterschiede zwischen alpinem und mitteleuropäischem Jura, erklärt Neumayr zunächst den Begriff einer zoogeographischen Meeresprovinz, worunter man zu verstehen hat „ein durch gemeinsame Eigenthümlichkeiten seiner Fauna charakterisirtes, grösseres Meeresgebiet, dessen zoologische Merkmale nur durch seine geographische Lage unabhängig von den Einflüssen der wechselnden Faciesentwicklung bedingt sind“. „Die wesentlichen Unterschiede zwischen zwei Provinzen können demnach nur auf dreierlei Factoren zurückgeführt werden, weite räumliche Entfernung, gegenseitigen Abschluss durch zwischenliegendes Festland und Verschiedenheit der Temperaturverhältnisse.“ Unter Zugrundelegung dieser Sätze gelangt Neumayr dazu, dass die altbekannten Unterschiede zwischen alpinem und mitteleuropäischem Jura in der That als provincielle aufgefasst werden müssen, wenn auch ein Theil derselben auf eigenthümlicher Faciesentwicklung beruht. So ist dem alpinen Gebiete der rothe Ammonitenkalk und die Hierlatzentwicklung, dem mitteleuropäischen der Spongitenkalk und Eisenoolith eigenthümlich, doch sind dies bei genauerer Prüfung irrelevante Verhältnisse. Nach eingehender Prüfung ergibt sich, dass wir folgende Typen als für den alpinen Jura charakteristisch auffassen können, die am Nordrande des alpinen Gebietes die Nordgrenze ihrer Hauptverbreitung haben: *Phylloceras*, *Lytoceras*, *Simoceras*, *Atractites*, Gruppe der *Terebratula nucleata*, der *Terebratula diphya* und der *Rhynchonella controversa*. Folgende Typen dagegen sind specifisch mitteleuropäisch und in den Alpen sehr schwach entwickelt: Gruppe des *Harpoceras trimarginatum*, des *Perisphinctes polyplocus*, der *Oppelia tenuilobata*, *Cardioceras*.

Als Unterschiede zwischen dem mitteleuropäischen und dem borealen Jura ergeben sich die Vertretung von *Phylloceras* (schwach entwickelt), *Lytoceras* (schwach entwickelt), *Harpoceras*, *Oppelia*, *Peltoceras*, *Aspidoceras*, ferner der Gruppe des *Belemnites hastatus* und von riffbauenden Korallen für den mitteleuropäischen und die Vertretung von *Cardioceras* (Maximum der Entwicklung), der Gruppen des *Perisphinctes Mosquensis*, des *Amaltheus catenulatus*, *Amaltheus fulgens*, *Belemnites excentricus* und der Aucellen für den borealen Jura.

Ein besonderer Abschnitt ist den Unterschieden zwischen alpinem und mediterranem Neocom gewidmet. Hier sind die Unterschiede besonders scharf, indem zu den charakteristischen alpinen Typen noch *Costidiscus*, *Hamites*, *Pulchellia*, *Haploceras* (*Desmoceras* Zitt.) hinzukommen, während das mitteleuropäische Areal, das ja bekanntlich an der Grenze von Jura und Kreide trockengelegt wurde, oder nur Süsswasserbildungen aufzuweisen hat, bei seiner neuerlichen Inundation durch Einwanderung einerseits aus der östlichen borealen Region, andererseits aus dem Süden bevölkert wurde. Auf den östlichen Einfluss deuten die Gruppen des *Olcostephanus bidichotomus*, des *Amaltheus Gevrilianus*, des *Belemnites subquadratus*, während viele Hopliten und die gastrocölen Belemniten für südlichen Einfluss sprechen. In der Schweiz und in Südfrankreich liegen alpine und ausseralpine Neocomablagerungen sehr nahe bei einander, sie standen in offener Meeresverbindung, und doch gehen nur vereinzelte Formen aus einem Gebiete in das andere über; vom mitteleuropäischen Gebiete war das helvetische Becken durch Festlandstrecken getrennt und enthält doch in seinem nördlichen Theile zahlreiche Cephalopodentypen mitteleuropäischer Verwandtschaft. Die einzige Auffassung, welche diesem Verhalten gegenüber nicht rathlos dasteht, ist die, welche die genannten Erscheinungen auf Temperaturunterschiede zurückführt. Da die räumliche Entwicklung des helvetischen Beckens eine sehr geringe ist, so muss man wie für die Juraperiode die Grenze zwischen alpiner und ausseralpiner Entwicklung durch eine Warmwasserströmung bedingt annehmen. Die kältere Temperatur des Wassers im nördlichen Theile des helvetischen Meeres ermöglichte daselbst die Existenz einer Anzahl nordischer Typen, während dieselbe Gegend dem Fortkommen alpiner Formen ungünstig war. Welcher von beiden Provinzen man die betreffenden Grenzbildungen anschliessen will, ist nach Neumayr ziemlich gleichgiltig.

Der Verfasser gelangt sodann zur Besprechung der Vertheilung der Meeresprovinzen in Europa, die am besten und klarsten aus der der Arbeit beigeschlossenen Karte ersichtlich ist, auf welche wir hier verweisen müssen. Zwei Erscheinungen sind es, welche Neumayr dabei als besonders auffallend bezeichnet, einerseits die bedeutende Curve, welche die Grenzlinie der alpinen und mitteleuropäischen Provinz beschreibt, indem zwischen ihrer Lage in der Gegend von Krakau und derjenigen in Portugal eine Differenz von etwa 11 Breitegraden besteht; andererseits der sehr geringe Abstand zwischen Gegenden mit echt alpiner und solchen mit echt ausseralpiner Entwicklung. Zu ihrer Erklärung muss man entweder das Vorhandensein eines schmalen Landrückens zwischen beiden Provinzen annehmen, oder voraussetzen, dass die Grenze durch den Verlauf eines warmen Äquatorialstromes bezeichnet wurde. Der boreale Jura hingegen war vom mitteleuropäischen durch weite Strecken und altes Gebirge getrennt und die Verbindung war nur zeitweilig durch schmale Canäle hergestellt. Absolute Temperaturangaben sind gegenwärtig nicht ausführbar.

Einen Finanzttheil der Arbeit bildet das Capitel über den Charakter der aussereuropäischen Jura- und Neocomablagerungen, dessen Einzelheiten hier mitzutheilen unmöglich ist. Der Verfasser unterzieht darin sämmtliche in der Literatur vorhandene Angaben einer kritischen Besprechung, um den Charakter der einzelnen Ablagerungen feststellen zu können und das thatsächliche Beweismaterial zu weiteren Ausführungen zu gewinnen. Da wo uns über Jura- und Neocomablagerungen zu wenig Anhaltspunkte vorliegen, können subsidiär und zur Controlle auch die obercretaceischen Vorkommnisse mit berücksichtigt werden, da Neumayr zeigt, dass die Nordgrenze der Rudistenkalke, die bekanntlich für die alpine Entwicklung so bezeichnend sind, in der alten Welt mit jener des alpin entwickelten Jura und Neocom zusammenfällt.

So lückenhaft sich auch das thatsächliche Material gegenwärtig noch erweist, so ergibt sich doch, dass sich zunächst mit völliger Klarheit ein homoiozoischer Gürtel im borealen Jura erkennen lässt, dessen Verlauf durch folgende Punkte gegeben ist: Spitzbergen, Novaja Semlja, Ufer der Petschora, des Ob, Jenissei und der Lena in Sibirien, neusibirische Inseln, Kamtschatka, Aleuten, Alaska, Sitka, Charlotte-Insel, Black Hills in Dakota (Prinz Patricks Land?), Grönland.

Als weit nach Süden einspringende Buchten dieses Nordmeeres sind der Moskauer und der tibetanische Jura zu betrachten. Um den eigentlichen polaren Gürtel in Provinzen zu gliedern, dazu reichen die vorhandenen Angaben nicht aus, doch lässt sich die russische Provinz mit ihren zahlreichen Cosmoceren und die himalajische Provinz für die merkwürdigen Vorkommnisse in Tibet, Kaschmir, Nepal leicht ausscheiden.

Zu dem nördlich gemässigten Gürtel gehören ausser dem altbekannten mitteleuropäischen Gebiete der Jura von Nizniow in Galizien, der von Isjum am Donetz, wahrscheinlich die Vorkommnisse der Halbinsel Mangischlak am Ostufer des Caspisees, vielleicht die der Salt Range und die von Californien. Als eigene Provinzen scheidet Neumayr hier aus:

Die mitteleuropäische, die Caspische, die Penjab- und die Californische Provinz.

Zu der äquatorialen Zone sind ausser dem mediterranen und dem krimo-kaukasischen Gebiete die Kreidebildungen von Merw, der Jura von Cach, die columbischen Neocombildungen, die Rudistenkalke von Mexico und Texas, der Jura von Mombassa in Ostafrika zu zählen. Bemerkenswerth ist, dass mitten innerhalb der äquatorialen Zone, am Berge Hermon in Syrien von Fraas eine oberjurassische Ammonitenfauna von entschieden mitteleuropäischem Charakter nachgewiesen wurde. So eigenthümlich dieser Ausnahmsfall auch ist, so dürfte er doch nicht geeignet sein, die sich aus so zahlreichen anderen Fällen ergebende Gesetzmässigkeit umzustossen, umsomehr als er auch in der Jetztwelt nicht ohne Analogie dasteht. Neumayr erinnert hiebei an das Vorkommen einer celtischen Fauna in der Bucht von Vigo an der spanischen Küste, also mitten in der lusitanischen Provinz. Noch weiter im Süden sprechen die reichen Jurabildungen in den südamerikanischen Anden zwischen dem 20. und 45.° s. Br., die Uitenhaage-Formation des Caplandes, die westaustralischen Vorkommnisse für die Vertretung eines südlich gemässigten Gürtels. Das Vorhandensein eines antarktischen Gebietes kann nur vermuthet werden.

Die Grenzen der homoiozoischen Gürtel können bis jetzt allerdings nur in sehr rohen Grenzen verfolgt werden, aber soviel ist doch klar, dass sie dem jetzigen Äquator der Erdkugel annähernd parallel verlaufen, woraus sich ergibt, dass Äquator und Pole ihre Lage seit der jurassischen Zeit nicht erheblich geändert haben können. Auffallend ist ferner auch der Umstand, dass sich in den näher untersuchten Gegenden während der Jura- und Kreidezeit die klimatischen Grenzen der homoiozoischen Gürtel nahezu gleich geblieben sind. Diese Stabilität spricht sehr gegen die Voraussetzung eines Wechsels von glacialen und interglacialen Perioden.

Für die älteren Formationen lassen sich ähnliche provincielle in gleicher Vollständigkeit noch nicht erweisen, wenn auch diesbezüglich mancherlei Hinweisungen bestehen.

Es ergibt sich somit für die zoogeographischen Provinzen der Jura- und Neocomzeit folgendes Bild:

I. Boreale Zone.
1. Arktischer Gürtel.
2. Russische Provinz.
3. Himalaja-Provinz.

II. Nördlich gemässigte Zone.
1. Mitteleuropäische Provinz.
2. Caspische „
3. Penjab- „
4. Californische „

III. Äquatoriale Zone.
1. Alpine (mediterrane) Provinz.
2. Krimo-kaukasische Provinz.
3. Südindische „
4. Äthiopische
5. Columbische
5a. Caraibische
6. Peruanische „

IV. Südlich gemässigte Zone.
1. Chilenische Provinz.
2. Neuseeländische Provinz (?).
3. Australische „
4. Cap.

V. Uhlig.

Abhandlungen der grossherzoglich hessischen geologischen Landesanstalt zu Darmstadt. Bd. I. Heft 1. Darmstadt 1884.

Dieses erste Heft enthält „Einleitende Bemerkungen über die geologischen Aufnahmen im Grossherzogthum Hessen von R. Lepsius“ und eine „Chronologische Übersicht der geologischen und mineralogischen Literatur über das Grossherzogthum Hessen, zusammengestellt von C. Chelius“.

Die einleitenden Bemerkungen geben eine interessante Übersicht über die seit Klipstein's verdienstlichen Arbeiten (1826—1834) erschienenen geologischen Karten hessischer Gebietstheile. Den Leistungen des mittelrheinischen geologischen Vereins ist eine entsprechend ausführlichere Darstellung gewidmet. Im Jahre 1881 genehmigte das grossherzogliche Ministerium den Antrag des Vorstandes des mittelrheinischen geologischen Vereins, die geologische Aufnahme des Grossherzogthums als eine Angelegenheit des Staates zu behandeln, und es wurde 1882 eine geologische Landesanstalt gegründet, deren Aufgabe in erster Linie sein soll, eine geologische Karte des Landes im Massstab 1 : 25000 herzustellen. Section Rossdorf ist bereits kartirt, die Sectionen Moffel und Zwingenberg sind in Angriff genommen, zugleich ist die Untersuchung des Odenwaldes begonnen.

Die Literaturübersicht des Herrn Chelius beginnt mit Angelus, Erdbeben in Grossgerau 14. Jan. 1587 (Notiz in einer Leichenpredigt). Bücher und Karten sind gesondert aufgeführt. Diese sehr fleissige Arbeit bildet eine dankenswerthe Ergänzung der früher erschienenen Zusammenstellungen geologischer Literatur der mittelrheinischen Gebiete. **Benecke.**

Nies: Die topographische und geologische Special-Aufnahme in den Ländern des Vereins-Gebietes des oberrheinischen geologischen Vereins. Mit 8 Netzkarten.

Diese Zusammenstellung hat den Zweck, zunächst den Mitgliedern des oberrheinischen geologischen Vereins zur Orientirung über das vorhandene Kartenmaterial des Vereinsgebietes (Baden, Elsass-Lothringen, Hessen, Pfalz, Württemberg) zu dienen. Es werden zunächst die topographischen, dann die geologischen Aufnahmen angeführt, und zwar sind im Allgemeinen nur die Aufnahmen im Massstabe 1 : 50000 und 1 : 25000, ausnahmsweise andere, berücksichtigt. Von Karten, welche noch nicht vollendet sind, wie z. B. die badische und elsass-lothringische im Massstabe 1 : 25000, werden die erschienenen Blätter aufgeführt. Die beigegebenen Netze machen ein schnelles Auffinden möglich.

Wir zweifeln nicht, dass die sehr fleissige Arbeit auch weiteren Kreisen von Nutzen sein wird. **Benecke.**

P. Platz: Geologische Skizze des Grossherzogthums Baden. Mit einer geologischen Übersichtskarte im Massstab 1 : 400000.

Diese geologische Skizze bildet, wenn wir recht unterrichtet sind, einen Theil eines umfassenderen Werkes über das Grossherzogthum Baden.

Der uns durch die Zuvorkommenheit des Herrn Verfassers zugänglich gewordene Separatabdruck enthält keinen specielleren Hinweis auf das Gesammtwerk und trägt keine Jahreszahl. Nach einer Einleitung allgemeineren Inhalts folgt auf 17 Seiten eine kurze Übersicht der geologischen Verhältnisse Badens und eine „Geschichte der Entwicklung des jetzigen Zustandes". Aus letzterer sei hervorgehoben, dass PLATZ im Gegensatz zu seinen früheren Anschauungen jetzt die Trennung von Vogesen und Schwarzwald durch eine nordsüdlich verlaufende Senkung in die Zeit nach dem Schluss der Buntsandsteinperiode legt.

Bei der Kolorirung der Karte hatte der Verfasser mit der Schwierigkeit zu kämpfen, dass ihm ein sehr ungleichartiges Material zur Benutzung vorlag. Warum aber nicht wenigstens die vorhandenen Karten benutzt wurden, ist nicht recht verständlich. Der Massstab der Karte hätte z. B. sehr wohl gestattet, Rothliegendes und Zechstein bei Heidelberg, den Gneiss im Odenwald und mancherlei anderes Wichtige einzutragen.

Die Profile sind mit dem doppelten Massstab der Höhe im Vergleich der Länge gezeichnet, wodurch eine in diesem Fall ganz unnöthige unnatürliche Überhöhung der Bilder entstanden ist. **Benecke.**

Müller: Geologische Skizze des Kantons Basel und der angrenzenden Gebiete. Nebst 2 Taf. Profile. (Beitr. zur geolog. Karte d. Schweiz. 1 Lief. Bern 1884.)

Im Jahre 1862 erschien als erste Lieferung der Beiträge zur geologischen Karte der Schweiz die treffliche geologische Beschreibung des Kanton Basel von Professor MÜLLER, welche seitdem die Grundlage für alle weiteren Untersuchungen des interessanten Grenzgebietes zwischen dem Jura und den nördlich vorgelagerten alten Gebirgsmassen abgegeben hat. Wir machen unsere Leser nun darauf aufmerksam, dass eine zweite Auflage des Werkes erschienen ist, in welcher der Verfasser im Wesentlichen seine früheren Angaben aufrecht erhalten konnte und nur zu einigen gelegentlichen Zusätzen sich veranlasst sah. **Benecke.**

J. W. Powell: Second Annual Report of the United States Geological Survey 1880—81. Washington 1882. Ein Band gross 8°. 588 und LV Seiten, nebst 62 Tafeln und einer geologischen Karte*.

Wir begrüssen in diesem inhaltreichen Band den Anfang einer neuen Reihe von Veröffentlichungen, welche ihrem Charakter nach die meiste Analogie mit dem „Jahrbuch der königl. preussischen geologischen Landesanstalt" darbietet und voraussichtlich eine hervorragende Stelle in dem speciell für die Geographie wichtigen Theil der geologischen periodischen

---

* Obiges Referat ist aus den „Verhandlungen der Gesellschaft für Erdkunde zu Berlin, Bd. 9, Nro. 6 u. 7, pag. 303—321" mit freundlicher Erlaubniss des Herrn Referenten abgedruckt; ebenso auch die beiden folgenden. [Red.]

Schriften einnehmen wird. Sie ist das äusserlich sichtbare Resultat einer inneren historischen Entwickelung, deren wir zum Zweck der Klärung hier kurz gedenken wollen. Ein solcher Rückblick, der sich nur mühsam zerstreutem Material entnehmen lässt, dürfte gegenwärtig um so mehr angezeigt sein, als mit der an die Stelle vieler Einzelarbeiten getretenen Centralisation der geologischen Aufnahmen in den Vereinigten Staaten ein wichtiger Schritt geschehen zu sein scheint, und wir vermuthlich häufig auf die weiteren Veröffentlichungen der neuen Anstalt einzugehen Gelegenheit haben werden.

Als der Staat Connecticut im Jahr 1830 eine geologische Aufnahme unter Leitung von Edw. Hitchcock angeordnet hatte, folgten bald andere Staaten der Union demselben Beispiel, insbesondere zwischen 1833 und 1836 Tennessee, Maryland, New-Jersey, Virginia, Pennsylvania, Ohio, Michigan, Indiana, Kentucky, New-York und andere. Gewöhnlich wurde die Arbeit nach geringen Anfängen suspendirt, dann wieder aufgenommen und häufig wieder aufgegeben. Über mehrere Staaten sind bändereiche Werke von ungleichem, zum Theil aber erheblichem Werth veröffentlicht worden, und es ist dadurch für die mittleren und östlichen Theile der Union eine gute Grundlage für eine eingehendere Kenntniss gelegt. Von Bedeutung unter den früh organisirten Aufnahmsarbeiten sind besonders diejenigen von Pennsylvania, welche auf die Geologie beschränkt wurden, und von New-York, welche verschiedene Zweige der Naturwissenschaften und die landwirthschaftlichen Verhältnisse mit umfassten.

Die Centralregierung in Washington betheiligte sich selten an derartigen Aufgaben und zunächst nur, wenn es sich um die geologische Erforschung solcher Gegenden handelte, deren Wichtigkeit für den Bergbau bekannt war, und über welche sie selbst noch unmittelbares Eigenthumsrecht hatte. Die hervorragendsten wissenschaftlichen Ergebnisse unter den von ihr ausgesandten Expeditionen brachte der in den Jahren 1850 bis 1852 erschienene Bericht von Foster und Whitney über die kupferreiche Gegend des Lake Superior.

Als der Territorialbesitz der Vereinigten Staaten sich westlich vom Felsengebirge bis zur pacifischen Küste ausdehnte und die Goldschätze Californiens entdeckt wurden, musste der Centralregierung daran gelegen sein, die weiten Länderstrecken sowohl topographisch, wie bezüglich ihrer Bodenschätze und Culturfähigkeit näher kennen zu lernen. Verschiedene Expeditionen wurden ausgeschickt, um eine Recognoscirung entlang einzelner Linien auszuführen. Es sei hier, neben denen unter Fremont, nur derjenigen gedacht, welche, von 1852 bis 1857 unternommen, als ostensiblen Zweck die Auffindung geeigneter Eisenbahnlinien nach der pacifischen Küste hatten und zu der Veröffentlichung der weitbekannten Pacific Railroad Reports in 13 stattlichen und reich ausgestatteten Quartbänden führten. Die erste Aufgabe war topographisch; es sollten Karten angefertigt werden. In dem Gefolge dieser Aufgabe standen erst in zweiter Linie Forschungen auf den Gebieten der Geologie, der physischen Geographie und anderer Naturwissenschaften. Die für diese Fächer gewonnenen Resultate sind keineswegs gering anzuschlagen; aber man musste sich auf flüchtige Durchstreifung sehr ausgedehnter, schwierig zu bereisender Ländergebiete beschränken, und es konnte daher trotz des zahlreichen Personals doch nur eine lückenhafte Kenntniss derselben erreicht werden.

Der Anstoss zu exacter und streng wissenschaftlicher Arbeit über diese Länderstrecken dürfte zu einem nicht geringen Theil darauf zurückzuführen sein, dass der Staat Californien im Jahr 1860 eine „geologische Aufnahme“ seines Landgebietes, worunter man eine Erforschung nach verschiedenen naturwissenschaftlichen Gesichtspunkten verstand, in's Werk setzte und das Glück hatte, als Leiter derselben John D. Whitney, jetzt Professor in Cambridge, dessen Name als eines der hervorragendsten Geologen der Vereinigten Staaten schon damals bekannt war, zu gewinnen. Leider theilte das Unternehmen das Schicksal der meisten, von den Einzelstaaten in Angriff genommenen Aufnahmen, nämlich der vorzeitigen Auflösung. Aus dem dort verwendeten und geschulten Personal ging jedoch die erste aus einer Reihe von der Centralregierung in Washington organisirter Expeditionen hervor, welchen, im Gegensatz zu den früheren, die geologische Erforschung als Hauptzweck gesetzt wurde. Topographen sollten für den Geologen die Karte entwerfen, und in einigen Fällen wurden Begleiter für andere Naturwissenschaften, sowie für die Forschung nach wirthschaftlichen Gesichtspunkten beigegeben. Diese zweite Ära datirt vom Jahr 1867. Es folgten auf einander die folgenden Expeditionen:

1) Die United States Exploration of the Fortieth Parallel, unter Leitung des damals noch sehr jugendlichen Clarence King, welcher das Unternehmen selbst angeregt hatte und in der Ausführung desselben ein seltenes organisatorisches Talent bekundete. Ein über 100 englische miles breiter Streif Landes zu beiden Seiten des 40. Breitengrades, von der Sierra Nevada bis zum Felsengebirge, wurde topographisch aufgenommen und geologisch übersichtlich erforscht. Das Werk, 1867 begonnen, war in einigen Jahren vollendet und, ebenso in Folge der Tüchtigkeit seines Leiters, wie der exacten zur Anwendung gelangten Methoden und der ausgezeichneten Hilfskräfte, die Jenem mit regem Eifer zur Seite standen (wie Gardner für die geodätischen, Arnold Hague und Emmons für die geologischen Arbeiten), als ein vorzüglich gelungenes zu bezeichnen. Es hat daher eine sehr anregende Wirkung ausgeübt. Die reichen Ergebnisse sind in 6 Quartbänden Text, einem topographisch-geologischen und einem auf Bergbau bezüglichen Atlas niedergelegt.

2) Die United States Geological-Survey of the Territories. Schon seit dem Jahr 1853 war Dr. F. V. Hayden, zum Theil mit Regierungsunterstützung, in der Erforschung der westlichen Territorien unermüdlich thätig gewesen. Aber erst im Jahre 1867 wurden durch das Ministerium des Inneren seine Unternehmungen unter dem genannten Titel organisirt. Das Bedürfniss der Anfertigung von Karten als Grundlage für die Arbeit stellte sich bald heraus. Daher wurde im Jahre 1870 nach Beigabe eines topographischen Corps der Name in U. S. Geographical and Geological Survey of the Territories umgewandelt. Es erschienen 12 Bände Annual

Reports in 8° (1867—1878), 5 Bände eines Bulletin (1874—1880), ferner eine Anzahl Miscellaneous publications in 8°, und mehrere grosse Bände in 4° mit Abhandlungen, unter denen die paläontologischen von Meek. Leidy, Lesquereux und Cope den Werth der Hayden'schen Expeditionen für die Geologie wesentlich erhöht haben.

3) Von dem Kriegsministerium, unter dessen Auspicien auch die King'-sche Expedition stand, ging i. J. 1869 die United States Geographical Survey west of the one hundredth meridian aus, welche unter die Leitung von Lieut. M. Wheeler gestellt wurde und die Erforschung und Kartirung des Gesammtgebietes zwischen dem 100. Meridian und der pacifischen Küste zur Aufgabe hatte. Ein umfassendes Kartenwerk in 94 Blättern (im Massstab von 1 : 506 880) wurde geplant und grossentheils ausgeführt. Dazu erschienen kurze Jahresberichte bis zum Jahr 1880, eine Reihe von Quartbänden über geodätische Arbeiten, Geologie, Paläontologie, Botanik und Ethnologie, nebst verschiedenen kleineren Publicationen.

4) Die U. S. Geographical and Geological Survey of the Rocky Mountain region. Sie stand unter dem Ministerium des Innern und ging aus den Aufnahmen hervor, mit welchen Prof. J. W. Powell seit 1869 in dem Gebiet des Colorado-Flusses beschäftigt gewesen war, nachdem er mit bewundernswürdiger Kühnheit als der Erste eine Fahrt auf dem Strom hinab durch die grossartigen Engen ausgeführt hatte. Er verstand es selbst, die einfachen geologischen Verhältnisse klar zu zeichnen und einzelne allgemeinere Ideen anzuregen, wie z. B. das seitdem vielseitig angenommene Durchsägen aufsteigender Gebirgsfaltungen durch fliessendes Wasser. Doch hatte er auch das Glück, eine der tüchtigsten Kräfte aus der jüngeren amerikanischen Geologenschule, Herrn G. K. Gilbert, sowie später Capt. C. E. Dutton als Mitarbeiter zu gewinnen. Zunächst gingen wenige, aber gehaltreiche Arbeiten aus dieser Expedition hervor.

Die den drei letztgenannten Expeditionen zugetheilten Arbeitsgebiete deckten einander beinahe vollständig. Dadurch erwuchsen bedeutende Missstände. Verschiedene Abtheilungen der Centralregierung traten in Concurrenz mit einander; grosse Summen wurden doppelt und dreifach zu demselben Zweck verwendet, und die Gefahr lag nahe, dass der Wettstreit der einzelnen Expeditionscorps zu dem Bestreben jedes einzelnen führen würde, in jedem neuen Gebiet den Schaum einer ersten Recognoscirung abzuschöpfen, mit Hast aufzunehmen, schleunig Karten und Berichte herzustellen und eilig zu veröffentlichen. Trotz des vielen Guten, was geschaffen worden ist, sind diese Mängel nicht ausgeblieben, und es ist zum Theil deshalb in Europa so schwer geworden, das massenhaft herzuströmende Druckmaterial zu bewältigen und, bei dem Mangel eines sicheren Anhalts zu kritischer Sonderung, wissenschaftlich zu verwerthen.

Angesichts dessen wurde im März 1879 von dem Congress der Beschluss gefasst, die bisherigen Unternehmungen abzuschliessen und an deren Stelle eine einzige geologische Landesanstalt der Vereinigten Staaten (United States Geological Survey) zu setzen. In demselben Monat wurde Herr Clarence King zum Director derselben ernannt. Er hatte das neue Institut in's Leben zu rufen, dasselbe nach festen Grundsätzen zu organisiren, seine Aufgaben bestimmt vorzuschreiben und tüchtige Kräfte anzuwerben. Wie vortrefflich er dies auszuführen gewusst hat, erhellt aus dem von ihm herausgegebenen First Annual Report of the U. S. Geological Survey, worin er über die Thätigkeit des neuen Institutes bis Ende Juni 1880 Bericht erstattet und den Plan der Arbeit darlegt. An tüchtigen, durch langjährige Übung wohlvorbereiteten und praktisch geschulten Kräften war nun kein Mangel.

Das Gebiet der Vereinigten Staaten wurde in acht Aufnahms-Bezirke getheilt, deren jeder einer Abtheilung zugewiesen wurde, nämlich:

1. Abtheilung des Felsengebirges; umfasst Colorado, New-Mexico, Wyoming, Montana und einen Theil von Dakota, somit das ganze Felsengebirge; Leiter S. F. Emmons.
2. Abtheilung des Colorado-Flusses; umfasst die von J. W. Powell seit 1867 erforschten Plateauregionen. Leiter C. E. Dutton.
3. Abtheilung des Great Basin. Leiter G. K. Gilbert.
4. Abtheilung des Pacifischen Küstenlandes; umfasst Washington, das westliche Oregon und Californien mit Ausschluss des südöstlichen Theils. Leiter Arnold Hague.
5. Abtheilung des Nord-Appallachischen Systems; umfasst Maryland, Delaware, Pennsylvania, New-Jersey, New-York und die Neu-England-Staaten.
6. Abtheilung des Süd-Appallachischen Systems; umfasst West-Virginia, Virginia, Nord- und Süd-Carolina, Georgia, Florida, Alabama, Tennessee, Kentucky.
7. und 8. umfassen das nördliche und südliche Mississippi-Becken, mit Trennung durch den Ohio.

Die vier letzten Abtheilungen, welche durch den Meridian 101° W. v. Gr. begrenzt werden, sollten zunächst nicht in Angriff genommen werden. Dagegen wurde unter Leitung von Raphaël Pumpelly noch eine besondere Abtheilung eingesetzt, welche einen allgemeinen Bericht über die Bergbau-Statistik der Vereinigten Staaten abfassen sollte. Auch für die Art der Veröffentlichungen hatte King einen Plan entworfen. Es sollten eine Reihe von Monographien von Seiten der verschiedenen betheiligten Geologen über einzelne Gegenstände erscheinen. Soweit es sich bisher übersehen lässt, werden sich dieselben auf reine Geologie, Paläontologie, Beschreibung von Erzlagerstätten und Bergbau-Statistik beschränken. Dreizehn dieser Abhandlungen wurden in dem Bericht bereits in Aussicht gestellt.

Schliesslich fasst King die Aufgaben der neuen Institution in grossen Zügen zusammen und fordert den Congress zu einer Appropriation von jährlich einer halben Million Dollars für dieselbe auf.

Angesichts dieses gigantischen einheitlichen Unternehmens, dessen Fortbestand dringend zu wünschen ist, liegt eine Vergleichung mit europäischen Verhältnissen nahe. Denn die Bodenfläche der Vereinigten Staaten ist nur um $\frac{1}{10}$ geringer als diejenige Europa's. Die Centralisation der geologischen Aufnahmen über ein so grosses Ländergebiet wird, wie man hoffen darf, die einheitliche Erfassung der Gesammtheit und die gleichartige methodische Behandlung und Darstellung zur Folge haben. In Europa ist bezüglich der Nomenclatur und kartographischen Darstellung durch die vom Geologen-Congress begonnene grosse Arbeit eine einheitliche Fassung angebahnt. Aber ausserordentlich verschieden ist in den einzelnen Staaten der Grad der Genauigkeit, mit welchem die geologischen Aufnahmen ausgeführt werden. In dieser Beziehung (nämlich in Hinsicht auf gleichartige Behandlung) eilen die Vereinigten Staaten weit voran. Es genüge, darauf hinzuweisen, wie es gegenwärtig eine der schwierigsten Aufgaben ist, selbst von einem so gut erforschten Gebiet, wie die Alpen es sind, ein Gesammtbild des geologischen Baues zu entwerfen, da die Geologen der einzelnen betheiligten Staaten (Österreich, Bayern, Schweiz, Frankreich, Italien) sich meist gänzlich innerhalb der ihnen zugewiesenen politischen Grenzen bewegten, und die von ihnen eingeführten Sonderbenennungen, ebenso wie die Sonderauffassungen sich nicht immer mit Sicherheit zusammenfügen. Ist auch einerseits gerade durch diese Vielseitigkeit der Arbeit eine grosse Regsamkeit eingetreten und ein mannigfaltiger Fortschritt erreicht worden, so ist doch nicht zu verkennen, dass bei einer Centralisirung der Aufnahmen die Vielgestaltigkeit der Ansichten wahrscheinlich verringert worden sein würde. Es würden, wie es z. B. bei dem Felsengebirge gewiss der Fall sein wird, die Einzelforschungen wesentlich dazu beitragen, das in seinen Grundzügen einheitlich erkannte Ganze in seinen Theilen genauer zu verstehen und zugleich gestatten, die einzelnen Theile unmittelbar in Parallele mit einander zu setzen.

Um dieses Ziel für das Gesammtgebiet der Vereinigten Staaten mit grösserer Sicherheit zu erreichen, dürfte es gerade jetzt als dringend wünschenswerth bezeichnet werden, dass, nach dem von den Herren Medlicott und Blanford gegebenen Muster, eine Gesammtdarstellung des geologischen Baues der Vereinigten Staaten auf Grund der bis jetzt erworbenen Kenntniss und der gegenwärtigen Auffassung, nebst einer Übersicht der bisherigen geologischen Literatur über das Gebiet, von einer competenten Kraft oder durch harmonisches Zusammenarbeiten Mehrerer, wie es für Indien geschehen ist, entworfen würde. Dies würde in weiten Kreisen das Interesse für die fernerhin bevorstehenden Aufnahmen und Arbeiten aller Art, welche die Geological Survey liefern wird, wecken und das Eintragen alles Neuen an seiner Stelle gestatten. Es würde zugleich dadurch eine Grundlage geschaffen werden, welche künftig die Aufgabe, von Zeit zu Zeit ein der jedesmaligen Auffassung entsprechendes Bild des geologischen Baues zu liefern, erleichtern würde.

Im März 1881 legte King sein Amt nieder. Dasselbe wurde nun Herrn J. W. Powell übertragen, welcher zuletzt die Function eines Director of the Board of Ethnology gehabt hatte. Inzwischen war in den Gebieten der vier ersten Abtheilungen die Arbeit rüstig begonnen worden, und es konnten in das zur Besprechung vorliegende Werk, welches über die Zeit vom 30. Juni 1880 bis 30. Juni 1881 Bericht erstattet, eine Anzahl daraus hervorgegangener wichtiger Aufsätze aufgenommen werden. Aus dem Bericht des Directors (p. I—LV) ist das von dem Institut adoptirte Schema der Benennungen für die geologischen Unterabtheilungen, sowie der Farben für die anzufertigenden Karten und der graphischen Gesteinsbezeichnungen für geologische Diagramme hervorzuheben. Es folgen die Verwaltungsberichte der Leiter der einzelnen Abtheilungen (S. 1—46) und dann eine Anzahl von Ausarbeitungen, auf die wir im Einzelnen eingehen.

1) C. E. Dutton, the physical geology of the Grand Cañon district (p. 47—166).

Dieser Aufsatz wird unten im Zusammenhang mit anderen Werken desselben Verfassers besprochen werden.

2) G. K. Gilbert, Contribution to the history of Lake Bonneville (p. 167—200, mit 7 Tafeln).

Mit dem Namen Lake Bonneville hat Gilbert vor mehreren Jahren einen grossen Binnensee bezeichnet, der sich ehemals im Westen des Wahsatch-Gebirges ausbreitete, und dessen letzter Überrest der grosse Salzsee von Utah ist. Die Spuren des hohen früheren Wasserstandes entdeckte er bald, nachdem er vor ungefähr 12 Jahren dem geographischen Corps von Capt. Wheeler zugetheilt worden war. Seitdem hat er seine Studien häufig und mit dem ihm eigenthümlichen Scharfsinn fortgesetzt.

Bis auf weite Entfernungen hin ziehen sich um die Gehänge der Berge in den Umgebungen des grossen Salzsees alte Uferlinien, einzelne schärfer gezeichnet, andere weniger deutlich zu erkennen. Am entschiedensten prägt sich die höchste aus, welche 1000 Fuss über dem jetzigen Spiegel des Sees liegt, nächstdem eine, welche 400 Fuss tiefer liegt, und andere. Die Bodengestalt ist derartig, dass das Becken, welches von der erstgenannten Linie umzogen wird, erst in dem Niveau derselben einen Abfluss nach aussen haben würde. Man befindet sich hier in dem günstigen Fall, das Innere eines alten Seebeckens, insbesondere die in demselben abgelagerten Sedimente, blossgelegt und stellenweise durch spätere Auswaschungen gut aufgeschlossen beobachten zu können. Gilbert fand, dass, soweit die Uferlinien hinaufreichen, die Gehänge stellenweise mit Strandablagerungen, die Böden überall mit feinerdigen Tiefenablagerungen, wie sie Seegebilden entsprechen, bedeckt sind. An beiderlei Gebilden lassen sich zwei scharf geschiedene Perioden des Absatzes erkennen, welche durch eine Periode der theilweisen Zerstörung der Gebilde des ersten Zeitraumes getrennt waren. Ausserdem lagern sehr mächtige Halden von Gehängeschutt, wie sie sich nur bei trockenem Klima bilden können, unter den ältesten lacustrinen Schichten. Die sorgfältigen, durch Profilzeichnungen erläuterten Schlussfolgerungen führen zu dem Resultat, dass sich fünf Perioden in der Geschichte des Seebeckens unterscheiden lassen; nämlich: 1) Eine lange Periode trockenen Klimas und sehr geringen Wasserstandes, während welcher die Gehänge in Schutt gehüllt wurden. — 2) Eine Periode feuchten Klimas und hohen Wasserstandes, in welcher gelber Thon am Boden abgesetzt wurde und das Wasser bis 90 Fuss unterhalb des tiefsten Passes der Umrandung stieg. — 3) Eine Periode extremer Trockenheit, in welcher der See vollkommen verdunstete und eine Salzkruste sich bildete, so dass das Land noch öder war als die jetzige Wüste am grossen Salzsee. — 4) Eine verhältnissmässig kurze Periode, in welcher das Wasser noch höher stieg als in der zweiten, und zwar bis zu einer Höhe von 1000 Fuss über dem jetzigen Spiegel des Sees; damit erreichte es im Norden ein Ausflussniveau, über welches hinweg es dem Columbia zugeführt wurde. — 5) Die jetzige Periode verhältnissmässiger Trockenheit, in welcher das Wasser verdunstete und zu dem grossen Salzsee und zwei kleineren Seen zusammenschrumpfte. — Die erste Periode ist von sehr langer Dauer gewesen; die zweite war bedeutend länger als die vierte. Zur Zeit höchsten Standes hatte der See eine Länge von 550 km bei einer Breite von 200 km, und ein Areal, welches demjenigen des Huron-Sees gleichkam.

Untersuchungen über entsprechende Phänomene in anderen Theilen des Great Basin, insbesondere über das weiter westlich gelegene ähnliche Becken, welches von King an Uferlinien erkannt und Lake Lahontan genannt wurde, sollen fortgesetzt werden, um weiteren Anhalt über die klimatischen Wandlungen im Westen des Felsengebirges zu gewinnen.

Gilbert sucht zu erweisen, dass die Perioden hohen Wasserstandes mit denen der Vergletscherung von Nordamerika zusammenfielen. Es werden nun auch genauere Zahlen für die schon früher von ihm erkannte Thatsache gebracht, dass die ehemaligen Niveauflächen, soweit sie sich mit Sicherheit verfolgen lassen, eine Neigung gegen die heutige Niveaufläche haben und auch unter einander nicht parallel sind. Gilbert sucht den Grund der Erscheinung in Schwankungen der Erdrinde und hält eine noch vor sich gehende Erhöhung des Wahsatch-Gebirges für wahrscheinlich. Bei Wiederaufnahme der Untersuchungen dürfte es zu empfehlen sein, die Aufmerksamkeit darauf zu richten, ob nicht hier vielmehr Änderungen der Geoidfläche vorliegen, welche sich, in der Art wie Penck für andere Fälle ausgeführt hat, auf das Erscheinen und Wiederverschwinden der durch Localattraction den Wasserspiegel stark beeinflussenden Decke von Inlandeis zurückführen lassen würden; und ob der Einfluss, welcher dadurch ohne Zweifel stattgefunden hat, zur Erklärung der Niveauunterschiede ausreichend ist.

3) J. F. Emmons: Abstract of Report on Geology and Mining Industry of Leadville, Lead County, Colorado (pag. 201—290, mit 2 Karten).

Leadville ist eine durch reichen Bergbau rasch erblühte Stadt, in 10150 engl. Fuss Meereshöhe gelegen (106° 17′ W. v. Gr., 39° 15′ N. Br.). Das Felsengebirge besteht in dieser geographischen Breite aus drei ungefähr parallelen Höhenzügen. Der östliche, die Colorado-Kette oder Front Range, ist breit und schliesst mit der mittleren, der Mosquito-Kette, den breiten, von 10000 Fuss im Norden zu 8000 Fuss im Süden sich abdachenden Thalboden des South-Park ein. Die Mosquito-Kette ist ein schmaler, meridionaler Rücken mit einer mittleren Höhe von 13000 Fuss, sanft nach Osten und steil nach Westen abfallend. Sie schliesst mit dem dritten, westlichsten Höhenzug, der Sawatch-Kette, ein Thal von grossartiger Gebirgsnatur ein, in welchem der Arkansas seinen Ursprung nimmt und nach Süden fliesst. Es ist ungefähr 100 km lang und 25 km breit und zeichnet sich durch den Metallreichthum an beiden Flanken aus. In ihm liegt Leadville. Nachdem im Jahre 1860 Waschgold hier entdeckt und in den nächsten Jahren einige Millionen Dollars an Gold gewonnen worden waren, wurde die Gegend wieder verlassen. Erst 1874 wurde der metallische Werth eines in Masse auftretenden rostfarbenen Minerals, welches wesentlich kohlensaures Bleioxyd ist, aber eine bedeutende Beimengung von Silber enthält, entdeckt. Leadville, welches 1877 erst 200 Einwohner zählte, war 1880 eine Stadt von 15000 Einwohnern, mit Gasbeleuchtung, 13 Schulen, 5 Kirchen, 3 Hospitälern, mehreren Theatern und lebhaftem Geschäftsverkehr. Die Ausbeute an Gold, Silber und Blei betrug 15000000 Dollars jährlich.

Emmons hat das dem Westabfall der Mosquito-Kette angehörige erzführende Gebiet zwar in kleiner Ausdehnung, aber mit grosser Genauigkeit untersucht und auf einer beigegebenen geologischen Karte dargestellt. Archäische, Cambrische, Silurische und Carbonische Gebilde, welche von mesozoischen Porphyren in ausserordentlicher Masse durchbrochen werden, setzen das von Gletschern abgeschliffene und in Thalsenkungen mit Gletscherschutt bedeckte Gebirge im Osten der Stadt zusammen. Auf der Karte, die als ein wahres Muster klarer Darstellung zu bezeichnen ist, und den Profilen treten besonders die zahlreichen Verwerfungsklüfte scharf hervor. Die Erze treten nicht in Gängen auf, sondern sind an gewissen Gesteinsgrenzen concentrirt, vor Allem an denjenigen der Porphyre gegen den Kohlenkalk. Emmons erklärt sie als ein Product der Auslaugung metallischer Bestandtheile aus den Porphyren und einer pseudomorphen Umwandlung des Dolomits oder Kalksteins. Der weitere Inhalt der interessanten Abhandlung ist durchaus geologisch.

4) G. F. Becker: A summary of the geology of the Comstock Lode and the Washoe district (p. 291—330).

Dies ist der Vorbericht zu einem grösseren Werk, welches soeben erschienen ist und besonders besprochen werden soll. [In dies. Jahrb. ist dies bereits geschehen. cfr. Jahrb. 1884. II. -187-. Red.]

5) Clarence King: Production of the precious metals in the United States (S. 331—402).

King wurde als Director der geologischen Landesanstalt von dem Superintendent of Census mit der Aufgabe einer Zusammenstellung der Gewinnung der Edelmetalle betraut. Er organisirte einen Stab von Berichterstattern, die über das ganze Gebiet der Vereinigten Staaten vertheilt waren. Dieselben sammelten 2730 Einzelberichte von Gruben und Hüttenwerken, welche der Arbeit von King zu Grunde liegen. In dem Finanzjahr vom 1. Juni 1879 bis 31. Mai 1880 producirten in Millionen Dollars: Colorado 19,25, Californien 18,3, Nevada 17,3, Utah 5,0, Montana 4,7, Dakota 3,4, Arizona 2,5, Idaho 2,0, Oregon 1,1, Neu-Mexico 0,5, Washington 0,13. Die Gesammtproduction dieser westlich vom 100° W. v. Gr.

gelegenen Länder stellte den Werth von 74 Millionen Dollars dar, während sämmtliche östlich gelegenen Staaten noch nicht 300000 Dollars an Edelmetallen förderten. Eine Anzahl instructiver Tafeln zeigen in graphischer Darstellung den Ertrag der einzelnen Staaten auf die Quadratmeile und auf den Kopf der Bevölkerung, sowie nach dem Verhältniss von Gold und Silber; ferner die Gesammtsumme der Edelmetallgewinnung auf der Erde nach politischen Abtheilungen und Erdtheilen.

6) G. K. Gilbert: A new method of measuring heights by means of the barometer (p. 403—566).

Die fortdauernde Anwendung des Barometers zu Höhenmessungen bei geologischen Aufnahmen hat Gilbert dazu geführt, eine neue hypsometrische Methode zu ersinnen, welche er ausführlich und klar aus den ersten Principien heraus entwickelt. Nach der bisherigen Methode wendet man zwei Barometer an, einen an einem Ort von bekannter Höhe, den anderen an dem Ort, dessen Höhe zu bestimmen ist. An jedem liest man das Gewicht der darüber befindlichen Luftsäule ab. Die Differenz der Ablesungen ergiebt das Gewicht der Luftsäule zwischen dem unteren und dem oberen Barometer. Aus dem Gewicht würde sich die Höhe dieser Luftsäule leicht bestimmen lassen, wenn die Dichtigkeit der Luft bekannt wäre. Die Dichtigkeit aber ist bekanntlich erheblichen Schwankungen unterworfen, die in erster Linie durch die Temperatur und den Feuchtigkeitsgehalt veranlasst werden. Man sucht zwar stets diese beiden Factoren in Rechnung zu bringen, aber die Resultate sind nicht vollkommen befriedigend. Die Methode von Gilbert beruht darauf, dass, wenn man zwei Barometer an zwei Orten von verschiedener aber bekannter Höhe aufstellt, zwei bekannte Grössen vorhanden sind, nämlich die Höhe und das Gewicht der Luftsäule zwischen beiden Orten, und aus ihnen die Dichtigkeit berechnet werden kann. Er wendet daher drei Barometer an, von denen zwei an Orten von bekannter Höhe abgelesen werden, während der dritte für die Messungen der unbekannten Höhenlagen verwendet wird. Ist durch die ersten zwei die Dichtigkeit der Luft festgestellt, so kann diese für die Berechnung der Höhe der Luftsäule zwischen einem der Fixpunkte und dem Ort von unbekannter Meereshöhe verwendet werden.

Es mag genügen, hier auf das Princip der neuen Methode hinzuweisen. Gilbert hat dieselbe einer Reihe von praktischen Versuchen, gleichzeitig mit den bisher angewandten Methoden, unterworfen. Aus ihnen scheint hervorzugehen, dass die neue Methode zu genaueren Resultaten führt. Sie soll für die Aufnahmen der geologischen Landesanstalt der Vereinigten Staaten eingeführt werden und verdient eine eingehende Berücksichtigung und Prüfung. **F. von Richthofen.**

C. E. Dutton: Report on the Geology of the High Plateaus of Utah. (Department of the Interior, U. S. Geographical and Geological Survey of the Rocky Mountain Region, J. W. Powell in charge.) Washington 1882. 1 Bd. 4°. XXXII u. 307 S. Mit 11 Tafeln und Atlas.

C. E. Dutton: Tertiary history of the Grand Cañon District. (Monographs of the U. S. Geological Survey vol. II.) Washington 1882. 1 Bd. 4°. XIV u. 264 S. Mit 42 Tafeln; dazu ein Atlas.

—, The Physical Geology of the Grand Cañon District. (Second Annual Report of the U. S. geological Survey 1880—81, J. W. Powell, Director.) Washington 1882. p. 47—166. Mit 27 Tafeln und einer Karte.

Wenn man mit überaus langem Anstieg vom Mississippi und Missouri her den östlichen Fuss des Felsengebirges erreicht hat und von hier aus ostwärts nach der pacifischen Küste geht, so überschreitet man eine Reihe sehr verschiedener Bodenformen. Powell hat zwischen dem 34. und 43. Breitengrad drei räumlich gesonderte grosse Typen unterschieden. Die östliche Abtheilung nannte er die Park-Region; sie umfasst die nahezu meridional gerichteten Züge des Felsengebirges, welche durch die breiten Thalweitungen der „Parks" von einander geschieden werden, und ist durch hohe, aus granitischen Gesteinen und krystallinischen Schiefern gebildete Gebirgszüge, welche durch plateauartig gelagerte, vielfach gebrochene Schichten getrennt werden, charakterisirt. Dieser Typus geht westlich allmählich in den zweiten über, welcher für die mittlere Abtheilung bezeichnend ist. Die Schichtgebiete sind horizontal gelagert und setzen weit ausgedehnte, zum Theil überaus einförmige, zum Theil durch enge Stromrinnen von 3000 bis 6000 Fuss Tiefe gegliederte Tafelländer zusammen. Lange, ungefähr nordsüdliche Brüche ziehen hindurch. Ihnen entlang haben theils Verwerfungen stattgefunden, theils tritt an deren Stelle die Flexur oder monokline Faltung. Das Land wird dadurch in ausgedehnte Blöcke getheilt, deren jeder seine Schichtung ohne erhebliche Störung bewahrt hat. Dies ist die „Plateau-Provinz" oder die Region der Tafelländer. Daran schliesst sich im Westen der dritte Typus, derjenige des „Great Basin" oder der Region der Beckengebirge. Starre und schroffe Ketten, meist von Nord nach Süd gerichtet und grösstentheils von geringer Länge, ragen auf und werden durch weite, oft fast ebene Becken von ödem Charakter getrennt. Dieser Typus waltet jedoch nur bis zur Sierra Nevada. Eigentlich müssten noch eine vierte, die Küstenregion, hinzugefügt werden.

Die Gebirgsbildung in der ersten Abtheilung wird in die Kreideperiode versetzt. Der von der dritten Abtheilung eingenommene Erdraum bildete schon vor der Juraperiode, vielleicht schon seit Ende der Steinkohlenzeit, Festland und ist insofern das älteste Land im nordamerikanischen Westen. In der zweiten Abtheilung fand die letzte Meeresbedeckung vor dem Ende der Kreideperiode statt; die Störungen aber geschahen erst später. In allen drei Regionen hat sich eine ausgedehnte und sehr intensive vulkanische Eruptionsthätigkeit während der Tertiärperiode ereignet.

Die vorliegenden Arbeiten beschäftigen sich mit der Region der Tafelländer, welche vom Windriver-Gebirge im Norden bis zu den Wüstengebirgen von Neu-Mexico im Süden reicht und wesentlich das Stromgebiet des Colorado in sich begreift, indem nur geringe Theile im Norden nach den Flüssen Shoshone und Platte, im Osten nach dem Rio Grande del Norte und im Westen nach einigen Flüssen des Great Basin (Sevier, Provo, Ogden, Weber und Bearriver) entwässert werden. Die mittlere Meereshöhe des Gebietes wird zu 7000 Fuss (engl.) angenommen, schwankt aber zwischen 5000 und 12000 Fuss.

Dieses Gebiet war schon von 1869 an von Prof. POWELL, zum Theil mit Assistenz von GILBERT, erforscht worden, als Capitain DUTTON ihm in den Jahren 1875 bis 1877 zugetheilt wurde, und hatte zu Arbeiten der beiden Erstgenannten Veranlassung gegeben[1]. POWELL hat die Formgebilde, ihre innere Structur und das Alter der Formationen in grossen Zügen dargestellt, während GILBERT die gewaltigen Erosionserscheinungen zur Grundlage einer durch ihre klare und präcise Fassung als classisch zu bezeichnenden Arbeit über Erosion im Allgemeinen gemacht hatte. Aus oft wiederholten Abbildungen sind seitdem die tiefen Cañons des Colorado allgemein bekannt und als die grossartigsten Erosionstypen der Erde berühmt geworden.

In dem Aufbau der Tafelländer erkannte man als tiefste, im Grand-Cañon aufgeschlossene Unterlage, archäische Gesteine. Darauf folgen paläozoische, mesozoische und tertiäre Schichtgebilde. Jedes derselben behält in horizontaler Richtung seinen Charakter sehr vollkommen bei, aber der Gesteinswechsel in verticaler Richtung ist gross. Die Absätze geschahen, wie POWELL annahm, nicht in unmittelbarer Aufeinanderfolge; an mehreren Stellen der verticalen Reihe glaubte er eine Discordanz der Lagerung zu erkennen. Doch sind sie sämmtlich Meeressedimente, bis zur oberen Kreide. Diese ist durch Schichtmassen von 2000 Fuss Mächtigkeit vertreten, welche aus grossen Binnenmeeren mit brackischem Wasser abgelagert wurden. Den Abschluss bilden lacustrine Eocenschichten. Schon während der Existenz dieser Seen begann die Erosion, welche seitdem ihr Werk fortgesetzt hat. Ihren besonderen Charakter erhält sie dadurch, dass die Flüsse von den umgebenden Gebirgen entspringen und, ohne anderen Zufluss als durch ihre gegenseitige Vereinigung zu erhalten, eine fast regenlose Gegend durchziehen. Der grosse Verticalabstand zwischen den Gebieten des Oberlaufes und des Unterlaufes veranlasste ein steiles Gefäll, somit eine bedeutende Transportkraft des herabfliessenden Wassers und gestattete daher ein sehr tiefes Einschneiden der Flüsse. Dieses aber war nicht, wie in regenreichen Ländern, von gleichzeitiger Abtragung und Abböschung der Seitenwände begleitet. Daher gehen die Erosionsfurchen mit steilen Wänden hernieder.

Dies ist eine Ursache der Zertheilung und vollkommenen Zerstückelung der Landschaft, welche so weit geht, dass ein Verkehr quer gegen die tiefen Schluchten kaum möglich ist. Eine zweite liegt in den schon genannten Verwerfungen und Flexuren, welche sich, zum Theil in Gestalt

[1] 1) POWELL, Exploration of the Colorado River of the West and its tributaries, explored in 1869 to 1872. Washington 1875. 2) POWELL, Report on the eastern portion of the Uinta mountains. Washington 1876, mit Atlas. 3) G. K. GILBERT, Report on the geology of the Henry Mountains. Washington 1877.

staffelförmiger Absätze, auf weite Entfernungen mit grosser Deutlichkeit verfolgen lassen; eine dritte in klippig aufgelösten, mauerartigen Abfällen, welche, oft in mehreren Terrassenstufen hintereinander, die Einschnitte in geringeren und grösseren Abständen begleiten. Der fast gänzliche Mangel an Vegetation gestattet es, alle Einzelheiten im inneren und äusseren Bau mit einer sonst nirgends für so grosse Verhältnisse möglichen Schärfe zu verfolgen, und macht dieses Land, welches der Ansiedler flieht, zu einem Paradies für den Geologen. Darin beruht die grosse Wichtigkeit, welche die hier angestellten Beobachtungen für allgemeine Probleme der Geologie und insbesondere des dynamischen Theils der physischen Geographie haben.

Dazu kommt noch das Auftreten vulcanischer Eruptivgesteine in grosser Masse und Ausdehnung. Hier konnte die für die Geologie wichtig gewordene Kenntniss der von Gilbert erforschten und benannten Lakkolithe[1] erwachsen, jener unterirdisch zwischen die Schichtgesteine eingedrungenen Massen von Eruptivgesteinen, welche grosse Räume in der Tiefe ausfüllen und von ersteren überwölbt werden. Ausserdem setzen dieselben Gesteine grosse Bergmassen zusammen, welche dem Tafelland aufgesetzt sind.

Die das Relief dieses merkwürdigen Landes in vorzüglicher Weise veranschaulichenden Karten, welche unter der Leitung von Powell und Dutton, sowie auch unter derjenigen von Hayden und Wheeler, angefertigt worden sind, haben es ermöglicht, eine geographische Nomenclatur für die einzelnen Glieder des plastischen Baues einzuführen, welche grossentheils scharf begrenzte Abtheilungen bezeichnet.

Unter diesen machen sich in dem mittleren Theil der Westgrenze gegen die Region der Beckengebirge einige hoch erhobene, durch Ausfurchung von einander gesonderte Stücke des Tafellandes geltend, welche von Dutton als die High Plateaus of Utah bezeichnet werden. Ihrer Darstellung ist das erste der oben genannten Werke gewidmet. Es ist ein Gebiet von 280 km Länge, 40 bis 125 km Breite und ungefähr 23000 □km Flächeninhalt. Neun, in drei meridionale Züge angeordnete, durch Einsenkungen gesonderte Tafellandmassen, welche bis zu 11600 Fuss Höhe erreichen, erheben sich dort und fallen in ihrer Gesammtheit steil nach den östlich und südlich folgenden tieferen Theilen des Tafellandes ab, welche im Allgemeinen unter der Höhenlinie von 7000 Fuss liegen. Diese Isohypse trennt gleichzeitig die regenlosen Wüsten der tieferen Regionen von den höheren Theilen, welche Niederschläge erhalten und Vegetation tragen. Dutton zeigt, dass diese erhabenen Massen Denudationsreste sind. Die tieferen Stufen des Tafellandes sind seit Ende der Eocenzeit nach den Berechnungen von Gilbert und Powell ungefähr um 5500 Fuss, nach denen von Dutton um mehr als 6000 Fuss im Mittel durch Denudation erniedrigt worden. Stellenweise jedoch sind Schichtmassen von 12000 Fuss Mächtigkeit hinweggeführt worden. Die Hochtafeln sind mit vulcanischen Ausbruchsgesteinen bedeckt und dadurch vor dem gleichen Schicksal bewahrt geblieben. Die Zerstörungsproducte dieser überlagernden Gesteine

[1] G. K. Gilbert, Henry Mountains, p. 19 ff.

wurden nach Einschartungen geführt und bilden dort eine schützende Decke, daher auch die Thäler hier nicht tief eingesenkt sind. Tertiär, Kreide, Jura und Trias sind im Bau der Hochtafeln in unverletzter Folge vorhanden, während auf der südlich und östlich angrenzenden tieferen Stufe der Tafelländer Tertiär und obere Kreide vollständig entfernt worden sind, untere Kreide nur noch stellenweise die Decke bildet, Jura und Trias in grossen Strecken hinweggeräumt, und erst die Gebilde der Steinkohlenformation continuirlich anzutreffen sind.

Nach Westen, gegen die im Allgemeinen tiefer liegenden Regionen des Great Basin, ebenso wie nach Osten gegen das Tafelland, stürzen die Hochtafeln in Staffeln ab. Aber der Ursprung der letzteren ist auf beiden Seiten ganz verschieden. An der Ostseite sind die Terrassen durch Erosion gebildet. Steigt man hingegen von der Westseite an, so ist jede der lang sich hinziehenden Riesenstaffeln eine monokline Flexur oder Verwerfungskluft; bei jeder liegt der östliche Flügel höher. Nach Dutton sind die Hochtafeln seit Ende der Eocenzeit um 10000 bis 12000 Fuss gehoben worden, das Great Basin nur um 5000 bis 6000 Fuss. An der Grenze wäre die Differenz der Erhebungs-Amplitude durch Staffeln bezeichnet.

Die Verticalverschiebungen bilden den Gegenstand eingehender Erörterungen im zweiten Capitel. Sie convergiren gegen Norden und setzen im Süden divergirend über den Colorado fort, wo schon Powell und Gilbert sie erkannt hatten. Der Anfang derselben wird in den letzten Theil der Miocenzeit gesetzt, ihr Ende erst nach der Glacialzeit. In drei weiteren Capiteln werden die Geologie der Vulcane, die Gesetzmässigkeit in der zeitlichen Aufeinanderfolge der leitenden vulcanischen Gesteine, die Classification der letzteren und die Ursachen der vulcanischen Thätigkeit behandelt (S. 55—142). Es sind hier von Seiten des praktisch aufnehmenden und scharf beobachtenden Geologen viele ausgezeichnete Thatsachen mitgetheilt und beachtenswerthe Winke gegeben. Doch liegt der Gegenstand der Geographie zu fern, als dass an dieser Stelle auf ihn einzugehen wäre. Der Rest des lehrreichen Bandes ist stratigraphischen Verhältnissen und der Einzelbeschreibung der Hochtafeln gewidmet.

In dem zweiten Werk behandelt Dutton den an den vorigen südlich angrenzenden Theil des Tafellandes in einem Umfang von ungefähr 36000 Quadratkilometern. Es ist der südwestliche Theil der gesammten „Plateau-Provinz“ oder Region der Tafelländer. Dieses Land wird vom Colorado, welcher hier am tiefsten eingeschnitten ist, durchströmt und fällt am Westrand, der eine Meereshöhe von über 6000 Fuss hat, steil und mauerartig ab in eine Wüste mit Höhen von 1300 bis 3000 Fuss. Im Allgemeinen senkt sich die Fläche von Höhen von 9 bis 10000 Fuss im Norden bis zu solchen von 5000 Fuss im Süden, obgleich die Schichten flach nordwärts fallen. Von West nach Ost wechseln die Höhen sehr in Folge der bald nach Westen, bald nach Osten gerichteten Verwerfungsstaffeln, welche man zu überschreiten hat. In diese Fläche ist nun das labyrinthische und grossartige Erosionssystem eingesenkt. An einer (in Cap. V beschriebenen) Stelle ist das Cañon des Hauptstroms 5000 Fuss tief in zwei scharf markirten Absätzen eingeschnitten. Der obere Absatz bildet einen 8 km breiten Canal zwischen 2000 Fuss hohen, mit Palissaden und Bastionen versehenen Steilwänden und flachem Boden. Der zweite Absatz ist eine 3000 Fuss tiefe und 3000 bis 3500 Fuss breite Rinne, welche in diesen Boden eingesenkt ist. Das Zurücktreten scharf geschnittener Terrassen, welche in der Gestalt von Isohypsen alle Verzweigungen der Schluchtensysteme umziehen, und von denen besonders die wegen ihrer leuchtenden rothen Farbe malerisch hervortretenden, der Triasformation zugerechneten Vermilion cliffs eingehend beschrieben worden, ist überhaupt ein charakteristisches Moment, welches, ebenso wie in den Tafelländern der Libyschen Wüste und in anderen ähnlich gebauten Gegenden, der Erklärung noch erhebliche Schwierigkeiten bietet. Denn wenn auch die Erosion in tafelartig übereinander gelagerten Schichten von verschiedener Härte nothwendig Stufen schafft, so ist doch die grosse Breite der ebenen Basisflächen der letzteren nicht immer durch ein längeres vormaliges Verweilen des fliessenden Wassers in der entsprechenden Höhenstufe genügend zu deuten.

Die in der zweiten Arbeit gewonnenen Resultate betreffs des inneren Aufbaues ergänzen und berichtigen die früher aufgestellten. Es zeigt sich, dass auf dem Archäischen silurische und devonische Schichten in grosser Mächtigkeit abgelagert, dann aber in einer Continentalperiode stark erodirt wurden. Die Steinkohlengebilde lagern transgredirend darüber. Dann aber fand nach Dutton (im Gegensatz zu der früheren Annahme) bis zum Ende der mesozoischen Ära gleichförmige Ablagerung statt; und zwar wurden in dieser Zeit 15000 bis 16000 Fuss Schichtmassen auf dem gesammten Raum der Plateau-Provinz übereinander gehäuft. Die Ablagerungsfläche, die in der Periode des Carbon noch tief versenkt war, blieb während der ganzen permischen und mesozoischen Zeit der Oberfläche des Meeres nahe. Es folgten dann am Ende der Kreideperiode die erwähnten brakischen Sedimente. Ungleichförmig über ihnen lagern die eocänen Süsswasserschichten. „Um die Mitte der eocenen Periode begann der langsame Vorgang der allmählichen Erhebung des westlichen Theils des Continentes, ein Vorgang, der noch bis zu einer recenten Epoche fortdauerte;" doch scheint derselbe nicht continuirlich in gleichem Mass, sondern mit Ruhepausen stattgefunden zu haben.

Der Rest des tertiären Zeitalters war durch Erosion bezeichnet. Der Hauptbetrag derselben scheint schon bis zum Ende der Miocenperiode geleistet worden zu sein. Der Colorado, erst ein Abfluss des eocenen Sees, ist der Hauptcanal, durch welchen die enormen Erosionsproducte dem Meere zugeführt werden. In den Theilen, welche als Marble Cañon und Grand Cañon bezeichnet werden, hat er sich, nach Dutton, durch Schichtenmassen von 10000 bis 16000 Fuss eingeschnitten, von denen aber weitaus der grösste Theil, nämlich das gesammte mesozoische Schichtensystem, in das Meer getragen worden ist.

Mehrere Capitel sind anschaulichen Beschreibungen von lehrreichen Theilen der terrassirten Tafelländer gewidmet. Zum Schluss behandelt

Dutton die mechanischen Gesetze und die Wirkungsart der Kräfte, durch welche die Corrosion und Erosion vollzogen wurden, und sucht die Entstehung der wunderbaren Formgebilde zu erklären. Es ist eine praktische Anwendung der von Gilbert meisterhaft entwickelten Grundsätze. Vier Umstände verursachen den besonderen Charakter, den die Erosionserscheinungen in dieser Gegend annehmen, nämlich: 1) die grosse Meereshöhe; 2) die Horizontalität der Schichten; 3) die Homogenität der oft sehr massigen Schichten in horizontalem, ihre Heterogenität in verticalem Sinne; 4) das trockene Klima.

In der dritten der oben genannten Abhandlungen werden die vom Verfasser gewonnenen Resultate noch einmal übersichtlich und mit vielen Illustrationen zusammengestellt. Sie ist denen, die sich mit dem Bau des Landes bekannt machen wollen, besonders zu empfehlen.

Dass die grossen, auf öffentliche Kosten herausgegebenen geologischen Werke über Gebiete der Vereinigten Staaten an äusserer Ausstattung im Vergleich mit europäischen Werken gleichen Inhalts meistentheils unübertroffen dastehen, ist durch die ausserordentlich dankenswerthe Liberalität, mit welcher dieselben an Institute, Gesellschaften und Privatpersonen in Europa im Wege des Geschenkes abgegeben worden sind, in allen Fachkreisen zur Genüge bekannt. Je neueren Datums sie sind, desto höheren Ansprüchen genügen in der Regel die Illustrationen, nicht nur in Hinsicht auf die Vollendung in der technischen Ausführung, sondern auch in Hinsicht auf den lehrreichen Charakter der Darstellung. Dies gilt auch von den hier genannten Werken. Der Atlas zu den High Plateaus enthält nur 8 Tafeln hypsometrischer und geologischer Karten und Durchschnitte; aber dieselben genügen, um dem Beschauer dasjenige plastische Bild des äusseren und inneren Baues, welches der Verfasser als das Resultat seiner Studien gewonnen hat, zur klaren Vorstellung zu bringen. Umfangreicher ist der Atlas zu dem Grand Cañon district, welcher 22 Tafeln enthält, und zwar eine geologische Übersichtskarte, eine Karte zur Darstellung der Verwerfungen, sechs geologische Einzelkarten im Massstab von 1 : 63 360 und vier andere im Massstab von 1 : 253 440, welche zugleich als Musterblätter des General Topographic and geologic Atlas of the United States Geological Survey von Interesse sind; ferner zehn grosse Tafeln mit Ansichten von Cañonlandschaften, welche, von der Meisterhand von W. H. Holmes gezeichnet (nur eine, künstlerisch besonders ansprechende ist von Th. Moran), Bilder von Erosionswirkungen geben, die an Grossartigkeit und Anschaulichkeit selbst die zahlreichen vortrefflichen, vorher veröffentlichten Darstellungen der analogen Gegenstände in Schatten stellen.

Die Reihe der Monographien der grossen geologischen Landesanstalt der Vereinigten Staaten ist damit würdig eröffnet, und es ist zu hoffen, dass das neue Institut nicht nur der heimischen Landeskunde und den praktischen Zwecken des Bergbaues, sondern auch der Förderung wissenschaftlicher Geographie und Geologie in kurzer Zeit reichen Gewinn bringen wird.

F. von Richthofen.

F. V. Hayden: Twelfth Annual Report of the U. S. Geological and Geographical Survey of the Territories for the year 1878. Washington 1883. In 2 Theilen. 8°. — 1. Theil, 809 und XI S., mit 144 Tafeln, 2 Karten und zahlreichen Holzschnitten; 2. Theil 503 u. XXIV S., mit 105 Tafeln, 13 Karten und 32 Figuren im Text. — Dazu ein Umschlag mit 10 meist geologischen Karten.

Dies ist der Schlussbericht über die von Dr. Hayden geleiteten, oben (S. 223) erwähnten Expeditionen. Mehr und mehr haben diese Jahresberichte an Reichhaltigkeit und Interesse des Inhalts, wie auch gleichzeitig an Umfang zugenommen. Allerdings ist „Geologie" hier gleichbedeutend mit allgemeiner Landeskunde zu setzen; es finden sich daher Abhandlungen aus verschiedenen naturwissenschaftlichen Gebieten vereinigt. Das Arbeitsfeld im Jahr 1878 waren die Territorien Wyoming und Idaho.

Der erste der beiden vorliegenden starken Bände beginnt mit 7 paläontologischen Abhandlungen von Dr. C. A. White (S. 1—172), worin Versteinerungen verschiedener Altersstufen, vom Kohlenkalk bis zum Tertiär, beschrieben werden. Es folgt ein Bericht von Orestes St. John über die Geologie eines 10000 Quadratkilometer umfassenden Theils des Windriver-Districts (S. 173—270), dessen Gebirgszüge dadurch besonderes Interesse haben, dass sie die Nordgrenze des Gebietes der Tafelländer bilden, dass in ihnen zuerst die Südost-Nordwest-Richtung in den Felsengebirgsketten beginnt, und dass hier die Wasserscheide der drei grossen Stromgebiete des Columbia, Colorado und Missouri liegt. Die Quellflüsse der letzteren greifen, wie aus einer schönen, von Wilson construirten Flusskarte ersichtlich ist, in wunderbarer Weise zwischen einander ein. Die Complication wird dadurch vermehrt, dass meridionale, der Region des Great Basin angehörige Ketten, von denen die Wyomingrange genauer beschrieben wird, und Südost-Nordwest-Ketten, wie das Windriver-Gebirge, das Gros Ventre-Gebirge und andere, hier zusammenkommen. Die weiten, mit Tertiärgebilden erfüllten Thalbecken folgen theils der einen, theils der anderen Richtung. Sehr einfach erweist sich durch die zahlreichen Profilzeichnungen der Bau der Gros Ventre Range. Die Schichtgebilde über dem Archäischen umfassen eine gleichförmig lagernde Reihe vom Silur bis zur oberen Kreide und bilden fast nur ein einfaches Gewölbe mit sehr flachem Nordostflügel und steil einfallendem, etwas gebrochenem Südwestflügel. Dagegen bietet die Wyoming-Kette einen durch grosse Verwerfungen complicirten Bau. Der tiefste Punkt des Gebietes liegt in der Meereshöhe von 5400 Fuss, während Fremonts Peak, der höchste Gipfel des Windriver-Gebirges, 13790 Fuss erreicht. — In dem dritten Aufsatz behandelt J. H. Scudder das tertiäre Seebecken von Florissant in Colorado (S. 271—292), welches sich durch seinen Reichthum an fossilen Pflanzen und Insecten (wahrscheinlich aus dem Oligocen) auszeichnet. Mehr als die Hälfte des Bandes ist durch Aufsätze zoologischen Inhalts eingenommen, und zwar eine Monographie der Phyllopoden von A. J. Packard (S. 295—592) und Abhandlungen von R. W. Shufeldt über die Osteologie einiger Arten und Familien von Vögeln (S. 593—786).

Der zweite Band ist gänzlich dem Yellowstone National Park gewidmet, dem durch seine Geysererscheinungen merkwürdigen vulcanischen Gebiet, dessen erste wissenschaftliche Erforschung das Verdienst von HAYDEN ist. W. H. HOLMES zeigt in einem kurzen geologischen Bericht (S. 1—55), dass er ein ebenso gutes Auge für Lagerungserscheinungen und Verwerfungen hat, wie er es für die Gebirgsformen durch seine panoramischen Zeichnungen (s. oben S. 236), deren auch hier einige beigefügt sind, bekundet. Es folgen einige petrographische Beobachtungen von DUTTON (S. 57—62). Den Hauptinhalt des Bandes aber bildet eine Abhandlung von Dr. A. C. PEALE über die Thermalquellen im National-Park (S. 62—490). In dieser sehr werthvollen Arbeit werden nicht nur die Quellen und Geyser dieser Region eingehend erörtert und durch zahlreiche Abbildungen erläutert, sondern die analogen Erscheinungen auf der ganzen Erde einer übersichtlichen Behandlung (S. 304—354) und die Probleme der Thermo-Hydrologie einer ausführlichen Discussion unterworfen (S. 355—426). Dann folgt ein äusserst verdienstliches, mit grossem Fleiss zusammengestelltes Literaturverzeichniss über die Thermalquellen aller Länder und über die wissenschaftliche Behandlung des Problems.

Dieser inhaltreiche Band bildet einen würdigen Abschluss für das Forschungswerk, welches Dr. HAYDEN mit rastlosem Eifer und mit einem nach vielen Richtungen hin sehr schätzenswerthen Erfolg ein viertel Jahrhundert hindurch ausgeführt hat; erst, seit 1853, unter mancherlei Schwierigkeiten, dann, seit der staatlichen Organisation seiner Unternehmungen im Jahre 1867 (s. oben S. 223), mit wohlverdienter Erleichterung. Gleich den ähnlichen Expeditionen von POWELL und WHEELER, geht auch diese nun in dem weiten Arbeitsplan der neuen geologischen Landesanstalt auf.

F. von Richthofen.

K. A. Lossen: Über die Gliederung des sogenannten Eruptiv-Grenzlagers im Ober-Rothliegenden zwischen Kirn und St. Wendel. (Jahrb. d. Kgl. preuss. geolog. Landesanstalt für 1883, S. XXI—XXXIV.)

Die Beobachtungen des Verf. bestätigen die bereits von LASPEYRES ausgesprochene Anschauung, dass das Eruptiv-Grenzlager mehreren übereinander geflossenen Lavaformationen entspricht; sie widerlegen aber auch die Befürchtung desselben Autors, derzufolge auf die petrographisch-geologische Gliederung dieser Eruptivformation Verzicht geleistet werden müsse. Verf. unterscheidet in dem Grenzlager drei Gesteinstypen.

I. Gesteine der ältesten Ergüsse (Sohlgestein-Zone); Augitporphyrite; im noch nicht oxydirten Zustande dunkel schwärzlichgrau; porphyrische Einsprenglinge treten in die durchaus vorwaltende feinkrystallinische oder in selteneren Fällen ganz dichte Grundmasse zurück, welche häufig schon mit unbewaffnetem Auge eine durch die annähernde Parallellagerung der darin vorwaltenden Feldspathtäfelchen (Plagioklas, vorwaltend von geringer Auslöschungsschiefe, darunter wohl auch etwas Orthoklas) bedingte feinkörnig-schuppige Structur erkennen lässt; im Grossen plattige Absonderung; basisarm und oft vollkrystallinisch; Olivin sparsam; neben dem allermeist ganz in der feldspathmikrolithenreichen Grundmasse versteckten Augit hier und da braune oder grüne Hornblende und brauner Glimmer; Apatit, Magnetit, Titaneisenerz. Mandelsteinbildung fehlt ganz oder stellt sich erst gegen das Hangende dieser Zone ein. Der SiO_2-Gehalt beträgt bei dem Sohlgestein des Grenzlagers vom Staffelhof bei Burg Birkenfeld 57,73 pCt., bei jenem OSO. von Veitsroth bei Idar 56,92 pCt.

II. Mittelzone, am mächtigsten und zu Tag am weitesten verbreitet, aus einem Wechsel compacter und porös-mandelsteinartiger Massen zusammengesetzt. Typisch porphyrische Gesteine, Augitporphyrite; im frischen Zustande grau; glasreiche Varietäten (Weiselberg-Gestein) pechschwarz; charakteristisch sind kleine schmalnadelförmige säulige Augit- oder Bronzit-Einsprenglinge, oder an deren Stelle messinggelbe Bastit- oder lebhaft bräunlichgrüne delessitartige bis schwärzlichgrüne melanolithähnliche Pseudomorphosen; daneben Einsprenglinge von oft gruppenweise vereinigten Plagioklasen und rundlich begrenzten dicken Titaneisenerztäfelchen; Grundmasse waltet vor; Olivin bislang nicht beobachtet. Der SiO_2-Gehalt schwankt nach 9 Analysen zwischen 60,09 und 54,61 pCt.; letzteren Werth gab E. E. Schmid für den Pechstein aus der Gegend von Mambächel an; alle anderen Werthe liegen über 56 pCt., die Mehrzahl darunter über 58. Die Grundmasse ist also beträchtlich saurer als die porphyrisch ausgeschiedenen Plagioklase mit 52,03 bis 53,41 pCt. SiO_2. Damit stimmt die Mikrostruktur wohl überein: sie ist bald mosaikartig und dann, bei stets vorherrschendem Feldspathpflaster, oft deutlich quarzhaltig, bald mehr unbestimmt fleckig und z. Th. mikrofelsitisch, ähnlich jener der Quarzporphyre, bald ist der vorwaltende Feldspathgehalt in leistenförmigen Mikrolithen ausgeschieden, sei es in dichtem, echt porphyritischem, quarz-, glas- oder basisgetränktem Mikrolithenfilze, sei es nur locker eingestreut in eine mehr oder weniger überwiegende, globulitisch gekörnelte oder trichitisch getrübte oder auch in beiden Erstarrungsweisen ausgebildete bräunliche oder grauliche Glasbasis.

III. Die Gesteine der Dachgestein-Zone stellten den basischsten Typus (52,5—44 pCt. SiO_2) im Grenzlager dar, der durch das constante porphyrartige Hervortreten scharf begrenzter Olivinkrystalle oder deren Pseudomorphosen in allen seinen sonstigen Abänderungen gut charakterisirt ist. Verf. unterscheidet typische Melaphyre mit oder ohne Mandelsteinbildung und Melaphyre von porphyritischem Habitus. Zu den Gesteinen der ersten Gruppe gehört das Vorkommen in dem Eisenbahndurchschnitte des Bahnhofs Oberstein; frische Stücke enthalten in schwarzer basisreicher Grundmasse langleistenförmige Labradorite oft in divergentstrahliger Anordnung, gründurchsichtige Augite und Olivine. Schritt für Schritt lassen sich die Umwandlungserscheinungen verfolgen. Die Gesteine der zweiten Gruppe besitzen oft eine feinschuppig-körnige Parallelstruktur der Feldspathtäfelchen in der Grundmasse; damit ist öfters ein Zurücktreten der Basis bis zur vollkrystallinischen Beschaffenheit verbunden.

Weitere Untersuchungen werden in Aussicht gestellt.

Th. Liebisch.

H. Traube: Beiträge zur Kenntniss der Gabbros, Amphibolite und Serpentine des niederschlesischen Gebirges. Inaug.-Diss. Greifswald 1884.

Südwestlich von Frankenstein in Schlesien erhebt sich eine Berggruppe (Buchberg, Wachberg, Grochberg, Hartekämme), welche aus Gabbro, Plagioklas-Amphibolit und Serpentin zusammengesetzt ist. Der Gabbro des Buchberges besteht aus Labradorit (Analyse II), Diallag (Analyse I), Amphibol, Magnetit; Olivin fehlt; Struktur sehr wechselnd, grobkörnig oder grobflasrig bis feinkörnig. Der Labradorit ist z. Th. in Zoisit umgewandelt, der auch in 3—4 mm grossen sitzenden Krystallen in kleinen Drusenräumen beobachtet wurde. Mit dem Gabbro wechsellagert ein sehr vollkommen schiefriger, an Plagioklas reicher Amphibolit. Die Serpentine des Wachberges und des Grochberges, in denen Magnesitgewinnung stattfindet, sind aus einem Olivin-Aktinolith-Gemenge hervorgegangen; beigemengte Talkblättchen scheinen ihre Bildung dem Aktinolith zu verdanken; neben Magnetit finden sich kaffeebraune Körner von Chromspinell in nicht unbedeutender Menge. In den Plagioklas-Amphiboliten des Wachberges herrscht in abwechselnden Lagen bald schwärzlichgrüne Hornblende, bald feinkörniger Plagioklas (Saccharit) vor. In der Einsattelung zwischen dem Grochberg und den Hartekämmen führt der Amphibolit neben Plagioklas mit wellenförmigem Verlauf der Zwillingsstreifung auch Quarz und Granat. Der Serpentin dieser Lokalität ist ausgezeichnet durch seinen Reichthum an Chromit („Magnochromit" nach M. Bock), der in Dünnschliffen leichter als die stärker metallisch glänzenden und Magnesia-ärmeren Chromite mit kaffeebrauner Farbe durchscheinend wird; zuweilen enthält er auch Diallag. Südlich von der Colonie Bautze ist ein sehr frisches Olivinhornblendegestein (spec. Gew. 3,13) aufgeschlossen. An dem Aufbau der Hartekämme betheiligen sich Serpentin und Gabbro in mehrfachem Wechsel. Im Gabbro ist feinkörniger Plagioklas der vorherrschende Gemengtheil; hellgrüner Diallag tritt häufig in ziemlich grossen Individuen auf, Auslöschungsschiefe auf (010) im Mittel 83½°, vielfache Zwillingsbildung häufig, Umsetzung zu Hornblende nur in vereinzelten Fällen zu beobachten. Der Plagioklas umschliesst in inniger Mengung Zoisit und Granat, welche ihm ihren Ursprung zu verdanken scheinen. Der rasche Wechsel von grobkörnigen, feinkörnigen und flaserigen Ausbildungen ist namentlich am Fusse der Hartekämme nördlich von Briesnitz deutlich zu verfolgen. An einer Stelle zeigt dieser Gabbro ausgezeichnete Schieferung. In zerreiblichem Magnesit vom Wachberg finden sich bis 2 cm grosse wasserhelle Krystalle von Aragonit (Kohlensäure 44,14, Kalk 55,33, Magnesia 0,44 pCt.; spec. Gew. = 2,91). Daneben treten kleine kugelförmige, radialstängelige, von Mangandendriten durchzogene Aggregate von Aragonit auf, der durch Einlagerungen kleiner Körnchen von Magnesiumcarbonat weiss und undurchsichtig ist.

Der Gabbro des Zobtens ist im allgemeinen grobkörnig, olivinfrei und besteht aus weissem dichten Saussurit und dunkelgrünem Diallag. Ersterer zeigt in Dünnschliffen u. d. M. neben Zoisit und vielleicht auch

Epidot zuweilen noch Partien mit Zwillingsstreifung und umschliesst schwarze Stäubchen und Hornblendenadeln. Im Diallag treten tafelförmige Einschlüsse nur sehr spärlich auf; die einzelnen Individuen dieses Gemengtheils werden von dichten Kränzen dünner, lebhaft grün gefärbter Hornblendenadeln umgeben. Bemerkenswerth ist der rasche Wechsel in der Structur, den man an dem Gabbro der Steinberge unmittelbar südlich von Naselwitz, westlich der Jordansmühl-Naselwitzer Strasse beobachtet; grobkörnige und feinkörnige, diallagreiche und vorherrschend aus Saussurit bestehende Lagen wechseln derart mit einander ab, dass eine schichtenähnliche Structur des Gabbros bewirkt wird. Diallagschichten besitzen in Folge eingreifender Zersetzung Schieferung. Die Umwandlung des Plagioklases in Zoisit und des Diallags in Hornblende ist an Dünnschliffen dieser Gesteine deutlich nachzuweisen. — Die feinkörnigen Gesteine, welche am Fusse des Nordabhanges des Zobtens auftreten und den Stollberg, sowie den grössten Theil des Mittelberges zusammensetzen, sind Plagioklas-Amphibolite; accessorisch Eisenkies, Magnetit, Granat, Epidot. — Der Serpentin des Zobtengebietes ist dicht, mit splittrigem Bruch, dunkelgraugrün; er umschliesst kleine glänzende Blättchen von Diallag und Bastit, Körnchen von Magnetit und Chromspinell. Das Muttergestein des Serpentins der Költschenberge (Analyse VI) ist ein Olivin-Diallag-Gestein, worin Diallag den vorherrschenden Gemengtheil bildete. In dem Serpentin von Endersdorf (Analyse VII) wurden unzersetzte Olivinreste nicht angetroffen. V ist die Analyse des Pikroliths von Endersdorf, dessen optische Eigenschaften, wie Verf. nachweist, den Angaben Websky's (Zeitschr. deutsch. geol. Gesellsch. 1858, 277) vollständig entsprechen. Der Serpentin der Steinberge bei Jordansmühl (Analyse VIII) ist bemerkenswerth durch Einlagerungen von Nephrit, über welche Verf. im Beilageband III dies. Jahrb. S. 412 ausführlicher berichtet.

	I	II	V	VI	VII	VIII	IX
Kieselsäure . . .	51,23	52,08	43,46	39,42	40,72	40,09	41,13
Thonerde . . .	1,21	27,56	1,26	1,62	0,89	2,23	1,05
Eisenoxyd . . .	—	1,65	—	4,70	3,60	2,82	3,44
Eisenoxydul . .	11,57	—	2,25	4,73	5,15	5,29	6,43
Manganoxydul . .	1,26	—	—	0,89	0,98	1,02	—
Kalk	17,07	12,23	—	1,56	1,58	0,98	0,64
Magnesia . . .	16,11	0,60	40,98	34,19	33,60	35,14	36,67
Kali	—	4,82	—	—	—	—	—
Natron	—	0,80	—	—	—	—	—
Wasser	1,31	—	12,25	12,29	13,26	12,33	10,48
Chromspinell . .	—	—	—	0,47	0,63	0,62	Chromoxyd Spur
Kohlensäure . .	—	—	—	0,37	—	—	Nickeloxydul Spur
	99,76	99,75	100,20	100,23	100,43	100,52	99,84
Spec. Gew. . . .	3,18	2,71	2,65	2,86	2,82	2,67	2,91

Der Serpentin des Gumberges nördlich von Frankenstein (Analyse IX) ist aus einem Olivinhornblendefels hervorgegangen. Den Amphiboliten, welche am Gumberg, namentlich aber in dem sog. „rothen Bruch" bei Gläsendorf mehrfache grössere Einlagerungen im Serpentin bilden, gehört der feinkörnige Plagioklas an, welcher als Saccharit bezeichnet wurde. Gabbroblöcke von Gläsendorf, aus intensiv grünem Diallag, einem pleochroitischen rhombischen Pyroxen und einem dichten Gemenge von Feldspath, Zoisit und Granat zusammengesetzt, gleichen dem am Gipfel der Hartekämme anstehenden Gabbro. **Th. Liebisch.**

E. Hussak: Mineralogische und petrographische Notizen aus Steiermark. (Verhandl. der k. k. geol. Reichsanst. 1884. No. 13. p. 244.)

I. Rutilzwillinge von Modriach.

Unter den Zwillingen von diesem Fundort finden sich selten auch solche, welche durch Verwachsung zweier kurzsäulenförmiger Individuen die hexagonale Combination oP, P mit theilweise unvollständigem ∞P darstellen. Dabei wird oP durch die Rutilfläche ∞P∞ (l), P durch die Rutilflächen P (s) und ∞P (g), ∞P durch P∞ (l') und ∞P∞ (l) des Rutil gebildet.

II. Über den feldspathführenden körnigen Kalk vom Sauerbrunngraben bei Stainz.

In diesem schon von Peters (Jahrbuch der geol. R.-A. 1870, p. 200 und 1875, p. 300) und Rumpf (Tschermak Min. Mitth. 1875, p. 207) beschriebenen Marmor war das Auftreten von Quarz, Glimmer, Turmalin und albitähnlichem Plagioklas bereits bekannt. Verfasser weist darin eine weit grössere Zahl accessorischer Gemengtheile nach: 1) Oligoklasalbit, 2) Mikroklinperthit, 3) Quarz, 4) Muscovit, 5) Phlogopit, 6) Chlorit. In den glimmerreichen Lagen finden sich besonders: 7) Turmalin, 8) Zoisit, 9) Titanit, 10) Magnetkies. In den reinen Partien des Marmors: 11) Pyrit, endlich 12) Zirkon. Rutil, Almandin, Apatit sind sehr selten. Alle diese Minerale treten auch in dem Plattengneisse und in dessen amphibolitischen Einlagerungen auf; der innige Zusammenhang aller dieser Gesteine wird betont.

In jenen Partien des Gneisses, die das Liegende des Kalklagers ausmachen, werden grüne Einlagerungen beobachtet, die wesentlich aus Augit bestehen, welcher Absonderung nach ∞P∞ und oP, auf ∞P∞ eine Auslöschungsschiefe von c : c = 42° zeigt und zu den thonerdereichen Augiten gehört. Daneben enthalten diese grünen Einlagerungen Titanit, Biotit, Granat, Quarz, Albit, Mikroklin und Calcit. (Diese Einlagerungen scheinen an gewisse am Contact von Kalkstein und Gneiss auftretende Augitgneisse des Nieder-österreichischen Waldviertels zu erinnern. D. Ref.)

III. Über das Auftreten porphyritischer Eruptivgesteine im Bachergebirge.

Im westlichen Theil dieses Gebirges treten Gänge auf, welche den Gneiss, Glimmerschiefer und Thonglimmerschiefer durchsetzen und theils zum Glimmerporphyrit gehören, theils zum Hornblendeporphyrit. Die ersteren enthalten in spärlicher felsitischer Grundmasse Plagioklas, Biotit, Quarz, Orthoklas, Hornblende, die letzteren in mikrokrystalliner Grundmasse Plagioklas und Hornblende. Letztere ähneln sehr den von STACHE und JOHN beschriebenen Porphyriten. Für diese möchte Verf. den von DÖLTER vorgeschlagenen Namen Paläo-Andesit anwenden, eine wie es scheint, ziemlich überflüssige Vermehrung der petrographischen Nomenclatur.

F. Becke.

Rafael Breñosa: Las Porfiritas y Microdioritas de San Ildefonso y sus contornos. (Anal. de la Soc. Esp. de Hist. Nat. XIII. 1884.) 48 S. 1 Tafl. 8.

In dem Granit- und Gneissgebiete von San Ildefonso, Prov. Segovia, setzen zahlreiche, wenige Decimeter bis drei Meter mächtige Gänge auf, deren Gesteine eine graue oder grünschwarze, kryptomere Grundmasse und ausserdem mit der Lupe gewöhnlich einige porphyrische Feldspathkryställchen oder einige dunkle Körner eines Bisilicates erkennen lassen. Zuweilen umschliessen sie noch Fragmente oder einzelne Mineralkörner des Nebengesteines; exogene oder endogene Contactwirkungen sind nicht erkennbar.

C. DE PRADO hatte diese Ganggesteine, lediglich auf Grund ihres äusseren Ansehens, Diorite, Pyroxenite und Trappe genannt. Verf. hat sie — mit einem näher beschriebenen Instrumente von SWIFT & SON in London — mikroskopisch untersucht und ist dabei und unter Zuhülfenahme einfacher chemischer Reactionen zu dem Resultate gelangt, dass hier theils Plagioklas-Augit-, theils Plagioklas-Hornblende-Gesteine von holokrystalliner Structur vorliegen, die, unter Berücksichtigung ihres vortertiären Alters, specieller als Augitporphyrite und als Microdiorite, bezw. Epidiorite im Sinne von ROSENBUSCH bezeichnet werden müssen. Die Ergebnisse der Untersuchungen von zehn Augitporphyriten und fünf Mikrodioriten werden ausführlicher mitgetheilt. Unter den Augitporphyriten ist einer aus der Gegend von Villalba desshalb interessant, weil sich die Plagioklase und Augite, die sich in ihm gleichzeitig als porphyrische Elemente ausschieden, gemeinschaftlich zu radialstruirten Aggregaten gruppirt haben. Die Mikrodiorite, von denen einer quarzhaltig ist, zeigen theils granitisch-körnige, theils diabasisch-körnige Structur.

A. Stelzner.

E. Dathe: Über geologische Aufnahmen in der Gegend von Silberberg in Schlesien. (Jahrb. kgl. preuss. geol. Landesanst. für 1883. S. L—LVI.)

—, Über die Stellung der zweiglimmerigen Gneisse im Eulen-, Erlitz- und Mensegebirge in Schlesien. (Zeitschr. d. deutsch. geolog. Gesellsch. Bd. 36. S. 405—409. 1884.)

Die Gneisse von Silberberg gehören der oberen Abtheilung der Gneissformation des Eulengebirges an (Abtheilung der zweiglimmerigen Gneisse) und sind als schieferige, flaserige und Augen-Gneisse ausgebildet. Die beiden ersteren führen Fibrolith. Die flaserigen Gneisse enthalten Einlagerungen von Amphiboliten und Serpentinen. — Die Graptolithen-führenden Kiesel- und Alaunschiefer von Herzogswalde und Wiltsch gehören der mittleren Stufe des Obersilurs an. Über ihnen folgen röthliche Schiefer mit Einlagerungen von graugrünlichen Quarziten, welche vorläufig zum Unterdevon gestellt wurden. — Die weiteste Verbreitung besitzt der Culm, in welchem unterschieden wurden: Gneissbreccien und -Conglomerate, Gabbro-Conglomerate, Kohlenkalkstein, Thonschiefer mit Grauwacken (Sandsteine und Conglomerate) und Kieselschiefer (mit mikroskopisch nachweisbaren Resten von Radiolarien und Diatomeen). Über die Lagerungsverhältnisse dieser Gesteine sowie des oberdevonischen Kalksteins von Ebersdorf theilt der Verf. kurze Angaben mit. — Im Obercarbon wurde am NW.-Ende des Gabbrozuges Neurode-Schlegel an der Eisenbahn bei Kohlendorf eine bedentende Verwerfung constatirt, durch welche das Rothliegende mit den Ruppersdorfer Kalken in das Niveau des Obercarbons gerückt worden ist.

Eine Excursion in das Erlitz- und Mensegebirge ergab, dass hier wie im Eulengebirge stets zweiglimmerige Gneisse das Liegende der Glimmerschieferformation bilden, ferner, dass unter den Glimmerschiefern zuerst schieferige und schwachflaserige Gneisse, unter diesen aber Augengneisse lagern.

Th. Liebisch.

H. Bücking: Über die Lagerungsverhältnisse der älteren Schichten in Attika. (Sitzungsber. d. preuss. Akad. d. Wissensch. Berlin 1884, S. 935—950. Sitzung vom 31. Juli. Mit 2 Tafeln.)

Verf. berichtet über eine im Jahr 1883 mit Unterstützung der Berliner Akademie der Wissenschaften ausgeführte geologische Aufnahme des Hymettos und über seine Untersuchung der Stellung, welche das Schichtensystem des Hymettos zu den Schichten bei Athen einnimmt. Dabei stand ihm das Kartenmaterial zur Verfügung, welches durch den deutschen Generalstab unter specieller Leitung von Kaupert von einem grossen Theile Attikas hergestellt worden ist. Die Hauptresultate spricht Verf. in folgenden Sätzen aus:

Die metamorphischen Schichten in Attika besitzen eine viel geringere Ausdehnung als man nach den Untersuchungen von Gaudry, Bittner und Neumayr vermuthen sollte. — Die Kalke der Hügel von Athen, die Schiefer von Athen, sowie die Kalke und Schiefer der Vorhügel des Hymettos sind unzweifelhaft sedimentäre Schichten, welche der Kreideformation nicht zuzurechnen zunächst kein zwingender Grund vorliegt. Es würden, wenn die Bestimmung der Kalke des Aegaleos als „Oberer Kalk der Cretacischen Bildungen“ ausser allem Zweifel steht, die Kalke der Hügel bei Athen [vom Verf. als „Lykabettoskalk“ bezeichnet] dem oberen Kreidekalk und die Schiefer von Athen und die Schichten der Hymettosvorhügel etwa den im übrigen festländischen Griechenland unter dem oberen Kreidekalk folgenden Macignoschichten und älteren Kreidekalken entsprechen können. — Unter diesen Schichten tritt das System des Hymettos als eine obere Abtheilung der metamorphischen Schiefer von Attika in durchaus gleichförmiger Lagerung hervor. Die Hymettosschichten bestehen vorherrschend aus Marmor, in welchem Kalkglimmerschiefer, Glimmerschiefer und Thonschiefer linsenförmige Einlagerungen bilden; ihre Mächtigkeit mag etwa 3000 Meter betragen. — Die Pentelikonschichten nehmen ihre Stelle unter den Hymettosschichten ein und entsprechen somit einer unteren Abtheilung der metamorphischen oder krystallinischen-Schiefer Attikas, in welcher weisse zuckerkörnige Marmore mit Glimmerschiefer und Kalkglimmerschiefer wechsellagern. Ihre Mächtigkeit lässt sich zur Zeit selbst noch nicht annähernd bestimmen. — Serpentine finden sich hauptsächlich in zwei Niveaus; erstens in den weicheren Schichten der Vorhügel des Hymettos, wo sie mit Gabbros in Zusammenhang stehen, und zweitens in der tieferen Glimmerschieferregion, in welcher sie reich an Chromeisenerz sind. — Die erzführenden Schichten von Laurion entsprechen allem Anschein nach den Hymettosschichten; ein Auftreten der Pentelikonschichten in Laurion ist bis jetzt mit Sicherheit noch nicht bekannt.

Zum Schluss stellt Verf. eine Reihe von Fragen auf, mit denen sich die weitere geologische Untersuchung in Attika zu beschäftigen haben wird. Dem Bericht sind eine Karte der Umgegend von Athen im Maassstabe 1 : 150000 und eine Tafel mit 8 Profilen beigegeben.

Th. Liebisch.

Erläuterungen zur geologischen Specialkarte des Königreichs Sachsen. Herausgegeben vom K. Finanzministerium. Bearbeitet unter der Leitung von Herm. Credner. Leipzig 1884. 8°.

A. Sauer: Section Wiesenthal. Blatt 147. 86 S.

Diese Section gehört dem Bereiche der höchsten Erhebungen des Erzgebirges an (Fichtelberg 1213,2 m, Keilberg 1243,1 m). Die Hauptgewässer und -Thäler haben einen vorwiegend nördlichen, von der geologischen Zusammensetzung im allgemeinen unabhängigen Verlauf. Nahezu das ganze Gebiet der Section wird von der Glimmerschieferformation und der Phyllitformation eingenommen; von der Gneissformation tritt nur in der äussersten NO.-Ecke bei Neudorf ein schmaler, hangendster Theil auf, der aus normalem, d. h. körnig flaserigem, zweiglimmerigem Gneisse (Hauptgneisse) nebst einem untergeordneten Lager von glimmerreichem Muscovitgneisse besteht. — Die Gesteine der Glimmerschiefer-Formation sind überaus mannigfach entwickelt; ausser normalem Glimmerschiefer beobachtet man quarzitische Glimmerschiefer in Wechsellagerung mit quarzitischen Gneissen, Quarzitschiefer, normale und grobflaserige Muscovitgneisse, zweiglimmerige schieferige und körnigflaserige Gneisse, dichte Gneisse nebst Grauwacken und Conglomeraten, graphitführende Glimmerschiefer, Gneisse und Quarzitschiefer, verschiedenartige Amphibolite, Eklogit, Granat-Pyroxen-Strahlsteinlager mit Magneteisenerz, Pyroxenfels mit Blende, krystallinischen Kalkstein. Aus der eingehenden Beschreibung dieser Gesteine (S. 7—35) können hier nur einige der bemerkenswerthesten Resultate hervorgehoben werden. — So viel bekannt, spielt Graphit in Gesteinen der erzgebirgischen Glimmerschieferformation im allgemeinen eine sehr untergeordnete Rolle; auf Section Wiesenthal finden wir indessen ein graphitartiges Mineral in grosser Verbreitung als wesentlichen Bestandtheil eines bis 800 m mächtigen, aus Glimmerschiefern, Gneissen und Quarzitschiefern bestehenden Schichtencomplexes. Doch ist auch hier das Auftreten dieses Minerals weder local ein so massenhaftes, dass abbauwürdige Graphitlager hervorgingen, noch ein so allgemeines und beständiges, dass innerhalb dieser Zone nicht auch graphitarme bis vollkommen graphitfreie Gesteine zur Geltung kämen, die dem völlig normalen Glimmerschiefer, zweiglimmerigen und Muscovit-Gneissen und Hornblendeschiefern gleichen. Das graphitartige Mineral zeigt da, wo es zu dünnen Lagen, Schmitzen oder Körnchen angereichert auftritt, anscheinend auch mikroskopisch vollkommen dichte Struktur, ohne Andeutungen von Krystallform oder Spaltungsrichtungen; dasselbe ist mild, färbt stark ab, besitzt metallischen Glanz auf dem Striche und verbrennt nach einigem Glühen im Bunsen-schen Brenner. Wahrscheinlich liegt ein amorpher, chemisch dem Graphit sich nähernder Körper vor[1]. In Querschliffen der Quarzitschiefer setzen die als feine schwarze Schnüre erscheinenden dünnen Lagen des graphitartigen Minerals durch die unregelmässig mit einander verwachsenen und verzahnten Quarzkörner geradlinig, also völlig unbeeinflusst von deren Lage und Conturen hindurch. — Zwischen dem zweiglimmerigen Gneisse und dem normalen Glimmerschiefer bestehen sehr innige Verbandverhältnisse; der Übergang ist ein allmählicher, im Gneiss tritt der Feldspath mehr und mehr zurück und der Muscovit vereinigt sich zu grösseren Membranen; die Übergangszonen sind auf der Karte als feldspathreiche Glimmerschiefer besonders bezeichnet. — Südöstlich vom Kretscham Rothensehma bei Neudorf treten archäische Conglomerate und Grauwacken, welche in ihrer Ausbildung mit den Conglomeraten von Obermittweida der nördlich angrenzenden Section Elterlein übereinstimmen[2]. Auch in dem Neudorfer Gestein finden sich Gerölle von verschiedenster Structur und Zusammensetzung in bunter Mannigfaltigkeit dicht bei einander in eine feinkörnige Grundmasse eingebettet: schieferige, feinkörnige, streifige Gneisse, Granit, Mikrogranit, feinkörniger Quarzit und Fettquarz. Ihre Form ist kugelrund bis flachelliptisch; ihre Grösse schwankt von der einer Faust bis zu Dimensionen herab, die sich der Unterscheidung mit blossem Auge entziehen. Für die Geröllnatur dieser Einschlüsse sprechen folgende Erscheinungen: bei grobkörnigen Einschlüssen sind die an der Grenze zum Nebengestein liegenden Bestandtheile scharf, übereinstimmend und gleichsinnig abgeschnitten; ebenso auch die in seltenen Fällen die Gerölle durchziehenden Quarztrümer; die Schichtebene der Gneisseinschlüsse schneidet ganz beliebig und schiefwinklig an derjenigen der umgebenden Grundmasse ab. Manche dieser Gerölle sind durch Druck nachträglich ver-

---

[1] Vgl. Inostranzeff: dies. Jahrb. 1880, I. 1.

[2] Vgl. Erläuterungen zu Section Elterlein S. 29, Schellenberg-Flöha S. 19, Kupferberg S. 19, 20.

ändert, ausgequetscht oder zerrissen und haben dabei an Schärfe ihrer Umrisse eingebüsst. Die Grundmasse ist wie bei dem Gestein von Obermittweida ihrem Gefüge nach halb klastisch und halb krystallin. Die petrographischen Übergänge in ächten krystallinen, körnig-flaserigen Gneiss bestätigen, was bei Obermittweida und an zahlreichen Stellen auf Section Kupferberg direct ersichtlich ist, dass diese Grauwacken und Conglomerate concordante Einlagerungen in der archäischen Formation darstellen. — — Muscovitgneiss ist weit verbreitet, nicht allein in Gestalt kleinerer, untergeordneter, über das ganze Glimmerschiefergebiet vertheilter Einlagerungen, sondern auch als ein mächtiges Gebirgsglied, welches die Glimmerschieferformation gleich einem etwa 2000 m breiten Bande von SO.—NW. durchzieht. — Amphibolite und Eklogite bilden sehr zahlreiche grössere und kleinere Einlagerungen. a. Eigentliche Amphibolite mit viel accessorischem Granat, Rutil, selten Zoisit oder Augit; grobkörnig bis dicht, massig bis dünnplattig; mehr als 50, meist zu Schwärmen und Zügen angeordnete kleinere und grössere Lager in der Muscovitgneisszone von Unterwiesenthal - Crottendorf bildend. b. Zoisitamphibolite, auf den zweiglimmerigen schieferigen Gneiss der Umgebung von Oberwiesenthal beschränkt; neben graugrüner, strahlsteinartiger Hornblende und Zoisit ist Rutil meist nur mikroskopisch nachweisbar, Granat und Augit ganz untergeordnet oder fehlend; feinkörniger bis dichter Zoisit durchzieht die Hornblendemassen in parallelen, ebenen bis flachwelligen Lagen, die u. d. M. betrachtet oft schon stark getrübt erscheinen und nicht selten beim Betupfen mit Säure aufbrausen; die Analyse dieser mit etwas Strahlstein verwachsenen Substanz ergab: SiO_2 nebst Strahlstein 49,13, Al_2O_3 29,45, Fe_2O_3 1,56, CaO 18,00, H_2O 1,88, Summe 100,02. c. Feldspathamphibolite, in einem dunkelgrünen dichten Filz von Hornblendesäulchen treten lichtere runde Feldspathkörnchen porphyrisch auf; Granat sehr sparsam, Rutil in Feldspath, Titaneisen und Titanit zwischen Hornblende vertheilt; verbreiteter als dieses Gestein ist feldspathreicher Hornblendeschiefer, der zahlreiche Lager in der Zone der graphitführenden Glimmerschiefer bildet. d. Eklogit, untergeordnet, stets in enger Verbindung mit normalem und granatreichem Amphibolit, mit dem er auf der Karte vereinigt wurde. — Unter den 9 Lagern krystallinischen Kalkes gewährt das mächtigste und noch im Abbau begriffene Lager von Crottendorf ein besonderes Interesse durch seine ausgezeichnete Schichtung, die durch Structurwechsel und durch Einlagerungen von Amphiboliten deutlich zum Ausdruck gelangt, und die überaus verworrene Schichtenfaltung und -Stauchung, welche schon Naumann treffend geschildert hat. Ein Holzschnitt im Maassstab 1 : 60 veranschaulicht diese Erscheinung. Die Analyse der zur Verwendung kommenden Kalkvarietät ergab: CaO 49,3, MgO 4,9, CO_2 43,0, Fe_2O_3, MnO, Al_2O_3 0,6, Unlösliches 2,0; also ca. 88 % $CaCO_3$, 10 % $MgCO_3$. — An der Burkertsleithe bei Rittersgrün ist in graphitführendem Glimmerschiefer ein Lager von graugrünem Augitfels mit untergeordnetem Epidot eingeschaltet, in welches Zinkblende in Form von compacten Massen, Schmitzen, Schnüren eingewachsen oder in einzelnen Körnchen als fahlbandartige Imprägnation vertheilt ist; untergeordnet Zinnstein, Eisenkies, Magneteisen, Kupferglanz.

Von der **Phyllitformation** ist nur die **untere Stufe** entwickelt. Das vorherrschende Gestein ist **glimmeriger Feldspathphyllit** (Albitphyllit), dessen eigentliche Phyllitmasse aus einem fast mikroskopischen Gemenge von Muscovit, Chlorit und Quarz mit accessorischem Rutil, Turmalin und Eisenglanz besteht. Die extrem feldspathreichen, grobkrystallinen Phyllite wurden als **Phyllitgneisse** abgetrennt; in glimmerreichen Varietäten erreicht der Feldspath, meist ein zwischen Albit und Oligoklas stehendes **Plagioklas**, in bis 0,5 cm grossen Krystallkörnern seine bedeutendsten Dimensionen und ist dem Schiefer in einzelnen Individuen oder in knolligen grobkrystallinen Aggregaten beigemengt; am Ameisenberg zwischen den Tellerhäusern und Zweibach (bei Schneisse) tritt in Drusenräumen von Quarzknauern nelkenbrauner **Axinit** in Krystallen bis zu 4 mm, mit den Flächen P, u, l, r, s auf (die übrigen Axinitfunde Sachsens sind an Lagerstätten von Magnetit und Zinkblende gebunden: Thum, Schwarzenberg, Breitenbrunn). — Graphitartiger Kohlenstoff ist auch in den Gesteinen der Phyllitformation und hier noch weiter als in der Glimmerschieferformation verbreitet (schwarze Phyllite). — Unter den Hornblendeschiefern werden eigentliche und mit graphitartigem Kohlenstoff imprägnirte unterschieden. — Am Südabhange des Kaffberges bei Goldenhöhe treten Strahlsteinlager mit Zinkblende und Magneteisen, welche früher abgebaut wurden. — In der Umgebung von Goldenhöhe finden sich als Producte einer von Spalten und Klüften aus bis auf 1 m eingedrungenen Metamorphose des glimmerigen Phyllites **Turmalinschiefer**, in denen die mikrokrystalline Phyllitmasse durch einen feinstrahligen Turmalinfilz ersetzt ist, während die Quarzlagen und -knauern, ohne die geringste Wandlung und Störung erfahren zu haben, aus dem unveränderten Phyllit in den Turmalinschiefer übersetzen[1]. Diese Erscheinung ist vielleicht auf die Einwirkung von Granit, der in grösserer Tiefe in der Gegend zwischen Goldenhöhe und Wiesenthal anstehen muss (wie die zahlreichen Graniteinschlüsse in Basalt und Phonolith beweisen), zurückzuführen.

Für die Architektonik der archäischen Formationen dieser Section ist bezeichnend, dass im O. und NO. die Gneisskuppel von Annaberg ihren Einfluss geltend macht, während im W. die obere Hälfte der Glimmerschieferformation und die Phyllitformation sich zu einer grossen Schichtenmulde vereinigen, im Anschluss an die auf Section Elterlein beginnende Glimmerschiefermulde. Von nur lokaler Bedeutung ist die gewölbeartige Auffaltung der Schichten der Glimmerschieferformation im SO. bei Stolzenhann.

Ältere Eruptivgesteine: Turmalingranit, porphyrischer Mikrogranit (wahrscheinlich Granitapophysen), Quarzporphyr, Felsitfels, Augitführender Glimmersyenit treten nur ganz untergeordnet auf. Dagegen bilden Basalte

[1] Vgl. Erläuterungen zu Section Eibenstock S. 39.

und Phonolithe zahlreiche Gänge, Stöcke und deckenförmige Ausbreitungen. Verf. hat diese Gesteine sorgfältig untersucht und auf S. 51—81 übersichtlich beschrieben. Am mächtigsten ist der Oberwiesenthaler Eruptivstock, an dessen Aufbau Nephelinbasalte und Phonolithe, durch Übergänge tektonisch und petrographisch innig verknüpft, betheiligt sind.

Die Nephelinbasalte enthalten neben überwiegendem Augit und Nephelin als Übergemengtheile: Biotit, Hornblende, Olivin, Hauyn, Leucit, Magnet- und Titaneisen, Perowskit, Apatit, Eisenkies; Hauyn, selten in frischem Zustande, meist in trübkörnige oder faserige, weissliche oder schwachröthliche Substanzen umgewandelt, verleiht durch sein massenhaftes Auftreten in bis erbsengrossen Krystallen den schwarzen glasreichen, pechglänzenden oder feinkörnigen Varietäten ein auffällig weiss getupftes Aussehen; Biotit mit beträchtlichem Titansäuregehalt in dicken sechsseitigen Tafeln bis zu 2 cm im basischen und 1 cm im vertikalen Durchmesser, als Bestandtheil der Grundmasse entweder gleichmässig vertheilt oder in Höfen um Titaneisen, Magnetit oder Augit angereichert; Hornblende und Olivin sparsam; Perowskit ein fast constanter Übergemengtheil, bisweilen in schrotkorngrossen Partieen mit überaus charakteristischem Habitus. Die Structur dieser Basalte schwankt zwischen der eines Dolerites und der eines Tachylytbasaltes, erstere scheint dem Centrum des Stockes anzugehören. — Auch die Sanidin-Nephelingesteine des Stockes, Phonolithe und Leucitophyre, sind sehr mannigfach ausgebildet; sie enthalten neben Augit, Hauyn, Biotit, Apatit, sparsame Hornblende, Magnetit und als ganz besonders charakteristische Übergemengtheile Titanit und titanreichen Melanit. Die zuerst von Naumann erwähnten[1] und später vielfach untersuchten[2] Pseudomorphosen von Sanidin und Glimmer nach Leucit sind in ihrem Vorkommen beschränkt auf einen Raum von 200—300 qm Oberfläche etwa 200 m SSW. von der Kirche von Böhmisch Wiesenthal; sie liegen hier theils völlig isolirt oder in knäuelförmigen Aggregaten, theils mit ansitzendem Muttergestein in der obersten Verwitterungsschicht. Ähnliche Bildungen finden sich aber auch am Gahlerberg, ferner etwa 50 m NO. vom Friedhofe Böhmisch Wiesenthal, auf der Höhe des Zirolberges, am westlichen Abhang desselben etwa 250 m N. von Neuhäuser, zwischen Mühlhäuselmühle und Oberwiesenthal, in dem von Böhmisch Wiesenthal nach Stolzenhann führenden Hohlwege. Im Hohlwege bei der Kirche von Böhmisch Wiesenthal setzt Leucitophyr als ein etwa 0,3 m mächtiger SW.—NO. streichender Gang in Basalt auf, ohne scharfe Grenzen gegen letzteren hervortreten zu lassen; in einer feinkörnigen bis dichten, aus Sanidinmikrolithen, Augitkörnchen und Nephelin bestehenden Grundmasse liegen in mikroporphyrischer Ausbildung zahlreiche Augite, gänzlich trübe Hauyne und häufige Titanitkeile; die zahlreichen bis erbsengrossen, graulich bis blendend weissen Einsprenglinge von der Form des Leucites haben die Zusammensetzung I und bestehen aus Analcim. Das Vorschreiten

[1] Dies. Jahrbuch 1859, 61.
[2] Vgl. dies. Jahrbuch 1876, 490.

des Umwandlungsprocesses von der Analcimbildung zur Bildung von Sanidin oder Sanidin und weissem Glimmer konnte an diesem Gestein recht gut verfolgt werden. Besonders reichlich und schön waren die feldspathähnlichen Aggregate in den bis haselnussgrossen Pseudomorphosen des Leucitophyrvorkommens dicht bei Oberwiesenthal; bei ihnen beträgt der in Salzsäure lösliche Antheil (Analyse II) 32,97 %, der unlösliche (Analyse III) 67,03 %. Die weitere Verwitterung derartiger Pseudomorphosen führte zur Bildung von kaolinartiger Substanz unter gleichzeitiger Ausscheidung von freier Kieselsäure, worauf endlich durch Auslaugung die Pseudomorphosen mehr oder minder vollständig zerstört wurden.

	I	II	III	IV	
Kieselsäure . . .	54,72	40,40	62,84	29,15	
Thonerde . . .	23,12	29,07	19,71	6,50	
Eisenoxyd . . .	0,60	3,74	0,32	21,92	
Kalk	0,36	1,32	0,43	29,40	
Magnesia. . . .	—	—	0,21	0,98	
Kali	0,79	5,07	13,87	(10,84	Titansäure)
Natron	12,30	15,19	3,08	—	
Wasser	8,25	4,40	—	—	
	100,14	100,19	100,41	98,79	
spec. Gew. bei 11° C.	2,259				

Die Basalte des Oberwiesenthaler Stockes sind reich an Einschlüssen, deren Zusammensetzung jener des umgebenden Gesteins entspricht; in dem auf der Höhe liegenden Steinbruche gegenüber dem Friedhofe von Böhmisch Wiesenthal ist ein Basalt aufgeschlossen, der geradezu strotzt von kopfgrossen bis zu den geringsten Dimensionen herabsinkenden, meist unregelmässig eckig und immer sehr scharf begrenzten Gesteinspartieen mit vorwiegend grobkrystalliner Structur, deren Bestandtheile Augit, Nephelin, Hornblende, Biotit, Magnetit, Titaneisen, ein melanitartiges Mineral, Perowskit, Titanit, Apatit sind. Ein Gemenge von (bis 2 cm grossen) Augiten, erbsengrossen Magnetitkörnern, 3 mm grossen Perowskitkörnern und vereinzelten Titaniten wird nach allen Richtungen von Apatit in mehreren cm langen und mehreren mm dicken Nadeln durchspickt; die Analyse ergab: CaO 52,25, P_2O_5 41,76, Cl 0,22, Fl qualitativ nachgewiesen, SiO_2 und Silikatbeimengung 1,31, Al_2O_3 und Fe_2O_3 0,92, geringe Menge der Alkalien nicht bestimmt. Ferner ist bemerkenswerth ein Gemenge eines melanit- oder schorlomitartigen Minerals (Analyse IV) mit Nephelin, beide in grobmaschiger Durchwachsung oder ersteres als porphyrischer Einsprengling in 3—4 mm grossen Krystallen ∞O (110) in einer feinkörnigen bis strahligen Nephelinmasse mit accessorischem Augit, Magnetit und Apatit; das zwischen Melanit und Schorlomit stehende Mineral ist flachmuschelig, pechglänzend, wird im Dünnschliffe sehr schwer mit tiefbrauner Farbe durchsichtig, ist isotrop und wird schon durch Salzsäure zersetzt. — Ausserdem schliesst die Eruptivmasse von Oberwiesenthal Granit- und Schieferfragmente in grosser Zahl ein. Das nächste Ausgehen des Granits liegt etwa 10 km entfernt. — An einigen Stellen finden sich eigenthümliche tuffartige Breccien. — Das Nebengestein, Glimmerschiefer und schieferiger Gneiss, wird von zahllosen, vom Eruptivstock ausgehenden Apophysen, mehrere m mächtigen Gängen bis zu kaum 1 cm mächtigen Trümchen netzartig durchadert.

An diesen Stock reihen sich noch mehrere Vorkommen von Nephelinbasalten, Leucitbasalten und Phonolithen, am mächtigsten sind die Nephelinbasalte vom Spitzberg bei Gottesgab und von der Steinhöhe bei Seifen und der Phonolith vom Kölbl.

Zum Schluss werden behandelt Ablagerungen der Tertiärformation (Sande und Kiese zeigen deutliche Driftstructur), des Diluviums und des Alluviums (geneigter Wiesenlehm, Torfmoore, Zinnseifen).

R. Beck: Section Adorf. Blatt 151. 29 S.

Weitaus der grösste Theil dieser Section gehört der oberen Phyllitformation an, der auch hier das untere Cambrium Liebe's zugerechnet wurde, weil sich eine Trennung dieser beiden durch allmähliche Übergänge verbundenen Gebirgsglieder als unthunlich erwies. — Die untere Stufe der normalen bis thonschieferähnlichen Phyllite enthält noch ziemlich krystallinische, glimmerige Schiefergesteine meist von silbergrauer oder grünlichgrauer, häufig auch von dunkelblaugrauer bis schwärzlicher Färbung, deren wesentliche Gemengtheile innig in einander verwebte und zu Häutchen vereinigte Blättchen von Chlorit und Kaliglimmer und zahlreiche, meist nur mikroskopische Körnchen von Quarz sind, hierzu kommen Mikrolithe von Rutil, namentlich in den lichtgraugrünen dünnschieferigen Phylliten[1]; accessorisch sehr häufig Albit[2], aber nur selten in bis stecknadelkopfgrossen Körnchen, spärlicher Turmalin in mikroskopischen Kryställchen, Magnet- und Titaneisen. Die Structur zeigt alle Übergänge zwischen dünnschieferigen und grobschieferigen bis grobflaserigen Varietäten, von denen die beiden letzteren vorwalten. Bei Rossbach an der Strasse nach Elster und bei Kessel unweit Adorf treten linsenförmige Einlagerungen von stark verwittertem chloritischem Hornblendeschiefer auf. — Das in der mittleren Stufe vorherrschende Gestein ist ein graugrüner Phyllit mit zahlreichen, wenigen mm mächtigen, lichter gefärbten quarzitischen Zwischenlagen, welche dem Querbruche ein gebändertes Aussehen geben (quarzitisch gebänderte Phyllite); oft werden diese Lagen so zahlreich, dass sie die Schiefermasse fast ganz verdrängen. Dazu kommen mächtige, weit ausgedehnte Einlagerungen von feinkörnigem Quarzitschiefer und grauwackenartigen Quarziten sowie linsenförmige Einlagerungen von chloritischen Hornblendeschiefern (Gegend von Eschenbach). — Die obere Stufe wird zusammengesetzt von thonschieferähnlichen Phylliten, welche sich von den Phylliten der unteren Stufe durch weniger entwickelten Glanz und mehr feinkörnig dichte Structur unterscheiden. Manche Varietäten sind

[1] Vgl. dieses Jahrbuch 1881. I. -236-.
[2] Vgl. dieses Jahrbuch 1881. I. -203-. 1882. II. -221-.

durch blutroth durchscheinende Eisenglanzschüppchen blaugrau bis violett gefärbt. — Das Streichen der Schichten ist im Süden und Südwesten der Section ein rein östliches, im Osten ein nordöstliches; das Einfallen ist nach Nord oder Nordwest gerichtet. Nur ganz local finden Abweichungen statt.

Der als Cambrium (von Liebe u. A. als Obercambrium) bezeichnete Schichtencomplex wird vorherrschend von grauen oder graugrünen Thonschiefern gebildet, welchen im Norden der Section mehrere Einlagerungen von z. Th. als Dachschiefer ausgebildetem schwarzem Thonschiefer und einige unbedeutende Schalsteinlager, sowie mehrere lagerförmige Diabasmassen eingeschaltet sind. Im obersten Horizont treten Phycodenschiefer auf. Nur ganz local kommen Quarzite vor. Die cambrischen Schichten haben nordöstliches Streichen, besitzen meist transversale Schieferung und scheinen fast überall steil nach Nordwest einzufallen; sie legen sich concordant auf die Phyllite auf und werden von den untersilurischen Schiefern concordant überlagert; letztere nehmen auf dieser Section nur ein verschwindend kleines Areal ein.

Als Producte der Einwirkung eines unterirdischen Granitstockes auf die seinen Scheitel bedeckenden Thonschiefer müssen die zwischen Ebersbach und Eichigt anstehenden Fruchtschiefer betrachtet werden. In ihrem äusseren Ansehen und ihrer mikroskopischen Beschaffenheit sind sie nicht zu unterscheiden von den Fleck- und Fruchtschiefern, welche den äusseren Contacthof der die erzgebirgischen Phyllite und Thonschiefer durchsetzenden Granitstöcke bilden. Die Umrisse dieses Schiefercomplexes verlaufen ähnlich wie jene eines Eruptivstockes quer durch das herrschende Streichen. Die Verbindungsgerade der Mittelpunkte des Kirchberger und des Lottengrüner Granitmassivs trifft in ihrer südwestlichen Verlängerung diese Schiefer.

Von Eruptivgesteinen werden beschrieben: 1) sehr stark zersetzter feinkörniger Syenit von Ober-Eichigt; — 2) gangförmig auftretende, feinkörnige Diabase und grob- bis mittelkörnige Diabase, welche Lager oder Lagergänge innerhalb der obercambrischen und untersilurischen Schiefer zu bilden scheinen; der durch die Bahnlinie unweit der Nordgrenze der Section aufgeschlossene Diabas hat im Thonschiefer Contacterscheinungen hervorgerufen; unmittelbar auf den nach dem Salband hin feinkörnigen bis dichten Diabas folgt eine 0,3—0,5 m mächtige Zone eines hornfelsartigen Gesteins mit Plagioklas- und Kalkspathkörnern und daran schliesst sich eine äussere, von einem spilositähnlichen, durch Dickschiefrigkeit und Führung zahlreicher graugrüner flecken- oder knötchenförmiger Concretionen vor dem unveränderten Thonschiefer ausgezeichneten Gestein gebildete Zone; ähnliche Contacterscheinungen werden auch an anderen Diabasen dieser Section beobachtet; — 3) Nephelinbasalte durchbrechen die obere Phyllitformation am „Alten Haus“ nördlich von Adorf, bei Bernitzgrün (Melilith-führend)[1], Breitenfeld und Wohlbach. — Bemerkungen über Mineralgänge (Eisenspath, Brauneisenerz), Diluvium und Alluvium bilden den Schluss der Abhandlung. **Th. Liebisch.**

---

[1] Vgl. Stelzner, dieses Jahrbuch 1883, II. Beilage-Band, S. 428.

M. Schröder: Chloritoidphyllit im sächsischen Vogtlande. (Zeitschr. f. d. ges. Naturw. 1884. Bd. 54. Heft 4.)

In der Phyllitformation des vogtländischen Schiefergebietes östlich und südlich vom Massiv des Eibenstocker Turmalingranits treten Chloritoidphyllite auf, welche den von BARROIS beschriebenen Chloritoidschiefern der Insel Groix[1] sehr ähnlich zu sein scheinen. In ihrer Verbreitung ist eine Abhängigkeit vom Granit nicht nachzuweisen. Sie finden sich sowohl in der unteren Stufe der glimmerigen Phyllite (Schwaderbach, der Goldberg und der Aberg, sämmtlich bei Brunndöbra), als auch in den oberen Thonschiefer-ähnlichen Phylliten, deren grösserer Theil dem unteren Cambrium LIEBE's entspricht (Hetzschen bei Markneukirchen, Westabhang des Grünberges und Quittenbachthal, namentlich Thalgehänge bei Meinels Haus, unweit Klingenthal).

Der Chloritoid bildet, wo er sparsamer dem Phyllit eingestreut ist, bis 1 mm grosse Blättchen und Täfelchen; dort, wo die Einsprenglinge zahlreicher werden, erreicht er diese Grösse gewöhnlich nicht. Die Blättchen haben rundliche bis abgerundet sechsseitige Gestalt und nur geringe Dicke; häufig sind sie an den Rändern aufgeblättert, so dass sie im Querschnitt garbenförmig erscheinen. Farbe schwarz, Pulver olivengrün, im Dünnschliff vollkommen durchsichtig, mit ausgezeichnetem Dichroismus (blau und grün). Härte 6, spec. Gew. 3,45. Das Pulver sintert vor dem Löthrohr im Platinöhr zusammen, wird beim Glühen an der Luft roth und verliert erst bei starkem Erhitzen sein Wasser völlig; durch Salzsäure wird es beim längeren Digeriren schwach angegriffen, durch Schwefelsäure schon nach dreistündigem Erhitzen auf 200° im geschlossenen Rohr aufgeschlossen. Chloritoid von Hetzschen hat die Zusammensetzung: SiO_2 28,04, Al_2O_3 36,19, FeO mit Spur von Titan 29,79, CaO 0,20, MgO 1,25, H_2O 5,88; Summe 101,35. — An derartigen Täfelchen reiche, dem Ottrelithschiefer in ihrem ganzen Habitus sehr ähnliche Chloritoidphyllite enthalten etwa 4—6% dieses Minerals, welches jedoch nicht gleichmässig vertheilt, sondern einzelnen Phyllitlagen besonders reichlich eingestreut ist. Bei eintretender Zersetzung umgeben sich die Täfelchen mit einem braunen Hof, welcher nach dem Inneren derselben fortschreitet und sie allmählich ganz aufzehrt. — In der südwestlichen Fortsetzung des in Rede stehenden Gebietes (Wernitzgrün und Schönlind, südlich von Adorf) hat R. BECK Chloritoidphyllite nachgewiesen, welche sich durch zahlreichere und grössere Chloritoidtäfelchen auszeichnen.

Th. Liebisch.

H. Hicks: On the precambrian Rocks of Pembrokeshire, with especial reference of the St. David's District. Mit geol. Karte. (Q. J. G. S. 1884, p. 507—560.)

Wie bekannt, sind die geologischen Verhältnisse der Gegend des St. Davids-Promontoriums Gegenstand eines heftigen, zwischen HICKS und

[1] Vgl. dieses Jahrbuch 1884. II. -68—70-.

GEIKIE — jetzigem Direktor der englischen geologischen Survey — geführten Streites geworden. Der Unterschied der beiden Ansichten ist der, dass GEIKIE — in wesentlicher Übereinstimmung mit den Resultaten der Geologen des Survey, die seinerzeit die Aufnahmen bei St. David's (in Wales) gemacht — behauptet, dass die Zone granitischer und felsitischer Gesteine, die in jener Gegend als eine Art Sattelaxe inmitten der cambrischen Ablagerung auftreten, intrusiver Natur und daher jünger als das Cambrium seien, während umgekehrt nach HICKS die fraglichen krystallinischen Gesteine (das „Dimetian") weit älter sein sollen als die Cambrischen Schichten, deren Material nach ihm wesentlich aus der Zerstörung der vermeintlichen Intrusivgesteine hervorgegangen wäre. In der vorliegenden, sehr eingehenden Arbeit werden nun eine Menge, z. Th. durch Holzschnitte illustrirter Einzelbeobachtungen beigebracht, welche, wenn richtig, entschieden zu Gunsten der HICKS'schen Ansicht sprechen. In erster Linie ist hier das von HICKS an mehreren Punkten festgestellte und auch von anderen Beobachtern bestätigte Vorkommen von Rollstücken der präcambrischen krystallinischen Gesteine (Dimetian) in den an der Basis des Cambriums auftretenden Conglomeratbildungen anzuführen; in zweiter die discordante und zugleich übergreifende Auflagerung der cambrischen auf den präcambrischen Bildungen (Dimetian und Pebidian). **Kayser.**

H. Hicks: On the Cambrian conglomerates resting upon and in the vicinity of some precambrian rocks in Anglesey and Caernarvonshire. (Q. J. G. S. 1884. p. 187—199.)

Auch in diesem Aufsatz handelt es sich um einen ähnlichen Nachweis, wie in der eben besprochenen Abhandlung, nämlich dass gewisse inmitten cambrischer Ablagerungen auftretende Porphyr- und Felsitgesteine, welche vom geologischen Survey bis in die neueste Zeit hinein als eruptiv und jünger als das Cambrium betrachtet werden, in Wirklichkeit präcambrischen Alters seien. Auch hier werden als Beweise angeführt die discordante Auflagerung der cambrischen auf den vorcambrischen Bildungen, sowie das Auftreten massenhafter Rollstücke der archäischen Quarz- und Felsitporphyre an der Basis des Cambriums. **Kayser.**

W. C. Brögger: Om paradoxidesskifrene ved Krekling. 72 S. u. 6 Taf. (Nyt Magazin for Naturvidenskaberne 24; 1.) Christiania 1878.

—, Die silurischen Etagen 2 und 3 im Kristianiagebiet und auf Eker. 376 S. und 12 Tafeln. Christiania 1882.

—, Spaltenverwerfungen in der Gegend Langesund-Skien. 166 S. (Nyt Magazin for Naturvidenskaberne 28; 3, 4.) Christiania 1884.

Vorstehende sind die hauptsächlichsten Arbeiten BRÖGGER's über das norwegische Silur, die ein ganz neues Licht auf dasselbe werfen und zu einem der interessantesten und wichtigsten Silurgebiete überhaupt machen, in welchem sämmtliche Stufen des grossen silurisch-cambrischen Systems in ihrer natürlichen Aufeinanderfolge, wie es scheint, klarer und vollständiger verfolgt werden können als irgendwo anders. Freilich ist der paläontologisch-stratigraphische Gesichtspunkt, von welchem allein wir bei unserer Besprechung ausgehen, dem Verfasser bei seinen Arbeiten nicht der allein maassgebende gewesen. Nur die erste Arbeit über die *Paradoxides*-Schiefer bei Krekling ist ausschliesslich aus diesem Gesichtspunkt abgefasst; sie enthält eine ausführliche Monographie der betreffenden Ablagerung mit Aufzählung von 55 Arten und Varietäten (darunter 40 Trilobiten), von denen 10 neu sind, die abgebildet und beschrieben werden. Ausserdem werden die Aufeinanderfolge der Arten in den vier Stufen des *Paradoxides*-Schiefers und ihre Mutationen ausführlich diskutirt, sowie die verwandten schwedischen Formen zum Vergleich herbeigezogen. Ebenso enthält der erste Theil der zweiten (grossen) Arbeit, über die wir nachher uns eingehender auszulassen haben werden, die vollständige paläontologisch-stratigraphische Darstellung der Etagen 2 (des *Olenus*-Schiefers) und 3 (der *Asaphus*-Etage), ausserdem aber noch im zweiten Theil ausführliche Untersuchungen über die Schichtenstörungen (Faltungen, Verwerfungen), die Erosion und die Eruptivgesteine nebst Contactmetamorphosen im Bereich der Silurbildungen des Christianiagebiets. Die dritte oben citirte soeben erschienene Abhandlung endlich handelt wesentlich von den erwähnten Schichtenstörungen in der Gegend Langesund-Skien, die für das Verständniss des Reliefs von Norwegen von so ausserordentlicher Wichtigkeit sind; zugleich wird aber die lange erwartete neubegründete Etageneintheilung des höhern Untersilur und z. Th. des Obersilur in der Einleitung, wenn auch nur vorläufig in den allgemeinsten Zügen mitgetheilt.

Sind bisher auch nur die untersten Etagen 1—3 vollständig durchgearbeitet, so ist deren Bearbeitung uns doch schon eine Gewähr für die richtige Begründung und Auffassung der oberen Etagen. Wir haben jetzt doch eine auf wirklich paläontologisch-stratigraphische Untersuchungen gegründete Eintheilung des norwegischen Silur und können dessen Bedeutung besser würdigen als nach den frühern Arbeiten von Kjerulf (von dessen Eintheilung auch Brögger noch ausgeht) und Tellef Dahl, die wesentlich auf petrographischer Grundlage abgefasst waren, und das zur Zeit, in welcher die Fauna der einzelnen Etagen viel weniger ausgebeutet und durchgearbeitet war, wie schon daraus hervorgeht, dass aus den genannten Etagen damals nur 30 Crustaceen bekannt waren, während Brögger deren schon 140 anführt.

Mein specielles Interesse für das norwegische Silur wurde noch besonders geweckt durch einige Excursionen in der Umgebung von Christiania (Malmö, Sandviken u. s. w.), die ich 1875 unter Führung Brögger's (damals noch Student und Schüler Kjerulf's) ausführte. Schon damals fiel mir die Klarheit der Profile auf und die Sicherheit, mit der sich die Aufeinanderfolge der verschiedenen Etagen verfolgen lässt, wenn diese, jede für sich, erst durch paläontologische Ausbeutung sicher festgestellt sind. Ich forderte Hrn. Brögger auf, unser ostbaltisches Silurgebiet zu besuchen, in welchem die Faunen der einzelnen Etagen auf weite Erstreckungen hin so bequem wie kaum wo anders zu studiren sind, wenn die Auflagerungen derselben auf einander auch meist nicht so unmittelbar festzustellen sind, wie in Norwegen. Im Sommer 1880 entsprach Brögger dieser Aufforderung; ich hatte das Vergnügen, ihm unser ganzes Silurgebiet von Ösel bis zum Wolchow zu zeigen; mit welchem Nutzen, das zeigen zahlreiche Stellen in seinem bisherigen silurischen Hauptwerk: Die silurischen Etagen 2 und 3 im Christianiagebiet u. s. w., das im Jahr 1882 erschien. Ich wurde aufgefordert, die Besprechung des silurischen Theils dieser mir so nahe liegenden Arbeit für dieses Jahrbuch zu übernehmen. Ich sagte zu, aber die Ausführung der Arbeit verschob sich. Zum Theil hielten mich andere Arbeiten davon ab, zum Theil stiess ich mich daran, dass ich eigentlich nur die mir genauer bekannte Etage 3 näher besprechen konnte, während ich für die Primordialbildungen und die für Norwegen so wichtigen Dislokationen mich nicht für competent hielt. Zugleich war mir aber durch briefliche Mittheilung schon die neue Eintheilung Brögger's auch für das höhere Untersilur bekannt geworden und ich harrte sehnlichst auf eine gedruckte Mittheilung darüber, die gegenwärtig eingetroffen ist. Unterdessen sind, so weit mir bekannt, auch schon zwei Recensionen des Brögger'schen Werks erschienen; die eine von Prof. Rosenbusch über den petrographischen Theil in dies. Jahrb. 1883, in welcher ausdrücklich auf mein zu erwartendes Referat hingewiesen wird, und die andere von A. E. Törnebohm in: Geologiske föreningens i Stockholm Förhandlingar (1883) Bd. VI p. 434—440. Die letztere Recension behandelt das ganze Werk und berücksichtigt auch eingehend die Dislokationen, womit mir ein grosser Stein vom Herzen genommen ist. Ich kann mich also gegenwärtig auf die paläontologisch-stratigraphische Seite der Brögger'schen Arbeiten beschränken, über welche ich mir allein ein competentes Urtheil abzugeben getraue.

Es folge nun die Reihenfolge der einzelnen Etagen des norwegischen Silur nach Brögger's Eintheilung, die, wie man sieht, auf Grundlage der älteren Kjerulf'schen aufgestellt ist.

Etage 1. *Paradoxides*-Schiefer.

- 1a. Sparagmitetage. Petrefactenleere Sandsteine.
- 1b. Schiefer mit *Olenellus Kjerulfi* Linns.
- 1cα. Etage des *Paradoxides oelandicus* Sjögr.
- 1cβ. „ „ „ *Tessini* Brongn.
- 1d. „ „ „ *Forchhammeri* Ang.

Etage 2. *Olenus*-Schiefer.

- 2a. *Olenus*-Niveau.
- 2b. *Parabolina spinulosa*-Niveau.
- 2c. *Eurycare*-Niveau.
- 2d. *Peltura*-Niveau.
- 2e. *Dictyograptus*-Schiefer.

Etage 3. *Asaphus*-Etage.

- 3aα. Kalkstein mit *Symphysurus incipiens*.
- 3aβ. *Ceratopyge*-Schiefer.

3 a γ. *Ceratopyge*-Kalk.
3 b. *Phyllograptus*-Schiefer.
3 c α. *Megalaspis*-Kalk.
3 c β. *Expansus*-Schiefer.
3 c γ. Orthocerenkalk.

Etage 4.
4 a. Schiefer mit *Didymograptus geminus* und *Ogygia dilatata*.
4 b. *Ampyx*-Zone.
4 c. *Chasmops conicophthalmus*-Zone.
4 d. *Mastopora concava*-Zone.
4 e. Encrinitenkalk.
4 f. *Trinucleus*-Schiefer.
4 g. *Isotelus*-Kalk.
4 h. Gastropodenkalk.

Etage 5. Kalksandstein.

Etage 6.
6 a. Schiefer mit *Phacops elliptifrons* (Malmöschiefer KJERULF's).
6 b. *Pentamerus oblongus*-Zone.

Etage 7 und 8 von KJERULF sind von BRÖGGER noch nicht genauer studirt worden, aber in der Gegend Langesund-Skien ebenso vorhanden wie im Christianiagebiet. Als 9 werden noch problematische petrefaktenleere devonische Sandsteine aufgeführt.

Die Etage 1 a, in der noch keine Trilobiten vorkommen, rechnet BRÖGGER, abweichend von den übrigen scandinavischen Geologen, mit dem schwedischen Fucoiden- und *Eophyton*-Sandstein allein zur cambrischen Formation. Die darauf folgenden (Lagen 1 b—2 e incl.) bilden im Anschluss an BARRANDE die primordialsilurische, 3 und 4 die untersilurische, 5—8 die obersilurische Formation. Die Etage 4 wird in der neuesten Arbeit auch als mittelsilurisch bezeichnet und 5 als ein noch wenig untersuchtes Übergangsglied zur Obersilurformation, die wesentlich aus den Etagen 6—8 besteht.

Die beiden zu Anfang erstgenannten Arbeiten enthalten nun, wie gesagt, eine ausführliche Durcharbeitung der Etagen 1 b—3 incl., wobei in dem Hauptwerk über die Etagen 2 und 3, was die allgemeinen Resultate betrifft, fortwährend auch die Ergebnisse der ersten Arbeit herbeigezogen werden, so dass wir diese hier nicht näher zu realisiren brauchen.

Das Hauptwerk nun beginnt auf S. 1—29 mit einer ausführlichen Betrachtung der Gliederung der Etagen 2 und 3. Ausser den oben angegebenen Unterabtheilungen lassen sich noch weitere Scheidungen machen nach dem Auftreten und Verschwinden einzelner charakteristischer Trilobiten und anderer Fossilien; so namentlich in den Etagen 2 d, im *Asaphus*-Schiefer und im Orthocerenkalk. Als Grenzgebiet der primordialen und der untersilurischen Schichten gilt der trilobitenleere *Dictyograptus*- (*Dictyonema*-) Schiefer, weil dieser ein leicht zu erkennendes, weit verbreitetes Niveau bildet. Paläontologisch ist die Scheidung aber keine vollständige, weil noch über dem genannten Niveau in der Etage 3 a α neben dem ersten

Asaphiden (*Symphysurus incipiens* Brögg.), auch Oleniden wie *Cyclognathus micropygus* und *Parabolinella limitis* vorkommen, welche letztere noch in die *Ceratopyge*-Schichten fortsetzt, die ihrer faunistischen Zusammensetzung nach eine silurische intermediäre Stellung zwischen den primordialen und den unteren Schichten einnehmen.

Es folgt nun (S. 30—137) die ausführliche Behandlung der Fossilien der Etagen 2 und 3, zu deren Erläuterung auch die beigegebenen sehr wohl ausgeführten 12 Tafeln dienen. Die Aufzählung beginnt mit den Graptolithen, von denen nur die Gattungen *Dictyograptus* und *Bryograptus* ausführlicher abgehandelt werden; in Bezug auf die übrigen wird auf eine später zu erwartende Arbeit von Dr. G. Holm hingewiesen, der ebenfalls das norwegische Silur zwei Sommer lang eingehend studirt hat und von dem wir namentlich noch eine Arbeit über den norwegischen *Ceratopyge*-Kalk zu erwarten haben, die in mancher Beziehung als Ergänzung der Brögger'schen Darstellung dienen wird. Die zu dieser Arbeit gehörenden 3 Steindrucktafeln in vortrefflicher Ausführung haben mir vorgelegen. Über *Dictyograptus* Hopk. (*Dictyonema* Hall) erhalten wir ausführliche Mittheilungen, aus denen hervorgeht, dass die Gattung wirklich zu den echten Graptolithen gehört, indem sie eine Sicula besitzt und ihre regelmässig angeordneten Zellen auf der Innenseite eines trichterförmigen Hydrosoms sitzen — daher auch der veränderte Gattungsname. Die Gattung *Bryograptus* Lapw., von der zwei neue Arten beschrieben werden, steht nahe, findet sich aber entgegen Lapworth's Annahme erst über dem *Dictyograptus*-Schiefer. Die von mir in meiner Trilobitenarbeit S. 16 Fig. 4 als *Bryograptus Kjerulfi* abgebildeten Stücke sind z. Th. freie Enden von *Dictyograptus*, z. Th. junge Exemplare desselben mit Andeutung der Sicula, wie solche auch Dr. Holm von unserem Hauptfundort für *Dictyonema*, der Baltischporter Halbinsel, nachgewiesen und mir mitgetheilt hat.

Mit grösserer Ausführlichkeit sind auch die Trilobiten behandelt, namentlich *Agnostus*-Arten, die Oleniden und die Asaphiden. Unter den erstgenannten finden wir zwei neue Gattungen, *Parabolinella* und *Boeckia*, und 10 neue Arten, unter den 27 Asaphiden (alle aus Etage 3) nur 4 neue Arten, dafür aber so ausführliche Auseinandersetzungen der bekannten wie solche früher nicht vorhanden waren: für meine Bearbeitung der ostbaltischen Formen dieser Gruppe eine wichtige Vorarbeit, namentlich da fortwährend auf unsere russischen Formen Bezug genommen wird, die dem Verfasser besser bekannt sind als die schwedischen. Bei den Cheiruriden hat meine unterdessen erschienene Revision dieser Gruppe Brögger veranlasst, einige zurechtstellende Bemerkungen im Nachtrag S. 375 beizubringen. Ich bemerke hier noch, dass Fig. 1, 3, 8 auf Taf. 5 mir zum echten *Cheirurus clavifrons* zu gehören scheinen; Fig. 2 ist *Ch. affinis* Ang., 4 und 5 *Ch.* (*Nieszkowskia*) *tumidus* Ang. Das auf derselben Tafel mitgetheilte Pygidium von *Lichas celorhin* (*L. norwegicus* Ang.) hat mich besonders interessirt, da es, wie ich glaube, das einzige bekannte Pygidium dieser Art vorstellt. Das von Angelin als solches abgebildete Stück gehört zweifelsohne, nach Vergleich mit unsern Stücken, seiner Sculptur wegen zu *L. pachyrhina* Dalm.

Nach der Besprechung der einzelnen Arten folgt nun Seite 138—150 eine Vergleichung der Etagen 1—3 mit aussernorwegischen Ablagerungen. Darauf kommen wir zum Schluss zurück, indem wir auch die neuste Arbeit Brögger's und einige anderweitige Publikationen in den Kreis unserer Betrachtungen ziehen.

Auf S. 151—175 finden wir einen sehr interessanten Rückblick auf die Entwicklung der Fauna in den Etagen 1—3, der auch von Törnebohm l. c. p. 437 eingehend besprochen ist. Dieser Abschnitt zerfällt in mehrere Unterabtheilungen: 1) Übersicht der verticalen Verbreitung der bis jetzt aus den Etagen 1—3 bekannten Formen. Diese Übersicht ist in einer grossen Tabelle enthalten (eine ähnliche finden wir für die verschiedenen Stufen der Etage 1 schon in der Arbeit über die *Paradoxides*-Schiefer), welche die Verbreitung der einzelnen Arten durch die verschiedenen Stufen übersichtlich darstellt und zugleich auf die wahrscheinlich genetischen Beziehungen der nachfolgenden zu den vorhergehenden verwandten Arten hinweist. 2) Der allgemeine Charakter der Fauna, 3) die Grenzen zwischen den Etagen, 4) Mutationen der Fossilien innerhalb der Etagen 1—3, 5) Auftreten der Trilobiten in den Etagen 1—3, 6) Auftreten der Cephalopoden. Der Verfasser weist darauf hin, dass, trotzdem nur wenige Punkte annähernd vollständig ausgebeutet werden konnten, doch schon allgemeinere Schlüsse über die Entwickelung der Fauna möglich sind. Der Inhalt der Abschnitte 2 und 3 ist schon früher berührt. In der Etage 1 herrschen die *Agnostus*-Arten und die grossen *Paradoxides* vor; in 2 die Gruppe der Oleniden; in 3 beginnen die Asaphiden und erreichen auch schon ihre grösste Mannigfaltigkeit; es sind aber in den tieferen Schichten dieser Etage noch Anklänge an 1 und 2 in einzelnen Oleniden und den Gattungen *Euloma, Dikelocephalus, Ceratopyge* vorhanden, während in den höheren Schichten schon andere Gattungen wie *Lichas, Cheirurus, Phacops, Cybele* auftreten, die erst höher hinauf ihr Maximum erreichen.

Was die Grenzen der Etagen anbetrifft, so erscheinen zunächst die Unterabtheilungen von 1 und 2 durch bestimmte Trilobitenarten scharf geschieden. Der Verfasser meint aber diesen Umstand durch das eng begrenzte Untersuchungsgebiet erklären zu können. Zwischen den Etagen 2 und 3 sind Zwischenstufen vorhanden, deutlicher als irgendwo anders beobachtet, ebenso zwischen den einzelnen Stufen der Etage 3 und zwischen 3 und 4. Die letztgenannte Etage beginnt mit *Ogygia dilatata* und, ganz wie bei uns der Echinosphaeritenkalk, mit zahlreichen regulären Orthoceren und *Lituites lituus.* Als Bindeglied dient u. a. *Nileus armadillo.* Der Abschnitt 4. über die Mutationen ist besonders interessant und fordert zu ähnlichen Studien in andern Silurgebieten auf. Bei der Bearbeitung der ostbaltischen Trilobiten habe ich bisher wenig ächte Mutationen constatiren können, doch glaube ich, dass unser überreiches Material an Asaphiden wohl manche Gelegenheit zu einschlagenden Studien bieten wird, ebenso wie schon Dr. Holm dergleichen in seiner demnächst zu publicirenden Arbeit über unsere Illaenen gemacht hat. In dem vorliegenden Werk geht nun Brögger die Gattungen *Agnostus, Peltura, Arionellus, Nileus, Niobe,*

Megalaspis, Ptychopyge speciell durch und weist einzelne Mutationen mit grosser Wahrscheinlichkeit nach. Von dem Aufstellen wirklicher Stammbäume hält er sich noch fern, weist aber im nächsten Abschnitt (5) doch auf die muthmassliche Herleitung einiger späterer generischer Typen von früheren hin. So mag die primordiale Gattung *Dolichometopus* ein Vorläufer von *Asaphus* sein, *Anomocare* von *Ptychopyge* und *Microdiscus* von *Trinucleus.* Sämmtliche Trilobitengruppen fangen mit einzelnen Arten an, erreichen dann ihre grösste Mannigfaltigkeit und verschwinden allmählich wieder. Das wird für Etage 1 an *Agnostus*, für 2 an den Oleniden, für 3 an den Asaphiden nachgewiesen. Zugleich wird darauf hingewiesen, wie in verschiedenen Silurgebieten z. B. in Scandinavien und Russland verschiedene Gattungen vorzugsweise zur Ausbildung gelangen, wie in Scandinavien *Trinucleus*, *Ampyx*, *Ogygia*, in Russland *Cheirurus*, *Lichas*, *Illaenus*, *Chasmops* und aus andern Classen *Porambonites* und *Orthisina*. Ähnlich ist es auch mit den Cephalopoden (Abschnitt 6) der Fall, wo nicht wie Barrande annahm, eine Menge Gattungstypen mit einem Male auftraten, sondern einer nach dem andern. Die älteste Form ist *Orthoceras atavum* Br. aus dem *Ceratopyge*-Kalk. In Primordialbildungen sind die Cephalopoden noch zweifelhaft; doch kommen in den Sandschichten über unserem russischen blauen Thon in der That kleine Orthoceren vor (meine Trilobitenarbeit S. 13, Fig. 3), auf die zuerst Volborth aufmerksam gemacht hat. Ebenso fehlen in Scandinavien den Primordialschichten die Cystideen, während doch solche in England bekannt sind und auch unsere Platysoleniten des blauen Thons am wahrscheinlichsten als plattgedrückte Cystideenstiele zu erklären sind (s. meine Arbeit S. 13, Fig. 1).

Wir kommen nun auf die Vergleichung und den Zusammenhang des norwegischen Silurgebiets mit andern, namentlich den benachbarten von Schweden und Russland einerseits und England andererseits. Brögger's Studien haben starke Beweisgründe für die Annahme beigebracht, dass die jetzt vorhandenen silurischen Ablagerungen Norwegens nur spärliche Reste eines ausgedehnten durch Erosion zerstörten Silurgebiets sind, das sich von Norwegen über Schweden nach Russland hinzog und zeitweise auch mit dem der brittischen Inseln zusammenhing. Die vollständige Übereinstimmung einzelner Glieder dieser nordischen Silurformation in verschiedenen Gegenden, wie des Orthocerenkalks in Schweden, Norwegen und Russland, ebenso des Gastropodenkalks und, sage ich, auch des schwedischen *Leptaena*-Kalks mit unserer ostbaltischen Lyckholmer und Borkholmer Schicht, weisen darauf hin. Bedeckungen einzelner Partien durch Eruptivgesteine, (wie z. B. der bekannten Berge Westgothlands), die ursprünglich wohl keine Decken bildeten, sondern injicirt waren und erst durch Denudation frei wurden, Erhärtung ganzer Schichtencomplexe durch Contactmetamorphismus und endlich durch Verwerfungen hervorgebrachte lang andauernde Versenkungen ganzer Landstriche unter die vor Erosion schützenden Meereswogen, — diese Agentien haben vorzugsweise uns die spärlichen Reste des ehemals zusammenhängenden grossen Silurgebiets erhalten. Die Erosion geht noch jetzt in grossem Maassstabe fort und ihr z. Th. verdanken wir in den vielfach dislocirten Silurgesteinen Norwegens die vielfachen lehrreichen Profile, die uns über das Übereinander der einzelnen Schichten in Norwegen oft besseren Aufschluss geben und wohl auch noch in Zukunft geben werden als in andern ungestört gebliebenen Silurstrichen.

Die ältesten Etagen 1 und 2 sind in Norwegen und Schweden und ebenso in England ziemlich gleichartig ausgebildet; in ersteren beiden Ländern sind es die *Paradoxides-* (die auch in Böhmen ausgebildet) und *Olenus*-Schichten; in England die Menevian Group und die Lingula flags. Die Sparagmitetage 1a findet ihren Vertreter in England im Harlech (nach Marr) und im Fucoidensandstein und *Eophyton*-Sandstein in Schweden. Die oberste Grenze der Etage 2 bildet in Schweden und Norwegen der *Dictyograptus*-Schiefer, auch in England ist er an der obern Grenze der Dolgellygroup in den Malvern hills ausgebildet. Dieser Schiefer ist nun auch das wichtigste Bindeglied für die Vergleichung unserer ostbaltischen Primordial- (und cambrischen in Brögger's Sinne) Bildungen mit den scandinavischen. Schon Linnarsson hatte darauf aufmerksam gemacht, dass unsere ältesten Sandsteine an der oberen Grenze des blauen Thons Analogie mit dem *Eophyton-* und Fucoiden-Sandstein Schwedens zeigen, namentlich auch durch analoge pseudoorganische Abdrücke, wie *Cruziana* u. dgl. Weiter habe ich neuerdings aus dem blauen Thon von Chudleigh durch Hrn. Baron Hermann Toll auf Kuckers einen der interessanten von Nathorst zu den Medusen gebrachten Abgüsse erhalten, die schon früher von Linnarsson als *Agelocrinus*-Formen beschrieben waren. Deutliche Vertreter der *Paradoxides-* und *Olenus*-Schichten gehen uns aber ab, obgleich Brögger[1] die Vermuthung ausspricht (S. 141), dass der Ungulitensandstein der Zeit nach diesen Schichten entspreche. Unser eigentlicher Obolensandstein mit *Obolus Apollinis*, der nur an der obern Grenze unseres allgemein sogenannten Ungulitensandes vorkommt, gehört durchaus mit dem *Dictyonema*-Schiefer zusammen, da er mit ihm wechsellagert und deutliche Dictyonemen auch bisweilen (wie bei Nömmeweske) unter dem Obolensande vorkommen. Die Beobachtung von Dr. Holm, der am N.-Ende von Öland bei Horn unter dem Grünsande ein Conglomerat antraf mit *Obolus* und zugleich Stücken der unterliegenden *Olenus-* und *Paradoxides*-Etagen spricht ebenfalls für die eben ausgesprochene Ansicht. Hierher gehört wohl auch das *Obolus*-Conglomerat unter dem Orthocerenkalk in Dalarne, ebenfalls ohne primordiale Trilobiten. Bei uns sind also wahrscheinlich die primordialen Trilobiten gar nicht vorhanden gewesen, wofür auch das völlige Fehlen intermediärer Trilobitenformen spricht, wie sie im *Ceratopyge*-Kalk Schwedens und der Etage 3a Norwegens (mit den Abtheilungen 3aα, 3aβ und 3aγ), sowie im Tremadoc Englands vorkommen. Bei uns beginnen die Trilobiten mit dem Glaukonitkalk (B_2), mit dem unvermischten

---

[1] Neuerdings hat sich übrigens Brögger in brieflicher Mittheilung ganz meiner Meinung angeschlossen, dass eine wirkliche Parallelisirung der *Paradoxides-* und *Olenus*-Schichten mit cambrischen Sanden und Thonen nicht durchzuführen ist.

Charakter des schwedischen und norwegischen (3c) Orthocerenkalks. Während des Absatzes des grössten Theils der norwegischen Stufen 1 und 2 (speciell von 1b—2d) mag unser Land entweder trocken gelegen oder trilobitenlose, z. Th. später wieder denudirte Küstenabsätze geliefert haben.

Der Beginn der Etage 3, die Stufe 3a mit ihren drei Unterabtheilungen α, β und γ ist in Norwegen sehr vollständig ausgebildet, in Schweden haben wir nur den *Ceratopyge*-Kalk (3aγ nach Brögger), der auf Öland dem Grünsande (nach Holm) untergeordnet ist, während dieser Grünsand nur Brachiopoden- (und Conodonten-) führend bei uns (B_1) der einzige Vertreter der genannten norwegischen Etage 3a ist. In England werden die Tremadocschichten als Vertreter des schwedischen *Ceratopyge*-Kalks angesehen. Brögger schliesst sich dieser Ansicht an und vergleicht ausserdem noch genauer die Shineton shales, die ein Zwischenglied zwischen Tremadoc und den Lingula flags bilden, mit seinem *Ceratopyge*-Schiefer (3aα und β). Mit derselben Stufe vergleicht unser Verfasser die von Barrande beschriebene Ablagerung von Hof in Baiern, die ebenfalls ein Zwischenglied zwischen primordialer und zweiter silurischer Fauna bildet.

Der *Phyllograptus*-Schiefer 3b bildet in Norwegen ein bestimmtes Niveau, das in England im Skiddaw-Schiefer der Arenig group wiederkehrt. Auch in Schweden ist er zum Theil wohl ausgebildet, namentlich in Schonen; in Dalarne wechsellagert er mit den tiefsten Stufen des Orthocerenkalks und in Öland ebenso wie bei uns fehlt er vollständig, wenn auch einzelne wohl erhaltene Stücke von *Phyllograptus* und *Didymograptus* in unserem Vaginatenkalk gefunden sind. Zu dieser Zeit hat also das skandinavische Silurmeer eine zusammenhängende Verbindung mit dem Westen gehabt. Dagegen findet bei dem Orthocerenkalk 3c das Umgekehrte statt: er fehlt vollständig auf den brittischen Inseln und kann nur ungefähr, der bathrologischen Reihenfolge nach, mit dem Llandeilo und Upper Arenig verglichen werden, während die vollständigste Übereinstimmung durch ganz Skandinavien und die russischen Ostseeprovinzen stattfindet. Die unterste Stufe 3cα, der *Megalaspis*-Kalk, stimmt gut zu dem schwedischen und ostbaltischen Glaukonitkalk, der durch *Megalaspis planilimbata* und *limbata* charakterisirt wird; die nächste Stufe, der *Expansus*-Schiefer 3cβ, findet seine genauesten Vertreter in den obern Glaukonitkalkschichten am Wolchow und überhaupt im östlichen Theil unseres ostbaltischen Silurgebiets. Im Westen sowie auf der Insel Öland fehlt der typische *Asaphus expansus* bisher, während ich das bekannte Lager von Husbyfjöl in Ostgothland hierher rechne, auf welches der rothe Orthoceren-reiche Kalk von Ljnny zu folgen hätte, der schon dem eigentlichen Orthocerenkalk Brögger's (3cγ) entspricht, sowie unserem Vaginatenkalk (B_3) und dem untern grauen Kalk von Öland. Brögger unterscheidet in dieser Stufe noch eine untere Abtheilung, den Porambonitenkalk, in welchem *Porambonites intercedens* Pand. häufig, dagegen Orthoceren noch seltener sind. Diese Schicht pflegt von kleinen linsenförmigen Phosphoritkörnern erfüllt zu sein, wie sie in entsprechendem Niveau auch in Dalarne und namentlich auch bei uns vorkommen — als bestimmter Horizont zwischen dem Vaginatenkalk und dem obern Glaukonitkalk (der *Expansus*-Schicht), den ich jetzt als **untere Linsenschicht** bezeichne.

Die norwegische Etage 4 schliesst eine ganz grosse Anzahl von Schichten ein, die alle höheren untersilurischen Stufen (unsere Abtheilungen C, D, E und F) umfassen. Die Bezeichnungen 3, 4, 5 u. s. w. sind eben noch die alten KJERULF'schen Etagen, sonst wäre kein Grund vorhanden, paläontologisch so ungleichartige Bildungen, die allerdings in die Stufen 4a — h getheilt sind, in eine Gruppe zu vereinigen.

Die Etage 4a, der Schiefer mit *Didymograptus geminus* HIS. und *Ogygia dilatata*, erscheint im Christianiagebiet und am Mjösen als oberer Orthocerenkalk mit den nämlichen *Ogygia*, *Lituites lituus* und regulären Orthoceren, entsprechend (nach HOLM) dem oberen grauen und rothen Orthocerenkalk von Öland und unsern tiefern Horizonten des Echinosphaeritenkalks (bei Ari, Isenhof u. s. w.), die wir auch als obere Linsenschicht bezeichnen. Die Echinosphaeriten, die bei uns mit der tiefsten Stufe von C_1 beginnen, erscheinen in Skandinavien erst höher, im Cystideen- und *Chasmops*-Kalk 4b und 4c bei BRÖGGER (4b die *Ampyx*-Zone, 4c die Zone des *Chasmops conicophthalmus*), die, wie die entsprechenden Lager von Böda auf Öland, unserer Kuckers'schen Schicht C_2 entsprechen. Die Stufe 4c zeigt noch besondere Übereinstimmung mit unserem C_2 durch BRÖGGER's Entdeckung von *Lichas conicotuberculata* NIESZK., die bisher ausserhalb unseres Gebiets unbekannt war. In England wird der *Chasmops*-Kalk dem Lower Bala entsprechen. Die Stufe 4d mit *Mastopora concava* EICHW. scheint mit unserer Itferschen (C_3) und der Jeweschen (D_1) Vergleichspunkte zu liefern — mit andern skandinavischen oder englischen Ablagerungen finde ich keine Analogie. Die nächste Stufe 4e, der Encrinitenkalk, enthält schon viele Korallen; BRÖGGER führt auch Formen an, die an *Chasmops maxima* m. sowie *Strophomena Asmussi* VERN. erinnern und schlägt deswegen eine Vergleichung mit unserer Kegelschen Schicht D_2 vor. Da die Übereinstimmung mit den genannten Fossilien nur eine approximative ist und die zahlreichen Korallen der Kegelschen Schicht fehlen, so möchte ich mich noch auf keine genauere Vergleichung einlassen. *Cyclocrinus Spaskii* hat BRÖGGER im Gebiet Langesund-Skien nicht gefunden, wohl aber in Menge am Mjösen und im Christianiagebiet. Er nimmt Gleichzeitigkeit der entsprechenden Bildungen mit dem Encrinitenkalk an. Wenn das sich bestätigt, so habe ich gegen die Parallelisirung des letztern mit der Kegelschen Schicht nichts mehr einzuwenden. Echte Äquivalente der Kegelschen Schicht haben wir in dem von HOLM so genannten jüngsten öländischen Kalk, den HOLM auch anstehend auf Öland glaubt annehmen zu müssen. Er hat (Öfversigt af K. Vetenskaps akad. Förhandl. 1882, p. 69) nämlich bei Hulterstad an der Ostküste Ölands Massen von Blöcken dieses, von andern Orten der Insel schon früher bekannten Kalks gefunden, die drei verschiedenen Stufen angehören und Theile zusammenhängender Schichten zu bilden schienen. Die unterste Stufe bilden graugelbe, dünngeschichtete Kalke mit verschiedenen Chasmops und Porambomiten, die den früher schon bekannten Geschieben vom Alter unserer Kegelschen Stufe zu entsprechen scheinen, dann folgen Bänke eines versteinerungsleeren weisslichen oder röthlichen krystallinischen Kalkes, der an gewisse Formen des *Leptaena*-Kalks von Dalarne erinnert; endlich folgen rothbraune und grüngraue schiefrige Mergellager mit Encriniten und Korallen. Das ganze Lager scheint ungefähr perpendiculär zum Strande zu streichen. Da keine wirkliche Auflagerung beobachtet ist und auch keine zonenartige Verbreitung der Schichten von N. nach S., wie sonst auf Öland, Gotland und in unserem ostbaltischen analog ausgebildeten Silur, so bin ich geneigt, die von Holm beobachteten Blöcke für glaciale Eisschiebungen zu halten (wie solche auch bei uns in grossem Maasse vorkommen), die aus dem Meeresboden zwischen Öland und Gotland stammen, auf dem die verschiedenen Zonen des höheren Untersilur mit grösster Wahrscheinlichkeit ebenso regelmässig zonenartig angeordnet sind wie die Schichten auf den genannten Inseln selbst.

Brögger's Stufe 4 f, der *Trinucleus*-Schiefer ist auch in Schweden wie in Dalarne, W.- und O.-Gothland verbreitet, fehlt aber bei uns; in England entspricht er schon dem Caradoc oder den mittleren Bala-Schichten (nach Törnquist und Marr).

Die höchsten untersilurischen Stufen 4 g und 4 h, der *Isotelus*-Kalk und der Gastropodenkalk, haben für uns das grösste Interesse, weil namentlich die obere Abtheilung, der Gastropodenkalk, in seiner Fauna, die von Brögger recht vollzählig aufgeführt wird, vollkommen unsern ostbaltischen Lyckholmer (F_1) und Borkholmer (F_2) Schichten entspricht, so dass durchaus ein ununterbrochener Zusammenhang der beiderseitigen Silurgebiete angenommen werden muss, wie zur Zeit des Absatzes des Orthocerenkalks. Die Parallelisirung mit Schweden dagegen ist bei diesen Schichten viel schwieriger. Der Fauna nach stimmt der *Leptaena*-Kalk von Dalarne, wie ich mich schon öfter ausgesprochen, sehr gut zu unsern Schichten F_1 und F_2, und die Analogie mit dem Gastropodenkalk hat auch Brögger ausgesprochen. Bis in die neueste Zeit wurde aber die wirkliche Parallelisirung von den meisten schwedischen Geologen (namentlich Törnquist und Linnarsson) nicht zugelassen, weil die Lagerungsverhältnisse den *Leptaena*-Kalk höher hinauf ins Obersilur zu rücken schienen. Der *Leptaena*-Kalk wurde als auf den *Lobiferus*- und *Retiolites*-Schichten lagernd angesehen, die nach ihrer Fauna sicher obersilurisch waren, und der untersilurische Charakter der Fauna des *Leptaena*-Kalks auf verschiedene mehr oder weniger künstliche Weise zu erklären gesucht. Marr (Quarterly Journ. geolog. soc. Vol. 38, pt. 3, p. 323) versucht es mit Migrationen. Tullberg hatte schon darauf hingewiesen, dass die Lagerung nicht allendlich entschieden und der *Leptaena*-Kalk mit einem ? zwischen den *Trinucleus*-Schiefer und die obengenannten obersilurischen Graptolithenschichten gesetzt sei. Jetzt ganz neuerdings hat v. Schmalensee (Geolog. Föreningens i Stockholm Förhandlingar Bd. 7, S. 280—291) diese Ansicht vollständig bestätigt und dem *Leptaena*-Kalk nach direkter Beobachtung seinen allein natürlichen Platz direkt über dem *Trinucleus*-Schiefer angewiesen. Der Brachiopodenschiefer West- und Ost-Gothlands, der nach seiner Lagerung dem *Leptaena*-Kalk entsprechen müsste, macht viel mehr Schwierigkeiten, weil er in seiner

Fauna sehr von dem norwegischen Gastropodenkalk und den entsprechenden ostbaltischen Schichten[1] abweicht. Vielleicht werden weitere Untersuchungen über die andern Silurgebiete Norwegens auch hier die Verbindung liefern. Neuerdings wird die Grenze zwischen Ober- und Unter-Silur mitten in den Brachiopodenschiefer hinein gelegt, doch scheinen hierbei die Schweden (TULLBERG) und MARR (l. c.) nicht ganz gleicher Meinung über die Lage der Grenze zu sein. Überhaupt hält es noch schwer, diese Grenze allgemein geltend festzustellen, da namentlich in England, der Heimath der Silurformation, die Lage derselben noch sehr unklar zu sein scheint. Die Theilung in Ober- und Untersilur stammt von MURCHISON her. Die späteren Schwierigkeiten entstanden daraus, dass die Schichten mit Pentameren noch dem Caradoc, also dem Untersilur zugezählt wurden, während sie doch in allen andern Silurgebieten echt obersilurisch sind. Später hat MURCHISON die intermediäre Llandovery-Gruppe angenommen, deren untern Theil er zum Untersilur und den obern zum Obersilur rechnet. Pentameren werden aus beiden Abtheilungen angeführt, die übrigens, wie es scheint, überhaupt wenig wohlerhaltene Petrefakten führen. Die obere Abtheilung soll ungleichmässig auf der untern aufliegen und daraus nimmt SEDGWICK's Cambridger Schule den Anlass, hier zwischen beiden Llandovery-Abtheilungen die Grenze des Silurian und Cambrian anzunehmen. Das untere Llandovery wird Upper Bala, das obere May hill group genannt. In dem Catalog des Woodwardian Museum zu Cambridge wird aus dem Upper Bala *Pentamerus oblongus* angeführt; aus derselben Schicht citirt zum Vergleich mit dem *Leptaena*-Kalk TÖRNQUIST (nach DAVIDSON) die *Orthisina ascendens* PAND. MARR nennt sie (l. c. p. 326) sogar eine May hill-Form. Was sollen wir, die wir gewohnt sind, *O. ascendens* im Echinosphaeritenkalk (C_1) und *Pentamerus oblongus* hoch oben in H zu finden, davon denken, dass diese beiden Muscheln in einem und demselben Niveau vorkommen sollen? Es sind gewiss nicht die nämlichen Arten, die wir bei uns unter diesem Namen begreifen, und die Feststellung der Grenzscheide zwischen Ober- und Untersilur ist in England gewiss noch sehr verbesserungsfähig. Die Upper Bala-Gruppe lässt sich mit unsern höchsten Untersilurschichten gar nicht vergleichen, während die Middle Bala-Gruppe vortrefflich zu unserer Stufe F stimmt, namentlich nach zahlreichen übereinstimmenden Brachiopoden. Im *Leptaena*-Kalk findet TÖRNQUIST allerdings der Fauna nach (z. B. das häufige Vorkommen der *Meristella crassa*, die bei uns fehlt!) die nächste Übereinstimmung mit dem Lower Llandovery oder Upper Bala.

In Amerika finde ich nirgends Schwierigkeiten in der Abgrenzung der obersilurischen Pentameren-führenden Clintongruppe von der unter-

---

[1] Ich kann daher nicht mit MARR übereinstimmen, wenn er in der Discussion über meinen vergleichenden Artikel (Quart. Journ. geol. soc. 1882, p. 535) meine Stufe F mit dem unteren Brachiopodenschiefer direkt vergleicht; die Fauna stimmt eben mit dem *Leptaena*-Kalk und nicht mit dem Brachiopodenschiefer überein, wenn auch eine Gleichzeitigkeit derselben zugestanden werden muss.

silurischen Trenton- und Hudsongruppe, und ebenso ist es in unserem ostbaltischen Gebiet, wo die ober- und untersilurische Grenze zwischen den Zonen F und G auf einer Strecke von 200 Werst zu verfolgen ist. Eine gleichmässige Auflagerung ist allerdings vorhanden, auch keine merkliche Veränderung der physikalischen Bedingungen, aber der Unterschied in den Faunen ist so in die Augen fallend und klar, dass bei uns nie ein Zweifel eintreten kann, ob man es mit einer ober- oder untersilurischen Lokalität zu thun habe. Ganze Gruppen, wie die Asaphiden, die Poramboniten, die Orthisinen hören mit dem Untersilur auf, während mit dem Obersilur die Pentameren und so typische Formen wie *Atrypa reticularis, Strophomena pecten* und *Phacops elliptifrons* Esm. oder *elegans* auftreten. Auch die in den beiderseitigen Grenzschichten häufigen Korallen zeigen deutliche Verschiedenheiten. Die Gattung *Stricklandinia*, die sonst mit Recht als typisch für das tiefste Obersilur gilt, erscheint in einer grossen Form (der *S. lyrata* ähnlich) bei uns schon in der Borkholmer Schicht (F_2).

In Schweden zeigt Gotland ausschliesslich die Obersilurformation ausgebildet und die tiefsten Schichten bei Wisby mit *Stricklandinia, Leperditia Hisingeri, Phacops elegans, Strophomena pecten* u. s. w. zeigen nahe Übereinstimmung mit unserer ältesten obersilurischen Stufe G. Ebenso erscheint jetzt als deutliches tiefstes Glied der Obersilurformation in Dalarne der dortige obere Graptolithenschiefer mit *Stricklandinia, Atrypa reticularis, Phacops elliptifrons* (s. Schmalensee l. c. p. 283). Ähnliche Lager treten im obern Brachiopodenschiefer auf, wo jetzt nur noch die Schicht mit *Phacops mucronatus* zweifelhaft erscheint.

In Norwegen führt Brögger als Etage 5 in seiner neuesten Abhandlung einen Kalksandstein auf, dessen Fauna noch wenig studirt ist und der möglicherweise ein Zwischenglied zwischen dem Obersilur und Untersilur bildet. Einen ähnlichen Kalksandstein führt auch v. Schmalensee (l. c. p. 287, 289) zwischen dem *Leptaena*-Kalk und dem *Lobiferus*-Schiefer an. Uns fehlt etwas Ähnliches. Die nächste Etage 6 bei Brögger stimmt wieder vollständig mit unserem tiefsten ostbaltischen Obersilur. Die Zone 6a, der Schiefer mit *Phacops elliptifrons*, der seinerseits mit dem Malmöschiefer (5β) Kjerulf's übereinstimmt, lässt sich vortrefflich mit unserer Stufe G vergleichen und mit den Wisby-Schichten Gothlands. Ich habe selbst auf Malmö in dieser Schicht *Phacops elliptifrons, Leperditia Hisingeri, Stricklandinia* u. a. gesammelt. In der Schicht 6a in Norwegen kommt nach Brögger und Marr auch der uns fehlende *Phacops mucronatus* vor und *Climacograptus normalis*, der nach Marr mit der vorgenannten Art auch im obern Brachiopodenschiefer W.-Gothlands sich findet. Auch bei uns findet sich in G eine sehr ähnliche Art (mein früherer *Diplograptus estonus*). Der Malmöschiefer 5β Kjerulf's wird von Marr (l. c. p. 322) mit Sicherheit zur May hill-Gruppe gerechnet, wie mir auch ganz natürlich scheint — dann kann aber der *Leptaena*-Kalk doch keine May hill-Fauna haben. Die Kjerulf'sche Angabe von *Trinucleus* in dieser Schicht erklärt Brögger für einen Irrthum. Die Stufe 6b bei Brögger ist die *Pentamerus oblongus*-Zone (6 nach Kjerulf auf Malmö). Damit stimmt vollkommen auch unsere ostbaltische Schichtenfolge, wo die Stufe H ebenfalls durch *P. oblongus* (oder *estonus*) charakterisirt auf die tiefste Obersilurzone G folgt. Und ebenso ist es der Fall auf Gotland, nach meiner Auffassung, wo die *Pentamerus oblongus*-Zone auf die Wisby-Zone folgt. In England ist es vorläufig ganz anders. Die Pentamerenlager scheinen viel tiefer nach unten geschoben. Es drängt sich uns unwiderstehlich die Annahme auf, dass dort in dem tiefsten Obersilur und in den Grenzgebieten des Untersilur noch Manches aufzuklären ist. Die Graptolithenlager Englands und Skandinaviens sind neuerdings durch Lapworth und Linnarsson genau verglichen worden. Die übrigen Schichten lassen in dieser Beziehung noch viel zu wünschen übrig.

In Norwegen sind schon nach Kjerulf noch zwei höhere obersilurische Etagen 7 und 8 vorhanden, die auch Brögger in seinem Gebiet Langesund-Skien anführt, ohne sie paläontologisch genauer zu charakterisiren. Sie scheinen ungefähr unsern ostbaltischen Zonen J und K und dem englischen Wenlock und Ludlow zu entsprechen. Es wäre sehr zu wünschen, dass Brögger auch das norwegische Obersilur ähnlich genau stratigraphisch-paläontologisch durcharbeitete, wie er es mit so viel Erfolg beim Untersilur begonnen hat. Er hat sich als eine bedeutende Kraft bewährt, wo es gilt, schwierige Lagerungsverhältnisse aufzuklären, und gerade im Obersilur wäre es besonders erwünscht, bei den vielen schönen durch mehrere Stufen gehenden Profilen, die Norwegen bietet, die Reihenfolge der Obersilurschichten durch direkt beobachtete Auflagerung festzustellen. In den flachen Gebieten von Estland und Ösel einerseits und Gotland andererseits ist es viel schwerer, die Auflagerung durch direkte Beobachtung festzustellen, so dass es hat geschehen können, dass Lindström jetzt wieder zu seiner alten Ansicht von der ungefähren Gleichzeitigkeit aller Gotländer (als Zonen auftretender) Faunen zurückgekehrt ist, während ich an der von mir im Jahre 1858 aufgestellten und mit der in unserem ostbaltischen Terrain übereinstimmenden Reihenfolge festhalten möchte.

Es hätte nahe gelegen, hier eine neue Vergleichstabelle zwischen unsern, den skandinavischen und den englischen Silurschichten aufzustellen. Da aber in diesem Gebiet noch so manche Unklarheiten vorliegen und mir nicht alle einschlagenden Bildungen gleich genau bekannt sind, so verzichte ich einstweilen auf einen solchen Versuch und begnüge mich mit den vorstehenden kritischen Bemerkungen. **Fr. Schmidt.**

P. Wenjukoff: Die Ablagerungen des devonischen Systems im europäischen Russland. 8°. 302 Seiten. St. Petersburg, 1884. (In russ. Sprache.)

Diese mit Unterstützung der Petersburger naturforschenden und der kaiserlichen mineralogischen Gesellschaft herausgegebene Arbeit behandelt die devonischen Ablagerungen im mittleren und nordwestlichen europäischen Russland. Das erste Capitel beschäftigt sich mit der Verbreitung, das zweite mit der historischen Entwicklung der Kenntniss der Devonbildungen in den angegebenen Gegenden. Zwei weitere Abschnitte sind einer eingehenden Darstellung der Zusammensetzung der fraglichen Ablagerungen. ein fünfter einem Versuche ihrer Gliederung in Stufen und Horizonte, ein sechster endlich ihrer Parallelisirung mit den westeuropäischen Devonschichten gewidmet.

Wir heben aus der Arbeit Folgendes heraus: Die devonischen Ablagerungen sind in den bezeichneten Theilen des russischen Reiches über grosse Flächenräume verbreitet. Sie lagern überall discordant über dem Silur und erscheinen daher bald über unteren, bald über oberen Gliedern desselben. Vom Carbon dagegen werden sie concordant überlagert. Die Ausbildung der Devonschichten ist im nordwestlichen Theile Russlands eine andere als im centralen. Im Nordwesten giebt sich, wie schon die Untersuchung der älteren Forscher, namentlich Grewingk's gelehrt haben. eine ziemlich scharfe Dreitheilung der devonischen Gebilde, und zwar in eine untere sandige, eine mittlere kalkige und eine obere sandige Abtheilung zu erkennen. Nur die kalkige Abtheilung enthält eine reichere, besonders aus Brachiopoden bestehende Fauna, während die beiden sandigen fast nur Fischreste einschliessen. In Central-Russland dagegen fehlen dem Devon sandige Absätze so gut wie gänzlich; die ganze Schichtenfolge besteht hier vielmehr aus kalkigen und dolomitischen Gesteinen, die eine reiche und mannigfaltige Fauna beherbergen. Trotz dieser Verschiedenheit betrachtet der Verf. die Devonschichten des nordwestlichen und mittleren Russland als Ablagerung eines und desselben Meeresbeckens. Die genauere Parallelisirung der russischen und westeuropäischen Devonbildungen ist nicht ganz leicht. Äquivalente unseres Unterdevons scheinen in den vom Verf. untersuchten Gegenden nicht vorhanden zu sein. Vielmehr soll — und das ist für uns das interessanteste Ergebniss der Arbeit — unserem westeuropäischen Unterdevon in den fraglichen Gebieten Russlands der zwischen Silur und Devon beobachtete Hiatus entsprechen. Die vom Verf. studirten Devonschichten gehören somit sämmtlich dem Mittel- und Oberdevon an. Dem letzteren sind unter Anderem die bekannten, durch Semjonow und v. Möller monographisch bearbeiteten, unmittelbar vom Carbon bedeckten Kalke von Maljewka und Murajewna zuzuzählen. Dem westeuropäischen Stringocephalenkalk — *Stringocephalus* selbst ist zwar im Ural, aber bisher noch nicht im europäischen Russland nachgewiesen — sollen faunistisch am meisten die Kalksteine von Jelez und Woronesh entsprechen; doch ist Verf. der Meinung, dass sich für die russischen Devonkalke keine scharfe Grenze zwischen Mittel- und Oberdevon ziehen lasse, dass dieselben vielmehr gleichzeitige Vertreter der Stringocephalenkalke Nassaus und der Eifel und der Oberdevonkalke Belgiens und des Boulonnais seien. Einen Beweis dafür liefere *Spirifer Verneuili*, der in Russland. ebenso wie in England, bereits in Kalken vorhanden sei, die ihrer übrigen Fauna nach als mitteldevonisch zu betrachten seien. Wir möchten indess glauben, dass zukünftige genauere paläontologische Forschungen (deren die russischen Devonbildungen noch sehr bedürfen) auch in Russland die Unterscheidung von mittel- und oberdevonischen Kalken ermöglichen wird. Rechneten doch noch die Brüder Sandberger den Kalk vom Iberg im Harz, dessen Zugehörigkeit zum Oberdevon jetzt ausser Frage steht, zum Mitteldevon. Was speciell *Sp. Verneuili* betrifft, so scheint derselbe im westlichen Europa nirgends ins Mitteldevon hinabzugehen. Der seiner Zeit vom Ref. aus dem Mitteldevon der Eifel als *Verneuili* beschriebene *Spirifer* ist von der typischen Art zu trennen; und auch für England werden weitere Forschungen sehr wahrscheinlich eine Beschränkung der fraglichen Species auf das Oberdevon ergeben.

Wir geben zum Schluss die nachstehende, in Bezug auf die westeuropäischen Ablagerungen etwas berichtigte Tabelle des Verfassers wieder.

	Belgien.	Eifel.	Nordwestl. Russl.	Central-Russl.
Oberdevon	Psamit des Condroz. Schiefer der Famenne Kalke v. Frasne	Cypridinen-Schiefer Goniatiten-Schiefer u. Kalke mit *Rhynch. cuboides*	Oberer rother Sandstein	Horizont von Maljewka-Murajewna. Dankoff-Ljebedjanskischer Horizont. Kalksteine von Jelez u. Woronesh.
Mitteldevon	Kalk v. Givet	Stringocephalen-Kalk	Obere Horizonte der Kalksteine (Swinord etc.) Untere Horizonte der Kalksteine (Wolchow etc.) Unterer rother Sandstein	
	Unteres Mitteldevon (*Calceola*-Schichten)			
Unterdevon	Coblenzien Taunusien Gédinnien	Spiriferen-Sandstein (Coblenz-Schicht.) und tiefere Ablagerungen		

Kayser.

Eunson: On the range of palaeozoic rocks beneath Northampton. (Q. J. G. S. 1884, p. 482—496.)

Handelt über den durch neuere Bohrungen erbrachten Nachweis des älteren Gebirges (Unteres Carbon und vielleicht auch Old Red) in verhältnissmässig geringer Tiefe unter der von Liasschichten eingenommenen Oberfläche.

Kayser.

E. H. Zimmermann: Stratigraphische und paläontologische Studie über das deutsche und das alpine Rhät. Inaugural-Dissertation. Jena 1884.

Der Verf. hat sich die Aufgabe gestellt zu untersuchen, ob die von Suess und Mojsisovics einer-, von Pflücker y Rico andererseits für beschränkte alpine und ausseralpine Gebiete aufgestellten Gliederungen des

Rhät richtig sind und ob dieselben wiederum für die Alpen und für Deutschland überhaupt zutreffend sind? Das schwedische, englische, irische, französische und italienische (ausseralpine) und auch das elsass-lothringische und luxemburgische Rhät, wie wir gleich hinzufügen wollen, ist dabei ausser Acht gelassen. Das letztere hätte füglich neben dem badischen noch berücksichtigt werden können.

Die Arbeit zerfällt in drei Abschnitte: 1) Darstellung des stratigraphischen und paläontologischen Verhaltens des deutschen Rhät, 2) Darstellung des stratigraphischen und paläontologischen Verhaltens des alpinen Rhät, 3) die Faunen des Rhät.

In dem ersten Abschnitt wird dann das norddeutsche und süddeutsche Rhät wieder einer gesonderten Betrachtung unterzogen. Nach Besprechung des ersteren kommt der Verfasser zum Resultat, dass die drei Protocardienfaunen Pflücker's nur auf Faciesunterschiede zurückzuführen seien, und dass auch die Anodontenschicht (Gurkenschicht) als Horizont nur regionale Bedeutung habe. Dafür möchte der Verfasser in dem unteren und oberen Bonebed Horizonte sehen, indem er von der Annahme ausgeht, dass die Anhäufung solcher Massen von Resten verschiedener Wirbelthiere auf Katastrophen — wenn auch von räumlicher Beschränkung — zurückzuführen sei.

Aus der Zusammenstellung der Vorkommen des süddeutschen Rhät, unter welcher Bezeichnung die badischen, schwäbischen und fränkischen Ablagerungen zusammengefasst werden, folgert Zimmermann, dass keine gemeinsame Gliederung durchführbar sei, und dass auch keine nähere Beziehung zum norddeutschen Rhät bestehe. Die Pflücker'sche Auffassung, dass das Pflanzenrhät stets die untere Abtheilung ausmache, soll allenfalls nur für Norddeutschland Geltung haben.

In dem zweiten Abschnitt werden nach der vorhandenen Litteratur die alpinen und karpathischen Rhätvorkommnisse besprochen, während der letzte Abschnitt allgemeineren Erörterungen gewidmet ist, an deren Schluss der Verfasser sagt: „Wir kommen also (nochmals) zu dem Resultate, dass das gesammte Rhät nur Bildungen einer einzigen Entwicklungsphase in der Erdgeschichte darstellt, weil die von Suess unterschiedenen Facies wirklich nur chorologisch und — in Verbindung damit — paläontologisch und z. Th. auch petrographisch verschiedene Äquivalente sind und ihre für einzelne Lokalitäten durch Übereinanderlagerung angezeigte Altersverschiedenheit, nach absolutem Zeitmass, doch nicht die Dauer der niedrigsten geologischen Zeiteinheit, d. i. einer Zone, überschreitet."

Wir müssen unseren Lesern überlassen, die ausführliche Begründung dieser Ansicht im Original nachzulesen und fügen nur noch bei, dass der Verfasser auch auf die so oft angeregte Frage, ob das Rhät besser zum Lias oder zur Trias zu stellen sei, eingeht und sie dahin beantwortet, dass vom chorologischen und historisch geographischen Standpunkt der „Infralias" eine ziemlich natürliche europäische Gruppe sei, welche an die Basis des Jurasystems gestellt werden müsste. Zu diesem Infralias sollen dann die drei Zonen der *Avicula contorta*, des *Ammonites planorbis* und des *Ammonites angulatus* vereinigt werden.

Benecke.

Bittner: Bericht über die geologischen Aufnahmen im Triasgebiet von Recoaro. (Jahrb. d. geolog. Reichsanst. XXXIII. 1883. pag. 563. Mit einer Profiltafel.)

Von der so interessanten Gegend von Recoaro, welche immer von neuem die Aufmerksamkeit der Geologen auf sich zieht, war zuletzt in dies. Jahrb. 1880. I. -75- die Rede. Es handelte sich damals um eine Besprechung einer Arbeit Gümbel's und eines vorläufigen Berichtes Bittner's über Untersuchungen, welche er in der Umgebung Recoaro's bei der geologischen Aufnahme der benachbarten tiroler Districte im Massstabe 1 : 75 000 anzustellen Gelegenheit hatte. Der vorliegende Bericht enthält nun noch weitere Ergebnisse eines Besuches im Jahre 1881 und fasst Alles über Recoaro — wenigstens über die dort entwickelten Sedimentbildungen — bisher veröffentlichte in einer kritischen Darstellung zusammen.

In dem ersten historischen Theil, welcher mit Pietro Maraschini's: Sulle formazioni delle roccie del Vicentino beginnt, macht sich der in unserem früheren Referat schon hervorgehobene Gegensatz der Auffassung Gümbel's und Lepsius' einer-, Beyrich's und v. Mojsisovics' andrerseits über die über das Alter der zunächst über den bekannten Brachiopoden-Kalken folgenden Schichten, besonders des Kalkes vom Mt. Spizze, in sehr scharfer Weise geltend. Bittner stellt sich durchaus auf Seite der zuletzt genannten Forscher.

Die Aufeinanderfolge der Schichten bei Recoaro über dem Grundgebirge stellt sich nun in dem stratigraphischen Theil der Arbeit in folgender Weise dar:

1) Grödner Sandstein (Gres rosso particolare und Metassit Maraschini's; unterer Buntsandstein Schauroth's und Pirona's) mit den von Gümbel angeführten Pflanzen.

2) Bellerophonkalk (Prima calcarea grigia oder Zechstein Maraschini's). Mit einem *Bellerophon*-Subgenus *Stachella.*

3) Werfener Schiefer (Secondo gres rosso e gres screziato Maraschini's; oberer Buntsandstein Schauroth's, Röthdolomit Benecke's).

4) Muschelkalk. Während man früher den Muschelkalk bei Recoaro enger fasste, hat Mojsisovics noch den „Keuper“ älterer Autoren und den hellen über demselben folgenden Kalk bis zum Beginn der Tuffe und Eruptivmassen in denselben einbezogen. Es lassen sich nun drei Schichtengruppen in demselben unterscheiden.

a. Unterer Muschelkalk von Recoaro (Seconda calcarea grigia Maraschini; *Encrinus gracilis*- und Brachiopoden-Schichten nebst höheren versteinerungsleeren Kalken Benecke's, die v. Mojsisovics mit den Kalken von Dont vergleicht).

b. Mittleres Niveau des Muschelkalks von Recoaro (Terzo gres rosso oder Quadersandstein Maraschini's — Keuper bei Schauroth und Pirona — von v. Mojsisovics mit den Schichten von Val Inferna verglichen).

c. Oberes Niveau des Muschelkalks von Recoaro (graue Kalke mit *Gyroporella triasina* Schaur. sp. und weisse Kalke des Mt. Spizze — Jurakalk bei Maraschini und Schauroth, obertriassischer Kalk bei Pirona und Benecke; nach v. Mojsisovics Virgloriakalk und Mendoladolomit v. Richthofen's; Esinokalk bei Lepsius; Wettersteinkalk und Schlerndolomit Gümbel's).

5) Buchensteiner Kalke und Tuffe.

Bei S. Ulderico im Tretto und in der Umgebung der Val Orco sind neben Daonellen eine Anzahl Ammoniten gefunden worden, welche v. Mojsisovics in seinem Werke über die Cephalopoden der mediterranen Triasprovinz beschrieb.

6) Tuffe, Melaphyre und Porphyrite von Recoaro (Wengener Schichten nach E. v. Mojsisovics).

7) Hauptdolomit.

8) Liassische und jüngere Gebilde, „Graue Kalke" mit *Terebratula Rotzoana* u. s. w. zwischen Tretto und Val Posina am Mt. Zollota, Sciopaore und Priafora.

In dem Abschnitt: „Parallelisirung der Triasschichten von Recoaro mit den benachbarten Gegenden" wird eine vergleichende Tabelle der verschiedenen über das Alter der einzelnen bei Recoaro entwickelten Schichtenreihen zu Tage getretenen Anschauungen mitgetheilt, die wir abdrucken.

Schichtenfolge bei Recoaro	I	II	III
Hauptdolomit	Hauptdolomit Raibler } Schich- Cassianer } ten	Hauptdolomit	Hauptdolomit
Eruptivniveau	Wengener Schichten	Raibler } Schich- Cassianer } ten Wengen. }	Raibler Schichten
Kieselkalk u. Tuff	Buchensteiner Schichten	Buchensteiner Schichten	?
Spizzekalk *Gyroporella-triasina*-Kalk	Mendoladolomit (oberer Muschelkalk)	Mendoladolomit (oberer Muschelkalk)	Esinokalk (Schlerndolomit)
„Keuper"	Unterer Muschelkalk	Unterer Muschelkalk	Wengen. Sch. z. Th.?
„Dontkalk"			Mendoladolomit?
Brachiopodenkalk			Unterer Muschelkalk
Encrin. gracilis-Schichten			

I entspricht der von v. Mojsisovics gegebenen Gliederung, III „dürfte so ziemlich die Ansichten von Lepsius und Gümbel darstellen". „Sollte eine Vertretung der Cassianer und Raibler Schichten durch den untersten Hauptdolomit nicht nachweisbar, oder diese Ansicht direct zu widerlegen sein, so würde man naturgemäss eine solche Vertretung in den obersten Parthien des Eruptivniveaus selbst zu suchen haben und es würde dann Tabelle II für Recoaro gelten."

In einem topographischen Theil, dessen Studium jedem, der die Gegend von Recoaro näher kennen lernen will, zu empfehlen ist, wird der südwestlich und nordöstlich von der grossartigen Querbruchlinie Vicenza-Schio gelegene Theil gesondert behandelt. In jenem liegt Recoaro und Valle dei Signori, in diesem das Tretto (nach dem Verfasser richtiger I Tretti).

Der tectonische, durch die Profiltafel erläuterte letzte Theil der Arbeit gipfelt in dem Satze: „Wir haben es also bei Recoaro-Schio mit zwei durch einen Querbruch getrennten Gebirgsschollen zu thun, welche in ihrer tectonischen Gestaltung, insbesondere gegen den Gebirgsaussenrand, wohl analogen Bau, der auf ehemals bestandene Einheitlichkeit hinweist, aber verschiedene Entwicklungsphasen zeigen. Gegen das Innere des Gebirges gleichen sich diese Gegensätze wahrscheinlich derart aus, dass schon im oberen Val Posina durch ein stärkeres Ansteigen der Schichten in der nordöstlichen Scholle diese in gleiches Niveau gesetzt wird mit der südwestlichen, so dass in der Gegend des Passes Borcola zwischen Mt. Pasubio und Mt. Magio der Schiobruch sein Ende gefunden zu haben scheint."

Benecke.

Bleicher: Le Minerai de fer de Lorraine (Lias supérieur et oolithe inférieure) au point de vue stratigraphique et paléontologique. (Bull. soc. géol. de Fr. 3e. série, T. XII, p. 46—107.)

Die bedeutenden Eisensteinlagerstätten Lothringens ziehen immer von Neuem die Aufmerksamkeit der Geologen auf sich. Nachdem unlängst Branco jene auf deutscher Seite einer sorgfältigen Untersuchung unterzogen hat, unternimmt es Bleicher in der vorliegenden Arbeit die Vorkommnisse in französisch Lothringen in ähnlich erschöpfender Weise zu behandeln. Der Umstand, dass beide Forscher in den wesentlichen Punkten zu gleichen Resultaten gekommen sind, darf wohl als eine Gewähr der Zuverlässigkeit ihrer Beobachtungen gelten.

In einer historischen Einleitung werden die seit 1845 über die *Radians-*, *Opalinus-* und *Murchisonae*-Schichten erschienenen Arbeiten besprochen und besonders die Arbeiten von Guibal (1843), Husson (1849), Levallois (1849—51), Hébert, Fabre (1862), Benoît (1869), Braconnier (1878—1888), Terquem (1855), Schlumberger, Meugy, Vélain (nach Hermite's Untersuchungen 1883) berücksichtigt. — Als besonders massgebend hebt Bleicher Branco's [1] Monographie des unteren Doggers Deutsch-Lothringens hervor, deren Inhalt auch in abgekürzter Form gegeben wird.

Ist das Eisenerz Lothringens ganz oder nur theilweise als dem Lias angehörend zu betrachten? Dies ist die Frage, deren Lösung Verf. sich zur Aufgabe gestellt hat.

Die Arbeit zerfällt in drei Theile: es wird zunächst der obere Lias näher besprochen; Bleicher geht sodann an die Gliederung und Beschreibung des sog. „Minerai de fer" und zum Schluss werden die Schichten des mittleren und oberen Unterooliths geschildert.

[1] W. Branco: Der untere Dogger Deutsch-Lothringens. Abh. 2. Geol. Specialkarte von Elsass-Lothr. Bd. II. 1. 1879.

I. Oberster Lias bis zur Zone der *Trigonia navis* (excl.).

Über den Sandsteinen (grès médioliasiques) mit *A. spinatus* und *Plicatula spinosa* folgen in Lothringen:

a) Posidonomyenschiefer (Schistes à Posidonomies, Schistecartons), welche den Horizont des *Am. annulatus* bilden. Zu unterst liegt eine Kloake mit Fisch- und Saurierresten; Kalkplatten mit *Avicula* (*Monotis*) *substriata* sind häufig. Leitend sind: *Am. bifrons, Holandrei, annulatus, complanatus, Inoceramus ellipticus, Monotis substriata, Posidonomya Bronni* . . . . 5—10 m

b) Schwärzlich graue Mergel mit oder ohne Knollen — Zone des *Am. bifrons* — zerfallen in:

α) Schwärzliche, schieferige Mergel mit Kalkknollen, Gypskrystallen und Eisenflötzen: *P. Bronni, Pecten pumilus, Monotis substriata* . . . . 0,15—0,20 m

β) Fossilarme Bänke.

γ) Mergel mit kleinen Kalkknollen, *A. bifrons, Raquinianus* (häufig), *Turbo subduplicatus*.

Leitend für das ganze System sind: *Am. bifrons, serpentinus, complanatus, Raquinianus, subarmatus, insignis, cornucopiae, Belemnites irregularis, Belemn. breviformis, acuarius, Nucula Hammeri.* — Mächtigkeit . . . . 25—30 m

c) Schwarze Mergel mit oder ohne Septarien, sandig, glimmerig, mit Gypskrystallen — Zone des *Am. thoarcensis* (= *Harpoceras striatulum*) und der *Astarte Voltzii.*

Diese zerfallen in:

α) Thone mit *Cerithium armatum, Astarte Voltzii, Lucina plana.* 20—30 m

β) Thone mit *Am. thoarcensis, Bel. irregularis, B. tripartitus.* Die organischen Reste sind in dem Thone spärlich. 20—30 m

A. thoarcensis (*Harp. striatulum*) und *Turbo subduplicatus* gehen durch beide Horizonte. Charakteristisch sind ferner: *A. variabilis, A. insignis, A. concavus* (von Jacquot als Leitfossil verwendet), *A. cornucopiae, Belemnites irregularis, B. brevis, B. tripartitus, Turbo capitaneus, Cerithium armatum, C. pseudo-costellatum, Lucina plana, Astarte Voltzii, Trigonia pulchella, Leda Zieteni, Nucula Hammeri, Pecten pumilus, Thecocyathus mactra.*

Verfasser stellt diese Ablagerungen nicht zum Dogger (wie es von Branco gethan worden ist), da denselben nach ihm durch das constante Vorkommen des *A. thoarcensis* ein echt liassischer Stempel aufgedrückt ist. Die Beziehungen der Schichten des *Am. thoarcensis* (*H. striatulum*) zu tieferen Zonen sind weit innigere als zu den nächst jüngeren Schichten der *Trigonia navis.* Wie schon Branco hervorgehoben, gesellt sich in Lothringen zu den typischen Arten der Quenstedt'schen Torulosuszone eine Reihe in Schwaben längst abgestorbener Liasformen. *A. torulosus* selbst wurde von Bleicher in den Thonen mit *Tr. navis* gefunden.

Nach BRANCO sind die Thone mit *A. thoarcensis*, welche in Lothringen die Zone der *Astarte Voltzii* überlagern, mit den oberen leeren Thonen der Zone mit *A. torulosus* Schwabens zu parallelisiren. — Dagegen hebt der Verfasser das häufige Vorkommen der *Lucina plana* hervor, welche in Württemberg die untere Region der *Opalinus*-Thone kennzeichnet. In der Schlusstabelle wird dann die Unterregion der Zone mit *A. thoarcensis* der OPPEL'schen Torulosuszone gleichgestellt, während die Oberregion unerklärlicher Weise mit QUENSTEDT's ζ parallelisirt wird.

II. Das Eisenerz. (Le Minerai de fer.)

Das Eisenerz wird in Lothringen im grossen Maasstabe ausgebeutet[1] und zwar erfolgt die Gewinnung in der von BLEICHER untersuchten Gegend meistens durch Stollenbetrieb, welcher Umstand der geologischen Untersuchung nicht günstig ist. — Es nehmen die Eisenerzflötze in Lothringen zwei Horizonte ein (Zone der *Trigonia navis* und Zone des *Am. Murchisonae* [Unterregion]), und zwar so, dass das Erz im S. vorzugsweise in ersterer, weiter nördlich in beiden und ganz im N. hauptsächlich in der letzteren Zone vorkommt.

Es zerfällt somit die Reihe der erzführenden Schichten für BLEICHER in zwei Abtheilungen: eine „liassische“ (mit *Tr. navis*) und eine höhere (minerai oolithique) dem Dogger angehörige. Da keineswegs alle Bänke eisenhaltig sind, manche sogar kaum eine Spur desselben enthalten, so unterscheidet der Verf. für den Zweck der Beschreibung vier Regionen.

Das Liegende des „Minerai de fer“ bilden die Thone mit *Am. thoarcensis*, welche häufig ganz allmählich in die folgende Zone übergehen; als Hangendes nimmt BLEICHER eine Bank von Rollsteinen und glimmerreichen Thonen an, welche inmitten der Zone mit *Am. Murchisonae* zu stellen ist. Es kommen innerhalb dieser Grenzen folgende Unterabtheilungen zur Sprache:

Die Schichten mit *Trigonia navis* (6—10 m) werden bald durch sehr arme Thone mit *T. navis* (*A. thoarcensis* fehlt durchwegs), bald durch Erz oder sandige Mergel gebildet; bei Longwy trifft man hier Sandsteine an. — Bemerkenswerth ist das umgekehrte Verhältniss zwischen dem Gehalt an Eisen und der Häufigkeit der Fossilien. *Pecten lens*, *Rhynchonella infraoolithica* und *Rh. subdecorata*, von BRANCO in Deutsch-Lothringen nachgewiesen, wurden im nämlichen Horizonte in Frankreich nicht angetroffen.

Die Schichten mit *Am. Murchisonae* (unterer Theil) lassen sich wesentlich in zwei Abtheilungen gliedern: unten herrschen harte Mergel mit Eisenknollen vor; oben trifft man eine Bank von rothem, sandigem Erz (1,50 m) mit *Ostrea calceola*, *Trigonia similis*, *Trigonia* cfr. *costata*, *Pholadomya reticulata*, *Am. Murchisonae*. —

1) Mittelregion des Beckens von Nancy. — (Abbauwürdige Eisensteinflötze.)

---

[1] Dies. Jahrb. 1884. I. -202-

Der untere (liassische) Theil des Systems (Zone der *Tr. navis*) ist hier, was den Gehalt an Eisen betrifft, der bedeutendste; leitend sind *Trigonia navis* und *Gryphaea ferruginea*; charakteristisch sind ausserdem: *A. subinsignis*, *A. aalensis*, *opalinus* (beide letztere Arten selten), *mactra*, *costula*, *fluitans*, *pseudoradiosus*, *subundulatus*, *Lessbergi*, *dilucidus*, *Friedericii*, *Bel. tripartitus*, *breviformis*, *rhenanus*, *spinatus*, *subgiganteus*, *Ostrea calceola*, *Pecten personatus*, *Gervillia Hartmanni*, *Trigonia similis*, *Pholadomya fidicula*, *Lyonsia abducta*; auf den Halden wurde ferner ein Bruchstück von *A. torulosus* und *Cancellophycus scoparius* Thioll. gefunden.

Die Zone der *Trigonia navis* bildet für Bleicher das letzte Glied des obersten Lias. Petrographisch unterscheidet sich das folgende „Minerai oolithique" vom „Minerai liasique" durch seine sandigere Natur und durch das häufige Vorkommen von Rollsteinen (galets). Die Fauna der Zone mit *Trigonia navis* lässt eine grosse Ähnlichkeit mit derjenigen des nämlichen Horizontes jenseits der Grenze erkennen. Es kommt jedoch neben *A. opalinus A. torulosus* vor, welche letztere Art Branco in Deutsch-Lothringen nicht fand. Einen ferneren Unterschied bedingt das spärlichere Vorkommen der Brachiopoden und Gastropoden im Becken von Nancy.

Eine gewisse Anzahl älterer Formen wie *Astarte Voltzii*, *Nucula Hammeri*, *Am. subinsignis* sterben hier aus; während eine Reihe von liassischen (im französischen Sinne) Cephalopoden (Harpoceratiden aus der Gruppe des *A. radians*) fortleben und andere Muscheln, insbesondere Pelecypoden (*Avicula Münsteri*, *Ostrea calceola*, *Modiola Sowerbyi* etc.) auf eine grosse Verwandtschaft mit dem Dogger hinweisen.

Wir haben es offenbar hier, wie es von Branco schon betont wurde, mit einer Mischfauna zu thun, so dass es begreiflich erscheint, wenn die Grenze zwischen Lias und Dogger bald tiefer (deutsche Schule), bald höher (französische Autoren) gesetzt wird. — Es bilden die Cephalopoden und Pelecypoden nach Bleicher durch ihr Hinauf- und Hinuntergreifen einen Übergang zwischen beiden Abtheilungen der Juraformation. Bemerkenswerth ist, dass eine Anzahl Ammoniten aus der Formenreihe des *Harp. radians* in Lothringen ein höheres Niveau erreichen als in Schwaben und *Am. torulosus* hier wie auch im Elsass (nach Lepsius) erst in jüngeren Schichten (Z. der *Trigonia navis*) auftritt.

Zone des *Am. Murchisonae* (Minerai oolithique).

Am. Murchisonae kann zwar nur an einzelnen Punkten zahlreich gesammelt werden, ist aber neben *Pholadomya reticulata*, *O. calceola* (kleine Varietät) und *Trigonia* var.. *costata* (bildet eine Subzone) leitend. Es finden sich ausserdem: *Pecten personatus*, *P. lens*, *P. demissus*, *Lima proboscidea*, *L. duplicata*, *Modiola cuneata*, *M. gibbosa*, *M. Sowerbyi*, *Arca* cf. *hirsonensis*, *Trigonia similis*, *Phol. fidicula*, *Lyonsia abducta*, *Astarte minima*, *A. excavata*, *Ceromya glabra*, *Hemithyris spinosa*, *Terebratula Wrighti*, *Ter. perovalis*, *Rhynchonella Frireni*, *Rh. concinna*, zahlreiche Echiniden, Korallen, Crustaceen, Fischreste und Bryozoen.

Die Ammoniten aus der Gruppe des *Am. radians* sind verschwunden.

An dieser Stelle mag darauf hingewiesen werden, dass die von Fabre, Hermite und Vélain als natürliche Abgrenzung des Lias nach oben angenommene Erosionsfläche nach Bleicher nicht unter die Schichten mit *Am. Murchisonae*, sondern mitten in die Bänke dieser Zone fallen würde, so dass die zu ziehende Grenze zwischen Toarcién und Bajocien petrographisch hier nicht durchführbar ist.

2) Nördlicher Theil des Beckens von Nancy. — (Nicht zu verwerthendes Eisenerz.)

Das Erz der unteren Zone nimmt an Mächtigkeit bedeutend ab und wird durch sandige eisenhaltige Mergel mit spärlichen Fossilien (*Bel. compressus*) ersetzt.

Die Zone des *Am. Murchisonae* enthält mehr Erz; leitend sind: *Trigonia* var. *costata*, *Pholadomya reticulata*, *Montlivaultia Delabechei*.

Die genannte Erosionsfläche liegt hier in den obersten Bänken.

3) Südlicher Theil des Beckens von Nancy. — (Nicht zu verwerthendes Erz.)

Die Schichten der *Trigonia navis* bestehen aus sandigen Mergeln, seltener aus Sandstein; die obere Zone des Eisenerzes ist ebenfalls sandig und der Gehalt an Metall ein geringer.

4) Becken von Longwy. — (Abbauwürdige Eisenflötze.)

An manchen Punkten (Mt. St. Martin) der Umgegend von Longwy ist die Ausbildung des Systems dieselbe wie bei Nancy, während am Thalgehänge zwischen Saulnes und Villerupt z. B. das Erz in den Schichten des *Am. Murchisonae* zu einer grösseren Entwicklung gelangt. In paläontologischer Hinsicht wurden die dortigen Verhältnisse von Branco hinreichend geschildert.

Die Erosionsfläche konnte hier 11,32 m über der wirklichen Grenze des Toarcien nachgewiesen werden.

Mehrere Tabellen begleiten diesen, dem Lothring'schen Eisenerze gewidmeten Theil der Arbeit.

III. Der Unteroolith.

(Zone des *Am. Murchisonae* (obere Abtheilung), Zone des *Am. Sowerbyi* und Zone des *Am. Humphriesianus*.)

a) Zone des *Am. Murchisonae* (oberer Theil). — 6—10 m.

a. Sandig-glimmerige und eisenhaltige Mergel; erreichen eine Maximalmächtigkeit im NNO. des Gebietes und verschwinden bei Vandeléville. Die Fossilien sind abgerollt; Bryozoen und Korallen sind häufig; zu oberst tritt eine Bank mit zahlreichen *Lima proboscidea* auf. Leitend sind: *Terebratula Wrighti*, *Belemnites Gingensis*, *Pholadomya reticulata*.

b. Eisenhaltige und mergelige Kalke. — Enthalten oft Rollsteine, gehen bei Longwy in sandige Mergel über. Häufig sind: *Trigonia costata*, *T. formosa*, *Astarte*, *Pholas Baugieri*.

c. Sandige und erdige Mergel mit *Cancellophycus*. — Diese Schicht ist als leicht zu erkennender Horizont zur Orientirung sehr geeignet. Spärliche Bryozoen und Brachiopoden kommen vor.

b) Zone des *Am. Sowerbyi.* — 6—10 m.

Sandige Kalke und Mergel (im NO. des Gebiets); mehrere Erosionsflächen machen sich bemerkbar; sie mögen von Schwankungen des Bodens während der Ablagerung herrühren, auch sind seichte Stellen wegen des häufigen Vorkommens von Korallen und Gastropoden an mehreren Punkten anzunehmen.

Leitend sind: *Am. Sowerbyi, Bel. Gingensis, Ostrea sublobata, Homomya gibbosa;* daneben findet man: *Am. propinquans, Am. Sutneri* (?), *Bel. giganteus, B. spinatus,* viele Gastropoden, *Pecten articulatus, P. testuratus, P. pumilus, Lima sulcata, Perna* cf. *crassitesta, Hinnites abjectus, Modiola cuneata, M. gregarea, Lyonsia abducta, Pleuromya tenuistria, Trigonia costata, Hemithyris spinosa, Rhynch. concinna, Rh. subtetraedra, Montlivaultia Delabechei, Thecosmilia gregarea, Thamnastrea Defranciana.*

c) Zone des *Am. Humphriesianus.*

Nach unten lässt sich diese Zone nur mit einiger Schwierigkeit abgrenzen; bedeckt wird sie von den Schichten mit *Ostrea acuminata* und *Am. Niortensis.* Eine Erosionsfläche ist über der ersten Bank mit *O. acuminata* constatirt worden.

Leitmuscheln: *Am. Humphriesianus, A. Sauzei; Bel. gingensis, Natica abducta, Lima proboscidea, Avicula tegulata, Arca oblonga, Pecten lens, Gervillia Zieteni, Ostrea calceola,* Pentakriniten.

Zu unterst trifft man constant eine Bank rothen kompacten Kalkes („roche rouge"), welche reich an Pentacrinusgliedern ist und daneben *Arca oblonga, Gervillia Zieteni, Ostrea calceola, Belemnites gingensis* enthält.

Darüber folgen verschiedenartige Ablagerungen:

Korallenfacies:

1. Graue, oolithische Kalke: *Pecten silenus, Gervillia Zieteni,* zu oberst eine Bank mit *Clypeus angustiporus.*
2. Unteres Korallenmassiv: weisse, halbkrystallinische, oft eisenhaltige Kalke mit sandigen Mergeln, abgerollte Fossilien enthaltend: *Cidaris, Pecten articulatus, Ostrea subcrenata, Terebratula infraoolithica,* Korallen.
3. Kalke, Mergel und Mergelkalke mit Rogenstein. — Horizont der *Phasianella striata, Rhynchonella tetraëdra, Nerinea Lebruniana, Cyprina cordiformis,* Mergel mit *Pseudodiadema Jobae;* Gastropodenkalk.
4. Oberes Korallenmassiv.
5. Grauer Oolith mit abgerollten Gastropoden, *Avicula braamburiensis, A. tegulata, Cidaris spinulosa, C. cucumifera, C. Zschokkei, Serpula contorta, Isastrea Conybeari.*

Die Korallenfacies ist mancherlei Wechsel unterworfen:

1. Die oberste Abtheilung (No. 5) verschwindet an manchen Punkten.
2. Dieselbe kann durch oolithische Mergel und feinkörnige, kiesel-

Vergleichung der Zonen des obersten Lias und des Unterooliths im Dép. Meurthe-et-Moselle mit gleichaltrigen Ablagerungen in Deutsch-Lothringen und Luxemburg.

		Dép. Meurthe-et-Moselle. Husson.	Dép. Meurthe-et-Moselle. Braconnier.		Dép. Meurthe-et-Moselle. Bleicher.	Deutsch-Lothringen und Luxemburg. Terquem, Branco.
Untere Etage der Formation oolithique.	Korallenkalk (Série corallienne).	Oberster subcompacter Kalk Melanienkalk Lumachelle Trochitenkalk Unterer subcompacter Kalk (calcaire subcompact infr.	Etage O; Kalke von Longwy, Briey, Mousson, Sion. Erste Abtheilung des Unterooliths.	Zone des *A. Humphriesianus*	**Unteroolith.** Oberes Korallenmassiv und graue oolithische Kalke. Rogenstein, Mergel und Kalke mit *Phasianella striata.* Unteres Korallenmassiv. Grauer Oolith m. *Clypeus angustiporus* Eisenhaltiger Kalk („roche rouge“).	**Korallenkalk und mergelige Oolithe.** „Roche rouge“ (Rothfels).
	Eisenoolith.	Rother eisenhaltiger Kalk		Zone des *A. Sowerbyi*	Sandiger Kalk u. Mergel, gehärtete eisenhaltige Mergel mit Rollsteinen und Fossilien.	Kalke und eisenhaltige Kalke (Terquem) mit *A. Sowerbyi*, *Gryphaea sublobata.*
		Grauer Kalk	Etage P; Thone, Sande und Erze von Thil, Laxou. 4. Abtheilung der „Marnes supraliasiques“.	Zone des *A. Murchisonae*	Sandige Mergel mit *Cancellophycus*, gehärtete Rollstein-führende Kalke u. Mergel, abwechselnd; Erosionsflächen; sandig-kalkige Eisenerze.	Mergel u. Sandsteine m. *A. Murchisonae*, *Pholadomya reticulata.* Zone der rothen, sandig. Eisenerze u. Kalke. Grès, hydroxyde oolithique (Terquem).
		Oolithisches Eisenerz.			**Oberer Lias.** Erdiges körniges Erz, sandige Mergel (Zone der *Trigonia navis* und der *Gryphaea sublobata*).	Unterer Theil der schwarzen und grauen Erze, Vorkommnisse wie im Dép. Meurthe-et-Moselle. M. supraliasique (z. Th. Terquem).
Obere Etage der Formation liasique.		Oberer, schiefriger, mehr oder weniger glimmerreicher Mergel.	Etage O; Thone von Gorcy, Ludres und Vandeléville. 3. Abtheilung der „Marnes supraliasiques“.		Sandige, glimmerreiche Mergel mit *A. Thoarcensis.*	Thone und sandige Mergel, arm an Fossilien. — Zone des *A. torulosus*, Quenstedt's ζ, Zone des *A. concavus*, Jacquot.
		Bituminöse Schiefer.			Schwarze und graue, schiefrige Mergel mit *A. Thoarcensis*, *Astarte Voltzii*, *Cerithium armatum*, *Lucina plana.*	Gleiche Vorkommnisse wie in M.-et-Moselle, ausser *Lucina plana*; Zone des *A. torulosus*, Oppel. Unterer Dogger.
					Graue, schwärzliche Mergel mit Knollen („ellipsoides“) zu unterst *A. bifrons* enthalt.	Schwarzer Jura ε, Quenstedt.
					Schiefer und Mergel mit *Posidonomya Bronni*, *A. Holandrei.*	Schwarzer Jura ε, Quenstedt.

reiche Sandsteine ersetzt werden (Baraques de Toul etc.), welche letztere Pflanzenreste aufweisen. Prof. FLICHE[1] fand darin Farne, Cycadeen, Coniferen (Salisburieen, Taxodieen, Abietineen), Araucarieen, Liliaceen (?) und Naïadeen. Eine ähnliche Flora kennt man übrigens aus dem Jura von Sibirien.

3. Es kann sich der Thonkalk mit *Phasianella striata* abnorm entwickeln und an die Stelle des unteren, meistens aber des oberen Korallenmassivs treten.
4. Bei Homécourt wird nur eine mächtige Korallenablagerung angetroffen und zwar in Gestalt von Riffen, zwischen welchen Mergel und Kalke mit *Phasianella striata*, *Lucina Zieteni*, *Ter. infraoolithica*, *Lima semicircularis* sich entwickelt haben.

Überlagert werden diese klippenartigen Massen bei Briey von blauen Kalken und sandigen Mergeln mit Kieselknollen und *Am.* cf. *Humphriesianus*, *Bel. canaliculatus*, *Trigonia costata*, *T. signata*, *Pholadomya lucardium*, *Ostrea acuminata*, *Waldh. ornithocephala*. Es ist dies eine Übergangsschicht zu den Mergeln von Longwy (Vesullian).

Die umstehend mitgetheilte Tabelle bildet den Schluss dieses Kapitels. Man ersieht aus derselben wie mannigfaltig die Facies sich entwickelt haben. Im Allgemeinen hat das Vorkommen der Korallen gegen Westen abgenommen.

Dem beschreibenden Theile der Arbeit folgen Schlussbemerkungen über die vermuthlichen bathymetrischen Verhältnisse während der Lias- und Doggerperiode, über Strömungen und Bewegungen des Meeresbodens etc. Zum Schluss wird noch hervorgehoben, dass die Facies des Lias, reich an Cephalopoden, plötzlich der echiniden- und brachiopodenreichen Ausbildung des Bajocien Platz gemacht hat.

Dies Verhältniss scheint zu Gunsten der von BLEICHER angenommenen Grenze zwischen Lias und Jura zu sprechen. Es darf jedoch nicht ausser Acht gelassen werden, dass es sich um eine locale Erscheinung handelt. In Lothringen wird so gut wie anderswo die Grenze zweier Formationen unsicher werden, wenn gleiche Facies aufeinander folgen. Dann ist aber ein jeder Schnitt mehr oder weniger künstlich.

Legen wir also auch auf die Entscheidung der Grenzfrage ein geringes Gewicht, so erkennen wir es um so dankbarer an, dass BLEICHER uns die genaue Aufeinanderfolge der Schichten des französischen Eisendistriktes und die organischen Einschlüsse der letzteren kritisch gesichtet kennen lehrte.

Sehr erfreulich würde es sein, wenn wir bald in die Lage kämen, wie hier zwischen den nahe bei einander gelegenen französischen und deutschen Schichten des Lias und Dogger, auch zwischen den entsprechenden continentalen und englischen Schichten einen schärferen Vergleich zu ziehen.

W. Kilian.

[1] FLICHE et BLEICHER, Etudes sur la flore de l'Oolithe inférieure des environs de Nancy. Bull. Soc. sc. Nancy 1881.

Lory: Note sur deux faits nouveaux de la géologie de Briançonnais (Hautes-Alpes). (Bull. soc. géol. de France, 3e série, T. XII, p. 117—120.)

Verfasser berichtet zunächst, dass in einer Schlucht, welche das Flüsschen Guil bildet, Porphyr ansteht, welcher die Bänke der Trias nicht mehr durchsetzt. Dies isolirte Vorkommen von Porphyr erinnert an ähnliche Gebilde bei der Windgälle. — Neu ist ferner die Entdeckung von Malmfossilien in einer rothen Kalkbank, welche Lory zu dem Massiv der „Calcaires du Briançonnais“, d. h. in den Lias gestellt hatte. Dies Massiv bestände demnach von unten nach oben aus folgenden Schichten:

Unterlage: Zone der *Avicula contorta*.

1. Kalke mit Liasammoniten (echte Kalke des Briançonnais).
2. Schwarze, kohlenführende Kalke mit Gastropoden; aus Rollsteinen der Trias und des Lias bestehende Conglomerate. — Wird von Lory als eine Uferfacies (faciès littoral) des Bajocien und Bathonien angesehen.
3. Rothe Kalke mit *Bel. hastatus*, *Bel. latesulcatus*, *Aptychus laevis*, *latus*, *Am.* cf. *transversarius*, *Perisphinctes*.
4. Kalke.

Nummulitenformation in discordanter Auflagerung. **W. Kilian.**

A. Girardot: L'Étage Corallien dans la partie septentrionale de la Franche Comté. (Mém. soc. d'Emul. du Doubs, 5e série, VII [1882], 212—265 [1883].)

Der Verfasser beschränkt sich auf eine Darstellung der Ablagerungen seines engeren Gebietes, ohne auf Vergleiche mit den Entwicklungsformen anderer Gegenden einzugehen. Insbesondere ist das Corallien s. str. = Rauracien des nördlichen Jura zwischen Belfort, Champlitte, Dôle, Sombacourt und St. Ursanne Gegenstand der Untersuchung gewesen.

Das Liegende des Corallien bilden in der Franche Comté die unter dem Namen Terrain à Chailles bekannten Schichten mit *Pholadomya exaltata*, deren Fauna eine grosse Verwandtschaft mit der der zunächst tiefer liegenden Renggeri-Thone besitzt. Von den 30 von Choffat[1] angeführten Arten des Terr. à Chailles kommen 15 in den Renggeri-Thonen vor (*A. cordatus*, *oculatus*, *perarmatus*, *Bel. hastatus*, *Rh. Thurmanni* etc.), während nur wenige Arten höher hinaufgehen. Bezeichnend ist für das Terrain à Chailles die Häufigkeit der Crustaceen. Während der petrographische Übergang des Corallien nach unten in die Renggeri-Thone ein allmählicher ist, macht sich die Grenze nach oben, nach dem Astartien, schärfer bemerkbar. Wenn Fossilien beider Abtheilungen untermengt vorkommen, so ist dies auf Zusammenschwemmung in jüngerer Zeit zurückzuführen.

---

[1] Choffat, Esquisse du Callovien et de l'Oxfordien. Mém. Soc. d'Emul. du Doubs, 5 sér. III. 1878.

Das Corallien zerfällt nach GIRARDOT in 4 Zonen:

Astartien. — Mergel und Kalke mit Leitfossilien des Astartien; zuweilen nach unten übergehend in:

Corallien 25–88 m

4. Zone. — Kompakte oder oolithische Kalke (Calcaires à Nérinées), arm an Fossilien: *Nerinea squamosa, N. nodosa* 0,40—23,00 m
3. Zone. — Oolithe und weisse, kreidige Kalke mit *Diceras arietina*, vielen Nerineen und Korallen . . . . 3,00—18,20 m
2. Zone. — Mergelige, oolithische Kalke, arm an organischen Einschlüssen, gelblich, röthlich bis graulichweiss; Nerineen, *Ter. insignis, Cidaris florigemma* . . . . 5,40—31,60 m
1. Zone. — Drei Facies werden unterschieden: a) Compacte, mergelige Facies, b) Oolithische Facies, c) Thonige Facies. — Sehr reich an Fossilien: *Cidaris florigemma, Glypticus hieroglyphicus, Hemicidaris crenularis, Waldh. Delemontana, A. Martelli* etc. 4,90—42,00 m

Oxfordien. — Zone der *Pholadomya exaltata* (Terrain à Chailles sensu stricto).

Die Schlussbemerkungen enthalten Hypothesen über das Relief des Meeresbodens während der Corallien-Periode. Im N. des Gebiets, d. h. im Dept. Hte.-Saône und nordöstlich von l'Isle und Montbéliard (Doubs) entstanden in der Nähe der Vogesen littorale Bildungen, während südöstlich die Gebilde sich in etwas tieferen Gewässern abgelagert zu haben scheinen. — Korallenriffe werden in dieser zweiten Zone hie und da angetroffen, z. B. bei Montècheroux-St.-Hippolyte (Doubs). Das Vorkommen von Korallen in abgerolltem Zustande wird der Wirkung von Strömungen zugeschrieben.

Ein Verzeichniss der fossilen Arten und zahlreiche Profile bilden den Abschluss der kleinen Abhandlung. **W. Kilian.**

Ch. Lory: Compte rendu de l'Excursion du 4. Septembre (1881) aux carrières de la Porte de France, aux exploitations de Ciment et au plateau de la Bastille. (Bull. soc. géol. de France, 3e série, T. IX, 577—592.) (Erschienen März 1884.)

Die klassische Lokalität La Porte-de-France bei Grenoble wird von dem ausgezeichneten Erforscher alpiner Geologie bis in die kleinsten Einzelheiten beschrieben. Es existirt daselbst folgende Reihenfolge concordant sich überlagernder Schichten (von unten nach oben):

1. Schwarze Thonkalke mit *A. Martelli, tortisulcatus, canaliculatus* (Cementkalke). (Entsprechen den *Impressa*-Thonen und Effinger Schichten.)

2. 50 m mächtiges, versteinerungsleeres Kalkmassiv (Zone des *A. platynotus*).

3. Braune, bituminöse Kalke (Calcaire alpin, Calcaire de La Porte-de-France) mit Kalkspathadern und eingelagerten Mergellagen, Aptychen, *Am. iphicerus.* Oben eine krümelige Bank mit *Am. compsus, Am. Lothari* (Zone des *Am. tenuilobatus*).

4. Schichten mit *Am. Silesiacus, Staszycii, Loryi, Aptychus*, oben *Ter. janitor* und die von PICTET veröffentlichten Vorkommnisse; zu oberst

erscheint schon *Metaporhinus transversus* in hellen compacten Kalken, und in Bänken lithographischen Kalkes: *Am. berriasensis* und *Astierianus*.

5. Bituminöse Cementkalke von La Porte-de-France mit Berrias-Fauna: *Am. privasensis*, *Am. occitanicus*, *Am. Malbosi*, *Metaporhinus transversus*, *Belemnites latus*, *Ter. janitor* (*T. diphyoïdes* fehlt hier). Strontianitkrystalle sind nicht selten.

6. Mergel und Thonkalke: *Bel. latus*, *Am. semisulcatus*, *Am. neocomiensis*, *Am. Thetys*.

Zum Schluss werden lokale Überkippungen besprochen, welche in der Nähe zu beobachten sind. Ein Profil der neuen und alten Steinbrüche bei La Porte-de-France ist beigefügt. **W. Kilian.**

Hébert: Observations sur la communication précédente. (Bull. soc. Géol. de France. 3e série. T. IX, p. 594.)

—, Sur la position des calcaires de l'Echaillon. (Ibid. p. 683—688.) (Erschienen im März 1884.)

Gelegentlich der Versammlung der französischen geologischen Gesellschaft wurden in Grenoble (1881) unter Führung Lory's die berühmten Lokalitäten La Porte de France und l'Echaillon besucht. Verf., welcher seinen früheren (Bull. 3. t. II. p. 148) Ansichten über die Stellung des Tithon treu geblieben ist, benutzte die Anwesenheit der meisten Geologen des Landes, um seine Auffassung in folgenden Sätzen zusammenzufassen:

1) Die Kalke von l'Echaillon gehören mit denjenigen von Rougon (Basses Alpes), Mounié (Cévennes), Wimmis (Schweiz), Inwald (Karpathen), Chatel-Censoir und Tonerre (Yonne), Angoulins (Charente infér.), Valfin (Jura), Oyonnax (Ain), Nattheim (Württemberg), Kelheim (Bayern), einer paläontologisch scharf charakterisirten Etage des Corallien an.

2) Überall wo das Liegende dieser Gebilde anstehend ist, besteht dasselbe aus den obersten Oxfordienablagerungen (Hébert), d. h. aus den Schichten mit *A. tenuilobatus* und *A. Achilles*.

3) Im südlichen Frankreich (Rougon, l'Echaillon) ist das Corallien vom Valangien überlagert. — Im südlichen Jura und bei Angoulins (Charente infér.) ist das Hangende des Coralrags das Ptérocérien.

3) Es ergiebt sich daher, dass die Kalke von l'Echaillon, Angoulins etc. älter sind als die Kimmeridgeformation. Die Stellung des Astartien zum Corallien ist aber dann, wie Hébert selbst zugiebt, nichts weniger als klar gestellt; doch sollen die „Calcaires à Astartes" jünger als das Corallien von l'Echaillon sein.

4) In Südfrankreich fehlen demnach sowohl das Astartien und Ptérocérien als das Virgulien, das Portlandien und die Purbeckschichten.

5) Es werden bei Grenoble die Bänke des oberen Oxfordien mit *A. tenuilobatus* von folgenden Ablagerungen überlagert:

1. Kalke mit *A. transitorius*, *Ter. janitor* und lithographische Kalke von Aizy.
2. Berrias-Schichten.

3. Mergel mit *Belemnites latus.*
4. Valangien.

Die Abtheilungen 1—3 haben mit den Kalken von l'Echaillon nichts gemein und bergen eine scharf charakterisirte, von der der letzteren zu trennende[1] Fauna (*A. transitorius, A. senex, A. Liebigi* etc.), wenn gleich beide Schichtenreihen auf derselben Unterlage (Zone des *A. tenuilobatus*) ruhen.

Die *Transitorius*-Kalke überlagern bald das Bajocien oder das Toarcien (ZITTEL, CANAVARI), bald die Korallenkalke mit *Diceras Lucii* selbst (Schweiz); HÉBERT schliesst aus diesem Verhalten, dass diese Schichten von dem Jurasystem ganz unabhängig sind.

Bei La Porte de France ist somit zwischen den scheinbar (apparentes p. 595) zusammenhängenden Bänken des oberen Oxfordien mit *A. tenuilobatus* und dem *Transitorius* (*Janitor*-) Kalke eine grosse, Corallien. Kimmeridge und Purbeck umfassende Lücke anzunehmen.

Die *Janitor*-Schichten sind mit der Kreideformation sowohl faunistisch als durch ihre constante Concordanz eng verbunden.

Interessant ist die Erklärung, welche Verf. zum Verständniss seiner Auffassung zu geben genöthigt ist: Er nimmt nämlich an, dass während der Kimmeridge-, Portland- und Purbeckperioden das südliche Frankreich Festland war. Nachdem sich im Norden alle ebengenannten Juraschichten abgelagert hatten, fand eine gewaltige Erosion statt, welche nur einzelne Fetzen der obersten Etage (Corallien von l'Echaillon, Rougon etc.) im Süden übrig liess; es wurde infolge dessen ein Becken geschaffen, in dessen Mitte die *Tenuilobatus*-Kalke, an dessen Ufer aber die Korallenbildungen (l'Echaillon) sich ablagerten. In der Schweiz wurde z. Th. auch der tiefere Theil des Beckens mit den Bänken mit *Dic. Lucii* erfüllt. Ältere Gesteine lieferten das Material für Breccien, wie jene von Aizy und Lémenc.

Diese Verhältnisse werden durch das beifolgende Schema erläutert, während die dann folgende Tabelle B den Zweck hat, die nach HÉBERT einzig wahre Gliederung der Tithonschichten darzustellen.

A.

	Grenoble.	l'Echaillon.	
	Valangien		Kreide
Kreide	Mergel mit *Bel. latus*	Kalke mit *Dic. Lucii, Ter. moravica*	Jura
Kreide	Berrias-Schichten		Jura
Kreide	Lith. Kalke von Aizy		Jura
Kreide	Kalke mit *A. transitorius*		Jura
Jura	Zone des *A. tenuilobatus*		

[1] HÉBERT drückt sich folgendermassen aus: „Jusqu'ici, on n'a pas cité de fossiles communs entre les deux faunes; mais on en a assez fréquem-

B.

	England und Hannover	Jura	Alpen
Kreide	Spatangenkalke und Valangien		
Kreide	Wälderthon Hastingssand	Fehlen	Mergel mit *Bel. latus* Berrias-Schichten Kalke mit *Am. transitorius*
Jura	Purbeck Portlandien Kimmeridge-Clay Ptérocérien u. Astartien.	? Portlandien Virgulien Ptérocérien u. Astartien	Fehlen
Jura	Coral-rag	Corallien	Kalk m. *Diceras Lucii*

W. Kilian.

A. Villot: Limites stratigraphiques des terrains jurassiques et des terrains crétacés aux environs de Grenoble. (Bull. soc. des Sc. nat. du Sud-Est. T. I (1882). p. 38—50. 1 pl.)

Verfasser sagt uns gleich in den ersten Zeilen seines Aufsatzes, dass es seine Absicht sei, Hébert's und Lory's Irrthümer zu berichtigen.

Nach Villot entsprächen die Schichten mit *Ostrea Couloni*, welche bei l'Echaillon die Korallenkalke direkt überlagern und von Lory und Hébert als den Calc. du Fontanil vertretend betrachtet worden sind, den Cementschichten von Berrias. — Als einziger Beweis seiner Ansicht wird vom Verfasser der allmähliche Übergang, welcher in l'Echaillon zwischen Coralrag und *Couloni*-Kalke beobachtet werden kann, angeführt. — Diese Continuität schliesst für Villot die Möglichkeit einer Lücke (nach Lory und Hébert wären die Berrias-Schichten, die Mergel mit *B. latus*, die *Metaporhinus*- und *Janitor*-Kalke bei l'Echaillon nicht vertreten), welche einer zeitweiligen Emersion entsprechen würde, aus.

Bei Aizy-sur-Noyarey ist der Übergang zwischen Korallenkalk und den *Couloni*-Schichten ebenso allmählich. Der Korallenkalk ist an dieser Stelle als eine Breccie entwickelt, welche nach Hébert eine jüngere, den *Transitorius*-Schichten äquivalente Formation sein soll. Die in derselben eingeschlossenen Fossilien des Coralrag's hält der pariser Geologe für abgerollte Reste älterer Schichten (Corallien von l'Echaillon).

Gestützt auf sorgfältige Untersuchung der Breccie von Aizy behauptet nun Villot, es wären die Fossilien der *Transitorius*-Kalke als abgerollte,

---

ment cité de communs entre la faune des couches à *Am. tenuilobatus* et celle des couches à *Am. transitorius*. — Toutes les fois que j'ai pu aller vérifier ces assertions sur place, j'ai reconnu ou bien que le gisement était plus que douteux, ou bien qu'il y avait erreur de détermination. Néanmoins je ne verrais aucune impossibilité à un retour d'espèces, et je l'admettrai quand on me l'aura démontré."

ältere Bestandteile, die *Diceras*, Korallen etc. aber als zwar abgerollte (es sind meistens bei Ablagerungen dieser Facies die Fossilien abgerollt) jüngere Vorkommnisse zu betrachten. — Es sind nämlich Exemplare des *Am. transitorius* gefunden worden, welche zum Theil noch in abgerollten Kalkblöcken eingeschlossen waren, während andererseits an einer Stelle Korallenkalkbänke anstehen, welche von den (nach Villot) gleichaltrigen bei l'Echaillon nicht zu unterscheiden sind.

Die Breccie von Aizy und der Korallenkalk mit *Dic. Lucii* sind infolge dessen jünger als die Kalke mit *A. transitorius* und *Ter. janitor*, und zwar sind beide Bildungen durch eine vermuthlich ziemlich lange, dem Purbeck der nördlicheren Gegenden entsprechende Emersionsperiode getrennt. Während dieser Zeit wurden die *Diphya*-Kalke an manchen Punkten zerstört und die *Tenuilobatus*-Kalke blossgelegt, so dass die nun sich ablagernden (cretaceischen) Korallenkalke unmittelbar auf letzteren zu ruhen kamen. — Der von Hébert (siehe das vorhergehende Referat) gegebenen Aufeinanderfolge wäre demnach folgende, gerade umgekehrte, gegenüberzustellen:

Untere Kreide	Cementkalk von Berrias- u. *Couloni*-Schichten von l'Echaillon.				Untere Kreide
Untere Kreide	Korallenkalk mit *Dic. Lucii* *Ter. moravica* (l'Echaillon)	K. mit *A. transitorius*	Kimmeridge u. Portland.	Purbeck	Oberster Jura
Untere Kreide	Breccie von Aizy	K. mit *T. janitor*	Kimmeridge u. Portland.		Oberster Jura
Jura	Kalke mit *Am. tenuilobatus*		Kimmeridge u. Portland.		Oberster Jura

Diese Auffassung ist an und für sich ebenso berechtigt, wie manche andere; aber der Thatsache gegenüber, dass, nach verschiedenen Autoren (Mösch, Stutz), die Kalke mit *D. Lucii* unter den *Janitor*-Schichten nachgewiesen worden sind, nicht wahrscheinlich.

Villot's Annahme ist übrigens der von Jeanjean vertretenen Ansicht, dass die *Janitor*-Kalke älter sind, als die *Moravica*-Schichten, günstig. — Alle diese scheinbar sich widersprechenden Verhältnisse haben für alle diejenigen, welche annehmen, dass beide in Frage stehenden Bildungen isochrone Facies derselben Übergangsablagerungen zwischen Jura und Kreide repräsentiren, nichts Auffallendes. Es können sich nämlich diese Facies ausschliessen oder sie können in verschiedenartiger Überlagerung vorkommen, so dass es nichts Widernatürliches hat, wenn abgerollte Elemente der Einen in der Andern gefunden werden, zumal da wir es mit Bildungen zu thun haben, die zu ihrer Ablagerung einen so langen Zeitraum erforderten, dass während desselben die Breccien sich sehr wohl bilden konnten.

W. Kilian.

Torcapel: Note sur l'Urgonien de Lussan (Gard). (Bull. soc. géol. de France, 3 série, XII, 204—208.)

Im Gegensatz zu den Angaben L. CAREZ' sucht TORCAPEL zu beweisen, dass die Thonkalke von Lussan und St. Remèze (Barutélien des Verf.) nicht in das Hauterivien, sondern in das Urgon zu stellen sind.

Es werden ferner CAREZ' Profile (Bull. soc. géol. 3, XI, pl. VII) als durchaus nicht massgebend erklärt. **W. Kilian.**

Carez: Observations sur la communication précédente. (Bull. soc. géol. de France, 3 série, XII. 208.)

Verfasser erklärt TORCAPEL gegenüber auf eine weitere Diskussion zu verzichten und hält an seiner früher ausgesprochenen Ansicht fest.

W. Kilian.

Renevier: Sur la composition de l'étage urgonien. (Bull. soc. géol. de France, 3 série, T. IX, 618—619.)

Es lässt sich sowohl in den Alpen als im Jura (Dauphiné, Porte de France, Perte-du-Rhône, Ste. Croix, Schweizer Alpen), im Urgonien eine obere, durch *Requienia Lonsdalei* und Orbitolinen charakterisirte Abtheilung (Rhodanien) abtrennen. Letztere Fossilien finden sich nur in den unteren Schichten; *Req. ammonia* kommt gewöhnlich unten, jedoch im Dauphiné sowie bei Orgon und Apt auch oben vor. — Verfasser schlägt nun vor, die mit dem Urgon in engster Verbindung stehenden Aptschichten mit denselben in einer Etage Urg-aptien (COQ.) zu vereinigen. — Inzwischen haben LEENHARDT's Arbeiten die Äquivalenz des Urgons und des unteren Aptien zweifellos bewiesen. **W. Kilian.**

A. Andreae: Beitrag zur Kenntniss des Elsässer Tertiärs. (Abhandl. zur geol. Specialkarte von Elsass-Lothringen 1884 Bd. II. Heft 3, zugleich in zwei Theilen, I. die älteren Tertiärschichten im Elsass, Inauguraldiss. in Strassburg 1883, und II. die Oligocänschichten im Elsass, Habilitationsschrift in Heidelberg 1884.)

Im ersten Theil werden zuerst der Buchsweiler Kalk und gleichartige Bildungen am Oberrhein und dann der Melanien- oder Brunnstatter-Kalk besprochen, unter Angabe der wichtigsten Litteratur.

Am Bastberge bei Buchsweiler liegen auf den Jurabildungen 1) ca. 15 m thonige und mergelige braunkohlenführende Schichten, dann 2) 5 bis 20 m Kalk mit Versteinerungen, 3) wenig mächtige Mergel und 4) die gewaltigen Conglomerate des Grossen Bastberges.

Gleichaltrige Schichten werden dann beschrieben von Dauendorf, 14 km östl. Buchsweiler, sowie Rennburg und Bitschhofen bei Dauendorf, wo die Thone mit Bohnerz das Liegende bilden. Ganz ähnlich sind ferner die Kalke von Morschweiler und dem Bischenberg (zwischen Oberehnheim und Bischofsheim, hier auch unter Conglomeraten, ebenso wie bei Bernhardsweiler. In Baden ist mit dem Buchsheimer Kalk zu parallelisiren der Sandkalk von

Ubstadt und Malsch bei Langenbrücken. Eingehend werden im paläontologischen Abschnitte die Fossilien besprochen, *Lophiodon tapiroides* und *L. Buxovillanum* Cuv., *Propalaeotherium Isselanum* Gerv., *P. Argentonicum* Cuv. sp., *Anoplotherium* sp., ? *Arctomys* sp., *Cebochoerus anceps* Gerv. etc., sowie 28 bestimmbare Arten von Land- und Süsswasser-Mollusken, von denen *Hydrobia Dauendorfensis*, *Glandina Rhenana*, *G. Deckei*, *Azeca Boettgeri*, *Pupa Buxovillana*, *Patula oligogyra* und *Carychiopsis quadridens* neu benannt werden. Von den 28 Arten kommt nur eine nicht bei Buchsweiler vor und 16 nur da. Während diese Fauna etwa dem Mittel-Eocän (Grobkalk des Pariser Beckens) entspricht, werden die Süsswasserkalke von Bischenberg, Bernhardsweiler und Morschweiler etwas höher gestellt und fraglich auch die Hydrobienschichten von Dauendorf. Hierüber folgen dann die ober-eocänen Melanienkalke von Brunnstatt, Klein-Kembs etc. und die Blättersandsteine von Spechbach. Auch für diese wird die wichtigste Litteratur angegeben, sowie ihre Verbreitung südlich von Mülhausen, nach Osten bis Klein-Kembs in Baden, nach Südwesten bis Altkirch, freilich meist von Blättersandstein, Fischschiefer, Cyrenenmergel und Gyps und mächtigem Diluvium und Alluvium bedeckt. Einzelne Profile und das Gestein werden beschrieben, die Pflanzenreste von Spechbach nach Heer angeführt und dann die Fauna besprochen: ausser *Palaeotherium medium*, *Theridomys* sp. und *Emys* 24 Arten Land- und Süsswassermollusken, von denen *Limnea subpolita*, *Nanina Köchlini*, *Auricula sundgoviensis* neu sind. Endlich werden die Gründe dargelegt, welche es etwas wahrscheinlicher machen, dass der Melanienkalk zum Ober-Eocän als zum unteren Oligocän zu rechnen sei, wie dies Sandberger [wohl mit Recht. D. Ref.] gethan hat. Es wird hierbei das Hauptgewicht auf das Auftreten von Gyps über den Kalken gelegt. Auf 3 Tafeln werden sämmtliche Fossilien gut abgebildet.

Im zweiten Theil „Die Oligocänschichten im Elsass" wird, wieder nach Erwähnung der wichtigsten Litteratur, zuerst die Verbreitung und Gliederung des Oligocän im Elsass im Allgemeinen geschildert und dann, in besonderen Abschnitten, I. das oligocäne Petrolgebiet im Unter-Elsass in der Gegend von Sulz u. d. Wald, überall über 300 m mächtig. A. Bitumenführende Schichten von Lobsann. Bei Lobsann zwischen Weissenburg und Wörth lieferte der Bergbau folgendes Profil: Unter der Dammerde 1) bis zu 60 m Rupelthon mit *Leda Deshayesiana* etc., 2) der ebenfalls mitteloligocäne Asphaltkalk-Complex gegen 24 m, zu oberst Conglomerat, dann dolomitische Kalke mit Lignit-Flötzen und Adern und den nach dem Gebirge sehr mächtigen Asphaltkalklagern. 3) (Unter-Oligocän) Mergel und Pechsand wechselnd. Genauer wird der Asphaltkalkcomplex, seine Gesteine und Versteinerungen besprochen und von letzteren erwähnt: *Chara Voltzi* A. Braun, *Labal major* Heer, *Cinnamomum polymorphum* Heer, *Juglans* sp., *Melania fasciata* Sow., *Euchilus pupiniformis* Sbg., *Nystia* sp., *Hydrobia obeliscus* Sbg., *Auricula*, *Helix*, *Amnicola*, *Planorbis*; *Anthracotherium alsaticum* Cuv., *Entelodon* aff. *magnum* Aym., *Hyopotamus* cf. *Velaunus* Cuv., ? *Rhinoceros* sp. B. Bitumenführende Schichten von Pechelbronn (Unteroligocän). Die Mergel und Pechsande (Nr. 3 bei Lobsann) sind in vielfachem Wechsel (u. A. 221 Schichten bis 120,8 m Tiefe) bei Pechelbronn bis zu 150 m Tiefe mit Schächten und Bohrlöchern durchteuft worden. Die bitumenreichen Schichten werden durch eine mit Braunkohlenblättchen erfüllte Zone von den sterilen Mergeln getrennt. Salzhaltige Wasser begleiten sie. Nach specieller Beschreibung dieser Schichten und ihres Inhaltes werden die ähnlichen Vorkommen von Sulz unterm Wald, Drachenbronn etc., Schweighausen bei Hagenau und Schwabweiler angeführt und an Fossilien von Pechelbronn: *Helix* sp. (cf. *occlusa* Edw.), *Planorbis* cf. *goniobasis* Sbg., *Limnea* aff. *crassula* Desh., *Melania* cf. *muricata* S. Wood, *M. fasciata* Sow.? *Paludina* cf. *splendida* Ludw., *Anodonta Daubreeana* Schimp. ined., *Cypris* sp., *Chara variabilis* n. sp., *Betula* aff. *prisca* Ett., *Chrysodium* sp., *Salvinia* sp.?, endlich einige meist neue Foraminiferen: *Ammodiscus pellucidus* Andr., *Haplophragmium pusillum* Andr., *Dentalina* cf. *consobrina* Orb., *Cristellaria Lamperti* Andr., *Lingulina Le-Belli* Andr.

C. Petroleumsandführende Oligocänschichten von Schwabweiler. Dieselben, von Pechelbronn nur 6 km entfernt, sind eine etwas mehr marine Facies jener. Die Petrolsande liegen hier weniger in schmalen, langen Flötzen, sondern mehr in schichtenartigen Einlagerungen und werden durch zahlreiche kleine Verwerfungen von 2—3 m Sprunghöhe etc. gestört. Ächter Rupelthon ist noch nicht im Hangenden beobachtet, dagegen finden sich Foraminiferen vorwiegend der Rupelthon-Fauna schon in den oberen Petroleumsanden. Unter ca. 6 m alluvialem Töpferthon folgen brackische und marine Thone, zuweilen mit sandigen bituminösen Schichten, sowie mit Blättersandsteinen. Bis zu über 290 m Tiefe haben Bohrlöcher einen steten Wechsel von Mergel, Petroleumsand und Sandstein ergeben, darin auch Salzquellen, in der Tiefe aber auch *Chara petrolei* und *Cypris*, also noch Süsswasserformen. Die Blättersandsteine haben — meist schlecht erhalten — geliefert: *Carpinus grandis* Ung., *Salix Lavateri* Heer, *Ulmus* sp., *Cinnamomum Scheuchzeri* H., *C. polymorphum* H., *C. lanceolatum* Ung., *C. transversum* H., *C. subrotundatum* H., *Smilax Steinmanni* n. sp. Sie werden in das Unter-Oligocän, „oder höchstens an die Basis des Mittel-Oligocän" gestellt. Endlich macht ein Profil durch die Petroleumlagerstätten im Unter-Elsass deren Lagerung anschaulich.

II. Das Petroleumgebiet von Hirzbach im Ober-Elsass besitzt die grösste Analogie mit dem von Schwabweiler, ist aber weniger bedeutsam. Hier liegen schwarze, schiefrige Letten, „als Äquivalent des Septarienthons über den grauen, marinen Mergeln, welche dem Meeressande, dem tiefsten Mittel-Oligocän" zugestellt werden.

Gegen die Annahme Strippelmann's etc., dass das Petroleum aus älteren Schichten emporgedrungen und in die tertiären Sande, Sandsteine und Kalke infiltrirt sei, wendet Verfasser mit Recht ein, dass das Petroleum sowohl im Ober- wie im Unter-Elsass sich überall in einem bestimmten Niveau fände etc., vielmehr spreche die ganze Lagerung, sowie das Vorkommen von Brackwasser-Formen dafür, dass wir es mit einer Lagunen- resp. Delta-Bildung zu thun haben, die unter Luftabschluss und bei starkem

Druck ihre Umwandlung erfuhr. Wo diese Schichten in geringerer Tiefe liegen oder von Spalten durchsetzt sind, verloren sie ihre flüchtigeren Bestandtheile resp. wurden in höherem Grade oxydirt (Pech, Pechsand, Asphaltkalk von Lobsann).

III. Der Meeressand im Elsass und in der Oberrheinebene wird als allgemein unter dem Rupelthon liegend angenommen und findet sich bei Heppenheim am Odenwald, bei Grossachsen; dahin gehören wohl auch zum grossen Theil die Conglomerate in der Pfalz am Abhange der Haardt und im Elsass längs des Vogesenrandes. Von Leinweiler bei Landau wurden daraus schon von Sandberger und Gümbel Fossilien angeführt. Solche finden sich dann erst wieder in der Gegend von Basel, in Ober-Baden, in der Pfirt und im Berner Jura (Delsberg, von Greppin beschrieben).

Das Profil und die Fossilien von Ober-Baden (Stetten und Bötteln bei Lörrach) sind von Sandberger angeführt, ebenso die von Aesch südlich Basel; Rädersdorf in der Pfirt hat ausser *Halitherium Schinzi* geliefert: *Cassidaria nodosa*, *Panopaea Heberti* Bosqu., *Cytherea splendida* Mer., *Isocardia subtransversa* Orb., *Lucina tenuistria* Héb., *Modiola micans* A. Br., *Pecten bifidus* Münst., und *Lamna*-Zähne. Bei Oltingen fanden sich *Pectunculus*-Reste in Molassesandstein mit Geröllen von 30—40 cm Grösse! Als Gegensatz hierzu werden Mergel und mergelige Sande dann angeführt, die bei Dammenkirch, westlich Altkirch fossilreich sind und 8 Foraminiferen-, sowie 28 Molluskenarten, grösstentheils Pelecypoden, geliefert haben, fast sämmtlich Arten des Meeressandes von Weinheim etc.; davon wird als neu beschrieben und abgebildet *Psammobia Meyeri*. Nach den Angaben von Delbos werden endlich die fossilreichen, jetzt nicht mehr aufgeschlossenen Schichten von Egisheim bei Colmar besprochen.

IV. Der Septarienthon im Unter-Elsass, in der Litteratur schon vielfach erwähnt und sehr verschieden gedeutet, hat Fossilien bei Lobsann, und nahe dabei bei Drachenbronn und Sulz unterm Wald, sowie endlich bei Heiligenstein bei Barr geliefert. An den ersteren Stellen liegt unter dem mindestens 40 m mächtigen Thon ca. 0,55 Bitumensand, dann wieder einige Meter kalkiger Septarienthon und endlich Sande und Kalke, wohl Vertreter des Asphaltkalkes. Die kleine Fauna erinnert, abgesehen von *Leda Deshayesiana* und *Nucula Chasteli*, auch sehr an den „unteren Meeressand“ [dessen Vertreter dieser Thon doch wohl ebensogut sein könnte, wie mancher norddeutscher, direkt über dem Unter-Oligocän liegender Rupelthon. D. Ref.]. Neu beschrieben und abgebildet wird *Terebratula (Megerlea)? Haasi* von Lobsann. (Mit dieser stimmt, soweit dies bei der ungenügenden Erhaltung und ohne direkten Vergleich von Exemplaren sich feststellen lässt, das vom Referenten „Mittel-Oligocän Norddeutschlands Nr. 118“ mit *Argiope megalocephala* Sbg. verglichene Exemplar von Pietzpuhl ganz überein.) Ausserdem werden besonders 3 Ostracoden und 92 Foraminiferen näher beschrieben und zum Theil neu benannt resp. trefflich abgebildet, auch eine neue Gattung „*Pseudotruncatulina*“ für die *Truncatulina Dutemplei* d'Orb. aufgestellt. Ca. 70 km von da, bei Heiligenstein, wurde der Thon einer kleinen Thongrube nach der Foraminiferen-Fauna ebenfalls als Rupelthon bestimmt.

V. Mergel mit *Ostrea callifera* und reicher Foraminiferen-Fauna im Ober-Elsass zwischen Gebweiler und Sentheim schliessen sich durch ihre Foraminiferen-Fauna auf das Innigste an, enthalten aber nicht die bezeichnenden Mollusken, wie *Leda Deshayesiana*, *Nucula Chasteli* etc. Zwischen Sentheim und Aue werden aus Mergelgruben theils hierher gehörige Mergel, theils ächte *Amphisyle*-Schiefer gegraben, die also zu jenen in sehr inniger Beziehung stehen; diese Mergel haben nur an einer Stelle, am Wege von Sulz nach Hartmannsweiler, Mollusken geliefert. Es wechseln dort nach Delbos' Angabe graue, z. Th. Gyps-haltige Mergel mit Kalksandsteinen mit *Pecten pictus*, *Pectunculus obovatus*, *Cardium Raulini*, *Lucina annulifera*, *L. divaricata*, *Cyrena convexa* Bronng (*C. semistriata* Desh.) und angeblich auch *Corbicula donacina* A. Braun und Fischzähne. Aus den Mergeln werden 67 Arten Foraminiferen angeführt, worunter 10 neu benannt. Die Beziehungen dieser zu den übrigen Foraminiferen-Faunen des Elsass werden dann erörtert, sowie zu denen des Rupelthons des Mainzer Beckens und Norddeutschlands. Eine Verwandtschaft derselben mit der des Pariser Beckens ist kaum vorhanden, eher mit der des Wiener Beckens und besonders der der Schichten mit *Clavulina Szabói* in Ungarn.

VI. Die *Amphisyle*-Schichten im Elsass und am Oberrhein, vielfach bis in die neueste Zeit schon erwähnt und beschrieben, werden wegen ihrer Wichtigkeit doch eingehender besprochen, so ihre Verbreitung von den Karpathen durch Ober-Bayern in das Rheingebiet bis Nierstein und Flörsheim, ihr Alter etc. Es folgt eine Zusammenstellung ihrer Fauna: 12 Arten Fische, *Cyrena convexa*, *Cytherea splendida* und 17 Foraminiferen, worunter 6 neue Arten. 6 Pflanzen-Arten werden nach Muston, Delbos etc. erwähnt und im Anschluss auch die Fauna und Flora der Fischschiefer von Nierstein und Flörsheim, letztere nach Geyler.

Der Blättersandstein von Habsheim mit *Meletta*-Schuppen wird nach Delbos' und Köchlin-Schlumberger's Arbeiten geschildert und auch noch dem Mittel-Oligocän zugerechnet, während die Blättersandsteine von Delsberg und Truchtersheim zum Ober-Oligocän gestellt werden.

VII. Das Oberoligocän im Elsass und in der Oberrheinebene. Die Cyrenen-Mergel von Kolbsheim und Truchtersheim sind nicht mehr aufgeschlossen und nur durch die Angaben Daubrée's bekannt; die von da stammenden Fossilien im Strassburger Museum werden angeführt, und dann die kleine Fauna, welche aus Mergelstücken jener Gegend durch Schlämmen gewonnen wurde. Von 25 theils marinen, theils Süsswasser-Molluskenarten sind 4 nicht specifisch bestimmt und 7 sind neue Arten, von denen beschrieben und abgebildet werden: *Valvata cyrenophila*, *Alsatia turbiniformis*, *Turbonilla alsatica*. *Alsatia* ist eine neue Gattung, die durch Gestalt und Skulptur an *Fossarus* und *Polytropis*, durch eine Spindelfalte an *Odontostoma* erinnert. Dazu kommen unter Anderem zwei neue Foraminiferen und eine neue *Acicularia*. Die äquivalenten, resp. für etwas jünger gedeuteten Schichten im Ober-Elsass bei Rufach sind bereits von Bleicher, sowie von Delbos und Köchlin-Schlumberger beschrieben, indessen ergab eine Mergelschicht zwischen den Conglomeraten 3 Foraminiferen-Arten in grösserer Häufigkeit, sowie Ostracoden.

Die Fauna und Flora der höherliegenden gelben bis schmutzigrothen Mergel wird nach BLEICHER's Angaben mitgetheilt und ausserdem *Cyrena convexa* BRONGN. angeführt und der *Mytilus* als *M. Faujasi*, auch das Isopod als *Eosphaeroma* bestimmt. Gleichaltrig und gleichfalls jünger als der Cyrenenmergel sind die Ablagerungen des nahen Bollenberges und des Letzenberges bei Türkheim.

VIII. Oligocäne Conglomerate und Küstenbildungen im Elsass gehören verschiedenen Horizonten an, die aber wegen Mangels an Fossilien öfters nicht bestimmt werden können. Unter Anderen werden die Conglomerate am Scharrachberg bei Wolxheim erwähnt, an deren Basis grünliche Mergel mit einer kleinen Foraminiferen-Fauna liegen; 18 Arten werden von dieser angeführt und darunter 6 neu benannt; auch bei Bernhardsweiler, Barr und Ittersweiler liegen oligocäne Conglomerate und ebenso im Ober-Elsass von Türkheim bis Rufach, wo ausser der erwähnten kleinen Fauna noch Mergel mit 3 Foraminiferen-Arten vorkommen, die neu sind, resp. beschrieben und abgebildet werden. Die Conglomerate erstrecken sich bis Belfort, Montbéliard, bis in den Berner Jura, in Oberbaden aber nur bis Lahr.

Es werden hohle Geschiebe und von Bohrmuscheln angebohrte Uferfelsen erwähnt und endlich die Geschichte des Oberrheinthales zur Oligocänzeit nach Obigem ausgeführt, sowie auch eine tabellarische Übersicht der Tertiärschichten im Elsass hinzugefügt.

Die Miocänschichten im Oberrheinthale. Der Cerithienkalk (der nach Vorgang SANDBERGER's etc. zum Miocän gezogen wird) ist in der Rheinebene bei Neustadt und Landau vorhanden, dann aber erst wieder in Oberbaden auf dem Tüllinger Berg bei Weil, etwas abweichend, mehr Süsswasserformen enthaltend, so dass er vielleicht auch mit den *Corbicula*-Schichten zu parallelisiren ist, welche in der Rheinpfalz auch bei Dürkheim, Neustadt und Ottersheim bei Göllheim, sowie am Büchelberg bei Lauterberg vorhanden sind.

Äquivalente der Dinotheriensande sind zwar die Bohnerze von Mösskirch nördlich Constanz, sind auch im Berner Jura bekannt, nicht aber im Elsass. Das Alter der bei Riedsalz wahrscheinlich auf Oligocänschichten liegenden weissen Quarzsande und Thone etc. ist zweifelhaft.

Zwölf Tafeln mit vorzüglichen Abbildungen der neuen oder bisher ungenügend bekannten Arten, sowie 2 Karten dienen zur besseren Erläuterung der umfassenden und inhaltsreichen Arbeit. **v. Koenen.**

Toula: Über die Tertiärablagerungen bei St. Veit an der Triesting und das Auftreten von *Cerithium lignitarum* EICHW. (Verhandl. Geol. Reichsst. 1884.)

Der Verfasser giebt eine genaue Beschreibung der Schichtenfolge der Tertiärablagerungen von St. Veit an der Triesting südwestlich von Vöslau.

Zu unterst scheint eine Bank mit *Ostraea crassissima* zu liegen, darüber folgen sandige und mergelige Schichten mit einer Mengung von marinen, brackischen und Süsswasserconchylien, unter denen sich namentlich die Cerithien durch massenhaftes Vorkommen auszeichnen.

Cerithium lignitarum.	*Buccinum Dujardini.*
„ *pictum.*	*Pleurotoma Jouanneti.*
„ *rubiginosum.*	*Nerita picta* etc.
„ *nodosoplicatum.*	

Hieran schliesst sich eine sehr ausführliche Darstellung der Verbreitung des *Cerithium lignitarum* in den Miocänbildungen Österreich-Ungarns.

Es geht aus der ganzen Arbeit hervor, dass das *Cerithium lignitarum* sein Hauptlager an der Basis des Leythakalkes habe, in einem Horizonte, welcher wohl dem von Grund entspricht, eine Thatsache, die allerdings schon seit langer Zeit bekannt ist. **Th. Fuchs.**

Hilber: Geologie der Gegend zwischen Kryzanowice wielki bei Bochnia, Ropczyce und Tarnobrzeg. (Verhandl. Geol. Reichsanst. 1884. 117.)

Am Rande der Karpathen zwischen Debica, Ropczyce und Sedziszon wurden ausgeschieden:

Glacialbildungen, eine Strecke weit in die Karpathen vordringend; Löss mit Lösschnecken und Lössbrunnen; grüner Lehm (Berglehm) mit senkrecht stehenden concretionären Brauneisenstein-Röhren, und fluviatiler Schotter.

Nulliporenkalk mit *Pecten latissimus*, Bryozoen-Kalkstein und Amphisteginenschichten bei Olimpon.

Menilitschiefer ebenfalls bei Olimpon.

Neocom, den grössten Theil des Karpathenrandes zusammensetzend, besteht aus weisslichen Mergeln, Hieroglyphensandstein, Conglomerat, Schotter und grünen und lichten Sanden mit concretionären Sandsteinblöcken.

Die Ebene zwischen dem Sau und der Weichsel besteht zum grössten Theile aus Diluvial- und Alluvialbildungen, Geschiebelehm, Löss, fluviatilem Schotter etc.

Bei Tarnobrzeg finden sich Sande und Mergel der zweiten Mediterranstufe mit Fossilien. **Th. Fuchs.**

Sandberger: Bemerkungen über tertiäre Süsswasserkalke aus Galizien. (Verhandl. Geol. Reichsanst. 1884. 33.)

Bei Podhain, Tarnopol, Czechow und Jarysron kommen an der Basis der marinen Miocänbildungen und unmittelbar auf der Kreide liegend Süsswasserbildungen vor, aus denen der Verfasser nachstehende Arten bestimmte:

Hydrobia ventrosa Mont. var.
Planorbis solidus Thomä.

Planorbis laevis KLEIN.
„ *declivis* BRAUN var.
Amphipeplex Buchii EICHW.

Lagerungsverhältnisse und Fauna weisen auf den Horizont des Calcaire d'Orleans hin.

Einem viel jüngeren Horizonte und zwar wahrscheinlich den Paludinenschichten der levantinischen Stufe scheinen die Kalksteine von Wykroski in Ostgalizien anzugehören, aus denen folgende Arten angeführt werden:

Paludina cf. *Wolfi* NEUM. — *Corbicula* sp.
Melanopsis cf. *hylostoma* NEUM. — *Helix* 3 sp.
Melania aff. *Escheri.*

Th. Fuchs.

Halaváts: Bericht über die geologische Detailaufnahme im Jahre 1883 in der Umgebung von Alibunár, Moravicza, Moriczföld und Kakova. (Földtani Közlöny 1884. 403.)

Das, durch die im Titel angeführten Ortschaften näher umgrenzte Aufnahmsgebiet liegt im südöstlichen Ungarn, westlich und nördlich von Werschetz. Es werden folgende Glieder unterschieden:

1. Trachyt, kleine Parthie bei Nagy Szurduk und Forotik.

2. Congerienschichten. Meist feine und grobe, gelbe oder weisse Sande mit wenig Fossilien. Bei Königsgnad kommen unter den lichten Sanden blaue thonige Schichten vor, welche eine sehr reiche Fauna enthalten:

Cardium sp. nov. (verwandt mit *crista-galli* ROTH).
„ *Schmidti* HOERN.
„ *secans* FUCHS.
„ *apertum* MÜNST.
„ 3 sp. nov.
„ sp. nov. (verwandt mit *Majeri* und *Winkleri*).
Congeria cf. *Schroeckingeri* FUCHS.
„ *triangularis* PARTSCH.
„ *rhomboidea* HOERN.
Pisidium priscum ECHW.
Valenciennesia annulata ROEM.
Melanopsis sp.

Die Fauna zeigt die grösste Ähnlichkeit mit jener von Arpad, doch kommen auch Radmanester Formen dazwischen vor.

3. Basalt, schlackig, porös, eine kleine, 60 Meter über das umliegende Diluvialland sich erhebende Kuppe, den durch seine Weinkultur so berühmten „Sümeg-Berg" zusammensetzend.

4. Gelber Diluviallehm, tritt namentlich im östlichen Theil des Gebietes in grosser Ausdehnung Plateau-bildend auf, ist meist etwas sandig und enthält häufig Bohnerze und Mergelconcretionen.

5. Löss und Sand, namentlich im südwestlichen Theile des Aufnahmsgebietes verbreitet.

6. Alluvium. Die Gebiete der ehemaligen grossen Sümpfe von Alibunár und Illancsa, deren letzte Reste gegenwärtig von einem holländischen Consortium trocken gelegt werden.

Bei Zichyfalva wurde durch Herrn J. Seidl ein 57,98 Meter tiefer artesischer Brunnen gebohrt, durch welchen unter den alluvialen und diluvialen Bildungen die Congerienschichten aufgefunden wurden.

Torf scheint gegenwärtig in dem ganzen Gebiete nicht mehr vorzukommen. **Th. Fuchs.**

Roth v. Telegd: Umgebung von Eisenstadt. (Erläuterungen zur geologischen Spezialkarte der Länder der ungarischen Krone. Blatt C. 6 . 1 : 144 000. Budapest. 1884.)

Halaváts: Umgebungen von Weisskirchen und Kubin. (Erläuterungen zur geologischen Spezialkarte der Länder der ungarischen Krone. Blatt K. 15 . 1 : 144 000. Budapest. 1884.)

Die beiden vorstehenden Publikationen bilden die ersten Hefte der von der ungarischen geologischen Anstalt den von ihr herausgegebenen geologischen Karten beigegebenen „Erläuterungen". Beide Hefte behandeln vorwiegend Tertiär; nachdem wir jedoch seinerzeit stets über die Originalarbeiten, welche den „Erläuterungen" zu Grunde liegen, ausführlich berichtet haben, müssen wir wohl von einer Wiederholung des Gegenstandes absehen. **Th. Fuchs.**

Koch: Vierter Bericht über die im Klausenburger Randgebirge im Sommer 1883 ausgeführte geologische Specialaufnahme. (Földtani Közlöny 1884. 368.)

Wir finden hier abermals eine Darstellung jener merkwürdigen Schichtenreihe, welche in ununterbrochener Folge aus dem tiefsten Eocän bis zu den jüngeren Mediterranschichten führt und welche die Gegend von Klausenburg immer zu einem classischen Punkte für das Studium der stratigraphischen Verhältnisse des Tertiär machen wird.

Nachdem wir jedoch bereits zu wiederholtenmalen ausführlich über diesen Gegenstand referirt haben, können wir diesmal von einem näheren Eingehen in denselben absehen. **Th. Fuchs.**

Schafarzik: Geologische Aufnahme des Pilis-Gebirges und der beiden „Wachtelberge" bei Gran. (Földtani Közlöny 1884. 409.)

Es treten in dem untersuchten Gebiete folgende Formationsglieder auf:

Triaskalk, dunkel, dünnplattig, bituminös, ohne Fossilien, von unbekanntem Alter.

Hauptdolomit, lichtgrau, massig, feinkörnig, ohne makroskopisch erkennbare Fossilien.

Dachsteinkalk bildet den Gipfel des Pilis-Berges, ist dicht, schneeweiss, gelblich oder röthlich und enthält *Megalodus triqueter,* Evinospongien und eine *Spiriferina*. An der Ostseite des Pilis-Berges befindet sich eine Höhle, welche indessen keinerlei diluviale Höhlenthiere lieferte. Im Szent-Léleker-Thale findet sich über Plattenkalken der oberen Trias eine „Lumachelle" aus Bivalven (*Avicula, Modiola, Ostrea*).

Hierlatzschichten, roth- und weissgefleckte Crinoidenkalke mit Brachiopoden und Ammoniten.

Oberer Jura, Hornstein führende Kalke mit Radiolarien und undeutlichen Ammoniten.

Nummulitenkalk und Nummulitensandstein mit eingeschalteten Süsswasserkalken.

Tschihatschefi-Schichten, Orbitoiden und Nummuliten führende Kalksteine mit den bekannten Fossilien dieses Horizontes.

Lindenberger Sandstein, kleinkörnige Sandsteine ohne Fossilien. Sie liegen überall abgesondert von den übrigen Tertiärbildungen unmittelbar dem Dachstein auf. (Oligocän.)

Kleinzeller Tegel, reich an den bekannten Foraminiferen.

Am Wachtberge sieht man in einer Ziegelei über dem Kleinzeller Tegel ein System von Sanden und Mergeln, welche eine sehr eigenthümliche Fauna führen, indem man Arten des Kleinzeller Tegels mit solchen aus jüngeren Oligocänschichten gemengt findet.

Natica crassatina,	*Rostellaria*,
Voluta Tournoueri,	*Cancellaria*,
Lucina rectangularis,	*Pectunculus* etc.
Fusus,	

Pectunculus-Sandstein, Ober-Oligocän.

Von jüngeren Ablagerungen finden sich nur noch Quaternärbildungen in der Form von Löss, Flugsand und einem Torflager. In dem letzteren findet sich neben zahlreichen lebenden Land- und Süsswasserschnecken in grosser Menge *Cyclostoma elegans*, welche gegenwärtig in der Ofner und Graner Gegend nicht mehr lebend gefunden wird. **Th. Fuchs.**

E. van den Broeck et **A. Rutot:** Carte géologique et explication de la feuille de Bilsen. Brüssel 1883.

Es liegt hier in trefflicher Ausführung (durch Giesecke & Devrient) das erste von dem „Service de la carte géologique" selbst herausgegebene Blatt nebst Erläuterungen (212 Seiten und 2 Tafeln Profile) vor.

In der Einleitung wird bemerkt, dass die Eintheilung der Tertiärbildungen zu machen sei auf Grund ihrer Faunen und zugleich auf Grund des Auftretens von Geröllschichten an ihrer Basis (bei Meeresablagerungen aus mittlerer Tiefe). Es wird ausgeführt, dass jede Etage einer „vollständigen Oscillation" (Senkung und Hebung) entspreche, deren Ablagerungen als vollständiger Cyclus seien: a. Gerölle resp. Senkungs-Ufer-Kies, b. Ufer-Sande, c. Schlamm und Thon aus tieferem Wasser, d. Ufer-Sande, e. Gerölle und Hebungs-Ufer-Kies oder hiervon ev. nur a, b + d und e. Ausführlich sind diese Punkte auch im Bull. Musée Royal d'Hist. nat. t. II.

1883 von Rutot (S. 41—83) und Van den Broeck (S. 341—369) erörtert worden. Das Eocän, Oligocän, Miocän und Pliocän soll in soviel Stufen getheilt werden, als derartige Cyclen sich fänden. Wenn brackische Schichten sich zwischenschieben, sollen die Buchstaben a, b, c etc. nur deren Reihenfolge (unter Umständen auch nur Unterstufen) bezeichnen. Bemerkt wird besonders, dass wenn in den primären Schichten Belgiens die Trennung der Stufen durch Geröllelagen nicht so systematisch ausführbar sei, so bleibe doch das Grundprinzip intact. Die einzelnen Schichten einer Stufe M werden hiernach mit M a M b, c, d, e bezeichnet, und wenn sie in zwei Unter-Etagen zerfällt in M 1 a etc., M 2 a etc.

Das griechische Alphabet soll dann ev. noch benutzt werden, besondere Facies der Unter-Abtheilungen der Horizonte zu bezeichnen.

Auf der Karte wird nun sowohl die Decke (diluviale und alluviale), als auch deren Untergrund angegeben und besonders bezeichnet der bekannte einerseits und andrerseits der muthmassliche. In den hellen Farben des Quartär, dessen Verbreitung im Untergrunde nicht angegeben wird, bezeichnen Punkte die Gerölleschichten. Die Buchstaben, Farben etc., stehen nur an solchen Stellen, wo die betreffende Schicht direkt beobachtet wurde. Scharfe Grenzlinien werden nur da gezogen, wo die Grenzen scharf bestimmt werden konnten. Auf anderen Blättern soll das „terrain détritique" (wohl Abhangsschutt) durch besondere Schraffirung in den Farben der betreffenden Etagen angegeben werden. Farbige Linien bezeichnen die muthmassliche Verbreitung der Etagen im Untergrunde. Durch concentrische Kreise mit den entsprechenden Farben werden die in artesischen Brunnen etc. angetroffenen Schichten angegeben, die in Probebohrlöchern durch ein schmales Rechteck (1 mm breit und 1 mm hoch auf je 1 Meter Tiefe).

Es wird dann nach einer orographischen etc. Schilderung das Heersien von Rutot das übrige Tertiär und Quartär von Van den Broeck beschrieben. Die weissen Mergel des Heersien, 20 bis 25 Meter mächtig, treten nur an einer Stelle zu Tage, wurden aber mehrfach durch artesische Brunnen erbohrt.

Das Tongrien inférieur mit *Ostrea ventilabrum*, meist lockere, glaukonitische Sande, unten und z. Th. auch oben mit einer Geröllelage, wird in 4 Horizonte getrennt (Tg 1 a bis d Gerölle, Sand, Thon, Sand); eine kurze Liste von Fossilien ist beigefügt.

Im „fluvio-marin" tongrien supérieur zunächst auf dem rechten Ufer des Haut Démer werden 3 Horizonte und in diesen eine Reihe von Schichten unterschieden, so z. B. in Tg 2 c 8 Schichten (A—H) bei Vieux-Jonc:

A. grüner Mergel mit Cerithien und Cyrenen . . . . . 0,10 m
B. grober, brauner Sand mit Thonschnüren . . . . . . 0,80 m
geht über in
C. lockerer, weisser Sand . . . . 0,60 m
D. weisser, fester Mergel mit Muscheln . . . . 0,15 m
E. brauner Sand mit Cerithien, wechselnd mit dunklem Mergel 0,12 m
F. grauer, knolliger Mergel . . . . 0,10 m

G. gelber, fossilführender Sand, wechselnd mit grauem Mergel nach oben.

H. ockerig und verhärtet, sehr reich an Fossilien . . . 0,10 m

Auch hier sind kurze Listen von Fossilien beigefügt und der Contact mit dem gelben Quarzsande des Rupélien inférieur constatirt. In ähnlicher Weise werden Profile im Tongrien sup. a b c und Rupélien inf. R1 a b c bei Klein-Spauwen, und im Tongrien sup. Tg2b bei Gross-Spauwen gegeben und die verschiedene Entwickelung der einzelnen Schichten besprochen. Ferner werden die Profile etc. der einzelnen „Massifs“ auf dem linken Ufer des Haut-Démer geschildert und endlich (S. 72) bemerkt, dass Tg2a, der „Sand von Bautersen“ mit *Cyrena semistriata*, im Bereiche des Blattes Fossilien nicht enthält, dass Tg2b, der Thon von Hénis mit *Cytherea incrassata*, linsenförmig auftritt, Tg2c, der Sand mit *Cerithium plicatum* von Vieux-Jonc und Klein-Spauwen, obwohl weniger vertreten, doch dann stets sehr charakteristisch entwickelt ist.

Das Rupélien wird ebenso eingehend nach den einzelnen Districten beschrieben und in 2 Unter-Etagen getheilt (R1 und R2) und hiervon R1 in 4 Schichten, nämlich a. Gerölle, welche sehr oft fehlen, b. 1—8 Meter helle Quarz-Sande mit *Pectunculus obovatus* (mitunter auch reicherer Fauna) von Berg, c. Thon von Klein-Spauwen mit *Nucula compta*, 3 bis 6, ausnahmsweise bis 10 Meter mächtig, sehr reich an Fossilien, d. „unteren Sand von Kerniel“ ca. 3—4 Meter, ohne Fossilien. R2 (Rupélien supérieur) bekommt ebenfalls 3 Schichten: R2a „Kies von Kerniel“ 0,10 bis 0,15 Meter grober Sand und Gerölle, R2b, „oberer Sand von Kerniel“ (5—8 Meter), mitunter mit etwas thonigen Lagen, fast immer noch eine dünnere Kieslage enthaltend, mit Abdrücken von marinen Muscheln, R2c, „schiefriger Thon des Limburg“, 2 Meter, graulich, bläulich oder bräunlich, geht seitlich in den Rupel-Thon mit *Leda Deshayesiana* über.

Das Ober-Oligocän, Étage Boldérien, ist sehr wenig verbreitet; es enthält (Bd a) eine mitunter fehlende schwache Lage von Feuersteingeröllen, b. 1—3 Meter feine glaukonitische Sande mit vereinzelten Geröllen etc. und schlecht erhaltene Reste einer marinen Fauna und d. ca. 10 Meter grobe Quarzsande, z. Th. mit Glimmer, mit feineren Sanden wechselnd, oben und unten glaukonitisch. Im Terrain quarternaire wird unterschieden: Étage Diluvien, É. Hesbayen und É. Campinien. Von dem ersten fehlt Q1a, marinen Ursprungs, auf dem Blatte, während Q1b, Sand und Kies von Süden her durch Flüsse mitgebracht, die Höhen bedeckt; Q1c, im Thale liegend, besteht aus Sand, Kies, Geröllen etc., wird aber nach dem unteren Laufe des Haut Démer homogener und scheint in einen dunkelgrauen, meist grünlichen, stinkenden, thonigen Sand überzugehen, welcher mit 20 Meter nicht durchbohrt wurde.

Das Hesbayen Q2 bedeckt alle älteren Schichten als Lehm und ist kalkhaltig, soweit nicht der Kalk ausgelaugt ist, also bis zu einer Tiefe von 2—2½, seltener 3 Metern. Er enthält ausser Lehmpuppen nur *Helix hispida* und *Succinea oblonga*. Das Liegende wurde mehrfach mit Bohrlöchern selbst von 8 und 9 Meter Tiefe nicht erreicht. An seiner Basis liegt eine meist wenig mächtige Geröllschicht.

Der helle, lockere Sand des Campinien ist meist wenig mächtig und enthält unten und mitunter auch nach oben Quarzit-Gerölle. Nach Süden liegen darunter auch thonige, oder thonig-sandige Schichten, welche seitlich in Lehm des Hesbayen übergehen und direkt auf Q1c liegen, aber doch mit Cp1 bezeichnet werden, während die lockeren Sande Cp2 bekommen.

Endlich werden die Alluvialbildungen, Torf etc. besprochen, die Wasserführung der einzelnen Schichten, ihre technische etc. Verwendbarkeit, und endlich die Profile zweier artesischer Brunnen bei Hässelt und Bilsen, welche 61 resp. 64 Meter Tiefe erreichten. Eingehend besprochen wird noch eine Liste der Fossilien des Tongrien sup. fluvio-marin, in welcher eine Reihe bisher nicht daraus bekannter Arten sich befinden, wie *Limnaeus longiscatus*, *Bithynia inflata* Bronn etc., sowie auch *Cyclostoma bisulcatum* und *Dreissena Brandi*. [Referent möchte an der vor längeren Jahren schon vertretenen Ansicht festhalten, dass das Tongrien supérieur eher dem Mittel-Oligocän angehört, da die marinen Mollusken darauf hinweisen und die, übrigens zu einer genauen Altersbestimmung weniger geeigneten Süsswasser- und Land-Mollusken etc. durchschnittlich auch eher hierhin passen dürften.]

Auf zwei grossen Tafeln sind 6 Profile durch das Blatt gegeben.

von Koenen.

W. Kilian: Note sur les terrains tertiaires du territoire de Belfort et des environs de Montbéliard (Doubs). (Bull. soc. géol. 3 sér., T. XII, No. 8, S. 729. November 1881.)

Bei Aufnahme der geologischen Karte (1 : 80 000) der Blätter Montbéliard und Ferrette hat Kilian die Fortsetzung der von Andreae (Beitr. z. Kenntn. d. elsässer Tertiärs) geschilderten Schichten untersucht und giebt nun zunächst eine Übersicht der Arbeiten älterer Autoren und beschreibt dann die einzelnen Etagen: I. Ober-Eocän (Unter-Oligocän): Über a) den Bohnerzen, welche mit denen des Berner Jura mit *Palaeotherium* verglichen werden, folgt b) der Kalk mit *Melania Laurae* (Melanienkalk von Brunnstatt bei Andreae), welcher mit dem Gyps des Pariser Beckens und den Bembridge-Schichten der Insel Wight parallelisirt wird, und bei Morvillars und Châtenois *Planorbis goniobasis* Sbg., *Limnea longiscata* Br., *L. convexa* Edw., *L. caudata* Edw., *Melania Laurae* Math. etc. enthält. Verfasser folgt in der Altersbestimmung also Sandberger [wohl mit Recht. D. Ref.] und weicht von der von Andrae allerdings nicht sonderlich bestimmt ausgesprochenen Ansicht ab. II. Unter-Miocän = Mittel- und Ober-Oligocän. a) Sande und Mergel von Dannemarie (= unterer Meeressand von Weinheim). Hierher werden die Ufer-Conglomerate über dem Eisenstein bei Montbéliard und Belfort gerechnet. b) Die Fisch-Schiefer mit *Meletta* und *Amphisyle* (= Rupelthon) sind bei Froidefontaine zur Zeit sehr unvollkommen sichtbar, sind bei Dunjontin, Exincourt und Morvillars, wie Verfasser annimmt, durch Ufer-Conglomerate vertreten, welche mit den vorhergehenden verschwimmen, und liegen unter c) dem Système de Bourogne, schmutzig-rothen, grauen oder gelben Mergeln, wechselnd mit feinen thonigen Sandsteinen (Molasse) und Kalkconglomeraten und, bei Châtenois, Moval etc., ein gelber Kalk mit *Helix*. Bei Réchésy liegen in diesem Horizont schiefrige Mergel mit Pflanzenresten. Darüber folgen Mergel, wechselnd mit Molasse und Conglomeraten und endlich (bei Meroux, Grandvillars, Courtelevant und Boncourt) Mergel oder Thone etc. mit *Cyrena convexa*, *Mytilus Faujasi* etc. Dann folgen wieder mächtige Conglomerate und Kalksandsteine. Ausser den obigen Formen und den von Delbos, Parisot etc. bereits erwähnten, wird noch *Corbicula Faujasi*, *C. donacina* und *Cytherea splendida* angeführt. In Verbindung mit dem Système de Bourogne werden gebracht: 1. der erwähnte Kalk mit *Helix subsulcosa* Thom., *H. girondica* Noulet etc. von Châtenois etc., der als „Calc. lacustre d'Allenjoie" bezeichnet wird. Es entsprechen demselben im Berner Jura die dunklen Mergel von Courrendlin mit *Helix rugulosa* Mart. (vielleicht ident mit *H. subsulcosa* Thom.) dem Hangenden der „unteren Meeres-Molasse" bei Delsberg.

2. Die Blätterschichten von Réchésy, aus denen eine Flora von einigen 20 Arten, meist Dikotyledonen, angeführt werden.

Das System de Bourogne wird als genaues Äquivalent der Schichten von Rufach bestimmt, aber auch der Schleichsande von Elsheim, d. i. dem unteren Cyrenen-Mergel [die Fauna sowohl als auch die Gesteinsentwickelung scheinen wohl eher mit den Cerithien-Schichten des Mainzer Beckens resp. den Münzenberger und Rockenberger Conglomeraten übereinzustimmen. D. Ref.] und es wird ausgeführt, dass das Elsässer Meeresbecken nach Süden und Westen vollständig geschlossen gewesen sei, weil 1. bei Belfort und Mömpelgard die Grenze desselben durch Ufer-Conglomerate bezeichnet sei, 2. weil weiter westlich gleichaltrige marine Bildungen nicht existirten, vielmehr bei Gray Kalke mit *Bithynia plicata* und die Schichten mit *Helix Ramondi* an die Stelle des Calc. de Brie träten, ohne dass marines „Tongrien" dort beobachtet worden wäre, 3. weil südlich von Basel das Tongrien ebenfalls wesentlich durch Süsswasserbildungen vertreten sei, der Jura also damals schon aus dem Meere herausgetaucht sei. [Vergleicht man die Faunen des unteren Meeressandes, die der Sande von Fontainebleau und die des belgischen Rupélien inférieur, so erscheint die Annahme wahrscheinlich, dass das Mainzer Becken direct, resp. nicht über Belgien, mit dem Pariser Becken zu dieser Zeit zusammengehangen hat. D. Ref.] Die Vertheilung des Wassers (Meer- resp. Süss-) im Bezirk im Laufe der Zeit wird besprochen und endlich die Parallelisirung der Elsässer Tertiärschichten mit den benachbarten, mit denen des Mainzer und des Pariser Beckens gegeben, resp. durch eine Übersichtstabelle dargestellt und Betrachtungen über die Stratigraphie, Bewegungen des Bodens und ein Schlusswort hinzugefügt.

von Koenen.

Fontannes: Note sur la constitution du sous-sol de la Crau et de la plaine d'Avignon. (Bull. Soc. géol. 3 série XII. 1884. 463.)

Unter den Geröllablagerungen, welche die grosse und kleine Crau zusammensetzen, kann man zwei verschiedene Bildungen unterscheiden:

Eine ältere, welche vorzugsweise aus Kalkgeröllen, und eine jüngere, welche fast ausschliesslich aus Quarzgeröllen gebildet ist. Die jüngere gehört dem Quaternär, die ältere wahrscheinlich bereits dem Pliocän an.

Die Unterlage dieser beiden Geröllablagerungen wird zum grössten Theile aus miocäner Molasse, in weit geringerem aus pliocänen Meeresbildungen gebildet.

Die Zusammensetzung der grossen und kleinen Crau stimmt daher ganz mit den Thalausfüllungen der östlichen Nebenflüsse der Rhône überein.

Th. Fuchs.

F. Fontannes: Note sur quelques gisements nouveaux des terrains miocènes du Portugal et description d'un Portunien du Genre *Achelous*. (Paris 1884. 8°. Mit 2 Tafeln.)

Nach einer kurzen historischen Übersicht über die bisherigen Publikationen über das Tertiär Portugals beschreibt der Verfasser einige neue Aufschlüsse in der Stadt und Umgebung von Lissabon nebst den daselbst aufgefundenen Fossilien.

Dieselben vertheilen sich in folgender Weise auf die einzelnen Schichten, indem wir mit den älteren beginnen:

1. Molasse von Lissabon mit *Venus Ribeiroi.*

Achelous Delgadoi nov. sp., *Natica millepunctata*, *Venus Ribeiroi* nov. sp., *V. casinoides* var. *Choffati*, *Cardium latisulcatum*, *Lucina Olyssiponensis* nov. sp., *L. Delgadoi* nov. sp., *Mytilicardia elongata* var. *Lusitanica*, *Pecten Costai* nov. sp.

2. Thone und Sande mit Pflanzenresten.

a) Lissabon (Rua do Imprussa). *Balanus* cf. *tintinabulum*, *Turritella terebralis*, *T. bicarinata*, *T. turris*, *T. quadriplicata*, *Corbula* cf. *carinata*, *Anomalocardia turonica*, *Ostraea crassicostata*, *O. Granensis.*

b) Lissabon (Nossa Senhora do Monte). *Turritella terebralis*, *Mactra Basteroti*, *Lutraria elliptica*, *Ostraea crassissima*, *O. Gingensis.*

c) Quinta do Bacalhao. *Nassa aquitanica*, *Cerithium papaveraceum*, *C. lignitarum*, *C. pictum*, *Turritella terebralis*, *Calyptraea Chinensis*, *Lutraria elliptica*, *Tellina lacunosa*, *Fragilia Cotteaui*, *Ervilia pusilla*, *Cytherea undata*, *Cardium latisulcatum*, *Mytilus aquitanicus*, *Meleagrina phalaenacea.*

d. Charneca. *Cerithium pictum*, *Ervilia pusilla.*

e. Azambujo. *Helix*, *Ostraea crassissima.*

f. Archino. *Unio Ribeiroi.*

Nach der Ansicht des Verfassers sind die im Vorhergehenden angeführten marinen Schichten im Wesentlichen gleichaltrig und gehören entweder dem Langhien oder dem ältesten Helvetien an.

Jedenfalls sind sie älter als die Schichten von Adiçe mit *Cardita Jouanneti* und die Schichten von Mutella und de Cacella mit *Pleurotoma ramosa*, welche dem Horizonte von Salles oder vielleicht einer noch jüngeren Stufe entsprechen.

Die Ansicht Heer's, dass die pflanzenführenden Schichten von Lissabon der Oeningerstufe angehören, ist demnach wohl zu corrigiren.

Der vom Verfasser beschriebene *Achelous Delgadoi* ist der erste Repräsentant dieser tropischen Gattung im Miocän und kommt in den Schichten mit *Venus Ribeiroi* in grosser Menge vor, mit Ausschluss jeder andern Art.

Der Verfasser macht darauf aufmerksam, dass die Portuniden überhaupt die Eigenthümlichkeit zu zeigen scheinen, dass an den einzelnen Standorten immer nur eine Art, diese aber in grosser Menge vorkommt.

Th. Fuchs.

S. Nikitin: Diluvium, Alluvium und Eluvium. (Zeitschrift d. deutsch. Geolog. Ges. XXXVI. 1884. S. 37—40.)

Durch den Umstand, dass die drei Bezeichnungen ursprünglich weiter nichts als die Entstehungsart der posttertiären Bildungen angeben sollen. dagegen sehr häufig im Sinne der periodischen Eintheilung dieser Ablagerungen angewandt werden, ist eine grosse Unklarheit in den wissenschaftlichen Schlussfolgerungen eingetreten, indem von ein und demselben Autor die Begriffe bald in diesem, bald in jenem Sinne gebraucht werden. Der Verfasser wendet sich zuerst gegen die Bezeichnung Diluvium, ein Ausdruck, der zwar früher zur Zeit der allgemein herrschenden Lyell'schen Hypothese von der gewaltigen Senkung des europäischen und amerikanischen Continents logisch und folgerecht erschienen sei. jedoch gegenwärtig bei der immer mehr Anerkennung gewinnenden Glacialtheorie seine Berechtigung völlig verloren habe. Der Ausdruck Alluvium ist von jeher für die Ablagerungen gebraucht worden, welche in Folge der Ausspülung von atmosphärischen Wässern, Translocation und Süsswasserabsatz entstanden sind. Die Geologen sollen jedoch dabei berücksichtigen, dass damit nicht zu gleicher Zeit die Bildungsperiode angegeben sei, sondern dass dieselbe nothwendiger Weise hinzugefügt werden müsse. Der von Trautschold seiner Zeit vorgeschlagene Ausdruck Eluvium darf nach Ansicht des Verfassers nur in den äussersten Fällen dann angewandt werden, wenn alle Übergänge von dem unveränderten Gestein bis zum Endproduct der Veränderung vorhanden sind. Ein Auftragen der eluvialen Bildungen im Sinne Trautschold's auf einer Karte würde grosse Confusion in der geologischen Kartographie hervorrufen. Der Versuch Trautschold's, den typischen Geschiebelehm Centralrusslands als eine eluviale Bildung zu erklären, bezeichnet der Verfasser bei der jetzt dort allgemein herrschenden Annahme einer ununterbrochenen Gletschereisdecke während der Glacialzeit für sehr verfehlt.

F. Wahnschaffe.

G. Berendt: Über „klingenden Sand". (Zeitschr. d. deutschen geol. Ges. XXXV. 1883. S. 864—866.)

Der sogenannte „klingende Sand", welcher beim Darüberhinwegschreiten, besonders bei etwas schleifender Bewegung einen schrillen, kreischenden Ton hervorruft, ist vom Verfasser am Strande der Ostseeküste vielfach beobachtet worden, während eine ähnliche Erscheinung bei Sanden des Binnenlandes nicht vorkommt. Der Ton lässt sich gewöhnlich dann hervorrufen, wenn bei nachlassenden Winden oder dem Zurücktreten der See der Strand durch Wind und Sonnenschein schnell getrocknet worden ist, wobei sich eine vielleicht durch einen minimalen Salzüberzug mit veranlasste schwache Kruste auf dem Sande bildet, welche beim Darüberhinwegschreiten durchbrochen wird. Die Erscheinung ist eine rein physikalische und kann nicht, wie früher Meyn hoffte, als ein geologisches Unterscheidungsmerkmal für gewisse jurassische Sande in Anspruch genommen werden. **F. Wahnschaffe.**

H. Commenda: Riesentöpfe bei Steyregg in Oberösterreich. (Verhandl. d. k. k. geol. Reichsanst. Nr. 15. 1884. S. 308—311.)

Der Verfasser berichtet über das Vorkommen zahlreicher Riesentöpfe in einem harten grobkörnigen Granit, welche unterhalb der Haltestelle Pulgarn beim Bahnbau aufgefunden worden sind. Der grösste derselben ist über einen Meter breit und 2 m tief. Die Wandungen zeigen spiralverlaufende, nach unten sich verengende Furchen, während auf dem Grunde gerundete Reibsteine und Dreikantner gefunden wurden. Da die Kessel 20—30 m über dem heutigen Spiegel der Donau liegen, eine Höhe, welche dieselbe nach der Ansicht des Verfassers dort niemals erreicht hat und da ausserdem die Lage des Punktes eine so exponirte ist, dass die Riesentöpfe nicht durch einen Bachlauf ausgehöhlt sein können, so glaubt Verfasser mit Berücksichtigung der dortigen Bodenconfiguration, dass sie durch die Schmelzwasser ehemaliger Gletscher entstanden sind, obwohl die frühere Existenz derselben für das Mühlviertel und den Böhmerwald bisher noch nicht durch überzeugende Beweise dargethan worden ist.

F. Wahnschaffe.

---

v. Fritsch: Geologisches Phänomen am Galgenberge bei Wittekind. (Zeitschr. für Naturw. Halle. 4. Folge. 3. Bd. 3. Heft. S. 342.)

Enthält eine kurze Notiz über die Auffindung sehr schöner Glacialschliffe auf der südlichen Seite des kleinen Galgenberges, während man dergleichen Erscheinungen bisher nur auf den nördlichen Flanken der Hügel kannte. **F. Wahnschaffe.**

A. Penck: Pseudoglaciale Erscheinungen. (Das Ausland. Wochenschr. f. Länder- u. Völkerkunde. München, d. 18. Aug. 1884. No. 33. S. 641—646.)

Nachdem der Verf. bereits früher in der Januar-Sitzung der deutschen geologischen Gesellschaft (vergl. Zeitschr. XXXVI. 1884. pag. 184) einen Vortrag über pseudoglaciale Erscheinungen gehalten, hat er seine Ansichten darüber nochmals in etwas erweiterter Form in vorliegendem Aufsatze niedergelegt. Die pseudoglacialen Erscheinungen können leicht zu Verwechslungen führen und sind auch nach der Ansicht des Verf. mehrfach mit echten Glacialerscheinungen verwechselt worden. Zu ersteren werden die am Buchberg bei Bopfingen und am Lauchheimer Tunnel zu beobachtenden Schrammen gerechnet, welche von Deffner und Fraas seiner Zeit als Glacialphänomene gedeutet worden waren und auch in der That von Ablagerungen, die echten Moränen sehr ähnlich sind, überlagert werden. Penck glaubt hier an eine im Grunde genommen vulkanische Thätigkeit, welche jene Trümmer in vertikaler Richtung herbeigeschafft hat und hält es für unmöglich, dass von dem nur 400 m hohen Ries-Becken ein Gletscher bis zu den benachbarten 600 m hohen Bergen hinaufgestiegen sein kann, da es nie vorkomme, dass ein Gletscher in einem Niveau ende, welches höher als sein Ausgangsgebiet liegt.

Sodann zeigt der Verf., dass den Gletscherschliffen ähnliche Erscheinungen durch Gebirgsschub zwischen zwei älteren Ablagerungen vorkommen können, während auf der Oberfläche der Felsen durch Lawinengänge, durch das Herabrutschen von Gehängeschutt, sowie durch Muhrgänge, durch den Wind, durch das Reiben von Thieren gegen eine bestimmte Fläche und schliesslich durch das Schleifen von Holz u. s. w. über Felsen oder durch anderweite menschliche Thätigkeit ebenfalls Schliffe hervorgerufen werden. Neben mehreren aus der Literatur bekannten Fällen dieser Art werden die vom Verf. im Valcarlos gesammelten Felsschliffe genannt, welche sich von Gletscherschliffen nicht unterscheiden lassen, jedoch wahrscheinlich nur durch das Herabrutschen von Schuttmassen entstanden sind.

Auch das Vorkommen gekritzter Geschiebe darf nicht unbedingt als ein Beweis für das Vorhandensein ehemaliger Gletscher gelten, denn Verf. fand dieselben am Nordsaume der Alpen in miocänen Conglomeraten und glaubt, dass die auf ihrer Oberfläche sich findende Schrammung durch Dislocation der ganzen Schicht entstanden sei, wobei die Gerölle gegen einander geschoben wurden. Derartige Kritzungen sollen bei allen jenen Processen entstehen, welche der Bewegung der Grundmoräne gleichen, beim Zusammensickern loser Geröllmassen, beim Setzen derselben, bei einem Muhrgang und bei Rutschungen von Gehängeschutt. Die von Rothpletz im Pariser Diluvium aufgefundenen gekritzten Geschiebe sollen in erstgenannter Weise entstanden sein. „Auf Grund eingehender Studien“ erklärt der Verf. die von Dathe beschriebenen Blocklehme im Frankenwalde für Gehängeschutt und meint, dass die darin vorkommenden gekritzten Geschiebe sich durch Rutschung der Ablagerung gebildet hätten. Obwohl Referent die betreffende Lokalität nicht aus eigener Anschauung kennt, glaubt er dennoch aus der klaren und sorgfältigen Beschreibung Dathe's entnehmen zu können, dass hier an dem Vorhandensein typischer Blocklehme festgehalten werden muss. Es bestimmen ihn dazu hauptsächlich die von Dathe mitgetheilten Profile, sowie das Vorkommen sehr verschiedenartiger, nicht unmittelbar an Ort und Stelle anstehender Gesteine in dem erwähnten Blocklehm, welche nur durch Gletscherschub dorthin transportirt sein können.

Dem Geschiebelehm ähnliche Bildungen können nach PENCK's Ansicht auch durch Verwitterung entstehen. Hierzu rechnet er den in Frankreich vorkommenden „argile à silex" und den „clay with flints" Englands. ROTHPLETZ' Grundmoränen aus der Umgegend von Paris hält der Verf. für Verwitterungs- und Decklehm, welcher gelegentlich Rutschungen ausgesetzt war.

Bildungen, welche in ihrem äusseren Ansehen und ihrer inneren Struktur den Moränenwellen ähnlich sehen, sollen durch Bergstürze entstehen können. Hierzu gehören nach des Verf. Ansicht beispielsweise die als Moränen gedeuteten Bildungen auf dem Fernpasse.

Die Riesenkessel werden vom Verf. mit Recht als nur accessorische Bestandtheile der Gletschererscheinungen hingestellt. Da die Verwitterung auf festem Fels häufig den Riesentöpfen ähnliche Erscheinungen hervorgebracht hat, so sind auch hier mehrfach Verwechslungen vorgekommen, doch muss der Referent den den norddeutschen Geologen gemachten Vorwurf, dass sie „jeden Schlot für einen Riesentopf und exquisiten Beweis für die Gletschertheorie betrachten", entschieden zurückweisen. Es ist den norddeutschen Geologen zur Genüge bekannt, dass Riesenkessel an sich überhaupt keinen Beweis für die Existenz ehemaliger Gletscher abgeben können, da sie sich überall finden, wo starkströmende, strudelbildende Wasser vorhanden sind. Wenn jedoch, wie bei Rüdersdorf, echte Riesenkessel, welche allerdings der Verf. nicht anerkennen will, an einem so exponirten Punkte vorkommen, wo an frühere Wasserläufe gar nicht gedacht werden kann und wo ausserdem die ganze Oberfläche des Muschelkalks, auf welcher sich die Riesenkessel finden, auf das Schönste abgeschliffen und geschrammt ist, so bilden diese Kessel gerade hier mit einen wichtigen Beweis für die Vergletscherung, da ihre Entstehung sich hier nur durch in Spalten des Eises herabstürzende Schmelzwasser erklären lässt.

Nachdem noch hervorgehoben worden, dass See- und Fjordbildungen allerdings in allen erratischen Gebieten eine ausgedehnte Entwicklung besitzen, jedoch auch in anderen nicht vergletschert gewesenen Gebieten sich finden, kommt der Verf. zu dem Schluss, dass nur die Glacialerscheinungen in der Gesammtheit ihres Vorkommens einen Beweis für die Existenz ehemaliger Gletscher abgeben können. **F. Wahnschaffe.**

Fredr. Svenonius: Studier vid svenska jöklar. (Geolog. Fören. Förhandl. No. 85. Bd. VII. Häft 1.)

Vorliegende Arbeit enthält interessante Beobachtungen über die bisher nur wenig bekannten Gletscher des nördlichen Schwedens. Dieselben liegen, wie dies ein beigefügtes Kärtchen veranschaulicht, zum Theil in der Nähe des Sulitelma auf der norwegischen Grenze, die grössten finden sich jedoch 40—60 Klm. von derselben entfernt. Die Gletscher Schwedens sind ausschliesslich auf Norbottens Län beschränkt und bedecken daselbst einen Flächenraum von 400 Quadratklm. Es finden sich dort zusammen ungefähr 100 Gletscher erster und zweiter Ordnung. Von diesen hat der Verfasser die Luotoh- und Skuorki-Gletscher näher untersucht. Die ersteren kommen von einem Firnfelde herab, welches von hohen, dasselbe oft bis zu 300 m überragenden Bergkuppen und Kämmen umgeben ist, zwischen denen die Gletscher ihren Abfluss finden. Auf der Westseite, wo das Eis zwischen zwei Bergkuppen eine starke Neigung besitzt, befindet sich ein sehr schöner Eisfall. Die Neigung der Eisoberfläche beträgt im Westen 5° und steigt bei einem östlich gelegenen Gletscher bis auf 13°. Eine im Norden von einer steilen Felswand herabhängende Eispartie ist sogar 45° geneigt. Eingehend beschrieben wird die Struktur des Eises, wobei besonders das Vorkommen von sehr deutlichen „ogivers" (Strukturbänder) hervorgehoben wird. Der Verfasser unterscheidet mit Sonklar drei verschiedene Schichterscheinungen des Eises und schliesst sich auch hinsichtlich ihrer Entstehung dem genannten Forscher an. Die Spaltensysteme des Eises sind meist lateral und transversal. Die an einigen Spalten angestellten Messungen lassen auf eine Mächtigkeit des Eises von mindestens 20 m. schliessen. Bei dem im Anfange des September mit dem Theodolit ausgeführten Beobachtungen über die Bewegung des Eises ergab sich das Resultat, dass dieselbe ziemlich unregelmässig und sehr gering ist, da sie im Maximum 3 cm. in 24 Stunden noch nicht erreichte. Eigentliche Obermoränen fehlen, dagegen treten sehr wohl entwickelte Endmoränen auf, deren Material nach Ansicht des Verfassers zum Theil aus den zwischen die Schichten des Eises eingefrorenen und bei seiner Fortbewegung oftmals an die Oberfläche gelangenden Stein- und Schuttmassen besteht. Auf zwei Tafeln werden die Luotoh- und Skuorki-Gletscher dargestellt und mehrere Einzelheiten zur Anschauung gebracht.

Die Schneegrenze bestimmte der Verfasser beim Luotoh auf 1366 m, beim Skuorki auf 1443 m.

Aus der berechneten Schmelzwassermenge, welche bei einem mittelgrossen schwedischen Gletscher 6 Cubikm. Wasser in der Secunde während eines Septembertages ergab, berechnet der Verfasser die jährliche Niederschlagsmenge, welche nöthig wäre, um den Gletscher in unverringerter Grösse zu erhalten, auf 2 m.

Die Frage, ob die Gletscher Schwedens im Zu- oder Abnehmen begriffen sind, bleibt noch unentschieden, doch scheinen verschiedene Gründe mehr für das erstere zu sprechen.

Zum Schluss werden Beobachtungen über den zum Theil sehr bedeutenden Schlammtransport der Elfen mitgetheilt, welcher beispielsweise bei dem Luotoh-Elf 7878 Kgr. Schlamm an einem Septembertage betrug, und die dabei sich bildenden Sedimente besprochen, die in den Seen Lapplands grossartige Deltas hervorrufen. **F. Wahnschaffe.**

Fredr. Svenonius: Några ord om Sveriges jöklar. (Ymer 1884, pag. 39.)

Der Verfasser giebt hier einen kurzen Bericht über seine in vorstehender Abhandlung mitgetheilten Studien an den Gletschern Schwedens. **F. Wahnschaffe.**

K. Keilhack: Uber präglaciale Süsswasserbildungen im Diluvium Norddeutschlands. (Jahrbuch d. Kgl. pr. Geol. L.-Anst. für 1882. Berlin 1883. S. 133—172. Mit 1 Tafel.)

Durch den vorliegenden Aufsatz wird ein wichtiger Beitrag zur Diluvialgeologie Norddeutschlands und speciell des Gebietes westlich der Oder geliefert. Der Verfasser beschreibt hier verschiedene Süsswasserbildungen mit fossilen Thier- und Pflanzenresten, welche er nach ihren Lagerungsverhältnissen für präglaciale Schichten des Diluviums hält. Zuerst wird ein Süsswasserkalklager bei Belzig besprochen, dessen Überlagerung von einer bis zu 2 m mächtigen Bank Unteren Geschiebemergels durch 2 Profile zur Anschauung gebracht wird. Über dem Unteren Geschiebemergel finden sich geschichtete Sande des unteren Diluviums, welche von einer Schicht Oberen Geschiebesandes bedeckt werden. Das 4—6 m mächtige Kalklager, dessen Liegendes von Diluvialsand gebildet wird, gliedert sich in vier petrographisch, chemisch und paläontologisch scharf gesonderte Schichten. Zu oberst finden sich fast nur Conchylien, in den beiden folgenden Abtheilungen nur Säugethier- und Fischreste und zuunterst Fisch- und Pflanzenreste. Die Fossilien sind folgende:

1. Säugethiere: *Cervus elaphus* L., von welchem bisweilen fast vollständige Skelette gefunden wurden. Der Verf. hebt eine Eigenthümlichkeit der Geweihe hervor, welche darin besteht, dass der Winkel, welchen die Augensprosse mit der Stange bildet, hier, trotzdem nur Acht- bis Zehnender vorkommen, immer 120° beträgt. Hierin, sowie in gewissen Abweichungen am Kiefer, an welchem der vorderste Prämolar gegenüber dem des lebenden Hirsches stärker entwickelt und nach oben vorgezogen ist, wie aus der beigefügten photolithographischen Abbildung ersichtlich, zeigt sich eine Verwandtschaft mit *Cervus canadensis*, so dass der Verf. hier in Übereinstimmung mit einer früher von Liebe ausgesprochenen Ansicht an eine Stammform denkt, aus der sich *C. elaphus* und *C. canadensis* entwickelt hätten.

2. Land- und Süsswasserconchylien: *Pupa muscorum* L., *Vertigo Antivertigo* Mich., *V. pygmaea* Fér., *Helix pulchella* Müll., *Achatina lubrica* Müll., *Valvata macrostoma* Steenb., *Limnaea minuta* Lam., *Planorbis marginatus* Drap., *Planorbis laevis* Alder., *Pisidium nitidum* Jenyns., *Cyclas cornea* L.

3. Fischreste: *Cyprinus Carpio* L., *Perca fluviatilis* L., *Esox lucius* L.

4. Unbestimmbare Insecten, und zwar Käferreste.

5. Pflanzenreste: *Alnus glutinosa* L., *Acer campestre* L., *Salix* sp., *Carpinus Betulus* L., *Cornus sanguinea* L., *Pinus silvestris* L., *Tilia* sp.

Tiefe, fast senkrecht in den Kalk hinabgehende zapfenartige Vertiefungen werden als Gletschertöpfe gedeutet.

In dem Süsswasserkalklager bei Uelzen, in welchem durch G. Berendt (Zeitschr. d. d. geol. Ges. XXXII. S. 61) seiner Zeit das Vorkommen von Riesenkesseln beschrieben wurde, fand der Verf. Reste von *Cervus elaphus* L. und von *Bos* sp., ferner *Perca fluviatilis* L. und *Cyprinus Carpio* L. Als mineralogische Eigenthümlichkeit sei erwähnt, dass dieser 79,7 pCt. $CaCO_3$

führenden Kalk nach der chemischen Untersuchung des Verf. 4,94 pCt. Magnetkies (Fe_4S_5) enthält.

Das bereits von HOFFMANN und KLÖDEN beschriebene Süsswasserkalklager von Görzke, welches von letztgenanntem fälschlich als Pariser Grobkalk gedeutet wurde, lieferte dem Verf. der ungenügenden Aufschlüsse wegen nur *Valvata piscinalis* var. *contorta* MÜLL. und Fragmente eines *Limnaeus*, wahrscheinlich *palustris*.

Das von LAUFER beschriebene diluviale Süsswasserkalkbecken von Korbiskrug und die von KLÖDEN erwähnte Kalkablagerung bei Bienenwalde SW. von Rheinsberg werden hinsichtlich ihres Alters mit den besprochenen Ablagerungen in Parallele gestellt.

In dieselbe Stellung verweist der Verf. das Diatomeenlager von Oberohe in der Lüneburger Haide, dessen Diatomeen früher von EHRENBERG studirt worden sind. In den dortigen Gruben wurden neuerdings von G. BERENDT zahlreiche bisher noch nicht beschriebene Fisch- und Pflanzenreste gesammelt, welche derselbe dem Verf. für seine Arbeit zur Verfügung gestellt hat. Es liessen sich durch die erhaltenen Blätter und Früchte folgende Pflanzen bestimmen: *Quercus Robur* L., *Qu. sessiliflora* SM., *Fagus silvatica* L., *Betula alba* L., *Alnus glutinosa* GÄRTN., *Salix* sp., *Populus* sp., *Myrica Gale* L., *Vaccinium Myrtillus* L., *Acer campestre* L., *Acer platanoides* L., *Utricularia Berendti* nov. sp. Der Verf. glaubt in dem erhaltenen und in der Tafel abgebildeten Blattabdruck eine bisher nicht gekannte neue Art vor sich zu haben. Das Blatt der *Utricularia vulgaris* L., mit welchem das fossile in der Grösse übereinstimmt, besitzt mit Schläuchen versehene Schwimmbläschen, welche der fossilen Art fehlen. Ausserdem fanden sich: *Pinus silvestris* L., von Kryptogamen ein der *Neckera* ähnliches Moos und ein Baummoos sowie eine Krustenflechte. Von den Fischresten liess sich mit Sicherheit nur *Perca fluviatilis* L. bestimmen.

Die beschriebenen Süsswasserbildungen, welche in Becken zum Absatz gelangten und nach Ansicht des Verf. durch ihre Waldflora ein etwas wärmeres als das heutige Klima anzeigen, sollen bei dem Herannahen des Inlandeises, welches durch seine von Norden nach Süden fliessenden Gewässer grosse Quantitäten nordischen Sandes vor sich ablagerte, bereits vorhanden gewesen und nachher von dem Eise mit seiner Grundmoräne überschritten worden sein. Wenn auch der Verf. keine directen Beweise dafür hat beibringen können, dass unter den betreffenden Süsswasserbildungen sich keine zweite Bank von Geschiebemergel findet, ein Umstand, der den beschriebenen Faunen und Floren eine interglaciale Stellung zuweisen würde, so kann man dennoch, da bisher im norddeutschen Flachlande sich nur zwei bestimmte Geschiebemergelhorizonte im Grossen und Ganzen haben nachweisen lassen, an dem präglacialen Alter der betreffenden Kalklager vorläufig festhalten. **F. Wahnschaffe.**

C. Paläontologie.

Rud. Hoernes: Elemente der Paläontologie (Paläozoologie). 570 S. 672 Figuren in Holzschnitt. Leipzig. 1884. 4°.

Der Verfasser beginnt sein Vorwort mit dem Satze: „Das vorliegende Buch ist bestimmt, als paläontologisches Lehrbuch eine Lücke in der deutschen Litteratur auszufüllen, nachdem die älteren, gleichen Zweck verfolgenden Werke dem heutigen Standpunkt der Wissenschaft nicht im gewünschten Masse entsprechen. Ich habe damit den Versuch gemacht, den Studirenden an den deutschen Hochschulen, für welche die Elemente der Paläontologie zunächst bestimmt sind, ein Buch darzubieten, welches ihren Bedürfnissen ebenso entspricht, wie H. Credner's Elemente der Geologie, welche mir als ein (freilich unerreichtes) Muster vorleuchteten."

Dass eine solche Lücke in der deutschen Litteratur bestand, ist oft genug empfunden und ausgesprochen worden, ob sie am zweckmässigsten gerade in dieser Form ausgefüllt wurde, darüber werden die Meinungen getheilt sein. Keinesfalls kann uns der Umstand, dass wir uns die Form der Elemente etwas anders, — nämlich weniger systematisch und mehr auf die Sache eingehend, weniger multa als multum — gewünscht hätten, hindern, dem Verfasser aufrichtig Glück zu wünschen, dass er, was von andern oft geplant und nie ausgeführt wurde, in einem frischen Anlaufe vollbrachte. Denn nicht darauf kommt es an, die Leiter anzulegen, sondern sie auch zu besteigen.

Hoernes bezeichnet die Zoopaläontologie als eine selbstständige Wissenschaft, deren Aufgabe es ist: „Die Stammesverwandtschaft der recenten und fossilen Formen durch Untersuchung der letzteren mit Zugrundelegung der Erfahrungen über die heute lebende Thierwelt in vergleichend anatomischer und embryologischer Hinsicht klar zu legen." Er bestimmt damit nothwendig auch die Form der Anordnung seines Werkes: die systematisch zoologische.

So ergab es sich unvermeidlich, dass die Behandlung der Protozoa, Coelenterata, Vermes, Echinodermata, Bryozoa, Brachiopoda und Mollusca (mit Ausnahme der Cephalopoda) an die Methode des denselben Gang einschlagenden Zittel'schen Handbuches sich vielfach sehr innig anlehnen musste. Natürlich war nach einer Richtung zu kürzen.

Indem der Verfasser sich dafür entschied, das System möglichst vollständig zu geben, litt der beschreibende und erläuternde Theil. So ist es gekommen, dass das Werk viel mehr ein bequemes Hülfsmittel für den geworden ist, der mit den Elementen der Wissenschaft vertraut, selbst zu arbeiten anfängt und nach einem Leitfaden in dem täglich grösser werdenden Gewirre der Namen sucht, als ein Lehrbuch für den „Studirenden an deutschen Hochschulen".

Was nun den Inhalt des Buches selbst anbetrifft, so ist zunächst anerkennend hervorzuheben, dass bei den niederen Thieren (den Abtheilungen, die im ZITTEL'schen Handbuch bereits behandelt waren) mehrfach eine angemessene Zurückhaltung gegenüber manchen neueren Anschauungen bewahrt wird, so z. B. indem die Tabulata unter den Korallen zunächst noch als Gruppe beibehalten werden. Dass eine so wichtige Gattung wie *Pleurodictyum* ausgelassen ist — wir können dieselbe wenigstens nicht finden — ist wohl nur ein Versehen.

Die Cephalopoda werden in Dibranchiata, Ammonea und Tetrabranchiata eingetheilt, wie uns scheint ganz angemessen. Denn so lange die Ammoniten Beziehungen zu beiden OWEN'schen Gruppen zeigen, stellt man sie eben am besten in die Mitte derselben. Die Ammoniten im Speciellen zerfallen nach MOJSISOVICS in Leiostraca und Trachyostraca und weiterhin in eine Anzahl Familien und Unterfamilien. Bei den Nautiliden folgt der Verfasser dem FISCHER'schen, übrigens als künstlich bezeichneten System. Die Trilobiten sind nach der Eintheilung BARRANDE's angeordnet. Die Insecten haben eine etwas eingehendere Behandlung erfahren wie ihnen sonst in paläontologischen Lehrbüchern zu Theil zu werden pflegt, wie denn überhaupt das Streben nach gleichartiger Behandlung der einzelnen Stämme überall angenehm berührt.

Die sehr fleissige Zusammenstellung der fossilen Wirbelthiere wird wohl die meiste Anerkennung finden, denn hier kommt der Verfasser in der That einem Bedürfniss entgegen. Dass die Abschnitte über die Stegocephalen wegen der böhmischen und sächsischen Funde und über die Reptilien und Vögel in Folge der staunenswerthen amerikanischen Entdeckungen älteren Zusammenfassungen gegenüber ein durchaus anderes Ansehen haben als die betreffenden Kapitel älterer Werke, braucht kaum besonders hervorgehoben zu werden. **Benecke.**

Marquis de Nadaillhac: Die ersten Menschen und die prähistorischen Zeiten, mit besonderer Berücksichtigung der Urbewohner Amerika's. Nach dem gleichnamigen Werke des Verfassers herausgegeben von W. SCHLÖSSER und ED. SELER. Titelbild und 70 Holzschnitte. X u. 528 Seiten. Stuttgart, Ferd. Enke. 1884. 8°.

In diesem Jahrbuche wird über Prähistorie der Regel nach nicht berichtet. Ausnahmen jedoch scheinen erwünscht solchen Arbeiten gegenüber, welche für den Paläontologen brauchbares, osteologisches Material enthalten, wie denn in solchen Fällen vom Ref. auch auf Abhandlungen über recentes Material zurückgegriffen wird, oder aber solchen gegenüber, welche geognostisch verwerthbaren Inhalt besitzen.

Das vorliegende Werk enthält nicht blos eine Übersetzung des französischen Buches von NADAILHAC, sondern auch eigene, durchaus selbstständige Arbeit der Herausgeber. Trotz des an Interessantem überreichen Inhaltes kann hier auf letzteren doch nur in so weit eingegangen werden, als er das obengenannte Gebiet streift.

So finden wir im 3. Kapital zunächst eine beachtenswerthe Zusammenstellung die hauptsächlichsten Funde von menschlichen Knochenresten der paläolithischen Zeit, während Kapitel 13 von dem Schädelbau der alten Racen Amerikas, Kapitel 16 von dem der alten europäischen Racen handeln. Die angeführten Messungen geben hier den interessanten Nachweis, dass das Gehirn dieser Urbevölkerung keineswegs, wie man anzunehmen geneigt sein könnte und auch ist, kleiner als das der heutigen Durchschnitts-Menschen war. Vielmehr zeigen gewisse prähistorische Racen, selbst gegenüber den in der Civilisation fortgeschrittensten der Jetztzeit, eine unläugbare Superiorität in Bezug auf die Schädelcapacität. Aus den mitgetheilten Daten geht mit Sicherheit hervor, dass die Schädelcapacität (Hirnvolumen) und das Gesammtgewicht des Gehirns allein nur einen sehr unvollkommenen Maassstab für den Grad der Intelligenz abgeben; sondern dass hierbei noch eine Reihe bisher wenig erforschter Factoren im Bau des Gehirns mitsprechen.

Das 16. Kapitel enthält eine Prüfung der verschiedenen Beweise für das Alter des Menschengeschlechtes; das 17. behandelt das Thema: „Der tertiäre Mensch“ und giebt eine Übersicht der Funde, welche als Beweis für die Existenz eines solchen in Anspruch genommen worden sind. Das Resultat gipfelt in dem mit der Anschauung wohl fast aller Geologen übereinstimmenden Schlusse, dass der tertiäre Mensch vielleicht noch einmal erwiesen werden k a n n, dass dieser Beweis aber bis jetzt noch nicht erbracht worden ist. Wichtig jedenfalls ist der Umstand, dass unter allen jenen alten Skeleten, welche man gefunden hat, sich kein einziges befindet, welches eine von der unseren abweichende Bildung aufwies. Nichts in ihrer Beschaffenheit ist bemerkbar, was als Anzeichen einer niedriger stehenden Race gedeutet werden könnte. Zwar finden sich abweichende, fremdartige Typen, aber dieselben bilden eine Ausnahme, wie sie es heutzutage sind. „Die Menschen von Cro-Magnon und Solutré, die Megalithenerbauer von Roknia, die Skelete Italiens, Spaniens, Brasiliens und der Louisiana, wie die Gebeine, die man bis in die Tertiärzeit hinabrücken wollte, sie haben alle Menschen angehört, welche sich in nichts von denen des 19. Jahrhunderts unterscheiden.“ **Branco.**

A. Nehring: Über einige *Halichoerus*-Schädel. (Sitzgsber. Ges. naturforsch. Freunde. Berlin 1884. S. 60.)

Wiederum (dies. Jahrb. 1883. I. -476-) weist der Verf. Variationen in der Zahnzahl nach. Aber auch in der Schädelform zeigt sich eine grosse

Mannigfaltigkeit bei diesem interessanten Thiere, von dem Verf. sagt: „Ich kenne kaum ein anderes wildlebendes Säugethier, welches ein so auffallendes Variiren in den wichtigsten zoologischen Charakteren aufzuweisen hätte, wie *Halichoerus grypus*." **Branco.**

O. Grewingk: Neue Funde subfossiler Wirbelthierreste unserer Provinzen. (Sitzungsb. der Dorpater Naturf.-Gesellsch. Jhrg. 1884. Mai. S. 143–144.)

Anschliessend an frühere Mittheilungen (Sitzungsber. V. 332, VI. 4 und 527) berichtet der Verf. über die Auffindung folgender Wirbelthierreste:

Bos primigenius. Fragment des linken Unterkiefers und eine Rippe im Torf. Kuiksil-Moor des Gutes Sagnitz bei Dorpat.

Cervus tarandus. Linke Geweihstange in 6 Fuss Tiefe des Mergellagers von Kunda in Estland. — Ganzes Skelet auf dem Gute Wolgund an der kurischen Aa, in 8 Fuss Tiefe eines wahrscheinlich alluvialen Thones.

Zum Schluss erwähnt der Verf. den Fund einer in dem Fundament eines Hauses in Riga eingemauerten rechten Schädelhälfte eines Wals und knüpft hieran einige historische Angaben über das Gestrandetsein von Walen (*Balaenoptera boops*, *Megaptera longimana*) an verschiedenen Punkten der Ostseeküste. **F. Wahnschaffe.**

Schaafhausen: Über kleine Mammuthzähne aus der Schipkahöhle. (Sitzgsber. naturh. Ver. f. Rheinland und Westphalen. Bd. 40. S. 60–63.)

An vielen Orten hat man kleine Elephantenzähne gefunden, und es ist fraglich, ob dieselben einer besonderen Art, *E. pygmaeus* Fischer, oder dem *E. minimus* Giebel von Quedlinburg angehören, oder ob sie nur Milchzähne des grossen Mammuth sind. Verf. hält letzteres für die vorliegenden für wahrscheinlich. Allerdings gleichen die Schmelzfalten derselben mehr denen des *E. antiquus* oder *E. priscus* als denen des *E. primigenius.* Allein dies dürfte nur eine schöne Bestätigung des von Rütimeyer aufgestellten Satzes sein, dass die Milchzähne eines Thiergeschlechtes auf die Vorfahren desselben zurückweisen; und jene beiden Arten sind älter als *E. primigenius.* **Branco.**

Pohlig: Über den *Elephas antiquus* Falc. (Sitzgsber. naturh. Ver. f. Rheinland u. Westphalen. Bd. 39. S. 134–136.)

Handelt über die Species-Unterschiede zwischen *Elephas antiquus, primigenius* und *meridionalis.* Den Schluss macht die Eintheilung des „Plistocän". **Branco.**

Pohlig: Über einen Zahn von *Mastodon* cf. *longirostris* Kaup. (Sitzgsber. naturh. Ver. f. Rheinland u. Westphalen. Bd. 40 S. 225.)

Der Zahn stammt aus der Braunkohle von Alfter bei Bonn. Ein in der Braunkohle von Gusterhain im Westerwald gefundener Zahn von *Anthracotherium* cf. *magnum* weicht etwas von dem Typus der Art ab.

Branco.

E. T. Newton: On the occurrence of Antelope remains in newer Pliocene beds in Britain, with the description of a new species, *Gazella anglica.* (Quarterly journal of the geolog. soc. Vol. 40. Part 2. N. 158. 1884. pg. 280—293. taf. 14.)

Aus dem Norwich-Crag liegen Reste einer Antilope vor. Aus dem Vergleiche mit lebenden und fossilen Formen ergiebt sich, dass die Art am nächsten mit gewissen Gazellen der Jetztzeit, bes. *A. Bennettii,* verwandt ist; der Verf. benennt sie daher *Gazella anglica.* Eine sehr dankenswerthe Aufzählung der fossilen Antilopen-Arten und Geschlechter ist der Arbeit beigegeben. **Branco.**

M. Schlosser: Die Nager des europäischen Tertiärs, nebst Betrachtungen über die Organisation und die geschichtliche Entwickelung der Nager überhaupt. (Palaeontographica Bd. 31. 1884, S. 1—143. Taf. I—VIII.)

Die treffliche, inhaltsreiche Arbeit gliedert sich in zwei Hauptabtheilungen. Die erste derselben giebt zunächst eine Beschreibung fossiler Nager; und zwar einmal derjenigen, welche den Phosphoriten Frankreichs entstammen, aber trotz ihrer guten Erhaltung bisher nur mangelhaft untersucht worden waren; sodann solcher, welche, aus dem Miocän Süddeutschlands herrührend, bisher nur dem Namen nach bekannt wurden. Eine kritische Zusammenstellung sämmtlicher Nagerreste aus dem Tertiär Europas und eine tabellarische Übersicht ihrer Verbreitung in den verschiedenen Ländern und Formations-Gliedern vervollständigt diesen ersten Theil der Arbeit. Ihm schliesst sich die, als Anhang gedruckte, kurze Übersicht über die fossilen Nager Nordamerikas an.

Diesem systematischen Theile folgt dann ein zweiter, allgemeiner. Derselbe enthält Betrachtungen über die Organisation der älteren Nager, sowie über die Beziehungen derselben zu den lebenden Formen und den übrigen Säugethieren überhaupt. Bezüglich der Betrachtungen über die Backenzähne geht des Verfassers Gedankengang dahin, dass der schmelzfaltige Nagerzahn lediglich eine Modification des schmelzhöckerigen sei; und dass ferner der Backenzahn der Nager keineswegs von dem der übrigen Säugethiere, insbesondere der Bunodonten, derartig abweiche, dass man von einem besonderen Typus des „Nagermolar" sprechen könne. Während Cope es versucht, die Backenzähne der Herbivoren und Omnivoren auf eine einfache konische Urform, die ungefähr noch in der Canine erhalten ist, zurückzuführen, möchte der Verfasser dies nur für die Carnivoren gelten lassen. Die scharfe Differenzirung, welche die Marsupialen seit ihrem ersten Auftreten zeigen, ist ihm ein schwerwiegender Grund gegen die

Annahme einer ursprünglichen Vermischung des Fleisch- und des Pflanzenfresser-Typus. Vielmehr legt der Umstand, dass die Plagiaulaciden wie auch der triasische *Tritylodon* neben sehr unvollständiger Bewurzelung nur ganz flache Zahnkronen mit zahlreichen Erhabenheiten besitzen, dem Verfasser den Gedanken nahe, dass diese Zähne ursprünglich nichts anderes als Reibeplatten waren, wie wir solche bei Knorpelfischen, bei *Placodus* etc. antreffen. Was sodann den Nagezahn anbetrifft, so spricht sich der Verfasser entschieden gegen die Auffassung desselben als modificirten Caninen aus. Die Stellung der oberen Nagezähne, welche nicht im Ober- sondern im Zwischenkiefer stecken, lässt nur die Deutung zu, dass dieser Zahn ein modificirter Incisive ist. Diese Umwandelung muss bereits sehr frühzeitig erfolgt sein, da die ältesten bekannten Nager schon die gleichen Nagezähne wie ihre lebenden Verwandten besassen.

Bezüglich des Zahnwechsels zeigt der Verfasser, dass die fossilen Nager mit 4 Zähnen durchgehends einen Milchzahn für den vordersten derselben besassen, während dies bei manchen lebenden Formen nicht mehr der Fall ist. Auch weist derselbe nach, dass — wenigstens bei den fossilen Nagern — die Grösse und Entwickelung dieses D. mit der Höhe der Krone der Zähne in einem gewissen Zusammenhange steht. Die grösste Ausdehnung nämlich besitzt dieser Milchzahn bei denjenigen Formen, welche eine niedrige, flache, schmelzarme Krone besitzen.

Während sich bei den lebenden Nagerfamilien grosse Verschiedenheiten sowohl im Bau des Schädels als auch in dem der Extremitäten zeigen, herrscht bemerkenswertherweise bei den ältesten Vertretern dieser Ordnung in dieser Beziehung grosse Übereinstimmung: bezüglich des Schädels eine stark abgeplattete, in die Breite gezogene Form. Im weiteren Verlaufe seiner Betrachtungen über das Skelet der Nager ergiebt sich dem Verfasser die Wahrscheinlichkeit, dass die Lagomorphen (*Lepus* etc.) sich nicht zur gleichen Zeit wie die übrigen Nager von den Marsupialen abgezweigt haben, sondern erst seit einem verhältnissmässig kurzen Zeitraume als placentale Nagethiere bestehen.

Nach einer Darlegung der von den verschiedenen Autoren aufgestellten Systeme der Nager geht der Verfasser zu der Besprechung geognostischer Verhältnisse über. Frankreichs Phosphorite bergen bekanntlich eine Fauna, welche von mindestens zwei verschiedenen Zeitabschnitten herrührt. Von den Nagern jedoch gilt das nicht, denn diese entstammen sämmtlich einer und derselben Epoche, nämlich der älteren Tertiärzeit.

Fasst man nun die gesammte Nager-Fauna der älteren Tertiärzeit in's Auge, so zeigt sich, dass dieselbe in Europa fast ausschliesslich aus solchen Geschlechtern bestand, deren nächste Verwandte heut in Süd-Amerika leben. Mit Beginn der obermiocänen Zeit sind jedoch diese südamerikanischen Typen bereits gänzlich aus unserem Continente verschwunden. Seit dieser Zeit hat sich die Nager-Fauna Europas wenig geändert, denn die meisten unserer lebenden Genera reichen bis in das Miocän zurück.

Von neuen Geschlechtern (*) und Arten werden die folgenden beschrieben.

* *Nesokerodon* (= *Issiodoromys* Filh.) mit den beiden Arten *N. minor* und *Quercyi.*
Hystrix suevica.
Theridomys gregarius, rotundidens, parvulus sp.
Protechimys gracilis, major, sp., sp.
Trechomys insignis, intermedius, pusillus.
Sciuroides Quercyi, intermedius.
Sciurus dubius.
* *Sciurodon Cadurcense.*
Myoxus primaevus, Wetzleri.
* *Sciuromys Cayluxi.*
* *Eomys* Pomel *? Zitteli.*
Cricetodon Cadurcense, spectabile, murinum, incertum.

Branco.

L. Dollo: Cinquième note sur les Dinosauriens de Bernissart. (Bull. mus. roy. d'hist. nat. de Belgique. Tome III. 1884. pag. 129—146. t. VI und VII.) (cfr. Jahrb. 1884. I. -120-)

Der Aufsatz zerfällt in zwei Kapitel, von denen das erste den Proatlas, das zweite die Elevatoren des Unterkiefers und ihren Einfluss auf die Form des Schädels bei den Dinosauriern und Reptilien überhaupt behandelt. 1. Proatlas. Marsh hatte bei *Brontosaurus* zwischen dem Hinterhauptscondylus und dem Atlas ein Knochenpaar entdeckt, welches er Postoccipitalia nannte. Diese hat Verf. auch an *Iguanodon* aufgefunden und führt hier den Nachweis, dass sie dem Proatlas (Albrecht), den auch die Crocodile besitzen, entsprechen. 2. Die Elevatoren des Unterkiefers und ihr Einfluss auf die Form des Schädels. Bei den Säugethieren sind deren jederseits vier vorhanden: die Temporales, die Masseter und die inneren und äusseren Pterygoidales, welche in verschiedenen Ordnungen in verschiedener relativer Entwicklung erscheinen, z. B. sind bei den Carnivoren die Temporales und Masseter stark entwickelt, bei den Hufthieren dagegen die Temporales schwach, die Masseter bedeutend geringer, und die Pterygoidales weit beträchtlicher als bei den Carnivoren. Bei den Sauropsiden verschmelzen in der Regel die Temporales und die Masseter zu einem Muskel; aber auch hier lassen sich verschiedene Typen unterscheiden. So prädominiren die Temporales bei den Lacertiliern, dagegen die inneren Pterygoidales bei den Crocodilen. Dies auf die Dinosaurier übertragen, ergibt, dass *Iguanodon* mehr nach dem Lacertiliertypus, *Ceratosaurus* nach dem der Crocodile hinneigt, soweit Form des Schädels und Muskelansatzstellen das beurtheilen lassen. Da nun aber *Iguanodon* herbivor, *Ceratosaurus* carnivor war, so würden diese beiden beim Kauen gerade umgekehrt wie bei den Säugethieren die entsprechenden Muskeln benutzt haben. Um diesen scheinbaren Widerspruch zu widerlegen, sucht Verf. nachzuweisen, dass diejenigen Formen, bei welchen alle Muskeln gleich stark entwickelt sind, die generalisirtesten, diejenigen, wo die Temporales überwiegen, die weniger modificirten, die dagegen, wo die Pterygoidales überwiegen, die specialisirtesten sind; und dieses Vorwiegen der Pterygoidales prägt sich am Schädel durch starke Entwicklung der Flügelbeine aus. Hiernach würden also *Iguanodon* und *Diclonius* wenig modificirte, *Ceratosaurus* und *Diplodocus* specialisirte Typen darstellen. — Schliesslich bespricht Verf. die Fossa praelacrymalis. Von den genannten vier Dinosauriergattungen fehlt sie bei *Diclonius*, ist sehr klein bei *Iguanodon*, dagegen sehr entwickelt bei *Ceratosaurus* und *Diplodocus*, wo also die Pterygoidales schwach sind, ist auch die Fossa klein und umgekehrt. Da nun bei den Vögeln, die stets diese Fossa (den mittleren Durchbruch) besitzen, die Pterygoidales an dem vorderen Rand derselben inseriren, so schliesst Verf., dass bei den Dinosauriern mit wohlentwickelter Fossa die starkentwickelten Pterygoidales auch auf der Maxilla Ansatz suchten und sich die Fossa nun erweiterte, um den Muskeln Durchlass zu gestatten.

Dames.

L. Dollo: Première note sur les Chéloniens de Bernissart. (Bull. mus. roy. d'hist. nat. de Belgique. Tome III. 1884. p. 63—79. t. I. u. II.)

In der Gesellschaft von den berühmten Iguanodonten wurden vier Individuen von Schildkröten gefunden, welche zwei verschiedenen Typen angehören. — Nach Reproduction der Strauch'schen Schildkröten-Classification und kurzer Besprechung der einschlägigen Litteratur über fossile Schildkröten, gelangt Verf. zu dem Resultat, dass der erste Typus (nur durch ein Exemplar vertreten) zu den Thalassemyden gehört und eine neue Gattung — *Chitracephalus Dumonii* — ist. Die Diagnose lautet: Schale oval, schwach gewölbt, Rand völlig verknöchert. Die Costalplatten erreichen die Marginalplatten nicht. Die Elemente des Plastron bleiben weit getrennt, wie bei den Cheloniden. Rücken- und Bauchschild mit Hornplatten belegt. Extremitäten einem amphibialen Dasein angepasst, fünffingrig, alle Finger mit Krallen. Schädel sehr verlängert und deprimirt, hinten nicht verbreitert. Gesicht sehr kurz. Orbita vorn von einem geschlossenen Knochenring gebildet. Verbindung zwischen Oberkiefer und Quadratbein ligamentös, wie bei *Cistudo*. Die Supra-latero-temporal-Grube offen. Die Processus squamoso-opisthotici wohl entwickelt. — Nach Abwägung der die Thalassemyden auszeichnenden Merkmale gelangt Verf. zu dem Schluss, dass dieselben die Stammformen für die Gruppen der Chersemyden, der Chelyden, der Trionychiden und der Cheloniaden in ähnlicher Weise bilden, wie die Mesosuchia die der späteren Crocodile. — Der zweite Typus ist eine Testudinide, die grosse Ähnlichkeit mit der lebenden Gattung *Peltocephalus* hat, aber sie besitzt kein Mesoplastron und die Kehlplatten haben ganz andere Form und andere Dimensionen: auch ist der Hinterrand des Plastrons nicht ausgeschnitten. Es liegt daher eine neue Gattung vor, welche *Peltochelys Duchastelii* genannt ist.

Dames.

Gaudry: Sur un Téléosaurien du Kimméridien d'Angoulême. (Bull. soc. géol. de Fr. 3 série, XII, 31—32.)

In der Umgegend von Angoulême (Charente) wurden im obersten Kimmeridge (Kalk mit *Ostrea virgula*) Teleosaurierreste entdeckt, welche, nach Prof. Gaudry's Gutachten, dem *T. cadomensis* des untersten Bathonien (Vesullian) von Caen am nächsten stehen. **W. Kilian.**

E. Koken: Die Reptilien der norddeutschen unteren Kreide. (Zeitschr. d. deutsch. geolog. Ges. 1883. S. 735—827. Taf. 23—25.)

In der unteren Kreide Nord-Deutschlands kommen, wie der Verf. zeigt, die im Folgenden aufgeführten Reptilien vor:

Ichthyopterygia.

Ichthyosaurus Strombecki v. Meyer. Hilseisenstein.
„ *polyptychodon* n. sp. Speeton-Clay.
„ *hilsensis* n. sp. Hilsthon.
„ sp. ind. Speeton-Clay.

Sauropterygia.

Plesiosaurus n. sp. Hilsthon.
„ „ „ „
„ „ „
Polyptychodon interruptus Owen „ u. oberster Flammenmergel.

Crocodilia mesosuchia.

Enaliosuchus macrospondylus n. gen. n. sp. Hils.
Noch unbestimmte, zu anderen Formen gehörende Krokodilzähne. Hils.

Ornithosauria.

Ornithocheirus hilsensis n. sp. Elligserbrink-Schicht.

Überblickt man dieses Verzeichniss, so muss man in der That staunen, dass es dem Verf. gelingen konnte, uns aus scheinbar so gut gekannten Bildungen doch noch eine so grosse Anzahl neuer Formen kennen zu lehren; denn von den 10 oben aufgeführten Arten gehören nur 2 bereits gekannten Species an. Aus quantitativ nicht grossem Materiale hat es der Verf. in dieser Erstlingsarbeit verstanden, nicht nur viel Neues zu finden, sondern auch dieses durch sorgsames Bearbeiten des Stoffes entsprechend zu verwerthen.

Die vorhandenen Reste bestehen in Theilen des Schädels mit Zähnen, in Wirbeln, Rippen und andern Skeletresten. Bei der Sprödigkeit des Stoffes, welche osteologischen Detail-Untersuchungen anhängt und bei der Fülle des Beobachteten erscheint es jedoch für den Ref. nicht angebracht, hierbei zu verweilen. Es sei von besonders interessanten Dingen hier nur hingewiesen einmal auf den in vielen Theilen prachtvoll erhaltenen Schädelrest von *Ichthyosaurus polyptychodon*, sodann aber auf das distale Ende eines, dem Flugfinger angehörigen Metacarpus von *Ornithocheirus hilsensis*. In diesem letzteren, früher als Crocodil-Femur gedeuteten, Stücke erkannte der Verf. den Rest eines jener riesigen Pterodactylen, wie wir sie aus

England ja bereits kannten. Für Nord-Deutschland aber ist hier zum ersten Male der Beweis ihrer einstigen Existenz erbracht und damit ein neues Bindeglied zwischen den beiderseitigen Faunen der unteren Kreide gefunden. Die bedeutende Grösse dieses Bruchstückes lässt auf ein Thier schliessen, welches mit seinen Flugfingern wohl gegen 28 Fuss spannte! Auch in der neuen Gattung *Enaliosuchus* tritt uns eine bemerkenswerthe Form entgegen; das zu den Crocodilinen gehörige Genus schliesst sich eng an *Teleosaurus* an, ist jedoch durch eine Reihe von Merkmalen hinreichend von demselben geschieden.

Der Verf. beschränkt sich jedoch nicht auf die Vergleichung und Beschreibung der ihm vorliegenden Reste; vielmehr weitergehend sucht er das von ihm und Andern Beobachtete zusammenzufassen und zur allgemeineren Anschauung zu verschmelzen. Diesem Bestreben entspringen der Abschnitt über Bau und Bildung der ersten Halswirbel bei den Crocodilinen überhaupt und der den gleichen Stoff bei anderen Reptilien behandelnde. In übersichtlicher Weise wird schliesslich das Resultat, soweit es angeht, in Form einer Tabelle dargestellt. **Branco.**

H. Trautschold: Die Reste permischer Reptilien des paläontologischen Kabinets der Universität Kasan. 4°. 39 S. 8 Tafeln. 7 Holzschnitte.

Das untersuchte Material wurde dem Verf. durch Prof. Stuckenberg übergeben und besteht durchweg aus zusammenhangslosen Fragmenten, was die Bestimmung wesentlich erschwerte. Nach einer recht ausführlichen geschichtlichen Einleitung, in welcher namentlich der Arbeiten Kutorga's, Wangenheim v. Qualen's, Eichwald's, Owen's und Twelvetree's Erwähnung geschieht, folgt die Beschreibung der Fossilien und zwar zuerst eines verhältnissmässig gut erhaltenen Schädels einer *Platyops Stuckenbergi* genannten Stegocephalen-Art, welche mit *Archegosaurus* nahe verwandt ist, aber massiger, grösser, krokodilartiger. Auch in der Bezahnung ist *Platyops* mit *Archegosaurus* verwandt. Äusserlich sind die Zähne nicht zu unterscheiden, aber durch die mikroskopische Structur, insofern die Zahnblätter zur Hälfte gerade, zur Hälfte wurmförmig gebogen sind, während sie bei *Archegosaurus* ganz glatt und gerade bleiben. Ausser Schädelfragmenten lagen noch Rumpf- und Extremitätenfragmente vor, deren Beschreibung insgesammt den Hapttheil der Arbeit ausmacht. Es folgen dann: *Brithopus priscus* Kutorga, und zwar Humerus und Femur, ferner *Zygosaurus lucius* und *Deuterosaurus biarmicus* Eichw. durch zwei Zähne vertreten und am Schluss gibt Verf. den interessanten Nachweis, dass auch die Gattung *Oudenodon*, bisher nur aus Südafrica bekannt, auch im Perm Russlands vorkommt, dass also auch hier, wie in Africa, Anomodontien neben den Theriodontien gelebt haben. Die neue Art wird *Oudenodon rugosus* genannt und ist dadurch ausgezeichnet, dass in jeder Hälfte des Unterkiefers im vorderen Theil ein kleiner Zahn stand. Über die angeblich neue Gattung *Trematina*, welche zuletzt beschrieben wird, vergl. die briefliche Mittheilung in diesem Heft pag. 155. **Dames.**

L. Dollo: Note sur le batracien de Bernissart. (Bull. mus. roy. d'hist. nat. de Belgique. Tome III. 1884. pag. 85—93. t. III.)

Bei Bernissart hat sich nur ein Exemplar eines Batrachiers gefunden, das aber besonderes Interesse beansprucht, da es zwischen den alten Stegocephalen und den jüngeren echten Batrachiern mitten inne steht. Nach Reproduction des neuesten, von Cope aufgestellten Batrachier-Systems und deren Stammbaum, gegen welchen Verf. sich in einzelnen Punkten sehr scharf ausspricht, wendet er sich speciell dem Exemplar von Bernissart zu und findet, dass es ein Urodel aus der Familie der Proteidae ist; denn von den Salamandriden ist es durch den Besitz von zwei persistirenden Kiemenbögen geschieden, von den Sireniden durch den der Hinterextremitäten. Innerhalb der Proteiden stellt es, weil es 4—5 Zehen hat, eine neue Gattung dar: *Hylaeobatrachus Croyii*: Schädel verlängert, vorn sehr schmal. Gaumen- und Kieferbögen vorhanden. Bezahnung noch unvollkommen gekannt; drei verknöcherte Kiemenbögen; Vorderbeine kürzer als Hinterbeine. 4 Finger, 5 Zehen; mindestens 15 Schwanzwirbel. Rippen sehr kurz, aber distinct. **Dames.**

J. V. Deichmüller: Nachträge zur Dyas III. *Branchiosaurus petrolei* Gaudry sp. aus der unteren Dyas von Autun, Oberhof und Niederhässlich. (Mittheil. aus dem kgl. mineral.-geolog. und prähist. Museum in Dresden. 6. Heft. 1884. pag. 1—17. t. 1.)

Der Verfasser hat in Gemeinschaft mit H. B. Geinitz dieselbe Stegocephalen-Fauna von Niederhässlich bearbeitet, welche auch H. Credner veröffentlicht hat, und es hat sich dabei zwischen den beiden Autoren die Controverse gebildet, ob der von Autun und Oberhof bekannte *Branchiosaurus* (*Protriton*) *Petrolei* mit der von Credner als *Br. gracilis* beschriebenen Form ident ist, oder nicht. Nachdem im Dresdener Museum nun auch typische Exemplare der Art von Autun und Oberhof genau untersucht werden konnten, kommt der Verf. zur Bestätigung der von ihm und Geinitz früher ausgesprochenen Ansicht, dass die Form von Niederhässlich damit zusammenfällt. Die Arbeit beginnt mit einer genauen Beschreibung der Exemplare von Autun, durch welche der Nachweis geführt wird, dass auch die von Gaudry vermissten Supratemporalien und Postorbitalien vorhanden sind, *Branchiosaurus* also ein echter Stegocephale ist und mit *Protriton* zusammenfällt. In einem zweiten Abschnitt wird nun die Zusammenziehung der Art von Autun mit der Art von Niederhässlich begründet, indem der Nachweis versucht wird, dass die von Credner angegebenen Unterschiede lediglich auf der nicht in allen Punkten correcten Darstellung, die Gaudry von *Protriton petrolei* gegeben hat, beruhen. Alle beide sind nach dem Verf. Larvenformen, zu denen als weitere vielleicht noch *Pleuronuera Pellati* tritt. Der dritte Abschnitt gibt eine Beschreibung einiger Exemplare von Oberhof, die hier auch zuerst bildlich dargestellt werden.

In einer Schlussbemerkung werden Zweifel an der Berechtigung der Selbstständigkeit der Credner'schen Gattung *Pelosaurus* erhoben, ohne dass die von Credner zwischen dieser und *Melanerpeton* gegebenen Unterschiede geleugnet werden können. Zuletzt wird zugegeben, dass *Melanerpeton spiniceps* Gein. et Deichm. (non Credner!) mit *Acanthostoma vorax* Credner ident ist.

Dames.

A. Fritsch: Fauna der Gaskohle und des Kalksteins der Permformation Böhmens. Bd. I. Heft 4. pag. 159—182. t. XXXVII—XLVIII. Mit Register. 4°. Prag. 1883. [cfr. Jahrb. 1880. I. -238-; 1881. I. -101-; 1882. I. -287-]

Das hier zu besprechende Heft bildet die Schlusslieferung des ersten Bandes dieser überaus wichtigen, für die Kenntniss der kleinen Stegocephalenformen geradezu die Grundlage abgebenden Monographie. Es war ursprünglich die Absicht des Verfassers, im ersten Band die gesammten Stegocephalen zu behandeln, doch ist das Material so gewachsen, dass die grösseren Stegocephalen mit labyrinthischer Zahnfaltung erst im 2. Bande zur Behandlung kommen werden. — Das vorliegende Schlussheft nun beginnt mit der Familie der Hylonomidae: Stegocephalen vom Bau schlanker Eidechsen mit schlanken langen Rippen; Wirbel amphicöl, mit stark entwickelten oberen Dornfortsätzen; Schädelknochen glatt oder schwach verziert; Schuppen gross, verziert, den ganzen Körper deckend; Zähne glatt oder mit verzierter Spitze; Kiemenbogen bei einigen angedeutet; mittlere Kehlbrustplatte unbekannt; Coracóidea ähnlich wie bei *Branchiosaurus* schlank, winkelig gebogen. Ausser den zwei von Dawson aufgestellten Gattungen *Hylonomus* und *Smilerpeton* bringt Verf. noch 4 böhmische (*Hypoplesion*, *Seeleya*, *Orthocosta* und *Ricnodon*) zu dieser Familie. Von diesen ist *Hypoplesion* — mit nur einer Art: *H. longicostatum* — der americanischen Gattung *Hylonomus* am ähnlichsten, besitzt aber nicht die Zahnverzierung wie jene, und ebensowenig eine Gaumenbezahnung. — *Seeleya* — ebenfalls nur eine Art: *S. pusilla* — ist ausgezeichnet durch einen relativ grossen, spitzen Kopf, auffallend grossen Zähnen im Zwischenkiefer, stark bezahnten Gaumenknochen und Schuppen, welche mit welligen dichotomirenden Rippen besetzt sind. — *Ricnodon* hat 3 Arten geliefert: *R. Copei*, *dispersus* und *trachylepis*. Hier sind die Schädelknochen mit zahlreichen kleinen Grübchen geziert, die Zwischenkieferzähne haben an der Spitze breite Furchen. Parasphenoid und Flügelbeine bezähnt. Die Dornfortsätze der Rumpfwirbel keulenförmig; Schuppen gross mit verdicktem, bisweilen gekerbtem Hinterrande — *Orthocosta* ist durch die sehr hohen, an der Basis schmalen, nach oben fächerförmig verbreiterten Dornfortsätze charakterisirt, die Rippen sind gerade und kurz; eine Art: *O. microscopica*. — Die letzte Familie, die der Microbrachidae, bekommt folgende Diagnose: Stegocephali vom Bau schlanker, mit sehr kleinen Vorderextremitäten versehenes Eidechsen. Die Schädelknochen sind stark gefurcht. Die Zähne glatt mit grosser Pulpahöhle und mit Leistchen an der Spitze. Parasphenoid schildförmig mit langem, dünnem Stiele. Die Wirbel amphicöl mit grossen Chordaresten und schwach entwickelten oberen Dornfortsätzen. Rippen dünn, gebogen, fast alle gleich lang. Mittlere Kehlbrustplatte sehr breit mit zerschlitzten Rändern und einem dünnen Stiele. Schuppen nur an der Bauchfläche vorhanden. Ausser der böhmischen Gattung *Microbrachis* werden noch *Tuditanus* und *Cocytinus*, beide von Cope aufgestellt, hier untergebracht. *Microbrachis* ist von ersterer durch schwächer entwickelte Vorderextremität, von letzterer anscheinend durch stumpferen Kopf und andere Formen-Unterschiede getrennt. Es werden 3 Arten: *M. pelicani*, *mollis* und *branchiophorus* (letztere mit ?) unterschieden, von denen die erste den Typus der Gattung darstellt. — Wie immer, sind die Arten durch reconstruirte, in Zinkotypie ausgeführte Textfiguren auf das klarste erläutert, während die schön gezeichneten Tafeln die Originale meist in starker Vergrösserung wiedergeben. — In einem Schlusswort betont Verf., dass alle von ihm beschriebenen Gattungen wenigstens eins der für die Stegocephalen charakteristischen Merkmale besitzen (die meisten natürlich bedeutend mehr!), und dass somit alle trotz bisweilen grosser Ähnlichkeit mit Reptilien keine solchen sind. Ferner verwahrt er sich dagegen, dass die Stegocephalen als die directen Stammeltern der heutigen Urodelen anzusehen seien und hebt hervor, dass das paläontologische Material noch zu spärlich zur Aufstellung eines Stammbaums sei. **Dames.**

Thomas Stock: Further Observations on Kammplatten, and Note on *Ctenoptychius pectinatus* Ag. (Ann. and mag. nat. hist. 5 series, Vol. 9. 1882. pag. 253—257. t. 8.) [cfr. dies. Jahrb. 1882. I. -289-]

In einer früheren Arbeit (l. c. referirt) hatte Verf. 5 verschiedene Formen von Kammplatten dargestellt, denen er hier zunächst die Beschreibung weiterer 4 folgen lässt. Sie sind theils in den Coal measures bei Newsham, Northumberland, theils im Kohlenkalk von Burgh Lee bei Edinburgh gefunden. Es wird dann aufmerksam gemacht auf verschiedene Riefung und Furchung, welche einige dieser Kammplatten auf dem einen, griffähnlichen Ende zeigen, und dieselbe so gedeutet, dass sie zur besseren Gelenkung, resp. Festigung mit den Nachbarplatten diene. Auch dadurch wird Verf. in der Ansicht bestärkt, dass die Deutung, welche Fritsch diesen Dingen gegeben (Hilfsorgane bei der Begattung der Stegocephalen), die richtige ist. [cfr. Jahrb. 1882. II. -288-] — Schliesslich weist Verf. an sehr reichem Material der kleinen, von Agassiz *Ctenoptychius pectinatus* und *denticulatus* genannten Zähne durch Abbildungen zahlreicher Übergänge zwischen beiden nach, dass sie zu einer Art gehören. Über die Natur dieser Dinge ist noch Zweifel. Während Atthey und Hancock, die übrigens auch die Identität der fraglichen Arten schon erkannt hatten, sie für Hautanhänge ansahen, tritt Verf. hier mit Agassiz für ihre Haifischzahn-Natur ein. **Dames.**

J. W. Davis: On the fossil fishes of the Carboniferous Limestone Series of Great Britain. (Scientific Transact. roy. Dublin soc. Vol. I. Ser. II. pag. 327—548. t. 42—65. 4°. 1883.)

Die umfangreiche Monographie verarbeitet die Materialien, welche durch das Zusammenfliessen der Sammlungen des Grafen Enniskillen und des Sir Egerton mit der schon im British Museum vorhandenen von einer Reichhaltigkeit sind, wie kein zweites auch nur annähernd. Ausserdem benutzte er zahlreiche öffentliche und Privatsammlungen. Der Hauptwerth der Monographie beruht darin, dass zahlreiche Namen, welche Agassiz ohne Abbildung und Beschreibung gelassen hat, und ferner die vielen, von Agassiz in der Enniskillen-Collection schon als neu erkannte und mit Namen belegte, aber noch unveröffentlichte Arten hier zuerst beschrieben und abgebildet werden. — Die Fauna wird auf 6 Familien (Hybodontidae, Orodontidae, Cochliodontidae, Psammodontidae, Copodontidae, Petalodontidae) und eine Abtheilung: Incertae sedis vertheilt, wozu noch einige Ganoiden kommen.

1. Hybodontidae. Ausschliesslich oder nahezu aus Ichthyodorulithen bestehend, bei deren Zahl und Verschiedenheit der Gedanke nicht fern liegt, dass sie sich, mit den anderen Körpertheilen zusammen gefunden, wohl auch auf Mitglieder der anderen Familien vertheilen würden. Es werden folgende Gattungen beschrieben, von denen nur die neuen kurz Erläuterung finden mögen: *Ctenacanthus* (7—6)[1], *Acondylacanthus* (3—4), *Asteroptychius* (1—0), *Compsacanthus* (0—1), *Cosmacanthus* (2—2), *Lispacanthus* nov. gen., mit völlig glatter Oberfläche, innerer Pulphöhle, weiter offener Basis, dünnen Wänden, welche durch eine sehr schiefe Linie von dem aus dem Körper hervorstehenden Theile getrennt sind (0—2), *Dipriacanthus* (1—0), *Homacanthus* (2—0), *Gnathacanthus* nov. gen., mit Längsfurchen, zwischen denen Reihen von ovalen Gruben stehen, und mit ungleich grossen Zacken am Hinterrande (0—2), *Cladacanthus* (= *Erismacanthus* M'Coy) (1—1), *Physonemus* (3—1), *Chalazacanthus*, mit regellos auf dem entblössten Theil vertheilten Höckern (0—1), *Cladodus* (7—6), *Carcharopsis*, mit glatter Oberfläche und stark gezähnelten Rändern, *Carcharias*-ähnlich (0—1), *Pristicladodus* (2—1), *Glyphanodus*, rechtwinkligdreieckige, sehr dünne, nach vorn gebogene, mit radialen, an den oberen Rändern entlanglaufenden Streifen, Wurzel mit geradem unterem Ende (0—1).

2. Orodontidae. *Orodus* (9—5), *Petrodus* (1—0), *Ramphodus* nov. gen., von der Spitze laufen zwei ungleich lange Verlängerungen wie die Schenkel eines Winkels nach hinten; die Krone ist zugespitzt, nach hinten gebogen, Oberfläche fein punktirt; Basis klein (0—1), *Lophodus* Romanowsky (= *Helodus* pars) für *Helodus laevissimus* und *gibberulus* Ag. aufgestellt (4—5), *Diclitodus* nov. gen., kleine Zähne mit zwei, an den Ecken stehenden gerundeten Spitzen, zwischen denen eine sattelartige Vertiefung liegt, die Wurzel sendet den Höckern gegenüber zwei Zipfel nach unten, macht aber die sattelartige Concavität mit (0—1).

3. Cochliodontidae. *Cochliodus* (1—0), *Streblodus* (3—0), *Deltodus* (2—1), *Deltoptychius* für *Cochliodus acutus* und verwandte Arten

[1] Die erste Zahl bedeutet die Anzahl der schon gekannten, die zweite die der hier zuerst beschriebenen Arten.

aufgestellt, also durch die scharfen Kanten der Oberfläche ausgezeichnet (2—0), *Sandalodus* (1—0), *Psephodus* Ag. Ms., für *Cochliodus magnus* (1—0), *Poecilodus* (3—2), *Tomodus*, Cochliodonten von massiver Beschaffenheit und dreieckiger oder subrhomboidaler Form, für *Cochliodus convexus* (1—0), *Xystrodus* Ag. Ms. für *Cochliodus striatus* und *angustus* (2—2), *Helodus* (2—6), *Pleurodus*, hier zuerst mit einer Art aus dem Kohlenkalk bekannt gegeben, bisher nur aus productivem Steinkohlengebirge (0—1).

4. Psammodontidae. *Psammodus* (1—0), nur die eine Art *Ps. rugosus* (*porosus*). Die Materialien genügen zu einer Reconstruction der ganzen Kauplatte. Hiernach besteht dieselbe aus 6 Centralstücken, welche zu drei Paaren hinter einander liegen, von der bekannten, rhombischen Form. An diese legen sich jederseits drei schmale Randplatten an, welche aber dieselbe Länge wie die Hauptplatten besitzen. Vorn liegen noch zwei vorn gerundete Platten, so dass das Ganze den Umriss einer halben Ellipse bekommt.

4. Copodontidae Davis. Im wesentlichen begründet auf Zähne, ähnlich oder gleich den von Portlock und M'Coy beschriebenen, aber von Agassiz benannten *Psammodus cornutus*. Agassiz hatte bei seinem, ins Jahr 1859 fallenden Besuch bei Lord Enniskillen diese Zähne neu geordnet und in mehrere Gattungen zertheilt, deren Namen hier beibehalten sind. — *Copodus*, mit *Psammodus cornutus* als Typus (3—1), *Labodus*, rhombisch eben oder concav, mit aufgewulsteten Seitenrändern (0—2), *Mesogomphus*, zungenförmig, leicht convex, hinten deprimirt und hier durch eine halbkreisförmige Rinne ausgezeichnet, welche ein halbkreisförmiges Stück am Hinterrande begrenzt (0—1), *Pleurogomphus*, wie *Mesogomphus*, aber mit zwei halbkreisförmig begrenzten Parthien am Hinterrande (0—1), *Rhymodus*, wie *Labodus*, aber der mittlere Theil convex (0—2), *Characodus*, ähnlich den vorigen, aber sich nach vorn mehr zuspitzend (0—2), *Pinacodus*, vom Autor selbst als möglicherweise zu *Characodus* gehörig bezeichnet und nur durch grössere Flachheit, concaven Hinterrand und weniger hervorstehende, durch eine Furche begrenzte Seitenränder ausgezeichnet (0—2), *Dimyleus*, aus zwei aneinanderstossenden querovalen Platten bestehend (0—1), *Mylax*, wie *Pinacodus*, nur dass dort durch eine Querfurche ein schmaler vorderer Streifen begrenzt war, während hier eine gleiche Querfurche in der Nähe des Hinterrandes verläuft (0—1), *Mylacodus*, subquadratisch, mit flach convexem Vorder- und Hinterrand, flach convexem Mitteltheil und etwas aufgeworfenen, durch flache Rinnen von ersterem abgegrenzten Rändern (0—2). Zu diesen schon von Agassiz unterschiedenen Gattungen, deren Zahl sich sicher sehr reduciren würde, wenn man vollkommenere Gebisse fände, fügt Verf. noch *Homalodus* nov. gen., subquadratisch oder trapezisch, flach, wie *Psammodus*, aber die eine Ecke in einen hornähnlichen Stachel ausgezogen (0—2).

5. Petalodontidae. In ausführlicher Weise werden die Verwandtschaften von *Petalodus* besprochen, welche zu dem Resultat führen, dass *Petalodus*, *Petalorhynchus* und *Janassa* aus dem Kupferschiefer eine fortlaufende Reihe bilden, welche sich in *Myliobates* und *Zygobates* fortsetzt.

Petalodus (3—3), *Petalodopsis* nov. gen., zwischen *Petalodus* und *Petalorhynchus* die Mitte haltend, von ersterem getrennt durch die 3spitzige Krone, von letzterem durch die Kleinheit der Wurzel und geringe Zahl von Dentikeln (0—1), *Polyrhizodus* (1—5), *Chomatodus* (1—1), *Glossodus* (1—0), *Ctenopetalus* Ag. Ms., für *Ctenoptychius serratus* (1—1), *Harpacodus* Ag. Ms., für *Ctenoptychius dentatus* (1—1), *Petalorhynchus* von *Petalodus* namentlich unterschieden durch den Mangel der Basis-Falten an den Seiten, dagegen deren Vorhandensein am Hinterrand, mit langer, ungetheilter Wurzel (1—0, *P. psittacinus*). Incertae sedis: *Pristodus* (0—1).

Ganoidei. *Cheirodus* (1—0), *Colonodus* (1—0), *Coelacanthus* (undeutliche Reste), *Oracanthus* (1—0), *Stichacanthus* de Koninck 1878 (0—1), *Phoderacanthus* nov. gen., riesige Stacheln mit eigenthümlichen Querwülsten und Längsreihen von Tuberkeln besetzt (0—1).

Das Werk schliesst mit einer compilatorischen Beschreibung der verschiedenen Fundstellen von Kohlenkalkfischen und mit einer Übersicht der beschriebenen Gattungen und Arten. Die nicht-englische Litteratur ist nur in seltenen Fällen berücksichtigt; z. B. wird das wichtige Werk von Trautschold über den Kohlenkalk von Mjatschkowa mit keiner Silbe erwähnt. Ferner vermisst man irgend welche weiteren Gesichtspunkte, wie Vergleiche mit ähnlichen Faunen anderer Länder, mikroskopische Untersuchungen etc.; es ist ein ausschliesslich der Abgrenzung der Arten Englands gewidmetes Buch, das allerdings mehr, als es anderen Autoren vielleicht je möglich werden wird, ein Bild von dem Reichthum der betreffenden Fauna entwerfen konnte, wie es so herrliches Material erlaubte. **Dames.**

A. Hyatt: Fossil Cephalopoda in the Museum of Comparative Zoology. (Proceed. of the American Association for the advancement of Science, vol. XXXII. Aug. 1883. 8°.)

Die vorliegende Schrift bildet eine Ergänzung und Fortsetzung zweier in jüngster Zeit erschienenen Publicationen des Verfassers[1]. Hyatt hebt zunächst hervor, dass die Schale keineswegs einen unwichtigen Theil des Gesammtkörpers bilde, sondern zu dem Baue des Thieres in einem so innigen Abhängigkeitsverhältniss steht, wie etwa das innere Skelet der Wirbelthiere zu diesem selbst. Schon die merkwürdige Constanz des Schalenbaues im allgemeinen, die sich aus dem Vergleich des lebenden *Nautilus* mit cambrischen Formen ergibt, ist ein deutlicher Beweis hiefür. Man ist daher berechtigt, aus den im fossilen Zustande fast ausschliesslich vorliegenden Schalen genetische Schlüsse zu ziehen.

Die Entwickelung der inneren und äusseren Harttheile der Cephalopoden, die gesammte Morphologie derselben zeigt, dass sämmtliche vorliegende Formen auf einen gemeinsamen Urstamm zurückzuführen sind. Nur die Embryologie steht damit scheinbar im Widerspruche. Barrande

---

[1] Genera of fossil Cephalopods s. dies. Jahrb. 1884. II. -413- und Evolution of Cephalopoda, „Science", Febr. 1884.

und DE KONINCK erblicken in der Verschiedenheit der ersten Kammer bei Ammonoiden und Nautiloiden eine unüberbrückbare Kluft zwischen diesen beiden Subclassen. HYATT weist jedoch darauf hin, dass die vollkommene Homologie der Anfangskammer bei Nautiloiden und Ammonoiden keineswegs sicher sei, dass im Gegentheil die Narbe bei der Anfangscalotte der ersteren das Vorhandensein einer embryonalen „protoconch“ erweise, welche erst der Anfangskammer der Ammonoiden entspreche. Er erblickt in den Embryonalverhältnissen nur einen Grund mehr für die Annahme eines gemeinsamen Urstammes der Ammonoiden, Nautiloiden, Sepioiden und Belemnoiden. Als gemeinsamer Urtypus kann, gestützt auf die Verhältnisse der Anfangskammer der Ammonoiden eine Form gedacht werden mit mindestens einem Septum oder einer Reihe von Septen, welche an Stelle des Siphos blinde Ausstülpungen „coeca“ besass. Diese coeca waren die Anfangsstadien der Siphonaldüten und waren Theile der harten Scheidewände, bei den Nachkommen wandelten sie sich durch Verlängerung in die Siphonaldüten um. So entstanden die typischen Orthoceren mit schmalem cylindrischen Sipho. Bei einzelnen Gruppen erweitert sich der Sipho und bildet conische Scheiden, welche in der weiten von den Siphonaldüten gebildeten Röhre gelegen ist. (*Endoceras, Piloceras* etc.) BARRANDE selbst hat gezeigt, dass man von den Formen mit engem Sipho durch Übergänge zu den mit weitem Sipho versehenen gelangen kann. Andererseits hängen die ersteren nach BARRANDE mit den breviconen Formen zusammen. Von den letzeren gelangt man durch die Cyrtoceratiten zu den Gomphoceratiten, deren tiefer stehende Formen offene Mündungen besitzen. Das nächste Glied der Reihe bilden sodann die Phragmoceratiten, mit noch mehr geschlossener Mündung. Als sehr schön geschlossene Gruppe erscheinen die Arten mit gefalteter Schale, deren genetischer Zusammenhang ganz klar ist. Die longiconen, geraden Formen bilden die Gattung *Dawsonoceras*, den Typus der bogenförmigen Gehäuse vertritt *Cyrtoceras lamellosum*, und sodann gehören hiezu *Gyroceras*-artige devonische Formen (*Gyroc. undulatum*), welche zu *Nautilus*-artigen Formen hinüberführen.

Eine andere sichere Reihe beginnt bei *Orthoceras Archiaci* BARR., woran sich anschliessen *Lituites magnificus* BILL., *Nautilus ponderosus, bilobatus* und *ferratus*.

Diese und andere Beispiele beweisen zur Genüge, dass die Gattungen *Orthoceras, Nautilus, Cyrtoceras* und *Gyroceras*, wie sie jetzt verstanden werden, nur gleichartige Stadien ganz verschiedener Formenreihen umfassen, wie dies HYATT schon in den früheren Arbeiten auseinandergesetzt hat.

Dies beweist auch die individuelle Entwickelung mancher Nautilen, die zuerst ein *Cyrtoceras*- und *Gyroceras*-Stadium durchmachen. Die Formen mit weit offenem Nabel als die tiefer stehenden sind auf die paläozoische Zeit beschränkt, die mesozoischen Arten stammen sämmtlich von Typen ab, die bereits das Nautilus-Stadium erreicht haben. So steht eine triassische Nautilusart *Cenoceras (Nautilus) carolinus* MOJS. mit dem jurass. *Nautilus truncatus* und der cretacischen Gruppe der Radiati in genetischem

Zusammenhang. Die Gattung *Nautilus* s. str. hat nach Hyatt vor der Juraperiode überhaupt nicht existirt. Diejenigen silurischen Arten, die als *Nautilus* angeführt werden, besitzen wohl die nautiline Einrollung, sind aber doch, wie schon das Studium des Internlobus ergibt, keine echten Nautilen. Die letzteren zeigen nämlich stets einen Innenlobus, während die silurischen Formen einen Innensattel (Dorsal- oder Annular-Sattel) aufweisen, erst bei einzelnen devonischen Species entsteht eine kleine Andeutung eines Innenlobus (bei *Nephriticeras bucinum* Hall), welche sich dann später weiter ausbildet.

Die Ammonoiden zeigen nur in sehr wenigen Fällen im Jugendstadium die gestreckte *Orthoceras*-Form; nach Ablauf der Carbonperiode sind alle Ammonoiden vollkommen geschlossen, abgesehen von den später derivirten aufgerollten Formen. Die offenbar sehr rasche Entwickelung vom gestreckten Ammonoidenstadium zum eingerollten fällt in die präcambrische Zeit, es sind uns aber immerhin noch einige Nachkommen dieser Übergangsformen in *Bactrites*, *Mimoceras (Goniatites) ambigena* Barr., *Gon. compressus* Beyr. erhalten geblieben. Die Entwickelung der Ammonoiden ging dahin, dass Schalen mit nautiliner Einrollung weitaus vorwogen. Einzelne Gruppen entfernten sich weiter von den typischen Ammonoiden, wie die Clymenien, doch hat Branco gezeigt, dass auch diese als wahre Ammonoiden zu betrachten sind.

Die Belemnoiden und Sepioiden betrachtet Hyatt als selbstständige Abkömmlinge verschiedener Gruppen von Orthoceratiten. Die ersteren stammen von echten Orthoceren ab unter Vermittlung von *Aulacoceras*, eine Anschauung, die wohl ziemlich allgemein getheilt wird. Hingegen vertritt Hyatt einen neuen Standpunkt, wenn er die Sepioiden direct an gewisse Orthoceratiten wie *Gonioceras* anschliesst. Ein Exemplar davon in Professor Hall's Sammlung ist dem Rückentheil einer gewöhnlichen Sepiaschale in Bezug auf Gestalt und Verlauf der Wachsthumslinien so ähnlich, dass bei ausschliesslicher Erhaltung der Dorsalseite eine Verwechslung möglich wäre. Die Scheidewände beugen einer missverständlichen Auffassung allerdings vor, die Ähnlichkeit ist aber eine bedeutende. Den Mangel einer „protoconch" bei den lebenden Sepien und das fast gänzliche Fehlen von Septen und Schalen erklärt Hyatt durch nachträgliche Verkümmerung und das Gesetz der Concentration der Entwicklung. Was die Loliginiden anbelangt, so betrachtet er die Feder derselben mit Lancaster als eine selbstständige Neubildung.

Wenn dies richtig ist, dann haben demnach alle Cephalopodentypen bereits im Paläozoischen ihre Entstehung genommen, welches die hauptsächlichste Brutstätte neuer Typen gewesen ist. Damals vollzogen sich bedeutende Veränderungen mit einer Raschheit, die später nicht mehr erreicht worden ist. Über das Präcambrische wissen wir natürlich nichts, Hyatt nimmt an, das hier die Entwicklung eine verhältnissmässig noch raschere gewesen ist.

Sowie neue Typen auftreten, entwickeln sie sich ausserordentlich rasch zu grossartiger Formenmannigfaltigkeit, wie dies z. B. die reiche Nachkommenschaft des *Psiloceras planorbis* im unteren Lias zeigt. Daraus leitet Hyatt den Satz ab, dass die Typen in der Nähe ihres Ursprungs mehr bildungsfähig und mehr geeignet waren, Veränderungen vorzunehmen. Dies kann nach Hyatt nur verstanden werden, wenn man den äusseren Verhältnissen der Umgebung einen sehr weitgehenden Einfluss zuschreibt.

Hyatt erblickt in den Cephalopoden grösstentheils kriechende und springende, seltener schwimmende Thiere, er schliesst dies aus der geringen Entwicklung des Ausschnittes der Externseite der Mündung, wo ja beim *Nautilus* der Trichter, das Organ zur schwimmenden Bewegung zu liegen kommt. Bei geringer Entwicklung dieses Ausschnittes und gleichzeitig offener Mündung sei auf schwachen Trichter und kräftige Arme, daher kriechende Lebensweise zu schliessen, welcher Fall bei den Orthoceren zutrifft und überhaupt den meisten Nautilen. Bei contrahirter T-förmiger Mündung mit entwickeltem Ventralsinus, wie bei *Gomphoceras* und *Phragmoceras* war das Thier vorwiegend ein Schwimmer; Formen mit querer Mündung ohne Ventralsinus (*Billingsites*, *Mesoceras*) müssen als Kriecher angesehen werden. Einige Goniatiten besitzen ähnliche Anwachslinien wie *Nautilus*, sie waren daher Schwimmer, während die Ammonoiden mit Externfortsatz einen rückgebildeten schwachen Trichter besessen haben und daher auf eine kriechende Lebensweise als Littoralthiere angewiesen sein mussten. Auch die evoluten Ancyloceren betrachtet Hyatt als stationäre im Schlamme lebende, oder auf Pflanzen festsitzende Thiere. Die Belemnoiden erscheinen ihm als Schwimmer und Springer, die am Meeresgrunde gelebt haben und deren schwere Scheide vielleicht zur Einbohrung in den Schlamm gedient hat. Die Sepioiden sind typische Schwimmer.

Wir sehen bei verschiedenen getrennten Stämmen parallel gehende Entwicklung in Bezug auf die Einrollung des Gehäuses, die Lage und Beschaffenheit des Siphos und finden, dass derartige parallele Entwicklungsreihen sich nur bei Typen vorfinden, die unter ähnlichen Lebensverhältnissen existiren; Typen verschiedener Lebensweise und verschiedener Umgebung hingegen lassen diesen Parallelismus vermissen. So zeigen die schwimmenden Formen, die Belemnoiden und Sepioiden eine solche parallele Entwicklung. Auch bei den Ammonoiden zeigen sich bei verschiedenen getrennten Stämmen in Bau und Lage des Siphos und der Suturlinie fortschreitende Differenzen, die von jeder Reihe selbstständig erworben wurden, unter dem Einflusse gleicher äusserer physikalischer Bedingungen, gleicher Umgebung und Lebensweise, eine Einwirkung, welche Hyatt mit dem Ausdrucke „physical selection" bezeichnet, im Gegensatze zur „natural selection", welche die Folge der Einwirkung der einzelnen Individuen auf einander ist[1]. Die Einwirkung physikalischer Veränderungen der Um-

[1] Hyatt betrachtet demnach die Art der Einrollung, die Veränderungen des Sipho etc. als Anpassungsmerkmale, die von verschiedenen Reihen in gleicher Weise erworben wurden. Selbst wenn man auf die Ausführungen des Verfassers eingeht, die übrigens in einigen Punkten anfechtbar sein dürften, ergibt sich doch, dass unter den Ammonoiden und Nautiloiden sowohl Schwimmer wie Kriecher vorkommen, und auch die

gebung übt auf die hiefür empfindlichen Lebewesen einen Einfluss aus, der nothwendiger Weise in structurellen und morphologischen Äquivalenten sich ausgleichen und zu Tage treten muss. Bei vielen Formen finden wir eine abgekürzte, concentrirte Individualentwicklung, von welcher BALFOUR gezeigt hat, dass sie namentlich dann eintritt, wenn die Entwicklung unter Bedeckung der Jungen seitens der Eltern vor sich geht. Bei manchen Cephalopodenformen können wir auch eine concentrirte Entwicklung wahrnehmen, ohne zu einer eventuellen gedeckten Entwicklung unsere Zuflucht nehmen zu können, wie z. B. bei den aufgerollten *Crioceras*- oder *Ancyloceras*-Formen. Diese Typen betrachtet der Verfasser als pathologische und meint, dass die abgekürzte Entwicklung als Merkmal gerade der pathologischen Formen zu betrachten sei, deren Eigenthümlichkeit es ja beispielsweise auch ist, sehr frühzeitig senile Merkmale zur Erscheinung zu bringen. Die höchst stehenden Formen einer Reihe zeigen in der Regel in ihrer Entwicklung die grössten Sprünge; sie lassen einzelne Stadien fallen, die sich als unnütz erwiesen haben. So vermisst man z. B. bei der höchststehenden Arietenform, *Asteroceras Collenoti*, ein Stadium, welches einem der Vorläufer dieser Form, dem *Asteroceras obtusum* entsprechen würde, und doch kann man die erstere Form durch eine Reihe von Übergängen bis zu der letztéren rückwärts verfolgen. Bei einzelnen Formen finden sich retrogressive und progressive Tendenzen verbunden vor, von welchen die letzteren der Rückbildung entgegen arbeiten. Rein retrogressive Typen, die den Höhepunkt der Entwicklung bereits überschritten haben, zeigen nur mehr atavistische Merkmale, wie z. B. *Baculites* mit seinem gerade gestreckten Gehäuse, glatten Wandungen und einfachen Suturen. Sowohl bei den vor-, wie den rückschreitenden Typen äussert sich der Einfluss der äusseren Verhältnisse.

Zum Schlusse der Arbeit gelangt der Verfasser zu folgenden zusammenfassenden Sätzen.

Die natürliche Classification der Cephalopoden hat vom Individuum als Einheit auszugehen, weil das Leben desselben in allen seinen Stadien mit der morphologischen und physiologischen Geschichte der Gruppe, zu welcher es gehört, in Beziehung steht.

In den verschiedenen Formenreihen, die von einem gemeinsamen Urstamm herkommen, wiederholen sich ähnliche Formen und Zustände in ähnlicher Aufeinanderfolge, welche oft in unrichtiger Weise zusammengezogen wurden. Sie wurden von den verschiedenen Reihen selbstständig erworben, unabhängig von Zeit und Ort. Das Auftreten ähnlicher Formenveränderungen in verschiedenen Reihen muss als ähnliche Reaction des Organismus auf ähnliche physikalische Einwirkungen, als Folge der „physical selection“ betrachtet werden. Es sind Merkmale zu unterscheiden, die in verschiedenen Gruppen wesentlich übereinstimmend auftreten, und solche, welche in verschiedenen Gruppen wesentlich verschieden sind. Die

---

Belemnoiden nicht ausschliesslich eine schwimmende Lebensweise führen. Diese beiden grossen Abtheilungen stehen demnach untereinander nicht unter denselben äusseren Bedingungen. Ref.

letzteren fehlen den ersten Gliedern einer Reihe, nach ihrem Erscheinen werden sie allmählich fixirt und vererbt, können aber bei den rückschreitenden Typen wieder verschwinden. Ihr Auftreten ist kein regelmässiges, es unterliegt keinem strengen Gesetz und ist als Folge der natürlichen Zuchtwahl zu betrachten. Die ersteren hingegen sind eine Folge der physical selection.

Alle neuen Merkmale erscheinen zuerst beim erwachsenen Thiere. Bei rückschreitenden Typen wiegt die Entwicklung der vererbten retrogressiven. Merkmale vor. Es können bei derselben Schale gleichzeitig einige progressive Merkmale zu frühzeitiger Entwicklung kommen, combinirt mit retrogressiven Merkmalen, oder es kann die frühzeitige überwiegende Entwicklung der letzteren die ersteren ganz verdrängen, wie bei den extremen Formen der rückschreitenden Reihen und bei Parasiten. Das Bestreben nach Concentration der Entwicklung scheint eine der Vererbungsthätigkeit anhaftende Eigenthümlichkeit zu sein. Das Gesetz der organischen Äquivalenz (physical selection) kann umschrieben werden als der Einfluss der physikalischen Veränderungen auf die Lebewesen, welche auf den äusseren Reiz von innen aus reagiren müssen. Diese Einwirkung von innen aus auf die verschiedenen Theile des Lebewesens verändert die vererbte Form durch Entstehung neuer Anpassungsmerkmale. Insofern nun die äusseren Bedingungen ähnliche waren, könnten sie in verschiedenen genetischen Reihen ähnliche morphologische Repräsentanten hervorrufen, insofern sie aber verschieden waren, unterscheidende Merkmale hervorbringen, welche die einzelnen Reihen von einander trennen lassen.

V. Uhlig.

De Koninck: Faune du Calcaire carbonifère de la Belgique. Quatrième partie: Gastéropodes. Suite et fin. (Annales du Musée royal d'histoire naturelle de Belgique. VIII. Bd. mit Atlas von 36 Foliotafeln. Brüssel 1883.)

Über andere Theile der grossen Monographie haben wir in dies. Jahrb. 1880. I. -409- und 1882. II. -111- berichtet. Die vorliegende Lieferung bringt in ebenso trefflicher Ausführung wie die früheren den Abschluss der Darstellung der Gasteropoden einschliesslich der Pteropoden. Zuerst werden 10 Arten des Euomphalidengeschlechts *Phanerotinus* C. Sow. dargestellt, darunter 5 neue. Zu den Haliotiden übergehend, erkennt der Verf. die Nothwendigkeit einer schärferen Gliederung der „Pleurotomarien". Er vertheilt die im belgischen Kohlenkalk vorkommenden Formen auf 11 Geschlechter. 1) *Polytremaria* d'Orb. 1850 ist nur durch die typische Form *catenata* de Kon. sp. im Kalke von Visé (VI) vertreten. 2) *Murchisonia* d'Arch. u. Vern. 1841 wird mit 23 meist kleinen Arten, davon 10 neuen, aufgeführt und als Typus des Geschlechtes die Goldfuss'sche *M. bilineata* festgehalten. 3) *Gosseletia* de Kon. 1883 wird für kugelförmige, aus vielen Windungen bestehende Gehäuse mit schmalem Schlitzbande, etwas gebogener und schwieliger Columella, glatter oder mit vielen feinen Spiralstreifen versehener Oberfläche eingeführt, welche sich der *G. callosa* DE KON. sp. und der *G. spironema* MEEK & WORTHEN sp. anschliessen. Ausser der typischen erstgenannten Art des obersten belgischen Kohlenkalkes kommen deren noch zwei neue im mittleren und unteren vor. — Verf. vereinigt nach AGASSIZ' Vorgange (1838) die ungenabelten aus vielen meistens spiral gerippten und mit Zuwachsstreifen versehenen Windungen bestehenden Gehäuse vom Typus des *Pt. striatus* SOW. sp. (*Helix*) unter dem Namen 4) ***Ptychomphalus***. Ausser der eben genannten typischen Art, welche von England, Schottland und Irland, von Visé und Ratingen etc. bekannt ist, werden noch 58 andere Arten aus Belgien aufgeführt, wovon 33 neu sind; unter diesen erreicht die seltene Form des obersten Kohlenkalkes (Visé = VI) *Pt. gigas* einen Durchmesser von 75 mm. — 5) ***Worthenia*** DE KON. 1883 wird aufgestellt für kegelförmige Gehäuse mit zahlreichen, in der Mitte winkeligen und dort das enge gekerbte Schlitzband zeigenden Windungen, grosser polygonaler Öffnung. Der nicht schwielige Columellarrand ragt etwas hervor und erzeugt so ein Grübchen, das den Nabel vertritt. Typus ist die bis 60 mm lange *W. tabulata* CONR. sp., welche im oberen Kohlenkalk von Illinois, Pennsylvanien, Indiana verbreitet ist, von der aber ein Exemplar auch in der V. Stufe des belgischen Kohlenkalkes bei Bachant gefunden wurde. Von den drei anderen belgischen Arten ist eine neu. 6) ***Baylea*** DE KON. 1883 soll die an *B. Yvanii* LEVEILLÉ sp. (*Trochus*) anschliessenden, treppenförmig aufsteigenden Schalen bezeichnen, bei denen das Schlitzband verhältnissmässig breit auf dem horizontalen Theile der Windungen liegt. Der schmale, etwas hervorragende Columellarrand bildet eine kleine Nabelgrube. Der belgische Kohlenkalk enthält 10 Arten dieses im Devon beginnenden Geschlechtes, darunter 6 neue. 7) ***Mourlonia*** DE KON. 1883 umfasst die Formen, welche nach dem Vorbilde der *M. carinata* SOW. sp. (*Helix*) weit und tief genabelt sind, deren Schlitzband gewöhnlich zwischen zwei vorragenden Kielen nahe der Sutur liegt und deren Sculptur meist kräftig hervortritt. — Von diesem Genus, das schon im Mittel- und Oberdevon vertreten ist, im Kohlenkalke aber viel verbreiteter vorkommt, werden 37 Arten beschrieben, darunter 22 als neue bezeichnet. 8) ***Agnesia*** DE KON. 1883 begreift kleine linksgewundene Gehäuse mit gewölbten Umgängen, zwischen denen sich oft ein trichterförmiger Nabel bildet, während das enge Schlitzband, gewöhnlich auf den Innenwindungen verdeckt, nur am Rande der letzten Windung sichtbar ist. Das Genus, dem einige mitteldevonische Schnecken angehören, hat im belgischen Kohlenkalk 7 Arten, darunter drei neue und die auch in Yorkshire auftretende typische Form *A. acuta* PHIL. sp. (*Pleurotomaria*). 9) ***Rhineoderma*** (= ῥινέω ich feile) DE KON. 1883 bezeichnet kreiselförmige Schalen, deren Windungen nach Art der typischen Form *Rh. radula* DE KON. sp. aus der Schicht I (Tournay) und *gemmulifera* PHIL. aus englischem und belgischem oberem Kohlenkalk, eine eigenthümliche Drehung zeigen, mit schuppigen oder höckerigen Spiralrippen geziert sind und ein verhältnissmässig breites mittelständiges Schlitzband haben. Die schiefliegende Öffnung ist mehr oder weniger rhomboidal, der tiefe glatte Nabel ist durch eine Kante gegen die übrige Oberfläche begrenzt. Der belgische

Kohlenkalk enthält neben den 2 typischen noch 3 andere Arten (2 neu aufgestellte). 10) *Luciella* DE KON. 1883 ist aufgestellt für kreisel- bis kegelförmige, meist deprimirte genabelte und im Grunde des Nabels schwielige Schneckenhäuser mit schneidend scharfem, zuweilen gefaltetem oder ausgeschweiftem Rande, höckeriger oder blätteriger Sculptur, querovaler oder subrhomboidaler Mündung, deren Columellarrand sehr schief ist und deren Schlitzband auf der dem Nabel zugewendeten Wölbung der Umgänge nahe der Kante liegt. Typen sind *L. squamifera* PHIL. sp., *Eliana* DE KON. und *limbata* PHIL. Belgien liefert 5 carbonische Arten, von denen nur die eine hier neu beschriebene, *L. subfimbriata*, noch nicht zugleich aus Yorkshire bekannt ist. Ausserdem wird eine Form dieser auffallenden Gestalten aus Paffrath, eine aus Nebraska erwähnt. — 11) Der Autor führt ungefähr dieselben Gründe wie s. Z. die Gebr. SANDBERGER auf, um auch das Geschlecht *Porcellia* LEVEILLÉ, dessen Typus *P. Puzo* LEV. des unteren Kohlenkalkes von Tournai, von Mafflis bei Ath und von Hook Point, Irland, bleibt, zu den Haliotiden zu stellen, dass die Porcellien in der Jugend schief aufgerollt und nie völlig symmetrisch sind (entgegen HÖRNES's Angabe für die triadische *P. Fischeri*); dass sie weit genabelt und ohne Spur der Schwielenbildung und Schmelzablagerung ist, welche die Bellerophonten auszeichnet; dass endlich die Beschaffenheit des Schlitzbandes, die enge Spalte an der Mündung und der Charakter der Oberflächenornamente, denen der Luciellen und Rhineodermen viel mehr als denen der Bellerophonten gleichen. Von Porcellien werden 7 Arten, davon 3 neue, aufgeführt; unter letzteren ist die dem oberen Kohlenkalke von Visé angehörende, bisher mit der altcarbonischen *P. Puzo* vereinigte *P. Mosara*.

Die Bellerophontiden stellt DE KONINCK zwischen die Haliotiden und die Fissurelliden, wofür ausser einer Anzahl wiederholt besprochener Gründe die Spuren von Färbung sprechen (Spiralstreifen in zweierlei Tinten, durch andere Farbenbänder gekreuzt). Etwas abweichend von WAAGEN's Auffassung nimmt Verf. die Geschlechter an: 1) *Bellerophon* MONTF. 1808, Typus *B. vasulites* MONTF. — 2) *Waagenella* DE KON. 1882 (*Waagenia* id. 1882, non NEUM.), Typus *W. Beaumonti* D'ORB. sp. — 3) *Bucania* HALL 1847, Typus *B. sulcatina* HALL. — 4) *Phragmostoma* HALL 1862, Typus *P. natator* HALL. — 5) *Salpingostoma* F. RÖM. 1876, Typus *S. megalostoma* EICHW. sp. — 6) *Tremanotus* HALL 1864, Typus *T. alpheus* HALL. — 7) *Tubina* BARR. 1868, Typus *T. armata* BARR. — 8) *Euphemus* M'COY 1844, Typus *E. Urei* FLEM. — 9) *Tropidocyclus* DE KON. 1882, Typus *T. curvilineatus* CONR. — 10) *Warthra* WAAGEN 1880, Typus *W. polita* WAAGEN. — 11) *Stachella* WAAGEN 1880, Typus *St. pseudohelix* STACHE. — Verf. betrachtet *Mogulia* WAAGEN als nicht genug von dessen *Warthia* unterschieden, lässt die Natur von *Microceras* HALL zweifelhaft und schliesst *Bellerophina* D'ORB., sowie *Ecculiomphalus* PORTL. sicher, mit grösster Wahrscheinlichkeit auch *Cyrtolites* CONR. von der Familie aus. — Von *Bellerophon* enthält der belgische Kohlenkalk 24 Arten, davon die Hälfte neu. — *Waagenella* hat 3 Arten, worunter eine vorher unbekannte — *Bucania* unter 6 Arten eine neue, — von den 5 *Euphe-*

mus 3 neue, unter den 3 *Tropidocyclus* 1. — *Warthia* ist in Belgien nur durch eine grosse neue Art des oberen Kalkes, *Stachella* durch von Ryckholt's *St. papyracea* vertreten.

Unter den Calyptraeiden nimmt eine Reihe von Formen den hervorragendsten Rang ein, die Verf. unter *Capulus* Montf. vereinigt lässt, obwohl er die im belgischen Kohlenkalk vorkommenden Arten in drei Sectionen gruppirt, die Capuli pileopsidei = *Orthonichia* Hall (7—8 sp., 5—6 neu), die C. neritoidei (25 sp., 18 neu) und die C. spinosi = *Platyceras* Conr., von deren 2 Arten 1 neu ist. Auch die früher zu *Patella* gestellten Arten (hier 4) von *Metoptoma* Phil. und *Lepetopsis* Whitfield (hier 17 Arten von denen 12 neu) rechnet de Kon. jetzt nach dem Vorgange von M'Coy und Woodward zu den Calyptraeiden.

Die Placophoren des belgischen Kohlenkalkes vertheilt Verf. auf drei Geschlechter: *Helminthochiton* Salter (nur dessen beide ersten Gruppen des Genus) bietet unter 8 Species vier neue. *Rhombichiton* de Kon. 1883 wird für die den Chitonellen ähnlichen Käferschnecken vorgeschlagen (6 Arten). *Glyptochiton* ist durch die altcarbonische Art *G. cordifer* de Kon. von Tournai vertreten. Die Dentaliiden des belgischen Kohlenkalkes, unter denen vier neue Formen und 3 bis 4 bereits beschriebene sind, gehören meistentheils zu *Entalis* Gray, von zwei der Arten ist das nicht ganz sicher, die Stellung des Ryckholt'schen *Dentalium perarmatum* bleibt überhaupt fraglich. Die Pteropoden zeigen neben der schon bekannten *Conularia irregularis* de Kon. noch eine neue Form von Tournai und einen kleinen *Hyolithes*, welcher ebendort selten vorkommt und der Thüringer Zechsteinart, *H. Richteri* Gein., verglichen wird.

K. v. Fritsch.

E. de Boury: Observations sur quelques espèces nouvelles du Bassin de Paris, décrites par M. de Raincourt. (Bull. Soc. géol. de France. 3 sér. t. XII. No. 8. S. 667. Nov. 1884.)

Es werden Bemerkungen gemacht zu *Scalaria Munieri*, *Cypraea Sellei*, *Scalaria Sellei*, *Nerita equina* Besançon (= *N. Sainti* Rainc.), *Eulima Ludovicae*, *Cypraea Velaini*, *Pedipes Lapparenti*, *Cistella Bouryi* Morgan (= *Argiope Heberti* Rainc.). **von Koenen.**

E. de Boury: Liste de quelques espèce rares recueillies à Cuise-Lamotte. (Bull. Soc. géol. de France. 3 sér. t. XII. No. 8. S. 670. Nov. 1884.)

Verfasser hat dort eine Reihe seltener, zum Theil noch nicht von da bekannter Arten gesammelt und theilt dann Profile mit, betreffend die Ausdehnung der Sande von Cuise und des Kalkes von Saint-Ouen in der Gegend von Magny. **von Koenen.**

E. de Boury: Description de Scalariidae nouveaux. Article 2. (Journ. de Conch. 1884. t. 24. S. 134—64. Taf. 3, 4 u. 5.)

Es werden beschrieben und abgebildet: *Scalaria Bourdoti* DE BOURY (Chaumont, le Fayel), *S. Raincourti* DE BOURY (Chaumont), *S. Godini* DE BOURY (Le Fayel, la Guépelle, Valmondois), *S. brevicula* DESH. (Le Fayel), *S. Chalmasi* DE BOURY (La Guépelle), *S. Acumiensis* DE BOURY (Acy-en-Multien), *S. Baudoni* DE BOURY (St. Félix), *S. Morleti* DE BOURY (Chaumont-en-Vexin), *S. Cossmanni* DE BOURY (Abbecourt), *S. Lemoinei* DE BOURY (Prouilly, Châlons-sur-Vesle), *S.? cretacea* DE BOURY (Turon von Uchaux), *Acirsa Besançoni* DE BOURY (Chaussy), *A. Auversiensis* DESH. (Le Fayel. Anvers, Mary). Die meisten Arten waren schon einmal im 23. Band desselben Journals besprochen. **von Koenen.**

P. Fischer: Description d'un nouveau genre, *Raincourtia.* (Journ. de Conchyliologie. 1884. t. 24, S. 20. Taf. 2. Fig. 3.)

Aus dem Pliocän von Gourbeville (Manche) wird *R. incilis* nov. gen. n. sp. beschrieben, eine nur 2 mm grosse, mit *Smaragdinella* verglichene Schnecke aus der Familie der Scaphandriden. Der mit einer Rinne versehene Spindelrand verläuft nach hinten, Sförmig geschwungen, bis zum Nabel. **von Koenen.**

M. de Raincourt: Note sur la faune de Septeuil. (Bull. Soc. géol. de France. 3 série tome XII. No. 8, November 1884. S. 549.)

Es wird eine Liste von über 220 zum Theil neuen oder sonst sehr seltenen Arten mitgetheilt, die sich im Calcaire grossier in einem nicht für Jedermann geöffneten Parke bei Septeuil, zwischen Mantes und Houdan (Seine-et-Oise) gefunden haben. **von Koenen.**

Fontannes: Sur une des causes de la variation dans le temps des faunes malacologiques, à propos de la filiation des *Pecten restitutensis* et *latissimus.* (Bull. Soc. géol. France. XII. 1884. 357.) Mit einer Tafel.

Der sogenannte *Pecten latissimus* der miocänen Molasse von St. Paul-Trois-chateaux unterscheidet sich stets durch bestimmte Charaktere von dem echten *P. latissimus* der Pliocänablagerungen von Saint Aries und wird von dem Verfasser unter dem Namen *P. restitutensis* als eigene Form aufgestellt. Der *P. restitutensis* ist stets kleiner, schief, hat verhältnissmässig grössere Ohren und die Sekundärrippen auf den breiten Primärrippen sind schwächer entwickelt.

Im Rhonethal sind diese beiden Formen stets scharf zu unterscheiden, auf bestimmte Niveaus beschränkt und können im Sinne der neuen Descendenzlehre als vicariirende Mutationen angesehen werden. Im Leythakalke des Wiener Beckens jedoch, welcher dem Alter nach zwischen der Miocänmolasse von St. Paul-Trois-Chateaux und dem Pliocän von Saint-Aries steht, kommen beide Formen gleichzeitig vor und müssten daher der herrschenden Terminologie nach als Varietäten derselben Grundform angesehen werden.

Der Verfasser sucht nun, von diesen Thatsachen ausgehend, nachzuweisen, dass Mutationen und Varietäten keineswegs so wesentlich verschiedene Dinge seien, wie man vielfach anzunehmen scheint, und dass wohl in den meisten Fällen sogenannte „Mutationen“ zu einem gegebenen Zeitpunkt als blosse „Varietäten“ neben einander existirten.

Th. Fuchs.

Fontannes: Note sur la présence des sables à *Potamides Basteroti* dans la vallée de la Cèze (Gard). (Bull. Soc. géol. 3 série, XII. 1884. 447.)

Im Thale der Cèze im Dept. Gard kommen an mehreren Punkten marine Pliocänbildungen vor, welche bei Bagnols von brackischen Bildungen überlagert werden.

Unter den Vorkommnissen der marinen Schichten verdient der *Pecten scabrellus* Lam. hervorgehoben zu werden, der, in den älteren Pliocänbildungen des Mediterrangebietes so allgemein verbreitet, bisher aus dem Rhonethal nicht bekannt war.

Aus den brackischen Pliocänbildungen werden angeführt:

Potamides Basteroti.
Bithynia allobrogica.
Helix sp.
Limnaea Bouilleti.
var. *laurentensis.*
Planorbis cf. *heriacensis.*
Corbula gibba.
Scrobicularia plana var. *piperata.*
Cardium rastellense.
Pecten pes felis.

Th. Fuchs.

Fontannes: Note sur la faune et la classification du „Groupe d'Aix“ dans le Gard, la Provence et le Dauphiné. (Bull. Soc. géol. 1884. XII. 330.)

Diese Mittheilung ist nur ein Auszug der vom Verfasser gleichzeitig publizirten grösseren Arbeit „Description sommaire de la Faune malacologique des formations saumâtres et d'eau douce du groupe d'Aix dans le Bas-Languedoc, la Provence et le Dauphiné“, über welche wir bereits bei einer früheren Gelegenheit referirt haben. **Th. Fuchs.**

Halaváts: Neue Gastropodenformen aus der mediterranen Fauna von Ungarn. (Természetrajzi Füzetek. VIII. 1884. 208.)

Es werden folgende Arten abgebildet und beschrieben:

Conus Böckhi (Hidas),
„ *fusiformis* (Hidas),
Cypraea R. Hoernesi (Lapugy),
Mitra Szobbiensis (Szobb),
Terebra hungarica (Szabolu),
„ *Sophiae* (Lapugy).

Th. Fuchs.

Frauscher: Die Eocän-Fauna von Kosavin nächst Bribir im kroatischen Küstenlande. (Verhandl. Geol. Reichsanst. 1884. 58.)

Bei Kosavin im kroatischen Küstenlande kommen in einem grauen Nummulitensandstein in grosser Menge Fossilien vor, unter denen der Verfasser 75 Formen unterscheiden konnte, von denen sich 56 spezifisch bestimmen liesen.

Durch Arten und Individuenreichthum zeichnen sich namentlich die Cerithien aus, welche in Verbindung mit häufigen Cyrenen der Fauna einen brackischen Anstrich gewähren. Daneben finden sich jedoch auch in grosser Menge echt marine Formen, wie z. B. zahlreiche Korallen und Nummuliten.

Ob alle diese Versteinerungen wirklich zusammen vorkommen, oder ob sie doch nach Schichten getrennt sind, ist allerdings nicht bekannt. Das ganze Vorkommen wird mit dem Vorkommen von Ronca verglichen und dem oberen Grobkalk gleich gestellt. **Th. Fuchs.**

Giovanni di Stefano: Sui Brachiopodi della Zona con *Posidonomya alpina* di Mte. Ucina presso Galati. (Giornale di Scienze natur. ed econom. di Palermo. Vol. XVII. 1884. p. 1—27. 4°, con due tav.)

Der Verfasser hat die von Cortese im Jahre 1882 entdeckten versteinerungsreichen Schichten mit *Posidonomya alpina* des Mte. Ucina bei Galati (Provinz Messina) ausgebeutet und beschreibt die reichliche, hauptsächlich aus Brachiopoden bestehende Fauna derselben. Die Thierreste sind in einem röthlichen, weiss und grau gefleckten Kalkstein eingeschlossen, welcher die dunklen Kalke der Zone des *Harpoceras opalinum* überlagert. Auch an anderen Localitäten Siciliens sind die Schichten mit *Posid. alpina* entwickelt. Um einen Überblick über ihre Fauna und einen Vergleich zu ermöglichen, theilt der Verfasser vorläufige Versteinerungslisten anderer Localitäten mit, obwohl seine diesbezüglichen Studien noch nicht abgeschlossen sind. Die Localität Tre fontane (Mte. Ucina bei Galati) hat folgende Formen ergeben:

Rhynchonella Berchta Opp.
„ *Ucinensis* n. sp. Verwandt mit der vorhergehenden.
„ *adunca* Opp.
„ *alontina* n. sp. Ähnlich der *Rh. Atla* Opp.
„ *tambusciana* n. sp. Verwandt mit *Rh. lotharingica* Haas.
„ *Szajnochae* n. sp. Nahe verwandt mit *Rh. subechinata* Opp.
„ *Galatensis* n. sp. Verwandt mit *Rh. tambusciana* Di Stef.
„ *Baldaccii* n. sp.
Terebratula Gerda Opp.
„ *Recuperoi* n. sp. Interessante Form mit schwacher Radialstreifung und stark entwickelter Schnabelregion[1].
„ *Appolloniensis* n. sp. Kleine Form, verwandt mit *Ter. Erycina* Gemm.
Pygope pteroconcha Gemm.
„ *Redii* n. sp. Aus der Gruppe der *Ter. Aspasia*.

---

[1] Die Form hat eine gewisse Ähnlichkeit mit manchen Terebratulinen. Ref.

Pygope Gemmellaroi n. sp. Bemerkenswerthe Form mit stark entwickeltem Schnabel.
„ *Chydas* n. sp.
„ *Alamannii* n. sp.
„ *Mykonionensis* n. sp.
Aulacothyris pygopoides n. sp. Verwandt mit *Aulacothyris Meriani* Opp.
Posidonomya alpina Gras.
Trochus sp.
Oppelia aff. *subradiata* Sow.
Sphenodus sp.

In ähnlicher Weise setzt sich die Fauna der übrigen Localitäten zusammen. Aus dem Crinoidenkalke von Piana dei Greci bei Palermo kennt man mehrere Brachiopodenarten, ebenso in Montagna-chiparra bei Calatafimi, während am Mte. Erice bei Trapani ausser Brachiopoden auch drei Cephalopodenarten, *Phylloceras isomorphum* Gemm., *Haploceras monacum* Gemm., *Stephanoceras Daubenyi* Gemm., vorkommen. Noch reichlicher erscheinen die Cephalopoden in Favara (Provinz Girgenti), wo ausser fünf Phylloceren eine neue Art von *Amaltheus*, *Lytoceras tripartitiforme* Gemm., *Oppelia plicatella* Gemm., *O. undatiruga* Gemm., *O. fusca* Qu., *Stephanoceras Daubenyi* Gemm., *St.* n. sp., *Cosmoceras ditomoplocum* Gemm., *Perisphinctes Hoffmanni* Gemm. gefunden wurden. Von Montagna della Ficuzza (Provinz Palermo) kennt man einige Brachiopodenarten, sieben Phylloceren, darunter zwei neue, *Perisphinctes problematicus* Gemm., und je eine neue Art von *Stephanoceras* und *Peltoceras*.

Die Schichten mit *Posidonomya alpina* haben in den genannten Localitäten bisher 53 Arten ergeben, darunter 27 Brachiopoden und 22 Ammoniten, woraus erhellt, dass die Fauna keineswegs so arm an Brachiopoden ist, wie man bisher anzunehmen geneigt war. Die neuen Arten sind auf zwei Tafeln gut abgebildet. **V. Uhlig.**

G. J. Hinde: Catalogue of the Fossil Sponges in the Geological Department of the British Museum. London 1883. 248 S. u. 38 lith. Tafeln. 4°.

Der Verfasser hat sich der dankenswerthen Aufgabe unterzogen, das gesammte Spongienmaterial des British Museum zu sichten und gleichzeitig die neuen oder mangelhaft bekannten Formen zu untersuchen, zu beschreiben und abzubilden. Somit bildet das umfangreiche Buch ein Fundamentalwerk für das Studium der fossilen Schwämme, namentlich der englischen, welche in den älteren Werken von Mantell, Smith u. A. wohl nach ihrer äusseren Form abgebildet, aber mit vereinzelten Ausnahmen nicht auf ihre Structur hin untersucht waren.

In dieser wohl fast vollständigen Übersicht der fossilen Schwämme Englands ist das von Zittel angewendete System adoptirt worden.

Der Verfasser bespricht in der Einleitung die vielfachen Veränderungen, welche die Schwämme in den Erdschichten erlitten haben, die geologische Verbreitung der bis jetzt bekannt gewordenen Arten und die Classification derselben.

Im Nachfolgenden geben wir die Liste der als neu beschriebenen Formen:

Monactinellidae ZITT.

Climacospongia radiata n. g.
Silur, Tennessee (wahrscheinlich aus denselben Schichten der Niagara-Gruppe, in denen *Astylospongia* vorkommt).

Lasiocladia compressa nov. g.
Unter-Devon. Belgien.

Reniera ? Carteri n. sp.
Kohlenkalk. Ayrshire.

Dirrhopalum planum n. sp.
Ob. Kreide. Irland, Westphalen.

Acanthoraphis intertextus n. g.
Ob. Kreide. Kent.

Haplistion fractum n. sp.
Unt. Kohlenkalk. England.

Tetractinellidae MARSH.

Ophiraphidites anastomans n. sp.
Ob. Kreide. Süd-England.

Tethyopsis cretacea n. sp.
Ob. Kreide. England.

Geodia ? antiqua n. sp.
Unt. Kohlenkalk. England.

Pachastrella vetusta n. sp.
Unt. Kohlenkalk. England.

Stelletta inclusa n. sp.
Ob. Kreide. England.

Pachastrella convuluta n. sp. und *plana* n. sp.
Ob. Kreide. England.

Lithistidae SCHMIDT.

Chenendopora Michelini n. sp.
Cenoman. Warminster.

Verruculina plicata, astraea, pustulosa, papillata n. sp.
Ob. Kreide. England.

Stichophyma tumidum n. sp.
Ob. Kreide. England.

Jereica cylindrica n. sp.
? Cenoman. England.

Placonella perforata n. g.
Malm. Nattheim.

Doryderma Roemeri, Bennetti n. sp.
Cenoman und Senon.

Doryderma Dalryense n. sp.
Unt. Kohlenk. England u. Irland.

Holodictyon capitatum n. g.
Cenoman. Warminster.

Pachypoterion robustum, compactum n. g.
Cenoman. England u. Frankreich.

Nematinion calyculum n. g.
Cenoman. Warminster.

Mastosia neocomiensis n. sp.
Neocom und Cenoman. England.

Phymatella reticulata, nodosa n. sp.
Ob. Kreide. England.

Aulaxinia costata n. sp.
Ob. Kreide. England.

Callopegma obconicum, ficoideum n. sp.
Ob. Kreide. England.

Trachysycon nodosum, sulcatum n. sp.
Cenoman u. Ob. Kreide. England.

Jerea reticulata, cordiformis n. sp.
Cenoman u. Ob. Kreide. England und Frankreich.

Nelumbia tuberosa n. sp.
Ob. Kreide. England.

Polyjerea arbuscula, lobata n. sp.
Cenoman. England.

Bolospongia globata, constricta n. g.
Ob. Kreide. England.

Thecosiphonia turbinata n. sp.
Ob. Kreide. England.

Kalpinella pateraeformis, rugosa n. g.
Cenoman. England.

Thamnospongia glabra, clavellata, reticulata n. g.
Ob. Kreide. England.

Pholidocladia dichotoma, ramosa n. g.
Ob. Kreide. England.

Ragadinia compressa, sulcata, clavata n. sp.
Ob. Kreide. England.

Plinthosella compacta, nodosa, convuluta n. sp.
Ob. Kreide. England und Norddeutschland.
Phymaplectia irregularis, spinosa, cribrata, scitula n. g.
Ob. Kreide. England.
Rhophalospongia gregaria, obliqua n. g.
Cenoman. England.

Hexactinellidae Schmidt.

Astylospongia ? Roemeri n. sp.
? Silur. Nordamerika.
Strephinia convuluta, reteformis n. g.
Ob. Kreide. England.
Verrucocoelia vectensis n. sp.
Ob. Kreide. Isle of Wight.
Stauronema planum, compactum n. sp.
Cenoman u. Ob. Kreide. England.
Sestrodictyon convulutum n. g.
Cenoman. Sentis.
Sporadopyle Santanderi n. sp.
Neocom. Spanien.
Guettardia radians n. sp.
Cenoman. Normandie.
Trochobolus constrictus n. sp.
Malm. Randen.
Ventriculites convulutus n. sp.
Ob. Kreide. Süd-England.
Sporadoscinia scapax n. sp.
Ob. Kreide. Süd-England.
Sestrocladia furcata n. g.
Ob. Kreide. England.
Placotrema cretaceum n. g.
Ob. Kreide. Süd-England.
Cincliderma quadratum n. g.
Ob. Kreide. Süd-England.
Plectoderma scitulum n. g.
Ludlow-Gruppe. Schottland.
Plocoscyphia reticulata, vagans.
Ob. Kreide u. Cenoman. England.
Toulminia jurassica n. sp.
Malm. Randen.
Camerospongia aperta n. sp.
Ob. Kreide. Süd-England.
Callodictyon angustatum n. sp.
Ob. Kreide. Süd-England.
Porochonia simplex n. g.
Ob. Kreide. England.
Diplodictyon Bayfieldi n. sp.
Ob. Kreide. England.
Sclerokalia Cunningtoni n. g.
Cenoman. England.
Hyalostelia fusiformis n. sp.
Ob. Kreide. England.
Holasterella Youngi, Benniei n. sp.
Unt. Kohlenkalk. England.

Pharetrones.

Peronella tenuis, inflata n. sp.
Dogger. England. Nordfrankreich.
Tremacystia irregularis n. g.[1]
Unt. Kreide. Farringdon.
Elasmocoelia Mantelli n. sp.
Unt. Kreide. Farringdon.
Inobolia inclusa n. g.
Dogger. Cheltenham.
Sesostromella rugosa Hinde.
[Statt: „Upper Green Sand?: Vaches Noires, near Havre“ muss es heissen: Oxford, Vaches noires, wo Referent diese Art selbst gesammelt hat. Dasselbe dürfte für *Sesostr. clavata* gelten.]
Trachysinia aspera, solitaria, minor n. g.
Bathoniae. Normandie.
Synopella Goldfussi n. sp.
Ob. Kreide. Maestricht.
Diaplectia auricula n. g.
Dogger, Engl.; Bathon., Normandie.
Elasmostoma scitulum, crassum, plicatum n. sp.
Ob. Kreide. England u. Frankreich.
Rhaphidonema pustulatum n. g.
Unt. Kreide. Farringdon.

Incertae sedis.

Bactronella pusillum n. g. (= *Ceriopora clavata* [Gf., Qu.]).
Malm. Franken.

---

[1] Die Einführung eines neuen Gattungsnamen ist unnöthig, da der Autor die Wahl zwischen *Barroisia* Mun.-Chal. und *Sphaerocoelia* Stnm. hatte. Ref.

Ferner sind Tabellen beigegeben, welche die geologische Verbreitung der Spongien zur Darstellung bringen. Ein sehr ausführliches, wenn auch nicht vollständiges Literaturverzeichniss bildet den Schluss.

Steinmann.

W. J. Sollas: Descriptions of Fossil Sponges from the Inferior Oolite, with a Notice of some from the Great Oolite. (Quart. Journ. Geol. Soc. vol. XXXIX, p. 541—554. t. 20—21. 1883.)

Wegen unserer mangelhaften Kenntnisse von der Verbreitung der fossilen Spongien möchten wir die Aufmerksamkeit des Lesers auf die vorliegende Arbeit von Sollas über Spongien des englischen Doggers richten. Von Kieselschwämmen waren aus den älteren Abtheilungen der Juraformation bis jetzt nur ganz fragmentarische Reste bekannt. Der englische Dogger birgt dagegen ebenso wie der normännische[1] gut erhaltene Vertreter derselben. Sollas fand in dem oberen Theile der *Humphriesianus*-Zone die neue Hexactinelliden-Gattung *Emploca* (*ovata*) aus der Familie der Euretiden. Dieselbe steht der Gattung *Porocypellia* sehr nahe, unterscheidet sich jedoch durch undurchbohrte Kreuzungsknoten und das Fehlen einer Deckschicht. Aus der oberen Abtheilung der *Parkinsoni*-Zone werden beschrieben:

Mastodictium Whindborni n. g., ebenfalls aus der Familie der Euretiden. Die radialen Canäle durchbohren die Wand vollständig.

Leptophragma fragile n. sp. (Cosinoporiden).

Plectospyris elegans und *major* n. g. aus der Familie Mäandrospongiden unterscheidet sich von *Plocoscyphia* nur durch die undurchbohrten Kreuzungsknoten.

Calathiscus variolatus n. g. Radialcanäle in der Wand sich fingerförmig verzweigend.

(Angeblich Familie der Ventriculitiden; doch vermisst man die characteristische Faltung der Wand sowohl in der Beschreibung als auch auf der Abbildung. — Ref.)

Platychonia elegans n. sp. Soll ausser Rhizomorinen- auch Tetracladinen-Elemente enthalten.

Ferner werden von Pharetronen beschrieben:

Peronella Metabronni n. sp., *repens* n. sp., *Limnorea pygmaea* n. sp., *Myrmecium depressum* n. sp., *biretiforme* Qu. und die neue Gattung:

Thamnonema (*pisiforme*), die durch eine eigenthümliche Anordnung der Skeletfasern ausgezeichnet ist.

Steinmann.

H. B. Brady: Report on the Foraminifera of „Knight Errant" Expedition of the Faroer Channel. (Proc. Roy. Soc. Edinburgh 1881/82, p. 708—717.)

---

[1] In der Oolithe blanche der normännischen Küste beobachtete Referent zahlreiche und zum Theil sehr grosse Hexactinelliden, die zum Theil den hier beschriebenen ähnlich, zum Theil wohl ident sind, wie z. B. *Leptophragma*.

Aus diesem Berichte über die Foraminiferen-Funde im Faroer-Channel heben wir als allgemein interessirend hervor, dass Brady durch Untersuchung von Originalexemplaren von Seguenza's *Planispira* (Mem. R. Accad. Lincei 1879/80, vol. VI, p. 310, t. 17, f. 18) die Identität derselben mit *Nummuloculina* Stnm. (dies. Jahrb. 1881, I, 37, T. II) nachweisen konnte. Letztere Benennung müsste demnach gegen die etwas ältere zurücktreten, obgleich sie weit bezeichnender ist. Man kennt im Ganzen bis jetzt folgende Arten der Gattung *Planispira* (= *Nummuloculina*): *Pl. contraria* d'Orb. sp., *communis* Seg., *exigua* Brady, und *sigmoidea* Brad. M. S., die beiden letzteren von der Challenger-Expedition mitgebracht. **Steinmann.**

R. Häusler: Note sur les Foraminifères de la Zone à *Ammonites transversarius* du Canton d'Argovie. (Bull. Soc. Vaud. Sc. Nat., vol. XVIII, p. 220—230. 1884.)

Enthält eine vorläufige Gesammtübersicht der Untersuchungen des Verfassers über die Foraminiferen-Fauna der *Transversarius*-Schichten des Aargaus. (Vergl. die Specialarbeiten hierüber in dies. Jahrb., 1884, II, 122—123.) **Steinmann.**

H. B. Brady: Note on *Keramosphaera*, a new Type of Porcellanous Foraminifera. (An. a. Mag. Nat. hist., ser. 5. vol. 10, 1882, p. 242—245, t. XIII.)

Beschreibung und Abbildung einer neuen, bisher nur lebend bekannten Gattung undurchbohrter Foraminiferen, welche *Orbitolites* am nächsten steht, aber durch die unregelmässigere Form der Kammern und Kugelform des Gehäuses sich leicht unterscheidet. **Steinmann.**

Schlumberger: Note sur le genre *Cuneolina*. (Bull. soc. géol. Fr., 3 sér., t. XI, p. 272—3, 1883.)

Die von d'Orbigny aufgestellte Gattung *Cuneolina* hat der Verfasser in mikroskopischen Dünnschnitten untersucht und glaubt gefunden zu haben, dass sie nicht zu den Textilarien gestellt werden dürfe, wie d'Orbigny und Carpenter angenommen hatten, sondern in die Nähe von *Orbitolina*. Die Kammern sind durch eine grosse Anzahl horzontaler und vertikaler secundärer Scheidewände in kleinere, zum Theil nur unvollständig, abgetheilt. Der Verfasser kennt eine kleine, schlecht erhaltene Art aus dem Aptien von Bellegarde, *C. pavonia* d'Orb. und *conica* d'Orb. aus dem Cenoman von Ile Madame und eine mit *C. conica* verwandte aus dem Senon von Martigues. [Gute Abbildungen wären zum besseren Verständniss des Gesagten erforderlich; hoffentlich bleiben sie nicht aus. — Ref.]
Steinmann.

A. Franzenau: *Heterolepa*, eine neue Gattung aus der Ordnung der Foraminiferen. (Természetrajzi Füzetek, vol. VIII, par. 3, 1884, p. 214—217, taf. V.)

Unter dem Namen *Heterolepa* werden vom Verf. diejenigen Truncatulinen verstanden, welche eine undurchbohrte Septalwand besitzen. Vier so beschaffene Arten sind untersucht, beschrieben und abgebildet (*H. costata*, *praecincta*, *bullata* und *simplex*). [Ob ein solches Verhalten nur als Abnormität gelten kann oder zur Abtrennung von neuen Gattungen verwendet werden darf, muss durch ausgedehntere Untersuchungen festgestellt werden. — Ref.] **Steinmann.**

Schlumberger: Note sur quelques Foraminifères nouveaux ou peu connus. (Feuille des Jeunes Naturalistes 1883, p. 21—28 mit 2 Tafeln und 3 Holzschnitten im Text.)

Wir finden in dieser Arbeit über lebende, gelegentlich der Expedition des Travailleur gedredgte Foraminiferen einige Angaben, die das Interesse des Paläontologen beanspruchen und die wir deshalb hier wieder geben.

Milioliden aus grösseren Tiefen (über 1000 m.) besitzen statt der gewöhnlichen weiten Mündung nur einige unregelmässig angeordnete Spalten und Löcher, was schlecht mit der bisher herrschenden Ansicht von dem Lebendig-Gebären dieser Thiere in Einklang zu bringen ist [wenn nicht etwa beim Austreten der Brut durch Resorption eine grössere Öffnung geschaffen wird. — Ref.]

Die Munier-Chalmas'sche Gattung *Archiacina* aus der Verwandtschaft von *Peneroplis* finden wir hier zum ersten Male abgebildet.

Als *Siphogenerina* bezeichnet der Autor solche Bigenerinen, deren obere, dentalinenartige Kammern von einem Sipho durchzogen werden, welcher durch spaltförmige Öffnungen mit dem Hohlraume der Kammern communicirt.

Aus den Abbildungen der früher von Wallich ziemlich unkenntlich beschriebenen Gattung *Rupertia* geht hervor, dass wir es mit einer festgewachsenen Form der Rotaliden aus der Gruppe der *Rotalia buliminoides* zu thun haben.

Trotz des Protestes des Verf. dürfte seine *Rotalina pleurostomata* in die neuerdings mehrfach besprochene Gattung *Epistomina* Terq. einzureihen sein, was auch Uhlig schon bemerkt hat. **Steinmann.**

Dr. Rüst: Über das Vorkommen von Radiolarien-Resten in kryptokrystallinen Quarzen aus dem Jura und in Koprolithen aus dem Lias. (Amtl. Ber. d. 56. Vers. d. Naturf. u. Ärzte i. Freiburg i. B., 1884. IV. Sect. p. 94—99.)

Der Verfasser hat eine grössere Anzahl von Quarzen in Dünnschliffen mikroskopisch untersucht und dabei folgende Resultate erhalten.

Hornsteine aus dem englischen Kohlenkalke zeigten Fusulinen- und Nodosinellen ähnliche Durchschnitte.

Hornsteine und Chalcedone aus der Dyas von Chemnitz und von Baden-Baden liessen nur Pflanzenreste aber keine Spur mariner Organismen erkennen.

Jaspis von Klein-Kembs und Biel im Breisgau enthält Spongien, Nadeln und Foraminiferen.

In den rothen Jaspis- und in den grauen und schwarzen Hornsteinen, welche in der schweizer Nagelfluh und als Gerölle im Rheinthale vorkommen und wahrscheinlich aus jurassischen Schichten stammen, fanden sich Foraminiferen, Schwammnadeln und besonders Radiolarien. In einem Stücke wurden allein 35 verschiedene Cyrtiden und 8 Sphaeriden beobachtet.

Die reichste Radiolarienfauna fand der Verf. in den bekannten Phosphoritknollen, welche zusammen mit den in die obere Kreide eingeschwemmten Eisensteinen bei Peine vorkommen.

Ausser zahlreichen Schwammnadeln entdeckte der Verf. in diesen Phosphoritknollen gegen 100 verschiedene Radiolarien, die sich zum Theil aus dem Gestein durch Behandlung mit Säure hatten herausätzen lassen.

Ferner wird auf das eigenthümliche Vorkommen der Radiolarien in meist eisenhaltigen Gesteinen hingewiesen. Mit Spannung können wir der ausführlichen Publication über jene reichen Mikrofaunen entgegensehen.

Steinmann.

R. Zeiller: Sur des cônes de fructification de Sigillaires. (Comptes rendus des séances de l'acad. des Sciences, 30 juin 1884.)

Bekanntlich konnte der Streit über die Stellung von *Sigillaria* im System, an dem zuletzt besonders Renault, Williamson und indirect van Tieghem betheiligt waren, wegen Mangels unzweifelhafter Auffindung der Fructificationsorgane nicht endgiltig geschlichtet worden. Jetzt giebt nun Zeiller Kenntniss von Fruchtzapfen, welche „positiv der Gattung *Sigillaria* und sogar specifisch bestimmbaren angehören", nämlich entweder *S. elliptica* oder wohl eher *S. polyploca* Boulay. Er fand mehrere solche Zapfen in einer reichen Sammlung aus den Gruben von Escarpelle (Nord). Der Stiel, 7—8 mm breit, trägt unter der Basis des Zapfens 3—4 cm lange spitze Blätter in Längsreihen und unter jedem von ihnen die charakteristischen Querrunzeln, womit die Blattpolster gewisser Sigillarien geschmückt sind. „Man unterscheidet selbst, wenn auch weniger nett, weil die Blätter noch anhaften, die hexagonale Form der Berührungsfläche dieser Blätter und an einigen Punkten bemerkt man die Spur von seitlichen Bogen, welche beiderseits das Gefässnärbchen flankiren." — „Die Axe der Zapfen selbst hat 5—6 mm Durchmesser und trägt eine Reihe Bracteen, schief inserirt, 15—20 mm lang, aus 2 Theilen gebildet, die wie 2 gleichschenklige ungleiche, mit der Basis verwachsene Dreiecke erscheinen: der basale Theil ist spitzwinklig und mit ausgeprägter Längsfalte versehen; der Theil des Limbus ist an der Basis plötzlich verbreitert, verschmälert sich allmählig in eine scharfe Spitze und ist mit ziemlich deutlichem Mittelnerv versehen. Zwischen den Bracteen bemerkt man eine grosse Zahl runder Körper, etwa 2 mm Durchmesser, mit glatter Oberfläche, aber von 3 etwas vorspringenden Linien gezeichnet, die von einem Punkte unter 120° auslaufen und sich oft in 3 Kreisbogen vereinigen, die ihre Enden verbinden, genau wie bei den Macrosporen der meisten Isoëtes. — Die Grösse dieser Körper könnte Zweifel erregen, ob sie wirklich als Sporen zu betrachten seien, und ob es nicht, trotz ihrer äussern Charaktere, Sporangien oder Pollensäcke oder sogar Samen sein könnten. Indessen die kleinen Kohlescheibchen, welche sie bilden, lassen sich ziemlich gut ablösen, wenn nicht ganz so doch grösstentheils, so dass man nachweisen kann, dass nicht die geringste Narbe einer Anheftungsstelle existirt, also die Körperchen völlig frei waren. Ferner habe ich bei Anwendung oxydirender Mittel nach GÜMBEL'scher Methode sie ziemlich durchscheinend erhalten und mich unter dem Mikroskope überzeugt, dass sie wirklich einzellig waren." Es sind also wohl Macrosporen. — „Aber es ist unmöglich, eine Spur des Sporangiums zu entdecken, worin diese Sporen enthalten waren; ihre Lage, meistens an der Basis jeder Bractee, lässt nur mit ziemlicher Wahrscheinlichkeit vermuthen, dass sie in der Falte des basalen Theiles dieser Bracteen eingeschlossen waren und von einem Gewebe bedeckt wurden, nach dessen Verschwinden sie frei wurden, wie es gegenwärtig bei den Isoëtes vorkommt. Die von GOLDENBERG angegebene Verwandtschaft scheint mir also vollkommen begründet zu sein; die in Rede stehenden Zapfen gleichen durchaus denen, welche dieser Autor zu den Sigillarien stellte und unterscheiden sich nur durch ihre viel grösseren Dimensionen." — Solche Zapfen von Auzin, 25 cm lang, scheinen nun jetzt zu *S. elongata* oder *rugosa* zu gehören nach der feinen Punktirung der Blattkissen am Stiel; auch Macrosporen von gleicher Grösse, wie die von Escarpelle finden sich. Endlich besitzt die Sammlung der École des Mines Sigillarienzapfen ganz wie die von GOLDENBERG abgebildeten von den Gruben du Grand-Buisson bei Mons: ihre nackten Stiele von 15—20 cm Länge tragen nur an ihrer Spitze unter der Basis des Zapfens spitze, ziemlich kurze Blätter. Ein Exemplar von Marles ist voll Sporen von 1,4 mm Durchmesser, sehr fein warzig, mit 3 divergirenden Fältchen und einzellig unter dem Mikroskope nach gehöriger Präparation. — Microsporen wurden nicht beobachtet; indessen diese „müssen nach ihrem Freiwerden wegen ihrer Zartheit fast vollständig der Beobachtung entgehen, wenigstens wenn man es nur mit Abdrücken zu thun hat".

[Diese wichtige Notiz, welche bei ihrer zweifelsohne zu erwartenden Bestätigung einen lange Jahre hin und her schwankenden Streit endgiltig beizulegen geeignet ist, bringt in überraschend befriedigender Weise die GOLDENBERG'schen Darstellungen zu Ehren. Letzterer deutete schon an, dass Blätter von der Form der Sigillarienblätter den Zapfenstiel bekleideten, doch waren sie bei seinen Exemplaren nicht mehr angeheftet sichtbar. Dies aber beobachtete später der Referent (Foss. Flora d. jüng. Steink. u. d. Rothlieg. im Saar-Rheingebiete, 1871, S. 177). Die übrigen Angaben ZEILLER's sind neu.] **Weiss.**

Renault et Zeiller: Sur un nouveau genre de fossiles végétaux. (Comptes rendus des séances de l'acad. d. sc. 2 juin 1884.)

In den Steinkohlenschichten von Commentry fanden sich flach gedrückte Reste, welche die Verf. mit dem Namen *Fayolia* belegen und durch 2 Holzschnitte veranschaulichen, die hier reproducirt werden.

Es sind spindelförmige Körper, bis 12 cm lang, am einen Ende in eine Spitze auslaufend, am andern mit Stiel. Nach Ansicht der Verf. be-

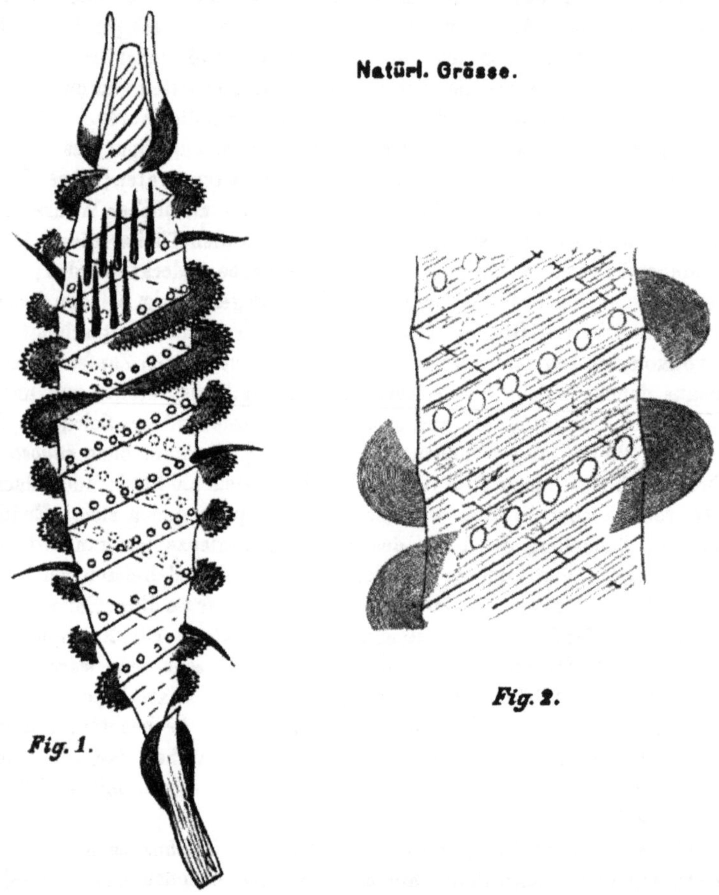

Fig. 1.

Fig. 2.

stehen sie aus 2 Klappen (valves), die spiralig zusammengedreht sind und, weil stark zusammengepresst, die spiraligen Klappennähte beider Seiten erkennen lassen, so dass rhombische Felder entstehen. Über den gekielten Nähten steht eine Reihe rundlicher Narben, die nur an der Spitze und am Grunde fehlen. An einigen Abdrücken finden sich Stacheln, die wohl von diesen Narben getragen wurden. Meist ist ausserdem eine spiralige Binde oder „Halskrause" vorhanden, am Kiele befestigt, nur an der Spitze frei und aufwärts gerichtet. Diese ist in Fig. 1 gefranst (*F. dentata*), in Fig. 2 ganz (*F. grandis*); letztere hat auch die grösseren Narben.

Zum Vergleich dienen für diese räthselhaften Reste nur *Spirangium*, von lebenden Pflanzen die Früchte von *Medicago* oder *Hymenocarpus* und von Orchideen.

Der Referent hat in seiner später zu besprechenden Abhandlung über Steinkohlen-Calamarien (II. Theil, 1884) eine dritte Art *F. palatina* (ursprünglich von ihm *Gyrocalamus* genannt) beschrieben und abgebildet aus Rothliegendem der Pfalz und spricht dabei die Möglichkeit aus, dass in diesen Körpern Calamarientheile vorliegen könnten, die abnorme Drehung zeigen, wie dies z. B. auch bei *Casuarina* vorkommt, wo quirlförmige Stellung in spiralige überspringt; freilich verlaufen bei *Fayolia* zwei Spiralen um die Axe. Die beigefügten Holzschnitte sind aus der soeben citirten Abhandlung hier abgedruckt. **Weiss.**

Renault et Zeiller: Sur un nouveau genre de graines du terrain houiller supérieur. (Comptes rendus des séances de l'acad. d. sc., 7 juillet 1884.)

Wieder um eine neue Gattung wird die Zahl der Steinkohlen-Früchte vermehrt. Von Commentry liegen den Verf. kleine Samen vor, im Längsschnitt elliptisch, im Querschnitt kreisförmig oder oval, manchmal mit einer Anzahl vorragender Kämme, die ebenso vielen Längsrippen entsprechen. An allen verlängert sich das dünne Tegument nach oben in ein Organ, welches bei der Reife sich in 3—4 Zweige theilt, die von zahlreichen sehr feinen, mehr oder weniger ausgebreiteten Haaren bedeckt werden, bestimmt, den Samen leicht vom Wind tragen zu lassen. Solche Samen mit analogem Ausstreuungsapparat vereinigen die Verf. unter dem Namen *Gnetopsis* und unterscheiden 3 Arten: *Gn. elliptica, trigona, hexagona*; die erstere verkieselt von Rive-de-Gier, die 2 letzteren von Commentry (von *Stephanospermum* durch den festen Ausstreuungsapparat verschieden). **Weiss.**

T. Sterzel: Über die Flora und das geologische Alter der Culmformation von Chemnitz-Hainichen. (IX. Ber. d. Nat. Ges. zu Chemnitz (Festschrift) 1883—1884, S. 181—224, mit 1 Tafel.)

Für die Frage, welche Schichten man dem Culm zuzurechnen habe, wenn man dieselben nicht nach thierischen sondern pflanzlichen Resten beurtheilen muss, hat die Mulde von Hainichen-Ebersdorf, wie man sie bisher nannte, oder von Chemnitz-Hainichen, wie sie jetzt Sterzel bezeichnet, stets als Typus gegolten. Da man nach Geinitz als die charakteristischen Pflanzenreste dieses Vorkommens *Lepidodendron Veltheimianum*, *Stigmaria inaequalis*, *Sphenopteris distans* und *Archaeocalamites transitionis* (*radiatus*) betrachtete, so galt bald als Regel, dass, wo man es mit diesen Arten zu thun hätte, Culm vorliege. Stur hat bekanntlich auch die Ostrauer und Waldenburger (kohleführenden) Schichten zum Culm gestellt, diese als obern Culm, die Dachschiefer dagegen als untern Culm bezeichnend. Beiden STUR'schen Abtheilungen sind die genannten Pflanzen gemeinsam. Seitdem musste die Frage entstehen, ob Hainichen-Ebersdorf oberer oder unterer Culm (im STUR'schen Sinne) sei, ganz abgesehen von der andern Frage, ob jene Waldenburger Schichten überhaupt zum Culm gerechnet werden dürften. Schon GEINITZ selbst verglich aber die Ablagerung von Hainichen-Ebersdorf mit den die untersten Flötze bei Waldenburg, besonders bei Altwasser, enthaltenden Schichten, was Andere später ebenfalls thaten und wodurch sich diese Ansicht, dass beide parallel seien, mehr und mehr festsetzte. Nach GEINITZ war es ROTHPLETZ, der diese Ablagerung eingehender untersuchte und neue Beobachtungen neben Kritik der alten brachte (dies. Jahrb. 1881. I. -319-). Er schliesst daraus, dass Hainichen eine Vereinigung von unterem und oberem Culm (STUR's) darstelle, letzterer also auch nicht als eine mittlere Steinkohlenformation abgetrennt werden dürfe, wie vorgeschlagen worden war (vom Ref.). — Die Untersuchung über die genauere geologische Stellung der Chemnitz-Hainichener Schichten wird nun von STERZEL wieder aufgenommen und in obiger Schrift mit grosser Gründlichkeit durchgeführt. Ihm hatte hiezu ausser den schon von ROTHPLETZ bekannt gemachten, manches Weitere an neuen Funden in diesem Gebiete vorgelegen, wo an Fundorten zu Hainichen-Ebersdorf noch Berthelsdorf, Borna, Draisdorf, Ortelsdorf und Ottendorf hinzugekommen sind.

Wesentlich ist die sichere Festsetzung der vorkommenden Reste selbst. STERZEL findet folgende Flora: *Sphenopteris distans** STBG., *Beyrichiana** GÖPP., cf. *elegans** BRONGN. (jedoch etwas verschieden von der typischen Waldenburger Art); *Hymenophyllites quercifolius** GÖPP.; *Rhacopteris flabellifera* STUR (neu); *Adiantides tenuifolius** GÖPP. sp.; *Neuropteris antecedens** STUR; *Cardiopteris frondosa* GÖPP. sp. (neu, abgebildet; ST. ist geneigt, auch *C. polymorpha* zu dieser Art zu rechnen); *C.* sp. (neu); *C. Hochstetteri** ETT. sp.; *Senftenbergia aspera** BRONGN. sp. — *Archaeocalamites transitionis** GÖPP. sp. (hierher auch *Sphenophyllum furcatum* GEIN., *Calamites Römeri* GEIN.). — *Lepidodendron Veltheimianum** STBG. (hierher wird auch gezogen *Sagenaria polyphylla, Lycopodites dilatatus, Lepidodendron tetragonum, Sagenaria caudata, Knorria imbricata* bei GEINITZ, sowie *Lepidodendron Volkmannianum* bei ROTHPLETZ; übrigens hat sich der Verf. bezüglich *L. Velth.* allzu sehr an die Darstellung von STUR gehalten, der den Formenkreis zu weit zieht, so dass derselbe auch an geologischem Werth verliert); *Stigmaria inaequalis** GÖPP. — *Trigonocarpus ellipsoideus** GÖPP.; *Rhabdocarpus conchaeformis* GÖPP.; *Cardiocarpus* sp. GEIN. — Die mit Stern versehenen sind schon von früheren Autoren angegeben.

Diese 17 Arten vertheilen sich anderwärts in Culm vom Alter des Kohlenkalkes (Dachschiefer in Mähren etc.) und in Waldenburger, resp. Ostrauer Schichten derart, dass nur in der älteren Abtheilung bekannt sind: *Rhacopteris flabellifera, Adiantides tenuifolius* (von STUR jedoch in beiden angegeben), *Neuropteris antecedens, Cardiopteris frondosa, C.*

Hochstetteri, Trigonocarpus ellipsoideus, Rhabdocarpus conchaeformis — 7 Arten, dagegen nur in der jüngeren Abtheilung: *Senftenbergia aspera* — 1 Art. Beiden gemeinsam sind: *Sphenopteris distans*, *S.* cf. *elegans*, *Hymen. quercifolius, Calamites transitionis, Lepidodendron Veltheimianum, Stigmaria inaequalis* — 6 Arten.

Hieraus ist der Schluss zu ziehen, dass die Mulde von Chemnitz-Hainichen dem echten (untern nach Stur) Culm angehört, nicht den Waldenburger Schichten. Charakteristisch hiefür ist auch das Fehlen von *Aspidites Dicksonioides* Göpp., *Gleichenites Linki* Göpp. und *Sphenophyllum tenerrimum* Ett. im Culm von Chemnitz-Hainichen, während diese für Waldenburg sehr bezeichnend sind. Als nahestehend von anderen Gebieten werden aus Schlesien Hausdorf, sowie Volpersdorf-Silberberg-Glatz, Blattelschiefer von Altendorf in Mähren hervorgehoben. — Nun schliesst sich an die pflanzenreichen Schichten in Sachsen im Nordosten eine Facies mit Foraminiferen, Bryozoen und Crinoiden an, die Stelzner zuerst auffand (s. Rothpletz), welche die Parallelstellung mit Kohlenkalk noch wahrscheinlicher macht. — Alle zu diesen Resultaten führenden einzelnen Thatsachen werden eingehend erörtert und beleuchtet, namentlich auch die Bestimmungen, welche bei früheren Autoren zum Theil anders ausgefallen waren.

Weiss.

Fr. Heyer: Beiträge zur Kenntniss der Farne des Carbon und des Rothliegenden im Saar-Rhein-Gebiete. (Inaug.-Diss. 1884, auch Botan. Centralblatt Bd. XIX, 1884. Mit 1 Tafel.)

Die nach Leipzig gelangte Goldenberg'sche Sammlung hat zu einer Erstlings-Blumenlese und zwar unter den Farnen gedient. — Jugendzustände und Stipulargebilde von Farnen sind von vielen Autoren *Schizopteris* genannt, oder *Rhacophyllum* Schimp. und *Aphlebia* Presl, nämlich *Rhacophyllum Goldenbergi* Schimp. mit verbesserter Abbildung des Schimper-schen Originales (Taf. IV Fig. 1); *Rh. lactuca* Presl sp. von Gersweiler und Fischbach (m. S. Sch.)[1]; *Rh. adnascens* L. et H. sp. an *Sphenopteris crenata* ansitzend, von Dudweiler (u. S. Sch.); *Rh. filiciforme* Gutb. sp. an *Pecopteris dentata* ansitzend, vom Saarstolln und Jägersfreude (m. S. Sch.); *Odontopteris Reichiana* Gutb. von Jägersfreude, Russhütte, v. d. Heydt (m. S. Sch.); *O. Coemansi* Andrä von Gersweiler, Malstadt und Hirschgraben (m. S. Sch.); *O. Brardi* Brongn. von St. Etienne; *O. obtusa* Brongn. von Lebach und Berschweiler (u. Lebacher Sch., sowie aus mittleren Ottweiler und Cuseler Schichten ohne nähere Fundortsangabe); *Callipteris Schenkii* n. sp. mit Abbildung (Taf. IV Fig. 3), doppelt gefiedert, Fiederchen stumpf, gelappt und mit schiefem Öhrchen, eben solche Fiederchen auch an der Hauptrhachis, Mittelnerv mit wiederholt gabelnden Seitennerven, wenige Nerven aus der Rhachis entspringend (der Form der Fiederchen nach der *Sphenopteris germanica* Weiss ähnlich, aber durch das Herablaufen derselben an der Rhachis verschieden), von Berschweiler (in diesem Falle

---

[1] Es wurde abgekürzt: u. S. Sch. = untere Saarbrücker Schichten, m. S. Sch. = mittlere Saarbrücker Schichten.

nicht aus Ottweiler Schichten, wie Verf. angiebt, sondern aus Lebacher); *Call. discreta* Weiss, der Beschreibung nach etwas zweifelhaft, wie auch der Fundort „Tunnel Friedrich" (wohl „Tunnel bei Friedrichsthal", m. S. Sch.); *Call. britannica* Gutb. (nahe *alpina* Gein.) von Gersweiler (m. S. Sch.); *Call. conferta* in einer Reihe von durch den Referenten unterschiedenen Formen, von Lebach und Berschweiler d. h. aus Lebacher Schichten (nicht Ottweiler Sch., wie Verf. citirt); *Callipteridium connatum* Röm. sp. vom Saarstolln und Altenwald (u. und m. S. Sch.); *Call. imbricatum* Göpp. sp. vom Saarstolln (m. S. Sch.); *Neuropteris platyrhachis* n. sp. mit Abbildung (Taf. IV Fig. 2), einer kleinblättrigen *tenuifolia* ähnlich, die Fiederchen an der Spitze nicht herzförmig, Mittelnerv auslaufend, ein Fiederbruchstück von Jägersfreude (m. S. Sch.); *N. flexuosa* Brongn. wird vereinigt mit *tenuifolia*, *heterophylla* und *Loshi* Brongn. (Saarbr. Sch.), *N. gigantea* Stbg., *hirsuta* Lesq., *acutifolia* Brg., *N. auriculata* Brongn. von Altenwald, Gersweiler, Malstadt (u. und m. S. Sch.), übrigens wohl nicht die Wettiner Form, die der Verf. auch nicht citirt; *Sphenopteris nummularia* Gutb. (u. und m. S. Sch.); *S. sarana* Weiss von Altenwald (u. S. Sch., ?, tiefer als bisher bekannt); *S. Gravenhorsti* Brongn. von Gersweiler (m. S. Sch.); *S. bidentata* Gutb. von Dudweiler (u. S. Sch.); *S. spinosa* Göpp., mit *S. palmata* Schimp. vereinigt; *S. Goldenbergi* Andrä, auch Saarstolln; *S. tridactylites* Brongn. (aus u. und m. S. Sch.); *S. cristata* Brongn., Altenwald (u. S. Sch.); *S. acutiloba* Stb., Altenwald; *S. furcata* Brongn. von Gersweiler; *S. elegans* Brongn. von Dudweiler und Malstadt (u. und m. S. Sch.); *Hymenophyllum Weissii* Schimp. scheint dem Verfasser ein vielleicht gar nicht fertiles Blatt zu sein.

Die eingehenden Erörterungen über die aufgeführten Arten sind in dem Aufsatze selbst nachzusehen. Auffallend ist, dass einige Arten hier in ganz anderm Niveau citirt werden, als worin sie bisher bekannt waren, einige davon (wie schon angedeutet) irrthümlicher Weise. **Weiss.**

H. Graf zu Solms-Laubach: Die Coniferenformen des deutschen Kupferschiefers und Zechsteins. (Paläontol. Abhandl. herausgeg. von Dames u. Kayser, II. Bd., Heft 2 (1884), 38 Seiten u. 3 Tafeln.)

Die kritische Bearbeitung der Ullmannien u. a. Coniferenreste des Zechsteins hat sich als sehr nöthig herausgestellt. Der Verf. untersucht zu dem Zwecke die Vorkommen verschiedener Localitäten, stets unter der grössten Vorsicht.

1) Die Ilmenauer „Kornähren". Es sind hier 2 Formen: *U. bituminosa* Gein. = *U. selaginoides* Brongn. und *U. frumentaria* Schloth. sp. zu unterscheiden, wovon die erstere im Sinne des Autors mehr an *Voltzia Liebeana* (s. später) heranstreift als die gleichnamige bei andern Autoren. Mikroskopische Schliffe von Blättern ergaben ein centrales Gefässbündel, an welches sich 2 Transfusionsflügel legen, beiderseits eingefasst durch starkes Pallisadengewebe und unter der Oberhaut

hypodermale Fasern, deren Anordnung bei beiden Arten verschieden ist. Pallisadenzellen sind bei *Cordaites* durch Renault auf der obern Seite der Blätter bekannt und bilden sich bei Waldbäumen an sonnigen Standorten besonders aus. Eine dritte Form *U. orobiformis* Schloth. sp. ist kaum von *U. bituminosa* im obigen Sinne verschieden. Was bisher von Fructification beschrieben wurde, ist sehr zweifelhaft. Seltener kommen Holzstücke vor, die zum Typus *Araucaroxylon* gehören und von welchen theils solche mit engen meist einreihig getüpfelten Tracheïden, theils solche mit sehr weiten mehrreihig polygonal getüpfelten sich fanden.

2) Die Frankenberger „Kornähren" und „Stangengraupen". Unter den älteren Autoren hat Ullmann diese Reste als Holzgraupen, Kohlengraupen, Fliegenfittige, Kornblumen, Kornähren, Tannenzapfen und Sterngraupen am besten und zum Theil vortrefflich abgebildet. Die Fliegenfittige sind isolirte Ullmannien-Blätter, von beblätterten Zweigen sind mindestens dreierlei, vielleicht viererlei Arten vorhanden, davon ist eine *Ullmannia Bronni* Göpp. „Sterngraupen" giebt es recht verschiedene. Es sind „Schilder" mit kreisförmig gestellten, oft tief geschiedenen Lappen und centralem oder excentrischem Stiel, nach dem Autor von Zapfen herrührend, während sie z. B. Geinitz für Blattkreise von Zweigen ansprach. „Dass sie zu der einzigen *Ullmannia Bronni* gehört haben sollten, ist schon ihrer Grössenunterschiede halber gänzlich unglaublich"; sondern es sind wahrscheinlich mehrere Pflanzenformen, jedoch noch dahinzustellen welcher Art. Deshalb bezeichnet sie der Autor nur als *Strobilites Bronni*. Ihre Lappen haben auf der „Unterseite" punktförmige Höcker, Ansatzstellen der Samen? [aber der Zeichnung nach kann man diese recht wohl auch als Oberseite betrachten. Ref.]

Hiermit nicht zu verwechseln sind die sogen. „Kornblumen", d. h. gestielte 5lappige Zapfenschuppen, wahrscheinlich der *Voltzia Liebeana* Gein. Es giebt keinen Anhalt dafür, welche Zweige zu diesen Zapfen gehören, oder ob überhaupt gewisse von ihnen zusammengehören. Noch fand der Autor auch 2 verschiedene Arten fossilen Holzes bei Frankenberg. Der mikroskopischen Untersuchung sind alle diese Reste manchmal deshalb zugänglich, weil sie nicht eigentlich in Kupferglanz verwandelt, sondern nur von demselben umhüllt und selbst eigentlich durch Carbonat versteinert, wenn nicht verkohlt sind.

3) Die von andern Localitäten aus Zechstein beschriebenen Coniferenreste. Die Abdrücke von Mansfeld, soweit überhaupt bestimmbar, sind *U. selaginoides*, die häufigere Art, welche auch bei Schweina vorkommt, und *U. frumentaria*; einmal auch ein Stück, das mit *U. Bronni* ziemlich gut stimmt. Die Erhaltung ist meist ungenügend, ebenso wie bei denen von Riechelsdorf. — Besser erhalten sind die von Gera. Zahlreich findet sich hier *U. frumentaria* (incl. *U. Geinitzi* Heer), weniger *U. selaginoides*. Letzterer werden aber die Zweige von *Voltzia Liebeana* sehr ähnlich, so dass es „zu bedauern" ist, dass man beide Arten nach den Blättern oft nicht mit Sicherheit unterscheiden kann. Ob *Voltzia hexagona* von Gera hieher gehört, ist noch zweifelhaft. *U. orobiformis*

ist sicher, nur sehr ähnlich der *U. selaginoides*. — Zapfen oder vielleicht zapfenartige Knospen kommen bei Gera wie bei Frankenberg vor. Ein beblätterter Zweig mit noch ansitzendem derartigem Körper in unmittelbarer Verbindung beweist die Zugehörigkeit zu *U. frumentaria*. Nach dieser Analogie können jene von Frankenberg zu *U. Bronni* gehören. — Zapfenschuppen von *Voltzia* sind nicht selten; sie sind, wie GEINITZ nachwies, 3samig, die Ovula ziemlich gross (3—5 mm), eiförmig, ringsum mit schmalem Flügel und an der Spitze mit 2 sehr kleinen spitzen Zipfeln: ihre Befestigung stimmt mit der der Araucarieae. Die Geraër Zapfen sind lockerer als die Frankenberger; dies kann nicht sowohl auf Altersverhältnissen als auch darauf beruhen, dass unter *V. Liebeana* sich mehrere Arten verbergen, deren Unterscheidung im fossilen Zustande nicht möglich ist. So würden auch unsere sämmtlichen Weisstannen in fossilen Bruchstücken zu einer Species zusammengehalten werden müssen! Ein schöner von GEINITZ abgebildeter Zapfen steht auf einem beblätterten Zweige, aber leider lassen sich dessen Blätter nicht anatomisch untersuchen, um das Verhältniss von *Ullmannia* und *Voltzia* auszumachen. — Ausserdem bekannt: *Cyclocarpon Eiselianum* GEIN., jetzt von GEINITZ zu *V. Liebeana* gerechnet; *Cardiocarpon triangulare* GEIN. (früher), jetzt zu *U. frumentaria* gebracht, häufig, hält der Autor für Schuppen statt Samen und wird von ihm umgekehrt gezeichnet. Die Wirtel („Schilder") von *Strobilites Bronni* finden sich auch bei Gera. — Fünfkirchen lieferte Reste, von denen S.-L. *Voltzia hungarica* HEER anerkennt, noch zarter ist *V. Böckhiana* HEER; dagegen ist *Schizolepis permensis* HEER bezüglich der Gattung anzuzweifeln. *V. hungarica* bestimmten SCHIMPER und GÜMBEL auch aus unterm Voltziensandstein von Recoaro (*Palissya Massalongi* v. SCHAUROTH's), ebenso von Neumarkt und Botzen in Tyrol. Einzelne Ullmannienblätter dieser Fundorte sind missliche Bestimmungen.

Im Weissliegenden von Huckelheim im Spessart ist *Voltzia hexagona* GEIN. beschrieben in beblätterten Zweigen und daneben liegenden Zapfenschuppen. Die Angaben dieser Art in Rothliegendem bei Neurode und Braunau in Schlesien und Böhmen durch GÖPPERT sind nicht hinlänglich begründet. Ganz zweifelhaft sind endlich noch: *U. lanceolata* GÖPP. von Braunau und Neurode, *U. biarmica* EICHW. in Orenburg, *Voltzia brevifolia* KUTORGA ebenda, *V. Philippsi* L. H., *Steirophyllum lanceolatum* EICHW., *Piceites Ileckensis* GEIN. — *Zonarites digitatus* STERNB. (*Baiera* nach HEER) wird nicht behandelt.

In einem Schlussworte fasst der Autor seine Ergebnisse zusammen. Danach kann *Ullmannia* nur ein Gattungsname für beblätterte Zweige sein, deren Zapfen und Samen nicht sicher bekannt sind [wenn seine Fig. 9 Taf. I wirklich nur eine Knospe und nicht Zapfen darstellt]. Die festgestellten Arten sind *U. selaginoides*, *frumentaria*, *orobiformis*, *Bronni*. Dagegen kann *Voltzia* auf Zapfen begründet werden, während die Blätter sich *U. selaginoides* [S.-L.] sehr nähern; Arten: *V. Liebeana*, *hungarica*, *hexagona*, vielleicht auch mehr. Von ihren Zapfen unterscheiden sich die *Strobilites Bronni* genannten Formen sehr; dass diese zu *Ullmannia* gehören, ist nicht erwiesen. — Wichtig ist der anatomische Bau der Ullmannienblätter mit ihren Transfusionsflügeln, während leider bei *Voltzia* diese Untersuchung nirgend möglich war. Nach Bertrand sind diese Transfusionsflügel den Taxaceen im weitesten Sinne und den Cupressaceen eigen. An den Voltzienschuppen gab es Analogieen mit Araucarieen; die Hölzer sind *Araucaroxylon*.

[Ich füge noch ein geologisches Resultat hinzu. Wenn sich aus Obigem ergiebt, dass *Voltzia* nicht ausschliesslich triadisch ist, jedoch auch nicht älter als Zechstein (incl. Weissliegendem), so müssen wir sagen, dass diese Gattung (und ebenso *Ullmannia*, von andern zu schweigen) Fremdlinge sind in den paläozoischen Schichten mit Ausnahme der jüngsten Abtheilung derselben, dass also schon in der Zechsteinperiode ein grosser vegetativer Umschwung eintrat, der in der Fauna kein Analogon findet. Ref.]

Weiss.

A. G. Nathorst: Zweiter Beitrag zur Tertiärflora Japans. (Vorläufige Mittheilung im Bot. Centralbl. 1884. Bd. XIX. No. 3. p. 84—91.)

Die fossilen Pflanzen von Mogi in Japan, welche Verf. in dem ersten Beitrage beschrieb, gehören zum jüngeren Pliocän oder Quartär. Dagegen führte Lesquerreux für das ältere Tertiär Japans auf von Yeso: *Equisetum* sp., *Sequoia Langsdorffii* Bgt. sp., *Populus* nov. sp., *P. arctica* Heer, *Juglans acuminata* Al. Br. var. *latifolia* Heer?, *Fagus* sp., *Quercus platania* Heer?, *Alnus nostratum* Heer?, *Carpinus grandis* Ung., *Platanus Guillelmae* Goepp.? und *Acer* sp.; für Nippon aber *Lastraea* cfr. *Syriaca* Heer und *Taxodium distichum miocenum* Heer. Zu letzteren 2 Arten fügte Geyler noch *Carpinus grandis*, so dass aus dem älteren Tertiär der Hauptinsel erst 3 Arten bekannt sind.

Ausser einer Menge nordjapanischer Pflanzen erhielt Verf. auch solche aus dem südlichen Japan. Dieselben sind meist jungpliocänen oder quartären Alters und bestätigen die Richtigkeit der Nathorst'schen Ansichten über die Temperaturverhältnisse, wie sie in der Mogi-Flora geschildert wurden; nur wenige sind alttertiär. Verf. wird dieselben in einem dritten Beitrage schildern. — Hier werden die fossilen Pflanzen behandelt, welche Naumann im mittleren und nördlichen Japan zwischen 35—40° nördl. Br. an 13 alttertiären und 4 jungpliocänen Fundorten sammelte.

A. Ältere (oligocäne oder miocäne) Tertiärflora Japans.

1. Moriyoshi (Provinz Ugo) liegt etwas nördlich vom 40° n. Br. In grauschwarzem thonschieferartigem Gesteine, welches zur Verfertigung japanischer Tintenfässer benutzt wird, sind hier enthalten: *Sequoia Langsdorffii* Bgt. sp., *Fagus* n. sp. mit kastanienähnlichen Blättern, *Aesculus* n. sp. (an die lebende *A. turbinata* Blume erinnernd).

2. Kayakusa (Prov. Ugo) südwestlich von vorigem Fundorte bei etwa 40° n. Br. In Tuff finden sich neben undeutlichen Spuren von *Carpinus* und *Juglans* auch *Taxodium distichum miocenum* Heer und *Planera Ungeri* Ett.

3. Shimohinokinai (Prov. Ugo) südöstlich von Kayakusa. Der dortige Tuff lieferte: *Sequoia Langsdorffii* Bot. sp., *Pinus* cfr. *epios* Ung. sp. (2 nadlig), *Fagus* cfr. *Antipofi* Heer, *Juglans acuminata* Al. Br., *Comptonia acutiloba* Bot. sp. (die Gattung war früher nur aus Europa bekannt und fehlt im arktischen Tertiär; sie ist wohl über die Landbrücke an der Beringsstrasse nach Amerika gewandert), *Planera Ungeri*, *Cinnamomum polymorphum* Heer, *Diospyros brachysepala* Al. Br. und *Phyllites* sp. (ob *Ilex?*).

4. Aburado (Prov. Uzen) etwas südlich vom 39° n. Br. Hier finden sich Schiefer und Braunkohlen (die besten in Japan) mit Resten von *Abies* sp., *Alnus Kefersteinii* Ung. var. *subglutinosa*, *Fagus* n. sp. (jene Art von Moriyoshi), *Aesculus* n. sp.

5. Yamakumada (Prov. Yechigo) nordöstlich von Niigata enthielt *Quercus Lonchitis* Ung.

6. Koya (Prov. Iwaki) etwas nördlich vom 37° n. Br. an der Küste. Hier wurden beobachtet: *Sequoia Langsdorffii*, *Juglans acuminata* und *Vitis* n. sp. (ähnlich der *V. arctica* Heer von Atannberdluk).

7. Kita-Aiki (Prov. Shinano) liegt mitten im Lande nördlich vom 36° n. Br. im Thale des Flusses Aikigawa. Der schwarze Schiefer barg folgende Flora: *Torreya* sp., *Betula Sachalinensis* Heer, *Carpinus* cfr. *grandis*, *Fagus Antipofi* Heer var., *Castanea Ungeri* Heer, *Juglans nigella* Heer, *Planera Ungeri*, *Vitis* n. sp. (an *V. labrusca* erinnernd) und *Phyllites* sp.

8., 9. Todahara und Itsukaichi (Prov. Musashi). Beide Fundorte liegen etwas südlich vom 36° n. Br. und sind die südlichsten Stellen in Mitteljapan, wo ältere Tertiärpflanzen gefunden wurden; sie gehören 2 Abtheilungen derselben Ablagerung an und scheint Todobara etwas älter zu sein. Hier fand sich *Fagus* sp., *Castanea Ungeri*, *Comptonia acutiloba* var. *latior* und *Aesculus* n. sp., in Itsukaichi aber: *Torreya* sp. (ähnlich der *T. nucifera*), *Castanea Kubinyi* Kov., *Planera Ungeri* Ett.?

10. Kongodji (Prov. Yetchin) etwas nördlich von 36° 30′ n. Br. lieferte *Carpinus* sp., *Quercus* sp., (ähnlich *Qu. palaeocerris* Sap.) und *Ulmus* n. sp. (sehr ähnlich *U. campestris* Sm.).

11. Otsuchi (Prov. Kaga) unweit des 36° n. Br. mit *Carpinus* und *Phyllites* sp.

12. Ogoya (Prov. Kaga) nahe Otsuchi zeigte mächtige Tufflager mit *Trapa borealis* Heer var. *major*; die Früchte sind etwas grösser als die von Alaska.

Im Ganzen wurden in dem älteren Tertiär von Nord- und Mitteljapan 26 Arten beobachtet, und hat diese ältere Tertiärflora gemeinsam 14 Arten (54%) mit Europa, 11 Arten (42%) mit Sachalin, 12 Arten (46%) mit dem arktischen Tertiär; eigenthümlich sind dagegen für Japan 7 Arten (26%). Viel weniger als die ältere Tertiärflora Japans schliesst sich die Pliocänflora an Europa an; von den 70 derzeit bekannten japanischen Arten finden sich nur 3 (4%) auch in Europa. Die ältere Tertiärflora Japans besitzt (ausgenommen *Cinnamomum*) ein temperirtes Gepräge.

B. Jüngere (pliocäne oder quartäre) Flora von Nord- und Mitteljapan.

13. Sado-Insel bei 38° n. Br. lieferte Samen von *Pinus* sp., ferner *Alnus* cfr. *viridis* DC. und *Tilia* sp. (ähnlich *T. cordata* MILL.).

14. Ushigatani (Prov. Yechizen) etwas südlich vom 36° n. Br. mit *Fagus Japonica* MAX. *fossilis* (häufig), *Polygonum cuspidatum* SIEB. *fossile* und *Phyllites* sp.

15. Azano (Prov. Shinano) bei 35° 25′ n. Br. Im Tuffe 400′ üb. M. finden sich folgende Arten: *Carpinus pyramidalis* GOEPP. sp. (häufig), *Castanea* sp., *Juglans Sieboldiana* MAX. *fossilis*, *Liquidambar Formosanum* HANCE *fossile*, *Vitis Labrusca* L. *fossilis*. Von diesen Arten finden sich 3 auch bei Mogi, *Carpinus pyramidalis* auch in Europa.

Die tertiären Lager Japans werden voraussichtlich zahlreiche Beiträge zur fossilen Flora liefern und, da sie sehr verschiedenen Alters sind, den Übergang von den älteren zu den jüngeren Floren aufklären.

Geyler.

H. Engelhardt: Über tertiäre Pflanzenreste von Waltsch. (Leopoldina 1884. Bd. XX. p. 129—132; p. 145—148.)

Von Waltsch in Böhmen führte schon SIEBER 4 Pflanzenarten auf, welche Verf. 1880 bis auf 15 vermehrte. Später brachte dann Verf. noch persönlich einiges Material, insbesondere vom „Galgenberge" zusammen, welches hier bearbeitet wird. Es werden folgende Arten beschrieben: *Lastraea pulchella* HEER, *Gymnogramme tertiaria* n. sp. (ähnlich der lebenden *G. dentata* PRESL), *Sabal Lamanonis* BGT. sp.?, *Pinus Saturni* UNG., *Libocedrus salicornioides* UNG. sp., *Alnus Kefersteinii* GOEPP. sp., *Corylus grosse-dentata* HEER, *Carpinus grandis* UNG., *Quercus Gmelini* AL. BR., *Planera Ungeri* KOV. sp., *Ficus tiliaefolia* AL. BR. sp., *Populus latior* AL. BR., *Laurus Lalages* UNG., *Cinnamomum Scheuchzeri* HEER, *Andromeda protogaea* UNG., *Zizyphus tiliaefolius* UNG. sp., *Rhamnus Gaudini* HEER, *Rh. Graeffi* HEER, *Rh. orbifera* HEER, *Rh. inaequalis* HEER, *Juglans Bilinica* UNG., *J. acuminata* AL. BR., *Rhus Meriani* HEER, *Rh. Pyrrhae* UNG., *Eucalyptus Oceanica* UNG. und *Cassia phaseolites* UNG.

Geyler.

Neue Literatur.

Die Redaction meldet den Empfang an sie eingesandter Schriften durch ein deren Titel beigesetztes *. — Sie sieht der Raumersparniss wegen jedoch ab von einer besonderen Anzeige des Empfanges von Separatabdrücken aus solchen Zeitschriften, welche in regelmässiger Weise in kürzeren Zeiträumen erscheinen. Hier wird der Empfang eines Separatabdrucks durch ein * bei der Inhaltsangabe der betreffenden Zeitschrift bescheinigt werden.

A. Bücher und Separatabdrücke.

1883.

* L. Brackebusch: Sobre los Vanadatos naturales de las provincias de Córdoba y de San Luis (Republica Argentina). (Boletin de la Academia Nacional, Buenos Aires, T. V.)

* — — Estudias sobre la formacion petrolifera de Jujuy (ibid.).

* — — Viaje a la provincia de Jujuy (ibid.).

* W. C. Brögger: Über Krystalle von Thorium. (Ztschr. Kryst. etc. IX.)

G. J. Brush: A Sketch of the Progress in American Mineralogy. 8°. 42 pg. New Haven.

* E. Danzig: Über einige geognostische Beobachtungen im Zittauer Gebirge. (Sep.-Abdr. Abhandl. d. Isis. S. 89—92.)

H. B. Geinitz: Diluviale Säugethiere aus dem Königreich Sachsen in d. k. mineralog. Museum in Dresden. (Sitzungsb. u. Abhl. Naturw. Ges. Isis. Juli—December. S. 99—101.)

E. Geymard: Voyage géologique et minéralogique en Corse. (Extr. soc. des sc. hist. et nat. de Corse. 8°.)

* A. Goës: Om Fusulina cylindrica Fischer van Spetsbergen. (Kgl. Vetensk. Förhandl. No. 8.)

Klein: Die Figur der Erde. (Mitth. d. k. k. Geogr. Ges. Bd. XXVI. p. 161—173, 217—242. Wien.)

* Sven. Lovén: On Pourtalesia, a genus of Echinoidea. (K. Svensk. Akad. Handl. 19. Bd. No. 7. With 21 pl.) Stockholm.

Musée d'histoire naturelle de Belgique; Service de la Carte géologique du Royaume.

Explication de la feuille de Natoye par E. Dupont, M. Mourlon, M. Purves. 50 p. 1 pl. 8°. Bruxelles.

Explication de la feuille de Clavier par E. Dupont, M. Mourlon, M. Purves. 69 p. 1 pl. 8°. Bruxelles.

Explication de la feuille de Bruxelles par Rutot et van den Broeck. 210 p. 3 pl. 8°. Bruxelles.

Explication de la feuille Dinant par M. Mourlon et E. Dupont. 152 p. 1 pl. 8°. Bruxelles.

Explication de la feuille Bilsen par Rutot et van den Broeck. 212 p. 2 pl. 8°. Bruxelles.

Sokolow: Geologie des Krom'schen Bezirkes. (Schriften d. nat. Ges. zu St. Petersb. Bd. XIII. Abth. 2.) (Russisch.)

J. P. van der Stok: Uitbarstingen van vulkanen en Aardbevingen in den O. I. Archipel waargenomen gedurende het jaar 1882. (Naturk. Tijdschrift voor Nederlandsch-Indië. XLIII. [8. Serie. Deel IV.] p. 143—149.)

Jam. Thomson: On the developement and generic relations of the Corals of the Carboniferous System of Scotland. (Read bef. the Philos. Soc. of Glasgow, March 14. 8°. 208 p. 14 pl.)

1884.

Florentino Ameghino: Escursiones Geológicas y Paleontológicas en la provincia de Buenos Aires. (Bol. de la Academia Nacion. de Ciencias en Córdoba. T. VI. Extr. 2a y 3a. p. 161.)

The Artesian Wells of Denver. A report by a special committee of the Colorado scientific society. 8°. Denver, Colorado.

G. Avé-Lallemant: Datos Mineros de la República oriental. (Anales de la Sociedad Científica Argentina. T. XVIII. Entrega V. Nov.)

J. Barral: Eloge biographique d'Ach. Delesse. (Extr. soc. nation. d'agricult. de France. 8°. 29 pg.) Paris.

* G. Baur: Dinosaurier und Vögel. Eine Erwiderung an Herrn Prof. W. Dames in Berlin. (Morphol. Jahrbuch. Bd. X. p. 446 ff.)

P. J. van Beneden: Une Baleine fossile de Croatie, appartenant au Genre Mésocète. 4°. 29 pg. 2 plchs. Brüssel.

* E. Bertrand: Sur un nouveau prisma polarisateur. (C. r. 29. Sept.)

Bouchet: Les solen tertiaires de Thenay. 8°. 13 p. 2 pl. Vendôme.

* W. C. Brögger und G. Flink: Über Krystalle von Beryllium und Vanadium. (Ztschr. Kryst. etc. Bd. IX.)

A. Bunge: Observations d'histoire naturelle dans la Delta du Léna. (Bull. Acad. Sc. St. Pétersbourg. XXIX. No. 3. p. 422—476.)

Carte géologique détaillée de la France au 80,000e. (Ministère des travaux publics.) Feuilles 14 (Rocroi) par M. Gosselet: 16 (Auxerre) par M. Potier; 44 (Coutances) par M. Lecornu; 108 (Blois) par MM. Douvillé et Le Mesle.

* L. Charpy und M. de Tribolet: Note sur le présence du terrain crétacé à Montmirey-la-Ville (Arrondissement de Dole). 8°. Neuchâtel.

P. Choffat: Nouvelles données sur les vallées tiphoniques et sur le éruptions d'Ophite et de Teschénite en Portugal. (Extracto de Jornal de Sciencias mathematicas, physicas e naturaes. 8°. 10 pg.) Lisbonne.

— — Age du Granite de Cintra. (Extracto de Jornal de sciencias mathematicas, physicas e naturaes. 3 p.) Lisbonne.

Congrès internationale d'Anthropologie et d'Archéologie préhistoriques. (Compte rendu de la neuvième session à Lisbonne 1880. 8°.) Lisbonne.

E. D. Cope: The tertiary Marsupialia. 8°. Philadelphia.

— — The Creodonta. 8°. Philadelphia.

— — The evidence for evolution in the History of the extinct Mammalia. (Nature vol. 29, No. 740, p. 227—230. No. 741, p. 248—250.)

— — Second addition to the knowledge of the Puerco Epoch. (Proc. Amer. Phil. Soc. Vol. 21. No. 114. p. 309—324.)

G. Cotteau: Echinides du terrain éocène de Saint-Palais. gr. 8°. 5 pl. Paris.

— — Les Echinides des Couches de Stramberg. (Paläont. Mitth. aus dem Museum des bayerischen Staates, herausg. v. K. A. Zittel. Bd. III, Abth. 5. 5 Taf.) Cassel.

Cotteau, Péron et Gautier: Echinides fossiles de l'Algérie, description des espèces déjà recueillies dans ce pays et considérations sur leur position stratigraphique. 2e fasc. (Etages tithonique et néocomien.) 99 p. 9 pl. 8°. Paris.

A. Courtois: Petite géologie de la Manche. 107 p. 1 carte. Caen.

* H. Credner: Geologische Übersichtskarte des sächsischen Granulitgebirges und seiner Umgebung. 1 : 100000 mit 1 Heft Erläuterungen.

Cretier: Metallisch ijzer in eene kiezellei. (Naturk. Tijdschr. Neederlandsch-Indië. XLIII. p. 198—201.)

James Croll: On arctic interglacial periods. (The London, Edinburgh, and Dublin Philos. Mag. 5. ser. vol. 19, No. 116. p. 30—43.)

J. Milne Curran: On some fossil Plants from Dubbo. (N. S. W.) (Proc. Linn. Soc. New South Wales. IX. part 2. pg. 250—256. 1 Taf.)

* Dalmer: Erläuterungen zur geol. Specialkarte des Königr. Sachsen. Sect. Kirchberg. Blatt 125.

* E. Danzig: Über das archäische Gebiet nördlich vom Zittauer und Jeschken-Gebirge. (Sep.-Abdr. Abhandl. d. Isis. S. 141—155. Mit Taf.)

Daudiés-Pams: Contribution à l'hydrologie des Pyrénées-Orientales, étude géologique du bassin de l'Agly. 43 p., table, carte col. Montpellier. 8°.

Thomas Davidson: A Monograph of the British Fossil Brachiopoda. Vol. V. 476 S. 21 Taf. 4°. (Pal. Soc.) London.

J. W. Davis: On a new Species of Coelacanthus (C. Tingleyensis) from the Yorkshire Cannel Coal. (Trans. Linn. Soc. 2. serie. Zoology. vol. 4. part. 13.) London.

J. W. Dawson: On the geological relation and mode of preservation of Eozoon canadense. (Rep. 53, Meet. Brit. Ass. A. Sc. p. 494.)

H. v. Dechen: Erläuterungen zur geologischen Karte der Rheinprovinz und der Provinz Westfalen. Bd. II.

Des Cloizeaux: Oligoclases et Andésine. Tours. (Auch Bull. Soc. min. France.)

E. Deslongchamps: Etudes critiques sur des brachiopodes nouveaux ou peux connus. 4e, 5e et 6e fasc. p. 77—552; Pl. XIII—XXVI. 8°. Novembre. Paris.

— — Note sur une nouvelle classification de la famille des Térébratulidées. 4 p. 8°.

Adolfo Doering: Estudios Hidrognósticos y perforaciones artesianas en la Republica Argentina. (Bol. Acad. Nac. Ciencias Cordoba. T. VI. Entr. 2a y 3a. p. 259.)

W. Dunker: Beschreibung des Bergreviers Coblenz. II. 8°. Bonn.

Dybowsky: Notiz über eine die Entstehung des Baikal-Sees betr. Hypothese. (Bull. Natural. Moscou. No. 1. p. 175.)

* Th. W. Ebert: Kalkspath und Zeolitheinschlüsse in dem Nephelinbasalt von Igelsknap bei Oberlistingen. (Verein f. Naturkunde zu Kassel. XXXI. Bericht, p. 63—68.)

* Fr. Eichstädt: Mikroskopisk undersökning af olivinstener och serpentiner från Norrland. (Aftryck ur Geol. Fören. i Stockholm Förhandl. No. 90. VII. H. 6.)

A. Famintzin: Studien über Krystalle und Krystallite. 4°. 3 Taf. Petersburg.

A. Favre: Carte du phénomène erratique et des anciens glaciers du versant Nord des Alpes Suisses et de la chaîne du Mont-Blanc. (Extr. Arch. des Sc. phys. et nat. 8°. 20 pg.) Genève.

A. Firket: Documents pour l'étude de la répartition stratigraphique des végétaux houillers de la Belgique. (Extr. ann. soc. géol. de Belgique. 9 pg.) Liège.

— — Composition chimique de calcaires et de dolomies des terrains anciens de la Belgique. (Extr. ann. soc. géol. de Belgique. 30 pg.) Liège.

K. Flach: Die Käfer der unterpleistocänen Ablagerungen bei Hösbach, unweit Aschaffenburg. (Verb. phys.-med. Ges. Würzburg. N. F. XVIII. No. 11.)

O. Fraas: Der Bockstein im Lone-Thal, eine neue prähistorische Station in Schwaben. (Corresp.-Bl. d. deutsch. Ges. f. Anthrop. Februar.)

* P. Frazer: Trap Dykes in the Archaean Rocks of Southeastern Pennsylvania. (American Philosoph. soc. pag. 691—694.)

K. Fristedt: Om en fossil Spongia. (Öfvers. K. Vet. Akad. Förhandl. Stockholm. 41. Årg. No. 4. p. 55—60. Med 1 Tafl.)

* Gürich: Über die Quartärfauna Schlesiens. (Sitz.-Ber. Schles. Ges. f. vaterl. Cultur.)

P. Groth: Über die Pyroelectricität des Quarzes in Bezug auf sein krystallographisches System. Nach einer Untersuchung von Kolenko in Strassburg. (Sitzungsber. kgl. bayer. Ak. d. W. math.-phys. Classe. Heft 1. p. 1—4.)

L. Häpke: Beiträge zur Kenntniss der Meteoriten. (Naturw. Verein in Bremen. Abh. Bd. VIII. Heft II. p. 513—523.)

G. Hambach: Description of new Palaeozoic Echinodermata. With 2 pls. (Trans. Ac. St. Louis. Vol. 4. No. 3. p. 548—554.)

— — Notes about the structure and classification of Pentremites. (Ib. p. 537—547.)

W. N. Hartley: On Scovellite. (Chem. Soc. Journ. No. 259. p. 167—168.) London.

* C. Haushofer: Mikroskopische Reaktionen. (Sitzungsber. Münch. Akad.)

* Hazard: Erläuterungen zur geologischen Specialkarte des Königreichs Sachsen etc. Section Zöblitz, Blatt 129. Nebst Karte.

* C. Hintze: Über die Bedeutung krystallographischer Forschung für die Chemie. Habilitationsvortrag. Bonn.

T. Hiortdahl: Colemanit, et krystalliseret kalkborat fra Kalifornien. 8°. Kristiania.

H. Hofmann: Verkieselte Hölzer aus Ägypten. gr. 8°. Halle.

U. P. James: Descriptions of four new Species of Fossils from the Cincinnati Group. 8°. Cincinnati.

— — On Conodonts and fossil Annelid Jaws. 8°. Cincinnati.

Jeanjean: Notice géologique et agronomique sur les phosphates de Chaux du département du Gard. 40 pg. 8°. Nîmes.

A. Inostrantzew: Veränderliche concentrische und mineralogische Zusammensetzung (russisch). 20 pg. 8°. Petersburg.

R. Jones and W. Kirkby: A Monograph of the British fossil Bivalved Entomostraca from the Carboniferous Formations. Part. I. The Cypridinadae and their Allies. (Palaeontogr. Soc. 4°. 89 pg. 7 Tafeln.) London.

J. Jonyovitch: Note sur les roches éruptives et métamorphiques des Andes. 8°. 19 pg. 1 Karte. Belgrade.

Kerckhoffs: La mâchoire de Maëstricht et les récentes découvertes. (Extrait des Bull. de la Société d'anthropologie. 8°. 7 pg.) Paris.

* Kinkelin: Über zwei südamerikanische diluviale Riesenthiere. (Ber. d. Senckenberg. naturf. Ges. p. 156—164.)

* — — Über Fossilien aus Braunkohlen der Umgebung von Frankfurt a. M. (Ebenda p. 165—182. Tafel 1.)

* — — Die Schleusenkammer von Frankfurt-Niederrad und ihre Faunen. (Ebenda p. 219—257. Tafel 2—3.)

A. Kirchoff: Unser Wissen von der Erde. Allgem. u. specielle Erdkunde. Band I: Allgemeine Erdkunde, bearb. von J. Hann, F. v. Hochstetter u. A. Pokorny. Abth. 2. gr. 8°. p. 273—592. 15 Tafeln, 11 color. Karten u. 176 Abb. Prag.

* C. Klein: Optische Studien am Leucit. 1 Tafel. (Nachr. kgl. Ges. d. Wissensch. Göttingen. No. 11.)

F. Koby: Monographie des Polypiers jurassiques de la Suisse. 3. Partie. (Abh. Schweizer Paläont. Ges. 9. Bd. p. 109—149. 12 pls.) Bâle.

* Kušta: Über das Vorkommen von silurischen Thierresten in den Tře-

moinaer Conglomeraten bei Skrey. (Sitz.-Ber. kgl. Böhm. Ges. d. Wiss. 17. Oct.)

* E. Ray Lankester: Report of fragments of fossil fishes from the paleozoic strata of Spitzbergen. (Kongl. Svenska Vetensk. Handl. B. XX. No. 9. 4°. 4 Tafeln.)

* A. v. Lasaulx: Vorträge und Mittheilungen. (Verh. niederrh. Ges. f. Natur- u. Heilkunde. Jahrg. 41.)

* — — Der Granit unter dem Cambrium des hohen Venn. (Verh. Naturh. Vereins für Rheinl. u. Westphalen.)

L. Lesquereux: Coal Flora of Pennsylvania and of the Carboniferous Formation througout the United States. Vol. III. 8°. 280 pg. 24 pl. Harrisburg, Pa.

— — The carboniferous Flora of. Rhode Island. 8°. Philadelphia.

* Th. Liebe: Übersicht über den Schichtenaufbau Ostthüringens. (Abh. z. geol. Specialkarte von Preussen etc. Bd. V. Heft IV. 8°. 130 pg.)

* Lindström: On the Silurian Gastropoda and Pteropoda of Gotland. (Konigl. Svenska Vetensk. Akad. Handl. Bd. 19, No. 6). Mit 21 Tafeln.

* Linnarsson: De undere Paradoxideslagern vid Andrarum. (Sver. geol. Unders. Ser. C. No. 54.) 4 Tafeln.

* Th. Liweh: Anglesit, Cerussit und Linarit von der Grube „Hausboden" bei Bodenweiler. (Ztschr. Kryst. Bd. IX.)

* Losanitsch: Analyse eines neuen Chromminerals (Avalit). (Ber. deutsch. chem. Ges.)

C. E. v. Mercklin: Über ein verkieseltes Cupressineen-Holz aus der Tertiärzeit, aus dem Rjäsan'schen Gouvernement. gr. 8°. Petersburg.

* B. Minnigerode: Untersuchungen über die Symmetrieverhältnisse und über die Elasticität der Krystalle. III. Abh. (Nachr. Ges. Wiss. Göttingen.)

* Nathorst: Bemerkungen über Herrn von Ettingshausen's Aufsatz „Zur Tertiärflora Japans". (Svensk. Vetensk. Handl. Bd. 9. No. 18.)

* Nehring: Über Rassebildung bei den Inka-Hunden aus den Gräbern von Ancon. (Kosmos II. p. 94 ff.)

Nöldecke: Die Diatomeenlager der Lüneburger Heide. (Jahreshefte d. naturw. Ver. für das Fürstenthum Lüneburg. IX. 1883/84. p. 101.)

* G. Omboni: Delle Ammoniti del Veneto che furono descritte e figurate da T. A. Catullo. 41 pg. 8°. Venezia. (Atti R. Ist. Veneto d. Sc. T. II. Ser. VI.)

Owen: Description of Teeth of a large Extinct (Marsupial?) Genus Sceparnodon, Ramsay. 4°. 1 pl. London.

— — Evidence of a large Extinct Monotreme (Echidna Ramsayi, Ow.) from the Wellington Breccia Cave, New South Wales. 4°. 1 pl. London.

— — Evidence of a large Extinct Lizard (Notiosaurus dentatus, Owen) from Pleistocene Deposits, New South Wales, Australia. London. 1 pl.

* Palla: Über die vicinalen Pyramidenflächen am Natrolith. (Ztschr. Kryst. Bd. IX.)

v. Payot: Oscillation des quatre grands glaciers de la vallée de Chamounix. 260 pg. Genève.

* A. **Penck**: Geographische Wirkungen der Eiszeit. (Verb. des 4. deutsch. Geographen-Tages zu München.) 1 Karte. 8°.

* — — Pseudoglaciale Erscheinungen. („Ausland." No. 33.)

Al. **Portis**: Contribuzioni alla Ornitologia Italiana. 4°. 2 Taf. 26 S. Torino.

Posewitz: Geologische Notizen aus Central-Borneo (das tertiäre Hügelland bei Teweh). (Naturk. Tijdschr. Neederlandsch-Indië. XLIII. p. 169—176.)

* F. A. **Quenstedt**: Die Ammoniten des schwäbischen Jura. Heft 4 u. 5. Mit Atlas. 8°. Stuttgart.

J. B. **Rames**: Géologie du Puy-Gourny; éclats de silex tortoniens du bassin d'Aurillac. (Cantal.) (Extr. Matér. p. l'hist. nat. de l'homme. Août.)

V. **Raulin**: Note sur la carte géologique provisoire de l'Algérie de MM. Pomel, Pouyanne et Tissot. (Extr. Bull. soc. de Géogr. commerciale de Bordeaux.) 31 p. 8°. Bordeaux.

— — Bassins sous-pyrénéens; essai d'une division de l'Aquitaine en pays. 8°. 20 p. 1 Karte.

E. **Renevier**: Les faciès géologiques. (Extr. Arch. des Sc. phys. et nat.) 8°. 37 p. Lausanne.

* F. **Roemer**: Über russische Phosphorite. (Sitz.-Ber. Schles. Ges. für vaterl. Cultur.)

* Fr. **Sansoni**: Sulle forme cristalline della calcite di Andreasberg. (Mem. della R. acc. dei Lincei 1883—1884.)

* Alb. **Schrauf**: Das Dispersionsäquivalent des Diamants. (Wied. Ann. Bd. 22.)

— — Vergleichende morpholog. Studien über die axiale Lagerung der Atome im Molekül. (Ztschr. Kryst. etc. Bd. IX.)

— — Über die Trimorphie und die Ausdehnungscoëfficienten der Titandioxyde. (Ibid.)

* M. **Schröder**: Erläuterungen zur geologischen Specialkarte des Königreichs Sachsen. Section Zwota. Blatt 152.

* A. **Schwarz**: Isomorphismus und Polymorphismus der Mineralien. 8°. Mährisch-Ostrau. 37 S.

* **Smithsonian Institution**: Annual Report of the Board of Regents. 8°. Washington.

E. **Solomko**: Über das Krystallgeschlecht St. Isaak. (Russisch.) St. Petersburg. gr. 8°. 46 pg.

* C. **Struckmann**: Die Einhornhöhle bei Scharzfeld am Harz. (Arch. f. Anthropol. Bd. 15, Heft IV. Mit 2 Taf.)

* L. **Tausch**: Über einige Conchylien aus dem Tanganyika-See und deren fossile Verwandte. 2 Tafeln. (Sitzungsb. k. Ak. d. W. XC. Band. I. Abth.

* H. **Thürach**: Über das Vorkommen mikroskopischer Zirkone und Titan-Mineralien in den Gesteinen. gr. 8°. Würzburg.

* **Törnquist**: Undersökningar öfver Siljansområdets Trilobitefauna. 4°. 101 S. 3 Taf. (Sver. Geol. Unders. Serie C.)

* F. Toula: Karte der Verbreitung nutzbarer Mineralien in der österreichisch-ungarischen Monarchie. 1 Karte. 1 : 2500000. gr. fol. 4 pg. fol. Erklärung. (Sep.: Physikalisch-statistischer Atlas von Österreich.)

Ch. Vélain: Les Volcans, ce qu'ils sont et ce qu'ils nous apprennent. 8°. 127 pg. Paris.

* P. N. Wenjukow: Über einige Basalte des nördlichen Asiens. (Sep.-Abdr. aus d. Arb. d. St. Petersb. Gesellsch. d. Naturf. In russ. Sprache.) St. Petersburg. 24 S. und 1 Taf.

Whidborne: New species of fossil Echinodermata.

C. F. Wiepken: Notizen über die Meteoriten des grossherzogl. oldenburgischen Museums. (Abh. Naturw. Ver. Bremen. VIII. Heft 2. pg. 524—531.)

M. Wilkens: Übersicht über die Forschungen auf dem Gebiete der Paläontologie d. Hausthiere. (Biol. Centralbl., 4.Bd. No. 5. p. 137—154.)

H. Woodward: A Monograph of the British Carboniferous Trilobites. (Paläontogr. Soc.) 4°. 83 S. 10 Tafeln. London.

V. v. Zepharovich: Mineralogische Notizen. (Lotos, Jahrbuch für Naturw. N. F. Bd. V. 8°. Prag. pg. 29—44.)

Zittel: Bemerkungen über einige fossile Lepaditen aus den lithogr. Schiefern und der obern Kreide. (Sitz.-Ber. d. math.-phys. Classe d. k. bayer. Ak. d. W. Heft 4.)

K. A. Zittel u. K. Haushofer: Paläontologische Wandtafeln und geologische Landschaften. Liefg. 4. Cassel.

1885.

* A. Heim: Handbuch der Gletscherkunde. (Bibliothek geographischer Handbücher, herausgegeben von Ratzel.) 8°. 2 Tafeln u. 1 Karte. Stuttgart.

* E. Hussak: Anleitung zum Bestimmen der gesteinbildenden Mineralien. 4 Tfln. in 4°. Leipzig.

Keller: Die fossile Flora arctischer Länder. I. (Kosmos Band I. Heft 1. p. 11—28.)

* J. Kolberg: Nach Ecuador. Reisebilder. 3. umgearb. und mit der Theorie der Tiefenkräfte verm. Aufl. 8°. 122 Holzsch., 15 Thonbilder und 1 Karte. Freiburg i. Br.

* Th. Liebisch: Neuere Apparate für die Wollaston'sche Methode zur Bestimmung von Lichtbrechungsverhältnissen. Das Fuess'sche Totalreflectometer Modell II. (Zeitschr. für Instrumentenkunde S. 13.)

B. Zeitschriften.

1) *Jahrbuch der K. K. geologischen Reichsanstalt. 8°. Wien. [Jb. 1884. II. -450-]

1884. XXXIV. 4. Heft. T. XI—XV. — Fr. von Hauer: Zur Erinnerung an Ferdinand von Hochstetter 601. — *M. Vacek: Beitrag zur Geologie der Radstädter Tauern. Mit 1 Profiltafel. (No. XI) 609. — *H. Foullon: Über die petrographische Beschaffenheit krystallinischer Schiefergesteine aus den Radstädter Tauern und deren westlicher Fortsetzung. 635. — C. Diener: Ein Beitrag zur Geologie des Centralstockes der julischen Alpen. Mit 1 geolog. Karte und 1 Gebirgsansicht (T. XII—XIII). 659. — R. Scharizer: Über Mineralien und Gesteine von Jan Mayen. 707. — G. Di-Stefano: Über die Brachiopoden des Unteroolithes von Monte San Giuliano bei Trapani (Sicilien) (T. XIV—XV). 729. — J. Wagner: Über die Wärmeverhältnisse in der Osthälfte des Arlbergtunnels. 743. — *F. v. Hauer: Erze und Mineralien aus Bosnien. 751.

2) *Verhandlungen der K. K. geologischen Reichsanstalt. 8°. Wien. [Jb. 1884. II. -450-]

1884. No. 13. August. — Eingesendete Mittheilungen: Th. Posewitz: Geologischer Ausflug in das Tanah-Cant (Süd-Borneo). 237. — E. Hussak: Mineralogische und petrographische Notizen aus Steiermark. 244. — Fr. Herbich: Schieferkohlen bei Frek in Siebenbürgen. 248. — R. Zuber: Neue Inoceramenfunde in den ostgalizischen Karpathen. 251. — F. Bieniasz und R. Zuber: Notiz über das Eruptivgestein von Zalas im Krakauer Gebiete. 252. — E. Reyer: Reiseskizzen aus Kalifornien. 256. — Reiseberichte: A. Bittner: Geologische Verhältnisse der Umgebung von Gross-Reifling an der Enns. 260. — V. Uhlig: Über den penninischen Klippenzug und seine Randzonen. 263.

No. 14. September. — Eingesendete Mittheilungen: H. von Foullon: Über gediegen Tellur von Faczebaja. 269. — M. Lomnicki: Vorläufige Notiz über die ältesten tertiären Süsswasser- und Meeresablagerungen in Ost-Galizien. 275. — J. Blaas: Über eine neue Belegstelle für eine wiederholte Vergletscherung der Alpen. 278. — H. Pohlig: Geologische Untersuchungen in Persien. 281. — E. Tietze: Über ein Kohlenvorkommen bei Cajutz in der Moldau. 284; — Das Eruptivgestein von Zalas. — Reiseberichte: V. Uhlig: Über ein neues Miocänvorkommen bei Sandec. 292. — C. v. Camerlander: Aufnahmen in Schlesien. 294.

No. 15. October. — Eingesendete Mittheilungen: V. Bieber: Ein Dinotherium-Skelett aus dem Eger-Franzensbader Tertiärbecken. 299. — R. Hörnes: Ein Vorkommen des Pecten denudatus und anderer Schlierpetrefacten im inneralpinen Theil des Wiener Beckens. 305. — M. Staub: Die Schieferkohlen bei Frek in Siebenbürgen. 306. — H. Commenda: Riesentöpfe bei Steyeregg in Oberösterreich. 308. — A. Bittner: Valenciennesien-Schichten aus Rumänien. 311. — Reiseberichte: E. Teller: Notizen über das Tertiär von Stein in Krain. 313. — V. Uhlig: III. Reisebericht aus Westgalizien. 318. — C. v. Camerlander: II. Reisebericht aus Österreichisch-Schlesien. 321.

No. 16. November. — Vorträge: F. v. Hauer: Erze und Mineralien aus Bosnien. 332. — C. Diener: Mittheilungen über den geologischen Bau des Centralstockes der Julischen Alpen. 332. — B. v. Foullon: Über die Wärmeverhältnisse der Ostseite des Arlbergtunnels. 333; — Über ein neues Vorkommen von krystallisirtem Magnesit. 334. — V. Uhlig: Über Silurblöcke im nordischen Diluvium Westgaliziens. 335. — Reiseberichte: V. Uhlig: IV. Reisebericht aus Westgalizien. 336.

3) *Földtani Közlöni (Geologische Mittheilungen) herausgegeben von der ungarischen geologischen Gesellschaft. Im Auftrage des Ausschusses redigirt von Béla von Inkey und Alexander Schmidt. 8°. Budapest. [Jb. 1884. II. -276-]

XIV. Band. Heft 9—11. — S. Roth: Beschreibung der Trachyte aus dem nördlichen Theile des Eperjes-Tokajer Gebirges. 529. — A. Krenner: Emplectit und der sog. Tremolit von Rézbánya. 564. — Berichte über die Sitzungen der ungarischen geologischen Gesellschaft. 566.

4) Zeitschrift für Naturwissenschaften, herausgegeben im Auftrage des naturwissenschaftlichen Vereins für Sachsen und Thüringen. 8°. Halle a. S. [Jb. 1885. I. -163-]

1884. Neue Folge. III. Bd. 4. Heft. — H. Hofmann: Über Pflanzenreste aus dem Knollenstein von Meerane in Sachsen (1 Taf.). 456. — *M. Schröder: Chloritoidphyllit im sächsischen Voigtlande. 481.

5) *The Geological Magazine, edited by H. Woodward, J. Morris and R. Etheridge. 8°. London. [Jb. 1885. I. -165-]

Dec. III. Vol. I. No. XI. November 1884. — J. W. Dawson: Notes on the Geology of Egypt. 481. — H. Woodward: Carboniferous Limestone Trilobites. 484. — R. Lydekker: Distribution of Siwalik Mammals and Birds. 489. — J. S. Gardner: Relative Ages of American and English Floras. 492. — T. Sterry Hunt: The Eozoic Rocks of North America. 506. — Reviews etc. 511.

No. XII. December 1884. — J. S. Gardner: British Eocene Aporrhaïdae (pl. XVII). 529. — H. Woodward: Discovery of Trilobites in the Culm of Devonshire. 534. — R. Lydekker: New Species of Merycopotamus. 545; — Note on Anthracotheriidae. 547. — J. W. Elwes: London Clay at Southampton. 548. — P. E. Kendall: On „Slickensides". 551.

Dec. III. Vol. II. No. 1. January 1885. — Life of R. A. C. Godwin-Austen. 1. — H. Woodward: On Iguanodon Mantellii. 10. — A. Harker: On the Cause of Slaty Cleavage. 15. — A. Irving: Water-Supply from the Bag-shot Beds, etc. 17. — Mellard Reade: Gulf-Stream Deposits. 25.

6) The Mineralogical Magazine and Journal of the Mineralogical Society of Great Britain and Ireland. 8°. London. [Jb. 1884. II. -145-]

Vol. VI. No. 27. July 1884. — Steenstrup: On the Existence of Nickel Iron with Widmanstätten's Figures in the Basalt of North Greenland. 1. — Lorenzen: A Chemical Examination of Greenland Telluric Iron. 14. — Bonney: On some Specimens of Lava from Old Providence Island. 39. — Louis: Note on a New Mode of Occurrence of Garnet. 47. — Bonney: Note on a case of replacement of Quartz by Fluor Spar. 46. —

Semmons: Note on a „Enargite“ from Montana, U. S. A. 49. — Teechmann: Analysis of an a altered Siderite, from Helton Beacon Lead Mine. near Appleby. 52. — Bonney: Notes on a Picrite (Palaeopicrite) and other Rocks from Gipps' Land, and a Serpentine from Tasmania. 54.

7) *The American Journal of Science. 3rd Series. [Jb. 1885. I. -165-]

Vol. XXVIII. No. 167. November 1884. — Wm. P. Blake: Columbite in the Black Hills of Dakota. 340. — Ross E. Browne: Criticism of Becker's Theory of Faulting. 348. — James D. Dana: Note on the Cortlandt and Stony Point Hornblendic and Augitic rocks. 384.

No. 168. December 1884. — W. M. Davis: Distribution and origin of Drumlins. 407. — J. P. Kimball: Geological Relations and Genesis of the Specular Iron Ores of Santiago de Cuba. 416. — C. A. Schaeffer: A new Tantalite Locality. 430. — C. D. Walcott: Palaeozoic Rocks of Central Texas. 431. — A. C. Baines: Sufficiency of Terrestrial Rotation for the Deflection of Streams. 434. — O. A. Derby: Peculiar Modes of Occurrence of Gold in Brazil. 440. — A. W. Jackson: Colemanite, a new Borate of Lime. 447. — J. D. Dana: Decay of Quartzyte, and the formation of sand, kaolin and crystallized quartz. 448.

8) Bulletin of the Museum of Comparative Zoology, at Harvard College, Cambridge. [Jb. 1883. I. -544-]

Whole series. vol. VII (Geological series. vol. I). — M. E. Wadsworth: Notes on the geology of Iron and Copper districts of Lake Superior (6 pl.). 1. — *J. S. Diller: The Felsites and their associated rocks north of Boston. 165. — *M. E. Wadsworth: On an occurrence of Gold in Maine. 181; — *A microscopical study of the Iron Ore, on Peridotite of Iron Mine Hill, Cumberland, Rhode Island. 183. — *C. E. Hamlin: Observations upon the Physical Geography and Geology of Mount Ktaadn (2 pl.). 189. — *Leo Lesquereux: Report on the recent additions of fossil Plants to the Museum Collections. 225. — *John Elliot Wolff: The Great Dike at Hough's Neck, Quincy, Mass. 231. — *Leo Lesquereux: On some specimens of Permian Fossil Plants from Colorado. 243. William Morris Davis: On the relations of the Triassic Traps and Sandstones of the Eastern United States (3 pl.). 279; — The folded Helderberg Limestones, East of Catskills (2 pl.). 311. — *J. D. Whitney and M. E. Wadsworth: The azoic system and its proposed subdivisions. 331.

9) *Proceedings of the Academy of Natural Sciences of Philadelphia. 8°. Philadelphia. [Jb. 1884. II. -452-]

1884. Part II. May—Oct. — Eugene N. S. Ringueberg: New Fossils from the four Groups of the Niagara Period of Western New York (pl. II u. III). 144. — H. Carvill Lewis: Volcanic Dust from Krakatoa. 185. — Jos. Willcot: Notes on the Geology and Natural History of the West Coast of Florida. 188. — A. E. Foote: A large Zircon. 214. — D. G. Brinton: Tunisian Flints. 219. — Frederick D. Chester: Preliminary Notes on the Geology of Delaware-Laurentian, Palaeozoic and Cretaceous Areas (pl. V). 237. — D. G. Brinton: Fired stones and prehistoric implements. 279.

10) Bulletin de la Société minéralogique de France. 8°. Paris. [Jb. 1885. I. -169-]

T. VII. No. 8. Novembre 1884. — Cornu: Lettre de M. Ch. Soret, professeur à l'Université de Genève à M. Cornu. 338. — E. Bertrand: Sur différents porismes polarisateurs. 339. — Gonnard: Note sur une pegmatite à grands cristaux de Chlorophyllite des bords du Vizézy, prés Montbrison (Loire). 345. — A. Damour: Note sur un sel ammoniac iodifère. 347. — E. Mallard: Sur l'isomorphisme des chlorates et des azotates et sur la quasi-identité vraisemblable de l'arrangement moléculaire dans toutes les substances cristallisées. — J. Thoulet: Compte rendu des publications minéralogiques allemandes. 401.

11) Comptes rendus hebdomadaires des séances de l'Académie des sciences. 4°. Paris. [Jb. 1885. I. -167-]

No. 19. 10 Novembre 1884. — Dieulafait: Origine et mode de formation des Phosphates de Chaux en amas dans les terrains sédimentaires; leur liaison avec les Minerais de fer et les argiles des horizons sidérolithiques. 813. — Marion: Sur les caractères d'un conifère tertiaire voisin des Dammarées (Doliostrobus Sternbergi). 821. — Collot: Sur une grande oscillation des mers crétacées en Provence. 824. — Cotteau: Sur les calcaires à Echinides de Stramberg (Moravic). 829. — Hébert: Observations. 829.

No. 22. 1 Décembre 1884. — Perrotin: Sur un tremblement de terre ressenti à Nice le 27 Novembre. 960. — Lindström: Sur un Scorpion du terrain silurien de Suède. 984.

No. 23. 8 Décembre 1884. — Jannettaz: Sur l'application des procédés d'Ingenhouz et de Sénarmont à la mesure des conductibilités thermiques. 1019. — Ed. Bureau: Sur la présence de l'étage houiller moyen en Anjou. 1036.

No. 24. 15 Décembre 1884. — Lemoine: Caractères généraux des Pleuraspidotherium, mammifère de l'Eocène inférieur des environs de Reims. 1090. — Grand'Eury: Fossiles du terrain houiller trouvés dans le puits de recherches de Lubière (bassin de Brassac). 1093.

No. 25. 22 Décembre 1884. — B. Renault et R. Zeiller: Sur l'existence d'Asterophyllites phanérogames. 1133. — St. Meunier: Le Kersanton du Croisie. 1135. — Gonnard: Sur un phénomène de cristallogénie à propos de la fluorine de la roche Cornet, près de Pontgibaud (Puy de Dôme). 1138.

12) Annales de la Société géologique du Nord. 8°. Lille. [Jb. 1884. II. -454-]

Tom. XI. 1883—84. 4e livr. Novembre. — Quarré: Communication d'une lettre. 241; — Documents sur la topographie ancienne de Dunkerke. 243. — Boussemaër: Note sur les couches supérieures du Mont-Aigu. 243. — Gosselet: Note sur quelques affleurements des poudingues dévonien et liasique et sur l'existence de dépots siluriens dans l'Ardenne. 245. —

Hassenpflug: Sur l'Ozokérite. 253. — Gosselet: Notes sur les schistes de St. Hubert dans le Luxembourg et principalement dans le bassin de Neufchâteau. 258. — Ch. Barrois: Observations sur la constitution de la Bretagne (2e Article). 278. — A. Six: Compte rendu de l'Excursion annuelle. 285; — Le Batracien et les Chéloniens de Bernissart d'après M. Dollo; — Le Challenger et les abimes de la mer. 313; — Les hydrocarbures naturels de la série du Pétrole. 334. — Gosselet: Remarques sur la faune de l'assise de Vireux à Grupont. 336: — Note sur deux roches cristallines du terrain dévonien de Luxembourg. 338. — Queva et Fockeu: Compte rendu de l'excursion dans le massif de Stavelot. 340. — H. Fockeu: Compte rendu de l'excursion dans les environs de Mons. 363. — Ch. Queva: Compte rendu d'une excursion dans le terrain jurassique entre Maubert-Fontaine et Lonny. 369. — Gosselet: Etude sur les tranchées du chemin de fer de l'Est entre St. Michel et Maubert-Fontaine. 376. — F. Mellard-Reade: Dômes en miniature à la surface des sables. 379. — Boussemaër: 2e note sur les couches supérieures du Mt. Aigu. 381. — Ch. Barrois: Note préliminaire sur les Schistes à Staurotide du Finistère. 312. — Six: Les Dinosauriens carnivores du Jurassique américain d'après le professeur Marsh. 366.

13) Actes de la Société linnéenne de Bordeaux. 8°. Bordeaux. [Jb. 1885. I. -171-]

Vol. XXXVII. (4e série. T. VII). — H. Arnaud: Profils géologiques des chemins de fer de Soriac à Sarlat et du Périgueux à Ribérac (2 prof. 1 pl.). 34—48. — E. Benoist: Les Néritacées fossiles des terrains tertiaires moyens du Sud-Ouest de la France (1 pl.). 379—393. — (Procès verbaux.) — Noguy: Sur un effondrement de terrain à Lormont. II. — Cabanne: Communication sur un dépôt quaternaires avec mammifères fossiles et silex taillés à Miramont. IV. — Benoist: Observations. VI. — Cabanne: Observations. VII. — Benoist: Observations géologiques résultant du forage d'un puits artésien chez M. Briol à Léstiac. XII; — Les huîtres fossiles des terrains tertiaires moyens de l'Aquitaine. XVI; — Note sur une couche lacustre observée au Planta, commune de St. Morillon, et listes des espèces fossiles recueillies dans cette localité dans les couches à Nerita. XXII; — Présentation d'un travail sur les Néritacées du terrain tertiaire de l'Aquitaine. XXVII; — Note sur quelques coupes relevées aux environs de Bergerac. XXXIII; — Présentation de silex taillés recueillis dans les gravières quaternaires de cette localité. XXXIV. — Dalkau et Cabanne: Observations. XXXVI. — Benoist: Compte rendu géologique de l'excursion trimestrielle faite à Citon-Cénac. XXXIX; — Notes sur les marnes à fossiles terrestres et lacustres de la métairie de Bis à Gaas. LIX; — Note sur des échantillons de bois recueillis à Cenon dans une exploitation de terre glaise. LIX. — Deloynes, Balguerie: Observations. — Wattebled: Le calcaire à Phryganis des environs de Moulins (Allier). — Benoist: Observations résultant du forage d'un puits artésien à Creysse-Mouleydier prés Bergerac. LXVII. — Compte rendu géologique de la fête linnéenne.

14) **Mémoires de la Société des Sciences naturelles de Saône et Loire.** 4°. Châlon 1884.

T. V. 1e—3e fasc. — De Chaignon: Sur la présence de la Célestine dans les schistes argilo-calcaires du Lias moyen aux environs de Conliège (Jura). 117. — Renault: Note pour servir à l'histoire de la formation de la houille. 120. — F. Tardy: Géologie des nappes aquifères des environs de Bourg en Bresse; degré hydrotimétrique de leurs eaux. 125. — Ch. Tardy: L'homme quaternaire dans la vallée de l'Aix. 145.

15) **Association française pour l'avancement des sciences.** Session de Rouen 1883. 8°. Paris 1884. [Jb. 1884. I. -156-]

Bucaille: Sur la répartition des échinides dans le système crétacé du département de la Seine inférieure. 429. — Clouel: Etude sur la chaux phosphatée nouvelle de la Seine inférieure. 435. — G. Cotteau: Note sur les Echinides tertiaires des environs de St. Palais. 444. — *Barrois: Recherches sur les terrains anciens des Asturies et de la Galice. 445. — Lemoine: Les mammifères du terrain éocène des environs de Reims. 427. — Amiélh: Origine des houilles et des combustibles minéraux. 458. — Schlumberger: Sur le dimorphisme des foraminifères. 459. — Vilanova y Piera: Sur le nummulitique de la province d'Alicante. 469. — Lennier: Géologie et Zoologie de l'embouchure de la Seine. 460. — Bucaille: Fossiles nouveaux des environs de Rouen. 460. — Péron: Sur un groupe de fossiles de la Craie supérieure. 461. — Cotteau: Sur l'Iguanodon de Bernissart. 469. — Petiton: Etude pétrographique des roches de l'Indochine. 470. — Rivière: Sur la faune de la grotte des Deux Goules. 481. — Le Marchand: Rapport sur les excursions faites par la section de Géologie pendant le Congrès de Rouen (1883). 481. Lennier: Rapport sur l'excursion de Candebec et Villequier. 484. — Guyerdet: Fragments de Géologie normande. 485. — Bucaille: Présentation de silex taillés des environs de Rouen. 491.

16) **Revue des sciences naturelles.** 8°. Montpellier. [Jb. 1884. I. -155-]

3e série, T. 3. (1883—84) (suite). — P. Seignette: Les Albères françaises et espagnoles. 603. — Torcapel: Géologie de la rive droite du Rhône. — Etude des terrains traversés par la ligne de Nîmes à Givors. 157, 403.

T. 4. No. 1. — Rerolle: Etudes sur les végétaux fossiles de Cerdagne (4 Pl.). 167.

17) **La Nature.** Revue des sciences. Journal hebdomadaire illustré red. G. Tissandier. 4°. Paris. [Jb. 1885. I. -170-]

12e année No. 598. 599. — P. de S.: Les conditions géologiques du Choléra. 394. — De Nadaillac: L'homme tertiaire. 394.

13e Année No. 602. 603: Le plus ancien animal terrestre connu. 33.

18) **Bulletin de la société de Borda à Dax.** 8°. [Jb. 1884. I. -309-]

9e année 1883. — E. Benoist: L'Etage oligocène moyen dans la commune de Gaas (Landes) 53. — H. du Boucher: Une nouvelle réaction pyrognostique du Titane. 141; — Matériaux pour un catalogue des coquilles fossiles du bassin de l'Adour. L'Atlas conchyliologique de Grateloup révisé et complété. 164.

19) **Bulletin de la Société des sciences historiques et naturelles de l'Yonne.** 8°. [Jb. 1885. I. -172-]

38e Vol. (1884). — G. Cotteau: Les explorations marines à de grandes profondeurs. 1—14. — J. Lambert: Etudes sur le terrain jurassique moyen du dépt. de l'Yonne: Etages Callovien, oxfordien, argovien, corallien et séquanien (avec pl. et fig.). 14—112.

20) **Bolletino del R. Comitato geologico d'Italia.** 8°. Roma. [Jb. 1884. II. -454-]

1884. 2. ser. vol. V. No. 7 u. 8. — E. Cortese e M. Canavari: Nuovi appunti geologici sul Gargàno. 225—240. — L. Bucca: Sopra alcune roccie della serie cristallina di Calabria. 240—249; — Estratti e reviste. 249—260. — Notizie bibliographiche. 260—283. — Notizie diverse: Studi geologici presentati all' Esposizione di Torino dalla Società italiana delle strade ferrate meridionali. — Palme e coccodrillo fossili del bacino di Bolca. — I tufi vulcanici del Napolitano. — La pietrapece di Ragusa in Sicilia. 283—288. — Necrologia: Ferdinando von Hochstetter. 288.

1884. 2. ser. vol. V. No. 9 u. 10. — E. Cortese e M. Canavari: Nuovi appunti geologici sul Gargàno. 289—304. — D. Lovisato: Nota sopra il permiano ed il triasico della Nurra in Sardegna. 305—324. — Estratti e Reviste. 325: G. vom Rath Escursioni geologiche in Corsica e Sardegna. K. Dalmer: Sulle condizioni geologiche dell' Isola d'Elba. — Notizie bibliografiche. 336—340. — Notizie diverse: Alterazioni del livello del mare per l'influenza delle masse continentali. 340. — Sienite e gabbro olivinico nella parte centrale degli Euganei. 343.

Druckfehlerberichtigung.

1885. Bd. I. Seite 43 Zeile 5 von oben ist nach Eisengehalt einzuschieben: der optische Axenwinkel und bei letzteren auch

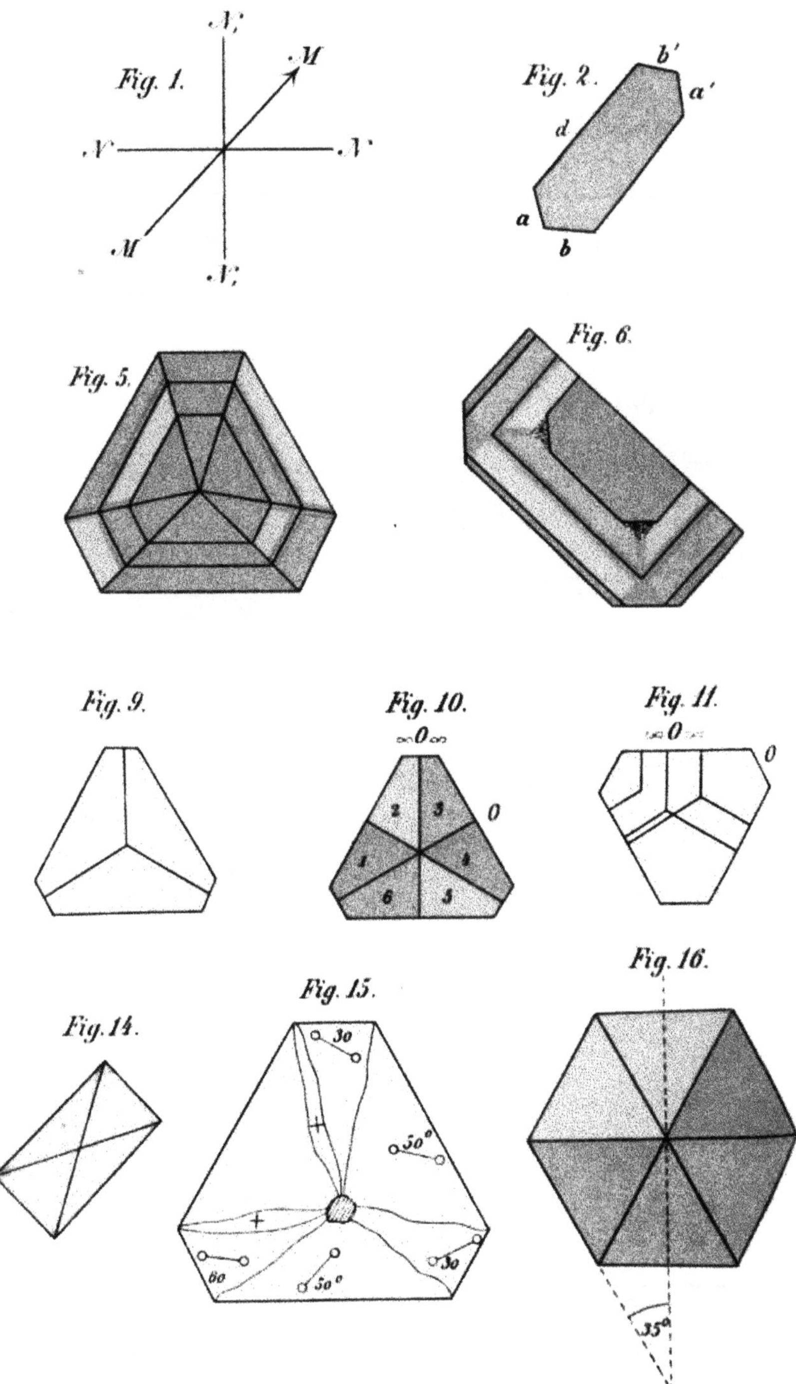
Fig. 1.
N
M
N
N
M
N
Fig. 2.
b'
a'
d
a
b
Fig. 5.
Fig. 6.
Fig. 9.
Fig. 10.
∞0∞
0
2
3
1
4
6
5
Fig. 11.
∞0∞
0
Fig. 16.
Fig. 15.
Fig. 14.
30
50°
+
+
60
50°
30
35°

raune.del.

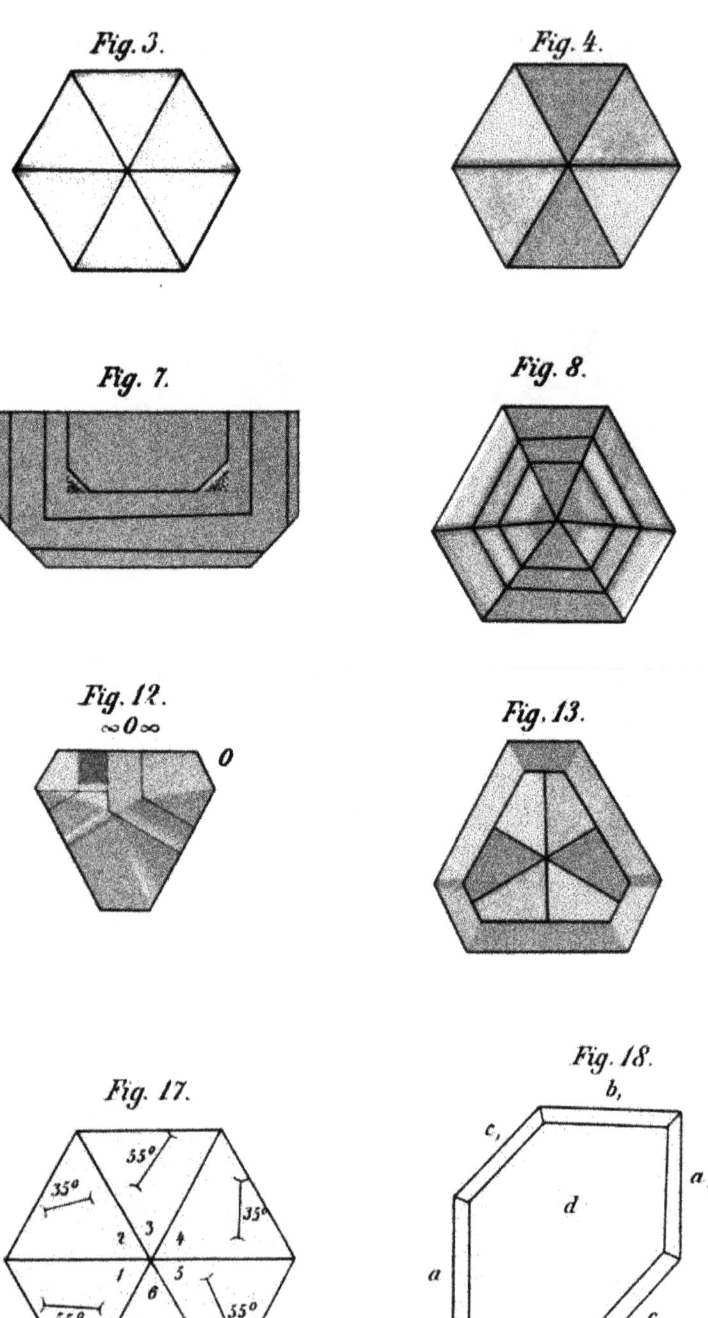
Fig. 3.
Fig. 4.
Fig. 7.
Fig. 8.
Fig. 12.
∞0∞
0
Fig. 13.
Fig. 17.
55°
35°
35°
2
3
4
1
5
6
55°
55°
35°
Fig. 18.
b,
c,
a,
d
a
c
b

K. Hofbuchdruckerei Zu Guttenberg (Carl Grüninger) in Stuttgart.

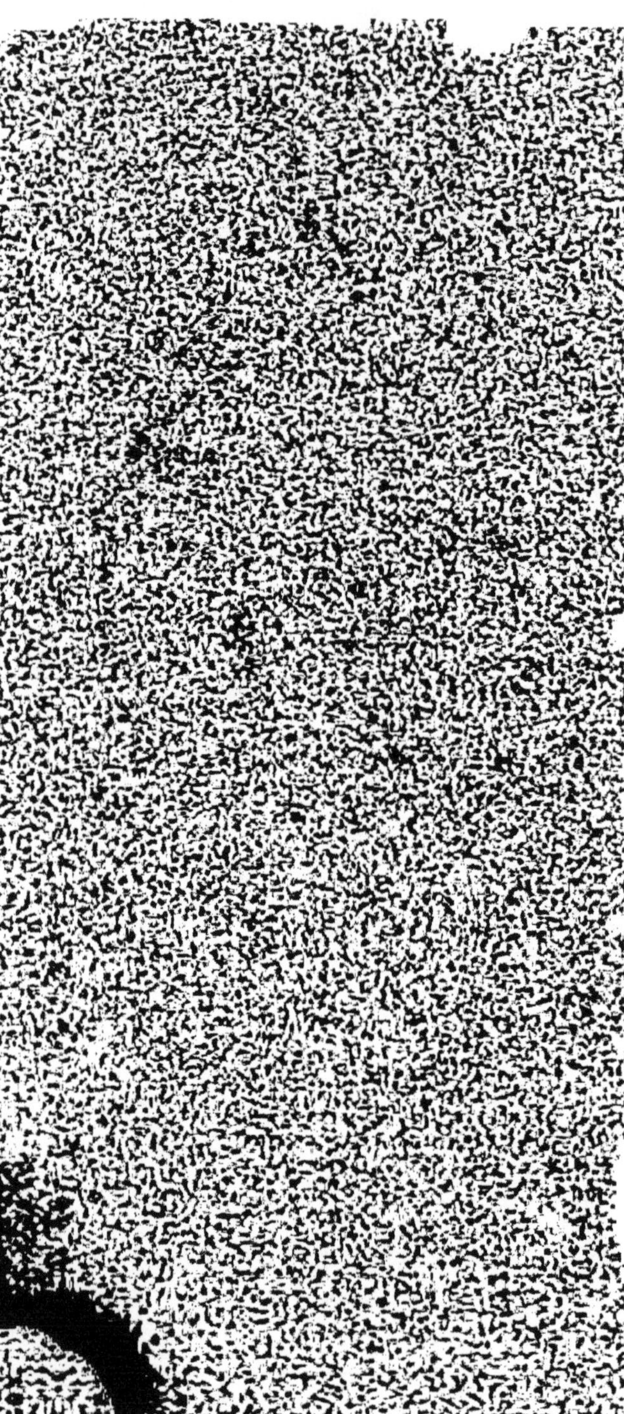

Inhalt des dritten Heftes.

I. Abhandlungen.

II. Briefliche Mittheilungen.

III. Referate.

A. Mineralogie.

B. Geologie.

C. Paläontologie.

IV. Neue Literatur.

Reinhard Richter.

In der Nacht vom 15. zum 16. Oktober v. J. starb zu Jena einer der Mitbegründer der deutschen geologischen Gesellschaft, Dr. Reinhard Richter, emeritirter Direktor der Realschule erster Ordnung zu Saalfeld, Herzoglich Sachsen-Meiningen'scher Geheimer Hofrath, Ritter erster Klasse des Ernestinischen Hausordens.

Richter war geboren am 28. Okt. 1813 zu Reinhardsbrunn, wohin seine Eltern — sein Vater war Pfarrer zu Trügleben bei Gotha — sich vor den damaligen Kriegswirren zurückgezogen hatten. Seine Gymnasialbildung erhielt er (1827—32) in Hildburghausen, seine academische und theologische (1832—35) in Jena. Nach abgelegtem theologischem Staatsexamen und kaum zweijähriger Kandidatur wurde er als Lehrer an der Realschule zu Saalfeld angestellt und rückte bald (1853) in die Stellung als Direktor dieser Anstalt ein.

In Saalfeld verheiratete er sich (1849) mit Marie von Pfaffenrath. Seine Ehe wurde mit drei Töchtern gesegnet; das Glück derselben wurde jedoch getrübt durch langsames Dahinsiechen der Gattin und der einen Tochter, welche, wie auch ein Schwiegersohn, ihm im Tode vorausgingen. Inzwischen hatte auch seine eigene Gesundheit so gelitten, dass er, nachdem sein 25jähriges Jubiläum als Direktor unter allgemeinster Theilnahme gefeiert worden war, um seine Entlassung aus dem Staatsdienste einkam.

Nach seiner Pensionirung liess er sich in Jena nieder in der Hoffnung, dort unter freundschaftlich- und wissenschaftlichangenehmer Anregung noch manches Jahr seinen Studien leben zu können. Diese Hoffnung sollte jedoch leider nicht in Erfüllung gehen. Besonders asthmatische Beschwerden steigerten sich stetig, so dass an wissenschaftliche Arbeiten bald nicht mehr zu denken und zuletzt sogar der Verkehr mit seinen Freunden gehemmt war.

Richter war mit wissenschaftlichem Forschersinne reich begabt: alle bedeutenden Erscheinungen, die ihn näher berührten, regten ihn lebhaft an; zugleich aber verfolgte er eine ernsthaft erfasste Aufgabe ausdauernd und gründlich. Auf der Universität war das Studium der Theologie sein Hauptzweck, dasjenige der Naturwissenschaften nur Nebenzweck; er hat auch mehrere theologische Abhandlungen geschrieben und noch im Jahre 1841 die Ordination als Pfarrvicar angenommen. Erst durch seine Anstellung als Lehrer an der Realschule zu Saalfeld wurde er mehr und mehr auf die Beschäftigung mit den Naturwissenschaften im Allgemeinen hingewiesen. Als Früchte dieser Studien erschienen in Programmen und Gelegenheitsschriften „die Flora von Saalfeld", „die Saalfische" etc. Von allen Naturwissenschaften nahm ihn aber Geologie und Paläontologie, für welche die Umgebung von Saalfeld so überaus grossartige, mannichfaltige und noch wenig erforschte Verhältnisse darbot, bald so sehr in Anspruch, dass diese Studien seine Lebensaufgabe wurden. Was er als Geolog und Paläontolog geleistet hat, ist sein eigenstes Verdienst, er hat es geleistet als Autodidakt; denn während er in Jena studirte, wurde der Geologie nur nebenher gedacht, und Paläontologie fand kaum Berücksichtigung, obgleich damals der als Lehrer sehr beliebte Zenker mit grossem Eifer und anerkanntem Erfolg dafür thätig war. Bei der Überbürdung Zenker's mit academischen Geschäften bot nur der intimere Privatverkehr mit ihm Gelegenheit zu geologisch-paläontologischen Unterweisungen, und einen solchen scheint Richter nicht gepflogen zu haben.

Die von Richter veröffentlichten Resultate fanden sehr bald allgemeine Beachtung und volle Anerkennung. Äussere Zeichen davon sind seine Ernennung zum Mitglied der deutschen Akademie der Naturforscher Leopoldina „Carolina" (1853), seine Ernennung zum Doctor honoris causa seitens der philosophischen Facultät der Universität Jena (1858). seine Erwählung zum Mitglied der österreichischen Reichsanstalt (1857), der Gesellschaft Isis (1863), zum Mitarbeiter bei den Aufnahmen der Kgl. Pr. geologischen Landesanstalt.

Die ihm von Seiten der Gelehrten und der Herzoglich-Meiningen'schen Regierung bereitwillig entgegengebrachte Anerkennung verdankte Richter nicht ganz allein seiner wissenschaftlichen Tüchtigkeit, sondern auch seiner sittlichen und socialen Bildung. Richter war offen und wahr und zugleich so mass- und rücksichtsvoll, und seine Umgangsformen waren so gefällig, dass man wohl mit ihm streiten, aber sich nicht mit ihm verfeinden konnte.

Richter hat zuerst in eingehender Weise die paläozoischen Formationen im östlichen Thüringer Walde studirt und den Versuch gemacht, die Gliederung desselben und die Diagnose der einzelnen Glieder festzustellen. Vor ihm begnügte man sich mehr oder weniger mit der Unterordnung der Gebirgsglieder unter das „Grauwackengebirg" und „Thonschiefergebirg". Sind auch einzelne seiner Ansichten über das relative Alter der einzelnen Glieder von der Kritik angefochten worden, — hat sich auch besonders local und im Einzelnen manche seiner Diagnosen nicht bewährt, so hat er doch im Grossen und Ganzen oft genug das Rechte getroffen und nach den verschiedensten Richtungen mächtig angeregt. — Am grössten jedoch sind seine Verdienste um die Kenntniss der fossilen Fauna in der weiteren Umgebung von Saalfeld. Mit bewundernswerthem Fleisse und grosser Ausdauer sammelte und beschrieb er die grade hier so vielfach abweichenden Formen. Nur der, welcher den hier vorherrschend schlechten Erhaltungszustand derselben und ihre vorwaltend geringe Grösse kennt und bedenkt, dass ausser Engelhardt's sehr kleinen Publikationen so zu sagen keine Vorarbeiten anderer Forscher vorhanden waren, weiss Richter's Energie richtig zu schätzen. Gerade diese energische Zähigkeit aber, welche ihn, den Autodidakten, zu einem hervorragenden Paläontologen machte, war in gewisser Weise dem Erfolg seines eisernen Fleisses hinderlich, da sie ihn abhielt. eine einmal gewonnene Ansicht leichten Herzens aufzugeben oder auch nur zu modifiziren. Die Kalkknoten — um ein Beispiel zu erwähnen —

welche die überwiegende Mehrzahl der oberdevonischen Schichten dort erfüllen, hielt er von vorn herein für aus älteren zerstörten Gebirgsgliedern stammende Geschiebe: so lag dem so emsigen Sammler der Gedanke fern, unter Führung der gerade in diesen Kalkknoten conservirten Petrefakten eine grössere Anzahl bestimmter Horizonte innerhalb der Formationsabtheilung zu finden, was ihm andernfalls sehr wahrscheinlich gelungen wäre.

Seine wichtigsten Werke sind zuerst „Beitrag zur Paläontologie des Thüringer Waldes“ 1848, Dresden, und der mit Unger gemeinschaftlich herausgegebene „Beitrag zur Paläontologie des Thüringer Waldes“ 1856, Wien, in welchen beiden Publikationen die damals völlig neuen Pflanzenformen des Saalfelder Oberdevons sich beschrieben finden, und Richter die Diagnose von 36 neuen Thierformen, hauptsächlich von neuen Cephalopoden anführte. Recht wichtig sind auch die hierin, sowie in einer 1869 in den Z. d. g. G. niedergelegten Studien der oberdevonischen (und mitteldevonischen) Entomostraceen mit 16 neuen Arten, wie er denn auch die Ostrakoden des Zechsteines einer Revision unterwarf und dabei 8 neue Arten entdeckte: in derselben Zeitschrift 1867. Der nahe gelegene Kulmberg gab ihm Veranlassung, die Myophorien des Thüringer Wellenkalkes zu vergleichen: in der Z. d. D. g. G. 1869. Die Petrefacten der durch Nereitenquarzite und zahllose Tentakuliten ausgezeichneten Schieferzone des ostthüringischen Unterdevons, welche Richter auf Grund seiner paläontologischen Vergleichungen nur zum Silur und nicht zum Devon zu stellen geneigt war, beschrieb derselbe in einer grösseren Anzahl von Aufsätzen in der Z. d. D. g. G. zum grösseren Theil unter der Aufschrift „Aus dem thüringischen Schiefergebirge“: 1854, 1863, 1865, 1866 etc. Mehr als 40 Formen konnte er dabei als neu bezeichnen und einführen. Vorzugsweise wichtig sind seine Diagnosen der Tentakuliten, wie er denn auch der erste mit war, welcher ihre Zugehörigkeit zur Abtheilung der Pteropoden nachwies. Auch betreffs der Graptolithen und ihres Baues liegen feine Untersuchungen von ihm vor: Z. d. D. g. G. 1853, 1871, 1875 und an anderen Orten. Die Thier- und Pflanzenreste des Kulm bearbeitete er in derselben Zeitschrift 1864. (Es sind dies Reste aus dem oberen Kulm. Den unteren Kulm mit seinen Dachschiefern sah er vorläufig noch als Unterdevon an.) Über den gesammten Schichtenaufbau der weiteren Umgebung von Saalfeld verbreitete er sich in ausführlicher Darstellung in den „Erläuterungen zur geognostischen Übersichtskarte des ostthüringischen Grauwackengebietes“ 1851, in der als Programm 1853 erschienenen Arbeit „Gäa von Saalfeld“ und in dem 1869 publicirten „Thüringischen Schiefergebirge“ nebst Karte. Schon 1850 machte er in der Z. d. D. g. G. auf den cambrischen *Phycodes circinnatus* aufmerksam und 1872 beschrieb er Petrefakten aus dem Saalfelder Untersilur, worunter 6 neue Formen. Sonst veröffentlichte er noch zahlreiche kleine Abhandlungen, Berichte und Rezensionen in der Zeitschrift f. d. Ges. Nat. von Giebel und Heintz, in diesem Jahrbuch, in der A. A. Zeit., im Zentralblatt von Zavenka etc.

E. E. Schmid, K. Th. Liebe.

E. E. Schmid.

Am 16. Februar verschied in Jena nach kurzem Krankenlager der Geh. Hofrath Professor Dr. Ernst Ehrhard Schmid. Geboren am 22. Mai 1815 zu Hildburghausen, siedelte er frühzeitig mit seinem Vater, Karl Ernst Schmid, später Grossh. Hofrath und Professor juris, nach Jena über, woselbst er im Jahre 1833 immatrikulirt wurde. Während seiner Studentenzeit war er auch ein Jahr in Wien. Hier arbeitete er vorzugsweise in den mineralogischen Sammlungen und machte, wie er selbst in vertrauten Kreisen öfter äusserte, dabei viele Erfahrungen, die ihm später bei der Leitung der Grossherzoglichen Sammlungen von Mineralien, Gesteinen und Petrefakten in Jena auf das trefflichste zu statten kamen. Als Student schon eignete er sich eine gründliche philosophische Durchbildung an und ward Jünger der Fries-Kant'schen Schule, welcher Richtung sein Denken und Fühlen bis zuletzt treu blieb*. Michaelis 1839 erwarb er sich die philosophische Doktorwürde und Ostern 1840 ward er Licentiat und Privatdocent. In diese Zeit also fällt die Dissertation „Elementa doctrinae de luce undulatoriae inductionibus comprobata", Jenae. 1843 ward er ausserordentlicher Professor und gründete, da damals die Unterstützungen aus Staatsmitteln noch spärlich genug flossen, zusammen mit Schleiden und einigen Medicinern das physiologische Institut, in welchem die opulente Ausstattung, welche wir an den naturwissenschaftlichen Laboratorien der neuzeitlichen Universitäten bewundern, mit für damalige Zeiten ausserordentlichem Erfolge durch den unaus-

* Siehe auch „Abhandlung der Fries'schen Schule von Apelt, Schleiden, Schlömilch u. Schmid. 1. u. 2. H. Leipzig 1847.

gesetzten persönlichen Verkehr zwischen den Hörern und ihren lehreifrigen Professoren ersetzt wurde. Bis zum Jahr 1856 unterwies Schmid in diesem Institut seine Jünger der Mineralogie und Geologie in den praktisch-technischen Zweigen der Wissenschaft und liess so manche wichtigere Untersuchung ausführen. 1856 ward er ordentlicher Professor und zugleich Direktor der Grossherz. Anstalten für Mineralogie, nachdem ihm schon eine Reihe von Jahren vorher der paläontologische und petrographische Theil der Sammlungen zur Revision und Neubestimmung, zur Neuordnung und Katalogisirung anvertraut worden war. Von dieser Zeit ab ward im Nebenflügel des Schlossgebäudes und später im Schlossgebäude selbst ein zweckmässiges chemisch-mineralogisches Laboratorium eingerichtet. Die Grossherzogliche Behörde erkannte Schmid's Verdienste durch Ernennung desselben zum Hofrath 1860 und zum Geheimen Hofrath 1880 an, und sein Landesherr ehrte ihn durch den Orden vom weissen Falken.

E. E. Schmid war von vorn herein mit Leib und Seele dem Studium der Mineralogie, Petrographie und Paläontologie zugethan, hatte aber deshalb nicht versäumt, auch die übrigen Naturwissenschaften in den Bereich seiner ernsten Studien aufzunehmen. Das kam ihm hundertfach zu statten, wie es jedem Fachgelehrten zu statten kommt. Für ihn sollten aber diese gründlichen Studien noch eine ganz andere Bedeutung gewinnen. Damals gab es wie überall so auch in Jena nur wenige Studirende, welche Oryktognosie zu ihrem Fachstudium machten, und die angehenden Mediziner und Nationalökonomen besuchten damals diese Kollegien guten Theils mehr der Noth gehorchend als dem eigenen Triebe. Zudem lasen damals, als Schmid sich habilitirt hatte, in Jena Schüler Mineralogie und Geologie und Bergbaukunde, Langethal und Suckow Mineralogie. So war Schmid genöthigt, seine Lehrerthätigkeit vielfach auf andere Gebiete der Naturwissenschaften zu verlegen: Neben Mineralogie, Geologie und Petrefaktenkunde las er ökonomische Technologie, Experimentalphysik und mathematische Physik, reine Mathematik, verbunden mit mathematisch-physikalischen Übungen, organische Chemie und ökonomische Chemie, allgemeine Chemie und medizinische Chemie. Oft genug klagte er Freunden gegenüber über die Zersplitterung seiner Thätigkeit. Erst mit der Ernennung zum ordentlichen Professor änderte es sich, und war er im Stande, sich lediglich seinen Lieblingswissenschaften zu widmen. Aus jener früheren Zeit datiren die Beiträge zur „Encyklopädie der Ges. theor. Nat. in ihrer Anwendung auf die Landwirthschaft“, Braunschweig 1850, namentlich auch das von Dove und anderen Autoritäten hochgehaltene Lehrbuch der Meteorologie mit Atlas von 21 Tafeln, Leipzig 1860. ein Traktat über oxalsaure Kalkerde und eine Anzahl anderer Schriften. Daneben aber schrieb er auch noch, was an dieser Stelle anzuführen ist, „Geognostische Verhältnisse des Saalthals“ von E. E. Schmid und M. J. Schleiden, Jena 1846. — „Die Fährtenabdrücke im bunten Sandstein“ von Karl Koch und E. E. Schmid, Jena 1841, — „Über die Natur der Kieselhölzer“ von E. E. Schmid und M. J. Schleiden, Jena 1855. — „Über den Saurierkalk von Jena und Esperstädt“ in dies. Jahrb. 1851, — „Über die Kohle aus dem unteren Muschelkalk bei Jena“ im Archiv d. Pharm. LXXXIX, 3, — „Über die Schwarzerde im südlichen Russland“ 1849, — „Über die basaltischen Gesteine der Rhön“ in Z. d. D. geol. G. 1853, etc. etc.

Vom Jahre 1856 ab, wie schon oben angedeutet, „athmete er erst auf“. Nun konnte er seine ganze Thätigkeit auf die oryktognostischen Fächer der Naturwissenschaft concentriren. Er las Geologie und Paläontologie, Krystallographie und krystallographische Optik, Lithologie und Mineralogie und nur beiher bisweilen Meteorologie. Dabei krönten die Praktika sein gleichmässig eifriges Bemühen um die Fortschritte seiner Schüler mit den besten Erfolgen, und gar manche tüchtige Arbeit schufen letztere in seinem Laboratorium. Von der Paläontologie wandte er sich nicht ab, wenn er ihre Förderung auch nicht zu seiner Hauptaufgabe machte, und schrieb noch „Über die kleinen organischen Formen des Zechsteinkalkes von Selters“, „Über tertiäre Meerconchylien bei Buttstädt“ in Z. d. D. g. G. 1867, über „Die Fischzähne der Trias bei Jena“, Jena 1861 etc. Kleinere mineralogische Arbeiten veröffentlichte er über Whewellit, Desmin, Mesolith, Steatargillit, Skolezit, Pseudo-Gay-Lussit, Datolith i. d. Sitz. d. Jen. Ges. f. Med. u. Nat., über Xanthosiderit in Pogg. Ann., über Arragonit, Cölestin in der thüringer Trias, Schaumkalk, Arragonit von Gross-Kamsdorf, Okenit, Psilomelan etc. etc. In seinen petrographischen Arbeiten legte er auf die chemische resp. chemisch-mineralogische Konstitution der Gesteine das Hauptgewicht, wie dies seine Eintheilung der Eruptivgesteine überhaupt und die Untertheilung der einzelnen Gesteinsspecies insbesondere bekundet. Er schrieb über „Den Melaphyr von den Mombächler Höfen“, über „Die Kaoline des thüringschen Buntsandsteines“ i. d. Z. d. D. geol. G. 1876, über „Die Gliederung der oberen Trias“ das. 1864, über „schaligen Sandstein im obersten Muschelkalk“ und „den weissen Boden“ das. 1871 etc. Hier ist namentlich auch die grössere Abhandlung „Die quarzfreien Porphyre des centralen thüringer Waldes“, Jena 1880, anzuführen (Eintheilung in Porphyre. Melaphyre und Paramelaphyre, in Gesteine mit tri-, bi- und singulosilicatischer Grundmasse). Dazu kommen Abhandlungen petrographischen und zugleich allgemeineren geologischen Inhalts wie „Der Ehrenberg bei Ilmenau“, Jena 1876, „Der Muschelkalk des östlichen Thüringen“, der Vers. d. Deut. geol. Ges. 1876 zu Jena gew., worin die Quintessenz aller seiner Arbeiten im Gebiet dieser Formation niedergelegt ist, — ferner „Das ostthüringische Röth“, „Über den unteren Keuper des östlichen Thüringen“ und „Die Wachsenburg bei Arnstadt in Th. und ihre Umgebung“ i. d. Jahrb. d. Kgl. Pr. geol. Landesanst. und Abh. zu der Geol. Sp. etc. Der Inhalt dieser Werke sowohl wie derjenige seiner Vorlesungen giebt Zeugniss von der jugendlichen Biegsamkeit des Geistes, mit der Schmid gerade in seinen älteren Jahren auf die Ideen der Neuzeit eingieng, dieselben sich aneignete oder für sich modificirte.

Einen guten Theil seiner Zeit verwandte Schmid auf die geologische Mappirung des thüringischen Hügellandes, und zwar that er dies, nachdem er schon vorher verschiedene Kartenskizzen gezeichnet, im Auftrag der K. Pr. geologischen Landesanstalt und daher im Anschluss an das grosse Kartenunternehmen derselben. So erwarb sich Schmid ein grosses Verdienst um die Klarlegung und Darstellung der geognostischen Verhältnisse seines Heimathgaues. Die 22 bis jetzt veröffentlichten Kartenblätter umfassen das nordöstliche Thüringen im Norden bis zu der Sektion Kindelbrück und bis Sektion Naumburg und Weissenfels und von dieser Linie südwärts bis zu den Sectionen St. Gangloff, Roda, Jena, Weimar und Erfurt. Eine kleine Anzahl von Blättern weiter west- und südwärts gelegener Sectionen ist vollendet, aber noch nicht publizirt und eine andere ist halb fertig geworden.

Das bisher Angeführte mag genügen, um uns ins Gedächtniss zurückzurufen, was E. E. Schmid als Forscher geleistet. — Vor Allem war er aber auch Lehrer. Durchdrungen von Lehrfreudigkeit und Wohlwollen für die jungen Leute und geleitet durch ein stark ausgeprägtes Pflichtgefühl that er für sie, was in seinen Kräften stand. Sein Haus war jederzeit für sie offen, und wenn sie ihm näher traten durch redliches, ausdauerndes Streben, dann ward er ihr väterlicher Freund, der ihnen seine wohlwollende Freundschaft bis an sein Ende bewahrte. So kann es nicht Wunder nehmen, dass er als Lehrer an einer kleinen Universität eine verhältnissmässig so grosse Zahl Schüler zog, die fast alle in Liebe und Dankbarkeit an ihm hingen. Seine Ehrlichkeit und Wahrhaftigkeit, seine grosse Gefälligkeit und Uneigennützigkeit machten ihn zum beliebten Kollegen; seine Anspruchslosigkeit und sein Sinn für die stille Behaglichkeit des Daheim mussten ihm ein glückliches Familienleben verschaffen. In den Sorgen und Schmerzen des Familienlebens, die ja auch ihm nicht ganz erspart blieben, hielt ihn neben der Arbeitspflicht die philosophische Schulung seines Geistes aufrecht. Es sei gestattet, hier die Schlussworte aus einem seiner Vorträge anzuführen, die so recht geeignet sind, einen Blick in sein Inneres thun zu lassen. „Sind auch die Wahrheiten der Naturwissenschaften zugleich „demüthigend und erdrückend, indem sie die körperliche Er- „scheinung des Menschen einem Schicksal unterthan zeigen, „welches er nur in sehr beschränkter Weise überwinden kann, „denen er im Grossen machtlos gegenübersteht; so fördern „sie gerade dadurch die Erkenntniss seiner Selbstbestimmung „am meisten. Sie eröffnen das einzige wahre Gebiet mensch- „licher Freiheit in der freien Bewegung des Geistes, in der „Freiheit der Überzeugung, in der Freiheit der Gesinnung. „Und das ist der höhere Friede der Naturwissenschaften. „Er führt zu der Überzeugung, dass der Mensch sein Glück „nur in sich, nicht ausser sich zu suchen hat; er führt zur „Ergebung in das Schicksal, zur Erhebung über das Schicksal; „er führt zum wahren Seelenfrieden.“ **K. Th. Liebe.**

Die tertiären Ablagerungen des Sollings.

Von

J. Graul.

Mit Tafel III.

Schon vor 60 Jahren erwähnte JOHANN FRIEDR. LUDW. HAUSMANN[1] Thone bei Schoningen und Neuhaus als Porzellanthon, Pfeifenthon, Töpferthon. Er stellte sie nach dem Vorgange SCHWARZENBERGS[2] zu der „Grobkalkformation". Mit FRIEDRICH HOFFMANN[3] sprach er sich dahin aus, dass der Solling seiner ganzen Natur nach mit dem Reinhardswald so übereinstimme, dass man beide als zusammengehöriges, von der Weser durchschnittenes Gebilde des Buntsandsteins betrachten müsse. Die Hauptmasse der Tertiärbildungen des Sollings, wie ich sie unten auf Grund der neuen bergmännischen Arbeiten der consolidirten Sollinger Braunkohlen-Werke zu Uslar beschreiben werde, blieb ihm unbekannt.

Auch RÖMER hat auf seiner Übersichtskarte nur Buntsandstein angegeben, vielleicht wegen der Schwierigkeit, die einzelnen zu Tage tretenden Fetzen von Tertiärgebirge auf einer Karte von diesem Massstabe zur Anschauung zu bringen.

Nachdem Herr Professor v. KOENEN[4] gezeigt hatte, dass südlich von Cassel die Hauptmasse der Braunkohlen über

---

[1] Studien des Göttingischen Vereins Bergmännischer Freunde. I. Bd. §. 17. S. 440.

[2] ibidem. Bd. III. S. 219 ff. S. 260.

[3] Übersicht der orographischen und geognostischen Verhältnisse vom nordwestlichen Deutschland. S. 160.

[4] Das Alter und die Gliederung der Tertiärbildungen zwischen Guntershausen und Marburg. 1879.

dem marinen Oberoligocän resp. mächtigen Quarzsanden und Quarziten, aber unter Basalttuffen liegt, während Beyrich in seiner Arbeit über die Stellung der hessischen Tertiärbildungen[1] ehedem gefunden hatte, dass gewisse Kohlen der Casseler Gegend (Kaufungen) unter dem marinen Mitteloligocän liegen, hatte Dr. Ebert[2] nachgewiesen, dass auch in der Umgegend von Cassel und zwar bis nach Holzhausen am Fuss des Reinhardswaldes die Hauptmasse der Braunkohlen (Habichtswald, Hirschberg, Meissner u. s. w.) ebenfalls über dem marinen Oberoligocän und den Quarzsanden und Quarziten und unter, aber auch zwischen Basalttuffen und Basalt liegt.

Weiter nördlich über das Gebiet von Dransfeld hinaus ist über vereinzelte Tertiärvorkommnisse im Reinhardswald wenig bekannt. Auf der Dechen'schen Karte[3] ist angegeben an Tertiärbildungen das Vorkommen am Gahrenberg nordöstlich von Holzhausen, das Braunkohlengebirge bei Mariendorf und Udenhausen und in der Faulen Brache, am Mühlenberg, am Staufenberg nordwestlich von Veckerhagen, ein anderes nördlich von Hombressen und nordwestlich von Beberbeck, eine Partie von der Sababurg über Bensdorf bis nördlich über Gottsbüren, dann ein Streifen im Benzerholz und endlich auf dem rechten Weserufer nur das auch von uns näher beschriebene Braunkohlenlager an der Wahlsburg.

Auf der Lachmann'schen Karte[4] finden sich Fetzen von Tertiär bei Güntersen, dann nördlich von Allershausen, bei Lüthorst und ein letzter bei Wangelnstedt.

Eine Reihe anderer z. Th. mariner Tertiärbildungen weiter nach Norden im Fürstenthum Lippe-Detmold u. s. w. ist in der Literatur, besonders in mehr paläontologischen Arbeiten, wohl gelegentlich erwähnt, indessen bisher nicht genauer untersucht worden. Namentlich ist ihr Alter und ihre Verbreitung noch so gut wie unbekannt, während wir marine oberoligocäne Bildungen aus ihren organischen Überresten

---

[1] Monatsber. d. königl. Akad. der Wissensch. Berlin 1854.

[2] Inaugural-Dissertation. Göttingen 1882 und Zeitschrift der geol. Gesellschaft. Bd. 33.

[3] Section Warburg. 1876.

[4] Geognostische Karte des Herzogthums Braunschweig und des Harzgebietes. 1852.

kennen gelernt haben. Es sind dies nur vereinzelte Fetzen vom Tertiärgebirge, welche theils durch Erosion zerrissen, vielfach von Diluvialbildungen verhüllt sind und ursprünglich eine zusammenhängende Decke gebildet haben mögen. Dahin gehören die Tertiärbildungen bei Güntersen unweit Dransfeld, namentlich die unter dem Basaltkegel des Backenberges liegenden Sande, im Elfast nördlich von Lüthorst [1], auf dem Gipfel des Scharfenberges bei Hilwartshausen [2], die Tertiärbildungen von Freden bei Alfeld [3], bei Bodenburg in der braunschweigischen Enclave bei Hildesheim [4], Diekholzen unweit Hildesheim [5], bei Wehmingen südlich von Lehrte und Ilseder Hütte bei Peine [6], Wiepke nördlich von Gardelegen [7].

Im westlichen Theil des Grossherzogthums Mecklenburg-Schwerin ist das Oberoligocän nur verschwemmt in den Sternberger Kuchen bekannt [8], in neuerer Zeit in der Gegend von Cottbus [9] durch das fiskalische Bohrloch Priorfliess, wie durch das Bohrloch Nr. 7 eine halbe Stunde in südöstlicher Richtung von Gross-Strobitz [10]. Bei Friedrichsfeld, Domäne Göttentrup, in der Nähe des Dorfes Schwalentrup und Hohenhausen [11], der Doberg bei Bünde [12], Astrup bei Osnabrück [13], in der Niederung des Rheinthals bei Crefeld und Neuss [14] und bei Mörs nach einer gütigen Mittheilung des Herrn Professor v. Koenen.

[1] Zeitschrift der deutsch. geolog. Gesellschaft. Bd. 9. S. 702.

[2] Ferdinand Römer ibidem. Bd. 3. S. 526.

[3] ibidem. Bd. 9. S. 702.

[4] ibidem.

[5] ibidem.

[6] ibidem. Bd. 26. S. 342.

[7] v. Koenen, Das marine Mitteloligocän Norddeutschlands und seine Mollusken-Fauna.

[8] Beyrich, Über den Zusammenhang der norddeutschen Tertiärbildungen zur Erläuterung einer geol. Übersichtskarte 1855 und E. Boll, Geognostische Skizze von Mecklenburg. Zeitschr. der deutschen geol. Gesellschaft. Bd. 3. S. 450 u. ff.

[9] Speyer, Zeitschrift der deutsch-geol. Gesellsch: Bd. 30. S. 534.

[10] ibidem. Bd. 31. S. 213.

[11] Dr. O. Speyer, Die oberoligocänen Tertiärgebilde und deren Fauna im Fürstenthum Lippe-Detmold, und in Zeitschrift der deutsch. geol. Gesellschaft. Bd. 9. S. 702.

[12] ibidem. Bd. 9. S. 699.

[13] ibidem. S. 701.

[14] ibidem. Bd. 9. S. 703.

In neuester Zeit sind nun in der weiteren Umgebung von Uslar ausgedehnte Schurfarbeiten vorgenommen, und die alte Grube an der Wahlsburg südwestlich von Uslar ist wieder aufgenommen worden. Die hierdurch erzielten, theilweise vorübergehenden Aufschlüsse haben es möglich gemacht, einen besseren Einblick als bisher in die Zusammensetzung der Tertiärbildungen dieser Gegend zu gewinnen. Auf den Rath des Herrn Professor v. Koenen habe ich es daher unternommen, die Braunkohlenbildungen des Sollings zu untersuchen, wobei Herr Dr. Goldhammer die Güte hatte, mich durch Mittheilung der bezüglichen Notizen und Profile zu unterstützen.

Ich ergreife die Gelegenheit, meinem hochverehrten Lehrer, Herrn Professor v. Koenen in Göttingen, für die Unterstützung, welche derselbe mir bei meinen Studien in so reichem Masse zu Theil werden liess, meinen besten, tiefgefühlten Dank auszusprechen. Zugleich muss ich mit dankbarer Anerkennung hervorheben, dass die beiden Beamten der consolidirten Sollinger Braunkohlen-Werke, der Techniker Herr Dr. Goldhammer, wie der Direktor Herr Berg-Referendar Würfler mich auf meiner letzten Tour im vergangenen August bereitwilligst mit allem weiteren Material zur Vervollständigung meiner Arbeit versehen haben, wogegen ich mich diesen Herren gegenüber verpflichtet hielt, bei meinen Forschungen gleichzeitig das Interesse der Gewerkschaft im Auge zu haben.

Der Solling enthält vorwiegend grössere Plateaus mit zum Theil sumpfigen Stellen, getrennt durch mehr oder minder tief eingeschnittene Thäler. Diese Plateaus bestehen aus Buntsandstein; die Thäler zeigen an den Abhängen fast ausnahmslos Gerölle (Abhangschutt etc.), unter welchem man kaum ohne weiteres etwas anderes als Buntsandstein vermuthen würde. Namentlich da, wo mehrere Thäler zusammentreten, zeigen sich Thalkessel, deren Oberfläche mit Lehm und Schotter bedeckt ist. Ausser einzelnen natürlichen Aufschlüssen in Schluchten u. s. w. haben Sandgruben, Thongruben und auch die Eisenbahn Northeim-Uslar-Bodenfelde mehrfach das Vorhandensein von Braunkohlen, sowie Braunkohlenthonen und Sanden nachgewiesen.

Wenn es in früherer Zeit schwer verständlich sein musste,

wie solche vereinzelte Tertiärpartien mitten zwischen Buntsandstein gelangt sein konnten, so ist dies jetzt in keiner Weise auffällig, nachdem man kennen gelernt hat, dass das ganze nordwestliche Deutschland von einer grossen Zahl von grabenartigen Versenkungen durchzogen ist, also von Spalten, meist in den mesozoischen Schichten, in welche jüngere Schichten hinein gestürzt sind, und in welchen sie bei der allgemeinen Erosion mehr oder minder vollständig erhalten blieben, während der in ursprünglicher, höherer Lage liegen gebliebene Theil dieser jüngeren Schichten fortgewaschen wurde. In einer durch den Bramwald bis über Bodenfelde hinaus sich erstreckenden Spalte tritt Basalt auf, und es ist nach v. Koenen[1] oft nachweisbar, dass solche Spalten in einem ursächlichen Zusammenhang mit dem Empordringen der Basalte stehen, indem diese als isolirte Kegel in Reihen auf denselben stehen.

Es zeigen sich nun folgende von Südost nach Nordwest gerichtete Spalten im Solling, von denen vier hauptsächlich dem Flussgebiet der Weser angehören, während eine das Flussgebiet der Leine durchbricht.

1. Die den Bramwald und im weiteren Verlauf den Solling durchschneidende Spalte Büren-Amelieth, die eigentliche Weserspalte.

Die Spalte beginnt bei Büren unweit Dransfeld und dehnt sich aus über Ellershausen, Bursfelde, Ödelsheim, Lippoldsberg, Bodenfelde, Polier bis nördlich von Amelieth. Bei Büren und Ellershausen besitzt sie eine ansehnliche Breite, wird jedoch im Nieme-Thal und bei Bursfelde bis auf 50 m eingeengt, erweitert sich um das Dreifache bei Ödelsheim und Lippoldsberg und würde nördlich von Bodenfelde eine Ausdehnung von 3000 m erreichen; allein hier steigt der isolirte Kegel des Kahlberges aus dem Thal empor und bewirkt eine Scheidung des Thales in eine grössere östliche (Kahlberg-Schrarott) und eine kleinere westliche Seite (Kahlberg-Wahmke). Das Alluvium der Wiesen auf dem rechten Weserufer bei Bodenfelde geht mit dem ansteigenden Terrain in Diluvium über, aber an der Sohle des Buchenberges, des

[1] Über geologische Verhältnisse, welche mit der Emporhebung des Harzes in Verbindung stehen. Jahrb. der geol. Landesanstalt. 1884.

Schrarott, des Hasenbeutel, des Hilmerberges, des Steinkuhlerberges tritt Tertiärgebirge zu Tage, ringsum von Lehm bedeckt. Stellenweise wird sogar auf den Höhen genannter Berge das Tertiär sichtbar. Weiterhin schränkt die Basaltkuppe des Ahnenberges einerseits und diejenige des Hasenbeutel andererseits das Thal bis auf 200 m ein, und ist auch die Tertiärpartie bei Nienover zwischen dem weiter klaffenden Buntsandstein etwas ausgedehnter, so zwängt dieser doch bei Amelieth das Tertiärgebirge in eine immer enger werdende Schlucht, mit welcher es sich anscheinend nach Norden hin ganz auskeilt.

2. Die Spalte Fürstenhagen-Neuhaus-Fohlenplacken.

Dieselbe tritt bei Fürstenhagen in den Bereich des untersuchten Gebietes und zieht sich über Heisebeck, Ahrenborn, Wahlsburg, Fernewahlshausen, Wiensen, Sohlingen, Cammerborn, Schönhagen, Neuhaus bis Fohlenplacken. Es liegt ausser dem Rahmen dieser Arbeit, jenseit der Buntsandstein-Masse des Thilenbeck und der Rehbecke dem wahrscheinlichen Zusammenhange der Spalte Fürstenhagen mit den im Fortstreichen liegenden tertiären Gebilden bei Lewenhagen, Wellersen (südlich Dransfeld), sowie am Steinberg bei Meensen nachzuspüren. Uns genügt die Thatsache, dass die von Fürstenhagen bis Fohlenplacken zu verfolgende Spalte sich nicht wesentlich ändert. Abgesehen von der durch Querthäler veranlassten Erweiterung bei Fernewahlshausen dürfte ihre Breite 500 m nirgends überschreiten.

3. Die Spalte Eberhausen-Silberborn.

Die vorliegende Spalte steht durch die Auschnippe und weiterhin durch die Schwülme mit dem Kessel Dransfeld-Güntersen in Verbindung. Die Basaltkegel des Backenberges, des Dransberges und des Hohen Hagen liegen in der Streichungslinie; Braunkohlengebirge, tertiäre Sande und Thone sind beiden Kesseln eigen, beide senden ihre Gewässer der Weser zu; nur ist die Mulde Dransfeld-Güntersen von einem Ring von Basaltkuppen bedeckt, und unter ihr tritt seitlich Trias hervor, während das Braunkohlengebirge von Uslar durch Buntsandstein abgeschnitten wird. Unweit Eberhausen mit einer Breite von 80 m beginnend, entwickelt sich die Spalte Eberhausen-Silberborn bei Offensen bis auf 2500 m und umfasst in ihrer Erstreckung Schoningen, Allershausen, Bollensen, Uslar, Vahle, Forsthaus Knobben, Forsthaus Lackenhaus und Silberborn. Sie erweitert sich zu einem Kessel bei Uslar und nördlich davon auf 3,45 km. Vom Knobben ab bis Silberborn wird dieselbe von Buntsandstein bis auf 50 m zusammengeschnürt.

4. Die Spalte Schlarpe-Grimmerfeld

fängt an bei dem Dorf Schlarpe, umschliesst Station Schlarpe, Volpriehausen, Delliehausen, Forsthaus Delliehausen und Forsthaus Grimmerfeld und zieht sich an dem „Sandhügel" vorbei nach Relliehausen. Von Schlarpe bis Grimmerfeld wird sie nirgends breiter als 500 m; an dem Sandhügel ist sie kaum 100 m breit; südlich von Grimmerfeld erweitert sie sich zu 400 m, in der Nähe der Rehwiese (nördlich von Delliehausen) etwa zu 500 m. Nordöstlich von Delliehausen erhebt sich der Wahlberg, ein breiter Rücken Buntsandstein, aus dem Tertiärgebirge, indem hier eine Gabelung des Grabens nach Süden erfolgt. Die consolidirten Sollinger Braunkohlen-Werke haben einen Stollen durch den Buntsandstein getrieben, um aus ihrem Tagesschacht die Wasser abzuführen. Bei Volpriehausen und Schlarpe verändert sich die Ausdehnung der Spalte nicht.

5. Die Spalte Moringen-Fredelsloh-Lauenberg-Hilwartshausen.

Das Gebiet dieser Spalte ist wohl am längsten und besten im Bereiche des Sollings bekannt. Man kannte Fredelsloh durch seine Töpferwaaren, deren Material dort seit langer Zeit gegraben wurde. Dass das Böllenbachthal tertiäres Gebiet in sich birgt, ist eine erst im Anfange dieses Jahres durch die hier vorgenommenen Schurfarbeiten festgestellte Thatsache. Die Spalte gabelt sich bei Fredelsloh, ein Zweig läuft nach Moringen zwischen dem Muschelkalk der Ahlsburg und der Weper hindurch; das Tertiärgebirge in derselben wurde von der Gewerkschaft erschlossen; die andere südwestliche Seite, durch welche die Espolde fliesst, zieht sich zwischen dem Muschelkalk der Weper und dem Buntsandstein von Espol, Trögen und Uessinghausen hin. Das Thal der Espolde ist augenscheinlich dem Böllenbachthale analog gebildet, allein überall liegt Lehm auf dem Tertiär, und Aufschlüsse fehlen, nur hier und da treten Spuren tertiären Sandes hervor. Beide dem Flussgebiete der Leine angehörigen Zweige sind gleich breit, sie dehnen sich kaum über 200 m aus, nur bei Espol erweitert sich das Thal auf 800 m.

Ausser diesen Hauptspalten unterscheiden wir verschiedene von Ost nach West verlaufende jüngere Sattel- oder Querspalten. „Es sind dies durch Aufbauchung der Längsaxe des Gebirges in vertikaler Richtung entstandene Querrisse und in Folge davon veranlasste Querthäler, welche die nordwestlich streichenden Spalten unterbrechen resp. verbinden."

a. Das Querthal Volpriehausen-Gierswalde-Bollensen

verbindet die östliche Parallelspalte Schlarpe-Grimmerfeld mit der westlichen Eberhausen-Silberborn und erweitert sich wie alle übrigen Querthäler am Ein- und Ausgange bedeutend, erleidet aber durch den nach Norden flach, dagegen nach Süden steil einfallenden Buntsandstein allmälig eine vollständige Einschnürung, indem beide Ränder in der Mitte sich berühren, so dass unter Gierswalde Tertiärgebirge nicht nachgewiesen werden konnte.

Da in der Thalsohle Aufschlüsse fehlen, so kann es nicht auffallen, wenn nur das Thal die Spalte andeutet, indessen ist auch hier nach den Ausgängen desselben hin an verschiedenen Stellen, namentlich in der Bollenser Feldmark, Tertiärgebirge anzutreffen.

Das Thal entführt den der östlichen Hauptspalte entsprossenen Rehgraben; nebenher und zwar am Fusse des nördlich einfallenden Gebirges schlängelt sich die Strasse Hardegsen-Uslar; noch höher am Gebirge geht die Eisenbahn Northeim-Bodenfelde hindurch, und bietet der Bahndamm nahe bei Volpriehausen interessante Profile.

b. Das Querthal Offensen-Heisebeck

wird von einem Nebenfluss der Schwülme durchzogen, welcher wie manche andere seiner Genossen unseres Reviers in tertiärem Boden und zwar an der Mörse bei Fürstenhagen seinen Ursprung findet. Das Thal ist überall äusserst schmal, seine Ränder fallen schroff ab und weichen nur an den Ausgängen in die Hauptspalten etwas weiter auseinander. An dieser

Querspalte liegt am Heiligenberge ein Bruch von vielleicht tertiärem Sandstein mit brauchbarem Material.

c. Parallel mit diesem läuft das Querthal zwischen Lieth und Allenberg, wo die Schwülme alles Wasser aufnimmt, welches ihr der flache Kessel von Uslar zuschickt.

d. Fast eine Fortsetzung des vorhergehenden bildet das Querthal Fernewahlshausen-Lippoldsberg. Dasselbe übernimmt die Vermittelung zwischen den Parallelthälern Fürstenhagen-Fohlenplacken und Büren-Amelieth. Die Schwülme, sowie die Bahn und Landstrasse Uslar-Bodenfelde finden hier kaum neben einander zwischen den Buntsandsteinufern Platz. Weder dieses noch eins der vorher erwähnten Querthäler erlangt mehr als 150 m Breite. Gleichwohl sind hier mehrfach Bohrungen oder Schurfarbeiten vorgenommen worden. durch welche wir einen Einblick in die Schichtenfolge gewonnen haben, wie wir unten sehen werden.

Wo Querspalten auf die Hauptspalten treffen, dehnen sich diese aus und es bilden sich Versenkungsbecken, wie Professor von Koenen sie genannt hat. so in besonders grosser Ausdehnung rings um Uslar. Dort sind aber namentlich bei Allershausen, im Bahneinschnitt westlich von Uslar etc., die Schichten keineswegs regelmässig gelagert, sondern vielfach zerrüttet und gestört, wie ja auch naturgemäss in den Grabenspalten auf eine regelmässige Lagerung der Schichten auf grössere Erstreckung nicht gerechnet werden kann und zwar um so weniger, je enger die Spalten sind.

Der geologische Bau der SO-NW-Spalte Büren-Amelieth ist wesentlich verschieden von dem der übrigen vier. Diese Spalte schliesst sich gewissermassen an das von Dr. Ebert[1] untersuchte und beschriebene Tertiärgebirge der Umgebung von Cassel an, indem die Tertiärbildungen hier nicht nur durch ihre Lage in Versenkungen, sondern auch durch Basaltkegel vor der Erosion geschützt wurden.

Südwestlich von Büren erhebt sich der Teichberg, ein Basaltkegel, an dessen Südseite Säulen-Basalte, wenn auch nur in geringer Ausdehnung, hervorragen. Am Fusse des Teichberges tritt gelber tertiärer Sand hervor, welcher westlich

---

[1] a. a. O.

davon mit weissem Sande abwechselt; zwischen beiden sieht man einen Centimeter dicke Spuren von Braunkohlen. Nicht weit davon in der Hemelgasse, nur durch einen Bach vom Teichberg geschieden, fand ich in einem Hohlwege in einer Länge von 24 m das 1 m mächtige Ausgehende eines Braunkohlenflötzes, auf welches ich die Aufmerksamkeit des Herrn Dr. GOLDHAMMER lenkte. Ein Schurf ergab in neuester Zeit

Lehm	3 m
Gelber Sand	1 „
Kohle	2 „
Weisser Sand	1 „
Quarzit	1 „
Thoniger Sand	4 „

Nördlich vom Dorfe am Nollenholz tritt ebenfalls Basalt zu Tage; darunter lagern gelbe tertiäre Sande. Weiter nach Norden am Fuchsberg ragt ein kleiner Hügel von zum Theil verwittertem Basalt mit plattenförmiger Absonderung hervor. Auch unter diesem liegen gelbe tertiäre Sande, die von Füchsen an drei verschiedenen Punkten herausgescharrt worden sind. In der zwischen Büren und Ellershausen sich ausdehnenden Mörse begegnen wir recht häufig Quarziten. Am Sandberg bei Ellershausen erreichen wir ein weiteres Basaltvorkommen. Der Sandberg ist früher an vielen Stellen nach Sand und Eisenstein unterwühlt, wie auch die vielen dort noch vorhandenen Löcher beweisen. An Versteinerungen fanden sich in dem umherliegenden eisenschüssigen Sandstein, welcher unter dem Sande anzustehen scheint:

Pecten lucidus GDFS.
Pecten bifidus GDFS.
Nucula sp.
Cardium cingulatum GDFS.
Cytherea Beyrichi SEMPER.
Buccinum Bolli BEYR.?
Turritella Geinitzi SPEYER.
Scalaria sp.
Xenophora scrutaria PHIL.

Es gleicht also dieses Gestein sowohl petrographisch als auch durch seine Fauna den zum Theil früher auch als Eisenstein ausgebeuteten oberoligocänen Gesteinen von Lange-Massen und Hopfenberg bei Hohenkirchen etc. bei Cassel. Es ist dies das bereits von HAUSMANN (Studien des Vereins bergmännischer Freundé III, S. 259) erwähnte Vorkommen. Die zweite von ihm erwähnte Stelle nördlich von Lewenhagen im STOCKHAUSEN'schen Forstrevier scheint jetzt ganz verwachsen zu sein. Dieselbe ist auf der RÖMER'schen geologischen Karte bereits angegeben. Ein daselbst kürzlich angelegter Schurfschacht durchsank folgende Schichten:

1.	Gelber Sand	4,00 m
2.	Eisenstein mit Versteinerungen .	0,50 „
3.	Grüner sandiger Thon	0,30 „
4.	Weisser Thon	0,10 „
5.	Kohlenschmitzchen	0,05 „
6.	Braunkohlensandstein	1,00 „
7.	Weisser Sand	5,00 „
8.	Sandstein mit feuersteinähnlichen Streifen	0,50 „
9.	Weisser, etwas grüner Sand . .	3,00 „
10.	Weisser Thon	3,00 „
11.	Rothbunter Thon	1,00 „
12.	Buntsandsteinletten	0,50 „
13.	Fester Buntsandstein, nicht durchsunken.	

Noch jetzt ist ein Stollen in der Nähe angelegt, um weissen Sand daraus zu gewinnen. Am daranstossenden Fischteiche stehen weisse und rothe Thone. Am Eingang des Niemethales bei der Ziegelei vor Lewenhagen finden sich ebenfalls Thone; an einer anderen Stelle gutes Manganerz, am Todtenberg Quarzite; im übrigen ist das Tertiär dieses Thales von einer mächtigen Lehmdecke überlagert. Erst bei Oedelsheim treten wieder tertiäre Sande hervor. Südlich von Lippoldsberg schliesst sich das Tertiär an das Alluvium der Weser an und zieht sich durch den Georgenhagen, das Nonnenholz, den Silberplatz über die Wahlsburg nach Fernewahlshausen. Auf dieser Strecke wird es in der Werderschen Ecke, im Heiberg, Zweisberg, Höllenschlag und Köhlgrund von buntem Sandstein eingeschlossen. An der Grenze von Georgenhagen und Nonnenholz sind Schurfarbeiten vorgenommen worden. Nach dem Bericht des Herrn Obersteigers HASENBEIN wurden im Schurfschacht IV folgende Schichten durchsunken:

1.	Buntsandsteingeröll (Gnatz) . . .	3,5 m
2.	Thoniger Lehm	0,5 „
3.	Thoniger Lehm mit Steinen . . .	1,0 „

4. Sand	2,0	m
5. Kohlen	2	"
6. Kohlenletten	2	"
7. Grauer Sand	5	"
8. Kohlenspuren	7	"

Schurfschacht II. Es fand sich:

1. Tiefgrüner Sand bis zur Tiefe von	21	m
2. Darauf weisser Sand	4	"
3. Letten mit Kohlenstreifen	4	"
4. Sand	1	"
5. Letten	1	"
6. Grauer Sand	4	"
7. Brauner Sand	2	"
8. Letten, brauner Sand	2	"

Wegen Triebsands eingestellt.

Es wird weiter gebohrt:

9. Sand	2	m
10. Kohle	1	"

Schurfschacht III zeigte folgende Schichten:

1. Kohlensand	21	m
2. Weisser Sand	4	"
3. Grauer Sand	2	"
4. Grauer Letten	2	"
5. Kohlen	0,30	"
6. Kohlenletten	1	"
7. Kohlen	1	"
8. Grauer Sand	1	"
9. Weisser Sand	26	"

Schurfschacht V „Heinrich Julius“ ergab folgende Reihenfolge:

1. Buntsandsteingeröll	4	m
2. Letten	7	"
3. Kohle	1	"
4. Thoniger grauer Sand	5	"
5. Kohle	1	"
6. Grauer Sand	2	"
7. Kohle	3	"
8. Sand, nicht durchsunken.		

Im Schurfschacht „Heinrich Jakob“ wurden durchsunken:

1. Buntsandsteingeröll (Gnatz)	10	m
2. Mit Kies durchzogener Sand	3	"
3. Schmierkohle (Umbra)	1	"
4. Gelber Sand	3	"
5. Kohle	0,30	"

6. Sand . . . . 1 m
7. Schwärzliche Kohle . . . . . 0,10 „
8. Thoniger Sand, nicht durchsunken.

Auch bei Bodenfelde wurde geschürft, und zwar nach dem Bericht des Herrn Obersteiger HASENBEIN mit folgendem Resultat: Schurfloch VII

1. Dammerde . . . . 0,30 m
2. Sand . . . . 9 „
3. Letten mit Kohlenspuren . . . . 7 „
darunter Buntsandstein.

Hundert Meter davon im Einfallen wurde ein neuer Schurf angesetzt. Er ergab:

1. Geröll mit Lehm . . . . 10 m
2. Geröll mit Sand . . . . 3 „
3. Anscheinend Sand. . . . . 1 „

Ein Schurf am Weserufer ergab 9 m tief Kies (Gerölle). Anders verhält es sich in der Nähe der Kirche zu Bodenfelde, welche hart an der Weser liegt. Hier scheint der Buntsandstein aus dem Fluss emporzusteigen, er bildet in der That auf eine kurze Strecke sein Ufer. Nördlich von Bodenfelde streckt der Hasenbeutel dem Reiherbach seinen Basaltfuss entgegen. In dem Basaltbruch folgte unter

Lehm mit Schotter. . . . . 4 m
zersetzter Basalt . . . . 1 „
und fester doleritischer Basalt in concentrisch-schaligen Kugeln bis zur Sohle des Bruches. 6 „

Das Gestein ist rauh und nicht so feinkörnig wie der Basalt der Bramburg. Es wird zu Pflastersteinen gebrochen.

Gegenüber auf dem linken Ufer des Baches am Ahnenberg erhebt sich eine ausgedehnte Basaltkuppe, welche säulenförmige Absonderung zeigt. Dies ist vielleicht das nördlichste Basalt-Vorkommen.

Einige hundert Meter davon entfernt treten grosse Massen hellen Sandes auf, von dem die Einwohner von Polier ihren Bedarf als Stubensand nehmen. Ein Schurf unmittelbar daneben erreichte in einer Tiefe von 3 m Thon, behielt aber bei 10 m noch tertiären Sand und ist darauf eingestellt. Neuerdings wieder aufgenommen, ergaben die Versuche folgende Schichten:

1. Thon und weisser Sand . . . . 10 m
2. Gelber Sand . . . . 21 „
3. Grüngrauer Sand . . . . . . 3 „
4. Schwarzgrauer Sand . . . . . 5 „
5. Graugelber Sand . . . . . . 6,50 „

resultatlos aufgegeben.

Bei Amelieth hat Herr Gutsbesitzer Bippard für seine Glasfabrik weissen Sand erschlossen. Das Profil dieses Schurfs ist nach der gütigen Mittheilung des Herrn Dr. Goldhammer folgendes:

1. Buntsandsteingeröll . . . . . . 2 m
2. Gelblicher Sand . . . . 5 „
3. Weisser Sand, nicht durchteuft.

Die zweite Parallelspalte wird südlich von den Buntsandsteinhöhen des Sundern und der Langelieth und des Weinberges begrenzt. Der Schiffberg fällt sehr sanft nach Osten ab, steiler die Langelieth und die Mörse nach Norden und Nordosten. Diese Berge begrenzen das Becken von Fürstenhagen, welches nur nach Nordosten, nach Heisebeck einen schmalen Ausgang hat.

Nirgends im Gebiet ist der Thon so mächtig, so verschiedenartig entwickelt wie hier, und er würde zu einer grösseren Industrie Veranlassung geben können, wenn der Ort nicht so weit von der nächsten Eisenbahn läge. In der Nähe des Dorfes, am Haynholz, kommt Kaolinsand und Glimmerthon vor. Am Schiffberg tritt weisser Sand zu Tage in der Nähe einer Brücke, da, wo man aus dem Holze heraustritt und die Aussicht auf den Kessel gewinnt.

Am Schiffberg, an der Langelieth findet sich Thon. Nördlich vom Dorfe, von der Beke links, werden 4—5 kleine tertiäre Erhebungen bemerkt, in deren Nähe auch Kohlenspuren getröffen wurden. Nicht weit von der Mühle ist am Haynholz gelber tertiärer Sand aufgeschlossen. Auch bei Heisebeck treten weisse und gelbe Sande auf. Bohrversuche und Schurfarbeiten sind von der Sollinger Gewerkschaft meines Wissens hier noch nicht vorgenommen worden. Südlich von Ahrenborn an der Strasse Ahrenborn-Heisebeck wird gelber Sand am Abhang von den Einwohnern ausgebeutet. Westlich von Ahlbershausen, sowie von Fernewahlshausen bis Wiensen liegt unter mächtigem Lehm nach Angabe des Herrn Dr. Goldhammer ebenfalls Tertiärgebirge.

Die an der Wahlsburg um 1840 von Biede & Methe angelegte, später ausser Betrieb gesetzte Braunkohlengrube ist neuerdings wieder aufgenommen worden. Im Wetterschacht wurden durchsunken:

1.	Gnatz (Gerölle)	3	m
2.	Gelber Sand	7	„
3.	Weisser Sand	8	„
4.	Schwarzer Thon	0,29	„
5.	Kohle	1,08	„
6.	Brauner Sand	1,50	„
7.	Kohle	1,50	„
8.	Brauner Sand	1,50	„
9.	Kohle	0,50	„
10.	Brauner Sand	1,50	„
11.	Kohle	0,75	„
12.	Brauner Sand	0,50	„
13.	Kohle	1,00	„
14.	Weissbrauner Sand	2,00	„
15.	Grauer sandiger Thon, nicht durchsunken.		

Farbenschacht auf der Wahlsburg.

1.	Dammerde mit Lehm und Buntsandsteingeröll	0,50	m
2.	Grauer Sand	6,00	„
3.	Knollenstein	0,50	„
4.	Braunkohle	4,00	„
5.	Grauer schwärzlicher Sand	2,50	„
6.	Kohle	2,00	„

Die Kohle dieses Schachts hat eine röthlich-braune Farbe und wird als „Casseler Braun“ gewonnen. Sie ist der Farbenkohle von Delliehausen ähnlich, aber nicht mulmig, sondern knorpelig.

Der Stollen der Wahlsburg durchfährt auf 30 m Länge die Braunkohle, welche 4 m mächtig ist. Das Kohlengebirge fällt nach Nordost ein. Etwa 1400 m vom Farbenschacht findet sich das Ausgehende des Kohlenflötzes.

Südöstlich von Wiensen streichen zwei Kohlenflötze, welche zum Theil Lignit führen, am Fusse des Allenberges unter dem Bahndamm der Strecke Uslar-Bodenfelde fort; sie fallen südwestlich ein und sind auf 200 m verfolgt worden.

Das eine ist angeblich etwa 2 m mächtig; die Mächtigkeit des andern ist angeblich nicht bekannt. Sie sollen sich 50 m in den Allenberg hineinziehen, dann geknickt sein und zu Tage ausgehen.

In einem Hohlwege westlich von Wiensen, zwischen dem Dorfe und Buchenberg, tritt an vielen, verschiedenen Stellen gelber Sand auf. In einer Wiese unweit davon hat in neuester Zeit ein Schurf durchsunken:

Lehm	2	m
Gelber Sand	7,35	„
Kohlenstreifen	0,20	„
Gelber Sand	9,05	„
Kohlen	1,30	„

Am Tappenberge, sowie bei dem Begräbnisplatze der Familie Goetz von Ohlenhusen fand sich in mässiger Tiefe tertiärer Sand mit Milchquarzbrocken. Auch an dem nach Wiensen sich hinziehenden Theile des Tappenberges sah ich an der Stelle, wo Neuhaus und Münte ein Haus bauen lassen, unter 2,5 m Lehm mit gelben Sandsteingeröllen gelbweissen Sand.

Auf dem Buchenberge, westlich von der Domäne Reitliehausen sowie nordöstlich von der Sollinger Eisenhütte steht gelber Sand zu Tage. Nach Norden hin liegt das Dorf Sohlingen ganz auf Tertiärgebirge. Ein Bohrloch der Gewerkschaft hat den Bleichdamm der königlichen Versuchsbleicherei durchsunken und nur gelben Sand angetroffen.

Bei Cammerborn ist vom Tertiärsand nur noch wenig zu sehen, bei Schönhagen ist er von Lehm ganz verhüllt, aber weiter nördlich beim Forsthaus Steinborn, am Gräfingstrang und noch mehr bei Neuhaus tritt er wieder hervor. An den Ochsenställen lagen Quarzite zerstreut, und Herr Förster Tank hatte hier in einer Tiefe von 3—4 m weissen Sand gegraben. Herr Hüttenbesitzer Becker hatte bei seinem Wohnhause einen Brunnen auf 140 Fuss niederbringen lassen. Etwa 20 m tief war man auf schwarze, glänzende Thone (Kohlenletten) gestossen, welche kleine Muscheln enthielten, und durch das Brennen weiss wurden. Die braunschweigische Regierung liess hier früher bereits nach Kohlen bohren. Bei der Glasfabrik stand ein Bohrloch von etwa 20 m. Nach der Angabe eines dabei beschäftigt gewesenen Arbeiters wurden durchsunken:

1. Lehm . . . . 12 Fuss
2. Thon mit Sandadern . . . . . 51 „
3. Schwarzer Thon.

Kohlen wurden nicht gefunden. Nach der Angabe desselben Arbeiters liegen westlich vom Becker'schen Wohnhause Quarzite und darunter 60 Fuss gelblich-weisser Tertiärsand, vermischt mit grauen Letten. Nördlich davon ziehen sich plastische, feuerfeste Thone bis zum Mädchenberg bei Fohlenplacken hin, die als Pfeifenthon, Tiegelthon, Häfenthon dort gegraben werden.

Einen interessanten tertiären Gebirgszug bildet der Langberg zwischen Neuhaus und Silberborn. In demselben ist auch die Sandwäsche, welche das Material zu der Glasfabrikation von Neuhaus und Silberborn liefert. Ich fand hier folgendes Profil:

1. Schotter . . . . 15 m
2. Verschiedenfarbiger Sand (grauer, weisser, rother, brauner und dunkelgrauer, in dünnen Lagen wechsellagernd) . . . . 10 „
3. Kohlenspuren . . . . 0,02 „
4. Dünne Thonschichten mit Sand abwechselnd . . . . 1,00 „
5. Thone mit weissem Sand vermischt 10 „
6. Blauer Thon, nicht ganz aufgeschlossen.

Die mit weissem Sand vermischten Thone (5) werden geschlemmt, um den Sand von dem Thone zu befreien.

Bei Uslar treffen resp. kreuzen sich Spalten verschiedener Richtungen, wodurch ein Versenkungsbecken entsteht. Versuchen wir es, auf den Spalten gleichsam als den Radien dem Centrum des Kessels uns zu nähern.

Eine Spalte beginnt bei Eberhausen bezw. südlich von Güntersen, wo sich der Backenberg auf derselben erhebt. Er besteht aus Basalt. An seinem Fusse liegt gelber etc. Sand. Ein Schurf an seiner Südseite ergab folgendes Profil:

1. Basaltgerölle . . . . 1,56 m
2. Gelber Sand . . . . 12,07 „
3. Weisser Sand . . . . 6,22 „

4. Grüner Sand . . . . 4,90 m
5. Rother Sand (von Buntsandstein?) 2,67 „

Am Südostabhange des Backenberges bei Güntersen liegen Quarzite und helle Quarzsande und unter ihnen gelbe und glaukonitische Sande zum Theil zu eisenschüssigem Sandstein verkittet, aus welchem schon lange die typischen marinen oberoligocänen Versteinerungen bekannt sind, besonders *Pectunculus obovatus* etc.

Bei Eberhausen tritt in der Nähe der Papiermühle ebenfalls tertiärer Sand auf. Nördlich davon wird die Spalte von zwei Buntsandsteinhöhen, dem Steinhorst und dem Eichenberg, eingeengt. Westlich der Spalte fällt das Gehänge sanft, östlich steil ein.

Offensen steht auf tertiärem Sand und ist ganz davon umgeben. Die Tagesoberfläche ist theils steil, theils flach nach dem Thal zu geneigt, einen kleinen runden Kessel bildend, von dem nur die nordöstliche Seite offen bleibt. Östlich vom Dorfe am Hörberg zeigt sich tertiärer Sand mit Quarzbrocken. Im Hohlwege mehr nach Süden liegen weisse Sande und Thone zu Tage, desgleichen im Osterfelde; am Mittelwege hauptsächlich weisse, plastische, feuerfeste Thone (Tiegelthon und Pfeifenthon). Am Höracker, einem Besitzthum des Ackermanns W. Schaper, findet sich ein Eisensteinlager. Der Lausebrink und Mühlberg südlich vom Orte weist gelbe und weisse Sande auf, und weiter nach Offensen hin liegt wieder tertiärer Sand mit Quarzbrocken. Auch in der Offenser Winterhalbe stehen Tertiärschichten.

Bei Verliehausen fällt östlich der Lichtenberg, westlich der Kattenberg gleichmässig flach ab, und beide begrenzen ein schmales, von der Schwülme durchströmtes Wiesenthal. Zwischen Verliehausen und Ahlbershausen haben die consolidirten Sollinger Braunkohlenwerke einen Schurf angebracht, dessen Schichtenfolge am 3. October d. J. folgendermassen war:

1. Dammerde und Lehm . . . . . 2 m
2. Heller Sand . . . . 10 „
3. Dunkler Sand, thonig . . . . . 2 „
4. Grünlicher Sand, noch nicht durchsunken . . . . 27 „

Zwischen Verliehausen und Offensen, und zwar von der Landstrasse bis nach der Offenser Sommerhalbe, finden sich weisse und gelbe Sande und Sandsteine. 227 m südöstlich von der Landstrasse hat ein Schurf durchsunken:

1. Gelber und weisser Sand . . . . 1,50 m
2. Thon . . . . 1,00 „
3. Weisser Sand . . . . 3,00 „
4. Grauer Sand . . . . 2,00 „
5. Gelber Sand . . . . 5,50 „
6. Triebsand, nicht durchsunken.

Der Schurf ging durch eine flach einfallende, mit allerlei Grus erfüllte Verwerfungsspalte.

Südlich von Verliehausen ziehen sich von der Strasse ab in einem Hohlweg 400 m weit gelbe Sande hin, zum Theil von Sandsteingeröll bedeckt, zum Theil damit vermischt, vorn von mächtigem Lehm überlagert. An der Schoninger Dickung schneidet der bunte Sandstein das Tertiärgebirge scharf ab.

Weiter nach Norden gelangen wir in das längst bekannte Thongebiet von Schoningen. Östlich vom Orte, am Kampbache geht ein Kohlenflötz fünf bis sechs Mal zu Tage. Schürfe, deren Resultat mir Herr Obersteiger Kynass freundlichst mitteilte, ergaben:

1. Kohle . . . . 2,50 m
2. Gelber Thon . . . . 2,50 „
3. Triebsand, nicht durchsunken.

Schurfschacht X „Ernst“ am Sömmerling:

1. Buntsandsteingeröll . . . . . . 2 m
2. Kohle mit Sand und Letten vermischt 0,50 „
3. Weisse und rothe Sande . . . . 1,00 „
4. Theils feuerfeste Thone . . . . 2,50 „
5. Kohle . . . . 1,50 „
6. Weisser Sand, nicht durchsunken.

Profil des neuen Schurfs daselbst.

1. Gerölle . . . . 7 m
2. Weisser Sand . . . . 2,50 „
3. Kohlen . . . . 2,00 „
4. Sand . . . . 20,00 „
5. Buntsandstein, nicht durchsunken.

Dort und am Gosenroder Wege befinden sich die Thongruben, aus denen das Material zu den bekannten Thonpfeifen gewonnen wird. Das Hangende des Thones bilden verschiedene Schichten weisser und gelber Sande. Jetzt ist nur noch die Grube von Heine in Betrieb. Am Kirchhof sehen wir tertiären Sand mit Quarzbrocken, etwas weiter rechts am Wege fand ich gelben und weissen Sand, die Überbleibsel eines Schurfes, dessen Resultate mir Herr Heine nicht mittheilte.

Gleichfalls an der westlichen Seite des Dorfes, zwischen dem Rehbach und der Landstrasse, treten gelbe Sande auf. Nach dem Allenberg hin verdeckt Lehm alles Ältere: am Berge selbst liegen alte und frische Buntsandsteinbrüche.

Nordöstlich von Schoningen erhebt sich der Sömmerling, ein breitrückiger Hügel, dessen mittlerer Hauptheil aus einer mehrere hundert Meter von Südwest nach Nordost verlaufenden Buntsandsteinmasse besteht, während sich nach dem Rehbach zu das Tertiärfeld von Allershausen ausbreitet. Seine östliche Seite weist uns ein hochliegendes Tertiär-Vorkommen auf, welches sich bis an die Wöseker Sommer- und Winterhalbe, sowie an die Schoninger Sommerhalbe und an den Buchenkamp ausdehnt. Dasselbe ist in Wasserrissen stellenweise aufgeschlossen.

In einem solchen 4 m breiten Wasserriss südöstlich von Allershausen ist auch die Verwerfungsspalte mit ihrer Kluftausfüllung sichtbar, zu unterst tertiärer Sand, dann weisser und gelber Sandstein, nach verschiedenen Richtungen einfallend und Thon mit Buntsandsteinbrocken, schliesslich Buntsandstein.

Bei Allershausen, unweit Bahnhof Uslar, erscheint das Braunkohlengebirge in seiner mächtigsten Entwickelung. Dort wurde der Maschinenschacht Karl abgeteuft. Dieser und andere Schächte und Bohrlöcher haben Kohle ergeben. In einem solchen Schacht fand sich Thon mit erdigem Vivianit. Profil des Maschinenschachts Karl bei Bahnhof Uslar, z. Z. Neuer Pulsometer-Schacht:

1.	Gelber und weisser Sand	3	m
2.	Rother Thon und Sandschichten .	4	„
3.	Blauer Thon und weisse Schichten.	6	„
4.	Schwarzer Thon	12	„
5.	darin eine Schicht grüner fester Sand	0,5	„
6.	Kohlen, durch welche die Wasser stark brachen.		

Das Kohlengebirge des Schachtes Karl fällt nördlich ein. Neben dem Schacht Karl wird von dem Maurermeister Kerl zu Uslar eine Thongrube ausgebeutet, welche uns das Ausgehende der Kohle vorführt. .

Die Schichten derselben fallen östlich ein und gewähren folgendes Profil:

1. Dammerde	0,30	m
2. Eisenschüssiger Thon mit Eisensteinknollen	0,15	„
3. Backsteinthon (Ziegelthon) . .	2,50	„
4. Eisenschüssiger Thon	0,30	„
5. Bläulichgrauer Thon	3—5,00	„
6. Gelber Sand	0,16	„
7. Braunkohle im Ausgehenden .	1,50	„
8. Weisser Sand.		

In dem Thon (5) fanden sich sowohl im Schacht Karl, wie in der Thongrube gut erhaltene Exemplare einer *Anodonta,* die ich unten beschreiben werde.

II. In dem Wetterschacht unweit des Schachtes Karl wurden durchfahren:

1. Dammerde	0,30	m
2. Gelbe Thone	3,00	„
3. Graue Thone	3,00	„
4. Graue blaue Thone	2,00	„

In letzteren lagen zahlreiche, von Kalkspathadern durchzogene, linsen- oder kugelförmige Septarien, in denen ich keine Fossilien gefunden habe.

III. Ein Bohrloch östlich von Schacht Karl ergab folgendes Profil:

1. Dammerde	1	m
2. Blaue, gelbe und zuletzt schwarze Thone	15,50	„
3. Kohle	2,00	„
4. Weissgrauer Sand	0,40	„
5. Schwarzer und grüner Thon vermischt	3,60	„

IV. 300 m vom Bahnhof Uslar auf dem zwischen der Bahn und der Stadt gelegenen Galgenfeld wurde erbohrt:

1. Gelber und weisser Sand	30	m
2. Rother Thon	8	„
3. Schwarzer Thon	10	„
4. Heller Thon	6	„
5. Schwarzer Thon	8	„
6. Grauer Sand, nicht durchbohrt.		

V. 60 m nordwestlich davon:

1. Sand	20	m
2. Rother Thon	8	„
3. Schwarzer Thon	10	„
4. Blauer heller Thon	5	„
5. Kohle	1,20	„

6. Grauer Sand, nicht durchsunken.

VI. Südwestlich davon nach Bollensen hin:

1. Dammerde	0,50	m
2. Rother Thon	3,00	„
3. Schwarzer Thon	3,00	„
4. Blauer Thon	3,00	„
5. Schwarzer Thon	2,00	„
6. Kohle	2,00	„
7. Grauer Triebsand	2,00	„

VII. 800 m westlich von Schacht Karl:

1. Weisser Sand	10	m
2. Kohle	1,50	„
3. Grauer Sand	6,00	„
4. Kohle	1,00	„

5. Sand, nicht durchsunken.

VIII. Maschinenschacht I:

1. Dammerde	1	m
2. Blauer und dunkler Letten	10	„
3. Kohle	4	„

4. Sand, nicht durchsunken.

IX. An der Station Uslar:

1. Gelber und weisser Sand	20	m
2. Dunkler Letten	14	„
3. Kohle	3,50	„

4. Weisser Sand, nicht durchsunken.

X. Dagegen zeigte ein Brunnen am Bahnhof Uslar folgendes Profil:

1. Dammerde	1	m
2. Grauer Letten	6	„
3. Schwarzer Letten	8	„
4. Kohle	1,50	„

5. Weisser Sand.

Vier andere Bohrlöcher in dieser Gegend ergaben unter 20—24 m gelben und weissen Sand, sowie 13—15 m blauen und schwarzen Letten oder auch dunklen Thon, Kohle von ½ bis 1½ m Mächtigkeit.

XI. Ein letztes Bohrloch, etwa 600 m nördlich von Schacht Karl, durchfuhr folgende Schichten:

1. Gelber und weisser Sand	. . . . .	24 m
2. Dunkler Thon	. . . .	15 „
3. Kohle	. . . .	1 „
4. Weisser und 5. Graugrüner Sand	. . . .	30 „

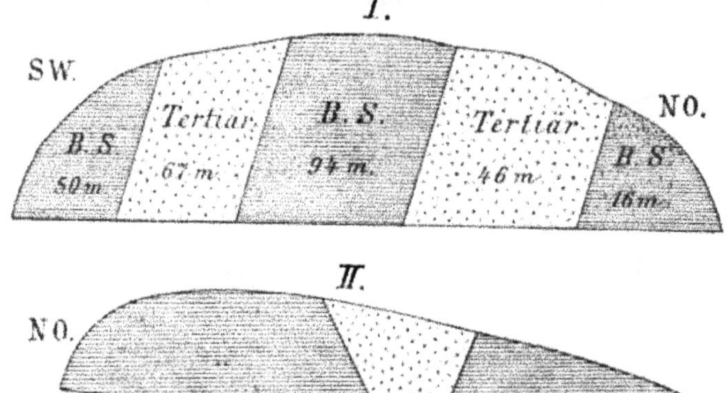

Westlich von Allershausen in einem Einschnitte der Bahn Uslar-Bodenfelde sind durch eine Reihe von Verwerfungen getrennt, sichtbar:

I. Nördliche Seite, von SW nach NO:

1. Buntsandstein auf.	50 m
2. Tertiärer gelber Sand	67 „
3. Buntsandstein	94 „
4. Gelber Sand	46 „
5. Bunter Sandstein von Sand überlagert .	16 „

II. Südliche Seite, von SW nach NO:

1. Buntsandstein auf.	120 m
2. Gelber tertiärer Sand	25 „
3. Buntsandstein	81 „

Der Buntsandstein bei I streicht von SW nach NO und fällt nach NW ein; bei II streicht er wie vorher, fällt aber nach SO ein.

Treten wir aus der Querspalte Gierswalde-Bollensen, so breitet sich am Ortberg das Dorf Bollensen aus. Südlich von Bollensen, am Rehbach, ist der Bahndamm hergestellt aus einer Seitenentnahme, in welcher unter Sand mit Quarzbrocken und Quarziten gelber, in der Tiefe weisser Sand folgte.

In dem Hohlwege nordwestlich vom Dorfe neben Chaussee und Bahndamm erheben sich tertiäre Hügel mit fast horizontaler Lagerung, wie ich solches bei der Sandwäsche unweit Neuhaus antraf.

Unter tertiärem Sand mit Geschieben, 1,50 m, folgen zwanzigmal wechselnde, etwa 1 cm bis 1 dcm starke Schichten von:

a. gelber Sand.
b. grauer Sand.
c. hellblauer Sand.
d. gelber Sand.
e. grauer Sand.
f. blauer Thon.

Die Geschiebe bestehen aus hellen, theils runden, theils eckigen, mehr oder weniger grossen Sandstein- und Quarzitbrocken.

Nördlich von Bollensen, zwischen Uslar und Vahle ragt der Vahler Berg hervor, ebenfalls aus Tertiärgebirge bestehend. Überall liegen gelbe Sande zu Tage, ausser in dem von Alluvium erfüllten, schmalen Thal des Martinsbaches. Zwischen Vahle und dem Buntsandsteingebirge nördlich davon, namentlich im Mallinhagen, lagert sich Lehm auf das Tertiär. Bei Dinkelhausen ragt der Buntsandstein mit dreieckiger Spitze in die tertiären Ablagerungen hinein. Vor dem Dorfe (nach N.) zeigt sich eine Verwerfungsspalte im Buntsandstein. Die Tagesoberfläche fällt theils südöstlich, theils nordwestlich ab. Die Gewerkschaft hat in der Nähe im Februar 1884 auf Eisen geschürft, man traf nur Buntsandstein, der Versuch wurde wegen der Wasser eingestellt, wie mir mitgetheilt wurde.

Hinter Eschershausen werden die tertiären Ablagerungen durch den Buntsandstein des Glaseberges und Hennekenberges abgeschlossen. An dem angrenzenden Steinberge wurde nach Angabe der Anwohner vordem Eisenstein gewonnen und in Uslar verhüttet.

Nordwestlich von Uslar beim Forsthaus Knobben geht die sehr unreine Braunkohle an verschiedenen Stellen zu Tage. In der Spalte schaut überall gelber Sand hervor. Nach einer gütigen Mittheilung des Herrn Obersteigers Hasenbein durchfuhr der hier angelegte Stollen Georg folgende Schichten:

1. Buntsandsteingeröll	1	m
2. helle Sande	120	„
3. Kohle auf eine Länge von	56	„
4. Thonbesteg	1	„
5. Grand, Sand und Kies.	13,50	„

Die Kohle hinterliess viel Asche und wird deshalb nicht ausgebeutet. Eine Verwerfungsspalte ging quer durch den Stollen.

Am Strotberg, östlich von Cammerborn, neben der Landstrasse Uslar-Silberborn, findet sich folgendes Profil:

1. Buntsandsteingeröll	1	m
2. Tertiärer Sandstein	0,50	„
3. Grauer Letten	0,50	„
4. Sandstein.	0,75	„
5. Gelber Letten	0,20	„
6. Gelber Sand.		

Ein daneben am Fusse des Strotberges angelegtes Bohrloch durchsank 43 m gelben Sand.

Das Tertiärgebirge erstreckt sich ohne Zweifel, wenn auch von Schotter und Lehm meistens verdeckt und nur an einzelnen Stellen hervortretend, bis Silberborn, denn am Mittelberg, bei Forsthaus Lackenhaus, am Schultermann und am Forsthaus Torfhaus findet sich gelber Tertiär-Sand. Aus einem Brunnen des Schenkwirths Fraaz in Silberborn war gelber Sand herausgefördert worden. Der Brunnen des Försters Otto zu Torfhaus ergab unter 1 m Dammerde 24 Fuss Buntsandstein-Letten und Buntsandstein, welcher noch auf 22 Fuss durchbrochen wurde. Südlich von Silberborn fällt das Gehänge von Osten nach Westen sanft ein und bildet das schmale Wiesenthal der Holzminne. Auf den Wiesen des westlichen Langberges begegnet man vielfach Quarziten.

Spalte Schlarpe-Grimmerfeld.

Südlich von Schlarpe stossen wir auf einen steilen Rücken von buntem Sandstein, welcher die Feldmark des Dorfes halbkreisförmig umgrenzt, aber zugleich auch ausgedehntere Tertiärablagerungen umschliesst. Diese flachen sich nach Norden hin allmählig ab zu dem Thale, in dem Volpriehausen liegt. Die Bahn Uslar-Moringen durchschneidet den südlichen Theil dieser Längsspalte. Auf der Höhe südwestlich von Schlarpe liegt in grösserer Ausdehnung gelber Sand mit quarzitischen Gesteinen. Nördlich vom Ort und in der Nähe der Station Schlarpe haben Schurfarbeiten seitens der Gewerkschaft stattgefunden, welche durchweg tertiäre Sande, wenn auch erst in der Tiefe von 15 m, und als Liegendes Buntsandstein constatirt haben. Auf dem Acker des Müllers Harriehausen unweit des Viaducts fand ich Braunkohlenspuren. Die Strasse Schlarpe-Volpriehausen hat gelben Sand durchschnitten und auch in dem Erosionsthal zwischen Volpriehausen und Delliehausen unweit der Bollers-Mühle einen Fetzen davon aufgeschlossen. Am Fuss des Bahndammes zwischen Station Schlarpe und Wärterhaus 23 tritt verschiedentlich gelber und weisser Sand auf. Derselbe setzt sich fort in dem Wasserriss, welcher vom Bahndamm entlang der Chaussee nach Volpriehausen läuft. Das Tertiär zieht sich über Nr. 26 der Bahn jenseit des Viaducts nach SO hin.

Östlich von den Gierswenden liegt auf der „Rohe“, einem dem Ackermann Klinge in Gierswalde gehörigen Grundstücke, wieder tertiärer Sand.

Etwa 600 m nordwestlich von der Volpriehäuser Kirche fallen uns an einem Kegel unterhalb des Kugelberges helle Sande in grosser Ausdehnung mit weissen und farbigen Quarzsteinchen von 1—4 cm auf.

Am Kamp, südöstlich vom Heiligenberg, unter und neben dem Grundstück des W. Hilke in Volpriehausen lagern gelbe Sande. Am Kappenkamp (Fuss des Wöhlerberges) stand Bohrloch 10, welches folgende Schichten durchsunken hat:

1. Buntsandsteingeröll . . . . 1 m
2. Gelber und weisser Sand . . . . . 19 „
3. Grüner Sand . . . . 11 „
4. Bohrung wegen grünen Triebsandes eingestellt.

In dem Querthal Gierswalde-Bollensen wird hinter Volpriehausen ein mächtiges Lager von gelbem und weissem Sand ausgebeutet als Sand zum Streuen und zur Mörtelbereitung. Darüber liegt quarzitischer Sandstein. Ein Bohrloch durchsank nachstehende Schichten:

1. Gelber und weisser Sand . . . . . 10 m
2. Grauer, grüner thoniger Sand, stark mit Muscheln und Kohlen durchsetzt. . . 12 „

3. Grauer Thon . . . . 2 m
4. Grauer, grüner, thoniger Sand mit Muscheln und Kohlenspuren.

Von den allerdings sehr defekten Fossilien waren folgende Arten mehr oder minder sicher bestimmbar:

Cassis Rondeleti Bast. Fragmente,
Borsonia plicata Beyr.,
Turritella Geinitzi Speyer,
Dentalium Kickxi Nyst,
Pecten sp. Fagmente,
Limopsis Goldfussi Nyst,
Nucula sp.,
Cardium cingulatum Gdf.,
Cyprina aequalis? Fragmente,
Tellina Nysti Desh.

In der tiefen Schlucht, die vom Heiligenberg ausgehend das Feld durchspaltet und bis an die Landstrasse herantritt, liegen gelbe Sande und Quarzite. An der Südseite des Rückens bemerkt man etwa 5 cm dicke, weisse Sandsteinplatten und mehrere Meter darunter gelben Sand. Auf dem Pastorenland am Schmeckeberg treten weisse und gelbe Sande auf.

Die tertiären Ablagerungen ziehen sich von Volpriehausen, wo sie ihre grösste Ausdehnung besitzen, durch das Thal nordwestlich über Delliehausen nach dem Forsthaus Grimmerfeld.

Während sie neben und südlich von Delliehausen die Höhen decken, schieben sie sich nördlich zwischen Buntsandstein ein und füllen die Thalsohle aus. Wir haben die kurze Abzweigung nach Gierswalde bereits kennen gelernt. Auf den Höhen zwischen Volpriehausen und Delliehausen liegt mehrfach Tertiärgebirge. Sie ziehen sich von Süd nach Nord mit östlicher Abdachung, während nach Westen hin sich eine Einsenkung nach dem nahen Gebirge findet, die nur hie und da von Wasserrinnen unterbrochen wird. Auf der ganzen Linie Schlarpe-Grimmerfeld liegt das Tertiärgebirge nur in der Thalsohle und in dem unteren Theile der Abhänge, wird in der Mitte etwa 250 m breit und verschmälert sich nach beiden Seiten. Dies Thal schickt östlich hie und da mit Lehm und Geröllen bedeckte Zweige von Tertiär in den Buntsandstein, und selbst auf dem aus Buntsandstein bestehenden Butterberg fand ich tertiären Sand und Quarzite.

Wenden wir uns nunmehr dem Forsthaus Delliehausen zu, welches sammt seinen Ländereien ganz auf Tertiärsand liegt. Letzterer wurde durch eine im Frühjahr d. J. reparirte Wasserleitung auf 200 m blossgelegt und liegt ausserdem zu Tage an einem an den Forstgarten stossenden Hügel. Hieran lehnt sich der oben erwähnte Buntsandsteinrücken an, welcher das Tertiär dieser Spalte durchbricht.

Nur wenige Schritte von da treten wir in das Kohlengebiet des Hengstrücken.

Der Tagebau zeigt:

1. Geröll	1	m
2. Weisser Sand	3	„
3. I. Kohlen-Flötz	0,85	„
4. Kohle mit Sand	0,50	„
5. II. Kohlen-Flötz	0,30	„
6. Weisser Sand	0,80	„
7. III. Kohlen-Flötz	1,40	„

Das Gebirge streicht von Süden nach Norden und bildet in der Mitte eine Erhöhung.

Nahebei hat der Versuchsschacht nach der freundlichen Angabe des Herrn Dr. Goldhammer folgende Schichten durchsunken:

1. Buntsandsteingeröll (Gnatz)	4	m
2. Kohle	0,25	„
3. Sand mit Kohlenthon	1,00	„
4. Kohle	6,75	„
5. Sand	1,00	„
6. Kohle	2,00	„

Im Versuchsschacht oberhalb Bohrloch 4 wurden nach dem Bericht des Herrn Ingenieurs Sergler folgende Schichten durchsunken:

1. Festes Sandsteingeröll	15,5	m
2. Buntsandsteingeröll	10,0	„
3. Das Liegende wird mit dem Schneckenbohrer untersucht, man gewinnt braunen Kohlensand		

Kaum 50 m davon auf der andern Seite der Schlucht steht ein Schacht im weissen Sand. Bei 26 m Teufe erreichte man ein Kohlenflötz von 5 m, dann folgte weisser Sand und ein zweites Flötz von ½ m. Es wurde dann gebohrt und 1 m unter der Schachtsohle ein kleines nur 20 cm starkes

Kohlenflötz erschlossen, dem wieder weisser Sand als Liegendes folgte.

Bei 37 m stellte man die Bohrung ein.

Im gegenüberliegenden Sandschacht:

1. Weisser Sand	28	m
2. Grünlicher Sand	1	„

Eine Bohrung bis 60 m zeigte bei 45 m schwärzlich grünen Sand und von 49 m an grünen Thon.

Noch an anderen Stellen wurden Bohrlöcher, zum Theil auf bedeutende Tiefen niedergebracht, aber wegen eines nicht zu durchbohrenden Sandsteins oder wegen zu grosser Mächtigkeit des weissen Sandes bei 30 oder 34 m aufgegeben.

So wurde etwas höher in der Streichungslinie oberhalb Bohrloch 4, wo man bei einer Teufe von 18 m Kohle gefunden hatte, ein neues Bohrloch angefangen.

Nachdem man 29 m! mächtiges Buntsandsteingerölle durchbohrt hatte, gelangte man durch 4 m weissen Sand auf Knollensteine, die nicht zu durchbohren waren.

Nördlich davon im Hennekenbirken finden sich Blöcke von Quarzit bis 4 m breit, 5 m lang und 1 m dick, ebenso auf der Rehwiese auf der Brünie.

In der Höhe von Grimmerfeld, resp. der lange bekannten „Sandkuhlen“ sind mehrere Schächte und Bohrlöcher abgeteuft worden.

Bohrloch 6 bei Grimmerfeld.

1. Gerölle	2,60	m
2. Bunte, grüne, gelbe Thone	15,75	„
3. Sandsteingerölle mit braungelbem, zähem Thon	14,00	„
4. Triebsand	8,65	„
5. Buntsandstein, nicht durchsunken.		

Bohrloch 9 daselbst.

1. Lehmboden mit Geröllen	4	m
2. Gerölle	2,55	„
3. Tiefgelber und braungelber Sand	26,50	„
4. Grüner und hellbrauner Sand mit einigen sehr harten Zwischenlagen	12,00	„
5. Ganz feiner, thoniger Sand, bald heller bald dunkler	14,95	„
6. Geschlossener Buntsandstein.		

Versuchsschacht Grimmerfeld wurde nach dem Bericht des Herrn Sebgler auf etwa 22 m Tiefe gebracht. Auf 1,50 m Sand folgte ein weisser, fetter Thon. Dann wurden 4 unbauwürdige Flötze erschlossen, deren Liegendes schwarzer Schwemmsand war. Der Schacht wurde mittelst Vertäfelung niedergebracht, schliesslich wurde gebohrt, ohne indess tiefer als 66½ m zu gelangen, da der Sand theils in die Höhe stieg, theils nachfiel, zudem Wasser ausblieb.

Es wurden folgende Schichten durchsunken:

1.	Feiner weisser Sand etc.	26 m
2.	Sand mit Thon vermengt	10 „
3.	Braune Schnüre in durchbohrter Triebsandschicht	4 „
4.	Feiner weisser Sand und gelber Triebsand	6 „
5.	Grüner Schwimmsand	18 „

Etwa 150 m davon wurde ein neues Bohrloch (7) nordöstlich vom Bohrloch 4 angefangen; mit demselben wurden 46 m Buntsandsteingeröll und als Liegendes Buntsandstein bis auf 85 m durchsunken.

In einem Sandloch auf Grimmerfeld, vorn am Wege nach Delliehausen zeigt sich das Ausgehende von Braunkohlen. Auch quarzitische Sandsteine lagen darin. In einer andern Sandgrube sah ich Quarzite anstehend in weissem Sande unter der Kohle, unter welchem solcher ohne Quarzite folgte. Eine Landstrasse führt uns von Grimmerfeld über die Wasserscheide zwischen Leine und Weser an der Platte vorbei nach Lauenberg. An der südwestlichen Seite der Platte ergab ein Versuchsschacht folgendes Profil:

1.	Weisser und gelblicher Sand . . .	8 m
2.	Kohlen-Letten	0,05 „
3.	Grüner Thon	0,01 „
4.	Kohlen-Letten	0,05 „
5.	Graugelber Sand	1,25 „
6.	Kohle	2,50 „

Ein zweiter Versuchsschacht:

1.	Walddammerde	1 m
2.	Grauer und weisser Sand mehr oder weniger thonig.	16 „

Das Flötz des ersteren Schachts fällt südwestlich ein. Während diesseit der Wasserscheide im Gebiet der Weser an den Grimmerfelder Sandlöchern die Kohle nur spärlich auftrat, zeigt sich dieselbe kaum 3 km davon auf der Seite der Leine ergiebiger. Unweit des Schachts haben wir auf einem kleinen Flächenraum ein Gemenge von oberem Muschelkalk, Buntsandstein, Quarziten und tertiärem Sand. Der obere Muschelkalk nimmt nur einen geringen Raum ein und fällt nordwestlich ein; der bunte Sandstein fällt nach NO ein und streicht von SO nach NW. Beide liegen nebeneinander; davor lagern sich gelbe Sande.

Die letzten Ausläufer der Längsspalte Schlarpe-Grimmerfeld haben wir auf einer Höhe von ca. 80 m des Scharfenberges bei Hilwartshausen zu suchen. Hier schaut unter einer 8 m dicken Decke von Muschelkalkgeröllen der gelbe tertiäre Sand hervor. — Wir gehen über zur

Spalte Moringen-Fredelsloh.

Nachdem man den Muschelkalk des Gieselberges verlassen hat, beginnt ungefähr östlich neben Lutterbeck das durch die Gewerkschaft aufgeschlossene Tertiärgebiet mit seiner freilich wenig mächtigen und wegen Wasser schwerlich zu fördernden Kohle. Die am Hainberg bei Fredelsloh entspringende Bölle durchzieht die Tertiärspalte der Länge nach. Schon lange sind die an den Seiten des Baches angelegten Thongruben bekannt, aus denen die Töpfer von Fredelsloh das Material zu ihren sehr geschätzten Töpferwaaren gewinnen. Im Beginn dieses Jahres liessen die consolidirten Sollinger Braunkohlen-Werke diese Thongruben tiefer bringen, theils neue Schürfe anlegen, erreichten angeblich eine derbe Kohle mit schieferiger Absonderung und nur undeutlichen Spuren von Holzgefüge.

Nach der Mittheilung des Vorarbeiters Koch wurde im ersten Schacht durchsunken:

1. Mutterboden	1	m
2. Rother Thon	0,50	„
3. Kohle	0,20	„
4. Weisser und gelber Thon.		

Die Kohle wird durch eine Verwerfungsspalte getroffen.

In dem Schacht II

1. Gerölle (Gnatz)	3	m
2. Sand und Thon	4	„
3. Weisser Sand	1	„

4. Kohle	. . . .	0,20 m
5. Weisser Thon	. . . .	1,00 „
6. Schwarzer Sand	. . . .	2,00 „

In einem Bohrloch:

1. Mutterboden	. . . .	0,50 m
2. Geröll (Gnatz)	. . . .	2,00 „
3. Thon mit Kohle	. . . .	1,50 „

Eine eigenthümliche Erscheinung zeigt diese Spalte insofern, als sie nach Osten von der Ahlsburg, nach Westen von der Weper, also nach beiden Seiten von Muschelkalkzügen eingeschlossen ist, während sich inmitten dieser beiden Höhen westlich von der Bölle ein Plateau mit wirr durch einander geworfenen Schichten erhebt. Es wechseln auf geringem Raum Buntsandstein, Trochitenkalk, mittlerer Muschelkalk und der mittlere Buntsandstein, der die geschätzten Sollinger Platten liefert. Ohne Zweifel ist dieses wirre Durcheinander von Gebirgsarten bewirkt durch die hier sich vollziehende Kreuzung der Spalten Moringen-Fredelsloh und Lüthorst-Markoldendorf-Wellersen. Etwas ähnliches fand ich östlich vom Forsthaus Selzerthurm, wo Keuper, Trochitenkalk und Buntsandstein durcheinander gewürfelt sind.

Wie bei allen solchen eingestürzten Gräben ist eine ungestörte Lagerung der eingestürzten Massen nicht zu erwarten. Allermindestens sind dieselben mehr oder minder zerrüttet, es laufen aber ganz gewöhnlich den Grenzspalten (hier gegen Buntsandstein) noch allerlei Störungen und secundäre Verwerfungsspalten parallel. In Folge dessen ist es nichts weniger als auffällig, wenn in mehreren Schächten schräg einfallende Verwerfungsspalten durchteuft sind. Die durch Bohrlöcher gewonnenen Profile müssen daher stets mit einer gewissen Vorsicht aufgenommen werden, um so mehr, als fast sämmtliche Bohrlöcher durch Spülbohren hergestellt sind und somit nicht einmal brauchbare Bohrproben geliefert haben. Es muss daher bei den meisten dieser Bohrlöcher zweifelhaft sein, ob sie nicht etwa auch Verwerfungsspalten durchsunken haben oder vielleicht auch von der Seite gewissermassen als Abhangsschutt darüber gerutschte, aber ursprünglich durch Spalten abgetrennte Tertiärmassen durchteuft haben, wie ja auch die meisten an den Abhängen befindlichen Bohrlöcher zuerst Abhangsschutt des oberhalb anstehenden Buntsandsteins antrafen.

Mächtige Sande und Quarzite sind sehr verbreitet. Ob dieselben alle demselben Horizonte angehören, könnte zweifelhaft sein, indess ist nach einer gütigen Mittheilung des Herrn Professor von Koenen bei Dransfeld am Dransberg, Brunsberg, Hengelsberg und Hohen Hagen, ferner, wie die Schurfarbeiten der consolidirten Sollinger Braunkohlen-Werke an der Bramburg constatirten, und nach eigener Beobachtung bei Büren überall mächtiger Sand mit Quarziten das Liegende der Braunkohlenbildung, das Hangende derselben Basalt, ganz ähnlich wie in der Gegend von Cassel und südlich von Cassel. Und ebenso wie dort folgen zwischen unserem Bezirk und Dransfeld am Backenberg bei Güntersen mächtige Quarzsande mit Quarziten über den marinen, glauconitischen, oberoligocänen Sanden.

Die Profile S. 196, 200, 204, 209, 212, 213, 215 und 216 haben die mächtigen Quarzsande, zum Theil mit Quarziten, gezeigt, sowie dass der Sand in der Tiefe in glauconitischen Sand übergeht. Versteinerungen sind in der Tiefe im Sande nur bei Volpriehausen (vgl. Profil S. 213) gefunden worden und zwar ausschliesslich oberoligocäne, marine Arten, wie sie auch in der Gegend von Cassel u. s. w. vorkommen.

Ich glaube diesen glauconitischen Sand und Thon daher mit einer gewissen Sicherheit als marines Oberoligocän deuten zu dürfen. Zudem kommen in den Quarzsanden am Hengstrücken, in der Nähe von Wiepke, bei Volpriehausen, bei Büren, am Sandberg bei Ellershausen Quarz- und Feuersteingerölle vor, ähnlich wie Dr. Ebert dergleichen aus dem Druselthal bei Cassel u. s. w. aus den Quarzsanden über dem marinen Oberoligocän und unter den Braunkohlen beschrieben hat.

Endlich ist am Hengstrücken (siehe Sandschacht S. 215) und auf dem Grimmerfeld (vergl. Bohrloch 6 und 9 S. 215), am Langberg (vergl. Profil S. 203), bei Volpriehausen (vergl. Bohrloch S. 212) unter dem glauconitischen Sande Thon gefunden worden, welcher möglicherweise dem Rupelthon entspricht. Ob dies wirklich Rupelthon oder etwa ein oberoligocäner Thon ist, und ob die in diesen Bohrlöchern folgenden Quarzsande und glauconitischen Sande etwa durch eine Verwerfung davon getrennt sind, muss ich dahin gestellt sein lassen.

Wenn in einer Reihe von Bohrlöchern bald unter dem eigentlichen Braunkohlengebirge Buntsandstein angetroffen wurde (vergl. Schurfloch 7 bei Bodenfelde S. 199), so ist dies wohl vielfach dadurch zu erklären, dass hier verhältnissmässig flach einfallende Verwerfungsspalten den Buntsandstein schräg unter die Tertiärbildungen geschoben haben, wie dies ja auch bei der Braunkohlengrube von Holzhausen bei Münden und in dem Schurfschacht an der Offenser Sommerhalbe der Fall ist. Im übrigen würde es auch nicht auffallen können, wenn die eigentlichen Braunkohlen stellenweise direkt auf Buntsandstein, Muschelkalk u. s. w. lägen, da sie ja überall diskordant auf den mesozoischen Schichten lagern, so dass diese eventuell klippenartig in die tertiären Schichten hineinragen könnten. Über den Braunkohlen bei Allershausen folgt nochmals Sand in geringer Mächtigkeit; ihr Liegendes ist anscheinend nicht bis zu grösserer Tiefe untersucht worden; vermuthlich folgt hier das unreine Kohlenflötz, welches mit dem Stollen von Georgszeche nördlich von Uslar durchfahren wurde, indessen wäre es immerhin auch möglich, dass dieses Flötz ein seitliches Äquivalent jener besseren Flötze wäre. Jedenfalls ist die Gliederung der Braunkohlenbildungen des Sollings ganz dieselbe, wie in der Gegend zwischen Cassel und Marburg, und ist in ihrem südlichen und östlichen Theile (Bramburg, Backenberg) den Braunkohlenbildungen des Meissners und Habichtswaldes noch ähnlicher, indem sich hier Basalt auflagert, während in dem Haupttheile des Sollings in den, wenn auch meist weit engeren Versenkungen über dem marinen Ober- und fraglichen Mitteloligocän mächtige Quarzsande zum Theil mit Quarz-Geröllen und Quarziten folgen und dann die eigentlichen Braunkohlenbildungen. Aus solchen ist, abgesehen von der *Anodonta praedemissa* Ludw. (Palaeontogr. XVI taf. 17 S. 4) aus den Braunkohlenbildungen von Roth bei Fladungen (Rhön), den wenigen, sehr ungenügend erhaltenen, aus dem Mainzer Becken bekannt gewordenen Stücken und den, wie es scheint, zu einer genauen Bestimmung ebenfalls ungeeigneten, von Artern erwähnten Unioniden die erste in dem norddeutschen Tertiärgebirge gut erhaltene *Anodonta* von mir gefunden worden, deren Beschreibung ich zum Schluss noch folgen lasse. Vielleicht gelingt es später einmal zu ermitteln, was für „kleine Schnecken“ in den dunklen Thonen des Brunnens der Beckerschen Glasfabrik zu Neuhaus sich finden, möglicherweise sind es Äquivalente der Melanienthone von Kirchhain bei Marburg etc.

Anodonta Koeneni Graul. Taf. III Fig. 1—3.

Fig. 1 von der Seite; Fig. 2 von vorn; Fig. 3 Ansicht der Wirbel.

Die Schale ist schief eiförmig, nach vorn stark verschmälert und kurz abgerundet, ziemlich stark gewölbt, mit groben, engestehenden Jahresringen und deutlichen Anwachsrunzeln; der Wirbel liegt auf dem vorderen Drittel der gesammten Schalenlänge, er ist klein, fast gar nicht vorstehend, die grösste Breite der Schale zeigt sich hinter dem Wirbel am hinteren Ende des Schlossrandes; Schlossrand schräg, geradlinig, nur vor dem Wirbel etwas gebogen, anscheinend zahnlos (es sind etwa zwölf zweiklappige Exemplare gefunden); die Schale ist hinten schräg abgestutzt; der Unterrand ist mässig gebogen, hinter der Mitte zum Hinterrand stärker aufgebogen; vor der Mitte erscheinen die Anwachsstreifen schwach eingebuchtet; Ligament tritt nur schwach, Ligamentalbucht kaum merklich hervor. Unsere Art ist allenfalls vergleichbar mit der bei uns lebenden *A. anatina*, unterscheidet sich von derselben jedoch recht erheblich durch ihre Gestalt, besonders hinten. Die Länge des abgebildeten Exemplares beträgt 88 mm, die Höhe 53 mm, die Dicke 34 mm.

Ueber das Gestein vom Tacoma-Berg, Washington Territory.

Von

K. Oebbeke in München.

Durch Herrn Prof. ZITTEL wurden gelegentlich seines Aufenthaltes in Nord-Amerika am Tacoma-Berg (14000') eine Anzahl Gesteinsproben gesammelt, welche er mir freundlichst zur mikroskopischen Untersuchung überliess und welche den Beweis liefern, dass die von WHITMAN CROSS[1], HAGUE und IDDINGS[2] beschriebenen Gesteine eine ungemein grosse Verbreitung besitzen.

Was sowohl das Äussere wie die mikroskopische Beschaffenheit der von Herrn Prof. ZITTEL mitgebrachten Gesteine betrifft, so kann im Allgemeinen auf die in diesem Jahrbuch gegebenen Referate der von WHITMAN CROSS, HAGUE und IDDINGS ausgeführten Untersuchungen verwiesen werden.

Die Gesteine vom Tacoma bestehen wesentlich aus triklinem Feldspath, Augit, pleochroitischem Pyroxen (z. Th.

---

[1] On Hypersthene-Andesit. Am. Journ. of Sc. XXV. No. 146. 1883. 139—144 und dies. Jahrb. 1883. II. -222-. On Hypersthene-Andesite and on triclinic Pyroxene in augitic rocks. Bull. of the U. S. Geol. Survey. No. 1. 1883 und dies. Jahrb. 1884. I. -227-. Explanatory Note concerning triclinic Pyroxene. Am. Journ. of Sc. XXVI. July 1883. 76 und dies. Jahrb. 1883. I. -228-.

[2] Notes on the Volcanoes of Northern California, Oregon and Washington Territory. Am. Journ. of Sc. XXVI. Sept. 1883 und dies. Jahrb. 1884. I. -225-. Notes on the volcanic rocks of the great Basin. ibid. XXVII. June 1884.

Hypersthen), Hornblende und Olivin. Bald nähern sie sich mehr einem olivinführenden Augit- (Hypersthen-) Andesit, bald einem typischen Hornblende-Andesit, welcher viel Ähnlichkeit mit demjenigen der Insel Limansaua (Philippinen) zeigt.

Die Hornblende ist häufig schon stark verändert, z. Th. bereits in ein Haufwerk opaker schwarzer Körner umgewandelt.

Am meisten Interesse verdient der stark pleochroitische Pyroxen.

In den oben erwähnten, von W. Cross, Hague und Iddings untersuchten Gesteinen spielt ebenfalls pleochroitischer Pyroxen eine wichtige Rolle. Nach der chemischen und optischen Untersuchung ist derselbe als Hypersthen zu deuten und sind die betreffenden Gesteine als Hypersthen-Andesite zu bezeichnen.

Wegen der auffallenden Ähnlichkeit, welche die Gesteine vom Tacoma mit jenen der Buffallo Peaks und des great Basin, besonders in ihrer mikroskopischen Zusammensetzung, speciell im Verhalten des pleochroitischen Pyroxens, zeigen, dürfte wohl der Schluss erlaubt sein, dass auch das Gestein vom Tacoma-Berg zum grössten Theil Hypersthen-Andesit sei.

Leider gelang es nicht, den pleochroitischen Pyroxen zu isoliren, um ihn einer chemischen Prüfung zu unterziehen. Es blieb daher nichts übrig, als sich auf die mikroskopische Untersuchung zu beschränken.

Neben typischen Augiten, mit einer Auslöschungsschiefe bis ca. 45°, welche als Einsprenglinge ziemlich grosse Dimensionen erreichen, aber nur ausnahmsweise gute krystallographische Begrenzungen zeigen und keinen oder kaum merklichen Pleochroismus besitzen, finden sich sehr viele kleinere Durchschnitte mit mehr oder weniger kräftigem Pleochroismus.

Die Schnitte senkrecht zur Längsrichtung zeigen ausser der prismatischen noch eine pinakoïdale Spaltbarkeit; in den Längsschnitten, besonders in denjenigen der kleineren Krystalle, ist die Spaltbarkeit nicht immer deutlich, häufig beobachtet man in ihnen eine zur Längsrichtung senkrecht verlaufende Querabsonderung. An Einschlüssen sind die erwähnten Krystalle arm. Ausser Glas, Magnetit und Apatit wurden keine Einschlüsse gefunden.

Der Pleochroismus der Längsschnitte ist in der Richtung

der c-Axe grünlich (hellgrünlich-blaulichgrün), senkrecht dazu gelblichgrün, hellbräunlich oder röthlichbraun.

Die Schnitte senkrecht zur Längsrichtung zeigen parallel der pinakoïdalen Spaltbarkeit hellbraune bis röthlichbraune. senkrecht dazu grünlichgelbe bis hellbräunliche Farben.

Wurden diese Schnitte im convergenten polarisirten Licht untersucht, so sah man eine optische Axe austreten; die Ebene der optischen Axen geht der pinakoïdalen Spaltbarkeit parallel.

Die Längsschnitte in gleicher Weise untersucht liessen bald den Austritt einer optischen Axe ziemlich am Rande des Gesichtsfeldes erkennen, bald konnte deutlich wahrgenommen werden, dass eine Mittellinie senkrecht zu ihnen stehen und dass der Axenwinkel ein ziemlich grosser sein müsse. Diese letztere Erscheinung war sehr deutlich an einem Durchschnitt zu beobachten, welcher von grünem, nicht pleochroitischem Augit mit einer Auslöschungsschiefe von 45° umgeben war. Der Kern besass deutlichen Pleochroismus und eine Auslöschung parallel und senkrecht zur Längsrichtung. (Umwachsungen von Hypersthen durch Augit erwähnt Joh. Petersen in seinen Untersuchungen am Enstatitporphyrit aus den Cheviot-Hills. Kiel. 1884. 15.)

Ausser diesen pleochroitischen, parallel und senkrecht auslöschenden Längsschnitten wurden aber auch, und keineswegs selten, Schnitte gefunden, welche im monochromatischen Licht eine deutliche Auslöschungsschiefe zu den der Längsrichtung parallel verlaufenden prismatischen Spaltrissen erkennen liessen. Zwischen diesen und den ersteren sind die mannigfachsten Übergänge, eine Thatsache, welche die Bestimmung der dem Hypersthen oder dem pleochroitischen Augit angehörigen Schnitte nicht erleichtert. Die grössere oder geringere Lebhaftigkeit der Polarisationsfarben zwischen gekreuzten Nicols zur Unterscheidung des rhombischen und monoklinen Pyroxens anzuwenden, scheint doch nur, wenn überhaupt, für gewisse Fälle zulässig. Es braucht hier ja nur daran erinnert zu werden, dass gerade die den stärksten Pleochroismus zeigenden Schnitte des Augits aus der Zone oP (001) : ∞P∞ (100) wegen des Austritts einer optischen Axe nur matte Polarisationsfarben zeigen. Ist der Schnitt nahezu senkrecht zu einer optischen Axe, so verhalten sich Hypersthen und Augit u. d. M. nahezu vollkommen gleich. Man vergleiche hierüber BECKE: „Die Unterscheidung von Augit und Bronzit in Dünnschliffen." (TSCHERMAK's Mittheilungen. V. 1883. 527.) Sehr beachtenswerth sind auch die von KALKOWSKY über die Polarisationsverhältnisse von senkrecht gegen eine optische Axe geschnittenen zweiaxigen Krystallplatten (Zeitschr. f. Krystall. IX. 486) ausgeführten Untersuchungen.

Wenn im vorliegenden Fall auch die Wahrscheinlichkeit eine sehr grosse ist, dass der pleochroitische Pyroxen z. Th. als Hypersthen anzusehen ist, so darf doch nicht übersehen werden, dass neben diesen auch ein pleochroitischer monokliner Pyroxen vorhanden sein dürfte und dass wir bis jetzt keine sicheren Unterscheidungsmerkmale für gewisse Schnitte beider Mineralien practisch verwerthen können. Auch die mechanischen Trennungsmethoden lassen uns hier noch mehr oder weniger im Stich.

Der hohe Kalkgehalt mancher aus Gesteinen isolirter sogenannter Hypersthene kann vielleicht auf Beimengung eines pleochroitischen Augits zurückgeführt werden. Auf alle Fälle scheint es nach unserer bisherigen Kenntniss der Hypersthene sehr auffallend, warum die gesteinsbildenden Hypersthene bis über 10% Kalk enthalten sollten, während doch sonst die Hypersthene nur Spuren oder höchstens einige % von Kalk führen, welche in vielen Fällen auf irgend welche Verunreinigungen zurückzuführen sind.

In jüngster Zeit hat BUNDJIRO KOTÔ[1] den pleochroitischen Augit aus dem Augit-Andesit von Ihama in Izu chemisch untersucht und für diesen eine Zusammensetzung gefunden, welche mit derjenigen des Augit von Mariveles nahe übereinstimmt:

	Ihama	Mariveles[2]
SiO_2 . . .	53.26	51.50
Al_2O_3 . . .	4.01	3.80
Fe_2O_3 . . .	3.42	2.80
FeO . . .	14.07	10.66
MnO . . .	Sp.	0.75
CaO . . .	10.15	10.45
MgO . . .	14.65	19.69
	99.56	99.65

[1] Studies on some Japanese Rocks. Quarterly Journ. of the geol. Soc. Aug. 1884. London.

[2] Dies. Jahrb. 1. Beilageband 1881. 472.

W. Cross vergleicht den Pyroxen von Mariveles mit dem von ihm aus dem Gestein der Buffalo Peaks isolirten und analysirten Hypersthen und bezeichnet kurzwegs ersteren ebenfalls als Hypersthen. Vorausgesetzt, dass in dem Augit-Andesit des Mariveles überhaupt Hypersthen enthalten ist, hätten wir in der angeführten Analyse nicht die Zusammensetzung eines sondern zweier Mineralien repräsentirt, da ja, wie aus den in der betreffenden Abhandlung gemachten Mittheilungen ersichtlich ist, keinerlei Versuche gemacht worden sind, die Pyroxene weiter zu trennen. Dass monokliner Pyroxen in dem genannten Gestein vorhanden, ist absolut sicher. Aber mehr als zufällig muss es erscheinen, dass der pleochroitische Augit von Japan demjenigen der Philippinen so ähnlich ist. Es ist doch wohl kaum anzunehmen, dass in beiden Fällen ein nahezu aus den gleichen Mengen von Augit und Hypersthen zusammengesetztes Material zur chemischen Analyse verwandt worden ist.

Hoffentlich gelingt es bald, die oben angeregten Fragen endgültig, sei es in dem einen oder anderen Sinne, zu entscheiden.

Von Herrn Fr. Collischon wurde eine Analyse der olivinarmen Varietät des hellgrauen Tacomagesteins in dem chemischen Laboratorium der Münchener Universität ausgeführt und die unter I angegebene Zusammensetzung gefunden:

	I	II
SiO_2	54.86	51.08
P_2O_5	0.46	0.04
ClH	n. bestimmbar	—
Al_2O_3 . . .	15.04	15.55
Fe_2O_3 . . .	4.92	7.71
FeO	3.11	8.55
CaO	9.19	9.00
MgO	1.88	4.48
Na_2O } . . .	11.30	3.29
K_2O }		0.53
	100.76	100.23

Weitere ebenfalls von Herrn Prof. Zittel im Columbia-River-Thal bei Dalles (Oregon) gesammelte Gesteinsproben erwiesen sich als typische Feldspathbasalte. Sie bieten kein besonderes Interesse.

Herr H. W. Muthmann analysirte diesen Basalt und fand die unter II mitgetheilte Zusammensetzung.

Ueber Ottrelithgesteine von Ottré und Viel-Salm.

Von

Leopold van Werveke in Strassburg i. Els.

Obgleich der Ottrelith von Ottré schon mehrfach Gegenstand der Untersuchung gewesen ist, liegen über den Ottrelithschiefer dieses Gebietes nur spärliche Mittheilungen vor.

Nach VON LASAULX [1] zeigt sich im Dünnschliff des Ottrelithschiefers von Ottré „als vorherrschende Masse ein aus gelblichweissen, fast zarten Blättchen und gewundenen äusserst feinen Fasern bestehendes Gemenge eines talk- oder glimmerartigen Minerals von durchaus krystallinischem Habitus. Zwischen dem faserigen Gemenge erscheint im polarisirten Licht deutlich eine einfach lichtbrechende Masse, die das Cement des Schiefers sein dürfte. Klastische Elemente sind — selten und nicht leicht bestimmbar". Die später von mir [2] als Rutil bestimmten Mikrolithe werden beschrieben, ihrer mineralogischen Natur nach aber nicht erkannt. Die im polarisirten Licht durch verschiedene Polarisationsfarben hervortretenden Leistchen im Ottrelith werden als lamellarer Aufbau gedeutet. Im übrigen stimmen die Resultate der Untersuchung mit meinen Beobachtungen an den eigentlichen Ottrelithschiefern überein.

ROSENBUSCH und RENARD [3] beobachteten Granat in den Ottrelithschiefern von Salm-Château.

---

[1] v. LASAULX, Beiträge zur Mikromineralogie, Dies. Jahrb. 1872. S. 849.

[2] Dies. Jahrb. 1880. II. S. 281.

[3] A. RENARD, Mémoire sur la structure et la composition minéralogique du coticule. Bruxelles 1877. S. 25 Anmerk.

Eine grössere Reihe von Ottrelith-führenden Gesteinen, welche ich diesen Herbst auf einer Excursion in die Gegend von Viel-Salm und Ottré in den Ardennen sammelte, legte mir den Wunsch nahe, die Ottrelithschiefer genauer kennen zu lernen und mikroskopisch zu untersuchen. Die Resultate der Untersuchung gestatten die bisher bekannten Angaben über die Zusammensetzung der Ottrelithschiefer der Ardennen theils zu berichtigen, theils zu ergänzen.

Die Bestandtheile der Ottrelithgesteine von Ottré und Viel-Salm sind Ottrelith, Quarz, ein farbloser Glimmer in feinsten Blättchen (Sericit), Chlorit, Spessartin, Magnetit, Eisenglimmer, Rutil, Turmalin, Apatit und Zirkon. Hervorzuheben ist, dass in den zu beschreibenden Schiefern für keines dieser Mineralien klastische Entstehung angenommen werden kann. Dieselben treten in mannigfacher Weise mit einander vergesellschaftet auf. Ottrelith und Quarz sind allen Varietäten gemeinsam; zu ihnen gesellen sich entweder nur Sericit, oder Sericit und Chlorit mit oder ohne Beimengung von Magnetit, oder nur Magnetit mit Eisenglimmer und Sericit. Spessartin wurde reichlich nur in einer Sericit- und Chlorit-führenden Abart gefunden. Dadurch entstehen eine Reihe mineralogisch verschiedener Abänderungen, welche auch makroskopisch verschiedenartige Gesteine liefern.

In phyllitischen Gesteinen mit grösseren ausgeschiedenen Ottrelithblättchen von Ottré und in einem dichteren Gestein von Salm-Château treten ausser Quarz und Ottrelith in sehr wechselnder Menge Sericit und Chlorit auf. Neben Schiefern, in welchen Sericit und Chlorit an Menge sich ungefähr das Gleichgewicht halten, werden auch die Endglieder angetroffen, einerseits Ottrelithschiefer mit reichlichem Sericit und spärlichem Chlorit, andererseits mit reichlichem Chlorit und zurücktretendem Sericit. Ich bezeichne diese Gruppe als Ottrelithschiefer schlechthin. Durch Hinzutreten von Granat (Spessartin) entstehen die Granat-Ottrelithschiefer. Eine andere Art von Ottrelith-führenden Schiefern zeichnet sich durch einen hohen Gehalt an Magnetit aus; ich nenne dieselben Magnetit-Ottrelith-Schiefer. Ausser diesen Schiefergesteinen wurde in losen Blöcken zwischen Ottré und Petit-Sart eine Ottrelith-führende Quarzbreccie gefunden.

Ottrelithschiefer

(Ottrelithphyllite).

Die Mehrzahl der vorliegenden Handstücke — zugleich, wie es scheint, die häufigst vorkommenden Varietäten — sind hell- bis dunkelgraue Phyllite, meist mit einem Stich ins Grüne. Die Schieferung ist unvollkommen bis ziemlich vollkommen, wellig bis eben. Der Gehalt an eingesprengtem Ottrelith in den bekannten abgerundeten Blättchen ist ein wechselnder. Nur selten erreicht der Chlorit oder der Glimmer der Grundmasse solche Dimensionen, dass die einzelnen Blättchen auch makroskopisch sichtbar werden. Einige Handstücke zeichnen sich durch mehr oder weniger deutliche Bänderung aus; es wechseln verschieden breite, hellere und Ottrelith-arme mit dunkleren Ottrelith-reichen Lagen. Als dritte Varietät liegt aus einem Stollen zwischen Viel-Salm und Salm-Château, auf der rechten Thalseite, ein dunkelgrünes, dick- und ebenschiefriges Gestein mit zahlreichen dunklen Pünktchen vor, welche sich makroskopisch ihrer Art nach nicht bestimmen lassen, im Dünnschliff aber als Ottrelith erkannt wurden. Diese Varietät ist deutlich fein gefältelt.

Als Beispiel der mikroskopischen Beschaffenheit der ersten Varietät mag hier die Beschreibung eines phyllitischen grünlichgrauen, unvollkommen schiefrigen Gesteines folgen. Dasselbe hat einen mittleren Gehalt an millimetergrossen Ottrelithblättchen. Es dürfte dies wohl die in Sammlungen am meisten verbreitete Varietät sein.

Bei schwacher Vergrösserung erscheint der Schliff gebändert durch breitere dunklere und schmälere hellere Streifen. Die dunklen Bänder sind reich an einem opaken Mineral, welches in den helleren Streifen viel spärlicher vorkommt. Die bei schwacher Vergrösserung geschlossen erscheinenden dunkleren Bänder lösen sich bei stärkerer Vergrösserung in ähnlicher Weise auf, wie der ganze Schliff, also in schmale helle und dunkle Streifen. Die Grenzen der Bänder gegen einander, obgleich diese sich deutlich von einander abheben, sind dennoch nicht scharf.

Die Hauptmasse, zugleich Grundmasse des Schiefers, besteht aus etwa gleichen Theilen Quarz und Sericit. Der

Quarz, in winzigen eckigen Körnern, ist theils vollkommen klar und frei von Einschlüssen; öfters aber umschliesst er kleine Flüssigkeitseinschlüsse von rundlicher oder unregelmässiger Form in regelloser Anordnung. Der Sericit tritt in kleinen und kleinsten farblosen Blättchen auf, welche in Querschnitten lebhaft polarisiren, in basischen Blättchen isotrop oder schwach doppelbrechend sind und bei etwas grösseren Dimensionen auch deutliche Spaltung zeigen. In den hellen Bändern sparsam, in den dunklen reichlicher tritt neben Sericit Chlorit in feinen Fasern, seltener in grösseren Blättchen auf. Maassgebend für die Bestimmung des Chlorit waren die Löslichkeit der betreffenden Fasern in verdünnter Säure, die eigenthümlichen bläulichen Interferenzfarben, sowie die Farben und Orientirung der Absorption. Quarz, Sericit und Chlorit sind derart mit einander verbunden, dass letztere beide zusammen oder je eines für sich allein die einzelnen Quarzkörnchen oder Aggregate derselben allseitig eng umschliessen oder in Flasern umwinden. Im Schliff senkrecht zur Schieferung erscheinen die Quarzaggregate mitunter als sehr kleine flache Linsen. Das opake Mineral hat meist unbestimmte Formen, ist mitunter leistenförmig und gern mit Rutil verwachsen. Es besitzt einen bläulichen Metallglanz und löst sich in verdünnter Salzsäure. Dabei scheint es, als seien viele oder die meisten Leisten- oder Säulenformen nur Umhüllungen von Magnetit um Rutil. Für den Rutil kann ich auf meine frühere Mittheilung[1] verweisen. Turmalin, wie der Rutil ein charakteristischer accessorischer Gemengtheil, tritt in Säulchen mit deutlichem Pleochroismus ($o > e$) und hemimorpher Endausbildung auf, bei etwas grösseren Individuen auch mit deutlicher Querabsonderung. Einmal wurde um einen opaken punktförmigen Einschluss ein pleochroitischer Hof beobachtet. Apatit ist in geringer Menge in breiten kurzen Säulchen vorhanden. Meist frei von Einschlüssen, zeigt er mitunter auch solche reichlich in centraler Anhäufung. Am spärlichsten, eigentlich recht selten, stellt sich Zirkon in kleinen wasserklaren Säulchen ein.

Der Ottrelith tritt nur als makroskopischer Einsprengling auf, nimmt also am Aufbau der Grundmasse nicht Theil.

[1] Dies. Jahrb. 1880. II. l. c.

Wegen des krystallographischen und mikroskopischen Verhaltens des Ottrelith verweise ich auf A. Renard und Ch. de la Vallée-Poussin[1] und auf das Referat von H. Rosenbusch[2]. Zwei typische Abbildungen des Ottrelith von Ottré, von denen eine deutlichen Sanduhr-förmigen Aufbau, die andere die Zwillingsbildung in charakteristischer Weise zeigt, enthält die Sammlung von Mikrophotographien von E. Cohen (Tafel LXXI Fig. 4 und Taf. LXXIV Fig. 4). Beide Figuren, ein und derselbe Krystall, zeigen eckig begrenzte Quarzeinschlüsse. Es wäre noch hervorzuheben, dass Sericit und Chlorit nie als Einschluss im Ottrelith beobachtet wurden.

Um die Ottrelithe findet eine eigenthümliche Gruppirung der Mineralgemengtheile der Grundmasse, besonders des Sericit statt, welche am deutlichsten zwischen gekreuzten Nicols zu beobachten ist. Es ordnen sich nämlich die Glimmerfasern in parallele Lagen, welche theils in der Richtung der leistenförmigen Ottrelithschnitte liegen und sich an die Enden derselben ansetzen, theils mit denselben sehr verschiedene Winkel bilden. An rundlichen Schnitten setzen sie sich an gegenüber liegende Segmente an. Es rührt dies daher, dass innerhalb des Gesteins die Streckungsrichtung der Sericitlamellen constant bleibt, während die Ottrelithblättchen eine wechselnde Lage einnehmen, bald parallel, bald senkrecht oder in verschiedenen Winkeln schief zur Streckungsrichtung liegen. Streckung und Bänderung fallen in die gleiche Richtung. Unzweifelhafte Beweise von Bewegungsvorgängen im Gestein zeigte ein Querschliff, in welchem sich die dunklen Bänder schlierenartig um die gestauten Ottrelithblättchen anlegen und ein Bild erzeugen, welches lebhaft an die Fluidalerscheinungen massiger Gesteine erinnert. In den makroskopisch gebänderten Abarten tritt die in den vorhin beschriebenen, gleichmässig ausgebildeten Phylliten nur durch das Mikroskop nachweisbare feinste Bänderung in grösserem Maassstabe auf. Die Differenzirung in einzelne Bänder beruht hier wie dort auf streifenweisem Auftreten von Sericit und Quarz einerseits, Chlorit, Quarz, Rutil und Magnetit andererseits. Das Vor-

[1] Note sur l'Ottrélite. Annales de la société géologique de Belgique. VI. 1878—1879. S. 51.

[2] Dies. Jahrb. 1880. II. -149-.

kommen des Ottrelith ist hauptsächlich auf die dunklen Bänder beschränkt. Ebensowenig wie bei den mikroskopischen ist bei den makroskopischen Bändern die gegenseitige Abgrenzung eine scharfe.

In sämmtlichen Varietäten der beiden besprochenen Gruppen tritt der opake Bestandtheil, Magnetit, constant in den chloritführenden Bändern auf.

Die dritte und letzte Abart unterscheidet sich von den vorigen nur durch geringere Dimensionen des Ottrelith und das Fehlen des Magnetit. Im Handstück heben sich die Ottrelithblättchen nur undeutlich von der Grundmasse ab und sind auch nur mikroskopisch als Ottrelith erkennbar. Das Gestein besteht aus Quarz, Sericit, Chlorit als wesentlichen, Rutil und Turmalin als unwesentlichen, aber charakteristischen Gemengtheilen. Ausserdem kommt Apatit in geringer Menge vor. Im Schliff senkrecht zur Schieferung und parallel zum Streichen des Schiefers sind die Ottrelithkryställchen in verschiedenster Art gestaut und theilweise zerbrochen. Wo die Blättchen sich sehr schief zur Streckungsrichtung stellen, findet beiderseits der Längskanten, in der Richtung der Streckung, eine Anreicherung von Quarz statt. Dies erinnert an die Ansammlungen von Quarz und Chlorit um Magnetit oder Eisenkies in den Phylliten von Rimognes, welche von Geinitz[1] und Renard[2] ausführlich beschrieben wurden. Sie beweisen, dass Streckung noch nach der Bildung des Ottrelith stattgefunden hat, und dass jedenfalls später, wenn nicht gleichzeitig, Neubildung von Quarz im Gestein stattgefunden haben muss.

Granat-Ottrelithschiefer

(Granat-Ottrelithphyllit).

Es liegt mir von dieser Varietät nur ein Handstück vor, welches ich auf der grossen Halde oberhalb der Strasse von Viel-Salm nach Salm-Château gesammelt habe. Dasselbe schliesst sich eng an die oben als Ottrelithschiefer beschrie-

---

[1] E. Geinitz, Der Phyllit von Rimognes in den Ardennen. Tschermak, Mineral. und petrogr. Mittheilungen. N. F. III. 1881. 533. — Dies. Jahrb. 1882. II. -67-.

[2] A. Renard, Recherches sur la composition et la structure des phyllades ardennais. Bulletin du Musée royal d'histoire naturelle de Belgique. II. 1883. 133.

benen Gesteine an, besonders an die dichte Varietät. Von dieser unterscheidet es sich nur durch den reichlichen Gehalt an Granat, welcher in ausserordentlich zierlichen und scharfen Rhombendodekaëdern und der Combination des letzteren mit einem Ikositetraëder das Gestein durchschwärmt. Magnetit fehlt; spärlich kommen einige Blättchen von Eisenoxyd vor. Makroskopisch stellt sich der Granat-Ottrelithschiefer als dichter hellgrauer Phyllit dar, mit regelmässig vertheilten, ihrer Art nach nicht bestimmbaren dunklen Pünktchen. Derselbe ist vollkommen schiefrig und fein gefältelt. Das vorliegende Gestein ist dadurch von besonderem Interesse, dass es der mineralogischen Zusammensetzung nach eine Mittelstellung einnimmt zwischen dem eigentlichen Ottrelithschiefer und dem Granat-führenden Wetzschiefer der Ardennen. Nach den Untersuchungen von Renard (l. c.) bestehen die Wetzschiefer von Viel-Salm aus Granat (Spessartin), Sericit, Quarz und Chlorit mit accessorischem Rutil. Man wird sie zweckmässig als Granatschiefer (Granatphyllite) bezeichnen. Der Granat der Granat-Ottrelithschiefer stimmt in allen mikroskopischen Eigenthümlichkeiten mit dem der Wetzschiefer auf das Genaueste überein. Ottrelith- und Granatschiefer stehen also nicht nur in innigstem geologischen Verband, sondern sind auch in mineralogischer Hinsicht durch den Granat-Ottrelithschiefer eng verbunden.

Magnetit-Ottrelithschiefer
(Magnetit-Ottrelithphyllite).

Die hier als Magnetit-Ottrelithschiefer bezeichneten Gesteine unterscheiden sich schon makroskopisch von den Ottrelithschiefern durch dunkle. fast schwarze Farbe. Die Handstücke sind sämmtlich vollkommen und ebenschiefrig, sowie fein gefältelt. Die Ottrelithe treten als sehr kleine schwarze glänzende Blättchen in gleichmässiger Vertheilung im Gestein auf.

Die Magnetit-Ottrelithschiefer bestehen aus Quarz, Sericit, Magnetit, Eisenglimmer und Ottrelith als wesentlichen, Rutil und Turmalin als unwesentlichen, jedoch charakteristischen Gemengtheilen. Die Vertheilung des Magnetit ist in Schliffen parallel zur Schieferung ganz regellos, die Umgrenzung sehr wechselnd, selten krystallographisch. Das gleiche muss vom Eisenoxyd gesagt werden; die Umrisse desselben sind selten hexagonal, vorzugsweise unregelmässig und oft in die Länge gezogen. Die Streckung der Sericitblättchen in der Nähe der Ottrelithkryställchen ist sehr deutlich; mitunter scheint es als ob zwei Streckungsrichtungen sich gegenseitig durchschneiden. Die Eisenerze betheiligen sich gleichfalls an dieser Streckung. Die Ottrelithe zeichnen sich durch massenhafte Einschlüsse aus, welche den Krystall mit Ausnahme eines ganz schmalen Randes dicht gedrängt erfüllen, deren Natur sich aber nicht bestimmen liess. Obwohl die Dimensionen des Ottrelith in diesen Schiefern sehr gering sind, so dass er im Dünnschliff dem blossen Auge als schwarze Pünktchen erscheint, sinkt er trotzdem nie zu mikroskopischen Dimensionen herab.

Die geologische Verbindung von Ottrelithschiefer und Magnetit-Ottrelithschiefer ist eine sehr innige. Auf der grossen Halde oberhalb der Strasse von Viel-Salm nach Salm-Château wurden häufig Stücke angetroffen, an welchen hellgrünlicher Schiefer den dunklen quer zur Schieferung durchsetzt, also transversale Schieferung vorzuliegen scheint. Ersterer ist magnetitfreier Ottrelithschiefer, letzterer Magnetit-Ottrelithschiefer. Der Übergang der einen in die andere Varietät ist ein sehr rascher, fast plötzlicher.

Ottrelithführende Quarzbreccie.

Die Breccie besteht aus weissem Quarz in Bruchstücken von wechselnder, bis 1 cm erreichender Grösse und aus ganz untergeordneten schwarzen Bestandtheilen mit dunkelgrünem Bindemittel.

Die Quarzkörner sind unregelmässig eckig begrenzt, stets einheitlich, geben aber häufig gestörte Polarisationserscheinungen (wellige Auslöschung). Sie sind reich an Einschlüssen von runden, länglichen, auch ganz unregelmässigen Formen, welche vorzugsweise mit Flüssigkeiten erfüllt, seltener leer sind (Gasporen). Die Einschlüsse erfüllen z. Th. in unregelmässiger Anordnung die Quarze vollständig, z. Th., besonders in grösseren Körnern, sind sie bandförmig angeordnet. Ausserdem umschliesst der Quarz spärlich Nadeln von Zirkon und Apatit. Zwischen die Quarzkörner lagert sich das Cement, etwa $\frac{1}{3}$ der ganzen Masse ausmachend. Dasselbe besteht aus feinsten, eckig begrenzten Quarzkörnchen und Sericitblättchen. Erstere enthalten spärlich Flüssigkeitseinschlüsse. In dieser Bindemasse liegt ein dunkelgrünes Mineral in rundlichen, oder säulenförmigen, häufiger aber unregelmässig begrenzten Parthien und spärlich Turmalin. Das grüne Mineral bestimmte ich nach der Unlöslichkeit in Salzsäure (im Schliff) und dem optischen Verhalten als Ottrelith. Eine sehr kleine Probe gab in der Phosphorsalzperle beim Zusatz von Salpeter eine deutliche Manganreaction. Vom Ottrelith des Ottrelithschiefers unterscheidet sich dieses durch grosse Reinheit der Substanz und würde bei der Isolirung ein zur chemischen Analyse sehr geeignetes Material liefern. Der Ottrelith tritt in diesem Gestein entschieden in mikroskopischen Krystallen auf. Rutil ist stellenweise in rudimentären Kryställchen dem Cement reichlich beigemengt, tritt im Ganzen aber sehr zurück. Von den oben erwähnten dunklen Theilen der Breccie wurden einige mit Sicherheit als Turmalin erkannt, andere, welche nicht im Dünnschliff zur Beobachtung kamen, scheinen Schieferbruchstücke zu sein.

Während man für die grösseren Quarzkörner, sowie für den Turmalin und die Schieferbruchstücke klastischen Ursprung annehmen kann, so machen die Quarzkörner der Bindemasse durchaus den Eindruck des an Ort und Stelle Entstandenen. Die innige Verbindung der einzelnen Körner lässt kaum eine andere Deutung zu. Dessgleichen muss für den Ottrelith entschieden authigene Entstehung angenommen werden.

Strassburg i. Els., Petrogr. Inst. der Univ. December 1884.

Briefwechsel.

Mittheilungen an die Redaktion.

Über die Vergletscherung Ost-Sibiriens[1].

München im Dezember 1884.

Gegenüber der von Ihnen und auch sonst mehrfach in der letzten Zeit so z. B. von Torell[2] und Nathorst[3] geäusserten Ansicht, Sibirien sei nicht vergletschert gewesen, möchte ich auf eine treffliche Arbeit des russischen Geologen P. Krapotkin hinweisen[4], der in dem Jahre 1866 mit Poljakow eine Expedition in das Gebiet des untern und mittlern Witim leitete und seine Ergebnisse in den Annalen der kaiserlich russischen geographischen Gesellschaft 1873 in russischer Sprache niederlegte. Selbst mit den diluvialglazialen Ablagerungen der Alpen nur aus Büchern bekannt, schildert er die fraglichen diluvialen Ablagerungen, die er auf seiner Reise untersuchte und als Glazialspuren deutete, so eingehend, dass wir an der Echtheit seiner Grundmoränen, Gletscherschliffe, Endmoränen und erratischen Blöcke[5] nicht zweifeln können, um so weniger, als die ganze Arbeit den Stempel der allerschärfsten wissenschaftlichen Kritik trägt. Von sekundären Wahrzeichen der einstigen Gletscherentwickelung führt er theils nach eigenen Beobachtungen, theils aus der russischen Fachliteratur schöpfend das geschaarte Vorkommen von kleineren und grösseren Seeen für manche Gebirgsgegenden an, ohne jedoch darauf allzuviel Gewicht zu legen.

Es haben sich Gletscherspuren in Form von erratischen Blöcken und zahlreichen Seeen im Stanowoigebirge erhalten, das Erman, auf den Krapotkin sich hier beruft, auf dem Wege von Ochotsk nach Jakutsk kreuzte,

---

[1] Durch Vermittlung des Herrn A. Penck der Redaction zugegangen.

[2] On the causes of the glaciers phenomena in the north-eastern portion of America. Vgl. Karte.

[3] Polarforskningens bidrag till forntidens växtgeografi (Nordenskjöld, Studier och forkningar föranledda af mina resor i höga norden) 1883, S. 296. — An anderer Stelle (Bidrag till Japans fossila flora. Vegaexpeditionens vetenskapliga iakttagelser. Bd. II. 1882. S. 149) erwähnt Nathorst nach Przewalski Gletscherspuren nördlich von Peking.

[4] Sapiski der kaiserlich russ. geogr. Gesellschaft Bd. III. 1873.

[5] Krapotkin operirt mit diesem Begriff sehr vorsichtig, indem er für jeden einzelnen Fall die Unmöglichkeit einer nicht glazialen Herkunft nachzuweisen sucht.

Blöcke wurden von diesem in 760 m Meereshöhe und höher beobachtet. In dem Gebirge südwestlich von Olekminsk fand KRAPOTKIN mehrfach Grundmoränen, Endmoränen und erratische Blöcke, welche bis zu einer Höhe von 520 m herabreichten und auf eine recht bedeutende Vergletscherung des im Mittel nur 1250 bis 1400 m hohen Gebirges schliessen lassen. Auch östlich des Baikalsees scheint das seeenreiche Witimplateau, auf dem mehrfach erratische Blöcke vorkommen, einst Gletscher getragen zu haben. Dass der Gletscher des Munko — Sardik (3480 m), gegenwärtig der einzige Gletscher Sibiriens, zur Eiszeit wesentlich tiefer reichte als heute, zeigt ein grossartiger Gletscherschliff am Suchu-Daban (2100 m), in dessen Nähe auch erratische Blöcke entdeckt wurden. Auf eine einstige Vergletscherung des Sajanischen Gebirges scheinen auch dort gefundene erratische Blöcke hinzuweisen. So ist durch KRAPOTKIN eine Vergletscherung Sibiriens von Ochotsk im Osten bis zum Sajanischen Gebirge im Westen zum Theil nachgewiesen, zum andern Theil wahrscheinlich gemacht.

Es fragt sich jetzt: haben wir in diesen Gebirgen die Wurzeln eines ausgedehnten Inlandeises, das sich von hier aus über einen Theil der sibirischen Ebene erstreckte und mit dem nordeuropäischen Inlandeis zu vergleichen wäre, oder beschränkten sich die Gletscher wie in Mitteleuropa auf das Gebirge? KRAPOTKIN glaubt sich der letztern Ansicht anschliessen zu müssen, da ihm erratische Blöcke oder andere Gletscherspuren nirgends in den Steppen von Irkutsk und Transbaikalien begegnet sind. Ihm ist vollkommen beizupflichten, besonders da er selbst unbewusst durch eine Beobachtung den strikten Beweis liefert, dass die Gletscher das Gebirge am Baikalsee nicht wesentlich verlassen haben. Das Studium der Diluvialablagerungen in Europa und Nordamerika hat gezeigt, dass die Moränen und der Löss einander in ihrer Verbreitung im Allgemeinen ausschliessen. Nun erwähnt und beschreibt KRAPOTKIN ausgedehnte Lössterrassen, das erste bekannte Vorkommniss dieser Art in Sibirien, mit Resten von *Elephas primigenius, Rhinoceros* sp. *tichorhinus?, Helix Schrenckii* MIDD.; *Succinea putris* L., *Achatina lubrica* und *Limnaeus auricularis*, die er im Thal der Lena westlich vom Baikalsee von 54 bis 58° nörd. Br. verfolgte. Wenn es gestattet ist, die in Europa und Amerika gewonnenen Ergebnisse auf den Löss Sibiriens anzuwenden, so kommt man zu dem Schluss, dass die Vergletscherung, die jenen Löss der Lena nicht erreichte, obwohl er nicht allzuweit vom Gebirge entfernt ist und die Lena unter 54° nörd. Br. noch in einer Meereshöhe von 426 m fliesst, sich an dieser Stelle jedenfalls nicht sehr weit aus dem Gebirge heraus erstreckt haben kann*.

Eduard Brückner.

* Hierzu möchte ich bemerken, dass die Studien von KRAPOTKIN in neuerer Zeit von CZERSKI fortgesetzt worden zu sein scheinen, dessen Publikation (Iswestija d. ostsibir. Sekt. d. k. russ. geogr. Ges. XII. 1882. No. 4 in russischer Sprache) mir leider nicht zur Verfügung steht. Auch SSEWERZOW's Arbeit über die Eiszeit Centralasiens (Traces de la période glaciaire dans l'Asie centrale. Congr. intern. des sciences géogr. Paris 1878. I. S. 248—267) ist mir leider nicht zugänglich, trotzdem dass sie an internationaler Stelle erschien. PENCK.

Giessen, den 4. Dec. 1884.

Diopsid von Zermatt.

In einer Vesuvian-Stufe von Zermatt, einem angeblich neuen Vorkommen vom Matterhorn, die ich vor einiger Zeit erhielt, war ein Theil der Vesuviankrystalle mit derbem Kalkspath bedeckt. Um diesen zu beseitigen, wurde die ganze Stufe in verdünnte Salzsäure gelegt. Zu meinem Erstaunen kamen nun kleine, höchstens 2—3 mm grosse, völlig farblose meist tafelförmige, sehr flächenreiche Kryställchen zum Vorschein, die auf Vesuvian aufsassen. Dass sie dem monoklinen System angehörten, war unschwer zu erkennen. Eine mikroskopisch-chemische Prüfung einer mit Flusssäure aufgeschlossenen Probe zeigte Anwesenheit von viel Calcium und Magnesium und von Spuren von Kalium, sowie Abwesenheit von Aluminium und Natrium an. Da das Mineral in Salzsäure unlöslich war, so deutete dies Verhalten auf einen sehr eisenarmen Augit hin. Eine krystallographische und quantitativ-chemische Untersuchung bestätigte dies auch in vollem Maasse. Da der Habitus dieser Kryställchen ein eigenthümlicher ist, so sollen sie hier kurz beschrieben werden. Sie stellen eine Combination der Formen ∞P∞ (100), oP (001), ∞P (110), ∞P3 (310), P ($\bar{1}$11), 2P ($\bar{2}$21), 3P ($\bar{3}$31), —½P (112), —P (111) dar, wozu sich noch hie und da P∞ ($\bar{1}$01) gesellt. ∞P∞ ist am stärksten entwickelt, so dass die Krystalle meist tafelartig erscheinen. P, —P, —½P sind stets nur untergeordnet vorhanden. Viele von diesen Flächen geben genügend klare Spiegelbilder, um ziemlich gute Messungen ausführen zu können, andere können nur auf den Lichtschein eingestellt werden.

Durch Messung wurden folgende Winkel gefunden:

	Gefunden:	Berechnet:
∞P∞ : ∞P3	= 160° 43′	160° 41′
∞P∞ : ∞P	= 133° 43′	133° 33′
∞P∞ : oP	= 105° 41′	105° 48½′
∞P : 3P	= 155° 20′	155° 33′
∞P : 2P	= 144° 30′	144° 31′
oP : 2P	= 114° 25′	114° 40′
oP : 3P	= 103° 15′	103° 38′
oP : —P	= 146° 11′	146° 10′
oP : —½P	= 160° 41′	160° 24′
∞P : ∞P	= 92° 37′	92° 53′

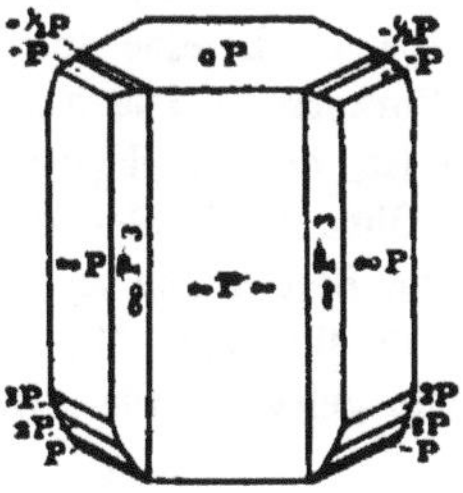

oP : P gab, da die letztere Fläche schwach reflectirte, nur ein ungefähres Resultat, nemlich etwa 139°, während die Rechnung 137° 59′ verlangt. Die berechneten Werthe ergeben sich aus dem von v. Kokscharow zu Grunde gelegten Axen-Verhältniss a : b : c = 1,09312 : 1 : 0,589456 . β = 74° 11½′.

Die Krystalle sind farblos bis weiss und zeigen lebhaften Glasglanz auf manchen Flächen. Auf ∞P∞ zeigen sie gerade Auslöschung. Das spec. Gew. ist = 3,11. In der Löthrohrflamme schmilzt das Mineral unter schwachem Aufblähen zu einem völlig farblosen Glase. Die chemische Zusammensetzung ist folgende:

		Atomverhältniss	
SiO_2	= 54,22	0,90362	—1
CaO	= 24,80	0,43364	0,91614,—1,01
MgO	= 18,25	0,45691	
FeO	= 1,84	0,02559	
Glühverlust	= 0,41		
	99,52		

Die mir zur Analyse zu Gebot stehende Menge des Minerals (0,5 Gr.) war leider zu gering, um auch die durch mikroskopisch-chemische Untersuchung erhaltene sehr kleine Kali-Menge zu bestimmen.

Das Mineral ist hiernach ein sehr eisenarmer, völlig farbloser, nach ∞P∞ tafelförmig ausgebildeter Diopsid. **A. Streng.**

Zürich, den 20. Januar 1885.

Nephrit von Jordansmühl in Schlesien. Magnetismus des Tigerauges. Topas von Ouro preto.

Der Aufsatz des Herrn H. TRAUBE über den Nephrit von Jordansmühl in Schlesien p. 412 im III. Beilage-Band dieses Jahrbuchs hat mich sehr interessirt, da bis jetzt mit Sicherheit noch kein Nephrit in Europa gefunden wurde. Die Möglichkeit eines solchen Fundes ist durchaus nicht in Abrede zu stellen, wenn jedoch das von Herrn TRAUBE sehr genau untersuchte Vorkommen von Jordansmühl in Schlesien für Nephrit gehalten wird, so erlaube ich mir die Bemerkung, dass die Berechnung der drei Analysen nicht zu der Formel $RO . SiO_2$ führt, welche für den Nephrit auf Grund der Analysen angenommen werden konnte. Da nun in dem betreffenden Aufsatze die Berechnung der Analysen nicht erwähnt wurde, so habe ich dieselbe durchgeführt und bin zu der Ansicht gelangt, dass das Vorkommen dem Nephrit verwandt erscheint, nicht aber wirklich Nephrit ist, weil durchgehends der Gehalt an Kieselsäure zu hoch ist.

Ohne die Zahlen der angegebenen Mittel zu recapituliren, führe ich nur die Berechnung an, wobei für SiO_2 die Zahl 60, für MgO 40, für FeO 72, für MnO 71, für CaO 56, für Al_2O_3 102,6 und für H_2O 18 zu Grunde gelegt wurde. Hiernach ergeben die drei Analysen:

I	II	III	
0,9543	0,9488	0,9868	SiO_2
0,4990	0,4802	0,5202	MgO
0,0586	0,0693	0,0333	FeO
0,0104	0,0100	0,0113	MnO
0,2355	0,2596	0,2514	CaO
0,0136	0,0098	0,0113	Al_2O_3
0,1405	0,1072	0,1005	H_2O

nach Summirung der Basen RO

I	II	III	
0,9543	0,9488	0,9868	SiO_2
0,8035	0,8191	0,8162	RO
0,0136	0,0098	0,0113	Al_2O_3
0,1405	0,1072	0,1005	H_2O

und nach Umrechnung auf 8 SiO_2

8,000	8,000	8,000	SiO_2
6,736	6,906	6,617	RO
0,114	0,083	0,092	Al_2O_3
1,180	0,904	0,815	H_2O

wobei im Besonderen, wenn man MgO (inclusive Fe und MnO) mit CaO vergleicht, auf 1 CaO

2,412	2,155	2,246	MgO

entfallen.

Man ersieht hieraus, dass diese drei Analysen verglichen mit denen anderer Nephrite entschieden grösseren Gehalt an Kieselsäure ergaben, dass im Gemenge eine wasserhaltige Verbindung anwesend ist, deren Verhältniss festzustellen zu willkürlichen Annahmen führen würde und dass das Gemenge wahrscheinlich Diopsid und Grammatit enthält. Der Gehalt an Thonerde ist ein sehr geringer und steht in keiner Verbindung mit dem Wassergehalt. Auch die Mikrostructur ist eine derartig verschiedene, dass man daraus nicht auf eine Identität mit Nephrit schliessen kann.

Bei Gelegenheit dieser Mittheilung über die Berechnung der drei Analysen des Nephrit genannten Vorkommens von Jordansmühl füge ich noch eine beiläufige Beobachtung bei, welche ich an dem ganz frischen in dem Tigerauge genannten Quarz eingesprengten Magnetit gemacht habe, dass derselbe trotz seiner geringen Menge entschieden polaren Magnetismus zeigt. Ich erhielt nämlich von Herrn Dr. Egkr in Wien ein Bruchstück einer 3½ Millimeter dicken Platte, worin wenig feinkörniger Magnetit eingesprengt ist. Bei der Prüfung mit einer gewöhnlichen Magnetnadel zeigte sich polarer Magnetismus auf den entgegengesetzten Seiten der dünnen Platte. Dieser polare Magnetismus war mir desshalb interessant, weil man gewöhnlich angegeben findet, dass der derbe Magnetit solchen Magnetismus zeige, wenn er chemisch etwas verändert ist, hier aber vollkommen frischer Magnetit vorhanden ist. Schliesslich habe ich noch anzuführen, dass nach der gegebenen Beschreibung (dies. Jahrb. 1884. I. 189) der Topaskrystalle von Capao d'Ulana unweit Ouro preto in der Provinz Minas Geraes in Brasilien mir Herr G. Clarcz einen Rauchquarz von demselben Fundorte zeigte, in welchem ein Topaskrystall zur Hälfte seiner Grösse eingeschlossen ist. Derselbe ist so situirt, dass von beiden ausgebildeten Enden ein Theil aus dem Rauchquarz herausragt, wobei insofern ein Unterschied der beiden Enden bemerkbar ist, dass die Pyramide P des einen Endes kegelig gekrümmt erscheint, am andern Ende mehrere stumpfkegelige Spitzen aus der vorherrschenden basischen Endfläche hervorragen, somit an eine hemimorphe Bildung gedacht werden kann. Der Topaskrystall ist wie gewöhnlich weingelb und rissig. Am Rauchquarz anliegend aufgewachsen sind Hämatitschüppchen und Glimmer- (Muscovit-) Blättchen, auch zeigt er an einigen Stellen Eindrücke verschwundener Krystalle rhomboëdrischer Gestalt, wahrscheinlich von Siderit, da in denselben brauner Eisenocher sichtbar ist. **A. Kenngott.**

Zürich, den 8. Februar 1885.

Über Priceit, Colemanit und Pandermit.

Die Mittheilung des Herrn Prof. G. vom Rath über den Colemanit (dies. Jahrb. 1885. I. 77) veranlasste mich, die vorhandenen und mir bis jetzt bekannt gewordenen Analysen des Priceit (1. Silliman, Am. J. Sci. (3), VI, 128; 2. und 3. Chase, ebendas. V, 287), des Colemanit (4. Thom. Price in obiger Mittheilung), der als krystallisirter Priceit angesehen wird, und des Pandermit (5. G. vom Rath, Ber. niederrh. Ges. 1877, Juli 2, und 6. Pisani, Min. p. 215), welcher wahrscheinlich zum Priceit gehört, einer eingehenden Berechnung zu unterwerfen. Die angegebenen Analysen ergaben:

	1.	2.	3.	4.	5.		6.
Borsäure	(48,82)	(47,04)	(45,20)	(48,12)		(54,59)	(50,1)
Kalkerde	31,83	29,96	29,80	28,43		29,33	32,0
Wasser	18,29	22,75	25,00	22,20		15,45	17,9
$NaCl$, Fe_2O_3, Al_2O_3	0,95	—	—	—	FeO	0,30	—
Alkalien	—	0,25	Sp.	—	MgO	0,15	—
Al_2O_3, Fe_2O_3	—	—	—	0,60	K_2O	0,18	—
Kieselsäure	—	—	—	0,65		—	

wobei die Borsäure aus dem Verluste bestimmt wurde.

Ein Blick auf diese Zahlen zeigt, dass sie ein wasserhaltiges Kalkerdeborat anzeigen, dessen Formel sich aus ihnen zur Zeit nicht mit Sicherheit aufstellen lässt. Die Berechnung, wobei nur die drei Hauptbestandtheile berücksichtigt wurden, weil die anderen geringen Mengen keinen Einfluss auf die Formulirung ausüben, ergab:

	1.	2.	3.	4.	5.	6.
B_2O_3	6,974	6,720	6,457	6,874	7,799	7,157
CaO	5,684	5,350	5,321	5,077	5,238	5,714
H_2O	10,161	12,639	13,889	12,333	8,583	9,944

Da die Kalkerde entschieden derjenige Bestandtheil ist, welcher am sichersten quantitativ bestimmt werden konnte, so wurden zunächst die obigen Zahlen auf 1 CaO umgerechnet und ergaben:

	1.	2.	3.	4.	5.	6.
B_2O_3	1,227	1,256	1,214	1,354	1,489	1,252
H_2O	1,788	2,362	2,610	2,429	1,637	1,738

oder auf 4 CaO umgerechnet:

	1.	2.	3.	4.	5.	6.
B_2O_3	4,908	5,024	4,856	5,416	5,956	5,008
H_2O	7,152	9,448	10,440	9,716	6,556	6,942

Hiernach folgt aus den Zahlen der Analysen 1, 2, 3 und 6 das Verhältniss $4\,CaO : 5\,B_2O_3$.

Bei den grossen Schwankungen des Wassergehaltes ist es nicht möglich, den wahren Wassergehalt zu vermuthen und es ist gerade in dieser Beziehung eine weitere Bestimmung abzuwarten. Jedenfalls ersieht man aber aus den Analysen, dass Priceit, Colemanit und Pandermit zusammengehören.

A. Kenngott.

Strassburg i. Els., Februar 1885.

Berichtigung bezüglich des „Olivin-Diallag-Gesteins" von Schriesheim im Odenwald.

Herr Dr. WILLIAMS in Baltimore war so freundlich, mir ein Gestein von Sterry Point, Hudson River, New York zum Geschenk zu machen mit dem Bemerken, dass dasselbe dem von mir beschriebenen Olivin-Diallag-Gestein von Schriesheim im Odenwald täuschend ähnlich sehe, aber statt des Diallag Hornblende enthalte. Da die Ähnlichkeit sowohl makroskopisch, als auch mikroskopisch in der That eine sehr grosse ist, und da ich mich erinnerte, bei der nahezu vor 12 Jahren ausgeführten Untersuchung des Schriesheimer Vorkommens lange zweifelhaft gewesen zu sein, ob Hornblende oder Diallag vorliege, so wurde ich durch die Mittheilung des Herrn Dr. WILLIAMS veranlasst, meine damalige Bestimmung einer Revision zu unterziehen. Die öfters beobachtete hornblendeähnliche Spaltung hatte ich durch die Annahme zu erklären gesucht, es seien neben pinakoidalen Spaltungsdurchgängen solche nach einer Prismenfläche allein vorhanden, welche einen Winkel von ca. 133½° mit einander bilden würden. Die damals — allerdings mit einem für diesen Zweck wenig geeigneten Mikroskop — ausgeführten Winkelmessungen schienen diese Annahme zu unterstützen. Um die Frage sicher zu entscheiden, habe ich jetzt eine Anzahl Spaltungsstücke mit dem Reflexionsgoniometer gemessen und stets Winkel von 55—56° erhalten, so dass nicht Diallag, sondern eine licht bräunliche bis grünliche, schwach pleochroitische Hornblende den vorherrschenden Gemengtheil bildet.

Dieses Resultat veranlasste mich, noch zwei andere, dem Schriesheimer Vorkommen in hohem Grade ähnliche Gesteine zu vergleichen, von denen ich Bruchstücke Herrn Professor ROSENBUSCH verdanke. Das eine stammt von Siloenkang auf Sumatra und ist meines Wissens noch nicht in der Literatur erwähnt, dass andere kommt in losen Blöcken bei Pen-y-Carnisiog auf Anglesey vor und wurde von BONNEY als Hornblendepikrit beschrieben[1]. In beiden Fällen ergaben die Messungen von Spaltungsstücken des diallagähnlichen vorherrschenden Gemengtheils, dass auch hier Hornblende vorliegt.

Die vier genannten Gesteine bilden also eine gut charakterisirte Gruppe, in welcher Olivin und Hornblende die Hauptgemengtheile sind, während besonders Glimmer, monokliner und rhombischer Pyroxen, sowie Eisenerze accessorisch sich einstellen. Sie sind ihrem ganzen Habitus nach den Pikriten näher verwandt, als den übrigen Peridotiten, auch wie jene, soweit ihr geognostisches Auftreten bekannt ist, echte massige Gesteine, welche Granite gangförmig durchsetzen (Odenwald, Sumatra), während die eigentlichen Peridotite zumeist wenigstens als conforme Einlagerungen in krystallinischen Schiefern auftreten.

Will man der Gruppe statt der Bezeichnung Olivin-Hornblende-Gesteine einen speciellen Namen geben, so liesse sich etwa „Hudsonit" vor-

[1] On a boulder of Hornblende Picrite near Pen-y-Carnisiog, Anglesey: Quart. Journ. Geol. Soc. of London. XXXVII. 1881. 137—140. Additional notes on boulders of Hornblende-Picrite near the western coast of Anglesey: ibidem XXXIX. 1883. 254—260.

schlagen, da erst mit Auffindung des am Hudson River vorkommenden Vertreters durch Herrn Dr. WILLIAMS die Aufmerksamkeit auf diese neue Mineralcombination gelenkt worden ist. Den von BONNEY verwandten Namen Hornblendepikrit möchte ich nicht wählen, weil derselbe dem Gestein von Anglesey unter der, wie mir scheint, nicht zutreffenden Annahme beigelegt wurde, dass die Hornblende durch paramorphe Umlagerung eines Pyroxen entstanden sei. Hornblendepikrit sollte sich also zum Pikrit verhalten, wie z. B. Uralitporphyrit zu Augitporphyrit. Ich halte mich aber weder für berechtigt, die von BONNEY gegebene Definition seines Namens zu ändern, noch, wie es gleichzeitig der Fall wäre, den von ROSENBUSCH festgestellten Begriff des Pikrit zu modificiren. **E. Cohen.**

Buitenzorg (Java), 21. November 1884.

Über Pyroxen-Andesite des Niederländisch-Indischen Archipels.

In meiner geologischen Beschreibung von Sumatras Westküste (Topographische en geologische Beschrijving van een gedeelte van Sumatra's Westkust, tekst en atlas, Batavia en Amsterdam 1883; dies. Jahrb. 1884. II. -333-), welche grösstentheils schon vor vier Jahren im Manuscript fertig vorlag, werden bei den Augitandesiten sehr häufig pleochroitische und nicht pleochroitische Durchschnitte von Augit erwähnt; beide werden, ebenso wie früher wohl ziemlich allgemein angenommen wurde, demselben monoklinen Pyroxen zugeschrieben, und zwar die pleochroitischen, parallel auslöschenden Durchschnitte als Schnitte aus der Zone oP : ∞P$\bar{\infty}$, die nicht pleochroitischen als Schnitte aus der Zone oP : ∞P$\grave{\infty}$ betrachtet. (Vergl. ROSENBUSCH, Mikr. Phys. der massigen Gesteine S. 410 u. 411.)

Die Untersuchungen der Pyroxenkrystalle aus der Krakatau-Asche von 1883 hat darunter sowohl braune oder grünlich braune, stark pleochroitische Hypersthene, als grüne, nicht oder nur schwach pleochroitische Augite erkennen lassen. Dünne Schnitte dieses Hypersthens nun stimmen so vollkommen überein mit den pleochroitischen Pyroxenschnitten nicht nur aus den compacten Krakatau-Gesteinen, sondern auch aus f a s t a l l e n bis jetzt mikroskopisch untersuchten Sumatra- und Java-Pyroxenandesiten, dass diese Schnitte ohne Zweifel zu Hypersthen gerechnet werden müssen. (Das Mineral ist wegen des hohen Eisengehaltes Hypersthen zu nennen, und nicht Bronzit, wie einige Forscher wollen.)

In den meisten Andesiten unseres Archipels herrscht der Hypersthen vor dem Augit entschieden vor (in der zu Buitenzorg gefallenen Krakatau-Asche von 1883 z. B. ist das Verhältniss von Hypersthen zu Augit wie 2 : 1), so dass der Name Augitandesit in Hypersthenandesit umzuändern ist, wenn man es nicht vorzieht den mehr allgemeinen Namen P y r o x e n a n d e s i t anzuwenden. In den meisten Andesiten sind beide Pyroxene vorhanden, reine Augitandesite (ohne Hypersthen) giebt es wohl kaum, reine Hypersthenandesite (ohne Augit, oder bloss mit einem äusserst geringen Augitgehalt) scheinen aber vorzukommen.

Merkwürdig ist das starke Zurücktreten des Hypersthens, sobald etwas Olivin in den Andesiten auftritt; die echten Basalte mit reichlichem Olivin sind meistens ganz frei von Hypersthen. Der kalkarme Hypersthen kommt also hauptsächlich in den kalkarmen Andesiten, nicht in den kalkreichen Basalten vor.

Wie ich aus einem Referat (dies. Jahrb. 1884. II. -351-) ersehe, haben Hague und Iddings schon vor mir auf die eigenthümliche Beziehung von Olivin und Hypersthen aufmerksam gemacht.

Ausnahmen nach beiden Seiten sind indessen unter den indischen Gesteinen schon bekannt.

Ein älteres Krakatau-Bruchstück, welches 1883 mit ausgeschleudert wurde, enthält neben einigen Olivinkörnern viel Hypersthen und nur wenig Augit.

Das Gestein des Kegels, welcher sich gegenwärtig langsam im Krater des Berges Merapi in Mittel-Java erhebt, und eine baldige Eruption dieses Vulkans befürchten lässt, ist ein olivinfreier Andesit, der aber trotzdem viel Augit und nur wenig Hypersthen enthält.

Zu den in den letzten Jahren von zahlreichen Fundorten bekannt gewordenen Hypersthenandesiten kann ich also jetzt die Pyroxenandesite des Niederländisch-Indischen Archipels hinzufügen. Dass der rhombische Pyroxen in den älteren Gesteinen schon so lange bekannt ist, in den jüngeren dagegen erst in den letzten Jahren fast überall erkannt wurde, mag darin seinen Grund haben, dass dieses Mineral in den älteren Gesteinen durch die sehr häufig auftretende braune faserige Umwandlung leicht zu erkennen ist, während der jung-vulkanische Hypersthen ebenso frisch und unzersetzt ist wie der Augit und in Mikrostructur, Einschlüssen etc. diesem Mineral überaus ähnlich ist. Das Axenbild ist zwar ein gutes Unterscheidungsmerkmal, kann aber in Gesteinsschliffen natürlich nur in einigen wenigen günstig gelegenen Schnitten mit genügender Schärfe wahrgenommen werden.

In den älteren tertiären Eruptivgesteinen unseres Archipels ist der Hypersthen schon theilweise umgewandelt; so z. B. in dem schönen Perlit von Java's 1. Spitze (dies. Jahrb. II. Beil.-Band S. 203), welcher neben Hornblende viel Hypersthen enthält. Das Umwandlungsproduct dieses letzten Minerals ist hier aber kein faseriger Bastit, sondern grasgrüne Hornblende.

R. D. M. Verbeek.

Buitenzorg, 21. November 1884.

Krakatau.

Das dritte Heft von Tschermak's Mineralogischen Mittheilungen Bd. VI, 1884, enthält einen Bericht über die vulkanischen Ereignisse des Jahres 1883 von Herrn C. W. C. Fuchs. Auf Seite 189—199 wird der Ausbruch des Krakatau-Vulkans ziemlich ausführlich besprochen; leider ist von dieser Beschreibung kaum ein einziges Wort wahr.

Unter den zahlreichen falschen Berichten über die Eruption von

Krakatau steht eine ganz fingirte Nachricht obenan, welche sehr bald nach der Katastrophe von dem amerikanischen Correspondenten eines englischen Blattes — des Daily News — in dieser Zeitung veröffentlicht wurde. Diese Nachricht wurde in vielen Zeitungen (z. B. Gaulois und Figaro vom 5. September 1883) nachgedruckt, und scheint die Runde durch ganz Europa gemacht zu haben.

Zu meinem Erstaunen ersehe ich nun, dass die Angaben, welche Herr Fuchs in dem genannten Bericht über die grosse Eruption macht, grösstentheils der obengenannten Zeitungsnachricht entnommen sind, was z. B. hervorgeht aus den Namen Maha-Meru, Menakinseln, Denamo, Serapenta, die Insel Serang, Fingenlenking etc., welche Namen von Bergen, Inseln und Städten auf Java sein sollen, die aber in Wirklichkeit gar nicht existiren. Der Bericht, dass die Vulkane Papandajan und Guntur zu gleicher Zeit mit Krakatau thätig gewesen seien, ist ganz und gar aus der Luft gegriffen. Ein flüchtiger Blick auf die Karte von Java genügt übrigens, um klar zu machen, dass der Papandajan viel zu weit von Sumatra entfernt ist, um von dieser Insel sichtbar zu sein, und dass mithin die Nachricht, „dass man in Sumatra drei Feuersäulen aus ihm aufsteigen sah", entschieden falsch sein muss. Endlich ist an den Berichten: dass Ströme von Lava ausgeflossen sind; dass der Maha-Meru (vielleicht Semeru?) sich in sieben Kegeln spaltete; dass in Madura die Wellen haushoch anschlugen; dass die Orte Buitenzorg, Tjeribon, Samarang, Jokjakarta, Surakarta und Surabaja bedeutend litten; dass in der Vorstadt Batavia 20 000 Chinesen und 2700 Europäer und Amerikaner umkamen (es kam in Batavia nämlich niemand um); dass das Dach des Regierungspalastes in Batavia und die Kuppel des Tempels von Borobudur eingedrückt, und die Tausend-Tempel von Brambanan stark beschädigt wurden; dass Samarang besonders von glühenden Schlacken gelitten hat (es fiel hier nicht einmal Asche); etc. etc. etc. — an allen diesen Berichten, und noch an vielen anderen, die ich hier übergehe, ist kein einziges Wort wahr.

Wie ist es doch auch möglich, zu glauben, „dass eine angeblich 65 englische Meilen lange Hügelkette mit ihren Dörfern und Kaffeepflanzungen verschwand und das Meer an ihre Stelle trat"?

So lange dergleichen unglaubliche Nachrichten auf die Tagesblätter beschränkt bleiben, braucht man sich wenig darum zu kümmern; da sie nun aber auch in eine wissenschaftliche Zusammenstellung der vulkanischen Ereignisse des Jahres 1883 aufgenommen sind, schien es mir nöthig, ihre vollständige Werthlosigkeit anzuzeigen. **R. D. M. Verbeek.**

Königsberg i. Pr., den 15. März 1885.

Über die Totalreflexion an optisch einaxigen Krystallen.

Zahlreiche Versuche haben erwiesen, dass durch die Bestimmung des Grenzwinkels der totalen Reflexion bei dem Übergange des Lichtes aus einem isotropen Mittel in einen schwächer brechenden anisotropen Krystall in dem Falle, wo die Schnittgerade der Grenzebene und der Einfallsebene mit einer optischen Symmetrieaxe zusammenfällt, die der Richtung dieser Axe entsprechenden Lichtgeschwindigkeiten gemessen werden. Dagegen ist die Frage, welches die auf solche Weise gemessene Geschwindigkeit sei, wenn die Schnittgerade jener Ebene eine andere Richtung besitzt, noch nicht endgültig erledigt.

Herr W. Kohlrausch hat sich über diesen Gegenstand in der Abhandlung: „Über die experimentelle Bestimmung von Lichtgeschwindigkeiten in Krystallen" (Inaug.-Dissert. Würzburg 1879. Wiedem. Ann. 6, 86. Dies. Jahrb. 1879, 875) in folgender Weise ausgesprochen. „Mit dem Totalreflectometer lässt sich an einer Fläche aus dem Winkel der totalen Reflexion die Geschwindigkeit bestimmen, mit der sich in dieser Fläche eine Lichtwelle fortschiebt, welche senkrecht steht auf der Projection der Beobachtungsrichtung auf die Fläche." „Denken wir uns nun in einem beliebigen ebenen Krystallschnitt diese Lichtgeschwindigkeiten in allen Richtungen bestimmt, so werden dieselben, von einem Punkte als Mittelpunkte aus nach den entsprechenden Richtungen als Längen aufgetragen, in ihren Endpunkten Punkte der dieser Krystallfläche zukommenden Schnittcurve mit der Wellenfläche liefern." — Dabei ist mit Wellenfläche die Oberfläche der Wellengeschwindigkeiten [surface des vitesses normales, surface d'élasticité à deux nappes, surface of wave velocities] bezeichnet, welche die erste positive Fusspunktfläche der Strahlenfläche [Fresnel'schen Wellenfläche, surface des ondes lumineuses, surface of ray velocities] ist. Bedeuten $\mathfrak{a}, \mathfrak{b}, \mathfrak{c}$ ($\mathfrak{a} > \mathfrak{b} > \mathfrak{c}$) die Hauptlichtgeschwindigkeiten eines optisch zweiaxigen Krystalles, u, v, w die auf die optischen Symmetrieaxen bezogenen Richtungscosinusse der Normale einer ebenen Welle, q die Geschwindigkeit dieser Welle, so ist die Gleichung der Wellenfläche in Polarcoordinaten:

$$\frac{u^2}{\mathfrak{a}^2 - q^2} + \frac{v^2}{\mathfrak{b}^2 - q^2} + \frac{w^2}{\mathfrak{c}^2 - q^2} = 0$$

Ich werde mich in dieser Mittheilung nur mit optisch einaxigen Krystallen beschäftigen. Die Wellenfläche zerfällt hier in eine Kugel und eine Rotationsfläche $\mathfrak{R}$. Ist der Charakter der Doppelbrechung negativ, so ist $\mathfrak{b} = \mathfrak{c}$; die Kugel hat den Radius $\mathfrak{c}$; die Fläche $\mathfrak{R}$ hat den Umdrehungshalbmesser $\mathfrak{c}$ in der Richtung der optischen Axe X und den Halbmesser $\mathfrak{a}$ in allen zur optischen Axe senkrechten Richtungen. Eine durch die optische Axe gelegte Ebene schneidet $\mathfrak{R}$ in einem Oval mit den Halbaxen $\mathfrak{c}$ und $\mathfrak{a}$; bezeichnet man die Neigung des Radius q gegen die optische Axe mit σ, so ist die Gleichung dieses Ovals:

$$q^2 = \mathfrak{c}^2 \cos^2 \sigma + \mathfrak{a}^2 \sin^2 \sigma$$

Eine durch den Mittelpunkt gelegte Ebene G schneidet die Fläche $\mathfrak{R}$ in einem Oval mit den Halbaxen $\mathfrak{r}$ und $\mathfrak{a}$; die erstere liegt in dem Hauptschnitt H von G, die letztere steht senkrecht zur optischen Axe. Bildet $\mathfrak{r}$ mit der optischen Axe den Winkel χ, so ist:

$$(1) \qquad \mathfrak{r}^2 = \mathfrak{c}^2 \cos^2 \chi + \mathfrak{a}^2 \sin^2 \chi$$

Wir bezeichnen mit ψ den Winkel, welchen der in G gelegene Radius $\mathfrak{s}$ mit dem Hauptschnitt von G einschliesst: dann ist:

$$(2)\qquad \mathfrak{p}^2 = \mathfrak{r}^2 \cos^2\psi + \mathfrak{a}^2 \sin^2\psi$$
$$= (\mathfrak{c}^2 \cos^2\chi + \mathfrak{a}^2 \sin^2\chi)\cos^2\psi + \mathfrak{a}^2 \sin^2\psi$$

die Gleichung des Schnittovals der Ebene G in Polarcoordinaten.

Herr W. Kohlrausch bemerkt a. a. O., in Übereinstimmung mit F. Kohlrausch (Wiedem. Ann. 1878, **4**, 15), dass der Radius $\mathfrak{r}$ sich aus dem Winkel $\vartheta = \frac{\pi}{2} - \chi$, den die optische Axe mit der Normale der Schnittebene G bildet, aus der Gleichung:

$$(3)\qquad \cos^2\vartheta = \frac{\frac{1}{\mathfrak{r}^2} - \frac{1}{\mathfrak{c}^2}}{\frac{1}{\mathfrak{a}^2} - \frac{1}{\mathfrak{c}^2}}$$

bestimmt. Allein in dieser Relation bedeutet $\mathfrak{r}$, wie ich Herrn W. Kohlrausch schon vor einigen Jahren[1] brieflich mittheilte, nicht den unter dem Winkel $\frac{\pi}{2} - \vartheta$ gegen die optische Axe geneigten Radius eines Ovals mit den Halbaxen $\mathfrak{c}$ und $\mathfrak{a}$, sondern den in jene Richtung fallenden Radius einer Ellipse mit diesen Halbaxen. Für den durch den Winkel $\frac{\pi}{2} - \vartheta$ bestimmten Ovalradius $\mathfrak{r}$ würde die Beziehung gelten:

$$(4)\qquad \cos^2\vartheta = \frac{\mathfrak{r}^2 - \mathfrak{c}^2}{\mathfrak{a}^2 - \mathfrak{c}^2}$$

Es bedeutet also $\mathfrak{r}$ in (3) die Geschwindigkeit eines zur optischen Axe unter dem Winkel $\frac{\pi}{2} - \vartheta$ geneigten ungewöhnlichen Strahles, in (4) dagegen die Geschwindigkeit einer ungewöhnlichen Wellennormale von derselben Richtung.

Herr W. Kohlrausch hat nun, ohne den Versuch einer theoretischen Begründung zu unternehmen, die Vermuthung ausgesprochen, dass auf irgend einer Grenzebene G eines optisch einaxigen Krystalls, welche mit einem stärker brechenden isotropen Mittel in Berührung ist, aus der Beobachtung des Grenzwinkels φ der totalen Reflexion jedesmal die der Schnittgeraden der Ebene G mit der Einfallsebene entsprechende ungewöhnliche Wellennormalengeschwindigkeit $\mathfrak{p}$ nach der Formel:

$$(5)\qquad \mathfrak{p} = \frac{1}{N \sin\varphi}$$

worin N das Brechungsverhältniss des isotropen Mittels bedeutet, gefunden werde, derart, dass auf diese Weise die Radien $\mathfrak{p}$ der Schnittcurve von G mit der Fläche $\mathfrak{R}$ experimentell bestimmt werden können. Der Beweis für diese Behauptung soll darin liegen, dass die an Krystallen des Natriumnitrats an zwei Rhomboëderflächen, an einer zur optischen Axe

[1] und vor dem Erscheinen der Abhandlung des Herrn K. Hollefreund: Die Gesetze der Lichtbewegung in doppelt brechenden Medien nach der Lommel'schen Beibungstheorie und ihre Übereinstimmung mit der Erfahrung. Nova Acta. Bd. XLVI, Halle 1883. Vgl. die Anm. auf S. 31 des Separatabdruckes.

parallel laufenden und an einer auf der optischen Axe senkrecht stehenden Fläche beobachteten Werthe der Lichtgeschwindigkeiten mit den nach jenem Principe berechneten Lichtgeschwindigkeiten hinreichend genau übereinstimmen.

Es liegt nahe, die Beobachtungen an den Rhomboëderflächen einer Controle zu unterziehen, auf welche schon Herr F. KOHLRAUSCH bei Gelegenheit der Beschreibung seines Totalreflectometers (WIEDEM. Ann. **4**, 15) hingewiesen hat, deren Durchführung in der Arbeit des Herrn W. KOHLRAUSCH aber ohne Erfolg geblieben ist.

Sind nämlich an einem schiefen Schnitt G eines optisch einaxigen Krystalls die Grössen $\mathfrak{a}$, $\mathfrak{c}$, $\mathfrak{r}$ aus den Grenzwinkeln der totalen Reflexion im Hauptschnitt und senkrecht zu demselben nach (5) berechnet, so ergiebt sich der Winkel χ, den die Ebene G mit der optischen Axe einschliesst, aus:

$$(6)\qquad \sin^2\chi = \frac{\frac{1}{\mathfrak{r}^2} - \frac{1}{\mathfrak{c}^2}}{\frac{1}{\mathfrak{a}^2} - \frac{1}{\mathfrak{c}^2}}$$

wenn $\mathfrak{r}$ eine Strahlengeschwindigkeit ist, oder aus:

$$(7)\qquad \sin^2\chi = \frac{\mathfrak{r}^2 - \mathfrak{c}^2}{\mathfrak{a}^2 - \mathfrak{c}^2}$$

wenn $\mathfrak{r}$ die Bedeutung einer Wellengeschwindigkeit besitzt. Vergleicht man nun den auf diesem optischen Wege ermittelten Werth von χ mit dem aus den Flächenwinkeln des Krystalles sich ergebenden Werthe, so würde man bei dem Mangel einer theoretischen Begründung eine Entscheidung über die beiden in Rede stehenden Deutungen gewinnen können. Wohl hat Herr W. KOHLRAUSCH die Neigung der Rhomboëderflächen zur optischen Axe aus den von ihm an diesen Flächen gemessenen Lichtgeschwindigkeiten zu entnehmen versucht und daran einen Vergleich mit demjenigen Werthe dieses Winkels geknüpft, welcher sich aus dem von BROOKE angegebenen Verhältniss der Axeneinheiten des Natriumnitrats ergiebt[1]. Indem er sich aber hierzu der Formel (6) bediente, über deren Bedeutung er, wie ich auf S. 247 gezeigt habe, im Irrthum war, und indem er gerade auf diesem Wege eine sehr nahe Übereinstimmung zwischen den beiden Werthen von χ auffand, musste ihm entgehen, dass diese Übereinstimmung seine Ansichten nicht nur nicht bestätigt, sondern ihnen geradezu widerspricht.

Aus den von Herrn W. KOHLRAUSCH für Natriumlicht bestimmten Werthen:

$$\mathfrak{a} = 0{,}74934$$
$$\mathfrak{r} = 0{,}68511$$
$$\mathfrak{c} = 0{,}63113$$

würde sich aus der, seiner Ansicht entsprechenden Formel (7) der Werth:

$$\chi = 48^\circ\ 42'\ 53''$$

[1] Es bedeutet ϑ auf S. 91 den Winkel der optischen Axe mit der Normale der Schnittfläche, dagegen auf S. 107 den Winkel dieser Axe mit der Schnittfläche selbst.

ergeben, während aus der mit seiner Auffassung im Widerspruch stehenden Formel (6) der namentlich mit den sorgfältigen Messungen des Herrn Cornu übereinstimmende Werth:

$$\chi = 46^0\ 11'\ 24''$$

resultirt. In der folgenden Tabelle habe ich die nach den Angaben von Brooke[1], Schrauf[2] und Cornu[3] berechneten Werthe von χ zusammengestellt. Die Zeilen enthalten der Reihe nach den inneren Flächenwinkel an den Endkanten des Rhomboëders, das Verhältniss der Axeneinheiten und die Neigung der Rhomboëderflächen zur optischen Axe.

Natriumnitrat.

Brooke	Schrauf	Cornu
106° 30′	105° 50′	106° 26′ 12″
1 : 0,827600	1 : 0,84002	1 : 0,828776
46° 17′ 59″	45° 52′ 21″	46° 15′ 18″

Daraus ergiebt sich, dass in dem Falle, wo die Einfallsebene dem Hauptschnitt der Rhomboëderfläche parallel ist, die gemessene Lichtgeschwindigkeit nicht die Geschwindigkeit der zur kürzeren Diagonale der Rhomboëderfläche parallelen Wellennormale, sondern die Geschwindigkeit des in diese Richtung fallenden Strahles ist.

Um dieses Verhalten an einer nicht hygroskopischen Substanz zu prüfen hat Herr H. Danker auf meinen Wunsch eine Spaltungsplatte des isländischen Kalkspaths untersucht. Zu seinen Beobachtungen diente das von R. Fuess construirte und mit allen für diesen Zweck erforderlichen Justirvorrichtungen versehene Totalreflectometer (Modell II), welches ich in der Zeitschrift für Instrumentenkunde Jahrg. 1885, S. 13—14 beschrieben habe. Durch diese Messungen, über welche Herr Danker demnächst in dies. Jahrb. berichten wird, erfährt der obige Satz eine Bestätigung.

Nun beruht aber der von Herrn W. Kohlrausch auf experimentellem Wege versuchte Nachweis dafür, dass die für schiefe Schnitte optisch einaxiger Krystalle aus dem Grenzwinkel der totalen Reflexion nach Formel (5) berechneten Lichtgeschwindigkeiten die Geschwindigkeiten der in die Schnittgeraden der Grenzebene mit den Einfallsebenen fallenden ungewöhnlichen Wellennormalen seien, wesentlich auf der Voraussetzung, dass auch die im Hauptschnitt gemessene ungewöhnliche Lichtgeschwindigkeit einer Wellennormale entspreche. Da diese Voraussetzung, wie sich ergeben hat, nicht zutrifft, so folgt weiter, dass für schiefe Schnitte optisch einaxiger Krystalle die Ansicht des Herrn W. Kohlrausch trotz der sehr nahen Übereinstimmung der nach dieser Ansicht berechneten mit den gemessenen Werthen nicht richtig sein kann.

---

[1] Rammelsberg: Handb. d. krystall.-physikal. Chemie. Leipzig 1881, 1, 348.
[2] Sitzungsber. Wien. Akad. 41, 784.
[3] Ann. Éc. Norm. sup. 1874, (2) 3, 44.

In der That liefert die folgende theoretische Betrachtung ein abweichendes Resultat.

Es sei μ der Winkel, den die Normale N der Grenzebene G mit der optischen Axe X einschliesst; δ bedeute den Winkel zwischen der Einfallsebene E und dem Hauptschnitt H der Grenzebene; u sei der Winkel, welchen die Normale R einer ungewöhnlich gebrochenen Wellenebene mit der optischen Axe bildet; ferner werde die Fortpflanzungsgeschwindigkeit in dem isotropen Mittel mit $\mathfrak{v}$, der Einfallswinkel mit i, der Brechungswinkel mit r bezeichnet. Dann ist:

$$(NX) = \mu,\ (EH) = \delta,\ (RX) = u,\ (NR) = r.$$

Bedeutet $\mathfrak{q}$ die Geschwindigkeit der Wellennormale R, so ist:

$$(8)\qquad \mathfrak{q}^2 = \mathfrak{a}^2 + (\mathfrak{c}^2 - \mathfrak{a}^2)\cos^2 u$$

$$(9)\qquad \cos u = \cos\mu\cos r - \sin\mu\sin r\cos\delta$$

und der Brechungswinkel r ergiebt sich nach dem Sinusgesetz aus:

$$\sin r = \frac{\mathfrak{q}}{\mathfrak{v}}\sin i$$

Hieraus erhält man die bekannte Gleichung des zweiten Grades zur Bestimmung von tan r:

$$\tan^2 r = \frac{\sin^2 i}{\mathfrak{v}^2}\left\{\mathfrak{a}^2(1 + \tan^2 r) + (\mathfrak{c}^2 - \mathfrak{a}^2)\left[\cos\mu - \sin\mu\tan r\cos\delta\right]^2\right\}$$

oder:

$$(10)\qquad a_0\tan^2 r + 2a_1\tan r + a_2 = 0$$

worin der Kürze wegen:

$$(11)\qquad \begin{aligned} a_0 &= [\mathfrak{a}^2 + (\mathfrak{c}^2 - \mathfrak{a}^2)\sin^2\mu\cos^2\delta]\sin^2 i - \mathfrak{v}^2 \\ a_1 &= -(\mathfrak{c}^2 - \mathfrak{a}^2)\sin^2 i\sin\mu\cos\mu\cos\delta \\ a_2 &= [\mathfrak{a}^2 + (\mathfrak{c}^2 - \mathfrak{a}^2)\cos^2\mu]\sin^2 i \end{aligned}$$

gesetzt ist.

Unter der Bedingung, dass die Geschwindigkeit in dem isotropen Mittel grösser ist als die Geschwindigkeiten im Krystall ($\mathfrak{v} > \mathfrak{a} > \mathfrak{c}$), liefert bekanntlich die Gleichung (10) für tan r zwei reelle, von einander verschiedene Werthe mit entgegengesetzten Vorzeichen. Die positive Wurzel bezieht sich auf die an der Grenzebene G gebrochene ebene Welle; die negative Wurzel entspricht einer im Inneren des Krystalls an einer zu G parallelen Grenzebene reflectirten ebenen Welle.

Ist aber das isotrope Mittel stärker brechend als der Krystall ($\mathfrak{v} < \mathfrak{c} < \mathfrak{a}$), so kann bei dem Übergange des Lichtes aus jenem Mittel in den Krystall totale Reflexion eintreten. Wie man am einfachsten aus der von Hamilton und Mac-Cullagh angegebenen Construction der gebrochenen Wellennormalen und Strahlen mit Hülfe der Indexfläche ersieht, ist der Grenzwinkel der totalen Reflexion dadurch charakterisirt, dass für ihn die in Bezug auf die trigonometrische Tangente des Brechungswinkels quadratische Gleichung (10) zwei reelle, einander gleiche Wurzeln besitzt, d. h. dass für ihn die Discriminante der Gleichung (10) verschwindet:

$$(12) \qquad a_0 a_2 - a_1^2 = 0$$

Bezeichnet man den Grenzwerth des Einfallswinkels, der hierdurch bestimmt wird, mit i_0, so besteht also die Relation:

$$(13) \qquad \frac{\sin^2 i_0}{v^2} = \frac{1}{a^2} \cdot \frac{a^2 + (c^2 - a^2)\cos^2\mu}{a^2 + (c^2 - a^2)(\cos^2\mu + \sin^2\mu\cos^2\delta)}$$

Auf der rechten Seite steht der reciproke Werth des Quadrates der Lichtgeschwindigkeit, welche aus dem Grenzwinkel der totalen Reflexion an der Grenzebene G in der Einfallsebene E zu entnehmen ist. Nach Einführung der Hülfswinkel $\varkappa$, λ, welche durch:

$$\sin\varkappa = \frac{\sqrt{(a+c)(a-c)}}{a} \cdot \cos\mu$$

$$\tan\lambda = \frac{\sqrt{(a+c)(a-c)}}{c} \cdot \sin\mu\sin\delta$$

definirt sind, nimmt (13) die logarithmisch brauchbare Form:

$$\frac{\sin i_0}{v} = \frac{\cos\varkappa\cos\lambda}{c}$$

an.

Wenn die Bedingung (12) erfüllt ist, erhält man für die einander gleichen Wurzeln von (10):

$$\tan r = -\frac{a_1}{a_0} = -\frac{a_2}{a_1}$$

oder:

$$(14) \qquad \tan r = \frac{a^2 + (c^2 - a^2)\cos^2\mu}{(c - a^2)\sin\mu\cos\mu\cos\delta}$$

Bezeichnet man mit S den zu der Wellennormale R gehörigen Strahl, der in der Verbindungsebene von R mit der optischen Axe liegt, und mit s die Neigung desselben zur Normale N der Grenzebene, so ergiebt sich aus dem sphärischen Dreieck NRS:

$$\cos s = \cos r\cos\varepsilon - \sin r\sin\varepsilon\cos\psi'$$

wenn Winkel (RS) $= \varepsilon$ und (NRX) $= \psi'$ gesetzt wird.

Dazu tritt die Beziehung:

$$\tan\varepsilon = \frac{(a^2 - c^2)\sin u\cos u}{a^2 + (c^2 - a^2)\cos^2 u}$$

Berücksichtigt man noch, dass:

$$\cos\psi' = \frac{\cos\mu - \cos u\cos r}{\sin u\sin r}$$

ist, so erhält man den von F. Neumann aufgestellten Ausdruck[1]:

---

[1] Theoretische Untersuchung der Gesetze etc. Abh. Berlin. Akad. 1835, S. 19, Formel (18).

$$(15)\qquad \cos s = \frac{\cos r + \dfrac{c^2 - a^2}{a^2}\cos u \cos \mu}{\sqrt{1 + \dfrac{c^4 - a^4}{a^4}\cos^2 u}}$$

Der Zähler der rechten Seite verschwindet, wenn tan r den Werth (14) besitzt. Daraus folgt, was aus der oben erwähnten Construction mit Hülfe der Indexfläche unmittelbar zu ersehen ist, dass für den Fall des Grenzwinkels der totalen Reflexion der gebrochene Strahl stets in der Grenzebene liegt, während die zugehörige Wellennormale im Allgemeinen nicht in diese Ebene fällt[1]. Andererseits liegt diese Wellennormale stets in der Einfallsebene, während der Strahl nur dann in dieser Ebene gelegen ist, wenn die Einfallsebene eine optische Symmetrieebene oder ihre Schnittgerade mit der Grenzebene eine optische Symmetrieaxe ist. In diesen letzteren Fällen erscheint die Grenzlinie im Gesichtsfeld des Totalreflectometers senkrecht zur Einfallsebene, während sie in allen übrigen Fällen unter einem von $\frac{\pi}{2}$ verschiedenen Winkel zur Einfallsebene geneigt ist.

Auf diesen Gegenstand und auf die hier nicht berücksichtigten optisch zweiaxigen Krystalle werde ich in einer ausführlicheren Darstellung eingehen.

Ich betrachte nun noch einige specielle Fälle.

Geht die Einfallsebene dem Hauptschnitt der Grenzebene parallel, so ist $\delta = 0$, also:

$$(16)\qquad \frac{\sin^2 i_0}{p^2} = \frac{1}{c^2} + \left(\frac{1}{c^2} - \frac{1}{a^2}\right)\cos^2 \mu$$

d. i. eine mit (3) und (6) übereinstimmende Relation, aus der hervorgeht, dass in der That in dem Falle, wo die Einfallsebene zu dem Hauptschnitt parallel ist, p die Geschwindigkeit desjenigen Strahles bedeutet, der wie die Schnittgerade der beiden Ebenen gerichtet ist.

Läuft die Grenzebene der optischen Axe parallel, so ist $\mu = \frac{\pi}{2}$, also:

$$(17)\qquad \frac{\sin^2 i_0}{p^2} = \frac{1}{a^2 + (c^2 - a^2)\cos^2 \delta}$$

In diesem Falle ergeben sich aus den Grenzwinkeln der totalen Reflexion die Geschwindigkeiten der den Schnittgeraden von Grenzebene und Einfallsebene parallelen Wellennormalen. Dieses Resultat ist in Übereinstimmung mit den Beobachtungen des Herrn W. Kohlrausch am Natriumnitrat und mit den noch nicht veröffentlichten Messungen des Herrn H. Dankér an Kalkspathprismen von Andreasberg.

Ist die Grenzebene senkrecht zur optischen Axe, so ist $\mu = 0$, also:

$$(18)\qquad \frac{\sin i_0}{p} = \frac{1}{c}.$$

---

[1] Vgl. Ketteler: Wiedem. Ann. 1883, **18**, 654. Aus den Bemerkungen auf S. 655 glaube ich entnehmen zu müssen, dass dem Herrn Verf. die bei Herrn W. Kohlrausch vorhandenen Irrthümer entgangen sind.

In einem kurzen Nachtrage zu seiner „Dynamical Theory of Cristalline Reflexion and Refraction" — (Proc. Roy. Irish Acad. 1841, **2**, 96) — hat MAC CULLAGH einige Andeutungen über die Gesetze mitgetheilt, die er bei der Untersuchung der totalen Reflexion an Krystallen erhalten hat. Er stellt u. A. den aus der oben erwähnten Construction folgenden Satz auf: „If the crystal be uniaxal ... the extraordinary wave-normal and the axis of z' [d. i. die Normale der Grenzebene] will be conjugate diameters of the ellipse in which the index surface is cut by the plane of incidence."

Daraus ergiebt sich:

Die ungewöhnlichen Wellennormalen, welche den Grenzwinkeln der ungewöhnlichen totalen Reflexion an einer beliebigen Grenzebene eines optisch einaxigen Krystalls entsprechen, erfüllen nicht, wie Herr W. KOHLRAUSCH angenommen hat, die Grenzebene selbst, sondern die zur Normale der Grenzebene conjugirte Diametralebene des Ellipsoids der Indexfläche.

Dieser Satz kann leicht auf optisch zweiaxige Krystalle übertragen werden.

Th. Liebisch.

Referate.

A. Mineralogie.

Barrois: Note sur le Chloritoide du Morbihan. (Bull. soc. min. de France, Bd. VII. p. 37—43. 1884.)

In den Schiefern des Urgebirgsstreifens, der sich, durch das Vorkommen von Glaukophan ausgezeichnet (vergl. dies. Jahrb. 1884. II. p. 68), von der Insel Groix ca. 80 Kilometer lang an der Küste des Departements du Morbihan hinzieht, findet man, besonders auf der Halbinsel Rhuis und zwar vorzugsweise bei Saint Gildas-de-Rhuis, Penvins und Damgan, ein im Aussehen dem Ottrelith ähnliches Mineral, welches nach eingehender Untersuchung von Barrois als Chloritoid angesehen wurde. Es findet sich in Tafeln von 1—10 mm Durchmesser, ist grünlich-blau und in einer Richtung leicht spaltbar, zwar etwas schwerer als Glimmer, aber leichter als Ottrelith. Die Spaltungsplättchen sind spröde; annähernd senkrecht zum Hauptblätterbruch gehen zwei schwieriger darstellbare Blätterbrüche, welche 121° mit einander machen. Die Platten sind meist gekrümmt und gebogen und zerbrechen leicht nach diesen letzteren Blätterbrüchen in rhombische Stücke; sonst ist die Begrenzung ganz unregelmässig. Die Masse ist hart, dünne Spaltungsblättchen sind durchsichtig. Dickere Tafeln sind stets vielfach wiederholte Zwillinge nach dem Hauptblätterbruch. Die Auslöschungsrichtungen einheitlich gebauter Blättchen geht den Diagonalen des rhombischen Spaltungsprismas von 121° parallel. Die Mittellinie ist etwas schief zu p; man beobachtet eine merkliche horizontale Dispersion, die + Mittellinie liegt stets in der durch die lange Diagonale des Spaltungsprismas gegebenen Diagonalebene desselben. Die Ebene der optischen Axen ist senkrecht zu dieser Ebene und geht durch die kurze Diagonale dieses Prismas. $2V = 45—55°$; $\varrho > v$. Das Mineral ist sehr stark dichroitisch; sind α, β, γ die Axen der grössten etc. Elasticität, so ist die Farbe der Schwingungen nach α olivengrün, nach β indigoblau und nach γ hell grünlichgelb. Bei der genaueren Untersuchung von Plättchen, welche zu den drei Elasticitätsaxen senkrecht geschliffen sind und von Spaltungsplättchen ergiebt sich, dass die Axe α für alle Farben constant dieselbe Lage hat, während β mit dem Hauptblätterbruch 25—28° im rothen, 8—11° im blauen Lichte macht; entsprechende Winkel macht die Axe γ. Das Mineral ist darnach monoklin und zwar muss die kleine Axe des Spaltungsprismas der Orthodiagonale entsprechen, der die grösste Elasticitätsaxe α parallel geht. Die grosse Diagonale fällt in die Symmetrieebene. Die optische Axenebene ist auf letzterer senkrecht. Alles dies stimmt in der Hauptsache mit Chloritoid überein, doch giebt TSCHERMAK für dieses Mineral an, dass die optische Axenebene mit der Symmetrieebene parallel sei und dass man auf einem Spaltungsplättchen nur eine Axe austreten sehe, während der „Chloritoid" von Morbihan beide Axen zeigt. Die Analyse von RENARD ergiebt eine dem Chloritoid anderer Fundorte entsprechende Zusammensetzung: 24,90 SiO_2, 40,36 Al_2O_3, 26,17 FeO, 2,54 MgO, 6,23 H_2O = 100,20, entsprechend der Formel: $H_2FeMgAl_4SiO_7$.

Dasselbe Mineral von der Insel Groix hat auch v. LASAULX untersucht (Sitzungsber. naturwiss. Ges. Bonn, Dezbr. 1883, pag. 270), derselbe nennt es aber mit dem Grafen LIMUR Sismondin. Dasselbe steht dort mit den Glaukophan-führenden Glimmerschiefern in Beziehung und findet sich in einem diesen eingelagerten epidotreichen Gestein an der Anse du Pourmelin. v. LASAULX hebt ebenfalls die basische und die prismatische Spaltbarkeit hervor; die von ihm untersuchten Platten sind bis 3 cm gross und bilden schwarzbraun-grüne sechsseitige Tafeln, welche stark dichroitisch sind: blaugrün nach γ, grasgrün nach β. Die Mittellinie ist schief gegen den Hauptblätterbruch, die optische Axenebene der Symmetrieebene parallel. Das Mineral der Insel Groix, welches v. LASAULX untersuchte, verhält sich somit in mehreren Punkten anders als das, welches BARROIS untersucht hat. Die Vorkommnisse von verschiedenen Fundorten haben also wie es scheint etwas verschiedene Eigenschaften.

Max Bauer.

Des-Cloizeaux: Sur la forme cristalline et les caractères optiques de la Sismondine. (Bull. soc. min. de France. Bd. VII. pg. 80—86. 1884.)

DES-CLOIZEAUX hat das dem Sismondin ähnliche Mineral untersucht, welches den Glaukophan des Val de Chisone in Piemont (Gastaldit) und von Zermatt in schwarzen, sehr zerbrechlichen Tafeln begleitet und hat dasselbe mit dem echten Sismondin von San Marcello verglichen. Alle drei haben einen leicht darstellbaren Blätterbruch (parallel der Basis) und darauf annähernd senkrecht zwei andere, welche sich unter ca. 120° schneiden 120° 30′ San Marcello, 120° 11′ Zermatt, 120° Val de Chisone); ein dritter Blätterbruch in der Zone der zwei letzteren theilt deren stumpfen Winkel in zwei ungleiche Theile (62° 30′ und 58°, resp. 62° 44′ und 57° 27′, sowie 62° und 58°), was auf eine trikline Krystallform hinweisen würde. Diese drei letzten Blätterbruch sind aber sehr wenig deutlich und regelmässig. Die erste Axenebene ist nicht genau parallel der kleinen Diagonale des Spaltungsprismas, sondern macht mit ihr 1—1½° und zwar ist der Winkel der Axenebene auf dem Hauptblätterbruch p (wenn m und t die prismatischen Spaltungsflächen sind):

	San Marcello	Zermatt	Chisone
mit Kante p/m . .	61° —61½°	61°	60° 2′
„ „ p/t . .	59° 9′—59°	59° 11′	59° 30′.

Die optische Axenebene weicht nur um einige Grade von der Normale der Spaltungsfläche ab. Zwillinge nach der Basis sind häufig; die Verwachsung der Individuen ist in verschiedenen Fällen etwas verschieden; in den beiden Individuen eines Zwillings schneiden sich die Richtungen der optischen Axenebenen unter 59½°.

Die Mittellinie ist + (nicht —, wie der Verf. in dem Manuel etc. angiebt, was darnach und auch in andern Punkten zu corrigieren ist) und beinahe symmetrisch in Beziehung auf die kleine Diagonale. Die Differenz der Winkel der beiden Axen zu dieser Normale schwankt zwischen 0° 47′ und 2—3°. Dispersion der optischen Axe sehr beträchtlich, die der Elasticitätsaxen ist horizontal; $\rho > \upsilon$. Der Axenwinkel ist nur in sehr dünnen Plättchen und daher nicht sehr genau messbar; er schwankt, in Öl gemessen, an Plättchen von San Marcello zwischen $2H_r = 64° 34'$ und $74° 6'$ für rothes, und zwischen $2H_{gr} = 57° 0'$ und $65° 38'$ für grünes Licht. Die Dispersion der einen Axe scheint stärker zu sein, als die der andern; für die Plättchen von Zermatt sind die entsprechenden Zahlen $2H_r = 67° 1'$ —$71° 17'$ und $2H_{gr} = 61° 51'$—$65° 5'$, woraus die Winkel in Luft: $2E_r = 117° 21'$ und $2E_{gr} = 103° 40'$ (oder direkt gemessen $2E_r = 111° 50'$ —$117° 48'$ und $2E_{gr} = 108° 44'$); endlich ist für das Mineral vom Val de Chisone: $2H_r = 64° 33'$ und $2H_{gr} = 57° 54'$, woraus $2E_r = 103° 2'$ und $2E_{gr} = 90° 48'$ (oder direkt gemessen: $2E_r = 101° 26'$ und $2E_{gr} = 91° 22'$).

Die beiden Mineralien von Zermatt und San Marcello sind gleich zusammengesetzt. Nach Damour ist das von Z.: 24,40 SiO_2; 42,80 Al_2O_3; 19,17 FeO; 6,17 MgO; 6,90 H_2O = 99,44; G = 3,32—3,40 (Sismondin von San Marello: G = 3,49). Die mit dem Sismondin zu vereinigenden Mineralien: Chloritoid, Masonit und Phyllit haben dieselben optischen Eigenschaften wie der Sismondin. Das von Barrois beschriebene Mineral von der Bretagne[1] nähert sich mehr dem Sismondin, als dem Chloritoid; ebenso gehören wohl die grossen Platten aus den silurischen Schiefern der Ardennen, welche Renard und de la Vallée Poussin beschrieben haben, mit + Mittellinie und starkem Dichroismus nicht zum Ottrelith, sondern zum Sismondin; bei ihnen ist $\rho > \upsilon$ und die Dispersion horizontal, und die optischen Axen machen einen grossen Winkel; der Vénasquitit von Teulé (Finisterre) bildet einen Übergang zum Ottrelith, er ist stark dichroitisch, die Mittellinie ist +, aber die Dispersion schwach. Der ächte Ottrelith ist sehr wenig dichroitisch und doppelbrechend, der Axenwinkel ist schwankend und eher $\rho < \upsilon$ als $\rho > \upsilon$. **Max Bauer.**

H. Baron v. Foullon: Über gediegen Tellur von Fačzebaja. (Verhandl. d. k. k. geolog. Reichsanst. No. 14. 1884.)

[1] Vergl. das vorhergehende Referat.

Das Material zur Untersuchung war von Stufen aus dem Dreifaltigkeitsstollen entnommen, die aus Quarzkörnern, eckigen hornsteinartigen Stücken und einem Quarzbindemittel bestehen und in denen das Tellur in kleinen Kryställchen oder in regellos verwachsenen Gruppen zusammen mit Quarz- und Pyritkryställchen vorkommt. Die Erze wurden aus dem Sandsteine mittelst Flusssäure und der Thoulet-Goldschmidt'schen Lösung abgesondert und das Tellur vom Pyrit durch Aussuchen mit der Loupe getrennt. Die grössten Gruppen von Tellurkryställchen erreichen Dimensionen bis zu 3 und 4 mm und sind theils durch regellose Verwachsung oder durch Aneinanderreihung der Kryställchen parallel nach der c-Axe gebildet. Frei ausgebildete Einzelindividuen sind selten. Im Allgemeinen zeigen sie ein geflossenes Aussehen. Selten finden sich Kryställchen mit einigen gut ausgebildeten Flächen, welche starken metallischen Glanz haben; ausnahmsweise erscheinen die Kryställchen rauh und matt. Bei trichterförmig gebauten Kryställchen fanden sich am Grunde des Trichters winzige Quarzkörnchen und Pyritkryställchen. Der Charakter der Tellurkryställchen ist säulenförmig; Verzerrung der Rhomboëderflächen ist Regel, während die Prismenflächen ziemlich ebenmässig ausgebildet erscheinen. Manchmal bemerkt man an einem Ende keulenförmig verdickte Kryställchen. Häufig zeigen sie schöne Anlauffarben. — Zwei Kryställchen von circa $\frac{1}{3}$ mm Länge und von $\frac{1}{4}$ mm und $\frac{1}{5}$ mm Dicke wurden gemessen und gefunden, dass die Werthe in der Prismenzone zwischen 59° 53′ und 60° 10′ schwanken. Die Werthe von g (Prisma nach Rose) : R ergaben 32° 56′ bis 33° 13′, im Mittel von fünf Bestimmungen 33° 5.8′ (Rose fand 33° 4′). Ein an beiden Enden ausgebildetes Krystall liess Messungen zu und es wurde gefunden R : r = 113° 46′ und 113° 58′, im Mittel gleich 113° 52′, was dem von Rose berechneten Werthe entspricht.

Von der Basis konnte der Verfasser nur an zwei Kryställchen Andeutungen finden.

Nach Angabe des analytischen Verfahrens findet der Verfasser für das untersuchte Tellur folgende Zusammensetzung: 81.28 Tl; 5.83 Se; 12.40 Pyrit; 1.10 Quarz = 100.61.

Hieraus ergibt sich, dass die Tellurkryställchen frei von Gold, aber reich an Einschlüssen von Pyrit und wenig Quarz sind.

F. Berwerth.

J. W. Lewis: Über die Krystallform des Miargyrit. (Zeitschr. für Krystallographie etc. Bd. VIII. p. 545—567. 1884. Mit 18 Holzschnitten.)

Vom Verf. wurden an ungefähr zwanzig Krystallen, welche z. Th. auch schon von Miller untersucht worden waren, Messungen ausgeführt, die Weisbach's Vermuthung bestätigten, dass bei Miller eine Vertauschung der Winkel a o und b o stattgefunden habe und dass in Folge dessen die von Miller angegebene Zone [CζhrMxy][1] die gewöhnliche Zone [bfdst]

[1] Die grossen Lettern werden hier für diejenigen Buchstaben Miller's benutzt, welche einer Verwechselung mit denen anderer Autoren ausgesetzt

sei, welche durch Vertauschung von NAUMANN's Flächen a und b jene Orientirung erhielt. Die Orientirung der Zone [vzkty] wird dann ebenfalls geändert und ihre Flächen erhalten folgende Zeichen: $v = \frac{1}{3}P\grave{\infty}\ (013)$ = WEISBACH's β, $z = -\frac{3}{7}P\grave{3}\ (137)$, $k = -\frac{1}{2}P\grave{2}\ (124)$, $y = 2P\bar{2}\ (21\bar{1})$. Demnach sind alle von MILLER berechneten Winkel, welche nicht in der Zone der Symmetrie liegen, unrichtig.

Die von NAUMANN eingeführte Orientirung, wonach die Fläche A und die Zone [Adst] in den Vordergrund treten, wurde beibehalten.

Als Hauptzonen wurden gefunden: [AoCm], [Afdst], [opg], [Ahξg] und [βzktσg]. Durch das Vorherrschen verschiedener Flächen können folgende Typen unterschieden werden:

1) Gewöhnlicher Bräunsdorfer Typus. Die Flächen a, o, c sind gross, d, s, t erscheinen in abnehmender Grösse und geben den Krystallen an den Seiten, wo die benachbarten Zonen [dst] einander schneiden, ein scharf keilförmiges Aussehen. Die Flächen d, s, t, u. s. w. sind entweder gut entwickelt oder oft so stark gestreift, dass die auf einander folgenden Flächen in einander überzugehen scheinen und so zu beiden Seiten der Symmetriezone zwei gekrümmt keilförmige Endigungen bilden.

2) Die Flächen in der Symmetriezone und in [dst] sind gut entwickelt, Habitus des von NAUMANN abgebildeten Krystalls. Nach des Verf. Wahrnehmung erscheint auch $\xi = \frac{2}{3}P\bar{2}\ [\bar{2}13]$ vorherrschend.

3) a, o, c sind gross und d, g ungefähr gleich entwickelt. Krystall von einigermassen rhombischem Aussehen.

4) Zahlreiche Flächen in den Zonen [dst] und [βzkt], alle ungefähr gleich entwickelt. Häufigster Typus. Bei manchen Krystallen ist x, bei anderen β, bei wieder anderen x und β gross ausgebildet, in letzterem Fall liegen beide auf entgegengesetzten Seiten derjenigen Zone [dst], welche die grosse x-Fläche nicht enthält.

5) Grosse c-Fläche, daher etwas tafelförmig. Die Ebenen der Zone [opg] gut sichtbar, diejenigen von [dst] weniger hervortretend.

6) Habitus des sogen. Kenngottit. Grosse c-Fläche mit kleineren, welche entweder in den Zonen [dst] oder [opg] liegen. Scheinbar seltener Habitus.

7) Kleine Krystalle mit gut entwickelten o, b, an denen die Flächen g ein Prisma bilden. An dem vom Verf. beobachteten Beispiele bildet a ein Dreieck, begrenzt von den untergeordneten Zonen [dst], c fehlt.

Die Flächen der Zonen [aoc] und [dst] sind stark gestreift, die letzteren in der Richtung ihrer Zonenaxe. a hat Streifung parallel ihren Durchschnitten mit den anliegenden d-Flächen und zuweilen auch eine Streifung parallel [ao]. o giebt zuweilen gute Bilder, c im Allgemeinen doppelte. ξ ist gut entwickelt und liefert zuverlässige Bilder.

Das von NAUMANN und MILLER adoptirte Axensystem wurde beibehalten.

---

sind. Bei der Wiedergabe der vom Verf. ausgeführten Beobachtungen bezeichnen dagegen die grossen Buchstaben solche Flächen, für welche noch keine passende Bezeichnung existirte.

Folgende Formen sind beobachtet:

a	= (100)	$\infty P\bar{\infty}$	k	= (124)	$-\frac{1}{2}P\grave{2}$
m	= (101)	$-P\bar{\infty}$	χ	= ($\bar{2}$12)	$P\bar{2}$
L	= (703)	$-\frac{7}{3}P\bar{\infty}$	γ	= ($\bar{4}$14)	$P\bar{4}$
λ	= (102)	$-\frac{1}{2}P\bar{\infty}$?	f	= (922)	$-\frac{9}{2}P\frac{\bar{9}}{2}$ (Naum.)
	(105)	$-\frac{1}{5}P\bar{\infty}$	φ	= (411)	$-4P\bar{4}$
	(104)	$-\frac{1}{4}P\bar{\infty}$	d	= (311)	$-3P\bar{3}$
c	= (001)	oP	ε	= (522)	$-\frac{5}{2}P\frac{\bar{5}}{2}$
M	= ($\bar{1}$03)	$\frac{1}{3}P\bar{\infty}$	s	= (211)	$-2P\bar{2}$
o	= ($\bar{1}$01)	$P\bar{\infty}$	t	= (111)	$-P$
R	= ($\bar{2}$01)	$2P\bar{\infty}$	X	= (122)	$-P\grave{2}$
N	= ($\bar{3}$01)	$3P\bar{\infty}$	ω	= (011)	$P\grave{\infty}$
	(711)	$-7P\bar{7}$	x	= ($\bar{1}$22)	$P\grave{2}$
η	= (611)	$-6P\bar{6}$	σ	= ($\bar{2}$11)	$2P\bar{2}$
i	= ($\bar{3}$11)	$3P\bar{3}$	π	= ($\bar{5}$15)	$P\bar{5}$
b	= (010)	$\infty P\grave{\infty}$	p	= ($\bar{6}$16)	$P\bar{6}$
r	= (121)	$-2P\grave{2}$	w	= ($\bar{1}\bar{2}$.1.15)	$\frac{4}{5}P\overline{12}$
h	= (113)	$-\frac{1}{3}P$	ζ	= ($\bar{2}$15)	$\frac{2}{5}P\bar{2}$
β	= (013)	$\frac{1}{3}P\grave{\infty}$	Δ	= (210)	$\infty P\bar{2}$
ξ	= ($\bar{2}$13)	$\frac{2}{3}P\bar{2}$		(1.6.16)	$-\frac{3}{8}P\grave{6}$?
g	= ($\bar{3}$13)	$P\bar{3}$		($\bar{1}$19)	$\frac{1}{9}P$?
ψ	= ($\bar{4}$13)	$\frac{4}{3}P\bar{4}$		($\bar{1}$.2.10)	$\frac{1}{5}P\grave{2}$?
q	= ($\bar{1}\bar{2}$.1.3)	$4P\overline{12}$		(139)	$\frac{1}{3}P\grave{3}$?
z	= (137)	$-\frac{3}{7}P\grave{3}$			

Von anderen Beobachtern werden noch angegeben:

n	= (301)	$-3P\bar{\infty}$	A	= ($\bar{1}$11)	P
μ	= (70$\bar{2}$)	$\frac{7}{2}P\bar{\infty}$	ς	= (181)	$-8P\grave{8}$
u	= ($\bar{2}$03)	$\frac{2}{3}P\bar{\infty}$	E	= (212)	$-P\bar{2}$?
χ	= (15.1.1)	$15P\overline{15}$[1]	J	= ($\bar{6}$76)	$\frac{7}{6}P\frac{\grave{7}}{6}$
ω	= (811)	$-8P\bar{8}$	e	= ($\bar{1}\bar{2}$.5.20)	$\frac{3}{5}P\frac{\overline{12}}{5}$
F	= (511)	$-5P\bar{5}$	γ	= (36.13.39)	$\frac{12}{13}P\frac{\overline{36}}{13}$?
δ	= (13.4.4)	$-\frac{13}{4}P\frac{\overline{13}}{4}$	α	= ($\bar{2}$33)	$P\frac{\grave{3}}{2}$?[2]

Folgende Werthe wurden zur Rechnung benutzt:

$$c\,o = 131^\circ\,38',83$$
$$a_1 o = 129^\circ\,43',75$$
$$d\,d' = 83^\circ\,32',8$$

[1] Im Text fehlt hier ein — Zeichen.
[2] Ist höchst wahrscheinlich identisch mit x.

Aus diesen ergeben sich die MILLER'schen Elemente:

am = 138° 36',21, bt = 152° 35',6, cm = 140° 1',21,

welchen das Axenverhältniss entspricht:

a : b : c = 3,0017 : 1 : 2,9166

β = 81° 22',58

An den einzelnen Krystallen konnten folgende Formen beobachtet werden:

Krystall 1. a, η, d, s, t, b, m, (105), c, M, o, R, ξ, ψ, h, k. Reflexe beobachtet in der Zone [aξ] zwischen ξ und ψ unter den Winkeln: $\xi\Theta$ = 176° 38', 175° 45', 175° 4'[1].

Krystall 2. a, η, f, φ, d, s, t, ω, c, o, N, q, ψ, g, ξ, h, w = $\frac{1}{5}$P$\bar{1}\bar{2}$ (12 . 1 . $\bar{15}$). g schlecht ausgebildet, ag = 120° 10', 119° 52', 119° 42', 118° 45'. qq' (= 148° 8$\frac{1}{4}$' schlecht), die Flächen q an entgegengesetzten Seiten von N liegen mit letzterem nicht in einer Zone. Zwischen q und ψ eine schlecht ausgebildete Fläche, nur unbestimmte Reflexe gebend; sie gab a$\varLambda$ = 139° 7', daher vielleicht ($\bar{1}\bar{1}$. 2 . 6) $\frac{11}{6}$P$\frac{11}{2}$, da dessen berechneter Winkel zu a = 139° 8',7 gefunden wurde.

Krystall 3. a, d, s, t, ω, (105), c, o, g, p oder (717) P7. Rauhe Fläche, mit Vertiefungen versehen, in der Zone [a d s t], sie gehört vielleicht auch der Zone [O g] an, alsdann ist sie P ($\bar{1}$11). In der Zone [a,d,s,] liegt die Fläche S (17 . 6 . 6) $\frac{17}{6}$P$\frac{17}{6}$, welche gegen d unter einem Winkel von 178° 35$\frac{1}{2}$' geneigt ist (berechnet: 178° 22$\frac{1}{2}$').

Krystall 4. a, b, d, s, t, x, σ, i, L_1 m, λ, c, M, o, p, γ, π, g, h, β, z, —$\frac{1}{6}$P$\grave{6}$ (1 . 6 . 16)? Die Flächen der Zone [o g] stark gerundet, sie gestatten keine genaue Bestimmung.

Ein anderer Krystall derselben Ausbildung zeigte noch R, k, ω. x_1t = 140° 24', tR = 116° 17' (115° 35').

Krystall 5. a, d, s, ω, b, c, o, p, g. Flächen der an b angrenzenden Zone [d s] rauh. Alle Flächen mit Ausnahme von p, s, ω gross, geben aber schlechte Reflexe.

Krystall 6. a, η, φ, d, t, ω, x, σ, i, o, c, β, z, k, g, P$\bar{1}\bar{2}$ ($\bar{1}\bar{2}$. 1 . 12), P$\frac{21}{4}$ (2$\bar{1}$. 4 . 21) oder P$\grave{5}$ (515), h. Zweifelhafte Fläche ϱ (1$\bar{3}$9) zwischen c und z in der Zone [a h g β].

Krystall 7. s, t, ω, x, σ, b, c, m, o, β, z, k, h. Spaltbarkeit nach a und m recht deutlich.

Krystall 8. a, c, M, o, β, k, s, t, x, δ, i, g, p. Alle Flächen gestreift.

Krystall 9. a, o, c, η, φ, d, s, ω, x, σ, i, β, z, k, p, g. Auch von MILLER gemessen. z und k verhältnissmässig gross.

Krystall 10. a, o, b, g, d, s, t. Prismatische Entwicklung, o und b gross.

---

[1] Doppelte Winkelangaben beziehen sich auf entsprechende Flächenpaare; ist der zweite Winkel in Klammern eingeschlossen, so gab wenigstens eine der Flächen zwei Bilder, so dass zwei Winkelwerthe gefunden wurden, von denen der in der Klammer befindliche der weniger vertrauenswürdige ist.

Krystall 11. d, s, t, ω, x, σ, i, g, k. Alle Flächen gestreift.

Krystall 12. c, o, a, m, π, g. c gross, die Zone [o π g] gestreift, die Flächen o und π mehrfach mit einander alternirend.

Krystall 13. a, c, M, o, d, s, t. c vorherrschend, die stark gestreiften und gerundeten Flächen d, s, t begrenzen die Krystalle zu beiden Seiten mit scharfen dreiseitigen Ecken. Einmal wurde auch k beobachtet.

Krystall 14. a, d, ε, s, t, X, ω, x, m, —⅖P∞̄ (205)?, —¼P∞̄ (104), c, o, p, g. Krystalle auf Quarz aufgewachsen, Habitus der Handstücke von Bräunsdorf, die Etiquette giebt als Fundort Wolfsberg. Die Zone [o p g] gross, unregelmässig entwickelt; [d ε s t] erscheint fast gekrümmt, ε und X gross. In der Zone [c a] o gross; a und m bilden schmale Abstumpfungen der die Fläche d begrenzenden Kanten.

	Berechnet:		Beobachtet:	
dε	175°	4′	175°	21′
				44
ds	169	14,5	(168	30)
			168	28
st	165	43⅜	165	42
tX	171	38⅜	171	50
Xω	170	58	170	49
ωx	170	54	170	22
oc	131°	38,8′	131°	40′
c (104)	166	57,4	166	14
c (205)?	160	2,7	159	31
			(158	25)
cm	140	1,2	139	40
ma	138	36,2	138	51

An einem losen Krystall (14a), von ähnlichem Habitus, wurden beobachtet: a, d, s, t, ω, x, m, o, p, g, r, —2P2̀ (121), 12P$\frac{12}{7}$ (12 . 7 . 1̄)?, ⅜P$\frac{8}{3}$ (836)? Die letzten drei Flächen sind gut ausgebildet, geben aber ungenaue Messungen.

Krystall 15. Zwilling mit den Formen und dem Habitus von Krystall 13. Der eine Theil hat zu dem anderen eine zum Axensystem des letzteren um die Normale zu ξ = ⅔P2̀ (2̀13) gedrehte Lage. Die Krystalle sind derart verwachsen, dass nur die Flächen c, d, a, s sichtbar sind, a, d, s sind stark gestreift, c, γ uneben. Bezeichnet man die entsprechenden Flächen des anderen Krystalls mit den entsprechenden griechischen Buchstaben, so sind:

	Berechnet[1]:		Beobachtet:		
cγ =	103°	58′	103°	37′	gut
			(103	4)	
aα =	140	6	141	15	
cα =	124	9	124	9	

[1] Unter der Voraussetzung, dass ξ Zwillings- und Zusammensetzungsfläche.

	Berechnet:		Beobachtet:			
ca =			98	42	approx.	
γ'a			98	30	—	
ct			109	22		
[ad			136	—	—	= αδ
[dt			154	—	153 —	= δι
dδ	139	2	140	—	138 zweifelhaft	
tι	96	4	95¾	—	93⅓	

Zwei kleine Krystalle aus Südamerika, gemessen von H. A. Miers, zeigten: a, c, o, g, d, s, t, ω, σ, i, k, ξ. Gute Reflexe gaben nur c, o, t, ω, σ, k.

An den von Herrn Friedländer (P. Groth, die Mineraliensammlung der Univ. Strassburg, S. 58) untersuchten Krystallen wurden noch weiter beobachtet: β = ⅓P$\grave{\infty}$ (013) und ζ = ⅖P$\bar{2}$ ($\bar{2}$15) in guter Ausbildung, in Spuren b, η, x, k und, wie es scheint, nachweisbar ⅕P$\grave{2}$ ($\bar{1}$.2.10), ⅑P ($\bar{1}$19) und eine bisher nicht angegebene Fläche in der Zone [cβ]. Die Fläche a ist durch einen Sprung getheilt und ein Theil derselben aus ihrer richtigen Lage gebracht, dieser letztere giebt das hellste Bild und den von Friedländer gegebenen Werth aιo = 130° 15'. Das Bild des ungestörten Theils ist weniger deutlich und führt auf den Winkel αιo = 129° 55½', 129° 57' (Miers beobachtete: 129° 54½' (129° 52', 129° 51'), zwischen den parallelen Flächen: 129° 48½', 129° 50'; dieselben lieferten ferner a i = 132° 21'. Den Winkel zu dem gestörten Theile von a fand Verf. = 132° 27' und den zur richtigen a-Fläche = 132° 20'. Miers fand noch eine neue Fläche Δ = ∞P$\bar{2}$ (210) zwischen s und σ und χχ = 96° 30½', χζ = 152° 35½'. Der Strassburger Krystall zeigt demnach folgende Flächen: a, η, d, s, t, ω, x, σ, i, o, γ', g, χ, b, β, ζ, k. Δ = ∞P$\bar{2}$ (210), ⅑P ($\bar{1}$19)?, ($\bar{1}$.2.10)?.

Zum Schluss folgen Tabellen, in denen die hauptsächlichsten berechneten und beobachteten Winkel zusammengestellt sind. **K. Oebbeke.**

H. Klinger und R. Pitschki: Über den Siegburgit. (Ber. d. deutsch. chem. Ges. XVII. Heft 17. S. 2742—2746. 1884.)

Verff. haben den bei Siegburg und Troisdorf über Braunkohlenflötzen in Sandgruben lagernden Siegburgit chemisch studirt, zu welchem Zweck sie dieses von v. Lasaulx[1] in die Mineralogie eingeführte fossile Harz in Portionen von 50—60 g der trockenen Destillation unterwarfen. Proben der verarbeiteten sandigen Concretionen hinterliessen geglüht durchschnittlich 72.25 % Asche. — 600 g Rohmaterial lieferten bei der Destillation 113 Cc. einer leichten öligen und 10 Cc. einer wässerigen sauren Flüssigkeit, in welchen Destillaten grössere Mengen von Styrol und von Zimmtsäure nachgewiesen werden konnten. 600 g Knollen gaben 4.4 g Zimmtsäure und 25 g Styrol; Benzol und Toluol waren nur in geringen Mengen

[1] Dies. Jahrb. 1875. pag. 128.

vorhanden. Eine Reihe zwischen 120—140° übergehender Producte und ebenso die von 150—360° siedenden Antheile haben die Verf. noch nicht untersucht; unter den letztgenannten findet sich auch in geringer Menge ein bei 208° schmelzender, anthracenähnlicher Körper. — Die Behandlung des Siegburgits mit verschiedenen Lösungsmitteln (Alkohol, Äther, Benzol, Chloroform[1]) ergab vorläufig noch keine wohl characterisirten Verbindungen. Die mit Chloroform oder Benzol übergossenen Concretionen quollen auf unter Bildung einer gallertartigen Masse. Dieselbe ist vielleicht der Hauptmenge nach Metastyrol, weil sie destillirt neben Zimmtsäure beträchtliche Mengen von Styrol liefert.

Die bei der chemischen Untersuchung des Siegburgits erzielten Resultate berechtigen zu der Annahme, dass in demselben ein fossiler Storax vorliegt, zumal die Frage nach seiner Herkunft sich leicht beantworten lässt, da O. Weber 1857 in mehreren Nachbarorten von Siegburg und Troisdorf Fragmente resp. Abdrücke von *Liquidambar europaeum* gefunden hat (Ber. d. deutsch. chem. Ges. XVII. 126). — Der Siegburgit gewinnt dadurch und als eines der wenigen fossilen Harze, in denen aromatische Verbindungen nachgewiesen sind, ein erhöhtes Interesse; auch als Quelle zur Darstellung von Styrol verdient er Beachtung. — Seine Untersuchung wird im Bonner Universitäts-Laboratorium fortgesetzt. **P. Jannasch.**

S. v. Wroblewski: Über den Gebrauch des siedenden Sauerstoffs als Kältemittel, über die Temperatur, welche man dabei erhält und über die Erstarrung des Stickstoffs. (Monatshefte für Chemie etc. d. Kaiserl. Akad. d. Wissensch. z. Wien. V. Bd. Heft 1, pg. 47—49. 1884.)

Verf. hat der kälteerzeugenden Wirkung des siedenden Sauerstoffs mit Erfolg den Stickstoff ausgesetzt. Comprimirt in einer Glasröhre, abgekühlt im Strome des siedenden Sauerstoffs und gleich nachher expansirt, erstarrt dieses Gas und fällt in Schneeflocken nieder, welche aus Krystallen von bemerkenswerther Grösse bestehen. **P. Jannasch.**

H. Staute: Pinnoit, ein neues Borat von Stassfurt. (Ber. d. deutsch. chem. Ges. XVII. Heft 12. S. 1584—1586. 1884.)

Der Pinnoit wurde ganz kürzlich in dem zur Boracitwäsche gelieferten Haufwerke aus den neuesten Aufschlüssen im preussischen Salzlager von dem Verf. aufgefunden und erhielt seinen Namen zu Ehren des um den Stassfurter Bergbau hochverdienten Königlichen Oberbergraths Pinno in Halle a. S. Er tritt in einzelnen Knollen auf, welche sich vermöge ihres lebhaften Farbentones leicht unter den weissen Boracit-Knollen zu erkennen geben. Gewöhnlich ist er mit weissem erdigem Boracit verwachsen, seltener frei davon, aber alsdann innig mit Kainit durchsetzt; er findet sich ausschliesslich in den höheren Schichten der Kainitregion. — Beim Zerschlagen

---

[1] Wässerige Sodalösung nimmt sehr wenig Zimmtsäure auf.

zeigt das neue Borat einen ziemlich ebenen, schwach schimmernden Bruch und ein oft etwas verstecktes Fasergefüge; unter der Lupe erscheint es feinkörnig bis dicht; an vielen Stellen erkennt man kleine lebhaft glänzende Krystallflächen. Seine Farbe ist meist schwefel- bis strohgelb, zuweilen pistaziengrün; auch finden sich röthliche und graue Nüancen vor. Über die Form der mikroskopischen Krystalle kann Verf. nichts Bestimmtes angeben, da die einzelnen Krystallindividuen so dicht an einander gedrängt sitzen, dass die Freilegung eines einzelnen nicht gelingen wollte; sie sind aber keinenfalls tesseral, weil die Dünnschliffe der Substanz zwischen gekreuzten Nicols überall die lebhaftesten Polarisationsfarben geben. — Die Härte des Minerals beträgt 3—4, das Spec. Gew. 2.27. Beim Erhitzen zerknistert es und schmilzt schliesslich ziemlich schwer unter Grünfärbung der Flamme zu einer dichten weissen Masse mit matter Oberfläche zusammen.

Die chemische Untersuchung des Pinnoits durch den Verf. und durch Aug. Stromeyer (Hannover) führte zu der Formel $MgB_2O_4 + 3H_2O$, wonach das Mineral als ein neutrales Magnesiumsalz der monohydrischen Borsäure (Monhydroxy-Borsäure oder Meta-Borsäure B = O—OH) aufzufassen ist. Die ausgeführten Analysen sind in der folgenden Tabelle angegeben. I. Durchschnitt zahlreicher Analysen des Verf., II. Analyse dichter gelber, III. solche graugelber krystallinisch körniger Aggregate, IV. die aus der Formel berechneten Zahlen:

	I.	II.	III.	IV.
MgO	24,45	24,19	24,07	24,39
B_2O_3	42,50	42,68	42,85	42,69
H_2O	32,85	32,50	32,50	32,92
Fe	0,15	0,23	0,21	
Cl	0,18	0,40	0,37	

Leider sind die Borsäurebestimmungen nicht nach einem sichere Resultate liefernden Wägungsverfahren[1] ausgeführt worden, sondern nur aus Verlusten berechnet. Ausser Borsäure, Magnesia und Wasser[2] enthielten die analysirten Stücke sehr kleine Mengen Chlor und Eisen (0,15—0,40 %).

Von Mineralsäuren wird das natürliche Magnesium-Metaborat leicht gelöst. Gegen Wasser verhält es sich ganz ähnlich der künstlich dargestellten Verbindung von der Formel MgB_2O_4.

Die Art des Vorkommens lässt den Verf. darauf schliessen, dass der Pinnoit ein secundäres Product darstellt, entstanden durch die immerwährenden Einwirkungen von Salzlösungen auf Boracit; er behält sich aber zur Klarlegung dieses Punktes weitere Mittheilungen vor.

P. Jannasch.

---

[1] cf. hierüber mein Referat über die Marignac-Bodewig'sche Methode in dies. Jahrb. 1884. II. 14. — Die Wägung des Bors als Borfluorkalium [nach A. Stromeyer, Ann. Chem. Pharm. 100, 82] liefert bei vollständiger Abwesenheit von Kieselsäure genügende Resultate.

[2] Über die Bestimmung des Wassers in Mineralien cf. meine Abhandlungen; dies. Jahrb. 1882. II. 269; 1884. II. 206 u. 1885. I. 94.

B. Minnigerode: Untersuchungen über die Symmetrieverhältnisse und die Elasticität der Krystalle. (Erste bis dritte Abhandlung. Nachrichten d. K. Ges. d. Wiss. zu Göttingen. 1884. No. 6, S. 195, No. 9, S. 374, No. 12, S. 488.)

Die vorliegenden Abhandlungen haben die Untersuchungen über die Symmetrieeigenschaften der Krystalle nach einer Richtung hin zu einem gewissen Abschluss geführt. Es war bekannt, dass eine vollständige Beschreibung dieser Eigenschaften nur durch Angabe der Drehungen und Spiegelungen erfolgen kann, welche einen Krystall mit sich selbst zur Deckung bringen. Die vorhandenen Darstellungen dieses Gegenstandes entbehrten aber der analytischen Ausdrücke für jene Deckbewegungen und konnten desshalb nicht als vollkommen befriedigend angesehen werden. Der Verf. hat nun gezeigt, dass diese analytische Darstellung der Symmetrieeigenschaften der Krystalle mit Hülfe der Substitutions- oder Gruppentheorie ausgeführt werden kann. Man gewinnt auf diesem Wege eine neue Bezeichnung gleichberechtigter Richtungen in einem Krystall, also auch gleichberechtigter Krystallflächen, welche zwar für die gewöhnlichen Zwecke der Krystallbeschreibung wenig geeignet sein würde, für die theoretische Krystallographie aber von grossem Nutzen ist. Anstatt die Richtung einer Geraden oder einer Ebene in einem Krystall, wie es üblich ist, auf Coordinatenaxen zu beziehen, kann man sie bezeichnen durch die Operationen der Drehungen und Spiegelungen, mit Hülfe deren jene Richtung aus einer beliebigen der gleichberechtigten Richtungen, die als Ausgangsrichtung dient, hervorgeht. Dieses Princip der Beschreibung hat der Verf. für alle Krystallsysteme durchgeführt. Er hat die Symmetrieelemente, namentlich die verschiedenen Arten der Symmetrieaxen schärfer, als es bisher möglich war, definirt und auf dieser Grundlage eine Charakteristik der Krystallsysteme errichtet, welche als ein wesentlicher Fortschritt der theoretischen Krystallographie anzusehen ist.

Aus dem Inhalt möge folgendes hervorgehoben werden. Jedes Krystallpolyëder werde ersetzt durch das Bündel seiner, von dem Punkt O ausgehenden Flächennormalen. Die Richtungscosinusse einer Normale, bezogen auf ein durch O gelegtes Coordinatensystem, welches der Symmetrie des Krystalles entsprechend gewählt ist, seien α, β, γ. Dann werden die Richtungscosinusse der mit $\{\alpha, \beta, \gamma\}$ gleichberechtigten Richtungen durch Vertauschungen von $\pm\alpha$, $\pm\beta$, $\pm\gamma$ erhalten. Das Vorhandensein einer Symmetrieeigenschaft ist also identisch mit dem Umstand, dass es zulässig ist, die Richtungscosinusse $\pm\alpha$, $\pm\beta$, $\pm\gamma$ in gewisser Weise zu vertauschen. Die zulässigen Vertauschungen sind durch ihre Gruppe definirt. d. h. durch diejenigen Vertauschungen, welche zusammengesetzt immer wieder auf eine der bereits gegebenen Vertauschungen zurückführen. Ein Beispiel möge dieses Verfahren erläutern. Die Richtungscosinusse der Normalen der 48 Flächen eines Hexakisoktaëders, bezogen auf die Kantenrichtungen des zugehörigen Hexaëders, sind nach Oktanten geordnet unter der Annahme $\alpha > \beta > \gamma$:

1. vorn-rechts-oben: $\alpha\beta\gamma$, $\beta\gamma\alpha$, $\gamma\alpha\beta$, $\beta\alpha\gamma$, $\alpha\gamma\beta$, $\gamma\beta\alpha$,
2. hinten-links-unten: $\bar\alpha\bar\beta\bar\gamma$, $\bar\beta\bar\gamma\bar\alpha$, $\bar\gamma\bar\alpha\bar\beta$, $\bar\beta\bar\alpha\bar\gamma$, $\bar\alpha\bar\gamma\bar\beta$, $\bar\gamma\bar\beta\bar\alpha$,
3. vorn-links-unten: $\alpha\bar\beta\bar\gamma$, $\bar\beta\bar\gamma\alpha$, $\bar\gamma\alpha\bar\beta$, $\bar\beta\alpha\bar\gamma$, $\alpha\bar\gamma\bar\beta$, $\bar\gamma\bar\beta\alpha$,
4. hinten-rechts-unten: $\bar\alpha\beta\bar\gamma$, $\beta\bar\gamma\bar\alpha$, $\bar\gamma\bar\alpha\beta$, $\beta\bar\alpha\bar\gamma$, $\bar\alpha\bar\gamma\beta$, $\bar\gamma\beta\bar\alpha$,
5. hinten-links-oben: $\bar\alpha\bar\beta\gamma$, $\bar\beta\gamma\bar\alpha$, $\gamma\bar\alpha\bar\beta$, $\bar\beta\bar\alpha\gamma$, $\bar\alpha\gamma\bar\beta$, $\gamma\bar\beta\bar\alpha$,
6. hinten-rechts-oben: $\bar\alpha\beta\gamma$, $\beta\gamma\bar\alpha$, $\gamma\bar\alpha\beta$, $\beta\bar\alpha\gamma$, $\bar\alpha\gamma\beta$, $\gamma\beta\bar\alpha$,
7. vorn-links-oben: $\alpha\bar\beta\gamma$, $\bar\beta\gamma\alpha$, $\gamma\alpha\bar\beta$, $\bar\beta\alpha\gamma$, $\alpha\gamma\bar\beta$, $\gamma\bar\beta\alpha$,
8. vorn-rechts-unten: $\alpha\beta\bar\gamma$, $\beta\bar\gamma\alpha$, $\bar\gamma\alpha\beta$, $\beta\alpha\bar\gamma$, $\alpha\bar\gamma\beta$, $\bar\gamma\beta\alpha$.

Bezeichnet man nun: 1. die cyclische Vertauschung von α, β, γ, mit der eine cyclische Vertauschung von $\bar\alpha$, $\bar\beta$, $\bar\gamma$ verbunden ist, mit K; 2. die Vertauschungen von β und $\bar\beta$, γ und $\bar\gamma$ mit A, von γ und $\bar\gamma$, α und $\bar\alpha$ mit B, von α und $\bar\alpha$, β und $\bar\beta$ mit C; 3. die Vertauschugen von α und β, $\bar\alpha$ und $\bar\beta$ mit H; endlich 4. die Vertauschungen von α und $\bar\alpha$, β und $\bar\beta$, γ und $\bar\gamma$ mit D, was durch die Symbole:

$$K = (\alpha, \beta, \gamma)\,(\bar\alpha, \bar\beta, \bar\gamma)$$
$$A = (\beta, \bar\beta)\,(\gamma, \bar\gamma), \quad B = (\gamma, \bar\gamma)\,(\alpha, \bar\alpha), \quad C = (\alpha, \bar\alpha)\,(\beta, \bar\beta)$$
$$D = (\alpha, \bar\alpha)\,(\beta, \bar\beta)\,(\gamma, \bar\gamma)$$
$$H = (\alpha, \beta)\,(\bar\alpha, \bar\beta)$$

angedeutet werden soll, so erhält man für das vorstehende System von 48 Vertauschungen, also auch für die 48 Flächen eines Hexakisoktaëders, folgende Bezeichnungen:

1.	1	K	K^2	H	KH	K^2H
2.	D	KD	K^2D	HD	KHD	K^2HD
3.	A	KA	K^2A	HA	KHA	K^2HA
4.	B	KB	K^2B	HB	KHB	K^2HB
5.	C	KC	K^2C	HC	KHC	K^2HC
6.	DA	KDA	K^2DA	HDA	KHDA	K^2HDA
7.	DB	KDB	K^2DB	HDB	KHDB	K^2HDB
8.	DC	KDC	K^2DC	HDC	KHDC	K^2HDC

Aus diesen Symbolen sind die Operationen ersichtlich, welche man auszuführen hat, um das Hexakisoktaëder mit sich selbst zur Deckung zu bringen, derart, dass die Ausgangsfläche $\{\alpha, \beta, \gamma\}$ in die Lage übergebe, welche ursprünglich irgend eine der 47 anderen Flächen einnahm.

Es bedeutet nämlich die der Kürze wegen mit K bezeichnete Substitution das Vorhandensein einer gegen die Coordinatenaxen gleich geneigten 3-zähligen Symmetrieaxe; die Substitutionen A, B, C haben die Bedeutung, dass die Coordinatenaxen geradzählige Symmetrieaxen sind; D zeigt das Vorhandensein eines Centrums der Symmetrie an; H bedeutet, dass die Verbindungsebene einer 3-zähligen Symmetrieaxe mit einer der Coordinatenaxen eine Symmetrieebene ist. Hieraus sind die geometrischen Bedeutungen der aus K, A, B, C, D, H zusammengesetzten Substitutionen leicht zu entnehmen. Die vorstehende Tabelle enthält alle Substitutionen der Gruppe:

$$G = \{ K, A, B, C, D, H \}$$

Demnach sind die Symmetrieeigenschaften eines Hexakisoktaëders, oder, was auf dasselbe hinauskommt, der holoëdrischen Abtheilung des regulären Systems durch diese Gruppe der 48. Ordnung charakterisirt. Die verschiedenen Abtheilungen des regulären, tetragonalen, rhombischen und monoklinen Krystallsystems und das trikline System entsprechen, wie der Verf. ausführlich darlegt, ebensovielen Untergruppen von G. Im hexagonalen System tritt neben den Substitutionen K, D, H noch die Substitution

$$Q = (\alpha, \gamma', \beta, \alpha', \gamma, \beta')$$

auf, worin:

$$\alpha' = \tfrac{2}{3}(\alpha + \beta + \gamma) - \alpha$$
$$\beta' = \tfrac{2}{3}(\alpha + \beta + \gamma) - \beta$$
$$\gamma' = \tfrac{2}{3}(\alpha + \beta + \gamma) - \gamma$$

gesetzt ist; sie weist auf eine 6-zählige, gegen die Coordinatenaxen gleichgeneigte Symmetrieaxe hin. Die Darstellung der Symmetrieeigenschaften dieses Systems mit Benutzung des 4-axigen BRAVAIS'schen Coordinatensystems ist der Gegenstand der dritten Abhandlung.

Von besonderem Interesse sind die Definitionen, welche der Verf. von den **Symmetrieaxen** giebt. (S. 199—205, 375, 377.) Geht durch eine Drehung um eine n-zählige Symmetrieaxe, deren Richtungscosinusse λ, μ, ν sind, um den charakteristischen Drehungswinkel $\frac{2\pi}{n}$ die Gerade $\{\alpha, \beta, \gamma\}$ über in $\{\alpha', \beta', \gamma'\}$, so ist:

$$\alpha' = \lambda \cos\varphi \left(1 - \cos\frac{2\pi}{n}\right) + \alpha \cos\frac{2\pi}{n} + \sigma(\beta\nu - \gamma\mu)$$

$$\beta' = \mu \cos\varphi \left(1 - \cos\frac{2\pi}{n}\right) + \beta \cos\frac{2\pi}{n} + \sigma(\gamma\lambda - \alpha\nu)$$

$$\gamma' = \nu \cos\varphi \left(1 - \cos\frac{2\pi}{n}\right) + \gamma \cos\frac{2\pi}{n} + \sigma(\alpha\mu - \beta\lambda)$$

worin φ den Winkel zwischen der Geraden und der Axe bedeutet und $\sigma = \pm \sin\frac{2\pi}{n}$ gesetzt ist. Das doppelte Vorzeichen von σ entspricht den beiden Drehungsrichtungen. Bezeichnet man diese Drehung mit S, so erhält man aus $\{\alpha, \beta, \gamma\}$ die n—1 gleichberechtigten Geraden durch die Drehungen: $S, S^2, \ldots S^{n-1}$. Dazu tritt $S^n = 1$. Aus diesen allgemeinen Relationen sind leicht die Beziehungen zu entnehmen, welche für die krystallographisch allein möglichen 2-, 3-, 4- und 6-zähligen Symmetrieaxen gelten. — Zwei in Bezug auf eine Ebene, deren Normale die Richtungscosinusse λ, μ, ν besitzt, symmetrische Richtungen $\{\alpha, \beta, \gamma\}$ und $\{\alpha', \beta', \gamma'\}$ stehen in der Beziehung, dass:

$$\alpha' = \alpha - 2\lambda\,(\alpha\lambda + \beta\mu + \gamma\nu)$$
$$\beta' = \beta - 2\mu\,(\alpha\lambda + \beta\mu + \gamma\nu)$$
$$\gamma' = \gamma - 2\nu\,(\alpha\lambda + \beta\mu + \gamma\nu)$$

ist. — Unter den einseitigen Symmetrieaxen, welche nicht polar sind, unterscheidet der Verf. mit Recht zwei Arten. Zu der ersten Art gehören jene, welche auf einer Symmetrieebene senkrecht stehen, wie die Hauptaxen der pyramidal-hemiëdrischen Formen des hexagonalen und tetragonalen Systems. Als einseitig von der zweiten Art bezeichnet der Verf. ungeradzählige Symmetrieaxen centrisch-symmetrischer Krystalle; dahin gehören die 3-zähligen Symmetrieaxen der pentagonal-hemiëdrischen Krystalle des regulären Systems und der rhomboëdrisch-tetartoëdrischen Krystalle des hexagonalen Systems. Charakteristisch für diese Krystalle ist, dass bei ihnen in sich gewendete Flächengruppen an Formen auftreten, die selbst nicht in sich gewendet sind, was zuerst von Marbach 1855 erkannt worden ist.

Die gruppentheoretische Darstellung der Symmetrieeigenschaften der Krystalle ist mannigfacher Anwendungen fähig, wie der Verf. an einem interessanten Beispiel darlegt, indem er zeigt, dass man aus dem Werthe, den in der Green'schen Theorie der Elasticität der Krystalle das Potential der elastischen Kräfte für die triklinen Krystalle besitzt, die für höher symmetrische Krystalle geltenden Werthe fast ohne Aufwand von Rechnung ableiten kann. Dabei findet er, dass in dieser so vielfach und neuerlichst insbesondere von W. Voigt und Aron bearbeiteten Lehre eine Gruppe von Fällen bisher vollständig übersehen worden ist. **Th. Liebisch.**

Felix Klein: Vorlesungen über das Ikosaëder und die Auflösung der Gleichungen vom fünften Grade. Mit einer Tafel. Leipzig 1884. 260 S.

Das erste Kapitel dieses Werkes trägt die Überschrift „Die regulären Körper und die Gruppentheorie“ und ist zur Einführung in die gruppentheoretische Behandlung der Symmetrieeigenschaften vorzüglich geeignet. Der Verf. erläutert zunächst gewisse allgemeine Begriffe der Gruppentheorie, — wobei hervorgehoben wird, dass die Drehungen, welche einen regulären Körper mit sich selbst zur Deckung bringen, in ihrer Gesammtheit eine Gruppe bilden, während die Spiegelungen, vermöge deren ein regulärer Körper in sich verwandelt wird, für sich genommen keine Gruppe ergeben, — und wendet sich dann zur näheren Betrachtung der cyclischen Rotationsgruppen, der Gruppe der Diëderdrehungen, der Vierergruppe und der Gruppen der Tetraëder-, Oktaëder- und Ikosaëderdrehungen. Darauf werden die Symmetrieebenen der regulären Körper und die durch sie vermittelten Kugeltheilungen beschrieben. Durch Verbindung der Drehungen mit den Spiegelungen an den Symmetrieebenen entstehen erweiterte Gruppen. [Die aus 48 Operationen bestehende erweiterte Oktaëdergruppe ist es, welche Minnigerode in der ersten der oben angeführten Abhandlungen zum Ausgangspunkte gewählt hat.] Endlich werden für jede Gruppe geeignete erzeugende Operationen angegeben, d. h. Operationen, aus denen durch Wiederholung und Combination die jedesmalige Gruppe entsteht. Das Verständniss dieser Erzeugung wird erleichtert durch die beigegebene stereographische Projection der Kugeltheilung in 120 abwechselnd congruente und symmetrische Dreiecke, welche durch die 15 Symmetrieebenen des Ikosaëders bewirkt wird. **Th. Liebisch.**

Wm. Earl Hidden: On the probable occurrence of Herderite in Maine. (Am. Journ. of science 1884, XXVII. pag. 73.)

Wm. Earl Hidden and J. B. Mackintosh: On Herderit (?) a glucinum calcium phosphate and fluoride from Oxford Co., Maine. (Ib. 1884. XXVII. p. 135.)

E. S. Dana: On the Crystalline Form of the supposed Herderite from Stoneham, Maine. (Ib. 1884. XXVII. pag. 229. Zeitschr. f. Kryst. u. Min. 1884. IX. 278.)

Des Cloizeaux: Note sur l'identité optique des cristaux de la Herdérite d'Ehrenfriedersdorf et celle de l'État du Maine. (Compt. rend. hebd. des séances de l'acad. des sciences. 1884. XCVIII. No. 16. pag. 956. Bull. de la soc. min. de France. 1884. vol. VII. p. 130.)

J. B. Mackintosh: On the Composition of Herderite. (Am. Journ. of Science. 1884. XXVIII. p. 401.)

W. E. Hidden erhielt durch N. H. Perry in South Paris, Maine, einige Stufen dunkel ölgrünen Glimmers, Muscovit nach der zweit genannten Arbeit, sowie Quarz, welche farblose Kryställchen von Wachs- bis Glasglanz trugen, die weissen Strich, die Härte 5 und das Spec. Gew. 3 haben. Eine Spur von Spaltbarkeit ward nach der perlmutterglänzenden Fläche von oP wahrgenommen. Die Stufen wurden im October 1882 in einer offenen Felsspalte bei Stoneham, Oxford Co, Maine gefunden, einem Orte, der ca. 14 miles in südlicher Richtung von West Bethel, einer Station der Grand Trunk R. R. gelegen ist.

Eine Analyse, die mit 0,8 gr ausgeführt ward, und bei welcher das Fluor nach dem nicht durch Phosphorsäure gebundenen Kalk berechnet wurde, ergab:

	gefunden	berechnet
CaO =	33.21	34.33
BeO =	15.76	15.39
P_2O_5 =	44.31	43.53
Fl =	11.32	11.64
	104.60	104.89

Hiervon aber sind für den durch Fl gebundenen Ca noch in Abzug zu bringen

O =	4.76	4.89
	99.84	100.

der Berechnung ward die Formel zu Grunde gelegt:

$$3\,CaO,\ P_2O_5 + 3\,BeO,\ P_2O_5 + CaFl_2 + BeFl_2$$

oder

$$3\,(\tfrac{1}{2}\,CaO,\ \tfrac{1}{2}\,BeO)\ P_2O_5 + (\tfrac{1}{2}\,Ca,\ \tfrac{1}{2}\,Be)\ Fl_2.$$

Diese Zusammensetzung und die weiter unten zu besprechenden krystallographischen Verhältnisse lassen vermuthen, dass das Mineral wenn nicht ident, so doch sehr nahe verwandt dem Herderit, einem Phosphat von Aluminium und Kalk mit Fluor ist; nothwendig zur Entscheidung dieser Frage würde eine quantitative Analyse des letztgenannten Minerals von Ehrenfriedersdorf sein.

Vor dem Löthrohr auf Kohle erhitzt, leuchtet das Mineral hell auf und wird dann undurchsichtig und weiss; mit Kobaltsolution betupft wird es aussen schwarz, im Innern aber nimmt es Amethyst-Färbung an.

Über die krystallographische Ausbildung erhielt E. S. Dana, welchem ausser dem besten Material der Herren Hidden und Mackintosh auch noch solches von G. F. Kunz zur Verfügung stand, die folgenden Resultate:

System = rhombisch. Die Ausbildung ist prismatisch in der Richtung der Axe $\breve{a}$ und es lassen sich zwei Typen unterscheiden, je nachdem die Basis und das seitliche Pinakoid ausgebildet sind oder nicht. An Formen wurden die folgenden beobachtet:

oP	(001) = c,	$\infty P\breve{\infty}$	(010) = b,	∞P	(110) = J
$\infty P\breve{2}$	(120) = l,	$\infty P\breve{3}$	(130) = n,	$\frac{3}{2}P\bar{\infty}$	(302) = e
$P\breve{\infty}$	(011) = n,	$\frac{3}{2}P\breve{\infty}$	(032) = t,	$3P\breve{\infty}$	(031) = v
$6P\breve{\infty}$	(061) = s,	P	(111) = p,	$\frac{3}{2}P$	(332) = q
$3P$	(331) = n,	$3P\breve{2}$	(362) = x,	$3P\breve{3}$	(131) = y.

Als Fundamentalwinkel wurden genommen:

$P\breve{\infty} : P\breve{\infty}$ über $OP = 011 : 0\bar{1}1 = 134^\circ\ 6'$

$P\breve{\infty} : 3P$ anliegend $= 011 : 331 = 122^\circ\ 53'$

woraus das Verhältniss der Axen folgt:

$$\breve{a} : \bar{b} : \dot{c} = 0.6206 : 1 : 0.4234.$$

Zur Vergleichung der hieraus berechneten mit den wirklich gefundenen Winkelwerthen dient die folgende Tabelle, bei welcher unter „gefunden" das Mittel der an 4 verschiedenen Krystallen erhaltenen Zahlen gesetzt ist[1]:

		Gefunden	Berechnet
$\infty P : \infty P$	$= 110 : 1\bar{1}0 =$	116° 22′	116° 21′
$\frac{3}{2}P\bar{\infty} : \frac{3}{2}P\bar{\infty}$	$= 302 : 30\bar{2} =$	91° 27′	91° 20′
$3P\breve{\infty} : 3P\breve{\infty}$	$= 031 : 0\bar{3}1 =$	76° 21′	76° 25′
$6P\breve{\infty} : 6P\breve{\infty}$	$= 061 : 0\bar{6}1 =$	42° 58½′	42° 58′
$3P : 3P$	$= 331 : 3\bar{3}1 =$	121° 47½′	121° 43′
$3P : 3P$	$= 331 : 33\bar{1} =$	135° 13′	134° 55′
$\frac{3}{2}P\bar{\infty} : P\breve{\infty}$	$= 302 : 011 =$	130° 22′	130° 3′
$\frac{3}{2}P\bar{\infty} : 3P$	$= 302 : 331 =$	146° 7′	146° 13′
$\frac{3}{2}P\bar{\infty} : 3P$	$= 302 : 33\bar{1} =$	106° 53′	107° 4′

Eine andere Tabelle giebt die für die eigenen und Combinations-Kanten der einzelnen Formen berechneten Werthe.

[1] Das häufige Auftreten von unregelmässiger Streifung und kleinen Hervorragungen auf den Flächen macht die Krystalle zu genauen Messungen nicht recht tauglich. Dana erinnert an das über diese Verhältnisse zuletzt von M. Schuster Gesagte (Min. Mitth. 1883. 397).

Mit dem Herderit verglichen, dessen Axenverhältniss

$$\breve{a} : \bar{b} : \acute{c} = 0.6261 : 1 : 0.4247$$

angegeben ward, würde das neuerdings gefundene Mineral in seinen Winkelgrössen so nahe übereinstimmen, dass eine Vereinigung der beiden Mineralien stattfinden könnte. Das Verhältniss der Axen b : c ist nahezu gleich und nur die Verhältnisse von a : c und a : b geben grössere Differenzen.

Zum Vergleich beider Mineralien giebt DANA folgende Tabelle:

		Neues Mineral	Herderit
∞P : ∞P	= 110 : 1$\bar{1}$0 =	116° 21′	115° 53′
P$\breve{\infty}$: P$\breve{\infty}$	= 011 : 0$\bar{1}$1 =	134° 6′	133° 58′
6P$\breve{\infty}$: 6P$\breve{\infty}$	= 061 : 0$\bar{6}$1 =	42° 58′	42° 52′
oP : P	= 001 : 111 =	141° 14′	141° 19′
oP : 3P	= 001 : 331 =	112° 33′	112° 35′
P$\bar{\infty}$: P$\bar{\infty}$	= 101 : $\bar{1}$01 =	111° 23′	111° 42′

In Bezug der auftretenden Formen würde bei eventueller Gleichheit der Mineralien zu bemerken sein, dass das neue Vorkommen die früher constatirten Flächen ∞P$\bar{\infty}$ (100) = b und 4P (441) = o bislang nicht gezeigt hat, dass dagegen neu die mit l, n, e, u, v, q, x und y bezeichneten sein würden.

Auch in optischer Beziehung ist eine so grosse Gleichheit für beide Species vorhanden, wie sie für zwei verschiedene Vorkommen desselben Minerals erwartet werden darf. DES CLOIZEAUX fand: Axenebene = ∞P$\breve{\infty}$ (010). Spitze negative Bissectrix = $\breve{a}$ mit $\varrho > v$ und die einzelnen Messungen gaben für die Grösse des Axenwinkels die folgenden Zahlen:

Herderit von Ehrenfriedersdorf:

	Rothes Glas	Natriumlicht
$2H_a$[1] =	74° 18′	74° 4′
	73° 44′	73° 31′
	73° 25′	73° 12′

woraus sich berechnet

2E =	124° 35′	124° 18′
	123° 10′	122° 56′
	122° 24′	122° 9′

ferner

$2H_o$ =	105° 11′	105° 23′

und es berechnet sich hiernach

2V =	74° 29′	74° 16′
	74° 8′	73° 55′
	73° 53′	73° 43′

---

[1] Die hier doppelt, resp. dreifach angegebenen Werthe sind diejenigen, welche für die klarsten der in grösserer Anzahl erscheinenden Ringsysteme erhalten wurden.

sowie

$$\beta = \begin{cases} 1.463 & 1.468 \\ 1.459 & 1.461 \\ 1.457 & 1.459 \end{cases}$$

Mineral von Maine:

	Rothes Glas	Li-Licht	Na-Licht	Blaue Kupfer-ammoniaklösung.
2E =	121° 51'	121° 44'	121° 22'	120° 33'
ferner				
$2H_a$ =	72° 34' 76° 23'		72° 12'	71° 24'
woraus folgt				
2E =	120° 21' 130° 2'		119° 45'	119° 11'

Die Brechungsindices des Öles waren

n = 1,466 roth, 1,468 gelb und 1,478 blau.

Falls die Analyse des Herderit wirklich Thonerde ergeben sollte, wird in der zweitgenannten Arbeit für das neue Mineral der Name Glucinit vorgeschlagen[1].

Der letztgenannte Verf. hat das Stoneham-Mineral daraufhin geprüft, ob der von Winkler gefundene Glühverlust nicht auf Fluor-Gehalt zurückgeführt werden kann. In qualitativen Versuchen ergab sich, dass lange Zeit geglühter Herderit das Glas bei einer Prüfung auf Fluor viel geringer ätzte als vor dem Glühen. In einem Falle, als das Mineral nach dem Schmelzen 6.03 % verloren hatte, konnte überhaupt keine vollständige Ätzung mehr mit dem Pulver hervorgerufen werden, wogegen eine gleich grosse Quantität frischen Minerals das angewandte Glas so stark angriff, dass es rauh anzufühlen war. Wenn man annimmt, dass bei dem Glühprocess das sämmtliche Fluor durch Sauerstoff ersetzt wird, so resultirt für die vom Verf. abgeleitete Formel ein Verlust von 6.75 %, eine Zahl nahe der durch Winkler gefundenen. **C. A. Tenne.**

Genth: On Herderite. (Read before the American Philosophical Society. 17. Okt. 1884.)

Der Verf. beabsichtigte die Widersprüche aufzuklären, welche er zwischen den Angaben Cl. Winkler's[2] über die Herderite von Ehrenfriedersdorf und von Stoneham und denen anderer Analytiker fand[3]. Zu der neuen Analyse standen 2,5 g zur Verfügung, geliefert von G. F. Kunz, der den Fundort des Stoneham-Herderits als einen 4' mächtigen, 20' langen Mar-

[1] Vergl. die Analyse von Cl. Winkler, dies. Jahrb. 1885. I. p. 172.

[2] Vergl. dies. Jahrb. 1884. Bd. 2. pag. 134 (briefl. Mittheil. von A. Weisbach).

[3] Vergl. das vorhergehende Referat.

garoditgang beschreibt, in dessen Nähe früher Topas, Triplit etc. gefunden worden ist (vergl. das folgende Referat über: KUNZ: Topas etc.) Der H. findet sich fast nur in Krystallen, welche in kleinen Hohlräumen auf Margarodit, der zuweilen in schönen Krystallen vorkommt, auf Quarz oder auch wohl auf Columbit aufsitzen.

Der Verfasser hat 4 allerdings z. Th. unvollständige Analysen ausgeführt, deren Gang umständlich angegeben ist, das Fl wurde direkt bestimmt. Diese 4 Analysen sind mit denen von MACKINTOSH und CL. WINKLER in der folgenden Tabelle zusammengestellt:

	Stoneham.						Ehrenfriedersdorf.
	GENTH						
	I.	II.	III.	IV.	MACKINTOSH	WINKLER	WINKLER
P_2O_5	41,76	43,01	43,38	43,43	44,31	41,51	42,44
BeO	14,60	15,01	15,17	15,04	15,76	14,84	8,61
Al_2O_3	0,17	0,22	0,09	0,20	—	2,26	6,58
Fe_2O_3	0,48	0,31	0,49	0,15	—	1,18	1,77
MnO	0,09	0,08	0,12	0,11	—	—	—
CaO	33,96	34,06	33,74	33,65	33,21	33,67	34,06
H_2O	—	—	?0,61	?0,61	—	6,59	6,54
Fl	—	?6,04	—	8,93	11,32	—	—
				102,12	104,60[1]		
	ab für O . . .			3,76	4,76		
				98,36	99,84		

Die geringen Mengen Al_2O_3 sind wohl durch Verunreinigung der Substanz mit etwas Glimmer und Albit zu erklären. Die Analysen von WINKLER geben mehr H_2O und weniger Fl als die von GENTH und MACKINTOSH, auch gibt er mehr Al_2O_3 und Fe_2O_3. Das Resultat, das der Verf aus allen bisherigen Untersuchungen zieht, ist, dass der Herderit von Stoneham und der von Ehrenfriedersdorf identisch sind. CL. WINKLER wird der Vorwurf gemacht, dass er das kostbare Ehrenfriedersdorfer Material durch Anwendung ungenügender analytischer Methoden verschleudert habe, wogegen sich letzterer eingehend vertheidigt (dies. Jahrb. 1885. I. pag. 172 briefl. Mitthlg.). **Max Bauer.**

G. F. Kunz: Topaz and associated minerals at Stoneham, Me. (Am. Journ. of science 1884. XXVII. 212.)

Stoneham wird eine Gegend des Harndon Hill genannt, der ¼ mile von der Stow-line, 1½ mls vom Deer Hill und 2 mls von der New Hampshire State line und dem Dorfe North Chatham entfernt liegt.

An dieser Localität sind in einer „Tasche" von Albit an ihrem Zusammenstoss mit einer Margaroditader Topase gefunden worden, die

---

[1] Im Text steht fälschlich 104,06.

theils in durchsichtigen, theils in trüben Exemplaren dem Verf. vorlagen. Die ersteren sind wasserhell, mit schwachem Stich ins Grünliche oder Bläuliche. Ihre Grösse erreicht 56 mm in der Richtung der verticalen und 60 ja 65 mm in der Breite (undurchsichtige Krystalle und Fragmente wiegen bis 10 ja 20 klgr. das Stück). Spec. Gew. = 3.54. Härte gleich der von Brasilianer Krystallen. Beobachtete Formen: oP (001), $\infty \breve{P} \infty$ (010); ∞P (110), $\infty \breve{P} \frac{3}{2}$ (230), $\infty \breve{P} 2$ (120), $\infty P \breve{3}$ (130), $\infty P \breve{4}$ (140); $\frac{2}{3} P \bar{\infty}$ (203), $2 P \bar{\infty}$ (201); $2 P \breve{\infty}$ (021), $4 P \breve{\infty}$ (041); $\frac{1}{2} P$ (112), $\frac{1}{3} P$ (113), $\frac{2}{3} P$ (223), P (111), 2P (221), $\frac{4}{3} P \breve{2}$ (243), $2 P \breve{2}$ (121). Neben dem Perlmutterglanz der Basis auf Spaltflächen erscheint in derselben Richtung zuweilen ein opalisirender Schiller.

Eine Analyse des Herrn C. M. Bradbury in Petersburg Va. ergab:

Aluminium	=	27.14
Silicium	=	14.64
Fluor	=	29.21
Sauerstoff	=	28.56
	Sa.	99.55

Diese Werthe entsprechen dem Verhältniss $7(Al_2 Si O_5) : 3(Al_2 Si Fl_{10})$, wogegen Rammelsberg das Verhältniss = 5 : 1 angiebt.

Als begleitende Mineralien werden erwähnt:

Triplit, in innerlich heller als aussen gefärbten Massen dem Fels eingesprengt. Bruchstücke bis zu 50 klgr. reiner Substanz liefernd.

Triphylin, ein Krystall gefunden.

Montmorillonit, ident mit dem von Brush und Dana von Branchville beschriebenen Mineral[1].

Columbit, unvollkommene Krystalle bis 10 mm lang. Autunit. Beryll, in Adern im Gestein. Zirkon, theilweise in Malakon verwandelt, bis 15 mm lang, mit ∞P (110), $\infty P \infty$ (100) und P (111). Granat, nach der Farbe Mangangranat. Cleavelandit, im frischen, erst kürzlich dem Gesteine entnommenen Zustande dunkelbraun und an der Sonne bleichend. Quarz. Apatit, oft an beiden Enden der Hauptaxe ausgebildet und an den Enden dunkler (blau und grün) gefärbt als in der weissen Mitte. oP (0001) gross entwickelt ∞P (10$\bar{1}$0), $\infty P2$ (11$\bar{2}$0) und P (10$\bar{1}$1); derbe Varietät von Farbe glasgrün. Derber Fluorit tief purpurfarben und sehr kleine blaue Oktaëderchen. Biotit, Margarodit, Muscovit, Damourit.

In einiger Entfernung von der Topaz-Fundstelle sind auch zwei sehr prächtige Berylle gefunden worden. Der eine zerbrochene Krystall ist noch 120 mm lang und 54 mm dick und muss seiner Umgrenzung nach mindestens 190 resp. 75 mm gemessen haben; in der Richtung der Hauptaxe erscheint durchfallendes Licht meergrün, solches nach einer Nebenaxe tief wasserblau. Der zweite Krystall von 41 mm Länge bei 15 mm Durchmesser ist nur zu einer Hälfte bei schwach grüner Färbung durchsichtig,

[1] Dies. Jahrb. 1882. II. -355-.

die andere Hälfte ist milchig und nur durchscheinend. Beobachtete Flächen: oP (0001), ∞P (10$\bar{1}$0), ∞P2 (11$\bar{2}$0), P (10$\bar{1}$1), 2P2 (11$\bar{2}$1), 3P$\frac{3}{2}$ (12$\bar{3}$1).

Neuerdings sind noch mehr Exemplare gefunden worden, darunter ein Krystall von 910 mm Länge und ein Bruchstück im Gewicht von 660 gr.

C. A. Tenne.

C. W. Blomstrand: Über ein Uranmineral von Moss und über die natürlichen Uranate im Allgemeinen. (Geol. Fören. i Stockholm Förh. 1884. Bd. VII. No. 2 (No. 86) 59—101. Journal für pract. Chemie. Bd. 29. pg. 191—228. 1884. Ann. de chimie et de physique. 1885. VI. ser. Bd. IV. pg. 129. Auszug des Verf.)

Die Abhandlung des Verf. ist von grosser Bedeutung, indem dieselbe einen neuen und interessanten Aufschluss zur Betrachtung der Zusammensetzung des Uranpecherzes giebt. Der Anlass zur Untersuchung ward Verf. dadurch gegeben, dass ihm das von Brögger gefundene Uranpecherzmineral von Moss[1] zur chemischen Untersuchung überliefert wurde. Nach Blomstrand können die bis dahin untersuchten Uranpecherzmineralien in folgende 2 Gruppen eingetheilt werden:

A. Eigentliches Uranpecherz (vom Verf. Uranin benannt).

Ein zu dieser Gruppe gehörendes Mineral hat Verf. nicht selbst untersucht, sondern nur durch Diskussion von Analysen anderer Verfasser eine neue Formel für dasselbe aufgestellt.

Nachdem er gezeigt, auf welch lockerem Grunde die bis jetzt allgemein angenommene Ansicht beruhe, dass der Uranin seiner Zusammensetzung nach mit dem grünen Oxydoxydul $UO\,U_2O_3$ der Chemiker übereinstimme, und dass bisher alles, was man über den Uranin zu wissen vermeint hat, nur reine Muthmassungen gewesen, wählt Verf. die drei der in der Literatur vorhandenen Analysen, welche so vollständig sind, dass sie als Grundlage zur Feststellung einer zuverlässigen Formel dienen können. Diese Analysen beziehen sich auf folgendes Vorkommen:

1) Joachimsthal, analysirt von Ebelmen 1843. Amorph, sehr unrein;

2) Branchville in Connecticut, analysirt von Comstock 1880[2], krystallisirt, chemisch rein.

Diese beiden entsprechen der Formel:

$$\overset{IV}{U}Pb\,(O^6\overset{VI}{U}) + 2\overset{IV}{U}{}^3\,(O^6\overset{VI}{U})^2.$$

Ein Uranin mit etwas abweichender Zusammensetzung, welcher bleireicher ist, ist repräsentirt durch folgendes Vorkommen:

3) Huggenäskilen bei Moss, von Lorenzen 1883 analysirt, beinahe chemisch rein.

$$\text{Formel: } \overset{IV}{U}Pb\,(O^6\overset{VI}{U}) + \overset{IV}{U}{}^3\,(O^6\overset{VI}{U})^2.$$

Hiermit scheint die alte Ansicht, das Uranpecherz sei als ein zur Spinellgruppe gehörendes Mineral zu betrachten, aus dem Wege geräumt

---

[1] Dieses Jahrbuch 1884. II. -170-.
[2] Dieses Jahrbuch 1881. II. -171-.

zu sein und einer richtigeren Auffassung in der schwierigen Frage über die Zusammensetzung der natürlichen Uranate Platz gemacht zu haben.

B. Thor-Uranin.

Von diesen Mineralien liegen bis heute nur zwei untersuchte Funde vor, nämlich Clevëit und das vom Verf. selbst analysirte Mineral, das er Bröggerit nennt.

1) Bröggerit von Ånneröd in der Gegend von Moss, 1884 von BLOMSTRAND analysirt. Die analysirte Probe bestand aus einem Bruchstück eines grösseren oktaëdrischen Krystalles. Farbe eisenschwarz. Das Pulver etwas heller. G. = 8,73. H. = 5—6. Bruch splitterig. Das Mineral wird schwierig von Chlorwasserstoffsäure und Schwefelsäure angegriffen, aber leicht von Salpetersäure und Königswasser. Vor dem Löthrohr Bleireaktion.

Zusammensetzung		Sauerstoff.
Kieselsäure	0,81	0,45
Uranoxyd	38,82	6,47
Uranoxydul	41,25	4,86
Bleioxyd	8,41	0,60
Thonerde	5,64	0,68
Cererde	0,38	0,05
Yttererde	2,42	0,38
Eisenoxydul	1,26	0,28
Kalkerde	0,30	0,09
Wasser	0,83	0,73
	100,12	

$$\text{Formel: } 6\overset{\text{IV}}{\text{U}}\overset{\text{II}}{\text{R}}\,(\text{O}^6\overset{\text{VI}}{\text{U}}) + \overset{\text{IV}}{\text{U}}^3\,(\text{O}^6\overset{\text{VI}}{\text{U}})^2$$

worin R. Thorium, Cer- und Yttriummetalle, sowie Blei bedeutet, hauptsächlich das erstgenannte.

2) Clevëit. Von Garta in der Nähe von Arendal. Entdeckt und beschrieben von NORDENSKJÖLD, analysirt von G. LINDSTRÖM[1]. Dieses Mineral ist vom Entdecker als ein Glied der Spinellgruppe angesehen worden. Durch Diskussion der Analyse beweist BLOMSTRAND, dass es gleich dem Bröggerit als ein Derivat des hypothetischen Uranoxyds $\overset{\text{IV}}{\text{U}}^3\,(\text{O}^6\overset{\text{VI}}{\text{U}})^2$ angesehen werden kann; seine Formel wird geschrieben:

$$\overset{\text{IV}}{\text{U}}\overset{\text{II}}{\text{R}}^4\,(\text{O}^6\overset{\text{VI}}{\text{U}})^2 + 4\text{H}_2\text{O}.$$

R bedeutet hier Blei, Thorium, Cer- und Yttriummetalle, die letzteren sind in grösserer Menge vorhanden. Vom Bröggerit unterscheidet er sich theils durch den Wassergehalt, theils durch die doppelt so grosse Menge von Uranosum substituirenden Metallradikalen. Hiermit hat Verf. alle bis dahin genauer untersuchten natürlichen Uranoxyde auf die Formel $\overset{\text{IV}}{\text{U}}^3\,(\text{O}^6\overset{\text{VI}}{\text{U}})^2$ und deren Derivate zurückgeführt[2]. **Hj. Sjögren.**

[1] Dieses Jahrbuch 1878, 406.

[2] Vergl. auch dieses Jahrbuch 1884. II. pag. 170. (Ref. über BRÖGGER's Arbeit über das Uranpecherz von Moss.)

A. E. Nordenskjöld: Mineralogische Beiträge: 7) Uransilikat aus dem Feldspathbruch von Garta bei Arendal. (Geol. Fören. i Stockholm. Förhandl. Bd. VII. No. 2 (No. 86). 121—123.)

Das fragliche Mineral, von welchem dem Verf. ein nur äusserst geringes Material zu Gebote gestanden, kam in einem Gemenge von Orthoklas, Calcit, Fergusonit, Clevëit, Yttrogummit, Zirkon (oder Alvit), Quarz und Glimmer vor. Vermuthlich ist dieses Mineralgemenge als eine Schalenbildung zwischen dem eigentlichen Pegmatitgange und dem umliegenden Gestein vorgekommen. Das Mineral bildet schwefelgelbe, doppelbrechende, krystallinisch blättrige, bisweilen concentrisch strahlige Massen. Die Härte ist geringer als 3. G. = 4,17. Wird vor dem Löthrohr schwarz, giebt Wasser ab und schmilzt zu schwarzem Glas. Löst sich leicht in Phosphorsalz unter Zurücklassung eines Kieselsäureskeletts unter Färbung der Perle; löst sich nach dem Glühen leicht in Salpetersäure auf.

Analyse an 93 mg (möglicherweise mit Calcit verunreinigt).

Kieselsäure	13,0
Uranoxyd	48,8
Kalkerde	14,7
ThO_2, YO etc.	3,5
Bleioxyd	1,7
Glühverlust	18,6
	100,3

Schwefelsäure und Phosphorsäure nicht vorhanden, möglicherweise Kohlensäure. Da die Analyse nicht als definitiv bestimmend für die Zusammensetzung des Minerals gelten kann, stellt Verf. keine Formel auf, hält es aber für nahe verwandt mit Uranophan und Uranotil. Ebenso wie der Yttrogummit dürfte es durch Zersetzung von Clevëit gebildet worden sein.

Schliesslich erwähnt Verf., dass er aufs Neue die Krystallform der Thorerde genau untersucht und dieselbe regulär befunden, wie er schon 1873 in einer Notiz in Poggendorff's Annalen Bd. 150. S. 219 mitgetheilt hat.

Hj. Sjögren.

B. Geologie.

C. F. Zincken: Das Vorkommen der fossilen Kohlen und Kohlenwasserstoffe. Bd. III. 8°. 364 S. Leipzig 1884.

Bd. I und II, welche die geographische Verbreitung der fossilen Kohlen behandeln sollen, werden erst später erscheinen.

Der jetzt vorliegende Bd. III zerfällt in zwei Theile mit folgenden Specialtiteln: I. Die geologischen Horizonte der fossilen Kohlen oder die Fundorte der geologisch bestimmten Kohlen nach deren relativem Alter zusammengestellt. S. 1—90. II. Die Vorkommen der fossilen Kohlenwasserstoffe: Erdöl, Asphalt, bituminöser Schiefer, Cännelkohle, Schweelkohle, Bernstein, Kopal etc. Nebst einem Anhange: die kosmischen Vorkommen der Kohlenwasserstoffe. S. 99—346. Hierauf folgen noch — zur Geduldsprobe für den Leser — 16 eng bedruckte, besonders paginirte Seiten „Berichtigungen und Zusätze" und endlich weitere 3 Seiten „Nachträge".

Der Verfasser hat die in der Litteratur verzeichneten Fundstätten von Kohlen und Kohlenwasserstoffen mit sehr grossem Fleisse zusammengetragen und so weit als möglich zu ordnen versucht. Die Ordnung folgt bei den fossilen Kohlen zunächst nach geologischen Horizonten, dann, innerhalb eines jeden Horizontes, Ländern und Provinzen. Die Kohlenwasserstoffe sind dagegen, nachdem auf S. 99—150 allerhand analytische, genetische und historische Angaben vorausgeschickt wurden, in erster Linie nach Ländern und für jedes Land wieder nach den oben genannten Arten gruppirt.

Im ersten Theile sind nicht nur die Fundstätten bauwürdiger, bezw. in Abbau stehender Flötze, sondern auch Vorkommnisse von gänzlich werthlosen Kohlenschmitzen, kohligen Letten etc. berücksichtigt worden. An und für sich würde hiergegen nichts einzuwenden sein; da aber in dem einen wie in dem anderen Falle gewöhnlich nur der Name des Fundortes verzeichnet, eine Mittheilung über die Art und Bedeutung seiner „Kohle" aber unterlassen worden ist, so dürfte die vorliegende Zusammenstellung bei dem mit den thatsächlichen Verhältnissen nicht bereits bekannten Leser eher verwirrend als belehrend wirken. Verfasser scheint das im Laufe seiner Arbeit selbst gefühlt zu haben, denn im zweiten Theile fügt er den

Fundorten in der Regel kurze Notizen oder ausführlichere Bemerkungen bei, die sich auf die Beschaffenheit des jeweiligen Kohlenwasserstoffes, auf dessen geologische Vorkommensweise oder auf technische und statistische Verhältnisse beziehen.

Der Werth der ganzen mühevollen Arbeit wird dadurch ungemein beeinträchtigt, dass fast niemals die Quellen citirt worden sind, aus denen der Verfasser schöpfte und in welchen der Leser die ihm etwa erwünschte nähere Auskunft oder auch Anhaltepunkte für die oftmals nothwendige Correctur des Mitgetheilten finden könnte. **A. Stelzner.**

Richard Andree: Die Metalle bei den Naturvölkern, mit Berücksichtigung prähistorischer Verhältnisse. X u. 166 S. 57 Holzschnitte. 8°. Leipzig 1884.

Die uralte, von Generation auf Generation vererbte Metallindustrie der Naturvölker vermag heute gegenüber den überall hin vordringenden billigeren Erzeugnissen Europas nicht mehr Stand zu halten. Ihre letzte Stunde wird bald gekommen sein und somit ist es höchste Zeit, die auf sie bezüglichen, für Geologen und Geographen, Ethnographen und Prähistoriker, Hüttenleute und Techniker gleich interessanten Thatsachen fleissig einzusammeln.

Dieser mühsamen aber dankbaren Aufgabe hat sich der Verfasser unterzogen. Er entwickelt an der Hand sehr zahlreicher, in älteren und neueren Reisebeschreibungen weit zerstreuter Mittheilungen ein vergleichendes Bild von den Gewinnungs- und Verhüttungsmethoden der Erze und von der weiteren Verarbeitung der Metalle und Metalllegirungen, namentlich des Eisens, des Kupfers und der Bronze, bei den alten Ägyptern und Nigritiern, bei Vorder- und Hinterindiern, Zigeunern, Malayen, Chinesen und Japanesen, Nordasiaten, Amerikanern und Südseeinsulanern. Die europäischen und semitischen Culturkreise bleiben ausgeschlossen, weil deren alte Metallindustrie bereits genügend klargestellt ist und keinen nennenswerthen Einfluss auf die Arbeitsweisen der eben genannten Völkerschaften ausgeübt hat. Dagegen wird in jedem einzelnen Falle mit besonderer Sorgfalt die Reihenfolge zu ermitteln gesucht, in welcher die verschiedenen Völker Eisen, Kupfer und Bronze entweder selbst herzustellen oder sonstwie kennen lernten und hierbei gezeigt, dass jene keineswegs eine gesetzmässige gewesen ist. In vielen Fällen ist Eisen früher als Bronze oder Kupfer benutzt worden.

Referent hat die umsichtig und anregend geschriebene, durch zahlreiche Illustrationen erläuterte Arbeit mit vielem Interesse gelesen.

A. Stelzner.

Fischer: Note sur les dragages dans l'Océan atlantique. (Bull. soc. géol. de France, 3e série, XI, 318.)

Verf. erhielt 1882 aus einer Tiefe von 440 m im atlantischen Ocean *Dentalium Delessertianum* Chenu (*D. elephantinum*, *D. striatum*). Es wurde ferner *Cadulus ovulum* Philippi in grösseren Tiefen der europäischen Meere nachgewiesen. Diese bisher für fossil gehaltenen Arten leben also noch und es existirt eine grosse Verwandtschaft zwischen der pliocenen und der modernen Fauna. Diese Verwandtschaft mag grösser sein als diejenige, welche miocene und pliocene Gebilde verbindet. **W. Kilian.**

W. C. Brögger: Om en ny konstruktion af et isolationsapparat for petrografiske undersögelser. Mit Tafel. (Geol. Fören. i Stockholm Förh. 1884. Bd. VII. No. 7 [No. 91]. 417—427.)

Da bei den bisher angewandten Apparaten zur Trennung von Mineralien mit Flüssigkeiten von hohem specifischen Gewicht die ersten Separirungen in der Regel durch mechanisch mitgerissene resp. zurückgehaltene Partikel verunreinigt bleiben, also eine wiederholte Behandlung mit einer Lösung gleicher Concentration nöthig wird, so war Brögger bemüht, eine Construction zu finden, welche gestattet, mit möglichst geringen Mengen von Flüssigkeit zu arbeiten. Er schlägt vor, den Harada'schen* Apparat etwa in der Mitte des bauchigen Obertheils mit einem zweiten Hahn zu versehen, dessen Durchbohrung genau der Weite des Apparats an dieser Stelle entspricht. Nachdem bei geschlossenem unteren und geöffnetem oberen

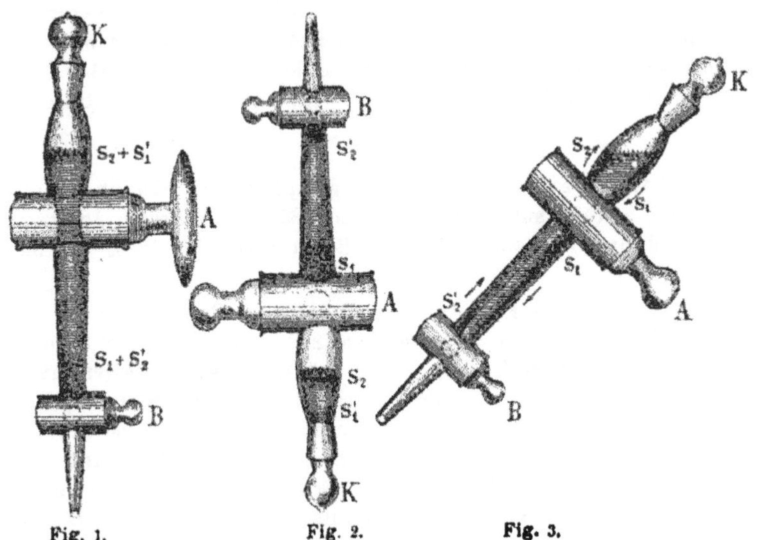

Fig. 1. Fig. 2. Fig. 3.

Hahn die erste Sonderung sich vollzogen hat (Fig. 1**), wird letzterer geschlossen und der Apparat umgedreht. Es werden derart zwei getrennte Abtheilungen (A und B) hergestellt, jede einen Theil der Flüssigkeit enthaltend, in welchen nun nach tüchtigem Schütteln eine weitere Trennung der vorhin erzielten Theile eintritt (Fig. 2). Bei vorsichtigem Neigen des

* Die Namen Toyokitsi Harada und Werveke sind irrthümlicherweise durchgehends Tojokitsi Harrada und Werwecke geschrieben.

** Die Figuren sind $\frac{1}{6}$ der nat. Grösse gezeichnet.

Apparates werden die Körner diejenige Lage einnehmen, welche Fig. 3 veranschaulicht. Durch langsames Öffnen des oberen Hahnes lassen sich dann die zwei leichteren und die zwei schwereren Proben je vereinigen, so dass sich erstere im oberen, letztere im unteren Abschnitt befinden, wenn man den Apparat wieder aufrichtet (Fig. 1). Nach Schliessen des oberen Hahns lässt sich die ganze Reihe der Manipulationen wiederholen, bis eine vollständige Separation erreicht ist.

Da der Preis eines solchen Apparates sich verhältnissmässig hoch stellt (ca. 30 Mark), so würde ein ähnlicher Erfolg erreicht werden, wenn man die gesonderten Theile mit einer genügenden Flüssigkeitsmenge aus dem gewöhnlichen HARADA'schen Apparat in kleinere Apparate gleicher Construction fliessen lässt. Man kann dann wenigstens eine zweite Separirung vornehmen, ohne neuer Flüssigkeit zu bedürfen. Allerdings ist hier der Wiederholung der Operation eine Grenze gesetzt, was bei dem BRÖGGER'schen Apparat nicht der Fall ist.

Handelt es sich um Verarbeitung grösserer Gesteinsmengen, so scheint Ref. der von VAN WERVEKE empfohlene Scheidetrichter* immerhin zur ersten Aufbereitung, wozu er vorzugsweise eingeführt wurde, am zweckmässigsten zu sein.

BRÖGGER meint gelegentlich, die Bestimmung des spec. Gew. der Flüssigkeit mit Indicatoren sei genauer, als diejenige mit der WESTPHAL'schen Wage. Das ist Ref. nicht recht verständlich; bequemer mag die Methode sein, genauer doch unzweifelhaft nicht, da man mit ihr abgesehen von vereinzelten Zufällen nur Grenzwerthe ermittelt. **E. Cohen.**

J. Roth: Beiträge zur Petrographie der plutonischen Gesteine, gestützt auf die von 1879 bis 1883 veröffentlichten Analysen. (Abhandl. d. preuss. Akad. d. Wiss. zu Berlin vom Jahre 1884. 54 und LXXXVIII S.)

In die vorliegende Fortsetzung der Beiträge zur Petrographie der plutonischen Gesteine hat Verf. ausser den von 1879 bis April 1884 ihm bekannt gewordenen Analysen auch einige ältere, früher übersehene aufgenommen und Erläuterungen und werthvolle kritische Bemerkungen (S. 1—54) hinzugefügt. Die Aufzählung der Analysen umfasst: I. Gesteine der krystallinischen Schiefer; Gneiss (24 Analysen), Hornblendegneiss (2), Eurit (12), Hälleflinta (13), Glimmerschiefer (1), Thonschiefer (2), Chloritschiefer (1), „aus krystallinischen Schiefern" — Serpentin, Hornblendeschiefer, Gabbro, etc. — (15), Lherzolith (7). II. Ältere Eruptivgesteine; Granit (23), Granitporphyr (3), Felsitporphyr (23), Pechstein des Felsitporphyrs (3), Tuff des Felsitporphyrs (2), Keratophyr (5), Syenit (2), Nephelinsyenit (3), Glimmersyenit (8), Glimmerdiorit (23), Diorit (9), Porphyrit (24), Gabbro (15), Proterobas (1), Diabas und Diabasporphyrit (30), Olivindiabas (6), Schalstein (5), Melaphyr (20), Ophit (2). III. Jüngere Eruptivgesteine; Liparit (13), Sanidin-

* Dieses Jahrbuch 1883. II. 86.

Trachyt (2), Tuff des Sanidin-Trachyts (1), Phonolith (14), Leucitophyr (35), Leucitophyrtuff (3), Nephelinit und Nephelinbasalt (14), Pantellerit (7), Dacit und Amphibolandesit (9), Augitandesit (28), Dolerit und Doleritbasalt (54), Limburgit (4), Augitit (4), Tachylyt, Hyalomelan, Palagonit (12).

Die von AD. SCHENCK dem Verf. mitgetheilte Analyse des Diabas vom Bochtenbeck bei Niedersfeld wurde inzwischen veröffentlicht in der Abhandl.: Die Diabase des oberen Ruhrthals etc. [vgl. das Referat in diesem Heft, S. 402]. E. COHEN theilte dem Verf. eine Analyse des Dolerits vom Breiteberg bei Striegau in Schlesien mit: SiO_2 45,94, Al_2O_3 14,17, Fe_2O_3 6,74, FeO 7,81, MgO 9,21, CaO 10,32, Na_2O und K_2O 4,52, TiO_2 1,08, H_2O 0,32, — Summe 100,11; spec. Gew. 2,95. **Th. Liebisch.**

K. A. Lossen: Über die Anforderungen der Geologie an die petrographische Systematik. (Jahrb. d. preuss. geolog. Landesanst. für 1883. S. 486—513.)

In dieser Einleitung zur Darstellung der petrographischen Studien, welche Verf. an Gesteinen des Harzes, des rheinisch-westphälischen Schiefergebirges und des Nahe-Gebietes angestellt hat, bezeichnet derselbe seine Stellung zur petrographischen Nomenklatur und Systematik. Die Grundlinien seiner Auffassung hat Verf. schon in der Zeitschr. der deutsch. Geol. 1872, XXIV, 784, 785 entworfen. Danach hat die Petrographie die Aufgabe, die Gesteine als die Verkörperungen geologischer Bildungsgesetze nach allen ihren wesentlichen Eigenschaften dergestalt zu schildern, dass wir aus dem Zusammenhange dieser Eigenschaften einen möglichst tiefen Einblick in die Entstehungsgeschichte des Gesteins gewinnen. Die zusammenfassende Darstellung aller petrographischen Untersuchungsergebnisse muss derart gegeben werden, dass ihre systematische Ausprägung ohne Schwierigkeit eine Anwendung gestattet bei Herstellung des petrographischen Antheils geologischer Übersichts- und Specialkarten. Das geologisch Verwandte muss auch als petrographisch verwandt gelten. Die Trägerin der geologischen Verwandtschaft der Gesteine ist in erster Linie die Structur, nicht die chemisch mineralische Durchschnittszusammensetzung. Gesteine sind nicht schlechthin Mineralaggregate, die massenhaft vorkommen oder hervorragenden Antheil nehmen am Aufbau der Erdfeste, es sind vielmehr die Mineral- oder Stoffaggregatmassen, die in gesetzlicher Anordnung die geologischen Raumkörper erfüllen. Die beiden Grundstructuren sind die massige Structur und die Schichtstructur. Neben den beiden Klassen der Massengesteine (Plutonite) und der Schichtgesteine (Neptunite) noch die Klasse der metamorphischen Gesteine als gleichberechtigt aufzustellen, hält Verf. aus theoretischen, wie aus praktischen Gründen für wenig empfehlenswerth. Dagegen ergiebt ein Vergleich der aus den Eigenschaften der Schichtung und Massigkeit aus einem Guss abgeleiteten Entstehungsbedingungen als theoretische Forderung eine dritte Gesteinsbildungsweise, jene der Gesteine der ersten Erstarrungskruste der Erde. — Nicht nur für die Grundstructuren gilt jenes Princip, nach welchem die Structur eine höhere geologische Bedeutung besitzt als die chemisch mineralische Durchschnittszusammensetzung; dasselbe gilt auch für gewisse Kategorien der Aggregatstructuren innerhalb der beiden Hauptklassen der Gesteine. So gehören z. B. Granit, Tonalit, Syenit und Gabbro trotz ihrer abweichenden Mineralformeln zu derselben eugranitischen (vorwiegend holo-phanerokrystallinen, tuff- und mandelsteinfreien) und ebenso Quarzporphyr, Rhyolith, Trachyt, Porphyrit, Melaphyr, Diabas, Dolerit etc. zu derselben rhyotaxitischen (meist grundmasse- oder basishaltigen, tuff- und mandelsteinführenden) Massengesteinsgruppe.

Die Abhandlung enthält eine Reihe treffender kritischer Bemerkungen über die vorhandenen petrographischen Systeme. In längerer Ausführung wendet sich Verf. insbesondere gegen die Eintheilung der Gesteine in protogene und deuterogene (Naumann, Zirkel) und gegen die Aufstellung einer Klasse der einfachen Gesteine; „kaum schien jene Klasse der einfachen Gesteine in der petrographischen Einteilung C. F. Naumann's überwunden, als sie von Neuem aufgestellt wurde: anfänglich, wie in den petrographischen Lehrbüchern R. Blum's (1860) und F. Zirkel's (1866) nur als Unterabtheilung der krystallinischen (protogenen) Gesteine Naumann's, seit 1872 aber wieder als Hauptklasse in den Systemen v. Lasaulx's, Herm. Credner's und O. Lang's.“

Der folgende Abschnitt soll die Massengesteine für sich behandeln.

Th. Liebisch.

K. A. Lossen: Studien an metamorphischen Eruptiv- und Sedimentgesteinen, erläutert an mikroskopischen Bildern. (Jahrb. Kgl. preuss. geolog. Landesanstalt für 1883. S. 619—642. Taf. XXIX.)

Die vorliegende Abhandlung ergänzt die früheren Mittheilungen des Verf. über metamorphische Eruptivgesteine und jene structurellen und substanziellen Eigenschaften, welche den unter gleichen geologischen Bedingungen auftretenden metamorphischen Schichtgesteinen und Eruptivgesteinen gemeinsam sind[1]. Den hohen Werth dieser metamorphischen Eruptivgesteine für die Lehre vom Metamorphismus findet der Verf. darin, dass ein von Haus aus festes Gestein von ganz bestimmter Mineralaggregation, chemischer Durchschnittszusammensetzung und Structur zuverlässig als ihr Muttergestein angegeben werden kann. Die Verbreitung der Pseudomorphosenbildung nach Primärmineralien in Massengesteinen innerhalb begrenzter geologischer Gebiete zu verfolgen, sie als hinterlassene Spuren der

[1] Vgl. über metamorphische Eruptivgesteine: Zeitschr. d. Deutsch. geol. Ges. XXI, 298, XXIV, 706—707, 763, XXVII, 451, 969, XIX, 300; Sitzungsber. d. Ges. naturf. Freunde in Berlin, März 1878, Januar 1880, November 1883; Jahrb. d. K. preuss. Landesanst. 1880, 12, 1881, 43; über metamorphosirte Diabase: Erläuterungen zu den Blättern Harzgerode (79), Wippra (27, 43), Schwenda (34), Pansfelde (44); über metamorphische Tuffbildungen: Sitzungsber. d. Ges. naturf. Freunde in Berlin, März 1878, November 1883. — Dies. Jahrb. 1881. I. -237-.

geologischen Geschichte des betreffenden Erdbruchtheils zu würdigen, betrachtet der Verf. mit Recht als die Aufgabe der Geologen.

Aus dem Harz hat Verf. den Nachweis erbracht, dass es einen durch ganz bestimmte Eigenschaften charakterisirten Zustand des Diabases im Granitcontact giebt. Dieselbe Erscheinung haben PHILLIPS und ALLPORT in Cornwall, MICHEL-LÉVY im Maconnais nachgewiesen. In diesem Zustande tritt entweder uralitische Hornblende, die nur eine der charakteristischen Eigenschaften ausmacht, unter theilweiser Erhaltung der Primärstructur des Diabases deutlich hervor — solche Gesteine sind als Diorite (C. W. FUCHS) oder Proterobase (GÜMBEL, ROSENBUSCH) gedeutet worden, z. B. jene von der Wingenburg bei der Rosstrappe —; oder es sind die Diabase unter mehr oder minder vollständiger äusserlicher Verwischung ihrer specifischen Eruptivgesteinscharaktere geradezu Diabas-Hornfelse geworden, indem sie einerseits durch Neubildung zahlreicher Biotitblättchen oder an deren Stelle durch Anhäufung ferritischen Pigments den Schieferhornfelsen, andererseits durch Ausscheidung secundärer Kalksilicate den Kalkhornfelsen ähnlich aussehen. Wie getränkt mit einer dichtenden, härtenden, feinkörnig splitterigen Masse erscheinen diese Diabashornfelse wo möglich noch massiger als ihr Muttergestein, der Diabas. Im Diabashornfels, wie im Schieferhornfels, ist dieser Gehalt an Biotit an Stelle der Chlorite und sericitischer Glimmer stets ein secundärer, für die Contact-Metamorphose am Granit charakteristischer; aber ebenso charakteristisch für diese Metamorphose des Erstarrungs- wie des Schichtgesteins ist der Umstand, dass trotz der Neubildung so zahlreicher Glimmerblättchen in der Regel jede Anlage zur schiefrigen Structur fehlt.

Für Thonschiefer und Diabas im Zustande der Dislocationsmetamorphose als Phyllit und Flaser- und Schiefer-Diabas ist hinsichtlich der Structur charakteristisch, dass die Anordnung der phyllitischen Chlorit- und Glimmer- und der zu einem Nadelfilz verwobenen Hornblende-Neubildungen, von welchen die letzteren indessen der Regel nach sich auf die diabasischen Gesteine und deren Contactgesteine beschränken, zumeist ganz sichtlich den durch den Faltungsdruck bedingten, selten ebenflächigen, weit mehr bucklig krummen und windschiefen Flächen einer mehr dickschiefrig-plattigen oder wulstig-flaserigen, als wirklich schiefrigen Structur folgt. Die Zerrung und Stauchung hat eine Zerreissung der Gesteine mit sich gebracht, daher derbe Linsen, Knauer, Lager- und Gangtrümer (Adern) in sehr auffälliger Weise darin bemerkt werden, — Ausscheidungen von Neubildungen, welche den typischen Hornfelsgesteinen der Granitcontactmetamorphose in dieser Form zu fehlen pflegen. In Bezug auf die Zusammensetzung ist charakteristisch: brauner Glimmer wird nur sehr selten als Neubildung der Flaser-Diabase und diabasischen Schiefer oder der Phyllite und phyllitischen Thonschiefer in regionalmetamorphischen Zonen angetroffen; um so bezeichnender ist die bald alleinige, bald gepaarte Anwesenheit der den typischen Hornfelsbildungen fremden Chlorite und des sehr schwach gelblichgrün pleochroitischen bis einfarbigen sericitisch-filzigen Glimmers, der nur spärlich durch den im Hornfels häufigeren wasserhell durchsichtigen schlichtblättrigen Kaliglimmer vertreten wird. In den massigen Diabasen mit wohl erhaltener Primärstructur bleibt die chloritische Substanz oft auf kleine Putzen, Zwickel und Spältchen oder Mandelausfüllungen beschränkt; in den durch starke Druckwirkung gequetschten und gepressten und endlich der Primärstructur fast oder ganz beraubten Diabasen dagegen überzieht sie, falls nicht Hornblendefilz an ihre Stelle tritt, die nicht selten harnischartigen Druck- und Gleitflächen und bildet im Innern der durch solche und andere Flächen begrenzten Gesteinskörper Flasern oder schärfer hervortretende langgestreckte Flatschen, deren Überhandnehmen unter völliger Verdrängung auch des letzten Augit-Restchens eine Art Chloritschiefer hervorruft. Die dunkelgrünen Flatschen solcher Gesteine lassen sich z. Th. auf zerquetschte Pseudomorphosen nach porphyrisch ausgeschiedenen Diabas-Augiten, z. Th. auf ebenso plattgedrückte und ausgewalzte Chlorit-Mändelchen zurückführen. Oft findet man daneben auch lichtgelbgrüne, fett- bis wachsglänzende Flecken, welche von sericitisch-glimmerig umgewandelten Plagioklas-Einsprenglingen herrühren. Diese Pseudomorphosenbildung wiederholt sich an dem Leistenwerk der Grundmassen-Feldspäthe. Hierher gehören oberdevonische schiefrige Diabasmandelsteine aus der südöstlichen Theilmulde des Elbingeroder Muldensystems (Weisser Stahlberg oberhalb Nauwerk an der Bode); schiefrige Abänderungen des Labradorporphyrs aus dem Elbingeroder Mühlenthal; Diabase der unteren Wieder Schiefer an der Rübeland-Hasselfelder Fahrstrasse, südlich vom Rothenstein an der Rapbode, und ein Vorkommen aus der Grünschieferzone bei Wimmelrode nächst Mansfeld. Auch in dem Auftreten der Hornblende unterscheiden sich Contactbildungen um den Granit und regionalmetamorphische Bildungen ausserhalb der Contacthöfe von einander. Braundurchsichtige Hornblenden sind in den Contacthöfen vorhanden, wenngleich seltener als gründurchsichtige; aber in einem Diabas oder Schichtgestein der regionalmetamorphischen Bildungen sind sie noch nicht beobachtet worden. Der Pleochroismus der grünen, uralitischen oder strahlstein- bis amiantähnlichen Hornblenden ist in Hornfelsen und Diabashornfelsen intensiver als in Schiefer- und Flaserdiabasen, grünen Schiefern und Diabascontactgesteinen aus der Zone von Wippra und aus der Zwischenregion zwischen dem Brocken- und Ramberggranit, welch letztere sehr häufig geradezu als ganz hellfarbiger, nicht pleochroitischer Strahlsteinasbest bezeichnet werden müssen.

Der Axinit ist im Harz an die Nachbarschaft des Granits gebunden. Er findet sich in Diabas aus der Nachbarschaft des Kammbergs (Treseburg, Heinrichsburg bei Mägdesprung) und des Brockens (Wormkethal und St. Andreasberg), aber auch in Gemeinschaft mit Grossular in Kalkhornfelsen von Schierke und ohne Granat auf Klüften eines Kalkhornfelses zwischen Treseburg und Friedrichsbrunn. Granat, Vesuvian, grüner Augit, Marmorbildung fehlen den Kalksteinen der regionalmetamorphischen Zonen des Harzes; desgleichen fehlen Cordierit, Flussspath, Magnetkies ausserhalb der Contacthöfe (selbstverständlich abgesehen von den Erzgängen) und Turmalin, Titanit, Rutil treten nur untergeordnet auf. Dagegen ist freies

Eisenoxyd bezeichnend für diese Zonen, während es in den Hornfelsen recht häufig ganz zurücktritt. Epidot und Albit sind beiden metamorphischen Bildungsweisen gemeinsam.

Trotz der recht augenfälligen relativen stofflichen Unterschiede zwischen den Mineralbildungen der Granit-Contactmetamorphose und denjenigen der Regional- oder Dislocations-Metamorphose ist ein absoluter geologischer Unterschied zwischen den beiden Metamorphosen nicht vorhanden. Es scheint, dass im Harz die erstere unter höherer Temperatur erfolgt ist als die letztere, und dass sich jene unter besonderen, örtlich ungleich wirkenden, begleitenden Umständen (Emanation von Bor- und Fluorverbindungen) vollzog, welche ausserhalb des Contacthofs oder des sich daran anschliessenden Vorhofs keine Spur ihrer Wirksamkeit, es sei denn auf den Erzgangspalten, zurückgelassen haben.

Zum Schluss erläutert der Verf. zwei Abbildungen von Diabas-Dünnschliffen, die als erste Probe einer fortlaufenden Serie von Darstellungen metamorphischer. Gesteine erscheinen. **Th. Liebisch.**

H. von Dechen: Erläuterungen zur geologischen Karte der Rheinprovinz und der Provinz Westfalen. Zweiter Band: Die geologischen und paläontologischen Verhältnisse. 8°. 933 S. Bonn 1884.

Mit lebhafter Freude haben wir das Erscheinen des vorliegenden zweiten Bandes der Erläuterungen zur grossen geologischen Karte von Rheinland und Westfalen begrüsst, deren erster Band, betitelt „orographische und hydrographische Übersicht der Provinzen Rheinland und Westfalen“ — dies Jahrb. 1870 -631- — bereits im Jahre 1870 erschien. Hat doch der allverehrte Nestor der deutschen Geologie in diesem Bande die ganze Fülle der Beobachtungen und Erfahrungen niedergelegt, die er während eines Zeitraums von nicht weniger als 60 Jahren — und zwar in den letzten 30 Jahren als Leiter der geologischen Kartenaufnahmen in den beiden Provinzen — zu sammeln Gelegenheit hatte. Wir wünschen dem Herrn Verfasser von Herzen Glück, dass es ihm vergönnt gewesen ist, sein grosses Werk trotz mancher, z. Th. widriger verzögernder Umstände zu einem so schönen Abschluss zu bringen; wir dürfen aber auch uns selbst zur Vollendung eines Buches Glück wünschen, welches ebenso geeignet ist, uns eine rasche, in jeder Beziehung zuverlässige Orientirung über die Geologie unserer beiden Westprovinzen zu verschaffen, als es andererseits allen denen, die sich eingehender mit dem Gegenstande beschäftigen wollen, eine fast unerschöpfliche Quelle der Belehrung bietet.

Die ausserordentliche Fülle des Inhaltes macht es unmöglich, hier auf Einzelheiten einzugehen; wir müssen uns vielmehr darauf beschränken, auf die Bedeutung des Buches für unsere heimathliche Geologie hingewiesen zu haben und lassen nur noch eine kurze Mittheilung über die Anordnung des Stoffes folgen.

Das Buch zerfällt in zwei Hauptabschnitte. Der erste, als Einleitung bezeichnete (S. 1—54), giebt eine gedrängte Übersicht über sämmtliche im Gebiete der beiden Provinzen auftretenden Sedimentärschichten, sowie der Eruptivgesteine und ihrer Begleiter. Der zweite, den bei weitem grössten Theil des Bandes einnehmende Abschnitt ist betitelt „Gruppen der Gesteine und Schichten“ und behandelt in grosser Ausführlichkeit die einzelnen Schichtensysteme nach ihrer Zusammensetzung und Verbreitung, ihrem Fossilinhalt und ihrer Lagerung. Die älteste Gruppe, der die krystallinischen Gesteine des Taunus und Hunsrück angehören, ist die azoische. Dann folgt das Cambrische System, welches nur durch die den Kern des Hohen Venn bildenden Gesteine vertreten wird. Ihm reihen sich die Devon- und Carbonschichten an, welche den grossen Körper des rheinischen Schiefergebirges zusammensetzend, den grössten Theil des im Buche behandelten Gebietes einnehmen. Weiter folgen Perm, Trias, Jura, Wealden und Kreide, oligocäne, miocäne, pliocäne und pleistocäne Ablagerungen. Besondere Kapitel sind noch den Kalksteinhöhlen, den Resten des vorhistorischen Menschen und seiner Thätigkeit, sowie den Mineral- und Salzquellen gewidmet. Den Schluss des Buches bildet ein Ortsregister, dessen aussergewöhnliche Ausführlichkeit von allen Lesern dankbarst anerkannt werden wird. **Kayser.**

H. Grebe: Beschreibung des Bergreviers Coblenz II. III. Geognostische Verhältnisse. 1884. (Vom Oberbergamt zu Bonn herausgegeben.)

Der dritte Abschnitt der obigen Beschreibung, von H. Grebe verfasst, enthält eine sehr gedrängte Darstellung der geognostischen Verhältnisse nach den Arbeiten der einzelnen Geologen der k. geolog. Landesanstalt in Berlin, nebst älteren. Es genügt, hierauf denjenigen zu verweisen, der eine schnelle Übersicht über den gegenwärtigen Stand unserer Kenntnisse von jenem Gebiete wünscht. Das Ausführlichere ist namentlich in den Erläuterungen zu den publicirten Kartenblättern und in Aufsätzen im Jahrbuch der geolog. Landesanstalt zu suchen. **Weiss.**

Adolf Schenck: Die Diabase des oberen Ruhrthals und ihre Contacterscheinungen mit dem Lenneschiefer. Inauguraldissertation. Bonn. (Verhandl. des naturhistor. Vereins der preussischen Rheinlande und Westfalens 1884. p. 53—136.)

Die Diabase des oberen Ruhrthals treten in dem Gebiet des Lenneschiefers zwischen Wiemeringhausen, Siedlinghausen, Hiltfeld und Winterberg in einer Reihe von Zügen auf, welche im Allgemeinen das gleiche Streichen wie die Lenneschiefer, etwa in h. 5, und wie diese ein südliches Einfallen unter 45—75° erkennen lassen. Die Mächtigkeit der Diabaslager schwankt von 4 bis 200 Meter. Der mikroskopischen Untersuchung zufolge gehören die Diabase zu den körnigen olivinfreien Diabasen; nur am Kuhlenberg bei Silbach findet sich ein spärlich Plagioklas führendes Augit-Olivingestein, welches der Verfasser zu den Palaeopikriten stellt. Als Gemengtheile der Diabase werden Plagioklas, Orthoklas, Augit, Titaneisen, Apatit und Eisenkies genannt, als secundäre Bildungen Calcit, Viridit, Hornblende, Quarz, Epidot, Titanit, Magnetit und Ferrit; als Ausscheidungen auf Spalten finden sich Quarz mit Helminth, Brauneisenstein, Schwerspath mit Bleiglanz und Kupferkies, sowie Serpentinasbest und Krystalle von Calcit, Axinit, Epidot und Anatas. Der Augit ist in einigen Gesteinen weit frischer als der Feldspath und zeigt bei einer hellröthlichbraunen Farbe einen metallischen Schimmer, auf Grund dessen von Dechen ihn früher als Hypersthen und die Gesteine als Hypersthenite bestimmt hatte.

In den mittelkörnigen Diabasvarietäten, welche als die normalen bezeichnet werden, hat der Verfasser hier und da als Ausscheidungen auch grobkörnigere Gesteine angetroffen. Diese enthalten immer sehr frischen Plagioklas, auch Orthoklas und Apatit, aber den Augit und das Titaneisen in stark vorgeschrittener Zersetzung; der Augit ist öfter uralitisirt. Als secundäre aber nie fehlende Producte kommen hierzu Epidot und Quarz, von welchen der erstere sich in der Nachbarschaft und im Innern der Feldspäthe angesiedelt hat und letzterer die Räume zwischen den Feldspäthen ausfüllt. Der SiO^2-Gehalt dieser Ausscheidungen ist um ca. 10 % höher als der des normalen Diabases; dagegen treten die basischen Bestandtheile mehr zurück. Durch weitere Zersetzung sind aus diesen grobkörnigeren Gesteinen äusserlich ganz abweichend aussehende, hellgrünliche Epidotgesteine hervorgegangen, die sich ebenfalls hier und da als Ausscheidungen im normalen Diabase finden und wesentlich aus Epidot und Quarz bestehen. Die Bildung des Epidots schreibt der Verfasser der Einwirkung der Zersetzungsproducte des Augits, resp. des Uralits, auf unzersetzten Feldspath zu, und denkt sich den Vorgang etwa so. Kohlensäurehaltige Gewässer zersetzen Augit und Hornblende, wodurch zunächst Calciumbicarbonat und Viridit entsteht. Letzterer zerlegt sich bei weiterer Einwirkung von Kohlensäure; es entstehen Kieselsäure und Thonerde, welche zurückbleiben, und Magnesium- und Eisenbicarbonat, welche in Lösung gehen. Zwischen dem gelösten Calcium- und Eisenbicarbonat und dem Alcalisilicat des Feldspaths findet dann ein Austausch statt in der Weise, dass Alcalicarbonat in Lösung geht, und ein Calciumeisensilicat entsteht, welches mit dem Aluminiumsilicat des Feldspaths den Epidot bildet. Der in den Epidotgesteinen gefundene hohe Kalkgehalt, der selbstverständlich weit höher als der der normalen Diabase ist, mag zum grössten Theil von aussen dem Gestein zugeführt worden sein.

In der Nachbarschaft des Lenneschiefers nimmt der Diabas, insbesondere am Bochtenbeck bei Niedersfeld, von wo der Verfasser ihn ausführlicher beschreibt, eine feinkörnige Beschaffenheit an und enthält reichlicher Quarz sowie grössere Ausscheidungen von Viridit; auch ist der Magnesiagehalt ein bedeutend höherer, während die Alkalien mehr zurücktreten. Für letzteres findet der Verfasser die Erklärung in dem Vorwalten des augitischen resp. chloritischen Gemengtheils über den Feldspath. In dem unmittelbaren Contact mit dem Lenneschiefer finden sich an vielen Stellen auch flaserige und schieferige Diabasvarietäten, welche äusserlich mehr Ähnlichkeit mit sedimentären Schiefern als mit Diabasen besitzen und leicht für metamorphosirte Lenneschiefer gehalten werden könnten, wenn nicht eine vollständige Übergangsreihe zwischen den rein körnigen Diabasen und ihnen existirte. Die nähere Untersuchung solcher Gesteine ergab das Resultat, dass sie sowohl structurell als substantiell von den ursprünglichen Diabasen abweichen und aus den körnigen Diabasen wesentlich durch eine mechanische Umformung der Gemengtheile, mit welcher chemische Umwandlungen Hand in Hand gingen, entstanden sind. Der Umwandlungsprocess beginnt mit einer plattigen Absonderung, der eine Zertrümmerung der Gesteinsgemengtheile folgt. Aus den Feldspäthen bildet sich Kaolin, Calcit und Quarz; aus Augit Viridit, Calcit und Quarz, aus Titaneisen Titanit, und diese neu entstandenen Gemengtheile erleiden eine Streckung parallel den Absonderungsflächen des Gesteins. Das Endproduct sind dünnschiefrige, thonschieferartige Gesteine.

Aber auch die Lenneschiefer sind im Contact mit dem Diabase umgewandelt, meist aber nur an einer Seite und zwar im Liegenden des Diabases. Auf den unveränderten Schiefer folgt mit der Annäherung an den Diabas ein etwas härterer, in fingerdicken Platten abgesonderter bräunlichgrüner Hornschiefer, dann ein grünlichgraues Gestein[1] und am Bochtenbeck bei Niedersfeld auch noch ein graublauer bis blauschwarzer Hornschiefer[1], welcher durch eine scharfe Grenze von dem Diabas geschieden ist. Die Mächtigkeit des blauen Hornschiefers beträgt ca. 3—4 Meter, die Entfernung des äusseren bräunlichgrünen Hornschiefers vom Diabas ca. 8—9 Meter. In weitaus den meisten Fällen endet die Metamorphose mit Gesteinen, die dem grünen Hornschiefer nahestehen; der blaue Hornschiefer scheint auf die eine Localität beschränkt zu sein.

Die Gemengtheile des Lenneschiefers, heller Glimmer, Chlorit, Quarz, Rutil und Kohlenstoff finden sich mit Ausnahme der beiden letztern auch in den Hornschiefern wieder; neu hinzu treten hauptsächlich Plagioklas, sowie zahlreiche winzige Kryställchen, von denen es unentschieden bleiben musste, ob sie zum Theil dem Titanit, zum Theil dem Epidot oder einem augitischen oder amphibolitischen Minerale angehören. Die chemische Analyse der Contactgesteine ergibt das Resultat, dass sie weniger Eisen, Magnesia, Kali, Wasser und organische Substanzen, aber mehr Kalk und besonders Natron besitzen als der normale Lenneschiefer. Aus der gleichförmigen Ausbildung der Contactgesteine und der feinen Vertheilung der Plagioklase in denselben wird noch geschlossen, dass ihre Entstehung auf eine gleichmässige Durchtränkung des Lenneschiefers mit Alcalisilicat während der Diabaseruption zurückzuführen sei; eine spätere Einwirkung von Zersetzungsproducten des Diabases auf das Nebengestein würde eine Neubildung von Plagioklas mehr local, hauptsächlich auf Spalten, hervorgerufen haben. Auch ist der Verf. der Ansicht, dass die Diabase erst nach der Aufrichtung und Faltung des Lenneschiefers zur Eruption gelangten, dass sie demnach

[1] Der Namen „Hornfels", welchen der Verf. braucht, dürfte wohl correcter vermieden werden, da derselbe bekanntlich für Gesteine im Granitcontact aufgestellt ist. Der Referent.

Spec. Gew.	1. 2.919	2. 2.941	3. 2.834	4. 3.338	5. 3.150	6. 2.748	7. 2.692	8. 2.686	9. 2.713	10. 2.740	11. 2.701	12. 2.702	13. 2.634	14. 2.784	15. 2.719
SiO_2 . . .	48.42	46.92	58.21	42.13	50.26	56.72	60.68	61.01	58.59	60.52	59.63	57.43	87.50	49.63	60.07
TiO_2 . . .	2.23	0.94	1.34	1.40	1.60	0.86	0.61	0.84	0.71	0.62	0.73	0.81	Spur	0.34	0.79
Al_2O_3 . .	17.59	18.05	13.87	19.21	13.72	19.61	15.24	16.71	18.80	18.16	18.31	18.05	8.41	16.99	17.65
Fe_2O_3 . .	1.05	3.61	2.77	11.19	9.18	3.51	3.82	2.26	1.12	2.74	1.47	1.78	0.40	—	1.35
FeO . . .	8.36	6.73	6.75	2.52	2.97	6.06	4.94	4.48	5.51	5.93	5.02	6.05	0.53	6.65	6.03
MnO . . .	Spur	Spur	—	—	—	—	—	—	—	—	—	—	—	—	—
CaO . . .	7.73	9.11	6.35	21.42	16.30	0.51	1.14	1.03	2.23	0.47	1.01	0.62	0.54	8.61	1.41
MgO . . .	4.30	7.43	2.10	0.41	2.20	3.05	2.85	2.39	2.57	3.28	2.45	3.35	0.16	3.58	3.22
K_2O . . .	3.07	1.24	1.96	0.08	1.12	4.71	3.18	4.16	4.94	3.09	2.73	2.14	—	3.30	0.82
Na_2O . . .	5.15	2.99	4.07	0.29	0.71	1.16	4.94	4.56	3.59	1.15	7.14	6.94	Spur	0.50	6.03
H_2O . . .	2.24	2.58	1.47	2.39	1.88	3.95	2.83	2.03	2.07	3.60	2.52	3.07	3.26	4.81	2.76
P_2O_5 . . .	0.28	0.19	0.59	0.08	0.39	—	—	—	—	—	—	—	—	—	—
CO_2 . . .	0.08	0.10	—	—	—	—	—	—	—	—	—	—	0.31	5.21	—
FeS_2 . . .	0.15	0.09	0.32	0.25	0.26	—	—	—	—	—	—	—	—	—	—
Org. Subst. .	—	—	—	—	—	0.53	—	—	—	0.62	—	—	—	0.81	—
	100.65	99.98	99.80	101.37	100.59	100.67	100.23	99.47	100.13	100.18	101.01	100.24	101.11	100.43	100.13

jedenfalls jünger als mitteldevonisch wären, etwa dem Oberdevon oder gar dem Carbon angehörten.

Die von dem Verf. ausgeführten Analysen sind in der vorstehenden Tabelle zusammengestellt; zur Untersuchung gelangten 15 verschiedene Gesteine:

1. Normaler Diabas vom Bochtenbeck.
2. Feinkörniger Diabas ebendaher.
3. Grobkörnigere Ausscheidungen im Diabas vom Bochtenbeck.
4. Vollkommen in Epidosit umgewandelter Diabas ebendaher.
5. Epidosit mit Resten von Feldspath (?) und Augit, ebendaher.
6. Lenneschiefer an der Chaussée von Wiemeringhausen nach Niedersfeld.
7. Hornschiefer ebendaher } aus der Contactzone des Lenneschiefers 6. am Bochtenbecker Diabas 1. und 2.
8. „Grüner Hornfels“ ebendaher } aus der Contactzone des Lenneschiefers 6. am Bochtenbecker Diabas 1. und 2.
9. „Blauer Hornfels“ ebendaher } aus der Contactzone des Lenneschiefers 6. am Bochtenbecker Diabas 1. und 2.
10. Lenneschiefer vom Kuhlenberg bei Silbach (die in der Originalarbeit vorhandenen Druckfehler sind nach Angabe des Verf. corrigirt).
11. „Hornfels“ aus dem Diabas-Contact ebendaher.
12. Contactgestein vom Hillkopf: „grüner Hornfels“.
13. „ „ „ : „weisser Hornfels“. Dieses Gestein ist durch seinen hohen Quarzgehalt von allen anderen Contactgesteinen unterschieden.
14. Dachschiefer von Silberberg bei Silbach (= Lenneschiefer mit hohem Kalkgehalt).
15. Im Contact und Diabas veränderter Dachschiefer ebendaher.

H. Bücking.

H. Pröscholdt: Basaltische Gesteine aus dem Grabfeld und aus der südöstlichen Rhön. (Jahrb. d. königl. preuss. geol. Landesanstalt für 1883. p. 177—186.)

Die im Grabfeld südlich von der Linie Coburg-Hildburghausen-Themar aufsetzenden Basaltgänge sind nach dem Verfasser sämmtlich unter einander parallel und streichen in Stunde 2. An dem grossen und kleinen Gleichberg, sowie an der Dingslebener Kuppe treten Basanit und Limburgit neben einander auf; ihre gegenseitige Lagerungsverhältnisse konnten aber noch nicht festgestellt werden. Der Basalt der Schäferburg bei Simmershausen ist ein Nephelinbasalt; in seinem Contact sind die Letten des Gypskeuper in ein hartes sprödes Gestein verwandelt, das wesentlich aus einer isotropen Substanz bestehe und nur vereinzelt helle, schwach doppelbrechende Stellen enthalte, welche mit Nephelin zu identificiren der Verf. wohl mit Recht Bedenken trägt. Das Gestein aus dem Gang vom Kuhberg bei Gleicherwiesen, der bei einer Mächtigkeit von 1 Meter über 1 Kilometer weit verfolgt werden kann, ebenso wie aus dem nur 0,6 Meter mächtigen Gang von Linden, wird dem Limburgit zugezählt, während der Basalt vom Einfahrtsberg zwischen Linden und Eicha aus dem im Volksmunde unter dem Namen der Teufelsmauer bekannten Gange, dessen Mächtigkeit entgegen der älteren Angabe nicht 30, sondern nur 1 Meter beträgt, ein echter Feldspathbasalt ist. Zu der Gruppe der Feldspathbasalte werden auch der Basalt vom vorderen Feldstein, der in einer früheren Mittheilung des Verf. aus Versehen als Nephelinbasalt bezeichnet worden war (vgl. dies. Jahrb. 1884. I. -243-) und das Ganggestein vom Ottilienberg westlich von Themar gerechnet.

Unter den Gesteinen vom Ostrand der Rhön wurden die Basalte vom Dachsberg bei Ostheim als Nephelinbasalt mit deutlich erkennbarem Nephelin, die Basalte vom Heppberg bei Oberelzbach, vom Rothküppel und Rothen Berg, sowie vom Eisgraben bei Roth als Nephelinbasalt mit Nephelin „nicht in krystallisirten Individuen, sondern in scheinbar structurlosen Mengen“, der Basalt vom Lahrberg zwischen Heppberg und Rothküppel als Plagioklasbasalt, der Basalt vom Hillenberg bei Roth als Basanit und der Säulenbasalt vom Gangolfsberg, der den Trochitenkalk durchbrochen hat und diesen in ein „Ätzkalk“ (?!) und Magneteisen führendes quarzreiches Gestein verändert haben soll, als Hornblende führender Basanit (Hornblendebasalt Gutberlet's) bestimmt. Interessant sind die Gneisseinschlüsse, welche aus dem letzten Gestein erwähnt werden.

Der Verf. glaubt, dass die Hornblendebasalte, zu welchen auch die Gesteine von der Sumpfkuppe und Rothen Kuppe nördlich vom Gangolfsberge, ferner von der Gegend am Ausgange des Eisgrabens in der Nähe des schwarzen Moors und vom steinernen Haus gestellt werden, einen ganz bestimmten Horizont in der Hohen Rhön einnehmen, an welchen sich dann nach aussen an der Südostseite ein Zug von Nephelinbasalten resp. Gesteinen anschliesse, die Verf. zu den Limburgiten II. des Ref. stellt, anscheinend ohne triftigen Grund. Referent kann auf Grund seiner Untersuchungen, die sich über mehr als 100 Rhönbasalte erstrecken, diesen Schluss zur Zeit noch nicht für berechtigt halten, und entgegen dem Verf. ganz bestimmt sich dahin erklären, dass die Gutberlet'sche Eintheilung der Rhönbasalte in ältere, Hornblendebasalte, und in jüngere, dichte Basalte, nicht haltbar ist.

H. Bücking.

Carl Albrecht Müller: Die Diabase aus dem Liegenden des ostthüringischen Unterdevons. Inauguraldiss. Leipzig. Gera 1884. 35 S. 8°.

An der Basis des ostthüringischen Unterdevons zwischen Ronneburg und Lobenstein treten Diabase in grosser horizontaler Erstreckung und bedeutender Mächtigkeit auf. Sie zeigen eine ziemlich gleichartige petrographische Beschaffenheit; gegenüber den im Silur und in den jüngeren Devonschichten eingelagerten dichten und porphyrisch oder mandelsteinartig ausgebildeten Diabasen haben sie stets eine körnige Structur bei einer gleichmässig graugrünen Farbe. Da sie mit der gesammten Devonformation übergreifend auf den verschiedenen Abtheilungen des Silurs lagern, von den Unterdevonschichten aber concordant bedeckt werden, rechnet sie der Verf. nach dem Vorgang von Liebe der Devonformation zu und ist der Ansicht, dass sie am Ende der Silurzeit, in welcher die älteren Sedimente theilweise wieder zerstört wurden, zur Eruption gelangt seien.

Die mikroskopische Untersuchung der im Liegenden des Unterdevon auftretenden Diabase, welche der Verf. kurzweg die „liegenden Diabase“ nennt, ergab das vollständige Fehlen einer amorphen Basis; wesentliche Gemengtheile sind Plagioklas, ein röthlichgelber, niemals pleochroitischer Augit und Titaneisen; als accessorische Bestandtheile werden Hornblende, Apatit, Biotit, Eisenkies und Magneteisen genannt, als Zersetzungsproducte Viridit, Uralit, eine dunkelgrüne, aus Hornblende hervorgegangene Substanz, Epidot, Umwandlungsproducte von Titaneisen mit Rutil, sowie Kalkspath, Quarz und Zeolithe. Der Plagioklas soll nach seinem optischen Verhalten zwischen Labrador und Anorthit stehen und bei der Zersetzung anfänglich hellgrüne, kurzfaserige Massen ausscheiden, aus welchen später Epidot hervorgeht. Auch ist er reich an Glas und Apatit. Neben dem gewöhnlichen Augit wurde in einem auf dem Untersilur zwischen Mühltroff und Unterkoskau lagernden Diabase ein Diallag von metallartigem Glanz, an seiner Spaltbarkeit kenntlich, beobachtet. Beide Pyroxenvarietäten zersetzen sich theils in Uralit, theils in ein grünes, kurzfaseriges, radialstruirtes Mineral; aus letzterem entsteht bei weiterer Umwandlung Epidot, der immer in kleinsten Körnchen im Gestein vertheilt vorkommt, nie in grösseren Partien. Auch die im Ganzen spärlich auftretende rothbraune primäre Hornblende, welche nicht selten mit Augit parallel verwachsen ist, ist fast immer oberflächlich, zuweilen auch durch und durch in eine dunkelgrüne faserige Substanz zersetzt, welche im Gegensatz zu dem Zersetzungsproduct der Augite von Säuren nicht angegriffen wird, ausserdem intensiver gefärbt ist und stärkeren Pleochroismus zeigt. Einen Theil des Quarzes möchte der Verf. für primär halten.

Abweichend von den liegenden Diabasen verhalten sich einige Gesteine, welche mit jenen in unmittelbare Berührung treten, nämlich Diabase, welche an der Wettera in dem liegenden Diabas eingelagert sind, und ein Gestein vom Wolfsgalgen südlich von der Heinrichsruhe bei Schleiz.

Das dem Diabas an der Wettera eingelagerte Gestein ist ein sehr stark zersetzter Diabas, in welchem Uralit und Viridit die Hauptrolle spielen, während die primären Mineralien mit Ausnahme von Feldspath nur noch ab und zu als einigermassen frische Körner zu beobachten sind. In diesem zersetzten Gestein treten 2 wenig mächtige Lager von einem etwas abweichend ausgebildeten Diabase auf, der an den Grenzflächen ein weit dichteres Aussehen besitzt als mitten in dem Lager. Die herrschende Varietät zeigt eine äusserst dichte Grundmasse, welche bei mikroskopischer Betrachtung sich in ein Gemenge von Augit, Plagioklas und Zersetzungsproducten auflöst; in derselben porphyrisch ausgeschieden sind kleine Augite und als Seltenheit auch Feldspath. Die Augite haben in Folge eines eigenthümlichen zonaren Aufbaues auf den Längsschnitten sehr häufig eine sanduhrartige Zeichnung, wie sie früher (vergl. dies. Jahrb. 1879, S. 483) von van Werveke an Augiten aus Limburgiten beschrieben worden ist. Noch deutlicher als durch die Färbung markirt sich dieser Aufbau der Krystalle zwischen gekreuzten Nicols durch die verschiedene optische Orientirung;

die Auslöschungsrichtungen auf $\infty P \infty$ (010) in den beiden verschieden gefärbten Theilen schliessen einen Winkel von 4—9° mit einander ein.

Die dichten Gesteine am Contact der beiden Diabaslager gegen den zersetzten Diabas sind reich an einer globulitisch entglasten dunkelen Zwischenklemmungsmasse; einzelne Stücke werden dadurch manchen Melaphyren und Tachylyten ähnlich. Andere Varietäten zeigen daneben noch eine variolitische Structur, welche an den Variolit von Berneck erinnert.

Der Diabas vom Wolfsgalgen südlich von der Heinrichsruhe bei Schleiz ist an einzelnen Stellen durchbrochen von einem gangförmig auftretenden Gestein, dem sogenannten „Gangschlepper des Antimoniums", welches in inniger Beziehung zu der Erzführung eines Zuges von Antimonglanzgängen steht, der von der Wettera bei Saalburg bis zum Elsterthal unterhalb Greiz verfolgt werden kann. Dieser Gangschlepper, in dem Bereich des von ihm durchsetzten „liegenden" Diabases ein feinkörniges, oft von dichten Adern durchzogenes Gestein von grünlich- oder bläulich-grauer, ins Gelbe übergehender Farbe, wurde früher als Porphyr gedeutet, ist aber der genaueren Untersuchung zufolge ein sehr zersetzter Diabas mit einem Gehalt von etwa 48% SiO_2. Wie die jüngeren devonischen Diabase Ostthüringens, führt er neben Titaneisen noch in ziemlich beträchtlicher Menge Magneteisen, welches nach den Erfahrungen LIEBE's um so reichlicher neben Titaneisen auftreten soll, je jünger die Diabase sind. Die dichten Adern innerhalb des Gangschleppers bestehen aus Quarz, Kalkspath, Magnet- und Titaneisen und Epidot; Augit und Feldspath wurden nicht darin entdeckt, wohl aber ein als Enstatit gedeutetes Mineral und Pseudomorphosen von Quarz nach Olivin. Der Gangschlepper, welcher jedenfalls jünger ist als der von ihm durchbrochene „liegende" Diabas, besteht somit nach dem Verf. aus zwei sich gegenseitig durchsetzenden Diabasen, einem olivinfreien feinkörnigen und einem dichten olivinführenden Diabase.

Die chemische Analyse, an sehr stark zersetztem Material angestellt, ergab für das körnige (I) und das olivinführende dichte Gestein (II) das folgende Resultat:

	I.	II.
SiO_2	47.89	48.40
Al_2O_3	12.07	15.33
F_2O_3	5.73	2.66
FeO	11.08	11.04
CaO	4.94	4.61
MgO	6.56	7.06
Na_2O	2.14	1.89
K_2O	1.37	1.39
CO_2	6.53	4.94
H_2O	2.99	3.25
	101.30	100.57

H. Bücking.

E. Weiss: Petrographische Beiträge aus dem nördlichen Thüringer Walde. I. (Jahrbuch der Königl. Preuss. geolog. Landesanstalt für 1883, p. 213—237.) Mit 1 Tafel.

Von den Porphyrgesteinen des nördlichen Thüringer Waldes, deren Eruption in der Zeit der Ablagerung des unteren und mittleren Rothliegenden erfolgt ist, bespricht der Verf. ausser den in der Litteratur schon vielfach erwähnten Quarzporphyren auch einen quarzfreien oder quarzarmen Porphyr, der früher wenig beachtet und entweder zu den Quarzporphyren oder zu den basischen „Melaphyren" gestellt wurde. Es wird der Nachweis erbracht, dass diesem Porphyr, der auch wohl gelegentlich der neueren geologischen Kartirungen in Thüringen den Namen Syenitporphyr erhalten hat, eine selbständige geologische Stellung gegenüber den Quarzporphyren zukommt. Das Gestein ist mehr oder weniger blasig oder mandelsteinartig ausgebildet und besitzt in einer dem unbewaffneten Auge körnig erscheinenden Grundmasse, die sich unter dem Mikroskop wesentlich in ein Gemenge von Orthoklas auflöst, eine Reihe von Einsprenglingen, insbesondere von Orthoklas, sparsam von Quarz, und selten von Plagioklas. Die chemische Analyse ergab einen Kieselsäuregehalt, der um 10% geringer ist als der der Quarzporphyre; von den letzteren unterscheidet sich der quarzarme Porphyr auch durch einen höheren Gehalt an Eisenoxyd und einen nicht unbeträchtlichen Gehalt an Natron (3%).

Die Quarzporphyre theilt der Verf. nach dem Vorgange von C. von Seebach, welcher bei geologischen Aufnahmen in der Umgegend von Tambach einen älteren krystallreichen von einem jüngeren krystallarmen Porphyr trennt, in krystallreiche oder grosskrystallinische und krystallarme oder dichte Porphyre, möchte aber mit der verschiedenen petrographischen Ausbildung der Gesteine nicht gleichzeitig jene bestimmte Altersvorstellung verknüpfen, da er Beobachtungen gemacht hat, welche in unzweideutiger Weise darthun, dass in der Zeit des Rothliegenden bald Porphyre der einen, bald der andern Art zur Eruption gelangt sind.

In engster Verknüpfung mit einander sind beide Arten von Quarzporphyr und der Syenitporphyr am Abtsberg bei Friedrichroda beobachtet worden. Das Mittelrothliegende, welches dort aus einem an Melaphyr-, Porphyr- und Granitgeröllen reichen Conglomerate, dem sog. Melaphyrconglomerate, und tuffartigen Gesteinen besteht, wird durchbrochen von einem Gesteinsgang, der in der Gabel unweit der Marienhöhle durch Steinbrucharbeiten im Querprofil aufgedeckt ist und hier eine Mächtigkeit von 85 Meter erlangt. Die Hauptmasse des Gangs (in Summe 47,5 Meter) ist krystallreicher Quarzporphyr, ein rothes Gestein, welches in einer dem blossen Auge dicht erscheinenden Grundmasse viel Quarz und etwas weniger Orthoklas, letzteren aber oft in grossen bis 4 Centimeter langen Krystallen enthält. Den nächstdem mächtigsten Antheil an der Gangbildung nimmt ein dichter resp. wenig- und kleinkrystallinischer Porphyr; an zwei Stellen durchsetzt er gangförmig den krystallreichen Porphyr, an einer trennt er diesen vom Nebengestein; er zeigt in der stets herrschenden Grundmasse reichlich Einsprenglinge von Quarz und verhältnissmässig frischem Orthoklas, alle aber viel kleiner als in dem ersterwähnten Gestein. Wesentlich von den beiden Quarzporphyren verschieden ist der dunkelrothe quarzarme Porphyr, welcher drei schmale Gänge mit einer Gesammtmächtigkeit von 13,6 Meter in den Quarzporphyren bildet. Seine dem Auge feinkörnig erscheinende Grundmasse setzt sich aus einfach und doppelt brechenden Körnern zusammen, oder löst sich unter dem Mikroskop in ein mehr oder weniger filziges Gewebe kurz prismatischer oder tafelförmiger Feldspathkrystalle und in Brauneisen auf. Augit oder Hornblende wurden nicht beobachtet, wohl aber stark doppeltbrechende gelbliche, an Glimmer erinnernde Blättchen, offenbar Zersetzungsproducte der sparsam vorhandenen, bis 8 Millimeter langen Orthoklaseinsprenglinge. Auch Kalkspath findet sich zerstreut in dem Gesteine. Der Gehalt an Kieselsäure beträgt 60 %, an Kali 7,9 und Natron 3,1 %.

Aus dem gleichzeitigen Auftreten der drei Gesteine in dem ganzen Verlauf des auf 1,77 Kilometer verfolgten Ganges wird geschlossen, dass auf der ganzen Länge der Spalte wiederholte Eruptionen stattgefunden haben, die Spalte demnach wiederholt durch die Ergüsse geöffnet wurde. Auch liess sich aus Einschlüssen von quarzfreiem Porphyr im krystallreichen Quarzporphyr nachweisen, dass der letztere jünger als der erstere, trotzdem er die Hauptmasse des Ganges geliefert hat; ja Verf. hält ihn sogar, gestützt auf Beobachtungen in anderen Theilen des Thüringer Waldes für das jüngste, den basischen quarzarmen Porphyr aber für das älteste Gestein auf dem betrachteten Gange.

Ferner wurden Gänge von ebenfalls blasig ausgebildetem quarzarmem Porphyr in krystallreichem, grosskrystallinischem Porphyr am Übelberge und demselben gegenüber am Rothenberge beobachtet; sie liefern nach dem Verf. den Beweis, dass dort der quarzarme Porphyr jünger ist als der ihn umschliessende krystallreiche Porphyr.

Die geognostische Selbständigkeit des quarzarmen Porphyrs wird endlich ausser Frage gestellt durch sein Auftreten an dem Röthelgehäu bei Cabarz, wo er 2 bis 3 Lager zwischen den Schichten des Unterrothliegenden, anscheinend im Hangenden des Porphyrs vom Übelberge bildet. Das Gestein ist grau oder rothbraun. Viele, bis 15 Millimeter lange Orthoklase, ganz vereinzelte Quarzkörner und als Seltenheit auch wohl Plagioklas, liegen in einer vorwaltenden, fein zuckerkörnigen Grundmasse, welche ihrer Hauptmasse nach aus Orthoklas, z. Th. mit Zwillingsstreifung, ferner aus spärlichem Quarz, reichlichem rothdurchsichtigem Eisenerz, Apatit, Kalkspath und fraglichem Glimmer besteht. Der Gehalt an SiO_2 beträgt $57\frac{1}{2}$ %, an K_2O 7,77, an Na_2O 2,09. Den geringen Gehalt an MgO (0,52 %) und FeO (1,17) glaubt Verf. auf ein Auftreten ($3\frac{1}{4}$ %) von Bisilikaten zurückführen zu dürfen; doch möchte er, da deren Vorhandensein nicht wirklich nachgewiesen werden konnte, statt des sonst wohl gerechtfertigten Namens „Syenitporphyr“ für das Gestein lieber den Namen „quarzarmer Porphyr“ beibehalten.

Eine Reihe von weiter angeführten Localitäten, an welchen der quarzarme Porphyr theils für sich, theils gangförmig in den Quarzporphyrgesteinen auftritt, zeugt für die weite Verbreitung des Gesteins im nördlichen Thüringer Walde. **H. Bücking.**

H. M. Cadell: The Harz Mountains: their geological structure and history. (Proc. Roy. Phys. Soc. Edinb. vol. VIII. p. 207—266. 1884.) Mit einer Kartenskizze und Profiltafel.

Ein Schüler v. Groddeck's giebt in dieser Abhandlung eine klare, von sorgfältigem Studium der einschlägigen Literatur zeugende Übersicht über die geologischen Verhältnisse des Harzes, die für englische Leser gewiss sehr willkommen sein und denselben das Studium der Lossen'schen Harzkarte wesentlich erleichtern wird. In Bezug auf die Profile können wir die Bemerkung nicht unterdrücken, dass es unrichtig ist, wenn die Falten des alten Gebirges durchgängig als normale (mit entgegengesetzt fallenden Flügeln) statt als überkippte gezeichnet sind. Ebenso unrichtig ist es, wenn der Verf. die Diabase im Unter- und Mittelharz die Schichten überall gangförmig durchbrechen lässt, während weder Ref. noch Lossen im genannten Gebiete jemals ächte Diabasgänge, sondern immer nur lagerartige (wenn auch zum grössten Theile als intrusiv anzusehende) Vorkommen beobachtet haben. **Kayser.**

Termier: Étude sur les éruptions du Hartz. (Annales des mines, März-Aprilheft 1884.) 8°. 124 Seiten und eine Profiltafel.

Im Gegensatz zur eben besprochenen Arbeit ist die vorliegende nicht der gesammten Geologie des Harzes, sondern nur einigen Punkten desselben gewidmet. Auf Grund sorgfältiger Literaturstudien und eigener Excursionen im Harz giebt der Verf., Bergingenieur in Nizza, zuerst eine gedrängte Übersicht über die allgemeinen geologischen Verhältnisse des Gebirges und behandelt sodann 1) die Diabase, ihre Contactmetamorphose und die mit ihnen verknüpften Erzlager; 2) die porphyrischen Gesteine und die sie begleitenden Eisensteinvorkommen; 3) die Gabbros und 4) den Granit und seine Rolle für die Gebirgs- und Spaltenbildung im Harz.

Wir können die Arbeit im Allgemeinen nur loben; sie wird jedenfalls dazu beitragen, die Ergebnisse der neueren geologischen Forschungen im Harze auch in Frankreich in weiteren Kreisen bekannt zu machen.

Kayser.

Erläuterungen zur geologischen Specialkarte des Königreichs Sachsen etc. Blatt 29. Section Mutzschen von Th. Siegert. 33 S. Text und 8 S. Tabellen über Diluvialglieder.

Das Blatt, dessen am Allgemeinsten bekannter Ort Schloss Hubertusburg ist, stellt ein flachwelliges Hügelland mit Niveauunterschieden zwischen 143 und 253 m dar, das durch keinen grösseren Fluss durchschnitten wird und der nördlichen Abflachung des sächsischen Mittelgebirges angehört. Den grössten Theil der Oberfläche nimmt das Diluvium ein, dessen jüngstes

Glied, der Löss (bei Grossböhlitz *Helix hispida* führend), die grössere südliche Hälfte fast allein für sich beherrscht. — Dass der Geschiebelehm nicht mehr eine ganz allgemeine Decklage darbietet, erklärt der Verf. für Kennzeichen einer seither eingetretenen Erosion. Altdiluviale Flussschotter mit viel einheimischem Gestein treten unter dem Geschiebelehm in ähnlicher Verbreitung wie die heutigen Thäler auf, deren Grund eine Alluvialausfüllung zeigt.

Vom Oligocän sind mehrere Ablagerungen vorhanden; die bedeutendste im Südwesttheile des Blattes zeigt über der Knollensteinzone angehörigen Sanden und Thonen (welch letztere bei Ostrau ausgedehnte Verwendung finden) das Hauptbraunkohlenflötz (reich an Stämmen von *Cupressinoxylon Protolarix* Göpp. auch *Palmacites Daemonochops* Ang.) und hangende Thone und Sande. — Das Liegende des Oligocän sind die durch Porphyr- und Tuffbildungen ausgezeichneten Massen des mittleren sächsischen Rothliegenden: hier vorwiegend Eruptivgebilde. Beim Mangel an hinreichenden Aufschlüssen auf dem Blatte selbst wurden bei der Gliederung die Lagerungsverhältnisse der Gebirgsglieder der Nachbarsectionen, besonders die von Grimma, berücksichtigt. Hiernach finden wir zuunterst kleine Partien von „Melaphyr" („Grundmasse ... der Hauptmasse nach ein mikrokrystallines Aggregat von Plagioklasleistchen ... mit rothbraunen Eisenerzkörnchen reichlich gemengt, während die eigentliche kryptokrystalline Grundmasse sehr zurücktritt" — porphyrisch durch Plagioklas und durch seltene Durchschnitte von Afterkrystallen, wohl nach Augit). Der meist rothbraune, zuweilen gefleckte „Rochlitzer Quarz-Porphyr", im Süd- und Osttheil des Blattes sehr verbreitet, gilt als etwas jünger. Seine Einsprenglinge: Orthoklas und Quarz, auch Plagioklas und Biotit, überwiegen häufig vor der Grundmasse; bei Verwitterung zerfällt das Gestein zu Grus und ist dann späterer Verthonung so ausgesetzt, dass zuweilen bis 21 m Teufe kein fester Fels getroffen wird und dass Kaolingewinnung für Porcellanbereitung stattfindet. — Am Heydeberge südöstlich von Hubertusburg ist der Rochlitzer Porphyr von einem Gange des „Grimmaer Quarzporphyrs" durchsetzt, welches Gestein an andern Punkten der Karte in deckenartiger Verbreitung vorkommt. Der oft blass-violetten, mikrogranitisch aus Quarz, Orthoklas und Biotit gemengten Grundmasse sind ansehnlich grosse Krystalle von Orthoklas und Plagioklas, erbsengrosse Quarze, sparsam auch Biotit eingesprengt. Etwas jünger erscheint nach Beobachtungen auf dem Blatte Grimma der nach Lesestücken im Westtheile des Hubertusburger Waldes aufgetragene „sphärolithartige Quarzporphyr", in dessen grüner Grundmasse unter Anderem Pseudosphärolithen (bis hühnereigross) auftreten. Ähnliches Alter hat die schwach entwickelte Sedimentablagerung des „oberen Tuffrothliegenden" nämlich die von Nordwesten her in das Kartenblatt hereinreichenden Porphyrconglomerate, die an sieben Stellen der Section auftretenden Porphyrtuffe und die bei Börtewitz in deren Liegendem unterirdisch nachgewiesenen z. Th. kalkreichen Sandsteine und Schieferletten. In Mutzschen selbst ist der Tuff das Muttergestein von Achatkugeln und von den Bergkrystallen, welche seit Freiesleben's

Arbeiten als Mutzschener Diamanten bekannt sind. Das jüngste hier auftretende Eruptivgebilde ist der „Pyroxen-Quarzporphyr", ein meist ausgezeichnet plattenförmig abgesondertes Gestein von sehr wechselnder Färbung. Die Grundmasse ist kryptokrystallin bis körnig, besteht aus Quarz und Feldspath, sowie etwas Magnetit und Biotit, enthält auch Apatit, Titanit und Eisenerzkörnchen; eingesprengt sind Orthoklas, Quarz, Plagioklas, Biotit, Magnetit, Apatit, zuweilen auch verwitterte Pyroxene.

K. v. Fritsch.

G. C. Laube: Geologische Excursionen im Thermalgebiete des nordwestlichen Böhmens. Teplitz, Carlsbad, Eger-Franzensbad, Marienbad. XVI u. 170 S. u. 2 Tafeln Profile. Leipzig 1884.

Der nordwestliche Theil von Böhmen, der sich im Süden des erzgebirgischen Steilabbruches von der Elbe bei Aussig bis zum Tiller im Böhmerwald hinzieht, besitzt einen so abwechslungsvollen und lehrreichen Bau, dass er, wie der Verf. mit Recht sagen darf, nicht nur von jeher bei den jüngeren Fachgenossen als ein wahres Elementarbuch zur Ausbildung geologischer Anschauung gegolten, sondern dass er auch oftmals unter jenen Tausenden von Laien, welche sich alljährlich an den heilkräftigen Quellen und Gesundbrunnen des prächtigen Landstriches zusammenschaaren, das Interesse für Bodenkunde wachgerufen hat. Der Naturfreund wird hier auf Schritt und Tritt zum Beobachten und Nachdenken angeregt und zu immer weiteren Excursionen verlockt. Ein Führer wird ihm bei den letzteren willkommen sein. Als solcher erbietet sich nun der Verfasser mit seinem Schriftchen, in welchem er mit den zahlreichen Forschungsresultaten älterer Geologen auch den reichen Schatz seiner eigenen Erfahrungen vereinigt und in übersichtlicher Weise gruppirt hat.

Auf eine Zusammenstellung der seit 1840 erschienenen Litteratur (108 Arbeiten) folgen zunächst Überblicke über den Bau des hercynischen Massives und über den Verlauf der böhmischen Thermalspalte; daran schliessen sich ausführliche Schilderungen der Umgebungen der obengenannten vier Badeorte. Für einen jeden derselben giebt der Verfasser zunächst, unter fortwährendem Verweis auf die vorhandene Litteratur, eine nach Gebirgen und Formationen gegliederte geologische Übersicht und bespricht hierauf die empfehlenswertheren geologischen Excursionen. Anhangsweise werden dann noch die Analysen der bekannten Quellen mitgetheilt. Da die Beigabe einer geologischen Karte leider nicht möglich war, suchen zwei in sauberem Buntdruck ausgeführte Profiltafeln das Verständniss des Textes zu fördern.

A. Stelzner.

---

v. Gümbel: Geologische Aphorismen über Carlsbad. (Fremdenblatt. IV. Jahrgang. No. 32.) Karlsbad, den 12. Juli 1884.

Es wird zunächst die Aufmerksamkeit auf den wenig besuchten, aber sehr besuchenswerthen Veitsberg bei Carlsbad gelenkt, der in grossen

Steinbrüchen gute Aufschlüsse gewährt und u. a. zahlreiche, den Granit durchsetzende Basaltgänge zeigt. In den letzteren sieht man Einschlüsse von mehr oder weniger gefritteten Granitfragmenten und von Porzellanjaspis. Letztere werden, da thonige Gesteine oberhalb des Granites nicht zu finden sind, von Thonschiefer abgeleitet, der unter dem Granite lagernd gedacht wird.

Nächstdem wird die Thatsache betont, dass der Veitsberg auf dem weit fortstreichenden, Mineralwasser führenden Spaltensysteme liegt, dem auch die Carlsbader Thermen angehören und welches sich bis zur Tepl-Egermündung verfolgen lässt. Im Verfolg dieser Thatsache, und weil die Thermen 50 mal so viel Natrium- als Kaliumsalze enthalten, werden jene nicht als Auslaugungsproducte des Granites (mit etwa 4% Kalium gegen 3% Natrium) betrachtet, sondern als diejenigen eines basaltähnlichen, an Natronfeldspath reichen Gesteines. Dieses soll in der Tiefe dem Granit eingeschaltet sein und durch Kohlensäure und Schwefelwasserstoff, welche dem vulkanischen Herde entstammen, zu Sulphaten und Carbonaten zersetzt werden. Ein Theil der Schwefelsäure rührt vielleicht auch von Kiesimprägnationen des Granites her.

Die hohe, bis 73° C. erreichende Wärme der Carlsbader Quellen drängt endlich zu der Vorstellung, dass sie „von einer Eruptivmasse (Basalt oder basaltähnliches Gestein) abstammt, welche nicht bis zur Oberfläche vorgedrungen ist (Bathylith), daher nicht, wie die zu Tag getretenen Gesteine, der Einwirkung der stark abkühlenden Atmosphäre ausgesetzt, erkaltet und erstarrt ist, sondern, in der Tiefe vor rascher Abkühlung geschützt, einen hohen Grad ihrer ursprünglichen Schmelzhitze noch bewahrt hält und davon eine im Vergleich zu ihrer Masse und ihrem Vorrath verhältnissmässig geringe Menge nach und nach an die bis hierher auf feinsten Spalten beiziehenden Gewässer abgiebt. Die endlich sich sammelnden und auf diese Weise erwärmten Wassermassen werden dann, einem Wasservulcan vergleichbar nach denselben Gesetzen und durch analoge Ursachen, welche den Ausbrüchen der Vulcane zu Grunde liegen, auf Spalten emporgedrängt, um an den tiefsten Einschnitten der Oberfläche als die bewunderungswürdigen Thermen auszufliessen“. **A. Stelzner.**

Hans Commenda: Materialien zur Orographie und Geognosie des Mühlviertels. Ein Beitrag zur physischen Landeskunde von Oberösterreich. Linz 1884.

Der Verf. versucht das über die Bodenbeschaffenheit des sogen. Mühlkreises in Oberösterreich bekannte zu einem einheitlichen Bilde zu vereinigen, und stützt sich dabei namentlich auf Gümbel's Beschreibung des ostbayrischen Grenzgebirges und auf die in den Jahrbüchern der geolog. Reichsanstalt publicirten Arbeiten von Hochstetter, Lipold, Peters. Eigene Beobachtungen sind in grosser Zahl hinzugekommen. Das Mühlviertel Oberösterreichs, der nördlich der Donau gelegene Theil des Landes, besteht nebst den geologisch dazu gehörigen Theilen am rechten Donauufer durchgehends aus den ältesten krystallinischen Gesteinen, die nur an sehr wenigen Punkten von jung-tertiären Süsswasserbildungen bedeckt werden. Das vorherrschende Gestein ist Granit in mannigfaltiger Ausbildungsweise und Übergängen in Syenit und Gneiss. Nach der petrographischen Beschaffenheit werden 3 Hauptvarietäten unterschieden: A. der unregelmässig grobkörnige, B. der feinkörnige Granit, C. Pegmatit. A. umfasst theils Lager, theils Stockgranite, B. Stock- und Ganggranite, C. tritt nur untergeordnet gangförmig auf.

A. Grobkörniger Granit. Gemengtheile der Varietät A. sind[1]: Grauer Quarz, vorherrschender Orthoklas mit etwas Plagioklas und dunkler Glimmer, in einigen Abarten auch weisser Glimmer. Die Structur ist durch grössere Orthoklaskrystalle, meist Karlsbader Zwillinge, oft porphyrartig. — Das Gestein zeigt durch Annahme einer Parallelstructur Übergänge in Gneiss, durch Aufnahme von Hornblende Übergänge in Syenit; letztere enthalten öfter accessorischen Titanit, sonst ist das Gestein arm an Accessorien. — Häufig beobachtet man Absonderung nach drei Richtungen, wodurch cubische Blöcke entstehen, seltener beobachtet man plattenförmige Absonderung. — Die normale Varietät, welche ungefähr GÜMBEL's Krystallgranit entspricht, ist das vorherrschende Gestein. Im Westen setzt es meist die mittleren Niveau's zusammen, geht nach unten in Gneiss über und wird von Kuppen der Varietät B. überlagert. Im Osten hält es sich mehr auf der Höhe und bildet Kuppen, die von der Varietät B. durchsetzt, als Reste mächtiger Decken aufgefasst werden. Dasselbe Gestein findet sich in ausgedehnten Massen im nördlichen Theil des Böhmerwaldes, zieht sich von Baiern durch Niederösterreich, den südöstlichen Theil von Böhmen und die angrenzenden Gebiete von Mähren bis gegen Iglau.

Zur Varietät A. werden auch gerechnet: Der Plöckensteingranit HOCHSTETTER's (Steinwaldgranit GÜMBEL's). Durch lichtere Farbe, mittleres Korn, reichlichen grauen Quarz, spärlichen dunklen Glimmer, unterscheidet er sich vom normalen Granit A. Seine Hauptverbreitung hat er im südlichen Theil des Böhmerwaldes (Plöckenstein); er reicht aber noch bis Oberösterreich herein. Starke verticale Zerklüftung im Verein mit relativ leichter Verwitterbarkeit (Kaolinbildung im Orthoklas) führt zur Bildung imposanter Felspartien. Er dürfte zu den Lagergraniten zu zählen sein. — Der Mauthausener Granit hat feineres Korn und führt beiderlei Glimmer; mitunter enthält er porphyrartig grössere Feldspathkrystalle deshalb und weil er von feinkörnigem Granit B. gangförmig durchsetzt wird, wird er zur Varietät A. gerechnet. Accessorisch findet sich Pyrit, in Klüften öfter Kalkspath. Häufig sind glimmerreiche dunkle Ausscheidungen. Er findet sich stockförmig, namentlich in einer Zone längs des Donaulaufes und bildet vielfach Übergänge in die normale Varietät. In grossen Steinbrüchen wird er gebrochen und als Pflasterstein weithin verführt.

[1] Bloss nach makroskopischer Untersuchung. Dünnschliffe wurden nicht untersucht. Der Ref.

B. Feinkörniger Granit besteht aus mitunter gelbem Quarz, Orthoklas und einem Gemenge von weissem und schwarzem Glimmer. Plagioklas fehlt. Die Structur ist feinkörnig, der Orthoklas bildet bisweilen erbsengrosse deutliche Karlsbader Zwillinge. Absonderung oft plattenförmig. Er bildet Gänge und kleinere Stöcke im Granit A. Im Westen bildet er oft die höchsten Bergkuppen, im Osten hält er sich mehr in der Tiefe; überall erweist er sich deutlich jünger als der Granit A. Seine feinkörnige Structur macht ihn sehr widerstandsfähig gegen Verwitterung; daher sein häufiges Auftreten in reihenweise angeordneten Blöcken und Trümmern, den Resten von Gängen, deren Nebengestein durch Verwitterung zerstört wurde.

C. Pegmatit tritt nur in Gängen und Nestern in den anderen Graniten auf und besteht hauptsächlich aus Orthoklas und Quarz, dem sich Muscovit, Turmalin, Granat beigesellen. Für viele, besonders für die als Schriftgranit entwickelten, ergibt sich gleichzeitige Bildung mit dem Nebengestein als wahrscheinlich. Andere erscheinen als deutliche gangförmige Ausfüllung von Klüften. Der Pegmatit findet sich im ganzen Gebiete, mit Ausnahme des Plöckensteingranites. Erwähnenswerth ist das Auftreten von Beryll bei Freistadt.

Der Gneiss des Gebietes gehört zu dem rothen (bunten bojischen) Gneiss, welcher die Unterlage der übrigen Gesteine bildet. Von dem Granit ist er nur durch die Textur verschieden und geht in denselben über. Namentlich der Granit A. geht oft in einen grossaugigen Gneiss über, der auch Einlagerungen im Granit selbst bildet. Im Westen herrscht wie im Granit, so auch im Gneiss der Biotit vor und es finden sich hier auch hornblendeführende (Syenit-) Gneisse. Im Osten des Gebietes überwiegt in Granit und Gneiss der Muscovit. Längs der Donau bildet der Gneiss zahlreiche Einlagerungen im Granit, deren Streichen dem Donaulaufe parallel ist. Vom feinkörnigen Granit B. wird der Gneiss gangförmig durchsetzt. Granit A. und Gneiss erscheinen somit als gleichzeitige Bildungen. Von Passau streicht längs des linken Donauufers ein Zug von Dichroitgneiss, der mit Graphitgneiss und Graphitlagern vergesellschaftet ist. Derselbe lässt sich in Oberösterreich bis gegen Kollerschlag und Peilstein verfolgen. Er enthält vorwiegend Orthoklas, Biotit, Quarz, accessorisch Turmalin. — Stellenweise tritt der Glimmer im Gneiss zurück und durch Aufnahme von Granat entstehen granulitähnliche Gneisse. Echter Granulit ist nur spärlich zu finden: westlich von Ranariedl mit Granatkörnchen und rauchgrauem Quarz, bei Hagenberg und SW. von Gallneukirchen. Der Granulit liefert bei der Verwitterung meist kaolinreiche Massen.

Der Syenit ist durch Übergänge mit dem Granit A. auf's engste verknüpft. Typischer Syenit, aus Orthoklas, Plagioklas und Hornblende bestehend, findet sich selten; häufiger sind solche Gesteine, welche etwas Quarz und Biotit und Hornblende zu gleichen Theilen führen. Charakteristisch ist für alle der fleischrothe Orthoklas. Accessorisch findet sich Titanit in bis 1 cm grossen Krystallen. — Nach der Structur kann man unterscheiden: 1) Kugelsyenit mit concentrischen Schalen, die sich um festere Kerne legen; 2) porphyrartigen Syenitgranit. — In manchen Gesteinen findet man bisweilen umfangreiche Massen graugrüner Amphibolgesteine, bestehend aus 1 bis 2 Zoll grossen Amphibolkörnern, deren Spaltflächen Seidenglanz und faserige Structur erkennen lassen; so bei Obermühl und bei Lungitz.

Diorit findet sich im Mühlviertel nur als ausgeprägtes Ganggestein. Die Gesteine sind meist aphanitisch, doch als Hornblendegesteine erkennbar. Sie finden sich namentlich im Bereich der Syenitgranite. Das ausgezeichnetste Vorkommen ist das in der Pesenbachschlucht bei Mühllacken. Hier treten 4 Gänge eines dunkelgraugrünen Aphanites, auf welche in Stunde 9 streichen und senkrecht einfallen. Das Nebengestein ist ein grobkörniger Syenitgranit. Auch an anderen Orten ist das gangförmige Auftreten zu beobachten; die Gänge streichen allgemein südöstlich parallel dem Lauf der Donau. Bezüglich der einzelnen Fundorte vergl. das Original.

Felsitporphyr wurde von Lipold bei Prendl, von Peters bei der Bruckmühle zwischen Sct. Georgen an der Gusen und Kattsdorf gangförmig den Granit durchsetzend beobachtet; der Verf. fand Geschiebe im Aschachbache bei Steinwänd. Diese Gesteine werden beschrieben als Porphyre mit grünlich gefärbter dichter Grundmasse und zahlreichen Einsprenglingen von Quarz.

Serpentin findet sich nach Lipold zwischen Nikolai und Dimbach; Verf. beobachtete ihn nur als Donaugeschiebe.

Übergehend zu den Mineralien wird die Armuth an technisch verwerthbaren hervorgehoben. Ausser den allgemein verbreiteten: Quarz, Feldspathe, Glimmer, Hornblende ist noch zu erwähnen: Granat Dodekaëder von braunrother Farbe, meist im Gneiss; Graphit, Pyrit, Turmalin, Titanit (namentlich im Syenit,[a] auch im Gneiss), Beryll (im Pegmatit bei Freistadt), Vivianit (in einem Thon an der kleinen Mühl bei Lembach als Blaueisenerde), Eisenocher und Razoumoffskyn (als Zersetzungsproduct von Feldspathen), Kaolin (namentlich als Zersetzungsproduct von Granulit), Eisenvitriol (Zersetzungsproduct nach Eisenkies), Calcit (als Kluftausfüllung), Silber (angeblich zu Engelhartszell), Gold (fein vertheilt im Gneissgebiet, es wurde aber nur Waschgold gewonnen).

Das Capitel: „Verwitterungserscheinungen des Urgebirges“ bringt wohl nur bekannte Thatsachen. Capitel IV behandelt die bis 1000 Fuss Meereshöhe ansteigenden känozoischen Gebilde: sandiger, fossilarmer Schlier, litorale Sande, Lignitflötze. Interessant, und seit langem bekannt, ist der durch Calcit cämentirte „krystallisirte“ Sandstein von Perg und Wallsee. Diese tertiären Gebilde umsäumen den Südrand des Gebirges, treten aber in grösseren Thalbuchten auch im Inneren auf, z. B. bei Freistadt. Capitel 5 bringt Allgemeine Betrachtungen über die Bildungsweise der Urgesteine, die im Wesentlichen das von Gümbel über diesen Gegenstand publicirte reproduciren.

Aus dem zweiten orographischen Theil, welcher das Bodenrelief im allgemeinen und eine orographische Detailbeschreibung liefert, möge besonders auf das Capitel 7 „Die Stellung des Gebietes im deutschen Mittelgebirge und die Tiefenlinien desselben“ hingewiesen werden. Die letzteren erweisen sich als Spalten, welche 3 Hauptrichtungen entsprechen: Das erste System, welchem der Donaulauf, das Mühlthal, das Moldauthal angehören, streicht NW.—SO., ein zweites System von untergeordneten Spalten SW.—NO., ein drittes System NS. Untergeordnet und mehr im östlichen Theile kommen auch O—W. gerichtete Spalten vor, welche dem Nordrand der Alpen parallel laufen. Diesen Spalten folgen im allgemeinen die Flussläufe, so dass die meisten Flussthäler des Mühlviertels Spalten-Charakter haben. **F. Becke.**

F. Bieniasz und R. Zuber: Notiz über die Natur und das relative Alter des Eruptivgesteines von Zalas im Krakauer Gebiete. (Verhandl. der geol. R.-A. 1884. No. 13. p. 252.)

E. Tietze: Das Eruptivgestein von Zalas im Krakauer Gebiete. (Ebenda No. 14. p. 289.)

Das in Frage stehende Eruptivgestein von Zalas wurde von Tschermak (Porphyrgesteine Österreichs p. 238) und Kreutz (Verhandlg. der geol. R.-A. 1869, p. 157) zu den Orthoklasporphyren gestellt, wobei ersterer die grosse Ähnlichkeit mit Trachyt hervorhebt. Römer (Geologie von Oberschlesien p. 112) identificirt es mit dem rothen Felsitporphyr von Mienkinia. E. Hussak findet die Structur der Grundmasse übereinstimmend mit Trachyt und glaubt daraus ein tertiäres Alter muthmassen zu dürfen (Verhandlg. der geol. R.-A. 1876, p. 74).

Den zuerst genannten Forschern gelang es nachzuweisen, dass das Gestein nicht jünger als der braune Jura sein kann. Dasselbe wird von Sandstein überlagert, welcher Rollstücke des Porphyrs enthält und charakteristische Fossilien des braunen Jura führt. Die petrographische Untersuchung bestätigt die Resultate der früheren Forscher, die Ähnlichkeit mit Trachyt sei vorhanden, dieselbe finde sich aber in gleicher Weise auch bei dem unbezweifelten Felsitporphyr von Mienkinia. Das Gestein könne somit kein Trachyt sein.

Tietze hatte das Gestein in den auf Grund der geologischen Detailaufnahme von der geol. R.-A. herausgegebenen Karten als Trachyt eingetragen. Er erklärt in dem zweiten der genannten Aufsätze, dass er damit keineswegs das tertiäre oder posttertiäre Alter des Gesteines behauptet haben wolle. Es handle sich um eine principielle Verschiedenheit in der Bezeichnung der Eruptivgesteine. Tietze hält das Gestein für Trachyt, gestützt auf die Ansichten Tschermak's und Hussak's, welche die Trachyt-Ähnlichkeit des Gesteines anführen. Er sagt: „Trachyt bleibt für mich Trachyt, auch wenn er im Silur vorkommen sollte, so wie ich einen Sandstein Sandstein nenne, gleichviel ob er im Devon oder in der Kreide auftritt.“ Derselbe Standpunkt wurde von Tietze schon früher in seinem Aufsatz über das östliche Bosnien (Jahrb. der geol. R.-A. 1880, p. 344) vertheidigt. Es wäre auch principiell gegen denselben nichts einzuwenden.

Da indessen Tietze zwischen Porphyr und Trachyt unterscheidet, setzt er einen wesentlichen Unterschied zwischen beiden Gesteinen voraus, welcher nicht im geologischen Alter, sondern in den petrographischen Merkmalen, also in der mineralogischen Zusammensetzung oder in der Structur liegen müsste. Ein solcher wesentlicher Unterschied existirt aber bekanntlich nicht. Der einzige vorhandene Unterschied ist der, dass die älteren porphyrischen Eruptivgesteine gewöhnlich weniger frisch sind, als die jüngeren. Allein dieser Unterschied ist unsicher, schwankend und seine Beurtheilung oft vom subjectiven Ermessen abhängig. Will man also den Unterschied des geologischen Alters fallen lassen und nur nach petrographischen Merkmalen classificiren, so müsste man Porphyre und Trachyte unter einheitlicher Benennung zusammenfassen, also z. B. den Porphyr von Mienkinia auch als Trachyt bezeichnen. Es wäre als eine schwere Schädigung der petrographischen Nomenclatur zu bezeichnen, wenn an die Stelle einer wenigstens in der Idee scharfen Grenze — des geologischen Alters — ein so unsicheres schwankendes Merkmal wie der Erhaltungszustand zur Unterscheidung der Begriffe Porphyr und Trachyt gesetzt würde. **F. Becke.**

Carl Freiherr v. Camerlander: Geologische Mittheilungen aus Central-Mähren. (Jahrb. d. K. K. geol. Reichsanst. XXXIV, 407—432. 1884.)

Ein Durchschnitt nördlich von Brünn von W. nach O. gezogen wird gewöhnlich schematisch in folgender Weise dargestellt: Auf die aus Böhmen hereinragende hercynische Gneissscholle folgt der schmale Zug von Rothliegendem, unter dem bei Rossitz und Oslawan noch Carbon sichtbar wird, dann der Zug von Syenit und Granit bei Blansko und Brünn, östlich von diesem devonischer Kalk und darüber Culmbildungen nach O. verflachend. Der Verf. studirte eingehender einige in diesem Schema bis jetzt vernachlässigte Bildungen, die auf eine grössere Verbreitung der Devonschichten hinweisen. Östlich von Tischnowitz treten zwischen dem Rothliegenden und dem Gneiss und Glimmerschiefer Quarzite und schiefrige Kalke auf, die von Foetterle zu den krystallinischen Schiefern gezählt wurden. Auch ein weithin verfolgbarer Zug von Quarzconglomerat tritt auf, mit krystallinischem Bindemittel und vielfachen Spuren mechanischer Umformung. Diess gibt dem Verf. Anlass zu einer kritischen Zusammenstellung der ihm bekannten archäischen Conglomerate, aus welcher sich ergibt, dass wirklich der archäischen Formation angehörige Conglomerate locale Bildungen seien, die mit den übrigen krystallinischen Gesteinen in innigem Verbande stehen und selbst insoweit krystallinisch sind, als die Grundmasse es ist. Die Tischnowitzer Gebilde ist der Verf. geneigt für devonisch zu halten. In der Nähe von Nischmowitz N. von Zelezny im Gneissgebiet kommt ein dunkles Massengestein in kugeligen Blöcken an einer engbegrenzten Localität vor, welches nach C. v. John die normale Zusammensetzung eines Olivin-Diabases besitzt; das erste für Mähren nachgewiesene Gestein dieser Art.

Ähnliche Kalke und Quarzite finden sich nun auch an der Grenze zwischen Syenit und Rothliegendem; dieselben wurden schon früher beobachtet, z. Th. für gleichaltrig mit den östlichen Devonkalken von Blansko, z. Th. für Zechstein gehalten (Kalk von Schloss Eichhorn). CAMERLANDER adoptirt die erste Auffassung.

Mit den Tischnowitzer Conglomeraten und Quarziten wären schliesslich auch die quarzitischen Bildungen zu vergleichen, welche östlich vom Syenit unter dem Devonkalk auftreten. Gleichfalls lassen sich mit den Tischnowitzer Conglomeraten auch die halbkrystallinischen Quarzite vergleichen, in welchen ROEMER bei Würbenthal unterdevonische Versteinerungen fand, besonders aber das von GLOCKER beschriebene, für devonisch geltende Gestein vom Brandlstein (Aussee N. O., Deutsch Liebau W.).

Die grössere Verbreitung devonischer Schichten auch im Westen des Brünner Syenitzuges führt zu der Anschauung, dass der Bau kein so einfacher sei, als das anfangs citirte Schema darstellt, namentlich, dass man statt eines einzigen mehrere parallele Brüche anzunehmen habe, eine Möglichkeit, die auch schon SUESS (Antlitz der Erde I. 281) ausspricht.

F. Becke.

Heinrich Baron Foullon: Über die petrographische Beschaffenheit krystallinischer Schiefergesteine aus den Radstätter Tauern und deren westlicher Fortsetzung. (Jahrb. K. K. geolog. Reichsanst. XXXIV. 635—658. 1884.)

Im Anschluss an den ausführlichen Bericht von M. VACEK über die geologische Aufnahme der Radstätter Tauern liefert der Verf. eine petrographische Beschreibung der in diesem Gebiete auftretenden krystallinischen Schiefergesteine. VACEK unterscheidet (Jahrbuch der K. K. geol. Reichsanst. ebenda p. 611) 6 von einander unabhängige selbständige stratigraphische Gruppen, welche unconform gegen einander lagern. Die 3 untersten dieser Gruppen werden von krystallinischen Schiefergesteinen gebildet, nämlich: 1. Gneissglimmerschiefergruppe, 2. Kalkglimmerschiefergruppe, 3. Silurschiefergruppe. Zunächst wird die Ähnlichkeit der hier beobachteten Gesteine mit den vom Verfasser früher geschilderten Gesteinen aus dem Palten- und oberen Ennsthale betont[1]. Die petrographische Beschaffenheit schliesst sich gut an die durch die Lagerungsverhältnisse gegebene Eintheilung an.

I. Gesteine der Gneiss-Glimmerschiefer-Gruppe.

1. Gneisse. — Die älteren sogen. Centralgneisse sind einer späteren Behandlung vorbehalten. Die jüngsten Lagen derselben, die das unmittelbare Liegende der folgenden Gesteine bilden, theilen manche Eigenthümlichkeit mit letzteren, so namentlich die schiefrige Textur und die

---

[1] Vergl. FOULLON, Jahrb. d. K. K. geolog. Reichsanst. 1883. p. 207. Dies. Jahrb. 1884. I. -85-. Vergl. auch A. BÖHM: Über die Gesteine des Wechsels. TSCHERMAK's Min. u. petr. Mitth. Bd. V. p. 197. Dies. Jahrb. 1883. II. -62-.

Erfüllung der Feldspathe mit massenhaften winzigen Einschlüssen von Epidot. Quarz bildet bis erbsengrosse Knoten auf den von riefigen Muscovithäutchen bedeckten Schieferungsflächen. Brauner Biotit, begleitet von Magnetit und Pyrit, lichter Granat, als Seltenheit Apatit und Turmalin sind vorhanden. Diese Gesteine zeigen Übergänge in die Albitgneisse, welche sich im allgemeinen an die Grenzregion der alten Gneisse und der jüngeren Glimmerschiefer halten. Diese stimmen mit den früher von A. Böhm und dem Verf. untersuchten überein. Eine exacte Bestimmung des für Albit angesprochenen Feldspathes war unausführbar. Auf die hier in geringerer Zahl, aber bedeutenderer Grösse auftretenden Einschlüsse von Epidot wird Gewicht gelegt, da diess für das höhere Niveau dieser Gneisse charakteristisch sein soll. Dieselben können nicht als Umwandlungsproduct angesehen werden. Neben dem Feldspath, dessen Menge von Schichte zu Schichte schwankt, so dass eine Trennung von dem Glimmerschiefer nicht thunlich ist, erscheint Quarz, grüner Biotit, Epidot, letzterer in sehr wechselnder Menge.

2. Glimmerschiefer. — Die typischen Glimmerschiefer unterscheiden sich von den Albitgneissen nur durch fehlenden Feldspath. Epidot ist selten, Kaliglimmer in einzelnen Blättchen häufig, Erz reichlich. Sehr selten finden sich brauner Biotit, der dann mit Hornblende auftritt, und Pseudomorphosen nach einem rhomboëdrischen Carbonat. Turmalin ist selten. Epidotreiche Gesteine werden als Glimmer-Epidotschiefer beschrieben, andere sehr verbreitete führen Ankerit. Einige abweichende Glieder von der Schreckalpe zeichnen sich durch lichte Färbung und durch reichlichen Gehalt an Turmalin und Rutilnädelchen aus. Bemerkenswerth ist die Beobachtung, dass sich in den liegenden Partien der Glimmerschiefer brauner Biotit einstellt.

Aus dem Wildbühelthal wird ein feldspathfreier, erzarmer Hornblende-Epidotschiefer beschrieben.

II. Kalkglimmerschiefergruppe.

Die hieher gehörigen Gesteine zeigen meist Aussehen und Structur der Phyllite. Von den Gesteinen der Albitgneissgruppe unterscheiden sie sich durch den Mangel oder die Seltenheit des Biotit. Sie zerfallen in reine Muscovitschiefer (Muscovit-Quarz), Muscovitschiefer mit rhomboëdrischem Carbonat, welches z. Th. als Ankerit, z. Th. als Calcit angesehen wird, die auch zusammen vorkommen, endlich die im Westen des Gebietes vorherrschenden Kalkglimmerschiefer. Auch diese dürften neben Calcit bisweilen Ankerit enthalten. Neben dem vorherrschenden Carbonat findet sich Quarz, Muscovit, hie und da Epidot, Rutil, organische Substanz, ganz vereinzelt auch strahlsteinartige Hornblende.

III. Silurschiefergruppe.

Das Alter dieser Gesteine ist durch die bekannten Petrefactenfunde bei Dienten constatirt, die aus den hangendsten Theilen des Complexes stammen. Sie werden als Muscovitgneiss, Dioritschiefer, Muscovitschiefer, Glimmer-Chloritoidschiefer beschrieben; die Muscovitschiefer sind die verbreitetsten. Alle zeigen grosse Ähnlichkeit mit den entsprechenden Gesteinen der Albitgneissgruppe und Kalkglimmerschiefergruppe, von denen sie sich in der Regel durch kleineres Korn unterscheiden. Dass auch die ersteren umgewandelte Sedimente seien, wird dadurch wahrscheinlich.

Dieser Gruppe gehören auch die mittelkörnigen grauweissen Magnesite beim Wegbuge zwischen Dienten und dem Filzensattel an, die mit den von Rumpf beschriebenen Magnesiten dieser Zone übereinstimmen.

F. Becke.

J. Wagner: Über die Wärmeverhältnisse in der Osthälfte des Arlbergtunnels. (Jahrb. k. k. Reichsanst. XXXIV. 743. 1884.)

Bei der Anlage des Sohlenstollens wurden unter Anwendung der entsprechenden Vorsichtsmassregeln möglichst bald nach Blosslegung des Gesteins die Gesteinstemperaturen in 0.8 m tiefen Bohrlöchern ermittelt. Das durchfahrene Gestein, Gneiss und Glimmerschiefer, war von 2800 Meter vom Stollenmundloch an reich an Eisenkies und von da an entsprechend der Thalspalte des Arlbaches stark zerklüftet und von Rutschflächen durchzogen. Bei 1540 und 1618 m wurden grössere Quellen angetroffen, sonst war das Zusickern von Gewässern gering und von 3800 m an war der Stollen völlig trocken. Die Beobachtungen wurden 200 m vom Stolleneingang begonnen und von 100 zu 100 m wiederholt. Eine Tabelle enthält die beobachteteten Gesteinstemperaturen und die Lufttemperatur am Beobachtungsorte zur Beobachtungszeit. In ein Längenprofil des Tunnels, welches die Höhe der überlagernden Massen in der Profilebene und im radial kürzesten Abstand erkennen lässt, ist die Temperaturcurve eingetragen. Dieselbe zeigt zahlreiche untergeordnete Unregelmässigkeiten, die sich durch die beobachtete Beschaffenheit des Gesteins, zusickernde Wässer etc. nicht immer erklären lassen. Im allgemeinen zeigt sich ein Ansteigen der Temperatur mit der Höhe der Überlagerung; die höchsten Temperaturen wurden beobachtet bei 2700 m Distanz vom Portal, 655 m unter der Oberfläche (resp. 620 m kürzesten radialen Abstand) mit 16.8° C. und bei 5100 m Distanz 715 m unter der Oberfläche mit 18.5° C. Diese Punkte entsprechen aber nicht den grössten erreichten Abständen von der Oberfläche (bei 2600 m Distanz 6800 m unter dem Galzig, 635 m kürzestem Abstand Temperatur 15.7° C. und bei 5200 m Distanz 720 m unter der Arlbergalpe, Temperatur 17.8° C.). Überhaupt treten die höheren Temperaturen erst tiefer im Tunnel ein, als man nach der Höhe der Überlagerung erwarten sollte, so dass die Temperaturcurve gegen das Terrainprofil verschoben erscheint. Diess soll mit der seitlichen Entwicklung des Gebirges im Einklang stehen. Die bei 1540 m Distanz angefahrene Quelle zeigte bei der Eröffnung eine Temperatur von 12° C. bei 13° C. Gesteinstemperatur, 14.5° C. Lufttemperatur; sie konnte auch später geprüft werden und hatte noch im December 1883 eine Temperatur von 12° C. Die Ergiebigkeit war von 20 L. per Minute auf 9 L. gesunken. Die andere bei 1618 m angetroffene Quelle zeigte gleich nach dem Aufschluss 14.4° C. bei 17.8° C. Lufttemperatur, 13.1° C.

Gesteinstemperatur; die weiteren Beobachtungen zeigten eine Abnahme der Temperatur bei 12.0° C. bei gleichbleibender Ergiebigkeit von 10 L. per Minute.

Die Beobachtungen reichen bis 5400 m vom Ostportal; man darf auf die Mittheilung von der Westhälfte des Tunnels gespannt sein, die dann erst das Bild der Wärmevertheilung zu einem vollständigen machen werden. Die wichtigsten Resultate hat FOULLON in den Verhandlungen der k. k. geol. R.-A. 1884. 333 mitgetheilt. **F. Becke.**

Barrois: Observations sur la constitution géologique de la Bretagne. (Ann. Soc. géol. du Nord XI. 1884. 87. 278.)

Bereits 1827 hat BOBLAYE die Orographie der Bretagne in grossen Zügen so treffend gezeichnet, dass alle späteren Autoren — Geographen und Geologen — ihm mit gutem Grunde gefolgt sind. Nach diesem Forscher bilden zwei von West nach Ost ausgedehnte Plateaus, zwischen denen sich eine Depression hinzieht, die Oberfläche des Landes. Das nördliche Plateau erstreckt sich von Brest nach Alençon über St. Brieuc und Dinan, parallel der Nordküste der Bretagne, das südliche von Brest nach Parthenay über Vannes und Nantes parallel der bretannischen Südküste. Die zwischen beiden Plateaus liegende Depression ist in der Mitte bei Uzel verengert und bildet so zwei Becken, jenes von Finistère im Westen und jenes von Rennes im Osten. Ein drittes Becken, als normännisches bekannt, liegt im Norden des nördlichen Plateaus.

Der Versuch DALIMIER'S, die von BOBLAYE geschilderten Verhältnisse der Oberfläche geologisch zu erklären, waren verfrüht. Ein Schluss auf die einstige Verbreitung paläozoischer Meere auf Grund der heutigen Lage der paläozoischen Schichten ist nicht gerechtfertigt, denn die Bewegungen des Bodens, welche der Bretagne ihre Oberflächenverhältnisse dauernd vorzeichneten, erfolgten erst nach der Bildung des Culm und vor der Ablagerung des oberen Carbon. Eine mächtige seitliche Pressung in meridionaler Richtung faltete zu der genannten Zeit alle Schichten auf eine Erstreckung von mehr als drei Breitegraden von der Normandie bis zur Vendée und ertheilte denselben eine gleichmässig herrschende Streichrichtung von W 20° N nach O 20° S.

Das südliche Plateau ist eine Anticlinalfalte, deren Axe von krystallinischen Schiefergesteinen mit zahlreichen intrusiven Granitgängen gebildet wird. Das nördliche Plateau ist ebenfalls eine anticlinale Falte, meist aus cambrischen Schichten und Graniten bestehend.

Die centrale Depression, welche die hydrographischen Becken von Rennes und des Finistère bildet, ist nun aber nicht etwa eine einfache Mulde, sondern besteht aus einer Reihe nahezu paralleler Synclinalen und Anticlinalen, nach denen man sechs Bassins in der Bretagne unterscheiden kann, zu denen noch andere in der Normandie und Vendée hinzutreten.

Cambrische Schichten (phyllades de St. Lô), welche heute die halbe Oberfläche des Landes bedecken, deuten darauf hin, dass zur cambrischen

Zeit ein Meer die ganze Bretagne bedeckte. Ähnliche Verhältnisse bestanden wahrscheinlich noch zur Silurzeit. Mit dem Beginn des Devon scheint aber eine Differenziation begonnen zu haben.

Der geläufige Ausdruck bassin de Rennes ist aufzugeben. Rennes liegt auf einer 30 Km. breiten anticlinalen Falte.

Die sechs Becken der grossen ostwestlichen Depression der Bretagne lassen sich bezeichnen als Bassin d'Ancenis, Bassin d'Angers, Bassin de Ségré, Bassin de Laval, Bassin de la vallée du Merdereau und Bassin de Mortain.

Diese Becken haben nun aber in der Silurzeit nicht bereits gesonderte Ablagerungsräume dargestellt, sondern entstanden in der Kohlenzeit. Die Unregelmässigkeit der Faltung und spätere Denudationen bewirkten die auffallende streifenartige Sonderung der einzelnen Ablagerungen, auf welche bereits E. de Beaumont aufmerksam machte und welche den Frigee'schen geologischen Karten das Ansehen eines gestreiften Stoffes geben.

Alle diese Streifen zeigen von Osten nach Westen über ungefähr fünf Längengrade gleichbleibendes petrographisches und stratigraphisches Verhalten. Vergleicht man aber von N. nach S. fortschreitend einen Streifen mit einem anderen, so bemerkt man einen auffallenden Wechsel. Die Ablagerungen fanden nach Barrois im Norden und im Süden in verschiedener Meerestiefe statt und erhielten somit eine verschiedene Beschaffenheit. Das Verhalten einzelner Abtheilungen der cambrischen, silurischen, devonischen und carbonischen Formation in den einzelnen Streifen wird an einer Reihe von Beispielen geschildert und gefolgert, dass das hohe Meer im Süden lag, denn hier trifft man feine, weniger mächtige Gesteine und Kalke. Im Norden hingegen fanden die ausgedehntesten Denudationen statt, das Material der Gesteine ist gröber und in grösserer Mächtigkeit abgelagert.

Benecke.

M. J. Gosselet: Sur la faille de Remagne et sur le métamorphisme qu'elle a produit. (Ann. soc. géol. du Nord, t. XI, 176—190. Lille 1884.)

In der bekannten metamorphischen Zone der Ardennen zieht sich von Recogne über Remagne bis Bastogne eine sehr flache Verwerfungsspalte hin, längs welcher die Schichten des südlich davon liegenden devonischen Beckens von Neufchâteau nach NO. sich über die des Beckens von Dinant geschoben haben. Die Spalte wird von metamorphischen Gesteinen begleitet; in einem weisslichen, sehr festen quarzigen Sandstein liegen unregelmässige Massen einer grünen schiefrigen Substanz, in welcher einmal Granatkrystalle, öfters Ottrelithe gefunden wurden; über die Granat- und Amphibol-führenden Gesteine der Gegend von Bastogne weist der Verfasser auf Renard's Arbeit hin (vergl. dies. Jahrb. 1883. II. -68-). Gut aufgeschlossen sind die metamorphischen Schichten bei Remagne; Magnetit und Ottrelith sind für dieselben hauptsächlich charakteristisch; Arkosen sind in porphyrische Quarzite umgewandelt. Schwarze ottrelithhaltige Schiefer fasst G. als metamorphes Devon, nicht als Silur auf. In Bezug auf die

Ursachen der Veränderung schliesst er sich der Auffassung RENARD's an, dass hier Dislocationsmetamorphismus vorliege; eine in der Tiefe liegende, uns unbekannte Granitmasse anzunehmen, wie BARROIS es thut, scheint ihm weniger empfehlenswerth. **Ernst Kalkowsky.**

F. Gonnard: Sur une pegmatite à grands cristaux de chlorophyllite des bords du Vizézy, près de Montbrison (Loire). (Comptes Rendus No. 17, 27 Oct. 1884, p. 711.)

An dem Wege von Montbrison nach St. Bonnet le Courreau kommt ca. 10 Kilom. von Montbrison im Granit der Forezkette eine Ader von drusigem Pegmatit vor. In einem der Drusenräume fand sich ausser Rauchquarz und durch Zonenstructur ausgezeichnetem Mikroklin noch Chlorophyllit in dunkelgrünen und graugrünen Krystallen von bis zu 3 Cm. Dicke. Sp. G. 2.77. Einschaltung von Glimmerblättchen parallel oP wie im Chlorophyllit von Haddam und Unity. Endlich noch kleine Kryställchen von weissem und grünlichem Apatit. Den hier (am Ufer des Vizézy) von Graf BOURNON entdeckten Andalusit scheint Herr GONNARD nicht gefunden zu haben. **H. Behrens.**

Perrotin: Sur un tremblement de terre, ressenti à Nice, le 27 novembre. (Comptes Rendus No. 22, 1 Déc. 1884, p. 960.)

Um 11 Uhr 5 M. Abends zeigte das Bild des Saturn im Äquatorial Schwankungen von 15 Sekunden, die etwa ¼ Min. anhielten. Auch am Magnetographen wurden unregelmässige Bewegungen wahrgenommen. Später traten ungewöhnlich starke magnetische Störungen auf, von denen ungewiss bleibt, ob sie mit den Erderschütterungen in Zusammenhang standen.

H. Behrens.

Stan. Meunier: Le Kersanton du Croisic. (Comptes Rendus No. 25, 22 Déc. 1884, p. 1135.)

Das fragliche Gestein ist schwärzlich von Farbe, bröcklich, es setzt gangförmig im Granulit auf. Die mikroskopische Untersuchung wies als Hauptbestandtheile triklinen Feldspath und ausgefransten Biotit nach, letzteren mit regelmässig gelagerten Mikrolithen und kleinen Hohlräumen erfüllt, vielfach in Chlorit übergehend. Der Feldspath ist von Kalkspath begleitet, der als ursprünglicher Bestandtheil aufgefasst wird. Quarz tritt als Zwischensubstanz auf. Alle untersuchten Proben führten Apatit, zum Theil in reichlicher Menge, in gebogenen und geknickten Nadeln. Es ist dies das erste Vorkommen von Kersanton in der Bretagne.

H. Behrens.

Meugy: Note sur la carte géologique agronomique de l'arrondissement de Mézières. (Bull. Soc. géol. de Fr. 3e série, XII, 124—130.)

Dieser Aufsatz enthält zunächst eine Reihe localer Angaben über die geologisch-agronomischen Verhältnisse im Kreis Mézières (Ardennes), dessen

Karte Verf. veröffentlicht hat. Es folgt sodann ein Verzeichniss der Verwerfungen, welche in besagter Gegend beobachtet wurden und die Gruppirung derselben im System. Interessant ist der Umstand, dass während der Liasperiode Bewegungen des Bodens stattgefunden haben und dadurch eine transgredirende Überlagerung der verschiedenen Liaszonen hervorgerufen worden. Drei Profile erläutern den Text. **W. Kilian.**

P. Choffat: Age du granite de Cintra. (Jornal de sciencias mathematicas, physicas e naturaes No. 39. Lisboa 1884, 3 S.)

Den bei Cintra bei Lissabon auftretenden Granit hielt Ribeiro für tertiär; Choffat fand Granitgänge in stark metamorphosirten Schiefern und Kalken des unteren Malm; da aber die Schichten des oberen Malm und der Kreide noch ganz regelmässig und ungestört über den die Gänge enthaltenden Schichten liegen, so empfiehlt es sich unter Berücksichtigung der geologischen Verhältnisse dortiger Gegend, den Granit als postcenoman zu bezeichnen. **Ernst Kalkowsky.**

F. Eichstädt: Mikroskopisk undersökning af olivinstenar och serpentiner från Norrland. Mit Tafel. (Geol. Fören. i Stockholm Förh. 1884. Bd. VII. No. 6 [No. 90]: 333—368.)

Über das geognostische Auftreten der von Eichstädt näher untersuchten Olivingesteine und Serpentine wurde schon früher berichtet[1]. Nach der mineralogischen Zusammensetzung werden eine grössere Anzahl von Gruppen unterschieden, die aber durch Übergänge mit einander in Verbindung stehen.

A. Olivingesteine. Sie sind von gelbgrüner bis graugrüner Farbe, in der Regel vollständig frisch, zum Theil aber auch merklich serpentinisirt und häufig von deutlich schiefriger Structur.

1) Enstatit-Hornblende-Olivingesteine mit Granat, Carbonaten, Chromit, Picotit und vielleicht etwas Magnetit. Der Granat ist peripherisch in den sogen. Kelyphit umgewandelt, der Olivin enthält neben Flüssigkeitseinschlüssen Interpositionen, welche Glaseinschlüssen in hohem Grade ähnlich sehen.

2) Enstatit-Kämmererit-Olivingesteine mit etwas Hornblende und Magnetit. Die Glaseinschlüssen ähnlichen Interpositionen im Olivin beherbergen constant kleine opake Körner. Der chloritartige Gemengtheil ist farblos bis schwach gelblich, nicht pleochroitisch, biegsam, aber nicht elastisch, optisch zweiaxig mit sehr kleinem Axenwinkel, von Salzsäure nicht merklich angreifbar, v. d. L. unschmelzbar. Sp. G. 2.709. Eine von Santesson ausgeführte Analyse ergab:

---

[1] Vergl. dies. Jahrb. 1883. II. -67-.

Kieselsäure	34.49
Thonerde	12.40
Chromoxyd	13.46
Eisenoxyd	3.14
Eisenoxydul	3.28
Magnesia	21.83
Wasser	11.85
	100.45

Der Chromgehalt ist ein erheblich höherer, als man ihn bisher im Kämmererit nachgewiesen hat.

3) Enstatit-Olivingesteine mit Chromit und Magnetit, sowie etwas Hornblende und Chlorit. Der Enstatit tritt in ½ Centim. grossen Individuen porphyrartig hervor.

4) Hornblende-Olivingesteine mit Magnetit und Chlorit; die Aggregate des letzteren ragen auf den Verwitterungsflächen knotenförmig hervor.

5) Kämmererit-Olivingesteine mit Magnetit, Chromit und Hornblende. Diese Gruppe zeigt eine besonders deutliche Schieferstructur. Die Hornblende wird nach der lichten Färbung und nach ihrem Auftreten in langen Säulen mit Querabsonderung als Grammatit oder Strahlstein gedeutet.

6) Olivingesteine. Den Namen Dunit vermeidet der Verfasser wegen der schiefrigen Structur. Hornblende, Enstatit, Chlorit, Spinell, Chromit stellen sich ganz untergeordnet als accessorische Gemengtheile ein. Der Olivin ist durch mancherlei Eigenthümlichkeiten ausgezeichnet: Die Schlifffläche ist nicht muschlig uneben, sondern glatt wie beim Quarz; grössere Körner werden durch ein feinkörniges Aggregat gleichsam verkittet (sogen. Mörtelstructur Törnebohm's) und zeigen anomale Doppelbrechung, z. B. undulöse Auslöschung und an die Zwillingsbildung der Plagioklase erinnernde Streifung. Letztere Erscheinungen werden wohl mit Recht als Druckwirkungen gedeutet, auf welche Svenonius auch schon aus den Beobachtungen im Felde geschlossen hatte.

B. Serpentine. Während die oben genannten Olivingesteine bei der Umwandlung gewöhnlichen Serpentin mit der bekannten Maschenstructur liefern und Picotit nebst Chromit enthalten, fehlen die beiden letzteren Gemengtheile dieser Gruppe, und der Serpentin tritt in der blättrigen Varietät als sogen. Antigorit auf. Da alle Vertreter mehr oder minder deutlich schiefrig sind, so könnte man sie auch als Antigoritschiefer zusammenfassen. Magnetit und Carbonate — bald in grösseren späthigen Partien, bald in feiner Vertheilung — stellen sich hauptsächlich accessorisch ein, hie und da auch Hornblende, Enstatit und Kämmererit. Der Antigorit ist nicht pleochroitisch, meist scheinbar optisch einaxig und wird von Salzsäure nicht merklich angegriffen; grössere Blättchen setzen sich aus kleineren zusammen, welche nicht streng parallel angeordnet sind. Eine von Santesson ausgeführte Analyse des von Calcit und Magnetit getrennten Antigorit ergab die unter I. folgenden Zahlen, während II. die Zusammensetzung nach Abzug des Magnesit zeigt.

	I.	II.
Kieselsäure	38.05	39.69
Thonerde	8.37	8.73
Chromoxyd	0.41	0.43
Eisenoxydul . . .	5.51	5.75
Magnesia	31.92	31.24
Wasser	13.60	14.19
Kohlensäure . . .	2.17	
	100.03	100.03

Obwohl die Structur dieser Serpentine derjenigen gleicht, welche besonders Weigand und Hussak von umgewandelten Hornblende- und Augitgesteinen beschrieben haben, so ist doch nach Eichstädt hier trotz des Fehlens einer Maschenstructur in den meisten Fällen Olivin als Muttermineral des Antigorit anzunehmen. Es gehe dies einerseits aus den Beziehungen zu den Olivingesteinen hervor, andererseits aus den Resten unveränderten Olivins. Allerdings sei für einige Antigoritschiefer die Abstammung nicht mit Sicherheit zu ermitteln. **E. Cohen.**

A. E. Törnebohm: Under Vega-Expeditionen insamlade bergarter. Petrografisk beskrifning. (Vega-Expeditionens vetenskapliga iakttagelser. Bd. IV. 115—140.) Stockholm 1884.

G. Lindström: Analyser af bergarter och bottenprof från Ishafvet, Asiens Nordkust och Japan. Stockholm 1884.

Törnebohm hat die von Nordenskjöld auf der Vega-Fahrt gesammelten krystallinischen Gesteine untersucht und beschrieben. Wenn es sich auch nach der Art der Reise und nach der Natur der berührten Gegenden nur um gelegentliche Aufsammlungen handeln konnte, so gestatten sie doch immerhin, sich ein Bild von den in jenen fast noch unbekannten Länderstrecken vorzugsweise vertretenen Formationen zu entwerfen. Es werden beschrieben:

Muscovit-, Biotit- und Hornblendegneisse, granulitartige Gesteine, Glimmerschiefer, Thonglimmerschiefer, Kalkthonschiefer, körnige Kalksteine von der Minins-Insel und Konyam-Bai, vom Cap Tscheljuskin, Aktinia-Hafen und Clarence-Hafen, aus der Gegend von Jinretlen und Pitlekaj.

Verschiedene Granite aus der Gegend von Jinretlen und Pitlekaj, von Nunamo und von der St. Lawrence-Insel (an diesen Punkten meist Amphibolbiotitgranite mit Orthit), sowie von der Konyam-Bai (Biotitgranite mit Mikroklin und Zinnstein).

Quarzporphyr, Feldspathporphyr (? quarzfreier Porphyr mit mikrofelsitischer Basis), Diabasaphanit von der Konyam-Bai.

Olivinführender Diabas vom Dicksons-Hafen, Olivindiabas von Irkaipij und vom Berg Hammong-Ommang.

	I.	II.	III.	IV.	V.	VI.	VII.	VIII.	IX.	X.	XI.	XII.	XIII.	XIV.
Unlöslicher Rückstand	—	—	27.84	—	—	—	—	—	—	—	—	—	—	—
Kieselsäure	52.98	54.36	—	44.40	69.99	53.02	48.79	64.18	48.55	72.34	49.78	49.86	72.88	72.96
Titansäure	—	—	—	0.71	—	—	0.99	—	—	—	—	—	—	—
Thonerde	17.14	17.91	1.32	20.50	14.92	16.53	15.08	15.66	14.38	15.05	14.49	13.75	14.62	14.57
Eisenoxyd	7.87	8.05	16.63	0.64	1.09	1.92	5.13	—	—	—	0.81	1.07	0.43	—
Manganoxyd	—	—	24.17	—	—	—	—	—	—	—	—	—	—	—
Eisenoxydul	—	—	—	7.97	1.44	7.51	2.68	2.68	10.73	1.22	7.46	8.38	1.69	1.62
Manganoxydul	0.06	0.41	—	0.12	0.10	0.29	0.15	0.13	0.11	—	—	0.21	0.09	Spur
Kalk	0.93	3.74	2.04	0.08	0.57	0.51	7.99	2.78	12.65	1.02	13.44	12.99	1.51	1.47
Magnesia	—	2.86	1.70	3.54	0.45	2.63	6.22	0.92	11.69	0.59	9.53	11.19	0.35	0.52
Kali	2.06	3.23	0.41	4.17	4.83	2.40	2.04	2.00	0.29	4.19	0.68	0.55	4.05	4.26
Natron	1.49	1.12	1.50	1.62	4.05	4.45	4.02	2.64	1.42	4.42	1.71	2.15	3.68	4.59
Wasser	10.54	10.10	20.95	9.62	1.02	1.81	1.69	7.13	0.46	0.43	1.43	0.71	0.65	0.37
Schwefelwasserstoffniederschlag	—	0.10	—	—	—	—	—	—	—	—	—	—	—	—
Kupferoxyd	0.15	—	—	—	—	—	—	—	—	—	—	—	—	—
Kobalt	Spur	—	—	—	—	—	—	—	Spur	—	—	Spur	—	—
Kupfer	—	—	—	—	—	—	—	—	—	—	—	Spur	—	—
Kohlensaurer Kalk	5.64	—	—	2.46	1.41	8.29	1.57	—	—	—	—	—	—	—
Kohlensaure Magnesia	2.08	—	—	2.12	0.23	—	2.06	—	—	—	—	—	—	—
Chlornatrium	—	—	1.17	—	—	—	—	—	—	—	—	—	—	—
Phosphorsäure	—	—	2.22	0.17	0.07	0.59	0.77	0.14	—	0.20	0.05	—	0.06	0.07
Schwefelsäure	—	—	0.05	—	—	—	—	0.48	—	—	—	—	—	—
Eisenkies	—	—	—	0.64	—	—	—	—	—	—	—	—	—	—
	100.94	101.88	100.00	98.76	100.17	99.95	99.18	98.74	100.28	99.46	99.38	100.86	100.01	100.43

Breccien und Sandsteine vom Cap Jakan, Tuffe von letzterer Örtlichkeit und von der Kupferinsel.

Augitandesit mit Pseudobrookit von der Beringsinsel; Törnebohm spricht die Vermuthung aus, es dürften die bekannten tafelförmigen Mikrolithe im Hypersthen ebenfalls dem Pseudobrookit angehören.

Den Schluss der Arbeit bilden einige Notizen über Gesteine vom Asamajama (Augitandesit mit rhombischem Pyroxen) und von Hongkong (Granit- und Quarzporphyr).

Von diesen Gesteinen, sowie von Grundproben hat Lindström die folgenden analysirt (s. S. 430):

I. Probe aus einer Tiefe von 2.200 Faden (79° 56′ n. Br., 2° ö. L. v. Greenw.).

II. Probe aus einer Tiefe von 1.370 Faden (81° 42′ n. Br., 16° 55′ ö. L. v. Greenw.).

III. Sumpferzartige Concretionen, welche in ungeheurer Zahl auf dem Meeresboden vorkommen (zwischen 74 und 76° n. Br., 78 und 80° ö. L. v. Greenw.).

IV. Thonglimmerschiefer vom Cap Tscheljuskin.

V. Feldspathporphyr (?quarzfreier Porphyr) von der Konyam-Bai.

VI. Diabas-Aphanit von der Konyam-Bai.

VII. Augitandesit mit Pseudobrookit von der Beringsinsel.

VIII. Vulcanischer Tuff von Mogi in Japan, fossile Pflanzen enthaltend.

IX. Olivinführender Diabas vom Dicksons-Hafen.

X. Zweiglimmeriger Gneiss vom Aktinia-Hafen, Insel Taimur.

XI. Olivindiabas von Hammong-Ommang.

XII. Olivindiabas von Irkaipij.

XIII. Mikroklinführender Biotitgranit von der Konyam-Bai.

XIV. desgl. etwas grobkörniger als XIII.

E. Cohen.

P. N. Wenjukow: Über einige Basalte des nördlichen Asiens. (Aus dem geol. Kabinet der St. Petersburger Universität. St. Petersburg 1884. 24 S. und 1 Taf. Abd. aus d. Arbeiten der St. Petersb. Gesellsch. der Naturforscher.)

Die aus der Umgegend der Seen Kossogol und Dod-nor, südwestlich vom Baikalsee, von Potanin gesammelten Basalte erwiesen sich als fein- bis grobkörnige und fein- bis grobporöse Plagioklas-Basalte mit wenig, meist stark entglaster Basis. Aus der mikroskopischen Analyse, in welcher der Verfasser besonders ausführlich die Zersetzungserscheinungen des Olivins behandelt — Limonit wird reichlich abgeschieden — ist besonders hervorzuheben, dass der Olivin nicht nur gern mit Augit vergesellschaftet erscheint, sondern dass er auch in Kryställchen und Körnern als Einschluss in grösseren bis 1 mm langen Augiten vorkommt, welche letzteren sich durch etwas andere Färbung von der Hauptmenge der kleineren Augite unterscheiden. Am nördlichen Ufer des Kossogol findet sich ein nephelinhaltiger Plagioklasbasalt, dicht, dunkelgrau, ohne Poren, mit porphyrischem Olivin.

Die von Bolschew am Ufer des Japanischen Meeres [ungefähr unter 44° n. Br.] gesammelten Basalte sind dichte, unporöse Plagioklasbasalte mit porphyrisch eingesprengtem Olivin; eine Basis ist um so reichlicher vorhanden, je weniger Augit ausgeschieden ist. Ein an Olivin reicher Plagioklasbasalt vom Capt. Muraschka hat folgende Zusammensetzung:

SiO_2 . . .	48,22
Al_2O_3 . . .	15,93
Fe_2O_3 . . .	7,44
FeO . . .	5,40
CaO . . .	10,05
MgO . . .	6,91
Na_2O . . .	2,08
K_2O . . .	1,12
H_2O . . .	2,16
	99,31.

Ernst Kalkowsky.

Rudolf Scharizer: Über Mineralien und Gesteine von Jan Mayen. (Jahrb. d. k. k. geol. Reichsanst. XXXIV. 707—728. 1884.)

Die untersuchten Minerale und Gesteine wurden im Herbst 1882 von der „Pola", dem Begleitschiff der österreichischen Polarexpedition mitgebracht.

A. Minerale.

Mitgebrachter Gletscherschutt enthielt Mineralkörner in losem Zustande, die genauere Untersuchung erlaubten.

1. Olivin. Weingelbe fettglänzende Körner ohne Krystallform vom Volumgewicht 3.294 ergaben die Zusammensetzung I. Formel: $Mg_{30}Fe_4Si_{17}O_{68}$ d. i. $15\,Mg_2SiO_4 + 2\,Fe_2SiO_4$ nach gebräuchlicher Schreibweise.

2. Chromdiopsid. Dunkelgrüne fettglänzende Körner ohne Krystallform, V.-G. 3.313, Analyse II. Die Formel:

$$\begin{array}{l} 83\ MgCaSi_2O_6 \\ 5\ MgFeSi_2O_6 \\ 3\ MgAl_2SiO_6 \\ 3\ MgFe_2SiO_6 \\ 1\ MgCr_2SiO_6 \end{array}$$

verlangt etwas mehr SiO_2 als vorhanden ist; der naheliegende Gedanke, dass Einschlüsse eines Minerales der Magnetitgruppe (Picotit) Ursache der Differenz seien, wird zurückgewiesen.

3. Hornblende. Dieselbe ist den Lesern dieses Jahrbuches schon bekannt (Scharizer, dies. Jahrb. 1888. II. 143). Auffallend ist der Pleochroismus: $\mathfrak{a}$ = schwarz, $\mathfrak{b}$ = orange Radde 6p, $\mathfrak{c}$ = orange Radde 5r, da sonst bei allen Hornblenden $\mathfrak{a}$ dem hellsten Farbenton entspricht. Auslöschungsschiefe auf 010 $\infty P \infty$ gegen die verticale Prismenkante 0°. V.-G. 3.331, Analyse III. Formel: $\overset{II}{R}_4\overset{II}{R}Si_3O_{12}$.

4. **Feldspathe.** Klare erbsengrosse Krystallfragmente, manche mit den gewöhnlichen Formen l, T, P, M, y. Mittels Klein'scher Lösung lassen sich zweierlei Feldspathe trennen. In einer Lösung von sp. Gew. 2.649 schwamm **Sanidin**, der durch Messung des Spaltwinkels = 90°, Auslöschungsschiefe von 5° gegen die Kante M/P auf M constatirt wurde. Eine Axenplatte wurde im Schneider'schen Apparat gemessen; Axenwinkel auf Luft reducirt:

für Li-Licht	. .	51° 42'
Na „	. . .	51°
Ta „	. . .	50° 18'

Also $\rho > v$, Dispersion horizontal, negative Doppelbrechung.

Der zweite weitaus vorherrschende Feldspath hat ein V.-G. 2.703. M/P = 86°, ausgesprochene Zwillingsstreifung auf P. Auslöschungsschiefe auf P gegen die Kante P/M 10—11°; spärliche nadelförmige Einschlüsse von bouteillengrüner Farbe, Analyse IV. Formel: 2 $(Na\,K)_2\,Al_2\,Si_6\,O_{16}$ + 3 $Ca_2\,Al_4\,Si_4\,O_{16}$, demnach **Labradorit.**

	I	II	III	IV
	Olivin	Chromdiopsid	Hornblende	Labradorit
SiO_2 . .	40.386	51.856	39.167	52.681
Al_2O_3 .	—	1.561	14.370	29.449
Fe_2O_3 .	—	2.439	12.423	0.883
Cr_2O_3 .	—	0.733	—	—
FeO . .	11.179	3.462	5.856	
MnO . .	—	Spur	1.505	—
MgO . .	48.122	17.398	10.521	—
CaO . .	0.123	22.151	11.183	12.183
K_2O . .	—	—	2.013	0.574
Na_2O .	—	—	2.478	3.877 a. d. Verlust.
H_2O . .	—	0.117	0.396	0.353
	99.810	99.717	99.912	100.000

B. Gesteine.

Die Gesteine von Jan Mayen gehören sämmtlich zur **Basaltgruppe.** Sie gehören mehreren verschiedenen Varietäten an. Die erste umfasst Gesteine von der obersten Moräne des Beerenberges, 5000' Höhe, von der Umgebung des Skoresby-Kraters, vom Vogelsberg und ist durch grosse Einsprenglinge von Chromdiopsid und Olivin ausgezeichnet. Im Gestein vom Beerenberg zeigen die Olivine sehr merkwürdige Umwandlungserscheinungen; der Olivin findet sich meist in Körnern, der Chromdiopsid zeigt die gewöhnliche Augitform. In den beiden zuletzt genannten Gesteinen tritt untergeordnet auch schwarzer im Schliff hellbrauner Augit auf, der auch die äusserste Rinde der Chromdiopside bildet.

Die Grundmasse ist bei dem zuerst genannten Gestein fast unauflösbar, besteht bei dem zweiten aus einem feinkörnigen Gemenge von Magnetit, Augit und wenigem winzigen Feldspath. Im Basalt vom Vogelsberg halten sich Feldspath und Augit das Gleichgewicht; es ist schwach braungefärbte Glasbasis vorhanden.

Eine zweite Gruppe, schwarze dichte Gesteine vom Mont Danielsen (Analyse VI), vom südlichen Theil der Insel Jan Mayen (Analyse V) und von der Mary-Muss-Bucht (Analyse VII) umfassend, ist durch das Auftreten von grösseren Mengen von Feldspath bemerkenswerth. Sehr merkwürdig und wichtig ist dabei, dass die jüngeren Feldspäthe kalkreicher zu sein scheinen. Im Gestein vom südlichen Abhang des Mont Danielsen treten klare Bruchstücke älteren Feldspathes auf, die ganz dem analysirten Labradorit gleichen. Daneben finden sich reichlicher deutlich krystallisirte Feldspathe, die in Schnitten parallel M die für P, y und Flächen der verticalen Prismenzone characteristischen Winkel zeigen. Dass aus der Neigung der Auslöschungsrichtung von 40° gegen die Kante ∞P̄∞/∞P̆∞ folgen soll, dass der Feldspath „dem Anorthit sehr nahe stehe", ist zwar nicht klar; man könnte, die Richtigkeit der Angabe vorausgesetzt, höchstens auf einen kalkreichen Labradorit $Ab_1 An_3$ schliessen. Aber in einem anderen Gestein zeigt sich der Feldspath zonal gebaut, und die äussere Zone hat thatsächlich eine um mehrere Grade grössere Auslöschungsschiefe als der Kern.

Diesen Gesteinen fehlt der Chromdiopsid, sie sind arm an Augit und Olivin, Magnetit ist reichlich, accessorisch Biotit, Apatit; die Grundmasse enthält bei allen Glasbasis. Das rothgefärbte Gestein von der Mary-Muss-Bucht zeigt die Magnetite in ein rothes Mineral verwandelt, die Olivine serpentinisirt.

Eine Probe vom Vogelsberg (Analyse VIII) zeigt den Habitus eines zersetzten erdigen Tuffes; der bedeutende Wassergehalt geht erst bei Rothgluth fort.

Eine dritte Gruppe umfasst blasige, schaumige Gesteine, die z. Th. als Bruchstücke von Bomben erkannt wurden. Dieselben enthalten reichliche Einsprenglinge von Feldspath, Chromdiopsid, der immer als Kern einer lichtbräunlichen Augithülle auftritt, und Hornblende unter Umständen, die erkennen lassen, dass der Basalt die Hornblende fertig emporbrachte; oft ist sie mit Labradorit verwachsen, die freien Enden sind vom Basalt angeschmolzen. Hornblende und Labradorit sind gleichaltrige Bildungen. [Bemerkenswerth ist das Fehlen des Olivins in diesen Gesteinen. D. Ref.]

Mit den zuletzt genannten hat ein Lapillituff grosse Verwandtschaft; derselbe besteht aus schwarzen Basaltbruchstücken, die mit dem zuletzt beschriebenen Gestein übereinstimmen. Sie werden von einem gelblichen erdigen Bindemittel verkittet, in welchem man Bruchstücke von Hornblende, Chromdiopsid (hier ohne Augithülle, während er in den Basaltbrocken nur als Kern brauner Augite auftritt), Feldspath, Augit, untergeordnet Olivin findet.

Ein grünes trachytisches Gestein von der Eierinsel nächst Jan Mayen zeigt Structur und mineralogische Zusammensetzung eines Oligoklas-Sanidintrachytes, womit auch die Analyse IX übereinstimmt.

V. Dichter schwarzer Basalt, südlicher Theil von Jan Mayen (analysirt von F. Schorschmidt).

VI. Schwarzer dichter Basalt unter dem Mont Danielsen.

VII. Rothes Gestein von der Mary-Muss-Bucht.

VIII. Zersetzter Basalt vom Vogelsberg.
IX. Trachyt von der Eierinsel.

	V	VI	VII	VIII	IX
SiO_2	47.851	46.905	45.509	29.423	65.474
Al_2O_3	16.362	16.608	15.818	23.722	16.231
Fe_2O_3	19.837	6.604	15.309	11.882	2.489
TiO_2	—	0.523	—	—	0.113
FeO	—	7.963	—	Cr_2O_3, CO_2 Spur	0.877
MnO	0.885	1.276	1.674	—	0.423
MgO	1.700	3.609	3.984	0.541	0.454
CaO	8.460	9.165	9.264	0.911	1.721
K_2O Na_2O	4.905 a. d. Verl.	7.117 a. d. Verl.	2.989 4.975	4.185 a. d. Verl.	11.302 a. d. Verl.
H_2O	—	0.230	0.478	29.336	0.916
	100.000	100.000	100.000	100.000	100.000
V.-G.	2.941	2.878	2.836	2.384	2.553

In einem eigenen Capitel: Discussion der Beobachtungen spricht sich der Verf. dahin aus, dass Olivin und Chromdiopsid dem Basalt ursprünglich fremd, als Überrest von eingeschmolzenem Olivinfels fertig aus der Tiefe emporgebracht seien. In Bezug auf diese Frage enthält die Arbeit manche interessante Beobachtungen, die aber wohl nicht zwingend zu dieser Annahme führen. Feldspath und Hornblende werden als pneumatolitische Bildungen aufgefasst, die durch Einwirkung der vulkanischen Dämpfe in den oberen Theilen des Vulkanschlotes entstanden, vom Basalt später umhüllt wurden. Eine so seltsame Ansicht dürfte wohl wenig Anhänger finden. Ref. würde in dem Vorwalten des Feldspath, dem Zurücktreten des Olivin, dem Auftreten der Hornblende eher eine Annäherung an den Andesittypus sehen, ähnlich wie bei den älteren Gesteinen des Ätna, während andrerseits die Gesteine der ersten Gruppe durch die ausserordentliche Armuth an Feldspath sich den Augititen nähern. Es ist schade, dass anstatt der drei fast identischen Analysen der Gesteine der zweiten Gruppe nicht auch von den Chromdiopsid- und Hornblende-führenden Gesteinen Analysen ausgeführt werden konnten. **F. Becke.**

A. Wichmann: Über Gesteine von Labrador. (Zeitschr. d. deutsch. geol. Ges. 1884. XXXVI. p. 485—499.)

Der Hauptfundort für (anstehenden) Labradorit ist der 30—35 Seemeilen NW. Nain gelegene See Tesseksoak, daneben giebt es aber noch mehrere andere in der Umgegend von Nain, wo überhaupt die am weitesten verbreitete Felsart ein fast reiner mittelkörniger Labradoritfels (der Feldspath mit Farbenwandlung) mit wenig Augit und Eisenglanz sein soll. Hypersthen mit den bekannten Einlagerungen ist von der Pauls-Insel (richtiger Pawn's-I.) als Geschiebe bekannt, aber nicht im Gemenge mit dem farben-wandelnden Labradorit, der hier vielmehr nur von ganz geringen

Mengen eines rhombischen Pyroxens von abweichendem Habitus neben Hornblende und Augit begleitet wird. Ausserdem findet sich Hypersthen, und zwar mit den bekannten Einlagerungen // ∞P$\breve{\infty}$ (010) als porphyrischer Gemengtheil eines Norits zusammen mit Diallag, Plagioklas, Erz und Biotit; er enthält Einschlüsse von Plagioklas in wechselnder Menge, aus denen Verf. den schwankenden Thonerde- und Kalk-Gehalt des Hypersthens von L. zu erklären geneigt ist.

Von anderen Felsarten aus der Gegend von Nain beschreibt Verf. noch: rothen Granit (mit Biotit und zuweilen wenig Augit), Glimmerporphyrit mit wenig Augit und viel Erz[1], Diallag-Magnetit-Fels, ein grobkörniges Gemenge von etwa 52% Diallag und 48% Magnetit, mit wenig Plagioklas, Olivin und Biotit. Zum Schluss werden diejenigen Beobachtungen zusammengefasst, welche die Ansicht Sterry Hunt's von der Zugehörigkeit dieser Gesteine zur krystallinischen Schieferformation widerlegen und für ihre eruptive Natur sprechen. **O. Mügge.**

C. H. Hitchcock: Geological Sections across New Hampshire and Vermont. (Bulletin of the American Museum of Natural History. Central Park, New York. Vol. I. No. 5. Feb. 13th 1884. p. 155—179. Pl. 16, 17 a. 18.)

In dieser kurzen Arbeit bringt der Verf. dreizehn in OW.-Richtung quer durch die Staaten New Hampshire und Vermont gelegte Profile zur Anschauung und theilt die Gründe mit, weshalb er nach den Lagerungsverhältnissen den Bau der Green Mountains für anticlinal hält. Bekanntlich ist dieser von Logan u. A. als synclinal angesehen worden, und sind deshalb die dort vorkommenden krystallinen Schiefer nicht für azoisch, sondern für metamorphische Sedimente ziemlich allgemein gehalten worden. Ihrem Alter nach gliedert Hitchcock die krystallinen Gesteine in ältesten oder porphyrischen Gneiss (gleich dem Augengneiss Deutschlands), Hornblendeschiefer, huronischen Schiefer und Glimmerschiefer oder Coös-Gruppe. Den Namen „Montalban" braucht Verf. nicht in dem von Hunt vorgeschlagenen Sinne für posthuronische Schiefer, sondern für Gesteine, die der oberen Abtheilung des Laurentischen Systems angehören, während er die von Hunt als Montalban-Formation bezeichnete Schichtenreihe in seine Coös-Gruppe einschliesst. Alle diese in New Hampshire auftretenden Complexe meint der Verf. in den Green Mountains in Vermont in derselben Reihenfolge wiederzuerkennen, so dass er sich beide Gebirgsketten als äquivalente Anticlinalen vorstellt. Der Mt. Ascutney findet kurze Er-

---

[1] Zusammensetzung: 46,91 SiO_2, 3,23 TiO_2, 1,08 P_2O_5, 16,67 Al_2O_3, 11,46 Fe_2O_3, 5,57 FeO, 6,06 CaO, 3,61 MgO, Spur. MnO, 0,78 K_2O, 3,86 Na_2O; Sa. 99,23. Obwohl der Feldspath danach viel saurer als Anorthit ist (der ausserdem mit Säuren nicht gelatinirt), erwartet der Verf. doch Gallertbildung des Gesteins mit Säuren „wegen seiner Basicität" und erklärt das Nicht-Eintreten derselben durch den grossen Eisenerzgehalt.

wähnung als eine Granitkuppe, die eine schöne Contactzone in den von ihr durchbrochenen Schiefern hervorgebracht hat.

Geo. H. Williams.

J. S. Diller: Fulgerite from Mount Thielson, Oregon. (Am. Journ. of Science. Vol XXVIII. Oct. 1884. p. 252.)

Am Gipfel des Mt. Thielson, einer der spitzesten Berge der Coast Range, fand der Verf. ein sehr interessantes Gestein, welches sich zu Hypersthenandesit gerade so verhält wie gewöhnlicher Basalt zu Augitandesit. Er bezeichnet diese neue Gesteinart als Hypersthenbasalt. Dieses ziemlich poröse Gestein ist sehr reich an Fulguriten, die in der vorliegenden Arbeit zu einer ausführlichen Besprechung gelangen. Die beiden vom Verf. besonders betonten Punkte sind: 1) die Abwesenheit jeder Spur von Krystallisationsprodukten in dem Fulgurit; ein Beweis von der Schnelligkeit, mit der die Wiedererstarrung nach der Schmelzung erfolgte, da ein zweiminutenlanges Erhitzen eines Glasstückchens in der Flamme eines Bunsen'schen Brenners genügte, um kleine Krystalliten in demselben zu erzeugen; 2) dass die Reihenfolge, nach welcher die Gemengtheile von der Blitzhitze eingeschmolzen wurden, nicht dieselbe ist, wie die ihrer Ausscheidung aus dem Magma, sondern ihrer Schmelzbarkeit entspricht. Am meisten angegriffen sind die Glasbasis und der Magnetit, demnächst kommt der Hypersthen und dann der Feldspath, der nur wenig Veränderung erlitten hat, während der Olivin gänzlich unangegriffen geblieben ist. **Geo. H. Williams.**

Ch. Mano: Observations géologiques sur le passage des Cordillères par l'isthme de Panama. (Comptes Rendus No. 14. 6. Oct. 1884. p. 573.)

Die dem westlichen System der Anden zugehörigen Bergketten, welche auf ihrer ganzen Länge der Krümmung des Isthmus folgen, gehören einer viel jüngeren Zeit an als die Syenite und Serpentine von Choco und Antioquia, wo diese Bergketten ihren Anfang nehmen und als die Diorite und Augitporphyre an der Küste von Costa Rica. Dasselbe gilt von den sedimentären Gesteinen. Mit Ausnahme kleiner Partien an der Boca de Rio Grande, bei San Pablo, am Unterlauf des Obispo und am Oberlauf des Chagres zeigt die Oberfläche des Isthmus zwischen Panama und Colon nur postquaternäre und recente Ablagerungen. Die hier gefundenen Petrefacten gehören grösstentheils noch lebenden Arten an. Die Eruptivgesteine haben Ähnlichkeit mit den vulkanischen Gesteinen der Auvergne und dürften auch derselben Zeit angehören. **H. Behrens.**

R. D. M. Verbeek: Over de tydsbepaling der grootste explosie van Krakatau. (Versl. en Mededeeling. d. k. Akad. te Amsterdam. Afd. Natuurk. 1884. 3de Reeks, Deel I. S. 45—57.) Mit 1 Tafel.

Nach einigen einleitenden Bemerkungen, worin der Einsturz von Krakatau mit dem des Berges Augustin, Alaska, parallelisirt und der Habitus der Krakataugruppe mit dem von Santorin verglichen und zum Schlusse aus der Lage von Krakatau, auf dem Kreuzungspunkt dreier Spalten (Sundastrasse, Sumatra und Java), gefolgert wird, dass hier noch weitere submarine Eruptionen zu erwarten seien, wendet der Verf. sich zu vergleichenden Berechnungen der Angaben des selbstregistrirenden Druckindicators der Gasanstalt zu Batavia und der Barogramme von Sidney.

Der Druckindicator, welcher hier ein selbstregistrirendes Barometer ersetzen muss, zeigte am 27. Aug. 1883 die stärkste Schwankung um 10 U. 15 M. Vormittags. Sie betrug 5 Millim. Quecksilberdruck, während Barometerbeobachtungen im Hafen von Batavia eine Drucksteigerung von 6 Mm. ergaben. Die Längendifferenz von Krakatau und Batavia, 1¼ Grad, entspricht 5¼ Zeitminuten, die Entfernung, 150 Kilom., unter Voraussetzung gleicher Geschwindigkeit für den Schall und die fragliche Luftwelle: 7¼ Min.; dazu noch 1¾ Min. (wahrscheinlich zu viel) für Trägheit des Indicators, so kommt 10 U. 0 M. als Zeitpunkt der grossen Explosion.

Die Abweichung von General Strachey's Resultat (9 U. 24 M.) bringt Verf. auf Rechnung des zu kleinen Maasstabes der benutzten Barogramme. Die vorzüglichen Barogramme des Observatoriums zu Sidney zeigen zwischen dem 27. und 30. Aug. vier grosse Störungen, aus denen Herr Verbeek vier Werthe für die Geschwindigkeit der Luftwelle berechnet: 312.06 — 316.99 — 312.66 — 310.48 Meter. Die beiden letzten Werthe sind von der Zeitbestimmung der Explosion unabhängig. Wird die Trägheit des Indicators = 0 angenommen, so reduciren sich die Differenzen der Geschwindigkeiten um ein Beträchtliches. Auf Grund hiervon nimmt Verf. 10 Uhr 2 Min. als die wahrscheinlichste Zeit der grossen Explosion, und 313.5 Met. als wahrscheinlichsten Mittelwerth für die Geschwindigkeit der Luftwelle. Die Länge der Welle berechnet sich aus den Aufzeichnungen des Indicators zu 140 Kilom. Wellenlängen von mehr als 1000 Kilom., die man aus Barogrammen abgeleitet hat, sind auf Verschmelzung mehrerer langgestreckter Wellen zu einer Welle von sehr langer Periode zurückzuführen.

Der Entstehungsmoment der grossen Meereswelle lässt sich mit Hülfe von Russel's Formel ($v = \sqrt{gh}$) aus den Zeitbestimmungen im Hafen von Batavia und am Vlakken Hoek berechnen. Das Ergebniss der Rechnung, 9 Uhr 45 Min., führt zu dem überraschenden Schluss, dass die Meereswelle nicht mit der oben besprochenen grossen Explosion in Zusammenhang gebracht werden kann. Die Zeitbestimmung ist hier allerdings viel weniger zuverlässig als oben, indessen dürfte der wahrscheinliche Fehler nicht mehr als $\pm$ 7 Min. betragen.

Der Verf. nimmt als wahrscheinliche Ursache der Meereswelle den Einsturz des Piks an, der erfolgt sein müsste, nachdem bereits Wasser in den Krater eingedrungen war. **H. Behrens.**

Bréon et Korthals: Sur l'état actuel du Krakatau. (Comptes Rendus No. 8, 25 Août 1884, p. 395.)

Die Südseite der Insel bietet den gewöhnlichen Anblick vulkanischer Kegel, die Nordseite zeigt einen Absturz von 800 Met. Höhe. Dampfwolken, die aus der Bruchfläche hervorzukommen schienen, erwiesen sich in grösserer Nähe als Staubmassen, durch Abschilferungen hervorgebracht. Das unausgesetzte Fallen von Steinen machte es unmöglich unter der Wand anzulegen, um Gesteinsproben zu sammeln. In der Bruchfläche unterschied man deutlich Bänke von festem Gestein und dazwischen dünne Lagen von sandigem Tuff. Das feste Gestein schien Basalt zu sein. An der westlichen Ecke der Wand glückte es, Gesteinsproben zu erhalten, sie werden als Labradorite mit sehr wenig Olivin beschrieben [olivinhaltiger Pyroxenandesit VERBEEK's — d. Ref.]. Zwischen dem viel saureren Bimsstein der letzten Eruption (72 % SiO^2) fanden sich Scherben von grünem Glas, und an einzelnen derselben liess sich der Übergang von Glas zu Bimsstein nachweisen. An der westlichen Ecke der Insel zeigte sich eine Schicht durchaus ähnlichen Bimssteins dem Labradorit eingelagert, woraus folgt, dass hier wiederholt saure Eruptionsproducte mit basischen müssen abgewechselt haben.

H. Behrens.

E. de Jonquières: Sur des débris volcaniques, recueillis sur la côte Est de l'île Mayotte, au nord-ouest de Madagascar. (Comptes Rendus No. 6, 11 Août 1884, p. 272.)

An der Ostküste der Inseln Dzaoudji und Mayotte sind am 16. Mai und den folgenden Tagen ansehnliche Massen von Bimsstein angetrieben, vermuthlich von Krakatau kommend. Der Bimsstein kann durch den Passat und den Äquatorialstrom an die Nordspitze von Madagascar getrieben sein, wo eine starke Seeströmung nach den Comoroinseln zu abzweigt. Die mittlere Geschwindigkeit der Bimssteinmassen berechnet sich alsdann zu 14.8 Seemeilen per Tag.

H. Behrens.

F. Leenhardt: Étude géologique de la région du Mt. Ventoux. 268 pp. 4 Pl. Karte 1/80000. Paris, Masson 1883. 4°.

In der fruchtbaren, von Rhone und Durance durchströmten Ebene, welche sich am Fusse der Seealpen erstreckt, erhebt sich wie eine Warte der Mt. Ventoux, dessen Gipfel die Höhe von 1912 m. über dem Meere und 1870 m über dem Bett der Rhone erreicht. Ein schmaler Felsrücken verbindet den Berg mit den Vorbergen der Alpenkette, mächtige Verwerfungen begrenzen denselben nach mehreren Seiten gegen die Ebene.

Der Mt. Ventoux hat bisher in der Litteratur nur eine geringe Berücksichtigung gefunden. Dass er einer eingehenden Untersuchung werth war, beweist die vorliegende Monographie. Allerdings hat es LEENHARDT verstanden,. an eine bis ins Einzelne gehende sehr klare paläontologisch-stratigraphische und orographisch-architectonische Beschreibung die interessantesten Beziehungen zu den Verhältnissen der ganzen Mediterranprovinz zu knüpfen und dieser Umstand mag es gerechtfertigt erscheinen lassen, wenn wir auf den Inhalt der in weiteren Kreisen wohl wenig bekannten Arbeit etwas specieller eingehen.

Eine Schilderung der topographischen Verhältnisse des ganzen Gebietes und ein Verzeichniss der Litteratur gehen der geologischen Beschreibung voraus. Letztere beginnt mit einer Besprechung der am Aufbau des Ventoux Theil nehmenden Sedimentärbildungen, von denen folgende genannt werden:

Juraformation.

Die ältesten im Norden und Nordwesten des Gebietes auftretenden Schichten gehören dem obersten Dogger und dem Malm an. LEENHARDT unterscheidet mittleren und oberen Jura.

Mittlerer Jura. a. Graue oder schwarze Mergel mit Posidonomyen; braunrothe Mergel und Thonkalke; leitend sind: *Am. Lamberti, Am. Mariae, Am. hecticus, Am. Jason, Am. tortisulcatus, Am.* cf. *krakoviense* NEUM., *Am. Adelae.*

b. Dunkle, schiefrige Mergel mit Eisenkies und Gypskrystallen, Kalkbänke und Knollen mit eigenthümlicher Färbung: *Am. tortisulcatus, Am. cordatus, Am. Mariae, Am. Lamberti*[1], *Am.* cf. *pictus, Am. Eugenii, Am. Constanti, Am.* sp. (*Lytoceras*), *Belemn. hastatus.*

c. Auf die genannten Ablagerungen, welche hinreichend als oberes Callovien (a) und unteres Oxfordien (b) gekennzeichnet sind, folgen dunkle Kalke, welche den Transversarius-Schichten (Birmensdorfer Schichten) zu entsprechen scheinen. Sie lieferten: *Am. plicatilis, Am. canaliculatus, Am. stenorhynchus, Am. Bachianus, Am. Toucasianus* (*transversarius*).

d. Thonige Mergel von graugelber Farbe und graublaue Kalke mit Kieselknollen: *Harpoceras, Aptychus* cf. *sparsilamellosus, Belemnites* cf. *Dumortieri.* Dieser Complex dürfte die Impressa-Thone Württembergs und die Zone des *Am. bimammatus* repräsentiren.

Oberer Jura. a. Wohlgeschichtete Kalkbänke und Thone, compacte gefleckte Kalke mit Kieselknollen 60—80 m. Leitformen sind: *Belemn. Astartianus, Am. Lothari, Am. lictor, Am. fasciferus, Am. Weinlandi, Am. Frotho, Am. tenuilobatus, Am. compsus, Am. longispinus* etc. Hier handelt es sich offenbar um den Horizont des *Am. tenuilobatus* (Badener Schichten).

b. Helle, stellenweise krümlige Kalke mit farbigen Adern (Klippenkalk), zackige Felsparthien (dentelles) und grosse Karrenfelder (Raseles) bildend. 20—40 m. Fossilien sind selten: *Bel. semisulcatus, Aptychus punctatus.* Die auffallende Ähnlichkeit dieser Bildungen mit den sog. calcaires coralligènes und namentlich mit den Urgonkalken bewog den Verf. dieselben als ein Äquivalent der bekannten Kalke mit *Diceras Lucii* zu betrachten, wie schon COQUAND und BOUTIN thaten. JEANJEAN, TORCAPEL und DE ROUVILLE theilen LEENHARDT's Ansicht, während FONTANNES annimmt, es handele sich um ein Äquivalent der Calcaires du Chateau von Crussol mit *Am. lithographicus* und *Ter. janitor.*

---

[1] Die Aufeinanderfolge der Amaltheenformen ist hier genau die gleiche, wie in dem von WOHLGEMUTH untersuchten Gebiet (Jb. 1884. I. -243-). Es spricht das im Gegensatz zu der von WOHLGEMUTH geäusserten Ansicht sehr für die Brauchbarkeit der Ammoniten zur Unterscheidung von Horizonten. Ref.

c. Grauweisse, blau und röthlichgefleckte, theils regelmässig geschichtete, theils breccienartige Kalke mit *Bel. semisulcatus, Am. Basiliae, Am. Lorioli, Am. ptychoicus, Phylloceras, Lytoceras, Aptychus punctatus, Terebratula janitor, Rhynch. capillata.* Diese Schichten werden direct und concordant von weissen Kalken mit flachen Belemniten (Belemnites plates), *Am.* cf. *Callisto, Aptychus punctatus* überlagert, auf welche bald ächte Berriasschichten folgen.

Leenhardt's auf eigner Beobachtung beruhende Ansicht ist, dass in den sogenannten Tithonablagerungen eine Vermengung jurassischer und cretacischer Formen wirklich vorliegt. An eine Einmengung älterer, bereits versteinerter Formen ist trotz der breccienartigen Natur des Gesteins nicht zu denken. Eine weitere Gliederung der durchaus continuirlich aufeinander folgenden Bänke des Tithon ist nicht durchführbar.

Im südöstlichen Frankreich ist nach Leenhardt die Tithonetage durch zwei isochrone Facies, die Kalke von der Porte de France mit *Ter. janitor* und die Schichten mit *Diceras Lucii* und *Ter. Moravica*, deren Vertreter am Ventoux b und c sind, repräsentirt. Ein unteres und oberes Tithon wären folglich dort nicht zu trennen, sondern als äquivalente Ablagerungen zu betrachten, ein Verhältniss, welches dem von Böhm[1] neuerdings für Stramberg angenommenen entsprechen würde.

Hébert rechnete die Moravica- (*Diceras Lucii*-) Schichten zum Jura (Corallien), die Janitorkalke zur unteren Kreide, letztere als eine im Norden Frankreichs nicht zur Entwicklung gekommene Ablagerung. Von Mösch mitgetheilte Profile dienten ihm besonders als Beweismittel. Leenhardt hingegen legt auf Jeanjean's Beobachtungen ein grösseres Gewicht (Jahrb. 1882. II. -395-) und hält seine Annahmen für durchaus bewiesen.

Kreideformation.

Untere Kreide. Neocomien (s. str.), 1500 m mächtig.

Diese Etage ist in der facies provencal, alpin, vaseux entwickelt[2].

a. Kalke von Berrias, helle compacte, gefleckte, mergelige, dünngeschichtete Kalke und mit Breccien und krümeligen Lagen aus dem Tithon (Jura—Cretacé) sich allmählig entwickelnd 20—60 m. Mit *Belemn. latus, Amm. Calisto, Privasensis, semisulcatus, semistriatus, berriasensis, Malbosi, Euthymi, occitanicus, subfimbriatus, Honoratianus, Grasianus, pronus, Aptychus Seranonis, Terebr. diphyoides.*

b. Mergel und Thonkalke mit *Amm. Neocomiensis.* Dicke, gelbe und graublaue Mergellagen und Bänke von Thonkalken mit verkiesten Ammoniten. *Bel. latus, dilatatus, binervius, conicus, pistilliformis* etc. *Aptychus*

---

[1] Böhm, Die Bivalven der Stramberger Schichten. Pal. Mitth. aus dem Mus. d. bayr. Staates. Bd. II. Böhm weist übrigens in den Schlussbemerkungen seiner Arbeit selbst auf die Übereinstimmung seiner Resultate mit denen Leenhardt's hin.

[2] Vacek, Neocomstudie. Jahrb. d. geol. Reichsanst. XXX. 1880. Bemerkenswerth ist, dass Vacek, ohne Leenhardt's Gebiet zu kennen, zu ganz denselben Resultaten gelangte wie dieser.

Seranonis, Didayi, Amm. Neocomiensis, cryptoceras, Tethys, verrucosus, semisulcatus, Grasianus, Asterianus, Baculites neocomiensis, Ter. diphyoides, Ter. janitor (1 Exemplar), *Rhynch. peregrina.*

c. Kalke mit *Crioceras Duvali.*

Erdige dunkelgraue Kalke und graublaue Mergel. Zuunterst zuweilen Kieselkalke (vielleicht den Calc. du Fontanil entsprechend), gleichsam ein Vorläufer der jüngeren, an Hornstein reichen Kalke des Urgon und daher nicht unpassend als Préurgonien zu bezeichnen. 200—800 m. *Bel. pistilliformis, Apt. angulicostatus, Amm. angulicostatus, Leopoldinus, infundibulum (Rouyanus), subfimbriatus, Asterianus, Crioceras Duvali, Ancyl. Emerici, Thiollieri, Ter. Moutoniana, Waldh. hippopus* etc.

d. Kalke mit *Amm. difficilis* (Zone à *Amm. recticostatus* Reynès). Graue kieselreiche Kalke oder (im NW. des Gebietes) eisenhaltige Thonkalke. *Bel. pistilliformis, minaret,* cf. *Grasianus, Naut. pseudoelegans, Amm. difficilis, Rouyanus, Thetys, Feraudianus, recticostatus, Seranonis, Ancyl. Fourneti, Emerici, Matheronianum, Scaphites Yvani, Corbis corrugata, Ostrea Couloni, Terebratula Moutoniana, Waldh.* cf. *hippopus, Rhynch. multiformis, Echinosp. Ricordeanus, Collegnoi.*

Die Mischung echter Neocom- und Urgonformen veranlasst den Verfasser hier eine Vertretung des unteren Barrêmien (Coquand) und der Schichten mit *Scaphites Yvani* (Lory) anzunehmen. Häufige Einlagerungen urgonartiger Natur im oberen Theil der Difficiliskalke erschweren die Grenzbestimmung gegen die nächste Etage.

Urgonien.

Das Urgon ist hier, wie in manchen Theilen der Rhonebucht in doppelter Facies entwickelt. Neben den klassischen Orbitolinen- und Requienienbänken der facies coralligène laufen an Cephalopoden reiche Kalke (facies pélagique ou à Cephalopodes, besser facies vaseux).

Korallenfacies.

Compacte, körnige Kalke, reich an Silex, Muschelbreccien, weisse Requienienkalke mit *Orbitolina lenticularis, Ost. aquila, Echinospatagus Collegnoi,* Requienien und vielen Foraminiferen. Es kann unterschieden werden:

a. Untere Kalke.

Compacte, harte, Kieselknollen führende, halboolithische, halbkreidige, gelbliche bis graue Kalke, blaue Mergel und Korallenbänke. In der Oberregion ein fortlaufender Fossilienhorizont mit *Bel. minaret, Grasianus, Naut. plicatus, Amm. recticostatus, Ancyloceras, Nerinea, Na-*

Cephalopodenfacies.

Kalke von Vaison. Oben und unten mit einer Hornsteinbank wird diese Entwicklung bald unmittelbar von den Aptmergeln bedeckt, bald greift sie keilförmig in das Urgonien coralligène ein (arêtes de Brantes).

Diese besonders im Westen ausgebildete Facies besteht aus grau oder gelblich gefärbten, zuweilen kieselhaltigen Kalken im Wechsel mit dünnen Mergelbänken. Über 100 m mächtig. *Belemnites Grasianus, Ammon. consobrinus, Cornuelianus, Stobieckii, recticostatus, Matheroni, semistriatus, Phestus,* cf. *Martini, Ancyloceras* cf. *Matheronianum, dilatatus, tica*, *Pterocera*, *Corbis corrugata*, *Trigonia rudis*, *Panopaea* cf. *arcuata*, *Pecten Robinaldinus*, *Cottaldinus*, *Janira Morrisi*, *atava*, *Ostrea aquila*, *rectangularis*, Rudisten, *Ter. acuta*, *Waldh. tamarindus*, *Rhynch. lata*, *Echinospatagus Collegnoi*, *Enallaster Fittoni*, *Pygaulus Desmoulinsi* etc. Bryozoen, Korallen, *Orbitolina lenticularis*, Milioliden u. a. Foraminiferen.

b. Requienienkalk (Kalke von Orgon). Helle Kalke, zuckerkörnig, oolithisch oder kreideartig, mit abgerollten Fossilien, Grate (crêts) mit Höhlungen (baumes) bildend. Korallen und Rudisten (*Requienia Ammonia* und *Lonsdali*) enthaltend, 150 m.

c. Obere Orbitolinenkalke, graue, halbzuckerkörnige Kalke, reich an Knollen von Hornstein, 100—130 m. *Ancyloceras*, *Trigonia longa*, *caudata*, *Ostrea aquila*, *Pecten Robinaldinus*, *Ter. Essertensis*, *Rhynch. lata*, *Waldh. pseudojurensis*, *Echinosp. Collegnoi*, *Catopygus* cf. *carinatus*, *Orbitolina lenticularis* var. discoidea und zahlreiche Foraminiferen. Locale Abweichungen kommen vor, so fehlen auf dem Plateau von Rissas die Caprotinenkalke (b).

Fucoideen. Es gesellen sich also zu Arten des Urgon noch solche des Aptien.

Die Kalke von Vaison folgen direct auf die Difficiliskalke, eine Bank mit Hornstein bildet die Grenze.

Aptien.

a. Thonkalke mit *Amm. consobrinus*. Gelbliche Mergel und Thonkalke mit *Bel. semicanaliculatus*, *Grasianus*, *Amm. consobrinus*, *Cornuelianus*, *Plicatula placunea*, *Ostrea aquila*, *Echinospatagus Collegnoi*.

b. Thonige Mergel mit *Amm. Dufrenoyi*. Blaue oder gelbe Mergel mit verkiesten Fossilien und Gypskrystallen. *Bel. unicanaliculatus*, *Dufrenoyi*, *Nisus*, *Morelianus*, *Martini*, *Cornuelianus*, *Guettardi*, *Belus*, *Emerici*, *Toxoceras Royerianus*, *Turrilites*, *Plicatula placunea*, *radiola*.

c. Sandige Mergel mit *Bel. semicanaliculatus*. Graue oder schwarze, selten gelbliche Mergel, sandig und glaukonitisch werdend, gelegentlich als Sandstein entwickelt.

Diese Gliederung passt auch auf die bekannte Localität Gargas.

Interessant ist das Verhalten der Aptmergel zu den beiden Urgonfacies. Dieselben liegen über dem Urgonien à Orbitolines transgredirend, auf den Kalken von Vaison concordant. Leenhardt sieht daher die unteren Aptschichten (a) als isochrone Vertreter der Vaisonkalke, also auch des echten Urgonien an. Damit stimmt überein, dass, sobald sich im echten (Rudisten- und Orbitolinen-) Urgon Mergel einlagern, diese eine Aptfauna einschliessen. In Form einer Tabelle hätten wir also:

Urgo-Aptien	Oberes Apt (b. und c. vergl. oben).		
	Caprotinen- und Orbitolinenkalke (Facies coralligène).	Kalke von Vaison. (Facies vaseux) Barrêmien z. Th. Zone des *Amm. difficilis.*	Unteres Apt. Sch. mit *Amm. consobrinus* (Facies pélagique).

Die oberen Aptmergel stellt der Verf. im Gegensatz zu Coquand und Landerer als vom Urgonien (s. str.) unabhängige Abtheilungen hin, ja er ist sogar nicht ungeneigt, die Semicanaliculatusmergel (c) als den Gault repräsentirend zu betrachten.

Bei La Clape (Aude) erscheinen in der Etage des Urgo-Aptien neben Cephalopodenschichten ebenfalls Caprotinenkalke, ein eigenthümlicher Mischtypus, der Leymerie bekanntlich zur Aufstellung seines Urgo-Aptien Veranlassung gab. Auf dieser Thatsache fussend und von der Ansicht ausgehend, dass die Rudistenkalke in verschiedenen Horizonten auftreten können, gelangt nun Leenhardt zu dem Resultate, dass eine Zweitheilung der unteren Kreide naturgemässer sei als die bisher gebräuchliche Zerlegung derselben in drei Abschnitte. Bestärkt wird der Verfasser in seiner Ansicht durch das Auftreten der *Ostrea aquila* in den Urgonschichten des Mt. Ventoux, jener für das Apt Nordfrankreich's höchst bezeichnenden Leitform, deren auf das oberste Neocomien dieser Provinz beschränkte Verbreitung einstens Hébert zur Trennung von Urgon und Apt veranlasste. Doch hob dieser letztere Forscher gleichzeitig den innigen Zusammenhang hervor, der zwischen den einzelnen Schichten der gesammten unteren Kreide seiner Meinung nach bestehen sollte und dessen Vorhandensein sich aus den neuern Untersuchungen in der That zu ergeben scheint. Gegen die oben angeführten Schlüsse Leenhardt's hat indessen neuerdings, wie unsern Lesern bekannt sein wird (vergl. dies. Jahrb. 1884. II. -83-), Carez Einsprache erhoben und auf's Neue eine Dreitheilung der unteren Kreide befürwortet.

Mittlere Kreide.

a. Marine Sande. Glimmerige, rothe, blaue und grüne Sande, oft mit discordanter Parallelstructur, auf den Aptmergeln concordant liegend; mit Fischzähnen, Resten von Stämmen u. s. w. 50—60 m.

b. Sandsteine mit *Amm. Mayorianus* (? Vraconien Renevier, Schluss des Gault). *Amm. Mayorianus, dispar, inflatus, Anisoceras armatum, perarmatum, Holaster, Micraster, Ostrea conica.*

c. Sandstein mit Cenoman-Fauna (Grès à faune cenomanienne proprement dite). Im Becken von Bedouin werden 4 Horizonte unterschieden, bei Eygaliers dagegen nur eine untere Zone mit *Am. varians* und ein durch das Vorkommen von *Holaster subglobosus* bezeichnetes Niveau mit *Ostrea columba*. Nicht selten im Cenoman der Ventouxgegend sind ferner *Am. Mantelli, cenomanensis, varians, falcatus, Scaphites, Turrilites Bergeri, costatus, Puzosianus, Cardium hillanum, Trigonia sulcataria, Pinna Renauxiana, Ostrea conica, columba, canaliculata, Discoidea cylindrica, Holaster marginatus, subglobosus, suborbicularis.*

Aus dieser Liste ergiebt sich, dass das Cenoman im Ventouxgebiet durchaus nicht abnorm entwickelt ist, im Gegentheil begegnen wir derselben Fauna wie im Pariser Becken und im Sarthedepartement. Nur scheint, wie schon Hébert betonte, die Gliederung im Süden nicht in derselben Weise durchführbar zu sein, wie im Norden.

Jüngere Ablagerungen (Terrains postérieurs au Cenomanien).

1. Section. Sande und bunte, plastische Thone mit spärlichen Einlagerungen von Braunkohle. Diese Schichten sollen dem Bohnerz (fer sidérolithique) nach Alter und Bildung vergleichbar und daher alttertiären Alters sein.

Bei Dieulefit, also im Norden des Gebietes enthalten scheinbar gleichaltrige Gebilde die Fauna der mitteleocänen (obereocänen) Süsswasserkalke des Pariser Beckens (calc. de Provins).

2. Section. Gypsführende Süsswasserschichten (Sextien E. Dumas).

a. Suzetteschichten (Horizon de Suzette). Sehr verschiedenes Gestein: harte Kalke, Tuffe, erdige dolomitische Mergel mit Gypskrystallen, Blöcke von Kalk mit Trochiten und Ammoniten, Zellendolomite. Der Verfasser möchte hier locale chemische Umwandlungen annehmen, so dass Suzetteschichten theils umgewandelte tertiäre Süsswasserkalke, theils umgewandelte ältere Sedimente darstellen würden. Beim Durchlesen der von Leenhardt gegebenen Schilderungen wird man an Choffat's vallées tiphoniques erinnert (dies. Jahrb. 1884. I. -61-).

b. Süsswasserkalk mit Gyps (Sextien der Umgegend von Apt, Süsswassermolasse Lory's). Es wurden beobachtet (von oben nach unten):

3. Mergel mit *Potamides Basteroti*, führen Braunkohlen.

2. Kalke und grüne Mergel mit Gyps: *Anoplotherium commune, Palaeotherium.*

1. Gelbe Mergel, grobe Sandsteine, Kieselkalke und Conglomerate.

Gegen unten wird ein Theil dieser Schichten durch den Suzettehorizont vertreten. Auch gehören hierher Schichten mit *Cerithium Laurae*, Cyrenen, Fischresten, Lymneen, Bithynien, *Helix* und *Planorbis*.

Molasse (Helvetien und Tortonien z. Th.). Discordant über dem Sextien folgen conchylienführende Kalke, Conglomerate und kalkige Sandsteine, Sande und Mergel. *Pecten praescabriusculus, Ostrea crassissima, Echinolampas, Scutella.* Dem Helvetien sind auch Süsswasserkalke mit *Planorbis submarginatus* und *Bithynia tentaculata* zuzurechnen.

3. Section. Diluvium und Alluvium. Ersteres kommt bis zu einer Höhe von 500 m vor mit zuweilen 40 m mächtigen Lagen von Rollsteinen oder Tuff. Als alluviale Ablagerungen werden alle Bildungen zusammengefasst, welche als Kiese, Gerölle und Tuffe in den Thalsohlen liegen und noch täglich neue Zufuhr erhalten.

Aus dem letzten sehr umfangreichen Abschnitt „Stratigraphie dynamique“ können wir nur einiges herausheben. Das Ventouxmassiv wurde durch mehrere sich durchkreuzende Faltensysteme gebildet. Zwei Hauptsysteme laufen O 14° N und O 12° S, zwei andere, weniger ausgeprägte lassen die Richtung O 42° N und N 33° W erkennen. Untergeordnet kommen am östlichen und westlichen Rande des Ventoux noch drei andere Faltungsrichtungen nach N 6° O; N 8° W und N 25° O vor. Bezeichnend für LEENHARDT's Auffassung ist, dass er auf Faltung, nicht wie LORY und DE ROUVILLE auf Verwerfung Gewicht legt.

Eine Geschichte der allmählichen Entwicklung des Ventouxstockes, in welcher Vertheilung von Land und Meer, Tiefe des Meeres und Bodenschwankungen erörtert werden, bildet den Schluss der Studie.

Vom Jura bis zum Neocom haben sich die Sedimente ununterbrochen niedergeschlagen, der Wechsel von Thon, Kalk und den eigenthümlichen das Préurgien bezeichnenden Bildungen rührt von Bodenschwankungen und in Folge derselben verschiedener Meerestiefe her. Die an gewissen Punkten sich wiederholende ausserordentliche Mächtigkeit der Schichten deutet auf besonders tiefe Regionen (centres de depression), die der Hauptsache nach auf denselben Stellen bestehen blieben, höchstens im Lauf der Zeit etwas südlicher rückten.

Auch für die Urgonzeit ist Verschiedenheit der Meerestiefe bezeichnend. Im Centrum der dritten Region soll eine Reihe nach NO sich hinziehender seichter Stellen gelegen haben, auf denen sich ein Korallenriff — die heutigen Caprotinenkalke — entwickelte. Um dasselbe schlugen sich die Cephalopodenkalke (Calc. de Vaison etc.) und Mergel nieder, welche gegen N und NO fast auskeilen. Das Gebiet bildete nach LEENHARDT den Rand des grossen Urgonbeckens der Provence und des Gard.

Aus dem Verhalten der Aptmergel ergiebt sich, dass sich in der Mitte des Gebietes der Boden in nordsüdlicher Richtung hob und die Urgonkalke aus dem Aptmeere herausragten, wodurch es schliesslich zur Bildung getrennter durch eigenthümliche Facies der Cenomanbildungen bezeichneter Becken kam. Zur Zeit der mittleren Kreide ist das Ventouxgebiet als Insel oder Halbinsel zu denken, welches später zu einem Festland wurde. In lokalen Senkungen dieses Festlandes lagerten sich die Sande der ersten Section, dann die oben erwähnten Süsswasserkalke ab. Faltungen und Aufbrüche müssen vor Beginn der Tertiärzeit stattgefunden haben. Die so entstandenen Spalten mögen den Austritt von Mineralquellen veranlasst haben, auf welche die Entstehung der Gypse des Sextien zurückzuführen sein mag. Die Seen, in welchen das letztere entstand, sind nach Conglomeratbildungen noch genau zu umgrenzen.

Störungen fanden wiederum vor Beginn der Molassezeit statt, welche durch eine etwa 800 m betragende Senkung eingeleitet wurde. Zahlreiche Dislocationen werden in der Zeit des Helvetien und Tortonien angenommen, welche in einer letzten Hebung von 3—400 m ihren Abschluss fanden. Nach Ablagerung der jüngeren Tertiärschichten fand keine Niveauveränderung mehr statt; die diluvialen Gewässer gaben schliesslich dem Lande seine jetzige Oberflächengestaltung. **Kilian.**

E. A. Smith: Geological Survey of Alabama. Report for the Years 1881 and 1882, embracing an account of the agricultural features of the State. Montgomery, Ala. 1883.

Der vorliegende stattliche Band von 615 Seiten zerfällt in zwei grössere Abschnitte, deren ersterer eine allgemeine Besprechung der Zusammensetzung, Bildungsweise und Eigenschaften des Bodens, sowie der durch die Kultur bewirkten Veränderungen desselben enthält, während der zweite der Beschreibung der landschaftlichen Verhältnisse des Staates Alabama im besonderen gewidmet ist. Der erste Abschnitt (153 Seiten) hat die Form eines Lehrbuches gewonnen, es wird in demselben der Boden in chemischer und geologischer Beziehung, also Zusammensetzung desselben aus unorganischen und organischen Bestandtheilen, ferner Umwandlung von Fels in lockere Massen und lockerer Massen in Fels, schliesslich Verhältniss des Bodens zu Pflanzen und Thieren besprochen.

Der zweite Abschnitt bringt die Anwendung der im ersten gegebenen allgemeinen Lehren auf die landwirthschaftlichen Verhältnisse Alabamas. Wir lenken die Aufmerksamkeit des Geologen besonders auf das erste Kapitel, welches eine Übersicht der physikalischen Geographie und Geologie von Alabama enthält. Eine geologische Karte aus den früheren Reports und neueren Beobachtungen des Verfassers zusammengestellt, ferner Temperatur- und Regenkarten sind beigegeben. Auf Grund einer durch die Oberflächenbeschaffenheit bedingten Eintheilung des Landes [1] wird dann ein Bild der landwirthschaftlichen Verhältnisse des Staates, soweit sie von geologischen Momenten beeinflusst werden, entworfen.

Alabama ist einer der Staaten der Union, welche am meisten Baumwolle produciren. Es nimmt in dieser Hinsicht die vierte Stelle ein, indem es nur von Mississippi, Georgia und Texas übertroffen wird. Daher ist denn der Baumwollenproduction ein besonderer Abschnitt gewidmet. Auf einer Karte ist das Verhältniss der Fläche, auf welcher Baumwolle cultivirt wird, zur Gesammtfläche dargestellt und weiter noch in fünf Farbenabstufungen der Procentsatz der Production für jedes einzelne Gebiet zur Anschauung gebracht.

Schliesslich werden noch die einzelnen Counties gesondert besprochen.

Benecke.

E. A. Smith: Report on the Cotton Production of the State of Alabama, with a discussion of the general agricultural features of the State.

— Report on the Cotton Production of the State of Florida, with an account of the general agricultural features of the State.

Diese beiden Arbeiten sind der Baumwollenproduction im besonderen gewidmet. Der Inhalt der ersteren stimmt wesentlich mit dem über die

[1] Vergl. Jahrb. 1879. 637, wo des Verfassers Outline of the Geology of Alabama besprochen ist.

Baumwolle handelnden Abschnitt des vorher besprochenen Werkes. Wir wähnen dieselben an dieser Stelle, weil einleitungsweise von Karten begleitete Übersichten der geologischen Verhältnisse der Staaten Alabama und Florida entworfen wurden. Über der Geologie des letztgenannten Staates ist übrigens früher in diesem Jahrbuch (1881. II. -375-.) berichtet worden.

Benecke.

G. C. v. Schmalensee: Om leptaenakalkens plats i den siluriska lagerserien. (Geol. Fören. i Stockholm Förh. 1884. Bd. VII. H. 5 [No. 89]. 280—291.)

Verf. wendet sich gegen die von S. L. Törnqvist aufgestellte Ansicht (S. G. U. Ser. C. No. 57), dass die Leptaenakalke jünger seien als die oberen Graptolithenschiefer, so dass erstere mithin zu den jüngsten obersilurischen Ablagerungen Schwedens gehören würden. Von Tullberg waren die Leptaenakalke schon früher als unter den Brachiopodenschiefern liegend aufgeführt worden, welcher Annahme sich der Verf. anschliesst und die Richtigkeit derselben sowohl aus paläontologischen als auch aus stratigraphischen Gründen zu beweisen sucht. Durch einen Vergleich der Fauna des Leptaenakalkes mit derjenigen des Chasmopskalkes und der Trinucleusschiefer zeigt er, dass eine grosse Übereinstimmung zahlreicher Versteinerungen sich findet, während in den Brachiopodenschiefern nur zwei mit dem Leptaenakalke gemeinsame Brachiopoden vorkommen und mit der Fauna der oberen Graptolithenschiefer und Cämentkalke gar keine Analogie vorhanden ist. Er unterscheidet im Leptaenakalk einen Korallen- und einen Muschelkalk, von denen der letztere entgegengesetzt der Annahme Törnqvist's der jüngere ist. Der stratigraphische Beweis dafür, dass die Leptaenakalke nicht zu den jüngsten obersilurischen, sondern wahrscheinlich zu den jüngsten untersilurischen Ablagerungen gerechnet werden müssen, wird durch ein schönes Profil geliefert, welches von S.O. nach N.W. von Osmundsberg nach Gulleråsens Lissberg gelegt worden ist und wo in muldenförmigem Aufbau die nachfolgenden Schichten von unten nach oben beobachtet worden sind:

Chasmopskalk.
Schwarzer und grauer kalkhaltiger Trinucleusschiefer.
Korallenbank } des Leptaenakalkes.
Muschelkalk }
Thonhaltiger Kalkstein.
Schwarzer Rastrites-Schiefer und Stinksteinknollen mit *Monogr. turriculatus.*
Grauer Retiolites-Schiefer mit *Monogr. priodon.*
Weisser und rother Schleifsandstein (devonisch?).

Die hier beobachtete Altersfolge der Schichten wird durch andere Profile in dortiger Gegend bestätigt.

F. Wahnschaffe.

E. Kayser: Die Orthocerasschiefer zwischen Balduinstein und Laurenburg an der Lahn. (Jahrb. d. k. preuss. geolog. Landesanst. f. 1883. 56 Seiten. Geolog. Karte und 6 Taf. Petref.-Abbild. Berlin 1884.)

Die Brüder SANDBERGER lenkten zuerst die Aufmerksamkeit weiterer Kreise auf die nassauischen Orthocerasschiefer, doch verfügten sie über ein beschränktes Material an Versteinerungen. MAURER und KOCH untersuchten wiederholt die Orthocerasschiefer insbesondere jene des Rupbachthales und veröffentlichten mehrere Arbeiten über dieselben. KAYSER hat in der vorliegenden Arbeit das Resultat seiner eigenen Beobachtungen gelegentlich der geologischen Aufnahme Nassau's im Massstab 1/25000 niedergelegt, nachdem er schon früher mehrfach Mittheilungen über die betreffenden Bildungen gemacht hatte.

MAURER hat das Verdienst, im Rupbachthale drei getrennte Faunen nachgewiesen zu haben. Wenn er aber im vordern Rupbachthale eine regelmässige Aufeinanderfolge der Schichten annahm, so ist dies nicht zutreffend. KOCH und KAYSER fanden vielmehr eine Schichtenfalte mit gleichförmig einfallenden Flügeln und KOCH erkannte später noch, dass es sich um eine Mulde handele, deren Centrum Schalsteine und Diabase bilden, welche auf Orthocerasschiefern liegen. Letzere wiederum werden von Coblenzschichten unterteuft. Einige bei KOCH noch unterlaufene Irrthümer konnte nun KAYSER berichtigen und giebt in der vorliegenden Arbeit eine Darstellung der Zusammensetzung, Versteinerungsführung und Lagerung der Orthocerasschiefer im Rupbachthale und zwischen diesem und Balduinstein. Es werden zunächst die Verhältnisse der Orthocerasschiefer des Rupbachthales, welche in zwei Zügen auftreten, dann jene des Orthocerasschiefers zwischen dem Rupbachthal und Balduinstein besprochen und hierauf die Gliederung der nassauischen Orthocerasschiefer und ihre Stellung in der devonischen Schichtenfolge erörtert. Wir verweisen wegen der interessanten und durch eine grosse Verwerfung complicirten Lagerung auf die Beschreibung selbst und besonders die Karte. Da der Verfasser die Ergebnisse seiner Untersuchungen am Schlusse seiner Arbeit zusammenfasst, so können wir nichts besseres thun, als ihn selbst reden lassen:

„1) Die Orthocerasschiefer lagern in der Gegend von Laurenburg und Balduinstein über den oberen Coblenzschichten und unter mitteldevonischen Schalsteinen und bilden im Rupbachthale eine grössere und eine kleinere, durch einen Sattel von oberen Coblenzschichten getrennte Mulde.

2) An der Basis der eigentlichen Orthocerasschiefer liegt im Rupbachthale, bei Wissenbach und, wie es scheint, auch bei Olkenbach eine trilobitenreiche, noch den oberen Coblenzschichten zuzurechnende Schieferzone, in der grosse Pentameren *(rhenanus, Heberti)* und die letzten Homalonoten auftreten.

3) Im Rupbachthale und bei Cramberg lassen sich innerhalb der Orthocerasschiefer zwei verschiedene, durch besondere Goniatitenarten ausgezeichnete Zonen unterscheiden. Diese beiden Zonen sind auch bei Wissenbach und, wie es scheint, auch anderweitig vorhanden.

4) Ausser den bereits bekannten haben sich in den Orthocerasschiefern des Rupbachthales noch einige weitere interessante hercynische Typen *(Panenka, Dualina)* nachweisen lassen.

5) Stratigraphische, paläontologische und petrographische Thatsachen scheinen darauf hinzuweisen, dass der nassauische Orthocerasschiefer zum Mitteldevon gehört, als Theil einer mächtigen kalkig-schiefrigen, aus verschiedenartigen Thon-, Dach-, Alaun- und Kieselschiefern und untergeordneten Kalklagern zusammengesetzten Schichtenfolge, welche im SO. des rheinischen Schiefergebirges sehr verbreitet ist und eine Parallelbildung der Calceolaschichten darstellt."

In einem paläontologischen Anhange werden einige Versteinerungen besprochen, welche bisher unbekannt waren, oder an denen sich neue Beobachtungen machen liessen. Es sind folgende Arten:

Aus dem Schieferlager der Grube Schöne Aussicht[1]:

Phacops fecundus Barr., *Cryphaeus rotundifrons* Emmr.?, *Kochi* n. sp., *Panenka bellistria* n. sp., *Spirifer aculeatus* Schn., *Pentamerus Heberti* Oehl.

Aus der Grube Königsberg:

Orthoceras? Jovellani Vern., *Goniatites Wenkenbachi* Koch.

Aus der Grube Langenscheid:

Goniatites Jugleri A. Roem., *vittatus* Kays., *occultus* Barr., *retrorhenanus* Maur., *Dualina? inflata* Sdbrg., *Retzia novemplicata* Sdbrg.

Benecke.

J. Gosselet: Remarque sur la faune de l'assise de Vireux à Grupont. (Ann. Soc. Géol. du Nord. T. XI. 1884. p. 336.)

Die Fauna der fraglichen Abtheilung des französisch-belgischen Unterdevon ist derjenigen der Grauwacke von Stadtfeld in der Eifel äquivalent.

Kayser.

K. Dalmer: Über das Vorkommen von Culm und Kohlenkalk bei Wildenfels unweit Zwickau. (Z. d. D. g. G. 1884. p. 379—385.)

Auf den engen Raum von 8—9 □km zusammengedrängt, treten hier nicht nur fast sämmtliche Glieder des thüringisch-fichtelgebirgischen Silur und Devon, sondern auch Ablagerungen subcarbonischen Alters auf.

Kayser.

Eck: Zur Gliederung des Buntsandsteins im Odenwalde. (Zeitschr. d. deutsch. geolog. Gesellsch. XXXVI. 1884. 161.)

Der Verfasser fand Gelegenheit bei einem Besuche des Odenwaldes der Gliederung des dort mächtig entwickelten Buntsandsteins seine Auf-

---

[1] Es sind, wie oben schon erwähnt, im Rupbachthale drei getrennte Faunen auseinanderzuhalten, nämlich jene von der Grube Schöne Aussicht, der Grube Königsberg und der Grube Langenscheid.

merksamkeit zuzuwenden. Er stimmt mit dem Referenten und Professor COHEN überein, wenn er in dem genannten Gebiete einen unteren, mittleren und oberen Buntsandstein unterscheidet. Die Grenze des unteren und mittleren Buntsandsteins zieht er ebenso wie die genannten Verfasser der geognostischen Beschreibung der Umgegend von Heidelberg, doch weist er auf das Vorkommen geröllführender Schichten an der Molkenkur und einigen anderen Punkten der näheren Umgebung von Heidelberg hin, welche den unteren Conglomeraten des Schwarzwaldes verglichen werden können. Auch fanden sich unter den Geröllen der Grenzregion des unteren und mittleren Buntsandsteins bei Heidelberg neben Kieselgeröllen Orthoklas-Granit und Quarzporphyr wie im Schwarzwald, nur viel seltener. Dem Referenten war s. Z. das Vorkommen vereinzelter Gerölle auch in anderen Lagen als dem oberen mittleren Buntsandstein der Heidelberger Gegend nicht entgangen, doch legte er, da solche in verschiedenen Niveaus sich fanden, kein besonderes Gewicht auf dieselben. Das Vorkommen in diesem einen bestimmten Horizont nimmt aber nun allerdings im Vergleich mit den Geröllagen des Schwarzwaldes ein erhöhtes Interesse in Anspruch, und es wird bei einer Aufnahme des Odenwaldes auf Grund topographischer Unterlagen in grösserem Massstabe zu untersuchen sein, in wie weit das, wie gesagt, spärliche Vorkommen der Gerölle und die vielfach mangelhaften Aufschlüsse gestatten werden, dieses untere Conglomerat als besonderen Horizont auszuscheiden. Durchaus nicht unmöglich ist es übrigens, dass Gerölle krystallinischer Gesteine sich auch im oberen Conglomerat des Odenwalds finden und bisher nur übersehen sind, da neuerdings in den Vogesen im oberen Conglomerat durch Herrn Dr. SCHUMACHER ein Granitgeröll entdeckt wurde.

Weiter hat der Verfasser die seit des Referenten Untersuchung durch den Bau der Eisenbahn Eberbach-Neckarelz geschaffenen prachtvollen Aufschlüsse im oberen Buntsandstein zwischen Binau und dem Schreckhof besucht. Er erkannte hier unmittelbar über dem Schlusse des mittleren Buntsandsteins die Äquivalente der Carneolbank. Über derselben folgen noch 36—40 m rothe, seltener gelbliche und weissliche, feinkörnige, glimmerreiche Sandsteine mit thonigem Bindemittel mit Einschlüssen von Dolomit, z. Th. dünnplattig und mit ausgezeichneten Wellenfurchen. Es überlagert diesen Sandstein nochmals eine local entwickelte 1 m mächtige Bank braunen Sandsteins mit Dolomitknauern, doch ohne Carneol, welche der unteren dolomitführenden Bank bis auf das Fehlen von Carneol gleicht. Auf derselben liegen erst in einem etwa 10 m mächtigen System von weissem Sandstein und rothem Schieferthon jene auffallenden Sandsteinbänke, in welchen Referent Reste von Labyrinthodonten auffand und welche vom Verfasser mit dem Chirotheriumsandstein des Tauberthals, nicht mit dem Chirotheriumsandstein nördlicher Gegenden parallelisirt werden.

Auch der obere Buntsandstein des Odenwaldes kann nun vortrefflich mit der gleichen Stufe im übrigen südwestlichen Deutschland und im Spessart parallelisirt werden. Die bei Binau entwickelten Schichten über dem mittleren Buntsandstein sind in den Vogesen durch die sogen. Zwischenschichten vertreten, welche ECK zum oberen Buntsandstein rechnet[1].

Benecke.

Frantzen: Über Chirotherium-Sandstein und die carneolführenden Schichten des Buntsandsteins. (Jahrbuch der k. preuss. geolog. Landesanstalt und Bergakademie f. d. Jahr 1883. 347.)

Der in neuerer Zeit geführte Nachweis, dass Fährten von *Chirotherium* in verschiedenen Horizonten des Buntsandsteins auftreten, veranlasste den Verfasser, genauer festzustellen, in wie weit die Vergleiche einzelner Horizonte des mittel- und süddeutschen Buntsandsteins auf Grund des Vorkommens von „Chirotheriumsandstein" zutreffend sind. Gleichzeitig fanden die mit den Chirotheriumbänken oft genannten Carneolschichten Berücksichtigung.

Es wird zunächst der Chirotheriumsandstein am Westrande des thüringer Waldes geschildert. Zwischen Sonneberg und Hildburghausen, bei Meiningen und an anderen Orten setzen denselben bis 100 Fuss mächtige, weisse, gelb und braun getigerte, vorwaltend feinkörnige, glimmerarme Sandsteine zusammen, welche als Baumaterial eine ausgedehnte Verwendung finden. Gegen oben tritt in denselben Neigung zur Plattenbildung ein und da kommen die Fährten und Wellenfurchen vor. In diesen oberen Horizonten treten stellenweise und dann mitunter in Masse Dolomitausscheidung und Carneol oder wenigstens kieslige Ausscheidungen auf.

Über dem Chirotheriumsandstein folgen hellfarbige, graue Thone des Röth, unter demselben liegen rothe, grobkörnige Sandsteine der unteren Abtheilung des mittleren Bundsandsteins (nach der Gliederung von FRANTZEN).

In dem Röth stellen sich etwas südlich von Meiningen zugleich mit dem Auftreten der rothen Farbe an Stelle der grauen Sandsteinbänke ein, welche als Vertreter des weiter im Süden mächtiger entwickelten Voltziensandsteins anzusehen sind. Im oberen Drittel des Röth treten eine, stellenweise auch zwei auffallend helle Sandsteinbänke auf, welche unzweifelhaft mit der fränkischen Chirotheriumbank SANDBERGER's identisch sind. Zahlreiche Profile werden zur Erläuterung der besonderen Verhältnisse der Lagerung mitgetheilt.

Der Meininger (thüringische) Chirotheriumsandstein lässt sich nach Norden durch Thüringen bis an den Südrand des Harz verfolgen. Der Verfasser verweilt länger bei dem interessanten Vorkommen desselben am Heldrasteine, woselbst die Kieselausscheidungen sehr reichlich auftreten und Gyps aus dem Röth in den Sandstein infiltrirt ist.

Gegen Süden boten die theilweise bereits genauer bekannten Verhältnisse des Buntsandsteins bei Kissingen und bei Gambach am Main dem Verfasser Gelegenheit zu Vergleichen. Chirotherium- und Carneolschichten sind überall nachweisbar; im Röth beginnt eine häufigere Einschaltung

---

[1] Wegen mehrerer hier berührten Verhältnisse vergl. das unten folgende Referat: FRANTZEN, über Chirotheriumsandstein etc.

von Sandsteinbänken und führt zu geschlossenen Sandsteinablagerungen (Voltziensandstein). Frantzen theilt auch hier genauer von ihm gemessene Profile mit. Bei Gambach hat der untere (thüringische) Chirotheriumsandstein 5,70 m., der Voltziensandstein 31,8 m. Über letzterem folgen 19,7 m vorwaltend rothe Thone. Diese überlagert erst die fränkische Chirotheriumzone aus mehreren Bänken festen, weissen Sandsteins bestehend. Dieser oberen Sandsteinzone gehört auch das Chirotheriumlager an der Tauber an. (s. das vorhergehende Referat.)

Am Schluss seiner Arbeit weist der Verfasser dann noch auf einige von ihm in Württemberg (Nagold) besuchte Punkte hin, an denen er den thüringischen unteren und sogar den fränkischen oberen Chirotheriumhorizont wiedererkennt. Dem unteren Chirotheriumhorizont entsprechen die linksrheinischen Zwischenschichten. **Benecke.**

Bittner: Die Tertiärablagerungen von Trifail und Sagor. (Jahrb. 1884. 433. Mit 1 Tafel.)

Die umfangreiche Arbeit besteht aus 4 Theilen, und zwar aus einem historischen, stratigraphischen, paläontologischen und topographischen.

Wir entnehmen denselben folgendes: Das Grundgebirge der Tertiärbildungen wird der Hauptsache nach aus lichten Dolomiten der oberen Trias gebildet, in deren Liegendem Muschelkalk, Buchensteinerkalk (?), Werfnerschiefer, Grödnersandstein und endlich Gailthalerschiefer zum Vorschein kommen.

Im Tertiär lassen sich von unten nach oben unterscheiden:

A. Kohlenführendes Terrain der oligocänen Sotzkaschichten.

1. Hellgefärbte, sandige oder plastische Thone, an der Basis mit Geröllen, nach oben zu bisweilen Fossilien führend: Melanien, Melanopsiden, Neritinen, Congerien, grosse Cyrenen.

2. Kohlenflötze, mit *Anthracotherium illyricum*, sonstige Fossilien sehr selten: *Melania Escheri, Melanopsis* cf. *calloa, Planorbis, Bithynia.*

3. Süsswassermergel mit zahlreichen Fossilien, welche fast alle neuen Arten angehören: *Melania Sturi* nov. sp., *Kotredeschana* nov. sp., *carniolica* nov. sp., *illyrica* nov. sp., *Savinensis* nov. sp., *Sagoriana* nov. sp., cf. *Escheri* Brong., sp. div., *Melanopsis* sp., *Hydrobia immitatrix* nov. sp., sp. div., *Bithynia Lipoldi* nov. sp., ? *Godlewskia* sp., ? *Ampullaria* sp., ? *Valvata Rothleitneri* nov. sp., ? sp., *Neritina* sp. pl., *Lymnaeus* ? sp., *gracillimus* nov. sp., *Unio Sagorianus* nov. sp., *Pisidium* sp. pl., *Congeria* sp.

4. Brakische Mergel nach oben zu rein marin werdend und daselbst sehr reich an *Chenopus Trifailensis* (Chenopusmergel): *Pecten Hertlei* nov. sp., *Psammosolen* sp.? — *Congeria* sp., *Cardium* sp. pl., *Cyrena* cf. *semistriata, Pisidium* sp., *Diplodonta Komposchi* nov. sp., *Isocardia* sp. ?, *Corbula* sp., *Limopsis* sp.?, *Perna* sp., *Melania* sp. cf. *Escheri, Cerithium* cf. *Lamarcki, Neritina* sp., *Lymnaeus* sp. — *Chenopus Trifailensis* nov.

sp., *Turritella Terpotitzi* nov. sp., *Dentalium* sp.?, *Corbula* sp., *Diplodonta* sp.?, *Arca* sp.

B. Miocäne Ablagerungen.

5. Mariner Tegel mit ziemlich zahlreichen Petrefakten: *Ostrea cochlear*, *Pecten denudatus*, sp. cf. *Koheni* Fuchs, sp. cf. *cristatus*, *Zollikoferi* nov. sp., *Mojsvari* nov. sp., *Nucula* cf. *nucleus*, *Leda* cf. *pellucida*, *Cardium* sp., *Corbula* cf. *gibba*, *Pyrula* sp. cf. *geometra*, *Pleurotoma* sp. pl., *Chenopus pes pelecani*, *Rostellaria* sp. nov., *Buccinum* cf. *turbinellus*, cf. *Hörnesi*, *Voluta ficulina*?, *Natica helicina*, *Turbo* cf. *rugosus*, *Rissoa* sp., *Bulla* cf. *utriculus*, *Dentalium* cf. *entalis*, *Schizaster* sp., *Caryophyllia* oder *Trochocyathus*. Foraminiferen sehr zahlreich, namentlich grosse Nodosarien und Cristellarien.

6. Grünsand von Gonzo, mit dem Tegel innig verbunden und denselben, wie es scheint, stellenweise vertretend: *Conus* sp., *Chenopus pes pelecani*, *Pyrula condita*, *Turritella cathedralis*, *turris*, *Ringicula* cf. *Bonelli*, *Panopaea Menardi*, *Pholadomya* cf. *alpina*, *Tellina lacunosa*, cf. *Schönni*, *Thracia plicata*, *Lutraria* cf. *sanna*, *Tapes vetula*, *Venus islandicoides*, cf. *umbonaria*, *Cytherea* cf. *pedemontana*, *Cardium* cf. *burdigalinum*, *Diplodonta rotundata*, *Pectunculus* sp., *Mytilus Haidingeri*, *Avicula phalaenacea*, *Pecten Rollei*, cf. *Holgeri*, *Ostraea digitalina*, cf. *gingensis*, *Anomia* sp.

7. Unterer Leythakalk. Er entwickelt sich allmählig aus dem unteren Grünsand und ist bald mächtiger, bald sehr reducirt. Fossilien selten und schlecht erhalten: *Pecten* cf. *solarium* Hoern., *Terebratula* cf. *grandis*, *Macropneustes* sp.

8. Tüfferer Mergel. Sehr mächtig entwickelt, gelb oder grau, zart, weich, glimmerig, stellenweise sandig oder auch kalkig in einen förmlichen mergeligen Kalkstein übergehend. Fossilien sehr häufig doch wenig bezeichnend: *Buccinum costulatum*, *Natica helicina*, *Isocardia* cf. *cor*, *Lucina* cf. *borealis*, *Solenomya Doderleini*, *Cryptodon* cf. *sinuosus*, *Corbula gibba*, *Leda*, *Nucula*, *Tellina*.

Merkwürdig ist das Auftreten einer Anzahl von Pectenarten, welche bisher nur aus den sog. „Scissus-Schichten" Ostgaliziens bekannt waren: *Pecten scissus* Favre, *Wulkae* Hilb., cf. *resurrectus* Hilb.

9. Oberer Leythakalk. Nulliporenkalk und Nulliporengrus, der nach oben zu ganz allmählig in die sarmatischen Ablagerungen übergeht: *Phasianella* sp., *Turritella bicarinata*, *Cerithium pictum*, cf. *rubiginosum*, cf. *spina*, *Melania* cf. *Escheri*, *Lucina columbella*, *Cardium* cf. *obsoletum*, *Modiola* cf. *volhynica*, *Arca diluvii*, *Pectunculus pilosus*, *Ostraea* sp.

10. Sarmatische Ablagerungen. Weiche Mergel mit sandigen und groben Conglomeratbänken, Nulliporenschichten, blauer und gelblichbrauner Tegel, überall reich an den bekannten sarmatischen Conchylien.

Was die Lagerungsverhältnisse der vorerwähnten Schichten anbelangt, so besteht zwischen den oligocänen und miocänen Ablagerungen eine tiefgreifende Discordanz, indem man an vielen Stellen die oligocänen Ablagerungen denudirt und nivellirend von miocänen Schichten bedeckt findet. Es haben jedoch auch die Miocänschichten inclusive der sarmatischen Ablagerungen an den letzten Gebirgsbewegungen Theil genommen, wenn auch im Ganzen die oligocänen Ablagerungen intensiver gestört sind als die miocänen.

Bekanntlich hat Stur in seiner Geologie der Steyermark die Existenz von 2 verschiedenen Leythakalkniveaus innerhalb des steyerischen Miocäns sehr entschieden in Abrede gestellt, und gehört Bittner zu jenen, welche neuerer Zeit überhaupt die Möglichkeit in Abrede stellen, innerhalb unserer Miocänbildungen bestimmte altersverschiedene Stufen zu unterscheiden.

Durch vorliegende Arbeit wird nun aber nicht nur zur Evidenz erwiesen, dass es innerhalb des südsteyerischen Miocäns thatsächlich zwei Leythakalkhorizonte giebt, sondern es stellt sich auch weiter heraus, dass der ältere Leythakalk, resp. der mit ihm aufs engste verknüpfte Grünsand eine Fauna enthält, welche die grösste Ähnlichkeit mit der Fauna der Hornerschichten zeigt, während in dem jüngeren Leythakalke jede Spur der Horner-Arten fehlt und ausschliesslich solche Arten gefunden werden, welche allenthalben zu den häufigsten Vorkommnissen des oberen Leythakalkes (resp. des Tortonien) gehören.

Unter solchen Umständen ist es gewiss sehr sonderbar, wenn der Verf. auch in vorliegender Arbeit den von ihm selbst vorgebrachten Thatsachen zum Trotze mit grosser Animosität die Theilung des Miocän in eine ältere und jüngere Stufe bekämpft.

Bemerkenswerth ist noch das Auftreten von marinem Tegel von Schlierhabitus unterhalb der Grünsande und erinnert dies an jene Vorkommnisse in Italien, wo die Schlier-ähnlichen Ablagerungen auch im Liegenden der Äquivalente der Hornerschichten auftreten anstatt im Hangenden.

Schliesslich möchte ich noch auf den sonderbaren Umstand aufmerksam machen, dass in den brakischen Schichten des Oligocäns von Trifail und Sagor das *Cerithium margaritaceum* und *plicatum* vollständig zu fehlen scheint, obwohl beide Arten in Südsteyermark sonst gar nicht selten sind. Sie scheinen hier aber in der That einen etwas höheren Horizont zu bezeichnen.

Th. Fuchs.

Karpinski: Sédiments tertiaires du versant oriental de l'oural. (Bull. d. l. Société Ouralienne d'amateur d'histoire naturelle. Jekaterinoslaw 1883.)

Die Axe des südlichen Ural wird von vollkommen horizontal liegenden Ablagerungen der oberen Kreide gebildet, welche eine Höhe von 1000'—1500' erreichen, alle Unebenheiten des Untergrundes nivellirend ausfüllen und eine Art Hochsteppe bilden.

Nördlich und südlich von dieser Hochsteppe fehlen die Kreidebildungen, die Unterlage derselben liegt entblösst zu Tage und bildet ein niederes Bergland.

50—150 Kilometer von der Axe des Ural beginnen jüngere Ablagerungen, welche aus einem eigenthümlichen kieseligen Mergel und aus braunen Sandsteinen bestehen und sich nach Osten weit in das Innere Sibiriens fortsetzen.

Der kieselige Mergel hat bisher noch keine Fossilien geliefert, gehört aber wahrscheinlich dem Eocän an.

Der braune Sandstein enthält an zahlreichen Punkten Haifischzähne und Steinkerne von Conchylien, welche auf Unteroligocän hinzuweisen scheinen.

Cyprina cf. *planata*, *Fusus multisulcatus*, cf. *corneus*, *Modiola* sp. nov., *Psammobia* sp. nov., *Natica* sp. **Th. Fuchs.**

R. Klebs: Der Deckthon und die thonigen Bildungen des unteren Diluviums um Heilsberg. (Jahrbuch d. Kgl. P. Geol. L.-Anst. f. 1883. Berlin 1884. S. 598–618.)

Durch die im Maassstab 1 : 25000 ausgeführte geologische Aufnahme der ostpreussischen Section Heilsberg ist der Verf. in den Stand gesetzt worden, einige Mittheilungen über die geognostische Stellung und muthmassliche Bildung des dortigen Deckthons geben zu können. Die Section Heilsberg wird von dem von SW. nach NO. verlaufenden Allethal durchschnitten, auf dessen rechtem Ufer vorwiegend sandige Hügel auftreten, während auf dem linken die thonige Ebene vorwaltet. Nur im östlichen Theile des Blattes greift dieselbe auch auf das rechte Alleufer über. Die in dem Diluvialgebiete westlich des Allethals gelegenen Aufschlüsse und besonders die vom Verf. am linken Ufer der Elm, eines Nebenflüsschens der Alle, beobachteten Profile, welche durch fünf Zinkographien zur Anschauung gebracht werden, zeigen im Allgemeinen von oben nach unten die nachstehende Schichtenfolge:

Deckthon, meist von röthlicher Farbe und sehr fett ausgebildet, nach oben zu zuweilen sandiger werdend.

Oberer Diluvialmergel, zuweilen nur in Resten vorhanden, welche sich in einigen Aufschlüssen auf einige Gerölle beschränken.

Unterer Diluvialsand, mehrfach sich auskeilend, z. Th. mit Grandeinlagerungen.

Brockenmergel, nur in einzelnen Aufschlüssen beobachtet.

Fayencemergel, nur in einzelnen Aufschlüssen beobachtet.

Grauer Thonmergel, stellenweise von Sand und Grand unterlagert.

Unterer Diluvialmergel.

Dadurch dass der zunächst unter dem Deckthon gelegene Mergel in einigen Aufschlüssen die charakteristische Ausbildung des oberen Diluvialmergels zeigt, sowie durch den Umstand, dass der Deckthon stellenweise von oberem Geschiebesande überlagert wird oder allmählich in denselben übergeht, glaubt der Verf. berechtigt zu sein, den Deckthon zum oberen Diluvium zu stellen. Seiner Ansicht nach ist er ebenso wie der obere Geschiebesand als ein Produkt der Abschmelzperiode des Inlandeises aufzufassen. **F. Wahnschaffe.**

O. Grewingk: Über die vermeintliche, vor 700 Jahren die Landenge Sworbe durchsetzende schiffbare Wasserstrasse. (Sitzungsberichte der gelehrt. estnischen Ges. v. Mai 1884. 34 S.)

Veranlasst durch ältere Karten ist das frühere Vorhandensein einer die Halbinsel Sworbe auf Oesel durchsetzenden schiffbaren Wasserstrasse mehrfach behauptet worden. Der Verf. unterzieht die vorhandenen Karten und historischen Nachrichten einer eingehenden Kritik und kommt unter Berücksichtigung der topographischen und hydrographischen Verhältnisse, sowie des geologischen Aufbaus der Halbinsel Sworbe zu dem Schluss, dass dieselbe zwar in prähistorischen Zeiten eine Insel gewesen sein muss, welche nur mit ihrem centralen, jetzt 30—88 Fuss über dem Meeresspiegel gelegenen Theile das Wasser überragte, dass sie dagegen vor 700 Jahren jedenfalls nicht mehr durch eine schiffbare Wasserstrasse oder Meerenge von Oesel getrennt war. **F. Wahnschaffe.**

A. Penck: Mensch und Eiszeit. (Archiv für Anthropologie Bd. XV. Heft 3. 1884. 18 Seiten.)

Im vorliegenden Aufsatze sucht der Verf. die Ergebnisse der geologischen Forschungen über die Ablagerungen der Eiszeit in Beziehung zu setzen zu der Frage nach dem Vorhandensein des Menschen während derselben. Die Annahme von der Gleichzeitigkeit des paläolithischen Menschen und der grossen Eiszeit lässt sich nicht direct aus der Schichtenfolge derjenigen Bildungen ableiten, mit welchen die jene Reste des Menschen enthaltenden Ablagerungen in stratigraphischem Connexe stehen, denn da letztere stets über den alten Gletscherbildungen liegen und nirgends von jüngeren Moränen überlagert sind, so dürfte man unter alleiniger Berücksichtigung der Lagerungsverhältnisse nur auf das Vorhandensein des postglacialen Menschen schliessen. Die Existenz des präglacialen Menschen kann somit nicht aus unmittelbaren Beobachtungen abgeleitet werden, sondern beruht auf einer Combination verschiedener Folgerungen.

Nach einer Übersicht über die eiszeitliche Gletscherverbreitung in Europa, welche ein beigefügtes Kärtchen näher erläutert, wird auf die Thatsache hingewiesen, dass sich die Gebiete der alten Vergletscherung und die Fundstellen von Resten und Werken der älteren Steinzeit gegenseitig ausschliessen. Gerade in dem Umstande, dass der paläolithische Mensch sich nur ausserhalb der alten Vergletscherungen und an derem äusserstem Saume aufgehalten hat, sieht der Verf. einen wichtigen Grund für seine Gleichalterigkeit mit denselben.

In allen Glacialgebieten hat sich durch das Vorkommen von äusseren und inneren Moränen nachweisen lassen, dass die Eiszeit keinen einheitlichen Charakter besessen hat, sondern dass die Ausdehnung der Eismassen in der ersten Periode der Eiszeit eine bedeutendere gewesen, als bei dem letzten Vorrücken derselben. Das Vorkommen von Pflanzen- und Thierresten zwischen den Moränen beweist, dass das Eis während der Glacialzeit bedeutenden Oscillationen ausgesetzt gewesen ist, dass Perioden des

Gletscherwachsthums und des Gletscherrückganges, Glacialzeiten und Interglacialzeiten vorhanden gewesen sind. Nur im Gebiete der äusseren Moränen (Thiede, Weimar, Gera, Schussenried und Thayngen) haben sich bisher die Reste des paläolithischen Menschen gefunden, während dagegen die inneren Moränen bisher keine Spuren desselben geliefert haben. Aus dieser Thatsache wird der Schluss abgeleitet, dass der paläolithische Mensch die jüngste grosse Eisausdehnung nicht überdauert hat.

Der Verf. erörtert sodann die Beziehungen der glacialen, bei jedesmaligem Vorrücken des Eises durch die Gletscherströme aufgeschütteten Schotterterrassen, von denen er in den deutschen Alpen und den Pyrenäen mit Sicherheit 3 nachweisen zu können glaubt, zu den darin aufgefundenen Resten des paläolithischen Menschen. Es zeigt sich, dass die höchsten Terrassen, welche nach seiner Annahme als die ältesten angesprochen werden müssen, auch die reichsten Reste des paläolithischen Menschen führen. Der Versuch Penck's, aus dem von ihm angenommenen Alter des Lösses einen Massstab für das Alter der paläolithischen Menschenreste zu gewinnen, scheint nach Ansicht des Ref. weniger gelungen zu sein. So interessant auch die Ausführungen über die auf einem Kärtchen dargestellte Verbreitung des Lösses, sowie über die Entstehung desselben sein mögen, so scheinen doch die Schlussfolgerungen dem Ref. zu sehr verallgemeinert zu sein. Der Löss, welcher nach Ansicht des Verf. ein Produkt fluviatiler und subaërischer Wirkungen ist, soll, da er nirgends die inneren Moränen überlagert, in den Interglacialzeiten abgesetzt worden sein. So richtig auch diese bereits in einem Vortrage vom Verf. näher ausgeführte Ansicht (Zeitschr. d. d. geol. Ges. XXXV. pag. 394—396) für gewisse Lössvorkommen sein mag, so lässt sie sich doch nicht auf die Bildungszeit des Lösses im Allgemeinen anwenden, denn die am Rande der norddeutschen Glacialbildungen beispielsweise in der Magdeburger Gegend vorkommenden lössartigen Ablagerungen glaubt Ref. mit Sicherheit als die letzten Absätze der Glacialzeit ansprechen zu dürfen.

F. Wahnschaffe.

C. Paläontologie.

Zittel: Handbuch der Paläontologie. I. Bd. 2. Abth. 2. Lief. S. 329—522. 242 Holzschnitte. München 1884. 8°. (Jb. 1883. I. -471-)

Keine der bisher erschienenen Lieferungen des ZITTEL'schen Handbuches kommt dem praktischen Bedürfniss in so hohem Grade entgegen, als die uns vorliegende über die Cephalopoden. In der ersten Auflage des Handbuchs der Petrefaktenkunde (1852) führte QUENSTEDT 50 Ammonitennamen (allerdings darunter Gruppen) an und sagte: „Wer diese 50 nach Form und Lager gut zu trennen vermag, der wird sich in Bestimmung der Juraformation wenig irren." Für die Kreide wurden dann an derselben Stelle noch 10 Namen angeführt. In den Cephalopoden (1849) hatte QUENSTEDT 985 Nummern ihm überhaupt bekannter selbstständiger Arten von Ammoniten (mit Goniatiten) aufgezählt. Heute giebt ZITTEL die benannten Arten der Ammonoideen nach einer Zählung von VON SUTNER auf 4000, der Nautiloideen auf 2500 an. Würde nun auch QUENSTEDT von diesen Arten oder Formen ein gutes Theil streichen, so blieben doch noch genug übrig, um die gewaltige Zunahme zu zeigen. Aber nicht nur die Zahl der Arten überhaupt, auch die der sogenannten Leitformen hat sich theils durch schärfere Gliederung, theils durch Erforschung unbekannter Gebiete sehr erheblich vermehrt. Die Schwierigkeit, eine solche Mannigfaltigkeit zu übersehen, ist durch die in neuerer Zeit üblich gewordene Art der Benennung nicht vermindert worden. Kann auch nicht der geringste Zweifel darüber bestehen, dass neue generische Bezeichnungen bei den Ammoniten eingeführt werden mussten, und es höchstens fraglich erscheinen, wie weit man in dieser Richtung gehen solle, so wirkte der Umstand, dass die neuen Gattungsnamen bald hier bald dort, in den verschiedensten Werken und Zeitschriften, sogar in Fussnoten zuerst auftauchten, hindernd und geradezu verstimmend. Man musste dem Gedächtniss eine Anzahl neuer Namen einprägen, welche nicht im Sinne der alten Diagnose der Ausdruck einer Summe bestimmter Eigenschaften sind, sondern häufig nur Etappen in dem Entwicklungsgange bezeichnen, den der betreffende Autor für eine gewisse Kategorie von Ammoniten sich vorstellte. Wer hier mit Verständniss folgen wollte, der musste sich eben in den Gedankengang der jedesmaligen Arbeit vollständig einleben. Das konnte aber nur der Specialist. Allen anderen, also der Mehrzahl der Paläontologen und Geologen, hat nun ZITTEL durch seine

Zusammenfassung einen ganz ausserordentlichen Dienst erwiesen, indem er ihnen das Heer der Cephalopoden in geordneter und übersichtlicher Weise vorführt.

Nach einigen allgemeinen, die gesammten Cephalopoden betreffenden Bemerkungen unterscheidet der Verfasser in der üblichen Weise Tetrabranchiata und Dibranchiata. Zu ersteren werden auch die Ammoniten gestellt, da die für eine Zutheilung derselben zu den Dibranchiaten angeführten Merkmale nicht für ausreichend erachtet werden.

I. Ordnung: Tetrabranchiata.

Den Ausgangspunkt der Erörterung allgemeiner Verhältnisse dieser Ordnung bildet die Besprechung der Anatomie von *Nautilus*, an welche sich Bemerkungen über Aufbau und Structur der Schale, Scheidewände, Lobirung und Lebensweise schliessen.

Es werden folgende Unterordnungen unterschieden:

1. Nautiloidea.
   - A. Retrosiphonata Fischer (Metachoanites Hyatt).
   - B. Prosiphonata Fischer (Prochoanites Hyatt).
2. Ammonoidea.
   - A. Retrosiphonata (Metachoanites).
   - B. Prosiphonata (Prochoanites, Ammonitidae).

Es wäre uns naturgemässer erschienen, wenn der Verfasser, anstatt die Richtung der Siphonaldute, ein Merkmal, dessen Werth doch noch verschieden beurtheilt werden kann, wiederholt, also bei Nautiloidea und Ammonoidea zur Eintheilung zu benutzen, wenigstens Goniatiten und Ammoniten, deren Zusammenhang zweifellos ist, in eine Abtheilung gebracht und die Clymenien als einen besonderen Zweig hingestellt hätte, da über dessen Zusammenhang mit den anderen Abtheilungen die Ansichten wohl noch auseinandergehen, wenn auch Mojsisovics in dieser Hinsicht eine bestimmte Ansicht geäussert hat.

Nautiloidea.

A. Retrosiphonata.

1. Fam. Orthoceratidae.

a. Mündung einfach.

? *Piloceras* Salt., *Endoceras* Hall, *Orthoceras* Breyn (mit *Actinoceras*, *Ormoceras*, *Huronia* etc.), *Gonioceras* Hall, *Endoceras* Hall. *Trypteroceras* Hyatt, *Tripleuroceras* Hyatt, *Clinoceras* Mascke, *Tretoceras* Salt.; *Bactrites* Sdbrg.

b. Mündung verengt.

Gomphoceras Sow.

2. Fam. Ascoceratidae.

Mesoceras Barr., *Aphragmites* Barr., *Ascoceras* Barr., *Glossoceras* Barr., *Billingsites* Hyatt.

3. Fam. Cyrtoceratidae.

a. Mündung einfach.

Cyrtoceras Gldf.

b. Mündung spaltförmig oder zusammengesetzt.

Phragmoceras Broder.

4. Fam. Nautilidae.

Gyroceras (Mey.) de Kon., *Lituites* Breyn (mit *Lituites* s. s., *Ophidioceras*, *Discoceras*, *Strombolituites*), *Trocholites* Conr., *Hercoceras* Barr., *Nautilus* Breyn. mit den Untergattungen *Temnocheilus*, *Endolobus*, *Pleuronautilus*, *Discites*, *Trematodiscus*, *Vestinautilus*, *Asymptoceras*, *Pteronautilus*, *Barrandioceras*, *Nephriticeras*, *Nautilus* s. s. (in die Sectionen der Striati, Simplices, Undulati, Aganides zerfallend), *Grypoceras* Hyatt (*Clydonautilus* Mojs., *Pseudonautilus* Meek, *Hercoglossa* Conr.), *Aturia* Bronn.

5. Fam. Trochoceratidae.

Trochoceras Barr., *Adelphoceras* Barr.

B. Prosiphonata.

Bathmoceras Barr., *Nothoceras* Barr.

Ein besonderer Abschnitt ist den Kiefern der Nautiliden gewidmet.

Nach einer Zusammenfassung der zeitlichen Verbreitung der Nautiliden wird bemerkt, dass diese zu phylogenetischen Betrachtungen nur geringe Anhaltspunkte giebt. Dem neuesten Hyatt'schen System wird eine gewisse Berechtigung nicht abgesprochen, doch hinzugefügt, dass dasselbe „ohne eine zuverlässige phylogenetische Begründung schwer allgemeinen Eingang finden dürfte".

Ammonoidea.

Auch hier werden zunächst die Form des Gehäuses und besonders die Entwicklung nach den Untersuchungen von Hyatt und Branco besprochen. Länger verweilt der Verfasser bei den Aptychen und kommt zu dem Resultat, dass unter den verschiedenen Deutungen, die dieses eigenthümliche Organ gefunden hat, nur die von Rüppell (Deckel) und Keferstein (Schutz der Nidamentaldrüsen) eine eingehendere Erörterung beanspruchen könnten. Wenn auch Zittel manche Bedenken hervorhebt, so scheint er doch jetzt geneigt, die Aptychen für Deckel zu halten. Auffallend ist, wenn er dann sagt: „Waren die Aptychen und Anaptychen wirklich Ammoniten- und Goniatitendeckel, so darf wohl für diejenigen Formen, bei welchen bis jetzt keine derartigen Gebilde beobachtet wurden, das Vorhandensein von hornigen Deckeln angenommen werden." Warum müssen denn alle Ammoniten durchaus Aptychen gehabt haben? Das scheint hier so wenig nothwendig, wie bei den Gastropoden, wo wir deckeltragende und deckellose Formen haben. Warum soll auch allen Aptychen bei ihrer doch recht verschiedenen Beschaffenheit immer die gleiche Stellung oder Function angewiesen werden? Dass Ammoniten mit Externfortsätzen oder mit Ohren keinen Deckel gehabt haben können, ist zweifellos, wie Zittel selbst hervorhebt. Gerade solche Formen kommen aber sehr gewöhnlich mit Aptychen vor. Es ist auch nicht abzusehen, warum die Anaptychen nicht vielleicht Deckel und die Aptychen z. Th. innere, z. Th. den Deckeln der Gastropoden vergleichbare Organe gewesen sein sollen.

Es werden folgende Gruppen von Aptychen unterschieden: Cellulosi, Granulosi, Rugosi, Imbricati, Punctati, Nigrescentes, Coalescentes, Simplices.

A. Retrosiphonata.

1. Fam. Clymenidae.

Clymenia Mnstr. Zu der mitgetheilten Eintheilung der Clymenien von Gümbel ist zu bemerken, dass nach den Untersuchungen Beyrich's (Zeitschr. d. deutsch. geol. Ges. XXXVI. 1884. 219) die Section der Discoclymenien (*Discoclymenia* Hyatt) wegzufallen hat.

2. Fam. Goniatitidae.

Zittel theilt die Gruppirungen Beyrich's und der Brüder Sandberger, dann den neuesten systematischen Versuch Hyatt's mit (Jahrb. 1884. II. -417-), welcher nach Beyrich „eine eingehendere kritische Beurtheilung von deutscher Seite in gleichem Grade verdient wie erfordert". Wegen der specifischen Benennung der Goniatiten verweisen wir noch besonders auf die oben bei *Clymenia* angeführte Arbeit Beyrich's.

B. Prosiphonata.

Die Prosiphonata, also die Ammoniten ausschliesslich der Clymenien und Goniatiten werden nach Branco zunächst in Latisellati und Angustisellati, dann weiter nach Neumayr, Mojsisovics, Zittel und Fischer in Familien getheilt.

Gruppe *Latisellati* Branco.

1. Fam. Arcestidae Mojs.

Cyclolobus Waag., *Arcestes* (Suess) Mojs., *Sphingites* Mojs., *Joannites* Mojs., *Didymites* Mojs., *Lobites* Mojs.

2. Fam. Tropitidae Mojs. (Brachyphylli Beyr.).

Tropites Mojs. (dazu *Halorites* Mojs. und *Iuvavites* Mojs.), ? *Sagenites* Mojs., ? *Entomoceras* Hyatt, *Distichites* Mojs., *Celtites* Mojs., *Acrochordiceras* Hyatt.

3. Fam. Ceratitidae Mojs.

Ceratites Haan (mit *Dinarites* Mojs., *Klipsteinia* Mojs., *Arpadites* Mojs.), *Trachyceras* Laube (mit *Tirolites* Mojs., *Balatonites* Mojs., *Heraclites* Mojs.), *Clydonites* (Hau.) Mojs., *Helictites* Mojs., *Badiotites* Mojs., *Choristoceras* Hau., *Cochloceras* Hau., *Rhabdoceras* Hau.

Gruppe *Angustisellati*.

1. Fam. Cladiscitidae Zitt.

Cladiscites Mojs., *Procladiscites* Mojs.

2. Fam. Pinacoceratidae Fisch. (non Mojs.).

Beneckeia Mojs. (hierher auch *Longobardites* Mojs.), *Norites* Mojs., *Sageceras* Mojs., *Medlicottia* Waag., *Pinacoceras* Mojs.

3. Fam. Phylloceratidae.

Megaphyllites Mojs. (Megaphylli Beyr.), *Phylloceras* Suess, *Monophyllites* Mojs., *Rhacophyllites* Zitt. (Desidentes Beyr.). Diese neue Gattung enthält *A. neojurensis* Qu., *A. debilis* Hau.; *A. occultus* Mojs., *A. stella*

Sow., *A. planispira* Reyn., *A. Nardii* Menegh., *Ph. transsylvanicum* Herb., *A. Mimatensis* Orb., *A. eximius* Hau., *A. tortisulcatus* Orb. etc. Während Zittel *Phylloceras* auf die Arten mit zahlreichen Loben beschränkt, werden hier jene mit geringerer Lobenzahl untergebracht.

4. Fam. Lytoceratidae Neum.

? Lecanites Mojs., *Lytoceras* Suess. In die Diagnose dieser Gattung sind die vier letzten auf S. 440 stehenden Zeilen, wie man leicht bemerken wird, aus der Diagnose der Gattung *Schlotheimia* (S. 456) gerathen. Dieselben sind hier einfach zu streichen. Zittel unterscheidet mehrere Formenreihen, eine derselben fällt mit *Costidiscus* Uhlig zusammen.

Macroscaphites Meek, *Pictetia* Uhl., *Hamites* Park. (*Hamulina* Orb., *Hamites* Park. s. s.; *Ptychoceras* Orb., *Diptychoceras* Gabb.), *Anisoceras* Pict., *Turrilites* Lamck. (*Helicoceras* Orb., *Heteroceras* Orb., *Lindigia* Karst., *Turrilites* Lamck. s. s.), *Baculites* Lamck., *? Baculina* Orb.

5. Fam. Ptychitidae Mojs.

? Nannites Mojs., *Meekoceras* (Hyatt) Mojs., *Xenodiscus* Waag., *Hungarites* Mojs., *Carnites* Mojs., *Gymnites* Mojs., *Ptychites* Mojs., *Sturia* Mojs.

6. Fam. Amaltheidae.

Oxynoticeras Hyatt, *Buchiceras* Hyatt (*Buchiceras* s. s., *Sphenodiscus* Meek non Neum., *Neolobites* Fisch.), *Amaltheus* Montf. (mit *Cardioceras* Neum. u. Uhl.), *Placenticeras* Meek (*Sphenodiscus* Neum. non Meek), *Neumayria* Nik. non Bayle, *Schloenbachia* Neum. (mit *Prionotropis* und *Brancoceras* Steinm.).

7. Fam. Aegoceratidae (Neum.) Zitt.

Psiloceras Hyatt, *Arietites* Waag. (mit *Agassizeras* Hyatt, *Ophioceras* Hyatt p. p.), *Cymbites* Neum., *Schlotheimia* Bayle, *Aegoceras* Waag. (mit *Microceras* Hyatt, *Platypleuroceras* Hyatt, *Microderoceras* Hyatt, *Deroceras* Hyatt, *Liparoceras* Hyatt, *Cycloceras* Hyatt).

8. Fam. Harpoceratidae.

Harpoceras Waag. Es werden Formenreihen mit Arietengepräge und Formenreihen der typischen Falciferen unterschieden. Zu ersteren werden gestellt Gruppe des *A. Algovianus* Opp., des *A. bifrons* Brug. (*Hildoceras* Hyatt), des *A. hecticus* Rein., des *A. canaliculatus* B., des *A. trimarginatus* Opp., zu letzteren: Gruppe des *A. radians* Schl., des *A. complanatus* Brng., des *A. Aalensis* Ziet., *Hammatoceras* Hyatt (mit *A. Sowerbyi*), *Oppelia* Waag. (mit den Formenreihen des *A. subradiatus* Sow., des *A. tenuilobatus* Opp., des *A. genicularis* Waag. (*Oekotraustes* Waag.), des *A. lingulatus* Qu., des *A. flexuosus* B.

9. Fam. Haploceratidae Zittel.

Haploceras Zitt., *Desmoceras* Zitt. „Schale mehr oder weniger weit genabelt. Seiten mit einfachen geraden oder gegen vorn geschwungenen Rippen oder Linien verziert, welche über den gerundeten Ventraltheil fortsetzen. Ausser den Rippen mehrere nach vorn gebogene, meist ziemlich starke Einschnürungen oder Varices vorhanden. Suturlinien fein zerschlitzt; mehrere Hilfsloben entwickelt. Neocom bis Senon." Diese neue Gattung umfasst Formen, welche bisher unter *Haploceras* NEUMAYR aufgeführt wurden und zerfällt in die Formenreihen des *A. Beudanti* ORB., des *A. difficilis* ORB., des *A. Emmerici* RASP., des *A. planulatus* SOW., (*Puzosia* BAYLE), des *A. Gardeni* BAILY; *Silesites* UHLIG, *Pachydiscus* ZITT. „Aufgeblähte, zuweilen ungemein grosse (½—1 m) Gehäuse mit dickem, aussen gerundetem Externtheil. Oberfläche mit kräftigen, einfachen oder gespaltenen, zuweilen knotigen, über die Externseite fortsetzenden Rippen, welche sich an grossen Exemplaren mehr oder weniger verwischen. Einschnürungen wenig deutlich, nur auf den inneren Umgängen. Suturlinie etwas weniger fein zerschlitzt, als bei *Haploceras* und *Desmoceras*." Als typische Formen der neuen Gattung werden angeführt: *A. peramplus* MANT., *A. Prosperianus* ORB., *A. Neubergicus* HAU., *Arialoorenis* STOL., *A. Gollevillensis* ORB., *A. Wittekindi* SCHLUET., *A. Galicianus* FAVRE, *A. auritocostatus* SCHL.; *Mojsisovicsia* STEINM.

10. Fam. Stephanoceratidae (NEUM.) ZITTEL.

Coeloceras HYATT, *Stephanoceras* (WAAG.) ZITT. (mit *Sphaeroceras* BAYLE; *Morphoceras* DOUV.; *Macrocephalites* SUTTNER M. S. für *A. Morrisi* OPP., *A. macrocephalus* SCHL., *A. tumidus* REIN., *A. Herveyi* SOW., *A. Keppleri* OPP., *A. arenosus* WAAG., *A. elephantinus* WAAG.); *Oecoptychius* NEUM., *Olcostephanus* NEUM., *Reineckia* (BAYLE) ZITTEL, *Parkinsonia* BAYLE, *Cosmoceras* WAAG., *Perisphinctes* WAAG., *Sutneria* ZITT. „Kleine, involute Gehäuse mit dicken, aussen gerundeten Umgängen. Innere Windungen mit zahlreichen einfach beginnenden Rippen verziert, welche sich in der Nähe des Externtheils spalten und ununterbrochen über denselben hinwegsetzen. Auf der Wohnkammer verwischen sich die Rippen etwas oder es entstehen an den Gabelungsstellen Knoten, die den Externtheil jederseits begrenzen. Wohnkammer ¾ des letzten Umganges einnehmend, geknickt; Mundsaum kragenförmig eingeschnürt, mit Seitenohren und Ventrallappen. Suturlinie mässig zerschlitzt. Siphonallobus breit, tiefer als der erste Lateral. Zweiter Laterallobus sehr klein." Im oberen Jura, *A. platynotus* REIN., *A. Galar* OPP., *Holcodiscus* UHL., *Hoplites* NEUM. (Mit der Gruppe des *A. radiatus* BRUG., des *A. cryptoceras* ORB., des *A. interruptus* BRNG., des *A. Deshayesi* ORB., des *A. Dutempleanus* ORB., des *A. dispar* ORB.), *Pulchellia* UHL., *Acanthoceras* NEUM., *Simoceras* ZITT., *Peltoceras* WAAG., *Aspidoceras* ZITT., *Waagenia* NEUM.

Scaphites PARK., *Crioceras* LEV. ZITTEL unterscheidet zwischen solchen Formen, welche nur die letzten Windungen lösen, sich mit den inneren Umgängen aber noch berühren und solchen, welche eine ganz aufgelöste Spirale haben. Erstere sollen allerdings (im Sinne von NEUMAYR und UHLIG) mit Ammoniten in naher Beziehung stehen, mit denen sie auch im Lobenbau durchaus übereinstimmen. Letztere — als echte Crioceren zu bezeichnen — haben aber stets nur 4 Hauptloben und Sättel und reiche Sculptur und sollen daher eine selbstständigere Stellung gegenüber den ersteren, nur krankhaft entwickelten einnehmen.

Den dem systematischen Teil der Ammoniten angeschlossenen Abschnitt über „zeitliche Vertheilung und Stammesgeschichte der Ammoniten" hätten wir uns etwas vollständiger gewünscht. Sätze wie „im mitteleuropäischen Muschelkalk konnten bis jetzt zwar nur die Gattungen *Ceratites* und *Ptychites* nachgewiesen werden" dürften wohl nicht ganz unanfechtbar sein.

II. Ordnung: Dibranchiata.

1. Unterordnung: Decapoda.

1. Fam. Phragmophora Fisch.

a. Unterfam. Belemnitidae.

Aulacoceras Hau., *Atractites* Gmbl., *Xiphoteuthis* Huxl., *Belemnites* List. Zerfällt in die Sectionen Acuarii Orb., Canaliculati Orb., Clavati Orb., Bipartiti Zitt., Hastati Zitt., Conophori Mayer, Dilatati Zitt. Als Subgenera werden *Actinocamax* Mill. und *Belemnitella* Orb. angeführt. *?Heliceras* Dana, *Diploconus* Zitt., *Bayanoteuthis* M. Chalm., *Vasseuria* M. Chalm., *Belemnosis* Edw., *Beloptera* (Desh.) Blainv. (mit der Unterg. *Belopterina* M. Chalm.).

b. Unterfam. Belemnoteuthidae.

Phragmoteuthis Mojs. (*Acanthoteuthis* Suess, von Raibl), *Ostracoteuthis* Zitt. Neue Gattung für die wiederholt für Belemnitenschulpe gehaltenen Reste aus dem lithographischen Schiefer. „Schale aus einem konischen gekammerten Phragmokon und einem langen, äusserst zarten, vorn gerundeten Proostracum bestehend. Der Phragmokon hat eine Länge von 60—140 mm, das Proostracum von 90—150 mm. In der Regel ist ersterer platt gedrückt, die Schale aufgelöst und nur der Umriss erhalten. Immerhin zeigen einzelne Exemplare deutlich die ursprüngliche Kammerung, ja sogar der Abdruck des randständigen Sipho mit den nach hinten gerichteten Siphonalduten wurde überliefert. Der Phragmokon war ursprünglich von einer dünnen, äusserlich etwas gekörnelten Schale überzogen, wovon hin und wieder noch Reste sichtbar sind; von der Spitze verläuft auf der Dorsalseite eine in der Mitte des Phragmokons verschwindende Dorsalfurche. Am Proostracum unterscheidet man zwei schmale der Länge nach gestreifte, gegen vorn sich verschmälernde und spitz zulaufende Seitentheile und ein breites Hauptfeld, welches mit zarten parabolischen Linien verziert und ausserdem mit einigen entfernten geraden Längslinien versehen ist, von denen sich mehrere zu einem schmalen Medianfeld vereinigen. Der Vorderrand ist parabolisch gerundet." Auf einer bereits von Münster erwähnten Platte (dies. Jahrb. 1836. -538-) sieht man neben dem Proostracum auch Überreste der kalkigen Absonderung des Mantels, sowie einen undeutlichen vom Kopf herrührenden Eindruck, neben welchem mehrere Häkchen liegen. *Belemnoteuthis* Pearce.

c. Unterfam. Spirulidae.

Spirula Lamk.

2. Fam. Sepiophora Fisch.

Belosepia Voltz, *Sepia* Lamk.

3. Fam. Chondrophora Fisch.

Trachyteuthis Meyer, *Glyphiteuthis* Reuss, *Leptoteuthis* Meyer, *Teuthopsis* Desl., *Phylloteuthis* Meek u. Hayd., *Beloteuthis* Mnstr., *Kelaeno* Mnstr., ? *Ptiloteuthis* Gabb., *Plesioteuthis* A. Wagn.

2. Unterordnung: Octopoda.

Argonauta L., *Acanthoteuthis* R. Wagn. „Abdruck des Körpers sackförmig, hinten gerundet. Kopf mit 8 Armen, welche mit je 2 Reihen sichelförmig gekrümmter, zugespitzter horniger Häkchen von schwarzer Farbe besetzt sind.“ Lithogr. Schiefer von Bayern 2 Arten.

Der sichere Nachweis dieses Restes eines Octopoden ist von grossem Interesse. Man glaubte bisher auch diesen Schulp zu den Decapoden stellen zu sollen.

Anhangsweise findet bei den Dibranchiaten *Onychites* Qu. eine Stelle.

Benecke.

Oscar Schmidt: Die Säugethiere in ihrem Verhältniss zur Vorwelt. (Internationale wissenschaftl. Bibliothek, Bd. 65. Leipzig. Brockhaus. 1884. 8°. 280 Seiten, mit 51 Abbildungen.)

Die Ergebnisse zahlreicher Untersuchungen umfassend und dieses mächtige Gebiet unter einem einheitlichen Gesichtspunkte betrachtend, führt uns der Verf. die Beziehungen der lebenden Säugethierwelt zu der ausgestorbenen vor Augen. Dieser Gesichtspunkt, welcher sich als rother Faden durch das ganze Werk hindurchzieht, ist die Descendenzlehre, „diese einzig mögliche wissenschaftliche Auffassung der Lebewelt“. Wird an und für sich schon durch solchen Standpunkt der zwar nothwendigen, aber nicht anregenden Formbeschreibung erst belebender Geist eingehaucht, so versteht es der Verf. aber auch, dies auf geistvolle Weise durchzuführen und Anregung nach allen Richtungen hin zu erwecken. Unterstützt wird das Verständniss des Gegebenen durch die guten Abbildungen.

Bevor der Verf. in die specielle Vergleichung der lebenden Säugethiere und ihrer Vorfahren eintritt, schickt derselbe als Einleitung eine Reihe allgemeiner Betrachtungen voraus. Zunächst wird die Stellung, welche die Säuger im Thierreich einnehmen, behandelt und gezeigt, dass Zweckmässigkeit im Organismus nichts Vorausbestimmtes, sondern erst durch Anpassungsfähigkeit Entstandenes sei. Ein zweiter Abschnitt ist der Convergenz gewidmet, d. h. der Erscheinung, dass nicht mit einander verwandte Thiere dennoch gewisse Ähnlichkeiten zeigen. Es folgen dann eine Darlegung der unterscheidenden Merkmale der Säugethiere und ein historischer Abriss, welcher die Erweiterung des paläontologischen Wissens seit Cuvier behandelt. Den Beschluss macht eine Übersicht über die Eintheilung der Tertiär-Formation nach Gaudry und Marsh.

In dem speciellen Theile sind die einzelnen Klassen der Säugethiere der Reihe nach besprochen. Der Fülle des Stoffes steht hier natürlich der Berichterstatter hilflos gegenüber, und nur Einzelnes, Herausgegriffenes kann erwähnt werden. Zunächst sei der Stellung gedacht, welche Verf.

gegenüber dem vielumstrittenen *Thylacoleo carnifex* einnimmt, dessen in den folgenden Berichten mehrfach gedacht werden wird. Verf. hält diesen Beutler für einen Fleischfresser, möchte denselben jedoch nicht, wie Cope will, mit *Plagiaulax* in Verbindung bringen. In Betreff der Beziehungen zwischen australischen und amerikanischen Beutlern neigt sich Verf. der Ansicht zu, welche Amerika als die Urheimath dieser Classe betrachtet. Bezüglich der systematischen Stellung der Camelina verwirft Verf. die Gruppirung derselben zwischen Pferden und Zweihufern, giebt vielmehr der Auffassung den Vorzug, welche in denselben einen alten Zweig der Selenodonten sieht. Wenn schliesslich der Verf. bei Besprechung der Affen die Wahrscheinlichkeit hervorhebt, dass die amerikanischen Formen von insectenfresserartigen, die europäisch-asiatischen aber mit den Anthropoïden von pachydermenartigen Vorfahren abstammten, so ist er damit der Frage nach der etwaigen Pachydermatie unserer eigenen Urväter nahegetreten. Die Beantwortung dieser Frage nach Vergangenem von sich weisend, weil des nöthigen thatsächlichen Materiales noch entbehrend, giebt Verf. dagegen der nach Zukünftigem Raum, indem er, wie Cope, eine dereinstige Reduction unserer Zahnformel voraussieht. **Branco.**

C. Struckmann: Über die bisher in der Provinz Hannover aufgefundenen fossilen und subfossilen Reste quartärer Säugethiere. (33. u. 34. Jahresbericht d. naturhistor. Ges. in Hannover. 1884. 8°. 36 S.)

Der um die geognostische Erforschung seines Heimathlandes Hannover so hochverdiente Verf. giebt in dem vorliegenden Schriftchen eine dankenswerthe Zusammenstellung der quartären Reste von Säugethieren in seiner Heimath. Eine namentliche Aufzählung derselben ist hier unthunlich; dagegen möchte Ref. auf einiges besonders Merkenswerthe hinweisen.

Der Löwe ist mit Sicherheit bisher nur am Südrande des Harzes nachgewiesen; und zwar hat derselbe, wie Verf. darthut, noch als Zeitgenosse des Menschen in jener Gegend gelebt.

So ausserordentlich häufig der Höhlenbär ist, so selten findet man Reste des *Ursus arctos*, des braunen Bären, obgleich dieser noch in historischer Zeit im nördlichen Deutschland lebte.

Neuere Erfunde von *Cervus tarandus* bestätigen durch die Art ihres Vorkommens die schon früher vom Verf. ausgesprochene Ansicht, dass das Renthier noch in einer verhältnissmässig nicht sehr weit zurückliegenden Zeit in jenen Gegenden in grösserer Anzahl gelebt hat. Der gewaltige *Cervus euryceros* dagegen ist bisher nur in älteren Diluvialbildungen, und auch hier nur als seltener Gast, gefunden worden. Von einer dem *Cervus canadensis* nahestehenden Art kennt man nur ganz vereinzelte Vorkommnisse.

Bison priscus, der Wisent, erweist sich als ein seltenerer Gast jener Gegenden als *Bos primigenius*, der Ur.

Bezüglich des Mammuth ergiebt sich, dass das Berg- und Hügelland im südlichen Theile der Provinz erheblich stärker von demselben bewohnt war, als das nördliche Flachland.

Cetaceen-Reste fanden sich in Ostfriesland und im Lüneburgischen.

Branco.

Lemoine: Mammifères de la faune cernaysienne. (Bull. soc. géol. France. Sér. III. Bd. 12. 1883. pg. 32—38.)

Es handelt sich um eine neue, *Plesiadapis* genannte Gattung, aus dieser alten Säugethierfauna.

Genusmerkmale sind: die sehr lange Gestalt des Unterkiefers, das fast gänzliche Fehlen des processus coronoideus, die zusammengedrückte Gestalt und geneigte Stellung der vier Incisiven, die starke Entwickelung des vierten Prämolars und das Fehlen eines Talon am dritten Molar. Von der sehr kleinen Gattung werden vier Arten unterschieden. Auch von *Neoplagiaulax* ist eine neue Species gefunden; doch sind die Namen der Arten nicht genannt. **Branco.**

Albert Gaudry: *Tylodon Hombresii.* (Bull. soc. géol. France. 3 Sér. Band 12. 1884. pg. 137.)

Die Gattung *Tylodon* wurde gegründet auf einen aus zwei Stücken zusammengesetzten Unterkiefer. Verf. weist nun nach, dass das hintere Ende dieses Letzteren zu *Adapis*, das vordere aber zu *Hyaenodon* gehört.

Branco.

W. B. Scott: A new Marsupial from the miocene of Colorado. (American journ. of sc. 1884. Vol. 27. pg. 442—443.)

Zum ersten Male ist im Miocän Nordamerikas ein dem Opossum sehr nahe stehendes Marsupiale gefunden worden, welches Verf. *Didelphys pygmaea* benennt. Die Art ist klein und gehört zu den Pflanzenfressern, die gegenwärtig für Süd-Amerika charakteristisch sind: Ein neuer Beweis dafür, dass die Fauna der südlichen Hälfte dieses Continentes von der nördlichen ihren Ausgang nahm. **Branco.**

Weinsheimer: Über *Dinotherium giganteum* Kaup. (Paläont. Abhandl. v. Dames u. Kayser. Bd. I. 1883. pg. 207—281. Taf. 25—27.)

Es ist ein verhältnissmässig reiches Material, auf welches der Verf. seine sorgsamen Untersuchungen über eine der interessantesten und riesigsten Säugethiergestalten neuerer geologischer Zeiten, über *Dinotherium*, gegründet hat. Mit einem historischen Überblick über die Entwickelung unserer Kenntniss der Gattung beginnend, geht die Arbeit zunächst zu der Beschreibung und vergleichenden Betrachtung der ihr zu Grunde liegenden Reste über. Die Methode der Untersuchung ist eine sehr sorgfältige, durch zahlreiche Messungen unterstützte. Das Resultat ist ein für die früher häufig angewendete Methode nicht sehr schmeichelhaftes. Nicht weniger als 15 verschiedene Arten von *Dinotherium* waren von den verschiedenen Autoren geschaffen worden, die meisten auf eine nur geringe Anzahl von Resten gegründet. Und Verf. weist nach, dass fast Alle nur zu einer einzigen Art gehören! Die Zahlen beweisen in der Osteologie; und durch Zahlen thut er dar, dass die Zähne von *Dinotherium* ausserordentlich in Grösse variiren. Zwischen dem grössten und dem kleinsten Zahne einer und derselben Kategorie von Zähnen kommen alle möglichen Zwischenglieder vor, von denen immer die beiden, in der Maasstabelle einander zunächst stehenden Exemplare in fast nur unmerklicher Weise von einander abweichen. Es kann also die Grösse der Zähne für sich allein nicht als Speciescharakter bezeichnet werden.

Zu ähnlichem Schlusse gelangt Verf. aber auch hinsichtlich der verschiedenen Gestalt der Zähne, und der abweichenden Gestalt und Grösse der Kiefer. Es bestehen eben bei den Säugethieren — und jedenfalls nicht allein bei diesen — individuelle, sexuelle und Altersverschiedenheiten, durch welche Abweichungen in Grösse und Gestalt der Zähne und Kiefer ihre Erklärung finden. Diese Abweichungen sind aber bei *Dinotherium* irrthümlicher Weise als eben so viele Merkmale verschiedener Arten aufgefasst worden. Möchte die Paläontologie solche Ergebnisse berücksichtigen! Denn selbst wenn ein Gegner der hier angewandten Methode nicht mit einer so weit gehenden Zusammenziehung von Arten einverstanden sein sollte, selbst wenn man dem Verf. entgegenhalten wollte, dass auch verschiedene Arten dasselbe Gebiss besitzen können (hierauf bezügliche Beispiele sind vom Ref. zusammengestellt in Paläont. Abhandl. v. Dames u. Kayser, Bd. I. pg. 102 u. 103), so bleibt doch immer noch ein volles Maass übrig, welches zu Gunsten des Verf.'s spricht. Schroffe Anhänger der Lehre, dass ein und dieselbe Art nicht im unveränderten Zustande aus einer geologischen Stufe in die darauf folgende übergehen könne, werden vielleicht auch dem Resultate ihre Zustimmung versagen, dass selbst die aus ungleichaltrigen Schichten stammenden *Dinotherium*-Reste nur zu einer Art gehört haben. Zwar ist von manchen der vom Verf. erwähnten Fundorte das geologische Alter strittiger Natur; namentlich handelt es sich bei den mit Eppelsheim gleichaltrigen darum, ob man dieselben dem Miocän, wie der Verf., oder dem Pliocän, wie viele, welche der von Wien her gegebenen Anregung folgen, es wollen, zurechnen soll. Aber auch bei Absehen von diesen strittigen Altersverhältnissen bleibt eine Anzahl von Localitäten übrig, welche zweifellos darthun, dass *Dinotherium* während zweier verschiedener geologischen Zeitalter gelebt hat. So z. B. in Österreich, wo es unter dem Namen *D. Cuvieri* der ersten miocänen und unter dem von *D. giganteum* der zweiten (pliocänen) Säugethierfauna angehört.

Der kritischen Besprechung der verschiedenen von *Dinotherium* aufgestellten Arten folgt schliesslich noch eine Abhandlung über die geographische Verbreitung der Dinotherien. Deutschland, Frankreich, Schweiz, Österreich-Ungarn, Podolien, Griechenland, West- und Ost-Indien haben bis jetzt Reste „dieses tertiären Riesen“ geliefert. **Branco.**

V. Bieber: Ein *Dinotherium*-Skelet aus dem Eger-Franzensbader Tertiärbecken. (Verhandl. k. k. geol. Reichs-Anstalt. 1884. S. 299—305.)

Der Verf. giebt uns hier eine vorläufige Mittheilung über einen Fund von hervorragendem Interesse. Zum ersten Male sind nämlich Reste von *Dinotherium* in dem oben genannten nordwestböhmischen Becken gefunden worden. Aber nun nicht in geringer Zahl, wie das meist der Fall zu sein pflegt, sondern der grösste Theil des ganzen Skeletes liegt vor.

Branco.

Munier Chalmas: *Elephas primigenius.* (Bull. soc. géol. France. 3 Sér. Bd. 12. 1884. pg. 158.)

Zwei Molaren von *Elephas primigenius*, den sibirischen Typus zeigend, wurden bei Termes (Ardennes) gefunden. **Branco.**

A. Portis: Il cervo della torbiera di Trana. (Atti R. Acad. delle scienze di Torino. Vol. 18. 10 Giugno 1883. 12 Seiten.)

In einem Torfstich wurde ein Unterkiefer gefunden, welcher zu *Cervus elaphus* gehört; derselbe besitzt eine ausnahmsweise Grösse.

Branco.

W. Dames: Über *Archaeopteryx.* (Paläontol. Abhandl. herausg. von W. Dames u. E. Kayser. Bd. 2. Heft 3. 1884. pag. 1—80. t. I.)

Seit dem ersten Bekanntwerden des Thiers „halb Vogel, halb Eidechse" im Jahr 1861 hat der letzte Fund in den Pappenheimer Steinbrüchen, 1877, das allgemeinste Interesse wach gerufen, in der wissenschaftlichen Welt wegen der Stellung des Thiers im System, in der Laienwelt wegen des fabelhaft hohen Preises, der für das fast unscheinbare Stück bezahlt worden ist. So ist das Stück schon vor seiner gründlichen Beschreibung durch Dames hoch berühmt geworden und hat durch das, was sich an ihm beobachten lässt, die verschiedensten Ansichten wach gerufen. Sobald man eine Beobachtung verallgemeinert und aus einem Fall allgemeine Gesichtspunkte ableiten will, regen sich auch entgegengesetzte Anschauungen, die rasch aufgestellt ebenso rasch wieder sich modificiren. Den Anfang hat C. Vogt gemacht (1879). Der Skelettbau der *Archaeopteryx* (war das Resultat seiner Beobachtung) sei mehr Reptil als Vogel, aber schon 1881 widerlegte Seeley die Vogt'sche Behauptung der Reptilähnlichkeit und wies dem Geschöpf eine besondere Stelle an als Typus einer besonderen Familie saururer Vögel. Im selben Jahr bezeichnete Marsh die *Archaeopteryx* als den reptilähnlichsten Vogel. Die allerersten primitiven Vogelformen werde man wohl schon in der paläozoischen Zeit zu suchen haben. 1882 machte nun Dames mit dem Vorschreiten des Geschäfts der manuellen Ausarbeitung der Steinplatte mit dem Fossil seine Publikationen, zunächst gegen Vogt sich wendend, der deckendes Gestein, das indessen entfernt wurde, für

Knochenmasse gehalten hatte. Zwei Jahre später endlich ist die vorliegende Arbeit erschienen als erstmalige, rein objektive Beschreibung des Thiers, das im System nicht etwa als Mittelglied zwischen Reptil und Vogel, sondern als ächter Vogel dasteht, der in der Entwicklung des Vogelgeschlechts sogar schon so weit vorgeschritten ist, dass er einer bestimmten Abtheilung der Vögel, den Carinaten zugesellt werden kann.

Dieses Endresultat ist an den verschiedenen Skeletttheilen nachgewiesen, wofür man dem Verf. sich zu besonderem Dank verpflichtet fühlt. Am Kopf beobachtet man, wie das dem ausgewachsenen lebenden Vogel eigenthümlich ist, ein verwachsenes Stirnbein und Scheitelbein, welche das Gehirn umschliessen. Die Hirnkapsel ist mit Kalkspath ausgefüllt. Das Gehirn lag zum grösseren Theil hinter der Augenöffnung, was zum lebenden Vogel stimmt. Erst nach dem Blosslegen eines Nasenlochs von lang elliptischer Gestalt mit zugespitzten Enden war es möglich, die einzelnen Knochen des Schädels in Einklang mit denen der übrigen Vögel zu bringen. Ein Meisterstück der Präparation bleibt die Blosslegung des mit Zähnen besetzten Schnabels; die Zahnreihe ist nämlich jetzt bis zur Schnabelspitze freigelegt und gewährt einen ganz prachtvollen Anblick. 12 Zähnchen von fast gleicher Grösse von ca. 1 mm Länge, cylindrisch und nur dicht unterhalb der Spitze sich plötzlich zuspitzend und die Schärfe der Spitze nach hinten wendend. Nicht wie bei *Hesperornis* stehen die Zähne in einer Rinne, sondern in besonderen Alveolen. Wie nun der ganze Kopf ächt vogelartig ist, so auch die Wirbelsäule, von der bis auf den Atlas sämmtliche Hals- und Rückenwirbel vorhanden sind. Dabei sind als Halswirbel diejenigen aufgefasst, die nur kurze oder keine Rippen tragen. Der Hals entspricht, wie das schon Vogt angegeben hat, etwa einem Taubenhals. Den Hals lässt Verf. da aufhören, wo die Krümmung der Wirbelsäule ihr Ende hat und keine Rippen mehr sichtbar sind. Wenn dem so ist, so besitzt *Archaeopteryx* 12 Rumpfwirbel, welche mit Ausnahme des letzten Rippen tragen. Eine der merkwürdigsten Erscheinungen an *Archaeopteryx* sind die feinen, zarten, am Ende zugespitzten Rippen, deren Form Vogt schon mit einer Chirurgennadel verglichen hat.

Besonderes weiteres Verdienst hat sich Dames durch Blosslegung des Schultergerüsts erworben. Vogt hatte eine geglättete bräunliche Gesteinsmasse für Coracoid und Sternum angesehen und daraus voreilig Schlüsse auf die Reptiliennatur gezogen, die jetzt alle beseitigt sind. Vielmehr weist die ganze Vorderextremität, Ober- und Unterarm bis hinaus auf die 3 freien Metacarpalien und die 3 freien Finger lediglich nur auf Vogel hin. Ebenso vogelartig ist auch der aus 4 Zehen zusammengesetzte Fuss der *Archaeopteryx*, deren Phalangenzahl von der ersten zur vierten Zehe je um 1 Phalanx zunimmt. Alle 4 Zehen haben Krallen als Endphalangen, deren erste nach hinten gewendet ist, während die 3 andern nach vorne greifen. Wichtiger als die Skeletttheile bleibt für die Stellung des Thiers im System das vortrefflich erhaltene Federkleid, das an der Vorderextremität, an der Basis des Halses, an der Tibia und an dem Schwanze deutlich zu erkennen ist. An den Flügeln zählt man jederseits 17 Schwungfedern, von denen 6—7 an der Hand, die andern an der Ulna befestigt waren. Die Feder ist nach dem Typus der lebenden Carinaten gebaut. Höchst wahrscheinlich ist, womit auch mit Ausnahme von VOGT alle Autoren über *Archaeopteryx* einverstanden sind, dass die ganze Haut mit einem Federkleid bedeckt war.

Archaeopteryx ist keineswegs ein Thier, das zwischen der Klasse der Vögel und Reptile eine Zwischenstellung einnimmt, sondern ein ganz entschiedener Vogel, einer Vogelklasse zugehörig, bei welcher derselbe die Vorderextremität noch nicht ausschliesslich zum Flug verwerthete. Für die Trennung der beiden Klassen ist dem Verf. das Auftreten der Feder das Hauptmoment. Entspricht auch die erste Anlage der Feder noch ganz entschieden der Eidechsenschuppe, so entwickelt sie sich doch bald zu einem Organ, das gegen die Kälte schützt und damit ist die Scheidung der kaltblütigen Reptile von den warmblütigen Vögeln vollzogen, ob auch an dem gemeinsamen Ursprung beider Klassen nicht zu zweifeln ist. **Fraas.**

O. C. Marsh: Principal Characters of Americain Cretaceous Pterodactyls. Part. I. The Skull of Pteranodon. (Am. journ. of science. Vol. XXVII. 1884. pag. 423—426 t. XV.)

Pteranodon hat einen grossen und langen Schädel. Auffallend ist die enorme Sagittalcrista, die sich nach oben und hinten erhebt. Ober- und Unterkiefer sind sehr lang, seitlich comprimirt und laufen vorn in eine feine Spitze aus, wie ein Vogelschnabel. Nie sind Zähne beobachtet. Alle Kopfknochen sind sehr dünn und fast nahtlos mit einander verbunden, so dass sich die verschiedenen Elemente schwer unterscheiden lassen. Das kleine Augenloch ist eiförmig, unten zugespitzt; dicht davor liegt eine langgezogene, dreieckige Anteorbital-Öffnung, welche zugleich auch wohl die für die Nase ist. Hierdurch, durch den Mangel an Zähnen, durch die grosse Occipitalcrista und durch die wahrscheinlich vogelschnabelähnlich mit Horn bedeckten Kiefer unterscheidet sich *Pteranodon* von den Pterodactylen. **Dames.**

A. Grabbe: Beitrag zur Kenntniss der Schildkröten des deutschen Wealden. (Zeitschr. der deutsch. geolog. Ges. Bd. 36. 1884. pag. 17—28. t. 1 und Holzschnitt.)

In dem Hastingssand des Bückeberges wurde ein ungewöhnlich vollständig erhaltenes Exemplar einer Schildkröte gefunden, welche Verf. als neue Art (*Pleurosternon Koeneni*) beschreibt. Die Stellung bei *Pleurosternon* ist, da das Plastron nicht sichtbar ist, allerdings unsicher, aber zu ihren Gunsten spricht die Reduction von drei auf zwei Supracaudalplatten, welche die vielleicht noch in Betracht zu ziehende Gattung *Plesiochelys* nur ausnahmsweise zeigt. Auch ist Verfasser geneigt, das von LUDWIG beschriebene Exemplar von *Plesiochelys Menkei* zu *Pleurosternon* zu stellen. **Dames.**

O. C. Marsh: A new order of extinct Jurassic Reptiles. (Am. journ. of science Vol. XXVII. 1884. pag. 341 u. 1 Holzschnitt.)

Eigenthümliche Unterkiefer, welche vorn schildkrötenähnlich, zahnlos, hinten mit in Alveolen stehenden Zähnen versehen sind, werden als neue Reptilien-Ordnung (*Macelognatha*) eingeführt. Die Familie wird Macelognathidae, Gattung und Art *Macelognathus vagans* genannt. Für Vögel und Pterodactylen sind die Unterkiefer zu dick und massiv; mit Schlangen und Eidechsen existirt kaum Ähnlichkeit, die feste Nahtverbindung der Äste trennt sie von den Dinosauriern und der zahnlose Schnabel von den Crocodilen. Am meisten nähern sie sich noch den Schildkröten. Jedoch kommen zahnlose Thiere dieser Classe in denselben Schichten, nämlich im Oberen Jura von Wyoming vor. **Dames.**

R. Owen: On a Labyrinthodont Amphibian (*Rhytidosteus capensis*) from the Trias of the Orange Free State, Cape of Good Hope. (Quart. journ. geol. soc. Bd. XL. 1884. p. 333—338. t. 16. 17.)

Aus den Schichten mit *Tritylodon* erhielt Verf. den hier dargestellten Schädelrest zugeschickt, die vordere Hälfte mit anhaftendem Unterkiefer. Letzterer ist bis zur Gelenkung erhalten. Der Schädel ist sehr deprimirt, besteht aus den bei Labyrinthodonten gewöhnlichen, sehr stark sculpturirten Elementen und ist ausgezeichnet durch ganz seitlich, nahe dem Rande liegende Nasenlöcher, die vorn vom Zwischenkiefer noch erreicht werden. Die Zahnstructur ist die eines echten Labyrinthodonten. **Dames.**

G. Vorty Smith: On further Discoveries of the footprints of vertebrate animals in the Lower New red Sandstone of Penrith. (Quart. journ. geol. soc. Bd. XL. 1884. pag. 479—481 mit 1 Holzschn.)

Der Penrith-Sandstone, welcher die besprochenen Fussspuren enthält, liegt dicht unter Magnesian limestone [also Rothliegendes? Ref.]. Die Fussspuren deuten auf verschiedene 4füssige Thiere hin, von welchen einige wesentlich auf den Hinterbeinen sich bewegt haben mögen, da die Vorderbeine undeutliche Spuren hinterlassen haben [cfr. *Chirotherium* Ref.], andere aber sicher auch die Vorderbeine zur Fortbewegung wesentlich mitgebraucht haben. Die Spuren sind so verschieden unter einander, dass sicher mehrere verschiedene Gattungen vertreten sind. **Dames.**

A. T. Metcalfe: On further Discoveries of vertebrate Remains in the Triassic Strata of the South Coast of Devonshire, between Budleigh Salterton and Sidmouth. (Quart. journ. geol. soc. Bd. XL. 1884. pag. 257—262.)

Die Trias der genannten Localität besteht zuunterst aus Mergeln, darüber folgen Conglomerate und dann Sandsteine, welchen nochmals eine Conglomeratbank nahe der unteren Grenze eingelagert ist. Zuoberst liegen nochmals Mergel. In Blöcken am Fusse eines High Peake Hill genannten Hügels und aus den Sandsteinen nahe dabei bei Budleigh etc. fand Verf. zahlreiche, meist ungenügend erhaltene Fragmente von Wirbelthieren. Die Reste sind Stacheln, Kieferbruchstücke etc., welche zu Labyrinthodonten zu gehören scheinen. Pflanzenreste, welche Hutchinson an der Basis der oberen Mergel gesammelt hatte, stellt Verf. zu den Equisetiden, ohne genauere Bestimmungen geben zu können. **Dames.**

C. Hasse: Das natürliche System der Elasmobranchier auf Grundlage des Baues und der Entwicklung ihrer Wirbelsäule. Jena. G. Fischer. 1879—1882.

Hasse's umfangreiches Werk enthält auch für den Paläontologen eine solche reiche Fülle von neuen und gediegenen Beobachtungen, dass es unbedenklich als das bedeutendste neuere Werk über fossile Elasmobranchier bezeichnet werden kann. Haben doch Hasse's schöne Untersuchungen es ermöglicht, das spröde Material fossiler Haifischwirbel zu bewältigen und eine genaue Bestimmung dieser bisher ziemlich unbeachteten Reste zuzulassen. Allerdings beschränkt sich der Verfasser nicht einzig und allein auf diese Untersuchungen, sondern er knüpft hieran eine Reihe entwickelungsgeschichtlicher Betrachtungen, die in dem von ihm aufgestellten natürlichen System der Elasmobranchier gipfeln. Erfreulicher Weise harmonirt, abgesehen von einzelnen Abweichungen, Hasse's System nahezu vollständig mit dem von Müller und Henle aufgestellten, jedenfalls ein neuer Beweis für die Scharfsinnigkeit dieser Autoren. Wenn nun Referent in Bezug auf die in kühnem Schwunge aufgebauten entwickelungsgeschichtlichen Theorieen, namentlich in Cap. IV. des ersten Theiles: „Allgemeine paläontologische Folgerungen" oder die beiden Stammtafeln nicht ganz auf dem gleichen Boden steht, wie der Verfasser, sondern diese doch für nicht so ganz sicher erwiesen halten möchte, so giebt er darin weniger dem Zweifel an des Verfassers Untersuchungen, als dem Zweifel an der Vollständigkeit des fossilen Materials Ausdruck. Es ist aber noch ein anderer Punkt nicht ganz unbedenklich, nämlich der, ein „natürliches System" einzig und allein auf Beschaffenheit der Wirbel zu begründen, und andere doch gewiss gewichtige Merkmale, wie z. B. die Zähne bei der Aufstellung dieses Systems völlig ausser Betracht zu lassen. Daher wohnt Hasse's Begründung des auf die Entwickelungsgeschichte basirten Systems eine gewisse Einseitigkeit inne, die sich darin ausspricht, dass eine ganze Reihe fossiler Elasmobranchier, von denen nur die Zähne der Natur der Dinge nach conservirt sein können, wie die Familie der Edaphodontiden, oder auch der Notidaniden, oder solche, von denen nur die Zähne bekannt sind, wie die Hybodonten entweder gar keine Berücksichtigung finden, oder ziemlich unvermittelt zwischen den andern Formen schweben.

Auf die Details von HASSE's Werk, der Methode seiner Untersuchung und der peinlich sorgfältigen histiologischen Darstellungen näher einzugehen, verbietet der Raum, und wir müssen uns hier nur auf eine kurze Mittheilung der paläontologischen Forschungen beschränken.

Das recente Material, welches dem Verfasser zur Untersuchung diente, bestand aus folgenden 70 Arten, die sich auf 53 Genera (mithin etwa 80% der von GÜNTHER aufgeführten) vertheilen nämlich:

I. Holocephali.

Chimaera monstrosa, Callorhynchus antarcticus.

II. Plagiostomi.

Heptanchus cinereus, Hexanchus griseus. — Cestracion Philippi. — Ginglymostoma cirratum, Ruppeli. — Stegostoma fasciatum. — Crossorhinus barbatus. — Lamna cornubica. — Carcharodon Rondeletii. — Oxyrhina glauca. — Odontaspis ferox. — Alopias vulpes. — Selache maxima. — Scyllium canicula, catulus, maculatum, marmoratum, Edwardsi, pictum. — Pristiurus melanostomus. — Cheiloscyllium punctatum, plagiosum, tuberculatum. — Hemigaleus macrostomus. — Galeocerdo arcticus, tigrinus. — Galeus canis. — Triaenodon obesus. — Triacis semifasciatus. — Mustelus vulgaris. — Scoliodon Lalandi, acutus, Hypoprion Macloti, Prionodon melanopterus. — Zygaena malleus. — Laemargus borealis, rostratus, Scymnus lichia. — Echinorhinuss pinosus. — Spinax niger. — Acanthias vulgaris. — Centrina Salviani. — Centrophorus granulosus. — Centroscyllium Fabricii. — Pristiophorus cirratus, japonicus. — Squatina vulgaris. — Pristis antiquorum. — Rhinobatus Thouini, Horkeli, cemiculus. — Rhynchobatus laevis. — Trygonorhina fasciata. — Trygon pastinaca. — Urolophus aurantiacus. — Hypolophus sphen, Pteroplatea micrura. — Myliobates aquila. — Aëtobatis narinari. — Rhinoptera javanica. — Cephaloptera Kuhlii, Olfersi. — Raja eglanteria, miraletus, oxyrhynchus. — Torpedo marmorata. — Astrape dipterygia. — Narcine brasiliensis.

Aus dieser Aufzählung geht hervor, dass die eigentlichen Plagiostomi fast nahezu vollständig untersucht sind, denn von den 39 Genera, welche GÜNTHER nennt, sind 30 (ohne Berücksichtigung der Subgenera), also nahezu ¾ derselben und zwar ohne Ausnahme wichtigere Genera von HASSE untersucht worden; ungünstiger stellt sich, wie Verfasser selbst beklagt, das Verhältniss bei den Rochen, wo ihm nur 16 Genera, mit Ausnahme weniger in meist nur einer Species, von den 25 durch GÜNTHER aufgeführten Geschlechtern zu Gebote standen.

Von diesen 53 Genera konnte HASSE unter dem fossilen Material die folgenden nachweisen:

1) *Chimaera* sp. Weisser Jura (Solenhofen).
2) *Heptanchus* sp. „ „ „
3) *Spinax* sp. (?) Molasse (Baltringen).
4) *Centrophorus* sp. Senon (Maestricht).
5) *Acanthias* sp. Molasse (Baltringen).
6) *Pristiophorus* sp. (?) Molasse (Baltringen).
7) Squatinorajae fossiles.

Verfasser untersuchte den Wirbel von *Aellopus elongatus* Ag. aus dem Weissen Jura und einen Wirbel aus dem Turon von Strehlen und spricht sich dahin aus, dass diese Formen dem Genus *Pristiophorus* nahe gestanden haben.

8) *Rhinobatus* sp., ziemlich häufig in den verschiedensten Formationen. Weisser Jura (Solenhofen), Senon (Aachen), Eocän (Belgien), Molasse (Baltringen).

9) *Pristis* sp., ziemlich häufig in der Kreide vom Turon an. Ferner in der Molasse von Baltringen und Würenlos.

10) *Squatina* sp. Weisser Jura (Solenhofen) — Crag (Antwerpen). Das Kapitel *Squatina* ist unzweifelhaft eines der interessantesten des ganzen Werkes. Die ältesten Formen fanden sich im weissen Jura von Solenbofen. Auch in der Kreide findet sich eine ganze Zahl von *Squatina*-Arten. Verf. unterscheidet drei verschiedene Species mit runden Wirbeln und getrennt aufsitzenden Bogen, vier Species mit oblongen Wirbeln und getrennten Bogen, aber nur eine, welche unserer recenten *S. vulgaris* gleicht. Verf. sagt hierüber: „Die Squatinae der Kreide, welche den jetzt lebenden gleichen, stammen aus der oberen Kreide von Maestricht." Sehr häufig sind *Squatina*-Wirbel in der ganzen Tertiärformation.

11) *Hypolophus* sp. Eocän (Belgien).

12) *Trygon* sp. Aptien (Frankreich).

13) *Urolophus* sp. Eocän.

14) *Myliobates* sp. Brauner Jura (Callovien). Oberer weisser Jura (Kimmeridge). Kreide und Tertiär. Das bisher aus dem Tertiär gekannte Genus wird bis in den braunen Jura zurück verfolgt, und scheint namentlich in der Kreide gar nicht so selten zu sein.

15) *Aëtobatis* sp. Senon, und sehr häufig im Eocän von Belgien.

16) *Zygobates* (*Rhinoptera*) sp. Senon—Tertiär.

17) *Raja* sp. Die ältesten vom Verf. untersuchten Wirbel aus der mittleren Kreide Syriens. Häufig im Tertiär.

18) *Torpedo* sp. Molasse (Baltringen) und Crag (Antwerpen).

19) *Astrape* sp. Senon (Maestricht).

20) *Narcine* sp. Eocän (Belgien).

21) *Acrodus falcifer*. Weisser Jura (Eichstädt), wird *Cestracion* angereiht.

22) *Crossorhinus* sp. (Gault). England.

23) *Otodus* sp. Kreide und Tertiär. Es wird jeden Paläontologen erstaunen, *Otodus* unter den fossilen Wirbeln genannt zu finden und in nahe Verwandtschaft mit den Scylliolamniden: *Ginglymostoma* etc. gebracht zu sehen. Dieser Abschnitt ist auch der einzige, worin Referent dem Verfasser nicht beipflichten kann. Agassiz hat bekanntlich *Otodus* auf lose gefundene Zähne begründet und bis jetzt ist noch kein Charakteristikum bekannt, das unzweifelhaft die Zusammengehörigkeit lose gefundener Zähne und Wirbel darthäte. Das Kapitel *Otodus* ist demnach mit grosser Vorsicht aufzunehmen, um so mehr als die Begründung, warum Verfasser gewisse fossile Wirbel mit dem Namen *Otodus* belegt, nicht ausführlich genug

erscheint. Verf. sagt: „Ich habe für die jetzt zu beschreibenden Wirbel mit Vorbedacht die Bezeichnung *Otodus* gewählt, einmal weil ich den Fundorten nach zu urtheilen, in welchem die Zähne von *Otodus* zahlreich vertreten sind, annehmen muss, dass dieselben diesem ausgestorbenen Geschlechte angehören und dann weil, wenn auch die Form und der gewebliche Aufbau der Wirbel dem der vorhin beschriebenen Scylliolamniden sich eng anschliesst, dennoch so mancherlei Abweichungen in der Zusammensetzung, namentlich in der Gestaltung des Strahlenbildes sich zeigen, dass ein einfaches Zurückführen auf die Vertreter *Stegostoma, Crossorhinus* und *Ginglymostoma* nicht ohne Weiteres thunlich erscheint."

24) *Lamna* sp. Turon (Strehlen) — Crag (Antwerpen).

25) *Alopias* sp. Tertiär (Samland und Argile de Boome).

26) *Carcharodon* sp. Auffallender Weise nur aus dem Crag bekannt.

27) *Oxyrhina* sp. Senon, Oligocän, Miocän und Crag.

28) *Selache* sp. Crag.

29) *Scyllium* sp. Oberer weisser Jura—Tertiär.

30) *Pristiurus* sp. Oberer weisser Jura (Solenhofen).

31) *Hemigaleus* sp. Miocän (Baltringen), Crag (Antwerpen).

32) *Galeocerdo* sp. Oligocän, Miocän und Crag.

33) *Galeus* sp. Crag.

34) *Scoliodon* sp. Soll angeblich bereits in der Zone der *Avicula contorta* (Ilminster, England) vorkommen, häufig im Tertiär.

35) *Prionodon* sp., im ganzen Tertiär verbreitet.

36) *Zygaena* sp. Mit Sicherheit erst in der Molasse nachgewiesen.

37) *Mustelus* sp. Senon; möglicherweise gehört auch ein Wirbel aus dem Crag hierher.

Fossile Vertreter wurden nicht gefunden von *Callorhynchus, Hexanchus, Laemargus, Scymnus, Echinorhinus, Centroscyllium, Centrina,* was bei dem Bau der Wirbelsäule dieser Genera nicht Wunder nimmt. Von *Trygonorhina, Rhynchobatus, Pteroplataea, Taeniura, Cephaloptera, Ginglymostoma, Cheiloscyllium, Triacis* und *Triaenodon* konnten ebenfalls fossile Formen nicht nachgewiesen werden. **Noetling.**

J. Mickleborough: Locomotory appendages of Trilobites. (Geol. Mag. 1884. p. 80—84.)

Die Notiz behandelt denselben Fund, über den schon Walcott berichtet hat. (Jahrb. 1885. I. -102-.) **Dames.**

H. Woodward: On the discovery of trilobites in the Culm-shales of Devonshire. Mit einer Tafel. (Geolog. Magaz. 1884. p. 534—545.)

Die hier beschriebenen Trilobiten (*Phillipsia Leei, minor, Cliffordi* und *articulosa* n. sp.) sind die ersten in England bekannt werdenden Culm-Trilobiten und wurden von J. E. Lee bei Waddon-Barton entdeckt, wo sie in Begleitung von *Orthoceras striolatum*, *Goniatites sphaericus* und *mixolobus*, *Posidonia Becheri* und anderen Fossilien der deutschen Culmbildungen auftreten. **Kayser.**

H. Woodward: Monograph of british carboniferous Trilobites. Schluss. (Palaeontogr. Soc. 1884.)

In dieser Lieferung werden zunächst behandelt: *Griffithides brevispinus*, *moriceps*, *glaber* H. W., *Carringtonensis* Eth., *Phillipsia laticaudata*, *scabra* H. W., *carinata* Salt., *Brachymetopus uralicus* Vern., *Maccoyi* Portl., *discors* M'C., *hibernicus* H. W., *Proetus* (?) *laevis* H. W.

Sodann folgt eine Mittheilung über die Entdeckung von Trilobiten und anderen Fossilien im Culmschiefer von Devonshire, begleitet von einer Beschreibung der betreffenden 4 *Phillipsia*-Arten. Diese Mittheilung wurde zuerst im Geological Magazine veröffentlicht und wir haben darüber bereits oben berichtet. Auch zwei weitere Abschnitte, welche die Bedeutung gewisser, am Kopfschild einiger Trilobiten beobachteter Poren und das Auftreten der Gattung *Dalmanites* im Carbon von Ohio behandeln, sind zuerst im Geol. Magazine bekannt gemacht und von uns bereits besprochen worden.

Zum Schluss wird noch ein Brief des verstorbenen L. Agassiz veröffentlicht, in welchem derselbe über einen sehr interessanten neuen Tiefseekruster, *Tomocaris Piercei* berichtet, der eine auffällige Analogie mit den Trilobiten zeigt. Der dreitheilige, aus 9 beintragenden Ringen zusammengesetzte Thorax und namentlich das von diesem deutlich geschiedene Kopfschild mit seinen Gesichtsnähten, grossen facettirten Augen und einem Hypostom sind ganz trilobitenartig; das Vorhandensein von Antennen und der Bau des Abdomens dagegen, auf dessen Unterseite die Respirationsorgane liegen, begründen eine nahe Beziehung dieser merkwürdigen, als synthetischer Typus zu betrachtenden Form zu den Isopoden. **Kayser.**

Joh. Kušta: *Thelyphonus bohemicus* n. sp., ein fossiler Geisselscorpion aus der Steinkohlenformation von Rakonitz. Mit 2 Tafeln. (Sitzungsb. kgl. böhm. Ges. d. Wissenschaften. Prag. 1884. 6 pag.)

Als 18. Arachniden-Art aus dem Carbon macht Kušta den ersten fossilen *Thelyphonus* bekannt und beschreibt die 3 Funde desselben aus einer Halde der Kohlenbergwerke „Moravia“ bei Rakonitz, prächtig erhaltene Exemplare, welche sich als die ersten fossilen Repräsentanten der recenten Gruppe der Pedipalpi darstellen. Der Körperstamm, der als neu aufgefassten und *Thelyphonus bohemicus* getauften Art hat eine Länge von etwa 30 mm. Gegenüber den recenten Formen zeigt das Thier nur insofern ein etwas abweichendes Verhalten, als der Schwanzfaden der lebenden fadenförmig, der des *bohemicus* dagegen mehr steif und borstenförmig erscheint.

Thelyphonus ist demnach eine persistente Gattung, die seit der Carbonperiode bis heute alle ihre charakteristischen Merkmale erhalten hat; das Klima der Wälder der Steinkohlenzeit musste selbst in Böhmen für das Gedeihen des *Thelyphonus* mindestens gleich günstig gewesen sein, als das der heutigen Tropenländer es ist. Die sämmtlichen Reste stammen aus dem hellgrauen Schleifsteinschiefer der unteren Radnitzer Schichten der „Moravia" bei Rakonitz, und zwar aus derselben Halde, welche dem Verfasser bereits seinen neuen *Anthracomartus Krejčii* und einen *Cyclophthalmus senior* Corda, sowie einen noch unbeschriebenen *Anthracomartus minor* geliefert hat. **Karsch.**

K. Flach: Die Käfer der unterpleistocänen Ablagerungen bei Hösbach unweit Aschaffenburg. 2 lith. Taf. Würzburg 1884. (Verh. Physik.-Medicin.-Ges. zu Würzburg. N. F. 18. Bd. No. 11. Taf. 8 u. 9. p. 285—297.)

Die Schieferkohlenplatten der Hösbacher Thonlager zeigen grüne, blaue oder schwarze Flecken, die sich als Donacien- und Carabicinenreste erkennen lassen; in der Mooskohle verlieren sie bald Farbe und Glanz und erhalten eine gerunzelte und unkenntliche Oberfläche, die tiefer liegenden dagegen enthalten thonumhüllte, vor Druck bewahrte Chitinrudimente, die an recente Thiere erinnern. Erhalten sind vornehmlich Brusttheile und Flügeldecken, seltener Köpfe ausser einem *Otiorhynchus*-Rüssel, von Beinen sind wenig Reste, von Fühlern kaum Spuren vorhanden.

Von 15 Carabiden aus den Gattungen *Carabus*, *Cychrus*, *Chlaenius*, *Patrobus*, *Feronia* (mit *Poecilus*, *Platysma*, *Steropus*, *Pterostichus*, *Stryutor* und *Abax*), *Amara*, *Trechus* und *Bembidum* werden nur 2 als neu und nicht recent angesprochen, beschrieben und abgebildet. *Carabus Thürachii* (ähnlich *granulatus* L., aber fast ohne jede Spur der bei diesem stets deutlichen glatten Rippe zwischen der ersten Körnerreihe und der erhabenen glatten Naht und so zu *Maeander* Fisch. neigend), und *Chlaenius Dietzii* aus der Mooskohle; die Dytisciden sind vertreten durch *Colymbetes*, *Ilybius*, *Agabus*, *Hydrobius*, die Hydrophiliden durch *Hydrobius*, *Hydraena*, *Cyclonotum*, die Staphyliniden durch *Philontus* und *Stenus*, die Cisteliden durch *Citylus (varius)*, die Sylphiden durch *Phosphuga (atrata)*, die Curculioniden durch *Otiorhynchus*, *Erycus*, *Apion*, die Chrysomeliden durch *Timarcha*, *Prasocuris* und *Donacia*-Arten. Von diesen gehören 17 noch jetzt z. Th. häufig dem Gebiete an, 2 (*Feronia aethiops* und *Otiorhynchus niger*) fehlen in der Gegend, sind jedoch mitteldeutsch, also 70% noch vorkommende Thiere; 6 Arten (*Chlaenius 4-sulcatus*, *Amara famelica* [Potamogetonschicht], *Trechus rivularis*, *Colymbetes striatus*, *Erycus aethiops* und *Donacia fennica*), jetzt selten in Deutschland, nordisch oder nordöstlich, waren damals häufig (30%); *Feronia (Abax) parallel*, *Otiorhynchus niger* und *Timarcha metallica* fehlen im Norden (2% des Ganzen). Demnach trägt die unterpleistocäne Fauna einen nordöstlichen Charakter mit Beimischung einiger dem mitteleuropäischen Einwanderungsgebiete angehörigen Formen, aus denen sich ein nicht vollständig kaltes, dem nordostdeutschen entsprechendes Klima ableiten lässt. Durch die Donacienreste findet sich ein Zusammenhang mit den Seligenstädter Braunkohlen hergestellt. **Karsch.**

Moritz Kliver: Über einige neue Blattinarien-, zwei *Dictyoneura*- und zwei *Arthropleura*-Arten aus der Saarbrücker Steinkohlenformation. (Palaeontographica. N. F. IX. 5 u. 6 (XXIX). p. 249—280. T. 34—36.)

Kliver beschreibt unter Beigabe ideal vervollständigter Abbildungen eine Anzahl neuer in der Steinkohlenformation Saarbrückens in letzter Zeit aufgefundener Flügelreste fossiler Insecten aus den Blattiden-Gattungen *Anthracoblattina, Petroblattina, Gerablattina* und *Etoblattina* nebst der Neuropteren-Gattung *Dictyoneura* und bereichert die Kenntniss der fragwürdigen Crustaceenform *Arthropleura* (*? armata* Jordan) durch Beschreibung und Abbildung zweier Funde aus der Halde der Camphausen Schächte und des Richard-Schachtes; der eine derselben zeigt zum ersten Male 5 zusammenhängende Bauchsegmente und nach Kliver's Deutung des anderen hätte *Arthropleura* 7 Thorax-Ringe besessen. Der Arbeit ist eine tabellarische Zusammenstellumg sämmtlicher bis jetzt in der Saarbrücker Steinkohlenformation aufgefundenen 45 fossilen Insektenreste beigegehen.

Die neuen Blattiden-Arten sind: *Anthracoblattina camerata* aus der Halde des Richard-Schachtes bei Dudweiler mit zweierlei Adern (concaven und convexen) im Mediastinalfelde und *A. incerta*, von allen bekannten Arten durch die geringe Entwickelung des Mediastinalfeldes und bedeutendere des Scapular- und Externomedianfeldes unterschieden; *Petroblattina subtilis* aus der obern Steinkohlenformation ist dadurch ausgezeichnet, dass die Hauptader des Externomedianfeldes nicht wie sonst an der Aussenseite, sondern an der Innenseite des Flügels mündet und die Flügelbreite zur Länge sich wie 1 : 4 (ähnlich der *Progonoblattina Fritchii* Heer) verhält; *Gerablattina robusta* aus den unteren Ottweiler Schichten könnte auch als eine *Etoblattina* aufgefasst werden; *Etoblattina propria* aus der zweiten mittleren Flötzpartie, obere Saarbrücker Schichten, zeigt die Besonderheit, dass ihre concaven Flügeladern nicht auf das Mediastinalfeld beschränkt sind, sondern bis zur Hauptader des Internomedianfeldes reichen.

Eine correcte Abbildung des Flügels der *Hermatoblattina Wemmetsweileriensis* Goldenberg dient als Ersatz für das unrichtig von diesem Autor gegebene, ideale, nicht realexistirende Bild der Fauna Saraepontana fossilis, T. I, F. 9, Heft II, das auch in das Werk von Scudder überging und eine Vereinigung der Charaktere der *Gerablattina robusta* Kliver (n. sp.) und der wahren *Hermatoblattina Wemmetsweileriensis* (Goldb.) Kliver ist; eine erneute Figur der *Blattina intermedia* Goldb. berichtigt mehrfache Fehler der Goldenberg'schen Zeichnung und es gehört die Art zu *Etoblattina*, nicht zu *Gerablattina*, wie Scudder will; *Anthracoblattina Scudderi* Goldenb. theilt nicht mit *Fulgorina Kliveri* Goldb. dieselbe Fundstelle; beide von Kliver gefunden, lagen vielmehr beinahe eine Stunde weit von einander entfernt und zwar in 2 um etwa 200 m senkrecht auseinanderliegenden Horizonten. Die *Fulgorina* kam in der Nähe von Michelsberg, die *Anthracoblattina Scudderi* bei Schiffweiler vor; letztere hat nur mit der *Petroblattina subtilis* gleiche Fundstelle; endlich werden Ungenauigkeiten der Figur GOLDENBERG's in Verb. Naturhist. Ver. Pr. Rheinl. u. Westf. 1881, p. 155 hervorgehoben und richtig gestellt.

Besonders hervorhebenswerth ist die Beobachtung KLIVER's, dass die Längsfaltung der Flügel bei den Blatten und bei *Dictyoneura* ein typisches Verhalten zeigt, dass sie bei den Blatten nicht so fächerförmig als bei *Dictyoneura* ist und dass bei den Blatten die Mediastinal- und die Anal-Hauptader in concaven, die andern Hauptadern in convexen Falten liegen, die höchst gelegene Falte in der Scapularader liegt, bei *Dictyoneura* dagegen die convex auf der Oberfläche des Flügels liegenden Adern durch analoge Falten und umgekehrt vertreten sind.

Neben der Aufstellung von 2 neuen *Dictyoneura*-Arten, der *sinuosa* und *nigra* aus dem Schacht bei Frankenholz in Bayern (obere Saarbr. Schichten), wird noch ein Fragment eines Flügels einer fraglichen *Dictyoneura* (80 mm Länge, 35 Breite) beschrieben und abgebildet.

Karsch.

Quenstedt: Die Ammoniten des schwäbischen Jura. Heft 2—5. Stuttgart 1883—84.

Bei Erscheinen des ersten Heftes haben wir über Anlage und Bedeutung dieses schönen Werkes berichtet, und den Inhalt der ersten Lieferung angegeben. Die Fortsetzung, so weit sie heute vorliegt, behandelt auf weiteren 24 Tafeln noch Ammoniten des Lias, und zwar namentlich die Arieten, Capricornier im weitesten Sinne und ihre Verwandten. Von der ersteren dieser beiden Abtheilungen findet sich hier eine Formenmenge und eine Manchfaltigkeit dargestellt, wie sie bisher noch nie in einem Werke vereinigt worden ist; es ist dadurch auch eine Reihe neuer Namen nothwendig geworden, so dass die Zahl der Arten, welche diese eine Gruppe in einem sehr beschränkten Horizonte umfasst, eine überraschend grosse wird. Abgesehen von der Fixirung einer Reihe gut kenntlicher Typen, welche bisher nicht die nöthige Beachtung gefunden hatten, ist namentlich die Auswahl ausgezeichneter Exemplare von Bedeutung, welche die Beobachtung einer Reihe wichtiger und in der Regel schwer zu ermittelnder Eigenthümlichkeiten, namentlich der bei Arieten so überaus selten erhaltenen Mündung gestatten. Sehr auffallend ist auch die Menge monströser Exemplare, welche theils Turrilitenform annehmen, theils sonderbare Sculpturverzerrungen zeigen. Von besonderem Interesse sind gewisse Arietengehäuse, die in Folge einer äusseren Verletzung ihre Verzierung ändern, aber nicht in unregelmässiger Weise, sondern eine Rippenbildung annehmen, wie wir sie sonst bei ganz andern Ammonitengruppen zu sehen gewohnt sind. Wohl das merkwürdigste Beispiel dieser Art bietet ein „kranker Turnerier" (Taf. 21, fig. 3, S. 154), welcher plötzlich die Sculptur eines Capricorniers annimmt; ein analoges Verhältniss scheint der *Ammonites longidomus aeger* (Tab. 6, fig. 3) zu bieten.

Die Oxynoten des Lias β sind sehr eingehend behandelt, und besonders bemerkenswerth sind einzelne kleine grobrippige und niedrig mündige Exemplare, welche schon sehr an den *Amaltheus margaritatus* der Oberregion des mittleren Lias erinnern, den übrigens Dumortier im Rhonebecken schon an der Basis des mittleren Lias gefunden hat.

Eine lange Reihe von Tafeln ist den Capricorniern, Armaten, Natrices, Polymorphi u. s. w., kurz der Gattung *Aegoceras* im Sinne Waagen's gewidmet. Es ist das vielleicht die schwierigste und verwickeltste unter allen Gruppen der Juraammoniten, deren Deutung durch die überaus grossen Veränderungen gehindert wird, welche die Individuen im Laufe des Wachsthums erleiden, zumal von manchen Typen in gewissen Gegenden und Ablagerungen nur kleine verkieste Kerne, in anderen fast nur grosse verkalkte Exemplare auftreten, deren innere Windungen sich häufig der Beobachtung entziehen. Gerade für das Studium dieser Verhältnisse liefert Quenstedt ausserordentlich wichtige Beiträge, da es ihm in einer grossen Reihe von Fällen gelungen ist, zu den bisher aus Schwaben vorliegenden Jugendstadien wenigstens in vereinzelten Exemplaren die ausgewachsenen Exemplare zu finden, und seine Darstellung wird für die Auffassung der Verwandtschaftsverhältnisse der einzelnen Typen von maassgebender Bedeutung werden.

So grosses Interesse aber all das, was hier hervorgehoben wurde, auch haben mag, so sind es doch nur einzelne verschwindende Punkte aus der Riesenfülle des Materials, die uns hier entgegentritt, und die zu unbedingtem Staunen zwingt. Man versteht kaum, wie ein Mann all das zusammenbringen und es mit gleichmässiger Sorgfalt durcharbeiten konnte. Mag man auch über Gegenstände der Namengebung, über theoretische Auffassung, über den Vergleich mit auswärtigen Vorkommnissen in manchen Stücken anderer Ansicht sein, und eine andere Form der Darstellung wünschen, so sind das doch Nebendinge der Thatsache gegenüber, dass hier die Ammonitenfauna eines bestimmten Gebietes und die Aufeinanderfolge ihrer Arten mit einer Treue und Vollständigkeit dargestellt ist, wie sie noch nie erreicht worden ist. Wer seine schwäbischen Juraammoniten nach diesem Buche nicht bestimmen kann, der thäte besser, das Bestimmen überhaupt aufzugeben. **M. Neumayr.**

V. Uhlig: Zur Ammonitenfauna von Balin. (Verhandl. d. geolog. Reichsanstalt. 1848. p. 201.)

Es werden zwei Arten der Gattung *Phylloceras* namhaft gemacht, welche aus den Baliner Oolithen bisher nicht bekannt waren, nämlich *Phyll. tortisulcatum* und *Phyll. Kudernatschi* Hau., ferner eine Perisphinctenart, welche in die russische Formengruppe des *Perisphinctes Mosquensis* Fisch. und *scopinensis* Neum. gehört. **V. Uhlig.**

O. Böttger: Fossile Binnenschnecken aus den untermiocänen *Corbicula*-Thonen von Niederrad bei Frankfurt a. M. (Bericht der Senckenbg. naturforsch. Ges. zu Frankfurt a. M. 1884. S. 258—280 mit Tafel IV.)

Es werden beschrieben, stets mit Hinweis auf die nächsten Verwandten der Jetztzeit, und grossentheils abgebildet:

1) *Arion indifferens* n. sp., 2) *Strobilus uniplicatus* Al. Braun var. *sesquiplicatus* Böttger, 3) *Helix lepida* Reuss, 4) *Helix cribripunctata* Sbg. typ. u. var. *minor* Böttger, 5) *H. Kinkelini* n. sp. u. var. *accedens*, 6) *H. grammorhaphe* n. sp., 7) *Pupilla retusa* Al. Braun, 8) *P. quadrigranata* Al. Br. var. *eumeces* Böttg., 9) *Isthmia cryptodus* Al. Braun, 10) *Vertigo Blumi* n. sp., 11) *V. callosa* Reuss var. *allacodus* Sbg., 12) *V. ovatula* Sbg. var. *miliiformis* Böttg., 13) *V. angulifera* n. sp., 14) *Leucochilus Nouletianum* Dup. typ. u. var. *gracilidens* Sbg., 15) *L. obstructum* A. Br., 16) *Carychium minutissimum* Al. Br. var. *laevis* Böttg., 17) *Planorbis cornu* Brong. var. *solida* Thom., 18) *Amnicola Rüppelli* n. sp.

von Koenen.

Depontaillier: Fragments d'un catalogue descriptif des fossiles du pliocène des environs de Cannes. (Journ. Conchyl. 1884.)

Vorliegender Anfang einer grösseren Arbeit, welche eine kritische Bearbeitung der Pliocänconchylien von Cannes enthalten sollte, wurde nach dem Tode des Verfassers von M. Cossmann publizirt.

Es werden behandelt die Gattungen *Strombus*, *Murex* und *Jania*, sowie einige Columbellen, Nassen und der *Pecten duodecimlamellatus*.

Abgebildet sind: *Murex Hoernesi* Ancona, *Strombus coronatus* Defr., *Jania maxillosa* Bonelli, *Nassa Bisotensis* nov. sp., *Cossmanni* nov. sp., *Columbella corrugata* Bon., *Mariae* nov. sp.

Th. Fuchs.

Foresti: Contribuzione alla conchiologia terziaria italiana. III. (Mem. Accad. Bologna 1884. 301. cfr. Jahrb. 1883. II. -115-.)

Es werden folgende Arten resp. Varietäten als neu abgebildet und beschrieben: *Cancellaria mutinensis*, *Pallia Bellardiana*, *Nassa Fornasinii*, *subrugosa*, *Josephiniae*, *Doderleini*, *Bononiensis*, *Natica Bononiensis*, *Tapes vetula* var. *pliocenica*.

Sämmtliche Arten stammen aus den jüngeren Tertiärbildungen Italiens.

Th. Fuchs.

Dante Pantanelli: Note di Malacologia pliocenica. I. (Bullettino Soc. Malac. Ital. X. 1884.)

Es werden aus den Pliocänbildungen Sienas 53 Arten namhaft gemacht, welche bisher von dort noch nicht bekannt waren und durch welche die Zahl der dorther bekannten Arten auf 569 erhöht wird.

Einige der angeführten Arten sind überhaupt neu: *Pholadidea Brocchii*, *Pollia janioides*, *Turbonilla concinna*, *simulans*. **Th. Fuchs.**

J. S. Gardner: British Eocene Aporrhaïdae. (Geolog. Magazine 1884. 12. S. 529. Taf. 17.)

Zunächst wird ausgeführt, dass die betreffenden Arten sämmtlich Vorfahren der *Aporrhaïs pes pelicani* seien, sich aber eigentlich nicht genugsam unterschieden um als wirklich verschiedene Arten zu gelten; persönlich würde Autor sie am liebsten mit dreifachen Namen bezeichnen. Es werden dann beschrieben und zum Theil abgebildet, leider ohne irgend welche Literaturangaben: *Aporrhaïs Sowerbyi* Mantell und *A. labellata* n. sp. aus dem London-clay, *A. Margerini* de Koninck und *A. triangulata* n. sp. und *A. Bowerbanki* Morris, Paleocän von Herne-bay, sowie endlich *A. firma* n. sp. Unt. Oligocän von Brockenhurst.

von Koenen.

J. Eichenbaum: Die Brachiopoden von Smakovac bei Risano in Dalmatien. (Jahrb. d. k. k. geol. Reichsanstalt Wien. 1883. XXXIII. p. 713—720.) Nach dem Tode des Verfassers überarbeitet von Dr. Karl Frauscher.

In der Nähe der Quelle Smakovac bei Risano in Dalmatien treten helle, harte, krystallinische Kalke auf, die fast ausschliesslich aus den Schalen einiger weniger eigenthümlicher Brachiopodenarten bestehen. Es wurden diese Kalke von v. Hauer und Stache entdeckt und später wurde die Örtlichkeit von Dr. Bittner besucht, welcher angibt, dass die fraglichen Kalke von Kreideschichten überlagert werden, dass aber die stratigraphischen Verhältnisse sonst keine Anhaltspunkte zur Lösung der Altersfrage darbieten.

Die paläontologische Untersuchung ergab die Vertretung von 4 Arten der Gattung *Rhynchonellina* Gemm., von welchen drei Arten mit solchen übereinstimmen, die Gemmellaro aus dem untertithonischen Calcare di *Terebratula Janitor* beschrieben hat, wie dies schon früher von Dr. Bittner angegeben wurde. Die Namen der Species sind:

Rhynchonellina Suessi Gemm., *bilobata* Gemm., *Seguenzae* Gemm., *Brusinai* n. sp. Eichenbaum.

V. Uhlig.

Karl Frauscher: Die Brachiopoden des Untersberges bei Salzburg. (Jahrb. d. geol. Reichsanst. 1883. XXXIII. p. 721—734.)

Die geologische Kenntniss des Untersberges ist in der neueren Zeit durch eingehende Detailstudien mächtig gefördert worden, wodurch natürlich auch neues paläontologisches Material gewonnen wurde. So wurden an mehreren Stellen namentlich von den Herren Fugger und Kastner Brachiopoden-Funde gemacht, über welche in der vorliegenden Arbeit berichtet wird. Es sind am Untersberge im Ganzen 15 Fundstellen von Brachiopoden bekannt, von denen die wichtigsten die Aurikelwand und das grosse Brunnthal sind. Von der Aurikelwand liegen folgende Arten vor: *Spiriferina angulata* Opp., *Rhynchonella Greppini* Opp., *palmata* Opp., *Albertii* Opp., *Gümbeli* Opp., cf. *Deffneri* und 4 nov. form., *Terebratula Aspasia* Mgh., *Waldheimia mutabilis* Opp., cf. *Lycetti* Dav., cf. *Partschi*, cf. *Ewaldi* Opp.

Frauscher schliesst aus dieser Fauna auf unterliassisches Alter. Vom oberen **Brunnthal** und den Brunnthalköpfen werden folgende Arten namhaft gemacht: *Spiriferina* cf. *brevirostris* Opp., *Rhynchonella* cf. *Delmensis* Haas, cf. *variabilis*, cf. *retusifrons*, cf. *micula* Opp., 4 nov. form., *Rhynchonellina Fuggeri* n. sp., *Terebratula Aspasia* Men., *Waldheimia* cf. *Lycetti* Dav. Sichere Schlüsse auf das geologische Alter lässt diese Fauna nicht zu. Bemerkenswerth ist das Vorkommen einer *Rhynchonella*, die von einer Doggerform nicht unterscheidbar ist, *Rhynch. micula*. Vielleicht liegen hier, wie der Verfasser meint, mehrere Horizonte vor.

Von der Rosittenalpe und vom Fuchsstein werden nach Gümbel 5 Species aufgezählt; von den übrigen Fundstellen sind bisher stets nur wenige vereinzelte Species bekannt geworden, darunter die *Rhynchonella firmiana* genannte Art, welche in einer späteren Arbeit zur Beschreibung gelangen wird. Von der Localität Hochmais wird das massenhafte Vorkommen einer von Zittel als *Rhynchonellina bilobata* Gemm. bestimmten Form namhaft gemacht, vom Abfalter und vom Muckerbründl wird *Terebratula* cf. *immanis* Zeusch. citirt, so dass hier eine Vertretung von Tithon anzunehmen wäre.

Rhynchonellina Fuggeri und aff. *bilobata* werden eingehend paläontologisch beschrieben. Ein Exemplar von *Rhynchonellina Fuggeri* zeigt den Brachialapparat, aus zwei langen, divergirenden Lamellen bestehend, in sehr schöner Erhaltung. Der Fortsatz, welcher sich nach Gemmellaro am Ende der Crura abzweigt, konnte nicht wahrgenommen werden. Eine ähnliche Form wie *Rh. Fuggeri* ist die von Böckh beschriebene liassische *Rhynchonellina Hofmanni*. **V. Uhlig.**

S. J. Hickson: The Structure and Relations of *Tubipora*. (Quart. Journ. Microsc. Sc. vol. XXIII. p. 556—578, t. XXXIX —XL. 1883.)

Der Verfasser hat sowohl das Kalkskelet als auch das Thier von *Tubipora* genauer untersucht und kommt bei der Besprechung der Verwandtschaftsverhältnisse dieser Gattung mit fossilen Formen zu folgenden Schlüssen:

Auf den Unterschied, welcher zwischen *Tubipora* und *Syringopora* in der durchbohrten und dichten Beschaffenheit der Wand besteht, ist kein grosses Gewicht zu legen. Die Wandporen von *Tubipora* zeigen in den älteren Theilen des Stockes das Bestreben, sich zu verengen; da uns die jüngst gebildeten Theile von *Syr.* wahrscheinlich nicht erhalten sind, so können dieselben sehr wohl auch von Poren durchbrochen gewesen sein.

Die Böden sind bei beiden Gattungen gleich gebildet. Bei *Tub.* sowohl wie bei *Syr.* kommen flache und trichterförmig in einander geschachtelte Böden vor. Der einzige Unterschied besteht darin, dass die Böden von *Tub.* weniger zahlreich und häufiger in der Form axialer, an beiden Enden offener Röhren auftreten.

Die dornförmigen Septen von *Syr.* sind oft stark reducirt; ähnliche Gebilde finden sich auch zuweilen bei *Tubipora*.

Eine weitere Übereinstimmung zwischen beiden Gattungen besteht darin, dass durch die Vereinigung der Plattformen (bei *Tub.*), resp. der hohlen, röhrenartigen Seitenfortsätze (bei *Syr.*) ein neuer Corallit hervorgeht, eine Beobachtung, die zuerst von v. Koch (die ungeschlechtliche Vermehrung einiger paläozoischer Korallen, Cassel 1883) gemacht worden ist.

Ferner meint der Verf., dass die Verwandtschaft von *Syr.* mit den Favositiden nicht gegen einen Anschluss an *Tub.* geltend gemacht werden könne. Die Stellung der Favositiden selbst sei doch noch sehr unsicher und ihre verwandtschaftlichen Beziehungen zu den Helioporiden grösser als zu den Poritiden. (Vergl. d. folgende Ref.) **Steinmann.**

H. A. Nicholson: Note on the Structure of the Skeleton in the Genera Corallium, *Tubipora* and *Syringopora*. (Ann. and Mag. Nat. Hist. ser. 5, vol. XIII, p. 29—34; mit 2 Holzschnitten. 1884.)

Indem der Verfasser sich auf eine seiner früheren Arbeiten über die Skeletstructur von *Syringopora* und *Tubipora* (Proceed. Roy. Soc. Edinb. 1880/81 p. 219) und neue Untersuchungen stützt, versucht er die von Hickson (siehe das vorhergehende Referat) ausgesprochene Ansicht zu widerlegen, dass *Syringopora* in die Nähe von *Tubipora* zu den Alcyonarien zu stellen sei. Zunächst bestreitet Nich., dass der Unterschied zwischen der compacten Structur von *Syringopora* und der Nadel-Structur von *Tubipora* nicht als ein Merkmal von erheblicher morphologischer Bedeutung angesehen werden könne. Wäre das Kalkgerüst von *Syr.* aus Nadelelementen zusammengesetzt gewesen, so müsste eine solche Structur noch nachweisbar sein. Auf das Vorkommen von tabulae in den Röhren von *Tubipora* sei deshalb kein grosses Gewicht zu legen, weil tabulae bei Bryozoen, Hydrozoen, Alcyonarien und Zoantharien — es ist das Bild eines Längsschliffes von *Porites clavaria* dabei gegeben — existirten. Endlich könne man die stachelförmigen septa von *Syr.* nicht in Parallele mit den von Hickson gefundenen Bildungen bei *Tubipora*, sondern nur mit den ähnlichen Gebilden von *Porites* und *Alveopora* stellen.

In einer demnächst zu veröffentlichenden Arbeit will Nich. die Verwandtschaft von *Syring.* zu den Perforaten eingehender behandeln.

Steinmann.

Munier-Chalmas et Schlumberger: Nouvelles observations sur le dimorphisme des Foraminifères. (Compt. rendus T. XCVI. p. 1598—1601. 1883. Mit 4 Holzschnitten.)

C. Schlumberger: Sur le *Biloculina depressa* d'Orb. au point de vue du dimorphisme des Foraminifères. (Assoc. franç. pour l'avancement des sciences 1883. p. 520—527. Mit 8 Holzschnitten.)

Es wurde schon früher über mehrere Arbeiten, die den Dimorphismus der Foraminiferen zum Gegenstande haben, berichtet (Jahrbuch 1884. II. -124, 125-). Zuerst hatte man (Munier-Chalmas und de la Harpe) an den Nummuliten, dann an Milioliden derartige Erscheinungen beobachtet. MUNIER-CHALMAS und SCHLUMBERGER führen nun noch weitere Beispiele von Dimorphismus bei den Milioliden an, nämlich von *Triloculina trigonula, Pentellina saxorum* und *Fabularia discolithes.* Letztgenannte Form durchläuft drei verschiedene Stadien in ihrer Entwickelung. Die ersten 5 Kammern sind einfach und unregelmässig um die centrale gruppirt, die 9 folgenden sind nach Art von *Triloculina* angeordnet. Von hier an folgt eine zweizeilige Stellung der Kammern wie bei *Biloculina;* gleichzeitig tritt eine Theilung der einfachen Kammer in mehrere getrennte, regelmässig gestellte Parallelkanäle ein. Das dritte Stadium, auf die letzten 20—22 Kammern beschränkt, ist durch das Auftreten einer Reihe von Supplementärkanälen ausgezeichnet, die mehr oder weniger unregelmässig nach der Innenseite zu gelegen sind.

Bei der parallelen Form von *Fabularia* sind die ersten Jugendzustände (die 14 ersten Kammern) durch zwei einfache, grosse Kammern ersetzt.

Nach der Ansicht der Verfasser sind nur 2 Erklärungen für die dimorphen Erscheinungen möglich: entweder anzunehmen, dass jede Art von ihrem Ursprunge an durch zwei verschiedene Formen repräsentirt ist, wogegen aber der Umstand spricht, dass ganz junge Exemplare der complicirter gebauten Formen (mit zahlreichen Embryonalkammern) nicht gefunden worden sind, oder anzunehmen, dass jedes Individuum anfangs eine grosse Embryonalkammer besessen habe, die beim späteren Wachsthum resorbirt und durch eine grössere Anzahl kleinerer ersetzt sei.

SCHLUMBERGER hebt in der zweitgenannten Mittheilung, die einen Gesammtüberblick über die bisherigen Untersuchungen giebt, mit Recht hervor, dass eine sichere Entscheidung in dieser Frage nur durch die Untersuchung der Entwickelung lebender Arten herbeigeführt werden könne.

Steinmann.

M. C. Schlumberger: Sur *l'Orbulina universa* D'ORB. Note présentée par Mr. GAUDRY. (Comptes rendus 1884. p. 1002—1004. 1884.)

POURTALÈS hat schon im Jahre 1858 die später von anderen Beobachtern bestätigte Erscheinung constatirt, dass *Orbulina* nicht selten Globigerinen-Schalen eingeschlossen enthält. Es ist jedoch keine Einigkeit darüber erzielt worden, wie diese Erscheinung zu erklären sei.

Der Verf. hat aus seinen und MUNIER-CHALMAS' Studien über den Dimorphismus der Foraminiferen (vergl. d. Jahrbuch 1884. II. -124- und 1882. I. -461-), besonders der Nummuliten und Milioliden die Überzeugung gewonnen, dass es sich im vorliegenden Falle um dieselbe Erscheinung handele. „Die einfache Kammer von *Orbulina* ist homolog der Anfangskammer der anderen Foraminiferen." Entweder bleibt sie leer oder sie füllt sich mit Globigerina-Kammern. Da nun aber einerseits grosse, leere Orbulinen, anderseits kleine, entweder leere oder mit Globigerina-Kammern gefüllte Orbulinen vorkommen, so könne man nicht wie bei den Milioliden eine Resorption der grossen Embryonalkammer annehmen. Die

Orbulinen sprächen dafür, „dass der Dimorphismus der Foraminiferen ein ursprüngliches Merkmal, das Resultat zweier verschieden angelegter Formen ist".

[Es scheint uns, dass der Dimorphismus der Foraminiferen eine weit naturgemässere Erklärung findet, wenn man denselben eine etwas grössere Resorptionsfähigkeit zuschreibt, wie solches auch von mehreren Zoologen geschehen ist. Es ist auch kein Grund für die Annahme vorhanden, dass die For. nur ihre grosse Centralkammer und nicht auch die Serie kleiner Anfangskammern resorbiren könnten[1].

Übrigens darf bei dem vorliegenden Falle nicht übersehen werden, dass namhafte Zoologen auch noch in letzter Zeit das Vorkommen von Globigerinen in Orbulinen als Fortpflanzungserscheinung deuten (vergl. Bütschli in Bronn's Klassen und Ordnungen. 1880. Bd. 1. p. 141). — Ref.]

Steinmann.

Wallich: Note on the Detection of Polycystina within the hermetically closed Cavities of certain Nodular Flints. (Ann. & Mag. Nat. Hist. 5 ser. vol. XII. p. 52—53. 1883.)

Verf. berichtet über die Auffindung wohlerhaltener Radiolarien in den Hohlräumen von Feuersteinen. Häufig sind die Gattungen *Astromma*, *Haliomma* und *Podocyrtis*.

Steinmann.

Rüst: Über fossile Radiolarien. (Vorläufige Mittheilung.) (Jenaische Zeitschrift für Naturwissenschaft. Bd. XVIII. N. F. XI. 1884. p. 40—44.)

Da eine ausführliche, von 20 Tafeln Abbildungen begleitete Beschreibung der zahlreichen jurassischen Radiolarienfunde des Verf. demnächst in der Palaeontographica zu erwarten steht, so begnügen wir uns damit, auf die vorliegende vorläufige Mittheilung hinzuweisen.

Steinmann.

H. Th. Geyler: Botanischer Jahresbericht von Just, Artikel Phytopaläontologie. VIII (1880). 2. Abth. S. 174—301, und: IX (1881). 2. Abth. S. 191—274. (s. dies. Jahrb. 1883. I. -141-)

Zwei neue fleissige Zusammenstellungen der Litteratur dieses ganzen Gebietes. Im ersten Berichte werden 243 einschlägige Schriften und Abhandlungen aufgeführt und mehr oder weniger eingehend besprochen, im zweiten 276 desgleichen. Diese Übersicht reicht bis 1882. **Weiss.**

R. Zeiller: Note sur la compression de quelques combustibles fossiles. Ebenda. S. 680.

[1] Die neueren Untersuchungen von Berthelin, Terquem und Uhlig über die Gattung *Epistomina* haben die Resorptionsfähigkeit der Foraminiferensarkode in ein neues Licht gesetzt.

Z. wiederholte mit einigen Abänderungen die Versuche von Spring (Bull. Soc. géol. 3 sér. t. XII. p. 233 und Bull. Soc. bot. t. XXVII. 1880. p. 348, endlich Ann. de chim. et de phys. 5 sér. t. XXII. p. 201), wonach Torf bei einem Druck von 6000 Atmosphären sich in eine schwarze Masse von der Eigenschaft der Steinkohle verwandelt und eine Erhöhung der Temperatur hierbei unnöthig sei. Z. experimentirte an Papierkohle aus Central-Russland und mit eigens dazu gefertigtem Apparat. Er gelangte aber zu dem Resultate, dass der Druck, mag er so hoch sein als er wolle (bis 10 000 Kilogramm auf den Quadrat-Centimeter, meist wurde weniger angewendet), keine wesentliche Veränderung in der Zusammensetzung der Kohle oder des Torfes hervorruft. **Weiss.**

R. Zeiller: Cones de fructification de Sigillaires. (Ann. des Sciences nat. 6 sér. Bot. T. XIX. 1884. S. 256—280. Mit 2 Tafeln. pl. 11 et 12.)

Diese Abhandlung enthält die ausführliche Darstellung jener Funde von Sigillarienähren und der Gründe, welche kaum eine andere Deutung dieser Ähren zulassen, welche der Verfasser bereits im Juniheft 1884 in den Comptes rendus bekannt gemacht hatte. Auf das Referat über letztere Mittheilung (dies. Jahrb. 1885. I. -342-) ist daher hierbei zu verweisen. Was frühere Beobachter gesehen, wird vollständiger besprochen, dabei zugegeben, dass die idealen Bilder von Gr.-Eury von *Sigillariostrobus* auf schlecht erhaltene Stücke basirt waren. Auch verweist er wieder auf die Beobachtung von van Tieghem, wonach das Vorhandensein von secundärem Holz, mit centrifugaler Entwicklung und durch einreihige Strahlen getheilt, durchaus nicht unzulässig bei Cryptogamen ist, da *Botrychium* in der That diese Structur besitzt. Z. stellt in seiner interessanten Abhandlung folgende Arten von *Sigillariostrobus* auf, welche besonders durch die Form ihrer Bracteen zu unterscheiden sind: *S. Tieghemi* Z. (vielleicht zu *Sigillaria scutellata* Brg.), *S. Souichi* Z., *S. nobilis* Z., *S. Goldenbergi* O. Feistm. (zu *Sigillaria tessellata*?), *S. strictus* Z. — Der Verf. denkt sich danach die Stellung der Sigillarien innerhalb der Lycopodineen zwischen eigentlichen Lepidodendreen (mit denen sie in Blattnarben und Anatomie des Stammes correspondirten) und Isoëteen (nach Stellung der Sporangien). **Weiss.**

R. Kidston: On the fructification of *Zeilleria* (*Sphenopteris*) *delicatula* Stb. sp. with remarks on *Urnatopteris* (*Sphen.*) *tenella* Brongn. sp. and *Hymenophyllites quadridactylites* Gutb. sp. (Quart. Journ. of the Geol. Soc. for Aug. 1884. vol. XL. p. 590—598. pl. XXV.)

Obige 3 Species sind vielfach verwechselt worden; aber bei guter Erhaltung sind die unfruchtbaren Wedel völlig sicher unterscheidbar und ihre Fructification ist beträchtlich verschieden. — *Zeilleria* n. g., die Involucra entstehen am Ende der Fiederabschnitte, welche stielförmig verlängert sind; in der Jugend sind sie kugelig, bei der Reife spalten sie in 4 Klappen. *Z. delicatula* Stb. sp., 3fach gefiedert; unfruchtbare Fiederchen 2mal getheilt in 3—6 schmale Zipfel mit abgestutzten Spitzen und mit je einem Nerven. Fruchtbare Fiederschnitte schwach stielförmig vorgezogen, daran die Involucra wie angegeben. Rhachis etwas geschlängelt und schmal geflügelt. Die Art ist abgebildet, zu ihr als Synonym auch *Sphen. meifolia* Stbg. sowie Göpp. gezogen, während *Hymenophyllites delicatulus* Zeiller (Ann. des Sc. nat. vol. XVI. Taf. V. Fig. 22—32) zu *Sphen. quadridactylites* Gutb. gehört mit mehr gerundeten Fiederchen und nicht so schmalen Loben. Worcestershire, obere Kohlenschichten.

Urnatopteris n. g., fruchttragende und unfruchtbare Wedel verschieden. Die Fiedern der fertilen Wedel tragen 2 Reihen abwechselnder becherförmiger Sporangien, welche sich an der Spitze mit kreisförmigem kleinen Loch öffnen. *U. tenella* Brg. sp., steriler Wedel 3fach gefiedert, Fiedern und Fiederchen lineal-lanzettlich, Fiederchen in schmale Zipfel getheilt, welche stumpf enden; diese an der Basis des Fiederchens 2—3spaltig, an dessen Spitze ungetheilt. Fertile Wedel wie vorher angegeben, nur setzt der Verf. „Indusien" statt „Sporangien". Hierher wird gezogen auch *Sphenopt. lanceolata* Williamson (dies. Jahrb. 1884. I. -295-), *multifida* L. et H., *delicatula* Brongn. Schottland und England, verschiedene Fundorte.

Zu *Hymenophyllites quadridactylites* Gutb. zählt Kidston *Sph. tridactylites* Gein., *opposita* Gutb., *minuta* Gutb., *delicatula* Zeiller. Wedel 3fach gefiedert: Fiedern mit geschlängelter, geflügelter Rhachis; steriler Wedel: Fiederchen in 4—7 verkehrt eiförmige Zipfel getheilt, welche 3 bis 6 rundliche Lappen mit einfachem Nerv besitzen; Frucht an der Spitze der Loben entstehend, auf dem Limbus. Sporangien mit Ring. In Grossbritannien noch nicht entdeckt. **Weiss.**

R. Kidston: On a specimen of *Pecopteris* (*?polymorpha* Brongn.) in Circinnate vernation with remarks on the genera *Spiropteris* and *Rhizomopteris* of Schimper. (Annals and Magazine of Natural History for Febr. 1884. [vol. 13.] p. 73. Mit Taf. V. Fig. 1.)

Von Leebotwood, 9 Meilen von Shrewsbury, beschreibt Verf. das abgebildete Stück und knüpft daran Bemerkungen über fossile Farne in dem Zustande, wo sie bekanntlich von Schimper wie oben bezeichnet werden.

Weiss.

R. Kidston: On a new species of *Schützia* from the Calciferous Sandstones of Scotland. (Ebenda wie vorige Abhandl. p. 77. Taf. V. Fig. 2.)

Als *Schützia Bennieana* Kidst. bezeichnet Verf. eine „glockenförmige Frucht, von lineallanzettlichen Bracteen gebildet; Fruchtstielchen kurz und spiralig um die Axe gestellt". Von der verwandten *Sch. anomala* des Rothliegenden verschieden durch Spiralstellung der kleinen Zapfenfrüchte, sowie durch den gefurchten gemeinsamen Stiel und spitzeres Abstehen der einzelnen Fruchtstielchen von der Axe. Das Vorkommen in der Calciferous sandstone series (Midlothian, Culm) ist bemerkenswerth. **Weiss.**

R. Kidston: On a new species of *Lycopodites* Goldf. (*L. Stockii*) from the Calciferous sandstone series of Scotland. (Ebenda wie vorige Abhandl. vol. 14. Aug. 1884. p. 111. Taf. V. Fig. 1—4.)

Lycopodites Stockii Kidst. gehört zu den Arten mit endständiger Ähre, von ovalen Sporangien gebildet; Blätter in Wirteln, dimorph (?), die breiteren eiherzförmig, zugespitzt, mit einem starken Mittelnerv, die (?) schmaleren queroval. Die letzteren erscheinen wie Knötchen am Stengel oder wie Sporangien. — Vorkommen: Glencartholm, Eskdale, Dumfries (Culm). **Weiss.**

Zeiller: Note sur la flore du bassin houiller de Tete (région du Zambèze). (Ann. des Mines, livr. de Nov.-Dec. 1883.)

Diese Flora enthält nach den Einsendungen eines Herrn Lapierre und den Bestimmungen von Zeiller folgende 11 europäische Arten: *Pecopteris arborescens, Cyathea, unita, polymorpha; Callipteridium ovatum* Brgn. sp. (*mirabile* Rost sp.); *Alethopteris Grandini; Annularia stellata* Schloth. sp.; *Sphenophyllum oblongifolium, majus; Cordaites borassifolius; Calamites cruciatus* Stbg. — In Frankreich entspricht diese Flora der obern Etage, wie der Loire und vom Gard, während diese Arten der mittlern Stufe fehlen. [In Deutschland würde man sie zu den Ottweiler Schichten stellen können. Ref.] Von der Capcolonie in Süd-Africa hat George Grey (Quart. Journ. t. XXVII. p. 49) publicirt: *Calamites, Asterophyllites equisetiformis, Pecopteris Cisti, Alethopteris lonchitica, Lepidodendron crenatum, Lepidostrobus, Halonia, Sigillaria* und *Stigmaria*, Arten der mittleren Stufe der Steinkohlenformation (Zeiller). Danach finden sich beide Stufen in Südafrica mit denselben Typen wie in Europa. Ähnliches hatte in China statt, nicht so aber in Australien mit seinen andern Arten. **Weiss.**

Zeiller: Sur la dénomination de quelques nouveaux genres de fougères fossiles. (Bull. de la soc. géol. de France. 3 sér. t. XII. p. 366. 1884.)

Indem Zeiller auf die doppelte Namengebung gewisser Steinkohlenfarne zu sprechen kommt, welche in den beiden kurz nach einander erschienenen Abhandlungen von ihm und von Stur unglücklicher Weise stattgefunden hat (siehe dies. Jahrb. 1884. II. -436 u. 437-), hält er die seinige, welcher allerdings ohne Zweifel die Priorität zukommt, aufrecht und es würde daher nach ihm *Renaultia* Z. = *Hapalopteris* St., *Grand'Eurya* Z. = *Saccopteris* St. und *Crossotheca* Z. = *Sorotheca* St. sein. Er ist vollkommen im Rechte zu verlangen, dass die STUR'schen Namen den seinigen weichen müssen, denn dass STUR seine neuen Namen einige Monate früher als Z., aber ohne Diagnose und Abbildung publicirt hatte (s. dies. Jahrb. 1883. II. -415-), ist allen anerkannten Regeln der Priorität nach bedeutungslos und ist stets „als nicht geschehen" zu betrachten. Die allein giltige Publication mit Diagnose und näherer Angabe wurde erst nach Erscheinen von ZEILLER's Abhandlung gedruckt. Gleichwohl ist unglücklicher Weise die Sachlage in diesem Falle die, dass STUR die Namen *Renaultia* und *Grand'Eurya* seinerseits auf ganz andere Farne angewendet hat, ohne Kenntniss davon, dass sie schon von ZEILLER verbraucht seien. Es wird daher künftig eine Verwechselung dieser Namen und der damit bezeichneten fossilen Farne kaum zu vermeiden sein, denn z. B. *Renaultia* Z. ist etwas ganz anderes als *Renaultia* ST. Unzweifelhaft das beste wäre, wenn beide Autoren sich entschlössen, diese 2 Namen fallen zu lassen und andere Bezeichnungen dafür zu wählen, was über kurz oder lang doch geschehen müsste, um der Verwirrung ein Ende zu machen. Nur um einen Ausweg aus diesem Labyrinthe zu zeigen, sei der Vorschlag gemacht, künftig *Renaultina* Z. statt *Renaultia* ZEILLER, *Grand'Euryella* Z. statt *Grand'Eurya* Z. zu setzen, sowie etwa *Orcopteridium* STUR statt *Grand'Eurya* STUR, *Sturiella* statt *Renaultia* STUR; jedoch nur in der Voraussetzung, dass die beiden Autoren den Vorschlag acceptiren und ohne sie in der Wahl anderer Namen zu behindern. **Weiss.**

Wedekind: Fossile Hölzer im Gebiete des westphälischen Steinkohlengebirges. (Verhandl. d. naturhist. Ver. d. preuss. Rheinl. u. Westph. 41. Jahrg. [1884.] S. 181.)

Versteinerte Steinkohlenreste mit erhaltener anatomischer Structur sind in Westphalen bekannt von Hattingen und aus der Gegend von Witten; aber seit 1878, in welchem Jahre WEDEKIND die Entdeckung zuerst machte, besonders von Zeche Vollmond bei Langendreer. Es sind Spatheisensteinnieren, meist mit einer verworrenen Masse von Pflanzenresten, die theils mineralisirt, theils in Kohle umgewandelt sind und in Dünnschliffen oft die beste Erhaltung zeigen. Die Nieren liegen in einer Halde und sollen nach Aussage der Bergleute von Flötz Fritz stammen; es erscheint jedoch jetzt W. wahrscheinlicher, dass die Lagerstätte Flötz Isabella ist, wo bisweilen Muscheln vorkommen, die selten auch in den Nieren sich fanden. Dieses Material ist für zu erwartende spätere Untersuchungen, womit einige Forscher bereits begonnen haben, sehr wichtig. **Weiss.**

Fliche: Description d'un nouveau *Cycadeospermum* du terrain jurassique moyen. (Bullet. de la Soc. des Sciences, Nancy, Séance du 16 Mars 1883.)

In dem mittleren Jura von Andelot (Dép. du Jura) wurden eine Anzahl Fossilien gefunden, welche hauptsächlich aus Cycadeensamen bestanden.

Letztere werden als *Cycadeospermum Matthaei* nov. sp. bezeichnet und in eingehender Weise geschildert. **Geyler.**

A. Schenk: Die während der Reise des Grafen Bela Széchényi in China gesammelten fossilen Pflanzen. (Palaeontographica 1884. Bd. XXXI. 19 Seiten und 3 Taf. 4°.)

Die ersten fossilen Pflanzen in China wurden von Pumpelly gesammelt und von Newberry bestimmt. Es waren dies aus dem Jura von Tshai-tang (Prov. Tshi-li): *Pecopteris Whitbyensis* L. H., *Sphenopteris orientalis* Newb., *Hymenophyllites tenellus* Newb., *Pterozamites Sinensis* Newb., *Taxites spathulatus* Newb. und aus dem Becken von Kwei-tshou (Prov. Hupéi): *Podozamites Emmonsii* Newb. und *P. lanceolatus*. — Als Ergänzung fügte 1883 Newberry noch folgende 3 Arten: *Baiera angustifolia* Heer, *Czekanowskia rigida* Heer und *Phoenicopsis longifolia* Heer zu dieser Flora hinzu.

Später sammelte Abbé David an 3 Localitäten und seine Pflanzen wurden von Brongniart untersucht. Da die Mittheilungen, welche Verf. durch Zeiller über diese Flora erhielt, von den früheren Bestimmungen etwas abweichen, so mögen diese hier Erwähnung finden. Die 3 Fundorte waren:

1) in der Mongolei; die Reste sind wegen schlechter Erhaltung unbestimmbar;

2) bei Thin-kia-po im Süden der Provinz Shensi. Hier fanden sich nach Zeiller: *Asplenites Roesserti* und *A. Nebbensis* (= *Pecopteris Whitbyensis* Bgt.), *Dicksonia* n. sp.? (= *Sphenopteris* sp. Bgt.), *Podozamites distans*, *Palissya Braunii*, *Dictyophyllum acutilobum*. *Baiera*, welche von Brongniart erwähnt wird, fand Zeiller nicht unter jenen Pflanzen;

3) bei San-yu. Hier Farnfragmente, welche an *Thyrsopteris elongata* Geyl. oder *Th. Maakiana* Heer erinnern, fertile Fiedern von *Dicksonia* oder *Thyrsopteris*, *Czekanowskia rigida* und die Reste eines der *Cunninghamia* gleichenden Nadelholzes.

Ferner erwähnt Carruthers von Tang-shan (Prov. Tshi-li) noch der *Annularia longifolia*.

Die reichste Sammlung fossiler Pflanzen brachte aus China v. Richthofen mit. Sie wurden von Schenk bearbeitet (vergl. dies. Jahrb. 1883. II. -256—259-). Endlich sammelte auch Hague im Becken von Pönn-shi-hu der mandschurischen Halbinsel an der Ostseite des Golfes von Lian-tang nordöstlich Niu-shwang eine Anzahl Steinkohlenpflanzen, welche Newberry bestimmte (vergl. dies. Jahrb. 1884. II. -129-).

Auf der Széchényi'schen Expedition sammelte nun L. v. Lóczy an 14 verschiedenen Localitäten fossile Pflanzenreste.

1) Dem Carbon zählten zu Young-ssho-shien (Prov. Schen-si), Teng-tjan-tsching, Wu-so-ling, Lun-kuan-pu und das Lo-pan-san-Gebirge (diese 4 in Prov. Kansu). Die Reste fanden sich beim ersten Fundort in gelblichweissem eisenhaltigem Thone, bei dem nächstfolgenden in dunkelgrauem

glimmerreichem Sandsteine, beim 3. in dunkelgefärbtem Schieferthone und beschränkten sich auf unvollkommene Reste von Calamarien und *Cordaites*.

2) Im Lias von Lin-tschin-shien und Nitou (Prov. Se-tschuen) fanden sich in gelblichem eisenhaltigem Schieferthone Reste von *Equisetum* und *Schizoneura*.

3) Im Jura von Quan-juon-shien und Hoa-ni-pu (Prov. Se-tschuen) in schwärzlich grauem schieferigem Gesteine: *Asplenium Whitbyense* Heer, *Adiantum Széchényi* nov. sp., *Oleandridium eurychoron* Schenk (wurde hier unter anderen Arten auch von v. Richthofen gesammelt), *Clathropteris* sp., *Phyllotheca* sp., *Anomozamites Lóczyi* nov. sp., *Podozamites lanceolatus* Heer, *P. gramineus* Heer, *Taxites latior* Schenk, *Phoenicopsis latior* Heer und *Czekanowskia rigida* Heer.

4) Im Flysch von Tongolo (hier in dünnplattigem Schieferthone) und Schingolo (beide in Provinz Se-tschuen) algenähnliche Reste (*Palaeodictyon*, *Caulerpites*), welche Verf. aber gar nicht in das Pflanzenreich rechnet.

5) Im Tertiär von Lan-tjen (in grauem Thone) und Kjän-tschuentschou (in sehr feinem gelbem Mergel) — beide Fundorte liegen in der Provinz Yunan — Epidermisreste von dicotylen Blättern und das Fiederblatt einer Caesalpiniee.

Das Alter des Fundortes Schan-tschou (Prov. Schen-si) mit Resten von Coniferensamen ist nicht näher bestimmbar.

Im Ganzen sind für China Fundorte bekannt für Carbon 17, für Rhät 1, für Lias 2, für Jura 7, für Flysch 2 und für Tertiär 3. — Ausser den aufgeführten Pflanzenarten werden auf Taf. 3 noch abgebildet: *Todea Williamsonis* Schenk und *Laccopteris Daintreei* Schenk aus mesozoischen Schichten von New South Wales. **Geyler.**

Neue Literatur.

Die Redaction meldet den Empfang an sie eingesandter Schriften durch ein deren Titel beigesetztes *. — Sie sieht der Raumersparniss wegen jedoch ab von einer besonderen Anzeige des Empfanges von Separatabdrücken aus solchen Zeitschriften, welche in regelmässiger Weise in kürzeren Zeiträumen erscheinen. Hier wird der Empfang eines Separatabdrucks durch ein * bei der Inhaltsangabe der betreffenden Zeitschrift bescheinigt werden.

A. Bücher und Separatabdrücke.

1883.

R. D. Irving: The Copper-bearing Rocks of Lake Superior. 4°. 464 pg., Taf., Profile. Washington.

G. Pilar: Flora fossilis Susedana (Susedska fosilna Flora. — Flore fossile de Sused). Descriptio plantarum fossilium quae in lapicidinis ad Nedelja, Sused, Dolje etc. in vicinitate civitatis Zagrabiensis hucusque repertae sunt. 4°. 163 S. 15 Taf. Zagrabiae.

1884.

d'Acy: Le mammouth dans le forest-bed de Cromer. (Extr. des Bull. de la Soc. d'anthropol. 8°. 12 p.) Paris.

C. Spence Bate: Archaeastacus Willemoesii, a new genus of Eryonidae. (Rep. 53. Meet. Brit. Assoc. Adv. Sc. p. 511.)

* R. Beck: Erläuterungen zur geolog. Specialkarte des Königreichs Sachsen. Sect. Adorf.

* Bericht über die Senckenbergische naturforschende Gesellschaft. 4 Tafeln 8°. Frankfurt a. M.

* J. Blaas: Die Zeichen der Eiszeit in Tirol. (Tiroler Schulfreund. No. 7—9.) Innsbruck.

O. Boettger: Fossile Binnenschnecken aus den untermiocänen Corbicula-Thonen von Niederrad bei Frankfurt a. M. (Ber. Senckenb. naturf. Gesellsch. p. 258. Taf. IV.)

* Cotteau: Echinides du terrain éocène de Saint-Palais. (Ann. scienc. géol. Tome XVI. 2. Art. No. 2. 38 S. 5 Taf.)

* Dollo: Première note sur les Simoedosauriens d'Erquelinnes. (Bull. Mus. roy. d'hist. nat. Tome III. pag. 151 ff. t. 8 u. 9.) Bruxelles.

F. Fontannes: Note sur quelques gisements nouveaux des terrains miocènes du Portugal, et description d'un Portunien du genre Achelous. 8°. 40 p. 2 pl. Paris.

E. Hatle: Die Minerale des Herzogthums Steiermark. Heft 3–4. gr. 8°. Graz.

Henson: Notes sur la nature et le gisement du phosphate de chaux naturel dans les départements de Tarn-et-Garonne et du Tarn. 8°. 20 p. Montauban.

Jaarboek van het Mijnwesen in Neederlandsch Oost-Indië. Uitg. v. Minister v. Koloniën. Jahrg. 13. Deel 2: Wetenschappelijk en Technische Gedeelte. Roy. 8°. Amsterdam.

T. Rup. Jones: Report of the Committee, consisting of R. Etheridge, H. Woodward and T. R. Jones, on the Fossil Phyllopoda of the Palaeozoic Rocks. (Rep. 53. Meet. Brit. Ass. A. Sc. p. 215—223.)

— — Notes on the Palaeozoic Bivalved Entomostraca. No. XVII u. XVIII (Leperditiae, Entomididae). Ann. of Nat. Hist. vol. XIV. p. 339—347. p. 391—403.)

* v. Lasaulx: Der Granit unter dem Cambrium des hohen Venn. (Verb. nat.-hist. Ver. Rheinl. u. Westf.)

V. Lemoine: Études sur les caractères génériques du Simoedosaure, reptile nouveau de la faune cernaysienne des environs de Reims. 8°. 38 p. 1 pl. Reims.

* R. Lydekker: Mastodon Teeth from Perim Island. (Palaeont. Ind. Ser. X. vol. III. p. 5.) fol. 6 pg. 2 plts. Calcutta.

* A. Makowsky und A. Rzehak: Die geologischen Verhältnisse der Umgebung von Brünn als Erläuterung zu der geologischen Karte. (Sep.-Abdr. Verhandl. naturf. Vereins Brünn. Verlag der Verf.)

G. F. Matthew: Illustrations on the Fauna of the St. John Group. With 2 pl. (Proc. and Trans. R. Soc. Canada. Vol. 1. Sect. IV. p. 87—108. Supplt. 271.)

G. Mercalli: Elementi di Mineralogia e di Geologia. 16°. 303 pg. 24 incis. Milano.

* G. v. Rath: Mineralogische Notizen. (Verb. des naturh. Vereins in Rheinl. u. Westphalen.)

* A. Renard: Recherches sur la composition et la structure des phyllades ardennais. (Extr. Bull. du Mus. Roy. d'hist. nat. de Belgique. III. 231—268. Pl. XII. XIII.)

* A. Renard et C. Klement: Sur la composition chimique de la Krokydolite et sur le Quartz fibreux du Cap. (Extr. Bull. Acad. Roy. de Belgique. 3me. sér. VIII. No. 11.)

F. Ritter: Über neue Mineralfunde im Taunus. (Ber. Senckenb. naturf. Gesellsch. p. 281.)

De Saporta: Les organismes problématiques des anciennes mers. 4°. 102 p. 13 pl. Paris.

* Strüver: Sulla columbite di Craveggia in Val Vigezzo. (R. Accad. dei Lincei. Rendiconti, 14. Dezbr.)

* Verbeek: Over de tijdsbepaling der grootste Explosie van Krakatau op 27 Augustus 1883. (Verslagen en Mededeelingen der K. Akad. van Wetensch. Afdeel. Natuurk. 3de Reeks, Deel I.) Amsterdam.

M. E. Wadsworth: Lithological Studies: a description and classification of the Rocks of the Cordilleras. I. Cambridge Mass. 4°. 208 u. 33 pg. 8 plts.

M. E. Wadsworth: On the evidence that the Earth's Interior is solid. (Americ. nat. pag. 587 ff.)

* Whitney and Wadsworth: The azoic system and its proposed subdivisions. (Bull. Mus. comp. Zool. Cambridge, Vol. VII.)

R. Zeiller: Cones de fructification de Sigillaires. (Extr. ann. sc. nat. 28 p. 2 pl.)

* Zöppritz: Die Fortschritte der Geophysik. (Geogr. Jahrb. X.)

1885.

* J. Blaas: Über die Glacialformation im Innthale. I. Mit zwei Taf. (Ferd. Zeitschr. IV. Folge. 29. Heft.) Innsbruck.

P. Choffat: Sur la place à assigner au Callovien. (Jornal de Scienc. mathem. phys. No. XL.) Lissabon.

* Cotteau: La Géologie au congrès scientifique de Blois en 1884. L'homme tertiaire de Thenay. (Bull. soc. sc. hist. et nat. de l'Yonne.)

* — — Échinides nouveaux ou peu connus. 3. Article. (Bull. soc. zool. de France pour 1884. pag. 37 ff. t. 5—6.)

Delvaux: Documents sur la position stratigraphique du Terrain silurien et des Étages tertiaires inférieurs qui forment le sous-sol de la commune de Flobecq. (Extr. Ann. soc. géol. de Belg. 8°. 16 p.)

* Evans: The chemical properties and relations of Colemanite. (Bull. Californ. Acad. of Sciences. Jan. Gel. vor der Akademie am 6. Okt. 1884.)

Fontannes et Depéret: Étude sur les alluvions pliocènes et quaternaires du plateau de la Bresse, dans les environs de Lyon, par Fontannes, suivi d'une note sur quelques mammifères des alluvions préglaciaires de Sathonay, par Depéret. 8 et 37 p., pl. Lyon. Paris

* A. Gaudry: Sur les Hyènes de la grotte de Gargas, découvertes par M. F. Régnault. (Comptes rendus de l'Ac. t. 100. 9 Fevr. 4 p.)

* H. B. Geinitz: Über die Grenzen der Zechsteinformation und der Dyas überhaupt. (Leopoldina. Bd. XXI. 4°. 8 S.)

* F. von Hauer: Die Kraus-Grotte bei Gams in Steiermark. (Österr. Tour.-Zeitung. Bd. IV. No. 2 u. 3.)

* G. J. Hinde: Description of a new species of Crinoids with articulating spines. (Ann. mag. nat. hist. March. p. 157 ff. t. 6.)

J. G. Kenngott: Handwörterbuch der Mineralogie, Geologie und Paläontologie. Bd. II. gr. 8°. 495 pg. M. Tfln. u. Holzschn. Breslau.

* Koch: Die alttertiären Echiniden Siebenbürgens. (Mitth. aus d. Jahrb. der Kgl. ung. geol. Anst. VII. Band. Heft 2. 4 Tafeln.)

R. Koenig: Paroligoklasit aus dem Ilmsengrunde und paroligoklasitähnliche Paramelaphyre aus dem Mosbach und Ilmsengrunde. gr. 8°. Jena.

J. Kušta: Neue Arachniden aus der Steinkohlenformation von Rakonitz. (Sitzungsber. der Kgl. böhm. Gesellsch. der Wissenschaften. 28. November 1884.)

* H. Carvill Lewis: Notes on the progress of mineralogy in 1884. (American Naturalist.)

* B. Lundgren: Undersökningar öfver Brachiopoderna i Sveriges Kritsystem. (Lund's Universitets Årsskrift. T. XX. 4⁰. 69 S. 3 T.)

. Ch. Lyell: The Student's Elements of Geology. New and entirely revised edition by P. M. Duncan. 8⁰. with 600 illustr. London.

* Marcou: The „taconic system“ and its position in stratigraphic geology. (Proc. Americ. Acad. Arts and sciences. New series. XII. pag. 174 ff.)

G. Mercalli: Le case che si sfasciano ed i terremoti. Rassegna nazionale. (Anno VI. Vol. XXI. fasc. 16. 12 S.) Firenze.

— — Su alcune rocce eruttive comprese tra il Lago Maggiore e quello d'Orta. (Rendiconti del Istituto Lombardo. Ser. II. Vol. 18. Fasc. 3. 11 S.)

* A. B. Meyer: Ein weiterer Beitrag zur Nephritfrage. (Mitth. Anthrop. Ges. XV. 12 S. 4⁰.) Wien.

* Molinari: Nuove osservazioni sui minerali del granito di Baveno. (Società italiana di sc. nat. di Milano.)

Nathorst (siehe Sveriges geol. Undersökning).

* Naumann: Über den Bau und die Entstehung der japanischen Inseln. 8⁰. 91 Seiten. Berlin. Friedländer & Sohn.

* Rammelsberg: Über die Oxyde des Mangans und Urans. (Sitzungsber. d. Berl. Ak. VI.)

* Strüver: Contribuzioni alla mineralogia dei Vulcani Sabatini. 1. Sui procetti minerali vulcanici trovati ad Est del lago di Bracciano. (R. Accad. dei Lincei. Rendiconti. 1. März.)

* M. Schuster: Studien über die Flächenbeschaffenheit und Bauweise der Danburitkrystalle von Skopi. 2 Thl. (Tschermak's Min. Mitthlgn.)

* E. Suess: Das Antlitz der Erde. Abth. II. (Schluss von Bd. 1.) gr. 8⁰. p. 311—778. M. Tfln., Karten u. Abbildgn. Prag.

Sveriges geologiska Undersökning. Carte géologique générale de la Suède. Feuille méridionale 1 : 1000000. Annexe explicatif par A. G. Nathorst.

* Törnebohm: Under Vega-Expeditionens insamlade Bergarter. Petrografisk beskrifning. (Vega-Exp. ventensk. jakttagelser. Bd. IV. pag. 115—140.)

* Tschermak: Lehrbuch der Mineralogie. 2. Auflage.

* Tschernyschew: Der permische Kalkstein im Gouvernement Kostroma. (Min. Ges. St. Petersburg. 53 S. 4 Taf.)

Verbeek: Krakatau I. [Französ. Übers.] Batavia.

* Tsunashiro Wada: Die Kais. geol. Reichsanstalt in Japan. 8⁰. 16 S. Berlin. Friedländer & Sohn.

* A. Wendell Jackson: On the morphology of Colemanite. (Bull. Californ. Acad. of Sciences. Nro. 2. Jan. Gel. vor der Akademie am 6. Okt. 1884.)

B. Zeitschriften.

1) Zeitschrift der deutschen geologischen Gesellschaft. 8⁰. Berlin. [Jb. 1885. I. -159-]

Bd. XXXVI. 3. Heft. Juli—September 1884. S. 416—709. T. III—XIII. — Aufsätze: *Joh. Felix: Korallen aus ägyptischen Tertiärbildungen (T. III—V). 415. — *E. Holzapfel: Über einige wichtige Mollusken der Aachener Kreide (T. VI—VIII). 454. — *A. Wichmann: Über Gesteine von Labrador. 485. — *E. Koken: Über Fisch-Otolithen, insbesondere über diejenigen der norddeutschen Oligocän-Ablagerungen (T. IX —XII). 500. — *F. E. Geinitz: Über die Fauna des Dobbertiner Lias (Taf. XIII). 566. — *A. Seeck: Beitrag zur Kenntniss der granitischen Diluvialgeschiebe in den Provinzen Ost- und Westpreussen. 584. — *G. vom Rath: Einige Wahrnehmungen längs der Nord-Pacific-Bahn zwischen Helena, der Hauptstadt Montanas, und den Dalles (Oregon) am Ostabhange des Kaskaden-Gebirges. 629. — *A. v. Groddeck: Zur Kenntniss der Zinnerzlagerstätte des Mount Bischoff in Tasmanien. 642. — Briefliche Mittheilungen: C. Gottsche: Über japanisches Carbon. 653. — B. Lundgreen: Über die Heimath der ostpreussischen Senon-Geschiebe. 654. — *Eugen Schulz: Vorläufige Mittheilungen aus dem Mitteldevon Westphalens. 656. — H. B. Geinitz: Über Korallen und Brachiopoden von Wildenfels. 661. — O. Meyer: Über Ornithocheirus hilsensis Koken und über Zirkonzwillinge. 664. — Verhandlungen der Gesellschaft: Websky: Erz aus der Grube Aguadita. 666. — Dames: Protospongia carbonaria n. sp. 667. — Hauchecorne: Erze aus der Nähe von Lüderitzland. 668. — Struckmann: Begrüssungsrede in Hannover. 669. — Geinitz: Über Zechstein und Dyas überhaupt. 675. — Herm. Credner: Entgegnung. 677. — Degenhardt: Über die Wealdenformation. 678. *Herm. Credner: Über die Entwicklungsgeschichte der Branchiosauren. 685. — Langsdorff: Über Verwerfungsspalten des Westharzes. 686. — v. Groddeck: Entgegnung. 687. — Streng: Über Olivinkrystalle im Dolerit von Londorf. 689. — v. Groddeck: Mineralogische Notizen 690. — Sauer: Über Turmalinfelslinsen. 690. — Ochsenius: Über die Wichtigkeit von Salzlösungen. 691. — v. Koenen: Über den Ursprung des Petroleums in Norddeutschland. 691. — *A. Rothpletz: Über das Rheinthal unterhalb Bingen. 694. — *A. Sauer: Über den Eruptivstock von Oberwiesenthal im Erzgebirge. 695. — *A. Jentzsch: Über die Bildung der preussischen Seen. 699. — *J. G. Bornemann: Über Archaeocyathus und verwandte Formen. 702. — Pötsch: Über Abteufen im schwimmenden Gebirge. 706.

2) *Zeitschrift für Krystallographie und Mineralogie unter Mitwirkung zahlreicher Fachgenossen des In- und Auslandes herausgegeben von P. Groth. 8°. Leipzig. [Jb. 1885. I. -162-]

Bd. X. Heft 1. — O. Lehmann: Mikrokrystallographische Untersuchungen (1. über die Krystallisation des p-Phenylchinolins, 2. Chinonhydrodicarbonsäurefester, 3. Orthoquecksilberditolyl, 4. α-Quecksilberdinaphtyl, 5. Paraquecksilberditolyl, 6. Acetanilid, 7. α-Triphenylguanidin, 8. über Contactbewegung, 9. über Auflösungserscheinungen bei Krystallen von Bromblei, 10. über wirbelnde Tropfen, Knoten und Atomsysteme). (Mit Taf. I und 2 Holzschnitten.) 1. — *E. Kalkowsky: Über Olivinzwillinge in Gesteinen (T. II). 17. — Th. Hiortdahl: Colemanit, ein krystallisirtes Kalkborat aus Kalifornien (mit 5 Holzschn.). 25. — *C. Busz: Über den Baryt von Mittelagger (T. III). 32. — *H. Beckenkamp: Zur Bestimmung der Elasticitätsconstanten von Krystallen (mit 3 Holzschn.) 41. — A. Knop: Über die Augite des Kaiserstuhlgebirges im Breisgau (Grossherzogth. Baden). 58. — Kürzere Originalmittheilungen und Notizen: G. J. Brush u. S. L. Penfield: Über die Identität des Scovillit mit dem Rhabdophan. 82. — J. Krenner: Beitrag zur Kenntniss der optischen Verhältnisse des Alaktit. 83. — *J. Strüver: Über Columbit von Craveggia im Val Vigezzo (Ossola, Piemont) (mit 1 Holzschn.). 85. — C. Hintze: Optisches Verhalten des Mikrolith. 86. — Carl Bodewig: Nephrit aus Tasmanien. 86.

3) Paläontologische Abhandlungen, herausgegeben von W. Dames und E. Kayser. 4°. Berlin. [Jb. 1884. II. -141-)

II. Bd. Heft 4. — F. Noetling: Die Fauna der baltischen Cenomangeschiebe. Mit 8 Tafeln.

4) Palaeontographica. Herausgegeben von W. Duncker und Karl A. Zittel. 8°. Cassel. [Jb. 1883. II. -426-]

XXXI. Bd. Dritte Folge VII. Bd. 1. und 2. Lief., mit 15 Taf. — C. Hasse: Einige seltene paläontologische Funde (T. I und II). 1—10. — M. Kliver: Über Arthropleura armata Jord. (T. III u. IV). 11—18. — *M. Schlosser: Die Nager des europäischen Tertiärs nebst Betrachtungen über die Organisation und die geschichtliche Entwickelung der Nager überhaupt (T. V—XII). 19—162. — A. Schenck: Die während der Reise des Grafen Bela Széchenyi in China gesammelten fossilen Pflanzen (T. XIII —XV). 3. und 4. Lieferung. 163—182. *L. von Graff: Über einige Deformitäten an fossilen Crinoiden (T. XVI). 183—192. — A. Böhm und J. Lorié: Die Fauna des Kehlheimer Diceras-Kalkes. Dritte Abtheilung: Echinoideen (T. XVII u. XVIII). 193—224. — *Hosius und von der Marck: Weitere Beiträge zur Kenntniss der fossilen Pflanzen und Fische aus der Kreide Westfalens (T. XIX und XX). 225—232. — *von der Marck: Fische von der oberen Kreide Westfalens (T. XXI—XXV). 233—268.

5) *Verhandlungen der K. K. geologischen Reichsanstalt. 8°. Wien. [Jb. 1885. I. -362-]

1884. No. 17. — Eingesendete Mittheilungen: G. C. Laube: Über das Auftreten von Protogingesteinen im nördlichen Böhmen. 343. — F. Löwe: Eine Hebung durch intrusive Granitkerne. 346. — V. Uhlig: Einsendungen aus den Kalkalpen zwischen Mödling und Kaltenleutgeben 346. — Reisebericht: V. Hilber: Geologische Aufnahme zwischen Troppau und Skawina. 349. — Vorträge: F. v. Hauer: Geologische und montanische Karten aus Bosnien. — Palaeophoneus nuncius. 355. — M. Vacek: Unterkiefer von Aceratherium minutum von Brunn a. G. 356. — G. A. Bittner: Die Ostausläufer des Tännengebirges. 358. — Literaturnotizen.

No. 18. — Eingesendete Mittheilungen: Th. Fuchs: Über den marinen Tegel von Walbersdorf mit P. denudatus. Über einige Fossilien aus dem Tertiär der Umgebung von Rohitsch und über das Auftreten von Orbitoiden innerhalb des Miocäns. 373. — K. A. Penecke: Aus der Trias von Kärnten. 382. — M. v. Hantken: Clav. Szabói-Schichten in den Euganeen. 385. — A. Houtum Schindler: Über Gold bei Rawend in Persien 386. — Vorträge: F. v. Hauer: Barytvorkommen in den kleinen Karpathen. 387. — A. Brezina: Neuere Erwerbungen des mineral. Hofcabinetes in Wien. 388. — M. Vacek: Über die geologischen Verhandlungen der Rottenmanner Tauern. 390. — H. B. v. Foullon: Über die im Arlbergtunnel vorgekommenen Mineralien. 393. — Literaturnotizen.

6) **Beiträge zur Paläontologie Österreich-Ungarns und des Orients**, herausgegeben von E. v. Mojsisovics und M. Neumayr. 4°. Wien. [Jb. 1885. I. -163-]

1885. Bd. V. Heft 1 (Tafel I—VIII). — J. Velenovsky: Die Flora der böhmischen Kreideformation (IV. Theil).

7) ***The Quarterly Journal of the geological Society.** London. 8°. [Jb. 1884. I. -164-]

Vol. XL. Part 4. No. 160. November 1884. — Contents: Additions to the Library and Museum of the Geological Society. 71. — Papers read: J. W. Davis: On some Remains of Fossil Fishes from the Yoredale Series at Leyburn in Wensleydale (pl. XXVI u. XXVII). 614. — T. Roberts: On a new Species of Conoceras from the Llanvirn Beds, Abereiddy, Pembrokeshire (pl. XXVIII). 636. — J. J. H. Teall: On the Chemical and Microscopical Characters of the Whin Sill (pl. XXIX). 642. — W. H. Penning: On the High-level Coalfields of South Africa. 658. — A. W. Waters: On Fossil Cyclostomatous Bryozoa from Australia (pl. XXX u. XXXI). 674. — R. F. Tomes: On the Oolitic Madreporaria of the Boulonnais (pl. XXXII). 698. — J. W. Judd: On the Nature and Relations of the Jurassic Deposits which underlie London; with an Introductory Note by Mr. C. Homersham (pl. XXXIII). 724. — T. R. Jones: On the Foraminifera and Ostracoda from the Deep Boring at Richmond (pl. XXXIV). 765. — G. J. Hinde: On Fossil Calcisponges from the Well-boring at Richmond (pl. XXXV). 778. — G. R. Vine: On Polyzoa found in the Boring at Richmond. 784. — G. J. Hinde: On the Structure and affinities of the Family Receptaculitidae (pl. XXXVI u. XXXVII). 795. — G. R. Vine: On some Cretaceous Lichenoporidae. 850. — H. H. Goodwin-Austen: On certain Tertiary Formations at the South Base of the Alps, in North Italy. 855 (Titlepage, Index, Table of Contents etc. to vol. XL).

8) ***The Geological Magazine**, edited by H. Woodward, J. Morris and R. Etheridge. 8°. London. [Jb. 1885. I. -363-]

Dec. III. Vol. II. No. II. No. 248. February 1885. — Original Articles: Willfrid H. Huddlestone: Contributions to the Palaeontology of the Yorkshire Oolites (pl. II). 49. — F. W. Hutton: Geological Nomenclature. 59. — R. Lydekker: Notes on Three Genera of fossil Artiodactyla (7 Woodcuts). 63. — G. A. Lebour: Note on the Posidonomya Becheri Beds of Budle (Northumberland). 73. — T. G. Bonney: On the

Occurrence of a Mineral allied to Enstatit in the Ancient Lavas of Eycott Hill, Cumberland. 76. — Reviews, Reports etc. 80—93.

9) Comptes rendus hebdomadaires des séances de l'Académie des sciences. 4°. Paris. [Jb. 1885. I. -365-]

T. C. No. 1. 5 Janvier 1885. — Hébert: Sur les tremblements de terre du midi de l'Espagne. 24. — O. Callandreau: Sur la constitution intérieure de la terre. 37. — B. Renault et R. Zeiller: Sur un Equisetum du terrain houiller supérieur de Commentry. 71. — Ed. Bureau: Sur la présence du genre Equisetum dans l'étage houiller inférieur. 73.

No. 2. 12 Janvier 1885. — Macpherson: Sur les tremblements de terre de l'Andalousie du 25 Décembre 1884 et semaines suivantes. 136. — Daubrée: Observations. 137.

No. 3. 19 Janvier 1885. — A. Germain: Sur quelques-unes des particularités observées dans les récents tremblements de terre de l'Espagne. 191. — Domeyko: Observations recueillies sur les tremblements de terre, pendant quarante-six ans de séjour au Chili. 193. — F. de Botella: Observations sur les tremblements de terre de l'Andalousie du 25 Décembre 1884 et semaines suivantes. 196. — da Praia: Secousses de tremblements de terre ressenties aux Açores le 22 Décembre 1884. 197.

No. 4. 26 Janvier 1885. — A. Terreil: Analyse d'une chrysotile (serpentine fibreuse ayant de l'asbeste), silice fibreuse résultant de l'action des acides sur les serpentines. 251. — A. F. Noguès: Phénomènes géologiques produits par les tremblements de terre de l'Andalousie du 25 Décembre 1884 au 16 Janvier 1885. 253. — Hébert: Observations relatives à la communication précédente de Mr. A. F. Noguès. 256.

No. 5. 2 Février 1885. — Dieulafait: Composition des cendres des équisétacées; application à la formation houillère. 284. — F. Laur: Influence des baisses barométriques brusques sur les tremblements de terre et les phénomènes éruptifs. 286.

No. 6. 9 Février 1885. — H. Gorceix: Sur des sables à monazites de Caravellas, province de Bahia, Brésil. 356. — Fischer: Sur l'existence de mollusques pulmonés terrestres dans le terrain permien de Saône-et-Loire. 393. — Macpherson: Tremblements de terre en Espagne. 397. — Delamare: Tremblement de terre ressenti à Lendelles (Calvados), le 1er Février 1885. 399.

No. 7. 16 Février 1885. — Dieulafait: Origine des minerais métallifères existant autour du plateau central, particulièrement dans les Cévennes. 469. — Venukoff: Sur les résultats recueillis par Mr. Solokoff concernant la formation des dunes. 472.

10) *Bulletin de la Société géologique de France. 8°. 1884. [Jb. 1885. I. -167-]

3ème série. T. XIII. 1884. No. 1. pg. 1—64. Pl. I—V. — Davy: A propos d'un nouveau gisement du terrain dévonien supérieur à Chaudefonds (Maine et Loire). 2. — Parran: Présentation d'une étude des terrains traversés par la ligne de Nimes à Givors, par Mr. Torcapel. 8. —

Lurcher: Note sur la zône à Ammonites Sowerbyi dans le S. O. du département du Var. 9. — Douvillé: Sur quelques fossiles de la zône à Ammonites Sowerbyi des environs de Toulon (Pl. I—III). 12. — A. Gaudry: Nouvelle note sur les reptiles permiens (Pl. IV—V). 44. — de la Moussaye: Sur une dent de Neosodon trouvée dans les sables ferrugineux de Wimille. 51. — de Limur: Sur les schistes maclifères à trilobites des Salles de Rohan. 55. — Cotteau: Présentation des échinides du terrain éocène de St. Palais. 56. — de Dücker: Observations générales sur la géologie de l'Europe. 56. — F. Fontannes: Note sur les alluvions anciennes des environs de Lyon. 59.

11) Annales des Sciences géologiques publiées sous la direction de MM. Hébert et Alph. Milne-Edwards. 8⁰. Paris. [Jb. 1883. I. -347-]

T. XIV. 1883. — Rochebrune: Monographie des espèces fossiles appartenant à la classe des polyplaxiphores (3 pl.). 74 p. — Brocchi: Note sur les crustacés fossiles des terrains tertiaires de Hongrie (2 pl.). 8 p. — E. Sauvage: Recherche sur les reptiles trouvés dans l'étage rhétien des environs d'Autun (4 pl.). 44 p. — Peron: Essai d'une description géologique de l'Algérie pour servir de guide au géologue dans l'Afriqué française. 202 p. — Filhol: Observations relatives au mémoire de Mr. Cope intitulé: Relations des horizons renfermant des débris d'animaux vertébrés fossiles en Europe et en Amérique (3 pl.). 90 p.

T. XV. 1884. — Croisiers de Lacvivier: Études géologiques sur le département de l'Ariége et en particulier sur le terrain crétacé (5 pl.). 304 p.

T. XVI. 1885. No. 1, 2. — G. Vasseur: Sur le dépôt tertiaire de St. Palais prés Royan (Charente inférieure). 12 p. — G. Cotteau: Échinides du terrain éocène de Saint-Palais (6 pl.). 38 p. — P. Fontannes: Note sur quelques gisements nouveaux des terrains miocènes du Portugal et description d'un Portunieu du genre Achelous (2 pl.). 36. p. — H. Filhol: De la restauration du squelette d'un Dinocerata (1 pl.). 10 p. — Dieulafait: Études sur les roches ophitiques des Pyrénées. 72 p. — L. Dollo: Les découvertes de Bernissart. 6 p.

12) Bulletin de la Société des Sciences de Nancy. 8⁰. [Jb. 1884. I. -309-]

15e année. 2e série. T. VI (fasc. XIV). 1882. — Bleicher: Recherches de minéralogie micrographique sur la roche de Thélod et le Basalte d'Essey-la-Côte (Meurthe-et-Moselle). 81.

16e année. t. VI. (fasc. XV). 1883. — Wolgemuth: Recherches sur le jurassique moyen à l'Est du bassin de Paris. 1; 4 pl. 1 carte.

16e année. t. VI (fasc. XVI). 1883. — Bleicher: Age de pierre et âge de bronze en Lorraine. XXXV (procès verbaux); — Armes prèhistoriques du type le plus ancien découvertes près Colombey-les-Belles par M. Ary. XXXI. — Vuillemin: Découverte du Cidaris grandaevus dans le Muschelkalk infér. prés d'Epinal. VI. — Bleicher: Lias supérieur de Meurthe-et-Moselle. XI; — Age du diluvium des plateaux des environs de

Nancy déterminé notamment à l'aide des éléphants. XVI; — Roches provenant du percement de l'isthme de Panama (procès verbaux). XXV. — FLICHE: Description d'un nouveau Cycadeospermum du terrain jurassique moyen (mémoires). 55. 1 pl.

13) Revue scientifique. Paris 4°. [Jb. 1885. I. -171-]

3e série, 4e année; 2e semestre. 1884. — CH. BARROIS: Les fossiles de l'état de New York d'après J. HALL. 366. — COTTEAU: Compte rendu de la section de Géologie au congrès de Blois. 531. — CROISIERS DE L'ACVIVIER (d'après M. de): Le terrain crétacé de l'Ariège. 205. — ROLLAND: La mer saharienne. 705.

14) Bulletin de la société d'histoire naturelle d'Angers. 8°. [Jb. 1883. I. -349-]

13e année 1883. — OEHLERT: Note sur la Terebratula (Centronella) Guerangeri (1 pl.). 59—62.

15) Bulletin de la Société d'Études des Sciences naturelles de Nîmes. 8°. Nîmes. [Jb. 1885. I. -172-]

12e année 1884 (suite). — LOMBART-DUMAS: Les Phosphates de Chaux dans le département du Gard. 73. — PELLET: Étude des Minéraux appliquée aux arts et à l'industrie. 94.

16) Bulletin de la Société d'anthropologie de Bordeaux et du Sud-Ouest. 8°. Bordeaux—Paris.

I., 1e fasc. (Janvier—Mars 1884.) — GUILLAUD: Gisement de mammifères quaternaires à Eymet (Dordogne). 122.

17) Bulletin de la Société académique de Boulogne-sur-Mer. 8°.

3e Vol. 1e—6e livr. (1880—84). — E. SAUVAGE: Note sur quelques Plesiosauria des terrains jurassiques supérieurs de Boulogne-sur-Mer. 152—157. — Session à Boulogne-sur-Mer de la Société géologique de France. 167—178.

18) Rendiconti del R. Istituto Lombardo di Scienze e Lettere. ser. II. Vol. XVI. 1883. [Jb. 1884. II. -152-]

TORQUATO TARAMELLI: Gorgenti e corsi di acqua, nelle Prealpi. 404; — Di un giacimento d'argille plioceniche fossilifere, recentemente scoperto presso Taino, a levante di Angera. 603. — DANTE PANTANELLI: Note geologiche sul Apennino modenese e reggiano. 937.

Druckfehlerberichtigung.

1885. Bd. I. Seite 54 der Referate Zeile 11 statt Purwokarta: Purwakarta; S. 54 Z. 42 u. S. 59 Z. 35 statt London: Loudon; S. 54 Z. 44 u. S. 55 Z. 6 statt Schnurmann: Schuurman; S. 56 Z. 34 statt Sekambong: Sekampong; S. 57 Z. 17 statt die erste Welle: die erste Welle am 28. Aug.

1

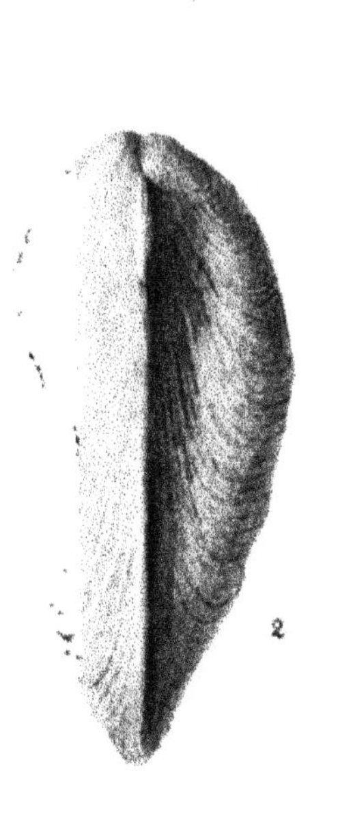

2

3

Lightning Source UK Ltd.
Milton Keynes UK
UKHW020746011218
333087UK00005B/169/P